Lubricant Additives Chemistry and Applications Second Edition

润滑剂添加剂化学及应用

（第二版）

【美】莱斯利·鲁德尼克(Leslie R. Rudnick) 主 编
《润滑剂添加剂化学及应用》翻译组 译
伏喜胜 潘元青 主 审

中国石化出版社

内 容 提 要

《润滑剂添加剂化学及应用》(第二版)系统介绍了润滑油添加剂的最新进展，包括作用机理、实验室检测评定方法、与基础油的配伍性和商品应用等；同时对环保法规等对添加剂的影响因素及润滑油添加剂在新兴领域中的应用趋势进行了分析。全书共分为29篇专题论文，分为8个部分，分别为：沉积物控制添加剂、成膜添加剂、抗磨和极压添加剂、黏度控制添加剂、其他类添加剂、添加剂的应用、添加剂及其发展趋势、方法和术语等。

《润滑剂添加剂化学及应用》(第二版)是一部对润滑油及其添加剂研究工作十分有用的专著，也可供从事油品和添加剂科研、生产管理、销售和教学培训人员参考。

著作权合同登记　图字：01－2013－4648

Lubricant Additives：Chemistry and Applications(Second Edition)/Leslie R. Rudnick/ISBN 978－1－4200－5964－9

图书在版编目(CIP)数据

润滑剂添加剂化学及应用/(美)莱斯利·鲁德尼克(Leslie R. Rudnick)主编;《润滑剂添加剂化学及应用》翻译组译.—2版.—北京:中国石化出版社，2016.8

书名原文:Lubricant Additives:Chemistry and Applications(Second Edition)

ISBN 978－7－5114－4205－5

Ⅰ.①润… Ⅱ.①莱… ②润… Ⅲ.①润滑油－石油添加剂－基本知识 Ⅳ.①TE624.8

中国版本图书馆 CIP 数据核字(2016)第200366号

中国石化出版社出版发行

地址:北京市东城区安定门外大街58号

邮编:100011　电话:(010)84271850

读者服务部电话:(010)84289974

http://www.sinopec-press.com

E-mail:press@sinopec.com

北京柏力行彩印有限公司印刷

全国各地新华书店经销

*

787×1092毫米 16开本 43.5印张 1099千字

2016年10月第2版　2016年10月第1次印刷

定价:120.00元

译者的话

润滑油质量的保证离不开添加剂产品，添加剂是提高润滑油质量、扩大润滑油品种的主要途径，也是改进润滑油性能、节能及减少环境污染的重要手段。由 Leslie R. Rudnick 主编的《润滑剂添加剂化学与应用》，对润滑剂添加剂的作用机理、产品应用、发展趋势等进行了详细的介绍。2006 年，中国石化出版社将该书引入中国并出版，深受广大读者欢迎。

随着节约能源和保护环境的需求增大，新的机械设备朝着缩小体积、减轻质量、增大功率、提高效率、增加可靠性和环境友好的方向发展，对润滑剂及其添加剂也提出了更苛刻的要求。基于此，Leslie R. Rudnick 于 2009 年对原著进行了第二次修订，在对润滑剂添加剂的作用机理、实验室检测评定方法、与基础油的配伍性和商品应用等进行论述的同时，更对环保法规等对添加剂的影响因素及润滑剂添加剂在新兴领域中的应用趋势进行了详细的分析。

为了将第二版《润滑油添加剂化学与应用》介绍给广大读者，中国石化出版社委托润滑油及其添加剂专家伏喜胜组织了该版的翻译工作。参加该版翻译的人员(按拼音首字母排序)有：安文杰、仇建伟、范闯、高敬民、郭鹏、李建明、刘玉峰、罗海棠、吕丙琴、毛箐箐、潘元青、钱伯章、祈有丽、孙令国、王俊明、王林春、王鹏、薛卫国、周惠娟、周康、张翔等，伏喜胜、潘元青、党兰生、薛卫国、王力波、关子杰等对译稿进行了校核，最后由伏喜胜审定全稿。

在全书的翻译过程中，虽经译者多次校对、讨论并修改，缺点和错误仍在所难免，真诚地期待广大读者的真知灼见。

序

润滑油添加剂仍在持续发展用于提高现代润滑油的性能。

环境问题和润滑油在苛刻工况下运行的要求促使合成润滑油的应用增长，由于性能和维护方面的优势，传统上应用石油衍生类润滑油的领域已开始转向应用合成润滑油。另一方面，考虑到成本问题，若能使用烃类产品，市场还是趋向于使用Ⅱ类和Ⅲ类基础油。当然，可再生和生物降解油品的需求同样在增长，这就需要更多新型高效添加剂，以满足不同应用领域油品配方要求的挑战。

以下几个方面的因素显示润滑油添加剂产业将呈现增长和变化的趋势。

法规的持续推动已使燃料和润滑油的组成逐渐发生变化，润滑油的配方开发将会受到一定的制约。欧盟《化学品注册、评估、授权与限制法案》(即 REACH 法规)对化学品的管理将约束新化合物在添加剂中的应用，也会给新材料开发公司带来一定的成本负担。通常，常用添加剂由少数几家生产商生产，将通过分享相关材料毒性或生物降解性等数据来分担成本。

发动机油技术的不断进步表现在要能改善燃油经济性，同时添加剂不能对排放系统部件产生不良影响。这就需要更为严格的试验方法，用来评价发动机油中磷的挥发性和发动机保护的相关性能。

预计未来润滑油添加剂市场将增长。如在代表人口高度密集的中国和印度，由于基础设施的不断完善，促使工业设备和汽车市场增长。美国和欧洲相关公司也继续通过兴建地区性生产厂或销售物流中心来发展太平洋和东南亚市场。

在太空和海洋领域，由于极端的工作环境和低维护要求，对润滑油性能要求也更为严格，这就需要新型润滑油及具有新技术的添加剂。

最后，我要说的是，在这本书的完成过程中，我的同事给予了无私的帮助和鼓励。在此，我要感谢所有作者，虽然有着工作职责和出版计划的冲突，仍然及时提交了论文。我谨对各位致以衷心的感谢，正是由于你们，为润滑油添加剂工业奉献了这一宝贵资源。

我还要特别感谢泰勒弗朗西斯集团(Taylor & Francis Group)的 Barbara Glunn 女士，之前我们合作出版过《合成、矿物和生物基润滑油》，从这本书的早期构架到最后的出版发行，Barbara Glunn 女士一直支持着我。我还要感谢 Kari Budyk 编辑，在本书完成的每个环节中都给予了很多协调，这种无私的帮助对我来说犹如是一笔巨大的财富。我也要感谢麦克米伦出版社(Macmillan Publishing Solutions)的 Jennifer Derima、Jennifer Smith 及整个团队一直以来所付出的努力、耐心和理解。

我还要感谢给予过帮助的 Paula、Eric 和 Rachel。

Les Rudnick

目　录

（一）沉积物控制添加剂

(二)成膜添加剂

(三)抗磨和极压添加剂

(四)黏度控制添加剂

（五）其他类添加剂

(六)添加剂的应用

(七)添加剂及其发展趋势

（八）方法和术语

（一）沉积物控制添加剂

1 抗氧剂

Jun Dong and Cyril A. Migdal

1.1 引言

早在全面理解碳氢化合物(烃)的氧化机理前，研究者们就已逐渐认识到有些油品具有更好的抗氧化性能。这种差异最终被证实是由于存在天然抗氧剂，与原料或炼制技术有关。人们发现一些天然的抗氧化剂中含有硫或氮官能团，因此，某些使油品具有特殊性质的添加剂，如含硫化学物质能够提供额外的抗氧化稳定性并不令人感到惊奇。继含硫添加剂能提供氧化稳定性这一发现之后，人们发现苯酚也具有同样的性质，这就促进了硫酚的发展。有些胺和金属磷化物或硫化物也被证实能提供氧化稳定性，这在目前的润滑油抗氧化剂方面的专利和文献中有大量报道。润滑油失效的一个主要原因是发生氧化降解，因此，目前生产的润滑油中至少添加一种抗氧剂来提高其氧化安定性或有增强其他性能的功效。润滑油最重要的一个方面就是要求其具有良好的氧化安定性。

润滑油氧化后产生的物质，不仅降低了其使用性能，还缩短了其使用寿命，同时对使用的润滑部件也会造成磨损。暴露在氧气和受热条件下的碳氢化合物将加速氧化过程，特别是在有铁、铜、镍等金属存在的情况下，油品更易氧化。如内燃机随着金属部件摩擦产生的热量是突出的氧化催化剂，使内燃机成为一个极好的促进氧化过程的化学反应器，因此发动机油可能比其他润滑油更容易氧化。然而任何暴露在空气和热中的润滑油最后都要被氧化。抗氧化剂是保护润滑油免受氧化变质的关键添加剂，它能满足润滑油在发动机和工业用油中的苛刻要求。

目前已开发出不少有效的抗氧化添加剂，并且在发动机油、自动传送液、齿轮油、汽轮机油、压缩机油、润滑脂、液压液和金属加工液中得到广泛使用。目前用到的油溶性有机化合物和有机金属类抗氧化剂主要有下列几类：

(1)硫化合物；　(2)硫氮化合物；
(3)磷化合物；　(4)硫磷化合物；
(5)芳胺化合物；　(6)屏蔽(受阻)酚化合物；
(7)有机铜化合物；　(8)硼化合物；
(9)其他有机金属化合物。

1.2 硫化物

使用抗氧剂来抑制油品的氧化追溯到19世纪初期。文献中所记述的最早发明之一是将矿物油和硫元素一起加热，产生一种无氧化的油[1]，然而这种方法的主要缺点是硫化油对铜的高腐蚀性。随后开发的硫化脂肪油如硫化鲸油既具有抗氧化性能又具有抗腐蚀性能[2]，同样地，硫化萜烯类和聚丁烯也被用来制备类似功能的添加剂[3~5]，石蜡也被用来制备硫化物[6~9]。图1.1所示是几种硫化物的理论结构。它们实际的化学结构可能很复杂，图示为简化结构。

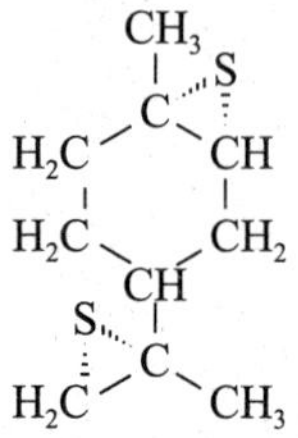

硫化二戊烯 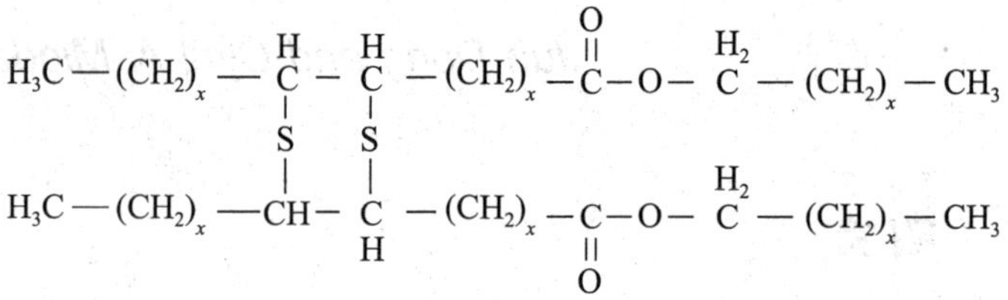　　硫化酯

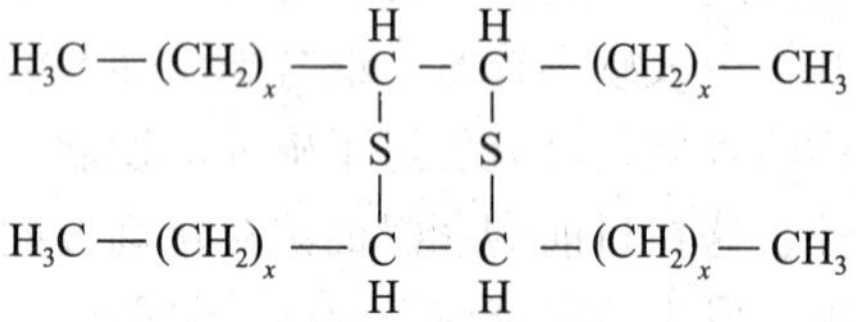

硫化烯烃 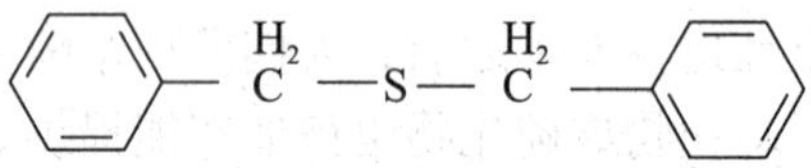　　二苄基硫

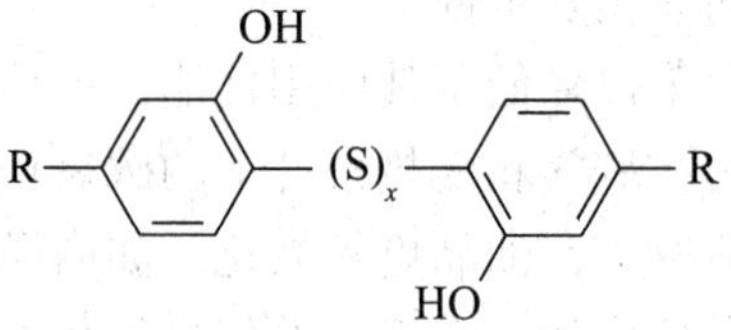

二烷基硫酚

图1.1　硫桥类抗氧剂

芳香族硫化物是另一类被用于抑制氧化和腐蚀的添加剂。一些简单的含硫芳香族化合物包括二苄基硫醚和二甲苄基二硫化物；更复杂的一些类似化合物是烷基酚硫化物[10~15]。烷基酚，如单或二丁基、戊基或辛基酚与硫或二氯化硫反应，生成单硫或二硫化物，图1.1所示为其结构，如苄基硫醚是酚的烷基侧链碳通过硫连接形成芳香族硫化物，烷基苯酚硫化物是硫直接连接到芳环上的碳原子。通常，烷基苯酚硫化物型的结构在润滑油中具有更好的抗氧化性能，单或双的二烷基二苯基硫化物与 C_{10} ~ C_{18} 的 α - 烯烃在三氯化铝催化剂的存在下反应得到的硫化物是优良的高温抗氧剂，特别适合合成基础油如氢化聚 α - 烯烃、双酯、多元醇酯[15]。也可用金属对烷基酚硫化物中的羟基进行处理，生成油溶性的金属酚盐，这些金属酚盐起到了清净剂和抗氧化剂的双重作用。

一种杂环结构的多功能的抗氧极压添加剂(EP)是通过硫化降冰片烯、5 - 乙烯基降冰片烯、二聚环戊二烯，或甲基环戊二烯二聚体制备的[16]。杂环化合物，如正烷基2 - 噻唑啉二硫化物与二烷基二硫代磷酸锌(ZDDP)一起使用，在实验室发动机试验中具有优异的抗氧化性[17]。β - 硫代二烷醇衍生的含硫化合物和含氧化合物是自动传动液极好的抗氧化剂[18]。使用价廉的芳硫基化合物和羰基化合物，通过一步缩合反应制备的高收率二氢苯并噻吩化合物是新型抗氧化和抗磨添加剂[19]。

1.3 硫氮化合物

二硫代氨基甲酸盐在20世纪40年代初首次作为杀菌剂和杀虫剂被使用[20]。直到60年代中期，才发现该剂可作为抗氧剂引入到润滑油中使用[21]。从那时起，人们对该类剂在润滑油中的应用兴趣与日俱增[22]。今天，二硫代氨基甲酸盐是典型的用于润滑油抗氧化、抗磨损，抗腐蚀作用的含硫、氮类化合物。

以二硫代氨基甲酸盐为核心，可形成无灰或含金属的二硫代氨基甲酸衍生物。典型的无灰型产品为亚甲基双(二硫代氨基甲酸盐)和二硫代氨基甲酸酯，其结构如图1.2所示。这两种物质与烷基二苯胺(ADPA)和有机钼化合物协同作用可控制高温油泥的形成[23]。尤其是亚甲基双(二烷基二硫代氨基甲酸盐)与主抗氧剂如芳香胺、受阻酚和三唑衍生物的组合在矿物油和合成油中能提供协同作用[24~26]，这样的组合能提高低磷含量(0.1%质量)的内燃机油的抗氧化性能[27]。在低磷含量的航空燃气涡轮发动机油中，亚甲基桥连的双(二烷基)或双(烷基芳基硫代氨基甲酸)被用作高温抗氧剂和抗磨剂。它可以在高温条件下替代磷酸三甲酚酯，后者应用到三羟甲基丙烷三油酸酯中会产生导致神经毒性邻甲酚异构体化合物[28]。

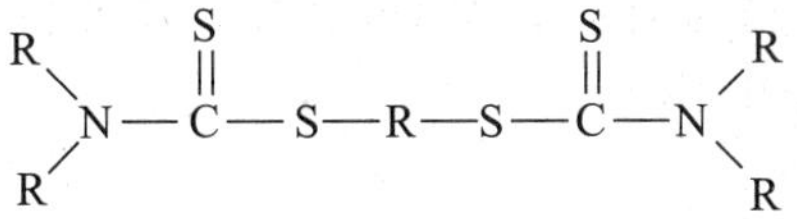

双(二烷基二硫代氨基甲酸) 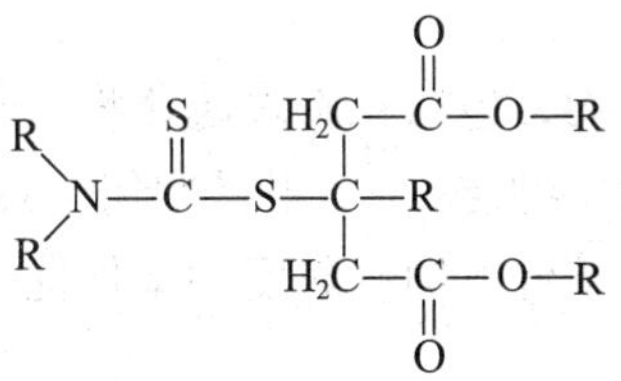　　二硫代氨基甲酸酯

图1.2　润滑油用无灰二硫代氨基甲酸酯

众所周知，二硫代氨基甲酸金属盐，如锌、铜、铅、锑、铋、钼等，尤其是二硫代氨基甲酸钼(MoDTC)具有理想的润滑特性，兼具抗磨损和抗氧化性能。该添加剂的金属离子类型影响其抗氧化性能，在这些类型中，MoDTC用于发动机曲轴箱润滑剂最为引人关注。某些含钼添加剂在制备过程中与水、酸性钼化合物、碱性氮化合物和含硫化合物反应具有良好的耐氧化性和可接受的耐腐蚀性[29,30]。油溶性的三核MoDTC由聚硫代钼酸铵与适量的四烷基二硫化物形成的双核钼化合物能提供给润滑油抗氧化、抗磨损和减摩性能[31]。

MoDTC与适当的芳香胺结合可以表现出协同抗氧化作用。氧化试验结果表明[32]，二烷基二硫代氨基甲酸钼($C_7 \sim C_{24}$)和ADPA配合能够广泛用于润滑油[33]。范围更小的二烷基二硫代氨基甲酸钼($C_8 \sim C_{23}$、$C_3 \sim C_{18}$)和ADPAs应用于含<3%芳烃和<50μg/g硫和氮的润滑油中[34]。二烷基二硫代氨基甲酸钼和受阻酚类抗氧剂配合使用于含有45%或以上的一个或两个环环烷烃以及<50μg/g的硫和氮的润滑油中[35]。MoDTC能用于API Ⅰ类基础油(硫含量>300μg/g)调合高档发动机油，也可用于API Ⅱ类基础油调合复合剂。该油品通过了程序ⅢF 氧化试验，没有用到钼化合物的油品则未通过[36]。硫化烯烃、ADPA 或受阻酚抗氧剂和 MoDTC 等油溶性钼化合物的配合物再一次证明，该混合物是非常有效的氧化稳定组分，尤其是在以高度饱和、低硫基础油调合的润滑油中效果更好[37]。

噻二唑衍生物，尤其是单体和二聚体衍生物代表了另一类含硫和含氮型的具有抗氧化性能多功能添加剂。例如，2－烷基－5－巯基－1，3，4－噻二唑单体在发动机油中通过薄层氧化实验(TFOUT)表明其能提升油品的氧化稳定性[38]。含有2，5－二硫代双(1，3，4－噻二唑－2－巯基)二聚体的12－羟基锂基脂通过美国试验与材料协会(ASTM)D 942 氧化稳定性试验表明具有优异的氧化安定性[39]。噻二唑衍生物与 ADPA 和有机钼化合物配合使用时能提高发动机油的热氧化模拟试验(TEOST)沉积物的控制(ASTM D－7097)，含有硫化异丁烯的油品却无法改善[40]。除了提供好的抗氧化能力外，噻二唑衍生物可作为无灰抗磨和极压添加剂使用，也可以提供缓蚀金属和金属钝化的性能，特别是对有色金属如铜的金属钝化效果优异。

吩噻嗪是知名的含硫、含氮型抗氧化剂，并已用于提高航空发动机油的氧化稳定性。近期的研究有具有改进的抗氧化活性及很好的油溶性的 *N*－取代硫代烷基吩噻嗪[41]，*N*－氨基丙基吩噻嗪以及可进一步衍生的 *N*－氨基基团化合物[42]。例如，烷基吩噻嗪与芳胺结合再依附于烯烃共聚物是润滑油多功能抗氧剂、抗磨剂、黏度指数(VI)改进剂[43]。

二胺硫化物，包括二胺多硫化物，与油溶性的铜结合使用可以有效地控制氧化效果。例如二吗啉二硫化物与二(二甲基吗啉)二硫化物与伯烷基 ZDDP 相比，发现它在发动机曲轴箱润滑油高温条件下抑制黏度的增加优于 ZDDP[44]。

1.4 磷化合物

在润滑科学领域，磷化合物作为润滑油抗氧化剂的优良性能早已被证实。已有文献报道在润滑油中使用磷元素可以减少油泥的形成[45]。然而，磷和硫一样可能对许多非铁金属和合金具有腐蚀的副作用，因此很少以这种形式加在润滑油中，而油溶性的有机磷化合物是首选添加剂。天然含磷化合物，例如卵磷脂，已被用作抗氧化剂[46~49]，许多专利已公布了关于这些单一的或是与其他添加剂结合的物质。卵磷脂也就是磷脂，是加工粗豆油产生的商业化副产物。

合成的中性或酸性亚磷酸酯的抗氧化性能已被大家所熟知，烷基亚磷酸盐和芳基亚磷酸盐，例如亚磷酸三丁酯和亚磷酸三苯酯，是许多石油基润滑油有效的抗氧化剂，同时许多这些化合物的专利也已发表[50,51]。表 1.1 总结了过去 30 余年来在润滑油中用到的有机亚磷酸酯类抗氧剂的情况。为了提升抗氧化性能，亚磷酸酯通常与胺类、受阻酚类抗氧剂配合使用起到协同效果。为了获得更好的水解安定性，三取代稳定性好的“空间位阻”亚磷酸酯的开发，如三－(2，4－二叔丁基苯基)亚磷酸酯是优选产品，还有美国专利 5124057[52]公开的基于季戊四醇的亚磷酸酯。烷基磷酸铝、钙或钡盐是另一类具有抗氧化性能的磷化合物[53,54]。

表 1.1
有机磷酸酯作为抗氧剂在润滑油中的应用

应用领域	亚磷酸盐	辅助抗氧化剂	参考文献
压缩机油	三壬苯基亚磷酸酯，亚磷酸三丁酯，亚磷酸十三烷酯，亚磷酸三苯酯，磷酸三辛酯，亚磷酸二月桂酯	二级胺和受阻酚	55
汽车和工业润滑油	三芳基亚磷酸酯，三烷基亚磷酸酯，烷基芳基亚磷酸酯，酸性二烷基亚磷酸酯	二级胺和受阻酚	56
汽车和工业润滑油	亚磷酸三苯酯，邻苯二甲酸二异癸季戊四醇二亚磷酸酯，三异癸基酯，二月桂基亚磷酸酯	二级胺和受阻酚	57
液压油、汽轮机油、压缩机油和导热油	位阻亚磷酸三丁酯，双(丁基季戊四醇)亚磷酸酯	(3，5－二－叔丁基)4－羟基苄基异氰脲酸酯	52
汽轮机油、燃气涡轮机油	亚磷酸三苯酯，三烷基取代苯基酯	烷基化二苯胺，苯基－萘胺	58
液压油、自动传动液	三烷基亚磷酸酯	二级胺和受阻酚包括双酚	59

1.5 硫磷化合物

在证实了硫化物和磷化物能对烃类提供抗氧化保护之后，对于一个分子中同时含有硫、磷这两种元素的油溶性抗氧剂得到了开发。这类化合物的大量专利已公开发表，其中相当一部分已被商用[60~67]。事实上，在各种各样的基础油中，既含硫又含磷的抗氧化剂比只含磷或只含硫的抗氧化剂更有效。而且许多商品油也含一种或其他的硫－磷型添加剂。

目前广泛使用的硫－磷型添加剂首先以五硫化二磷与醇反应形成二硫代磷酸，然后通过中和的羧酸与金属化合物反应形成二烷基二硫代磷酸金属盐。所用到各种类型的脂肪醇，如环烷醇[62]、酚类衍生物，相对分子量较高的醇类(如十二醇、辛醇、环己醇、甲基环己醇、戊基或丁基酚[67])是优选的，以此合成的产品具有很好的热稳定性和优良的油溶性。对于上述第二步反应中的金属化合物，通常选择锌、钡、钼、钙的氧化物。60余年来，二烷基二硫代磷酸锌(ZDDP)一直是润滑剂最具成本效益的抗氧剂之一，它也是发动机油和传动液关键性的抗氧剂组分。此外，ZDDP还显示出良好的抗磨损性能，尤其是在气阀机构区的金属表面通过腐蚀反应形成含硫膜和含磷膜。这类膜可以防止油品氧化形成有机酸的腐蚀。C_4/C_5二烷基二硫代磷酸盐是最常使用的，但也开发多种其他烷基和芳基衍生物主要是为了满足特殊的需要，如高温保护。图1.3所示为ZDDP的合成反应过程。

大量专利描述了五硫化二磷与不饱和有机物的反应，见图1.3。通过五硫化二磷与不饱和有机化合物，如萜烯、聚异丁烯、石蜡烯烃、脂肪酸、脂肪酯、鲸油等之间进行初步缩合反应，形成了高分子量的中间产物[68,89]。在反应中有硫化氢释放，因此中间反应产物呈酸性，而在这些情况中五硫化二磷与烯烃的反应可能是一种取代(活性氢原子的取代)和加成

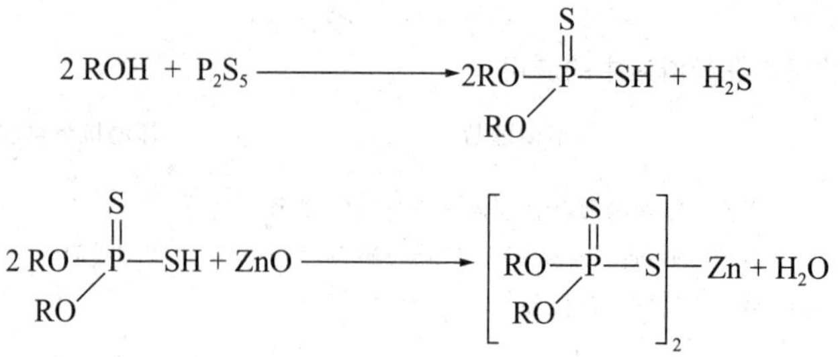

$$2\,ROH + P_2S_5 \longrightarrow (RO)_2P(=S)SH + H_2S$$

$$2\,(RO)_2P(=S)SH + ZnO \longrightarrow [(RO)_2P(=S)S]_2Zn + H_2O$$

图 1.3　ZDDP 的合成过程

反应。在添加剂的制备中，用碱土氢氧化物或氢氧化物中和酸性反应混合物得到金属盐，钙盐、钡盐或钾盐是首选的，此类型中的一些添加剂也表现出了清净性。利用五硫化二磷与不饱和有机基团的缩合反应为初步反应的概念提供的简单路线可合成各种各样的产品。其中的几种产物，尤其是萜烯和聚异丁烯的反应产物已得到广泛的商业化应用。

为了减少 ZDDP 对金属部件(特别是铜)造成的腐蚀和对金属的锈蚀，可通过在合成中加入烷基或芳基磷酸盐来实现[90]。例如，将亚磷酸三苯酯加到二烷基二硫代磷酸盐中，并在 110℃下加热 1h，然后加入氧化锌。另一专利则阐述了一种新型的可提高氧化安定性的二硫代磷酸盐[91]：酸与醇的反应得到具有一个羟基的单酯，然后与五氧化二磷反应得到二烷基二硫代磷酸，二烷基二硫代磷酸再与氧化锌反应得到新型的二硫代磷酸盐。为了提高溶解性，可在反应过程中使用伯醇和仲醇得到更低分子量的二烷基二硫代磷酸盐，其目的是增加盐中锌对磷的比例。另外，加入少量的丁醇可提高产物的溶解性[92]。此外，有专利报道二烷基二硫代磷酸和羧酸的混合金属盐具有更高的热安定性[93]。

最近关于有机钼硫化磷酸酯的文献报道很多，认为它们能赋予润滑油优异的氧化安定性。油溶性的有机钼化合物在某些条件下由于其优良的抗磨损、极压、抗氧化、抗点蚀及减摩等多功能特性，是一些润滑剂的优选添加剂。如不同烷基长度的烷基硫代磷酸钼如戊基、辛基、二乙基己基、异癸基等产品表现出明显的抗氧化、抗磨损和减摩性能[94]。以聚硫代钼酸铵盐与合适的双(烷基硫代磷酸)反应制备新型的二烷基二硫代三核钼化合物是优良抗氧化剂，兼具优异的抗磨、减摩性能[31]。一些商业化有机钼化合物产品能用于发动机油、金属加工液，以及各种工业和汽车用润滑油、润滑脂和特殊领域[95]，钼化合物与 ZDDP 的配合物，过硫磷化的聚异丁烯或钼盐与 α－烯烃反应制备的 ZDDP 附着含钼的组合物已有介绍[96]，氧化实验中，单独的钼加合物性能较差，但其与 ZDDP 配合使用具有良好的氧化安定性。新型的有机钼化合物与 ADPA 和 ZDDP 配合使用在植物油中也能明显提高其作用效果[97]。

由于二烷基二硫代磷酸金属盐在使用过程中带来的相关的毒性、废料处理、堵塞过滤器、污染等问题，目前越来越多的研究集中在工业或车用润滑油使用无灰添加剂。报道显示一些二烷基二硫代磷酸衍生物可作为多功能添加剂，如二异戊基二硫代磷酸与伯胺或仲胺反应，得到链长从 $C_5 \sim C_{18}$ 的八烷基氨基二硫代磷酸酯，与 ZDDP 相比，该类化合物具有优良抗磨损、抗氧化性能[98]。由庚基、辛基或壬基硫代磷酸与乙烯二胺、吗啉或叔烷基胺($C_{12} \sim C_{14}$)反应得到的烷胺基二硫代磷酸酯能赋予油品类似的抗氧化、抗磨损特性，同时还具有超出 ZDDP 的优异的水解安定性[99]。含有受阻酚官能团的硫代磷酸酯衍生物具有抗氧化能力，它通常由烷基硫代磷酸的金属盐与卤代酚[100]或酚醛[101]反应得到。其中的酚醛尤其是受阻酚醛，其碳原子连接的羰基碳和氢原子，合成的产品具有优良的抗氧化和热稳定性[102]。

1.6 酚胺类抗氧剂

油溶性有机胺和苯酚衍生物，如邻苯三酚、没食子酸、间苯二酚二丁酯、对苯二酚、苯胺、苯基 - α - 萘胺和 β - 萘酚在早期用于汽轮机油和润滑脂的抗氧化剂[103,104]。在发动机油中，这些类型的化合物只会体现出有限的效果。其他胺和苯酚衍生物，如四甲二氨基二苯甲烷和2 - 二羟基蒽醌很少单独使用，通常是与其他类型的抗氧化剂复合使用。例如，报道了一个复杂结构的胺类物质与聚异丁烯五硫化二磷反应产物[105]。另一报道是润滑油混合物，它含有复杂的苯酚衍生物如2 - 二羟基蒽醌和硫化烷基酚和其他清净添加剂[106]。随着科技的进步，已经发明了更多的胺类和酚类抗氧剂，其中很多已为润滑油行业广泛使用的类型。

1.6.1 胺类抗氧剂

ADPA是目前使用的最重要的润滑油抗氧剂之一，由于烷基取代二苯胺较高的反应活性，二十年来该剂一直是车用润滑油和工业润滑油中的主要抗氧化剂。图1.3和图1.4是主要烷基二苯胺的合成工艺路线图。该反应原料苯先被转化为硝基苯[107]，随后在高温条件下还原为苯胺[108]，接下来在很高温度(400 ~ 500℃)和压力(50 ~ 150psi)条件下，苯胺经过气相催化转化，形成二苯胺[109]。二苯胺与烷基化剂如醇、烷基卤化物、脂肪族羰基化合物或烯烃反应，生成ADPA，从成本考虑首选烯烃，烯烃主要有异丁烯(C_4)、二异丁烯(C_8)、壬烯(C_9)、苯乙烯、四聚丙烯(C_{12})，考虑到反应中会涉及不同的酸性催化剂、烯烃共聚物和其他不同的反应条件如反应温度等，烷基化进程会有所不同，通常会形成单烷基或二烷基的二苯胺。

单烷基二苯胺在同等剂量(质量)下比二烷基二苯胺效果更好，因为额外的烷基化反应减少了单元质量条件的二苯胺物质的摩尔数。然而在实际反应过程中，很难得到单烷基化的二苯胺，因为生成单烷基二苯胺会迅速生成二烷基二苯胺，用高选择性 C_{16} ~ C_{18}的新颖线性黏土催化剂可合成高含量的单烷基二苯胺，也可获得高的二烷基二苯胺(大于50%的质量)和小部分难反应或未反应的二苯胺以及较低含量的单烷基二苯胺[110]。6个以上碳链的单烷基二苯胺在应用中会使材料变为浅黄色或不易着色[111]。

有人发现，单烷基取代的二苯胺在各种条件下更容易快速聚合形成高分子量的线性低聚物，2 ~ 10聚合度的聚合物是理想的抗氧剂，特别适合在高温条件下使用。而二取代或多取代的二苯胺形成高于二聚体的多聚体受到限制，用 C_4 ~ C_{16}烯烃制备的单取代二苯胺获得的低聚体是酯类润滑油有效的抗氧剂[112]。该类抗氧剂在极高温度条件下使用比单独使用二苯胺抗氧剂更为有效。据报道烷基化二苯胺(C_4 ~ C_8)的低聚物或均聚物、苯乙烯化二苯胺或交叉低聚的ADPA与 N - 苯基 - $\alpha(\beta)$ - 萘胺(PNA)的低聚物在高温条件下能提供合成酯润滑剂优越的抗氧化性能[113]，ADPA与烷基化的PNA在醛的存在下形成的低聚物在热稳定性和化学稳定性方面效果优良，在汽轮机油中的旋转氧弹试验(RPVOT，ASTM D 2272)和ASTM D 4310沉积物试验结果表明，它能提高抗氧化性能和保持良好的沉积物控制[114]。

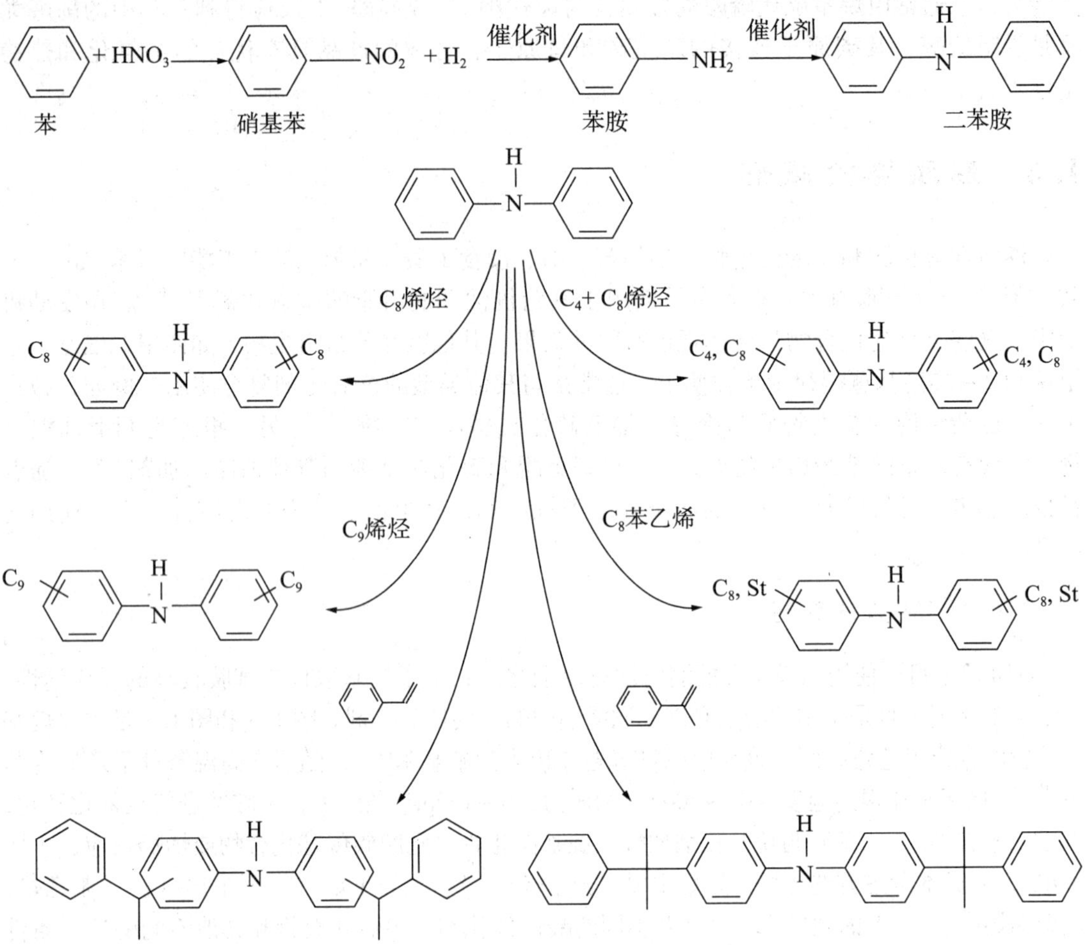

苯 + HNO_3 → 硝基苯 $-NO_2$ + H_2 →(催化剂) 苯胺 $-NH_2$ →(催化剂) 二苯胺

C_8烯烃　C_4+ C_8烯烃　C_9烯烃　C_8苯乙烯

图 1.4　ADPA 抗氧剂的合成路线

有大量的专利报道使用异丁烯衍生物作为烷基化的原料，二异丁烯与二苯胺在一定的摩尔比的范围内，其反应温度为160℃或更高。在这样的条件下，二异丁烯更容易断开碳链进行反应[115]，以酸性黏土作为催化剂，生成在室温下为液体的产品，其4，4′-二辛基二苯胺含量小于25%。另一个反应分两步进行[116]，第一步是二苯胺与二异丁烯反应，第二步是与二烯烃最好是异丁烯反应，得到产品是浅色液体物质。其中，合适的摩尔配比、反应温度、反应时间是合成该ADPA产品的关键因素。如果需要产品中单取代的二苯胺含量较高(大于50%)，那么在酸性黏土催化剂存在的条件下，用较低用量的二异丁烯在较低温度范围内(105~157℃)进行反应，通过对反应时间的合理控制和较低原料配比的选择，最终可获得单取代二苯胺含量较高，二取代或未反应二苯胺含量较低的产品[90,117]。美国专利6355839[118]公开了选用分子量在160~280的高活性聚异丁烯低聚物为原料，以至少含有甲基乙烯基异构体25%的物质作为烷基化剂，得到ADPA和其他类型烷基化二苯胺产物，在室温下这些产品都是液体。

有些专利报道了以烷基化苯三唑型为基础的抗氧剂，ADPA和这类抗氧剂配合使用可额外获得很好的铜腐蚀抑制作用，如苯并三氮唑与烯烃如二异丁烯反应获得N-叔-烷基化苯三唑产物[119]，还有苯并三氮唑和烷基乙烯基醚或乙烯基的羧酸酯，如乙酸乙酯的反应产物[120]。有报道称磷酸酯胺盐[121]或有机二烷基二硫代磷酸酯与苯并三氮唑[122]的反应产物具有优异的抗氧化和抗磨损性能，前一种产品在 ASTM D 665 锈蚀试验中表现出很好的防锈性能。

芳香二苯胺类抗氧剂是最适用于润滑剂中的一种胺类抗氧剂，3，5－二乙基－1－甲基－苯二胺(2，4 和2，6 位置被胺基片段占据)声称可以有效控制油品的黏度增加和酸的生成[123]。这种添加剂对轴承的铜和铅没有腐蚀，并在高温和高压条件下密封相容性好，烷基取代的苄胺和烷基取代的1－氨基－1，2，3，4－四氢萘在合成润滑油如多元醇酯或聚－α－烯烃(PAO)中效果突出，这些添加剂在油品中都具有低金属腐蚀、低黏度增加、低沉积物生成[124]。*N*，*N′*－二苯基对苯二胺是有效的抗氧剂，其中苯基也可以是甲基、乙基或甲氧基[125]。取代的对苯二胺对于易产生铁催化氧化的环境具有抑制铁氧化的作用而被广泛地应用到曲轴箱润滑油中[126]。由1，8－二氨基萘与醛或酮反应制备得到的2，3－二氢吡啶在旋转氧弹试验 RPVOT(ASTM D 2272)中有很好的抗氧化性能。胺和酚类抗氧的协同作用当然也会有考察，含有 *N*，*N′*－双取代－2，4－二氨基二苯酯或亚胺的润滑油产品能有效抑制黏度增加、酸值增长并减少台架试验中的金属腐蚀[128,129]。烷基琥珀酸酐与5－氨基三唑的反应产物在铁路机车柴油机油中表现出优良的抗氧化性能[130]。

1.6.2 酚类抗氧剂

受阻酚类抗氧剂是另一类重要的抗氧剂，被广泛地应用到车用润滑油、工业用油和润滑脂中。从化学结构来进行分类，酚型抗氧剂分为简单结构的酚类，如：2，6－二叔丁基－4－对甲基苯酚(BHT)和复杂结构的酚类化合物。复杂结构的通常为分子量在1000 左右或更高的聚合物，在表1.2 中列出了各种酚类抗氧剂的结构、主要物理性质、应用范围等。

表1.2

商业化润滑油受阻酚类抗氧剂的结构，物理性质和应用领域

酚类	结构式	熔点/℃	溶解度(矿物油)/%	应用领域
2，6－二叔丁基苯酚	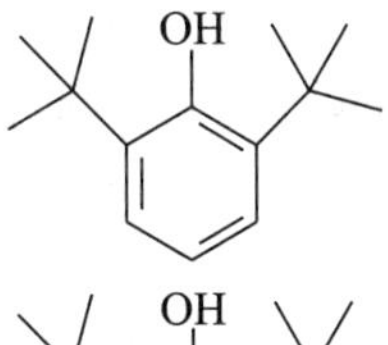 OH	36～37	>5	工业用油、动力传输液、润滑脂、燃料油
2，6－二叔丁基对甲酚(BHT)	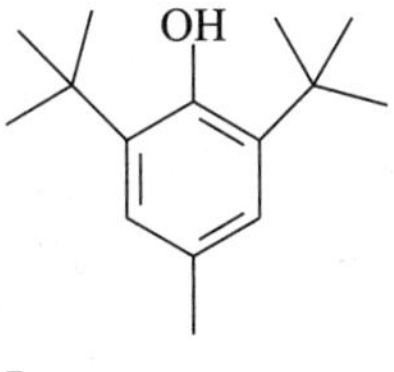 OH	69	>5	工业用油、动力传输液、食品级润滑油、润滑脂
四[β－(3，5－二叔丁基－4－羟基苯基)丙酸]季戊四醇酯	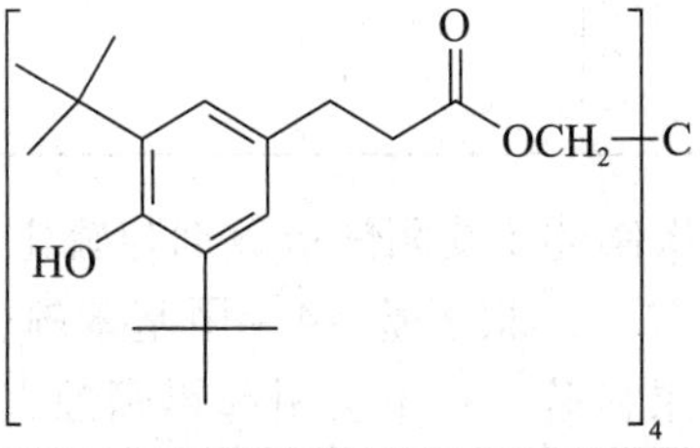 O, OCH_2—C, HO, 4	110～125	0.1～0.5	工业用油、食品级润滑油、润滑脂

表 1.2 续表

酚类	结构式	熔点/℃	溶解度(矿物油)/%	应用领域
3，5－二叔丁基－4－羟基－苯基丙酸，C_{18}烷基酯	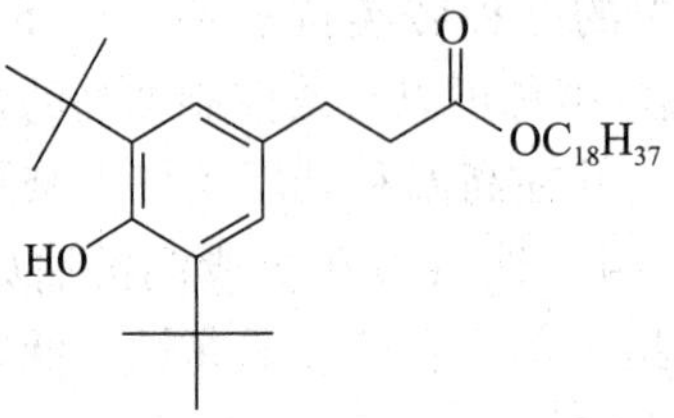	50～55	>5	工业用油、环境友好油品
3，5－二叔丁基－4－羟基－苯基丙酸，C_{7-9}烷基酯	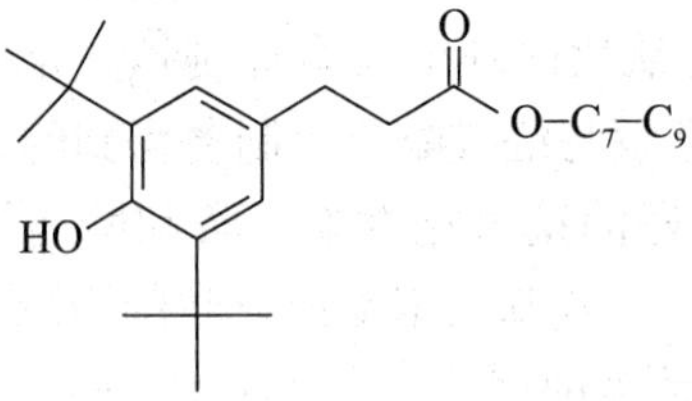	液体(25℃)	>5	发动机油、动力传输液，工业用油
3，5－二叔丁基－4－羟基－苯基丙酸，C_{13-15}烷基酯	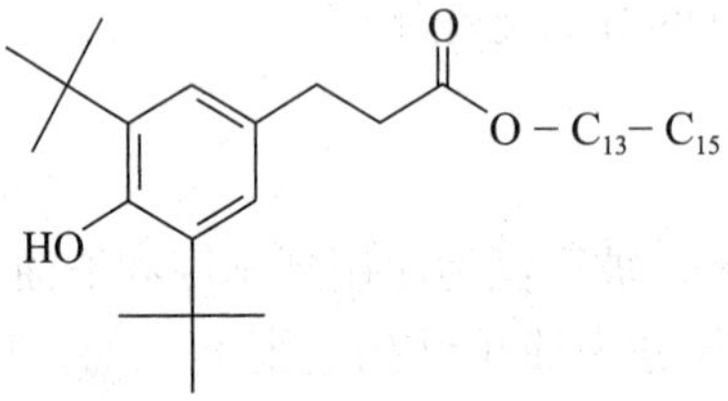	液体(25℃)	>5	发动机油、动力传输液，工业用油
4，4′－亚甲基双(2，6－叔丁基苯酚)	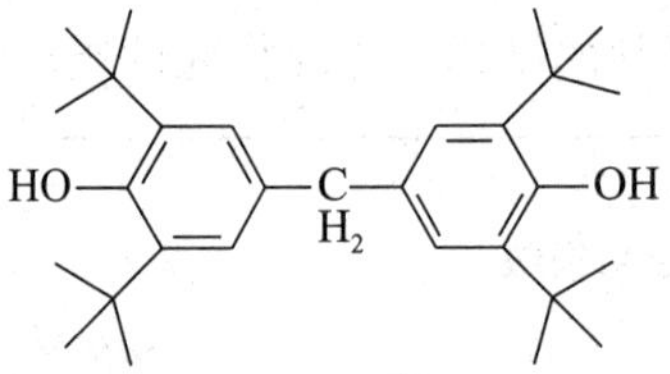	154	NA	发动机油、工业用油、食品级润滑油、润滑脂
2，2′－亚甲基双(4－甲基－6－叔丁基苯酚)	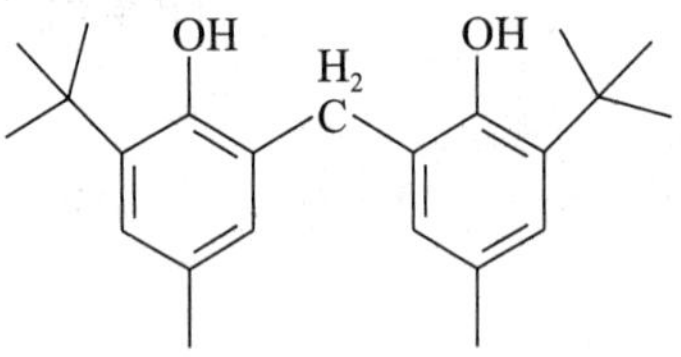	128	2－5	发动机油、工业用油、润滑脂
2－丙烯酸，3－[3，5－双(1，1－二甲基乙基)－苯基]－1，6－己二基酯	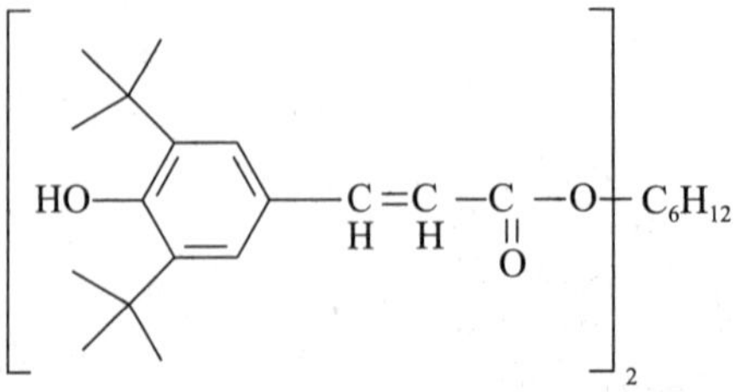	105	>1	工业用油、润滑脂、食品级润滑油

类似于烷基苯酚硫化物，前面章节也多次阐述了受阻酚抗氧剂与硫化合形成的物质。例如，表 1.2 中所列的简单的酚类抗氧剂如2，6－二叔丁基－4－甲基苯酚(BHT)与硫化烯烃结合在控制油品酸值增加和黏度增长方面效果显著，且不会引起铅腐蚀[131]。另一项专利里

描述了用酚铝盐作为催化剂，以烷基取代酚和烷基二硫化物为原料制备含硫酚类抗氧剂的方法[132]。与常用的4，4－双亚甲基(2，6－二叔丁基苯酚)相比，含硫酚抗氧剂在厚油层氧化和轴承腐蚀台架试验中表现出优良的性能，已开发出了屏蔽酚和硫桥连接的高聚合体酚型抗氧剂[133]。这些化合物具有低的挥发性、更好的热稳定性，在密封相容性和抗腐蚀方面效果也很理想。通常，含硫键结构的酚类抗氧剂比常用酚类抗氧剂在高温条件下效果更好，特别适合以高度精制基础油调合的润滑油[134]。图1.5是不同结构的含硫键结构的酚类抗氧剂，它们适用于各类润滑油配方，硫代烯烃桥连的偏酚和硫代烯烃化合物由于其很好的化学稳定性，在矿物基和合成基础油中的应用报道很活跃[135]。

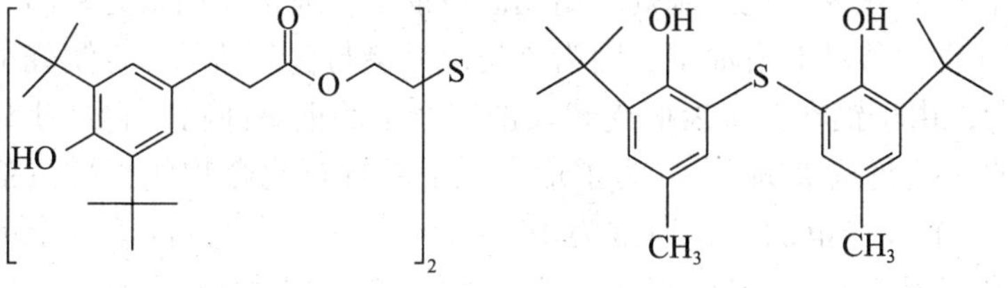

图1.5 商业化的含硫键抗氧剂产品

1.6.3 酚胺化合物

酚类和胺类衍生物作为润滑油抗氧剂已被大家广泛接受，将酚胺结构结合在同一分子中得到的化合物能提高抗氧化性。在现有技术中[136]，将烷基胺与长链的3，5－二叔丁基－4－羟基苯基化合物结合在同一分子内，由于在同一分子内有单独的苯酚基团和氨基氮，所以这一新颖的化合物具有较低的挥发性、较好的热稳定性和良好的油溶性。Nelson 和 Rudnick[137]使乙氧基烷基酚和烷基芳胺在甲醛的存在下反应，得到的产物由于酚和胺结构的协同效应其抗氧化性能变得更好，由于在分子中引入了长链烷基的芳胺，也增强了它在油中的溶解性。由聚氨基酚和羰基化合物制备的酚醛咪唑啉除具备好的抗氧化性能外[138]，还因为咪唑啉基团的引入，在缓蚀和金属钝化方面效果较好。

有文献报道了一种在一个分子内含有硫、氮和苯酚基团的多功能添加剂，在这一实例中[139]，巯基苯并噻唑或噻二唑与受阻酚抗氧剂发生曼尼希反应，得到具有抗氧化和抗磨损性能的化合物。其他更复杂结构的产品也有类似的功能，通常是将含硫的受阻酚酯与 ADPA 抗氧剂反应所得[140]。

1.6.4 多功能胺酚衍生物

润滑油行业发展的趋势是降低磷和硫的含量，因此需要开发抗氧化、抗磨损等多功能特性的添加剂来替代 ZDDP 所提供的性能，并在一定程度要考虑其分散性能，同时具备低或无硫、磷。有研究表明，烷基或烯基琥珀酸酐与合适的胺反应可得到多功能特性产品。由聚链烷的琥珀酸或酸酐首先与芳香族仲胺反应，然后与链烷醇胺反应，所得产品具有明显的抗氧化、抗磨损、分散性能，在卡特彼勒发动机试验结果表明有很好的防腐蚀效果[141]。近期的美国专利[142]披露了用烷基或烯基琥珀酸衍生物与二氨基萘基化合物制备的产物可作为润滑油抗氧剂、抗腐蚀剂、烟炱分散剂使用。在烯基琥珀酸亚胺中引入受阻酚官能团可获得一种具有抗氧化性能的新的无灰分散剂。琥珀酸衍生物与二氨基萘化合物作为抗氧化剂使用[143]，该产品在发动机油中能通过程序 VG 台架试验，该试验是行业内公认的沉积物试验，它能体现出油品在发动机运转时其控制油泥和漆膜形成的能力。美国专利5075383[144]介绍了芳香族仲胺和马来酸酐用乙烯－丙烯共聚物接枝得到的氨基芳香多胺化合物新型抗氧型分散剂，含有该添加剂的发动机油在实验室氧化和油泥分散试验中显示出优良的性能特点，在程序 VE 和 MWM－B 发动机测试也有同样令人满意的结果。

1.7 铜抗氧剂

多年来，人们一直关注铜化合物作为氧化抑制剂应用到润滑油中，通常我们认为铜离子的存在是氧化诱因，它可能存在动力传动润滑油中，因为该类油品会与含铜轴承和青铜烧结的离合器片接触[145]。有人认为，由于铜在金属表面受到攻击后产生的铜腐蚀物，它是使氧化加速的物质[146]，而油溶性的铜盐是抗氧剂[147]。为了最大限度发挥铜化合物作为抗氧剂的能力，初始浓度需要保持在一个最佳范围内，通常为100～200μg/g[145,147]，低于这个范围，铜化合物的抗氧化作用不能够体现；高于这个范围，抗磨添加剂就会对其有干扰，使得油品会在高应力接触点的磨损增加[148]。

早期开发的油溶性铜抗氧剂是铜－硫复合物，典型的化合物类型是铜存在下得到的不饱和烃硫化物[149～151]。近期有专利公开的能使润滑油稳定的组合物，它包括二烷基二硫代磷酸锌(ZDDP)和60～200μg/g的油溶性铜化合物如二烷基二硫代磷酸铜和二烷基二硫代氨基甲酸铜[148]。全配方的发动机油包含 ZDDP 和各种辅助抗氧剂如胺类、酚类，以及第二个 ZDDP 组分和有机铜盐，只有含有铜盐的油品能通过氧化实验，使用其他添加剂的油品，氧化后黏度增长超标。已经报道的有机铜化合物有：环烷酸铜、油酸铜、硬脂酸铜和聚异丁烯琥珀酸酐铜盐等，它们与多环芳香族物质的协同作用使其在合成基础油中能很好地控制高温沉积物的形成[147]。

铜盐的进一步反应可生成更为复杂的化合物，它们是各种润滑油中的有效抗氧剂组分。例如，羧酸铜或硫氰酸铜与单噁唑啉，双噁唑啉或内酯噁唑啉分散剂反应形成的配合物，其中噁唑啉部分所含的氮与铜的络合物形成配位体。其产品表现出良好的油泥形成控制能力和氧化抑制能力[152]。铜盐(醋酸盐，碳酸盐或氢氧化物)与含有至少一个游离羧酸基团的取代的琥珀酸酐衍生物的反应产物，是有效的高温抗氧化剂和摩擦改进剂。将其应用于全配方的发动机油中时，能帮助油品通过防锈、氧化和轴承腐蚀发动机试验[153]。在另一个专利中[154]，以含受阻酚的羧酸作为偶合剂，反应所得的铜化合物在单独使用或与常用的胺类或酚类抗氧剂协同使用时。能有效的控制油品高温沉积物的形成和黏度增加。

1.8 含硼抗氧剂

用更环保型添加剂来代替 ZDDP 的研究已经使人们重新对硼酸酯产生了兴趣，原因是它们在单独使用或者和其他添加剂混合使用时能提高润滑油抗氧化、抗磨、减摩性能。在调合到润滑油中时，硼化合物的复杂摩擦学行为取决于它们特定化学结构以及硼和其他活性元素如：硫、磷、氮之间的相互作用，或者它们的复配效果[155,156]。

有报道称，一些含氧硼化物是有效的氧化抑制剂，可以阻止在温度升高至163℃时油黏度上升及酸的形成[157~161]，其典型化合物有：硼环氧化物(尤其是1，2－环氧十六烷)[157]、硼酸化的单和混合链烷二醇[158]、混合氢醌－羟基硼酸盐[159]、受阻酚酯类硼酸盐[160]，以及硼酸与脂肪族或芳香族酚醛缩合反应的产物[161]。

含氮硼酸酯为大家所熟知的是其抗氧化活性，它能改善抗磨损性可能是由于在摩擦表面附着形成的氮化硼膜[162]。有报道称，特别是在高温下，硼酸与长链烷基二胺的醇盐、低分子有机酸的加合物具有耐磨性能和较高的氧化抑制能力[163]。也有报道称烷基咪唑啉硼酸酯、硼酸盐的混合物[164]、硼化乙氧基胺和乙氧基酰胺的混合物[165]、硼酸二胺[166]具有明显的抗氧化作用。

硼酸酯与 ADPAs 或者与二烷基二硫代磷酸锌具有很好的协同抗氧化作用。在 PAO 基础油中，180℃条件下的加压差示扫描量热法(PDSC)研究表明，硼酸酯和二辛基二苯胺以 1∶1(质量)比例的混合物表现出优异的协同抗氧化作用。类似的效果也能在硼酸酯和 ZDDP 的混合物中得以体现[155]。硼酸酯和 ZDDP 的协同增效具有实际意义，因为它允许在不降低氧化稳定性的同时可以减少成品润滑油的磷含量。硼在增加抗氧化性能方面的催化效果促进了酚－二硫代磷酸脂硼酸盐(通过硼将受阻酚抗氧剂与烷基二硫代磷酸酯醇衍生物结合)的发展。硼酸盐具有出色的抗氧化和抗磨损性能。受阻酚部分和二硫代磷酸酯醇部分提供了协同作用的基础，这两部分通过硼的连接后性能明显增强[168]。

尽管硼酸酯可以提供许多摩擦学和抗氧化性能，但并没有大量应用到润滑油中。因为硼酸酯最显著的一个缺点是水解安定性差，这一过程释放出非油溶性的腐蚀性硼酸。下面就是解决这个问题的几个不同程度的成功尝试：

(1)和受阻酚一起形成立体结构抑制硼氧键受到水解攻击。常用的受阻酚有 2，6－二烷基苯酚[169]，2，2′－硫代双(烷基酚)和硫代双(烷基萘)[170]。

(2)与有具非键电子对的胺相结合。胺与缺电子硼原子的结合可以防止水解。美国专利 US. 4975211[171]和 US. 5061390[172]披露了硼酸邻苯二酚与二乙胺配合使用能抗水解，另一报道称硼酸酯与 *N*，*N*′－二烷基氨基乙基混合可以显著改进水解稳定性[156]。推测出氮、硼形成一个稳定的五元环结构能大大改善产品的水解稳定性。

(3)用某些特定的烷基二醇或者叔胺二醇与硼酸反应形成稳定的五元环结构[173]。

1.9 杂环有机金属抗氧剂

最近，报道称一些油溶性的有机金属化合物，如含钛、锆和锰的有机酸盐、胺盐、含氧化合物，酚盐和磺酸盐都是有效的润滑剂稳定剂[174,175]，其中的一些几乎不含硫、磷元素，它们适用于现代发动机油低硫、低磷的要求。一个典型实例为[174]：一种钛的来源是异丙醇钛添加剂，钛衍生物含量为 25～100μg/g 的润滑油，用在高温条件的小松热管试验(280℃)和 ASTM D6618 试验评价发动机油的环粘连、活塞环和气缸的磨损，并考察四冲程柴油发动机活塞环沉积物，具有极好的高温氧化安定性。在另一实例中[175]，异丙醇钛分别与新葵酸、甘油单油酸酯或聚异丁烯基的双琥珀酰亚胺反应，生成相应的钛酸化合物，这些化合物，以钛含量为 50～800μg/g 的比例调合在 SAE 5W30 发动机油中，TEOST(ASTM D 7097)实验表明，它们在该发动机油中能很好地控制沉积物的生成，锆和锰的类似的化合物在该类油中也表现出良好的抗氧能力。

更特别的是，油溶性或可分散型钨化合物也可作为抗氧剂使用，如胺钨酸盐和二硫代氨基甲酸钨，发现与双仲芳基胺和烷基化吩噻嗪在润滑剂中有很好的协同作用。该混合物，以钨含量为20~1000μg/g的比例添加到发动机曲轴箱润滑油中，它能有效地控制油品的氧化和沉积物的形成[176]。

不含硫的钼盐，如钼酸铵就尝试作为抗氧剂使用，发现它与ADPAs在润滑油中有协同效应[177,178]。这种协同混合物能改善曲轴箱润滑油的氧化稳定性，同时，还表现出好的摩擦学特性。

1.10 碳氢化合物氧化机理和抗氧化作用

目前研究表明，烃类润滑剂的氧化是一个自氧化过程，氧化作用使润滑油酸值增加和黏度增长，更为突出的是可能生成有不溶性沉积物和漆膜，导致发动机磨损增大、润滑性变差、燃料经济性降低。抗氧化剂是润滑油配方中的主要添加剂，它可以延缓或尽量减小润滑油的氧化降解，接下来的章节主要介绍润滑剂的氧化机理和抗氧剂的作用。

1.10.1 润滑油的自氧化

许多文献证实自氧化机理就是自由基的链反应机理[179~181]。它包括四个不同的反应阶段：链引发、链增长、链支化和链终止。

1.10.1.1 链引发

$$R-H \xrightarrow{O_2} R\cdot + HOO\cdot \tag{1.1}$$

$$R-R \xrightarrow{Energy} R\cdot + R\cdot \tag{1.2}$$

链引发阶段的发生是烃类物质在氧气和热、紫外线或机械剪切应力的能量环境下，由于脱氢和C—C键断裂，形成烃自由基(R·)[182]。而烃分子中C—H键的强弱和形成自由基的稳定性决定了R—H键均裂形成自由基的强弱顺序如下[183]：苯基<甲基<亚甲基<次甲基<叔基<苄基。因此，叔基上的氢或碳—碳双键、芳环α位上的氢容易发生均裂。链引发在普通环境下会进行得很慢，但在温度升高或有金属催化剂(如铜、铁、镍、钒、锰、钴等)存在的条件下会很快地发生。

1.10.1.2 链增长

$$R\cdot + O_2 \longrightarrow ROO\cdot \tag{1.3}$$

$$ROO\cdot + RH \longrightarrow ROOH + R\cdot \tag{1.4}$$

链增长的第一阶段是烷基自由基与氧形成烷基过氧自由基(ROO·)，是不可逆反应。烷基自由基与氧的反应速率极快，其具体速率取决于自由基的取代基[179]。一旦形成烷基过氧自由基，它可以随机的从烃分子上夺取氢生成烃过氧化氢(ROOH)和一个新的烷基自由基(R·)。基于这种机理，每一段时间的烷基自由基的形成，都会有大量的烃分子被氧化为烷基过氧自由基。

1.10.1.3 链支化

(1)自由基的形成：

$$ROOH \longrightarrow RO\cdot + HO\cdot \tag{1.5}$$

$$RO\cdot + RH \longrightarrow ROH + R\cdot \tag{1.6}$$

$$HO\cdot + RH \longrightarrow H_2O + R\cdot \tag{1.7}$$

(2)醛和酮的生成：

$$RR'HCO\cdot \longrightarrow RCHO + R'\cdot \tag{1.8}$$

$$RR'R''CO \longrightarrow RR'CO + R''\cdot \tag{1.9}$$

链的支化阶段开始于过氧化氢物裂解成烷氧基自由基（RO·）和羟基自由基（HO·）。此反应的发生需要大量的活化能量，而且只有当温度高于150℃时才有明显反应，催化金属离子的存在会加速这一过程，自由基的形成会经历一些有可能发生的反应，(a)反应式(1.6)显示的是烷氧自由基与烃分子反应形成醇和一个烃自由基；(b)反应式(1.7)显示的是羟基自由基与烃分子反应形成水和烃自由基；(c)仲烷氧自由基(RR′HCO·)可通过反应式(1.8)分解形成醛和新的烷基自由基；(d)叔烷氧自由基(RR′R″CO·)可分解形成酮和烃自由基[见反应式(1.9)]。

链支化反应是一个很关键的步骤，随着氧化程度的进一步进行，不仅会产生大量的烷氧自由基加速氧化，还会有低分子量的醛和酮生成，它们影响到润滑剂的很多物理性质，如很快会降低油品的黏度、增加油的蒸发损失和增大极性。在高温氧化条件下，醛和酮通过酸催化的醇醛缩合反应进行缩合，缩合物能导致聚合降解产物的形成，最终表现为发动机中的油泥和漆膜沉积物，详细的机理在1.10.3章节进行探讨。

1.10.1.4 链终止

$$R\cdot + R'\cdot \longrightarrow R-R' \tag{1.10}$$

$$R\cdot + R'OO\cdot \longrightarrow ROOR' \tag{1.11}$$

随着氧化程度的深入，油品中高分子量烃类物质的增加导致其黏度增大，当油品的黏度达到一定程度，氧的扩散处于有限的水平，链终止反应占据了主导地位。从反应式(1.10)和式(1.11)可以看出，两个烷基自由基可以结合生成一个烃分子，抑或一个烷基自由基和一个烷基过氧自由基结合生成一个过氧化物分子，但是，这种过氧化物分子很不稳定，会产生更多的烷基过氧自由基。在链终止过程中，羰基化合物和醇类物质的形成也包含了含有α-氢原子的过氧自由基。

$$RR'CHOO\cdot \longleftrightarrow RR'CHOOOOHCR'R \xrightarrow{-O_2} RR'C=O + RR'CH-OH \tag{1.12}$$

1.10.2 润滑剂降解的金属催化作用

金属离子对链引发阶段和链支化阶段氢过氧化物的分解具有催化作用[184]，金属离子的催化作用是通过氧化还原机理实现的。此反应机理所需的活化能低，因此链引发阶段和链支化阶段的反应能在更低的温度下开始。

1.10.2.1 金属催化作用*

(1)链引发阶段

$$M^{(n+1)+} + RH \longrightarrow M^{n+} + H^+ + R\cdot \tag{1.13}$$

$$M^{n+} + O_2 \longrightarrow M^{(n+1)+} + O_2^- \tag{1.14}$$

* 译者注：在原文中本节只有“1.10.2.1”，无“1.20.2.2”等相关内容，后续也将出现类似情况，提请读者注意。

(2)链支化阶段

$$M^{(n+1)} + ROOH \longrightarrow M^{n+} + H^{+} + ROO\cdot \tag{1.15}$$

$$M^{n+} + ROOH \longrightarrow M^{(n+1)+} + HO^{-} + RO\cdot \tag{1.16}$$

1.10.3　润滑剂的高温降解

前面的讨论提供了润滑剂在低、高温的条件下的自氧化的机理。低温氧化的最终结果是形成过氧化物、醇类、醛类、酮类和水[185,186]。高温氧化条件下(>120℃),氧化分解的主要物质是包括过氧化氢的过氧化物破裂,以及由此产生的羰基化合物[如反应式(1.8)和反应(1.9)的化合物]被氧化成如图1.6所示的羧酸,其直接结果是油品的酸值增加。随着氧化的进一步进行,酸或碱催化羟醛缩合反应的发生。其反应机理如图1.7所示[187]。最初,形成α,β-不饱和醛或酮,这些物质进一步反应会形成一些高分子量的化合物。这些物质使油品黏度增加,并最终相结合反应在热金属上表面形成不溶于油的聚合物物质,导致了油泥和漆膜的形成。油品黏度增加和沉积物的形成已确定是由于油品本身因素造成发动机损害的主要原因[188]。

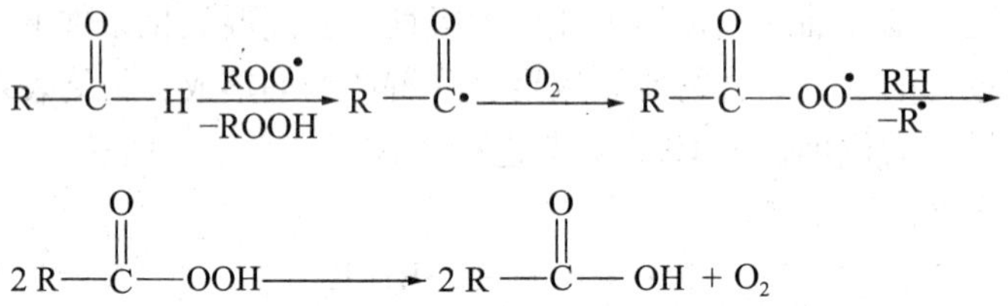

$$R-\overset{O}{\overset{\|}{C}}-H \xrightarrow[-ROOH]{ROO\cdot} R-\overset{O}{\overset{\|}{C}}\cdot \xrightarrow{O_2} R-\overset{O}{\overset{\|}{C}}-OO\cdot \xrightarrow[-R\cdot]{RH}$$

$$2\,R-\overset{O}{\overset{\|}{C}}-OOH \longrightarrow 2\,R-\overset{O}{\overset{\|}{C}}-OH + O_2$$

图1.6　润滑剂的高温(>120℃)降解导致形成羧酸

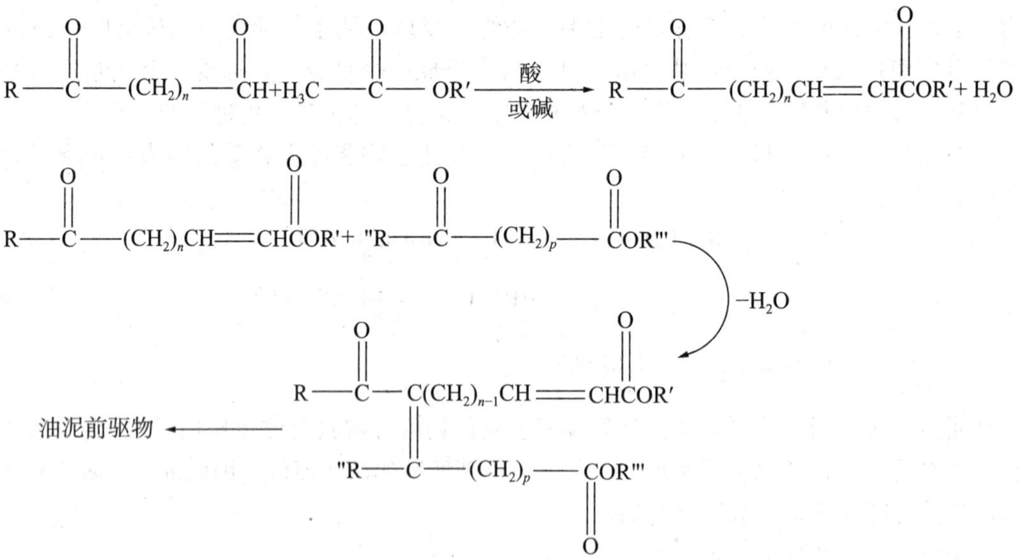

$$R-\overset{O}{\overset{\|}{C}}-(CH_2)_n-\overset{O}{\overset{\|}{C}}H + H_3C-\overset{O}{\overset{\|}{C}}-OR' \xrightarrow[\text{或碱}]{\text{酸}} R-\overset{O}{\overset{\|}{C}}-(CH_2)_nCH{=}CH\overset{O}{\overset{\|}{C}}OR' + H_2O$$

$$R-\overset{O}{\overset{\|}{C}}-(CH_2)_nCH{=}CH\overset{O}{\overset{\|}{C}}OR' + {''}R-\overset{O}{\overset{\|}{C}}-(CH_2)_p-\overset{O}{\overset{\|}{C}}OR''' \xrightarrow{-H_2O}$$

$$\text{油泥前驱物} \longleftarrow R-\overset{O}{\overset{\|}{C}}-\underset{\underset{{''}R-C-(CH_2)_p-\underset{\underset{O}{\|}}{C}OR'''}{\|}}{C}(CH_2)_{n-1}CH{=}CH\overset{O}{\overset{\|}{C}}OR'$$

图1.7　润滑油高温降解形成高分子量化合物(>120℃)

1.10.4　基础油的组成对其氧化安定性的影响

用于调合润滑油的矿物基础油主要是从原油中分离提炼出的烃类物质,它基本上包含含有异构链烷烃的正构烷烃、环烷烃(也称环烷烷烃)和15个或更多碳原子以上的芳烃混合物[189]。此外，由于炼油厂炼化技术的不同还含有少量的硫、氮、氧类化合物。根据美国石油学会(API)对基础油的分类，通常分为矿物基础油Ⅰ类、Ⅱ类、Ⅲ类和Ⅴ类。表1.3根据基础油中饱和烃含量、硫含量、黏度指数的不同进行了分类。Ⅰ类基础油仍然占据主要的市场地位，占全球产能50%以上。Ⅱ类和Ⅲ类基础油用量基本相当，特别是近期全球有12个在大型的Ⅱ/Ⅲ类基础油生产装置的投产，预计在不久的将来其用量会有大幅增长[190]。

表1.3
基础油API分类

类别	饱和烃含量/%	硫含量/%	黏度指数
Ⅰ	<90	>0.03	80~120
Ⅱ	≥90	≤0.03	80~120
Ⅲ	≥90	≤0.03	>120
Ⅳ	PAOs		
Ⅴ	除Ⅰ~Ⅳ类以外的各种基础油		

基础油的组成已被大家广泛的认知，例如，有直链和支链的烷烃，有饱和和不饱和的烃类物质，有单环或多环芳烃化合物，还有少量硫、氮、氧化合物和杂环类化合物等等，它们对基础油的氧化安定性起着重要的作用。目前有多项研究希望能找出基础油的组成和氧化安定性之间的关系[191~195]。然而，由于基础油来源不同，测试方法、测试条件和性能评价方法不尽相同，得出的结论也不尽一致，在某些情况下，甚至会出现相反的结果。在通常情况下，饱和烃比不饱和烃的氧化安定性要好，矿物油的饱和烃含量不同，饱和烃中链烷烃比环烷烃更稳定，基础油中芳香族化合物数量巨大且结构复杂，对基础油的氧化安定性影响很大，单环芳烃相对稳定，抗氧化性好，而双环和多环芳香烃不稳定，容易氧化[196]。由于高活性苄基氢原子的存在，烷基芳烃更容易快速氧化。Kramer等[193]研究表明，加氢裂化的500N基础油的芳烃含量从1.0%(质量分数)增加到8.5%时，其氧化速率会增加一倍。基础油中的硫化合物是已知的天然抗氧剂，在油品氧化初期能起到明显的抑制作用，实验室研究表明，含0.03%的矿物基础油具有良好的抗氧化作用，它与无硫白油和PAOs[145]在165℃的氧化实验结果相当，高的硫含量(>80μg/g)与比20μg/g或更低的硫含量的基础油有更好的氧化稳定性[192]。有人曾提出，硫化合物作为抗氧剂是通过生成强酸催化过氧化物的分解，含硫化合物作为抗氧添加剂可以产生强酸，产生的强酸可以通过非自由基的方式催化过氧化物的分解，或促进芳烷基氢过氧化物的酸催化重排以形成酚抗氧化剂[145,179]。相反，硫、氮化合物，特别是杂环化合物(也称为“碱性氮原子”)即使在相对较低的浓度下也会加速油品的氧化[197]。在深度加氢裂化的API Ⅱ类和Ⅲ类基础油中基本不含杂原子，芳烃和硫元素是影响基础油氧化安定性的主要原因[192,193]，现已证明，优化后的硫元素和芳烃的浓度或二者的结合可提高基础油的氧化安定性[194]。

1.10.5 氧化抑制作用

清楚地知道了润滑剂降解的机理，就可以采取几种可能的措施对其加以控制。切断氧化能量是一个途径，但此方法只是在低剪切低温条件下才对润滑剂有效。因此，对大多润滑剂应用而言，更可行的方法是捕获催化杂质和破坏烃自由基、烷基过氧自由基和氢过氧化物。可以通过使用金属减活剂和抗氧剂分别通过自由基清除和过氧化物分解来实现。

自由基清除剂被称为主抗氧剂。它们提供与烷基自由基或烷基过氧自由基反应的氢原子，中断自氧化过程中的自由基链反应历程。成为一个主抗氧化剂化合物的基础是它提供的氢能更容易与烃自由基或烃过氧化物结合成为稳定的物质[198]。提供氢后，抗氧剂变为稳定的自由基，烃自由基变为烃，烃过氧自由基变为烷基过氧化氢，屏蔽酚和芳胺是两种主要的润滑剂主抗氧化剂。

过氧化物分解剂被称为辅助抗氧剂[180]。它们的功能是能减少链传递过程中产生的烷基氢过氧化物，使变成非自由基，低活性醇类，有机硫、有机磷化合物或同时含有这两种元素的化合物，如 ZDDP 二烷基二硫代磷酸锌就是人们所熟知的辅助抗氧剂。

由于在大多数润滑体系中都含有过渡金属元素，因此在润滑剂中通常会加入金属钝化剂来抑制这些金属的催化作用，基于这种原理，用于石油产品的金属钝化剂一般分成两种类型：螯合剂和表面钝化剂，表面钝化剂能吸附到金属表面形成保护层阻止金属与烃的直接作用，它们能尽最大限度通过物理作用减缓腐蚀性物质对金属表面的腐蚀。螯合剂能与金属离子形成不活跃或稳定的化合物。因此，金属钝化剂有效的减缓过渡金属的催化作用，能起到抗氧化的效果，其作用机理可能二者兼有。表 1.4 中所列的是润滑剂中常用的一些金属钝化剂。

表 1.4
润滑油金属钝化剂

金属钝化剂	结构式
三氮唑衍生物	N—CH_2NR_2
苯并三氮唑	N, N, N, H
2-巯基苯并噻唑	S, SH, N
苯三唑衍生物	R_1, N, N, N, CH_2N, R_3, R_4
N，*N'*-二亚水杨基-1，2-丙烯二胺	H, CH_3, H, C=N—C(H_2)—C(H)—N=C, OH, HO

1.10.6 主抗氧剂的作用机理

1.10.6.1 受阻酚

典型的受阻酚型抗氧剂是3，5-二叔丁基-4-羟基甲苯(2，6-二叔丁基-4-甲基苯酚)，也称为BHT。图1.8对比了烃自由基与BHT和氧的反应速率。烃自由基与氧反应生成烃过氧自由基的反应速率常数(k_2)远远大于烷基自由基与BHT反应的速率常数(k_1)[179]。因此，有氧存在时BHT与烃自由基几乎不反应，烷基自由基生成更多的烷氧自由基。图1.9为BHT和其他受阻酚提供一个氢原子给烷氧自由基或捕获烷氧自由基，在这一过程中，烷氧自由基成为烷基过氧化氢。BHT生成的苯氧基自由基是通过位阻和共振结构稳定的。具有共振结构的环己二烯酮自由基能与一个仲烷氧基自由基结合生成环己二烯酮烷基过氧化物，该过氧化物在温度低于120℃时是稳定的[200]。图1.10为一个苯氧基自由基能提供一个氢原子给另一个，生成一个BHT分子和一个亚甲基环己二烯酮。

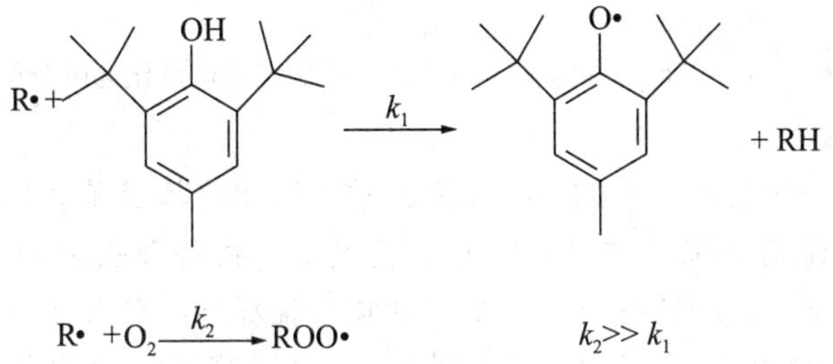

图1.8 BHT与烷基的反应性

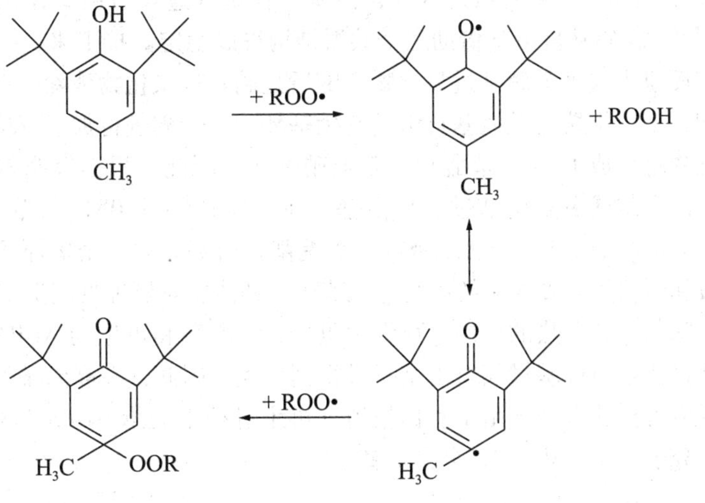

图1.9 BHT供氢体和捕获过氧自由基

图1.11所示在高温氧化条件下，环己二烯酮烷基过氧化物的形成并不是很稳定，它会分解为烷氧基自由基、烷基自由基和2，6-二叔丁基-1，4-苯醌。在高温氧化条件下，随着新的自由基的产生会使BHT逐渐消耗。

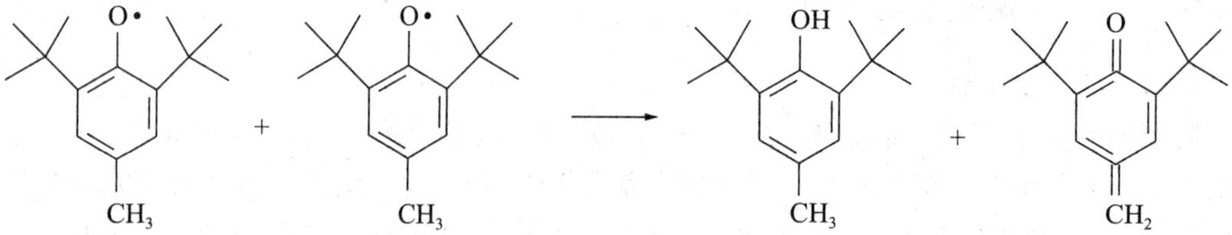
O•
O•
OH
O
CH$_3$
CH$_3$
CH$_3$
CH$_2$

图 1.10　苯氧基终止反应

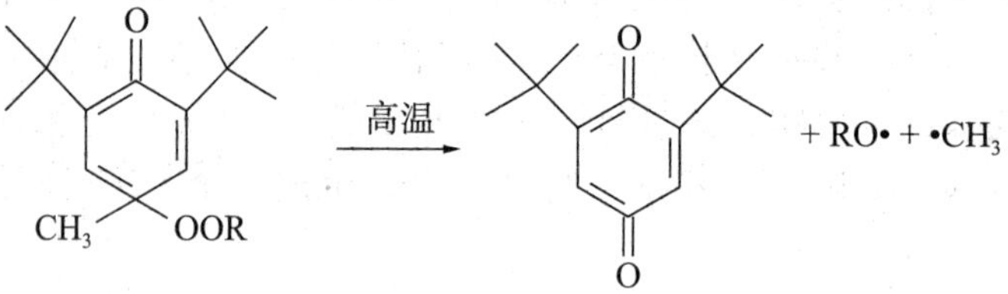
O
高温
O
+ RO• + •CH$_3$
CH$_3$
OOR
O

图 1.11　在较高的温度下的环己二烯酮烷基过氧化物的分解

1.10.6.2　芳香胺

芳胺类抗氧剂是一类效果优秀的主抗氧剂，常用的如烷基二苯胺(ADPA)。烷基二苯胺抗氧剂的作用机理首先是被烷基过氧自由基、烷氧基自由基夺去氢原子，如图 1.12 所示，在烷基过氧自由基浓度较高的情况下，烷基二苯胺与烷基过氧自由基是主要的反应，其反应速度很快，胺自由基可能经过多条反应路线才形成，且与温度、氧化程度(烷基过氧自由基的浓度)及烷基二苯胺的结构有关[201]。图 1.13 所示为在低温下(<120℃)烷基二苯胺抗氧剂的作用机理[179,202]。图 1.14 所示是氨基自由基与仲烷基过氧自由基作用生成氮氧自由基和烷氧自由基[182,202]，硝基自由基借助三个共振结构得以稳定。接下来，一个叔烷基过氧自由基和胺自由基反应生成一个硝基过氧化物，随后是硝基过氧化物消除一个酯分子生成一个硝基环己二烯酮，一个季烷基过氧基自由基与硝基环己二烯酮进行加成反应，最后，硝基环己二烯酮过氧化物解离成 1，4 - 苯醌和烷基亚硝基苯。因此，根据等摩尔理论，一摩尔烷基二苯胺能抑制两摩尔或更多烷基过氧自由基，在低温时(<120℃)与单受阻酚是一样的。高温时(>120℃)硝基自由基可能从二级或三级烷基自由基夺取一个氢原子生成一个 *N* - 羟基 - 烷基二苯胺和[179,186,203]或 *N* - 羟基烷基二苯胺，具体反应机理见图 1.15。在前一种情况下，生成的烷氧基二苯胺在热的作用下可发生重排，产生酮和再生的 ADPA；对于后一种情况，二苯胺硝基自由基与烷基过氧自由基反应得到再生。因此，在高温条件下一个 ADPA 在氮氧自由基消耗前可捕获多个自由基。据报道，再生过程中能给 ADPA 提供化学剂量效率，每个烷基二苯胺分子至少可清除 12 个自由基。

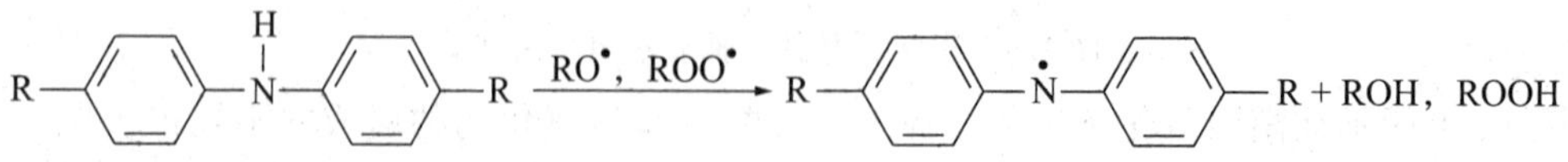
H
R
N
R
RO•，ROO•
R
N
R + ROH，ROOH

图 1.12　烷基二苯胺作为氢供体

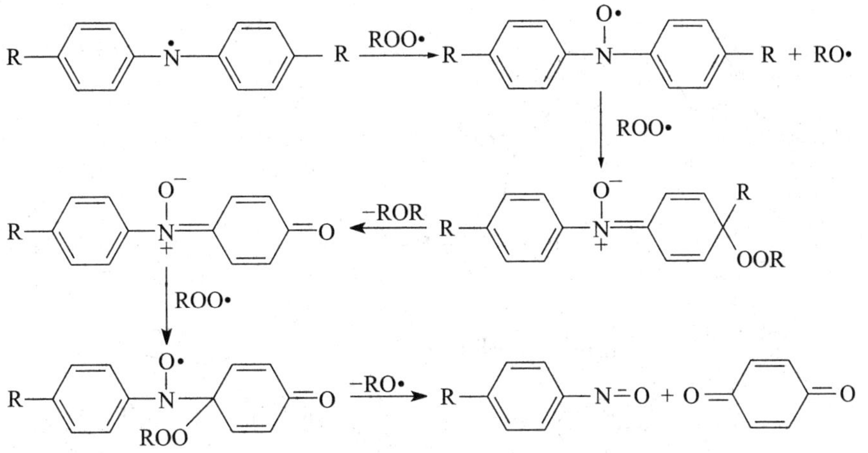

图 1.13 低温条件下烷基二苯胺的作用机理

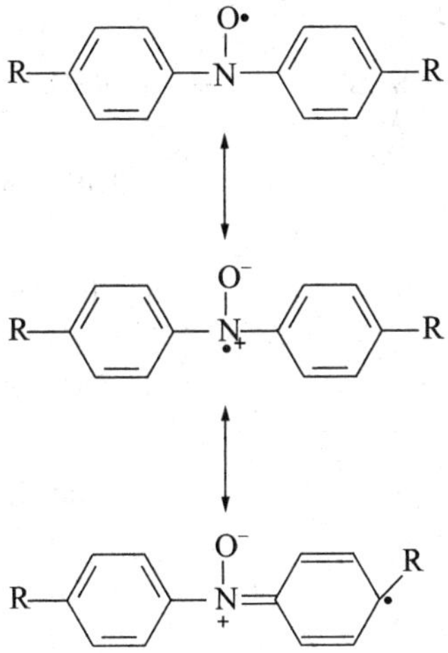

图 1.14 氮氧自由基的共振结构

1.10.7 辅助抗氧剂的作用机理

1.10.7.1 有机硫化合物

有机硫化物通过生成氧化物或分解产物作为氢过氧化物分解剂，烷基硫化物的抗氧化机理见图 1.16。其抗氧化作用最初是活性低的硫醇还原烷基过氧化物，硫化物被氧化成为亚砜中间体，亚砜接下来首先会进行分子内的 β - 氢消除，导致形成次磺酸(RSOH)，它可进一步与氢过氧化物反应生成硫氧酸，硫氧酸(RSO_2H)在升温的条件下会分解释放出二氧化硫(SO_2)，通过三氧化硫和硫酸的形成对过氧化氢进行分解时二氧化硫是一种很强的路易斯酸。有研究表明，1 当量的二氧化硫可以催化 20000 当量的异丙苯氢过氧化物[204]。为了进一步提高有机硫化物的抗氧化性能，在某些的条件下，下式中的硫氧酸(RSO_xH)可以清除烷基过氧自由基，从而使含硫化合物体现出主抗氧剂的特性。

$$RSO_xH \xrightarrow{ROO\cdot} RSO_x\cdot + ROOH$$

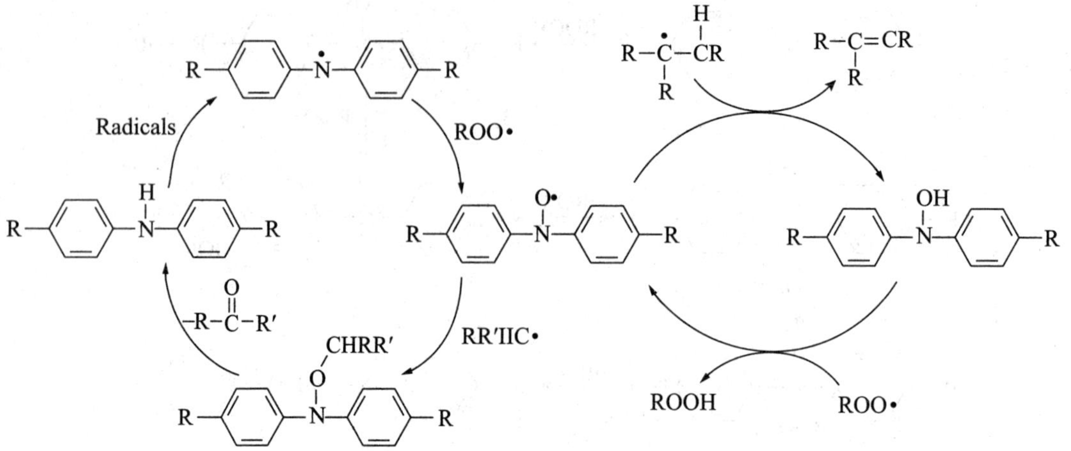

图 1.15　ADPA 抗氧剂在高温(>120℃)时作用机理

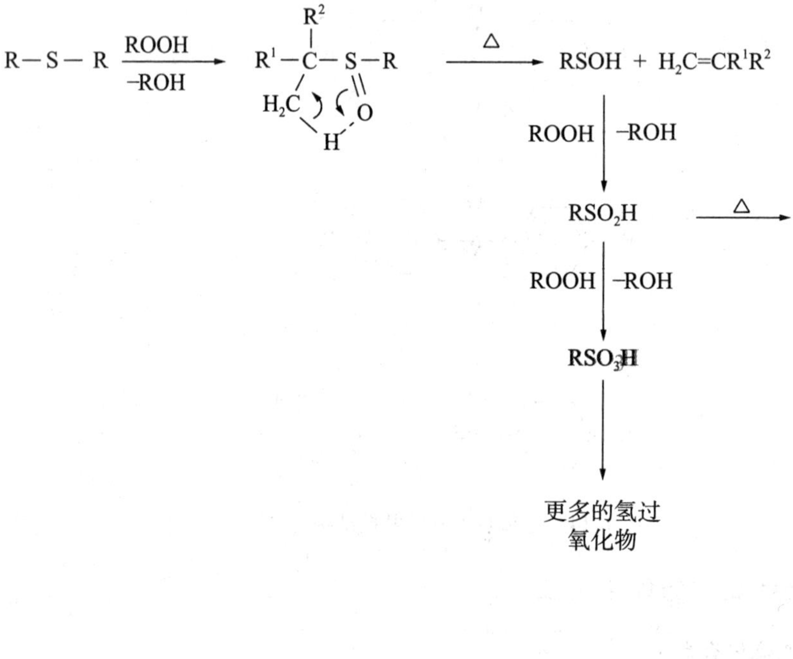

图 1.16　烷基硫化物的抗氧化机理

1.10.7.2　有机磷化合物

亚磷酸盐是有机磷类辅助抗氧剂中重要的一种，亚磷酸分解氢过氧化物和过氧自由基的机理如下。

$$(RO)_3P + R'OOH \rightarrow (RO)_3P = O + R'OH \quad (1.17)$$

$$(RO)_3P + R'OO\cdot \rightarrow (RO)_3P = O + R'O\cdot \quad (1.18)$$

在这些反应中，亚磷酸盐被氧化成相应的磷酸盐，氢过氧化物和过氧化自由基被还原成相应的醇和烷氧自由基。

某些取代基苯氧基团的亚磷酸酯也可作为烷氧自由基或烷基过氧自由基的清除剂，作用机理如图 1.17 所示。如前所述，烷基取代的苯氧自由基可以清除过氧自由基形成稳定的共振苯氧基团，由于含有具有空间位阻效应的烷基取代基团，这些有苯氧取代基的亚磷酸酯在潮湿条件下的水解稳定性更好。

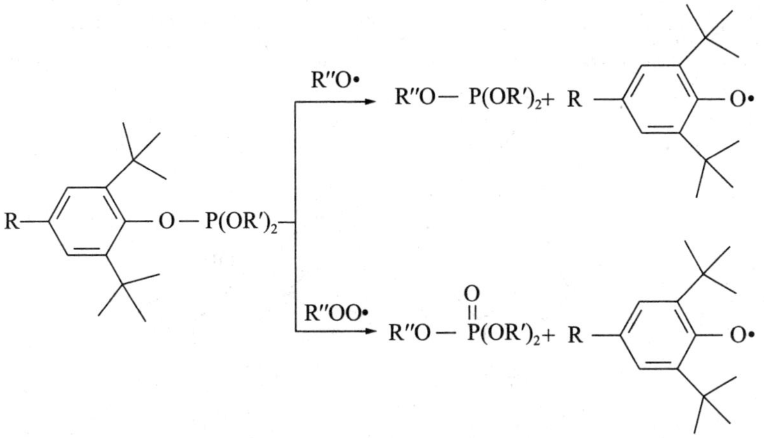

图 1.17 烷基、苯基磷酸过氧清除机理

1.10.8 抗氧化协同作用

抗氧化剂的协同作用是指两个或两个以上的抗氧剂复合使用，其效果或效应大于单独使用任何一个抗氧剂。使用单一抗氧剂有时出现性能限制、成本或环保的原因，具有协同作用的抗氧剂组合能很好的提供类似解决方案。目前，有三种类型的抗氧剂的协同作用能用于润滑剂[205]：均效协同作用、非均效协同作用和自协同作用。

均效协同作用是指两个抗氧化剂的作用机理相同的协同作用，它通常是单电子转移的串联。一个典型的例证是受阻酚和 ADPA 抗氧剂的组合。最初 ADPA 比受阻酚清除烷基过氧自由基的活性高。如图 1.18 所示，胺首先转换为氨基自由基，它相对不太稳定，会接受受阻酚提供的一个氢原子重新生成烷基化胺[179,182]。结果是受阻酚转换为苯氧自由基。这种再生循环的驱动力由于 ADPA 比受阻酚有更高反应活性，受阻酚形成的苯氧自由基比烷基二苯胺形成的氨基自由基更加稳定[201]。受阻酚被消耗后，芳香胺类抗氧剂开始消耗。通过重新生成更多的活性胺，协同作用的整体功效得到增强，也可有效地延长抗氧剂的寿命。

非均效协同作用是不同作用机理抗氧剂的相互作用，从而相得益彰，这种作用机理一般出现在一种润滑剂体系中含有主抗氧剂和辅助抗氧剂。主抗氧剂用来清除自由基，辅助抗氧剂用来分解过氧化物使之生成更稳定的醇。通过这些反应，链增长和链支化反应会显著减缓或得到抑制。一个典型非均效协同作用的例子是胺类抗氧剂与 ZDDP 在润滑油中复合使用。

自协同作用是第三类协同反应，将两个不同的抗氧化官能团结合在同一分子内。通常情况下，其分子内的抗氧化官能团能清除自由基或分解过氧化物从而表现出自协同效应。典型的抗氧剂例子为硫化酚和酚噻嗪类。

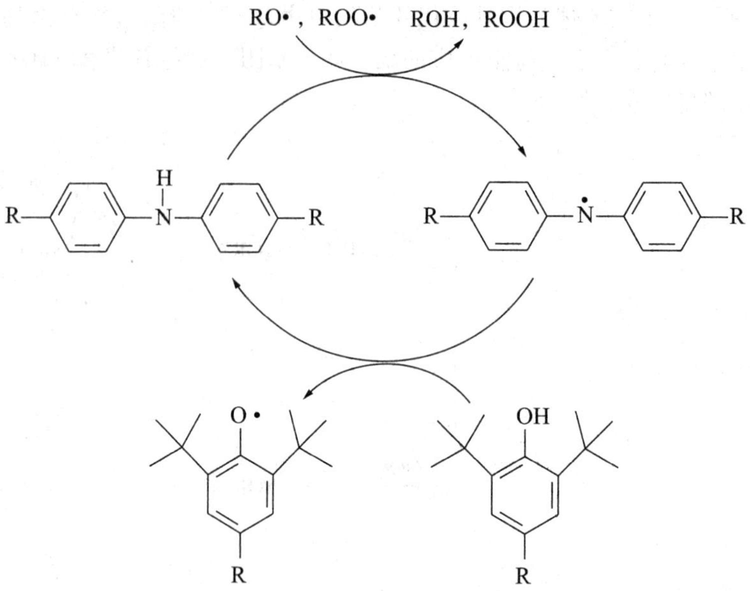

图 1.18 受阻酚和 ADPA 之间的协同作用机理

1.11 氧化台架试验

润滑油的氧化降解可分为两个主要反应：厚油层氧化和薄膜氧化。厚油层氧化通常是在一个较大量油品环境中以较慢的速度发生。暴露在空气(氧气)中的油品受表面接触动力学和气体扩散的影响，使油品氧化后酸值增加，油品变稠，更严重一些是不溶于油的聚合物增多，同时也有油泥与非可燃/氧化的燃料油、水和其他固体不溶物混合。薄膜氧化是一个更快速的反应，通常是少量的油在金属表面上以涂层的形式存在，被充分暴露在升高温度和空气(氧气)的环境中。在这些条件下，烃类物质的分解会更迅速，油品中氧化产物中的一些极性物质会迅速吸附在油－金属表面，从而形成漆膜或沉积物。

多年来，许多氧化台架试验已经得以发展并被证明是对润滑油配方选择非常有用，特别是在新的抗氧化剂的筛选和开发新配方时显得尤为重要。参考前述的润滑油氧化机理。此外，有 1/3 的台架试验是基于封闭环境中的吸氧试验，典型的如 RPVOT 试验[[206]]。

由于实验场所的限制，往往单一的台架试验不能显示一个真实的氧化场景，一般较大的测试条件变化是试验温度、使用的催化剂、性能参数、氧化机理和有针对性的不同氧化阶段等，使得一些试验方法与实际氧化情况相去甚远。因此，在考察润滑剂配方和添加剂筛选时，一个有效的办法是同时运行多个测试方法来对比评价。本节有选择地回顾表征抗氧剂的一些试验方法。这些试验方法已经由一些国际标准化组织如 ASTM 和欧洲协调理事会(CEC)等机构所认可，并在润滑油行业得到广泛的应用。值得注意的是，有些特定设计制作的氧化实验方法也被证明是有效的，在某些情况下，这些有价值的测试方法应该引起重视。

1.11.1 薄层氧化试验

1.11.1.1 加压差示扫描量热法

差示扫描量热(DSC)包括 PDSC(压力差示扫描量热法，译者注)，是一个准确评价基础油的热氧化和抗氧剂性能的新兴快捷技术，PDSC 得到重点关注的两个原因是：首先，通过加压提升沸点，从而有效地减少添加剂和基础油的轻组分挥发损失而造成的实验误差；其次，在相同的温度条件下，它增加了样品中的气体饱和度，使得在较低的测试温度或较短的时间内得到结果[207]。

PDSC 实验可以运行在恒温下测量氧化诱导时间(OIT)，与采用程序升温法测定起始氧化拐点温度是一致的。用 PDSC 热流技术测定 5 个发动机油沉积物形成的趋势结果与发动机试验结果一致[208]。OIT 是一种简单快速的技术，其早期使用可以追溯到 20 世纪 80 年代，Hsu 等人[209]考察了大量发动机油，发现氧化诱导期的结果对程序ⅢD 台架试验的黏度骤变有很明显的指向性。油溶性的金属铅、铁、铜、锰和锡与合成氧化燃料一起作为催化剂共同使用来促进油品的氧化。

CEC L-85 和 ASTM D 6186[210,211]是两个测试氧化诱导期(OIT)的标准方法。表 1.5 列出了氧压试验方法的主要测试条件，CEC L-85 的试验方法最初被欧洲汽车制造商协会(ACEA)E5 重型柴油机油规格采纳，目前开发的 E7 柴油机油规格也用到了该方法。该试验能区分不同品质的基础油、添加剂，抗氧剂的协同作用也能够得到体现，它与厚油层氧化试验结果也有相关性[212]。经过适当修改的 PDSC 试验方法，它可用来评价除发动机油之外的其他润滑剂的性能，这些润滑剂包括基础油[213,214]、油脂[215]、汽轮机油[214]、齿轮油[216]、合成酯润滑油[217]和可生物降解润滑油[218,219]等其他油品。使用 PDSC 研究基础油的氧化动力学[220]和抗氧化剂的结构性能关系也有报道[221]。

表 1.5
氧化试验方法的条件

试验	试验名称	氧化形式	温度/℃	气体	气体流量或初始压力	催化剂	样品用量	EOT	测量参数
PDSC	D 6186	薄油层	130，155，180，210	氧气	500psi，100mL/m	无	3.0mg	发生氧化放热	氧化诱导期
PDSC	CEC L-85	薄油层	210	空气	100psi，no flow	无	3.0mg	不超过120min	氧化诱导期
TEOST 33C	D 6335	厚油层	100，200-480	一氧化二氮，潮湿空气	3.6mL/min	环烷酸铁	116mL	12 运行周期	沉积物
TEOST MHT	D 7097	薄油层	285	干燥空气	10mL/m	油溶性铁、铅、锡	8.4g	24h	沉积物，挥发物
TFOUT	D 4742	O_2 吸收，薄油层	160	氧气	90psig	燃料，环烷酸铁、锡、铅、镁和锡，水	1.5g	剧烈压力下降	氧化诱导期
TOST	D 943，D 4310	散装油	95	氧气	3.0L/h	铁、铜、水	300mL	ΔTAN=2.0 1000h	酸值，油泥，金属失重
IP48	IP48	散装油	200	空气	15L/h	无	40mL	6h×2	黏度，残炭
IP 280/CIGRE	IP 280	散装油	120	氧气	1L/h	环烷酸铜、铁	25g	164h	挥发性酸，酸度，沉积物
RPVOT	D 2272	O_2 吸收	160	氧气	90psig	铜、水	50mL	ΔP=25psi	氧化诱导期

译者注：1psi=6.895kPa。

1.11.1.2　热氧化发动机油模拟试验(ASTM D 6335；D 7097)

TEOST 初始开发的目的是评价有涡轮增压器运行的 API SF 级汽油机油的高温沉积物形成量[222]，其最初测试条件是满足 33C 协议，随后使用了 ASTM D－6335 作为标准方法[223]。在该试验中，含有环烷酸铁的油品在与一氧化二氮接触的潮湿空气中用循环泵流过已称重的沉积杆，该杆通过电阻加热进行 12 个温度循环，每个循环在 9.5min 内从 200℃ 升温到 480℃，加热循环完成后，对沉积杆称重，以其重量差测定沉积物生成。33C 协议能够区分已有的发动机油在形成沉积物的关键区域的趋势[222]。

高温沉积试验来描述发动机机油的成功应用发展出一个 TEOST 中高温(MHT)协议，它可简化程序来评价油品在发动机活塞环和底环的沉积物形成趋势[224]。在这一区域的氧化主要是薄膜氧化，因此，沉积杆有所改进，使得油以均匀和缓慢的形式顺杆流下，得到所需的薄膜，为了能更好地体现这一区域发动机油的热氧化试验，选用改进的催化剂和干燥的空气保持在 285℃进行连续的沉积物形成试验，试验运行 24h，称出沉积杆上沉积物的重量[225]。自推出以来，TEOST 试验的 MHT 协议被纳入国际润滑剂标准化和批准委员会(ILSAC)气体燃料 GF－3 和发动机油 GF－4 规格，其上限分别为 45mg 和 35mg。TEOST 试验除作为热氧化试验外，还可用于评价汽车发动机油中中碱值、高碱值清净剂。

1.11.1.3　薄层氧化吸收试验(ASTM D 4742)

TFOUT 方法最初是由美国国会授权，用以监测再生润滑油基础油的逐批质量差异及氧化稳定性的变化[227]。该实验是将少量油升温至 160℃，在高压反应器加入金属催化剂、燃料催化剂和水，通入一定压力的氧气，它可部分模拟在高温条件下汽车内燃机的氧化工况[228]。氧化稳定性好的油品对应更长氧气压力下降的时间。TFOUT 试验在 RPVOT 仪器上进行，只是对其油样盛放的配件进行了改进。基于该方法测试的参考发动机油数量有限，现已建立出定性对比 TFOUT 和程序ⅢD 发动机台架试验的关系[229]，即 ASTM 的标准方法。因此，在进行程序Ⅲ台架试验前，可用该方法广泛的筛选润滑油、基础油、添加剂等[227]。

1.11.2　工业用油氧化试验

1.11.2.1　汽轮机油稳定性试验(ASTM D 943，D 4310)

汽轮机油稳定性试验(TOST)已被广泛应用于润滑油行业，它是评估加抑制剂的汽轮机油长期氧化特性的试验方法。它可用于评价其他不同类型的工业润滑油，如液压油和循环油，特别是对那些容易被水污染的油品。测试在相对低的温度(95℃)下进行它能代表真实的蒸汽涡轮机运行的热氧化条件。目前有两个 TOST 版本，即已发布的 ASTM D943 和 ASTM D4310[230,231]，这两种方法都有一些共同的测试条件，包括测试设备、催化剂、样品多少、试验温度曲线和气体流量等，主要是测试的持续时间和监测的目标氧化参数有一些细微的差别。ASTM D943 测试油品的氧化寿命，也就是油品氧化产生的酸其酸值大于等于 2.0mgKOH/g 来判定其氧化小时数。ASTM D4310 测试油品的沉积物和腐蚀趋势，测试油品经过 1000h 的热氧化后油中不溶物的总量，称量在油、水中铜的总量，也测沉积物相的总质量。

一种改进的 TOST 试验方法是在没有水存在，较高的温度条件下(120℃)进行的[232]。该方法要求将 RPVOT 设备作为检测工具，特别适合评价以高性能胺类抗氧剂和Ⅱ类、Ⅲ类基础油调合的长寿命蒸汽轮机和燃气轮机用油的沉积物趋势。这种“干式”TOST 试验是一个潜在的可以区分用以前方法区分不开的高性能涡轮机油的性能替代方法。

1.11.2.2　IP 48 试验

石油学会 IP 48 是高温条件下的散装油氧化试验，最初设计用于评价基础油的氧化特性[233]。试验是将 40mL 油样装入玻璃管中，在 200℃以 15L/h 的气体鼓泡速度运行两个 6h 的试验，两次试验区间时间为 15～30h，试验后测定氧化后的黏度增长和残炭的形成。该实验不适用测定添加剂型油(含无灰添加剂的除外)或会在试验中形成固体产品以及在测试过程中蒸发量超过10%的油品。然而，修订的6h 试验周期的 IP48 方法能成功地评估发动机油的方法已见诸报道[233,234]。

1.11.2.3　IP 280/(国家大电网会议)

IP 280 也称国家大电网会议试验，用来评价加氧化抑制剂的涡轮机矿物油的氧化安定性，主要有油品酸蒸发(用水吸收)、油泥和油酸度的增加等指标[235]。IP 280 和 TOST D943 有类似的氧化试验规律，但它们的实验条件却不一样，常规的做法是同时做 2 种测试，因为在一些透平油规格中，限定需用这两种规定的方法测试。IP280 更适合去区分添加剂配方性能，D943 则适合对不同来源、不同加工工艺的基础油进行评价[236]。

1.11.3　氧化升级实验

1.11.3.1　旋转氧弹试验(ASTM D 2272)

RPVOT 最初称为旋转氧弹试验(RBOT)，可用来评价新的或含有相同组分的在用的汽轮机油的氧化安定性。它也可以用来评价其他类型的工业润滑油，例如，液压油和循环油，测试采用了钢制压力容器盛装油样，在 150℃的条件下同时有水和铜催化剂存在，氧气压力加压至 90psi 下降 25psi 后实验结束[237]。测试选择在能使油品在相对短暂的时间内衰败的温度下进行。但是这样的测试温度一般对低于 100℃的多数蒸汽涡轮机油没有代表性，因为多数蒸汽涡轮机油在更高的温度下运行[238]。由于油品中不同化学结构添加剂的敏感性，RPVOT 对于不同配方的油品区分性有限。此外，该方法更适合测试在用汽轮机油的剩余使用寿命，而非新油的评价。目前已成功地建立了 RPVOT 和 TOST D 943 汽轮机油的关联性试验，这也表明，RPVOT 的试验结果可用于估计汽轮机油在 TOST D943 试验中的相对寿命[239]。

1.12　实验观测

以下两个实验结果表明：(1)前面讨论过的协同作用机理适用胺类抗氧剂与受阻酚抗氧剂的复合作用；(2)如何正确选择抗氧剂组合使得其协同作用发挥到最佳。

在第一个实验中，分别选用 API Ⅰ类和Ⅳ类基础油调合涡轮机油，两个油加入相同添加剂，都含有金属钝化剂、腐蚀抑制剂，以及 0.8%的抗氧剂，采用 TOST 法进行 D 943 长周期氧化试验测试。选用的胺类抗氧剂 ADPA 是含有丁基和辛基化二苯胺的混合物。受阻酚是3，5－二叔丁基－4－羟基苄基丙烯酸烷基酯，烷基为 C_7～C_9 的碳链。从图 1.19 可以看出，无论在哪种油中，受阻酚抗氧剂明显比 ADPA 抗氧剂能提供更长时间氧化保护。含有 0.4%的 ADPA 抗氧剂和受阻酚抗氧剂的油有更强的抗氧化性能，最终使得以 API Ⅰ类基础油调合的油有大于 5000h 的寿命，而以Ⅳ类调合的油抗氧化能力更为优秀，氧化寿命超过了 8000h。因此，在低温试验条件下，受阻酚抗氧剂比 ADPA 抗氧剂效果好，合适比例的两种添加剂混合产生的协同作用，会使其效果发挥到最大。

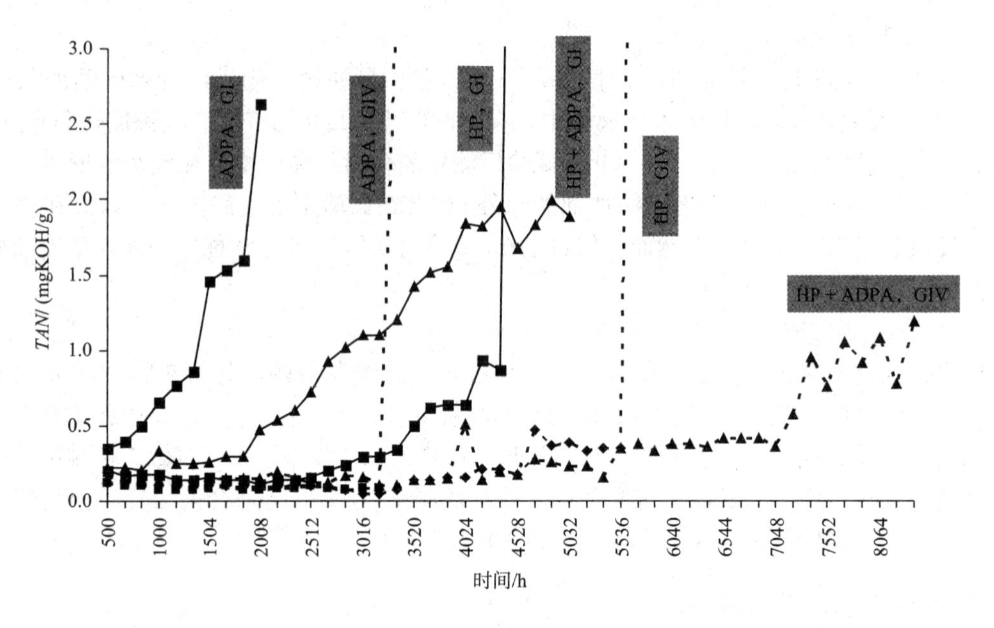

图 1.19　TOST 结果汽轮机油含有Ⅰ类基础油或Ⅳ类基础油及 0.8% 的抗氧化剂

在第二个实验中，以 API Ⅰ类基础油调合汽轮机油，加入金属钝化剂、腐蚀抑制剂、以及与第一个实验相同的抗氧剂(0.5%)，实验方法使用 RPVOT(ASTM D2272)，试验结果见图 1.20。在较高的试验温度条件下(150℃)，混合烷基化的 ADPA 的氧化诱导期(OIT)大约是 600min，当 ADPA 消耗尽后，受阻酚抗氧剂还可以保护油品大约 300min，ADPA 和受阻酚抗氧剂各加入 0.25%(质量比)后，使油品的氧化诱导期大于 700min。因此，对比 TOST 的试验结果，ADPA 抗氧剂在高温条件下优于受阻酚抗氧剂。与 TOST 的试验结果类似的是，APDA 与受阻酚抗氧剂协同作用时其效果能发挥大最佳。

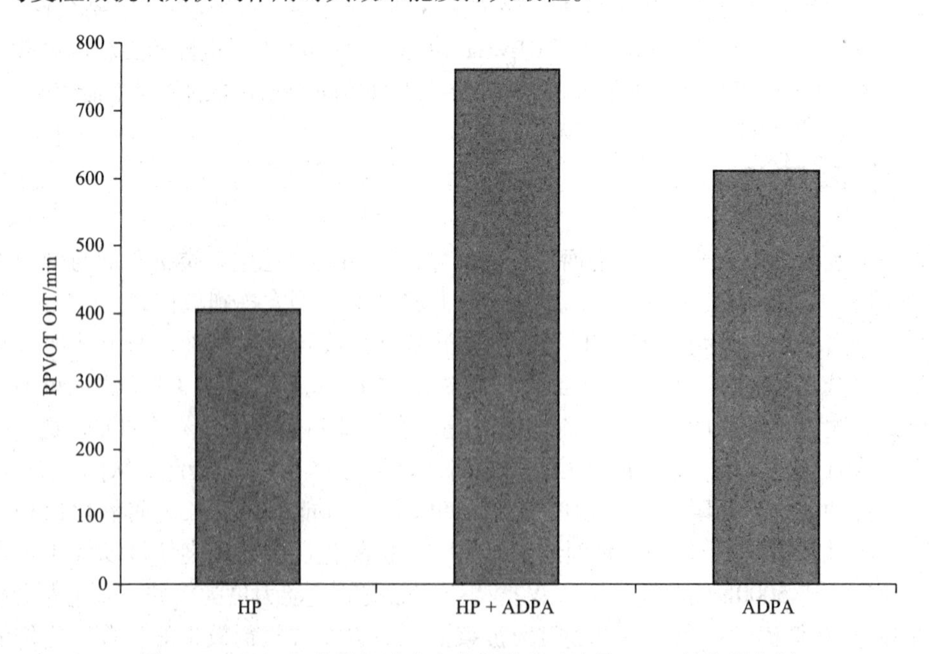

图 1.20　RPVOT 汽轮机油中含有Ⅰ类基础油及 0.5% 的抗氧化剂

ADPA 性能强于 HP，二者复合使用表现出的协同效应在 ILSAC GF－4 轿车发动机油（PCMO）中得到了印证。该油品选择 API Ⅱ类基础油，较低的 ZDDP 含量（0.5%质量比），还有一些其他添加剂（清净剂、分散剂、黏度指数改进剂、降凝剂等），这些是通常的发动机润滑油配方组成。对含有受阻酚、ADPA 的共混物以 1.0%（质量）的含量加入到润滑油中的油品采用 ASTM D7097 标准在 TEOST MHT 仪器进行了性能测试，结果见图 1.21，基准油品是不含抗氧剂而含有其他添加剂的油品，其试验后产生 130mg 的沉积物，加入抗氧剂受阻酚后，油品试验后的沉积物下降到 80mg 左右，加入抗氧剂 ADPA 后，产生的沉积物的量进一步下降到 55mg 左右，加入 1.0% 的受阻酚和 ADPA 复合抗氧剂后，生成的沉积物的量下降到 40mg。TEOST 试验结果再一次表明，ADPA 抗氧剂在高温条件下具有突出的抗氧化性能和良好的协同作用。

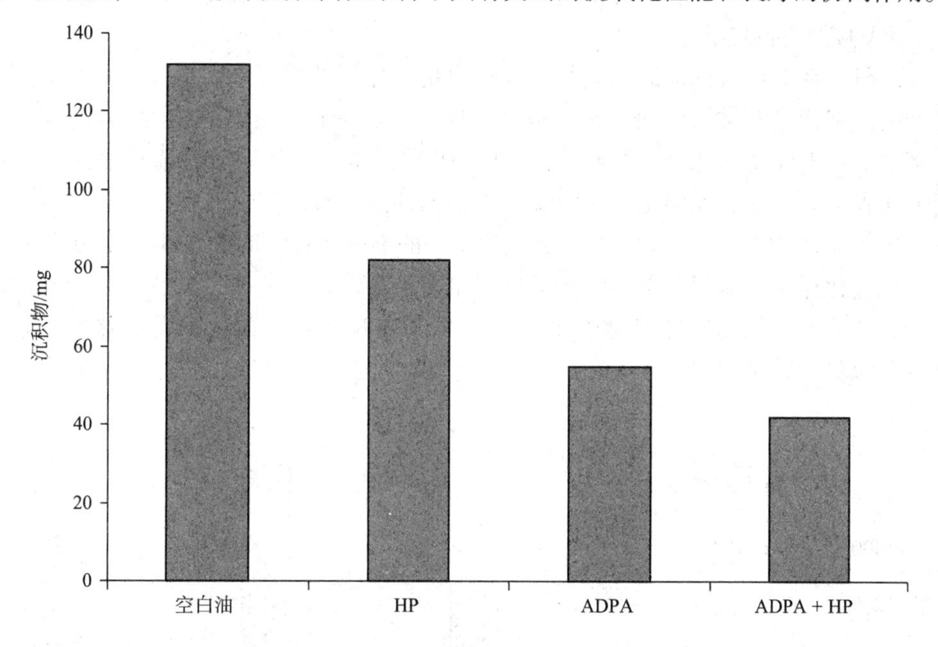

图 1.21 含Ⅱ类基础油和 1.0% 的抗氧化剂的 PCMO 的 TEOST 试验结果

前面章节介绍的抗氧剂的作用机理也能解释上述实验结果，以此为基础，可以指导油品配方筛选中如何正确合理使用抗氧剂。同时，为了能获得理想的配方体系，还应考虑成本、挥发性、色泽、溶解性、气味、物理性质、毒性、添加剂之间的相容性等多种因素。从抗氧化性能的角度来看，受阻酚抗氧剂在较低温度条件下是一种很好的清除自由基的主抗氧剂，相比之下，ADPA 抗氧剂在高温条件下捕获自由基的能力更为优异，ADPA 抗氧剂和受阻酚抗氧剂之间的协同作用也被证明对油品的氧化抑制作用是很突出的，然而，形成一种配方体系并使抗氧剂的协同作用发挥出来取决于油品配方组成、基础油、使用的测试方法等多种因素。ADPA 和受阻酚抗氧剂的协同作用很优秀，它也在两个油品配方中进行了性能测试，由于基础油大不相同，且添加剂的类型和混合度、测试条件和氧化机理等都不相同导致结果也有差异。事实上，这种类型的协同作用已被广泛用于润滑油，在最近的开发中，亚甲基桥连接的受阻酚抗氧剂与 ADPA 抗氧剂协同作用能开发出低磷发动机油[240]。其他类型的协同作用的几个实例也已被证明或在其他章节进行了更深入的讨论。其中包括但不仅仅限于在加氢处理的基础油中使用的含硫的受阻酚抗氧剂和 ADPA 抗氧剂协同使用[134,241]，如胺类抗氧剂之间的协同使用[242]，主抗氧剂与亚磷酸酯类抗氧剂之间的协同使用等[57]。

1.13 基础油的选择与抗氧剂的性能

在苛刻的环保要求和性能要求的驱动下，润滑油行业正在迅速改变，要求添加剂和基础油技术共同进步。其中一个显著的变化是，传统的溶剂精制的基础油(API Ⅰ类)被高品质，高性能的加氢处理(加氢裂化)、加氢精制、异构脱蜡工艺生产的 API Ⅱ和Ⅲ基础油逐步取代。这些工艺可使基础油降低硫含量，提高饱和烃含量和黏度指数(表1.3)。这些基础油调合的润滑油一般在性能方面有改进，如优异的氧化安定性、低的挥发性、良好的低温性能、更长换油周期等，并能提高燃油经济性。由于这些优势，API Ⅲ基础油调制的高档润滑油与全合成的 PAOs 调制的能相媲美。

有许多研究在考察基础油的结构组成和它对抗氧化剂的感受性。这样的知识对一个确定的润滑油配方来说是非常重要的，尤其是对于选择合适的抗氧化体系更是如此。图 1.22 显示四种基础油在有无抗氧化剂的存在下的 RPVOT 测试结果。基础油的选择是从 API Ⅰ类基础油至 API Ⅳ类基础油，受阻酚和 ADPA 抗氧剂与前述一样。显然，没有抗氧剂保护的所有基础油在抗氧化性能方面都表现不佳。加入 0.5% 的 HP 抗氧化剂使 API Ⅰ类基础油至Ⅳ类基础油的抗氧化作用相应得到增加。加入同样剂量的 ADPA 抗氧剂，从 API Ⅰ类基础油至Ⅳ类基础油其性能有大幅的提升。对于深度处理的 API Ⅱ类、Ⅲ类和Ⅳ类基础油，它们对抗氧剂 ADPA 感受性特别好。

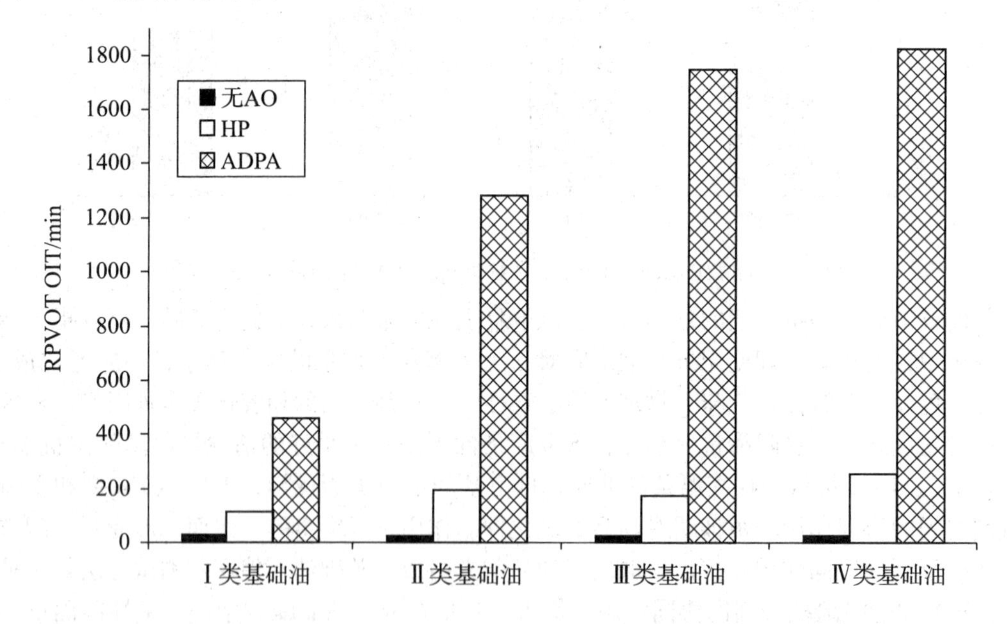

图 1.22 受阻酚和烷基二苯胺抗氧剂在 API Ⅰ ~ Ⅳ类基础油中的 RPVOT 结果

由于 API Ⅱ类和Ⅲ类基础油去除芳香烃和极性成分，有高的饱和烃含量，所以和常规的 API Ⅰ类基础油相比对抗氧剂具有优异的感受性[243,244]。还有一类观点是假定氧、硫、氮极性物种以胶束形式存在于基础油中。加入抗氧剂后，基础油中的天然极性分子会与添加剂发生物理和化学方面的作用，导致某些情况下抗氧剂的效能降低。对于高度精制处理的基础油，天然极性化合物含量很低或不存在，添加的抗氧剂能够发挥其最大功效[245]。

另外一类重要的抗氧化/抗磨添加剂ZDDP也有人研究，结果表明，其抗氧化性能是依赖于基础油芳烃、烷基芳烃、碳氢化合物的平均链长，正构烷烃、异构烷烃的含量[196]。对于API Ⅰ类基础油而言，由于其烃类物质主要是含有高度饱和短链的正构烷烃，所以对ZDDP有很好的感受性。带有侧链的异构烷烃使ZDDP的抗氧化功效变差，这就限制了添加剂分子与烃类物质的相互作用。在较高单环芳烃含量的基础油中，ZDDP往往表现得更好，这可能是芳烃能改善添加剂的溶解能力。

1.14 未来需求

未来润滑油对抗氧化剂的需求将会持续，同时对质量和数量的要求也会增加，以此来满足环保和性能的要求。虽然这种趋势在整个润滑油工业会不可避免的发生，三个特殊领域可能会更加迅速、动态性地发展：现代发动机油、可生物降解润滑油、依靠生物燃料的发动机油。

新的引擎设计和机油配方层出不穷。其主要的促进因素是自然环保要求：减少石油消费、更好的燃油经济、延长换油周期和低排放(颗粒物、一氧化碳、碳氢化合物和氮氧化物)。为满足这些要求，新的汽车发动机设计将更轻更小，但要求在更加苛刻的条件下有更高的动力和速度，这样会导致发动机油温升高。一般认为，温度每升高10℃，油的氧化率会增加一倍。因此在更加苛刻的条件下为了保持性能满意，提高抗氧化剂使用水平和使用更加适合高温条件下的抗氧化剂(如胺类抗氧化剂)是必须的。现代的催化转换器能非常有效地减少排放，然而，它们容易受到硫、磷和从发动机油和燃料产生的灰的恶化影响。因此，使得发动机油中ZDDP含量会减少。现行的ILSAC GF－4规格限制硫、磷水平分别最大不超过0.7%和0.08%(质量分数)，而这个数字对未来发动机油来说可能会更低。随着ZDDP用量的减少，预计无灰主抗氧化剂以及辅助抗氧化剂(作为ZDDP的替代)的用量将增加。

为满足现代发动机油日益提高的性能要求，质量优良的Ⅱ类和Ⅲ类基础油正在取代传统的溶剂精制的Ⅰ类基础油。加氢精制和脱蜡过程用来显著降低不饱和碳氢化合物和多环芳烃，这有助于改善其较弱的氧化安定性，然而，具有天然抗氧化性的含硫物质基本被去除。以往的研究已经清楚地表明，仅当使用适合的抗氧化剂才会使这些基础油实现好的氧化安定性。因此，随着使用加氢处理基础油和合成基础油作为润滑油配方的增加，抗氧化剂在润滑油中的需求会上升。

石油基基础油的环保和毒性以及日益增加的全球资源短缺问题已经使人们对使用植物油诸如大豆油、菜籽油、葵花子油、椰子油作为润滑油和工业用油产生了兴趣。工业界已经看到将植物油用作环境友好的汽车发动机、二冲程机油、液压油、全损耗润滑油和船用润滑油的例子[246]。植物油一般具有优良的润滑性能，例如：良好的润滑性、挥发性低、高黏度指数、对润滑油添加剂优良的溶解性和与其他液体易相容性等。众所周知植物油与矿物油相比氧化安定性差。研究发现，典型的豆油形成聚合物的速度要比矿物油快一个数量级。为了改变这一缺点，预计以植物油为基础油的润滑油将需要更多的抗氧化剂来达到矿物油基润滑油的性能要求。由于植物油独特的碳氢化合物组成，这些液体中的抗氧化反应与矿物基基础油会不同。最近研究表明[218]，ADPAs在矿物基油中的高温性能(如在170℃时)不如在大豆油中有效。此外，环保型润滑油需要使用更能满足生物降解性和生物累积性标准的添加剂。适用于矿物基基础油的抗氧化剂在植物基油中使用可能是个问题。因此，有必要开发新型的生物抗氧化剂。

越来越多地使用生物燃料如：从油种子衍生来的含有甲基酯的生物柴油，动物脂肪以及再生食物油，这对使用这些燃料的发动机油的稳定性带来了一个新的挑战。最近研究发现[247]，不同植物源的生物柴油(如油菜籽、大豆、棕榈油、椰子等)会加速在用的发动机油的氧化，即使在低稀释水平，也会缩短了氧化抑制期，并使黏度快速增加。进一步恶化的情况是高的和窄沸点的生物柴油，这使它们在进入曲轴箱后比矿物柴油作用更持久。在使用这些新燃料下，发动机油要发挥满意作用，抗氧化水平必须维持在一个有效水平来抵消生物燃料的强降解影响。

总地来说，未来润滑油要求抗氧化剂具有高性能、高性价比、无灰、多功能以及环保属性。在考虑到新兴的基础油技术和性能规范的同时，其发展的最终的驱动力是自然环境。

1.15 商品抗氧化剂

商品抗氧化剂

产品	生产公司	化学成分
Ethanox®310	Albemarle(雅宝公司，美国)	四[β-(3，5-二叔丁基-4-羟基苯基)丙酸]季戊四醇酯
Ethanox 323	Albemarle	壬基酚聚氧乙烯双硫低聚物
Ethanox 376	Albemarle	3，5-二叔丁基-4-羟基-苯基丙酸，C_{18}烷基酯
Ethanox 4701	Albemarle	2，6-二叔丁基苯酚
Ethanox 4702	Albemarle	4，4′-亚甲基双(2，6-二-叔丁基苯酚)
Ethanox 4703	Albemarle	2，6-二叔丁基-α-二甲基氨基对甲酚
Ethanox 4716	Albemarle	3，5-二叔丁基l-4-羟基-苯基丙酸，C_7~C_9烷基酯
Ethanox 4733	Albemarle	2，6-二叔丁基苯酚混合物
Ethanox 4735	Albemarle	叔丁基苯酚混合物
Ethanox 4755	Albemarle	Ethanox 4702 的含硼衍生物
Ethanox 4872J	Albemarle	多环叔丁基苯酚，53%活性组分
Ethanox 4827J	Albemarle	多环叔丁基苯酚，30%活性组分
Ethanox 4777	Albemarle	烷基化二苯胺
Additin®7010	Rhein Chemie(莱茵化学公司，德国)	1，2-二甲基-4-三甲基喹啉低聚体
Additin 7130	Rhein Chemie	苯基-α-萘胺
Additin 7110	Rhein Chemie	2，6-二叔丁基对甲酚
Additin 7120	Rhein Chemie	2，6-二叔丁基苯酚
Additin 7115	Rhein Chemie	空间位阻酚衍生物
Additin 7135	Rhein Chemie	苯乙烯化二苯胺
Naugalube®15	Chemtura(科聚亚公司，美国)	2，2′-硫代二亚乙基双(3，5-二叔丁基-4-羟基苯基)丙酸酯
Naugalube 16	Chemtura	4，4′-硫代双(2-叔丁基-5-甲基苯酚)
Naugalube 18	Chemtura	2，2-硫代双(4-甲基-6-叔丁基苯酚)
Naugalube 22	Chemtura	叔丁基苯酚混合物

续表

产品	生产公司	化学成分
Naugalube 32	Chemtura	四[β-(3，5-二叔丁基-4-羟基苯基)丙酸]季戊四醇酯
Naugalube 37	Chemtura	3，5-二叔丁基-4-羟基-苯基丙酸，C_{18}烷基酯
Naugalube 38	Chemtura	3，5-二叔丁基-4-羟基-苯基丙酸，C_{13}~C_{15}烷基酯
Naugalube 531	Chemtura	3，5-二叔丁基-4-羟基-苯基丙酸，C_7~C_9烷基酯
Naugalube 438	Chemtura	二辛基二苯胺
Naugalube 438L	Chemtura	二壬基二苯胺
Naugalube 635	Chemtura	苯乙烯化二苯胺
Naugalube 640	Chemtura	丁基化、辛基化二苯胺
Naugalube 680	Chemtura	辛基化、苯乙烯化二苯胺
Naugalube AMS	Chemtura	A-甲基苯乙烯化 DPA
Naugard® PANA	Chemtura	苯基-α-萘胺
Naugalube APAN	Chemtura	烷基化 PANA
Naugalube TMQ	Chemtura	1，2-二甲基-4-三甲基喹啉低聚体
Naugalube 403	Chemtura	*N*，*N'*-二仲丁基对苯二胺
Naugalube TPP	Chemtura	亚磷酸三苯酯
Irganox® L 01	Ciba(汽巴公司，德国)	二辛基二苯胺
Irganox L 06	Ciba	辛基化 PANA
Irganox L 57	Ciba	叔丁基，辛基二苯胺
Irganox L 67	Ciba	二壬基二苯胺
Irganox L 101	Ciba	四[β-(3，5-二叔丁基-4-羟基苯基)丙酸]季戊四醇酯
Irganox L 107	Ciba	3，5-二叔丁基-4-羟基-苯基丙酸，C_{18}烷基酯
Irganox L 109	Ciba	屏蔽双酚
Irganox L 115	Ciba	2，2'-硫代二亚乙基双(3，5-二叔丁基-4-羟基苯基)丙酸酯
Irganox L 118	Ciba	高分子量受阻酚硫醚液体
Irganox L 135	Ciba	3，5-二叔丁基-4-羟基-苯基丙酸，C_7~C_9烷基酯
Irganox E 201	Ciba	液体二-α-生育酚(维他命 E)
Irgaphos® 168	Ciba	三-(二-叔丁基)亚磷酸盐
Vanlube® AZ	RT Vanderbilt(范德比尔特公司，美国)	油溶性二戊基二硫代氨基甲酸锌
Vanlube EZ	RT Vanderbilt	二烷基二硫代氨基甲酸锌和二烷基二硫代氨基甲酸铵
Vanlube NA	RT Vanderbilt	壬基化，乙基化二苯胺
Vanlube PCX	RT Vanderbilt	2，6-二叔丁基对甲酚
Vanlube RD	RT Vanderbilt	1，2-二甲基-4-三甲基喹啉低聚体
Vanlube SL	RT Vanderbilt	辛基化，苯乙烯化二苯胺
Vanlube SS	RT Vanderbilt	辛基化二苯胺
Vanlube 81	RT Vanderbilt	二辛基二苯胺
Vanlube 7723	RT Vanderbilt	亚甲基双(二丁基二硫代氨基甲酸酯)

续表

产品	生产公司	化学成分
Vanlube 869	RT Vanderbilt	二硫代氨基甲酸锌/硫化烯烃混合物
Vanlube 8610	RT Vanderbilt	二硫代氨基甲酸锑/硫化烯烃混合物
Vanlube 887	RT Vanderbilt	油溶性苯三唑衍生物
Vanlube 887E	RT Vanderbilt	合成酯稀释的苯三唑衍生物
Vanlube 9317	RT Vanderbilt	合成酯稀释的有机胺
Vanlube 961	RT Vanderbilt	叔丁基，辛基化二苯胺
Vanlube 996E	RT Vanderbilt	亚甲基双(二丁基二硫代氨基甲酸盐)和甲苯三唑衍生物

1.16 商品金属减活剂

商品金属减活剂

产品	生产公司	化学成分
Ethanox® 4705	Albemarle	N，N－二亚水杨基－1，2－二氨基丙烷
Irgamet® 30	Ciba	三唑衍生物
Irgamet 39	Ciba	甲苯三唑衍生物
Irgamet 42	Ciba	水溶性甲苯三唑衍生物
Irgamet BTZ	Ciba	苯并三氮唑
Irgamet TTZ	Ciba	烷基苯三唑
Cuvan® 303	RT Vanderbilt	N，N－双(2－乙基己基)－芳－甲基－1氢H－苯并三唑－1－甲胺
Cuvan 484	RT Vanderbilt	2，5－二巯基－1，3，4－噻二唑衍生物
Cuvan 826	RT Vanderbilt	2，5－二巯基－1，3，4－噻二唑衍生物
NACAP®	RT Vanderbilt	Sodium 2－巯基苯并噻唑钠，50%活性组分
ROKON®	RT Vanderbilt	2－巯基苯并噻唑
Vanchem® NATD	RT Vanderbilt	2，5－二巯基噻二唑酸二钠，30%活性组分
Vanlube 601	RT Vanderbilt	含硫氮杂环化合物
Vanlube 601E	RT Vanderbilt	杂环含硫氮化合物
Vanlube 704	RT Vanderbilt	专有混合金属钝化剂

参考文献

1. Baird, J. Great Britain Patent 1516 (1872).
2. Haas, F. Lubricant. U.S. Patent 2,162,398 (June 13, 1939, Archer-Daniels-Midland Company).
3. Kobbe, W.H. Sulphur-containing oil composition and method of making the same. U.S. Patent 1,844,400 (February 9, 1932).
4. Palmer, R.C. and P.O. Powers. Sulphurized terpene oil and process of preparing the same. U.S. Patent 1,926,687 (September 12, 1933, Newport Industries, Inc.).
5. Knowles, E.C., F.C. McCoy, and J.A. Patterson. Lubricating oil and method of lubricating. U.S. Patent 2,417,305 (March 11, 1947, The Texas Company).
6. Lincoln, B.H., W.L. Steiner, and G.D. Byrkit. Sulphur containing lubricant. U.S. Patent 2,218,132 (October 15, 1940, Continental Oil Company).

7. Lincoln, B.H., W.L. Steiner, and G.D. Byrkit. Sulphur containing lubricant. U.S. Patent 2,313,248 (March 9, 1943, The Lubri-Zol Development Corporation).
8. Lincoln, B.H., G.D. Byrkit, and W.L. Steiner. Method for the synthesis of sulphur-bearing derivatives of high molecular weight. U.S. Patent 2,348,080 (May 2, 1944, Continental Oil Company).
9. Farrington, B.B., V.M. Kostainsek, and G.H. Denison Jr. Compounded lubricant. U.S. Patent 2,346,156 (April 11, 1944, Standard Oil Company of California).
10. Mikeska, L.A. and E. Lieber. Preparation of phenol sulfides. U.S. Patent 2,139,321 (December 6, 1938, Standard Oil Development Company).
11. Mikeska, L.A. and C.A. Cohen. Mineral oil stabilizing agent and composition containing same. U.S. Patent 2,139,766 (December 13, 1938, Standard Oil Development Company).
12. Mikeska, L.A. and E. Lieber. Stabilized lubricanting composition. U.S. Patent 2,174,248 (September 26, 1939, Standard Oil Development Company).
13. Mikeska, L.A. and E. Lieber. Polymerization and condensation products. U.S. Patent 2,239,534 (April 22, 1941, Standard Oil Development Company).
14. Richardson, R.W. Oxidation inhibitor. U.S. Patent 2,259,861 (October 21, 1941, Standard Oil Development Company).
15. Hu, S.M., C.L. Gao, J.J. Tang, J.C. Zhang, and H.F. Liang. Properties of mono- and dialkyldiphenyl sulfides for high temperature lubricants and their molecular structures. *Acta Petrolei Sinica (Shiyou Xuebao)*, S1, 118–130, 1997.
16. Askew, H.F., G.J.J. Jayne, and J.S. Elliott. Lubricant compositions. U.S. Patent 3,882,031 (May 6, 1975, Edwin Cooper & Company Ltd.).
17. Spence, J.R. Lubricating compositions containing normal-alkyl substituted 2-thiazoline disulfide antioxidants. U.S. Patent 4,485,022 (November 27, 1984, Phillips Petroleum Company).
18. Salomon, M.F. Antioxidant compositions. U.S. Patent 4,764,299 (August 16, 1988, The Lubrizol Corporation).
19. Oumar-Mahamat, H., A.G. Horodysky, and A. Jeng. Dihydrobenzothiophenes as antioxidant and antiwear additives for lubricating oils. U.S. Patent 5,514,289 (May 7, 1996, Mobil Oil Corporation).
20. Hester, W.F. Fungicidal composition. U.S. Patent 2,317,765 (April 27, 1943. Rohm & Haas Company).
21. Denton, W.M. and S.A.M. Thompson. Screening compounds for antioxidant activity in motor oil. *Inst. Petrol. Rev.* 20(230), 46–54, 1966.
22. Holubec, A.M. Lubricant compositions. U.S. Patent 3,876,550 (April 8, 1975, The Lubrizol Corporation).
23. Karol, T.J., S.G. Donnelly, and R.J. Hiza. Improved antioxidant additive compositions and lubricating compositions containing the same. PCT 03/027215 A2 (2003, R.T. Vanderbilt Company Inc.).
24. Chesluk, R.P., J.D. Askew Jr., and C.C. Henderson. Oxidation inhibited lubricating oil. U.S. Patent 4,125,479 (November 14, 1978, Texaco Inc.).
25. Yao, J.B. The application of ashless thiocarbamate as lubricant antioxidation and extreme pressure additive. *Lubricating Oil*, 20(6), 41–44, 2005.
26. Doe, L.A. Antioxidant synergistis for lubricating compositions. U.S. Patent 4,880,551 (November 14, 1989, R.T. Vanderbilt Company Inc.).
27. Nakazato, M., J. Magarifuchi, A. Mochizuki, and H. Tanabe. Low phosphorus engine oil composition and additive compositions. U.S. Patent 6,351,428 (March 11, 2003, Chevron Oronite Company LLC).
28. Khorramian, B.A. Phosphorus-free and ashless oil for aircraft and turbo engine application. U.S. Patent 5,726,135 (March 10, 1998).
29. deVries, L. and J.M. King. Process of preparing molybdenum complexes, the complexes so-produced and lubricants containing same. U.S. Patent 4,263,152 (April 21, 1981, Chevron Research Company).
30. deVries, L. and J.M. King. Process of preparing molybdenum complexes, the complexes so-produced and lubricants containing same. U.S. Patent 4,265,773 (May 5, 1981, Chevron Research Company).
31. Stiefel, E.I., J.M. McConnachie, D.P. Leta, M.A. Francisco, C.L. Coyle, P.J. Guzi, and C.F. Pictroski. Trinuclear molybdenum multifunctional additive for lubricating oils. U.S. Patent 6,232,276 B1 (May 15, 2001, Infineum USA L.P.).
32. deVries, L. and J.M. King. Antioxidant combinations of molybdenum complexes and aromatic amine compounds. U.S. Patent 4,370,246 (January 25, 1983, Chevron Research Company).
33. Shaub, H. Mixed antioxidant composition. European Patent 719313 B1 (August 6, 1997, Exxon Chemical Patents Inc.).
34. Arai, K. and H. Tomizawa. Lubricating oil composition. U.S. Patent 5,605,880 (February 25, 1997, Exxon Chemical Patents Inc.).
35. Tomizawa, H. Lubricating oil composition for internal combustion engines. U.S. Patent 5,688,748

(November 18, 1997, Tonen Corporation).
36. Kelly, J.C. Engine lubricant using molybdenum dithiocarbamate as an antioxidant top treatment in high sulfur base stocks. *IP.com Journal*, 1(6), 22, 2001.
37. Gatto, V.J. Antioxidant system for lubrication base oils. U.S. Patent 5,840,672 (November 24, 1998, Ethyl Corporation).
38. Yao, J.B. Recent development of antiwear and extreme pressure-resistant additives for lubricating oils and greases. *Lubricating Oil*, 21(3), 29–37, 2006.
39. Hoffman, D.M., J.J. Feher, and H.H. Farmer. Lubricating compositions containing 5,5′-dithiobis(1,3,4-thiadiazole-2-thiol). U.S. Patent 4,517,103 (May 14, 1985, R.T. Vanderbilt Company Inc.).
40. Karol, T.J., S.G. Donnelly, and R.J. Hiza. Antioxidant additive compositions and lubricating compositions containing the same. U.S. Patent 6,806,241 (October 19, 2004, R.T. Vanderbilt Company Inc.).
41. Salomon, M.F. N-Substituted thio alkyl phenothiazines. U.S. Patent 5,034,019 (July 23, 1991, The Lubrizol Corporation).
42. Germanaud, L., P. Azorin, and P. Turello. Antioxidant nitrogen-containing additives for lubricating oils. France Patent 2,639,956 (June 8, 1990, Elf France).
43. Kapuscinski, M.M. and R.T. Biggs. Dispersant and antioxidant VI improver based on olefin copolymers containing phenothiazine and aromatic amine groups. U.S. Patent 5,942,0471 (August 24, 1999, Ethyl Corporation).
44. Colclough, T. Lubricating compositions. PCT Intl. Appl. WO 9525781 A1 (September 28, 1995, Exxon Chemical Ltd.).
45. Brown, A.L. Treatment of hydrocarbon oils. U.S. Patent 1,234,862 (July 31, 1917, Westinghouse and Electric Manufacturing Company).
46. Ashburn, H.V. and W.G. Alsop. Lubricating oil. U.S. Patent 2,221,162 (November 12, 1940, The Texas Company).
47. Hall, F.W. and C.G. Towne. Method of lubrication. U.S. Patent 2,257,601 (September 30, 1941, The Texas Company).
48. Musher, S. Lubricating oil and the method of making the same. U.S. Patent 2,223,941 (December 3, 1940, The Musher Foundation).
49. Loane, C.M. and J.W. Gaynor. Lubricant. U.S. Patent 2,322,859 (June 29, 1943, Standard Oil Company).
50. Moran, R.C., W.L. Evers, and E.W. Fuller. Petroleum product and method of making same. U.S. Patent 2,058,343 (October 20, 1936, Socony-Vacuum Oil Company Inc.).
51. Moran, R.C. and A.P. Kozacik. Mineral oil composition. U.S. Patent 2,151,300 (March 21, 1939, Socony-Vacuum Oil Company Inc.).
52. Cohen, S.C. Synergistic antioxidant system for severely hydrocracked lubricating oils. U.S. Patent 5,124,057 (June 23, 1992, Petro-Canada Inc.).
53. Farrington, B.B. and J.O. Clayton. Compounded mineral oil. U.S. Patent 2,228,658 (January 14, 1941, Standard Oil Company of California).
54. Farrington, B.B., J.O. Clayton, and J.T. Rutherford. Compounded mineral oil. U.S. Patent 2,228,659 (January 14, 1941, Standard Oil Company of California).
55. Meyers, D. Method of lubricating compression cylinders used in the manufacture of high-pressure polyethylene. U.S. Patent 6,172,014 B1 (January 9, 2001, Pennzoil-Quaker State).
56. Holt, A. and G. Mulqueen. Stabilizing compositions for lubricating oils. U.S. Patent Appl. 2003/0171227 (September 11, 2003, Great Lakes Chemicals).
57. Dong, J. and C.A. Migdal. Stabilized lubricant compositions. U.S. Patent Appl. 206/0069000 A1 (March 30, 2006. Crompton Corporation).
58. Durr, A.M. and R.A. Krenowicz. Turbine oil compositions. U.S. Patent 3,923,672 (December 2, 1975, Continental Oil Company).
59. Messina, N.V. and D.R. Senior. Stabilized fluids. U.S. Patent 3,556,999 (January 19, 1971, Rohm and Haas Company).
60. Rutherford, J.T. and R.J. Miller. Compounded hydrocarbon oil. U.S. Patent 2,252,984 (August 19, 1941, Standard Oil Company of California).
61. Rutherford, J.T. and R.J. Miller. Compounded oil. U.S. Patent 2,252,985 (August 19, 1941, Standard Oil Company of California).
62. Asseff, P.A. Lubricant. U.S. Patent 2,261,047 (October 28, 1941, The Lubri-Zol Corporation).
63. Cook, E.W. and W.D. Thomas Jr. Crankcase lubricant and chemical compound therefore. U.S. Patent 2,342,572 (February 22, 1944, American Cyanamid Company).

64. Cook, E.W. and W.D. Thomas Jr. Crankcase lubricant and chemical compound therefore. U.S. Patent 2,344,392 (March 14, 1944, American Cyanamid Company).
65. Cook, E.W. and W.D. Thomas Jr. Lubricating oil composition. U.S. Patent 2,344,393 (March 14, 1944, American Cyanamid Company).
66. Cook, E.W. and W.D. Thomas Jr. Lubricating composition. U.S. Patent 2,358,305 (September 19, 1944, American Cyanamid Company).
67. Cook, E.W. and W.D. Thomas Jr. Lubricating compositions. U.S. Patent 2,368,000 (January 23, 1945, American Cyanamid Company).
68. Davis, L.L., B.H. Lincoln, and G.D. Byrkit. Method of synthesizing sulphur-bearing high molecular weight hydrocarbons. U.S. Patent 2,278,719 (April 7, 1942, Continental Oil Company).
69. Kelso, C.D. Phosphorus sulphide-hydrocarbon reaction product. U.S. Patent 2,315,529 (April 6, 1943, Standard Oil Company).
70. Loane, C.M. and J.W. Gaynor. Lubricant. U.S. Patent 2,316,078 (April 6, 1943, Standard Oil Company).
71. White, C.N. Lubricant. U.S. Patent 2,316,091 (April 6, 1943, Standard Oil Company).
72. May, R.L. Reaction products of aliphatic alcohols and terepene-phosphorus sulphide. U.S. Patent 2,356,073 (August 15, 1944, Sinclair Refining Company).
73. May, R.L. Zinc salt of the reaction products of aliphatic alcohols and terepene-phosphorus sulphide. U.S. Patent 2,356,074 (August 15, 1944, Sinclair Refining Company).
74. Musselman, J.M. and H.P. Lankelma. Preparation of compounds for lubricants, etc. U.S. Patent 2,357,346 (September 5, 1944, The Standard Oil Company).
75. Berger, H.G., T.T. Noland, and E.W. Fuller. Mineral oil composition. U.S. Patent 2,373,094 (April 10, 1945, Socony-Vacuum Oil Company).
76. Mixon, L.W. Interface modifier. U.S. Patent 2,375,315 (May 8, 1945, Standard Oil Company).
77. Mixon, L.W. and C.M. Loane. Lubricant. U.S. Patent 2,377,955 (June 12, 1945, Standard Oil Company).
78. May, R.L. Reaction products of alkylated phenols and terepene-phosphorus sulphide. U.S. Patent 2,379,312 (June 26, 1945, Sinclair Refining Company).
79. Noland, T.T. Mineral oil composition. U.S. Patent 2,379,453 (July 3, 1945, Socony-Vacuum Oil Company).
80. Hughes, E.C. and W.E. Scovill. Mineral oil beneficiation. U.S. Patent 2,381,907 (August 14, 1945, The Standard Oil Company).
81. May, R.L. Lubricant. U.S. Patent 2,392,252 (January 1, 1946, Sinclair Refining Company).
82. May, R.L. Lubricant. U.S. Patent 2,392,253 (January 1, 1946, Sinclair Refining Company).
83. Musselman, J.M. and H.P. Lankelma. Lubricants. U.S. Patent 2,396,719 (March 19, 1946, The Standard Oil Company).
84. Bartleson, J.D. Additives for lubricants. U.S. Patent 2,403,894 (July 9, 1946, The Standard Oil Company).
85. May, R.L. Lubricating oil. U.S. Patent 2,409,877 (October 22, 1946, Sinclair Refining Company).
86. Lincoln, B.H. and G.D. Byrkit. Lubricating oil. U.S. Patent 2,415,296 (February 4, 1947).
87. Berger, H.G. and E.W. Fuller. Mineral oil composition. U.S. Patent 2,416,281 (February 25, 1947, Socony-Vacuum Oil Company).
88. Rogers, T.H., R.W. Watson, and J.W. Starrett. Lubricant. U.S. Patent 2,422,585 (June 17, 1947, Standard Oil Company).
89. Fuller, E.W. and H.S. Angel. Mineral oil composition. U.S. Patent 2,455,668 (December 7, 1948, Socony-Vacuum Oil Company).
90. Clason, D.L. and C.W. Schroeck. Phosphite treatment of phosphorus acid salts and compositions produced thereby. U.S. Patent 4,263,150 (April 21, 1981, The Lubrizol Corporation).
91. Rivier, G. Novel metallic dithiophosphates and their use as additives for lubricating oils. U.S. Patent 4,288,335 (September 8, 1981, Orogil).
92. Schroeck, C.W. Metal salts of lower dialkylphosphorodithioic acids. U.S. Patent 4,466,895 (August 21, 1984, The Lubrizol Corporation).
93. Clason, D.L. and C.W. Schroeck. Mixed metal salts and lubricants and functional fluids containing them. U.S. Patent 4,308,154 (December 29, 1981, The Lubrizol Corporation).
94. Sarin, R., D.K. Tuli, A.V. Sureshbabu, A.K. Misra, M.M. Rai, and A.K. Bhatnagar. Molybdenum dialky lphosphorodithioates: synthesis and performance evaluation as multifunctional additives for lubricants. *Tribology International*, 27(6), 379–86, 1994.

95. Lubricant additives. *Technical Bulletin* 506. (R.T. Vanderbilt Company Inc.).
96. Levine, S.A., R.C. Schlicht, H. Chafetz, and J.R. Whiteman. Molybdenum derivatives and lubricants containing same. U.S. Patent 4,428,848 (January 31, 1984, Texaco Inc.).
97. Nalesnik, T.E. and C.A. Migdal. Oil-soluble molybdenum multifunctional friction modifier additives for lubricant compositions. U.S. Patent 6,103,674 (August 15, 2000, Uniroyal Chemical Company Inc.).
98. Sarin, R., D.K. Tuli, V. Martin, M.M. Rai, and A.K. Bhatnagar. Development of N, P and S-containing multifunctional additives for lubricants. *Lubrication Engineering*, 53(5), 21–27, 1997.
99. Ripple, D.E. Zinc-free farm tractor fluid. PCT 2007005423 A2 (January 11, 2007, The Lubrizol Corporation).
100. Schadenberg, H. Dithiophosphate ester derivatives and their use for stabilizing organic material. British Patent 1,506,917 (September 30, 1975), Shell International Research.
101. Davis, R.H., A. Okorodudu, and M. Sedlak. Lubricant compositions containing a dithiophosphoric acid ester-aldehyde reaction product. European Patent Appl. 00090506 A2 (March 3, 1983, Mobil Oil Corporation).
102. Braid, M. Lubricating oils or fuels containing adducts of phosphorodithioate esters. U.S. Patent 3,644,206 (February 22, 1972, Mobil Oil Corporation).
103. Rogers, T.H. Refined viscous hydrocarbon oil. U.S. Patent 1,774,845 (September 2, 1930, Standard Oil Company).
104. Rogers, T.H. Refined viscous hydrocarbon oil. U.S. Patent 1,793,134 (February 17, 1931, Standard Oil Company).
105. Roberts, E.N. Lubricant. U.S. Patent 2,409,799 (October 22, 1946, Standard Oil Company).
106. Jenkins, V.N. Diesel engine lubricating oil. U.S. Patent 2,366,191 (January 2, 1945, Union Oil Company of California).
107. Dubois, L.O. and R.N. Gartside. Continuous manufacture of nitrobenzene. U.S. Patent 2,773,911 (December 11, 1956, E.I. du Pont de Nemours and Company).
108. Karkalits, O.C., Jr., C.M. Vanderwaart, and F.H. Megson. New catalyst for reducing nitrobenzene and the process of reducing nitrobenzene thereover. U.S. Patent 2,891,094 (June 16, 1959, American Cyanamid Co.).
109. Addis, G.I. Vapor phase process for the manufacture of diphenylamine. U.S. Patent 3,118,944 (January 21, 1964, American Cyanamid Co.).
110. Lai, J.T. and D.S. Filla. Process for production of liquid alkylated diphenylamine antioxidant. U.S. Patent 5,750,787 (May 12, 1998, The B.F. Goodrich Company).
111. Popoff, I.C., P.G. Haines, and C.E. Inman. Alkylation of diphenylamine. U.S. Patent 2,943,112 (June 28, 1960, Pennsalt Chemicals Corporation)
112. Lai, J.T. Synthetic lubricant antioxidant from monosubstituted diphenylamines. U.S. Patent 5,489,711 (February 6, 1996, The B.F. Goodrich Company).
113. Lai, T.J. Lubricant composition. U.S. Patent 6,426,324 (July 30, 2002, Noveon IP Holdings Corp. and BP Exploration & Oil Inc.).
114. Andress, H.J., Jr. and R.H. Davis. Arylamine-aldehyde lubricant antioxidants. European Patent Appl. 0083871 A2 (July 20, 1983, Mobil Oil Corporation).
115. Franklin, J. Liquid antioxidant produced by alkylating diphenylamine with a molar excess of diisobutylene. U.S. Patent 4,824,601 (April 25, 1989, Ciba-Geigy Corporation).
116. Lai, J.T. Method of manufacturing alkylated diphenylamine compositions and products thereof. U.S. Patent 6,204,412 (March 12, 2001, The B.F. Goodrich Company).
117. Lai, J.T. and D.S. Filla. Liquid alkylated diphenylamine antioxidant. U.S. Patent 5,672,752 (September 30, 1997, B.F. Goodrich Company).
118. Onopchenko, A. Alkylation of diphenylamine with polyisobutylene oligomers. U.S. Patent 6,355,839 (March 12, 2002, Chevron U.S.A. Inc.).
119. Braid, M. Lubricant compositions containing N-tertiary alkyl benzotriazoles. U.S. Patent 4,519,928 (May 28, 1985, Mobil Oil Corporation).
120. Shim, J. Lubricant compositions containing antioxidant mixtures comprising substituted thiazoles and substituted thiadiazole compounds. U.S. Patent 4,260,501 (April 7, 1981, Mobil Oil Corporation).
121. Shim, J. Multifunctional additives. U.S. Patent 4,511,481 (April 16, 1985, Mobil Oil Corporation).
122. Shim, J. Triazole-dithiophosphate reaction product and lubricant compositions containing same. U.S. Patent 4,456,539 (June 26, 1984, Mobil Oil Corporation).
123. Wright, W.E. Antioxidant diamine. U.S. Patent 4,456,541 (June 26, 1984, Ethyl Corporation).
124. Bandlish, B.K., F.C. Loveless, and W. Nudenberg. Amino compounds and use of amino compounds as

antioxidants in lubricating oils. European Patent 022281 B1 (September 14, 1983, Uniroyal Inc.).
125. Muller, R. and W. Hartmann. N,N′-Diphenyl-p-phenylenediamines, method for their production and their use as stabilizers for organic materials. European Patent Appl. 072575 A1 (February 23, 1983, Chemische Werke Lowi GmbH).
126. Colclough, T. Lubricating oil components and additives for use therein. U.S. Patent 5,232,614 (August 2, 1993, Exxon Chemical Patents Inc.).
127. Malherbe, R.F. 2,3-Dihydroperimidines as antioxidants for lubricants. U.S. Patent 4,389,321 (June 21, 1983, Ciba-Geigy Corporation).
128. Roberts, J.T. N,N′-Disubstituted 2,4′-diaminodiphenyl ethers as antioxidants. U.S. Patent 4,309,294 (January 5, 1982, UOP Inc.).
129. Roberts, J.T. Imines of 2,4-diaminodiphenyl ethers as antioxidants for lubricating oils and greases. U.S. Patent 4,378,298 (March 29, 1983, UOP Inc.).
130. Sung, R.L. and B.H. Zoleski. Diesel lubricant composition containing 5-amino-triazole-succinic anhydride reaction product. U.S. Patent 4,256,595 (March 17, 1981, Texaco Inc.).
131. Braid, M. Phenolic antioxidants and lubricants containing same. U.S. Patent 4,551,259 (November 5, 1985, Mobil Oil Corporation).
132. McKinnie, B.G. and P.F. Ranken. (Hydrocarbylthio)phenols and their preparation. U.S. Patent 4,533,753 (August 6, 1985, Ethyl Corporation).
133. Gatto, V.J. and A. Kadkhodayan. Sulfurized phenolic antioxidant composition method of preparing same and petroleum products containing same. U.S. Patent 6,001,786 (December 14, 1999, Ethyl Corporation).
134. Dong, J. and C.A. Migdal. Synergistic antioxidant systems for lubricants. 12th Asia Fuels and Lubes Conference Proceedings. Hong Kong, 2006.
135. Braid, M. Phenolic antioxidants and lubricants containing the same. U.S. Patent 4,551,259 (November 5, 1985, Mobil Oil Co.).
136. Gatto, V.J. Hydroxyphenyl-substituted amine antioxidants. U.S. Patent 5,292,956 (March 8, 1994, Ethyl Corporation).
137. Nelson, L.A. and L.R. Rudnick. Mannich type compounds as antioxidants. U.S. Patent 5,338,469 (August 16, 1994, Mobil Oil Corporation).
138. Oumar-Mahamat, H. and A.G. Horodysky. Phenolic imidazoline antioxidants. U.S. Patent 5,846,917 (December 8, 1998, Mobil Oil Corporation).
139. Camenzind, H., A. Dratva, and P. Hanggi. Ash-free and phosphorus-free antioxidants and antiwear additives for lubricants. European Patent Appl. 894,793 (February 3, 1999, Ciba Specialty Chemicals Holding Inc.).
140. Hsu, S.Y. and A.G. Horodysky. Sulfur-containing ester derivative of arylamines and hindered phenols as multifunctional antiwear and antioxidant additives for lubricants. U.S. Patent 5,304,314 (April 19, 1994, Mobil Oil Corporation).
141. Andress, H.J. and H. Ashjian. Products of reaction involving alkenylsuccinic anhydrides with aminoalcohols and aromatic secondary amines and lubricants containing same. U.S. Patent 4,522,736 (June 11, 1985, Mobil Oil Corporation).
142. Nelson, K.D. and E.A. Chiverton. Fused aromatic amine based wear and oxidation inhibitors for lubricants. U.S. Patent Application 2006/02237 A1 (October 5, 2006, Chevron Texaco Corporation).
143. Loper, J.T. Dispersant reaction product with antioxidant capability. U.S. Patent Appl. 2006/0128571 (June 15, 2006, Afton Corporation).
144. Migdal, C.A., T.E. Nalesnik, and C.S. Liu. Dispersant and antioxidant additive and lubricating oil composition containing same. U.S. Patent 5,075,383 (December 24, 1991, Texaco Inc.).
145. Colclough, T. Lubricating oil oxidation and stabilization, in *Atmospheric Oxidation and Antioxidants*. G. Scott ed., Elsevier Science Publishers B.V., Amsterdam, 1993.
146. Klaus, E.E., J.L. Duda, and J.C. Wang. Study of copper salts as high-temperature oxidation inhibitors. *Tribology Transactions*, 35(2), 316–324, 1992.
147. Holt, D.G.L. Multiring aromatics for enhanced deposit control. European Patent Appl. 0709447 (May 1, 1996, Exxon Research and Engineering Company).
148. Colclough, T., F.A. Gibson, and J.F. Marsh. Lubricating oil compositions containing ashless dispersant, zinc dihydrocarbyldithiophosphate, metal detergent and a copper compound. U.S. Patent 4,867,890 (September 19, 1989).
149. Downing, F.B. and H.M. Fitch. Lubricant. U.S. Patent 2,343,756 (March 7, 1944, E.I. du Pont de Nemours & Company).
150. Fox, A.L. Solution of Copper mercaptides from terpenes. U.S. Patent 2,349,820 (May 30, 1944, E.I. du

Pont de Nemours & Company).
151. Downing, F.B. and H.M. Fitch. Lubricating oil. U.S. Patent 2,356,661 (August 22, 1944, E.I. du Pont de Nemours & Company).
152. Gurierrez, A., D.W. Brownawell, and S.J. Brois. Copper complexes of oxazolines and lactone oxazolines as lubricating oil additives. U.S. Patent 4,486,326 (December 4, 1984, Exxon Research & Engineering Co.).
153. Hopkins, T.R. Copper salts of succinic anhydride derivatives. U.S. Patent 4,552,677 (November 12, 1985, The Lubrizol Corporation).
154. Farng, L.O. and A.G. Horodysky. Copper salts of hindered phenolic carboxylates and lubricants and fuel containing same. U.S. Patent 4,828,733 (May 9, 1989, Mobil Oil Corporation).
155. Stanulov, K., H.N. Harbara, and G. Cholakov. Antioxidation properties of boron-containing lubricant additives and their mixtures with Zn dialkyldithiophosphates. *Oxidation Communications*, 22(3), 374–386, 1999.
156. Yao, J.B. and J.X. Dong. Improvement of hydrolytic stability of borate esters used as lubricant additives. *Lubrication Engineering*, 51(6), 475–479, 1995.
157. Horodysky, A.G. Borated epoxides and lubricants containing same. U.S. Patent 4,410,438 (October 18, 1983, Mobil Oil Corporation).
158. Horodysky, A.G. Borated hydroxyl-containing compositions and lubricants containing same. U.S. Patent 4,788,340 (November 29, 1998, Mobil Oil Corporation).
159. Farng, L.O. and A.G. Horodysky. Mixed hydroquinone-hydroxyester borates as antioxidants. U.S.Patent 4,828,740 (May 9, 1989, Mobil Oil Corporation).
160. Braid, M. Phenol-hindered phenol borates and lubricant compositions containing same. U.S. Patent 4,530,770 (July 23, 1985, Mobil Oil Corporation).
161. Koch, F.W. Boron-containing compositions and lubricants containing them. U.S. Patent 5,240,624 (August 31, 1993, The Lubrizol Corporation).
162. Yao, J.B., W.L. Wang, S.Q. Chen, J.Z. Sun, and J.X. Dong. Borate esters used as lubricant additives. *Lubrication Science*, 14–4, 415–423, 2002.
163. Horodysky, A.G. Borated adducts of diamines and alkoxides, as multifunctional lubricant additives, and compositions thereof. U.S. Patent 4,549,975 (October 29, 1985, Mobil Oil Corporation).
164. Horodysky, A.G. and J.M. Kaminski. Friction reducing additives and compositions thereof. U.S. Patent 4,298,486 (November 3, 1981, Mobil Oil Corporation).
165. Horodysky, A.G. and J.M. Kaminski. Friction reducing additives and compositions thereof. U.S. Patent 4,478,732 (October 23, 1984, Mobil Oil Corporation).
166. Horodsky, A.G. and R.S. Herd. Etherdiamine borates and lubricants containing same. U.S. Patent 4,537,692 (August 27, 1985, Mobil Oil Corporation).
167. Yao, J.B. and P. Ma. Interaction of organic borate ester containing nitrogen with other lubricant additives. *Lubricating Oil (Runhuayou)*, 21(2), 32–47, 2006.
168. Farng, L.O. and A.G. Horodysky. Lubricant composition containing phenolic/phosphorodithioate borates as multifunctional additives. U.S. Patent 4,956,105 (September 11, 1990, Mobil Oil Corporation).
169. Hinkamp, J.B., J.D. Bartleson, and G.E. Irish. Boron esters and process of preparing same. U.S. Patent 3,356,707 (December 5, 1967, Ethyl Corporation).
170. Braid, M. Borate esters and lubricant compositions containing such esters. U.S. Patent 4,547,302 (October 15, 1985, Mobil Oil Corporation).
171. Small, V.R., Jr., T.V. Liston, and A. Onopchenko. Diethylamine complexes of borated alkyl catechols and lubricating oil compositions containing the same. U.S. Patent 4,975,211 (December 4, 1990, Chevron Research Company).
172. Small, V.R., Jr., T.V. Liston, and A. Onopchenko. Diethylamine complexes of borated alkyl catechols and lubricating oil compositions containing the same. U.S. Patent 5,061,390 (October 29, 1991, Chevron Research Company).
173. Wright, W.E. and B.T. Davis. Haze-free boronated antioxidant. U.S. Patent 4,927,553 (May 22, 1990, Ethyl Corporation).
174. Brown, J.R., P.E. Adams, V.A. Carrick, B.R. Dohner, W.D. Abraham, J.S. Vilardo, R.M. Lange, and P.E. Mosier. Titanium compounds and complexes as additives in lubricants. U.S. Patent Appl. 2006/0217271 (September 28, 2006, The Lubrizol Corporation).
175. Esche, C.K., Jr. Additives and lubricant formulations for improved antioxidant properties. U.S. Patent Appl. 2006/0205615 (September 14, 2006, New Market Services Corporation).
176. Ravichandran, R., F. Abi-Karam, A. Yermolenka, M. Hourani, and I. Roehrs. Amine tungstates and

lubricant compositions. WO 2007/009022 A2 (January 18, 2007, King Industries Inc.).
177. Gatto, V.J. and M.T. Devlin. Lubricant containing molybdenum compound and secondary diarylamine. U.S. Patent 5,650,381 (July 22, 1997, Ethyl Corporation).
178. Gatto, V.J. and M.T. Devlin. Lubricating composition. Great Britain Patent Application 2,307,245 (May 21, 1997, Ethyl Corporation).
179. Rasberger, M. Oxidative degradation and stabilisation of mineral oil based lubricants, in *Chemistry and Technology of Lubricants*. R.M. Motier and S.T. Orszulik, eds., Blackie Academic & Professional, London, UK, 98–143, 1997.
180. Paolino, P.R. Antioxidants, in *Thermoplastic Polymer Additives*. J.T. Lutz Jr., ed., Marcel Dekker, Inc., New York, 1–35, 1989.
181. Reyes-Gavilan, J.L. and P. Odorisio. *NLGI Spokeman*, 64(11), 22–33, 2001.
182. Pospisil, J. Aromatic and heterocyclic amines in polymer stabilization. *Advances in Polymer Science*, 124, 87–190, 1995.
183. Lowry, T.H. and K.S. Richardson. Mechanism and theory, in *Organic chemistry*. Harper and Row Publishers, New York, 472, 1976.
184. Colclough, T. Role of additives and transition metals in lubricating oil oxidation. *Industrial & Engineering Chemistry Research*, 26, 1888–1895, 1987.
185. Maleville, X., D. Faure, A. Legros, and J.C. Hipeaux. Oxidation of mineral base oils of petroleum origin: The relationship between chemical composition, thickening, and composition of degradation. *Lubrication Science*, 9, 3–60, 1996.
186. Jensen, R.K., S. Korcek, L.R. Mahoney, and M. Zinbo. Liquid–phase autoxidation of organic compounds at elevated temperatures. 1. The stirred flow reactor technique and analysis of primary products from n-hexadecane autoxidation at 120–180°C. *Journal of the American Chemical Society*, 101, 7574–7584, 1979.
187. March, J. The aldol condensation, in *Advanced Organic Chemistry*, 3rd edn., John Wiley & Sons, Inc., New York, pp. 829–834, 1985.
188. Hamblin, P.C. and P. Robrbach. Piston deposit control using metal-free additives. *Lubrication Science*, 14(1), 3–22, 2001.
189. Sequeira, A., Jr. Crude oils, base oils, and petroleum wax, in *Lubricant Base Oil and Wax Processing*. Marcel Dekker, Inc., New York, 1994.
190. Demarco, N. Global supply: links and kinks. *Lubes'N'Greases*, April, 15–18, 2007.
191. Murray, D.W., C.T. Clarke, G.A. MacAlpine, and P.G. Wright. The effect of base stock composition on lubricant performance, SAE Technical Paper 821236.
192. Cerny, J., M. Pospisil, and G. Sebor. Composition and oxidative stability of hydrocracked base oils and comparison with a PAO. *Journal of Synthetic Lubrication*, 18(3), 199–213, 2001.
193. Kramer, D.C., J.N. Ziemer, M.T. Cheng, C.E. Fry, R.N. Reynolds, B.K. Lok, M.L. Sztenderowicz, and R.R. Krug. Influence of group II & III base oil composition on V.I. and oxidative stability. Presented at the 66th NLGI Annual Meeting, Tucson, AZ, October, 1999.
194. Igarashi, J., T. Yoshida, and H. Watanabe. Concept of optimal aromaticity in base oil oxidative stability revisited. *Symposium on Worldwide Perspectives on the Manufacture, Characterization and Application of Lubricant Base Oils: 213th Annual Meeting Preprint*, American Chemical Society, San Francisco, CA, April 13–17, 1997.
195. Wang, H.D. and X.L. Hu. The study advance on effects of molecular structure of group II, III base oils on the oxidation stability. *Lubricating Oil*, 20(2), 10–14, 2005.
196. Adhvaryu, A., S.Z. Erhan, and I.D. Singh. The effect of molecular composition on the oxidative behavior of group I base oils in the presence of an antioxidant additive. *Lubrication Science*, 14(2), 119–129, 2002.
197. Yoshida, T., J. Igarashi, H. Watanabe, A.J. Stipanovic, C.Y. Thiel, and G.P. Firmstone. The impact of basic nitrogen compounds on the oxidative and thermal stability of base oils in automotive and industrial applications. SAE Paper 981405, 1998.
198. MacFaul, P.A., K.U. Ingold, and J. Lusztyk. Kinetic solvent effects on hydrogen atom abstraction from phenol, aniline, and diphenylamine. The importance of hydrogen bonding on their radical-trapping (antioxidant) activities. *Journal of the Organic Chemistry*, 61, 1316–1321, 1996.
199. Hamblin, P.C., D. Chasan, and U. Kristen. A review: ashless antioxidants, copper deactivators and corrosion inhibitors. Their use in lubricating oils, in *5th International Colloquium on Additives for Operational Fluids*, J Bart zed., Technische Akademie Esslingen, 1986.
200. Boozer, C.E., G.S. Hammond, C.E. Hamilton and J.N. Sen. Air oxidation of hydrocarbons II. The stoichiometry and fate of inhibitors in benezene and chlorobenezene. *Journal of the American Chemical*

Society, 77, 3233–3237, 1955.
201. Gatto, V.J., W.E. Moehle, T.W. Cobb, and E.R. Schneller. Oxidation fundamentals and its application to turbine oil testing. Presented at the *ASTM Symposium on Oxidation and Testing of Turbine Oils*, December 5, 2005, Norfolk, VA.
202. Berger, H., T.A.B. Bolsman, and D.M. Brower. Catalytic inhibition of hydrocarbons autoxidation by secondary amines and nitroxides. In *Developments in Polymer Stabilisation,* 6. G. Scott, ed., Elsevier Applied Science Publishers, London, 1–27, 1983.
203. Jensen, R.K., S. Korcek, M. Zinbo, and J.L. Gerlock. Regeneration of amines in catalytic inhibition oxidation. *Journal of Organic Chemistry*, 60, 5396–5400, 1995.
204. Bridgewater, A.J. and M.D. Sexton. Mechanism of antioxidant action: reactions of alkyl and aryl sulphides with hydroperoxides. *Journal of the Chemical Society, Perkin Trans. II*, 530, 1978.
205. Scott, G. Synergism and antagonism, in *Atmospheric Oxidation and Antioxidants*. vol. 2, G. Scott, ed., Elsevier Science Publishers B.V., Amsterdam, 431–457, 1993.
206. Hsu, S.M. Review of laboratory bench tests in assessing the performance of automotive crankcase oils. *Lubrication Engineering*, 37(12), 722–731, 1981.
207. Sharma, B.K. and A.J. Stipanovic. Development of a new oxidation stability test method for lubricating oils using high-pressure differential scanning calorimetry. *Thermochimica Acta*, 402, 1–18, 2003.
208. Zhang, Y., P. Pei, J.M. Perez, and S.M. Hsu. A new method to evaluate deposit-forming tendency of liquid lubricants by differential scanning calorimetry. *Lubrication Engineering*, 48(3), 189–195, 1992.
209. Hsu, S.M., A.L. Cummings, and D.B. Clark. Evaluation of automotive crankcase lubricants by differential scanning calorimetry. SAE Technical Paper 821252, 1982.
210. CEC L-85-T-99. Hot surface oxidation — pressure differential scanning calorimeter (PDSC).
211. ASTM Standard D 6186-98. Standard test method for oxidation induction time of lubricating oils by pressure differential scanning calorimetry (PDSC).
212. Adamczewska, J.Z. and C. Love. Oxidative stability of lubricants measured by PDSC CEC L-85-T-99 test procedure. *Journal of Thermal Analysis and Calorimetry*, 80, 753–759, 2005.
213. Adhvaryu, A., S.Z. Erhan, S.K. Sahoo, and I.D. Singh. Thermo-oxidative stability studies on some new generation API group II and III base oils. *Fuel*, 81(6), 785–791, 2002.
214. Migdal, C.A. The influence of hindered phenolic and aromatic amine antioxidants on the stability of base oils. *213th ACS National Meeting Preprint*, San Francisco, April 13–17, 1997.
215. Rohrbach, P., P.C. Hamblin, and M. Ribeaud. Benefits of antioxidants in lubricants and greases assessed by pressurized differential scanning calorimetry. *Tribotest Journal,* 11(3), 233–246, 2005.
216. Jain, M.R., R. Sawant, R.D.A. Paulmer, D. Ganguli, and G. Vasudev. Evaluation of thermo-oxidative characteristics of gear oils by different techniques: effect of antioxidant chemistry. *Thermochimica Acta*, 435(2), 172–175, 2005.
217. Nakanishi, H., K. Onodera, K. Inoue, Y. Yamada, and M Hirata. Oxidative stability of synthetic lubricants. *Lubrication Engineering*, 53(5), 29–37, 1997.
218. Sharma, B.K., J.M. Perez, and S.Z. Erhan. Soybean oil-based lubricants: a search for synergistic antioxidants. *Energy & Fuels*, 21, 2408–2414, 2007.
219. Cheenkachorn, K., J.M. Perez, and W.A. Lloyd. Use of pressurized differential scanning calorimetry (PDSC) to evaluate effectiveness of additives in vegetable oil lubricants. *ICE (American Society of Mechanical Engineers)*, 40, 197–206, 2003.
220. Gamlin, C.D., N.K. Dutta, N.R. Choudhury, D. Kehoe, and J. Matisons. Evaluation of kinetic parameters of thermal and oxidative decomposition of base oils by conventional, isothermal and modulated TGA and pressure DSC. *Thermochimica Acta*, 392–393, 357–369, 2002.
221. Gatto, V.J., H.Y. Elnagar, W.E. Moehle, and E.R. Schneller. Redesigning alkylated diphenylamine antioxidants for modern lubricants. *Lubrication Science*, 19(1), 25–40, 2007.
222. Florkowski, D.W. and T.W. Selby. The development of a thermo-oxidation engine oil simulation test (TEOST), SAE Technical Paper 932837, 1993.
223. ASTM Standard D 6335-03b. Standard test method for determination of high temperature deposits by thermal-oxidation engine oil simulation test.
224. Selby, T.W. and D.W. Florkowski. The development of the TEOST protocol MHT bench test of engine oil piston deposit tendency. Presented at *12th Esslingen Colloquium*, January 11–13, 2000, Esslingen, Germany.
225. ASTM Standard D 7097-05. Standard test method for determination of moderately high temperature piston deposits by thermal-oxidation engine oil simulation test — TEOST MHT.

226. Anonymous. Correlation of TEOST performance with molar soap concentration for optimal deposit performance. *Research Disclosure*, 409, 531, 1998.
227. Sun, J.X., P.T. Pei, Z.S. HU, and S.M. Hsu. A modified thin-film oxygen update test (TFOUT) for lubricant oxidative stability study. *Lubrication Engineering*, May, 12–19, 1998.
228. ASTM Standard D 4702-02a, Standard test method for oxidation stability of gasoline automotive engine oils by thin-film oxygen uptake (TFOUT).
229. Ku, C.S. and S.M. Hsu. A thin-film oxygen uptake test for the evaluation of automotive crankcase lubricants. *Lubrication Engineering*, 40(2), 75–83, 1984.
230. ASTM Standard D 943-04a, Standard test method for oxidation characteristics of inhibited mineral oils.
231. ASTM Standard D 4310-03. Standard test method for determination of the sludging and corrosion tendencies of inhibited mineral oils.
232. Yano, A., S. Watanabe, Y. Miyazaki, M. Tsuchiya, and Y. Yamamoto. Study on sludge formation during the oxidation process of turbine oils. *Tribology Transactions*, 47, 111–122, 2004.
233. Cerny, J., D. Landtova, and G. Sebor. Development of a new laboratory oxidation test for engine oils. *Petroleum and Coal*, 44(1–2), 48–50, 2002.
234. Cerny, J., Z. Strnad, and G. Sebor. Composition and oxidation stability of SAWE 15W-40 engine oils. *Tribology International*, 34(2), 127–134, 2001.
235. IP 280/89. Determination of oxidation stability of inhibited mineral turbine oils, in standard methods for analysis and testing of petroleum and related products. The Institute of Petroleum, 1994.
236. Jayaprakash, K.C., S.P. Srivastava, K.S. Anand, and K. Goel. Oxidation stability of steam turbine oils and laboratory methods of evaluation. *Lubrication Engineering*, 49(2), 89–95, 1984.
237. ASTM Standard D 2272-02. Standard test method for oxidation stability of steam turbine oils by rotating pressure vessel.
238. Swift, S.T., K.D. Butler, and W. Dewald. Turbine oil quality and field application requirements, in *Turbine Lubrication in the 21st Century*, ASTM STP 1407, W.R. Herguth and T.M. Warne, eds., American Society for Testing and Materials, West Conshohocken, PA, 2001.
239. Mookken, R.T., D. Saxena, B. Basu, S. Satapathy, S.P. Srivastava, and A.K. Bhatnagar. Dependence of oxidation stability of steam turbine oil on base oil composition. *Lubrication Engineering*, 53(10), 19–24, 1997.
240. Gatto, V.J. and W.E. Moehle. Lubricating oil composition with reduced phosphorus levels. U.S. Patent Application 2006/0223724 A1 (October 5, 2006, Albemarle Corporation).
241. Gatto, V.J. and M.A. Grina. Effects of base oil type, oxidation test conditions and phenolic antioxidant structure on the detection and magnitude of hindered phenol/diphenylamine synergism. *Lubrication Engineering*, 55(1), 11–20, 1999.
242. Dong, J. and C.A. Migdal. Lubricant compositions stabilized with multiple antioxidants. U.S. Patent Application 2006/0128574 A1 (June 15, 2006, Crompton Corporation).
243. Niu, Q.S., H. Chui, and L.P. Yang. Effects of lube base oil composition on thc lubricant oxidation. *Shiyou Xuebao Shiyou Jiagong*, 2(2), 61, 1986.
244. Adhvaryu, A., Y.K. Sharma, and I.D. Singh. Studies on the oxidative behavior of base oils and their chromatographic fractions. *Fuel*, 78, 1293, 1999.
245. Hsu, S.M., C.S. Ku, and R.S. Lin. Relationship between lubricating basestock composition and the effects of additives on oxidation stability. SAE Technical Paper 821237, 1982.
246. Adhvaryu, A., S.Z. Erhan, Z.S. Liu, and J.M. Perez. Oxidation kinetic studies of oils derived from unmodified and genetically modified vegetables using pressurized differential scanning calorimetry and nuclear magnetic resonance spectroscopy. *Thermochim Acta*, 364, 87–97, 2000.
247. Stunenburg, F., A. Boffa, R. van den Bulk, K. Narasaki, M. Cooper, and G. Parsons. Impact of biodiesel use on the lubrication of diesel engines. Presented at the *13th Annual Fuels and Lubes Asia Conference*. Bangkok, Thailand, March 7–9, 2007.

2 二硫代磷酸锌

Randolf A. McDonald

2.1 引言

ZDDP 在润滑工业中已有 50 多年的应用历史，它是一种低成本的多功能添加剂，用于内燃机油、传动液、液压油、齿轮油、润滑脂以及其他润滑剂中。这种特殊化合物的特点在于具有多功能性，它不仅是一种优良的抗磨剂，兼具极压性能，还是一种有效的氧化和腐蚀抑制剂，而且与市场上其他同类化学产品相比，价格很低。这就是为什么埃克森美孚公司、雪佛龙公司、乙基公司、路博润公司等企业仍在大规模生产 ZDDP 的原因。到目前为止，在西方工业中每年仍生产近 136kt 的 ZDDP。

2.2 合成和生产

ZDDP 1944 年 12 月 5 日，由洛杉机加利佛尼亚联合石油公司的 Herbert C. Freuler 首次申请专利的[1]。Freuler 指出，当润滑剂中含有 0.1% ~1.0% ZDDP 这种新型化合物时，其在抗氧化和腐蚀方面便有明显的增加，ZDDP 的多功能性立刻就会表现出来。Freuler 完成了有关的反应：初步反应为 4mol 的醇和 1mol 的五硫化二磷生成 2mol 的中间产物二烷基二硫代磷酸和 1mol 的硫化氢：

$$4ROH + P_2S_5 \rightarrow 2(RO)_2\overset{\overset{\displaystyle S}{|}}{P}SH + H_2S \tag{2.1}$$

接着是 1mol 的氧化锌与酸进行中和反应：

$$2(RO)_2\overset{\overset{\displaystyle S}{|}}{P}SH + ZnO \rightarrow 2(RO)_2\overset{\overset{\displaystyle S}{|}}{P}SZnS\overset{\overset{\displaystyle S}{|}}{P}(OR)_2 + H_2O \tag{2.2}$$

时至今日，ZDDP 的生产仍然在使用这种合成路线。由硫和磷在高温条件下生成的可燃性固体 P_2S_5，在密封的铝制箱体中含有 230 ~3300kg 的 P_2S_5 来生产 ZDDP。P_2S_5 从滤斗添加到用氮气保护起来的含有酒精的反应器里。这是因为 P_2S_5 和酒精暴露在空气中都易燃。反应产生一种高毒性气体——硫化氢，或者在碱洗塔里转化为硫化钠溶液，或者在高温下氧化成二氧化硫。反应中的热量和硫化氢的生成速率取决于 P_2S_5 的加入速度及冷却水的流动速度。然后酸用氧化锌中和，反应温度是由酸加入到氧化物中或氧化物加入到酸中的速率控制的。足够的氧化锌用来中和酸，使 pH 值维持在一定的范围，从而使产品对热分解和硫化氢的产生有适当的稳定性。反应中生成的水和残余的酒精减压蒸馏除去。没有反应完全的氧化锌随后在能过滤颗粒大小为 0.1 ~0.8μm 的过滤系统中过滤。过量的氧化锌对于获得稳定的 pH 值是很有必要的。许多制造者已经做了相当多的工作，以减少用于获得产品稳定性的氧化锌使用量(例如加入低分子量的醇类和羧酸，用于降低在产品过滤前残余沉淀物的量)[2]。过滤后的液体产品，无论添加或者不添加石油都以桶装或散装的方式提供给客户。

2.3 化学和物理性质

ZDDP是一种四个硫原子配位一个锌原子的有机金属化合物，具有四面体结构，同时是sp^3杂化状态。ZDDP的拉曼光谱显示在$540cm^{-1}$附近有一个强P—S对称伸缩带，但是接近$660cm^{-1}$附近缺少一个强拉曼带，这表明它是一个硫和锌的对称且同等的排列，结构图如下：

$$(RO)_2P\langle S \cdots Zn \cdots S \rangle P(OR)_2 \tag{2.3}$$

对结构式(2.4)：

$$(RO)_2P(=S)\text{—}S\text{—}Zn\text{—}S\text{—}P(=S)(OR)_2 \tag{2.4}$$

文献中通常都有给出。在$600cm^{-1}$处的强红外光谱带对应的P=S伸缩与拉曼光谱中的PS_2反对称伸展相比的话，前者更加牢固[3]。中性的ZDDP分子可用结构式(3.1)*表示。实际上，它到底是以单体、二聚物、三聚物还是以共聚物的形式存在，取决于ZDDP的状态是晶体还是液体、ZDDP在溶液中的浓度，以及是否存在其他添加物。中性二异丁基二硫代磷酸锌的四聚物在己烷中用动态光散射测定其可能的结构如下所示[4]。

$$[(RO)_2PS_2]Zn[(RO)_2PS_2]_2Zn[(RO)_2PS_2]_2Zn[(RO)_2PS_2]_2Zn[S_2P(OR)_2] \tag{2.5}$$

在过碱性条件下，当二烷基二硫代磷酸与氧化锌的比例小于2:1时，碱性的锌盐

$$\left[(RO)_2P(=S)S\right]_6 Zn_4O \tag{2.6}$$

会与中性盐一起合成。这种碱性盐是锌原子围绕中心氧原子的四面体，而四面体的每个边都含有$(RO)_2PS_2$配位体。对纯的碱性锌盐的结晶图分析已经确认近似等价的P—S—Zn键。拉曼光谱也同样显示出对称的P—S伸缩，证实了一个碱性ZDDP的对称硫—锌配位结构。水的存在是工业化ZDDP生产中会遇到的情况，这时碱性锌盐将与碱性双锌盐就如以下反应所示保持平衡：

$$\left[(RO)_2P(=S)S\right]_6 Zn_4O + H_2O \rightleftharpoons 2\left[(RO)_2P(=S)S\right]_3 Zn_2OH \tag{2.7}$$

R=烷基，苯基或者烷基苯基

---

*译者注：原文有误，此处式(3.1)应为式(2.4)。

在ZDDP的工业化生产中，使用化学计量过量的氧化锌会形成碱性锌盐(双锌盐)和中性盐的混合物，混合物的比例取决于过量的氧化锌的量以及涉及到的烷基组分的分子量。短链烷基组分趋向于促进更多碱性锌盐形成。

$$\left[(RO)_2\overset{\overset{S}{\parallel}}{P}S\right]Zn_4O \rightleftharpoons 3\left[(RO)_2\overset{\overset{S}{\parallel}}{P}S\right]_2 Zn + ZnO \tag{2.8}$$

R＝烷基，苯基或者烷基苯基

但是，两种盐在抗磨方面不同的表现意味着存在一种更为复杂的情况[5]。据文献介绍，当温度升高以后，碱性锌盐在溶液中就会自发地分解为中性化合物和氧化锌[6]。

带有4个碳或更少碳原子的烷基组分的纯ZDDP，在室温下(室温条件下是半固体的二丁基除外)是固体，并且在石油基原料中溶解度会受到限制或者根本不溶解。含有芳基或者5个碳原子以上的烷基的ZDDP在常温下是液体。为了利用更廉价、更易于购得的低分子量醇类生产油溶性的产品，工业生产使用了高分子量(高于4个碳原子)和低分子量醇类的混合物，以获得统计分布上有利于生成较少低分子量的ZDDP产品。研制的其他方法也同样能增加ZDDP中低分子量醇类的用量。其中包括添加羧酸铵以抑制沉淀[7]的生成，以及使用烷基丁二酰亚胺作为溶解配位化合物制剂[8]。

2.4 热稳定性和水解稳定性

ZDDP的热分解研究十分重要，因为ZDDP的诸多摩擦学特性能够用它所产生的分解产物的效果来解释。ZDDP在矿物油中的热分解极其复杂。油中ZDDP受热会降解，产生挥发性的化合物，如烯烃、烷基二硫化物和烷基硫醇。同时也生成一种白色沉淀物，经测定这是较低硫含量的焦磷酸锌盐。油相中将包含不同含量的*S*，*S*，*S*－三烷基四硫代磷酸盐、*O*，*S*，*S*－三烷基三硫代磷酸盐和*O*，*O*，*S*－三烷基二硫代磷酸盐，这取决于烷基链的长度以及降解的程度。ZDDP分解产物由仲烷基醇、直链伯烷基醇和支链伯烷基醇组成。这表明伯仲烷基的ZDDP分解具有相似的机理。

O－烷基硫代磷酸酯是强的烷基化试剂。P—O—P基团易于受到亲核试剂的进攻，产生烷基亲核试剂和硫代磷酸盐阴离子。引入的亲核试剂通过进攻α碳原子引发反应开始。这表明反应的动力依赖于烷基的结构：

$$-\overset{\overset{S}{\parallel}}{\underset{|}{P}}-O-R + Nu^- \longrightarrow -\overset{\overset{S}{\parallel}}{\underset{|}{P}}-O^- + Nu-R \tag{2.9}$$

在这里位阻对于亲核试剂的途径起到很大的速度控制作用。最初出现的唯一亲核试剂是二硫代磷酸盐本身。一个二硫代磷酸盐阴离子攻击另外一个阴离子有可能是在同一锌原子上引起分解反应：

$$2\left[S=\overset{\overset{OR}{|}}{\underset{\underset{OR}{|}}{P}}-S^-\right] \longrightarrow S=\overset{\overset{O^-}{|}}{\underset{\underset{OR}{|}}{P}}-S^- + S=\overset{\overset{OR}{|}}{\underset{\underset{OR}{|}}{P}}-SR \tag{2.10}$$

生成的双阴离子攻击三酯后，形成了*O*，*S*－二烷基二硫代磷酸阴离子：

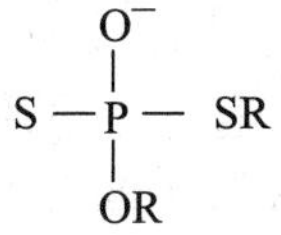

$$\begin{array}{c} O^- \\ | \\ S-P-SR \\ | \\ OR \end{array} \qquad (2.11)$$

结果是烷基基团上从氧到硫的转移。与二烷基二硫代磷酸阴离子的过程相似，这个阴离子在受到亲核进攻中与自身反应，影响了另一个烷基从氧到硫的转移，生成了 *O*，*S*，*S* - 三烷基二硫代磷酸盐：

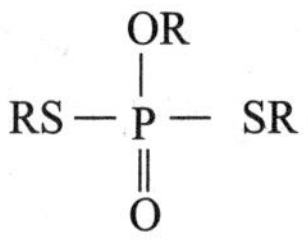

$$\begin{array}{c} OR \\ | \\ RS-P-SR \\ \| \\ O \end{array} \qquad (2.12)$$

上述反应的净效果就是从氧到硫的双烷基转移：

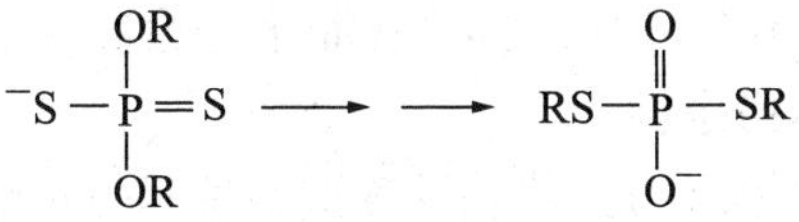

$$\begin{array}{c} OR \\ | \\ {}^-S-P=S \\ | \\ OR \end{array} \longrightarrow \longrightarrow \begin{array}{c} O \\ \| \\ RS-P-SR \\ | \\ O^- \end{array} \qquad (2.13)$$

与 ZDDP 分解相关的主要气体有二烷基硫化物（RSR）、烷基硫醇（RSH）和烯烃。每一种气体的相对数量取决于 ZDDP 上的烷基是在伯烷基链、仲烷基或叔烷基的支链上面[9]。在来自中间体硫醇锌［$Zn(RS_2)$］O 的硫醇阴离子存在的条件下，*O*，*S*，*S* - 三甲基二硫代磷酸盐将与硫醇盐反应生成烷基硫醇，结构见式（2.14）：

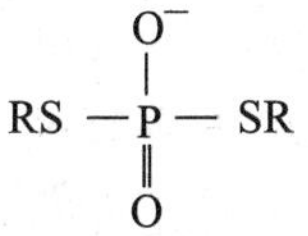

$$\begin{array}{c} O^- \\ | \\ RS-P-SR \\ \| \\ O \end{array} \qquad (2.14)$$

亲核的磷酰基氧（P = O）随后将袭击另一个磷原子，生成一个 P—O—P 键，见式（2.15）：

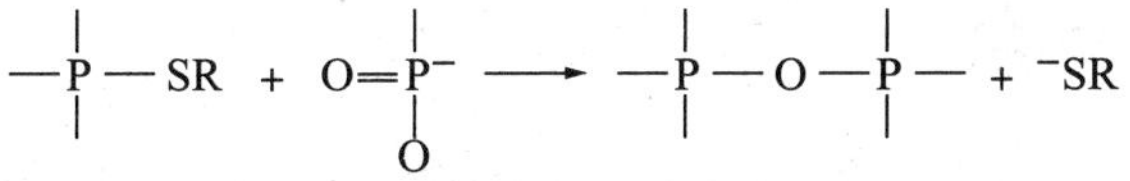

$$\begin{array}{c} | \\ -P-SR \\ | \end{array} + \begin{array}{c} \\ O=P^- \\ | \\ O \end{array} \longrightarrow \begin{array}{c} | \quad\quad | \\ -P-O-P- \\ | \quad\quad | \end{array} + {}^-SR \qquad (2.15)$$

一个硫醇阴离子紧接着在原始 P—O—P 键的点上将 P—O—P 键打开，在两个磷原子之间形成一个氧原子与一个硫原子的交换网，见式（2.16）：

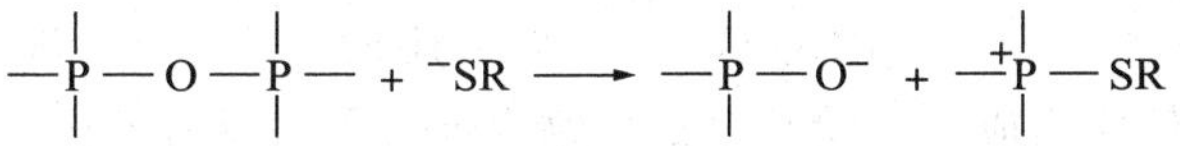

$$\begin{array}{c} | \quad\quad | \\ -P-O-P- \\ | \quad\quad | \end{array} + {}^-SR \longrightarrow \begin{array}{c} | \\ -P-O^- \\ | \end{array} + \begin{array}{c} + | \\ -P-SR \\ | \end{array} \qquad (2.16)$$

这产生了从式（2.14）转化到 *S*，*S*，*S* - 三烷基四硫代磷酸盐、二烷基硫化物、*S* - 烷基硫代磷酸盐双阴离子的反应，如式（2.17）所示：

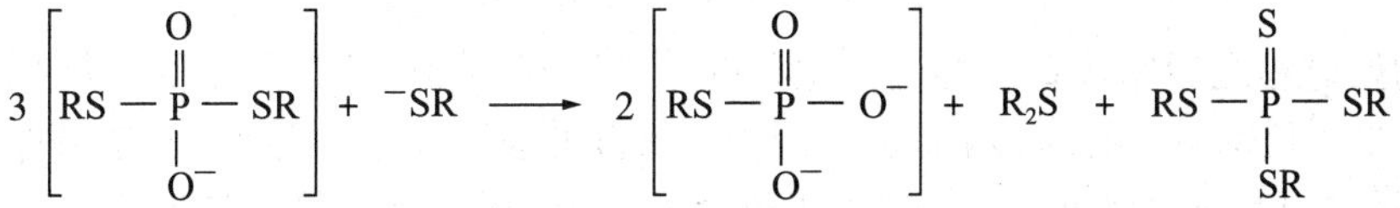

$$3\left[\begin{array}{c} O \\ \| \\ RS-P-SR \\ | \\ O^- \end{array}\right] + {}^-SR \longrightarrow 2\left[\begin{array}{c} O \\ \| \\ RS-P-O^- \\ | \\ O^- \end{array}\right] + R_2S + \begin{array}{c} S \\ \| \\ RS-P-SR \\ | \\ SR \end{array} \qquad (2.17)$$

二烷基硫化物和 *S*，*S*，*S* - 三烷基四硫代磷酸盐分解后的产物在油中是可溶的。

S—烷基硫代磷酸盐的分解产物同样能通过磷酰基亲核攻击和如反应（2.15）中排除硫醇阴离子的方式与自身发生反应。当分子中有较低含量的硫苯三酚锌和多焦磷酸盐形成时，这个过程才会停止。当产物不能溶解时，链才停止生长。

伯烷基 ZDDP 分解过程能像上面那样准确地加以描述。尽管速度较慢，但由支链伯醇产生的二硫代磷酸锌将以同样的方式分解。这可以用以下的事实解释：与无支链的伯烷基基团相比，有较大位阻的有支链烷基基团上的 α 碳原子不易受到亲核攻击，如反应（2.9）所述。来自

β碳链上的位阻增加将减少硫醇阴离子攻击支链烷基P—O—P键的成功率，从而形成更少的二烷基硫化物和更多的硫醇和烯烃副产物(通过竞争质子化作用和/或减少与硫醇阴离子的反应)。增长烷基链比β碳上的支链在热稳定性上的效果差得多，这是由于后者有更大的位阻。

尽管与伯烷基的分解过程相似，但仲烷基ZDDP的分解表明烯烃的形成十分显著。相较伯烷基ZDDP在仲烷基ZDDP中亲核取代分解增加，可以比较容易地通过以下现象解释：正在形成的双键周围烷基取代反应的增加加速了分解过程，因此仲烷基基团将进行上面所提到的硫-氧相互交换，热分解为烯烃和磷酸。叔烷基ZDDP的分解方式相似，但要显著得多，以分解后很容易产生的烯烃所主导。而这甚至在中等的温度条件下都会发生，因而使它们在工业上的应用受到限制。

由于芳香环稳定性的影响，芳基二烷基二硫代磷酸锌不易受到亲核的攻击，结果使反应(2.9)所述的初步热分解反应不会进行，通过酸催化消除反应形成烯烃也同样不会出现。因此，芳基ZDDP具有较强的热稳定性。

不同的ZDDP的热稳定性等级为：芳基>支链伯烷基>伯烷基>仲烷基>叔烷基。分解产物的数量取决于热历程以及涉及的烷基或芳基链，这将直接控制ZDDP在给定条件下提供的极压和磨损保护的能力[10]。

二烷基二硫代磷酸锌的水解是从硫代磷酸酯上碳氧键的分裂开始的，同时伴随氢氧根阴离子取代硫代磷酸盐阴离子离去基团。中间体烷基阳离子的稳定性决定了断键的难易程度。仲烷基阳离子较伯烷基阳离子具有更高的稳定性，并且更易于形成。因此，仲烷基ZDDP水解比伯烷基ZDDP水解更容易发生，而芳基ZDDP的碳氧键不能被打开，水解反应在磷氧键上进行，苯酚阴离子被氢氧根离子取代。所以，水解稳定性的顺序是：伯烷基>仲烷基>芳基。

2.5 抑制氧化作用

润滑油中用到的基础油在自身催化反应中性能降低，这被称作自身氧化作用。氧化的开始阶段表现为一种与氧发生的缓慢金属催化反应，形成烷基自由基和氢氧自由基，见式(2.18)。

$$RH + O_2 \xrightarrow{M^+} R^* + HOO^* \tag{2.18}$$

烷基自由基与氧反应生成一个烷基过氧化物也促进了该反应的进行。这个自由基进一步与基础油烃反应，形成烷基过氧化氢和另一种烷基，见式(2.19)。

$$R^* + O_2 \longrightarrow ROO^* \xrightarrow{RH} ROOH + R^* \tag{2.19}$$

这一初始过程之后紧接着便是链支化和链终止反应，形成高分子量的氧化产物[11]。

二烷基二硫代磷酸锌的抗氧化性能归因于过氧自由基和氢过氧化物在复杂条件下的反应。

ZDDP被氢过氧化物所氧化的开始阶段包含了ZDDP碱性盐形成的快速反应。如式(2.20)所示：

$$4\left[\begin{matrix} S \\ \| \\ (RO)_2PS \end{matrix}\right]_2 Zn + R'OOH \longrightarrow \left[\begin{matrix} S \\ \| \\ (RO)_2PS \end{matrix}\right]_6 Zn_4O + R'OH + \left[\begin{matrix} S \\ \| \\ (RO)_2PS \end{matrix}\right]_2 \tag{2.20}$$

在这个反应中，1mol 烷基氢过氧化物与 4mol 中性 ZDDP 反应，生成 1mol 碱性 ZDDP 和 2mol 二烷基二硫代磷酸基(最终反应生成二硫化物)[12]。在碱性锌热分解成中性 ZDDP 和氧化锌的诱导期间，氢过氧化物的分解速度随之降低[6]。紧接着中性 ZDDP 进一步与氢过氧化物反应，产生更多二烷基二硫代磷酸酯的硫化物和更多的碱性 ZDDP。当碱性 ZDDP 浓度足够低的时候，最终会快速地发生氢过氧化物的中性盐诱导分解反应。此时二烷基二硫代磷酸基不是与自身反应生成二硫化物，而是和氢过氧化物反应生成如式(2.21)所示的二烷基二硫代磷酸[13]。

$$(RO)_2\overset{\overset{\displaystyle S}{\|}}{P}S\cdot + R'OOH \longrightarrow (RO)_2\overset{\overset{\displaystyle S}{\|}}{P}SH + R'OO\cdot \tag{2.21}$$

二烷基二硫代磷酸然后快速地与烷基氢过氧化物发生反应，产生在氧化链反应中具有惰性的氧化产物。对于减少氢过氧化物的最简单的反应历程如式(2.22)所示：

$$2(RO)\overset{\overset{\displaystyle S}{\|}}{P}SH + R'OOH \longrightarrow \left[(RO)_2\overset{\overset{\displaystyle S}{\|}}{P}S\right]_2 + R'OH + H_2O \tag{2.22}$$

氧化产物包含上面已经有所描述的二硫化物、相似单体和三硫化物、$(RO)_n(RS)_{3-n}P{=}S$ 和 $(RO)_n(RS)_{3-n}P{=}O$ 的化合物，这些产物作为氧化抑制剂或抗磨剂表现出极低的活性。

文献上同时揭示了一个将产生更多二烷基二硫代磷酸的离子过程，如式(2.23)所示。

$$\left[(RO)\overset{\overset{\displaystyle S}{\|}}{P}S\right]_2 Zn + R'OO^{\bullet} \longrightarrow R'OO^- + (RO)_2\overset{\overset{\displaystyle S}{\|}}{P}S\ Zn^+ + (RO)_2\overset{\overset{\displaystyle S}{\|}}{P}S^{\bullet} \tag{2.23}$$

在 ZDDP 浓度很低的条件下，ZDDP 可以水解生成锌的碱性双盐和二烷基二硫代磷酸。温度超过 125℃后，二烷基二硫代磷酸的二硫化物分解，生成二烷基二硫代磷酸基，随后进一步与氢过氧化物反应，生成更多的二烷基二硫代磷酸[6]。这样，就会有许多途径生成活性二烷基二硫代磷酸。

中性 ZDDP 也会与烷基过氧基发生反应。这是一种包含过氧化中间产物稳定性的电子转移机理。一个过氧化基的第二次攻击导致了生成的二硫代磷酸基发生分子内的二聚作用，生成非活性的二烷基二硫代磷酸二硫化物，如式(2.24)所示。

$$(RO)_2P(=S)\text{—}S\text{—}Zn\text{—}S\text{—}P(=S)(OR)_2 \xrightarrow{RO_2\bullet} \left[(RO)_2P(=S^{\bullet}\text{—}O\text{—}O\text{—}R)\text{—}S\text{—}Zn\text{—}S\text{—}P(=S)(OR)_2 \longleftrightarrow (RO)_2P^{\bullet}(\text{—}\ddot{S}\text{—}O\text{—}O\text{—}R)\text{—}S\text{—}Zn\text{—}S\text{—}P(=S)(OR)_2\right] \xrightarrow{RO_2\bullet} (RO)_2P(=S)\text{—}S\text{—}S\text{—}P(=S)(OR)_2 + 2RO_2^- + Zn^{2+} \tag{2.24}$$

金属锌原子提供了一个自由基中间体异裂的便捷途径，从而使二硫化物本身几乎不具有抗氧化的功能[15]。二烷基二硫代磷酸锌作为氧化抑制剂，不仅通过诱捕烷基自由基使链反应机理减慢，同时也破坏烷基过氧化物以及阻止烷基自由基的形成。经验表明，三种主要类型的 ZDDP 相对抗氧化性能是：仲烷基 ZDDP > 伯烷基 ZDDP > 芳基 ZDDP。每种 ZDDP 相对性能与二烷基二硫代磷酸基的稳定性和它后来与烷基氢过氧化物反应产生催化性酸有关。

工业上的 ZDDP 是中性和碱性盐的混合物。最近已经确定，中性和碱性 ZDDP 具有相同的抗氧化性能。这可以用反应(2.8)所示的平衡来解释。在氧化试验中在温度升高的条件下，碱性的 ZDDP 会转化为中性的 ZDDP。温度下降以后，这个平衡会返回到以前的状态形成碱性 ZDDP，从而表明碱性 ZDDP 的浓度受到温度的影响。使用的溶剂以及其他添加剂的存在也会对这种平衡产生影响。因此，在任何情况下实际公式中中性和碱性盐的精确组成，都是一个有许多变量的复杂函数。

2.6 抗磨以及极压膜的形成

ZDDP 主要是用作抗磨剂，但是也表现出温和的极压特性。作为一种抗磨剂，ZDDP 在混合润滑条件下形成一层薄薄的油膜，把金属部件分离开。然而，表面的粗糙不平会间歇的穿透液体膜，造成了金属与金属的接触。ZDDP 能与这些粗糙的地方发生反应从而降低这种接触。同样地，当负荷太重以致油膜完全破裂时，ZDDP 就会与整个金属表面反应以防止粘结并降低磨损。已经完成的大量研究工作测定了这层保护膜的性质和沉淀物的机理，其中 ZDDP 的热分解产物是活性抗磨剂。

抗磨损膜的厚度和成分直接与温度和表面摩擦的程度有关。起初，ZDDP 在低温下可逆地吸附在金属表面。随着温度的升高，ZDDP 分解为二烷基二硫代磷酸二硫化物，二氧化硫被吸附到金属表面。至此，热分解产物[如反应(2.3)所介绍的那样]伴随着温度的升高和压力的增大而开始形成，并在金属表面形成了一层膜。这层膜的厚度和成分已经利用多种分析技术进行了研究，但是至今还没有任何分析能够对工业和汽车润滑领域中发现的各种金属与金属接触的油膜尺寸和组分作出简洁的描述。在一般情况下，可以说这种抗磨损、极压的 ZDDP 膜，是由 ZDDP 分解产物中的各种不同的层构成的，其中的一些分解产物能与金属反应形成润滑表面，而各个层的组分具有温度依赖性。

发生的第一个过程是硫(来自 ZDDP 的热分解产物)和裸露的金属反应，使之形成了一层薄的硫化铁层[17]。然后，磷酸盐与渗入的少量的硫发生反应产生了一个短链并且是直的偏磷酸盐非晶层。磷酸盐链的最小长度达到 20 个磷酸盐单元，而且越接近表面越长。一些研究已经表明其中锌和铁阳离子的作用便是稳定这种玻璃状结构，这些地方最好是描述为磷酸盐玻璃结构区。在抗磨损膜的最外区域内，磷酸盐链上包含了越来越多的有机配位体，最后让位给一个由有机的 ZDDP 分解产物和未分解的 ZDDP 自身所组成的区域。用超薄的膜干涉测量法已经分析出膜的厚度小到 20nm，而用电容法分析则能大到 1μm[18~21]。

最近的研究结果表明，尽管膜的生成速度与温度成正比，但是膜的形成和金属与金属磨损程度，存在着更强的相关性，而金属表面之间的摩擦程度可以用给定时间段内试验金属的实际滑动距离来量化。膜在形成和去除之间存在一种稳定的状态，此时将达到一个最大厚度，形成的速度较去除的速度有更大的温度依赖性。同时，研究也发现 ZDDP 反应膜具有

“固体般”的性质（与高黏度液体相反），归因于静态测试球中按时间进行观测没有膜厚度的减小[22]。

另一种被 ZDDP 所抑制的磨损机理是，烷基氢过氧化物与金属表面反应会造成磨损。已经认识到，汽车引擎凸轮轴的磨损速度与烷基氢过氧化物的浓度成正比。这个机理造成氢过氧化物（经由燃料的燃烧和油品的氧化产生）对新的金属表面的直接攻击，通过与 3mol 的烷基氢过氧化物反应，使铁原子经过氧化过程从不带电状态变为 Fe^{3+}，如反应（2.25）和反应（2.26）所述。

$$2ROOH + Fe \longrightarrow 2RO^{*} + 2OH^{-} + Fe^{2+} \tag{2.25}$$

$$ROOH + Fe^{2+} \longrightarrow RO^{*} + OH^{-} + Fe^{3+} \tag{2.26}$$

ZDDP 和它的热分解产物通过 2.5 章节中反应（2.20）~反应（2.23）所描述的反应机理，影响氢过氧化物的作用。研究也表明，过氧基和烷氧基对金属表面的攻击性大大低于氢过氧化物的攻击性，从而表明自由基清除剂，如屏蔽酚，对控制这种发动机磨损无效。这或许可以用来解释 ZDDP 的抗磨损性能与其抗氧化性能有直接的关系，顺序是按仲烷基 ZDDP > 伯烷基 ZDDP > 芳香基 ZDDP 来排列，而不是与热稳定性顺序有关（芳香基 > 伯烷基 > 仲烷基）[23]。

通过程序 VE 发动机台架试验，中性和碱性 ZDDP 之间在磨损性能上的不同表现得出最新的研究结论是，中性 ZDDP 在磨损保护测试上较碱性 ZDDP 有更好的性能。碱性盐实际上在程序 VE 发动机台架试验中不合格，这表明当磷的含量限制在 <0.1% 的范围内时（ILSAC GF-3 发动机油规范中的规定），最好使用含有较低碱性盐组分的 ZDDP 产品。这说明了中性的 ZDDP 磨损保护性能更好可以解释为中性盐齐聚结构具有较高吸附性，与碱式盐相比，它会有较长多磷酸盐链的形成[5]。

2.7 应用

ZDDP 一般是用于发动机油中作为抗磨损剂和抗氧剂。伯烷基 ZDDP 和仲烷基 ZDDP 均可以用于发动机油，但是已经测定仲烷基 ZDDP 在凸轮挺柱的磨损保护试验中较伯烷基 ZDDP 性能更佳。仲烷基 ZDDP 通常用在要求增加极压性能的情况下（例如，保护重负荷接触条件下的阀系运转）。ZDDP 一般与下列物质一同使用：清净剂和分散剂（碱土金属磺酸盐或酚盐、聚烷基丁二酸胺或是 Mannich 型分散剂）、黏度指数改良剂、抗氧剂（屏蔽酚、烷基联苯胺）、降凝剂。发动机油典型添加剂复合剂的加入量高达 25%。国际润滑剂标准化和认可委员会（ILSAC）已经制定了 GF-3 发动机油规格，包含了磷的最大含量值为 0.1%，以降低发动机油对于排放催化剂的消极影响。GF-4 规格将进一步要求减少磷含量，由于要求最小磷含量，在发机油中 ZDDP 的用量限制在 0.5%~1.5%，这取决于使用的烷基链的长度。

发动机油配方设计师的新挑战是要求在通过 ILSAC 的测试中，保持 ZDDP 较低的水平。Yamaguchi 等人指出在 API Ⅱ类基础油中由于 ZDDP 的使用，其抗氧化性能得到了显著的增强，仅碱性 ZDDP 便增加了 50% 抗氧化效果。在多元醇酯中使用 ZDDP 可以增强抗氧化性能也得到公认[24]。一些研究也表明了 ZDDP 氧化后的副产物对于抗磨损是有效的。对配方设计师而言，使用可以延长 ZDDP 氧化寿命的基础油来降低 ZDDP 的加入量，适应 GF-3 限制条件，可能是一个适宜的方法。

有机钼化合物和ZDDP在降低磨损中的协同作用，作为一种降低发动机油中磷含量的手段，目前正在研究中。在美国专利5736491中，羧酸钼盐与ZDDP一起使用，能够协同降低摩擦系数30%，从而降低了磷的整体含量并改善了燃油经济性[25]。专利文献已经引用了其他的钼的有机化合物，例如二硫代氨基甲酸钼MoDTC和二烷基硫代磷酸钼MoDTP，将其作为协同辅助抗磨剂。

ZDDP同样用在液压油中作为抗磨剂和抗氧剂。在液压油中ZDDP的用量比在发动机油中要低一些，比较典型的用量在0.2%~0.7%之间。它们与清净剂、分散剂、辅助抗氧剂、黏度指数改进剂、降凝剂、腐蚀抑制剂、消泡剂、破乳剂一同使用，总量在0.5%~1.25%之间[27]。伯烷基ZDDP要优于仲烷基ZDDP，因为它们具有较好的热稳定性和水解稳定性。液压油配方设计师面临的一个问题是，满足高压力下旋转叶轮泵和轴向活塞泵的用油要求。高压力叶轮泵要求润滑油具有抗磨和氧化安定性，通常利用ZDDP得以实现。高压力活塞泵需要的仅仅是锈蚀和氧化保护，而不需要ZDDP。ZDDP对滑动的钢铜合金表面产生不良影响，这能对轴向活塞泵系统造成灾难性故障。专利文献上已经有了几个配方使用磨损缓和化学品来克服这个问题，例如硫化烯烃、聚酯及其硼酸盐、脂肪酸咪唑啉、膦酰胺、脂肪族胺以及聚胺。液压油配方设计师面临的另一个问题是ZDDP和超碱值金属清净剂(和羟基酸和烯基丁二酸酐的相互作用一样，与这些清净剂反应具有防锈功能)在水存在时产生的副产物堵塞过滤器。配方设计师已经尝试通过使用非活性锈蚀抑制剂(例如烯基琥珀酰亚胺)和改善ZDDP的水解稳定性，去克服潮湿条件下过滤性比较差这一问题[28]。

ZDDP可用于极压场合，如齿轮油、润滑脂、金属加工液。仲烷基ZDDP由于热不稳定性，在重负荷条件下能快速地形成膜，从而成为了首选。在汽车的齿轮油中，ZDDP的用量在1.5%~4%，并且混合了极压剂(例如硫化烯烃)、腐蚀抑制剂、抗泡剂、抗乳化剂和清净剂。多功能添加剂复合剂在汽车齿轮润滑油中占其总重量的5%~12%。工业用齿轮机油配方设计师通常用的是无灰体系，使用硫-磷基极压抗磨损化学物质，且总的添加剂复合剂加入量为1.5%~3%。一般说来，目前齿轮油技术的发展焦点，集中在增加热稳定性和极压性。

ZDDP在润滑脂中的使用与齿轮油配方极其相似。很多齿轮油添加剂可以在极压润滑脂中使用。总之，ZDDP在润滑脂中的含量与在齿轮油中的含量具有相同的范围。无论是仲烷基的ZDDP还是仲烷基与伯烷基混合型ZDDP都要与硫化烯烃、腐蚀抑制剂、无灰型抗氧化剂、摩擦改进剂复合使用。最近润滑脂技术的发展，体现在使用ZDDP和硫化烯烃的混合物，以替代在高极压条件下使用的润滑脂中的锑和铅。这种方法通常局限于欧洲市场，而德国在这方面处于领先地位。

ZDDP与硫化烯烃混合，用来替代中/重负荷金属加工液中的含氯石蜡。这是因为低分子量氯化石蜡的衍生物是一种可能的致癌物质。欧洲的配方设计师和一些日本配方设计师都是用这种方法来使用ZDDP的。出于对环境的考虑，在美国含有ZDDP的金属加工液是限制使用的。美国环保署把它们归类为海洋污染物。

总之，历经了50年的历史，ZDDP在润滑油工业中依然有比较广泛的应用，并且产量仍然很高。大部分ZDDP产品是用在发动机油中。在过去10年内，受GF-2和GF-3中磷含量0.1%的限制要求，ZDDP产量下降。福特公司在展望2004年GF-4的标准时，估计发动机油中磷的含量在0~0.6%，这就要求发动机油对于排放系统有最小的破坏作用，这样对于 ZDDP 产量会有更加消极的影响。要开发令人满意的代替 ZDDP 的无磷添加剂，就需要进一步清楚地理解 ZDDP 磨损和氧化保护的作用机理。开发这类替代化学品目前无论从经济上还是功能上都不能取得如 ZDDP 那样满意的效果，因此这些化学品的研制将会成为未来研究人员的艰巨任务。在这之前，在各种工业润滑剂中不使用 ZDDP，就会造成成本更高或性能更低。

参考文献

1. Freuler, H.C. Modified lubricating oil. U.S. Patent 2,364,284 (December 5, 1944, Union OIL Co. of California).
2. Adams, D.R. Manufacture of dihydrocarbyl dithiophosphats. U.S. Patent 5,672,294 (May 6, 1997, Exxon Chemical Patents, Inc.).
3. Paddy, J.L. et al. Zinc dialkyldithiophosphate oxidation by cumene hydroperoxide: kinetic studies by Raman and ^{31}P NMR spectroscopy. *Trib Trans* 33(1):15–20, 1990.
4. Yamaguchi, E.S. et al. Dynamic light scattering studies of neutral diisobutyl zinc dithiophosphate. *Trib Trans* 40(2):330–337, 1997.
5. Yamaguchi, E.S. The relative wear performance of neutral and basic zinc dithiophosphates in engines. *Trib Trans* 42(1):90–94, 1999.
6. Bridgewater, A.J., J.R. Dever, M.D. Sexton. Mechanisms of antioxidant action, part 2. Reactions of zinc bis(O,O′-dialkyl(aryl)phosphorodithioates) and related compounds with hydroperoxides. *J Chem Soc Perkin* II:1006–1016, 1980.
7. Buckley, T.F. Methods for preventing the precipitation of mixed zinc dialkyldithiophosphates which contain high percentages of a lower alkyl group. U.S. Patent 4,577,037 (March 18, 1986, Chevron Research Co.).
8. Yamaguchi, E.S. Oil soluble metal (lower) dialklyl dithiophosphate succinimide complex and lubricating oil composition containing same. U.S. Patent 4,306,984 (December 22, 1981, Chevron Research Co.).
9. Luther, H., E. Baumgarten, K. Ul-Islam. Investigations by gas chromatography into the thermal decomposition of zinc dibutyldithiophosphates. *Erdol und Kohle* 26(9):501, 1973.
10. Coy, R.C., R.B. Jones. The chemistry of the thermal degradation of zinc dialkyldithiophosphate additives. *ASLE Trans* 24(1):91–97, 1979.
11. Rasberger, M. Oxidative degradation and stabilization of mineral based lubricants, in R.M. Moritier and S.T. Orszulik, eds., *Chemistry and Technology of Lubricants*, 2nd ed. London: Blackie Academic and Professional, 1997, pp. 82–123.
12. Rossi, E., L. Imperoto. *Chim Ind (Milan)* 53:838–840, 1971.
13. Sexton, M.D., *J Chem Soc Perkin Trans* II:1771–1776, 1984.
14. Howard, S.A., S.B. Tong. *Can J Chem* 58:92–95, 1980.
15. Burn, A.J. The mechanism of the antioxidant action of zinc dialkyl dithiophosphates. *Tetrahedron* 22:2153–2161, 1966.
16. Bovington, C.H., Darcre, B. The adsorption and reaction of decomposition products of zinc dialkyldithiophosphate on steel. *ASLE Trans* 27:252–258, 1984.
17. Bell, J.C., K.M. Delargy. The composition and structure of model zinc dialkyldithiophosphate antiwear films, in M. Kozna, ed., *Proceedings 6th International Congress on Tribology Eurotrib '93, Budapest*, 2:328–332, 1993.
18. Willermet, P.A., R.O. Carter, E.N. Boulos, Lubricant-derived tribochemical films—An infra-red spectroscopic study. *Trib Intl* 25:371–380, 1992.
19. Fuller, M. et al. Chemical characterization of tribochemical and thermal films generated from neutral and basic ZDDPs using x-ray absorption spectroscopy. *Trib Intl* 30:305–315, 1997.
20. Allison-Greiner, A.F., J.A. Greenwood, A. Cameron. Thickness measurements and mechanical properties of reaction films formed by zinc dialkyldithiophosphate during running. *Proceedings of IMechE International Conference on Tribology—Friction, Lubrication and Wear 50 Years on*, London, IMechE, 1:565–569, 1987.

21. Tripaldi, G., A. Vettor, H.A. Spikes. Friction behavior of ZDDP films in the mixed boundary/EHD regime. SAE Tech. paper 962036, 1996.
22. Taylor, L., A. Dratva, H.A. Spikes. Friction and wear behavior of zinc dialkyldithiophosphate additive. 43(3):469–479, 2000.
23. Habeeb, J.J., W.H. Stover. The role of hydroperoxides in engine wear and the effect of zinc dialkyldithiophosphates. *ASLE Trans* 30(4):419–426, 1987.
24. Yamaguchi, E.S. et al. The relative oxidation inhibition performance of some neutral and basic zinc dithiophosphate salts. S.T.L.E. Preprint No. 99-AM-24, pp. 1–7, 1989.
25. Patel, J.A. Method of improving the fuel economy characteristics of a lubricant by friction reduction and compositions useful therein. U.S. Patent 5,736,491 (April 7, 1998, Texaco, Inc.).
26. Naitoh, Y. Engine oil composition. U.S. Patent 6,063,741 (May 16, 2000, Japan Energy Corporation).
27. Brown, S.H. Hydraulic system using an improved antiwear hydraulic fluid. U.S. Patent 5,849,675 (December 15, 1998. Chevron Chemical Co.).
28. Ryan, H.T. Hydraulic fluids. U.S. Patent 5,767,045 (June 16, 1998, Ethyl Petroleum Additives, Ltd.).

3 无灰含磷润滑油添加剂

W. David Phillips

3.1 引言及概述

一谈到含磷润滑油添加剂，人们最先想到的产品很可能是已经广泛应用在汽车和工业润滑油中多年的多功能添加剂二烷基二硫代磷酸锌，但用在润滑油工业中还有很多的无灰型含磷添加剂。对于已使用了很长时间的金属二硫代磷酸盐，虽然对替代化学品进行了相当多的研究，但在20世纪30年代开发的基本结构的产品今天仍在使用。相反，多数其他类型的添加剂技术和其基础原料技术在这段时间内都在稳步发展。

对可用作润滑油添加剂的很多类型的含磷分子进行了测试，但重点是放在它们作为抗磨和极压添加剂的潜力方面。因此，专利著作包含了很多关于具有这些性能的不同结构的参考资料。但无论结构如何，用于这种目的的所有添加剂都具有相同的和明确的功能，即能使磷与金属表面相接处并能被吸附，而且在某些条件下可以发生反应生成表面膜，这种表面膜可以改善矿物油和合成油的润滑性能。

本章讨论了能改善油液性能的仅含磷的化学品的应用，特别是中性和酸性磷酸酯、亚磷酸酯和膦酸酯，以及酸性产品的铵盐(见图3.1和图3.2中它们的主要类别和结构)。这些是目前商业应用中主要的磷化合物类型，但在专利文献中还检测到了其他一些物质，如氨基磷酸酯。同时还存在分子中也含有硫和氯的无灰化合物，如二硫代磷酸酯和氯化磷酸酯。这些都超出了讨论的范围，但后面要涉及分别含有硫、磷和氮混合物的性能。

本章除了讨论无灰含磷化合物对润滑性能的影响以外，还要讨论它们作为抗氧剂、防锈剂和金属减活剂的性能。另外，它们的极性特性还使得它们具有很好的溶解性并且有助于其他添加剂在非极性基础油中的溶解。含磷添加剂所显示的多功能性使得这些产品在被开发以后连续使用了大约半个世纪，并且它们在最新的技术中得以应用。

(1)磷酸酯

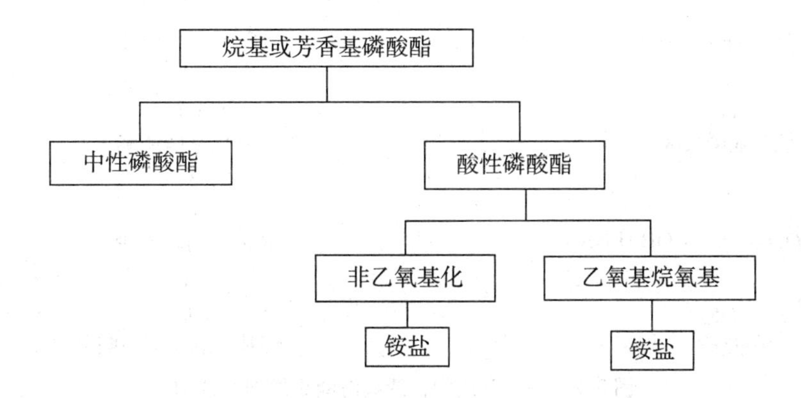

(2)亚磷酸酯或膦酸酯

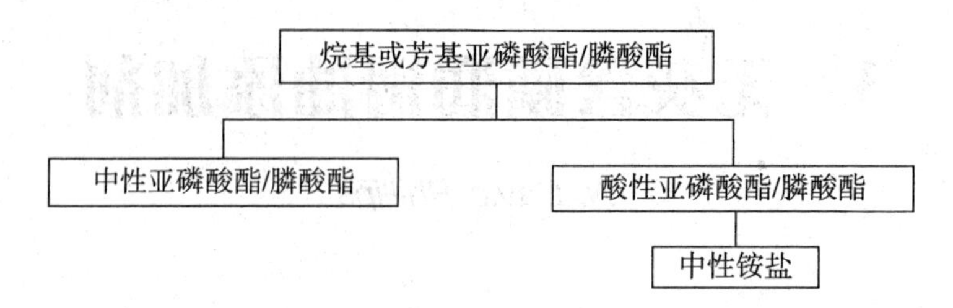

图 3.1　润滑油含磷添加剂的主要类型

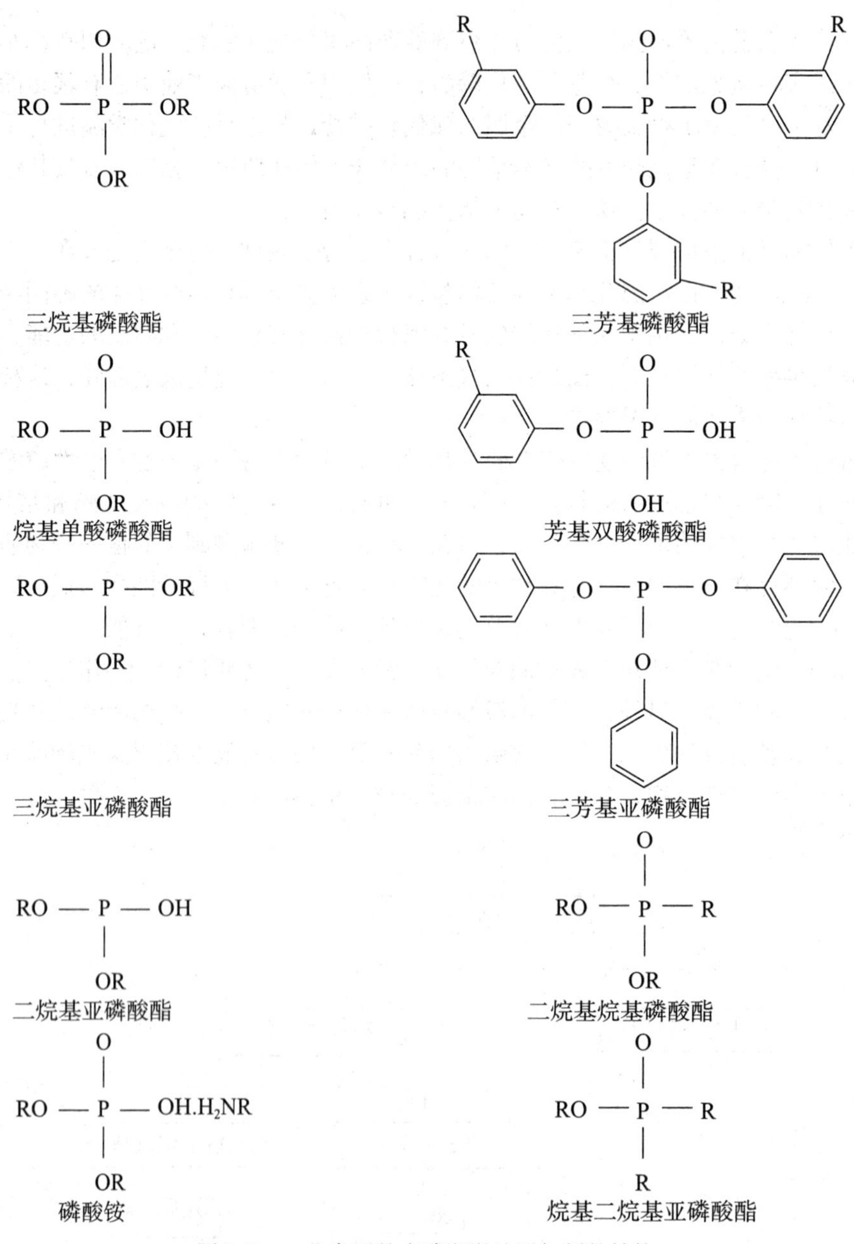

图 3.2　一些常用的含磷润滑油添加剂的结构

3.2 历史背景

直到20世纪20年代，不含添加剂的矿物油还能满足大部分的工业要求。当这些油的性能不能令人满意时，增加油的黏度和/或增加油中的硫含量通常可以有效提供充分的润滑。对于非常苛刻的情况，可以在油中加入一些动物或植物油，例如牛油或菜籽油可以用于蒸汽机气缸的润滑；早期火车机车的轴套可以用鱼油润滑；蓖麻油可以减轻涡轮蜗杆传动的摩擦；还可以在切削油中加入升华硫。然而引入双曲线齿轮后，油品的润滑极限很快就暴露了，从而导致了如硫化猪油和环烷酸铅等添加剂的开发，接着开发了硫化鲸鱼油后，开始广泛应用于汽车和工业领域。

用作润滑油添加剂最早的有机含磷化学物质被认为是中性三芳基磷酸酯，特别是三甲苯基磷酸酯(TCP)。虽然大约在1849年就合成出三烷基磷酸酯[2]，但三甲苯基磷酸酯在1854年才合成出[1]。TCP的工业生产开始于1919年，那时开发的这种产品是用于硝酸纤维的增塑剂，但直到20世纪30年代才有专利文献出现，称在矿物油中加入TCP可以改善其润滑性能。在1936年它还被用到了齿轮油中[3]，但直到1940年才公布了它作为抗磨添加剂的详细作用机理[4,5]，然而那时TCP已经得到了广泛应用。在第二次世界大战期间，德国对含磷添加剂进行了广泛的研究[6,7]。评估磨损和载荷性能的试验装置如四球机等的生产推动了这些研究[8]。研究结果表明对于高负荷(后来被认为是极压)性能，其分子中必须包含有：

① 一个磷原子；

② 其他活性基团，例如 Cl^- 和 OH^-(用来附着于金属表面)；

③ 至少一个芳基和烷基团(磷酸不具有活性)。

因为这些研究成果，市场上采用了含氯磷酸酯，例如三-(2-氯化乙烷基)磷酸酯。但后来在大部分应用中，它们被其他极压添加剂所代替，因为氯具有产生腐蚀的趋势。

在20世纪40~50年代，涉及TCP的油液工业取得了令人瞩目的发展，专利文献上出现了它在一般工业用油[9]、轧制油[10]、切削油[11]、润滑脂[12]、凿石机润滑剂[13]以及航空燃气轮机润滑剂[14,15]中用作抗磨/极压添加剂。一些军用规范，例如在液压油(NATO代码H515/520/576)上首先要求使用这种添加剂。然而在20世纪60年代后期，由于制造基于甲酚酯和二甲酚酯的天然磷酸酯而要获得高品质原料存在困难以及对TCP神经毒性的关注[16,17]，使得人们对很多产品的配方进行了调整，开始使用低毒性的合成三芳基磷酸酯。在一些应用环境中TCP今天仍然在使用。但磷酸酯在纯度以及与神经毒性相关邻甲酚异构体的去除工艺在过去10~20年间得到了实质性改善。

TCP除了用作油液添加剂外，在20世纪60年代它还在一段时间内用作汽油点燃控制添加剂，以避免由于铅盐沉积引起的过早点燃。这些沉积物是由于四乙基铅抗爆添加剂和烷基氯化物引出剂的相互作用而形成的[18~21]。1970年烷基磷酸酯用于这类用途中[22]。

由于中性三芳基磷酸酯的极性特性，它们还可以用作烃类中的腐蚀抑制剂[23,24]，但现在它们不可能继续用作腐蚀抑制剂，因为有更有效的品种存在，例如酸性磷酸酯。三烷基磷酸酯作为抗磨和极压添加剂在以前很少被广泛地评估。虽然在20世纪20~30年代后期有一些有关其制备方法的专利研究[25~34]，但在后来的20年中人们却很少有兴趣把它作为润滑油添加剂来研究，这可能是由于在中间一段时间里研究的焦点为氯化衍生物的原因。直到20

世纪50年代后期才发现三丁基磷酸酯可以与异丙基油酸酯[35]混合在齿轮油中，并且它们还可以与氯化芳烃混合。在1967年一项专利称可在水基润滑剂配方中使用烷基磷酸酯或烷基磷酸酯的铵盐[36]。

除了烷基磷酸酯外，其他各种类型的含磷化合物也已经用作抗磨/极压添加剂。关于酸性磷酸酯作为油中的极压添加剂的专利出现在1935年和1936年[37~39]，然而在1964年才首次公布关于使用乙氧基烷基或者芳基磷酸酯油液添加剂(在金属加工中)的详细信息[40]。后来的一些专利研究了这些物质在矿物油中[41]和合成酯[42]中的应用。人们发现烷氧基酸性磷酸酯还具有良好的锈蚀抑制特性[43]，这一特性是烷基或芳基酸性磷酸酯的附加特性[44,45]。

在1964[43]年和1969[46]年，烷基磷酸酯的中性铵盐被发现可以与中性磷酸酯混合，但这些仅仅是包含这些产品的专利资产中很小的例子。

讨论的其他主要含磷物质类型是亚磷酸酯。烷基和芳基亚磷酸酯的基本化学特性像磷酸酯一样也是在19世纪发现的。跟磷酸酯具有相同的命运，它们作为油液添加剂的应用一直到很迟才被开发。关于混合芳基磷酸酯作为油类抗氧剂的专利发表于1940年[47]，并且关于它们作为抗磨/极压添加剂的活性的专利至少在1943年就已发表[48]。

酸性亚磷酸酯的异构化可得到膦酸酯(图3.2)。在1952年和1953年[49,50]二烷基烷基膦酸酯据称可用作润滑剂，但直到1971年才发现可作为摩擦改进剂和极压添加剂[51,52]。

以上概述的重点放在了磷化合物的单独使用方面，实际上它们可以广泛的与含硫化合物混合使用，以对更宽的性能要求范围提供良好的润滑。在附录A中给出了一些联合使用专利的实例。

3.3 含磷润滑油添加剂的制备

3.3.1 中性烷基和芳基磷酸酯

虽然磷酸酯可以被认为是正磷酸的“盐”，但它们通常不能由正磷酸来制备。这是因为其产率很低(对三芳基磷酸酯为70%)。制备过程为磷酰氯($POCl_3$)和醇(ROH)、苯酚(ArOH)或与醇盐(RONa)反应，如下面的反应方程式所示：

$$\underset{\text{三烷基磷酸酯}}{3ROH + POCl_3 \longrightarrow (RO)_3PO + 3HCl} \quad (3.1)$$

$$\underset{\text{三芳基磷酸酯}}{3ArOH + POCl_3 \longrightarrow (ArOH)_3PO + 3HCl} \quad (3.2)$$

$$3ROH + POCl_3 \longrightarrow (ROH)_3PO + 3NaCl \quad (3.3)$$

上面的反应通过方程(3.4)中所示的中间步骤而生成反应物，如下所示：

$$3ROH + POCl_3 \longrightarrow ROPOCl_2 + HCl \xrightarrow{ROH} (RO)_2POCl + HCl \xrightarrow{ROH} (RO)_3PO + HCl \quad (3.4)$$

中间产物被称为“氯化亚磷”，并且可以通过改变反应物的比例来获得含特定中间产物较多的混合物。

2001年，关于叔丁基苯基磷酸酯的两步反应被报道，该反应产生的三苯基磷酸酯含量非常低[53]。如反应(3.5)所示，$POCl_3$首先与足量的叔丁基苯酚反应主要生成叔丁基苯基二氯磷酸酯。然后在反应混合物中加入苯酚，生成单叔丁基苯基二苯磷酸酯。据说该反应具有非常低的气压夹带值，在液压基础油方面具有价值。

$$C_4H_9ArOH + POCl_3 \longrightarrow C_4H_9ArOPOCl_2 \xrightarrow{PhOH} C_4H_9ArOPO(OPh)_2 + 2HCl \quad (3.5)$$

混合物的制备可以通过利用不同的醇或利用醇和醇盐来得到，如反应(3.5)所示。这些物质用作抗磨/极压添加剂时效果不显著。

$$ROH + POCl_3 \rightarrow (RO)_2POCl \xrightarrow{ArONa} \underset{\text{烷基芳基磷酸酯混合物}}{(RO)_2PO(OAr)} + NaCl \quad (3.6)$$

三烷基(或烷氧基烷基)磷酸酯既可以通过路线(3.1)制备又可以通过路线(3.3)制备。在反应路线(3.1)中，如果不用催化剂，那么就需要大量过剩的醇来使得反应能够完成。副产物氯化氢(HCl)要尽量快速除去，通常使用抽真空和/或水洗，此时要求对反应温度进行控制，以减少热量对磷酸酯的分解作用。在醇盐路线(3.3)中氯作为NaCl沉淀，这在一定程度上简化了提纯操作。通过水洗除去NaCl以后，提纯步骤还要包括蒸馏步骤以除去过剩的醇，碱洗以后再次蒸馏以除去水[54]。在醇盐方法中，任何剩余的氯化物都可以在最后的真空蒸馏以后通过水洗的方式除去。

尽管直到1930年[55]还没有对烷基磷酸酯的更低烷基衍生物的制备以及它们的特性进行精确的研究，但与广泛使用的芳基磷酸酯相比，目前的中性烷基磷酸酯仅限于三正丁基和三异丁基磷酸酯、三辛基磷酸酯以及三丁氧基磷酸酯。据称已经发现了醚类磷酸酯[56]，但到目前为止还未制备成功。

虽然中性三烷基磷酸酯已经使用了一段时间，但它们还没有广泛地用作矿物油添加剂。在商业中，这类产品主要用作航空液压液，汽轮机油、轧制油的成分或者工业过程的溶剂。尽管目前在为了避免磷酸酯分解而释放出苯酚的场合会利用这种物质来作为抗磨添加剂，但它们作为酸性磷酸酯、烷氧基酸性磷酸酯以及在金属加工应用中酸性产品的盐类替代品也具有一些优点，在金属加工中使用酸性磷酸酯的盐类将会涉及在硬水中的不稳定性以及在使用中会产生泡沫等问题。

在所有类型的无灰磷基抗磨添加剂中，使用最广泛的是三芳基磷酸酯，而且几乎无一例外地按照反应式(3.2)来制备。在缓慢加热以前，将磷酰氯加到含有过量苯酚和少量催化剂的反应混合物中，典型的催化剂包括氯化铝和氯化镁。在真空条件下，加热形成的HCl可以用水吸收后除去。在反应完成时对产物进行蒸馏以除去过量的苯酚、催化剂残留以及多磷酸酯。最后的产物可以进行蒸汽洗脱以除去挥发物，其中包括残余的苯酚和真空条件下的干缩物。

制备三芳基磷酸酯的原料最开始是从煤的破坏性蒸馏中获得的，这一过程将产生煤焦油，它是苯酚和含有甲酚和二甲酚等的烷基苯酚的复杂混合物。对于这一混合物(有时被认为是甲酚的酸)进行蒸馏可产生富含甲酚和二甲酚的原料。这些原料可以用来制备中性磷酸酯。关于从焦油酸中生产三芳基磷酸酯的早期专利公布于1932年[26]。

不幸的是在20世纪60年代，因为燃料从煤向天然气转变，使得煤焦油蒸馏器的数目下降。因此，通过这种原料来获得甲酚和二甲酚逐渐变得困难。也正因为如此，磷酸酯制造商改用了苯酚，再把苯酚用丙烯或丁烯进行烷基化，然后再用此烷基化苯酚的混合物来制备磷酸酯[57,58]。为了区别从这两种原料制备出的磷酸酯，把基于甲酚和二甲酚的产品看作“天然”磷酸酯，而把从烷基化苯酚得到的磷酸酯看作“合成”磷酸酯。这种区分方法在今天已经不适用，因为现在可以用合成的甲酚、二甲酚来制备磷酸酯。但这种术语保留了区别甲酚基/二甲酚基产品和基于苯酚的更新产品的一个简单方法，因为每种类型产品的物理和化学性质都略有不同，所以顾客会根据应用环境来进行选择。例如，如果要求产品具有好的氧化安定性，则可选择叔丁基苯基磷酸酯(TBPP)；如果产品要求具有最好的水解稳定性，则可以选择二甲苯基磷酸酯。

3.3.1.1　“天然”磷酸酯

这个类别中的主要产品是三甲苯基磷酸酯(TCP)和三二甲苯基磷酸酯(TXP)(如图3.3)。基于甲酚和二甲酚等产品都是异构体的复杂混合物[59]，原料组成变化引起的磷酸酯异构体分布的变化对其抗磨性能影响很小。更重要的影响是实际磷酸酯的含量以及存在的不纯物质的量，特别是那些酸性物质。

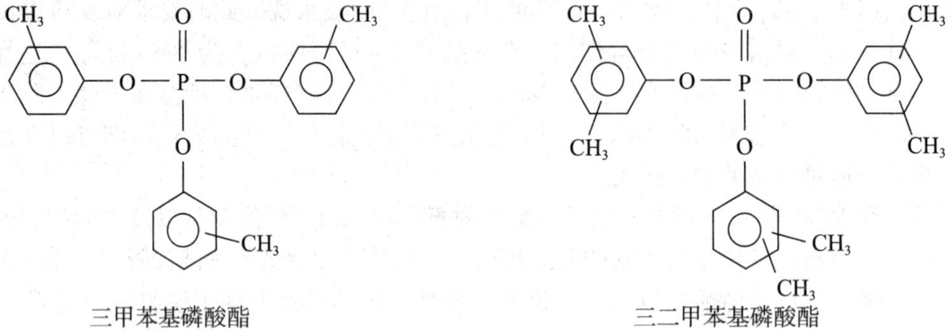

三甲苯基磷酸酯　　三二甲苯基磷酸酯

图3.3　三甲苯基磷酸酯和三二甲苯基磷酸酯的结构

过去由于三邻甲苯基磷酸酯具有较高的神经毒害性[见反应(3.19)]使得这种物质的含量很受人们关注。然而目前用于生产TCP的最广泛的原料主要是间甲酚和对甲酚，邻甲酚的含量非常少。

3.3.1.2　从异丙基苯酚合成磷酸酯

苯酚可用丙烯烷基化来制备异丙基苯酚异构体的混合物(图3.4)。根据反应条件和烷基化程度，可以制备出黏度范围从ISO VG22到VG100之间的异丙基苯基磷酸酯(IPPP)。在寻找TCP(一种ISO32黏度级别液体)的替代产品时，应用最广泛的是磷含量和黏度(IPPP/22和IPPP/32)最接近的产品。

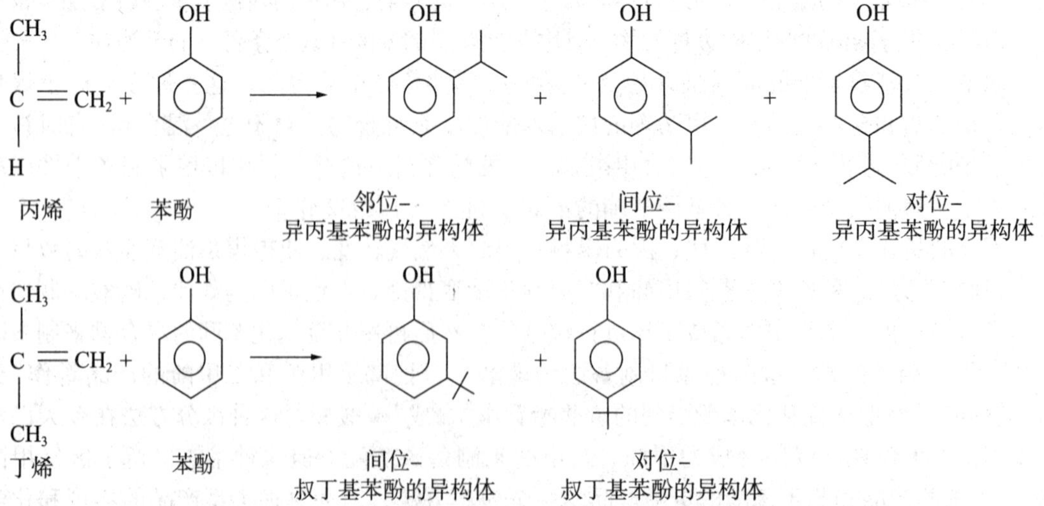

丙烯　苯酚　邻位-异丙基苯酚的异构体　间位-异丙基苯酚的异构体　对位-异丙基苯酚的异构体

丁烯　苯酚　间位-叔丁基苯酚的异构体　对位-叔丁基苯酚的异构体

图3.4　用于生成合成磷酸酯的原料制备过程

3.3.1.3 从叔丁基苯酚合成磷酸酯

利用与制备异丙基苯基磷酸酯相似的方法，可以通过异丁烯与苯酚反应(图3.4)制备丁基化苯酚，从而制备出一系列的磷酸酯。叔丁基取代在尺寸上要比异丙基大，这样就减少了分子烷基化的总体水平，导致了具有更多未取代苯基团。此外，用在矿物油中作为抗磨添加剂这一系列中的某些叔丁基苯基磷酸酯(TBPP)，在黏度和磷含量上类似于TCP，即TBPP/22和TBPP32(表3.1)。

表3.1

中性三烷基和三芳基磷酸酯抗磨添加剂的磷含量和黏度水平

磷酸酯	磷含量%	40℃典型黏度/(mm^2/s)
TiBP	11.7	2.9
TOP	7.8	7.9
TBEP	7.1	6.7
TCP	8.3	25
TXP	7.8	43
IPPP/22	8.3	22
IPPP/32	8.0	32
TBPP/22	8.5	24
TBPP/32	8.1	33
TBPP/100	7.1	95

3.3.2 酸性磷酸酯

3.3.2.1 烷基和芳基酸性磷酸酯(非乙氧基化)

对酸性磷酸酯，特别是烷基酸性磷酸酯的制备也是基于19世纪的技术，但却在过去的50年中才被商业化应用。对烷基酸性磷酸酯的制备过程是在无水条件下用P_2O_5与醇反应式(3.7)。

$$P_2O_5 + 3ROH \rightarrow \underset{\text{单烷基酸性磷酸酯}}{ROP(OH)_2} + \underset{\text{双烷基酸性磷酸酯}}{(RO)_2POH} \tag{3.7}$$

单磷酸酯和双磷酸酯的比例一般是40%～50%单磷酸酯和50%～60%双磷酸酯，其中还包括很少量的磷酸(≥1%)。另外还可以制备某些其他中性酯。商业产品一般由C_5、C_7、C_8、C_9的醇，C_{10}～C_{12}醇的混合物以及C_{18}醇制造。

单芳基和双芳基酸性磷酸酯(也被称作单芳基和双芳基磷酸氢)是生产三芳基磷酸酯的副产物，并且可以通过在反应完成之前停止反应并水解中间产物氯化亚磷而制得，见反应式(3.8)。

$$POCl_3 + ArOH \rightarrow ArOPOCl_2 + (ArO)_2POCl \xrightarrow{OH^-} \underset{\text{单芳基双酸磷酸酯}}{ArOPO(OH)_2} + \underset{\text{双芳基单酸磷酸酯}}{(ArO)_2PO \cdot OH} \tag{3.8}$$

溶于矿物油的双芳基(烷基)单磷酸酯可以通过在碱性下磷酰氯与烷基化苯酚反应而制备，如式(3.9)所示，或者通过单芳氯化亚磷与烷基化苯酚反应制备，如式(3.10)所示。反应要在大约60～90℃温度、低于等数量苯酚的条件下进行。前一个反应的主要产物是单磷酸酯，并含有少量的磷酸酯；后一个会形成更多数量的混合磷酸酯，但主要是单磷酸酯的混合[60]。这种化学物质作为商业润滑油添加剂的例子有戊基苯基和辛基苯基酸性磷酸酯。

$$POCl_3 + RC_6H_4OH \xrightarrow{OH^-} (RC_6H_4O)_3PO + (RC_6H_4O)_2PO \cdot OH \tag{3.9}$$

$$RC_6H_4OPOCl_2 + ArOH \xrightarrow{OH^-} RC_6H_4O(ArO)_2PO + RC_6H_4OArOPO \cdot OH \tag{3.10}$$

另外生产单和双-2-乙基己基酸性磷酸酯的过程包括双(2-乙基己基)膦酸酯先氯化再进行水解，见式(3.11)；或将三-(2-乙基己基)磷酸酯进行水解。

$$(C_8H_{17}O)_2POH \xrightarrow{Cl^-} (C_8H_{17})_2PO \cdot Cl \xrightarrow{OH^-} (C_8H_{17}O)_2PO \cdot OH \tag{3.11}$$

烷基酸性磷酸酯可非常广泛地用做金属加工润滑中的抗磨/极压添加剂，以及作为循环用油中的腐蚀抑制剂。

3.3.2.2 烷基和烷基芳基聚乙氧基酸性磷酸酯

在20世纪60年代早期，开发了一系列的聚乙氧基酸性磷酸酯用在金属加工润滑中。包含自由酸和其钡盐的这些产品，可以通过乙氧基醇和五氧化二磷反应制备，见式(3.12)。反应生成的酸性磷酸酯混合物的性质会根据醇链的长度和乙氧基化单元的数目而发生强烈的变化。例如，可以制备出仅溶于油或仅溶于水的产品，还可以制备出同时溶于(分散于)油和水的产品。

$$ROH + (C_2H_4O)_nH \rightarrow RO(C_2H_4O)_nH \xrightarrow{P_2O_5} [RO(C_2H_4O)_n]_2PO \cdot OH + RO(C_2H_2O)_nPO(OH)_2 \tag{3.12}$$

3.3.3 酸性磷酸酯和聚乙氧基酸性磷酸酯的胺盐

虽然酸性产品是非常活泼的抗磨/极压添加剂，但它们的酸性在硬水中能够导致沉淀，并可能会与其他添加剂产生相互作用。为了减轻这种不利影响，酸性产品有时以它们的胺(或金属)盐形式使用，这些盐是通过等重量的碱与酸性产品反应而制得，见式(3.13)。碱的选择会根据油溶性或水溶性的要求而变化。使用短链的胺一般会产生水溶性的添加剂，而用具有$C_{11} \sim C_{14}$链长的第三烷基将会得到油溶性添加剂。酸性磷酸酯的链长也会影响到溶解性。对于已经给定的应用环境，则胺和磷酸酯混合物的适当选择很大程度上是一个折中选择，因为大部分活性混合物也会产生不利影响，例如对起泡性和空气的释放性的影响。实际上使用中性盐时也不会阻止产品作为酸被滴定，并且在有强碱存在下会形成不同的盐。

$$RNH_2 + (R^1O)_{1-2}PO(OH)_{2-1} \longrightarrow (R^1O)_{1-2}PO(OH \cdot H_2NR)_{2-1} \tag{3.13}$$

这里R是烷基团，一般为$C_8 \sim C_{22}$。在制备这些盐时也可以使用仲胺和叔胺，即R_2NH和R_3N。

3.3.4 中性亚磷酸酯

和磷酸酯一样，既可以制备中性亚磷酸酯又可以制备酸性亚磷酸酯。中性三芳基亚磷酸酯是通过PCl_3和苯酚或取代苯酚反应而制得的，如式(3.14)所示。

$$PCl_3 + 3ArOH \longrightarrow \underset{\text{三芳基亚磷酸酯}}{(ArO)_3P} + 3HCl \tag{3.14}$$

这也是一个逐级反应，即通过双芳基和单芳基亚磷酸氢中间产物的产生而发生反应。

使用PCl_3制备中性三烷基亚磷酸酯需要加入叔胺碱来中和形成的酸，见式(3.15)。除非能够快速地除去HCl，否则它将导致反应过程倒转而产生烷基卤化物和二烷基亚磷酸酯，见式(3.16)。

$$PCl_3 + 3ROH + 3R_3N \longrightarrow \underset{\text{三烷基亚磷酸酯}}{P(OR)_3} + 3R_3NHCl \quad (3.15)$$

$$P(OR)_3 + HCl \longrightarrow RCl + \underset{\text{二烷基酸性亚磷酸酯}}{(RO)_2POH} \quad (3.16)$$

使用不同的醇或不同的苯酚的混合物能够制备出混和烷基或芳基亚磷酸酯。混合的烷基芳基亚磷酸酯可以通过三芳基亚磷酸酯与醇的反应来制备。这个反应可以得到芳基二烷基亚磷酸酯和烷基二芳基亚磷酸酯的混合物，见式(3.17)。此类商业产品用作油液添加剂的一个实例是癸基二苯基亚磷酸酯。

$$(ArO)_3P + ROH \longrightarrow \underset{\text{烷基二芳基亚磷酸酯}}{(ArO)_2POR} + ArOH \xrightarrow{ROH} \underset{\text{芳基二烷基亚磷酸酯}}{ArOP(OR)_2} + 2ArOH \quad (3.17)$$

因为亚磷酸酯在塑料工业中可广泛用作聚氯乙烯等的稳定剂，所以在商业上存在很多不同类型的亚磷酸酯。这些产品可以是 $C_2 \sim C_{18}$ 烷基链和 $C_8 \sim C_9$ 烷基芳基链的化合物，例如三壬基苯基亚磷酸酯和三(2，4－二叔丁基苯基)亚磷酸酯。人们越来越注意最新类型产品的水解稳定性。

3.3.5 烷基和芳基酸性亚磷酸酯

烷基和芳基酸性亚磷酸酯是通过混合 PCl_3、醇(或苯酚)和水相互反应而制得的，见式(3.18)。

$$PCl_3 + 2ROH + H_2O \longrightarrow \underset{\text{二烷基酸性亚磷酸酯}}{(RO)_2POH} + 3HCl \quad (3.18)$$

也可像前面所描述的一样，利用混合醇来生产二混合烷基亚磷酸酯。商业用二烷基酸性亚磷酸酯的链长在 $C_1 \sim C_{18}$，而用作油液添加剂的链长主要在 $C_8 \sim C_{18}$ 范围内。

在文献中很少涉及芳基酸性亚磷酸酯的应用，同样在任何已知的石油工业中也很少涉及乙氧基中性或酸性亚磷酸酯。由于亚磷酸酯的水解不稳定性，使得它们一般不适合用在可能会被水污染的情况下，并且乙氧基化的水溶性产品不会具有任何明显的优点。

3.3.6 二烷基烷基膦酸酯

虽然二烷基烷基膦酸酯是二烷基磷酸酯的异构体(图3.2)，但它却是具有不同性质的一类独特材料。二烷基烷基膦酸酯可以作为摩擦改进剂以及抗磨/极压添加剂，它们是通过在具有卤化烷烃如碘化物时对二烷基亚磷酸酯进行加热而发生 Arbusov 重排反应来制备的，如式(3.19)所示。

$$P(OR)_3 + R'I \longrightarrow \underset{\text{二烷基烷基膦酸酯}}{R'PO(OR)_2} + RI \quad (3.19)$$

商业二烷基烷基膦酸酯包括从二甲基衍生物到基于十二烷基亚磷酸酯的产品，而润滑油对更高分子量的产品具有更大的兴趣。人们发现通过二亚磷酸酯与环氧化物反应制得的聚氧基膦酸酯可以作为摩擦改进剂[61]，而二芳基膦酸氢，如二苯基膦酸酯是通过对应的亚磷酸酯和水的水解反应而制得的。

3.4 润滑添加剂的功能

用于改善润滑性能最早的添加剂是油性添加剂和膜增强添加剂，这些描述现在已经不再使用了。因为通过术语的变化可以了解不同的功能，而这些旧的描述会引起混淆。表 3.2 中列出了已使用化学物质的典型实例。

表 3.2

用于改善润滑性能的不同添加剂类型

添加剂类型	目的	作用模式	典型的化学物质
摩擦改进剂	在接近边界润滑条件下减轻摩擦	在金属表面极性物质的物理吸附	长链的脂肪酸和酯、硫化脂肪酸、钼化合物、长链亚磷酸酯以及膦酸酯
抗磨添加剂(通常具有缓和的极压性能)	在低至中载荷条件下减轻磨损	与金属表面发生化学反应形成一层在低－中负荷/温度下能减轻摩擦磨损的膜(一般是金属皂)	中性有机膦酸酯和亚膦酸酯、二烷基硫代磷酸锌
极压添加剂，也被认为是膜增强添加剂、载荷添加剂、抗卡咬添加剂、抗擦伤添加剂	增加发生擦伤、刻痕和卡咬发生时的复合	与金属表面发生化学反应形成一层在高温/高负荷下能够减轻摩擦磨损的膜，如生成卤化物或硫化物	硫化或氯化烷烃、酸性含磷物质、以及它们的混合物；一些金属皂如铅、锑和钼

表 3.3[62] 中提供了改善润滑性能添加剂的不同化学类型的简单分类，但这些添加剂由于结构不同会使性能略有差异。实际上，抗磨添加剂与极压添加剂之间不能清晰地区分开来。抗磨添加剂可能会具有温和的极压性能，而极压添加剂也会具有适当的抗磨性能，两者都能在金属表面上生成覆盖膜。实际上极压添加剂已经描述成为能减轻或阻止苛刻磨损的添加剂[63]。但从表 3.3 中可以看出，极压添加剂不能作为满意的摩擦改进剂，并且反之亦然。

表 3.3

摩擦改进剂、抗磨和极压添加剂的一般类别

添加剂	摩擦改进剂	抗磨添加剂	极压添加剂
天然油和脂肪	1	4	5
长链脂肪酸、胺和盐	1	4	5
有机钼化合物	1	2	4
合成酯	2	3	4
有机硫化合物	2	2	3
ZDTP	3	1	3
磷化合物	3	1	3
硫化合物	4	3	1
氯化合物	5	4	1

注：数字越低，其评级越好。

3.4.1 润滑、磨损和添加剂影响的基本机理*

为了正确认识添加剂的作用机理和它们的相对性能，理解润滑的基本机理是相当有用的。下面是对相对复杂的润滑过程做一定程度简化的解释。

润滑可以描述成一种油(或其他液体)减轻相对运动表面的磨损和擦伤性能的能力。它是润滑剂特性(如黏度)、应用载荷、表面的相对运动(例如滑动速度)、温度、表面粗糙度以及表面膜的特性(如硬度和反应活性)的函数。

所有的表面都是粗糙的，即使是用肉眼观察很平的平面，当进行显微检测时会发现它是由一系列波峰和波谷组成。当润滑膜足够厚而能够充分分开两个表面时，会使金属对金属接触的情况不会发生，见图3.5(a)，这是最简单的状态。这种状态在低载荷或具有高黏度液体时可能发生，并且当载荷完全由润滑剂支撑时，润滑特性依赖于润滑剂的特性。这种状态被认为是流体动压润滑或全膜润滑。

当载荷增加时，润滑膜变薄而最终达到这一状态：即润滑膜的厚度与相配合表面上微凸体的联合高度相似。在这一阶段会出现金属对金属的接触，并且当微凸体相互碰撞时它们会暂时焊接在一起(引起摩擦)，然后发生剪切使得金属损耗(磨损)，见图3.5(b)。磨损颗粒也会擦伤表面并对摩擦产生不利影响，它们产生的破坏程度依赖于颗粒以及和它接触的表面的硬度。当处于全膜润滑和“边界润滑”的混合状态时称为“混合膜润滑”。当增加载荷时朝着“边界润滑”发展。

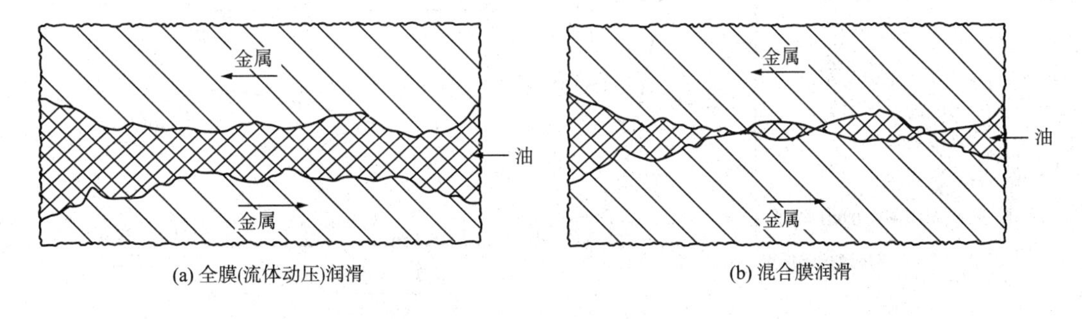

(a) 全膜(流体动压)润滑　　(b) 混合膜润滑

图3.5　全膜(液体动压)润滑和混合润滑的图形说明

当混合膜厚度进一步变薄时，载荷逐渐由金属表面支撑并且摩擦迅速上升。当最后膜厚度只有几个分子厚度来分开表面时，粗糙度、膜组成和表面金属的熔点将强烈地影响摩擦。在这一阶段中黏度在摩擦中不起作用或作用很小。这一阶段被认为是“边界润滑”，并且具有高摩擦值特性，其高摩擦值在进一步增加载荷或滑动速度时改变很少。发生在边界润滑下的磨损过程在所有润滑状态中可能是最复杂的，因为它涉及了四种不同类型的磨损：腐蚀、疲劳、犁沟和粘着。

当金属表面与它们所处环境反应形成边界膜时会发生腐蚀磨损，而疲劳磨损则是由重复的高压力引起的微凸体的破裂。微点蚀是这种磨损形式的一个实例，当今人们已对此进行了相当多的研究。它是最终导致微凸体破裂的表面塑性变形的结果，并会在表面上留下一些“小坑”。当尖锐的颗粒被压入表面滑行时会在材料的后面留下一凹槽，这时即发生了犁沟

---

* 译者注：本书英文原版无“3.4.2”。

磨损；而粘着颗粒是非产洁净表面相互发生粘附的趋势。但这种粘着磨损需要在磨损过程中产生新鲜的表面，这种新鲜表面或许是由塑性变形产生的。但这种机理远不像早期认为的那么普遍[64]。

摩擦和黏度、载荷以及滑动速度之间的关系能通过轴承的斯氏曲线进行表示，如图3.6所示[65]。在图中标出了摩擦系数与无量纲表达式 ZN/P 的关系。这里 Z 表示液体的黏度，N 是滑动速度，P 表示载荷。当 ZN/P 的值降低时摩擦减轻直到达到一个最小值。对于轴承在理想的液体动压条件下这一值大约在0.002，在这一点时金属开始接触并且摩擦上升。在混合摩擦区域，摩擦系数值位于0.02～0.10。最后当膜非常薄时，摩擦独立于黏度、速度和载荷，并且其值可以达到0.25。通过试验可以建立如下的理论。

(1)假定速度和黏度的值为常数，继续增大载荷可以减小 ZN/P 的值；假定单位载荷保持不变或增加，则通过减小速度或黏度或两者都减小可以获得相同的结果。

(2)摩擦变化直接与黏度有关；摩擦变化在较低的速度范围内与速度成比例，但在较高速度范围内与速度成反比[65]。

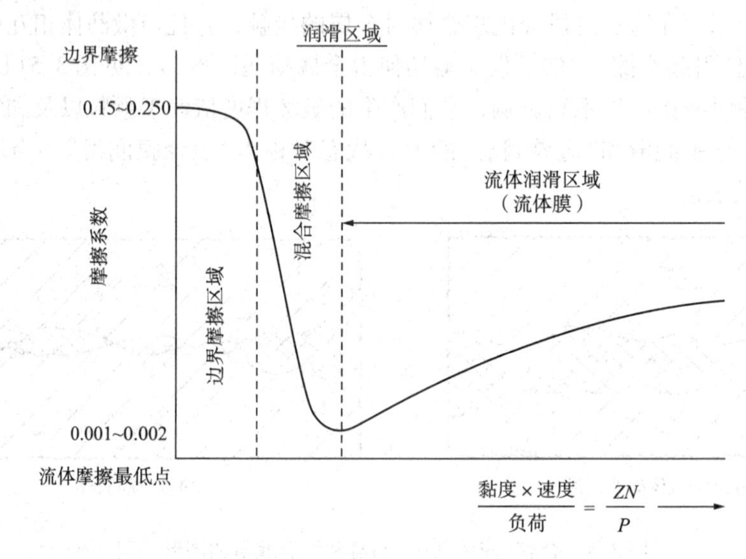

图3.6　摩擦系数与 ZN/P 的关系

当两表面靠得很近时，润滑剂则会从表面间被挤出。当润滑剂吸附在表面上时，它们会表现出其分子垂直地定位于表面上，减小表面接触，从而降低了摩擦，这样的产品就是“摩擦改进剂”。能在混合摩擦区域有效减小磨损和摩擦的添加剂被称为“抗磨添加剂”，而在边界润滑过程中能有效地减轻磨损(和增加卡咬负荷)的产品被称为“极压添加剂”。然而由于润滑过程中温度的重要性，过去曾指出“极压添加剂”也许应该更准确地被描述为“极端温度添加剂”。

添加剂与金属或金属氧化物表面发生物理和/或化学反应的温度将强烈地影响它们的活性。每一种抗磨/极压添加剂类型都具有一个活性温度范围(图3.7)[66]。温度范围内的最低温度通常是添加剂发生物理吸附的温度。这种吸附能在环境温度和更高的温度下发生，其主要受到添加剂的极性和表面能的影响。表面能减小的越多则吸附的表面膜就越牢固，并且添加剂将保留在原来的位置与表面发生化学反应的可能性也越大。仅被很微弱的束缚在表面的添加剂，当温度上升时可以解吸附，并且在减磨过程中会进一步终止它的功能。

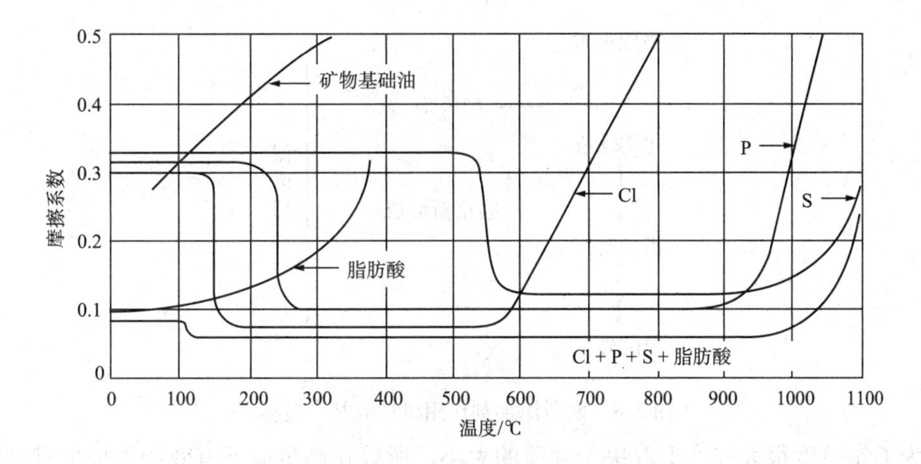

图 3.7 温度对挤压添加剂活性的影响

随着温度上升，表面反应活性也会增加。脂肪酸和酯在相当低的温度下就会发生反应而产生金属皂；接着是含氯化合物(形成氯化物)；磷(如磷酸酯、多磷酸酯和/或磷化物)和最后的硫，硫在非常高的温度才发生反应生成金属硫化物[66]。

氯基添加剂甚至还能在常温下形成膜，但当温度升高时它们会变得很活跃，并且释放出 HCl 而引起剧烈的腐蚀。虽然 $FeCl_2$ 的熔点在 670℃，但其最佳运行温度则要低得多。Klamann[67]指出在温度高于 300℃时，金属氯化物的效率开始下降，并且当温度为 400℃时摩擦系数已经是最优值的 1 倍。但氯化物膜的干摩擦系数要比硫化铁的低得多(见表 3.4)[68]。这种膜的摩擦相对低可能是氯化物成为有效极压添加剂的一个原因。磷在非常高的温度时才能够反应，随后反应速度更慢，但研究人员认为在空气中其 550℃的温度上限是在膜中碳氧化的结果，而不是由于金属皂的分解。

表 3.4

在滑动铁表面形成的腐蚀膜

润滑剂类型	膜物质	摩擦系数(干)	熔点/℃
干或烃类	Fe	1.0	1535
	FeO	0.3	1420
	Fe_3O_4	0.5	1538
	Fe_2O_3	0.6	1565
氯	$FeCl_2$	0.1	670
硫	FeS	0.5	1193

在金属表面形成的皂、磷酸盐/亚磷酸盐、氯化物和硫化物最初被认为能产生具有比金属/金属氧化物更低熔点和更低剪切稳定性的膜，这种膜可以抹平金属表面并能支撑更高的单位载荷。由于研究发现极压膜不同于这些假设，并且没有想像的那样具有更低的剪切稳定性[69]，因而认为这种解释过于简单化。它没有考虑到通过机械磨损移除膜的附加“次过程”，也没有考虑通过抗磨/极压添加剂的进一步作用而重新生成膜，如图 3.8 所示。

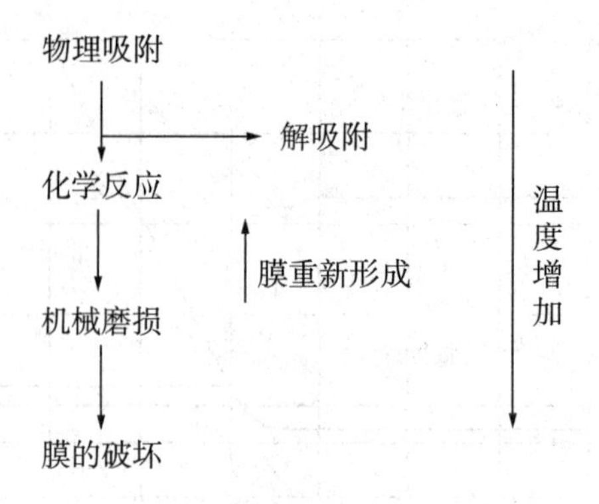

图 3.8　润滑添加剂作用机理的基本过程

因为工作温度很大程度上取决于载荷的大小，所以在高负荷下有效的添加剂有可能在低负荷下完全没有效果(反之亦然)。所以在这种情况下，在极压添加剂的载荷特性起作用以前就可能发生强烈的磨损。为了减轻这种影响，通常联合使用添加剂，从而进一步扩展它们生效的温度(和负荷)范围。

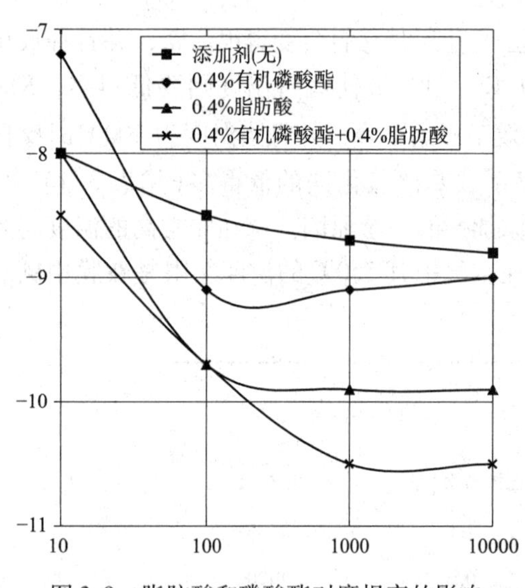

图 3.9　脂肪酸和磷酸酯对磨损率的影响

虽然单一的抗磨/极压添加剂能够满足应用和规范的要求，但添加剂的联合既可以产生协同效应又会产生对抗效应。已经提到过使用磷和氯或含硫化合物的混合物来扩展有效润滑膜的温度范围。关于协同效应的另一个例子如 Beeck 等[5]所报道的，他们描述了 TCP 和长链脂肪酸联合使用的效果，即使用这种混合物在一定程度上改善了表面上膜的“填充”，所以有助于减少金属的接触。图 3.9 实际上显示了磷酸酯和脂肪酸联合使用时，能产生比单独使用每一物质时具有更低的磨损率[68]。这种协同能够降低添加剂的成本，并减少添加剂对产品稳定性等有不利影响的可能性。添加剂对抗效应的实例将在章节 3.12 中给出，是关于磷酸胺的应用实例。

3.5　含磷添加剂的机理和活性研究

很多论文阐述了 TCP 和其他含磷化合物作为抗磨/极压添加剂的作用机理，不难想象研究者们具有很多不同的观点。这可能是采用的测量磨损的很多试验设备具有不同试验条件的结果，例如，试样不同的几何形状、表面抛光、滑动速度以及使用不同纯度等级的添加剂都意味着试验数据没有严格的可比性。

在简单回顾了抗磨/极压添加剂的早期发展以后，本文概括出了很多论文研究的不同磷基添加剂起效的机理。它没有涵盖一切，但会提及到很多其他工作者的成果。所以，在附录

B 中给出了关于这个主题的一个附加部分。

3.5.1 抗磨和极压添加剂的早期研究

1919 年 Hardy 进行了一些最早的关于不同润滑剂对摩擦影响的试验[70]，并且他注意到了蓖麻油和油酸的出众性能。他发现好的润滑性能与物质降低表面能的能力紧密相关。1922 ~ 1923 年间 Hardy 和 Doubleday 检测了在边界条件下润滑剂的活性后，发表了一系列的论文。

1920 年 Wells 和 Sonthcrobe[71]发现加入少量的长链脂肪酸能明显减小矿物油的静摩擦系数。1925 年 Bragg[72]假设认为具有极性端基团的长链分子，通过极性基团的吸附作用而束缚在表面上，并且长烃链垂直地定位于表面上。他还认为在两个移动的表面上形成的膜，通过膜表面的相互滑动有助于润滑，并且当两表面的距离减小时，它们的长链会被“挤平”。然而在 1936 年 Clark 和 Sterrett[73]表示润滑膜厚度可以达到 200 个分子，但只有第一层具有一定的强度，可以抵挡滑动条件下产生的剪切应力。他们还发现具有“膜增强”添加剂活性的某些环状结构(例如三氯苯酚)也能显示出分子定位，此时它与金属表面平行，并且由于两层之间的相互滑动而具有良好的承载性能。分子定位不是所包含的仅有因素，因为具有相似定位的化合物会在性能上表现出相当大的不同。

Beeck 等[4]第一次研究并报道了添加剂对边界润滑的影响和机理。他们发现滑动速度上升到临界速度以前摩擦相当稳定，在超过临界值时会有明显的减少。同时发现添加剂在低速时相对于单独的基础油而言能减轻摩擦，并且不同的临界速度对减轻摩擦具有显著的不同影响。能强烈吸附并能表现出表面膜定位的化合物被发现其具有低的临界速度。通常认为吸附层要比即使是最优良加工表面的粗糙度还要薄，在接触点的高温(或高负荷)会使得分子分解，并形成高熔点腐蚀产物，同时增加摩擦。如果表面被“高度抛光”，则滑动就不会破坏表面膜。大部分减摩化合物都是长链脂肪酸，不能够产生高度抛光的表面，所以它们不能成为有效的抗磨添加剂。

3.5.2 中性烷基或芳基磷酸酯

3.5.2.1 历史背景

经过 Beeck 等[5]试验，发现能够同时减轻摩擦和磨损的一种添加剂是三甲苯基磷酸酯(TCP)。TCP 在那时开始作为抗磨添加剂来寻找广泛商业应用的产品。他们提出 TCP 是通过一种“腐蚀”的作用方式来起效，它优先与表面上温度最高(由于金属的接触引起的)的凸出点进行反应。在反应中磷酸酯形成一种具有更低熔点的磷化物(或可能形成铁/磷化铁共晶)，这种物质流经表面并抹平表面，或起到化学抛光的效果。他们还观察到 TCP 的加入量会呈现出一个最优水平(1.5%)，这一点后来被本领域的其他工作者所证实。

Beeck 等在他们的论文中称他们的研究已经对抗磨机理有了一个更好的理解，并且能够更准确地区分不同类型的添加剂。其更专业的解释为：磨损保护添加剂通过在相对表面上更好地分散负荷而减小压力和降低温度。如果产生的最小压力对维持稳定膜仍然太高，则尽管高度抛光也会发生金属对金属的接触。因为在这时实际接触面积相当大，所以很快就会发生烧结和损坏。

战争年代的需要促使德国的研究者制备和评价了作为极压/抗磨添加剂的磷化物，主要是次膦酸的衍生物和酸性磷酸酯[6,7]，而其他的工作者[74]继续研究 TCP 的性能。研究者检测了 TCP 在白油中的性能，得出添加剂与钢反应生成一层薄的固体非传导性膜，这种膜通过优先于金属对金属的接触被剪切而防止烧结。TCP 和脂肪酸混合物性能的改进也得到了解释，这应归于脂肪酸在化学形成膜表面的吸附得到了改善。

从 1950 年研究者开始着手广泛评估不同的中性烷基和芳基磷酸酯及亚磷酸酯，在一些情况下这些物质还会含有氯和硫[75]。研究结果表明，硫和氯在表面上的作用是各自形成硫化物和氯化物膜。在磷存在时，会形成磷化物/硫化物或磷化物/氯化物的混合膜。通过有盐酸存在时而析出磷化氢，使磷化物的存在得到化学确定。

虽然形成磷化物膜的概念在这个时期受到挑战[76,77]，但直到 20 世纪 60 年代中期它一直是普遍持有的理论，此时的论文出现了与这种观点相矛盾数据。Godfrey[78] 指出磷化物存在的所有试验都是静止的高温研究，并且没有任何证据表明利用 TCP 润滑的滑动表面上有磷化物。他用 TCP 润滑钢对钢的接触表面进行试验，然后检测钢的表面，结果发现有一种白色的晶体物质存在。电子衍射检测表明，其主要是 $FePO_4$ 和它的二水化物 $FePO_4 \cdot 2H_2O$ 的混合物。如果存在亚磷酸盐，其数量也非常少。而且由二水化物制成的糊状物能显示出与 TCP 相似的摩擦性能，但由亚磷酸铁形成的糊状物则不能减轻摩擦。在氮气环境下进行试验发现磨损增大的相当多，由此试验还可以得出空气对 TCP 性能的重要性。对“纯”的 TCP 进行评价，发现它不像“商业”产品一样显示出良好的减摩性能。

利用放射性元素 P^{32} 研究了商业 TCP 的活性中“不纯物质”的存在和作用[79]。结果表明含磷极性不纯物——不是中性 TCP，被吸附在金属表面上；在磨痕中发现了 P^{32}，表明它是被化学束缚而非物理吸附，但后一过程看起来是磷最先在表面上起效。研究者表示不纯物质类似于酸性磷酸酯(不是 Godfrey 假设的那样为磷酸)，研究者还进行了中性酯和酸性磷酸酯(二月桂基酸性磷酸酯)以及 TCP 的水解产物对比磨损试验，他们发现更低浓度的这些化合物一般能达到与中性磷酸酯相等的性能。其中有趣的是，观察到酸性磷酸酯、酸性亚磷酸酯和磷酸酯的数据确实显示出具有磨损最小值，而 TCP 在已经报道的研究中不存在这种最小值(此结果来源 Beeck 等[5])。

利用放射性元素 P^{32} 还可以研究 TCP 和不同类型添加剂在金属表面的竞争。这通常利用测量磨损以后残余在金属表面的放射能来实现。表 3.5[79] 表示了不同类型的添加剂对 TCP 中的 P^{32} 吸附的影响。计数的数值越低，则添加剂和添加剂之间的相互作用就越强。

表 3.5

各种添加剂对 P^{32} 吸附的影响

添加剂浓度/%(质量分数)	活性/(计数/min)	添加剂浓度/%(质量分数)	活性/(计数/min)
单独使用 0.5% TCP	280	+5.5% 丙烯酸树脂分散剂	82
+2% 磺酸钡 A	0	+7.9% 聚合增稠剂	78
+2% 磺酸钡 B	80	+0.7% 硫－氯极压添加剂	120
+0.1% 锈蚀抑制剂	16	+0.5% 硫代磷酸盐	150
+0.5% 二异丙基酸性亚膦酸酯	25	+0.5% 2，2′－亚甲基－二(2－甲基，4－叔丁基苯酚)	250
+0.1% 二月桂基酸性磷酸酯	24	+0.5% 硫化萜烯	290

确定代 TCP 活性水平时，不纯物质的重要性也在其他论文中被确定[81]。利用薄层色谱确定了商业级 TCP 中不纯物质的组成，并且利用中子活化法进行分析。酸性不纯物质的含量为0.1% ~0.2%，而且可能是单或双甲苯基酸性磷酸酯，此外还有少量(2×10^{-6})的磷酸。也就是说以前的研究中已经表明在矿物油中添加这一含量水平时可以显著地减少磨损。其他不纯物的含量为0.2% ~0.8%，由于其中有一定数量的氯化物离子而假设其中含有氯化磷酸酯。用于研究的 TCP 是最优级别，但是即使这种物质也会含有达到25%的极性不纯物。

放射化学分析也是一种可以用来在发动机试验中研究磷在钢表面沉积的技术[80]。在这项研究中考察了不同类型的芳基磷酸酯[三苯基(TCP)、三甲苯基(TCP)和三二甲苯基磷酸酯(TXP)]对表面硬化挺杆的影响。结果显示这些添加剂的功效直接与它们的水解稳定性相关，也就是它们作为分解产物产生酸性磷酸酯的能力。这一点被一系列其他磷酸酯(大部分为烷基二芳基磷酸酯)的试验所证实，而这些磷酸酯在抗擦伤性能和水解稳定性之间显示出很好的相关性(见表3.6[80])。对挺杆表面的检测发现，在其表面上存在芳基酸性磷酸酯，但没有亚磷酸酯。中性烷基和酸性磷酸酯在钢表面的吸附研究表明，酸性磷酸酯的吸附是不可逆的，而且形成了盐；而中性磷酸酯的膜能很容易地被移除。这些研究使作者得出这样的结论：磷酸酯的作用机理是首先在金属表面上吸附，随后水解成酸性磷酸酯，酸性磷酸酯与表面反应产生有机磷酸铁，并进一步分解成为磷酸铁。

表3.6

抗擦伤性和有机磷酸酯水解易度之间的相关性[80]

添加剂(加有0.8%的P)	水解相对易度[a]	在下列负荷等级时发生擦伤的时间[b]/min	
		305lb	340lb
苯甲基二苯基磷酸酯	100	>30	9
烯丙基二苯基磷酸酯	100	>30	没有进行试验
乙基二苯基磷酸酯	80	28	没有进行试验
辛基二苯基磷酸酯	50	15	6
三苯基磷酸酯	50	15	5
三甲苯基磷酸酯	30	8	没有进行试验
2-乙基己基二苯基磷酸酯	5	2~3	没有进行试验
无	—	2~3	没有进行试验

注：凸轮轴，Ford Consul(凸轮磷酸盐化)；挺杆，Ford Consul(无磷酸盐化)；凸轮速度，1500r/min(相当于发动机转速3000r/min)；基础油，没有加极压添加剂的SAE 10W-30油。

a. 因为这些化合物的水解稳定性的范围很广，所以不可能在相同的酸性介质中比较这些化合物的水解稳定性，因此，任意的划定苯甲基二苯基磷酸酯的值为100。

b. 多次试验的平均值。

1lb=0.4536kg，全书同。

TCP、酸性磷酸酯以及亚磷酸酯在超精炼矿物油和合成酯(二-3-甲基丁基乙二酸酯)中的磨损试验表明，在矿物油中很少量的添加剂(0.01%)就能显著减少磨损，并且其中的酸性添加剂更有活性。然而在极性基础油中存在着对表面的竞争，故在达到相似的磨损减少量时所需 TCP 的用量要大很多。二烷基酸性磷酸酯在合成酯中不能明显地减少磨损。这表示它们的极性(因此而产生吸附)要比中性磷酸酯、合成酯以及它的不纯物质要大(见表 3.7[81])。作者得出代 TCP 的活性应归于酸性不纯物，并且中性酯在润滑剂的生命周期内充当这些不纯物的形成储备。

表 3.7

在合成酯中浓度对含磷添加剂磨损特性的影响[a]

添加剂	浓度/%(质量分数)	平均磨斑直径/mm		
		1kg	10kg	40kg
无添加剂	—	0.39	0.71	0.91
	1.0	0.38	0.71	0.97
TCP	3.0	0.40	0.64	0.97
	5.0	0.23	0.25	0.78
水解的 TCP	0.1	0.57	0.74	—
	1.0	0.17	0.25	0.46
二月桂基磷酸酯	0.01	0.21	0.41	0.84
	0.05	0.19	0.28	0.43
	1.0	0.17	0.28	0.42
二异丙基酸性亚磷酸盐	0.02	—	0.72	—
	0.05	0.16	0.25	—
	0.15	—	0.33	—
磷酸	0.001	0.41	0.69	0.90
	0.01	0.16	0.37	0.50
	1.0	0.38	0.60	0.78

注：ASTM D 472 四球磨损试验条件：试验时间，1h；试验温度，167℃；试验转速，620r/min。

直到大约 1969 年，认为在钢表面产生磷酸盐膜的理论还被广泛接受。后来发表的报告显示其情况要更复杂。一论文[82]检测和对比了几种磷化合物对钢的腐蚀性、承载能力以及抗磨性能。试验采用了 500℃下的热金属丝技术，然后对生成的表面膜进行 X 射线分析来研究其反应活性(或腐蚀性)。对中性磷酸酯及亚磷酸酯的评估表明，它们与钢的反应活性很小，而酸性磷酸酯及亚磷酸酯会产生相当大的腐蚀。但中性烷基三硫代亚磷酸酯的性能比较反常，它能表现出非常高的反应活性但承载能力却很低，这说明它具有不同的作用模式。对形成膜的分析确认了其主要存在的物质是碱性磷酸铁(在硫代亚磷酸酯情况下主要是硫化铁)，但对分解产物的所有 X 射线分析中发现也存在少量的磷化铁。对添加剂承载能力的评估发现它直接随着腐蚀性而产生变化，但烷基三硫代亚磷酸酯除外。作者推测含磷添加剂的承载能力不仅归因于膜的活性，而且还与形成膜的特性有关。其中一些化合物的磨损和活性之间也存在直接相对应的关系，但在中性亚磷酸酯和烷基硫代亚磷酸酯的情况下不存在这种相关性。这是因为这些情况下膜的组成不同。实际上，研究者提出亚磷酸酯的主要反应产物应该是磷化铁。他们还认为由极压添加剂形成膜的承载能力按下列顺序排列：

磷化物 > 磷酸盐 > 硫化物 > 氯化物

而抗磨特性的顺序是：

硫化物 > 磷酸盐 > 磷化物

当然，第一个排列顺序不同于从金属表面形成膜稳定性预测的极压添加剂的活性，也与一般认为磷的活性要低于氯或硫不同。

Goldboatt 和 Appeldoom[84] 发表论文，对 TCP 的活性来源于酸性不纯物的产生这种理论提出质疑，这项研究在不同的环境氛围和不同的烃基础油中检测了 TCP 的活性。结果数据表明 TCP 在低黏度白油(石蜡基)中比在芳基基础油中更有效。因为芳香簇化合物是一种好的抗磨添加剂，它会在表面与 TCP 发生竞争。在这种条件下磷酸铁反应产物不够稳定，或者形成的膜可能更薄，以及只有更少的完整膜层并被磨损完，这样就导致了腐蚀磨损的增加。令人吃惊的是混合脂肪簇/芳香簇基础油的抗磨性能比它们单一成分要好，并且不会因加入 TCP 而得到改善。

在不同氛围中 TCP 的作用效果比较，主要集中在潮湿空气氛围中水分子的影响以及在干氩气条件下，即在没有氧气和水分子时。在使用不同的烃类基础油时，试验结果没有发现明显的不同。然而，在 ISO 32 级白油中更进一步的一系列在干燥和潮湿空气以及潮湿和干氩气中进行的对比试验时，TCP 显示出具有轻微的抗磨效果。但一个例外是在潮湿的空气中，它会增加磨损，但一般会表现出比用在氩气中时具有更高的擦伤负荷。在具有相似黏度的环烷基础油中，使用潮湿空气(或潮湿氩气)会导致磨损的增加，并会表现出更高的擦伤负荷。这样的性能在其他磷酸酯和亚磷酸酯中也可观察到。作者认为在干空气中 TCP 膜的形成非常迅速，并且使金属接触快速减少；在干氢气中情况也是如此。但速度要稍微慢一些。在潮湿空气中形成的膜不是非常坚固，并且金属接触仍然很多，而在潮湿氩气中则根本不会形成膜。这样氧气增强了膜的形成，但水分子的存在阻碍了它的形成。对于"空气是 TCP 起作用必需的"这种看法[78]没有考虑到空气中存在的水分子，并且还应对磨损性能起改善作用。

以前认为 TCP 起效之前必须先水解形成酸性磷酸酯的理论也受到了挑战。在干氩气的标准和极低酸性的 TCP 的磨损试验表明，其在活性上没有明显的区别，因此可以得出 TCP 直接与表面发生反应而不先水解成酸性磷酸酯，并且不用优先吸附在金属表面上。

1972 年 Forbes 等[85] 概括了有关 TCP 活性的现有看法，即 TCP 在较高浓度时不受基础油影响，而且是一种有效的抗磨添加剂，但在较低浓度时会由于芳香簇化合物的存在而产生不利影响。酸性分解产物具有相似的特性，但在低浓度时会显示出更好的性能。通常认为 TCP 吸附在金属表面，并且分解成为酸性磷酸酯，这种酸性磷酸酯会与表面发生反应而形成有机磷酸金属盐。

关于氧气和温度对 TCP 在 M－50 钢上摩擦性能的影响的进一步研究结果公布于 1983 年[86]。在不同条件下测量了摩擦随表面温度上升而减小的临界温度，试验发现在干燥空气(<100μg/g 水)中利用全流动润滑时其值为 265℃，在受限润滑条件下其值为 225℃，而在氮气环境下采用受限润滑时其值为 215℃。表面分析表明 TCP 在这些温度下已经发生化学反应，从而引起磷酸盐沉积数量的较大增加(没有观测到亚磷酸盐)。据称氧气对这种反应是

必需的，但不能证实磷酸酯必须先水解这一理论。

关于磨损机理中作为反应产物形成磷酸铁或亚磷酸铁的争论盛行于20世纪70年代晚期和80年代早期。1978年Yamamoto和Hirano[87]对几种芳基和烷基磷酸酯进行了擦伤试验，结果芳基磷酸酯表现出更好的耐擦伤性能，并且认为烷基磷酸酯在温和润滑条件下与钢表面发生反应形成磷酸铁膜，但芳基磷酸酯在润滑条件变得更加苛刻以前仅能很轻微地反应，此时会生成亚磷酸铁。亚磷酸盐(亚磷酸酯与金属表面之间反应的结果)能充当一种很好的极压添加剂，而磷酸铁仅具有抗磨活性。表面粗糙度的测量表明芳基磷酸酯(特别是TCP)有抛光作用，但在相同条件下烷基磷酸酯不具有这种作用。

1963年，Furey[88]检测了Beek等[5]提出的腐蚀磨损的概念和磷酸酯作为化学抛光剂的概念。他制备了具有不同粗糙度的表面，并且在不同的应用负荷下测量了与溶剂精炼油接触时的摩擦。试验使用不含添加剂的油品(不幸的是没有关于硫含量和芳香烃含量的有效信息)，在试验中发现摩擦除了依靠于负荷外，当表面高度抛光时非常低，并且在粗糙度上升至10微英寸(0.254mm)过程中一直上升。大约在粗糙度为10微英寸(0.254mm)时其金属接触百分率也达到最大值，并在这个值后会降低。对这一现象的解释是随着粗糙度的上升，波峰和波谷间的距离也会增加，但波峰要变得更扁平。波峰越扁平，其承载能力就越好，而更深的波谷则允许储存更多的油液来润滑和冷却。当评价油中几种类型的抗磨/极压添加剂时，会发现虽然在此时表面粗糙度会减少，但其程度比只有油单独存在时要小。在低负荷时，TCP能够很明显的减轻金属接触，但对表面粗糙度却没有影响。在中负荷到高负荷时，虽然能减轻金属接触，但表面粗糙度却增加了。因此，作者得出TCP不是通过抛光作用来起效的。

1981年Gauthier等[89]回顾了磨损过程以及膜的形成。他们将这些分为三个磨损阶段：初期(非常快速)磨损阶段和随后的中等磨损速度阶段、最后的缓慢磨损阶段。在快速磨损阶段会形成一种棕色膜，通过分析发现它是氧化亚铁和磷酸盐的混合物。当磨损速率减慢时(表面变得更平一些)会形成一种蓝色膜，它不含铁，被认为是酸性磷酸酯的聚合体(没有提及到Codfrey所报道的“白色晶体膜”)。

当除去这两种膜并且测量膜层下表面的粗糙度时，发现在棕色膜下的表面非常光滑。蓝色膜下的表面要粗糙很多，并且有一些可以达到100nm。作者认为光滑的表面是腐蚀磨损产生抛光作用的结果。他们得出在磨损的第一阶段包含有腐蚀磨损过程，因为在表面上存在有磷酸亚铁。当表面被磷酸酯覆盖达到“临界值”时，由TCP分解产生的有机磷酸酯聚合形成多磷酸酯。因此在最后两个磨损阶段，“金属的磨损完全被添加剂的磨损所替代”，在这种方式下对TCP作用机理的不同观测(抛光相对于增加表面粗糙度)可以产生联系并且相互关联。

当Placek和Sankwalker[90]研究用磷酸酯预处理轴承表面而产生的膜时，他们也注意到了多磷酸的存在。试验用100%磷酸酯和它们在矿物油中的10%溶液进行，采用10%溶液是因为据报道联合使用比单独使用单一组分能提供更好的磨损保护，这很明显是形成一种“摩擦聚合物”[91,92]。试验选择的磷酸酯包括芳基和烷基磷酸酯。对250℃下浸入磷酸酯而形成膜的分析显示其含有高水平的碳，并伴有磷酸铁/多磷酸盐以及少量的亚磷酸盐。在300℃时烃几乎消失，并且测不到亚磷酸盐。由矿物油形成的膜主要是以烃为基础的，但由烷基磷酸酯形成的膜是很独特的，在它的里面包含有针状纤维。在四球试验条件下发现预处理对磨损的影响如表 3.8[90] 中所示。用矿物油溶液处理的轴承显示出的减磨性能至少与 100% 磷酸酯处理的一样好。

表 3.8

通过磷酸酯预处理轴承而得到的摩擦和磨损减轻[90]

轴承制备	平均磨斑直径/mm	改善/%	最大力矩/gfm	改善/%
参考的未处理轴承	1.00	—	46.1	—
TCP	0.72	28	18.4	60
IPPP	0.75	25	18.4	60
TOF	0.10	19	18.4	60
矿物油中 10% TCP	0.72	28	18.4	60
矿物油中 10% IPPP	0.72	28	15.0	58
矿物油中 10% TOF	0.64	36	19.6	58

注：a ASTM D 4172—88。

四球试验条件：试验时间，60min；试验温度，75℃；试验负荷，40kg；试验速度，600r/min；

所有的试验在 100 溶剂中性石蜡矿物油中进行。

IPPP 为异丙基苯基磷酸酯，TOF 为三 - (2 - 乙基己基) 磷酸酯。

3.5.2.2 最近的技术发展

1996 年，Yansheng 等[93] 报道了 TCP 对亚硫酸化、氧 - 氮化和氮化处理表面磨损性能的影响。在氮化和氧 - 氮化处理的表面发现具有协同效应，其承载能力得到较明显的增加，而且摩擦和磨损减轻。在亚硫酸处理的表面上没有改善。

在这一研究领域内最近的应用是关于芳基磷酸酯作为蒸气相润滑剂使用。虽然它不是严格的添加剂应用研究，但这一发展已经是目前对这些添加剂作用机理分析研究的焦点，因此其结论可以代表目前的观点。在这一应用中选择芳基磷酸酯是因为它们的高温稳定性，以及它们在高温时能提供很好的边界润滑能力。最初的研究使用 TCP[94] 并且检测了在工具钢和铁、不锈钢、铜、镍、钨以及石英丝样品表面形成的膜（在温度超过它的热分解点时，TCP 蒸气预先在石墨、钨和铝表面形成坚固的膜[95]）。在 370℃ 蒸气下工具钢的磨损试验表明，即使在 0.1% (mol) 浓度时其磨损水平也很低（图 3.10）。其最优浓度大约达到 0.5% (mol)。在上文中指出的与金属的反应如图 3.11 所示，图 3.11 中显示出其在铁和铜上的沉积非常快，但对石英、镍和钨却很慢。膜的形成速度依赖于温度，但其形成温度至少要达到 800℃。增加温度和/或 TCP 的浓度会使沉积物增加。

1992 年[96] Gmham 等试验了在 350℃ 时利用 TCP 蒸气润滑由 M50 钢制成的高速轴承得到了很好的结果，并且磨损区域表面比未使用的表面还要光滑。令人吃惊的是当润滑没有预先活化的氮化硅表面时也可以得到相似的结果。其试验结果会被试样铜的转移而遮盖，并且认为蒸气传输系统的成分铜与 TCP 的反应起到活化作用，然后它们沉积在陶瓷表面。Hanyaloglu 和 Graham[97] 分析了 TCP 在陶瓷表面形成的膜。在这项研究中陶瓷通过氧化铁膜（~20 分子厚）活化。在 500℃ 时空气中或氮气中存在有 0.5% TCP 时的摩擦系数为 0.07，并且会产生一种聚合物，其中主要包括碳、氧以及少量的分子量范围在 6000 ~ 60000 的含磷物质。

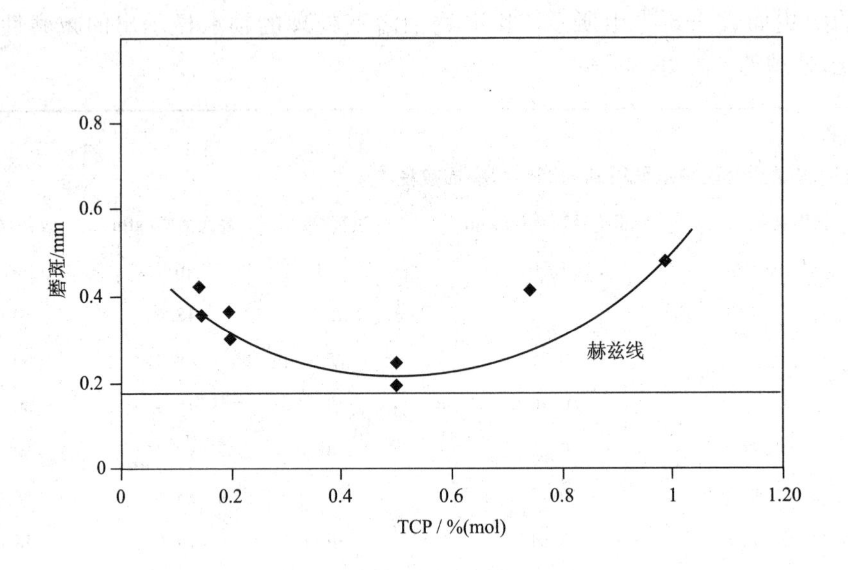

图 3.10　在 370℃用蒸气润滑的四球磨损值随 TCP 浓度的函数

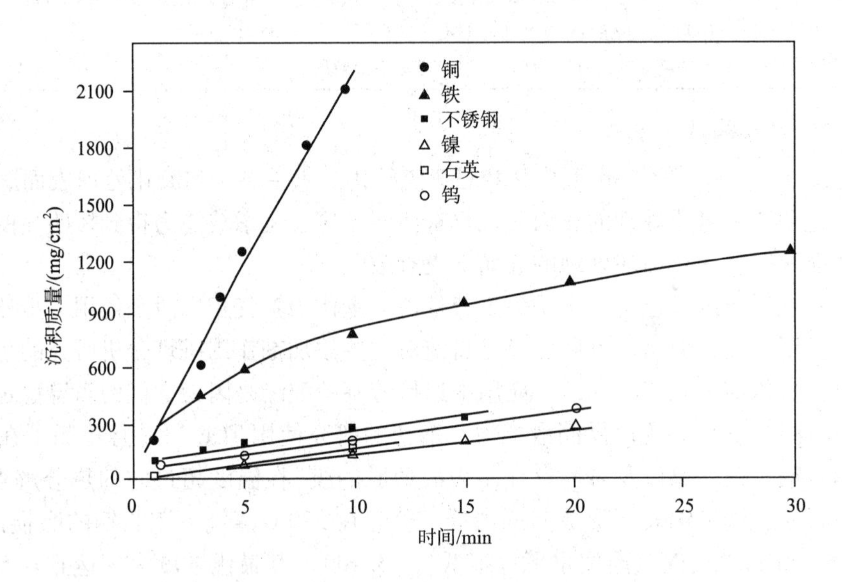

图 3.11　在 700℃时利用 1.55% TCP 的氮气流在不同基体上的沉积

在汽轮机轴承润滑中还评价了蒸气与薄雾联合润滑时的效果[98]。试验数据表明有机磷酸酯能很好地在含铁金属上起作用，这是因为它能快速形成主要为磷酸铁的膜。随后在磷酸铁膜上会产生一层焦磷酸酯型膜。只要有铁存在，有机磷酸酯就能很好地起作用，但磷酸盐/焦磷酸盐膜的连续产生减少了与铁接触的几率，从而最终导致表面的失效。Morales 和 Handschuh[99]报道了解决这个问题的一种方法：即在磷酸酯中含有少量的乙酰丙酮化铁。与纯磷酸酯对比来评价这种方法，其结果表明铁盐能促使磷酸酯膜成功地沉积在铝的表面，而纯磷酸酯则是不可能的(通常认为磷酸酯不能湿润铝表面)。用纯磷酸酯的蒸气/薄雾润滑齿轮箱与含有铁盐磷酸酯的性能进行对比，发现蒸气/薄雾润滑能明显地改善擦伤性能。这是因为薄雾在接触前能迅速直接的覆盖在齿上。对齿轮齿上形成的表面膜进行评测发现，当使用纯磷酸酯进行试验时，表面膜不存在磷，但当使用可溶解的铁盐时，发现有相当数量的铁和磷存在。

关于芳基磷酸酯形成膜层的机理，最近的研究[100]涉及考察磷酸酯与薄膜状或粉状金属的反应，以及和在不同氧化状态下的各种金属氧化物的反应。试验分别在“富氧”和“贫氧”氛围下进行。试验发现两种商业级 TCP 的反应活性和纯的异构体一样会随着钢和其他金属/氧的氧化态的增加而增加。与没有金属/金属氧化物存在时的少量分解或根本没有分解相比较，有金属存在时会发生受限分解，但在有 Fe_2O_3、Fe_2O_4 存在时磷酸酯几乎全部分解（在相同的温度下，即在 440 ~ 475℃）。TCP 的各种异构体也显示出不同水平的反应活性，即三邻甲苯基磷酸酯（TOCP）要比间位和对位异构体活泼一些。作者认为这些活性与氧化物的形成自由能相一致，具有最高形成自由能的氧化物显示出最低的活性水平，反之亦然。不同类型的钢表面也会表现出不同的活性水平，如 316C 不锈钢的活性最小。

对使用的试样钢表面进行分析发现，根据金属表面是否富氧或贫氧，会有不同的分解机理占主导地位。当有过剩氧存在时，形成的表面膜为具有良好润滑特性的多磷酸盐，而表面仅有薄氧化物涂层时，则生成具有较差润滑特性的磷酸铁。在没有氧化物涂层时，表面没有发现亚磷酸盐，但当使用叔丁基苯基磷酸酯时，会发现一层铁/无定形碳层，它可能是由磷酸酯中芳香族部分的分解而产生的，且在熔凝的芳香族化合物中较丰富，而使用 TCP 时却没有检测到这层物质的存在。因为芳香化合物具有平面结构，所以它允许两个分子较容易地相互移动，有助于润滑。此外，其最终分析结果还可能是多磷酸酯和含碳膜（如果形成含碳膜的话）的综合特性。因此作者认为多磷酸盐可能充当碳的“黏合剂”而正是由碳提供了润滑性。多磷酸盐膜形成的机理应包含磷酸酯吸附在表面上（假定通过官能团—P ═O 吸附）时悬吊基团 C—O 键的断裂，同时去除了一个甲苯基。随后第二个 C—O 键的断裂而去除了另一个甲苯基，并且形成了 Fe—O 键。通过这种方式“在铁表面形成了交叉的 PO_3 网格”。这种膜的磨损不存在问题，因为它似乎能自我修复，这种自修复过程是由铁离子通过多磷酸盐层扩散到表面与磷酸盐连续不断地发生反应。这中间没有涉及磷酸酯的水解。

3.5.2.3 当前的商业发展

虽然用作抗磨/极压添加剂的大部分磷酸酯都是低黏度的产品，但在低挥发性很重要的航天应用中已对高分子量产品表现出兴趣。例如，对航天燃气轮机的高温润滑剂和航天运载工具的润滑脂应用中，已经评价了三种有效的商业产品，它们是具有低三苯基磷酸酯含量的 ISO 100 叔丁基化苯基磷酸酯、间苯二酚四苯基二磷酸酯（图 3.12）和异亚丙基二 - 对 - 亚苯基四苯基二磷酸酯（图 3.12）。间苯二酚四苯基二磷酸酯的水解稳定性很差，但这不是航天应用中，如在润滑脂中所关心的主要问题。此外，这种物质还可作为燃料和润滑剂的抗磨添加剂[101]，而叔丁基苯基磷酸酯已经用在航空润滑脂配方中[102]。

作为用于高温航天燃气轮机油中高分子量添加剂性能评价的一部分，试验比较了它们的结焦、四球磨损和氧化状态试验。其结果在表 3.9 中给出。虽然丁基化苯基磷酸酯的抗磨性能不如 TCP 的好，但其在沉淀物形成和镁腐蚀性能上的改善使其成为最具希望的备选物。

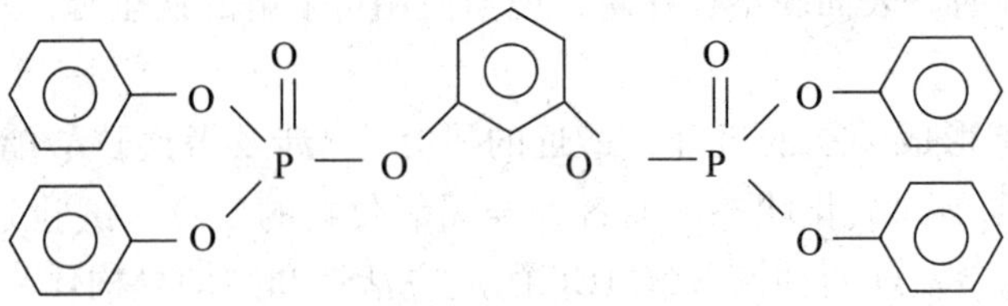

间苯二酚四苯基二磷酸酯

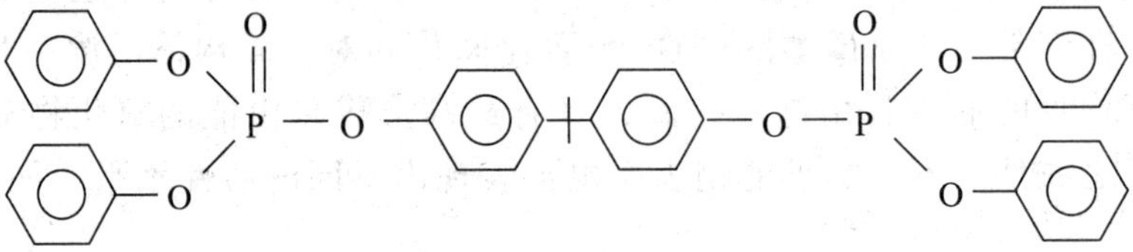

异亚丙基二-对-亚苯基四苯基二磷酸酯

图 3.12　高分子量磷酸酯的结构

表 3.9

酯基气轮机油配方中的高分子抗磨添加剂在结焦、磨损和镁腐蚀性能上的影响

抗磨添加剂	沉积物形成量[a]/mg	磨损[b]/mm	镁腐蚀性[c]
空白试验－无添加剂	89	0.655	高
TCP	98	0.40	高
三－C_9～C_{10}烷基苯基二硫代磷酸酯	103	0.505	通过
叔丁基苯基磷酸酯	94	0.54	通过
间苯二酚四苯基磷酸酯	没有确定	0.425	失效

来源：Gschwender，L.，Private Communication，August 2001. With permission。

注：添加剂使用量为在酯基中添加 1%。

a. 把液体保持在 300℃下 3h：此方法在《润滑工程》2000 年 5 月 P20～25 Gachwender 的论文中有描述。

b. 四球磨损，时间 1h，负荷 40kg，转速 600r/min，温度 75℃。

c. 20mL 样品在 232℃下保持 48h，并伴有 1L/h 的空气流。

虽然当前的应用重点是在芳基磷酸酯上，但烷基磷酸酯也得到了一定的发展。例如，当用水轮机或汽轮机来驱动减速齿轮时，三丁基磷酸酯现在就可以被用作极压汽轮机油中的极压添加剂(Ertelt，R. Private Communication，September 2001)。使用大约 1.5% 的添加剂时，能增加 FZG 齿轮试验的性能(DIN 51354)，大约从 6～8 级的失效负荷增加到 10～11 级。另外，分子的中性有利于减小与配方中其他组分的相互作用。

烷基磷酸酯令人感兴趣的另一个附加应用是在金属加工中。由于环境因素而开始不使用氯，代之以磷，特别是以中性磷酸酯形式以及它们和含硫添加剂的联用[103～106]。又由于担心可能会存在苯酚类材料释放到环境中去，因而烷基磷酸酯可能最适合于这种应用，并且当配方适当时，它们能提供和氯化石蜡相似甚至更好的性能。表 3.10 中列出了与氯化石蜡对比时，中性异丙基苯基磷酸酯和中性烷基磷酸酯在与硫化烯烃添加剂联用时的钻头寿命和其他抗磨/极压性能。

表 3.10

在简单的油基切削液配方中氯化石蜡和烷基或芳基磷酸酯/活性硫联用时的抗磨/极压性能的比较

配方	A	B	C	D
ISO 22 石蜡基油	92	95.7	96.9	—
三异丙基苯基磷酸酯	—	—	—	1.0
三烷基磷酸酯	—	—	0.6	—
活性硫化物(40% S)	—	4.3	2.5	2.5
氯化石蜡(40% Cl)	8	—	—	—
四球磨损试验(ASTM D4172)/mm	0.65	—	—	0.43
四球烧结负荷(ASTM D2783)				
烧结负荷/kgf	400	—	—	620
卡咬负荷/kgf	80	—	—	80
负荷磨损指数	51	—	—	104
Pin and V－block(ASTM D3233)失效负荷/1lb	>3100	—	—	2726
Holes drilled to failure(EN24T 低碳钢，转速 1200r/min，进料速度 0.13mm/min)	140	100	280	200

在本工作的延伸试验中，通过与商用酸式磷酸盐(油酸磷酸酯)对比，得到了三异丁基磷酸盐和磷酸三丁氧基乙酯的钻头寿命试验数据。每个磷酸盐的评价均是在具有相同磷含量和含硫载体(总硫量为 26% 的硫化脂肪酸酯和总硫量为 40% 的二烷基多硫化合物以 4:1 混合)存在下进行，并且所有添加剂均被溶解在纯净的石蜡矿物油 ISO VG 22 中。试验在受压自动钻孔机上进行，不锈钢型号 304，钢板厚度 40mm，钻孔深度 18mm，进料速度为 0.13mm/rev 和 1200r/min。试验结果显示要么是钻损坏要么是钻磨损过度。表 3.11[107] 表明磷酸三丁氧基乙酯明显优于三异丁基磷酸盐，油酸磷酸酯具有很小的活性。酸式磷酸酯产生这种不良行为的原因还是未知的。

表 3.11

在硫存在情况下烷基磷酸盐和烷氧基磷酸盐的钻孔寿命试验结果

配方	A	B	C	D
硫载体	5.2	5.2	5.2	5.2
三异丁磷酸酯	—	4.17	—	—
磷酸三丁氧基乙酯	—	—	6.4	—
油醇酸磷酸盐	—	—		10.0
净油	94.8	90.63	88.4	84.8
钻孔失败	84	432	>500	18

另外在金属加工领域中，磷酸酯还可以作为热锻造配方中的组分[108~109]。

3.5.3 烷基或芳基酸性磷酸酯

3.5.3.1 非乙氧基化

虽然商业应用的范围被限定，但酸性磷酸酯是金属加工油中重要的一个成分，且经常与氯化石蜡联用。然而由于使用氯化烃类存在的环境问题，因此已经研究了磷和硫化合物作为它们可能的替代品[66]。在大量使用的乳化液中，用多种极压试验比较了单磷酸和双磷酸的酯混合物与二硫代磷酸酯酰胺的性能。在钻孔和攻丝试验中(这些试验的条件最能模拟出切削性能)的性能表明，单和双酸性磷酸酯能产生相似于没有加入含硫物质时氯化石蜡的性能水平或甚至优于它的性能，而二硫代磷酸酯酰胺则具有最好的性能。

一般在商业应用中的酸性磷酸酯都具有高的酸值(200~300mgKOH/g)。因此它们除了用作抗磨/极压添加剂以外，还可以用作腐蚀抑制剂，并且某些结构还可作为铜钝化剂[110]。当前的发展重点是具有相当低的酸性(一般为10~15mgKOH/g)并能提供较好的抗磨/极压、锈蚀以及氧化抑制等联合性能的、以芳香基磷酸酯为基础的产品。这种类型产品的多功能性能简化了添加剂配方，并且能广泛地用于液压和循环用油、金属加工以及齿轮应用中，而低酸性可以减少添加剂之间可能的相互作用以及起泡趋势等。

专利文献已经报道了如何增加烷基酸性磷酸酯的活性，即通过利用长链醇(C_{16}~C_{18})来合成酸性磷酸酯，并与高含量单酸混合(单酸与双酸比例要远远超过80%:20%)来达到目的[111]。具有这种酸性分配的磷酸酯，能够具有比单酸与双酸比例为60%:40%的常规乙氧基化烷基磷酸酯更低的磨损。

3.5.3.2 烷基和烷芳基聚氧乙烯酸性磷酸酯

这类物质的数量可能很庞大，因为不仅供选择的醇类和酚类的类型变化很大，而且烷氧基化(虽然所用的氧化乙烯(EO)不变)的类型和EO含量变化也很大。这类物质的活性最初要比非乙氧基化类型的高，但如此文中描述的[111]，非乙氧基化类型近期的发展已经改变了这一事实。

根据原材料选择的不同，最终产物可以是油溶性、水溶性或是水分散的。含有少于55%乙烯基氧(EO)的烷基和芳基聚氧乙烯磷酸酯酸性物是油溶性的；作为自由酸和胺盐的、EO含量大于60%的产品是水溶性的，而具有40%~60%EO数的产品，则同时是油溶性的和水溶性或水分散的[40]。其中自由酸用在油中，而酸的胺盐(通常是三乙醇胺)或金属盐用在水中。最初用于评估性能所选择的醇和酚是月桂醇和油醇以及壬基、二壬基和十二烷基酚。现在使用的其他材料包括C_8~C_{10}醇、2-乙基己醇、十三烷醇、十六烷油醇混合的醇以及酚。乙氧基化的产品是具有优良湿润和乳化特性的非离子表面活性剂，并且某些类别还可以抑制细菌的生长。它们还是好的腐蚀抑制剂，这一作用在金属加工应用中是很重要的。较高EO含量会产生大量稳定的泡沫，所以金属加工中首选的EO含量约为45%[40]。

醇或酚的影响以及EO含量在环烷基油中对磨损性能的影响如图3.13和图3.14所示[112]。

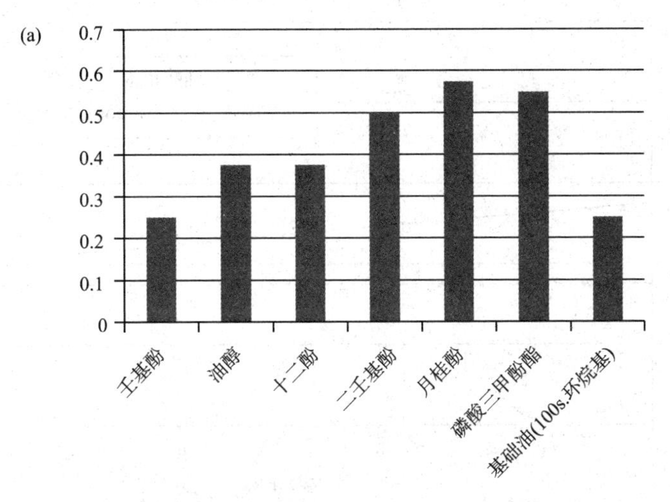

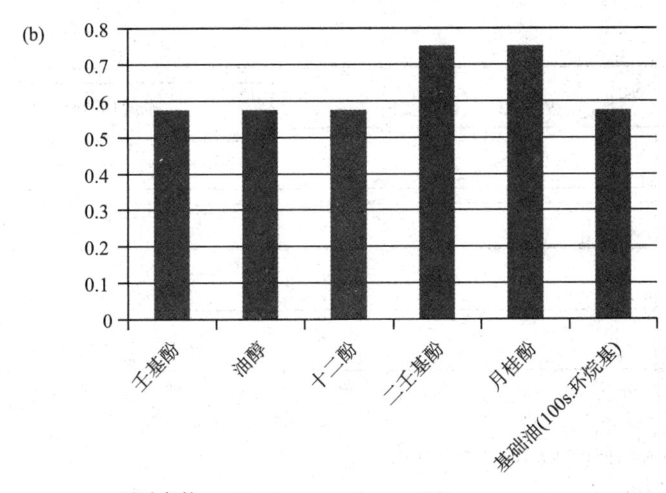

图 3.13 憎水物对磨损特性的影响——磨斑直径

（基于含 23% ~25% 乙烯基氧非离子表面活性剂的酸性磷酸酯）

基于油酸醇的产品性能很令人感兴趣，其性能不会随着 EO 含量不同而出现变化，而且同时能够制备出从油溶的到水溶的产物。虽然四球试验或肖 - V 型块试验可广泛地用作金属加工中的筛选试验，但它们却不能预测这类物质在切削应用中的性能。这一点在 1995 年被 Wemer 等[113]的论文所证实。他们在很多的试验条件下对比了不同乙氧基化酸性磷酸酯的性能。比常用的四球试验和肖 - V 型块试验适用很多的是实际切削试验或攻丝扭矩试验，其结果在表 3.12 中给出。从表 3.12[113]中的结果可以看出：(1)具有亲水亲油平衡值(HLB)在 11 ~12 的产品，其试验结果最好；(2)一般来说，HLB 值偏离上面的值越远，其试验结果变得越差。不幸的是没有关于沉积在金属上的表面膜特性的研究出现，但以前的吸附机理可能依然适用。

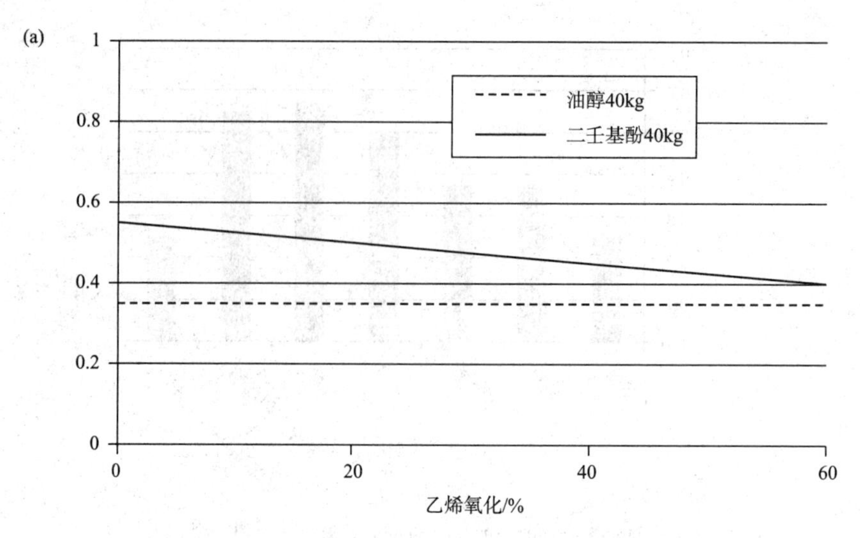

测试条件: 40 kg, 100 r/min, 121°C, 60 min
四球磨斑直径

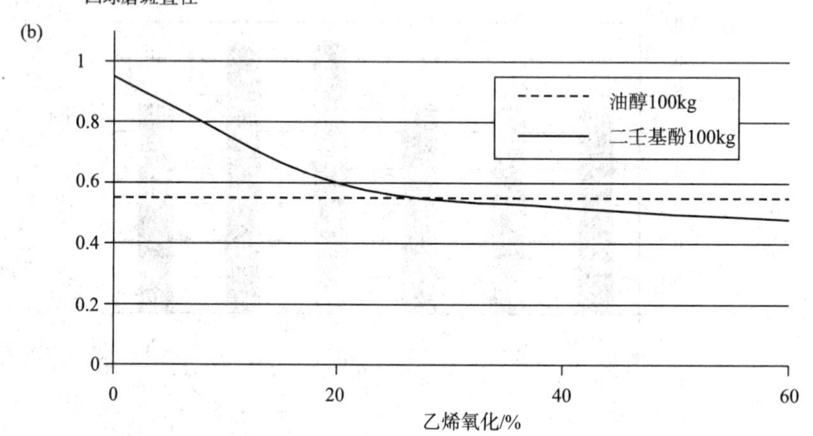

测试条件: 100 kg, 100 r/min, 121°C, 60 min
四球磨斑直径

图 3.14　在 100ssu(－100℉)环烷基基础油中含 1% 添加剂中乙烯基氧含量对磨损的影响

表 3.12

在水基系统中磷酸酯表面活性剂在钢表面的磨损试验结果评级

醇	磷酸盐 EO 单位	肖－V 型块	四球试验排名	攻丝扭矩	总排名	总评级	HLB 值
$C_9 \sim C_{16}$	5.5	4	1	4	9	1	13
C_{18}	4	6	4	2	12	2	12
壬基苯酚	4	10	2	1	13	3	11
C_{13}	10	2	9	5	16	4	14
C_{12}	6	1	12	7	20	5	12
$C_8 \sim C_{10}$	6	8	7	6	21	6	11.5
C_{12}	12	5	8	12	25	7	15

表 3.12 续表

醇	磷酸盐 EO 单位	肖 - V 型块	四球试验排名	攻丝扭矩	总排名	总评级	HLB 值
C_{13}	6	9	6	10	25	8	11.5
C_{12}	9	7	5	14	26	9	14
壬基苯酚	6	14	3	9	26	10	8
苯酚	6	12	13	3	28	11	15.4
二壬基苯酚	5	3	14	11	28	12	9
壬基苯酚	9.5	11	11	8	30	13	13
C_{13}	4	13	10	15	38	14	9.7
丁二醇	6	15	15	13	43	15	—

注：EO 为乙烯氧单元。

3.5.3.3 酸性磷酸酯的胺盐

磷酸三乙醇胺是早在 1934 年就出现在专利文献上作为有水系统的腐蚀抑制剂(现在有时还在使用)的一种磷酸胺[114]。它是由磷酸和三乙醇胺的中和反应形成的，这种产物已经广泛地用作汽车防冻液中的腐蚀抑制剂，并已使用了多年[115]。

1970 年 Forbes 和 Silver[116] 研究了化学结构对不同磷化合物承载特性的影响。他们研究的结构有二 - n - 丁基氨基磷酸酯、二 - n - 丁基磷酸酯的胺盐以及二烷基亚膦酸和烷基膦酸的衍生物。试验结果表明氮基磷酸酯是比中性磷酸酯、TBP 以及 TCP 更有效的载荷添加剂，但其活性要比二 - n - 丁基磷酸酯的胺盐要低。

对一系列二烷基亚膦酸酯和烷基膦酸酯的评价表明其抗磨性能直接与酸的强度有关(图 3.15所示)，这表明通过酯基团的极性产生的吸附在整个过程中是很重要的一步。

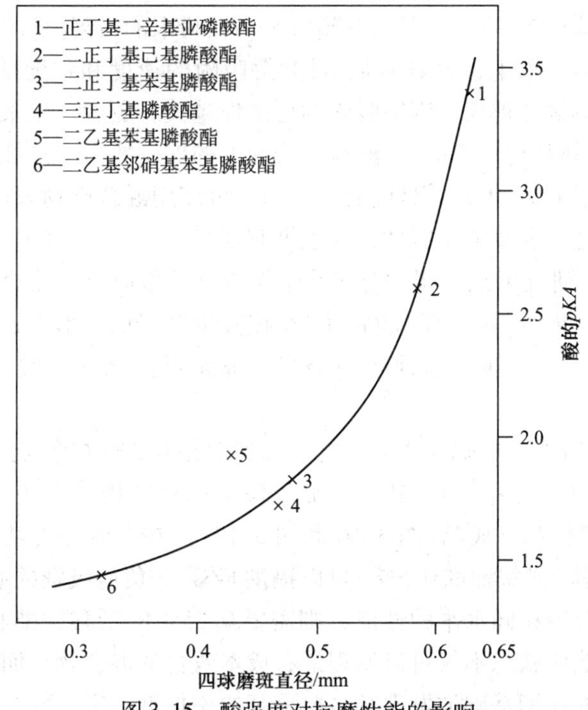

图 3.15 酸强度对抗磨性能的影响

除了在烃基础油中进行试验外，有些试验还在合成酯中进行。合成酯可以比较二丁基磷酸酯的四烷基胺盐(否则它在矿物油中不溶)的性能，结果显示它在所有试验的磷酸胺中具有最好的抗磨/极压特性(表3.13[116]所示)。作者认为这可能是因为离子的稳定性。

表3.13

各种二丁基磷酸胺在二异辛基癸二酸酯中的四球试验结果

$(BuO)_2PO_2NR^1R^2R^3R^4$	极压试验			抗磨试验 抗磨试验后的WSD/mm		
	MHL/kg	WL/kg	ISL/kg	30min	45min	60min
$nC_4H_9NH_2$	40.5	130	125	0.38	0.38	0.36
$nC_6H_{11}NH_2$	40.0	130	115	0.37	0.38	0.39
$PhNH_2$	43.6	140	120	0.37	0.38	0.39
$[nC_4H_9]NH_2$	34.8	140	100	0.26	0.27	0.33
$[nC_4H_9]_3NH$	37.8	150	110	0.37	0.38	0.42
$[nC_4H_9]_4N$	54.4	150	150	0.25	0.25	0.26
$[CH_3]_2[nC_8H_{17}]_2N$	56.1	165	165	0.30	0.35	0.40
无	18.6	120	55	0.57	0.61	0.64
TCP	19.8	110	60	0.31	0.33	0.35

注：添加剂含量为每100g液体中含4mg原子的P。

1973年Forbes和Upsdell对磷酸胺的机理进行了更进一步的研究[117]。具有n-辛基胺或环己烷基胺的二丁基和二-2-乙基己基磷酸酯与铁粉末的吸附/反应研究表明，胺和酸性磷酸酯都能吸附在金属表面上，并且它们吸附/解吸附的速度和程度随着化学结构而变化。形成的磷酸铁复合体溶解性越高，则解吸附的可能性越大。更进一步来说，好的抗磨性能依赖于磷酸酯和胺的高吸附以及一部分磷酸酯在表面上的保持能力。二烷基酸性亚磷酸酯向磷酸胺的转化研究公布于1997年，并且同时还公布了可使用混合产物来作多功能抗磨/极压添加剂、抗氧剂以及改进了金属钝化特性的腐蚀抑制剂[118]。

Wejler和Perez[119]研究了在不同的合成酯中作为抗磨添加剂的胺盐和TCP，并且与硫化烃类进行比较。试验结果表明中性磷酸酯(TCP)在减少磨损前一般会有1%的增加，而铵盐不表现出这种最大值，并且能迅速地减小磨损到非常低的水平。铵盐的摩擦系数也始终较低。

Kristen[120]报道了磷酸胺和硫代磷酸盐之间添加剂相互作用的影响。他在FZG齿轮试验条件下(DIN 51345)评价了添加剂，其结果显示添加剂对非极性和极性基础油有不同的响应，特别是对聚α-烯烃和合成酯(图3.16和图3.17)。在合成烃类基础油中，0.75%磷酸胺和0.25%硫代磷酸盐(或每种都0.5%)可以提供FZG 12负荷级别的通过/失效临界值。作为对比，为了在酯中获得相同水平的性能，则需要0.75%的磷酸胺酯和1%的硫代磷酸盐。监测添加剂联合体的响应状态不仅可以发现最有成本效益的混合物，而且还可以发现添加剂之间的一些对抗性，如在酯基础油发现其需要更高的添加剂水平。配方设计者要使得其配方满足规范要求，并保证其性能水平始终保持在最低下限以上，那么这些信息对他们来说是非常宝贵的。

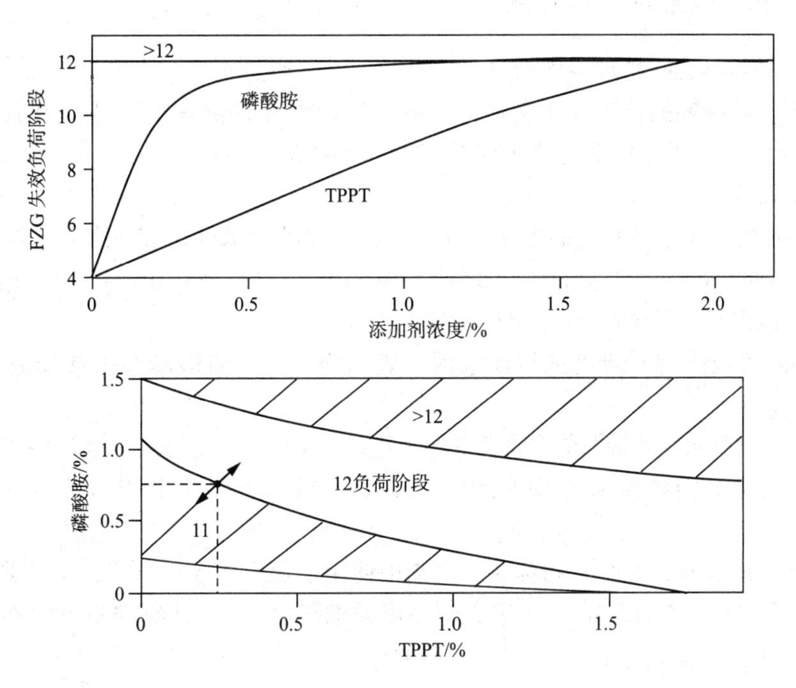

图 3.16 在 ISO VG32 聚 α-烯烃中磷酸胺和三苯基磷酸酯各自的以及混合时的 FZG 性能

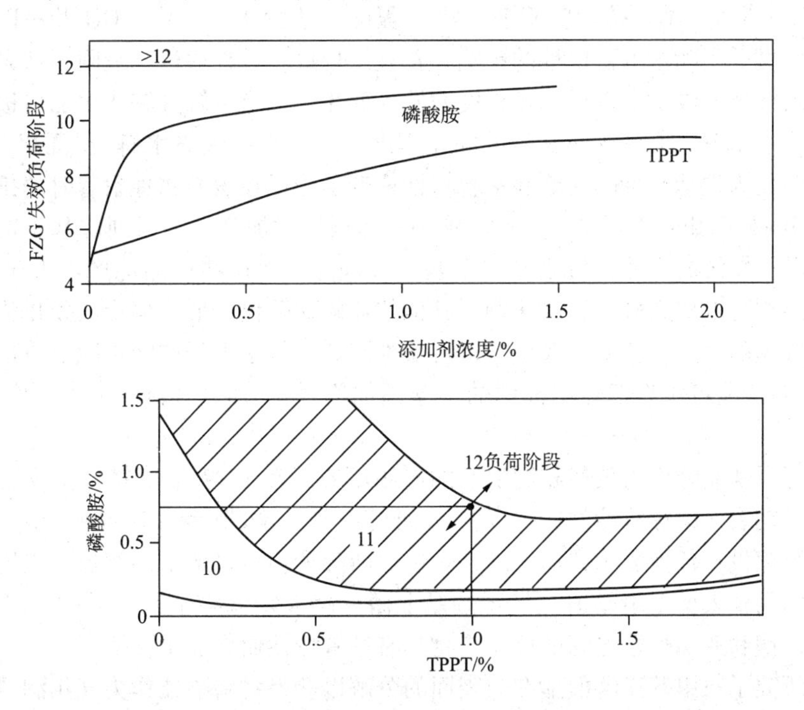

图 3.17 在 ISO VG22 季戊四醇酯中磷酸胺和三苯基磷酸酯各自的以及混合时的 FZG 性能

胺盐如烷基和芳基聚氧乙烯酸性磷酸酯的三乙醇胺盐广泛地用于金属加工中。一些商业胺盐产品在生产后现场就调配成金属加工液，此时金属加工液产品的 pH 值通过加入碱来调节，以保证它在使用中为碱性，这样做是为了避免产生腐蚀以及减少对皮肤的刺激。

3.5.4　中性烷基和芳基亚磷酸酯

3.5.4.1　作为抗磨/极压添加剂使用

最早关于亚磷酸酯的已知参考文献是 Davey 于 1950 年评价它作为抗磨/极压添加剂的论文[75]。这些研究的成果还包括对比了磷酸酯和在磷酸酯/亚磷酸酯分子中加入氯时的影响。这些研究结果发现：

(1)亚磷酸酯是优于磷酸酯的极压添加剂，并且长的烷基链比芳基团更有效。

(2)对不同的烷基和芳基磷酸酯的评价发现 TBP 和 TXP 具有在 1% ~2% 相似的最优浓度，这一点在以前对 TCP 的研究中也被发现[5]。

(3)酸或酯等极性物质通过强烈地吸附在表面而改善亚磷酸酯和磷酸酯的润滑(抗磨)性能。

(4)在分子中引入氯或硫(或添加少量的自由硫)可改善极压性能。当有一部分烷基残留时氯更有效，此外，当硫加到 P/Cl 化合物(如氯化亚磷酸酯)中其极压性能可进一步得到改善。

随着 Davey 的研究，一些专利称在润滑剂中使用了亚磷酸酯[121~124]，但直到 1960 年 sanin 等才公布了有关亚磷酸酯作用机理的进一步详细研究[125]。其研究重点放在结构和活性的相关性上，并且发现短链衍生物是最具有活性的。

1993 年 Ohmuri 和 Kawamura 对亚磷酸酯极压添加剂的作用机理进行了基础性的研究[126]。他们发现含磷酯最初的吸附速度很大程度上依赖于结构中—OH 和—P ═O 键的存在。吸附的程度受到酯水解稳定性的影响，并且发现这一过程通过与吸附在铁表面上的水反应而进行。磷酸酯的吸附会根据酯化程度而发生变化。三酯水解分解成单酯后被吸附，而双酯的吸附不通过水解。无论亚磷酸酯的酯化程度如何，它都最终水解成“无机酸”，然后再发生吸附而转化为铁盐。酯的吸附和水解特性依赖于分子在表面物理附着时的排列。

Riga 和 Rock Pistllo[127]评价了在齿轮油中作为极压添加剂的一系列烷基亚磷酸酯。其中最有效的是具有短链的产品，特别是二丁基亚磷酸酯，而这些产品能产生大于 1000Å 的磨损层，并且能同时形成磷酸铁和磷化物。其他的亚磷酸酯仅能形成痕量的磷化物，并且当链长增加时形成膜的厚度将变薄且含磷量也将减少。这可能是由于空间位阻效应形成的。长链(C_{12})烷基亚磷酸酯可用作铝轧制油中的抗磨添加剂[128]，而且实际上它今天仍可用在金属加工中。

由于进行了磷酸酯作为蒸气相润滑剂的应用研究，在 1997 年研究了亚磷酸酯对陶瓷与陶瓷和陶瓷与钢表面摩擦特性的影响[129]。结果发现亚磷酸酯(和其他被评价的添加剂)对陶瓷与陶瓷的摩擦没有任何影响，而实际上短链亚磷酸酯会明显地增加摩擦。当用几种类型的金属在氧化物陶瓷表面上滑动时，发现烷基亚磷酸酯能降低除了铜以外的每一种金属的摩擦。很显然，铜和亚磷酸酯之间的反应产物具有粘着特性而增加了摩擦。

同时还研究了三甲基亚磷酸酯在镍表面的分解以获得对磷酸酯作为气相润滑剂时分解中的最初步骤的理解[130]。研究发现其主要的分解路径是—P—O 键的断裂而产生出含甲氧基物质，然后含甲氧基物质会分解成 CO_2 和 H_2 与镍表面发生反应。将表面加热到 700K，表面会失去除了磷以外的吸附物质，这被认为是一个简单的方法来控制磷在金属表面的沉积。

3.5.4.2 用作润滑油中的抗氧剂

除了用作抗磨/极压添加剂以外，中性(和酸性)亚磷酸酯已经长期用作烃类中的抗氧剂和稳定剂。它们最初被开发用作橡胶和热塑性塑料中的稳定剂。例如，三壬基苯基亚磷酸酯早在20世纪40年代最先用来稳定苯乙烯-丁二烯橡胶，而后很快很多专利称可把磷酸酯作为润滑剂的抗氧剂，例如在参考文献[48，122，123，131，132]中。

亚磷酸酯可充当氢过氧化物、过氧以及烷氧自由基的分解剂[如反应(3.20)~反应(3.22)所示]，而不是消除在链开始过程中形成的烃自由基。亚磷酸酯还可以稳定润滑剂而不被光分解[133]。

$$R^1OOH + (RO)_3P \rightarrow (RO)_3P = O + R^1OH \tag{3.20}$$

氢过氧化物

$$R^1COO\cdot + (RO)_3P \rightarrow (RO)_3P = O + R^1O\cdot \tag{3.21}$$

烷基过氧自由基

$$R^1O\cdot + (RO)_3P \rightarrow R^1OP(RO)_2 + R^1O\cdot \tag{3.22}$$

烷氧自由基

亚磷酸酯能分解链传播过程中形成的氢过氧化物等，而这种类似于“第二级”抗氧剂的作用方式，使得它们与能在链开始阶段销毁自由基的抗氧剂类型协同工作，例如和位阻酚及芳胺[128~134]。

亚磷酸酯的多功能性使其成为非常有用的添加剂。现在它们仍可在烃类油中用作抗氧剂。但它们相当差的水解稳定性以及会形成影响油表面活泼性的酸性化合物已经促使了具有更好稳定性的“位阻”亚磷酸酯的开发，例如三(2，4-二叔丁基苯基)亚磷酸酯或三(3-羟基-4，6-二叔丁基苯基)亚磷酸酯。如果溶解性允许还可以是环状亚磷酸酯，例如基于季戊四醇的如二(2，4-二叔丁基苯基)季戊四醇二亚磷酸酯(图3.18)。这些类型的物质还可作为润滑油的稳定剂或共稳定剂[129~142]。

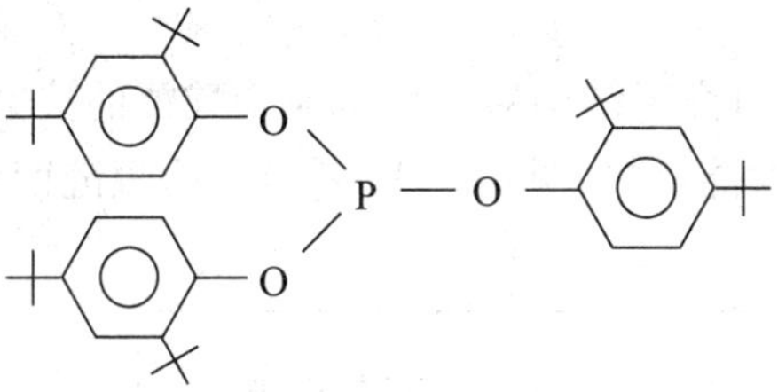

三(2，4-二叔丁基苯基)亚磷酸酯

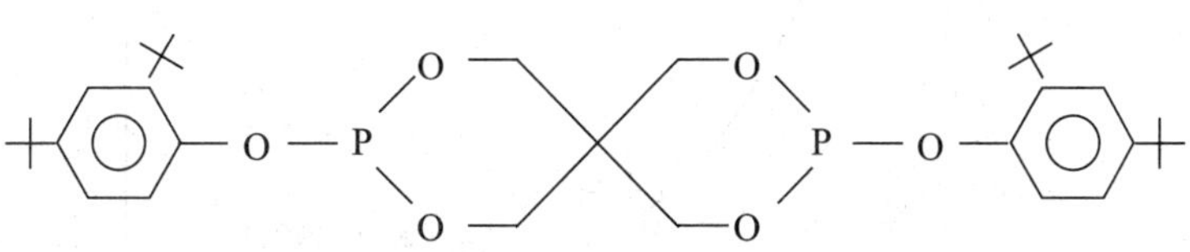

二(2，4-二叔丁基苯基)季戊四醇二亚磷酸酯

图3.18 通常的位阻亚膦酸酯的结构

表3.14说明了上述混合物在氧化稳定性上的显著改善[141]。

像大部分其他类型的含磷物质一样，中性(和酸性)亚磷酸酯还可以用作腐蚀抑制剂[143,144]。

表 3.14
位阻芳基亚磷酸酯和位阻酚之间的抗氧化协同作用

基础油	抗氧剂	氧化稳定性	
		黏度改变百分数	总酸值增加量
1	位阻酚(0.5%)	357	11.5
	位阻亚磷酸酯 A(0.5%)	438	12.2
	位阻酚(0.1%)+亚磷酸酯 A(0.4%)	8.7	0.01
	位阻酚(0.17%)+亚磷酸酯 A(0.33%)	9.4	0.06
2	位阻酚(0.5%)	712	14.2
	位阻亚磷酸酯 B(0.5%)	452	10.6
	位阻酚(0.1%)+亚磷酸酯 B(0.4%)	8.1	0.05
	位阻酚(0.17%)+亚磷酸酯 B(0.33%)	8.7	0.03

注：位阻酚为四(亚甲基-3，5-二叔丁基-4-氢化肉桂羟基)甲烷；
位阻亚磷酸酯 A 为三(2，4-二叔丁基苯基)亚磷酸酯；
位阻亚磷酸酯 B 为二(2，4-二叔丁基苯基)季戊四醇二亚磷酸酯；
试验条件：IP 48(修订的)，温度 200℃，时间 24h，在 ISO VG32 矿物油中通入 15L/h 的空气。

3.5.5 烷基和芳基酸性亚磷酸酯

从其他类型含磷添加剂的性能可以预测酸性亚磷酸酯具有良好的抗磨/极压性能，如壬基苯基酸性亚磷酸酯就是非常有效的抗磨/极压添加剂[145~146]。当酸性亚磷酸酯用在航空燃气轮机润滑剂中时，它经常与中性磷酸酯(TCP)联合使用，即使在亚磷酸酯量非常低时混合使用这两种产品也能显示出协同作用[147]。酸性亚磷酸酯还可以用作腐蚀抑制剂[144]和抗氧剂[47,149,150]。

Forbes 和 Battersby[151]在液体石蜡中研究了结构对二烷基亚磷酸酯的抗磨和承载特性的影响。结果显示具有长链的化合物抗磨性能最好(见图 3.19[148])，而短链衍生物(磷含量越高)显示出最佳的承载能力。

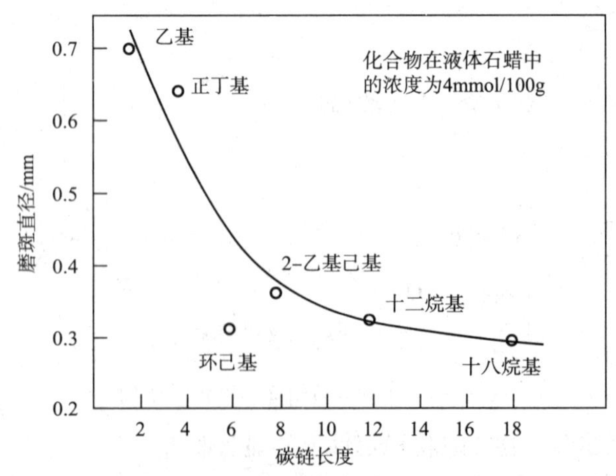

图 3.19　链长对二烷基亚磷酸酯四球抗磨性能的影响

此外，在碳链长度大约为 C_8 时其擦伤能达到最小值(图 3.20[148] 所示)，这与中性亚磷酸酯的性能相似。吸附研究还表明溶液中磷含量被耗尽的顺序与其承载性能相一致，即最活泼的产品在溶液中显示出最高的损失。水的存在会增加磷从溶液中被吸附。把亚磷酸酯和相应的磷酸酯进行性能对比时发现，亚磷酸酯具有更好的承载能力，但其抗磨性较差(见表 3.15[148])。作者认为亚磷酸酯的活性应归因于它在溶液中或金属表面上最初的水解而产生如下的中间体：

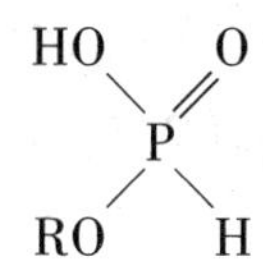

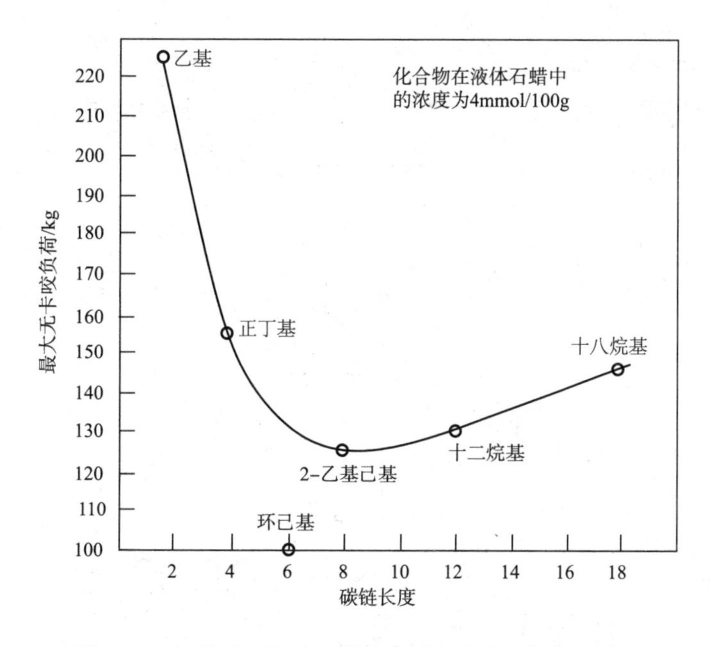

图 3.20 链长对二烷基亚磷酸酯最大无卡咬负荷的影响

表 3.15

二烷基磷酸酯和二烷基亚磷酸酯在浓度为 4mmol/100g 基础油中的承载性能比较

项目	最大无卡咬负荷/kg	磨斑直径(60min)/mm
二乙基亚磷酸酯	225	0.70
二乙基磷酸酯	160	0.43
二丁基亚磷酸酯	155	0.64
二丁基磷酸酯	85	0.42
二-2-乙基己基亚磷酸酯	125	0.36
二-2-乙基己基磷酸酯	80	0.29
二-十二烷基亚磷酸酯	130	0.32
二-十二烷基磷酸酯	80	0.35

这种中间体与铁表面反应形成具有抗磨性能的含铁化合物(含铁盐)。如在擦伤中更极端的条件下，上述盐会进一步分解而形成如下类型富含磷的膜层：

因此，作者在图 3. 21 中对其反应过程的图解进行了假设。

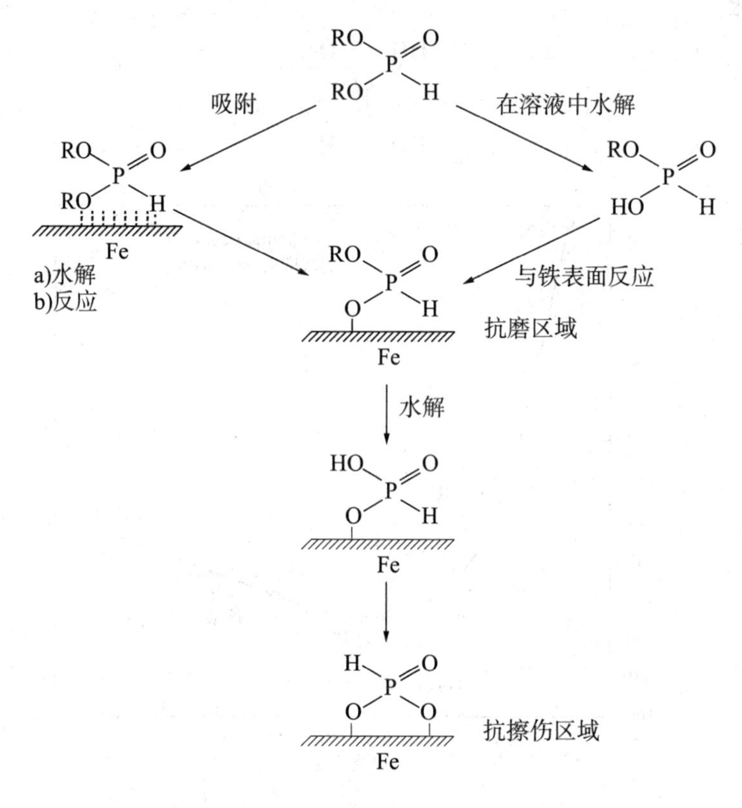

图 3. 21　二烷基亚磷酸酯的承载机理

3. 5. 5. 1　酸性亚磷酸酯的胺盐

1975 年，Barber[152]研究了几种很活泼的短链酸性磷酸酯的长链胺盐的四球试验性能。不幸的是他没有研究当增加亚磷酸酯的链长而减小胺的链长时而带来的影响。很多论文对众多膦酸酯的性能比较关心[见反应(3. 16)]。

3. 5. 6　膦酸酯和亚膦酸酯

1975 年 Barber 制备出了很多膦酸酯，并用四球机对其进行了评价[152]。虽然短链的酯在抗擦伤性能上更有效，但最有效的产品是含有氯的。然而即使它的氯含量很高，但其性能仍然差于上面所报道的亚磷酸胺的反应产物。与 TCP 比较时发现其最大无卡咬负荷一般要高些，但其烧结负荷却大部分相似。不幸的是在磨损试验条件下没有可直接比较的数据。同时 Barber 还制备了少量的亚膦酸酯，评价发现(也是通过四球试验)它们与膦酸酯的性能相似。

Sanin 等[153]研究了大量的膦酸酯后得出它们的效率依赖于它们的结构和摩擦机制，但不含氯的酯“在高或低负荷下均没有效果”。相同的研究人员在对膦酸酯的作用机理以及其他的研究中也再次确认其分解产物与铁发生反应形成了保护层。在比较苛刻的条件下，这一保护层会被破坏而导致摩擦的突煞增加，最终发生卡咬或烧结。对二丁基三氯膦酸酯[$Cl_3CPO(OBu)_2$]的反应研究表明它在405～408K时会发生反应并产生BuCl和含铁聚合物。在413K时这种聚合物会分解产生氯化铁($FeCl_3$)从而产生附加的保护。

膦酸酯、焦膦酸酯以及它们的金属或胺盐作为抗磨/极压添加剂在很多年以前已经出现在专利文献上了，例如二壬基膦酸酯的胺盐可用在飞机燃气轮机润滑剂上[154]；二甲基十四烷基膦酸酯已经用在具有良好泵磨损特性的水基配方体系中[155,156]。最新的一个应用是用在与更环保制冷剂相兼容的制冷压缩机油中(如汽车)，在这种应用中选择它们的原因可能是由于对润滑剂长寿命的需要，而它们正好具有良好的水解稳定性[157,158]。这种产品在汽车工业中的其他应用包括用作摩擦改进剂，如在自动传动液中[159]；或用作发动机机油的清净剂[160～162]以保持不溶的燃烧产物和油的氧化产物能分散在油中。

文献[157]中说明了在分散剂中接入磷的替代方法。这种方法包括P_2S_5和硫化烷烃的反应，例如硫化聚异丁烯，反应在高温下形成硫化磷酸，见反应(3.23)。然后这个中间物与环氧丙烷反应生成磷酸的羟基丙基酯，如反应(3.24)。这个反应的反应过程如图3.22所示。

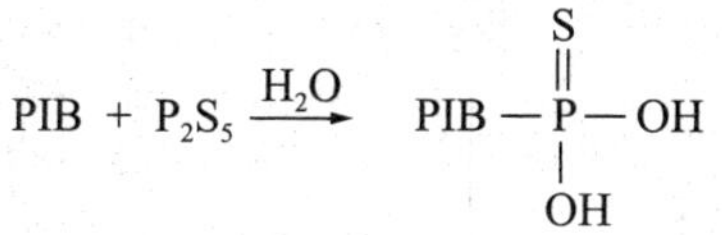

$$\mathrm{PIB} + \mathrm{P_2S_5} \xrightarrow{\mathrm{H_2O}} \mathrm{PIB-P(=S)(OH)-OH} \tag{3.23}$$

$$\mathrm{PIB-P(=S)(OH)-OH} + 2(\mathrm{CH_3-CH-CH_2})\ (\text{环氧}, -O-) \longrightarrow \mathrm{PIB-P(=S)(OH)-O-(OCH_2-CH(CH_3)-OH)_2} \tag{3.24}$$

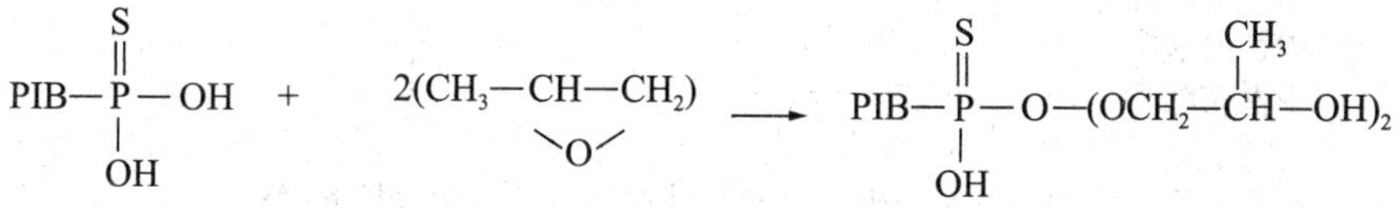

图3.22 制备磷基清净剂的一个实例(其中HB为聚异丁烯)

胺基乙烷膦酸酯共聚物也能提供分散性、腐蚀保护及倾点下降性能[163]。对这些产品或它们的盐在润滑油中其他方面的应用，专利文献提到的有对铝的挤出、冷轧以及冷锻造[164]，提供改善的锈蚀抑制性能[165]和抗氧化性能[166]。

3.5.7 磷基添加剂抗磨/极压活性机理概述

在试图解释含磷添加剂的活性时，像早期的解释一样，很不容易对比以前的研究成果，因为它们的试验条件互不相同。没有一份报告能在同一试验条件下对具有相同纯度的所有不同类型的添加剂进行评价。然而，抽出一些始终贯穿在很多论文中的"观点"是可能的。在以前的报告中很显著的一个参数(被现在的观察所确认)是在金属表面上氧的存在对中性芳基磷酸酯的活性很重要，这可能是TCP为什么有时没有活性的一个主要原因。表面上形成膜的组成仍没有被完全说明，但目前的工作重点是指向可自行再生的多磷酸酯薄层的形成。在多磷酸酯中含有无定形碳会对润滑提供好处。多磷酸酯薄层的形成机理以及诸如水分的功能还不清楚，但其应是一个逐步的过程，如下所列：

(1)物质在表面吸附(通过分子中的P═O键和P—OH键完成)。

(2)任一个—P—OR键发生水解形成—P—OH(可能是表面上的水产生，也可以在溶液中发生)，并伴随有酸性磷酸酯/亚磷酸酯的形成；或在中性磷酸酯的情况下，C—O键断裂而释放出芳基和一个剩余的—P—O·自由基。

(3)—P—OH成—P—(OH)$_2$中的一个与金属表面反应形成盐，随后铁盐可能进一步水解而释放出残余烃部分，并且新的—P—OH基团会和表面反应而生成多磷酸酯，或者是残余的—P—O·自由基与铁表面反应形成一连串的Fe—O—P键并最终形成多磷酸酯。

(4)如膦酸酯特别是亚膦酸酯等含有—P—C键的产品不太可能通过水解的机理工作，并且认为P—C键的稳定性能阻止或减缓对极压性能有不良影响的富磷表面的形成，然而此种稳定性会产生更好的摩擦改进性能。亚膦酸酯和膦酸酯也具有抗磨/极压活性这一事实说明其—P═O键也涉及表面吸附过程中，但其形成膜不是表面膜的特性不同，或许就是多磷酸酯膜由于—P—C键断裂而产生。

(5)铵盐的形成会使得其活性增加，这可能是离子的稳定性以及在金属表面改善了吸附的结果。

但是没有阐明在很多实例中报道的亚磷酸盐的形成机理。

通过这些结论，作为一般规律可以得到活性方面以及对表面化学和稳定性影响的排列顺序，如图3.23所示。

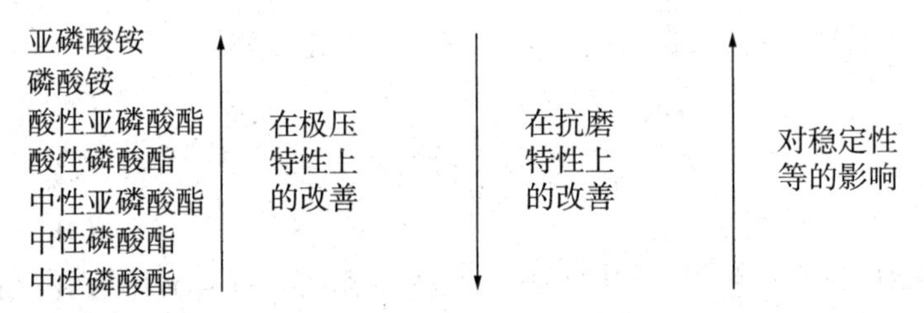

图3.23 结构对抗磨、极压以及基础油稳定性的大致排列顺序

然而上面的概述是一种对条件的简化。根据烷基或烷基芳基链的长度，如果形成的铁盐能溶于油中则它们会从表面解吸附，这样就会使其抗磨/极压性能变差。另外，与表面活性材料相互作用也将会不可避免地影响抗磨/极压添加剂的性能，而且因为氧化而导致使用中的耗尽也会影响到性能。

3.6 市场地位和商业实用性

对无灰含磷抗磨/极压添加剂市场大小的信息是有限的。其总的市场大约是10000t/a。表3.16中列出了其细目分类。

表3.16

无灰含磷抗磨/极压添加剂市场的细目分类

产品	市场份额/t	产品	市场份额/t
烷基磷酸酯	100	酸性磷酸酯、乙氧基化烷基和芳基磷酸酯	3000
芳基磷酸酯	6000	亚磷酸酯、酸性亚磷酸酯、二烷基烷基磷酸酯以及酸性产品的胺盐	1000

上面的数据排除了亚磷酸酯在油液应用中作为抗氧剂的情况，它单独的使用量估计在100～200t/a。

除了具有好的润滑性能外，含磷抗磨/极压添加剂的广泛应用还应归因于下列对配方设计师很有价值的特性：

①无灰；

②低臭味、浅颜色以及低挥发性；

③低酸性/无腐蚀(仅指中性酯)；

④低毒性；

⑤可生物降解(很多，但不是全部)；

⑥与大部分其他类型的添加剂可以兼容；

⑦能溶于广泛的基础油中，包括矿物油和合成油中，并且能有助于其他添加剂的溶解。

虽然含磷添加剂的物理特性不是很重要，但在表3.17中仍列出了最广泛使用的磷酸酯抗磨添加剂类型的物理特性值，其中TiBP作为烷基磷酸酯的一个实例，TCP作为中性磷酸酯的实例以及两种合成酯的ISO 32级别。

表3.17

磷基抗磨添加剂的最广泛应用级别的典型物理特性

特性	TiBP	TCP	IPPP/32	TBPP/32
40℃黏度/(mm^2/s)	2.9	25.0	32.3	33
0℃黏度/(mm^2/s)	10.0	1000	990	1500
相对密度(20℃/20℃)	0.965	1.140	1.153	1.170
倾点/℃	< -90	-28	-27	-26
酸值/(mg KOH/g)	0.06	0.05	0.05	0.06
水含量/%	0	0.06	0.05	0.05
磷含量/%	11.7	8.3	8.0	8.1
闪点/℃	155	240	245	225

表3.18中列出了含磷润滑剂添加剂的主要供应商，并且在表3.19中概括了这些添加剂当前的应用状态。勿庸置疑对中性芳基磷酸酯最重要的应用是在液压油、涡轮机油以及一般循环用油，而对乙氧基化烷基和芳基酸性磷酸酯几乎整个应用市场都在金属加工中。酸性磷酸酯、酸性亚磷酸酯以及这些酸性物质的胺盐可用于金属加工的混合液、齿轮油和液压油等，如表3.19所示。

表3.18

无灰含磷润滑油添加剂的主要供应商

生产商	中性磷酸酯		烷基/芳基酸性磷酸酯		磷酸胺	中性亚磷酸酯		酸性亚磷酸酯	烷基膦酸酯
	烷基	芳基	非乙氧基化	乙氧基化		烷基	芳基		
Asahi Denka						×	×		
Chemtura	×	×				×	×	×	
Ciba Spec. Chem					×	×	×		

表 3.18 续表

生产商	中性磷酸酯		烷基/芳基酸性磷酸酯		磷酸胺	中性亚磷酸酯		酸性亚磷酸酯	烷基膦酸酯
	烷基	芳基	非乙氧基化	乙氧基化		烷基	芳基		
Croda	×	×		×					
Daihachi	×	×							
Dover Chemicals						×	×		
Johoku Chemicals			×			×	×	×	×
Krishna						×	×		
Libra Chemicals	×		×	×					
Rhein Chemie	×	×			×				
Rhodia	×	×	×	×	×	×	×	×	×
Sumitomo						×	×		
Supresta	×	×							
United Phosphorus			×			×			×
Vanderbilt						×			

表 3.19

对含磷抗磨/极压添加剂的主要应用

应用	三芳基磷酸酯	三烷基磷酸酯	磷酸胺	酸性磷酸酯	烷基/芳基亚磷酸酯
汽车					
ATF				√	√
齿轮油				√	
动力转向	√				
减震器	√				
电动车	√				
工业					
液压油	√		√		
齿轮油			√	√	√
涡轮油	√	√			
压缩机油	√				
柴油	√		√		
一般的牵引车	√				
金属加工	√	√	√	√	√
润滑脂	√		√	√	
Way oils	√				
循环用油	√				
植物油		√			
航空					
活塞发动机	√				
涡轮发动机	√				
润滑脂	√		√	√	

抗磨/极压添加剂的选择依赖于应用环境的专业要求，例如是否需要抗磨和极压性能以及需要的程度。在这一点确定以后第二个要考虑的是需要的稳定性(氧化的或水解的)水平、与配方体系中其他成分可能的相互作用以及对表面活性如起泡性的影响。表 3.20 能对抗磨和极压添加剂的选择起指导作用。抗磨和极压性能之间的界限不能明确地划分，它们在很大程度上依赖于应用要求。

表 3.20

对抗磨和极压添加剂选择的指导

所要求的属性	好的抗磨性能	好的极压性能	抗磨和极压性能的联合
不含酚的添加剂	中性烷基磷酸酯、二烷基烷基膦酸酯	酸性烷基磷酸酯、酸性烷基膦酸酯(盐)、中性和酸性烷基亚磷酸酯	可能是中性和酸性磷酸酯等的联合使用
好的水解稳定性	TXP、二烷基烷基膦酸酯	酸性烷基磷酸酯(盐)	—
好的氧化安定性	中性丁基化苯基磷酸酯	位阻芳基亚膦酸酯	—
低起泡性/好的空气释放	中性磷酸酯、二烷基烷基膦酸酯	中性亚磷酸酯	—
低的毒性	中性叔丁基苯基磷酸酯	酸性异丙基化苯基磷酸酯	—
低的生态毒性	中性异丙基化苯基磷酸酯	—	—
多功能能力，如锈蚀抑制能力、抗氧性等	—	中性和酸性亚膦酸酯、酸性磷酸酯	酸性异丙基化苯基磷酸酯

3.7 毒性和生态毒性

在本章前面曾经提到，人们已经关注含磷产品，特别是 TCP 的毒性问题。当前，随着人们对化学物质的环境影响的关注与日俱增，化学物质的生态毒性也受到严密审查。因此，烷基和芳基磷酸酯的毒性和生态毒性已经被研究。最近的出版物[59,167]对这些结论进行了总结，多数不同类型的产品的毒性数据可以从其中的数据表中获得。这些数据显示含磷添加剂具有相对低(但可变)的毒性和生态毒性。只要按照制造商提供的指导，这些添加剂基本上和矿物油一样没有明显的可预期风险。

研究发现：合成 TCP 原料中的邻甲酚会生成三邻甲苯基磷酸酯(TOCP)，具有显著毒性。起初，原料中的邻甲苯含量较高(超过 25%)，产品中形成大量的三邻甲苯基磷酸酯。虽然最初只关注 TOCP，但后来人们认识到，任何含有邻甲酚的异构体都是有毒的(例如单邻甲酚二苯基磷酸酯被认为比 TOCP 毒性强 10 倍以上[168])。由于这些原因，用于制造的 TCP 原料中的邻甲酚含量已随着时间的推移逐渐减少。近年来，生产中使用的对甲酚和间甲酚的最低含量为 99%。目前原料中邻甲酚水平经常 $<0.05\%$，TOCP 含量可降低至十亿分之几。Mackerer 等[169]估计，现在可用的商业 TCP 毒性比 20 世纪 40 年代和 50 年代的小 400 倍，并且最近进行的含有的 TCP 商业航空燃气涡轮油的有机磷诱导迟发性神经毒性

(OPIDN)的评价结果为阴性的[170]。然而，由于过去的关注，航空涡轮机油使用TCP现在已经被大大限制了。现在工业应用中使用的芳基磷酸酯抗磨添加剂通常是异丙苯基或者叔丁基苯基磷酸酯。在OPIDN标准测试中，这两种磷酸酯都不显示急性口服毒性。然而，不同芳基磷酸酯之间毒性和生态毒性行为有一些差异。例如，最近进行的合成芳基磷酸盐，连同的TXP对大鼠生殖毒性的研究，(据经济合作与发展组织[OECD]422方法)。中到高剂量水平二异丙基磷酸酯和TXP都表现出负面影响，但当停止暴露，这些负面影响是可逆的。TBPP(根据反应3.2制备)不显示任何不良影响。

在生态毒性行为上也体现出差异。由于低黏度的合成磷酸酯中TCP含量较高(尤其是黏度等级22和32)。这些产品具有更高的生态毒性。相对相应等级的IPPP，叔丁基苯基磷酸酯通常具有较高的TPP含量。因此，该合成磷酸盐，拥有相对糟糕的生态毒性。相比之下，IPPP通常显示令人满意的生态毒性。例如，一种黏度等级46的异丙基苯基磷酸酯类抗磨/极压添加剂被经德国环境局(联邦环境局)核准为可用于快速生物降解液压油。产品有资格获得“蓝色天使”环境奖[171]。

不同类型产品的另外一个区别显示在生物降解性试验。这个试验根据经合组织方法301F(测压呼吸)进行。在这个测试中，生物降解是测试样品发生在空白试样上净氧气吸收速率。大规模的生物降解性测试是通过计算加入到容器中的大量被测物质完全降解的理论需氧量。这种测试在黏度等级46的不同类型的芳香磷酸酯进行了三次，制备方法根据反应(3.2)。结果列在表3.21中。

表3.21

不同芳基磷酸酯的OECD301F生物降解能力

产品	生物降解能力/%		
(ISO VG 46)	10天	28天	68天
TXP	5	29	70
IPPP	18	47	65
TBPP	25	62	72

表3.21显示生物降解性的顺序最初是与它们的水解稳定性一致，但有趣的是，TXP在最初缓慢的降解后，最终达到了合成油的降解水平，如果延长测试时间，甚至超过合成油的降解水平。

基于这些数据，叔丁基苯基磷酸酯会被视为易于生物降解的，而TXP和IPPP会被归类为天生具有生物降解性。

尽管较高黏度等级的芳基磷酸酯具有相对低的生态毒性，但由于联合国海洋污染物分类的原因，所有这些产品被归为海洋污染物。

其他含磷化合物的毒性还没得到很好的证明。Drake等[172]表明二烷基膦酸酯具有低水平的急性毒性，并且它会随着链长的增加而降低，显然这是对此类化合物一般的观察。烷基磷酸酯的某些短链产品会刺激皮肤，但没有线索表明这类物质的环境问题，然而由于不存在酚基并且改进了水解稳定性，可以猜测出它们对鱼的毒性较低，但其生物降解能力可能会比其他磷酸酯要差。中性亚磷酸酯，特别是烷基亚磷酸酯，具有低的毒性和好的生物降解能力，但它们有助于生物降解的水解容易性将会导致较高的水中毒性。壬基苯基磷酸酯的将来发展是不明确的，美国国家毒理学纲要目前把它列为一种雌激素拟态物，并且还作为一种甲状腺破坏物。酸性磷酸酯、酸性亚磷酸酯和它们的盐，特别是胺盐可能被归类为刺激性物质，并且由于它们容易水解而可能会对水生生物有毒。在所有情况下都必须要考虑制造商所提供的安全和健康信息。

3.8 磷基润滑油添加剂的未来

虽然无灰含磷添加剂在许多工业应用中广泛使用，但在某些细分市场，迄今为止，它们在那里没有得到应用。这些主要是在汽车发动机润滑油中由于价格和多功能性的原因ZDDP占主导地位，以及齿轮油中含硫添加剂仍然是极压添加剂的最佳选择。不过，使用氯作为极压添加剂，特别是在金属加工用途，由于环境因素，正在逐步被P/S化合物取代。

环境原因和预计将慢慢取代/组合。在需要高极压性能情况下，单独使用含硫添加剂也可以转而使用P/S混合物以减少总硫含量达到极压性能和抗磨性能的平衡。有关潜在的其他细分市场包括那些传统上使用ZDDP的油品更详细的探讨如下。

3.9 润滑油配方(概要)

目前在工业应用中的趋势是一般使用Ⅱ类和Ⅲ类矿物油基基础油，它们改进了氧化安定性，但由于其中除去了芳香簇化合物和硫化物而使得其润滑性较差，这些因素都将促使磷的广泛使用。对表面缺少竞争将会增加磷化物的活性，这一点在以前包含环烷基和芳香基原料中的TCP已经表现出来了。它们的使用还能有助于添加剂的溶解，否则这些添加剂的溶解度有限。

在欧洲，2004年新法规(Directive 2000/76/EC)的实施将要求燃烧废料排放中的SO_2有实质性的减少。这将会鼓励降低润滑油中(包括金属加工油中)的硫含量，并且可能会用磷来代替它以恢复其抗磨/极压性能水平。

3.10 液压油

向使用无灰液压油方向转变。这主要有两个原因，第一是二烷基二硫代磷酸锌对水分比较敏感并且会产生氧化锌/硫化锌沉淀。这种沉淀物对油的可过滤性有不利影响，并且会降低油的氧化安定性。第二是对重金属环境问题关心不断增加的结果，而且法规控制可能进一步涵盖到像锌等金属，如在美国和加拿大之间的“Great Lakes Initiative”中所规定的那样。因为锌很不容易从废物中去除，所以在可能的污染物中减少其含量的方法是把重点放在减少它的使用上。最近在某些国家人们开始关注，ZDTP的分解产生的硫的气味(Dixon，R.，Shell Global Solutions，Private Communication，November 2001)，如在电梯中使用液压油时便会出现这种情况。

3.11 汽车发动机润滑油

现有的汽车排放法规(例如在美国、欧洲和日本)，要求控制和大幅度减少发动机尾气中的颗粒物、碳氢化合物、一氧化碳和氮氧化合物。发动机制造商通过各种设计改变已经满足这些要求，而这些改变在以下几个方面影响润滑油和燃料油的组成：

催化转换器的引入可以将碳氢化合物以及一氧化碳氧化为二氧化碳和水，同时将一氧化氮转化为氮，这些已经非常成功减少排放。当它们工作在其正常的工作温度和效率的最佳水平时，它们几乎是100%有效，大部分残存的排放发生在催化剂达到起效温度之前。许多致力于降低这一阶段排放的研究已经开展。

尽管已经取得了很多成功，但进一步的进展有可能会由于抗氧和抗磨/极压添加剂ZDDP中的磷会导致催化剂表面形成失活层而被阻碍。因此人们要求降低发动机润滑油中的磷含量以尽量减少对催化剂的毒害。当前，一些油品规格例如ILSAC GF-4和ACEA C_x限制了柴油机油和汽油机油的磷含量水平为0.05%~0.09%，并且正考虑进一步降低至0.05%以下。但也有人担心，由于降低ZDDP的含量也降低了磨损保护，如此低的磷含量可能会影响某些发动机零件的耐久性，例如气门传动装置和同步链。然而，最近有一项研究[173]显示：不同结合方式的磷所形成的磷化物在磨损和催化测试中表现的结果是不同的。进一步的研究表明：可以通过降低ZDDP加入量并加入无金属含磷抗磨添加剂，实现改善催化剂保护(和燃料经济性)的目的[174]。

由于试图提高燃油经济性，所谓的节能润滑剂正在开发中。这些油品通常是低黏度的产品(由于低黏度能量损失少)，有时辅以摩擦改进剂。然而低黏度油品可能导致某些发动机部件的磨损。人们也已经认识到提高磨损保护的必要性。例如ILSAC GF-5规格，将需要使用某种形式的摩擦改进剂，以保证所需的燃油经济水平。目前钼化合物和长链酯类化合物被证明是有效的，但其他用于降低长期摩擦的添加剂(例如使用功能化的黏度改进剂)作用是不确定的(Mainwaring，R.，Shell Global Solutions，U.K.)。ZDDP可能导致增加摩擦，因此，也许需要降低ZDDP加入量。为了减少尾气中的微粒(烟灰)的水平，许多的轿车和卡车的柴油发动机需要使用颗粒过滤器。这些过滤器也可以去除由含金属燃料及润滑油添加剂等生产的含灰的残留物，如果有时它们未被清洗，它们将阻止并导致发动机性能变差。因此，发动机制造商为保持甚至延长它的使用寿命，会有降低油品中灰分含量的要求。尽管ZDDP不是油品中唯一的金属来源，但锌含量会自动随着磷含量的降低(只要油品配方中仍然有ZDDP)而降低，这将有利于降低发动机油的灰分。

有一种去除颗粒过滤器上的烟灰的技术，是通过使用二氧化氮(NO_2)氧化沉积物中的含碳物质以维持发动机具有可以接受的排气压力。二氧化氮可以从尾气催化氧化NO获得。将烟灰氧化为二氧化碳可以有效地去除过滤器沉积物中的含碳物质。同时NO_2是一种很强的氧化剂，可以在相对较低的温度(~250℃)下进行这一氧化过程。但不幸的是：氧化NO的催化剂优先氧化任何排气中的SO_2，从而降低了NO转化率。此外，形成的三氧化硫(SO_3)被废气中的水分转换成硫酸。如果排气气体被吸入，硫酸(以“硫酸盐”被监测)作为液滴被排放显然是不理想的。任何通过降低ZDDP水平实现的发动机油中硫含量的减少也降低了磷的含量，因此可能需要补充磷。对提高燃油经济性的关注导致一些制造商推出直喷汽油发动机。传统催化剂在这种燃烧条件下不能除去氮氧化物(NO_x)，因此，NO_x的存储催化剂已经开发了，其中的氧化物与催化剂涂层上的硫酸钡反应形成硝酸盐被存储下来。当涂层上的含钡位置饱和时，发动机开关以化学计量或稍大浓度的操作，在该温度下的硝酸盐分解并释放为NO_x，从而减少其排放。不幸的是：涂层上的钡优先与硫氧化物反应，降低了其"储存"氮氧化物的能力。因此，又一次要求降低燃料中的硫含量。然而现在的燃料中的硫含量已经很低了(见下面的"燃料"部分)。相对来说发动机油开始成为为其中硫含量的重要"贡献者"。因此人们开始讨论未来润滑剂中的硫含量，柴油发动机制造商已经表示他们更希望润滑油中的硫含量为0.2%，大大低于当前值的1%(Mainwaring，R. Shell Global Solutions，Private Communication，January 2008)。

在1999年，欧洲联盟(欧盟)发布的重型柴油发动机排放要求希望在2001～2008年期间显著减少NO_x、CO、不燃性碳氢化物以及颗粒物的排放。最大的挑战是降低NO_x排放量，因为颗粒物的降低会导致NO_x的增加。此外NO_x的降低柴油发动机的效率，并因此导致油耗和CO_2排放的增加。然而，一种被称为选择性催化还原(SCR)的技术现在已经被开发，并被欧盟的多个发动机制造商采用[175]。这项技术涉及在排气流中喷射一种尿素水溶液，在其中尿素降解为二氧化碳和氨气(NH_3)。然后NH_3在一种钨/钒催化剂上将NO_x还原为氮气(N_2)和水。为了避免NH_3释放到大气中，氧化残留NH_3而不会氧化氮气的催化剂显然是非常必要的。至目前为止，在减少排放方面，相对于柴油颗粒过滤装置(高NO_x，但低颗粒物)，SCR(低NO_x但高颗粒)通常更容易得到许多欧洲OEM的认可。SCR使得发动机更加高效以至于足够抵消尿素引起的成本增加。然而，尽管这是一种有效的技术，有关它的大小、重量、保证整个欧洲的供应量、其在较低温度下的效率等问题还是引起关注。那些问题已经阻碍了这项技术应用于乘用车。目前，如果不使用尿素造成的污染的影响和如何使得这项技术可以让普通驾车者获得是当前调查和讨论的主题。

3.12 燃料油

由于人们关注发动机排放的燃料中的硫的直接和间接影响，要求减少燃料中硫含量。在欧盟，2005年实施了限制柴油中硫的最大含量50μg/g，2008年和2009年进一步减少到汽油和柴油中不超过10μg/g。在这样低的水平，可能需要一些添加剂来保持燃料的润滑性，加入少量磷化物已被证明是有效的[176]。

目前相当多的关注围绕着二氧化碳排放及其引起的全球变暖。在欧盟，汽车生产商达成自愿组织并承诺2008年实现二氧化碳的排放目标为140g/km，2012年进一步减少到130g/km。这将鼓励车辆朝向更高燃料效率发展，特别是那些小型车和轻型车，以及向着也许更转型的、更完美的抗磨保护润滑方向发展。

在美国，参议院裁定，从卡车排放的二氧化碳是污染物而不是燃烧的"副产品"。这将促进减少二氧化碳排放，从而鼓励使用低黏度、更高效燃料的柴油机油(Mainwaring，R.，Shell Global Solutions，Private Communication，2008年1月)。

3.13 结论

无灰含磷添加剂具有广泛的有效结构和有用的性能。虽然其最广泛的应用作为工业油中的抗磨和极压添加剂，但它们还能用作抗氧剂、锈蚀抑制剂、金属钝化剂以及清净剂。很多情况下相同的分子具有很多功能，它们优异的物理特性如浅颜色、低气味以及对其他添加剂好的溶解性，使得它们是添加剂组分中最具吸引力的，而且由于目前对硫和氯的压力(主要是对环境的关注)使得工业油应用中磷的前景光明，但在汽车应用中包括机油和燃料中的使用潜力仍然不明确。在燃料中，问题是：是否需要其他抗磨添加剂替代减少的硫，如果需要，磷化物被加入后是否有其他不利影响(例如，催化剂效率)。

参考文献

1. Williamson, S. *Ann.* 92: 316, 1854.
2. Vogeli, F. *Ann.* 69: 190, 1849.
3. British Patent 446, 547, The Atlantic Refining Co., 1936.
4. Beeck, O., J.W. Givens, A.E. Smith. On the mechanism of boundary lubrication-I. The action of long chain polar compounds. *Proc Roy Soc A* 177: 90–102, 1940.
5. Beeck, O., J.W. Givens, E.C. Williams. On the mechanism of boundary lubrication-II. Wear prevention by addition agents. *Proc Roy Soc A* 177: 103–118, 1940.
6. Tingle, E.D. Fundamental work on friction, lubrication and wear in Germany during the war years. *J Inst Pet* 34: 743–774, 1948.
7. West, H.L. Major developments in synthetic lubricants and additives in Germany. *J Inst Pet* 34: 774–820, 1948.
8. Boerlage, G.D., H. Blok. Four-ball top for testing the boundary lubricating properties of oils under high mean pressures. *Engineering*, 1, July 1937.
9. U.S. Patent 2,391,311, C. C. Wakefield, 1945.
10. U.S. Patent 2,391, 631, E. I. du Pont de Nemours, 1945
11. U.S. Patent 2,470,405, Standard Oil Development Co., 1949.
12. U.S. Patent 2,663,691, The Texas Co., 1953.
13. U.S. Patent 2,734,868, The Texas Co., 1956.
14. U.S. Patent 2,612,515, Standard Oil Development Co., 1952.
15. British Patent 797,166, Esso Research and Engineering Co., 1958.
16. Morgan, J.P., T.C. Tullos. The jake walk blues. *Ann Int Med* 85: 804–808, 1976.
17. Johnson, M.K. Organophosphorus esters causing delayed neurotoxic effect: Mechanism of action and structure/activity studies. *Arch Toxicol* 34: 259, 1975.
18. British Patent 683,405, Shell Refining and Marketing Co., 1952.
19. Greenshields, R.J. Oil industry finds fuel additives can help in controlling pre-ignition. *Oil Gas J* 52(8): 71–72, 1953.
20. Jeffrey, R.E. et al. Improved fuel with phosphorus additives. *Petrol Refiner* 33(8): 92–96, 1954.
21. Burnham, H.D. The role of tritolyl phosphate in gasoline for the control of ignition and combustion problems. *Am Chem Soc Petrol Div Symp* 36: 39–50, 1955.
22. U.S. Patent 3,510,281, Texaco Inc., 1970.
23. U.S. Patent 2,215,956, E. I. du Point de Nemours, 1940.
24. U.S. Patent 2,237,632, Sinclair Refining Co., 1941.
25. French Patent 681,1770, ICI, 1929.
26. U.S. Patent 1,869,312, Combustion Utilities Corp., 1932.
27. Russian Patent 47,690, R. L. Globus, S. F. Monakhov, 1936.
28. U.S. Patent 2,071,323, Dow Chemical Co., 1937.
29. British Patent 486,760, Celluloid Corp., 1938.
30. U.S. Patent 2,117,290, Dow Chemical Co., 1938.
31. Shlyakhtenko, A.I., P.P. Lebedev, R. Mandel. *Novosti Tekhniki*, 20: 42, 1938.
32. Russian Patent, 52,398, A. I. Shlyakhtenko, P. P. Lebedev, 1938.
33. Canadian Patent 379,529, Celluloid Corp., 1939.
34. U.S. Patent 2,358,133, Dow Chemical Co., 1944.
35. British Patent 872,899, Esso Research and Engineering Co., 1961.
36. French Patent Addn. 89,648, Establissements Kuhlmann, 1967.

37. British Patent 424,380, N. V. de Bataafsche Petroleum Maatschappij, 1935.
38. U.S. Patent 2,005,619, E. I. du Pont de Nemours, 1935.
39. French Patent 797,449, E. I. du Pont de Nemours, 1936.
40. Beiswanger, J.P.G., W. Katzenstein, F. Krupin. Phosphate ester acids as load-carrying additives and rust inhibitors for metalworking fluids. *ASLE Trans* 7(4): 398–405, 1964.
41. U.S. Patent 3,547,820, GAF Corp., 1970.
42. U.S. Patent 3,567,636, GAF Corp., 1971.
43. British Patent 1,002,718, Shell International Research Maatschappij, 1965.
44. U.S. Patent 2,381,127, Texas Co., 1945.
45. U.S. Patent 2,642,722, Tide Water Associated Oil Co., 1953.
46. British Patent 1,266, 214, Esso Research and Engineering Co., 1972.
47. U.S. Patent 2,236,140, Atlantic Refining Co., 1944.
48. U.S. Patent 2,325,076, Atlantic Refining Co., 1944.
49. Dutch Patent 69,357, N. V. Bataafsche Petroleum Maatschappij, 1952.
50. U.S. Patent 2,653,161, Shell Development Co. 1953.
51. British Patent 1,247,541, Mobil Oil Corp., 1971.
52. U.S. Patent 3,600,470, Swift & Co. 1971.
53. U.S. Patent 6,242,631, Akzo Nobel, 2001.
54. Phillips, W.D., D.G. Placek, M.P. Marino. Neutral phosphate esters. In *Synthetics, Mineral Oils and Bio-based Lubricants-Chemistry and Technology*, ed. L.R. Rudnick. Boca Raton, FL: Taylor & Francis, 2006.
55. Evans, D.P., W.C. Davies, W.J. Jones. The lower trialkyl phosphates. *J Chem Soc Pt* I: 1310–1313, 1930.
56. U.S. Patent 2,723,237, Texas Co., 1955.
57. British Patent 1,165,700, Bush, Boake Allen Ltd., 1965.
58. British Patent J. R. Geigy, 1,146,173, 1966.
59. Phillips, W.D. Phosphate ester hydraulic fluids. In *Handbook of Hydraulic Fluid Technology*, ed. G.E. Totten. New York: Marcel Dekker, 2000.
60. U.S. Patent 5,779,774, K. J. L. Paciorek, S. R. Masuda, 1998.
61. Tang, J., Q. Cang, X. Zong. Preparation and evaluation of phosphorus friction modifiers used in automatic transmission fluids. *Shiyou Lianzhi Yu Huagong* 31(3): 17–20, 2000.
62. Anonymous. Product review—lubricant additives. *Ind Lubr Trib* 49(1): 15–30, 1997.
63. Lansdown, A.R. Extreme pressure additives. In *Chemistry and Technology of Lubricants*, eds. R. M. Mortier and S. T. Orszulik. New York: VCH Publishers Inc., 1992.
64. Anonymous. Boundary lubrication. *Lubrication*, 57: 1, 1971.
65. Gunther, R.C. *Lubrication*. Bailey Bros. and Swinfen Ltd., Pennsylvania: Chilton Books, 1971.
66. Mandakovic, R. Assessment of EP additives for water miscible metalworking fluids. *J Syn Lubr* 16(1): 13–26, 1999.
67. Klamann, D. *Lubricants and Related Products*. Verlag Chemie, Germany: Weinheim, 1984.
68. Anonymous. Fundamentals of wear. *Lubrication* 12(6): 61–72, 1957.
69. Anonymous. Lubrication fundamentals. *Lubrication*, 59(Oct–Dec): 77–88, 1973.
70. Hardy, W.B. Note on the static friction and lubricating properties of certain chemical substances. *Phil Mag* 38: 32–49, 1919.
71. Wells, H.M., J.E. Southcombe. *Petrol World* 17: 460, 1920.
72. Bragg, W.H. The investigation of the properties of thin films by means of X-rays, *Nature* 115: 226, 1925.
73. Clark, G.L., R.R. Sterrett. X-ray diffraction studies of lubricants. *Ind Eng Chem* 28(11): 1318–1322, 1936.
74. Thorpe, R.E., R.G. Larsen. Antiseizure properties of boundary lubricants. *Ind Eng Chem* 41: 938–943, 1949.
75. Davey, W. Extreme pressure lubricants—phosphorus compounds as additives. *Ind Eng Chem* 42(9): 1841–1847, 1950.
76. Larsen, R.G., G.L. Perry. Chemical aspects of wear and friction. In *Mechanical Wear*, ed. J.T. Burwell. American Society for Metals, Ohio, USA, 1950.
77. Bita, O., I. Dinca. Behaviour of phosphorus additives. *Rev Mecan Appl* 8: 441–442, 1963.
78. Godfrey, D. The lubrication mechanism of tricresyl phosphate on steel. *ASLE Preprint* 64-LC-1, 1964.
79. Klaus, E.E., H.E. Bieber. Effects of P impurities on the behaviour of tricreslyl phosphate as an antiwear additive. *ASLE Preprint* 64-LC-2, 1964.

80. Barcroft, F.T., S.G. Daniel. The action of neutral organic phosphates as EP additives. *ASME J Basic Eng* 64-Lub-22, 1964.
81. Bieber, H.E., E.E. Klaus, E.J. Tewkesbury. A study of tricresyl phosphate as an additive for boundary lubrication. *ASLE Preprint* 67-LC-9, 1967.
82. Sakurai, T., K. Sato. Chemical reactivity and load carrying capacity of lubricating oils containing organic phosphorus compounds. *ASLE Preprint* 69-LC-18, 1969.
83. Barcroft, F.T. A technique for investigating reactions between EP additives and metal surfaces at high temperature. *Wear* 3: 440–453, 1960.
84. Goldblatt, I.L., J.K. Appeldoorn. The antiwear behavior of TCP in different atmospheres and different base stocks. *ASLE Preprint* 69-LC-17, 1969.
85. Forbes, E.S., N.T. Upsdell, J. Battersby. Current thoughts on the mechanism of action of tricresyl phosphate as a load-carrying additive. *Proc Trib Conv* 1: 7–13, 1972.
86. Faut, O.D., D.R. Wheeler. On the mechanism of lubrication by tricresylphosphate (TCP)—the coefficient of friction as a function of temperature for TCP on M-50 steel. *ASLE Trans* 26(3): 344–350, 1983.
87. Yamamoto, Y., F. Hirano. Scuffing resistance of phosphate esters. *Wear* 50: 343–348, 1978.
88. Furey, M.J. Surface roughness effects on metallic contact and friction. *ASLE Trans* 6: 49–59, 1963.
89. Gauthier, A., H. Montes, J.M. Georges. Boundary lubrication with tricresylphosphate (TCP). Importance of corrosive wear. *ASLE Preprint* 81-LC-6A-3, 1981.
90. Placek, D.G., S.G. Shankwalkar. Phosphate ester surface treatment for reduced wear and corrosion protection. *Wear* 173: 207–217, 1994.
91. Klaus, E.E., J.M. Perez. Comparative evaluation of several hydraulic fluids in operational equipment. SAE Paper No. 831680, 1983.
92. Klaus, E.E., J.L. Duda, K.K. Chao. A study of wear chemistry using a microsample fourball wear test STLE. *Trib Trans* 34(3): 426–432, 1991.
93. Yansheng, Ma., J. Liu, Y. Wu, Z. Gu. The synergistic effects of tricresyl phosphate oil additive with chemico-thermal treatment of steel surfaces. *Lubr Sci* 9–1: 85–95, 1996.
94. Klaus, E.E., G.S. Jeng, J.L. Duda. A study of tricresyl phosphate as a vapor-delivered lubricant. *Lubr Eng* 45(11): 717–723, 1989.
95. Cho, L., E.E. Klaus. Oxidative degradation of phosphate esters. *ASLE Trans* 24(1): 119–124, 1981.
96. Graham, E.E., A. Nesarikar, N.H. Forster. Vapor-phase lubrication of high-temperature bearings. *Lubr Eng* 49(9): 713–718, 1993.
97. Hanyaloglu, B., E.E. Graham. Vapor phase lubrication of ceramics. *Lubr Eng* 50(10): 814–820, 1994.
98. Van Treuren, K.W. et al. Investigation of vapor-phase lubrication in a gas turbine engine. *ASME J Eng Gas Turbines Power* 120(2): 257–262, 1998.
99. Morales, W., R.F. Handschuh. A preliminary study on the vapor/mist phase lubrication of a spur gearbox. *Lubr Eng* 56(9): 14–19, 2000.
100. Saba, C.S., N.H. Forster. Reactions of aromatic phosphate esters with metals and their oxides. *Trib Lett* 12(2): 135–146, 2002.
101. European Patent 0521628, Ethyl Petroleum Additives. 1992.
102. Didziulis, S.R., R. Bauer. Volatility and performance studies of phosphate ester boundary additives with a synthetic hydrocarbon. *Aerospace Report TR* 95-(5935)-6.
103. Japanese Patent 05001837, Toyota Central Res. & Dev. Lab, 1988.
104. Japanese Patent 02018496, New Japan Chemical Co., 1990.
105. Japanese Patent 02300295, Toyota Jidosha & Yushiro Co., 1991.
106. U.S. Patent 6,204,277, PABU Services, 2001.
107. European Patent Appl., EP1618173, Great Lakes Chemical Corp., 2004.
108. U.S. Patent 5,584,201, Cleveland State University, 1986.
109. Soviet Union Patent 810,767, Berdyansk Exptl. Pet. Plant, 1981.
110. Metal Passivators, Newsletter No 10, ADD APT AG, June 2000.
111. Werner, J.J., R.L. Reierson, J.-L. Joye. European Patent Appl. WO 00/37591, 2000.
112. Katzenstein, W. Phosphate ester acids as load-carrying additives and rust inhibitors for metalworking fluids. *Proc 11th Int Trib Coll Esslingen*, Germany, 1741–1754, 1998.
113. Werner, J.J., M. Dahanayake, D. Lukjantschenko. Relationship of structure to performance properties of phosphate-ester surfactants in metal working fluids. *STLE Annual Conference*, Chicago, 1995.
114. U.S. Patent 1,936,533, E. I. Du Point de Nemours, 1933.
115. British Standard 3150, Corrosion-inhibited antifreeze for water-cooled engines, Type A. British Standard Institution, 1959.

116. Forbes, E.S., H.B. Silver. The effect of chemical structure on the load-carrying properties of organophosphorus compounds. *J Inst Pet* 56(548): 90–98, 1970.
117. Forbes, E.S., N.T. Upsdell. Phosphorus load-carrying additives: Adsorption/reaction studies of amine phosphates and their load-carrying mechanism. Paper C-293/73, 277–298. 1st Eur Trib Cong, London 1973.
118. Farng, L.O., W.F. Olszewski. U.S. Patent 5,681,798, 1997.
119. Weller, D., J. Perez. A study of the effect of chemical structure on friction and wear, Part 1—Synthetic ester fluids. *Lubr Eng* 56(11): 39–44, 2000.
120. Kristen, U. Aschefreie extreme-pressure-und verschleiss-schutz-additive. In *Additive für Schmierstoffe*, ed. W.J. Bartz. Expert Verlag, Germany: Renningen-Malmsheim, 1994.
121. U.S. Patent 2,722,517, Esso Research & Engineering Co., 1955.
122. U.S. Patent 2,763,617, Shell Development Co., 1957.
123. U.S. Patent 2,820,766, C. C. Wakefield & Co., 1958.
124. U.S. Patent 2,971,912, Castrol Ltd., 1961.
125. Sanin, P.I. et al. *Wear* 3: 200, 1960.
126. Ohmuri, T., M. Kawamura. Fundamental studies on lubricating oil additives. In *Adsorption and Reaction Mechanism of Phophorus-Type Additive on Iron Surface*, eds. Toyota Chuo Kenkyusho R. and D. Rebyu. 28(1): 25–33, Japan: Toyota, 1993.
127. Riga, A., W. Rock Pistillo. Surface and solution properties of organophosphorus chemical in wear tests. *NTAS Ann Conf Therm Anal App* 28: 530–535, 2000.
128. French Patent 1,435,890, Albright & Wilson Ltd., 1996.
129. Ren, D., G. Zhou, A.J. Gellman. The decomposition mechanism of trimethylphosphite on Ni (III). *Surf Sci* 475(1–3): 61–72, 2001.
130. British Patent 682,441, Anglamol Ltd., 1952.
131. U.S. Patent 2,764,603, Socony Vacuum Oil Co. 1954.
132. Rasberger, M. Oxidative degradation and stabilisation of mineral oil-based lubricants. In *Chemistry and Technology of Lubricants*, eds. R. M. Mortier and S. I. Orszulik. New York: VCH Publishers, 1992.
133. European Patent 0049133, Sumitomo Chemicals., 1982.
134. Japanese Patent 63156899, Sumiko Junkatsu-Zai., 1988.
135. Japanese Patent 2888302, Tonen Corp., 1991.
136. Japanese Patent 05331476, Tonen Corp., 1994.
137. Japanese Patent 06200277, Tonen Corp., 1994.
138. U.S. Patent 4,656,302, Koppers Co. Inc., 1987.
139. European Patent Appl. 475560, Petro-Canada Inc., 1992.
140. U.S. Patent 4,652,385, Petro-Canada Inc., 1987.
141. U.S. Patent 5,124,057, Petro-Canada Inc., 1993.
142. U.S. Patent 3,329,742, Mobil Oil Corp., 1967.
143. U.S. Patent 3,351,554, Mobil Oil Corp., 1967.
144. U.S. Patent 3,321,401, British Petroleum Co., 1967.
145. U.S. Patent 3,201,348, Standard Oil Co., 1965.
146. Messina, V., D.R. Senior. South African Patent 6707230.
147. U.S. Patent 3,115,463, Ethyl Corp., 1963.
148. Forbes, E.S., J. Battersby. The effect of chemical structure on the load-carrying and adsorption properties of dialkyl phosphites. *ASLE Trans* 17(4): 263–270, 1974.
149. Barber, R.I. The preparation of some phosphorus compounds and their comparison as load-carrying additives by the four-ball machine. *ASLE Preprint* 75-LC-2D-1, 1975.
150. Sanin, P.I. et al. Antiwear additives of the phosphonate type. *Neftekhimiya* 14(2): 317–322, 1974.
151. U.S. Patent 3,553,131, Mobil Oil Corp., 1971.
152. U.S. Patent 4,246,125, Ethyl Corp., 1981.
153. U.S. Patent 4,260,499, Ethyl Corp.,1981.
154. European Patent Appl. 510633, Sakai Chemicals, 1992.
155. Japanese Patent 05302093, Tonen Corp., 1993.
156. U.S. Patent 4,225,449, Ethyl Corp., 1980.
157. Colyer, C.C., W.C. Gergel. Detergents/dispersants. In *Chemistry and Technology of Lubricants*, eds. R. M. Mortier and S. T. Orszulik. New York: VCH Publishers, 1992.
158. Japanese Patent 62215697, Toyota Res. and Devt., 1987.
159. Czech Patent 246897, Kekenak. 1988.
160. U.S. Patent 3,268,450, Sims, Bauer and Preuss, 1966.

161. Japanese Patent 8126997, Showa Aluminium Co., 1981.
162. U.S. Patent 4,123,369, Continental Oil Co., 1978.
163. U.S. Patent 3,658,706, Ethyl Corp., 1972.
164. Goode, M.J., W.D. Phillips. Triaryl phosphate ester hydraulic fluids-A reassessment of their toxicity and environmental behaviour. SAE Paper 982004, 1998.
165. Henschler, D., H.H. Bayer. Toxicological studies of triphenyl phosphate, trixylenyl phosphate and triaryl phosphates from mixtures of homologous phenols. *Arch Exp Pathol Pharmakol* 233: 512–517, 1958.
166. Mackerer, C., M.L. Barth, A.J. Krueger. A comparison of neurotoxic effects and potential risks from oral administration or ingestion of tricresyl phosphate and jet engine oil containing tricresyl phosphate. *J Toxicol Environ Health, Part A* 57(5): 293–328, 1999.
167. Daughtrey, W., R. Biles, B. Jortner, M. Ehrlich. Delayed neurotoxicity in chickens: 90 day study with Mobil Jet Oil 254. *The Toxicologist*, 90, Abstract 1467, 2006.
168. Durad® 310M, Great Lakes Chemical Corp., May 2002.
169. Drake, G.L., Jr., T.A. Calamari. Industrial uses of phosphonates. In *Role of Phosphonates in Living Systems*, ed. R. Hildebrand. Boca Raton, FL: CRC Press, 1983.
170. Roby, S.H., J.A. Supp. Effects of ashless antiwear agents on valve train wear and sludge formation in gasoline engine testing. *Lubr Eng* 53(11): 17–22, 1977.
171. Devlin, M.T., R. Sheets, J. Loper, G. Guinther, K. Thompson, J. Guevremont, T.-C. Jao. Effect of ashless phosphorus antiwear compounds on passenger car emissions and fuel efficiency. Additives 2007 Conf., London, April 2007
172. Trautwein, W.-P. *AdBlue as a Reducing Agent for the Decrease of NO_x Emissions from Diesel Engines of Commercial Vehicles*, Research Report 616-1, DGMK, Hamburg, 2003.
173. U.S. Patent 5,630,852, FMC Corp., 1997.
174. Crosby, G.W., E.W. Brennan. *Am Chem Soc Div Petrol Chem, Preprints* 3(4A): 171, 1958.
175. Demizu, K., H. Ishigaki, M. Kawamoto. The effect of trialkylphosphites and other oil additives on the boundary friction of oxide ceramics against themselves and other metals. *Trib Intl* 30(9): 651–657, 1997.
176. German Patent 1,271,874, Hüls Chemicals. 1968.
177. German Patent 1,286,675, Hüls Chemicals. 1969.

附录 A：早期含磷化合物的专利文献

中性磷酸酯

U.S. Patent 2,723,237, Texas Oil Co.

中性亚磷酸酯

As AW/EP Additives
British Patent 1,052,751, British Petroleum (chlorethyl phosphite and a chlorparaffin)
British Patent 1,164,565, Mobil Oil Corp. (alkyl or alkenyl phosphite and a fatty acid ester)
British Patent 1,224,060, Esso Research and Engineering Co.
U.S. Patent 2,325,076, Atlantic Refining Co.
U.S. Patent 2,758,091, Shell Development Co. (haloalkyl or haloalkarylphosphites)
U.S. Patent 3,318,810, Gulf Research & Development Co. (phosphites and molybdenum compounds)

抗氧剂

U.S. Patent 2,326,140, Atlantic Refining Co.
U.S. Patent 2,796,400, C.C. Wakefield & Co.

酸性磷酸酯/亚磷酸酯

British Patent 1,105,965, British Petroleum Co Ltd. (acid hydrocarbyl phosphite and phosphates or thiophosphates or phosphoramidates)
British Patent 1,153,161, Nippon Oil Co.
U.S. Patent 2,005,619, E. I. du Pont de Nemours
U.S. Patent 2,642,722, Tide Water Oil Co.
French Patent 797,449, E.I. du Pont de Nemours

膦酸酯

British Patent 823,008, Esso Research and Engineering Co. (dicarboxylic acid and either a haloalkane phosphonate, a haloalkyl phosphate or phosphite and optionally a neutral alkyl or aryl phosphate)
British Patent 884,697, Shell Research Ltd. (dialkenyl phosphonates)
British Patent 899,101, British Petroleum Co. (amino phosphonates)
British Patent 993,741, Rohm and Haas Co. (aminoalkane phosphonates)
British Patent 1,083,313, British Petroleum Co. (amino phosphonates)
British Patent 1,247,541, Mobil Oil Corp. (Dialkyl-*n*-alkylphosphonate or alkylammonium salts of dialkylphosphonates)
U.S. Patent 2,996,452, US Sec of Army (di-(2-ethylhexyl) lauroxyethyl phosphonate)
U.S. Patent 3,329,742, Mobil Oil Corp. (diaryl phosphonates)
U.S. Patent 3,600,470, Swift & Co. (hydroxy or alkoxy phosphonates and their amine salts)
U.S. Patent 3,696,036, Mobil Oil Corp. (tetraoctyl-(dimethylamino) methylene diphosphonate)
U.S. Patent 3,702,824, Texaco Inc. (hydroxyalkylalkane phosphonate)

烷基和芳基聚乙烯基氧含磷化合物

U.S. Patent 2,372,244, Standard Oil Dev. Co.

胺盐

British Patent 705,308, Bataafsche Petroleum Maatschappij (substituted monobasic phosphonic acid and amine salts thereof)
British Patent 978,354, Shell International Research (alkali metal-amine salt of a halohydrocarbyl phosphonic acid)
British Patent 1,002,718, Shell International Research (alkylamine salt of diaryl acid phosphate)
British Patent 1,199,015, British Petroleum Co. Ltd. (quaternary ammonium salts of dialkyl phosphates)
British Patent 1,230,045, Esso Research and Engineering Co. (quaternary ammonium salts of alkyl phosphonic and phosphonic acids)
British Patent 1,266,214, Esso Research and Engineering Co. (neutral phosphate and a neutral alkylamine hydrocarbyl phosphate)
British Patent 1,302,894, Castrol Ltd. (tertiary amine phosphonates)
British Patent 1,331,647, Esso Research and Engineering Co. (quaternary ammonium phosphonates)
U.S. Patent 1,936,533, E. I. du Pont de Nemours. (triethanolamine salts)
U.S. Patent 3,553,131, Mobil Oil Corp. (tertiary amine phosphonate salts)
U.S. Patent 3,668,237, Universal Oil Products Co. (tertiary amine salts of polycarboxylic acid esters of bis(hydroxyalkyl)-phosphinic acid)

含硫磷氯化合物的物理混合物

British Patent 706,566, Bataafsche Petroleum Maatschappij (a phosphorus compound, e.g., a trialkyl phosphate, a glycidyl either and a disulphide)
British Patent 797,166, Esso Research and Engineering Co. (TCP and a metal soap of a sulphonic acid)
British Patent 841,788, C.C. Wakefield & Co. Ltd. (chlorinated hydrocarbon, a disulphide, and a dialkyl phosphite)
British Patent 967,760, The Distillers Co. Ltd. (disulphides, chlorinated wax, and a haloalkyl ester of an oxyacid of phosphorus)
British Patent 872,899, Esso Research and Engineering Co. (trialkyl phosphates and chlorinated benzene)
British Patent 1,222,320, Mobil Oil Corp. (diorganophosphonate and a sulphurized hydrocarbon or sulphurized fat)
British Patent 1,287,647, Stauffer Chemical Co. (phosphonates or halogenated alkylphosphates, sulphurised oleic acid, and sebacic acid)
British Patent 1,133,692, Shell International (TCP and triphenylphosphorothionate)
British Patent 1,162,443, Mobil Oil Corp. (neutral or acid, alkyl or alkenyl phosphite, and a sulphurized polyisobutylene, triisobutylene, or a sulphurized dipentene)
U.S. Patent 2,494,332, Standard Oil Dev. Co. (thiophosphates and TCP)
U.S. Patent 2,498,628, Standard Oil Dev. Co. (sulfurized/phosphorized fatty material and TCP or tricresyl phosphite)
U.S. Patent 3,583,915, Mobil Oil Corp. (di(organo)phosphonate, and an organic sulphur compound selected from sulphurized oils and fats, a sulphurized monoolefin or an alkyl polysulphide)

混杂的含磷化合物

British Patent 1,035,984, Shell Research Ltd. (diaryl chloralkyl phosphate or thiophosphate)
British Patent 1,193,631, Albright & Wilson Ltd. (hydroxyalkyl disphosphonic acid/alkylene oxide reaction products)
British Patent 1,252,790, Shell International Research (pyrophosphonic and pyrophosphinic acids and their amine salts)
U.S. Patent 3,243,370, Monsanto Co. (phosphinylhydrocarbyloxy phosphorus esters)
U.S. Patent 3,318,811, Shell Oil Co. (diacid diphosphate ester)
U.S. Patent 3,640,857, Dow Chemical Co. (tetrahaloethyl phosphates)

附录 B：含磷化合物机理与性能的补充文献和专利文献

中性磷酸酯

Garaud, Y., M.D. Tran. Photoelectron spectroscopy investigation of tricresyl phosphate anti-wear action. *Analusis* 9(5): 231–235, 1981.
Ghose, H.M., J. Ferrante, F.C. Honecy. The effect of tricresyl phosphate as an additive on the wear of iron. NASA Tech. Memo, NASA-TM-100103, E-2883, NASI. 15: 100103.
Han, D.H., M. Masuko. Comparison of antiwear additive response among several base oils of different polarities. *Tribol Trans* 42(4): 902–906, 1999.
Han, D.H., M. Masuko. Elucidation of the antiwear performance of several organic phosphates used with different polyol esters base oils from the aspect of interaction between the additive and the base oil. *Tribol Trans* 41(4): 600–604, 1998.
Kawamura, M., K. Fujito. Organic sulfur and phosphorus compounds as extreme pressure additives. *Wear* 72(1): 45–53, 1981.
Koch, B., E. Jantzen, V. Buck. Properties and mechanism of action of organism phosphoric esters as antiwear additives in aviation. *Proc 5th Int Tribol Coll Esslingen, Ger* Vol. 1, 3/11/1–3/11/12, 1986.
Morimoto, T. Effect of phosphate on the wear of silicon nitride sliding against bearing steel. *Wear* 169(2): 127–134, 1993.
Perez, J.M. et al. Characterization of tricresyl phosphate lubricating films. *Tribol Trans* 33(1): 131–139, 1990.
Riga, A., J. Cahoon, W.R. Pistillo. Organophosphorus chemistry structure and performance relationships in FZG gear tests. *Tribol Lett* 9(3,4): 219–225, 2001.
Riga, A., W.R. Pistillo. Surface and solution properties of organophosphorus chemicals and performance relationships in wear tests. *Proc 27th NATAS Ann Conf Therm Anal Appl* 708–713, 1999.
Ren, D., A.J. Gelman. Reaction mechanisms in organophosphate vapor-phase lubrication of metal surfaces. *Tribol Int* 34(5): 353–365, 2001.
Weber, K., E. Eberhardt, G. Keil. Influence of the chemical structure of phosphoric EP-additives on its effectiveness. *Schmierungstechnik* 3(12): 372–377, 1972.
Wiegand, H., E. Broszeit. Mechanism of additive action. Model investigations with tricresyl phosphate. *Wear* 21(2): 289–302, 1972.
Yamamoto, Y., F. Hirano. Effect of different phosphate esters on frictional characteristics. *Tribol Int* 13(4): 165–169, 1980.
Yamamoto, Y., F. Hirano. The effect of the addition of phosphate esters to paraffinic base oils on their lubricating performance under sliding conditions. *Wear* 78(3): 285–296, 1982.
Yanshang, Ma., et al. The effect of oxy-nitrided steel surface on improving the lubricating performance of tricresyl phosphate. *Wear* 210(1–2): 287–290, 1997.

中性亚磷酸酯

Barabanova, G.V. et al. Effect of phosphoric, thiophosphoric and phosphorus acid neutral ester-type additives on the lubricating capacity of □□-□□ synthetic fatty acid pentaerythritol ester. *Pererabotke Nefti* 17: 57–61, 1976.
Orudzheva, I.M. et al. Synthesis and study of some aryl phosphites. *3rd Tekh Konf Neftekhim* 3: 411–415, 1974.
Sanin, P.I. et al. *Tr Inst Nefti Akad Nauk SSSR*, 14: 98, 1960.
Sanin, P.I., A.V. Ul'yanova. Prisadki Maslam Toplivam, Trudy Naucha. *Tekhn Soveshch* 189, 1960.

Wan, Y., Q. Xue. Effect of phosphorus-containing additives on the wear of aluminum in the lubricated aluminum-on-steel contact. *Tribol Lett* 2(1): 37–45, 1996.
U.S. Patent 3,115,463/4.
U.S. Patent 3,652,411.
U.S. Patent 4,374,219.

烷氧基磷酸酯

Jia, X., X. Zhang. Antiwear property of water-soluble compound phosphate ester. *Runhua Yu Mifeng* 4 (25–25): 67, 1999.Wang, R. Study on water-soluble EP additives. *Runhua Yu Mifeng* 3(17–18): 51, 1994.
Zhang, X., X. Jia. Water soluble phosphate esters. *Hebei Ligong Xueyuan Xuebao* 21(2): 58–61, 1999.

铵盐

Forbes, E.S. et al. The effect of chemical structure on the load carrying properties of amine phosphates. *Wear* 18: 269, 1971.
Shi, H. Development trend of phosphorus-nitrogen-type extreme-pressure antiwear agents. *Gaoqiao Shi* 12(3): 37–41, 1997.

烷基二烷基磷酸酯

Cann, P.M.E., G.J. Johnston, H.A. Spikes. The formation of thick films by phosphorus-based antiwear additives. *Proc Inst Mech Eng, I. Mech. E. Conf* 543–554, 1987.
Dickert, J.J., C.N. Rowe. Novel lubrication properties of gold O, O-dialkylphosphorodithioates and metal organophosphonates. *ASLE Trans* 20(2): 143–151, 1977.
Gadirov, A.A., A.K. Kyazin-Zade. Diphenyl esters of alpha-aminophosphonic acids as antioxidant and antiwear additives. *Khim Tekhnol Topl Masel* 3: 23–24, 1990.
Lashkhi, V.L. et al. Antiwear action of organophosphorus and chloroorganophosphorus compounds in lubricating oils. *Khim Tekhnol Topl Masel* 2: 47–50, 1975.
Lashkhi, V.L. et al. IR spectroscopic study of phosphonic acid ester-antiwear additives for oil. *Khim Tekhnol Topl Masel* 5: 59–61, 1977.
Lozovoi, Y., P.I. Sanin. Mechanism of action of phosphorus acid ester-type extreme pressure additives. *IZV Khim* 19(1): 49–57, 1986.
Tang, J., Q. Cang, X. Zong. Preparation of phosphorus friction modifiers used in automatic transmissions fluids. *Shiyou Lianzhi Yu Huagong* 31(3): 17–20, 2000.
Wan, G.T.Y. The performance of one organic phosphonate additive in rolling contact fatigue. *Wear* 155(2): 381–387.
Xiong, R.-G., W. Hong, J.-L. Zuo, C.-M. Liu, X.-Z. You, J.-X. Dong, Z. Pei. Antiwear and extreme pressure action of a copper (II) complex with alkyl phosphonic monoalkyl ester. *J Tribol* 118(3): 676–680, 1996.

硫磷化合物的混合物

Kawamura, M. et al. Interaction between sulfur type and phosphorus type EP additives and its effect on lubricating performance. *Junkatsu* 30(9): 665–670.
Kubo, K., Y. Shimakawa, M. Kibukawa. Study on the load-carrying mechanism of sulfur-phosphorus type lubricants. *Proc JSLE Int Tribol Conf* 3: 661–666, 1985.
PCT Int Appl. WO 2002053687A2 (Shell Int Res).
Qiao, Y., B. Xu, S. Ma, X. Fang, Q. Xue. Study in synergistic effect mechanism of some extreme pressure and antiwear additives in lubricating oil. *Shiyou Xuebao, Shiyou Jiagong* 13(3): 33–39, 1997.
Qiao, Y., X. Fang, H. Dang. Synergistic effect mechanism of the combination system of two typical additives containing sulfur and phosphorus in lubricating oil. *Mocaxue Xuebao* 15(1): 29–38, 1995.
Xia, H. A study of the antiwear behaviour of S-P type gear oil additives in four-ball and Falex machines. *Wear* 112(3–4): 335–361, 1986.

一般文献

Hartley, R.J., A.G. Papay. Function of additives. Antiwear and extreme pressure additives. *Toraiborojisuto* 40(4): 326–331, 1995.
Palacios, J.M. The performance of some antiwear additives and interference with other additives. *Lubr Sci* 4(3): 201–209, 1992.

4 清净剂

Syed Q. A. Rizvi

4.1 引言

现代设备必须通过润滑以延长使用寿命，润滑剂*担负着许多关键性的功能。这些功能包括润滑、冷却、清洗、分散以及保护金属表面不被腐蚀[1]。润滑剂由基础油和复合添加剂组成。基础油的主要功能是润滑和作为添加剂的载体。添加剂可以加强基础油本身的一些性能，如黏度、黏度指数、倾点、抗氧化性能，或者赋予润滑油一种新的特性，如清净分散性、抗磨损性能和抗腐蚀性。润滑剂对各种性能需求的程度依据润滑剂而不同，主要取决于使用条件。例如，车用润滑油需要良好的抗氧化性能、适宜的黏温性能、高黏度指数(即黏度随温度的变化损失最小)和良好的清净分散性。反之，非车用润滑油，如工业用油和金属加工液，强调氧化安定性、抗磨性、防腐性和冷却性能。

车用润滑油尤其是发动机油，一个最关键的特性之一是它们能分散润滑油由于热和氧化降解产生的不良产物的能力。当燃料燃烧的副产物，如氢过氧化物和自由基作为活性物通过活塞环进入到润滑油中，就会使润滑油氧化形成此类产物。由此产生的氧化产物具有热不稳定性，并分解为强极性的物质，可能从润滑油中分离出来，形成表面沉积物而堵塞油路。前者会导致如活塞和气缸壁之间的紧密结合而发生故障，后者将使润滑油无法到达一些需要润滑部位。这些氧化产物是否从油品中分离出来取决于这些强极性物质所占的比例[2]，这些强极性物质使它们在非极性的基础油中的溶解性下降。具有良好抗氧化性能的润滑油将会延缓这些氧化产物的形成，这种性能是基于基础油的质量或存在一种好的抗氧复合剂。

氧化抑制剂、清净剂和分散剂一般称为稳定剂和沉积物控制剂，这些添加剂的目的是通过抑制润滑油氧化变质或者分散润滑油中已经形成的有害产物来控制沉积物的形成。氧化抑制剂起到中止氧化机制的作用，而分散剂和清净剂执行分散功能的角色[3,4]。金属清净剂是本章节的主题，分散剂是后一章节的主题。金属清净剂是含过碱化组分(通常是碳酸钙)的有机酸金属盐。分散剂不含金属，相对于金属清净剂具有更高的分子量。这两种类型添加剂彼此之间具有通常的协同作用。

燃烧和润滑剂分解的最终产品包括有机和无机酸、醛、酮和其他含氧物质[4,5]，酸具有侵袭金属表面的倾向，并造成腐蚀磨损。金属清净剂，尤其是碱性金属清净剂，含有的储备碱就会中和酸形成盐。虽然这会减少酸的腐蚀倾向，散装润滑油中这些盐类的溶解度仍然偏低。清净剂中的有机组分，一般称之为皂，可以吸附生成的盐使其分散在润滑油中。然而就

---

* 术语“润滑剂”和“润滑油”可以互换，并区别于术语“基础油”和“基液”。润滑剂和润滑油意味着基础油或基液加上添加剂。

这一点而言，清净剂由于分子量较低，分散作用没有分散剂那么强。清净剂中的皂和分散剂也有能力去分散非酸性氧化产物，如醇类、醛类、胶质含氧化合物[4]。这种作用机理在图4.1中进行了描述。

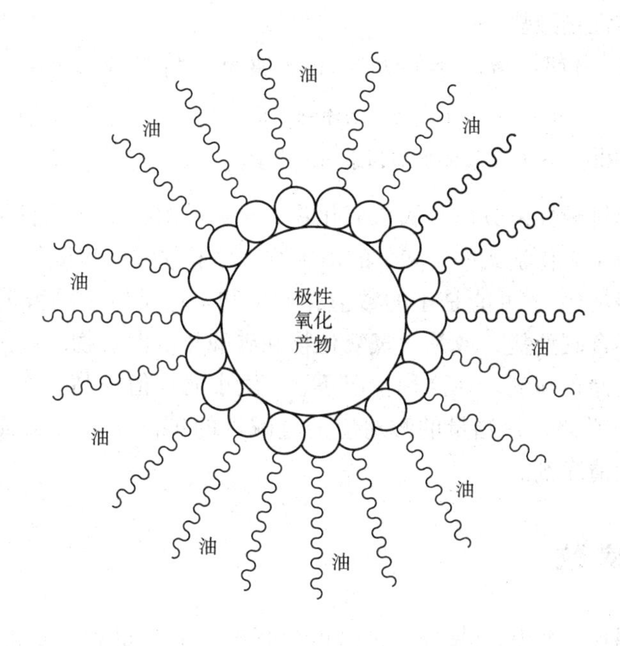

图4.1 极性氧化产物在油中分散作用

分散剂和清净剂占润滑油添加剂生产总量的45%～50%。它们主要用于发动机油、传动液、拖拉机液压油等用量大的润滑油[6]。

如前所述，清净剂可以中和氧化生成的酸，同时可以分散润滑油中的极性氧化产物。正因为如此，这些添加剂可以防锈、抗腐、控制发动机中胶质的聚集。和大多数添加剂一样，清净剂含表面活性的极性基团及亲油碳氢基团，碳氢基团具有适当分子链长，以确保良好的油溶性[2]。磺酸盐、酚盐、羧酸盐[7]是清净剂分子中常见的极性基团。含水杨酸盐、硫磷酸盐官能团的清净剂也不时被使用。

4.2 清净剂类型

清净剂是有机酸的金属盐。通常用于合成这些化合物的酸包括：芳基磺酸，例如烷基苯磺酸和烷基萘磺酸[8～11]；烷基酚[12～16]；羧酸，例如脂肪酸、环烷酸和石油氧化物[17～20]；烯基膦酸和烯基硫代磷酸[21～23]。有时使用不同类型的混合酸制备清净剂[24]。这些酸与无机碱(例如金属氧化物、金属氢氧化物和金属碳酸盐)反应生成盐[7]。使用的金属量(化学计量)可以等于或超过完全中和酸所需的量。当金属以化学计量存在时形成中性盐，称之为中性清净剂或皂。如果金属以过量形式存在，称为碱性、过碱性或超碱性清净剂[7,25]。着重说明的一点是碱性清净剂中过量的金属是以胶体形式存在，因此它和中性清净剂一样是清澈均匀的液体[26]。金属磺酸盐、金属酚盐和金属羧酸盐的常见化学式如图4.2所示。

$(RSO_3)_aM \cdot xM_bCO_3 \cdot yM(OH)_c$ $(RPhO)_aM \cdot xM_bCO_3 \cdot yM(OH)_c$

碱性磺酸盐 碱性酚盐

$(RCOO)_aM \cdot xM_bCO_3 \cdot yM(OH)_c$

碱性羧酸盐

金属M一价时，a、$c=1$，$b=2$；金属M二价时，a、$c=2$，$b=1$

图4.2 清净剂常规化学式

（改写自Rizvi，S. Q. A.《添加剂和添加剂化学》，《ASTM燃料和润滑剂手册》）

碱性清净剂中的过碱性组分以金属氢氧化物、金属碳酸盐形式或者两种共同存在。对于中性清净剂来说，图4.2化学式中x和y的值为0；对于过碱性程度低的清净剂，例如碱值50或者更少，x可能是0，y可能是小的数值，或x和y均是较小的数值。这暗示着轻微过碱性化清净剂或是不含碳酸盐，或是含氢氧化物和碳酸盐的混合物。高过碱性清净剂总是含有大量的碳酸盐作为储备碱剂。在这种情况下，y值小而x值很高。在有些情况下，x值可高达20，甚至更大。总之，每当量的酸对应的过碱性的量，含金属氢氧化物的清净剂总是低于含金属碳酸盐的清净剂。

4.3 清净剂参数

清净剂通过金属比、硫酸盐灰分、过碱度化程度、皂含量和总碱值(TBN)来进行化学描述[7]。

金属比定义为总金属含量与有机酸基质所含的金属量之比，硫酸盐灰分是清净剂用硫酸处理和焚烧产生的灰渣。清净剂中所有的有机物质燃烧，留下的为金属硫酸盐灰分。硫酸盐灰分来自于金属氢氧化物和金属碳酸盐，或通过金属磺酸盐的氧化降解的金属化合物与硫酸的反应。金属清净剂不是唯一产生硫酸盐灰分的添加剂，润滑油中其他含金属添加剂也会导致硫酸盐灰分的产生，这类添加剂包括金属羧酸盐、金属二烷基二硫代磷酸盐如二烷基二硫代磷酸锌，前者有时可以作为减摩剂和腐蚀抑制剂，而后者通常用作抗氧抗磨剂。由于这些金属化合物可导致燃烧形成无机物质(灰分)，配方设计者必须知道配方的金属含量，以抵消可能发生的任何问题。这是因为润滑油经过活塞环区域(例如活塞环后面的顶环槽和顶环台)时经历火焰和高温，润滑油燃烧产生灰分。灰分是不受欢迎的，因为它被认为会形成沉积物。硫酸盐灰分是用来评估润滑剂中金属含量的方法之一，ASTM标准D482和D 874中描述了确定硫酸盐灰分的测定方法[27]。

过碱度化程度是指金属总价数除以酸根总价数。这通常可以表示成转化率，即表示无机物质相对于有机物质的数量。转化率是碱的总价数除以酸的总价数再乘以100[7]。皂含量是指中性盐在清净剂组成中的百分数。

清净剂的TBN值反应其酸中和能力。对碱性磺酸盐和膦酸盐清净剂而言，只有碱性部分碳酸盐和氢氧化物(见图4.2)才具有这种酸中和能力。中性金属磺酸盐和膦酸盐，如皂化物没有这种能力。尽管如此，对于碱性羧酸盐、水杨酸盐和酚盐而言，皂化物同样具有酸中和能力。这是因为，磺酸盐和膦酸盐是强酸强碱盐，而金属羧酸盐、金属水杨酸盐和金属酚盐是强碱弱酸盐，这使它们成为路易斯碱，因此具有酸中和能力。

可通过一个假定分子式为$(RSO_3)_v Ca_w (CO_3)_x (OH)_y$的清净剂的清净参数来分析。在这个分子式中，$v$、$w$、$x$和$y$分别表示磺酸盐基团的个数、钙原子数、碳酸盐基团数和羟基数。金属比指每个酸价的金属总价，对这个清净剂来说是$2w/v$。系数2表示钙的二价。对单价金属如钠和钾而言，金属比为w/v。过碱度化程度或转化率等于金属比乘以100，单价金属是$(w\times100)/v$，而二价金属是$(2w\times100)/v$。中性清净剂或皂化物，碱度为100，因为碱价和酸价的比为1。对于这种清净剂的皂含量可以用下式来计算：

$$\text{皂含量}=\frac{\text{分子量}[(RSO_3)_2Ca]\times100}{\text{有效分子量}} \tag{4.1}$$

有效分子量是指构成分子$(RSO_3)_v Ca_w (CO_3)_x (OH)_y$所有原子的量，如果存在稀释液的话还要加上稀释液。稀释液一般为不能磺化的附属烷基化物或特意添加的稀释油。如果必须要加油的话，大多数过程尤其是在制备碱性清净剂过程中是在反应开始时加入到反应物中。稀释液的存在被认为可以促使胶束的形成，因此会使合成过程更加有效。反应后加入油没有什么效果。

TBN代表清净剂的酸中和能力。在添加剂和组成的润滑油中，TBN用添加剂的mgKOH/g来表示[27]。测定碱值的方法在ASTM标准D974中进行了描述[28]。对于磺酸盐和膦酸盐清净剂而言，碱值可以通过中和酸后过剩金属的总价数来计算，即$(2w-v)$，根据公式(4.2)。

$$\text{TBN(mg KOH/g)}=\frac{2(w-v)\times56100}{\text{有效分子量}} \tag{4.2}$$

为了计算单价金属磺酸盐的碱值，仅用式(4.2)中的$(w-v)$就可以了。对二价金属的羧酸盐、水杨酸盐和酚盐，其碱值可通过式(4.3)来计算。

$$\text{TBN(mg KOH/g)}=\frac{2(w)\times56100}{\text{有效分子量}} \tag{4.3}$$

对单价的羧酸盐、水杨酸盐和酚盐清净剂，分子将是$w\times56100$。如前所述，硫酸盐灰分是指清净剂用硫酸处理后的混合物燃烧后生成固体金属硫酸盐的量。二价和单价金属的理论硫酸盐灰分可用以下公式计算。式(4.4)是对于二价金属，式(4.5)是对于单价金属。

$$\text{硫酸盐灰分}=\frac{w\times M_2SO_4\text{ 的分子量}\times100}{\text{金属 M 的原子量}\times\text{有效分子量}} \tag{4.4}$$

$$\text{硫酸盐灰分}=\frac{0.5w\times M_2SO_4\text{ 的分子量}\times100}{\text{金属 M 的原子量}\times\text{有效分子量}} \tag{4.5}$$

4.4 清净剂

各种有机酸用来合成清净剂。这些有机酸包括烷基芳烃磺酸、烷基酚、烷基水杨酸、脂肪酸以及烯基磷酸。烷基芳烃磺酸，如烷基苯磺酸和烷基萘磺酸，是由烷基苯和烷基萘分别同磺化剂反应制得。烷基芳烃是通过对芳烃如苯和萘的烷基化制得[29~33]。为了制备合成磺酸盐，苯或萘首先烷基化，然后磺化。烷化剂是卤化物或烯烃。烯烃可以是α－烯烃、内烯烃或低聚烯烃如聚丙烯和聚异丁烯，通常需要一种酸催化剂，可以从许多酸中选择一种。这些酸包括无机酸如硫酸和磷酸，路易斯酸如$AlCl_3$和BF_3，有机酸如甲烷磺酸及其混合物[32,33]。一些无机酸如硫酸也可以负载在固体物如酸性白土或硅土上进行使用。固体酸催化剂在反应结束后不需要像其他催化剂那样进行中和处理，只需过滤除去即可。沸石和相关的混合金属氧化物同样具有固体烷基化催化剂的优点[30,31]。另一类催化剂，典型的是 Amberlysts®，是芳烃聚合衍生物磺酸[31,34]。尽管具有不溶、易去除及多用途等优点，但是它们同样有缺点，那就是价格昂贵。应该指出的是并不是所有的催化剂在所有的烷基化中具有相同的催化效果。

烷基芳烃磺酸是从烷基芳烃如烷基苯和烷基萘经过磺化制得，或从石油炼制中所得。烷基苯和烷基萘通过加入磺化剂转变成相应的磺酸。这样得到的磺酸称为合成磺酸。烷基苯磺酸也可以从石油炼制中得到，所得到的就被称作天然磺酸。用合成磺酸制得的清净剂叫合成磺酸盐，而用那些天然磺酸制得的清净剂叫天然磺酸盐或石油磺酸盐。

制备合成磺酸的步骤见图 4.3。烷基苯和烷基萘被接枝的程度通常被称为烷基化，它们的衍生就像我们从 α－烯烃到内烯烃再到低聚烯烃一样增加衍生。烷基化程度越高意味着磺化效率低，但其最终磺酸盐清净剂具有好的油溶性。烷基芳烃磺酸盐常用的原料是 SO_3、发烟硫酸及氯代磺酸[35]。发烟硫酸是 15%～30% 的 SO_3 溶解在浓硫酸中。一般而言，烷基化物溶解在如正己烷和庚烷的烃类溶剂中，同磺化剂进行反应，得到的是单烷基磺酸和双烷基或多烷基磺酸的混合物。双烷基磺酸和多烷基磺酸由于其金属盐的高极性会使油溶性变差，因此必须要除去，可以通过水洗去除。双烷基磺酸和多烷基磺酸要除去的另外一个原因是，它们同多价金属反应时，可能会生成聚合盐，通常情况下也会使油溶性变差。

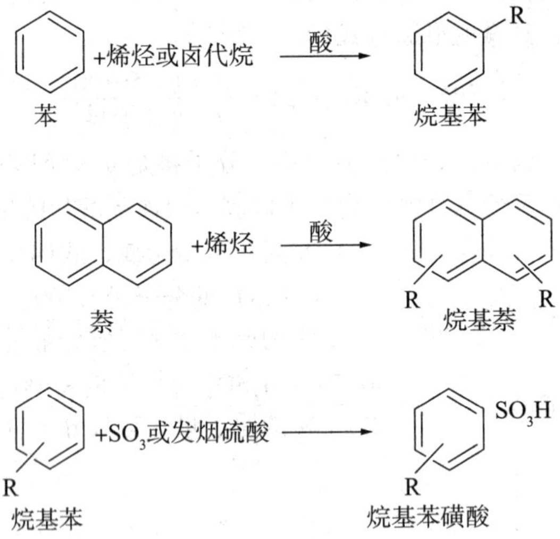

苯 +烯烃或卤代烷 —酸→ 烷基苯（R）

萘 +烯烃 —酸→ 烷基萘（R，R）

烷基苯（R） +SO_3或发烟硫酸 ——→ 烷基苯磺酸（SO_3H，R）

图 4.3　磺酸基体的合成

并非所有物质都会被磺化。就烷基苯而言，含有多烷基苯的如三烷基苯或多支链双烷基苯就不易被磺化。它们很难磺化的原因是在易磺化的位置空间位阻较大。单烷基苯没有这些缺点因此较易被磺化。一般而言，支链烷基苯要比直链烷基苯磺化速度慢。图 4.4 列出了易磺化和不易磺化的烷基苯结构。

对于萘而言，由于它的双环特性，空间位阻的因素并不重要。除了非常高度烷基化的萘外，烷基可以连接到不同的芳基环上。市售的 NA－SUL®是基于烷基萘化学组成的产品。

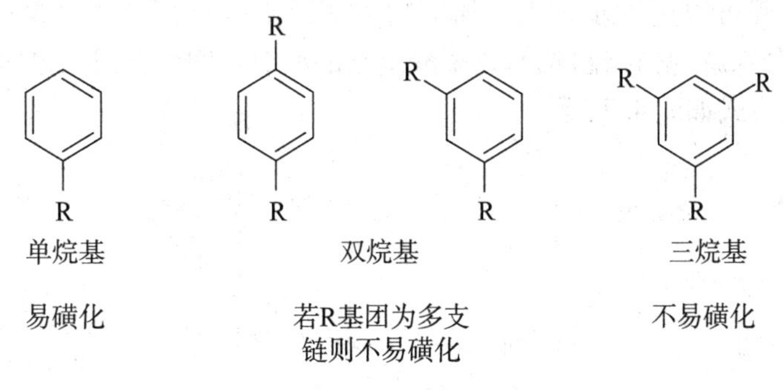

图 4.4 烷基苯结构

在炼油过程中，原油用磺化剂如 SO_3 或发烟硫酸进行洗涤[36]。原油含有活性的不饱和物包括多键物和烷基芳烃，它们同 SO_3 或发烟硫酸进行反应。这是一个理想的步骤，因为含有不饱和物和芳烃的油对氧化分解具有更大的感受性，这将导致积炭的形成，进而造成设备故障[5,23,37~42]。一个类似的工艺被用来从石油中制备药用白油。在随后的反应中，磺酸组分同氢氧化钠反应将酸转变成钠盐。这些盐通过水洗来提取被用在许多消费产品中的绿酸皂。残留的不溶水性物质用乙醇进行萃取，这将分离出在制备清净剂中有用的磺酸皂。制备过程如图 4.5 所示。

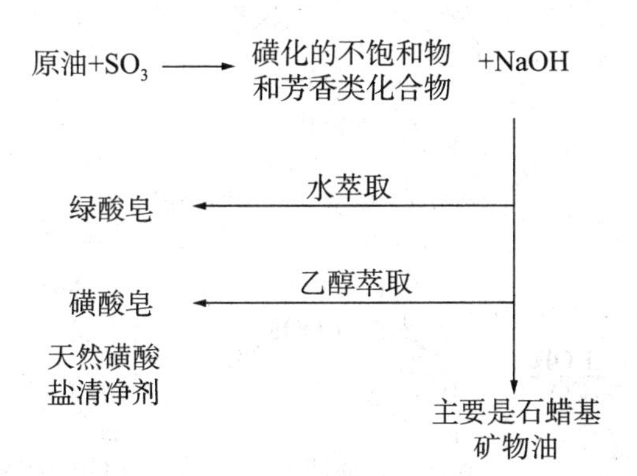

图 4.5 天然磺酸钠的分离

烷基酚的制备类似于烷基苯，即在酸催化剂存在的条件下将苯酚用烯烃来烷基化。优选催化剂为硫酸、三氯化铝和三氟化硼[39~42]。烷基酚既可以直接转化成其中性或碱性盐，也可以与硫粉或 SCl_2 反应形成硫化烷基酚，或与甲醛反应形成亚甲基耦合烷基酚。过程如图 4.6所示。

烷基水杨酸是由烷基酚同碱金属如钾进行反应，所得酚盐和 CO_2 通过著名的 Kolbe - Schmitt 反应而得羧酸盐[43]。如同天然磺酸盐的制备过程一样可以得到碱金属盐。

这些羧酸盐必须用无机酸中和游离酸来制备清净剂，或直接与金属卤化物如氯化钙或氯化镁反应生成钙、镁皂[44]。

烯基膦酸和烯基硫膦酸类清净剂很少使用。这类酸是通过不同分子量的聚异丁烯与五硫化二磷反应随后其加合物水解后制得[45,46]。其中加合物被认为是从五硫化二磷到聚烯烃以 ene 型增长而得。这种类型的增长不会导致失去双键，但会沿着碳链的方向改变双键的位置。至少在理论上讲，如果反应中没有空间位阻效应，ene 产品可以同另一五硫化二磷分子进行反应，这个过程可以进一步扩大。加合物用蒸汽来水解，可获得含有完全水解的(无硫)烯基膦酸和部分水解的(含硫)烯基硫膦酸复杂的酸混合物。合成烷基水杨酸、烯基膦酸和烯基硫膦酸的反应式如图 4.7 所示。

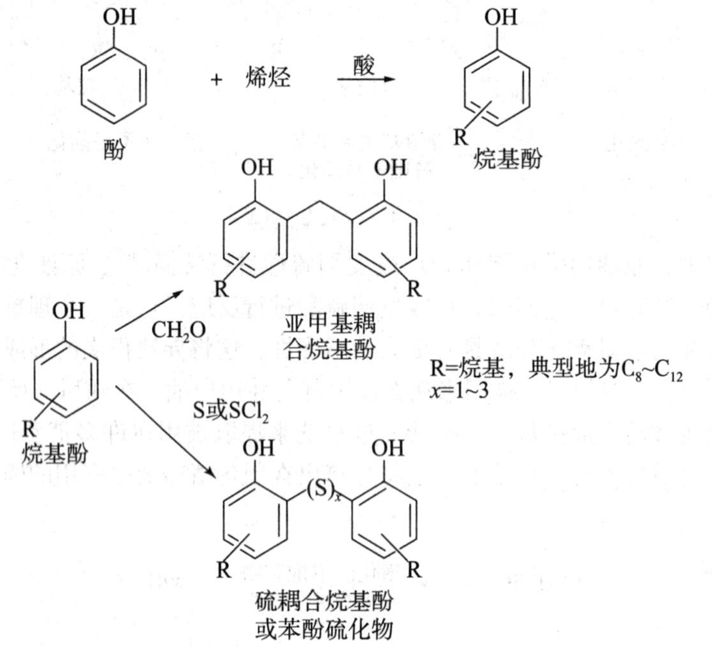

酚 + 烯烃 —酸→ 烷基酚

烷基酚 —CH_2O→ 亚甲基耦合烷基酚

烷基酚 —S或SCl_2→ 硫耦合烷基酚或苯酚硫化物

R=烷基，典型地为C_8~C_{12}
x=1~3

图 4.6　烷基酚基体的合成

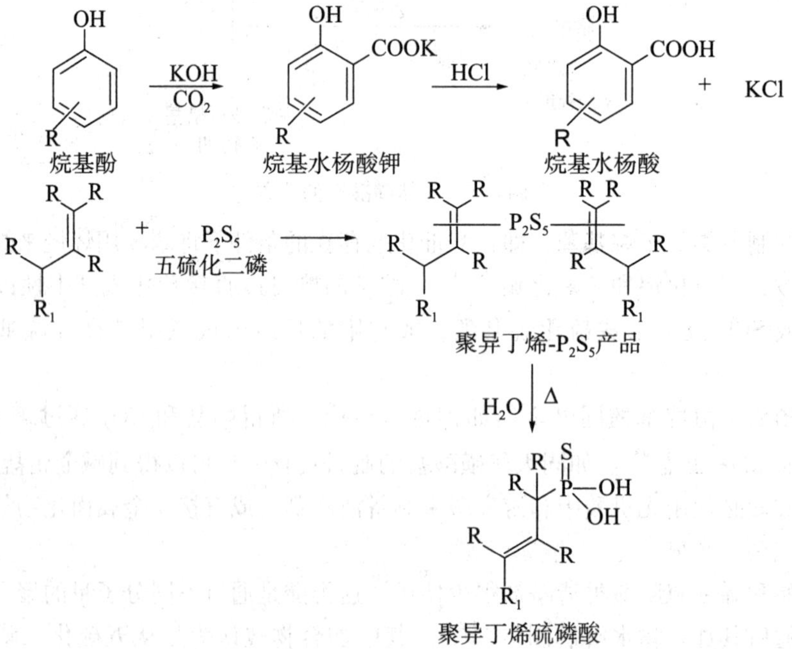

烷基酚 —KOH, CO_2→ 烷基水杨酸钾 —HCl→ 烷基水杨酸 + KCl

+ P_2S_5 五硫化二磷 ——→ 聚异丁烯-P_2S_5产品 —H_2O, Δ→ 聚异丁烯硫磷酸

图 4.7　烷基水杨酸和烯基硫膦酸的合成

碱性清净剂可以不通过有机酸来制备，目前已有这类进展的报道[47,48]。可以被高碱度化的有机基体包括有机胺、多胺、醚类及有机硫化物(如硫烯)。已报道的仅有用碱金属作用的高碱性材料。

4.5 中性和碱性清净剂的合成

清净剂的制备是通过有机酸和金属碱例如金属氧化物或者金属氢氧化物进行反应来完成的。通常，有机酸和无机碱之间的反应由于两者接触不好导致反应难以进行，一种被称为促进剂的物质就被用来促进盐的生成以及随后的碳酸化反应或者其他相关反应。常用的促进剂包括氨水、低分子量羧酸如甲酸或者乙酸，低分子量烷基酚，还有其他极性化合物如硝基烷烃和咪唑啉。关于促进剂的详细列表可参见文献[49]。大部分促进剂都要和水复合起来使用，除了高温过碱度化反应时水由于及时被排出而无法起到促进作用。此时，醇类例如2－乙基已醇或异辛醇，以及烷基酚等具有高沸点的促进剂被使用。当水作为促进剂体系的一部分存在时，它既可以是加入的水也可以是由中和反应生成的水。促进剂都是具备表面活性的，也就是说，它同时含有亲水基如羟基或羧基功能团和一个具有适度链长的烷基以赋予该分子疏水特性。

并非所有促进剂对过碱度化反应都有效，必须通过实验来选择适宜的促进剂体系。对于低温过碱度化反应(≤100℃)，常使用醇－水混合物；对于高温过碱度化反应(≥100℃)，常用低分子量烷基酚。按照这两种工序得到的清净剂结构不同，相关测试性能也不同。促进剂在过碱度化反应中的作用还没有得到很好的理解，一种观点认为促进剂会优先与金属碱反应生成烷氧基化合物或酚氧基化合物，此类物质再将金属转移给基质，由此促进成盐和过碱度化进程。另一种观点则认为促进剂的作用是作为表面活性剂和润湿剂，通过增进金属碱和基质的相互接触，借以促进反应的进行。第二种观点肯定比第一种更加合理。但在高温过碱度化反应中，由于该反应通常在无水状态下进行，因此第一种观点可能更加可取。

尽管有很多种金属能够被制成中性盐皂，但只有少部分能够形成油溶性碱性清净剂。这些金属包括元素周期表中Ⅰ族金属的锂、钠、钾和Ⅱ族金属的镁、钙、锶和钡。铝是Ⅲ族中唯一能够过碱度化的金属。锌、铜、镉、钼、铜、锰、钴、镍和铁这些过渡族金属与磺酸、烷基酚和环烷酸等反应成盐的例子在相关专利文献中都有报道[19,50,51]。金属的过碱度化能力与其碱性强度有关：碱性越强，越容易被过碱度化。对于Ⅰ族金属，从锂到钠再到钾，碱性依次增强，因此钾比锂更容易过碱度化；对于Ⅱ族金属，从镁到钙到锶再到钡，碱性依次增强，所以钡比镁更容易过碱度化。

非氢氧根和碳酸根的阴离子与金属也可衍生得到多种类型清净剂，文献中都曾报道过，这些阴离子包括亚硫酸根、硫酸根、硫代硫酸根、硼酸根和磷酸根[39,49,52~55]。这些清净剂既可以通过用相应的阴离子取代碳酸盐清净剂中的碳酸根离子来获得，也可以在过碱度化时直接采用预定阴离子来获得。例如，要想获得过碱度化亚硫酸盐清净剂，可以在过碱度化反应时吹入二氧化硫，也可以用二氧化硫来置换碳酸盐清净剂中的二氧化碳。由此得到的亚硫酸盐清净剂采用氧气或过氧化氢等含氧源进行氧化即可生成硫酸盐清净剂，该亚硫酸盐还可以与硫元素进行反应形成硫代硫酸盐[49,52,53]。硼酸盐和磷酸盐的过碱度化合物通过反应过程中使用硼酸或者磷酸就能得到[54,55]。

一般的工业用清净剂有钙盐、镁盐、钠盐和钡盐，此处金属按照优先权顺序排列。如上所述，中性清净剂由酸性基质与化学剂量的金属碱反应而成，过碱度清净剂是在二氧化碳存在下将基质与过量的碱反应而成。要将天然磺酸或烷基水杨酸制成钙盐或镁盐，必须要对工业上得到的碱金属(钠和钾)盐(见图4.5和图4.7)采用无机酸进行处理使其转变为游离酸，再与氧化镁或氢氧化钙进行反应。另外，碱金属盐可以通过与金属氯化物进行复分解反应直接转化为镁盐或钙盐，示意图如图4.8所示。为了得到天然的磺酸盐清净剂，首先要将石油磺酸皂和金属氯化物如氯化钙进行反应，将磺酸钠转化为磺酸钙，再按需求过碱度化。由于具有大量支链，石油磺酸盐的油溶性比同等分子量的合成磺酸盐好。图4.9列出了几种清净剂的理论结构。

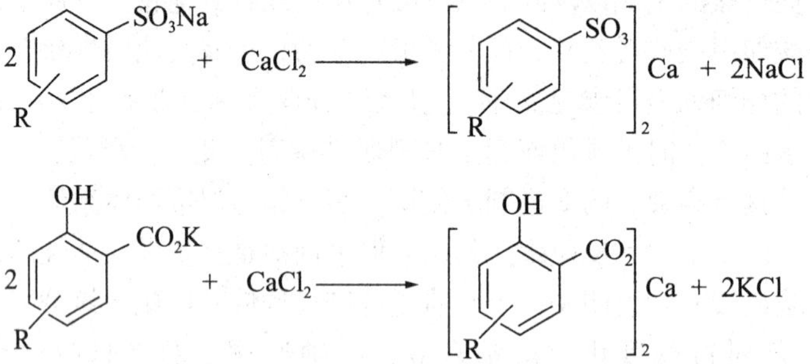

图4.8　复分解反应

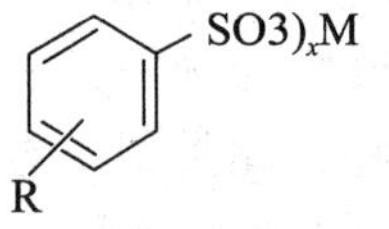

烷基苯磺酸金属盐 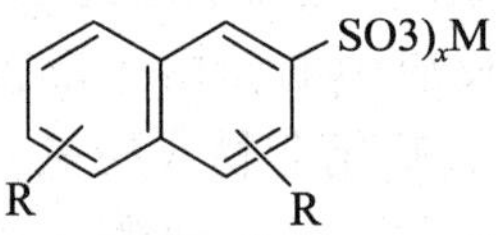　烷基萘磺酸金属盐 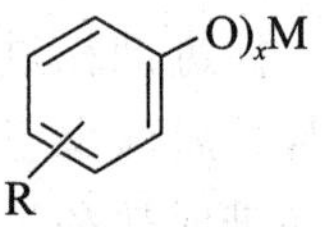　烷基酚金属盐

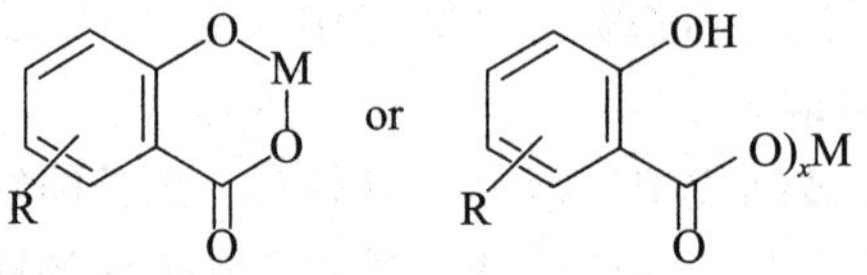

烷基水杨酸金属盐

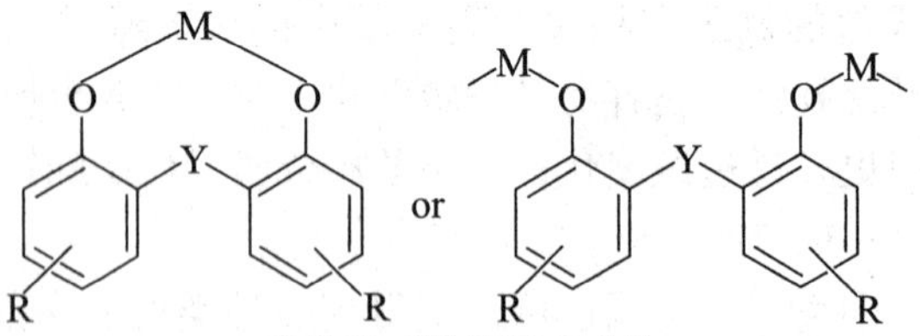

硫化和亚甲基桥式酚盐

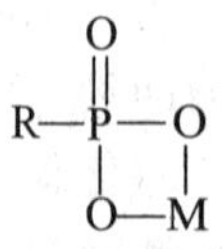

磷酸金属盐 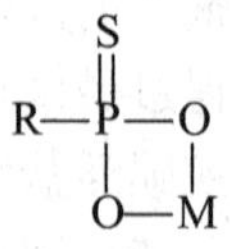　硫代磷酸金属盐 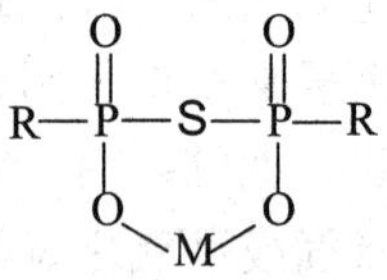　硫代焦磷酸盐

图4.9　中性盐(皂)的理想结构

过碱度化清净剂可以采用两步法工艺或一步法工艺。通常，一步法工艺要优于两步法工艺。两步法工艺中首先要制备中性盐或皂，随后再过碱度化。一步法工艺中，加入了过量金属碱，一旦完全生成中性盐，就开始通入二氧化碳进行碳酸化。二氧化碳停止吸收后，即可认为反应完全，可以对产品进行分离处理。图 4.10 对这两种工艺进行了概述。在制造过碱度化天然磺酸盐和烷基水杨酸盐时，可以通过碱金属盐与金属氯化物的复分解反应和过碱度化反应来获得。副产物碱金属氯化物在过碱度化反应完成前不需要进行分离，在最后过滤去除未反应的碱和其他微粒时，这些氯化物会一并被除去。

两步法工艺:

基质 + 金属氧化物或氢氧化物 ⟶ 中性盐

M_xO　　$MO(OH)_y$

化学计量的碱

中性盐 —碱，CO_2 或无 CO_2→ 碱性或过碱度盐

一步法工艺:

基质 + 金属氧化物或氢氧化物 $\xrightarrow[\text{或无}CO_2]{CO_2}$ 碱性或过碱度盐

M_xO　　$MO(OH)_y$

过量碱

碱性盐=中性盐 · M_xO, $M(OH)_y$, 或M_xCO_3

M=Na, Mg, Ca 或 Ba;

x=1 且 y=2 : Mg, Ca 和Ba (二价金属);

x=2 且 y=1 : Na, (一价金属)。

图 4.10　碱性清净剂的制备过程

前面已经提到，通常可用于制备中性或碱性清净剂的金属包括钠、钾、镁、钙、和钡。钙和镁被大规模作为润滑油添加剂使用，钙由于成本低更是首选。钡盐清净剂由于钡的毒性已经被限制。技术上而言，金属氧化物、氢氧化物和碳酸盐都可以用来生产中性(未过碱度化)清净剂，对于未过碱度化的清净剂，优先采用氧化物和氢氧化物，氢氧化钠、氢氧化钙和氢氧化钡常被用来生产钠盐、钙盐和钡盐清净剂。而对于镁盐清净剂，采用氧化镁更合适一些。

在钙盐清净剂的合成过程中，过碱度化反应通常会在所有金属碱转化为碳酸钙前结束。因此，过量的碱以氢氧化钙和碳酸钙混合物的形式存在。碳酸钙是占绝大多数的，如果使用二氧化碳时反应过量，目标产物无定形碳酸钙将会转变为结晶型碳酸钙。结晶型碳酸钙在过碱度体系中的溶解度较低，因此无法与反应体系相容，最终得到非油溶性的胶状产品。这种产品不能用作润滑油添加剂，但可以作为流变控制剂用于涂料技术。困难在于如何使它们的研究基础具有连续性。路博润公司的 Ircogel 产品线就提供这种烷基苯磺酸盐产品。胶状羧酸盐和固体钙胶束的复合物已经有专利文献报道[56~58]。

碱性清净剂中含有以胶束形态进入清净剂的储备碱，这些碱如碳酸钙通常认为是被皂分

子以胶囊状态包裹，这样的结构使得皂的极性基(磺酸盐、酚盐和羧酸盐)与碳酸盐相连，而烷基部分和油接触(见图4.11)。这些碱主要用于中和燃料油和润滑油氧化生成的酸，以及中和那些热力学不稳定的添加剂氧化和热分解生成的酸。

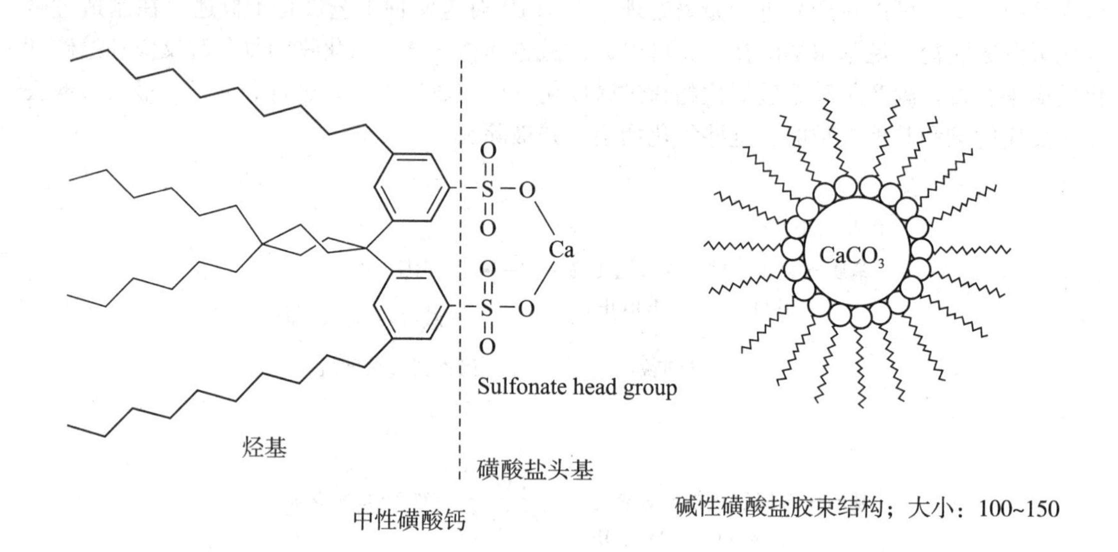

图4.11　清净剂的胶体结构

部分清净剂按照市场需求被制成中性或者未过碱度化的，然而，大部分产品中都含有少量的储备碱存在，换言之，它们只是过碱度到一定程度而已。这意味着没有必要去过碱度化，其储备碱可由生产时加入的碱中未反应的部分提供。举个例子，市售中性磺酸盐的碱值在30左右，储备碱通常以氢氧化物如氢氧化钙的形式存在。碱性或过碱度清净剂的碱值更高，典型值在200~500，储备碱主要以碳酸盐形式存在。

烷基酚钙清净剂的制备比镁盐清净剂要容易，由于烷基酚是弱酸，氧化镁是弱碱，因此这两者的反应不容易进行。为得到中性盐，必须先将烷基酚和一个强碱如烷氧基镁反应。烷氧基镁可以通过金属镁与甲醇等高活性醇类反应得到。但由于副产物氢气的产生和金属镁价格引起的生产成本过高，该方法存在一定风险。一旦形成中性盐或皂，过量的醇就被甲苯、矿物油等惰性溶剂在过碱度化反应之前替换。当然，也可以采用高温过碱度工艺，此时低分子量烷基酚作为促进剂[59]。亚甲基桥式和硫化桥式烷基酚的酸性比常规烷基酚要强，与氧化镁的反应不存在问题，形成中性或者过碱度镁盐也没有困难。烷基酚不管是桥式还是非桥式，形成中性或者碱性烷基酚盐都很容易，这是由于氢氧化钙的碱性很强，能够迅速与烷基酚发生反应。其他酸例如烷基水杨酸、脂肪酸、烯基取代膦酸，与钙和镁的碱进行反应都不存在问题。

几种常见中性和过碱度碳酸盐清净剂的合成过程在图4.12~图4.17中已经列出。磺酸盐、水杨酸盐和羧酸盐在工业上常被制成钙盐或镁盐，膦酸盐主要是钙盐。一些特殊磺酸盐，例如NA-SUL BSB，则是以钡盐存在。酚盐清净剂以钙盐居多，膦酸盐清净剂中钙盐和钡盐较多。碱性磺酸钙盐占据了整个清净剂市场65%左右的份额，酚盐清净剂占据约31%的份额。

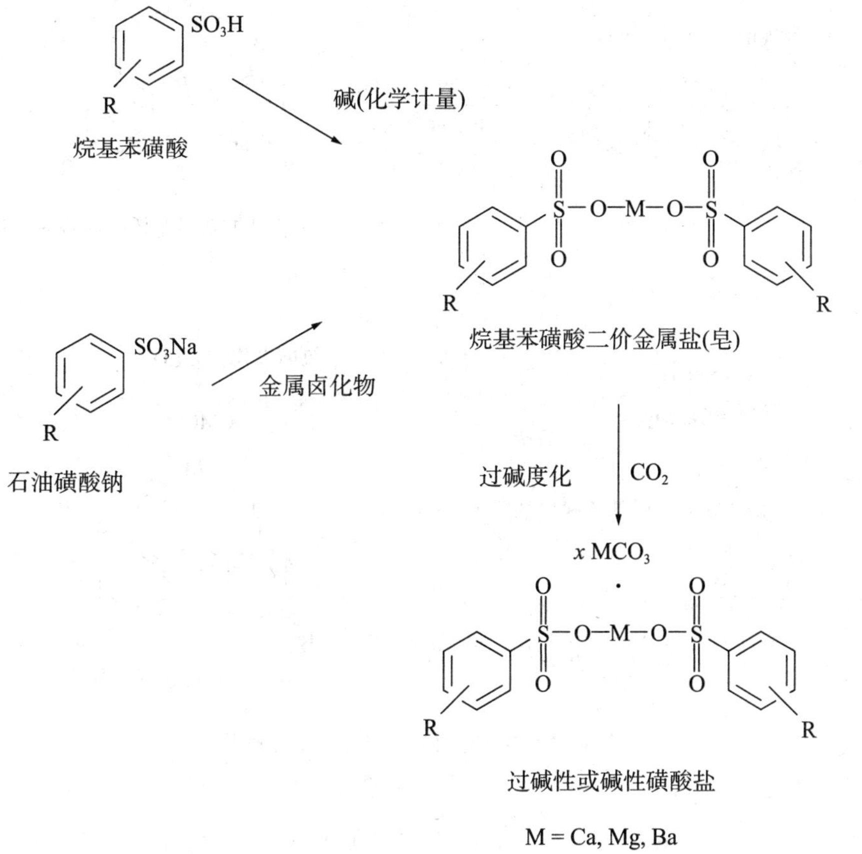

SO_3H

R

烷基苯磺酸

碱(化学计量)

O O

S—O—M—O—S

O O

R R

烷基苯磺酸二价金属盐(皂)

SO_3Na

R

金属卤化物

石油磺酸钠

过碱度化 CO_2

$x\,MCO_3$

·

O O

S—O—M—O—S

O O

R R

过碱性或碱性磺酸盐

M = Ca, Mg, Ba

图 4. 12 合成中性或碱性磺酸盐

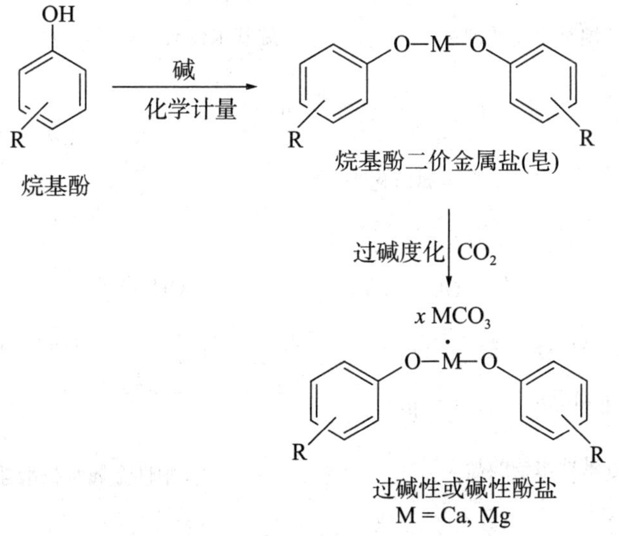

OH

碱

化学计量

R

烷基酚

O—M—O

R R

烷基酚二价金属盐(皂)

过碱度化 CO_2

$x\,MCO_3$

·

O—M—O

R R

过碱性或碱性酚盐

M = Ca, Mg

图 4. 13 合成中性或碱性酚盐

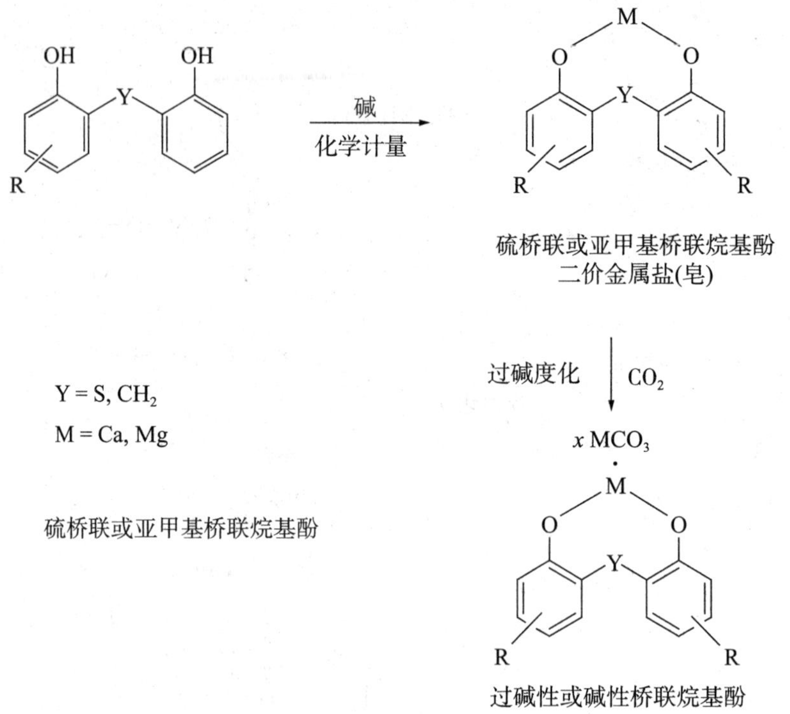

OH OH
Y
R
碱
化学计量
M
O O
Y
R R
硫桥联或亚甲基桥联烷基酚
二价金属盐(皂)

$Y = S, CH_2$
$M = Ca, Mg$

硫桥联或亚甲基桥联烷基酚

过碱度化 CO_2

$x\,MCO_3$
·
M
O O
Y
R R
过碱性或碱性桥联烷基酚

图 4.14　合成中性或碱性桥联烷基酚盐

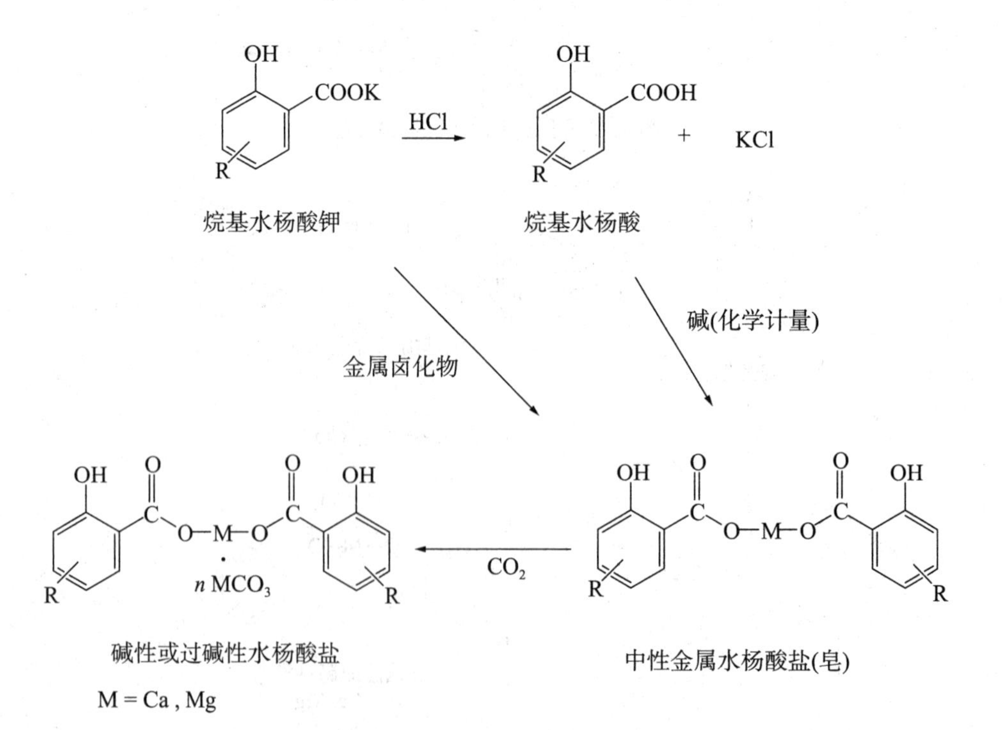

图 4.15　合成中性或碱性水杨酸盐

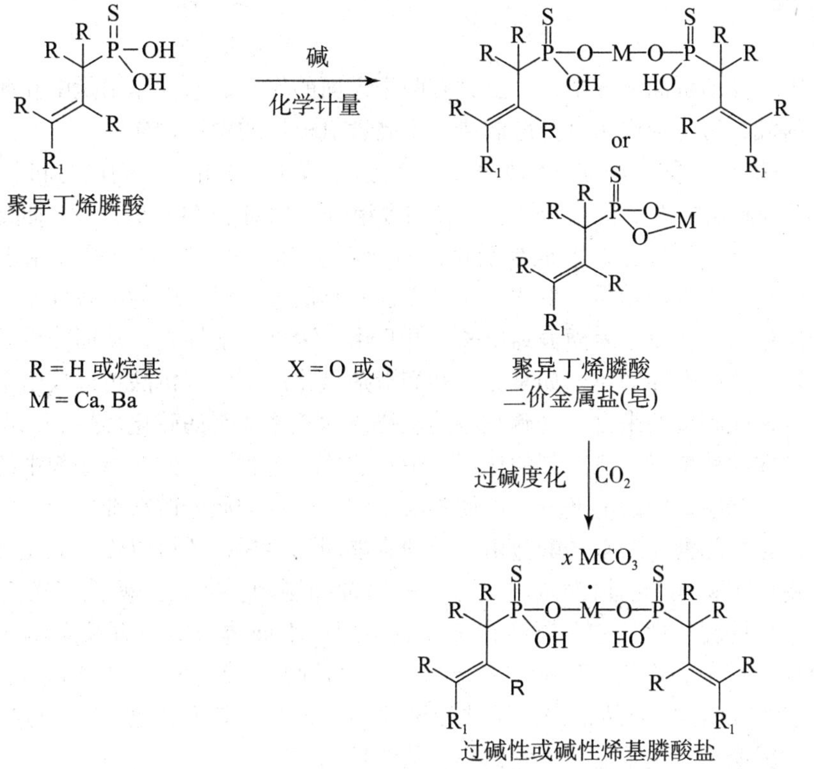

碱

化学计量

聚异丁烯膦酸

or

R = H 或烷基

M = Ca, Ba

X = O 或 S

聚异丁烯膦酸
二价金属盐(皂)

过碱度化 CO_2

$x\,MCO_3$

过碱性或碱性烯基膦酸盐

图 4.16　合成中性或碱性磷酸盐

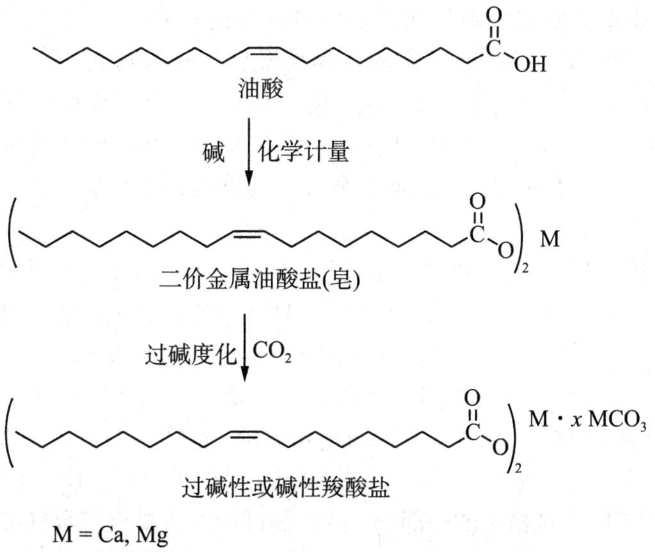

油酸

碱　化学计量

二价金属油酸盐(皂)

过碱度化 CO_2

过碱性或碱性羧酸盐

M = Ca, Mg

图 4.17　合成中性或碱性脂肪族羧酸盐

4.6 测试

清净剂用于发动机油配方中，主要具有两个方面的作用。一种作用是中和润滑油氧化和热分解生成的酸，另一种作用是分散润滑油中高含氧极性的中性物质。

润滑油中的组分(如基础油、添加剂、黏度指数改进剂)由于它们的有机特性容易被氧化。API Ⅰ类基础油中由于含有芳烃组分和烯烃组分，相对于API Ⅱ、API Ⅲ类基础油更易被氧化。这些化合物被氧化，形成高活性过氧化物和自由基[6]，并开始氧化连锁反应，结果是润滑油中高含氧极性物质的氧化变质，而这些物质在润滑油中的溶解性差。这些酸性的和中性的物质趋向于在设备表面分离出来，并且由于因其溶解性差，从而妨碍了各种设备部件的正常运转。这些酸性物质，如氧化硫和润滑剂氧化产生的有机酸可以攻击金属表面，并导致腐蚀。氧化硫和硫酸来自于含硫燃料的燃烧或含硫添加剂如硫化烯烃、二烷基二硫代磷酸锌的氧化。在这种情况下清净剂的作用是中和这些引起腐蚀的酸，清净剂中的储备碱主要发挥这种作用，清净剂中的皂部分可以使不溶于油的极性物质分散在油中。

酚盐、硫化烷基酚盐及水杨酸盐由于苯酚官能团的存在，还可以作为氧化抑制剂。酚盐以其氧化抑制作用著称[5]。清净剂也是有效的腐蚀抑制剂，尤其是碱性清净剂[25,26]，它们不但能中和生成的腐蚀性的酸，还能在金属表面形成表面薄膜隔离腐蚀介质[6]。清净剂中碳酸盐部分执行酸中和作用，皂盐部分形成表面保护膜。NA－SUL 729®和NA－SUL CA－50®是属于这类缓蚀剂的商品，评估锈蚀和腐蚀的测试在别处有描述[3,6]。脂肪酸衍生的清净剂是良好的减摩剂，主要是因为它们皂盐的线性结构[6]。

清净剂主要用于发动机油中，在发动机油中用量占其总用量的75%以上。船用柴油机油的清净剂含量最高，因为船用发动机使用含硫量高的燃料，从而导致高酸性燃烧产物如硫酸的产生。这些发动机的润滑油要求高碱储备的高碱值清净剂。

各种专利和行业建立测试来确定润滑油中清净剂的有效性。在北美使用的汽油发动机油，这些测试包括CRC L38、TEOST(发动机油高温氧化模拟测试[60])、ASTM程序IIIE/IIIF、ASTM程序VE/VG。对于欧洲发动机油，除了执行除了ASTM程序IIIE/IIIF和程序VE/VG，Peugeot TU3M高温试验和MB M111黑色污泥试验也是必需的。这些测试是ACEA 2002标准中的部分内容。该标准还限制了硫酸盐灰分，其直接影响在配方中使用的清净剂，因为它是硫酸盐灰分主要贡献者。

在北美地区使用的柴油发动机油通过单缸和多缸发动机试验来进行评价，单缸发动机试验包括CRC L－38和Caterpillar 1K、1M－PC、1N、1P和1R发动机试验。CRC L－38测试的黏度要求，是API CG－4标准的一部分，Caterpillar 1K测试是API CF－4、API CH－4和API CI－4标准中的一部分。Caterpillar M－PC测试是API CF－4、API CH－4、API CI－4和美国军用油MIL－PRF－2104G规格中的一部分。Caterpillar 1N是API CG－4、API CI－4和美国军用油MIL－PRF－2104G规格中的一部分。Caterpillar 1P是API CH－4规格中的一部分。Caterpillar 1R是API CI－4规格中的一部分。这些测试的评级要求符合气缸及其零部件的整体外观，通过加权评分、顶环槽充碳率、环侧隙损失、一环台重炭率、机油耗和活塞环粘结评价。所有这些参数与活塞及其零部件上的沉积有关。多缸发动机测试确定清净剂的有效性，包括底特律6V92TA柴油发动机测试(API CF－2和MIL－PRF－2104G规格中的一部分)和Mack

M11 发动机测试(API CH－4 和 CI－4 规格中的一部分)，这两个测试分别评价清净剂控制与沉积物相关的气门塞和发动机油泥的能力。对于欧洲的使用者来说，油品必须通过测试要求如 VW1.6L TC diesel、XUD11BTE、VWDI、MB OM 364 LA 和 MB OM 441 LA。这些试验评价活塞环粘结、环塞清净性、黏度增长和过滤器堵塞。需要特别注意的是，在技术上大多数这些测试评估清净剂和分散剂的复合效能，个别添加剂的性能很难区分开来。清净剂被发现可以在自动变速箱油和拖拉机液压油中使用，这些添加剂的主要功能不是中和酸或尽量减少沉积物的形成，而是改变这些流体的摩擦性能。对于传动系统润滑油而言，这是至关重要的。

参考文献

1. Sieloff, F.X., J.L. Musser. What does the engine designer need to know about engine oils? Presented at the Detroit Section of the Society of Automotive Engineers, March 16, 1982.
2. Schilling, A. *Motor Oils and Engine Lubrication*. London: Scientific Publications, 1968.
3. Rizvi, S.Q.A. Additives: chemistry and testing. In E.R. Boozer, ed *Tribology Data Handbook—An Excellent Friction, Lubrication, and Wear Resource*. Boca Raton, FL: CRC Press, 1997, pp. 117–137.
4. Rizvi, S.Q.A. Lubricant additives and their functions. In S.D. Henry, ed. *Metals Handbook*, 10th Ed. 1992, pp. 98–112.
5. Ingold, K.U. Inhibition of autoxidation of organic substances in liquid phase. *Chemical Reviews* 61:563–589, 1961.
6. Rizvi, S.Q.A. Additives and additive chemistry. *ASTM Manual on Fuels and Lubricants.*
7. Gergel, W.C. Lubricant additive chemistry. International Symposium on Technical Organic Additives and Environment, Interlaken, Switzerland, May 24–25, 1984.
8. Rolfes, A.J., S.E. Jaynes. Process for making overbased calcium sulfonate detergents using calcium oxide and a less than stoichiometric amount of water. U.S. Patent 6,015,778, 1/18/2000.
9. Moulin, D., J.A. Cleverley, C.H. Bovington. Magnesium low rate number sulphonates. U.S. Patent 5,922,655, 7/13/99.
10. Sabol, A.R. Method of preparing overbased barium sulfonates. U.S. Patent 3,959,164, 5/25/76.
11. Hunt, M.W. Overbased alkali metal sulfonates. U.S. Patent 4,867,891, 9/19/89.
12. Robson, R., B. Swinney, R.D. Tack. Metal phenates. U.S. Patent 4,221,673, 9/9/80.
13. Brannen, C.G., M.W. Hunt. Preparation of overbased magnesium phenates. U.S. Patent 4,435,301, 3/6/84.
14. Jao, T.C., C.K. Esche, E.D. Black, R.H. Jenkins Jr., Process for the preparation of sulfurized overbased phenate detergents. U.S. Patent 4,973,411, 11/27/90.
15. Liston, T.V. Methods for preparing group II metal overbased sulfurized alkylphenols. U.S. Patent 4,971,710, 11/20/90.
16. Burnop, V.C.E. Production of overbased metal phenates. U.S. Patent 4,104,180, 8/1/78.
17. Shiga, M., K. Hirano, M. Matsushita. Method of preparing overbased lubricating oil additives. U.S. Patent 4,057,504, 11/8/77.
18. Stuart, F.A., W.A. Tyson Jr., Recovery of overbased alkaline earth metal additives from centrifugates. U.S. Patent 4,910,334, 3/20/90.
19. Ali, W.R. Process for preparing overbased naphthenic micronutrient compositions. U.S. Patent 4,243,676, 1/6/81.
20. Slama, F.J. Process for overbased petroleum oxidate. U.S. Patent 5,013,463, 5/7/91.
21. Van Kruchten, M.G.A., R.R. Van Well. Prepartion of basic salt. U.S. Patent 4,810,398, 3/7/89.
22. Weamer, G.L. Additives—A way to quality in motor oils. *Petroleum Refiner* 38:215–219, 1959.
23. Popkin, A.H. Metal salts of organic acids of phosphorus. U.S. Patent 2,785,128, 3/12/57.
24. Cease, V.J., G.R. Kirk. Prepartion of overbased magnesium sulfonates. U.S. Patent 4,148,740, 4/10/79.
25. King, L.E. Basic alkali metal sulfonate dispersions, process for their preparation, and lubricants containing same. U.S. Patent 5,037,565, 8/6/91.
26. Koch, P., A. Di Serio. Compounds useful as detergent additives for lubricants and lubricating compositions. U.S. Patent 5,021,174, 6/4/91.
27. ASTM Standards D 482 and D 874, Section 5, Petroleum Products, Lubricants, and Fossil Fuels. 1999

Annual Book of ASTM Standards. American Society of Testing and Materials.
28. ASTM Standard D 974, Section 5, Petroleum Products, Lubricants, and Fossil Fuels. 1993 Annual Book of ASTM Standards. American Society of Testing and Materials.
29. Price, C.C. *The Alkylation of Aromatic Compounds by the Friedel–Crafts Method. Organic Reactions*, Vol III. New York: Wiley, 1946, pp. 1–82.
30. Kovach, S.M. Alkylation of aromatics with olefins in the presence of an alumina catalyst. U.S. Patent 4,219,690, 8/26/80.
31. Knifton, J.F., P.R. Anantaneni, M. Stockton. Process and system for alkylation of aromatic compounds. U.S. Patent 5,770,782, 6/23/98.
32. Olah, G.A. *Friedel–Crafts and Related Reactions*. Vol II. New York: Interscience-Wiley Publishers, 1964.
33. Kirkland, E.V. Aromatic alkylation. U.S. Patent 2,754,341, 7/10/56.
34. Dwyer, F.G., Q.N. Lee. Aromatics alkylation process. U.S. Patent 5,191,135, 3/2/93.
35. Suter, C.M., A.W. Weston. Direct sulfonation of aromatic hydrocarbons and their halogen derivatives. *Organic Reactions*, Chapter 4, Vol III. New York: Wiley, 1946, pp. 141–197.
36. Bosniack, D.S., P.F. Korbach. Conversion of sulfonic acids into a hydrocarbon oil of superior oxidation stability. U.S. Patent 4,188,500, 5/12/80. (See "Background of Invention" portion of the patent.)
37. Kreuz, K.L. Gasoline engine chemistry as applied to lubricant problems. *Lubrication* 55:53–64, 1969.
38. Kreuz, K.L. Diesel engine chemistry as applied to lubricant problems. *Lubrication* 56:77–88, 1970.
39. *Kirk–Othmer Encyclopedia of Chemical Technology*, Vol. I. Alkylation of phenols. 1963, pp. 894–895.
40. *Kirk–Othmer Encyclopedia of Chemical Technology*, Vol. II. Ion exchange, New York: Interscience Publishers, 1967, pp. 871–899.
41. Merger, F., G. Nestler. Manufacture of alkylphenol compounds. U.S. Patent 4,202,199, 5/13/80.
42. Kolp, C.J. Methods for preparing alkylated hydroxyaromatics. U.S. Patent 5,663,457, 9/2/97.
43. March, J. Carboxylation with carbon dioxide, Kolbe–Schmitt reaction. In *Advanced Organic Chemistry, Reactions, Mechanisms, and Structure*, 4th Ed. New York: Wiley-Interscience Publication, 1992, Chapter 11, Section 1–20, pp. 546–547.
44. Van Kruchten, E.M.G.A., G.W.J. Heimerikx. Additives for lubricating oils and processes for producing them. U.S. Patent 5,089,158, 2/18/92.
45. Schallenberg, E.E., R.G. Lacoste. Ethylenediamine salts of thiophosphonic acids. U.S. Patent 3,185,728, 5/25/65.
46. Brois, S.J. Olefin-thionophosphine sulfide reaction products, their derivatives, and use thereof as oil and fuel additives. U.S. Patent 4,042,523, 8/16/77.
47. Huang, N.Z. Overbased products using non-ionic substrates—Chemistry and properties. Symposium on Recent Advances in the Chemistry of Lubricant Additives, Division of Petroleum Chemistry, National Meeting of the American Chemical Society, New Orleans, LA, August 22–26, 1999.
48. Huang, N.Z. Non-conventional overbased materials. U.S. Patent 5,556,569, 9/17/96.
49. Asseff, P.A., T.W. Mastin, A. Rhodes. Metal complexes and methods of making same. U.S. Patent 2,777,874, 1/15/57.
50. Hunt, M.W., S. Kennedy. Metal-containing lubricant compositions. U.S. Patent 4,767,551, 8/30/88.
51. Steckel, T.F. Process for overbasing via metal borate formation. U.S. Patent 6,090,757, 7/18/2000.
52. Cahoon, J.M., J.L. Karn, N.Z. Haung, J.P. Roski. Sulfurized overbased compositions. U.S. Patent 5,484,542, 1/16/96.
53. Asseff, P.A., T.W. Mastin, A. Rhodes. Methods of preparation of superbased salts. U.S. Patent 2,695,910, 11/30/54.
54. Steckel, T.F. Process for overbasing via metal borate formation. U.S. Patent 5,064,545, 11/12/91.
55. Bleeker, J.J., M. Booth, M.G.F.M. van Grieken, W.J. Krijnen, G.D. van Wijngaarden. Borated basic metal salt and lubricating oil composition. U.S. Patent 4,539,126, 9/3/85.
56. Jaynes, S.E., W.R. Sweet. Overbased carboxylate gels, U.S. Patent 5,919,741, 7/6/99.
57. Vinci, J.N., W.R. Sweet. Mixed carboxylate overbased gels. U.S. Patent 5,401,424, 3/28/95.
58. McMillen, R.L. Calcium containing micellar complexes. U.S. Patent 3,766,067, 10/16/73.
59. Nichols, W.P., J.L. Karn. Magnesium overbasing process. U.S. Patent 5,173,203, 12/22/92.
60. Florkowski, D.W., T.W. Selby. The development of a thermo-oxidative engine oil simulation test (TEOST). SAE Technical Paper 932837. Fuels and Lubricants Meeting and Exposition, Philadelphia, PA, October 18–21, 1993.

5 分散剂

Syed Q. A. Rizvi

5.1 引言

润滑油是由基础油和添加剂组成的。基础油源自矿物提取、人工合成或生物体。在使用方面，从石油或矿物中提取的基础油是最主要的，其次是人工合成的基础油。生物基础油是植物油和动物油，除了应用于环境友好润滑剂之外，还没有得到广泛应用，这是由于被其一些固有的缺点所限制，比如氧化稳定性和低温性能。在基础油中加入添加剂，可以增强基础油自身的性能，比如黏度，或产生一个新的属性，如清净性，而这种性能是基础油没有的。润滑油具有多项功能，包括润滑、冷却、防腐以及将不溶的污染物分散到润滑油里，以保持设备的清净[1]。虽然车用润滑油的各种功能都很重要，但是悬浮不溶污染物与保持表面的清洁是最重要的。如第4章中的“清净剂”所述，这是润滑油中的清净剂和分散剂共同作用的结果。分散剂与清净剂在三个方面不同：

(1)分散剂不含金属，但清洁剂含有金属，如镁、钙或者钡[2]，这就意味着燃烧清净剂会产生灰分而分散剂不会。

(2)分散剂几乎没有酸中和的能力，但清净剂有。这是因为分散剂要么是非碱性的，如酯类分散剂，要么是碱值比较低的，如酰亚胺或酰胺类分散剂。酰亚胺或酰胺类分散剂的碱性由结构中的胺提供，胺显弱碱性，因此有较弱的酸中和能力。相反，清净剂特别是碱性清净剂，结构中有金属氢氧化物和金属碳酸盐等强碱，能中和燃烧和氧化产生的无机酸(如硫酸和硝酸)以及氧化产生的有机酸。

(3)相对于清净剂，分散剂的分子量要高得多，大约是清净剂的有机部分(皂)分子量的4~15倍。正因为如此，分散剂比清净剂具有更好的悬浮和清洗功能。

如第4章所述，分散剂、清净剂和抗氧剂一般被称为稳定剂和沉积物控制剂，是添加剂最基本的类型。抗氧剂的目标是尽量减少沉积物前体，如过氧化氢和自由基的形成[3,4]。因为这类物质的反应活性很强，可以和润滑油中的烃类基础油及添加剂反应，形成油泥、树脂、漆膜和坚硬沉积物等。分散剂和清净剂皂部分的作用是让这些实体悬浮于润滑油里。这不仅可以控制沉积物的形成，也能减少微粒对设备的磨损和黏度的增加。当设备的润滑油被更换时，沉积物前体以及沉积物都和用过的油一同被更换。

分散剂以多种方式悬浮沉积物前体，包括以下方式：

(1)将不溶的极性的物质包结成胶束；

(2)与胶体粒子缔合，阻止胶体粒子聚集和从溶液中析出；

(3)悬浮润滑油中已经形成的聚集体；

(4)改性烟炱颗粒防止其聚集。因为聚集将导致润滑油变稠，这是重型柴油发动机油的典型问题[5,6]；

(5)降低极性物质的表面或界面能，以防止它们吸附到金属表面。

5.2 沉积物的性质及其生成模式

润滑油的各种组分，包括基础油、添加剂和聚合物黏度改进剂等，经氧化降解后产生很多不溶的杂质。发动机油分解的起点是燃料燃烧，燃烧过程中产生过氧化氢和自由基[7]。燃料中的化合物很容易形成过氧化物、过氧化氢和自由基，自由基包括高度支链化的脂肪族化合物、不饱和化合物(如烯烃)和芳烃类(烷基苯)化合物，这些物质都存在于汽油和柴油燃料中。美国材料试验协会(ASTM)的方法 D 4420 和 D 5186 是分别用来测定汽油和柴油燃料中芳烃含量的[8]。燃料降解产物(过氧化物、过氧化氢和自由基)伴随窜漏经过活塞环进入到润滑油，因为这些物质反应活性高，能与大量的烃类润滑油反应。其次，多支链的脂肪烃、不饱和烯烃和芳烃类化合物也是反应活性很高的。ASTM 标准 D 5292 是常用来检测基础油中芳烃含量的[8]。窜漏物与这些化合物反应形成润滑油衍生的过氧化物和过氧化氢，它们被进一步氧化或热分解形成的醛、酮和羧酸[3,4,9]。在高温条件下空气－燃料混合物中的氧气和氮气反应、燃料中硫的氧化以及添加剂如二烷基二硫代磷酸锌的氧化、水解或者热分解都能产生酸。在苛刻的工况条件下，如长时间、长距离运行，柴油发动机和汽油发动机中氮气与氧气反应形成氮氧化物是很普遍的，氮氧化物形成的温度为 137℃[10,11]。二烷基二硫代磷酸锌通常被当作抗氧剂在发动机中使用[12,13]，产生的酸可以用碱性清净剂中和，形成无机盐和金属碳酸盐。这些盐类化合物在烃中的溶解度低，很容易析出。

在酸性或碱性条件下醛和酮发生羟醛缩合生成低聚物或聚合物。这些化合物可以被进一步氧化成更高氧化态的碳氢化合物，通常称为含氧化合物。这些含氧化合物有黏性，称之为树脂[14]。树脂是各类沉积物的基本成分，也是沉积物的前体。沉积物常见的类型包括漆膜、胶膜、积炭和油泥[15,16]，当树脂从热的界面分离脱水或者聚合形成黏性的膜时就产生了胶膜、漆膜和积炭。沉积物的数量和性质取决于发动机零部件与燃烧室的距离。接近燃烧室的零件，如排气阀头和导杆的温度经测大概在 630～730℃[17～18]，形成积炭沉积物。同样的情况发生在燃烧室壁、活塞顶部、顶环岸和顶环槽的温度大约在 200～300℃时。积炭在柴油发动机中比汽油发动机更普遍，积炭是液体润滑油和燃料的高沸点组分燃烧后粘到热表面形成的[19]。

在温度较低的区域，如活塞裙部，形成的沉积物不是很严重，只有薄薄的一层膜。对于柴油发动机活塞，这种类型的沉积物称为漆膜；对于汽油发动机活塞，这种类型的沉积物被称为胶膜。漆膜和胶膜之间的区别是，漆膜产生于润滑油而胶膜主要来自于燃料。此外两者的溶解性也不同，漆膜溶于水而胶膜溶于丙酮[15]。漆膜通常产生在活塞裙部、气缸壁和燃烧室，而胶膜产生在气门挺杆、活塞环、活塞裙、阀盖和曲轴箱强制通风阀(PCV)。

发动机温度最低的部件，如摇臂盖、滤油网和机油箱，这些温度不高于 200℃的部位会产生油泥。发动机的工作状况决定油泥是软的或是坚硬的。如果汽油发动机非常温和地工作并且持续的时间比较短，即在开开停停的工况下形成的油泥是软的或蛋黄状的[15]。这种类型的油泥被称为低温油泥，产生于温度低于 95℃的情况下。高温油泥在柴油发动机和长时间连续运行的汽油发动机中比较常见，这种油泥比较坚硬，产生时周围的温度一般高于 120℃。对于低温油泥，由于发动机不足够热，使得燃烧产生的水分不能及时排出，因而与油混合形成蛋黄状的油泥。对于高温油泥，周围的温度高到足以让水分挥发，因而使得油泥硬化。在油流动比较缓慢的区域，如曲轴箱底部和摇杆箱，油泥是比较常见的。

另外一个必须关注的燃烧排出组分是烟炱。烟炱不仅有利于形成如积炭和油泥等沉积物，还会导致黏度的增加。这些因素可能会导致润滑油循环减弱和润滑膜难以形成，从而导致磨损和灾难性故障。颗粒状的烟炱是燃料以及可能从曲柄轴箱通过活塞环进入到燃烧室的润滑油不完全燃烧产生的[20]。燃料产生的烟炱是柴油发动机的一个老大难问题，因为柴油中含有高沸点组分，不易完全燃烧。此外，柴油发动机的燃烧大部分是不均匀的，因为燃料与不足量的空气混合使得燃料不能完全燃烧[20]。烟炱由脱掉的氢原子的烃类片段构成，这些烟炱颗粒是带电的，有形成聚集物的倾向。当这些颗粒在燃烧室表面发生聚集时形成烟炱沉积物，这些沉积物比较松软呈现片状结构。如果烟炱沉积物出现在油里，润滑油的黏度会增加。烟炱引起的黏度增加，通常还需要能与烟炱相结合的极性物质存在。这些极性物质都是添加剂或极性润滑油氧化和降解的产物。积炭的炭含量通常低于烟炱的炭含量，在大多情况下油性物质和灰分也是如此。这使得润滑油灰分形成趋势的知识对润滑油配方研究人员很是重要，这一内容在第4章已叙述。

当烟炱与树脂结合时，得到树脂包裹的烟炱颗粒或烟炱包裹的树脂颗粒[16]。树脂过量时形成第一种类型的颗粒，而第二类型的颗粒是由于烟炱过量形成的。树脂中烟炱的量决定沉积物的颜色，烟炱含量越高，沉积物的颜色越深。当树脂、烟炱、油和水混合时就生成油泥[9]。

汽油发动机中的沉积物是由氮氧化物和氧化产生的过氧化氢与燃料和润滑油中的烃反应，形成有机硝酸盐和氧化物[14,21]。而这些化合物热稳定性差，经分解和聚合形成沉积物。沉积物通常包括树脂、胶膜和低温油泥。然而，在柴油发动机中，烟炱是沉积物的重要组分，也包括漆膜、积炭和高温油泥[16]。在通常情况下，积炭中的金属含量高，主要是由润滑油中清净剂引起的[22,23]。

很多文献对发动机中沉积物形成机理做过详细的阐述[24~25]，该机理是基于润滑油和燃料是形成沉积物前提条件的假设。如前面所述润滑油窜漏、氮氧化物、高温氧化和热降解作用已被证实[24]。氧化物前体的重要性，即它们通过降解、缩合与聚合形成沉积物也被证实了。沉积物前体大概由15~50个碳原子组成，含有多个羟基与羧基官能团。由于含有多个官能团，这些分子可以通过热聚合生成高分子量的产物[14,16]。如前所述，烟炱与油中极性氧化产物缔合导致黏度增加。在不含或含有少量烟炱的汽油发动机中也会发生黏度增大，这是由于前体的氧含量低，所生成的低分子量聚合物具有好的油溶性[14]。这种现象通常被称为油的稠化[6]。相反，如果含氧化合物前体的氧含量高，则可以聚合形成在润滑油中溶解度很低的高分子量产物。这些产物组成树脂，它们的油溶性差并且在表面上分散。如果表面是热的，则会发生脱水和聚合形成漆膜、胶膜和积炭。值得注意的是，沉积物是润滑油中抗氧剂被耗尽时润滑油加速氧化的结果。

其他三个内燃机的问题：润滑油消耗、活塞环粘结、腐蚀和磨损等都与润滑油老化有关。润滑油消耗是用来衡量有多少润滑油经活塞环进入燃烧室并燃烧。在活塞环附近需要很少量的润滑油来润滑气缸壁和气缸套，从而使活塞运动容易并减少磨损。但是，若过多的润滑油进入燃烧室，将导致严重的排放问题。现代的活塞设计，如铰接式活塞和缝隙容积小的活塞，既保证足够润滑剂使磨损最小化，又对排放无不良影响[26,27]。其他影响润滑油消耗的因素包括：活塞和气缸的完整性，以及润滑油的黏度、挥发性和密封性。活塞粘环、不规则的槽和气缸的粘连增加了磨损，导致曲轴箱和燃烧室之间的密封不良[15]。由此导致大量的窜气进入到曲轴箱使得润滑油分解加速，这将使情况变得更复杂。当环槽中生成黏性沉积物使环粘结，这是一个严重的问题，因为它不仅导致活塞的密封性不良，也使气缸向气缸壁的传热变差。如果不进行控制，将导致在活塞的不均匀热膨胀、压缩损失和发动机损坏[15]。我们不希望看到活塞和气缸是由相同的原因而引发磨损。发动机零部件的磨损有两种——腐蚀磨损和磨粒磨损。腐蚀磨损是由燃料中的含硫衍生物引起的，如硫氧化物或硫酸或润滑油氧化降解产生的酸性物质(如羧酸和磺酸)。低速船用柴油机使用含硫量高的燃料，由含硫燃料引起的活塞环磨损和气缸磨损是很严重的问题。腐蚀磨损可以由含有大量碱性清净剂的润滑油来控制。这在第4章讨论过。磨粒磨损主要是由润滑油中的颗粒物质引起的，如大的烟炱颗粒。分散剂对于控制烟炱引起的磨损是很关键的。

5.3　用分散剂控制沉积物

燃料和润滑油的氧化和降解产物，如烟炱、树脂、漆膜、胶膜和积炭等，在润滑油(碳氢化合物)中的溶解度很小，有从表面分离出来的倾向。这些物质的分离趋势是由其颗粒大小决定的。小颗粒比大颗粒更容易留在油里。因此，树脂和烟炱微粒，这些所有沉积物形成的最初组分，在分离之前通过集聚发展壮大。发生颗粒增长是因为树脂分子偶极相互作用，或者是因为烟炱颗粒吸附了诸如水和氧气等极性杂质。另外，烟炱颗粒有时会吸附在黏性树脂上。分散剂与单个的树脂和烟炱颗粒作用来影响其聚集作用，这些与分散剂缔合的颗粒由于空间因素或静电因素的影响，不能再聚合[28]。分散剂由极性基团(通常是含氧或含氮基团)和一个大型的非极性基团组成。极性基团与极性颗粒作用，非极性基团使这些粒子悬浮在润滑油中[16]。中性的清净剂或皂，也是类似的作用机理。

5.4　理想分散剂的性能

分散剂的主要功能是分散烟炱、沉积物前体和沉积物。此外，分散剂应具有其他的属性以有效地起作用。这些性质包括热稳定性、氧化稳定性以及良好的低温性能。如果分散剂的热稳定性差，会因为分解而失去结合与悬浮一些潜在的有害物质的能力。氧化稳定性差可使分散剂分子发生转变，自身也会形成沉积物。希望润滑油具有良好的低温性能出于很多原因：如易于冷启动，良好的润滑油循环和燃油经济性等。基础油供应商已经开发出多种方法来实现这些属性。他们使用的方法包括通过加氢裂化使基础油异构化和使用特殊合成油作为添加剂。因此分散剂是发动机油配方的主要成分之一，基础油的这些不利影响通过分散剂的使用使其性能得到改善。

5.5　分散剂的结构

分散剂的分子由三个不同的结构组成：烃基基团、极性基团和一个连接基团(见图5.1)。烃基部分实际上是聚合物，根据它的分子量，分散剂可以分为聚合型分散剂和分散型聚合物。聚合型分散剂比分散型聚合物的分子量低。聚合型分散剂分子量在3000~7000，而分散型聚合物的分子量为25000或者更高。虽然各种烯烃，如聚异丁烯、聚丙烯、聚α-烯烃及其混合物，可用于制备聚合物分散剂，其中基于聚异丁烯的分散剂是最常见的。聚异丁烯的数均分子量(M_n)在500~3000，数均分子量在1000~2000是最典型的[29]。除数均分子量之外，聚异丁烯的其他特性，如分子量分布、链长和接枝度等也是决定分散剂整体性能的重要因素。

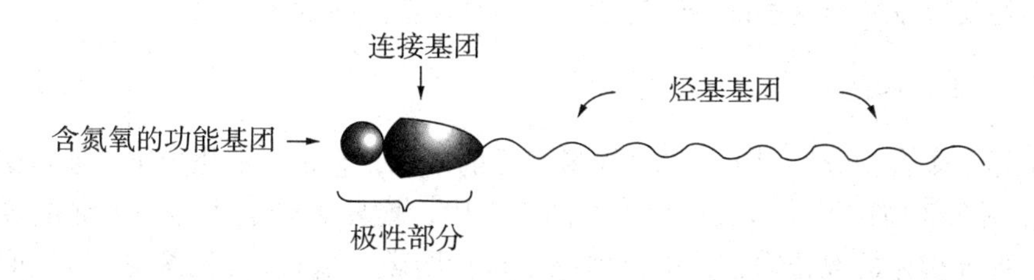

图5.1 分散剂分子的示意图

通过聚合反应，尤其是使用酸催化或自由基引发获得的产物往往包含不同分子量的分子。分子量分布或多分散指数通常用于评估分子大小的差异性。多分散指数是重均分子量(M_w)与数均分子量(M_n)的比值或M_w/M_n[30~32]。这些聚合物的分子量是通过凝胶渗透色谱(GPC)方法确定的，这种方法建立在分离大小不同分子的基础上[33]。较大的分子最先出来，接着是分子量稍小的。当分子的大小相同时，即$M_w/M_n=1$，聚合物被称为单分散聚合物；$M_w/M_n>1$的聚合物称为多分散聚合物。在大多数应用中，往往希望是单分散性的聚合物。酸催化聚合反应而得到的聚异丁烯，多分散指数通常在2~3，这将影响许多分散剂的性质，如下文所述。

分散型聚合物，也称为分散型黏度改进剂(DVMs)和分散型黏度指数改进剂(DVIIs)，由分子量在25000~500000的烃聚合物制得。用于制备分散型黏度改进剂的聚合物基体包括高分子量烯烃共聚物(OCPs)，如乙烯-丙烯共聚物(EPRs)、乙烯-丙烯-二烯共聚物(EPDMs)、聚甲基丙烯酸酯(PMAs)、线性和星状结构的苯乙烯-二烯橡胶(SDRs)和苯乙烯酯聚合物(SEs)。

极性基团通常是含氮或含氧的衍生物，含氮的极性基团是由胺类化合物制备，通常显碱性。含氧的极性基团是由醇类化合物制备的，一般为中性。通常用于合成分散剂的胺类化合物是多烯多胺，如二乙烯三胺和三乙烯四胺。对于分散型黏度改进剂或分散型聚合物来说，其极性基团是通过直接接枝、共聚引入的，或者引入可反应的功能基团。用于此反应的化合物，如2-乙烯基吡啶或4-乙烯基吡啶，N-乙烯基吡咯烷酮，N，N-二烷基胺基丙烯酸酯和不饱和的酸酐和羧酸，如马来酸酐、丙烯酸和乙醛酸。这些反应的详细描述见5.6节，其中涉及分散剂的合成。胺衍生分散剂被称为氮或胺分散剂，那些醇衍生的分散剂被称为氧或酯类分散剂[28]。氧衍生的膦酸酯分散剂曾经一度被广泛应用，但现在由于对磷的限制，使它们在发动机油的使用上受到限制。限制磷的使用，是由于磷可以使催化转化器的贵金属催化剂中毒。配方人员更喜欢使用具有抗氧抗磨性能的二烷基二硫代磷酸锌来限制磷。在含胺分散剂中，常常保留一些未反应的胺为分散剂提供碱性，其原因在5.7节讨论。

5.6 分散剂的制备

除了烯烃是用来制备黏度指数改进剂之外，直接将极性基团连接到含烃基团上是很困难的，因此需要一个连接基团或者连接部分的引发。许多这样的基团可以使用，常见的有酚和琥珀酸酐。烯烃如聚异丁烯，与苯酚反应形成一个烷基酚或与马来酸酐反应生成烯基马来酸酐，然后极性功能基团与这些部分通过适当的试剂反应连接起来。

5.6.1 烃基基团

聚异丁烯是聚合物分散剂中烃基基团最常见的来源，它是酸催化异丁烯通过聚合反应生成的[34,35]，图5.2描述了其形成机理。在图5.2中，聚异丁烯是作为一个终端烯烃，而实际上它是各种异构体的混合物，其中主体成分包括同碳二取代(亚乙烯基)、三取代、四取代的烯烃。图5.3显示了它们的结构和可能的形成机制。聚异丁烯Ⅰ和Ⅱ的结构是中间体Ⅴ的 C_1 和 C_3 失去一个质子得到的，结构Ⅲ和Ⅳ是最初形成碳正离子重排的结果，如图5.3所示。这些烯烃与酚和马来酸酐的反应活性不同。在一般情况下，取代基越多反应活性越低，这是空间位阻因素造成的后果。同样如果烯烃的侧基比较大，即分子量较高，反应活性较低，这是由于烯烃与烃长链的低比值产生的稀释效应造成的。如前所述，聚异丁烯是最常用的烯烃，其原因之一是聚异丁烯具有很多接枝。这使得以缔合式和非缔合式存在的分散剂具有优良的油溶性。但是，如果在分散剂的烃链太小，其在润滑油中的溶解度大大地下降。正因为如此，低分子量组分在聚异丁烯中不是理想的组分。虽然它具有高的反应活性，但这些必须通过蒸馏除去。同样，可以通过在聚合反应过程中降低催化剂的量和降低反应温度减少这些组分的形成。

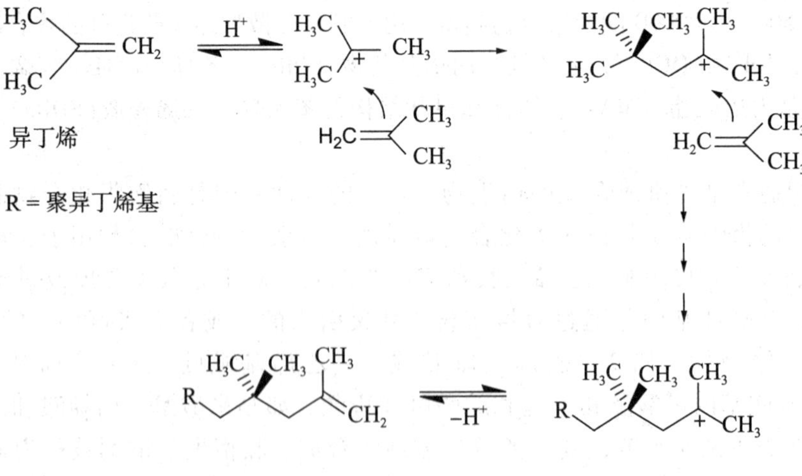

图5.2 酸催化异丁烯聚合反应

埃克森公司的科学家们报道了一类新型的由数均分子量为300~20000的乙烯/α-烯烃共聚物制得的分散剂[36,37]。这种分散剂比聚异丁烯衍生的分散剂有更好的低温和高温黏度特性。

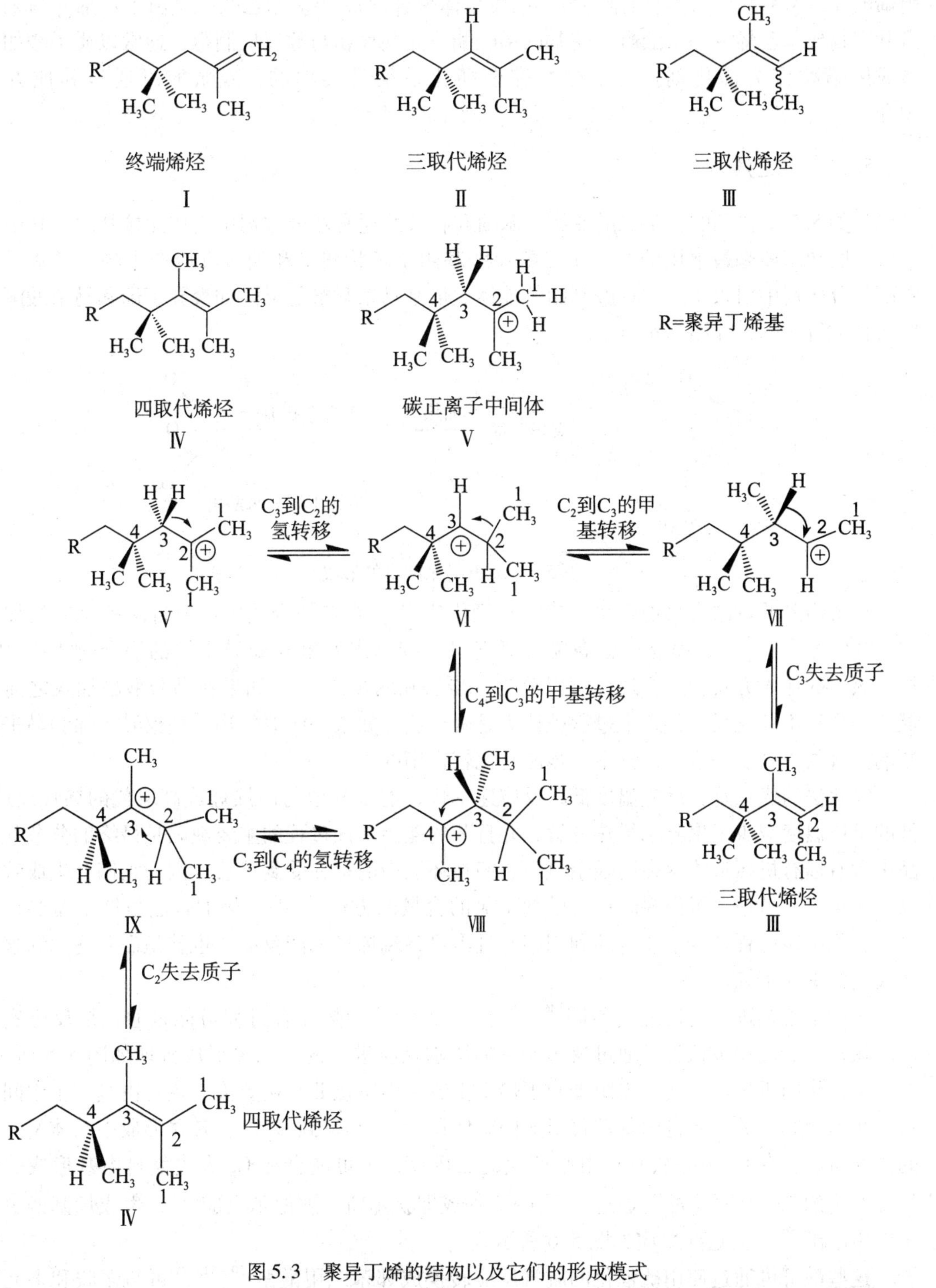

图 5.3 聚异丁烯的结构以及它们的形成模式

如前所述，分散型聚合物是由乙烯 - 丙烯共聚物(EPRs)、苯乙烯 - 丁二烯共聚物、聚丙烯酸酯、聚甲基丙烯酸酯(PMAs)和苯乙烯酯的衍生物。乙丙橡胶是通过齐格勒 - 纳塔催化反应制得的[38]。苯乙烯 - 丁二烯橡胶通过阴离子聚合反应制备[38]。聚丙烯酸酯和聚甲基丙烯酸酯(PMAs)是通过自由基引发剂引发单体聚合制备[38]。苯乙烯酯是由苯乙烯-马来酸酐共聚物或苯乙烯-马来酸酐-烷基丙烯酸酯三元共聚物与醇反应制得，通常以质子酸如硫酸或甲磺酸作为催化剂。由于酸酐完全酯化是很难实现的，残余酸酐通过其他方法中和[38~40]。

5.6.2 连接基团

正如5.5节提到的，丁二酰亚胺、苯酚和膦酸酯通常在分散剂中用作连接基团。其中丁二酰亚胺和苯酚是最常用的[2]。丁二酰亚胺基团是环状酸酐和伯胺反应产生的。烯基马来酸酐是分散剂中引入丁二酰亚胺基团的前体。烯基马来酸酐是烯烃如聚异丁烯和马来酸酐反应所合成得到的，如图5.4所示。

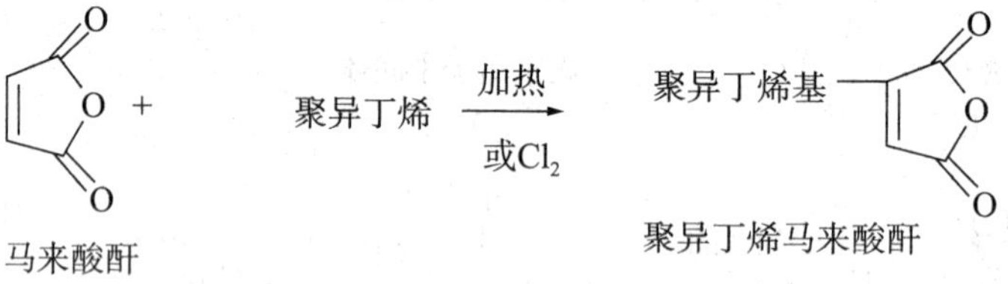

马来酸酐 + 聚异丁烯 —(加热 或Cl_2)→ 聚异丁烯马来酸酐

图5.4 烯基马来酸酐的形成

制备烯酐的方法有热加合法[29,41,42]和氯化法[43]，在热加合法中需要将两种反应物加热到200℃以上[29,41,42]，而氯化法需要将氯气引入到马来酸酐和聚异丁烯的混合物中[43~48]。根据氯气的加入方式，这个过程可以分为一步法和两步法[44]。如果在马来酸酐加入之前让氯气和聚异丁烯先反应，这个过程被认为是两步法。如果是将氯气通入到聚异丁烯和马来酸酐的混合物中则是一步法，其中一步法是比较常用的。

氯化法的优点是：反应温度低，反应速率快，能很好地与内烯烃或高取代的烯烃反应，低的反应温度减少了聚异丁烯热分解，并且节约能源。该过程的主要缺陷是最终的分散剂产品中含有以有机氯形式存在的残余氯。它们在环境中的存在受到关注，因为它们会生成致癌物二噁英。文献报道了很多降低分散剂中氯的含量的方法[49~54]。热加合法虽然不需要氯气参与，但是该过程减少了能量的利用率并且需要终端烯烃才能反应，也就是需要终端烯含量比较高的聚异丁烯。

这两个工艺进行的机理也不同[46,47,50~52]。人们认为热加合过程可能是通过烯反应实现的。氯化法的机理被认为是通过狄尔斯-阿德尔反应进行的。二烯形成机理如图5.5所示。对于氯化法的机理，氯气首先跟聚异丁烯Ⅰ生成烯丙基氯Ⅱ，接着失去氯自由基产生中间体Ⅲ，经C_4到C_3的甲基自由基转移形成中间体Ⅳ。一个C_3到C_4的氢转移形成中间体Ⅴ，中间体Ⅴ可能会在C_4失去从氢自由基产生的二烯Ⅳ，也可能会在C_5失去氢自由基形成二烯Ⅶ。产生的二烯与马来酸酐通过一个4+2加成即狄尔斯-阿德尔反应[55]，生成烯基四氢邻苯二甲酸酐[50,52]。这些反应如图5.6所示。

这些酸酐可通过使用硫催化的脱氢反应转换成邻苯二甲酸酐[50~52]，再与多胺和多元醇反应生成分散剂[51~52]。在热加合过程中聚异丁烯与马来酸酐进行烯反应，亚乙烯基双键沿碳链转移到邻碳上。由于热加合法反应中需要终端烯烃，若双键转移到链中产生新的烯烃，该烯烃将不会与另外1mol的马来酸酐继续反应，反应将停止在这个阶段。如图5.6中的反应5.3。如果新的双键是在端部，有可能会与另一分子的马来酸酐反应[45]，如反应5.4所示。

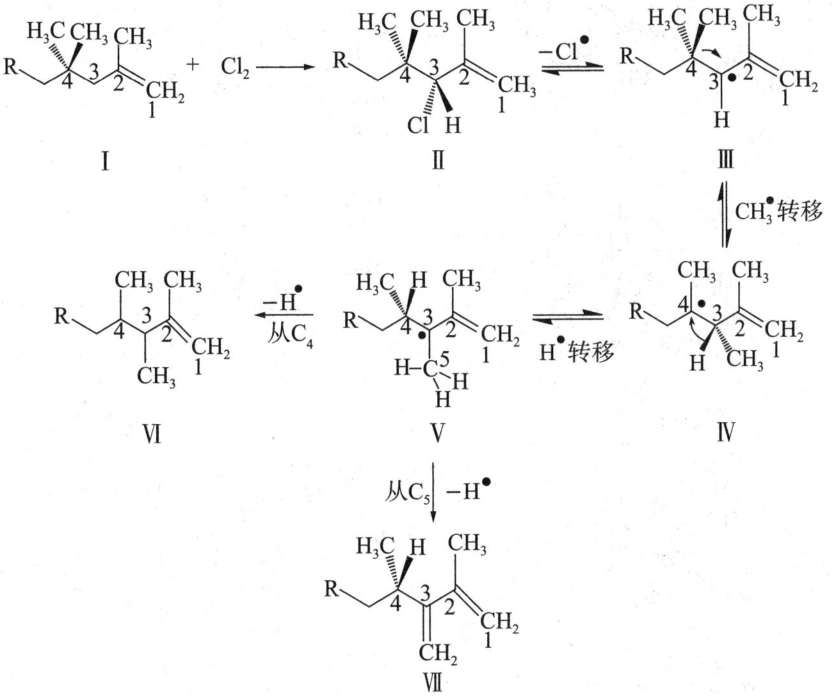

图5.5 氯气促进的二烯形成机理

对于分散剂，烷基酚一般选择聚异丁烯酚。它是由苯酚与聚异丁烯在酸催化剂存在下反应合成的[56~58]。路易斯酸催化剂往往采用氯化铝和三氟化硼，三氟化硼比三氯化铝更常用，因为使用三氟化硼时反应在低温下进行，可以最大限度地减少酸催化聚异丁烯分解[58]。这是我们希望的，因为低分子量烷基酚制备的分散剂不是很有效。其他催化剂如硫酸、甲磺酸以及大孔树脂类型的多孔酸催化剂，也可以用来制备烷基酚[59,60]。聚异丁烯也能够与五硫化二磷进行烯反应，这在第4章中也曾叙述。所得的加成物通过蒸汽水解，形成烯基膦酸和烯基硫代磷酸[2~3]。该方法合成烷基酚和烯基膦酸，见图5.7。

文献报道了由水合乙醛酸衍合成的羧酸酯片段制备的分散剂[61~65]。但是，目前没有任何基于这种化合物的产品出现在市场上。

5.6.3 极性基团

分散剂两种常见的极性基团是多胺和多元醇。常见的用来合成分散剂的胺和醇如图5.8所示。

多胺是乙烯经过氯化，再与氨反应而生产的[66]。反应方程式如图5.9所示。图中，多胺中含有副产品哌嗪。通过研究各种胺类化合物的结构，可以看到它们所包含伯胺、仲胺和叔胺，每种类型的胺与烯基马来酸酐有着不同的反应活性。伯胺与酸酐反应形成环酰亚胺，仲胺与酸酐反应形成酰胺/羧酸，叔胺与酸酐不发生反应[67]。

狄尔斯-阿德尔反应:

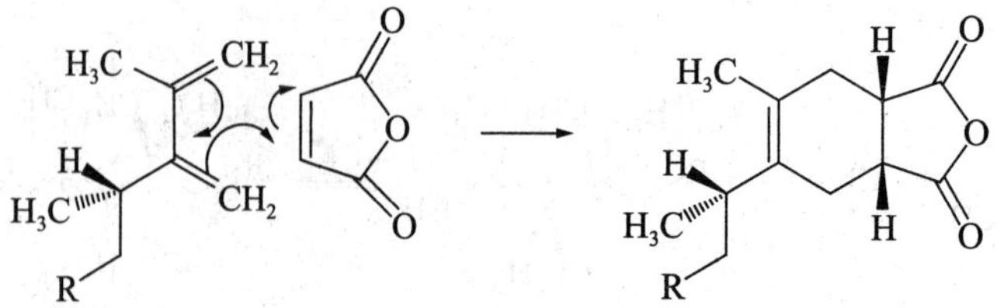

(5.1)

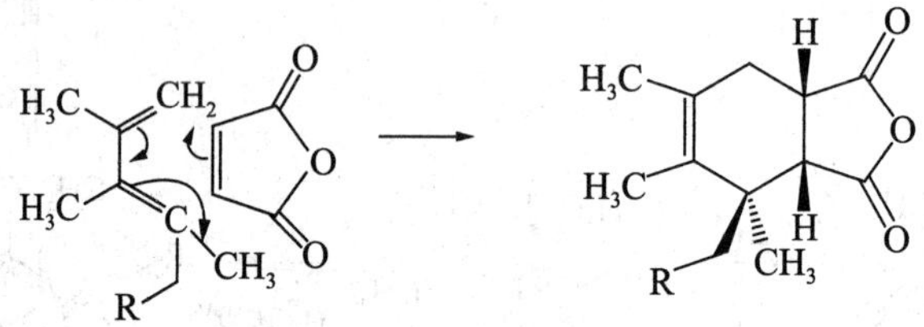

(5.2)

烯反应:

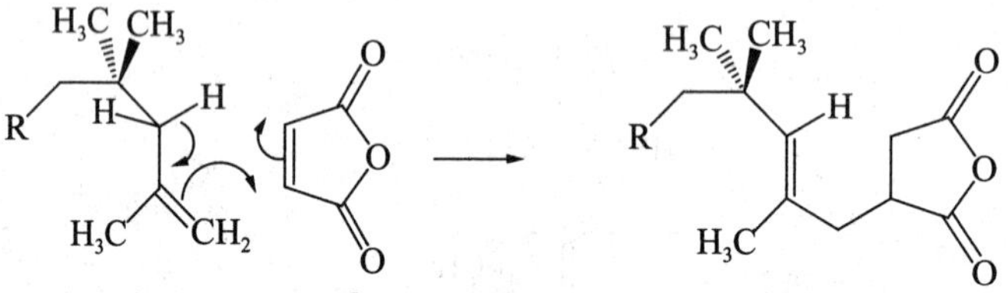

(5.3)

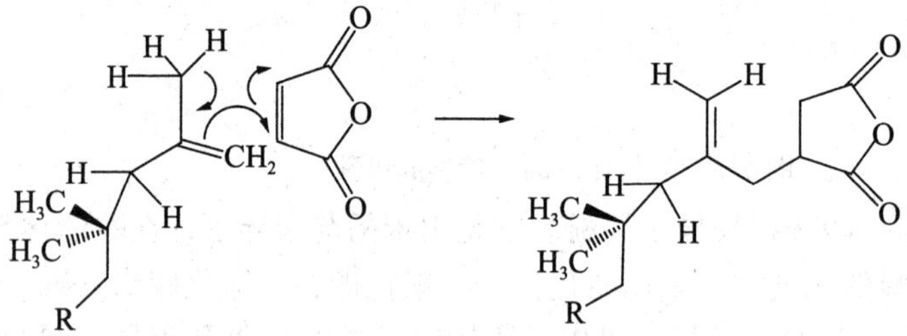

(5.4)

图 5.6　烯基马来酸酐的形成机理

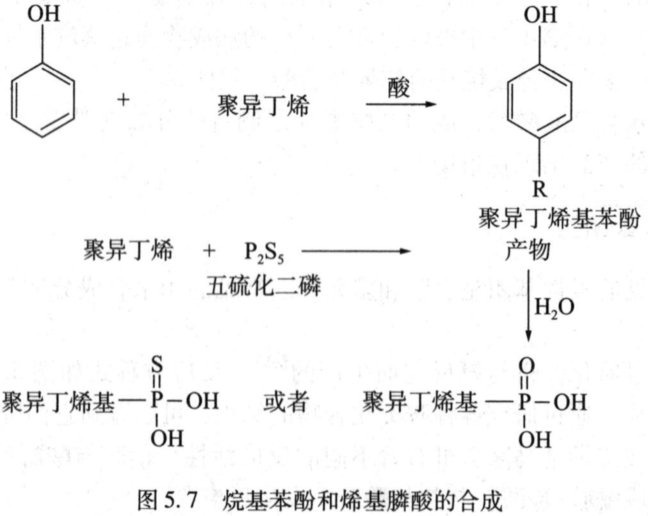

聚异丁烯 —酸→ 聚异丁烯基苯酚

聚异丁烯 + P_2S_5 五硫化二磷 → 产物 —H_2O→

聚异丁烯基—P(=S)(OH)—OH　或者　聚异丁烯基—P(=O)(OH)—OH

图 5.7　烷基苯酚和烯基膦酸的合成

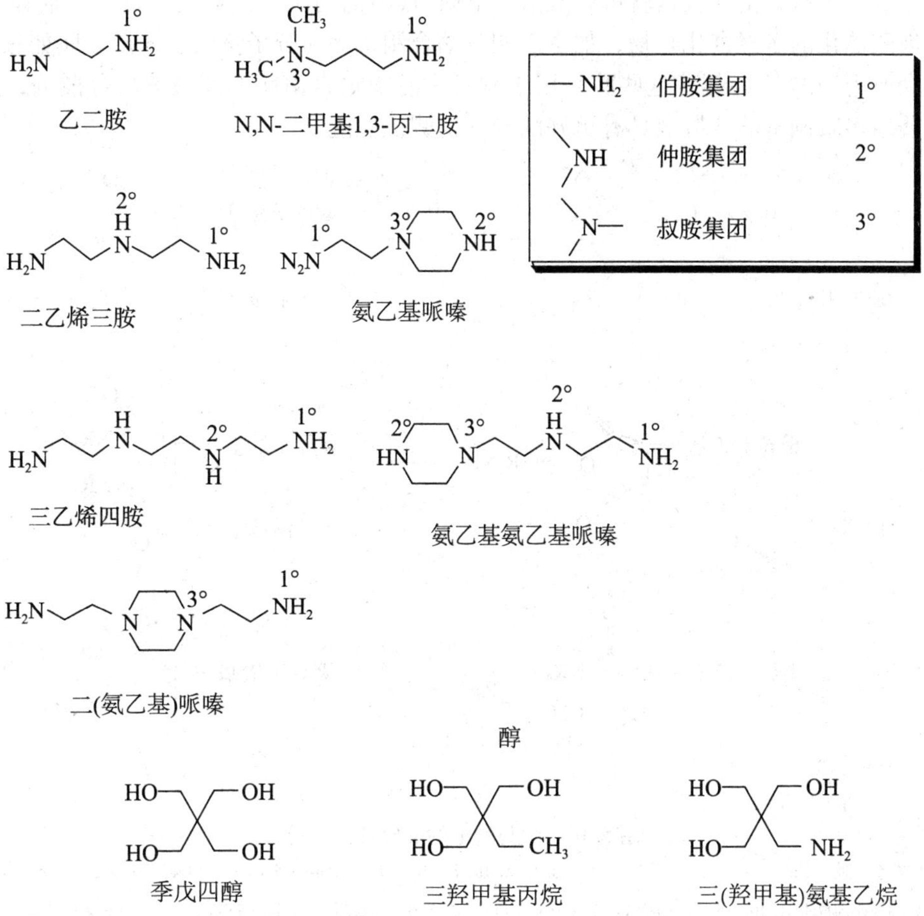

乙二胺

N,N-二甲基1,3-丙二胺

—NH_2	伯胺集团	1°
NH	仲胺集团	2°
N—	叔胺集团	3°

二乙烯三胺

氨乙基哌嗪

三乙烯四胺

氨乙基氨乙基哌嗪

二(氨乙基)哌嗪

醇

季戊四醇

三羟甲基丙烷

三(羟甲基)氨基乙烷

图 5.8 用于合成分散剂的胺和醇

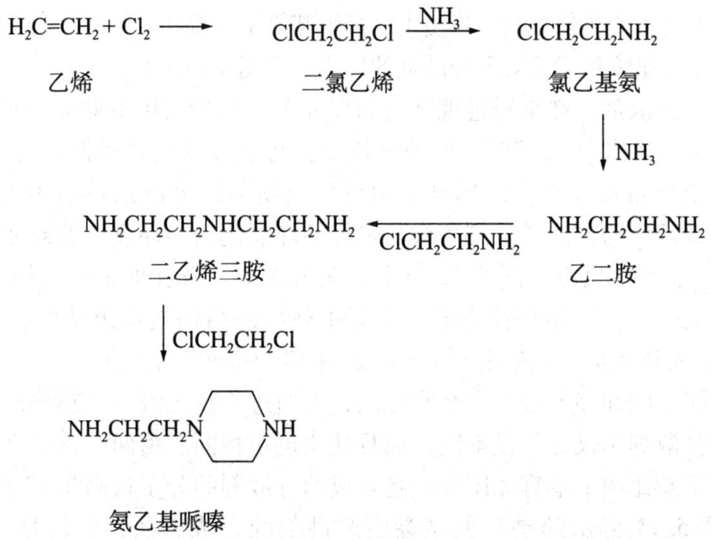

$H_2C{=}CH_2 + Cl_2 \longrightarrow ClCH_2CH_2Cl \xrightarrow{NH_3} ClCH_2CH_2NH_2$

乙烯 二氯乙烯 氯乙基氨

$\downarrow NH_3$

$NH_2CH_2CH_2NHCH_2CH_2NH_2 \xleftarrow{ClCH_2CH_2NH_2} NH_2CH_2CH_2NH_2$

二乙烯三胺 乙二胺

$\downarrow ClCH_2CH_2Cl$

$NH_2CH_2CH_2N$(哌嗪环)NH

氨乙基哌嗪

图 5.9 多胺的合成

如果分子中有自由的羧基就可以成盐，酰胺/羧酸的情况便是如此。这些反应在图 5. 10 展示。磷酸催化的多羟基化合物，如季戊四醇缩合制备的高分子量胺、多烯多胺如三乙烯四胺都是众所周知的[68]。据称这些胺是用于制备含有少量自由胺的高碱值的分散剂，这些分散剂比普通多胺制备的分散剂具有更好的发动机测试性能。

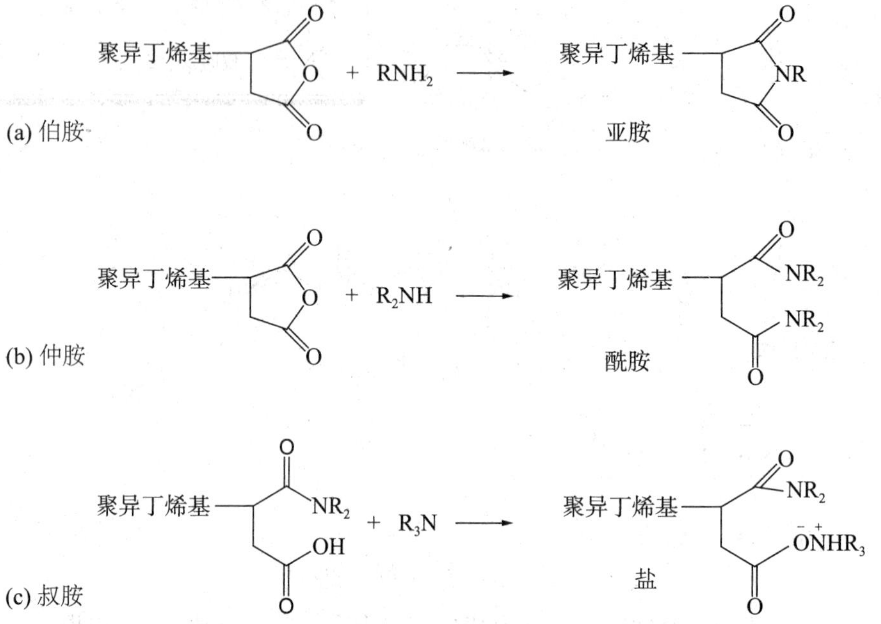

聚异丁烯基 + RNH_2 ⟶ 聚异丁烯基（NR）

(a) 伯胺　　亚胺

聚异丁烯基 + R_2NH ⟶ 聚异丁烯基（NR_2，NR_2）

(b) 仲胺　　酰胺

聚异丁烯基（NR_2，OH） + R_3N ⟶ 聚异丁烯基（NR_2，$\bar{O}\overset{+}{N}HR_3$）

(c) 叔胺　　盐

图 5. 10　胺与酸酐的反应及其产物

（参考文献：Harrison，J. J.，Ruhe，R.，Jr.，William，R.，U. S. Patent 5，625，004，April 29，1997.）

酰亚胺和酯类分散剂是多胺和多元醇与烯基马来酸酐反应制得的，反应通常需要在 130 ~ 200℃的温度下进行，以除去反应产生的水并使反应完全进行[44]。如前所述，酰亚胺分散剂是由多烯多胺如二乙烯三胺和三乙烯四胺制备的，多元醇如三羟甲基丙烷、三羟甲基氨基甲烷和季戊四醇可以用来制备酯类分散剂。当使用三羟甲基氨基甲烷作为醇时，合成的酯类分散剂具有碱性。合成丁二酰亚胺和丁二酸酯分散剂的反应示意图见图 5. 11。

烷基酚衍生的分散剂，都是通过烷基酚如聚异丁烯基酚与甲醛和多胺反应制备的[58,69]，形成 2 - 氨甲基 - 4 - 聚异丁烯基酚。这种由氨或胺与甲醛以及含活性氢的化合物(如苯酚)的反应，被称为曼尼希反应[70,71]。因此，由该反应制备的分散剂也被称为曼尼希分散剂。合成膦酸酯分散剂常用的方法是，游离酸与烯烃的环氧化物如环氧丙烷或环氧丁烷反应，或者与胺反应[2,72,73]，这些反应如图 5. 12 所示。众所周知，胺和碱金属与烯烃 - 五硫化二磷直接加合可以生成盐[74,75]。值得注意的是在图中列出的结构是理想结构。实际的结构将取决于在底物(烷基酚和烯基马来酸酐)与反应物(甲醛和多胺)的比例。

马来酸酐基团、胺和多元醇等多个官能团，可通过改变酸酐/胺或酸酐/醇的比率合成多种分散剂。这些分散剂不仅分子量不同，而且性质也不相同。由两个含多官能团的反应物合成的分散剂的分子量比两个单官能团反应物合成的分散剂的分子量高 3 ~ 7 倍。

图 5. 13 ~ 图 5. 15 显示的是分散型黏度改进剂的合成方法，它们是通过以下方法合成的：

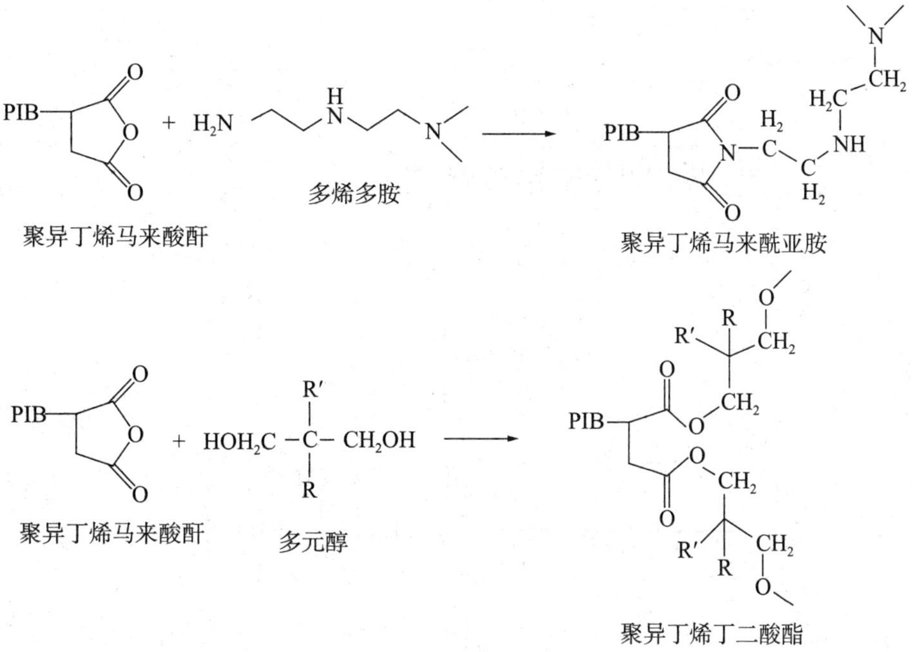

聚异丁烯马来酸酐

多烯多胺

聚异丁烯马来酰亚胺

聚异丁烯马来酸酐

多元醇

聚异丁烯丁二酸酯

图 5.11 酰亚胺与酯类分散剂的合成

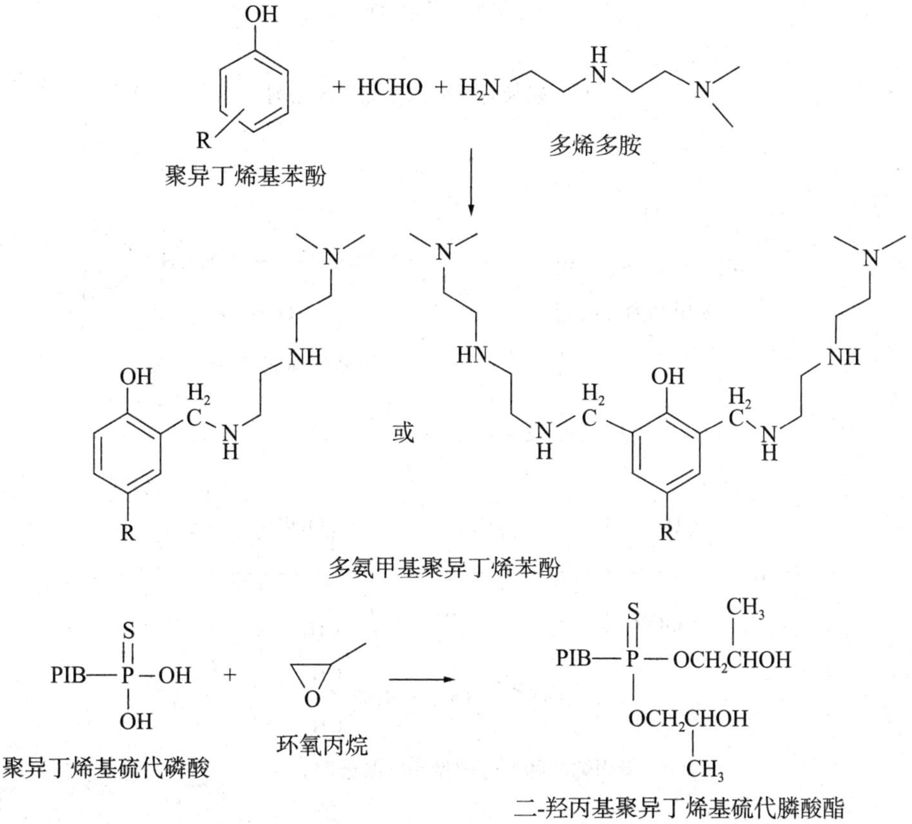

聚异丁烯基苯酚

多烯多胺

多氨甲基聚异丁烯苯酚

聚异丁烯基硫代磷酸

环氧丙烷

二-羟丙基聚异丁烯基硫代膦酸酯

图 5.12 曼尼希分散剂和膦酸酯分散剂的合成

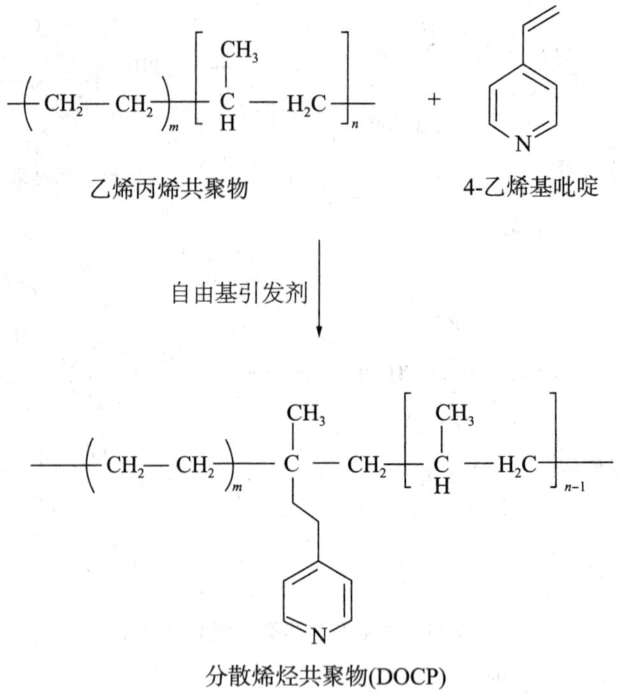

乙烯丙烯共聚物 + 4-乙烯基吡啶

自由基引发剂

分散烯烃共聚物(DOCP)

图 5.13　接枝合成分散型黏度改进剂

烷基甲基丙烯酸酯 + 甲基丙烯酸二甲胺乙酯

自由基引发剂

聚丙烯酸酯型分散型黏度改进剂

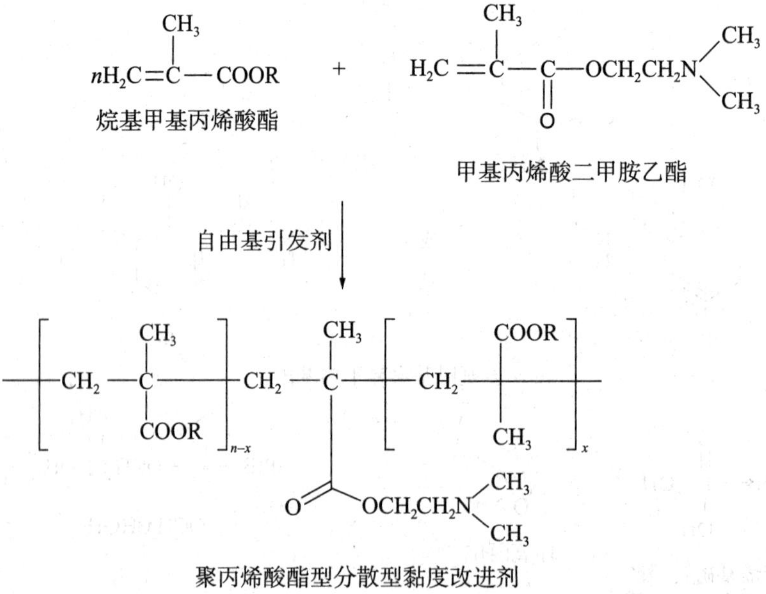

图 5.14　共聚反应合成分散型黏度改进剂

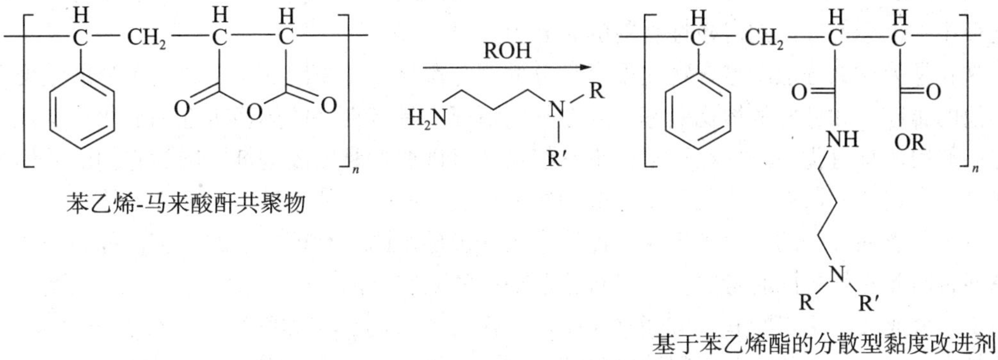

苯乙烯-马来酸酐共聚物

ROH

基于苯乙烯酯的分散型黏度改进剂

图 5.15　通过化学反应合成的分散型黏度改进剂

(1)对已经形成的聚合物进行接枝或者与具有分散性的单体进行反应，如乙烯－丙烯共聚物(EPRs)和苯乙烯－二烯橡胶(SDRs)[76~84]。

(2)在聚合过程中包括这样的单体，如聚丙烯酸酯和聚甲基丙烯酸酯[85]。

(3)把一个活性官能团引入到聚合物中，其与反应物反应使得聚合物具有了分散性，如苯乙烯－马来酸酐共聚物[40,86~93]。

尽管图 5.13 ~ 图 5.15 中的大部分例子属于引入碱性含氮基团，但是文献中对中性的分散型黏度改进剂也有过报道。它们都是利用非碱性的反应物，如 *N*－乙烯吡咯烷酮、醇或聚醚衍生的甲基丙烯酸酯制备的[79,94,95]。最近，专利文献中报道了具有抗氧性和抗磨性的分散型黏度改进剂[77,96,97]。含有抗氧化基团的分散型聚合物能够从乙基石油添加剂公司的德士古化学公司购买到。正如这些例子所示，嫁接过程通常允许将连接基团引入分散型聚合物，同时也作为极性基团。

5.7　分散剂的性质

分散剂由烃基基团、连接基团和极性基团组成，虽然每个结构特征赋予分散剂独特的性能，但是分散剂的整体性能取决于这三部分。其性能通过分散性、热稳定性和氧化稳定性、黏度特性和密封性能的整体表现来评估。这些性能从根本上与大量使用分散剂的发动机油相关。

5.7.1　分散性

如前所述，分散性是分散剂悬浮燃烧副产物(如烟炱)和润滑油降解产物(如树脂、胶膜、漆膜和积炭)的能力。分散的整体性能取决于其结构的三个部分：烃基基团、连接基团和极性基团。分散剂中的烃基基团的分子量决定了其缔合不良极性物质并使其在油中悬浮的能力。对于具有相同连接基团和极性基团的分散剂，分子量越小，与极性物质缔合的能力较高，但悬浮它们的能力降低。通过对两个属性的权衡，烃链必须有合适的大小和分支。

分散剂的大小影响其与极性材料的亲和力，分散剂的分支影响其溶解性，在与极性物质缔合前后，分散剂都要在油里悬浮。经验表明，含 70 ~ 200 个碳原子并且具有广泛分支的烃类基团(如聚异丁烯)，非常适合于设计具有良好分散性的分散剂。如果烃链过大，即使其分支很小，也会使分散剂对极性材料的亲和力变低。

这就是为什么分散型聚合物比聚合型分散剂分散性差的原因。但是，由于分散型聚合物有其他的属性，如良好的增稠效率，并在某些情况下具有良好的热稳定性和氧化稳定性，所以它们的用途是有优势的。在润滑油中它们往往可以取代黏度改进剂。因为它们的结构决定了其具有一定的分散性，使聚合型分散剂在发动机油配方中的用量有所下降[79,98]。

对于分散剂分子的分散性来说，连接基团和极性基团都是很重要的。它们都为分散剂提供极性，因此必须要同时考虑。曼尼希分散剂中的酚官能团，酰亚胺类分散剂和酯类分散剂中的丁二酰亚胺、丁二酸和膦酸酯官能团也是极性的，同样胺和醇衍生的部分也是极性的。极性是碳、氧、氮和磷原子之间的电负性不同的结果。电负性差别越大，极性越强。这意味着，含有磷—氧键的基团要比含有碳—氧键、碳—氮键和碳—磷键基团的极性大，这些键电负性分别是1.4、1.0、0.5和0.4[99]。然而，由于分散剂中有各种原子形成的化学键，分散剂的整体极性以及其与极性材料的缔合能力是不容易判断的。由于分散剂缔合的一些物质是酸性的(如润滑油氧化产生的羧酸)，分散剂中存在胺是很有利的，因为它是碱性的。因此，在一些汽油发动机测试中，含氮分散剂优于酯分散剂。由于具有较高的热氧化稳定性，酯类分散剂在柴油发动机测试中表现优异。曼尼希分散剂有良好的低温分散性，因此，它们通常应用在汽油发动机油中。

如前所述，商业化的聚异丁烯的分子量有一定的分布范围，这将导致分散剂结构大小不一，分子量也不同。烃链的分子量与极性官能团分子量之间的最佳比例(极性/非极性比例)，是分散剂具有良好分散性的前提。如果分散剂具有过量的短链烃基也就是分子量低，该分散剂的缔合能力增强但其油溶性会受到影响。这可能导致其分散性下降，特别是在与极性杂质缔合后。因此这种分散剂的结构是不理想的。因此，可以用具有低多分散指数的聚烯烃，通过控制低分子量组分生成，并通过蒸馏[100]或其他试剂后处理除去此种组分，以减少此种组分的形成。BP公司和埃克森化学公司提供低多分散指数(≤2)的聚烯烃。实例证明用三氟化硼催化剂制备烷基酚时能控制低分子量组分的形成，若用氯化铝，往往生成聚异丁烯片段。虽然不容易除去低分子量组分，但是在与醇或胺反应之前即在初期阶段是有可能除去的。很多试剂可用于后处理反应[101]。烃后处理试剂包括聚环氧化合物[102]、聚羧酸[103]、烷基苯磺酸[104]和烯腈[105]。经后处理的分散剂应用到发动机油中，据称可改善分散性、黏度指数，提高了碳氟弹性体的相容性、水解稳定性和剪切稳定性。

5.7.2 热稳定性和氧化稳定性

分散剂结构中的三个组成部分决定了它的热稳定性、氧化稳定性和分散性。烃基基团与润滑油的烃部分氧化方式相同，经氧化后都形成沉积物[4,9](这已在5.2节中叙述)。尽管大链烃氧化的速度相当缓慢，如聚异丁基基团，但对于含多种化学键的化合物，如聚异丁烯和苄基，其氧化速度相当高。苄基官能团存在于苯乙烯-丁二烯和苯乙烯酯衍生的分散型聚合物。纯链烷烃基包含叔氢原子(如乙丙共聚物)，比那些只含有伯氢和仲氢原子化合物的氧化速度快。苯乙烯-异戊二烯衍生物中含有苄基和叔氢原子，这意味着高度支化烷基，如聚异丁基和聚异丁烯基，比线型或未支化的烷基更容易被氧化，已有文献报道了含有抗氧功能部分的分散型聚合物[77,78,96]。胺衍生的分散剂的极性基团比氧衍生的极性基团氧化速度快，因为它在氧化作用下更容易形成胺氧化物官能团。这些基团可进行热 β - 消除反应[40]，生成烯烃，该反应被称为科普反应。这不仅可以使氧化的速度更快，也导致沉积产物生成聚合物。

从热稳定性的角度来看，高分子量分散型聚合物的烃基，如由乙丙共聚物(OCPs)衍生的烃基，比低分子量分散型聚合物更易分解。聚异丁烯分子量在 1000 ~ 2000 的分散剂是相当地稳定，除非在一些温度非常高的发动机零件下，如活塞的顶部[17,18]。上一节陈述了氧化胺极性基团的热分解。

另一个需要关注的问题是，分散剂能与润滑油中的水和其他活性化学物质反应。最可能出现的反应部位是连接基团。胺衍生的分散剂常见的连接基团是酰胺和酰亚胺，醇衍生分散剂的连接基团是酯，这三个连接基团都可以在水中水解[106]，只是水解速率不同。酯比酰胺和酰亚胺更容易水解。有酸和碱存在时，水解反应更容易发生。碱性清净剂中的金属碳酸盐和金属氢氧化物，可以在高温下催化水解反应。添加剂如二烷基二硫代磷酸锌，当其水解、热分解或氧化时能够产生强酸。酯类、酰胺和酰亚胺类的分散型聚合物，如聚丙烯酸酯、聚丙烯酸甲酯和苯乙烯酯衍生的分散剂一样会产生酸。一些乙丙共聚物(OCP)衍生的分散型聚合物，如由单体 2 - 乙烯基吡啶或 4 - 乙烯基吡啶和 1 - 乙烯基 - 2 - 吡咯烷酮接枝的聚合物[76,80]不存在水解问题，因为它们不含易水解的基团。对于酯类分散剂，与配方中的其他化合物反应是很普遍的。分散剂水解后与含有金属的添加剂(如清净剂和二烷基二硫代磷酸锌)反应，能形成金属盐。这会破坏分散剂的聚合物结构并影响其有效性。一些胺及其盐类作为抗腐剂或摩擦改进剂。根据分子量和环境温度，它们都可以取代多元醇或多胺，从而改变分散剂的结构和性质。

5.7.3 黏度特性

分散剂在汽车发动机油所占比例一般在 3% ~ 7%(质量分数)[79]，是用量最多的添加剂。此外，除了黏度改进剂，分散剂的分子量是最高的[107]。这些因素都可以改变润滑油的一些物理性质，如黏度。提高润滑油在高温下的黏度是我们希望的。但在低温下黏度过大则是缺点。在高温下，润滑油黏度会下降[108]，造成润滑油的成膜能力下降导致润滑不良。因此，要减小磨损，必须保持高温下良好的润滑油黏度，这通常是通过使用聚合型黏度改进剂才能够实现的[3,109]。一些分散剂，特别是那些基于高分子量聚烯烃和具有超马来酸酐化的分散剂能部分满足这一要求[44]。因此，为获得特定的高温黏度必须减少使用聚合型黏度改进剂的用量。不幸的是，具有黏度优势的分散剂也会导致在低温的黏度增加。发动机油所要求的低温黏度有两个组成要素：启动黏度和泵送黏度[110]。启动黏度是表示发动机在极其寒冷的天气条件下运转的难易程度。泵送黏度是润滑油被泵输送到发动机的各个部件的能力。在寒冷的天气下操作，低至中等的启动和泵送黏度是最理想的。虽然可以通过使用一种被称为降凝剂的添加剂，可以使泵送黏度和倾点降低[3,13]，但是降低启动黏度并不容易。这种情况下通常是不同的基础油混合使用。理想的聚合型分散剂，在提供高温黏度优势的同时又不影响润滑油的冷启动黏度。对分散型聚合物具有同样的要求。聚合型分散剂中高温黏度与启动黏度最佳比值可以通过以下方法达到：

(1)准确平衡的链烃的类型和分子量[111]；

(2)选择烯烃与马来酸酐的最佳摩尔比[112]；

(3)选择多胺的类型和用量。

对于分散型聚合物，可以通过以下方法实现：①合适分子量和接枝率的聚合物；②合适的侧基。具有中等分子量、高度支化结构和酯型侧基的分散型聚合物是最合适用作添加剂使用的，例如聚丙烯酸酯、聚甲基丙烯酸酯(PMA)和苯乙烯酯衍生的分散剂。这些添加剂，不仅可以作为黏度改进剂和分散剂，也作为降凝剂，从而提高润滑油的低温性能。

大量专利文献报道了高温黏度和低温性能平衡的分散剂[113~117]。由数均分子量为1500~7500的乙烯/1-丁烯聚合物合成的曼尼希(烷基酚)分散剂，据称具有良好的分散性并可以降低倾点[113]。另一项专利报道了具有优越分散性和使倾点下降的分散剂的合成方法[114]。此分散剂是由马来酸酐、甲基丙烯酸月桂醇酯、甲基丙烯酸十八酯三元共聚物与二甲氨基丙胺反应得到的，曼尼希碱是由 N-氨乙基哌嗪、多聚甲醛和2，6-二-叔丁基苯酚反应得到的。多项专利报道了乙烯、α-烯烃和二烯共聚制备分散剂[115~117]。据说这些分散剂都具有优良的高温和低温黏度性质，用 VR'/VR 定义，VR' 与分散剂有关，VR 与前体物质有关，如烷基酚或烯基马来酸酐。VR' 是含有2%分散剂的参照油-20℃时的表观黏度(CCS，单位：cP)与分散剂100℃时的动力黏度(单位：mm^2/s)的比值。VR 是含有2%前体物质的参照油-20℃时的表观黏度(CCS，单位：cP)与前体物质100℃时的动力黏度(单位：mm^2/s)的比值。当 VR' 和 VR 的值为2.0~3.9，$VR'/VR<1.11$ 时，我们认为低温和高温黏性平衡是适当的。

5.7.4　密封性能

密封件在车载设备中用途很多，其中最显著的作用是容易对发生故障的部件进行维修，以及减少污染和润滑油的损失。很多高分子材料被用来制备密封件，其中包括氟橡胶、丁腈橡胶、聚丙烯酸酯和聚硅氧烷(有机硅)。保持密封件的完整性是至关重要的，否则将会损失润滑油并引起设备磨损和设备故障。密封件失效有很多途径，例如它们会收缩、拉长或变脆，然后损坏。橡胶密封件的损害是通过检测体积、硬度、抗拉强度和变长、断裂的倾向来评定的[118]。密封件损坏发生的两个主要机制包括：润滑油中的颗粒物造成的磨损和润滑油中的组分对密封件的腐蚀。与润滑油相关的损失是，润滑油中的组分渗透进入到密封件里，这将导致密封件的硬度发生变化，从而导致密封件膨胀或伸长或使增塑剂析出，增塑剂是给予高分子材料弹性和强度的添加剂。

因为大部分设备已安装了润滑油过滤系统，因此磨损损伤现象并不常见。然而，我们主要关注的是由润滑油引起的损害。润滑油是基础油和添加剂的混合物。一些基础油，如那些芳烃含量高或酯类的，由于其高极性而使增塑剂有析出的倾向。另外，添加剂能够扩散到密封材料中并改变其性质，也能使增塑剂析出。在添加剂中，分散剂是最容易造成密封件损坏的，特别是对氟橡胶密封件。虽然在许多情况下密封失效可以通过添加剂来得到弥补，这种添加剂被称为密封-溶胀剂。最好的做法是通过预防来消除这种损害。橡胶相容性要求是目前美国、ACEA和日本标准对发动机油和全球的自动传动液和拖拉机液压液规格标准的一部分[119]。因含氮分散剂引起的密封件损坏现象是很普遍的，一般情况下，分散剂的氮含量越高，产生的密封问题也越多[118]。理论上讲，这些问题的发生是由于分散剂中低分子量分子引起的，其中包括游离的胺，或不稳定状态的胺，如烷基氨盐、低分子量丁二酰亚胺和丁二酰胺。由于分散剂中的这些低分子量分子具有高极性和较小的尺寸，它们很容易扩散到密封材料中并改变其物理和机械性能[120]。人们认为在氟橡胶密封件中，氟离子的损失会导致密封件的损坏。除去游离胺和低分子量丁二酰亚胺将会提高密封件的性能。另外，可以用硼酸和环氧化物等试剂对分散剂进行后处理，可以使这些物质无害化或阻止它们扩散到密封件中。关于分散剂的化学处理已在5.7.1小节中阐述，据说可以改善分散剂和使用分散剂的曲轴箱润滑油的密封性能。这些试剂与引起密封件损伤的胺和低分子量的丁二酰亚胺反应，使它们成为无害的。另外，其他一些处理方法也有专利文献报道[121~125]。

5.8 性能测试

发动机油占汽车用分散剂用量的近80%。其他应用这些添加剂的包括自动变速器油、齿轮油、液压油和精炼工艺中的防污剂。分子量相对较低的分散剂也被用于燃料油以控制喷嘴和燃烧室沉积物[126,127]。这些分散剂通常含有聚醚官能团[128]。

丁二酰亚胺和丁二酸酯型聚合型分散剂用于汽油和柴油发动机油，但是烷基酚衍生的曼尼希分散剂仅限用在汽油发动机油中。乙丙橡胶、苯乙烯－二烯共聚物和聚甲基丙烯酸酯(PMAs)衍生的分散型聚合物也用于汽油和柴油发动机油。如前所述，分散型聚合物单独使用缺乏足够的分散性，因此一般与聚合型分散剂结合使用。聚甲基丙烯酸酯和苯乙烯酯衍生的分散剂聚合物用于自动变速器油、液力传动液，用于齿轮油时用量有限。

添加剂制造商使用不同的实验室筛选试验和发动机测试以评估分散剂的有效性。筛选的方法是不同的，但都是通过对炭黑和在用发动机油泥的分散能力来评价分散剂的性能。实验室发动机测试是行业所要求的测试，包括汽油发动机和柴油发动机测试。这些试验方法都列入了国际润滑剂标准化和批准委员会(ILSAC)、美国石油学会(API)、欧洲汽车制造商协会(ACEA 2002)、日本汽车标准组织(JASO)和印度标准局(BIS)的试验方法。值得注意的是，美国军方和原始设备制造商(OEM)都有自己的标准，而且都比美国石油学会的要求高。各种测试的详情可在这些标准和其他一些地方获得[119]，而一些重要的测试分散剂性能的发动机试验在表5.1~表5.4中列出。

表5.1
美国汽油发动机试验

发动机试验	发动机类型	评价标准
CRCL－38	CLR单缸发动机	轴承腐蚀、油泥、漆膜、油的氧化和黏度变化
ASTM程序Ⅲ E	1987 Buick V6发动机	油泥、漆膜、磨损和黏度变化
ASTM程序Ⅲ F	1996 Buick V6发动机	油泥、漆膜、磨损和黏度变化
ASTM程序Ⅴ E	Ford二冲程四缸发动机	油泥、漆膜和磨损
ASTM程序Ⅴ G	Ford V8发动机	油泥、漆膜和磨损
TEOST	模拟试验	热稳定性和氧化稳定性
高温沉积实验	模拟试验	高温沉积物

表 5.2
美国柴油发动机试验

发动机试验	发动机类型	评价标准
Caterpillar 1K	Caterpillar 单缸发动机	活塞沉积物和油耗
Caterpillar1M - PC	Caterpillar 单缸发动机	活塞沉积物和油耗
Caterpillar 1N	Caterpillar 单缸发动机	活塞沉积物和油耗
Caterpillar 1P	Caterpillar 单缸发动机	活塞沉积物和油耗
Mark T - 6	多缸发动机	活塞沉积物、磨损、油耗和油增稠
Mark T - 7	多缸发动机	油增稠
Mark T - 8	多缸发动机	油增稠
Mark T - 9	多缸发动机	烟炱引起的润滑油增稠

表 5.3
欧洲汽油发动机试验

发动机试验	发动机类型	评价标准
ASTM 程序ⅢE	六缸发动机	高温氧化(油泥、漆膜、磨损和黏度增加)
ASTM 程序ⅤE	四缸发动机	低温油泥、漆膜和磨损
Peugeot TU - 3M 高温	四缸单点喷射发动机	活塞沉积物、粘环和黏度增加
M - BM111 黑油泥	四缸多点喷射发动机	发动机油泥和凸轮磨损
VW 1302	四缸化油器式发动机	活塞沉积物、漆膜、磨损和油耗
VW T - 4	四缸多点喷射发动机	延长换油期的能力

表 5.4
目前欧洲柴油发动机试验

发动机试验	发动机类型	评价标准
VW 1.6TC 柴油发动机中间冷却器	四缸发动机	活塞沉积物、漆膜和粘环
VW DI	四缸直喷发动机	活塞沉积物、黏度增加和粘环
Peugeot XUD11ATE	四缸间接喷射式发动机	活塞沉积物和黏度增加
Peugeot XUD11BTE	四缸间接喷射式发动机	活塞沉积物和黏度增加
M - B OM602A	五缸间接喷射式发动机	发动机磨损和清洁度
M - B OM360A/LA	四缸直喷发动机	气缸内径抛光、活塞沉积物、漆膜、油泥、磨损和油耗
M - B OM 441LA	六缸直喷发动机	气缸内径抛光、活塞沉积物、磨损、油耗、阀系情况和涡轮沉积物
MAN 5305	单缸发动机	气缸内径抛光、活塞沉积物和油耗
Mark T - 8	多缸发动机	烟炱引起润滑油变稠

如前所述，烟炱导致的黏度增加和沉积物有关的因素是分散剂性能评估的主要标准。此外，第4章中讨论过中性清净剂(皂)也能控制漆膜、胶膜、油泥和积炭的形成。因此，分散剂的主要作用是控制烟炱引起的黏度增加，而对沉积物形成的控制需要清净剂和分散剂联合作用，只是分散剂起主要作用。

除了发动机油，分散剂在传动液中的使用也比较多。有些传动部件的温度很高，导致大量的润滑油被氧化。油泥和漆膜等一些氧化产物会进入到离合器壳体、离合器活塞、控制阀体和过滤器，这可能会损害这些部件的运行。透平液压氧化试验(THOT)用于评价传动液的氧化稳定性。

聚合型分散剂有助于控制油泥的形成[129]。当以改进传动液的摩擦性能为目标时，分散剂或它们的母体物质，如烯基丁二酸或烯基丁二酸酐，可以与金属磺酸盐结合使用[130~134]。在许多这样的配方中，也会使用硼化分散剂和含硼清净剂(金属磺酸盐)。

分散剂也应用于齿轮油以改善其性能。齿轮油通常含有热不稳定的极压添加剂，它们的降解产物是高极性的，分散剂被用来包围这些降解产物以避免其腐蚀设备和形成沉淀物[135,136]。聚合型分散剂用于液压油中以克服湿过滤(AFNOR，法国标准化学会)的问题，这往往是使用HF-0-型液压液碰到的问题[137]。过滤器出现问题，是由于水与液压油配方中的金属磺酸盐清净剂和二烷基二硫代磷酸锌反应导致的。污垢是包括精制工艺等许多过程中一个常见的问题。污垢是指各种无机和有机沉积物，如盐、灰尘和沥青质沉积到热传递表面和加工设备上，这将会导致设备的热传导性能变差等一系列问题。防污剂是在炼制过程中为抑制污垢使用的化合物，清净剂和分散剂通常用于这一目的[138~140]。

参考文献

1. Sieloff, F.X., J.L. Musser. What does the engine designer need to know about engine oils? Presented to Detroit Section of the Society of Automotive Engineers, March 16, 1982.
2. Colyer, C.C., W.C. Gergel. Detergents/dispersants. In R.M. Mortier, S.T. Orszulik, eds. *Chemistry and Technology of Lubricants*. New York: CH Publishers, Inc., 1992, pp. 62–82.
3. Rizvi, S.Q.A. Lubricant additives and their functions. In S.D. Henry, ed. *American Society of Metals Handbook*, 10th edition, 1992, Vol. 18, pp. 8–112.
4. Ingold, K.U. Inhibition of autoxidation of organic substances in liquid phase. *Chemical Reviews* 61: 563–589, 1961.
5. Kornbrekke, R.E., et al. Understanding soot-mediated oil thickening—Part 6: Base oil effects. SAE Technical Paper 982,665, Society of Automotive Engineers, October 1, 1998. Also see parts 1–5 by E. Bardasz et al., SAE Papers 952,527 (October 1995), 961,915 (October 1, 1996), 971,692 (May 1, 1997), 976,193 (May 1, 1997), and 972,952 (October 1, 1997).
6. Covitch, M.J., B.K. Humphrey, D.E. Ripple. Oil thickening in the Mack T-7 engine test—fuel effects and the influence of lubricant additives on soot aggregation. Presented at SAE Fuels and Lubricants Meeting, Tulsa, OK, October 23, 1985.
7. Obert, E.F. *Internal Combustion Engines and Air Pollution*. New York: Intext Educational Publishing, 1968.
8. Petroleum products, lubricants, and fossil fuels. In *Annual Book of ASTM Standards*. Philadelphia, PA: American Society of Testing and Materials, 1998.
9. Cochrac, J., S.Q.A. Rizvi. Oxidation and oxidation inhibitors. *ASTM Manual on Fuels and Lubricants*, to be published in 2003.
10. Gas and expansion turbines. In D.M. Considine, ed. *Van Nostrand's Scientific Encyclopedia*, 5th edition, New York: Van Nostrand Reinhold, 1976, pp. 1138–1148.
11. Zeldovich, Y.B., P.Y. Sadovnikov, D.A. Frank-Kamenetskii. *Oxidation of Nitrogen in Combustion.*

Moscow-Leningrad: Academy of Sciences, U.S.S.R., 1947.
12. Ford, J.F. Lubricating oil additives—a chemist's eye view. *Journal of the Institute of Petroleum* 54: 188–210, 1968.
13. Rizvi, S.Q.A. Additives: Chemistry and testing. In *Tribology Data Handbook—an Excellent Friction, Lubrication, and Wear Resource*. Boca Raton, FL: CRC Press, 1997, pp. 117–137.
14. Kreuz, K.L. Gasoline engine chemistry as applied to lubricant problems. *Lubrication* 55: 53–64, 1969.
15. Bouman, C.A. *Properties of Lubricating Oils and Engine Deposits*. London: MacMillan and Co., 1950, pp. 69–92.
16. Kreuz, K.L. Diesel engine chemistry as applied to lubricant problems. *Lubrication* 56: 77–88, 1970.
17. Chamberlin, W.B., J.D. Saunders. Automobile engines. In R.E. Booser, ed. *CRC Handbook of Lubrication, Vol. I, Theory and Practice of Tribology: Applications and Maintenance*. Boca Raton, FL: CRC Press, 1983, pp. 3–44.
18. Obert, E.F. Basic engine types and their operation. In *Internal Combustion Engines and Air Pollution*. New York: Intext Educational Publishing, 1968, pp. 1–25.
19. Schilling, A. Antioxidant and anticorrosive additives. In *Motor Oils and Engine Lubrication*. London: Scientific Publications, 1968, Section 2.8, p. 2.61.
20. Patterson, D.J., N.A. Henein. *Emissions from Combustion Engines and Their Control*. Ann Arbor, MI: Ann Arbor Science Publishers, 1972.
21. Lachowicz, D.R., K.L. Kreuz. Peroxynitrates. The unstable products of olefin nitration with dinitrogen tetroxide in the presence of oxygen. A new route to α-nitroketones. *Journal of the Organic Chemistry* 32: 3885–3888, 1967.
22. Covitch, M.J., R.T. Graf, D.T. Gundic. Microstructure of carbonaceous diesel engine piston deposits. *Lubricant Engineering* 44: 128, 1988.
23. Covitch, M.J., J.P. Richardson, R.T. Graf. Structural aspects of European and American diesel engine piston deposits. *Lubrication Science* 2: 231–251, 1990.
24. Nahamuck, W.M., C.W. Hyndman, S.A. Cryvoff. Development of the PV-2 engine deposit and wear test. An ASTM Task Force Progress Report, SAE Publication 872,123. Presented at *International Fuels and Lubricants Meeting and Exposition*. Toronto, Canada, November 2–5, 1987.
25. Rasberger, M. Oxidative degradation and stabilization of mineral oil based lubricants. In R.M. Mortier, S.T. Orszulik, eds. *Chemistry and Technology of Lubricants*. New York: VCH Publishers, Inc., 1992, pp. 83–123.
26. Oliver, C.R., R.M. Reuter, J.C. Sendra. Fuel efficient gasoline-engine oils. *Lubrication* 67:1–12, 1981.
27. Stone, R. Introduction to Internal Combustion Engines, Society of Automotive Engineers, 1993.
28. Rizvi. S.Q.A. Additives and additive chemistry. *ASTM Manual on Fuels and Lubricants*, to be published in 2003.
29. Stuart, F.A., R.G. Anderson, A.Y. Drummond. Lubricating-oil compositions containing alkenyl succinimides of tetraethylene pentamine. U.S. Patent 3,361,673 (January 2, 1968).
30. Cooper, A.R. Molecular weight determination. In J.I. Kroschwitz, ed. *Concise Encyclopedia of Polymer Science and Engineering*. New York: Wiley Interscience, 1990, pp. 638–639.
31. Ravve, A. Molecular weights of polymers. In *Organic Chemistry of Macromolecules*. New York: Marcel Dekker, 1967, pp. 39–54.
32. Deanin, R.D. *Polymer Structure, Properties, and Applications*. New York: Cahner Books, 1972, p. 53.
33. Randall, J.C. Microstructure. In J.I. Kroschwitz, ed. *Concise Encyclopedia of Polymer Science and Engineering*. New York: Wiley Interscience, 1990, p. 625.
34. Fotheringham, J.D. Polybutenes. In L.R. Rudnick, R.L. Shubkin, eds. *Synthetic Lubricants and High-Performance Functional Fluids*, 2nd edition, New York: Marcel Dekker, 1999.
35. Randles, S.J. et al. Synthetic base fluids. In R.M. Mortier, S.T. Orszulik, eds. *Chemistry and Technology of Lubricants*. New York: VCH Publishers, 1992, pp. 32–61.
36. Gutierrez, A., R.A. Kleist, W.R. Song, A. Rossi, H.W. Turner, H.C. Welborn, R.D. Lundberg. Ethylene alpha-olefin polymer substituted mono- and dicarboxylic acid dispersant additives. U.S. Patent 5,435,926 (July 25, 1995).
37. Gutierrez, A., W.R. Song, R.D. Lundberg, R.A. Kleist. Novel ethylene alpha-olefin copolymer substituted mannich base lubricant dispersant additives. U.S. Patent 5,017,299 (May 21, 1991).
38. Stambaugh, R.L. Viscosity index improvers and thickeners. In R.M. Mortier, S.T. Orszulik, eds. *Chemistry and Technology of Lubricants*. New York: VCH Publishers, 1992.
39. Bryant, C.P., H.M. Gerdes. Nitrogen-containing esters and lubricants containing them. U.S. Patent 4,604,221 (August 5, 1986).

40. Shanklin, J.R., Jr., N.C. Mathur. Lubricating oil additives. U.S. Patent 6,071,862 (June 6, 2000).
41. Morris, J.R., R. Roach. Lubricating oils containing metal derivatives. U.S. Patent 2,628,942 (February 17, 1953).
42. Sparks, W.J., D.W. Young, Roselle, J.D. Garber. Modified olefin–diolefin resin. U.S. Patent 2,634,256 (April 7, 1953).
43. Le Suer, W.M., G.R. Norman. Reaction product of high molecular weight succinic acids and succinic anhydrides with an ethylene polyamine. U.S. Patent 3,172,893 (March 9, 1965).
44. Meinhardt, N.A., K.E. Davis. Novel carboxylic acid acylating agents, derivatives thereof, concentrate and lubricant compositions containing the same, and processes for their preparation. U.S. Patent 4,234,435 (November 18, 1980).
45. Rense, R.J. Lubricant. U.S. Patent 3,215,707 (November 2, 1965).
46. Weill, J., B. Sillion. Reaction of chlorinated polyisobutene with maleic anhydride: Mechanism of catalysis by dichloromaleic anhydride. *Revue de l'Institut Francais du Petrole* 40(1): 77–89, 1985.
47. J. Weill. Ph. D. dissertation, 1982.
48. Weill, J., J. Garapon, B. Sillion. Process for manufacturing anhydrides of alkenyl dicarboxylic acids. U.S. Patent 4,433,157 (February 21, 1984).
49. Baumanis, C.K., M.M. Maynard, A.C. Clark, M.R. Sivik, C.P. Kovall, D.L. Westfall. Treatment of organic compounds to reduce chlorine level. U.S. Patent 5,708,097 (January 13, 1998).
50. Pudelski, J.K., M.R. Sivik, K.F. Wollenberg, R. Yodice, J. Rutter, J.G. Dietz. Low chlorine polyalkylene substituted carboxylic acylating agent compositions and compounds derived thereform. U.S. Patent 5,885,944 (March 23, 1999).
51. Pudelski, J.K., C.J. Kolp, J.G. Dietz, C.K. Baumanis, S.L. Bartley, J.D. Burrington. Low chlorine content composition for use in lubricants and fuels. U.S. Patent 6,077,909 (June 20, 2000).
52. Wollenberg, K.F., J.K. Pudelski. Preparation, NMR characterization and lubricant additive application of novel polyisobutenyl phthalic anhydrides. Symposium on Recent Advances in the Chemistry of Lubricant Additives. Paper presented before the Division of Petroleum Chemistry, Inc., *218th National Meeting of the American Chemical Society*, New Orleans, LA, August 22–26, 1999.
53. Harrison, J.J., R. Ruhe, Jr., R. William. One-step process for the preparation of alkenyl succinic anhydride. U.S. Patent 5,319,030 (June 7, 1994).
54. Harrison, J.J., R. Ruhe, Jr., R. William. Two-step thermal process for the preparation of alkenylsuccinic anhydride. U.S. Patent 5,625,004 (April 29, 1997).
55. Morrison, R.T., R.N. Boyd. The Diels–Alder reaction. In *Organic Chemistry*, 3rd edition, Boston, MA: Allyn and Bacon, 1976, Section 27.8, pp. 876–878.
56. Alkylation of phenols. In *Kirk-Othmer Encyclopedia of Chemical Technology*,. New York: Interscience Publishers, 1963, Vol. 1, pp. 894–895.
57. Ion exchange. In *Kirk-Othmer Encyclopedia of Chemical Technology*,. New York: Interscience Publishers, 1967, Vol. 2, pp. 871–899.
58. McAtee, J.R. Aromatic Mannich compound-containing composition and process for making same. U.S. Patent 6,179,885 (January 30, 2001).
59. Merger, F., G. Nestler. Manufacture of alkylphenol compounds. U.S. Patent 4,202,199 (May 13, 1980).
60. Kolp, C.J. Methods for preparing alkylated hydroxyaromatics. U.S. Patent 5,663,457 (September 2, 1997).
61. Adams, P.E., M.R. Baker, J.G. Dietz. Hydroxy-group containing acylated nitrogen compounds useful as additives for lubricating oil and fuel compositions. U.S. Patent 5,696,067 (December 9, 1997).
62. Pudelski, J.K. Mixed carboxylic compositions and derivatives and use as lubricating oil and fuel. U.S. Patent 6,030,929 (February 29, 2000).
63. Baker, M.R., J.G. Dietz, R. Yodice. Substituted carboxylic acylating agent compositions and derivatives thereof for use in lubricants and fuels. U.S. Patent 5,912,213 (June 15, 1999).
64. Baker, M.R. Acylated nitrogen compounds useful as additives for lubricating oil and fuel compositions. U.S. Patent 5,856,279 (January 5, 1999).
65. Baker, M.R., K.M. Hull, D.L. Westfall. Process for preparing condensation product of hydroxy-substituted aromatic compounds and glyoxylic reactants. U.S. Patent 6,001,781 (December 14, 1999).
66. Ethylene amines. In *Kirk-Othmer Encyclopedia of Chemical Technology*, 2nd edition. New York: Interscience Publishers, 1965, Vol. 7, pp. 22–37.
67. Morrison, R.T., R.N. Boyd. *Amines II. Reactions. Organic Chemistry*, 3rd edition. Boston, MA: Allyn and Bacon, 1976, pp. 745–748.
68. Steckel, T.F. High molecular weight nitrogen-containing condensates and fuels and lubricants contain-

ing same. U.S. Patent 5,053,152 (October 1, 1991).
69. Pindar, J.F., J.M. Cohen, C.P. Bryant. Dispersants and process for their preparation. U.S. Patent 3,980,569 (September 14, 1976).
70. Harmon, J., F.M. Meigs. Artificial resins and method of making. U.S. Patent 2,098,869 (November 9, 1937).
71. March, J. Aminoalkylation and amidoalkylation. In *Advanced Organic Chemistry, Reactions, Mechanisms, and Structure*, 4th edition. New York: Wiley-Interscience, 1992, pp. 550–551.
72. Schallenberg, E.E., R.G. Lacoste. Ethylenediamine salts of thiphosphonic acids. U.S. Patent 3,185,728 (May 25, 1965).
73. Schlicht, R.C. Friction reducing agents for lubricants. U.S. Patent 3,702,824 (November 14, 1972).
74. Brois, S.J. Olefin-thionophosphine sulfide reaction products, their derivatives, and use thereof as oil and fuel additives. U.S. Patent 4,042,523 (August 16, 1977).
75. Brois, S.J. Olefin-thionophosphine sulfide reaction products, their derivatives, and use thereof as oil and fuel additives. U.S. Patent 4,100,187 (July 11, 1978).
76. Kapusciniski, M.M., B.J. Kaufman, C.S. Liu. Oil containing dispersant VII olefin copolymer. U.S. Patent 4,715,975 (December 29, 1987).
77. Kapuscinski, M.M., R.E. Jones. Dispersant-antioxidant multifunction viscosity index improver. U.S. Patent 4,699,723 (October 13, 1987).
78. Kapuscinski, M.M., T.E. Nalesnik, R.T. Biggs, H. Chafetz, C.S. Liu. Dispersant anti-oxidant VI improver and lubricating oil composition containing same. U.S. Patent 4,948,524 (August 14, 1994).
79. Goldblatt, I., M. McHenry, K. Henderson, D. Carlisle, N. Ainscough, M. Brown, R. Tittel. Lubricant for use in diesel engines. U.S. Patent 6,187,721 (February 13, 2001).
80. Lange, R.M., C.V. Luciani. Graft copolymers and lubricants containing such as dispersant-viscosity improvers. U.S. Patent 5,298,565 (March 29, 1994).
81. Sutherland, R.J. Dispersant viscosity index improvers. U.S. Patent 6,083,888 (July 4, 2000).
82. Stambaugh, R.L., R.D. Bakule. Lubricating oils and fuels containing graft copolymers. U.S. Patent 3,506,574 (April 14, 1970).
83. Trepka, W.J. Viscosity index improvers with dispersant properties prepared by reaction of lithiated hydrogenated copolymers with 4-substituted aminopyridines. U.S. Patent 4,402,843 (September 6, 1983).
84. Trepka, W.J. Viscosity index improvers with dispersant properties prepared by reaction of lithiated hydrogenated copolymers with substituted aminolactams. U.S. Patent 4,402,844 (September 6, 1983).
85. Seebauer, J.G., C.P. Bryant. Viscosity improvers for lubricating oil composition. U.S. Patent 6,124,249 (September 26, 2000).
86. Adams, P.E., R.M. Lange, R. Yodice, M.R. Baker, J.G. Dietz. Intermediates useful for preparing dispersant-viscosity improvers for lubricating oils. U.S. Patent 6,117,941 (September 12, 2000).
87. Lange, R.M., C.V. Luciani. Dispersant-viscosity improves for lubricating oil composition. U.S. Patent 5,512,192 (April 30, 1996).
88. Lange, R.M. Dispersant-viscosity improvers for lubricating oil compositions. U.S. Patent 5,540,851 (July 30, 1996).
89. Hayashi, K., T.R. Hopkins, C.R. Scharf. Graft copolymers from solvent-free reactions and dispersant derivatives thereof. U.S. Patent 5,429,758 (July 4, 1995).
90. Nalesnik, T.E. Novel VI improver, dispersant, and anti-oxidant additive and lubricating oil composition containing same. U.S. Patent 4,863,623 (September 5, 1989).
91. Mishra, M.K., I.D. Rubin. Functionalized graft co-polymer as a viscosity index improver, dispersant, and anti-oxidant additive and lubricating oil composition containing same. U.S. Patent 5,409,623 (April 25, 1995).
92. Kapuscinski, M.K., C.S. Liu, L.D. Grina, R.E. Jones. Lubricating oil containing dispersant viscosity index improver. U.S. Patent 5,520,829 (May 28, 1996).
93. Sutherland, R.J. Process for making dispersant viscosity index improvers. U.S. Patent 5,486,563 (January 23, 1996).
94. Bryant, C.P., B.A. Grisso, R. Cantiani. Dispersant-viscosity improvers for lubricating oil compositions. U.S. Patent 5,969,068 (October 19, 1999).
95. Kiovsky¸ T.E. Star-shaped dispersant viscosity index improver. U.S. Patent 4,077,893 (March 7, 1978).
96. Patil, A.O. Multifunctional viscosity index improver-dispersant antioxidant. U.S. Patent 5,439,607 (August 8, 1995).
97. Baranski, J.R., C.A. Migdal. Lubricants containing ashless antiwear-dispersant additive having viscosity index improver credit. U.S. Patent 5,698,5000 (December 16, 1997).

98. Sutherland, R.J., R.B. Rhodes. Dispersant viscosity index improvers. U.S. Patent 5,360,564 (November 1, 1994).
99. Brady, J.E., G.E. Humiston. Chemical bonding: General concepts—polar molecules and electronegativity. In *General Chemistry: Principles and Structure*, 2nd edition. New York: Wiley, 1978, pp. 114–117.
100. Diana, W.B., J.V. Cusumano, K.R. Gorda, J. Emert, W.B. Eckstrom, D.C. Dankworth, J.E. Stanat, J.P. Stokes. Dispersant additives and process. U.S. Patents 5,804,667 (September 8, 1998) and 5,936,041 (August 10, 1999).
101. Degonia, D.J., P.G. Griffin. Ashless dispersants formed from substituted acylating agents and their production and use. U.S. Patent 5,241,003 (August 31, 1993).
102. Emert, J., R.D. Lundberg, A. Gutierrez. Oil soluble dispersant additives useful in oleaginous compositions. U.S. Patent 5,026,495 (June 25, 1991).
103. Sung, R.L., B.J. Kaufman, K.J. Thomas. Middle distillate containing storage stability additive. U.S. Patent 4,948,386 (August 14, 1990).
104. Ratner, H., R.F. Bergstrom. Non-ash containing lubricant oil composition. U.S. Patent 3,189,544 (June 15, 1965).
105. Norman, G.R., W.M. Le Suer. Reaction products of hydrocarbon-substituted succinic acid-producing compound, an amine, and an alkenyl cyanide. U.S. Patents 3,278,550 (October 11, 1966) and 3,366,569 (June 30, 1968).
106. Morrison, R.T., R.N. Boyd. Hydrolysis of amides, pp. 671–672; Alkaline and acidic hydrolysis of esters, pp. 677–681. In *Organic Chemistry*, 3rd edition. Boston, MA: Allyn and Bacon, 1976.
107. Baczek, S.K., W.B. Chamberlin. Petroleum additives. In *Encyclopedia of Polymer Science and Engineering*, 2nd edition. New York: Wiley, 1998, Vol. 11, p. 22.
108. Klamann, D. Viscosity–temperature (VT) function. In *Lubricants and Related Products*. Weinheim, Germany: Verlag Chemie, 1984, pp. 7–12.
109. Schilling, A. Viscosity index improvers. In *Motor Oils and Engine Lubrication*. London: Scientific Publications, 1968, pp. 2.28–2.43.
110. Engine oil viscosity classification. SAE J300–Revised December 1999, SAE Standard, Society of Automotive Engineers.
111. Adams, D.R., P. Brice. Multigrade lubricating compositions containing no viscosity modifier. U.S. Patent 5,965,497 (October 12, 1999).
112. Emert, J., R.D. Lundberg. High functionality low molecular weight oil soluble dispersant additives useful in oleaginous compositions. U.S. Patent 5,788,722 (August 4, 1998).
113. Emert, J., A. Rossi, S. Rea, J.W. Frederick, M.W. Kim. Polymers derived from ethylene and 1-butene for use in the preparation of lubricant dispersant additives. U.S. Patent 6,030,930 (February 29, 2000).
114. Hart, W.P., C.S. Liu. Lubricating oil containing dispersant VII and pour depressant. U.S. Patent 4,668,412 (May 26, 1987).
115. Song, W.R., A. Rossi, H.W. Turner, H.C. Welborn, R.D. Lundberg, A. Gutierrez, R.A. Kleist. Ethylene alpha-olefin/diene interpolymer-substituted carboxylic acid dispersant additives. U.S. Patents 5,759,967 (June 2, 1998) and 5,681,799 (October 28, 1997).
116. Song, W.R., A. Rossi, H.W. Turner, H.C. Welborn, R.D. Lundberg. Ethylene alpha-olefin polymer substituted mono- and dicarboxylic acid dispersant additives. U.S. Patent 5,433,757 (July 18, 1995).
117. Song, W.R., R.D. Lundberg, A. Gutierrez, R.A. Kleist. Borated ethylene alpha-olefin copolymer substituted Mannich base lubricant dispersant additives. U.S. Patent 5,382,698 (January 17, 1995).
118. Harrison, J.J., W.A. Ruhe, Jr. Polyalkylene polysuccinimides and post-treated derivatives thereof. U.S. Patent 6,146,431 (November 14, 2000).
119. Ready reference for lubricant and fuel performance. Lubrizol Publication. Available at http://www.lubrizol.com.
120. Stachew, C.F., W.D. Abraham, J.A. Supp, J.R. Shanklin, G.D. Lamb. Engine oil having dithiocarbamate and aldehyde/epoxide for improved seal performance, sludge and deposit performance. U.S. Patent 6,121,211 (September 9, 2000).
121. Viton seal compatible dispersant and lubricating oil composition containing same. U.S. Patent 5,188,745 (February 23, 1993).
122. Nalesnik, T.E., C.M. Cusano. Dibasic acid lubricating oil dispersant and viton seal additives. U.S. Patent 4,663,064 (May 5, 1987).
123. Nalesnik, T.E. Lubricating oil dispersant and viton seal additives. U.S. Patent 4,636,332 (January 13, 1987).

124. Scott, R.M., R.W. Shaw. Dispersant additives. U.S. Patent 6,127,322 (October 3, 2000).
125. Fenoglio, D.J., P.R. Vettel, D.W. Eggerding. Method for preparing engine seal compatible dispersant for lubricating oils comprising reacting hydrocarbyl substituted dicarboxylic compound with aminoguanidine or basic salt thereof. U.S. Patent 5,080,815 (January 14, 1992).
126. Cunningham, L.J., D.P. Hollrah, A.M. Kulinowski. Compositions for control of induction system deposits. U.S. Patent 5,679,116 (October 21, 1997).
127. Ashjian, H., M.P. Miller, D-M. Shen, M.M. Wu. Deposit control additives and fuel compositions containing the same. U.S. Patent 5,334,228 (August 2, 1994).
128. Mulard, P., Y. Labruyere, A. Forestiere, R. Bregent. Additive formulation of fuels incorporating ester function products and a detergent-dispersant. U.S. Patent 5,433,755 (July 18, 1995).
129. Gear and transmission lubricant compositions of improved sludge-dispersibility, fluids comprising the same. U.S. Patent 5,665,685 (September 9, 1997).
130. Otani, H., R.J. Hartley. Automatic transmission fluids and additives thereof. U.S. Patent 5,441,656 (August 15, 1995).
131. O'Halloran, R. Hydraulic automatic transmission fluid with superior friction performance. U.S. Patent 4,253,977 (March 3, 1981).
132. Ichihashi, T., H. Igarashi, J. Deshimaru, T. Ikeda. Lubricating oil composition for automatic transmission. U.S. Patent 5,972,854 (October 26, 1999).
133. Kitanaka, M. Automatic transmission fluid composition. U.S. Patent (September 28, 1999).
134. Srinivasan, S., D.W. Smith, J.P. Sunne. Automatic transmission fluids having enhanced performance capabilities. U.S. Patent 5,972,851 (October 26, 1999).
135. Conary, G.S., R.J. Hartley. Gear oil additive concentrates and lubricants containing them, U.S. Patent 6,096,691 (August 1, 2000).
136. Lubricating oil composition for high-speed gears. U.S. Patent 5,756,429 (May 26, 1998 Ichihashi, Toshihiko).
137. Ryan, H.T. Hydraulic fluids. U.S. Patent 5,767,045 (June 16, 1988).
138. Forester, D.R. Use of dispersant additives as process antifoulants. U.S. Patent 5,368,777 (November 29, 1994).
139. Forester, D.R. Multifunctional antifoulant compositions. U.S. Patent 4,927,561 (May 22, 1990).
140. Forester, D.R. Multifunctional antifoulant compositions and methods of use thereof. U.S. Patent 4,775,458 (October 4, 1988).

（二）成膜添加剂

6 固体润滑剂作为摩擦改进剂的选择和应用

Gino Mariani

6.1 引言

固体润滑剂是指在承受一定负荷的相对运动的表面间减少摩擦和机械相互作用的某些固体材料。固体润滑剂为润滑剂配方设计师提供了当传统液体添加剂失效时的选择，例如，在高温润滑条件下液体润滑剂必将发生氧化和分解，导致润滑失效。另一个例子是在轴承配副表面的点产生高负荷和接触高压，液体润滑剂被挤出，导致润滑失效（见图 6.1）。

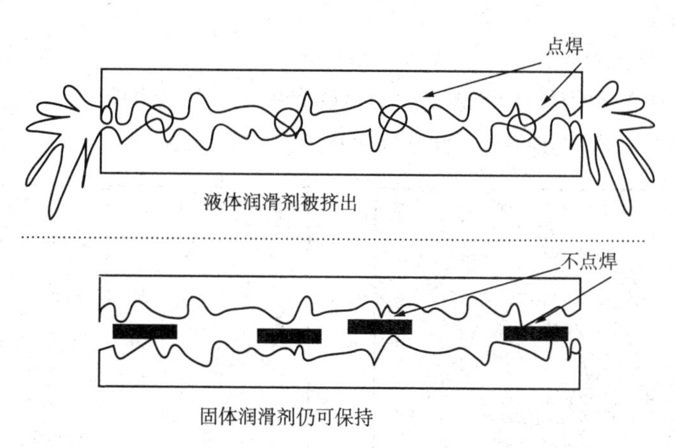

图 6.1　接触面承载点的接触压力导致液体润滑剂被挤出

固体润滑剂用作干膜或作为一种液体添加剂，为许多不同类型的应用提供了增强的润滑效果。典型的高温应用包括烤箱链条润滑和金属成型工艺如热锻造。固体润滑剂对室温下的润滑也是有用的，例如金属薄片或棒料的拉拔和冲压。固体润滑剂用作防卡咬组分和攻丝组分是非常有效的，它能为螺纹管装配提供密封功能和减小摩擦的效果[1]。涉及低速滑动和高负荷接触的应用，如齿轮润滑，也能从固体润滑剂中得益。固体润滑剂为齿轮油性能的必要性提供了有效的抗磨损和承载性能，特别是在使用低黏度基础油时。

固体润滑剂也辅助应用于粗糙的结构或粗糙表面形貌的滑动表面。在这种情况下，固体润滑剂比液体润滑剂更能覆盖配合面的粗糙表面。一个典型的应用就是要求润滑将磨损减小到最小的往复运动。对于固体润滑剂应用的另一个例子是化学活性的润滑添加剂在特殊表面（如聚合物或陶瓷）不能起作用，在这种情况下，固体润滑剂的作用是对配合表面提供必要保护，这通常会导致液体成分与表面发生化学反应[2]。

石墨和 MoS_2 是用作固体润滑剂的最重要材料。这些材料由于具有层状结构，因而是有效的承载润滑添加剂。因为这些材料的固体和晶体性质，石墨和 MoS_2 表现了在高温和氧化环境下的很好的耐受性，这是那些液体润滑剂无法拥有的。这种特征使得石墨和 MoS_2 润滑剂能承受极高的温度和极大的接触压力。

可用作固体润滑剂的其他化合物包括氮化硼、聚四氟乙烯(PTFE)、滑石(云母)、氟化钙、氟化铈和二硫化钨。这些化合物的任何一种在某些特殊应用中可能比石墨或 MoS_2 更合适。在这章中将讨论氮化硼、聚四氟乙烯(PTFE)、石墨和 MoS_2。

对于一种有效的固体润滑剂基本的要求是什么呢？必须适当地满足以下 5 种性能[3]：

1. 屈服强度

指能破坏润滑或使润滑膜变形的力的大小。固体润滑剂对于垂直施加于它的力应该有很高的屈服强度。这将为承载接触面提供所需的边界润滑和保护。膜的低屈服强度应存在于直接的滑动中，是为了使摩擦系数减小。力对方向的依赖性被称为各向异性。

2. 附着力

润滑剂的配置方式必须使其能在基体上形成润滑膜，并保持足够的时间，以满足润滑的要求。粘着力应大于施加于润滑膜的剪切力。任何过早的粘着失效将导致要求润滑的滑动表面间处于非保护状态。

3. 凝聚力

固体润滑剂膜中的单个粒子能形成一个足够厚的层，以保护很粗糙的表面，并在固体膜消耗期间给润滑剂的补给提供一个“油箱”(见图 6.2 和图 6.3)。

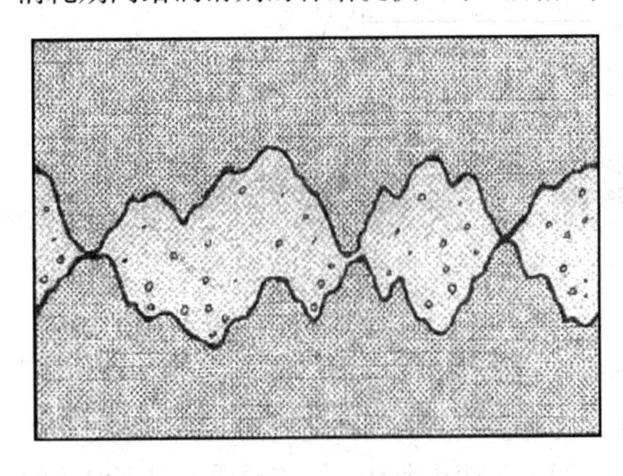

图 6.2　表面粗糙度

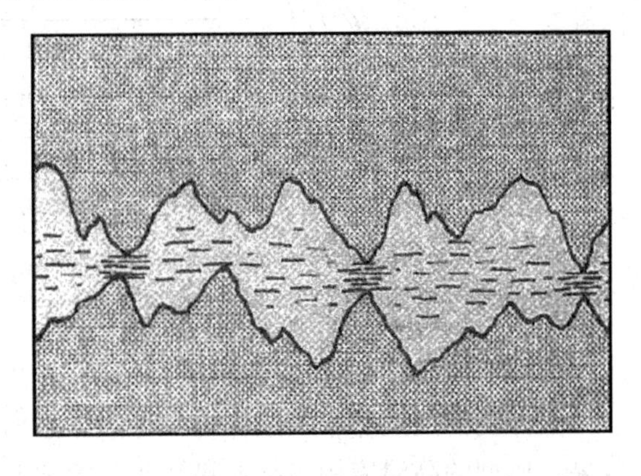

图 6.3　润滑剂的摩擦

4. 定向

这些粒子必须以一种类似于压力流动的方式来定向，它们将为减少摩擦系数提供最大的机会。因为定向的发生，粒子的尺寸对最大限度地降低剪切是很重要的。

5. 塑性流动

当负荷直接垂直施加于运动方向时，润滑剂将不能承受塑性变形。固体应能经受住接触面之间的直接接触，以便保持一个连续的润滑膜。

本章的目的是指导配方师对固体润滑剂做出成功的选择。本章简要总结了固体润滑剂的化学和物理特性，讨论了每种主要润滑剂的优缺点，并对应用情况加以介绍。这些知识将有助于对润滑剂的化学性质和一般的润滑机理的理解。

6.2 固体润滑剂的特性

6.2.1 石墨

对于在高温高负荷条件下的应用，石墨是最有效的。这些性能使得在锻造过程中选择石墨作为固体润滑剂。固体润滑剂如 MoS_2，在典型热锻造温度范围 760 ~ 1200℃ 时氧化太快，虽然 MoS_2 比石墨具有更好的润滑性能。

石墨为什么是一种好的润滑剂呢？答案是石墨晶体的层状结构。在结构上石墨是由多个环的碳原子的六边形平面组成。在平面内的每个碳原子之间短的键长导致了强共价键(见图 6.4)。

弱范德华力使大量的平面结合在一起形成晶格结构。在平面层间碳原子 d - 间隔键距比较长，因此它就比平面内碳原子间的键要弱。当一个力施加于晶体时，将产生一个强的阻力以抵抗此力，高的屈服强度为润滑剂提供了承载能力。与垂直施加于基体的力同时发生的是滑动力，与滑动方向平行。在平面间的这些弱键很容易沿着这种力的方向来剪切这些平面，这种力使平面间分离，导致摩擦减小。图 6.5 通过用手向一副扑克牌施加力的概念演示了石墨分离的层间运动。垂直施加于一副扑克牌的力被垛的厚度和屈服强度抵抗。然而当施加的力与垛平行时，只要一个更容易的力就可将一副扑克牌分开，从而导致卡片的剪切。

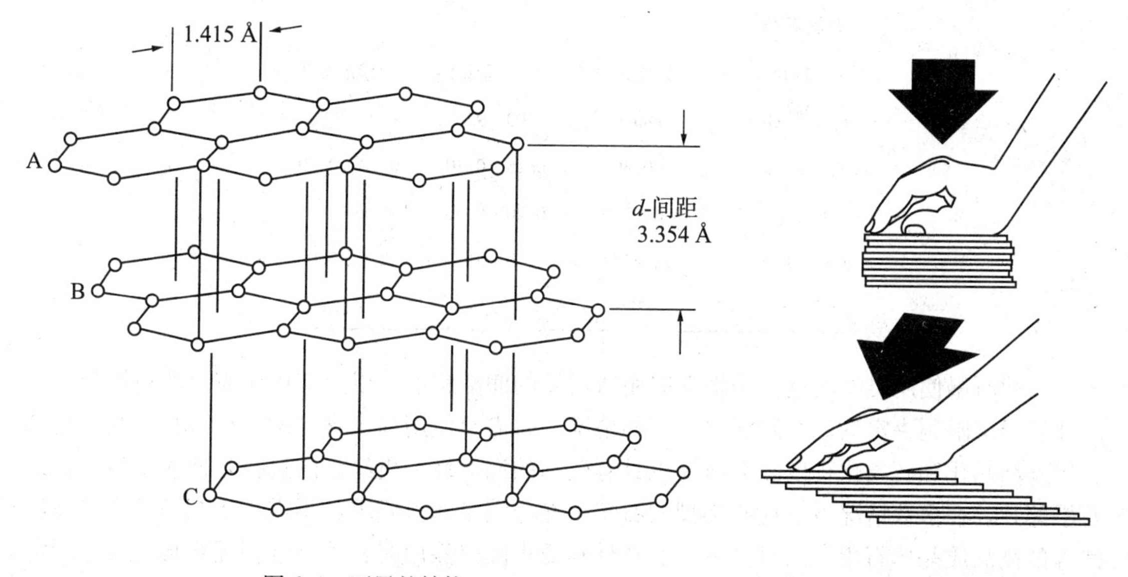

图 6.4 石墨的结构

图 6.5 层状润滑作用示意图

当滑动状况被应用于金属表面时，石墨层状结构的效果便能被观测到。摩擦系数数据可通过不同的模拟试验方法测试滑动状态的润滑性获得。未润滑或油润滑金属表面的比较结果显示，石墨具有极好的润滑性[4]，如表 6.1 所示。

表 6.1
石墨膜的摩擦系数

试验方法	石墨膜	未润滑金属	矿物油在金属上
三球滑动试验机	0.09~0.12	0.16~0.18	0.15~0.17
Bowden-Leben 试验机	0.07~0.10	0.40	0.17~0.22

6.2.1.1 *石墨的来源*

石墨有很多类型和多种来源。这些影响石墨特性的资源，也影响到使用石墨的最终产品性能。石墨主要分为两类：天然的和合成的。

天然石墨来源于世界范围内的采矿，矿石经加工得到有用的石墨，矿石的质量和矿石加工导致各种不同质量石墨的存在。高纯度的天然石墨通常有高的润滑性和抗氧化性，这是因为天然石墨具有高度的晶体结构和石墨化作用。

品质较差的天然石墨也可以获得。石墨的总碳含量和石墨化程度越低，品质就越差。最终产品实际上是含有较多杂质的石墨，灰分含量较高，这些灰分大部分是硅和铁的氧化物。石墨的润滑性能随结晶度和石墨化程度的降低而减小，润滑性也随着石墨总灰分量的增加而减小。

商业上可利用的天然石墨有不同的等级。等级的适用性依赖于应用目的和经济限制。表6.2举例描述了可利用的天然石墨商品。

表 6.2
天然石墨

项目	无定形	片状晶体 1	片状晶体 2
炭含量/%	-85.0	90~95	96~98
硫含量/%	-0.30	0.15~0.20	0.10~0.70
SiO_2/%	6.0~7.0	0.20~0.30	0.05~0.2
灰分/%	10~15	7~10	2.0~3.0
网孔	-325	-325	-325

天然石墨使用类型的选择是根据应用所需要的润滑程度，以及应用所需要的石墨粒子的尺寸和经济限制决定的。对润滑要求高的情况，就需要使用高炭含量的晶体薄片和晶体矿脉石墨。结晶化和石墨化程度高的石墨也具有较高的润滑性。更经济的选择是使用低炭含量的石墨薄片。在多数情况下，这些类型的石墨可充分满足润滑要求，不需用更高纯度和更高润滑性的高品质晶体石墨。当只需较小润滑性和要求隔热涂层时，才会选择无定形石墨。无定形石墨也是可利用的天然商品石墨中最便宜的等级。无定形石墨和晶体石墨也可结合使用，通过改变用量来满足应用的要求。

合成石墨是另一种可选择的润滑石墨资源。合成石墨可分为一级和二级(表6.3)，一级石墨的合成是在电炉里在高温高压下锻烧石油焦产生的。通常此方法制得的产品纯度高，在石墨化百分率和润滑能力方面能达到天然片状石墨的质量。

表 6.3
合成石墨

项目	一级品	二级品	项目	一级品	二级品
炭含量/%	99.9	99.9	SiO_2/%	0.02	0.05
硫含量/%	微量	0.01	灰分/%	0.1	0.1

二级合成石墨来源于一级石墨制造电极产品的剩余物。由于此类石墨的晶化和石墨化程度较低，以及存在对润滑不利的黏合剂和表面氧化物，因此它比天然石墨和一级石墨的润滑性差。二级合成石墨对润滑性要求低的应用是非常有效的，使用二级合成石墨的主要好处是它的经济性，二级石墨比一级合成石墨和高纯度的天然石墨的价格低得多。

6.2.1.2 润滑作用

适当质量的石墨作为一种有效的固体润滑剂能够满足五个标准。要适合用作润滑剂，石墨还应有必需的屈服强度。由于它对金属的亲和力和在表面微观结构的内部和表面的填充，因而它能充分粘着在金属表面。石墨还具有润滑机理所要求的抛光能力。石墨粒子固有的定向作用是通过天然倾向完成的，石墨晶体定向在与基体平行和最低剪切方向。石墨的各向异性赋予了它很好的润滑能力和减摩性，石墨粒子在基体上的平面定向就是利用了这种各向异性。当滑动力沿着粒子长度施加的时候，沿着晶体平面合适的方向使易剪切的石墨层状功能得以体现。石墨的高屈服强度保留在垂直于剪切力的方向，从而提供承载能力。

石墨最适合用于常规环境中的润滑。水蒸气是石墨润滑剂的必要组分，吸收的水蒸气在石墨润滑中的作用已经被研究[5]。从理论上讲，水蒸气有助于减少石墨晶体表面的能量。在石墨表面单层水分子的吸附有可能使石墨平面六边形间的结合能减少到低于基体和石墨晶体间的粘着能。当剪切力施加于石墨膜时，使石墨晶体产生层移动，导致了摩擦的减少和相应的润滑。因为水蒸气对润滑是必要的，因此在真空中石墨作为润滑剂是无效的。

石墨的润滑性作为温度的函数是非常好的。在氧化环境中，石墨能够承受连续温度变化直到450℃，并仍能提供有效的润滑。石墨的这种氧化稳定性取决于石墨的质量、粒子的尺寸以及存在可能加速氧化的污染物。石墨也可以在间断的基础上、在更高的温度下起作用。最高的氧化温度接近675℃。对于这些情况，改变石墨混合物的组成以控制它的氧化速度是必要的。

石墨的导热性通常很低。例如一级合成石墨在40℃时的导热率是~1.3W/m·K。无定形石墨导热性更小，在特殊的应用中，它有时作为隔热材料使用。

6.2.2 二硫化钼

二硫化钼是第二种广泛应用于工业的重要固体润滑剂。从19世纪初期它已作为润滑剂使用。MoS_2 也被称为辉钼矿，是发现于花岗岩细小矿脉中的矿物质。为了达到适合作润滑剂的纯度，润滑级的 MoS_2 是通过不同的方式高度精炼制得的[6]，通常纯度超过98%。商用 MoS_2 有不同的粒子尺寸范围。表6.4列出了二硫化钼的基本特性。MoS_2 的低摩擦性是与它的晶体结构相关的固有特性，然而石墨需要吸附水分才能作为有效的润滑剂。MoS_2 实现润滑性的作用机理类似于石墨，就像石墨一样，MoS_2 有一个六边形的晶格结构。

表 6.4

二硫化钼的特性

性　能	数　值	性　能	数　值
材料硬度/Ω	1.0~1.5	熔点/℃	>1800
摩擦系数	0.10~0.15	分子量	160.08
颜色	蓝灰至黑	工作温度/℉	700 以上
电导率	半导体	相对密度	4.80~5.0
光泽	金属光泽	导热系数/(W/m·K)	0.13(40℃)

平面六边形钼原子的层状结构散布于两层硫原子之间。与石墨类似，与六角形晶体中钼和硫原子间的强共价键相比，平面六边形间硫原子间的键强度是范德华型的弱键。如果要达到有效减小摩擦的作用，MoS_2 晶体的定向是重要的。MoS_2 有与石墨类似的各向异性。当一个力平行施加于六边形时，平面间的弱键强度使晶体易剪切，因而发生了润滑的层状机理。同时，晶体结构和晶面间的强键力承载了垂直施加于晶体平面的力。这对于防止高负荷时金属对金属的接触是必须的，如变速箱润滑。

作为一种有效的固体润滑剂，MoS_2 在其他指标上获得很好的评价。它通过键合作用在基体表面形成比基体更光滑的强粘着膜，MoS_2 膜对大多数金属基体有着很高粘着力，它能成功地抛光磨损表面，从而将金属的磨损减至最小和减小摩擦。然而有个例外，钛和铝基体由于金属表面氧化层的存在，有减小 MoS_2 膜韧性的趋势。

MoS_2 的润滑性能经常超过石墨。当温度低于 400℃，对高承载润滑来说它是最有效的。MoS_2 的另一个优点是它能在干燥环境和真空环境中起到润滑作用，而石墨却不能。这是由于 MoS_2 固有的润滑性能。另一方面，水分的存在使 MoS_2 的润滑性恶化，因为 MoS_2 被氧化成 MoO_3。MoS_2 对温度的局限性是由于物质的分解。当 MoS_2 继续氧化时，MoO_3 的量随着增加，导致了磨粒磨损并增加了润滑表面的摩擦系数。

MoS_2 的效力随润滑表面接触力增加而提高。当增加接触力时，磨光的表面表现出摩擦系数的减小[7]。相反，石墨却不能显示出这种性质。许多例子报道了在润滑剂工作温度限定范围内，MoS_2 体系的摩擦性能比石墨好。

MoS_2 粒子的尺寸和膜的厚度将影响润滑。通常，粒子的尺寸应该和基体表面的粗糙度以及设想的润滑方法的类型相匹配。当机械磨损出现时，太大的粒子分布有可能导致过度的磨损和膜减少。在通常的大气环境中，太细的粒子能导致加速氧化，因为这些粒子的高表面积加速了氧化速度。

6.2.3　氮化硼

氮化硼是一种有趣的和有独特特性的陶瓷润滑剂。当石墨和 MoS_2 的性能不能满足要求时，氮化硼可以作为一种特殊领域应用的典型固体润滑剂。氮化硼最有趣的润滑特征是它的耐高温性，在氧化环境中氮化硼的工作温度是1200℃，这使得它能应用于很高工作温度时的润滑。石墨和 MoS_2 都不可能在那样高的工作温度下保持完好。氮化硼也有很高的热传导性，这使它成为需要迅速除去热的润滑剂应用的一个极好的选择。

下面介绍一种制备氮化硼的反应工艺。氧化硼和尿素在800～2000℃温度时反应产生陶瓷材料，可得到两种化学结构：立方体和六边形的氮化硼。有润滑性的是六边形的氮化硼，立方体的氮化硼是很坚硬的物质，通常被用作磨料和切割工具的组分，立方体的氮化硼没有任何润滑价值。六边形的氮化硼则类似于石墨和 MoS_2，硼和氮相互结合组成六边形的环状结构，形成一堆平面六边形的环。像石墨一样，氮化硼也呈片状结构。

在环内键的结合强度很强，平面是通过弱键力堆积和聚集到一起的。类似于石墨和 MoS_2，当一个力平行施加于平面时，使平面易剪切。这种易剪性提供了期望的减摩和润滑作用。同时，在六边形环状结构内硼和氮之间强的结合力提供了很高的负载能力，这对保持基体金属与金属的分离是必要的。类似于 MoS_2，氮化硼有固有的润滑特性。无论是干的还是湿的环境中，氮化硼都能有效的润滑。它比石墨和 MoS_2 更能耐氧化，并且在它的工作温度界限内保持着润滑性。

商品级氮化硼能以多样化的纯度和粒度展现。这些多品种影响了氮化硼的润滑能力，因为粒度影响了对基体的粘着程度、抛光能力和粒子在基体内的取向程度。关于氮化硼粉末的润滑性需要考虑诸如氧化硼的杂质，因为在应用时杂质将影响粉末减小摩擦系数的能力。等级的不同也将影响热传导性和在液体载体中的悬浮容易程度。表6.5总结了六边形氮化硼的典型特征。

表6.5

六边形氮化硼

性能	数值	性能	数值
摩擦系数	0.2～0.7	绝缘强度/(kV/mm)	～35
颜色	白色	分子量	24.83
晶体结构	六边形	工作温度/℃	1200(氧化气氛)
密度/(g/cm^3)	2.2～2.3	导热性(系数)/(W/m·K)	～55
介电常数	4.0～4.2	粒子尺寸/μm	1～10

6.2.4 PTFE(聚四氟乙烯)

PTFE是聚四氟乙烯(Polytetrafluoroethylene)的缩写。20世纪40年代初期聚四氟乙烯就被用作润滑剂。从结构上讲，这个聚合物是在每个乙烯单元上有4个氟原子取代乙烯的重复链状结构：

$$—(CF_2—CF_2)— \tag{6.1}$$

相对于其他润滑剂而言，聚四氟乙烯没有层状的晶格结构。聚四氟乙烯润滑性至少部分是由于它高的软化点。当滑动接触产生的摩擦热增加时，这种聚合物保持它的稳定性，从而起到润滑的作用。

由于等级决定了聚四氟乙烯性能，因而生产不同等级的聚四氟乙烯，并应用于特殊的用途。例如，分子量和粒子尺寸是能改变作为润滑剂使用的聚合物性能的两个特征。

众所周知的聚四氟乙烯的重要特性是由分子所赋予的显著的低摩擦系数[8]。聚四氟乙烯比其他任何固体润滑剂的静摩擦系数和动摩擦系数都要小。文献报道了基体上覆盖不同的聚四氟乙烯膜，在滑动状态下摩擦系数值可低至0.04[9]。这种低摩擦性归结于聚合物链的光滑分子外形，使其以易滑动的方式来确定方向。聚四氟乙烯聚合物能够导致杆状的大分子相互滑动，类似于片状结构。它的化学惰性使它可用于较低的工作温度以及不同的大气环境中。由于聚合物的分解，聚四氟乙烯的工作温度限定在大约260℃。

在使用聚四氟乙烯时需要考虑这种原料的冷焊接性，这可能限制了它在有些极高压力情况下的应用。极高的压力可能导致聚合物粒子的破坏和润滑失效，原因在于聚四氟乙烯冻结并无法在摩擦表面保持完整。

聚四氟乙烯可被用于室温下的粘结膜润滑。这些用途包括紧固件、攻丝化合物、链条润滑剂和发动机油加工。聚四氟乙烯作为一种添加剂广泛用于工业和民用的润滑脂和润滑油中（表6.6）。

表6.6

PTFE的物理性质

性质	数值	性质	数值
摩擦系数(ASTM D1894)	0.04~0.1	熔点/℃	327
介电常数	2.1~2.4	工作温度/℃	~260
硬度	50~60 Shore D	相对密度	2.15~2.20

由于聚四氟乙烯的表面能很低，很难制备，但是可以制备聚四氟乙烯的油或水的胶体分散体系。这对于在润滑介质中需要稳定的聚四氟乙烯粒子悬浮的应用场合是非常有用的，例如曲轴箱油和液压油。聚四氟乙烯的性能和原料影响形成稳定的、不絮凝的分散体系的能力，而这些却是有效润滑所必须的。

6.3 润滑剂的应用及制备

为了使润滑剂有效，固体必须以某种方式应用。在需要抗磨或润滑的配副基体间提供一个有效的界面，可以使用干粉润滑剂，但它的应用范围是有限的。简单的说就是干粉喷洒在承载基体的表面，通过滑动摩擦和固体润滑剂本身的粘着性的共同作用，一些尺度的干粉附着在基体表面，通过抛光作用提供润滑保护[10]。MoS_2以这种方式应用似乎特别有效，因为它显示了非常有效的抛光能力。

干粉的使用是有限制的。所形成膜的工作持续时间短，因为粘着通常不能充分提供长期连续应用需要。在很多情况下，使用干粉会使精确地将润滑剂应用到想要润滑的地方变得困难，但为在磷酸盐化的基体表面获得涂层而磨光金属坯料的情况除外。

通过使用黏合膜可以克服这一缺点。黏合膜对需要保护的基体提供很强的粘着力，它能够更好地控制膜的磨损速度，其作用取决于黏合剂的性能和粘合膜的膜厚。粘合膜可以通过许多方式得到，都通过使用能提高膜耐久性和更长持续时间的辅助添加剂。预期的应用将决定黏合剂的合适类型。对长期运转状态的应用，通常使用树脂和聚合物类的黏合剂。这些黏合剂包括酚醛树脂、丙烯酸树脂、纤维素树脂、环氧树脂、聚酰亚胺和硅树脂。其中的一些黏合剂如环氧树脂，可在室温下固化，其他的黏合剂，如酚醛树脂则需要提升温度来固化，工作温度限制了黏合剂的选择。

为了克服工作温度的局限，可广泛使用可选择性的黏合剂。大多类型是无机盐如碱性的硅酸盐、硼酸盐和磷酸盐，这些类型的盐克服了有机黏合剂的温度限制，将温度负荷转移到固体润滑剂。相反，无机盐粘合剂不能像有机黏合剂那样提供一个耐久性的涂层，这通常限制了那些需要润滑剂持续补充的应用。

为了使固体润滑剂的应用容易，将固体润滑剂分散在液体中是最通常的使用方法。液体可以是溶剂、油、合成油或水。固体润滑剂悬浮在液体中，使固体润滑剂能容易和精确地应用到那些需要保护的区域。相对于干粉固体润滑剂，液体容易通过喷雾、浸泡或循环的方式控制基体表面上的膜。因为固体粒子被分散到液体基质中，避免了粒子在空中扩散，也提高了环境的清洁度。对固体润滑剂应用而言，在液体中固体润滑剂是一种次要的添加剂，为了获得有效的润滑，合适的悬浮液是关键。

对液体悬浮液而言，润滑剂的保存期限是有限的。因为要求粒子悬浮在液体载体中，而最后将发生固体润滑剂的沉淀。为了在悬浮液规定的保存期内提供连续的润滑性能，需要合适的混合工艺处理悬浮液。对配方分散体系的调整和黏度的控制将影响到悬浮液的稳定性。悬浮液的质量也将决定于处理过的固体润滑剂在轻微的搅动下是否容易再分散(见图6.6)。

为了制备悬浮液，需要处理固体润滑剂粒子的表面，以使其容易在载体液体中悬浮。这类似于涂料，化学处理后的着色剂提供了所需要的分散特征，形成了胶体悬浮液(见图6.7)。为了最大程度地利用粒子的润滑性以及在工作中提供稳定的分散性能，这种处理是必要的。没有这种处理，将发生粒子团聚和迅速沉淀。这将对润滑剂应用到基体表面产生负面影响，产生差的、无效的膜。润湿剂和悬浮剂如聚合盐、淀粉和聚丙烯酸酯都可用于处理固体润滑剂表面，使其能在液体载体中分散。

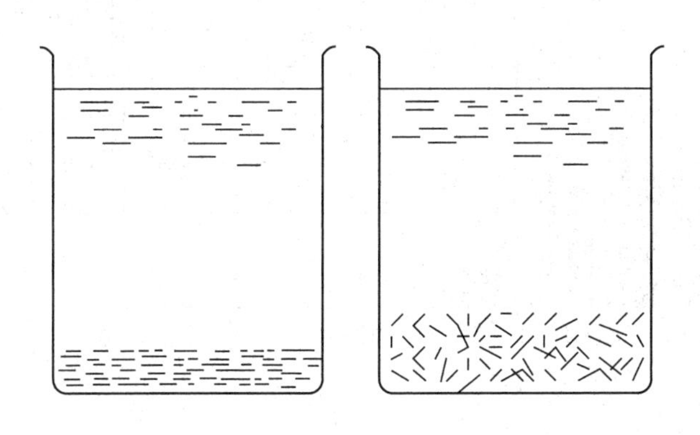

图6.6　粒子沉降

图6.7　胶体分散系

在制备分散液时，要考虑固体润滑剂粒子尺寸的分布。小的、亚微米的粒子要比大的粗糙的粒子更容易悬浮并保持物理稳定性。最后，通常必须对固体润滑剂进行研磨，将尺寸分布改变到理想的尺寸范围内(见图6.8)。

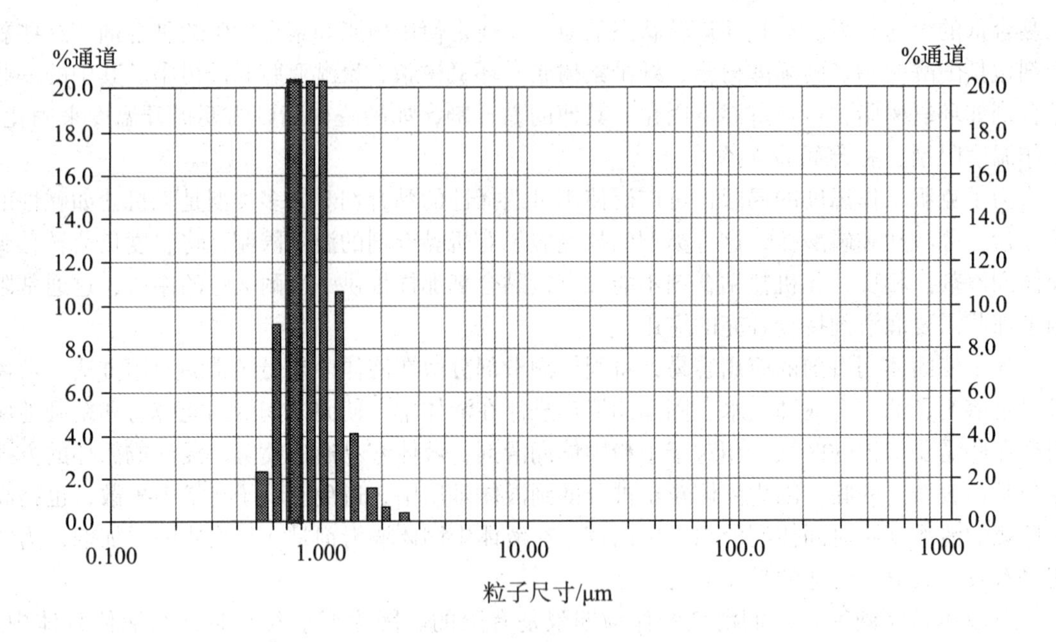

图 6.8　胶体石墨悬浮液的粒子尺寸分布

细小粒子对于特殊的润滑应用未必是最好的分布(见图 6.9)。一些研究认为，最有利的粒子尺寸是与粗糙度和应用类型相匹配。这可能与分散稳定性所要求的最佳粒子尺寸背道而驰。因此，一定程度的妥协对于达到分散稳定性和润滑性的平衡是必要的。

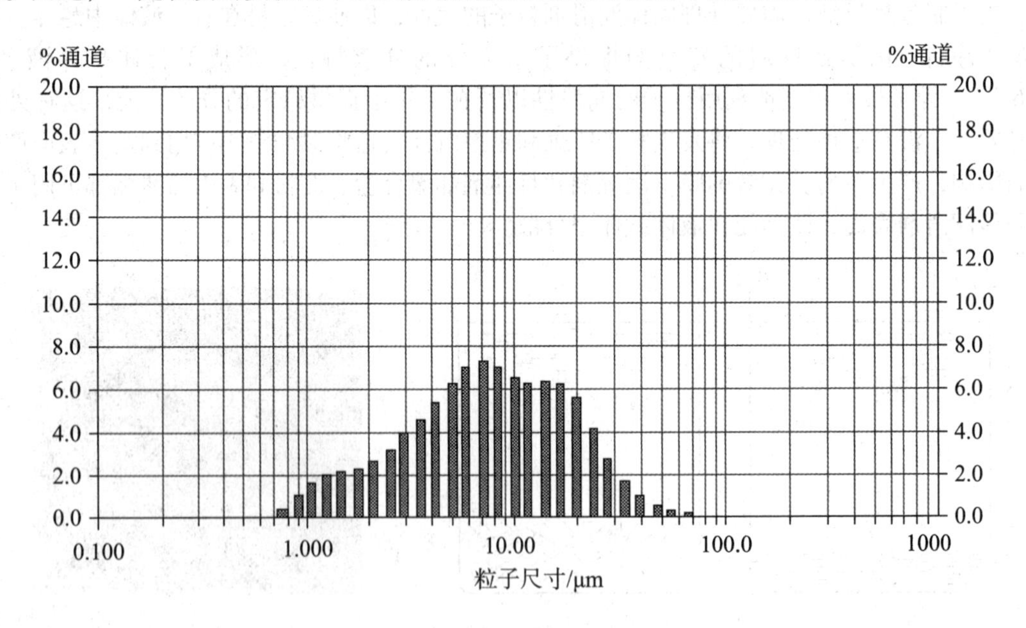

图 6.9　粗糙石墨的粒子尺寸分布

一些类型基体的承载表面要求制造成便于固体润滑剂使用。这对金属变形加工是必要的，以便膜的厚度、均匀性和使用的润滑剂对坯料的耐久性足以满足润滑的需要。典型的表面处理包括磷化、喷丸硬化和喷丸处理，它们对于干粉抛光应用都十分有用。使用水基分散液，通常要加热基体以提高温度，使黏合膜激活。基体加热有双重目的：它既使水载体容易蒸发，又能够促进物理/化学键的膜在基体表面的粘合。

6.4 应用

这里只考虑两种主要的润滑应用：金属抗磨润滑和金属塑性变形润滑。前者涉及的诸如连续滑动或往复运动的应用，例如齿轮、链条或轴承的润滑。后者涉及金属塑性流动的润滑应用，如金属成型或金属切削。

6.4.1 抗磨和普通润滑

抗磨和普通润滑应用包括要求流体动压润滑、弹性流体动力润滑和边界润滑的工艺。例如此类应用包括链条润滑、齿轮润滑，发动机油处理等。从本质上讲，在两个表面的反复滑动或滚动接触的应用被认为是在抗磨损润滑的保护下进行的。此类润滑的目的是为了减少摩擦系数和防止磨损(见图6.10)。由于正确的润滑增加了设备正常运行的时间，所带来的益处包括节省动力、延长部件的工作寿命和提高效率。

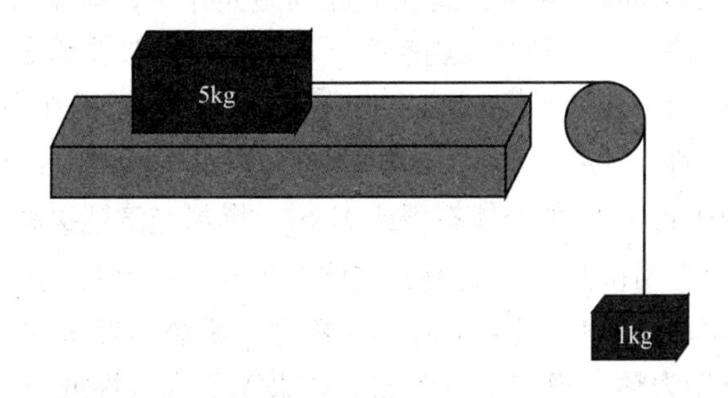

图6.10 滑动表面的润滑作用—减小摩擦力

当常规的液体润滑剂不能满足润滑要求时，固体润滑剂是有效的，应用和工作条件要求使用固体润滑剂。这些状况包括：

(1)高温操作使液体润滑剂的功能消除或减少；

(2)足够大的接触压力破坏了液体润滑剂的完整性；

(3)性能提高超出了常规液体润滑剂的能力；

(4)性能提高超出了常规液体润滑剂的工作寿命；

(5)经历开始/停止程序的应用；

(6)要求低滑动速度但重载荷的应用；

(7)要求有效的润滑，以避免因润滑剂缺乏导致可能的灾难性润滑失效。

固体润滑剂作为第二种添加剂，要成功地加入到液体润滑剂中，需要形成良好的胶体分散系。例如，将胶状固体加入普通液体润滑剂能提高齿轮油的性能。与未污染的齿轮油相比较，AGMA NO. 7 和 GAMA NO. 8 齿轮油中添加了1%的 MoS_2 时，减少了低黏度合成油的跑合时间，并降低了稳定状态的工作温度[11]。表6.7概述了以蜗轮功率测试实验测试不同的齿轮油性能与测量输出标准的比较。

表 6.7

蜗轮功率测试试验

种类	性能参数输出扭矩 = 113N·m		
	平均输入扭矩/N·m	效率/%	机油箱平均温度/℃
AGMA 8#齿轮油	6.02	62.6	92.1
AGMA 8#齿轮油 + 1% 胶体 MoS_2 分散体	5.92	63.6	95.5
AGMA 7#齿轮油	6.05	62.3	93.6
AGMA7#齿轮油 + 1% 胶体 MoS_2 分散体	5.89	64.0	93.4
合成 PAG2#油	6.09	61.8	108.8
合成 PAG2#油 + 1% 胶体 MoS_2 分散体	5.79	65.1	88.4

来源：Pacholke, P. J., Marshek, K. M., Improved worm gear performance with colloidal molybdenum disulfide containing lubricants, ASLE paper presented at the 41st Annual Meeting in Toronto, Ontario, Canada, May 12 – 15, 1986.

另一个例子与固体润滑剂改善发动机油摩擦性能并导致可能的润滑性能提高有关。因为固体润滑剂如胶体石墨或胶体 MoS_2 会对金属表面起到抛光作用，减小了发动机和轴承的摩擦。摩擦的减小就会相应地提高机动车辆的燃烧效率，不同的研究似乎都支持这个结论。一个按照 EPA 55/45 燃料经济性试验进行的系列试验报告称，在参比发动机油中加入胶体分散的 MoS_2 或石墨，可提高燃料经济性 4.5%[12]。另一个燃料经济性研究用的是出租车队，在低黏度配方发动机油和车辆齿轮油中使用 2% 的胶体石墨或 MoS_2，燃料经济性提高了 2.5%[13]。

在 2.3L 发动机上用测功机测试了油中的胶体石墨对减小摩擦的影响[14]。研究表明石墨适当分散到合适的液体润滑剂中能显著地减小摩擦并提高燃料经济性。

有时固体润滑剂也作为粘合膜应用。例如，如果需要永久性或半永久性润滑膜，就要求有一个粘合膜，粘合涂层通常是由 MoS_2 或 PTFE 配制的。自润滑成分需要高温稳定性，例如对发动机活塞环的保护[15]。其他从粘合润滑获益的例子包括紧固件、链条和往复机构，它们要求一个持久稳固的润滑膜。在这些应用中，PTFE 由于摩擦系数低，因而性能比较突出。表 6.8 对比了 PTFE、石墨和 MoS_2 的摩擦系数数据，它们被粘合在冷轧钢基体表面。

表 6.8

粘合膜的摩擦系数

材料	摩擦系数[a]	材料	摩擦系数[a]
MoS_2	0.23	PTFE	0.07
石墨	0.15		

a. 室温下测量，ASTM D4918。

来源：Watari, K., Huang, H. J., Turiyama, M., Osuka, A., Yamamoto, O., U. S. Patent 5985802, 11/16/99.

在评定分散的固体润滑剂的润滑潜力时，可以利用一些模拟试验表征材料表现的润滑性能。最典型的润滑试验是 Shell 四球磨损测定法、Shell 四球极压性能测试法、Falex

(法莱克斯)轴和V形块法，液体润滑剂的抗磨性能测定法、Plint往复测定法、倾斜平面测定法和FZG齿轮润滑测定法。在许多情况中，要考虑到常规润滑测试是为专门的应用开发的。当对润滑性能进行模拟测试时，只有模拟试验与实际应用的接触方式和工况很接近时，才能得到最好的相关性。模拟试验的接触方式与实际应用时接触点的结构相匹配。

表6.9对实验室润滑评价进行了说明[16]，比较了四种分散在油中的固体润滑剂的实验数据。这些润滑剂按照两种普通润滑评定方法进行测试。

表6.9

模拟润滑试验结果

项目	四球润滑试验				Falex润滑试验		
	磨损ASTM D－4172		极压性ASTM D－2783		磨损ASTM D－2670	极压性ASTM D－3233	摩擦系数
	20kg · mm	40kg · mm	卡咬/kg	载荷磨损指数/kg	咬合	1b到失效	计算值
基础油	0.678	1.060	126	17.20	失效	875	0.159
+1%胶体石墨	0.695	0.855	160	18.7	78	1000	0.132
+1%胶体MoS_2	0.680	0.805	200	24.3	8	4375	0.077
+1%胶体PTFE	0.50	0.84	200	29.04	10	4500+	0.0568
+1%胶体BN	0.37	0.72	126	19.9	失效	500	0.1602

来源：艾奇逊胶体实验数据。

在此例中，当用点－点接触(四球)和线－点接触(法莱克斯轴和V形块)评价时，MoS_2和PTFE的分散体系提供了有效的承载能力、抗磨性，并减小了摩擦系数。必须对任一模拟试验结果进行仔细分析，以确保测试性能的推断对实际应用的有效性。

在应用中选择合适的或最佳固体润滑剂时，应该考虑什么标准呢？首先应该考虑应用的工作温度。工作温度规定了固体润滑剂的使用种类。例如，通常MoS_2的承载能力比石墨要高。然而在工作温度超过400℃时，MoS_2的分解使它失去了润滑能力。因此，如果工作温度高于400℃，将不会考虑用MoS_2。

第二个要考虑的是环境。气氛条件的限制将排除某些固体润滑剂的使用。例如，在真空环境中不能使用石墨。如前所述，石墨需要吸附水分子到它的表面才能起到有效的润滑功能。另一方面，MoS_2和PTFE、氮化硼有天然的润滑特性，不需要水分子吸附在它们的表面就能减小摩擦。

第三个标准是润滑剂的性能。固体润滑添加剂加到液体中或固体润滑剂粘合膜。有些固体润滑剂容易在液体中分散。例如石墨和MoS_2要比PTFE和氮化硼更容易在液体中分散，这主要是由粒子尺寸减小的能力、表面能量和固体润滑剂表面化学性决定的。

固体润滑剂的粒子尺寸对润滑性能有影响。应该优化粒子的尺寸和粒子尺寸的分布以满足应用的要求(见图6.11)。例如，对于低速或振动的应用，实际上较大的粒子显示出了较好的性能。

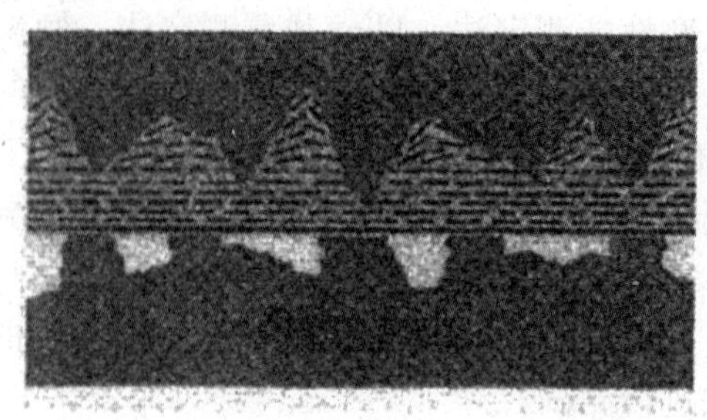
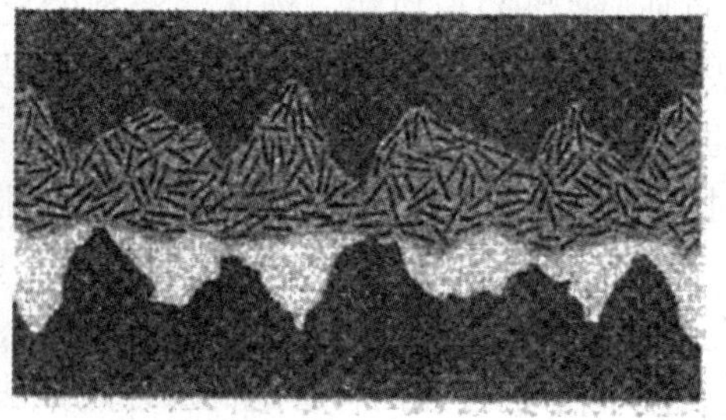

图 6.11　固体润滑剂在运动方向上的定位

大的粒子在表面相对粗糙的基体上也显示出较好性能的趋势。

在连续运动和高速的应用中更小的粒子尺寸有提供更好效果的趋势。表面粗糙度相对较小时，粒子越细作用效果越好。虽然并非总能预测，但是还是要考虑粒子尺寸对分散的需要及特定用途的影响。

第四种标准涉及成本效益。当有两种以上固体润滑剂能满足应用条件时，经济因素将决定选择。通常，石墨是最便宜的。高纯度的石墨要比低纯度的石墨或二级合成石墨贵得多，其次是二硫化钼、PTFE 和最贵的固体润滑剂氮化硼。润滑剂和使用这种润滑剂的配方质量将影响任一固体润滑剂的成本效益。最终配方的成本效益可以证明昂贵的固体润滑剂在使用时成本效益更好。表 6.10 尝试评价对于不同应用条件下固体润滑剂的效果。

表 6.10

固体润滑剂的选择和等级

项目	石墨	MoS_2	PTFE	氮化硼
标准大气压	1	1	1	1
真空	3	1	1	1
室温	1	1	1	1
空气中连续工作温度至 260℃	1	1	1	1
空气中连续工作温度至 400℃	1	1	1	1
空气中连续工作温度至 450℃	2	3	N/A	1
抛光性能	1	1	2	3
水解稳定性	1	2	1	1
导热性	2	3	3	1
载荷润滑	2	1	1	2
减摩	2	2	1	3
分散性	1	1	3	2
颜色	黑	灰	白	白
相对成本	1	2	2	3

注：1 = 最好；2 = 好；3 = 一般。

6.4.2 金属塑性变形润滑

金属锻压和拉拔等金属变形工艺对于润滑的要求要比磨损润滑高得多。金属加工过程中产生很快的金属流动，并形成新表面。这就要求润滑剂随着金属一起流动，保持粘附在金属表面。在前推的金属表面形成有效的膜层，与新形成的金属表面迅速起作用。金属成型加工本来就是高负荷和高压力的过程，对保护润滑剂提出了很高的要求。

大多数的应用都是在温度升高的区域进行。在这种环境下，常规的液体润滑剂无法承受应用时的压力。固体润滑剂最适合这样的应用，因为它们能够承受操作温度、对基体表面定向和吸附，并提供促进金属流动所必须的减小摩擦以及防止金属与金属接触所要求的承载性能。的确，涉及金属塑性变形的大多应用都利用固体润滑剂作为主要或者次要润滑剂。

决定必须使用固体润滑剂的应用标准是什么？金属运动的剧烈程度是最重要的因素。在断定金属运动处于极端的情况下，最可能要求使用固体润滑剂。应用的实例包括对金属的正向、反向和极端横向挤压。例如轴承、CV 接头、曲轴和轮毂的锻压。在这些及与其相似的情况下，液体润滑剂很难提供必要的润滑以减小摩擦系数和保护模具。

一旦决定要使用固体润滑剂，则需要确定温度条件。在室温下的金属加工可使用 MoS_2 作为固体润滑剂，在我们所讨论的四种润滑剂中 MoS_2 有最好的润滑性能。实际上在冷锻压的应用中，MoS_2 是首选的润滑剂，因为它能承载施加给成型部件的高载荷和压力。

在有些情况下，MoS_2 是通过干粉转磨抛光坯料的方法应用的。通常先要对坯料进行磷化处理以使 MoS_2 锚固在表面和磷化层结构内。磷化层对粉体起到了锚固作用并使润滑剂随金属变形一起前进。表 6.11 比较了裸钢和涂层钢的锻压性能，使用润滑剂后，压力机吨位降低了，锻压坯料的峰值高度增加了。

表 6.11

冷锻压润滑

试样	压力机吨位	分值高度/mm
裸钢(未处理钢)	80.2	10.67
裸钢 + 磷酸锌	79.6	11.11
裸钢 + 磷酸锌 + MoS_2	78.4	11.46

来源：Acheson Colloids test data.

对有些情况干粉转磨抛光是一个有效的应用方法，其他情况将需要更复杂和精确 MoS_2 膜沉积在基体表面。这就需要利用分散的 MoS_2 来提供可控制的涂层厚度和合适的粒子尺寸分布。

对有些情况 MoS_2 是不合适的；例如涉及环境或者设备的管理及保养问题。在这些情况中，PTFE 和氮化硼比较合适。这两种白色物质减轻了使用石墨和二硫化钼的清洁性问题。在要求减少排放和材料反应性的情况下，最好使用氮化硼，因为 PTFE 在典型温暖和热锻压温度下将分解。PTFE 和氮化硼都能有效地润滑，或许在金属流动中氮化硼要比 PTFE 更好。

然而，作为冷金属成形工艺如板材和棒材加工的润滑剂，PTFE 有突出的性能。PTFE 产生的低摩擦系数将提供必要的润滑，在帮助金属流动方面比氮化硼更好，比石墨和二硫化钼更清洁。

金属变形加工过程中所有固体润滑剂适合以粘合膜的形式应用。对金属板材的加工，应用粘合膜是比较理想的，在此工艺中金属卷材或坯料和干膜润滑剂一起准备。当开发粘合膜润滑剂时，要考虑有效的粘合料和粘合剂，以使固体润滑剂有预想的功能。

对于在温度升高的金属加工应用中，操作温度将决定使用哪种润滑剂。所有提到的润滑剂都适合使用到 260℃。超过了 260℃，就不能使用 PTFE，因为这时它会分解。MoS_2 适合用于氧化环境，温度可到达 400℃。超过了 400℃，MoS_2 将分解，石墨和氮化硼的有效润滑可高于 400℃的操作温度。在温度升高的塑性变形加工中，石墨是最好的润滑剂。

在温热和热锻压条件下，使用石墨是最普通和合适的。当坯料的温度达到 950℃时的锻压被称为温热锻压。当温度超过 950℃时，被称为热锻压。对这两种情况来说，石墨都将发生氧化。但是氧化速度取决于温度并受配方和石墨的性能控制。石墨的质量、杂质、晶体的尺寸、粒子的尺寸将影响氧化的速度。最终配方的成分也将在控制石墨氧化速度上起作用，使它在加工中提供必须的、适当时间的润滑。

在石墨的使用性能上，石墨的类型和质量起着重要的作用。选择过程的第一步是对用天然或合成石墨进行选择，通常选择是由适合应用的石墨质量等级所决定的。例如需要普通润滑时，可使用低质量的天然石墨。对润滑的要求高时，需要使用高纯度的合成或天然石墨。

石墨粒子尺寸的选择将取决于对工件加工的目的。粒子尺寸应进行处理，要与加工过程中金属运动的类型相匹配，还要与模具和部件的表面粗糙度以及所要求的配方润滑剂的稳定度相适应。如果需要一个大的粒子分布，那么就需考虑所应用的润滑剂的物理稳定性。如果没有采取措施，那么由于粒子尺寸大，将发生石墨的迅速沉淀和形成硬填料。这将产生管理成本与最终使用者使用产品的不一致。

在大多情况中，应使用高质量的石墨以将性能的不一致最小化。石墨的质量和特征能影响润滑的性能。表 6.12 对比了不同石墨标准配方的润滑性。润滑数据是由钢坯料的实际锻压得到的，峰值高度是由预置锻压压力参数决定的(见图 6.12)。较高的峰值高度和较低摩擦系数说明从涂层获得了更好的润滑。

表 6.12

石墨对锻压润滑的影响(锻压温度 800℃)

石墨	峰值高度/mm	摩擦系数
A	1.5	0.05
B	1.3	0.08
C	1.1	0.10

图 6.12 变形的钢坯和峰值

一旦选定了要使用的石墨类型，那么就要针对它的使用效益考虑粉末的成本。通常高纯度的天然或一级合成石墨要比二级合成石墨更贵。然而使用高价值原料得到的性能效益能够证明选择是正确的。效益通常同高价位原料、润滑性能和减少石墨氧化的速度是没有冲突的。

选择的石墨应该有特定粒子尺寸分布，以便获得某种性能方面的利益。这些利益包括石墨分散到液体载体中的容易程度、石墨在浓缩产品中的稳定性、产品的应用和在工件上的成膜性能以及对变形加工最优化的润滑。

工件和工具锻压加工通常要用到临时的黏合润滑剂，可以使用本章前述的黏合剂类型。因为对基体表面的粘合力弱，所以干粉或简单液体－干粉的混合物不能起到充分的润滑作用。

为了举例说明石墨对高温金属加工应用的价值，引用了表 6.13 的例子，其中对两个配方石墨产品和个非石墨产品在同样的温热锻压工艺下的性能进行了比较。在此例子中，测量了锻压工艺中产生的峰值高度数和摩擦系数。与含石墨材料相比，非石墨润滑剂更低的峰值高度和更大的摩擦系数说明它的润滑性差。

表 6.13

锻压润滑剂的润滑对比（锻压温度 800℃）

润滑剂	峰值高度/mm	摩擦系数
石墨 A	1.5	0.05
石墨 B	1.3	0.08
非石墨润滑剂	0.7	0.15

在某些场合，由于操作温度或涉及整理工作和清洁问题，使用石墨是不合适的。在这些情况下可用六边形的氮化硼替代石墨。因为氮化硼的层状结构，它被称为“白色石墨”。它有接近或者有时超过石墨的低摩擦系数。在氧化的环境中，它的操作温度可达到 1200℃。这使得氮化硼成为在极高温度和长时间接触的高合金等高温锻造中的有效润滑剂。氧化性能图提供了氮化硼和石墨的氧化安定性的对比（见图 6.13），氮化硼在很高温度下保持完整的能力使它能理想地应用于要求保持长时间润滑涂层的情况。

使用氮化硼的另一个优点是这种材料具有热传导性。如果在应用中需要迅速分散热量，氮化硼的效果相当好，并且在热传导性方面优于石墨。氮化硼粉末的导热系数值取决于它的质量，但是任何等级的氮化硼的导热性都强于石墨或 MoS_2。当使用要求提供增强润滑和散热时(例如高性能切削油)，可将氮化硼亚微米粒子细微地分散到液体中[17]。

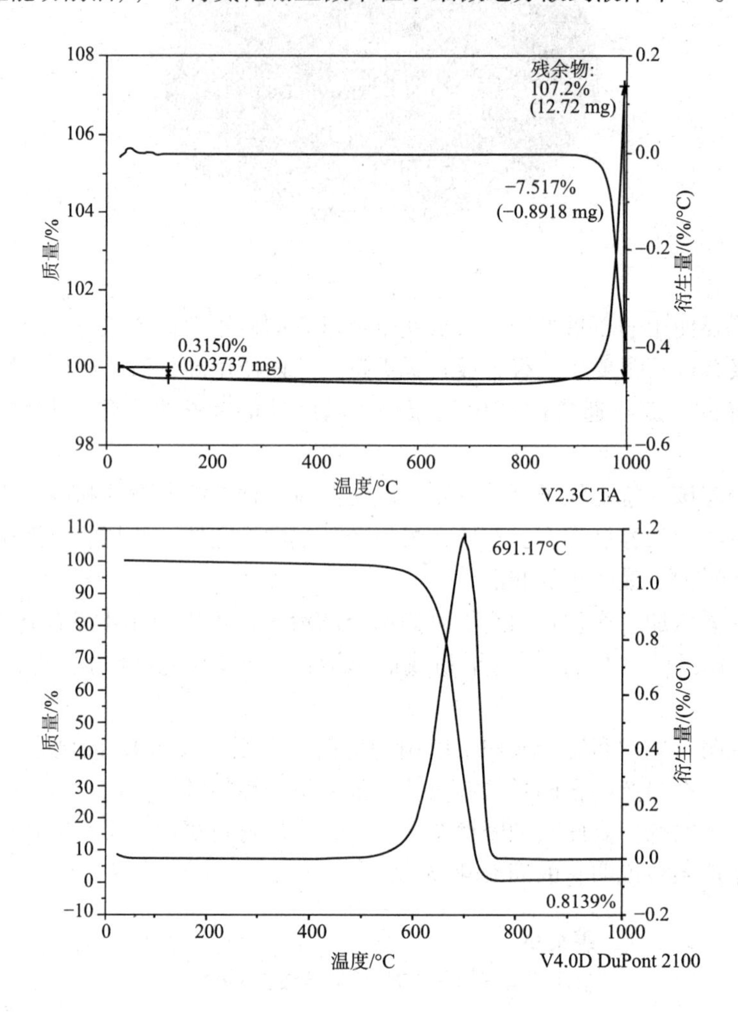

图 6. 13　石墨和氮化硼最高氧化温度比较(出自 Acheson Colloids test data)

参考文献

1. Jacobs, N.L. U.S. Patent 5,180,509. 1/19/93.
2. Ludema, K.C. *Friction, Wear, Lubrication, A Textbook in Tribology*. Boca Raton, FL: CRC Press, 1996, p. 123.
3. Acheson Colloids company, J. Brian Peace Lecture.
4. Clauss, F.J. *Solid Lubricants and Self-Lubricating Solids*. New York: Academic Press, 1972, p. 45.
5. Savage, R.H. Graphite lubrication. *J Appl Phys* 19:1, 1948.
6. Barry, H.F. Factors relating to the performance of MoS_2 as a lubricant. *J Am Soc Lubr Eng* 33(9):475–480, 1977.
7. Kohli, A.K., B. Prakash. Contact pressure dependency in frictional behavior of burnished molybdenum disulphide coatings. *Tribology Trans* 44(1), 2001.
8. Du Pont Teflon® Fluoroadditives brochure.

9. Bowden, F.P., D. Tabor. *The Friction and Lubrication of Solids*. New York: Oxford University Press, 1986, p. 165.
10. Kaur, R.G., C.F. Higgs, H. Hesmat. Pin-on-disc tests of pelletized molybdenum disulfide. *Tribology Trans* 44:79–87, 2001.
11. Pacholke, P.J., K.M. Marshek. Improved worm gear performance with colloidal molybdenum disulfide containing lubricants. ASLE paper presented at the 41st Annual Meeting in Toronto, Ontario, Canada, May 12–15, 1986.
12. Haviland, M.L., M.C. Goodwin. Fuel economy improvements with friction-modified engine oils in Environmental Protection Agency and road tests. Society of Automotive Engineers Technical Paper 790,945, Oct. 1979.
13. Haviland, M.L., J.L. Linden. Taxicab fuel economy and engine and rear axle durability with low viscosity and friction modified lubricants. Society of Automotive Engineers Technical Paper 821,227 Oct. 1982.
14. Broman, V.E. et al. Testing of friction modified crankcase oils for improved fuel economy. Society of Automotive Engineers Technical Paper 780,597, June 1978.
15. Peters, J.A. U.S. Patent, 5,702,769. 12/30/97.
16. Acheson Colloids test data.
17. Watari, K., H.J. Huang, M. Turiyama, A. Osuka, O. Yamamoto. U.S. Patent 5,985,802. 11/16/99.
18. ZYP Coatings technical data sheet, Boron Nitride Powders for Research and Industry.
19. Booser, R.E. *Theory and Practice of Tribology, Vol. II. Theory and Design*. Boca Raton, FL: CRC Press, 1983, p. 276.

7 有机摩擦改进剂

Dick Kenbeck and Thomas F. Bunemann

7.1 引言

摩擦改进剂(FMs)或者减磨剂已应用几年时间。最初只用于有限滑动的齿轮油、自动传动液、导轨润滑剂和多用途的拖拉机液。这些产品使用摩擦改进剂以满足从静到动平稳转换的工况要求，也能降低噪音，减少摩擦热，降低启动扭矩。

自从燃油经济性成为国际关注的问题后(最初是为了减少原油的消耗)，摩擦改进剂就被加入到汽车曲轴箱润滑油中，通过改善润滑提高燃油经济性。在美国共同平均燃料经济性(CAFE)法规向 OEMs 施加了额外的压力。

随着全世界不同地区倡导车辆尾气排放法规，对减少摩擦的要求进一步增加了。如果我们认识到发动机燃料燃烧所产生的能量中的 20% ~25% 都是以摩擦的形势损失的，就不难理解此举的意义了[1]。摩擦损失最大的部件是活塞缸套/活塞环接触面，最小部件是轴承和气阀机构。有预测称未来的发动机中，发动机摩擦中活塞组所引起作用将增加到 50%[2]。

燃料消耗和排放的减少可通过发动机设计的改变和改良来获得[3]，如：凸轮机构的应用、使用涂层、表面改性、材料选择、燃油品质、发动机润滑剂。所有这些方面正被考虑和/或已应用于汽车工业。本章我们所关注的是发动机的润滑。

对燃料节约测试的需要促进了美国石油学会(API)试验程序的发展，如美国的Ⅵ和ⅥA 试验程序。程序ⅥB 将用于 ILSAC GF-3 发动机。在欧洲燃油经济性试验已由 CEC 制定(试验号 CEC L-54-T-96)，用 DBM 111 发动机采用 ACEA A1 和 B1 规范。这两种试验都要求试验用润滑剂的燃油耗比标准油的低(ACEA：欧洲汽车制造厂协会)。

7.2 摩擦和润滑方式

摩擦的定义是“一个物体阻止另一个物体作相对运动的相互作用”，摩擦系数的定义是：

$$F_w/F_n \tag{7.1}$$

式中 F_w——摩擦力；

F_n——正压力或载荷。

对摩擦表面，摩擦系数取决于润滑方式。简单说来，可分为三种润滑方式：

(1)(弹性)流体动力润滑方式(EHL) 对厚的润滑剂膜表征[4]。摩擦副表面足以分离，防止了金属对金属的接触。润滑剂膜完全可以承载体系的载荷，润滑剂的黏度决定了摩擦系数。黏度取决于温度和压力/黏性系数。

(2)边界润滑方式(BL) 以薄的润滑剂膜表征[5]。在高载荷、高温或使用低黏度油时，金属表面的润滑膜大部分被挤出，发生金属与金属的接触。载荷完全由粗糙的金属表面承受。由吸附或其他沉积的分子形成的薄层阻止表面和它们的凸起体产生相互的犁沟作用。

(3)混合润滑方式(ML) 以中间厚度的润滑剂膜表征[6]。与流体动力润滑相比，两金属表面更接近，偶尔发生金属对金属的接触。载荷由润滑剂和凸起体一起承受。

这些方式的摩擦系数f与润滑剂参数相关，定义为：

$$su/F \text{ 或 } su/P \tag{7.2}$$

式中 s——体系速度；

u——润滑剂的动力黏度；

F——载荷(F_n)；

P——接触压力。

所谓的斯萃贝克(Stribeck)曲线给出了f与润滑剂参数之间的关系。斯萃贝克曲线的形状和从BL到ML和ML到EHL的过渡取决于许多参数，如材料表面的粗糙度(微观几何形状)、接触压力和润滑剂黏度。高接触压力(如点接触)和低接触压力(如线接触)的斯萃贝克曲线是不同的(参见图7.1和图7.2)。

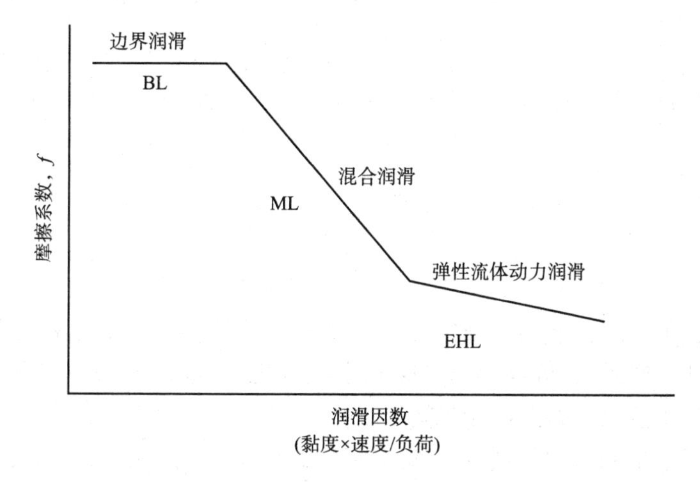

图7.1 高接触压力时的斯萃贝克曲线

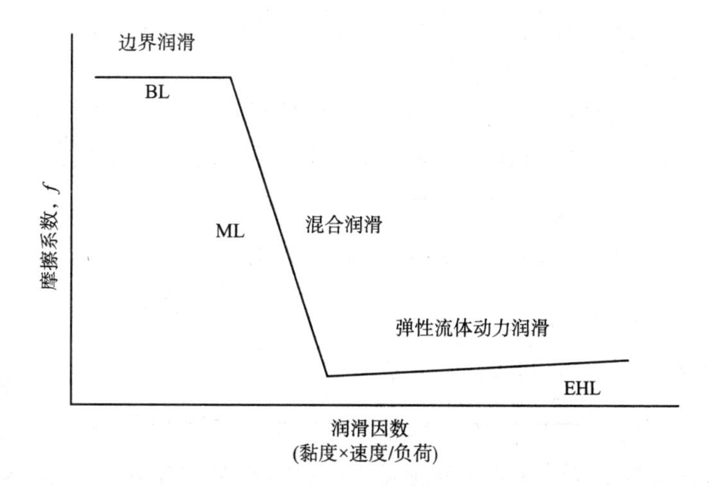

图7.2 低接触压力时的斯萃贝克曲线

7.2.1 润滑剂的减摩作用

发动机在不同的工作条件(载荷、速度和温度)下运行，发动机摩擦由几个部件产生。因此，在发动机运行时，这些部件可能经历了弹性流体动力润滑、混合润滑和边界润滑的不同组合。对这些润滑区，许多因素对发动机摩擦起作用。

对减摩和提高燃油效率，主要提出了两种观点[7,8]。

(1)当流体润滑(弹性流体动力润滑)起支配因素时，普遍使用低黏度的发动机油(SAE 0W/5W－20/30[9~11])。轴承润滑普遍为流体润滑，因此，发动机油的低黏度化对节能起到了很重要的作用(见图7.3)。

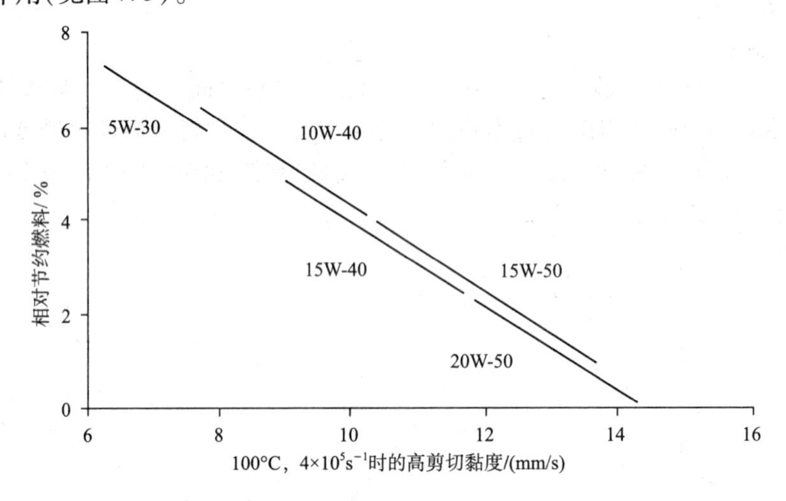

图7.3 基于汽车试验的SAE黏度等级和燃料节约间的关系

在上面这种情况，基础油的选择很重要。根据摩擦特性，要求基础油具有低的动力黏度，高的黏度指数，低的“高温高剪”(HTHS)黏性和低压/黏度系数[12,13]。然而，我们必须考虑到基础油的其他性能，如挥发性和热/氧化安定性也是不容忽视的。

(2)当边界润滑和/或混合润滑时，加入的减摩剂是支配因素[14]。气阀机构和活塞组润滑普遍采用减摩剂。

在此情况下，添加剂体系的设计是关键的因素。必须选择合适的摩擦改进剂并控制添加剂之间和添加剂与基础油之间的相互作用。

为了在所规定的发动机程序试验中，评价可能的燃油经济性改善，规定了存在于不同的试验发动机的润滑区。这些使用现在的和先前的ILSAC规范的数据见表7.1。

表7.1

API 程序 VI 和 VIA 中的润滑区

	API 程序 VI	API 程序 VIA
边界润滑	37	24
混合润滑	15	4
弹性流体润滑	48	72

ILSACGF－2规范中的程序ⅥA，弹性流体动力润滑是主要的，因此对燃油经济性有实质影响的是发动机油的黏度。由于使用了凸轮机构，存在的边界润滑和混合润滑状态少，摩

擦改进剂的作用很小。因此，程序ⅥA 试验发动机常被称为“昂贵的黏度仪”。

程序ⅥA 发动机的特性将被 ILSACGF－3 规范中的程序ⅥB 代替，程序ⅥB 的发动机将使用斗式挺杆滑动气阀机构，增加了边界润滑和混合润滑状态[3]。

在欧洲 M111 发动机用于 CECL－54－T－96 燃油经济性试验，M111 发动机是 ACEAA1 和 B1 发动机油规范规定使用的发动机。作者没有得到与上面相似的数据，但 Shell 报告[15]中给出的数据表明发动机发生的摩擦损失可转换为润滑状态(表 7.2)。

表 7.2

DBM111E 发动机中的润滑状态

	摩擦损失/%	主要润滑状态
气阀机构	25	边界状态
活塞装配	40	混合状态
轴承	35	弹性流体动力润滑

基于气阀机构和活塞装置摩擦损失量比较大，M111 发动机对摩擦改进剂应是敏感的。为提高燃烧效率每个气缸有 4 个阀，可在给定的燃料下获得更大的动力。

然而，与其他发动机设计相较，M111E 发动机的气阀机构的摩擦损失更大。假如从 4 阀装置获得的动力输出的增加量比气阀机构摩擦损失的增加量大，那么此途径对燃油经济性是有益的。

7.3 摩擦改进剂与抗磨剂/极压添加剂

关于摩擦改进剂和抗磨/极压(AW/EP)添加剂之间的区别经常会引起争论，尤其是摩擦改进剂在边界润滑条件时的作用。为了正确理解，我们应该阐明此问题；因而，本节涉及这两种添加剂分类的主要区别[16]。

AW/EP 添加剂是能提供良好边界润滑的一类化合物。此物质具有在苛刻的载荷条件下形成坚固润滑层的能力。因此，AW/EP 添加剂保护紧密接近的金属表面，使对应的表面不受凸起体损害。另一方面，大多抗磨添加剂几乎没有改善摩擦的性能。

AW/EP 膜和 FM 膜的主要区别在于它们的机械性能不同。AW/EP 膜是半成型的沉积物，不易折断。因此，在剪切条件下它们的摩擦系数通常是低到高。相反，摩擦改进剂的润滑膜是由有序的、紧密排列的多分子层，相互松散地粘附在一起，分子的极性头锚固在金属表面。膜的外层易被剪掉，提供低的摩擦系数。

表 7.3 以数据举例说明了这两种类型的膜和其他润滑模式的区别。

表 7.3

润滑模式与摩擦系数

润滑模式	摩擦系数	比喻
未润滑表面	0.5～7	在岩石地面上拖动不规则石块
抗磨/极压膜	0.125～0.18	在光滑岩石上拖动光滑石块
摩擦改进膜	0.06～0.08	滑冰
弹性流体动力润滑	0.001～0.01	打滑

7.4 有机摩擦改进剂的化学性质

有机摩擦改进剂通常是由至少10个碳原子组成的直链烃、末端有极性基团的分子。极性基团是摩擦改进剂分子中起作用的主要因素之一。从化学组成上分，有机摩擦改进剂按以下分类[16]：

①羧酸和它们的衍生物，如硬脂酸、偏酯；

②氨基化合物，酰亚胺，胺和它们的衍生物，如油酰胺；

③磷酸或磷酸的衍生物；

④有机聚合物，如甲基丙烯酸酯。

另一种分类是按照摩擦改进剂类型和作用模式，见表7.4。

表7.4

摩擦改进剂类型和作用模式

摩擦改进剂作用模式/类型	产品
反应层的形成	饱和脂肪酸、硫酸和硫代磷酸、含硫脂肪酸
吸附层的形成	长链羧酸、酯、醚、胺、酰胺、酰亚胺
聚合物的形成	部分合成酯、甲基丙烯酸、不饱和脂肪酸、硫化烯烃
机械类型	有机聚合物

由于作用模式的不同，每种分类的减摩作用机理也不同。

下一节涉及它们详细的作用机理，同时还涉及当前使用的化合物和特殊产品。

7.4.1 摩擦改进剂作用机理

7.4.1.1 反应层的形成

与抗磨剂相似，保护层是由添加剂与金属表面的化学反应形成的。但是，形成机理的不同在于反应是发生在混合润滑区相对温和的条件下(温度、载荷)。这些条件要求抗磨剂具有很高的化学活性，磷化物和硫化物的应用也反映了这一点。

例外的是硬脂酸，从理论上说，由于分子从金属表面脱附，硬脂酸的减摩效果应随温度的升高而降低。但是，硬脂酸的试验表明随温度的升高，摩擦明显降低，这种现象只能用形成了活性反应保护层来解释。

7.4.1.2 吸附层的形成

吸附层的形成是由于分子的极性。溶于油中的摩擦改进剂，通过强吸附力与金属表面发生作用，此吸附力可高达13kcal/mol。极性基(头部)锚固在金属表面，烃基(尾部)溶于油中，在金属表面定向排列(见图7.4)。

接着发生以下进程：

(1)其他摩擦改进剂分子的极性基通过氢键力和偶极矩定向力相互吸附，形成二聚体簇。力的大小大约是15kcal/mol。

(2)范德华力使分子排成行，形成相互平行的多分子簇。

(3)吸附层的定向场使更多的簇将它们的甲基叠到单吸附层烃尾的甲基上而定位[17,18]。

结果，所有的分子整齐的排成行，与金属表面垂直，形成摩擦改进剂分子的多层矩阵，见图 7.5。

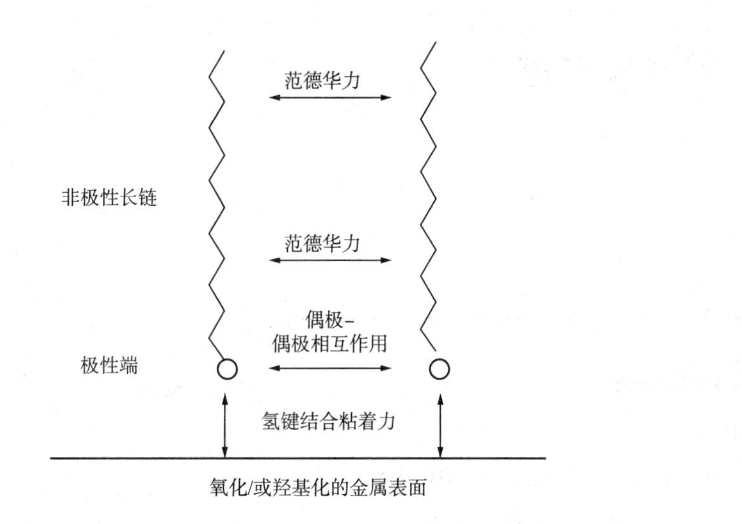

图 7.4 有机摩擦改进剂——吸附层的形成

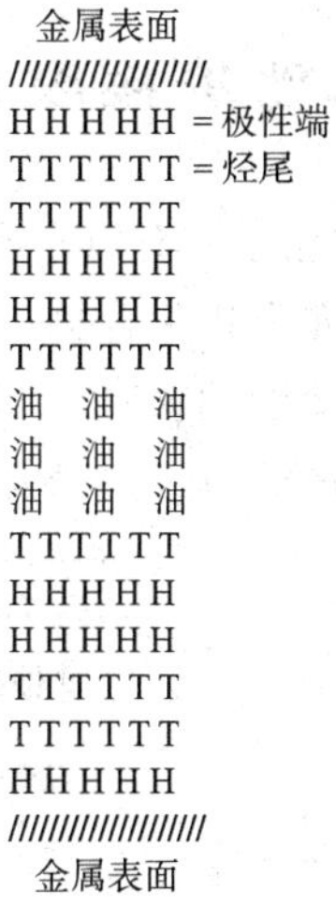

金属表面
///////////////////
H H H H H = 极性端
T T T T T T = 烃尾
T T T T T T
H H H H H
H H H H H
T T T T T T
油 油 油
油 油 油
油 油 油
T T T T T T
H H H H H
H H H H H
T T T T T T
T T T T T T
H H H H H
///////////////////
金属表面

图 7.5 摩擦改进剂分子的多层矩阵

FM 层难以压缩，但烃尾界面很易剪断，这解释了摩擦改进剂的减摩性能。由于上述的强定向力的作用，被剪断层很容易恢复到其初始状态。

摩擦改进剂吸附膜的厚度和效能取决于几个参数，这里解释其中的 4 个。

(1)极性基团。对吸附而言只有极性是不够的，极性基团也必须有氢键结合能力。具有高极性功能团的分子不能形成氢键，如硝基烷，因而不能吸附，也就没有减摩添加剂的功能。但是，在不同侧面的相互作用中，极性是通过静电偶极 - 偶极相互作用起到主要作用的。它们可能排斥或吸引，这取决于吸附偶极相对于表面的方向[19]。

(2)链的长度。长链增加了吸附膜的厚度，也增强了烃链之间的相互作用[18]。

(3)分子结构。细长的分子允许紧密的压缩，也增加了邻近分子间的相互作用，因此，直链分子最合适。

(4)温度。温度影响摩擦改进剂的膜厚和弹性，减摩化合物对金属的吸附发生在相对低的温度，极压添加剂通过化学反应形成保护层需要更高的温度。

如果温度太高，提供的足够能量可使减摩分子从金属表面脱附。

7.4.1.3 原位聚合物的形成

低摩擦型聚合物膜的形成被认为是一种特殊情况。不同于通常的固体膜，液体膜是在接触温度(闪温)和载荷的影响下形成的。另一区别是聚合物在金属粗糙面间的接触界面形成的，没有和金属表面发生反应。

对聚合物的要求有：

(1)相对低的活性，聚合必须是由摩擦产生的能量引起。

(2)所形成的聚合物必须是机械和热稳定的，应不溶于润滑剂。

(3)聚合物必须通过化学键或吸附与金属表面产生强结合。

(4)膜的形成和再生必须快，以防止其他添加剂的竞争吸附。

摩擦改进剂形成聚合物的实例是：

(1)复合偏酯，如癸二酸/乙二醇偏酯；甲基丙烯酸酯；

(2)油酸(甘油三油酸酯)，通过热聚合形成二聚体和更高的低聚体。

7.5 其他摩擦改进剂的化学性质

此类产品主要有以下不同的几类化合物：

(1)金属有机化合物；

(2)不溶油的物质。

典型的分类见表7.5。

表7.5
其他摩擦改进剂的分类

摩擦改进剂类型	产品
金属有机化合物	钼化合物，铜化合物
机械类型	二硫化钼，石墨，聚四氟乙烯(PTFE)

7.5.1 金属有机化合物

减摩金属有机化合物有二硫代磷酸钼、二硫代氨基甲酸钼、联二硫酸钼，油酸铜、水杨酸铜和二烷基二硫代磷酸铜。

此类产品的作用机理还不是完全清楚，但提出了以下假设：

①钼扩散进粗糙表面；

②形成聚合型膜；

③原位形成二硫化钼(大多数人公认的假设)；

④金属(铜)选择性转移形成易剪切的金属薄膜。

7.5.2 作用机理类型

在此组中有传统类型的如石墨和二硫化钼，也有最新发现的摩擦改进剂如聚四氟乙烯(PTFE)、聚酰胺、氟化石墨和硼酸酯。减摩机理的解释如下：

①层状结构和形成易剪切层；

②在金属表面形成弹性或塑性层。

7.6 影响摩擦改进剂性能的因素

本节列出了影响减摩性能的主要因素。

(1)竞争性添加剂。与金属表面有亲合力的其他极性添加剂，如AW/EP添加剂、抗腐剂、清净剂和分散剂可以和摩擦改进剂竞争，必须平衡润滑剂配方以获得最佳性能。

(2)杂质。润滑剂氧化分解产生的短链酸，可在金属表面与之竞争，导致摩擦性能的损失。

(3)合金类型。所使用的钢合金的类型将影响摩擦改进剂的吸附。

(4)浓度。增大摩擦改进剂的浓度可使减摩性减小到一定程度。通常，有机摩擦改进剂的浓度为0.25% ~1%时减摩作用是最有效的，钼和二硫代氨基甲酸钼的浓度为0.05% ~0.07%。

7.7　目前使用的摩擦改进剂

最常使用的摩擦改进剂包括：

(1)长链脂肪胺，尤其是油酰胺(图7.6)，它是甘油三油酸酯(主要成分是油酸，直链不饱和 C_{18} 羧酸)和胺(NH_3)反应的产物。

(2)偏酯，尤其是单油酸甘油酯(GMO)(图7.6)。

GMO是甘油(具有三个羟基的天然醇)和甘油三油酸酯反应的产物。研究表明 α 型单油酸甘油酯(末端的羟基被酯化)是活性组分，而不是 β 型单油酸甘油酯(中间的羟基被酯化)。需要采用特殊的生产技术制备 α 型含量高的单油酸甘油酯。

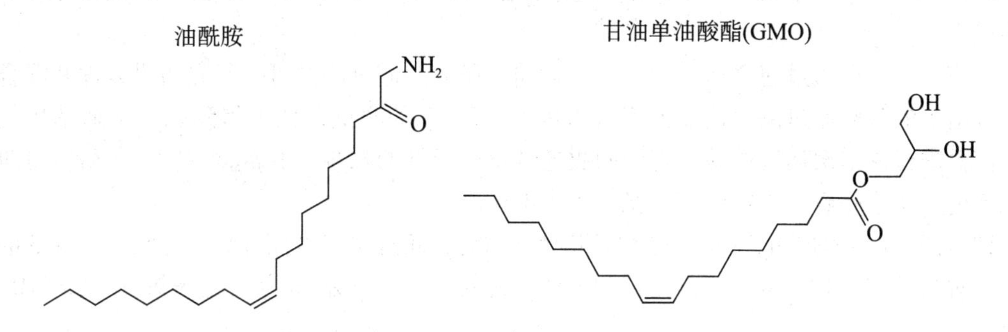

图7.6　有机摩擦改进剂结构图

长链脂肪胺和偏酯的作用模式是形成易剪切的吸附层，产生减摩作用。我们希望进一步研究出新的和改进型的摩擦改进剂，以满足对摩擦保持时间更严格的要求。

在金属有机化合物中，二硫代氨基甲酸钼[$Mo(dtc)_2$]似乎只作为摩擦改进剂使用(图7.7)。研究[7,20]表明二硫代氨基甲酸钼的减摩功能是基于和二烷基二硫代磷酸锌[$Zn(dtp)_2$]的官能团的交换(图7.8)。

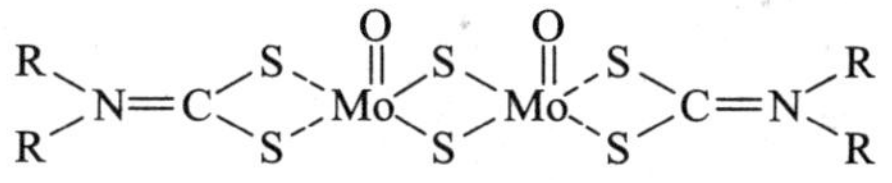

$R_2N{=}C(S)_2Mo(O)(\mu\text{-}S)_2Mo(O)(S)_2C{=}NR_2$

图7.7　二硫代氨基甲酸钼的结构图

$Mo(dtc)_2$ + $Zn(dtp)_2$　　A

⇌

$Mo(dtc)(dtp)$ + $Zn(dtp)(dtc)$　　B

⇌

$Mo(dtp)_2$ + $Zn(dtc)_2$　　C

图7.8　二硫代氨基甲酸钼官能团交换图

研究发现氧化作用对这些交换反应有显著的影响，在氧化的最后阶段达到了最有效的减摩效果，此时一次交换产物[Mo(dtc)(dtp)]和二次交换产物[$Mo(dtc)_2$]的浓度高。当[Mo(dtc)(dtp)]和[$Mo(dtc)_2$]几乎被氧化消耗尽时，减摩作用也停止了。

7.8 摩擦改进剂性能

研究表明摩擦改进剂在边界润滑状态和混合润滑状态起作用[7,16,21]。它们的作用机理取决于摩擦改进剂的化学性质和发动机的主要工作状态。进一步的研究表明有机摩擦改进剂在混合润滑状态时是最有效的，而在边界润滑状态时金属型的摩擦改进剂具有显著的效果。作者近来用销－环摩擦试验机的研究表明，在边界润滑状态有机摩擦改进剂也有显著的作用。

试验是用CEC标准油RL179/2，此油用于CEC L－54－T－96燃油经济性试验。RL179/2是调配的5W/30发动机油，不含任何摩擦改进剂，在CEC循环法试验中证实其有燃油经济性优点。

摩擦行为可以通过建立稳定的斯萃贝克曲线研究。通过测试可以研究边界摩擦和混合摩擦。以适当的步骤通过测量速度范围从0.0025～2m/s的摩擦系数可得到稳定的斯萃贝克曲线。需要进行许多次运转试验，直到两次连续试验很好的相符。通常，运转4次后所得曲线是稳定的，这意味着加工粗糙度已稳定到大的区域。

评价试验结果的性能标准是边界润滑状态和混合润滑状态摩擦等级，并结合试样的磨损情况。观察磨损是因为磨损是与接触压力有关的参数，接触压力反过来影响ML/EHL转折点。

磨损和接触压力之间的关系用下式表达：

$$F_n/A = p \tag{7.3}$$

式中　F_n——正压力(载荷)；

A——磨斑面积；

p——接触压力。

因此，磨斑增大导致接触压力降低，在斯萃贝克曲线中，接触压力降低，ML/EHL转折点向左移动(见图7.9)。

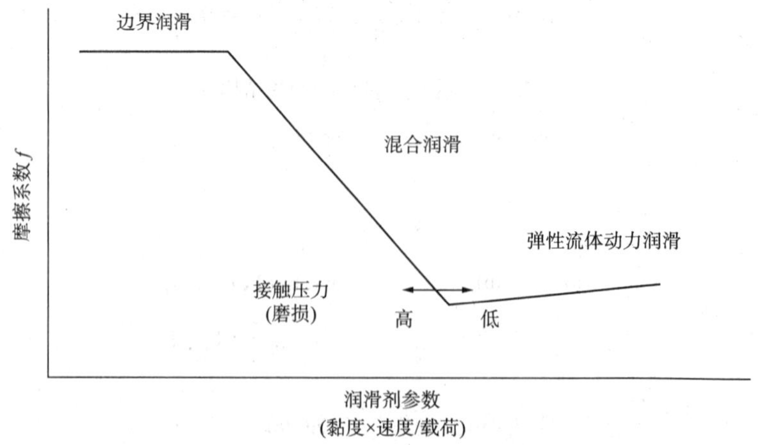

图7.9　混合润滑与弹性流体润滑状态相互转化时对摩擦/接触压力的影响

7.8.1 斯萃贝克曲线的测定

用销－环摩擦试验机测定斯萃贝克曲线，试验所用的环是直径为730mm的100Cr6不锈钢环。环是用易得的、用于标准轴承的高质量材料制成。销的材料与气缸材料相同，直径8mm，此材料也用于轴承制造。为得到合适的线接触，圆柱体有弹性端面以使其和环完全线接触。

环的粗糙度(Ra)约是0.15μm，而气缸是十分光滑的。因此，环的粗糙度决定了斯萃贝克曲线的形状，特别是ML/EHL转折点。选定的载荷(正压力$F_n = 100N$)可将接触区产生的热忽略，以保证黏度是常数。因此，测定的斯萃贝克曲线只可能是速度的函数。试验温度为40℃。

图7.10是RL179/2油、添加了0.5%单油酸甘油酯(GMO)的RL179/2油、添加0.5%有机摩擦改进剂A的RL179/2油、添加了0.5%有机摩擦改进剂B的RL179/2油磨损的比较数据(A和B是含有自由羟基和酯化羟基的产品)。

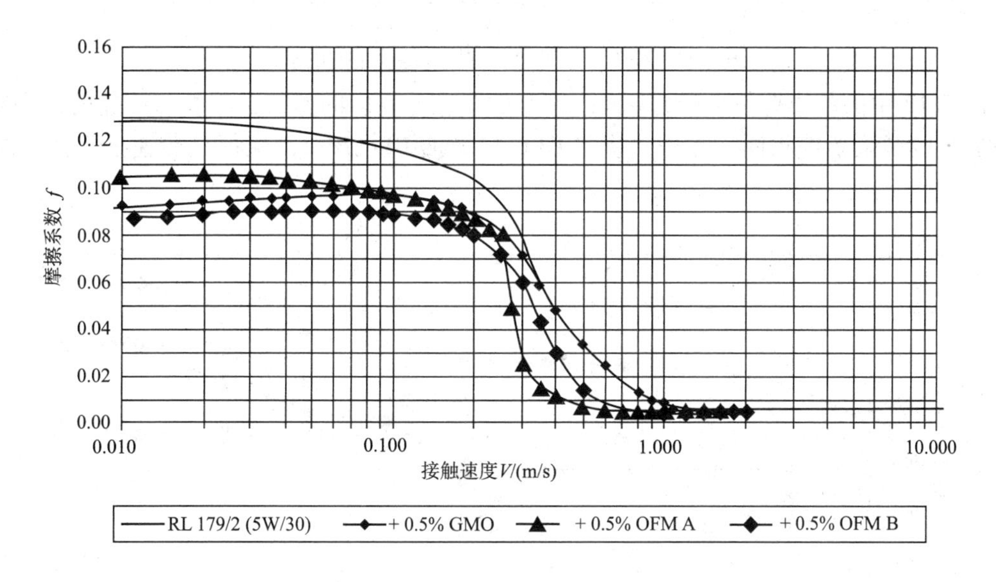

图7.10 CEC RL179/2＋有机摩擦改进剂的斯萃贝克曲线

研究的所有摩擦改进剂都显示出在边界润滑状态摩擦系数明显减小。在混合润滑状态有机摩擦改进剂A和B也能减小摩擦系数。

图7.11显示的是在同样滑动距离下的磨损情况。

含有PFM A和OFM B的油品通过磨损试验后，其磨斑直径是参比油和添加了0.5% GMO油品的2倍，使ML/EHL转折点向左移动。

在边界润滑状态似乎是有机摩擦改进剂起主要作用，在混合润滑状态观察到的ML/EHL转折点移动可能是由不容忽视的其他现象引起的。

7.8.2 摩擦是温度的函数

摩擦改进剂性能的另一个特征是摩擦是温度的函数。温度对吸附/脱附现象、吸附层和反应层的形成起到了重要作用。

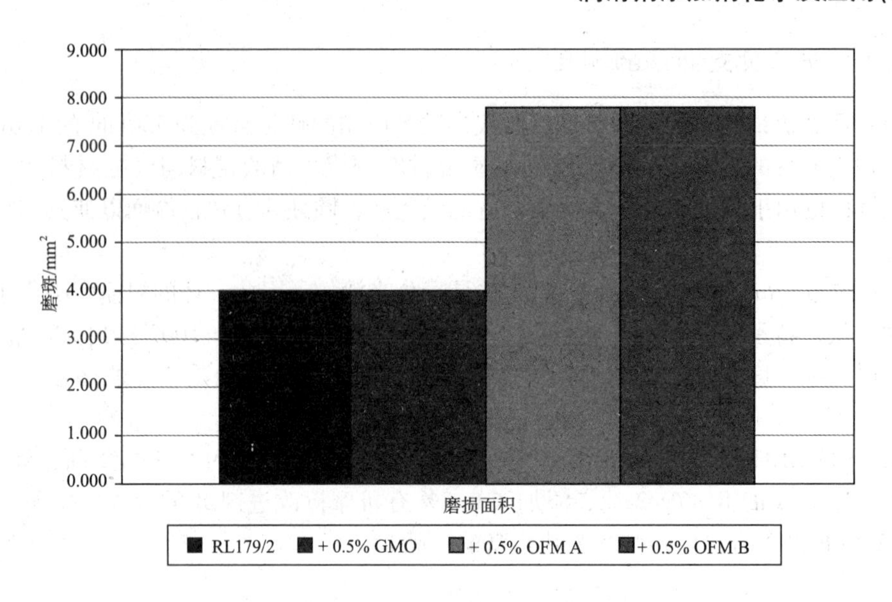

图 7.11 CEC RL179/2 + 有机摩擦改进剂的磨斑

图 7.12 中的曲线是一些有机摩擦改进剂的摩擦与温度的函数关系，与前述的销—环摩擦试验机的试验条件相同。此外，使用 CEC 标准油 RL 179/2，保证试验速度在边界润滑状态。

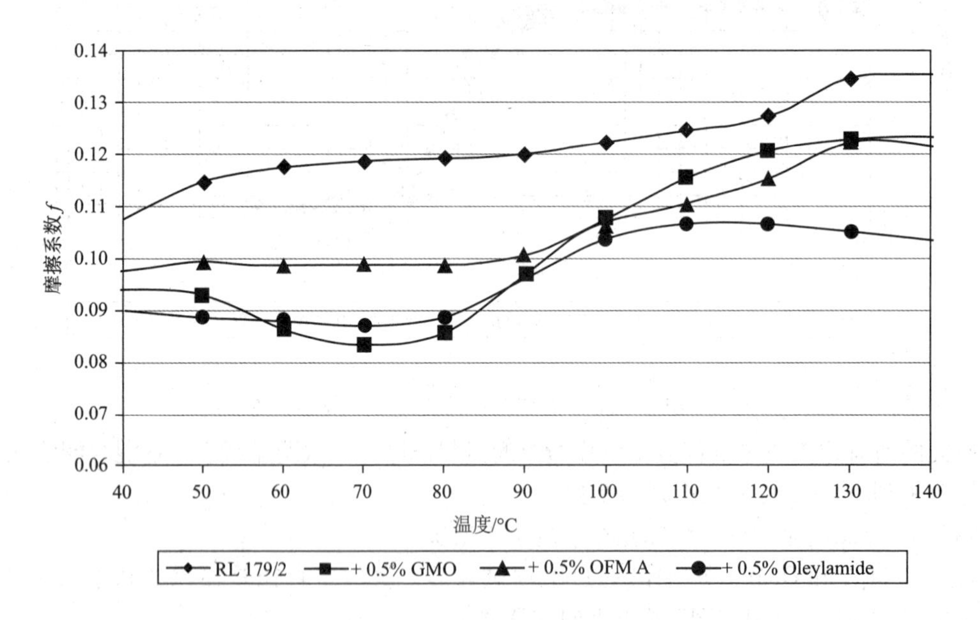

图 7.12 摩擦系数和温度的关系——CEC RL 179/2 + 有机摩擦改进剂

研究所用的摩擦改进剂在试验温度范围内都有明显的减摩效果。单油酸甘油酯和油酰胺效果最好，在 70℃左右吸附效果最佳。在高温时，开始发生脱附和其他表面活性添加剂的竞争，导致了摩擦系数增大。然而，随着温度的升高油酰胺一直保持良好的减摩性。

图 7.13 对比了有机摩擦改进剂单油酸甘油酯和金属型摩擦改进剂二硫代氨基甲酸钼。二硫代氨基甲酸钼的浓度相当于 0.07% 的钼。

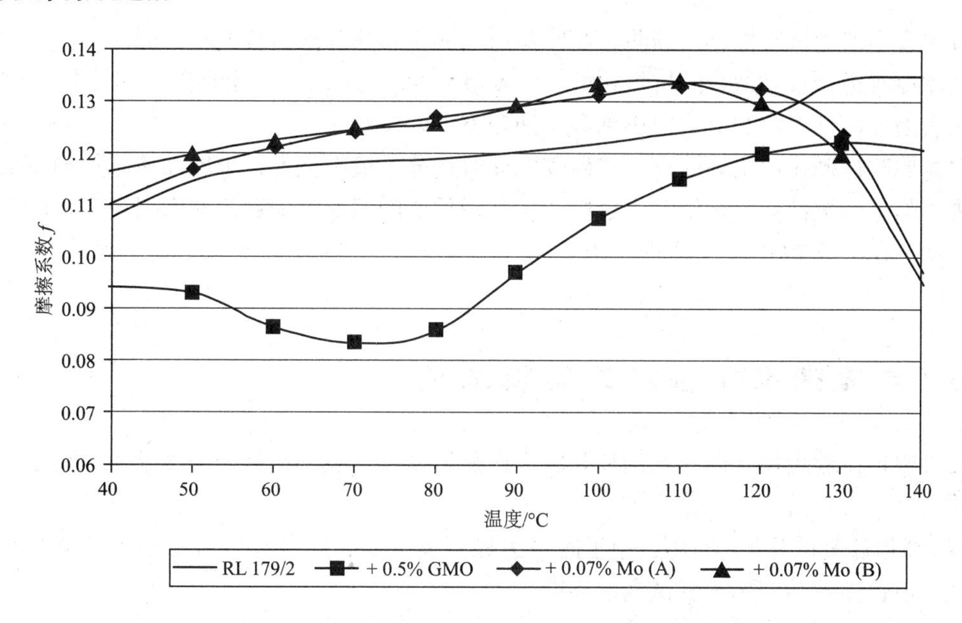

图 7.13 摩擦系数和温度的关系——CEC RL 179/2 + 二硫代氨基甲酸钼

单油酸甘油酯和二硫代氨基甲酸钼性能差异很显著。单油酸甘油酯(GMO)在很宽的范围内都有减摩作用，而二硫代氨基甲酸钼只有在温度高于 120℃时才有减摩作用。原因是由于存在诱导期，可解释为二硫代氨基甲酸钼和二烷基二硫代磷酸锌之间必须的配位交换(见本章第 7 节)。一旦二硫代氨基甲酸钼“点火”，可看到摩擦迅速下降。在试验周期末温度为 140℃，此时体系是不稳定的，摩擦系数下降得很快。

有机摩擦改进剂和二硫代氨基甲酸钼改进摩擦的性能差异表明两种物质相结合使用是有益的。

7.9 新发动机油规范的重要性和展望

最初只是对新油料有燃油经济性的要求，但新发动机油规范中也将增加燃料经济耐久性要求。例如程序 VIB 已被发展成 ILSAC GF－3 规范。

程序ⅥB 包括 16h 和 80h 的老化步骤，以测试燃油经济性和燃料经济耐久性。老化步骤等效于 4000 ~ 6000mile(约 6437 ~ 9655km)的里程累积，此要求优于 EPA Metro/High－Highway(地铁/高速公路)燃料经济性试验。此试验用于测定共同平均燃料经济性(CAFE)。

为了获得具有最优化燃料经济耐久性的发动机油配方，对基础油的选择和添加剂系统设计提出了更高的要求。这些要求是：

①将黏度的增加减到最少，保持低的(弹性)流体动力[(E)HD]摩擦系数；

②维持低的边界/混合摩擦。

通过基础油的选择(在挥发性、氧化安定性和抗氧化剂感受性方面)、抗氧化剂及其加工等级的选择可获得最小的黏度增加。市场已在促成这些要求，通过增加Ⅱ(HVI)类和Ⅲ类(VHVI)基础油的生产量、增加Ⅳ类(PAOs，聚 α－烯烃)和Ⅴ类(酯类油)基础油的影响。

为了在边界润滑和混合润滑条件下获得低摩擦，必须使用有效的减摩剂。为了保持边界润滑和混合润滑的低摩擦，必须防止减摩剂通过氧化和热分解而被消耗。因而，为钼化合物和有机摩擦改进剂选择适合的抗氧化剂、开发具有更高热/氧化安定性的有机摩擦改进剂将是提高燃油经济性寿命和成功应用到润滑油配方中的关键。

对摩擦改进剂作用机理的进一步研究，如通过分子模拟技术，也能加速添加剂系统优化的发展。除了摩擦性能，在研究中也应考虑其他重要的摩擦学参数，如磨损率和金属表面的几何形状。在大多数论文中，这个方面似乎被忽视了，而只是考虑了这三个参数中的某一个。

7.10 研究减摩化合物的模拟试验

几种模拟试验可用于研究基础油和配方产品的摩擦性能。在近来的文献中用到了下列试验方法[8,23,24]：

(1)高频往复试验机(HFRR)用于测量边界摩擦。尽管此试验机最初是用于测试柴油的润滑性，但也能成功应用于测试润滑性能。

频率/Hz	10～200	载荷/g	0～1000
行程长度/μm	20～2000	温度/℃	200

上试件是6mm的球，下试件是3mm厚直径10mm的光滑圆盘。HFRR试验规范如下：作者所用的测试条件为：频率40Hz，行程1000μm，载荷400g。

(2)微型牵引试验机(MTM)通过测定斯萃贝克曲线测试混合摩擦和(E)HD摩擦等。MTM试验机可按所要求的连续和变化的滑动/滚动速率比进行测试。

速度范围	大于5m/s	载荷	0～75N
滑动/滚动速率比	0～200%(全滚动到全滑动)	温度	150℃

标准试件由直径19.05mm的球的上试件和直径50mm的圆盘下试件构成。试件由AISI52100轴承钢制成。标准盘是光滑的，可以测试混合膜和全膜摩擦。同样可用粗糙的盘测试边界润滑情况。MTM试验规范如下：作者所用的测试条件为：速度范围0.001～4m/s，载荷30N，滑动/滚动速率比200%。

(3)拥有垫片层覆盖圆盘的光学仪器可测量EHD膜的厚度。此仪器精度为1～2nm时，测量膜厚的下限可小于5nm。

其他文献提到的LVFA(低速摩擦试验机)，同样往复试验机用于测量EHD膜的厚度也是合适的。

参考文献

1. Wilk, M.A., W.D. Abraham, B.R. Dohner. An investigation into the effect of zinc dithiophoshpate on ASTM sequence VIA fuel economy. SAE Paper 961,914, 1996.
2. Houben, M. Friction analysis of modern gasoline engines and new test methods to determine lubricant effects, 10th International Colloquium, Esslingen, 1996.

3. Korcek, S. Fuel efficiency of engine oils—current issues. 53rd Annual STLE Meeting, Detroit, 1998.
4. LaFountain, A., G.J. Johnston, H.A. Spikes. Elastohydrodynamic friction behavior of polyalphaolefin blends. *Tribololgy Series* 34:465–475, 1998.
5. Spikes, H.A. Boundary lubrication and boundary films. *Tribology Series* 25:331–346, 1993.
6. Spikes, H.A. Mixed lubrication—an overview. *Lubrication Science* 9(3):221–253, 1997.
7. Korcek, S. et al. Retention of fuel efficiency of engine oils. 11th International Colloquium, Esslingen, 1998.
8. Sorab, J., S. Korcek, C. Bovington. Friction reduction in lubricated components through engine oil formulation. SAE Paper 982,640, 1998.
9. Goodwin, M.C., M.L. Haviland. Fuel economy improvements in EPA and road tests with evine oil and rear axle lubricant viscosity reduction. SAE Paper 780,596, 1978.
10. Waddey, W.E. et al. Improved fuel economy via engine oils. SAE Paper 780,599, 1978.
11. Clevenger, J.E., D.C. Carlson, W.M. Keiser. The effects of engine oil viscosity and composition on fuel efficiency. SAE Paper 841,389, 1984.
12. Dobson, G.R., W.C. Pike. Predicting viscosity related performance of engine oils. *Erd-1 und Kohle-Erdgas* 36(5):218–224, 1982.
13. Battersby, J., J.E. Hillier. The prediction of lubricant-related fuel economy characteristics of gasoline engines by laboratory bench tests. Proceedings of International Colloquium, Technische Akademie Esslingen, 1986.
14. Griffiths, D.W., D.J. Smith. The importance of friction modifiers in the formulation of fuel efficient engine oils. SAE Paper 852,112, 1985.
15. Taylor, R.I. Engine friction lubricant sensitivities: A comparison of modern diesel and gasoline engines. 11th International Colloquim, Esslingen, 1998.
16. Crawford, J., A. Psaila. In R.M. Mortier and S.T. Orszulik, eds. *Chemistry and Technology of Lubricants, Miscellaneous Additives*. London, 1992, pp. 160–165.
17. Allen, C.M., E. Drauglis. Boundary lubrication: Monolayer or multilayer. *Wear* 14:363–384, 1969.
18. Akhmatov, A.S. Molecular physics of boundary lubrication. Gos. Izd. Frz.-Mat. Lit., Moscow, p. 297, 1969.
19. Beltzer, M., S. Jahanmir. Effect of additive molecular structure on friction, *Lubrication Science* 1–1: 3–26, 1998.
20. Arai, K. et al. Lubricant technology to enhance the durability of low friction performance of gasoline engine oils. SAE Paper 952,533, 1995.
21. Christakudis, D. Friction modifiers and their testing, additives for lubricants. *Kontakt Stud* 433:134–162, 1994.
22. Effects of aging on fuel efficient engine oils. *Automotive Engineering* (Feb):1996.
23. Moore, A.J. Fuel efficiency screening tests of automotive engine oils. SAE Paper 932,689, 1993.
24. Bovington, C., H.A. Spikes. Prediction of the influence of lubricant formulations on fuel economy from laboratory bench tests. Proceedings of International Tribology Conference, Yokahama, 1995.

（三）抗磨和极压添加剂

8 无灰抗磨和极压添加剂

LIEHPAO OSCAR FARNG

8.1 引言

为了在低磨损和低摩擦之间寻求最佳的平衡，机械设计师都要为设备专门指定一种润滑油，其黏度足以产生流体动力油膜或弹性流体动力油膜，这种膜能隔开机械相互作用的表面，但黏度又不能太大以致引起额外的黏性阻力损失。实际上，机械中的各种接触类型、设备在机械设计范围之外运行以及降低润滑油黏度换来的工作效率，均使得油膜厚度低于最优值。当相互作用表面上的突出部分，或粗糙表面，开始相互作用时，最初通过微 EHL(弹性流体动力润滑)膜，在极端情况下则是直接的表面接触，这将增大摩擦以及表面损伤的可能性。在这种情况下，在润滑油中加入抗磨和极压添加剂来减少磨损和防止卡咬。

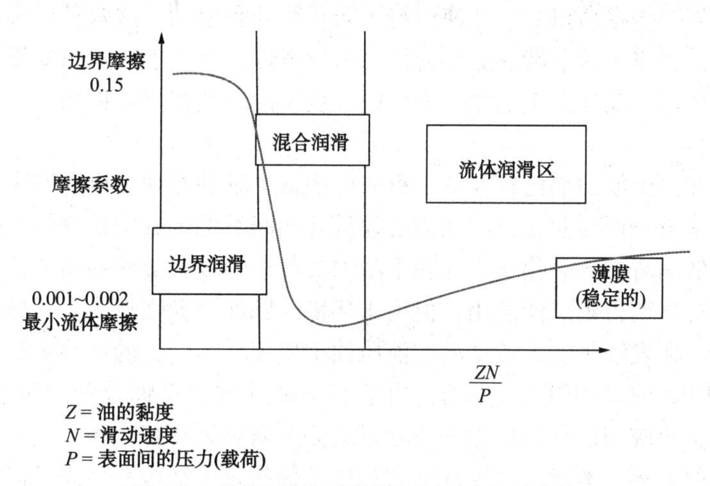

图 8.1　润滑区域：斯萃贝克(Stribeck)曲线

图 8.1 中的曲线，即 Stribeck(斯萃贝克)曲线，是用来说明黏度最优化的一个常用方法。曲线是由两条曲线复合而成，一条是边界摩擦曲线，其随着黏度和油膜厚度的增加而降低；另一条是黏性摩擦曲线，其随着黏度和速度的增加而增加。曲线中略靠右的极小值是追求的理想运行状态。提高接触表面的光滑度能使曲线中的极小值点向低黏度区域移动，这样可以节约能源但增加了工件成本。表面硬化或表面涂层处理能提高在较低黏度时接触水平的耐久性，但也增加了工件成本。除了改进工件制造技术外，还可以继续使用抗磨和极压添加剂，但由于受到环境限制、工件材料发展和机械运行条件苛刻程度增加等因素的影响，它们的化学性质也需要随之作出变化。

抗磨和极压添加剂的区分界线不是很明确。有些在某一应用中被归类为抗磨剂而在另一应用中却被认为是极压剂；有些又兼具极压和抗磨两种性质。更易混淆的是，极压性分为温和型和剧烈型两种，有些极压剂在低速高负荷下起作用，有些却在高速高温下起作用。通常，抗磨剂设计成在正常工况下生成表面沉积膜，从而降低连续中等的磨损速率；而极压剂则指望在苛刻工况下迅速反应生成保护膜，防止更多的危害发生，例如：擦伤、粘结和卡咬。目前，有人建议重命名极压剂为抗擦伤添加剂，因为抗磨剂和极压剂之间没有明显压力区分界线，而只是希望在苛刻工况下极压剂性能提高。极压/抗擦伤添加剂趋向于具有高反应活性的物质，那么有些就会对油的氧化安定性产生不利作用，也能腐蚀非铁类材料，并能降低轴承和齿轮表面的疲劳寿命。因此只有在非常苛刻的工况下才能使用它们。

抗磨剂有各种不同的作用机理。有些生成足够厚的多层沉积膜，来补充流体动力膜的空白处，防止粗糙表面的接触；有些就只是生成可补充的单层膜，来降低相互接触的粗糙表面的局部剪切力，并代替表面材料优先地被除去；有些则与表面生成化学键，并通过可控制表面材料的除去来逐渐改变表面粗糙度，直到有利于生成流体动力膜的状况重新出现为止。

极压剂是在金属表面剧烈接触时，自然的氧化膜已被除去而油中其他表面活性组分又没有足够的反应活性生成沉积保护膜时，为了防止金属－金属粘结或熔接而设计的一类添加剂。这很可能发生在高速、高负荷和/或高温运行工况时。极压剂通过与金属表面反应生成金属化合物起作用，譬如硫化铁。它们的反应机理与抗磨剂相同，但它们与金属表面的反应速率更高，从而成膜速率也更快，且膜本身更坚韧。有些极压剂在高速和冲击负荷下防止擦伤和卡咬，而另外一些在高扭矩、低速运行下防止跳动和波动。这两种情形下都消耗了极压剂和表面金属，并生成了更平滑、更具流体动力润滑性的反应膜，从而降低了局部摩擦和损伤。如果没有极压剂，就会发生远超过表面粗暴规模的剧烈磨损和损伤，还伴有非常猛烈的摩擦。

大量的抗磨和极压添加剂已经获得了商业应用，文献和专利中也有许多具有抗磨和极压性能的化合物的报道。可商业化的添加剂必须具有在润滑油组分中足够的溶解性、生产成本的合理性、不降低润滑油的氧化安定性和不增加与润滑油接触金属的腐蚀性等特点[1~3]。环烷酸铅在工业历史早期得到广泛应用，但由于环境问题如今濒临消失。同样地，氯类添加剂的使用也在减少。在发动机油、传动液和液压油中使用最为广泛的抗磨剂是著名的二烷基二硫代磷酸锌(ZDDP，或 ZnDDP)。然而，由于其中磷导致汽车催化剂中毒和锌对环境的污染，也使汽车和工业应用面临着压力，开始寻求无金属和无磷替代物。这已经形成了发展无灰抗磨和极压剂的趋势。本章讨论无灰抗磨和极压剂的化学结构和性质、使用性能特点、市场销售和发展前景。

8.2　化学结构、性质和使用性能(按元素分类)

8.2.1　含硫添加剂

含硫添加剂用来在边界润滑中给金属与金属的高压接触提供保护。极压作用的强弱是添加剂中硫含量的函数；含硫量高的添加剂通常比含硫量低的有更好的极压性能。添加剂中硫含量必须要求在对热安定性和对含铜合金不腐蚀性之间取得平衡。添加剂的组成和结构代表了相互冲突的性能要求之间的折衷。通常情况下，任何化合物都能在能量(如热量)输入的压力下分解，并让一个自由价硫原子与铁原子结合，正如抗磨和极压剂所表现的那样。硫型添加剂可能是已知最早和最广泛应用的润滑油极压剂。

多年前，化学工业中就已采用将硫化合物(单质硫、硫化氢和/或硫醇)加入到不饱和化合物中来进行硫化[4~8]。两种最常用的添加剂是硫化烯烃[9,10]和硫化脂肪酸酯[11]，它们是由烯烃和天然或合成的脂肪酸酯与硫化合物反应生成。

如果不加入引发剂，简单的烯烃加成是亲电加成反应，遵循 Markovikov 规则。然而，如果没有酸作催化剂，则反应缓慢，经常甚至不反应或需要非常苛刻的条件。如果加入自由基引发剂，硫化氢和硫醇则采用自由基机理加到双键和三键上，遵循反 - Markovikov 规则。不管按照任何机理，硫化氢加成到双键上的初始产物是硫醇，硫醇再加成到另一个烯烃分子上，从而生成硫化物[见式(8.1)]。

$$-\overset{|}{\underset{|}{C}}=\overset{|}{\underset{|}{C}}- + H_2S \longrightarrow -\overset{H}{\underset{|}{\overset{|}{C}}}-\overset{SH}{\underset{|}{\overset{|}{C}}}- \xrightarrow{-C=C-} HC-\overset{|}{\underset{|}{C}}-S-\overset{|}{\underset{|}{C}}-CH \quad (8.1)$$

8.2.1.1 硫化烯烃

硫化烯烃是在适当的反应条件下，由烯烃和硫类化合物反应制得的。反应物中的硫越多，产物中硫含量就越高。烯烃分为末端烯烃和中间烯烃、单烯烃和多烯烃。然而，为了保证产品足够的油溶性，烯烃的碳链应至少包含四个碳原子。因此，合适的 α - 烯烃有丁烯、戊烯、己烯，最好是碳数更多的，如辛烯、壬烯和癸烯。异丁烯是一种非常独特的烯烃，既有着对含硫试剂非常高的反应活性(高转化率)，又有着生成高稳定性和高相容性(与润滑油)硫化产品的能力。因此，到目前为止，硫化异丁烯(SIB)是润滑油中性价比最高、应用最广泛的极压添加剂。

8.2.1.1.1 性质与制备

最初，硫化烯烃通过两步氯化法来合成，合成的产品常被称为“传统硫化烯烃”。第一步是用一氯化硫和二氯化硫来生成氯化合物，接着，在不含硫的乙醇 - 水溶液中，将该加合物与碱金属硫化物进行反应，然后再用无机盐作进一步处理[见式(8.2)、式(8.3)][12]。最后的产物是一种淡黄色的液体，其主要成分是低聚的单硫化物和二硫化物。

$$2\ (CH_3)_2C{=}CH_2 + S_2Cl_2 \longrightarrow \underset{\text{主加合物}}{Cl\text{-}C(CH_3)_2\text{-}CH_2\text{-}S\text{-}S\text{-}CH_2\text{-}C(CH_3)_2\text{-}Cl} \quad (8.2)$$

$$Cl\text{-}C(CH_3)_2\text{-}CH_2\text{-}S\text{-}S\text{-}CH_2\text{-}C(CH_3)_2\text{-}Cl \xrightarrow[Na_2S]{NaSH} SIB + 2\,NaCl$$

$$SIB = \left[S\text{-}C(CH_3)_2\text{-}CH_2\text{-}S\text{-}S\text{-}CH_2\text{-}C(CH_3)_2\text{-}S\right]_n \quad (8.3)$$

传统硫化烯烃生产中涉及一氯化硫，最终产物中也含有残留氯，同时还产生必须经过处理的含有卤素和硫的废水。而润滑油和其他产品中所含的氯正日益成为严重的环境问题，因为在焚烧含氯产品时会生成氯化二氧芑。基于此原因，很多润滑油中都限制了氯化石蜡的使用。在世界许多地区，氯残留也成为一个主要关心的问题。现在，德国对汽车齿轮油中的氯残留量就有不超过 50μg/g 的限制。该指标对工艺仍建立在传统硫化烯烃基础上的齿轮油供应商和添加剂供应商来说是一项很苛刻的要求，因为传统硫化烯烃技术工艺必然会使氯残留量超出这一指标。通过优化生产工艺，传统硫化烯烃生产的氯残留量可以由1500μg/g减少到500μg/g以下。但是，为降低氯残留量而进行的生产工艺变化可能会降低产品生产效率，并需要更大的资金投入，还可能会产生更多的废水。

在20世纪70年代末，高压硫化异丁烯(HPSIB)的工艺发展起来，代替了传统低压氯化工艺。HPSIB通常是二异丁基三硫化物、四硫化物和更高聚合度多硫化物的混合物[13~16]。某些HPSIB包含组分难以确定的多硫化物或者其他组分，譬如4-甲基-1，2-二硫-3-硫酮(结构式A的低聚物[8,17][见式(8.4)]。与传统硫化烯烃的单硫和多硫化物比较起来，多硫化物聚合度越高，极压性能越显著，但却降低了油的氧化安定性和铜腐蚀性。当反应中有其他试剂时，单质硫和异丁烯直接反应生成一种黑色液体，里面含有大量的硫代碳酸盐。4-甲基-1，2-二硫-3-硫酮是一个拟芳香杂环化合物。由于其稳定的杂环结构，硫代碳酸盐容易沉析出来生成浅黄色固体。因此，硫代碳酸盐常被认为是异丁烯硫化时所不想要的副产物。

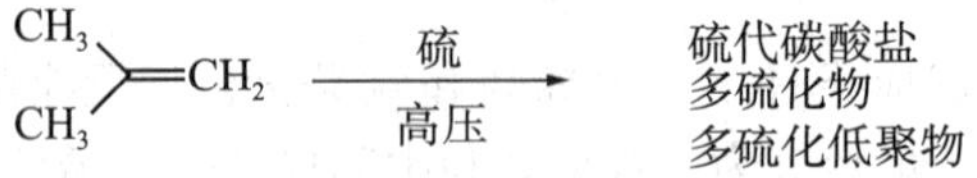

$$(CH_3)_2C{=}CH_2 \xrightarrow[\text{高压}]{\text{硫}} \begin{matrix}\text{硫代碳酸盐}\\ \text{多硫化物}\\ \text{多硫化低聚物}\end{matrix} \tag{8.4}$$

当反应中有催化剂(或碱性物质)时，譬如氨水、碱金属硫化物或二硫代氨基甲酸金属盐，生成硫代碳酸盐和低聚多硫化物量减少，而低分子量的多硫化物(结构式B中的$x=2\sim6$)是主要产物[18]。

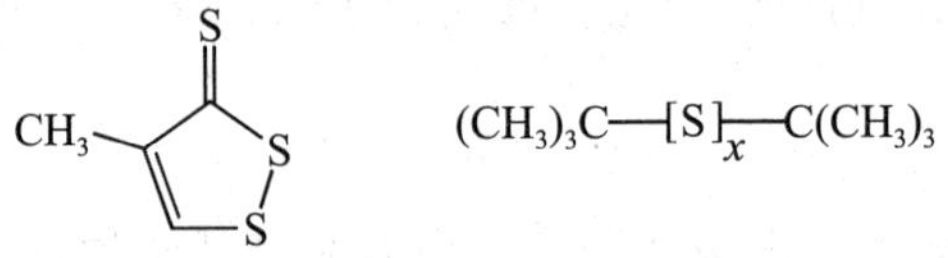

结构A：4-甲基-1，2-二硫-3-硫酮（CH_3取代，环外C=S）

结构B：$(CH_3)_3C-[S]_x-C(CH_3)_3$

在高压硫化烯烃工艺中使用硫化氢可以使反应工艺简化，也同样能得到优质的低分子量多硫化物。该工艺制备的产品透明度高、气味小、色泽浅和极压性强。硫化氢是一种具有刺激性的有毒气体。人吸入一两口该气体几秒钟之后就有可能产生虚脱、昏迷甚至死亡。硫化氢的液化蒸气压很高，需要专门的储存设备。它在工业上的常规使用存在极大的风险，但硫化氢是一种低成本化学商品，并能补偿一部分为了安全生产所需的额外费用。高压硫化烯烃也可以由在反应工艺中的反应器内生成硫化氢的试剂来制备。这样可以避免直接使用硫化氢，但带来了废水处理的问题。从极压性能来说，高压硫化烯烃能取代传统硫化烯烃。但当决定采用某一个或另一个工艺来大规模生产高压硫化烯烃时，必须针对其效益与风险作出仔细的评估。

其他烯烃或混合烯烃也在各种硫化烯烃制备上得以使用。其中，二异壬基和二-十二烷基三硫和五硫化物是非常流行的极压剂。二异丁基(2，4，4-三甲基)-1-戊烯也被广泛应用来生产更高黏度的硫化产品。此外，硫化烃，譬如硫化萜、硫化二环戊二烯或硫化二戊烯和硫化蜡也由于其低成本而得到广泛应用。

8.2.1.1.2 应用与性能

在20世纪60年代末期，硫化烯烃在建立用于汽车和工业极压齿轮油的高级无灰S/P型添加剂体系中起关键作用[19~21]。早期的极压齿轮油添加剂中氯、锌和铅占主导地位，但其已很难对重载荷设备起到保护作用。另一方面，无灰无氯的 S/P 型极压齿轮油添加剂却表现出优异的热氧化稳定性和防锈能力(CRC L-33 和 ASTM D665)，极压性能比金属和氯类添加剂有着显著的提高。

硫化烯烃的极压抗磨作用机制主要是热分解机制。硫在铁类金属表面之间形成硫化铁中间层从而阻止它们相互接触，这样也就提高了表面光滑度，降低了表面磨损。而且，分子中活性硫含量愈高愈易同金属表面反应，并愈呈现比抗磨性能更好的极压(抗卡咬)性能。因而，硫化异丁烯(SIB)主要作为一种性能优良的抗擦伤剂(如 CRC L-42)。表 8.1 给出了有关金属表面、油膜层及硫化层的摩擦系数和它们各自的厚度。其中，硫化层之间摩擦系数约为金属表面之间摩擦系数的一半。硫化层能防止金属接触摩擦时的熔接，但不能消除磨损，硫化铁粒子此时会不断地脱离金属面。对于这点，可对润滑油检测(残留含铁量)得知，随之而来形成的油泥则可由分散剂来控制。

表 8.1

摩擦系数和金属表面、油分子、硫化物层的尺寸

表面	摩擦系数	材料	尺寸/Å
钢—钢	0.78	油分子尺寸	50
FeS—FeS	0.39	硫化物层尺寸	3000
铜—铜	1.21	超精加工表面	1000
CuS—CuS	0.74		

注：1Å = 0.1nm。

除应用于重载荷齿轮油之外[22]，硫化烯烃也已经应用于其他润滑油中，譬如金属加工液、润滑脂、船舶油和拖拉机传动液。

8.2.1.2 硫化酯和硫化油

润滑油中最早广泛应用的硫类添加剂是硫化猪油(SLO)，这是一种硫化动物三甘油酯。1939 年，H. G. Smith 发现硫化鲸鱼油(SSWO)更易溶于石蜡基础油中，甚至在低温下也是如此，并比硫化猪油(SLO)有着更好的热稳定性，这是润滑油历史上最重要的发现之一。因而，60 年来，Smith 一直认为 SSWO 热稳定性的提高源于其单酯结构，而 SLO 则是三酯结构。当长链单酯分子结构硫化时，很难在分子间形成桥状结构，而三酯结构硫化时则易成桥。SSWO 属于一种边界润滑的润滑油，并在高温高压下对橡胶和树脂的生成和黏度的增加均有很强的抑制作用[23]。不幸的是，从成本-性能来看，受鲸鱼油禁用的影响，该添加剂将不能再被使用。但也有一种可以使用但价格昂贵的替代品，硫化希蒙得木油，它也是一种长链醇-脂肪酸的混合物。所有这些硫化油或酯都拥有优良的抗磨性能和温和的极压性能，含硫量通常为 10% ~15%。

8.2.1.2.1 性质与制备

鲸油是一种蜡状混合物，由脂肪醇/酸的酯化物和少量三甘油酯组成。其通过过滤或离心分离开固体蜡之后，剩下的液体蜡主要由油醇-油酸的酯化物组成，这种结构对硫化来说是再好不过的事。

与硫化烯烃相似，硫化酯可直接用单质硫来制备，也可由硫化氢在超高压下制备。如今它们主要由含有一个或一个以上双键的植物油来制备。硫化酯主要由不饱和脂肪酸(如油酸)来制备，用醇(如甲醇)来酯化。通常制备硫化油时，有烯烃(最好是长链烯烃)参与，最后得到的产品是两类物质的混合物。式(8.5)给出的是一个典型的用单质硫将甲基油酸酯硫化的例子，而当用硫化氢硫化时，产品通常颜色更浅、气味更小。

$$CH_3(CH_2)_7\text{-}CH{=}CH\text{-}(CH_2)_7COOCH_3 \xrightarrow[\text{加热}]{S} \left\{ \begin{array}{l} CH_3(CH_2)_7\text{-}CH\text{—}CH\text{-}(CH_2)_7COOCH_3 \text{ (CH—CH bridged by S)} \\ CH_3(CH_2)_7\text{-}CH\text{-}CH\text{-}(CH_2)_7COOCH_3 \\ \qquad\qquad |[S]_x \; |[S]_x \\ CH_3(CH_2)_7\text{-}CH\text{-}CH\text{-}(CH_2)_7COOCH_3 \\ CH_3(CH_2)_7\text{-}CH\text{-}CH_2\text{-}(CH_2)_7COOCH_3 \\ \qquad\qquad |[S]_x \\ CH_3(CH_2)_7\text{-}CH\text{-}CH_2\text{-}(CH_2)_7COOCH_3 \\ +\text{其他产物} \qquad x=1,2 \end{array} \right\} \tag{8.5}$$

8.2.1.2.2　应用与性能

硫化油的载荷能力与添加剂中的活性硫含量直接相关。活性硫含量(被认为是提供极压性能的量)和总硫含量均可用特定的方法测量出来，区别就是非活性硫含量。活性硫含量越高，载荷性能就越好。然而，活性硫含量与铜腐蚀也有直接联系，活化硫含量越高，铜也就越易腐蚀、活化硫含量的增加也带来了清净性和稳定性的问题。因此，对特定润滑油产品性能的最终要求将决定其使用何种硫化产品作抗磨/极压剂。

尽管硫化酯含硫量不像许多硫化烯烃中那么高，但其应用时所表现出的优异摩擦学性能也颇具吸引力。这是因为将润滑油添加剂中的硫和脂类结合使用，会具有协同增效作用。此时，脂类减少摩擦，硫防止磨损。在所有元素中，硫元素同其他组分及有机化合物的协同增效能力是最强的。至于极压性能，硫化酯中的少量自由脂肪酸使其具有表面活性，这些自由脂肪酸酯是极性组分，能在金属表面生成多重吸附层，有效地预防了在极压或轴承面润滑油膜被取代的情形下金属发生的卡咬。此时，膜强度和极压是同义语。膜强度指的是金属与极压剂生成的化学反应膜，能阻止金属间的接触和熔接。同样，相对矿物油而言，脂肪油和硫化脂肪油与金属面的亲和性，使其不太容易被水层代替。

亲铁类酯基增强了极压性能，而其表面活性取决于其分子结构和极性。而被硫化物质的表面活性和极性对最终硫化产品的润滑起着同样决定性的作用，所以在开发某专门产品时，必须对此引起重视。将硫化三甘油酯(如SLO)与硫化单酯(如SSWO)比较，前者极压性能更好。这可能是因为：①三酯结构更具有铁亲和性，并可能生成了氢键；②三酯在高温润滑时分解生成丙烯醛聚合体，增大了硫化物膜强度，提高了极压性能。但其较差的稳定性和油溶性限制了其极压性能的发挥。高温稳定性试验表明：SLO较SSWO生成的油泥更多且更快。因此，在产品开发中正确地寻求各种性能的平衡是一项必不可少的内容。

硫化脂或酯现广泛用于各类润滑油中，譬如金属加工液、拖拉机传动液和润滑脂。

8.2.1.3 其他硫类添加剂

元素硫能提供优良的极压性能，但易引起腐蚀。它在矿物油中的溶解度取决于基础油类型，在低极性石蜡基/环烷基基础油Ⅱ和Ⅲ中难溶。活性硫含量较低的硫代芳烃，譬如二硫代二苄、二硫代丁基酚、二硫代二酚或二硫代四甲基二苄等，对润滑油极压性能提高不大。因此，它们大都同其他含硫或磷极压剂结合使用[24,25]。另外，还有其他硫类载荷剂，譬如硫化壬基酚、硫代甘油酸酯的二烷基二硫代丙酸酯($S[CH_2CH_2C(=O)OR]_2$)、巯基乙酸酯类及其衍生物($HS[CH_2CH_2C(=O)OR]_2$)、邻巯基苯甲酸和三硫杂环己烷[26]。然而，添加剂中硫含量越低，通常其抗磨/极压性能越差，但抗氧化性能更好。

8.2.2 磷类添加剂

在边界润滑和弹性流体动力润滑(EHL)时，磷类添加剂用来给金属间的中高压接触提供保护。不像硫类添加剂，其极压性能必须同热稳定性与对铜合金腐蚀性间取得平衡，磷类添加剂则易控制其腐蚀。由于表面膜强度及形成速率与硫类添加剂完全不同，所以，磷类添加剂在许多应用中还不能完全代替前者。但特别的是，磷类添加剂在粗糙不平和缓慢滑动的金属表面接触时是极其有效的。

8.2.2.1 磷酸酯

磷酸酯自从19世纪20年代商业化以来，已成为一类重要的润滑油添加剂、增塑(韧)剂、液压油和压缩机的合成基础油。它们是醇－酚生成的酯，通用分子式是$O=P(OR)_3$，R表示烷基、芳基、烷基芳基，或经常是一个烷基组分和芳基组分的混合物。磷酸酯的物化性质完全取决于R取代基，对其性能的最优化必须选择合适的R取代基。磷酸酯在使用时，除表现出良好的抗磨性能之外，还有着优异的高温稳定性和防火性能[27]。

8.2.2.1.1 性质与制备

磷酸酯可以由磷酰氯与醇或酚反应制备，见式(8.6)。

$$3ROH + POCl_3 \rightarrow O=P(OR)_3 + HCl \tag{8.6}$$

早期磷酸酯制备是以所谓的粗苯甲酚或焦酸(煤焦油的残余馏分)为基础的。给料是苯甲酚、二甲苯酚和其他重组分的复杂混合物，包括大量邻苯甲酚。由于酯中含有的高浓度邻甲苯酚具有毒害神经的负作用，这使得对煤焦油馏分的使用进行控制，其中的邻甲苯酚和其他邻(正)烷基酚也大大减少了。由煤焦油馏分制备的磷酸酯通常称为“天然的”；与其相对的是，由高纯原料制备的则称为“合成的”。

现代的大多数磷酸酯都是由石油化工产品“合成的”。例如叔丁基苯酚就是由苯酚和丁烯反应得来的。醇或酚与磷酸氯反应生成粗产品，接着洗涤、蒸馏和干燥得到最终产品。低分子量的三烷基酯是水溶性的，所以其生产过程中要求无水。当生产混合的烷基芳基酯时，要求反应物中的酚和醇应分别加入。该反应是分步反应，为避免酯交换反应的发生，反应温度必须尽量低。

最常用的磷酸酯抗磨剂是磷酸三甲苯酯(TCP)、磷酸三(二甲苯)酯(TXP)、磷酸三(丙基苯基)酯(TBP)。

8.2.2.1.2 物理化学性质

磷酸酯的物理性质完全取决于其分子量及其有机取代基的类型和结构。因此，磷酸酯物理性质包括从低黏度的水溶性液体到不溶的高熔点固体。

正如前面提及的，磷酸酯用作合成基础油主要是由于其极佳的防火性能和良好的润滑性能，但它们的水解安定性、热稳定性、低温性能和黏度指数性能都使其应用受到了限制。而如今当磷酸酯广泛用作润滑油的抗磨剂时，对其水解安定性和热稳定性的关注，同良好的抗磨性一样，也是同样重要的。从这个意义上说，三芳基磷酸酯比三烷基磷酸酯更具优势，因为它们的水解热安定性更好些。

三芳基磷酸酯的热稳定性要远优于三烷基磷酸酯，因为后者热分解机制与羧酸酯类似，见式(8.7)。

$$R_2CH\text{—}CH_2\text{—}O\text{—}P(=O)(OR)_2 \longrightarrow R_2C=CH_2 + HO\text{—}P(=O)(OR)_2 \quad (8.7)$$

芳基磷酸酯的水解安定也比烷基磷酸酯强。烷基链碳数的增加和支链增多均有助于水解安定性的增强。然而，取代基空间位阻愈大，酯越难制备。相比三烷基磷酸酯或三芳基磷酸酯，烷基芳基磷酸酯更易水解。

理所当然，含有一个或更多烷基取代基的磷酸酯的低温性能要好些。许多三芳基磷酸酯是熔点相当高的固体，但是通过加入一些芳基组分，能使其得到可以接受的倾点。用来制备“天然”磷酸酯的煤焦油馏分是一类复杂芳基混合物，利用它们可以使酯得到满意的倾点。

磷酸酯是非常好的溶剂，并且对油漆以及大多数的塑料和橡胶均有很好的溶解性。当使用磷酸酯时，必须仔细地选择其合适的垫圈和密封材料。由于磷酸酯同大多数其他添加剂的相容性，使其能携带某些溶解性差、易产生油泥的添加剂，从而使得磷酸酯的应用更具优势。

8.2.2.2 亚磷酸酯

亚磷酸酯是用来控制润滑油氧化降解的主要有机磷化合物。它们能消除过氧化氢，过氧自由基和烷氧自由基，防止润滑油变黑，并抑制光降解。亚磷酸酯除作为重要的抗氧剂之外也是有用的抗磨剂。酸性二烷基亚磷酸酯和酸性二芳基亚磷酸酯都是中性磷酸酯，并存在着两种快速平衡结构：酮类结构$(RO)_2P(=O)H$和酸类结构$(RO)_2P\text{—}O\text{—}H$。物理测试表明它们大多以酮类结构存在，通过氢键以二聚或三聚形式相连。三烷基亚磷酸酯和三芳基亚磷酸酯是中性的三价亚磷酸酯，也是具有特征气味的清澈流动液体。

8.2.2.2.1 性质与制备

亚磷酸酯可由三氯化磷与醇或苯酚反应制备。见式(8.8)。

$$3ROH + PCl_3 + 3NH_3 \rightarrow P(OR)_3 + 3NH_4Cl \quad (8.8)$$

当制备混合的烷基芳基亚磷酸酯时，反应物酚和醇分别加入，并小心控制反应温度。高分子量亚磷酸酯可在(酸)催化条件下，通过醇或酚与三甲基亚磷酸酯发生酯交换反应来制备，见式(8.9)。

$$P(OCH_3)_3 + 3ROH \rightarrow P(OR)_3 + 3CH_3OH \quad (8.9)$$

酸催化时，酸性二烷基亚磷酸酯和酸性二芳基亚磷酸酯可以由三烷基亚磷酸酯和三芳基亚磷酸酯水解制备，见式(8.10)~式(8.12)。

$$P(OR)_3 + H_2O \rightarrow (RO)_2P(=O)H + ROH \quad (8.10)$$

$$P(OR)_3 + HCl \rightarrow (RO)_2P(=O)H + RCl \quad (8.11)$$

$$2P(OR)_3 + HP(=O)(OH)_2 \rightarrow 3(RO)_2P(=O)H \quad (8.12)$$

在完成上述反应时，如存在 HCl 吸收剂如嘧啶，则可以分离开单烷基、二烷基、三烷基亚磷酸酯。然而受醇类正常反应活性影响，反应产物通常是酸性二烷基亚磷酸酯。如低温下将 PCl_3 加到甲醇和更高级醇的混合物中，产率可高达85%，见式(8.13)，接着，氯化甲基和氯化氢可通过减压蒸汽加热除去。

$$PCl_3 + 2ROH + CH_3OH \rightarrow (RO)_2P(=O)H + CH_3Cl + 2HCl \qquad (8.13)$$

现在市场上常用的亚磷酸酯有酸性二甲基亚磷酸酯、酸性二乙基亚磷酸酯、酸性二异丙基亚磷酸酯、酸性二丁基亚磷酸酯、酸性二(2-乙基已基)亚磷酸酯、酸性二月桂基亚磷酸酯、酸性二(十三烷基)亚磷酸酯、酸性二(油基)亚磷酸酯、三壬基苯基亚磷酸酯、三苯基亚磷酸酯、三异丁基亚磷酸酯、三丙基亚磷酸酯、三异辛基亚磷酸酯、三(2-乙基已基)亚磷酸酯、三月桂基亚磷酸酯、三异癸基亚磷酸酯、二苯基异癸基亚磷酸酯、二苯基异丁基亚磷酸酯、苯基二异癸基亚磷酸酯、乙基已基二苯基亚磷酸酯和二异癸基(五季戊四醇)二亚磷酸酯。

8.2.2.2.2 物理化学性质

当亚磷酸酯与空气或润滑油中的水接触时，容易水解。水解程度取决于温度、接触水量和接触时间。通常液态的亚磷酸酯比固态的稳定，因为前者与水的接触面积较少。但如果采取适当的预防措施，譬如置于干燥氮气氛围中、冷藏、紧封，就可使水解降至最小。低分子量的酸性二烷基亚磷酸酯，在酸性和碱性环境下，水解成单烷基酯和磷酸。一般水解速率随分子量的增加而降低。低分子量的三烷基亚磷酸酯在酸性环境下迅速水解，在中性或碱性环境下却相对稳定。通常三烷基亚磷酸酯的水解稳定性随分子量的增加而增加。

酸性二烷基亚磷酸酯主要是酮式结构，具有抗氧化性并不与卤化亚铜螯合，这些正是三价有机磷化物的特征[28~30]。即不与氧和硫反应，但却和氯、溴反应生成二烷基亚磷酸酯卤化物($(RO)_2P(=O)X$，这里 X 代表 Cl 或 Br)[27]。

通常酸性二烷基亚磷酸酯的氢原子可被碱而不是酸所取代。酯与金属反应也很容易得到其烷基盐。与母体化合物相比，这些盐容易与硫进行加成生成硫代磷酸酯。亚磷酸钠可与烷基氯反应生成烷基磷酸酯，该盐与卤代亚磷酸酯反应生成焦亚磷酸酯，与氯或溴反应生成次膦酸酯。酸性二烷基亚磷酸酯易与酮、醛、烯烃和酐发生加成反应，反应可由碱和自由基来催化，这种类型的反应为膦酸酯的制备提供了一个极好的方法。

硫原子易与三烷基或三芳基亚磷酸酯反应，生成三烷基或三芳基硫代磷酸酯，这也是一类非常有用的抗磨剂。三烷基亚磷酸酯与卤素反应是制备二烷基卤代磷酸酯的一个极好的方法，也可以使用酰基卤化物和多官能团的脂肪族卤化物。三异丙基亚磷酸酯则为制备不对称膦酸酯和二膦酸酯提供了一个独特的方法，因为副产物异丙基卤化物反应缓慢并且不完全。

8.2.2.2.3 应用与性能

酸性二烷基(或二芳基)亚磷酸酯，除作为性能优异的抗磨剂之外，在高扭矩、低速工况下，还被认为是磷类添加剂的最有效形式。将抗磨过程推到极压条件下，也是极压性能范围中最重要的部分之一，此时硫已经失效，仅磷(有足够的活性和浓度)可以起作用。相反，磷组分在高速和冲击工况下作用不明显，而硫组分却效果显著。二烷基或二芳基亚磷酸酯也是有效的抗氧化剂。

据报道，二烷基亚磷酸酯氧化生成一种阴离了磷酸盐来作为一个某低聚铁(Ⅲ)螯合物的连接配体。该螯合物是一种氧化铁螯合物，与下面结构式(C)类似：

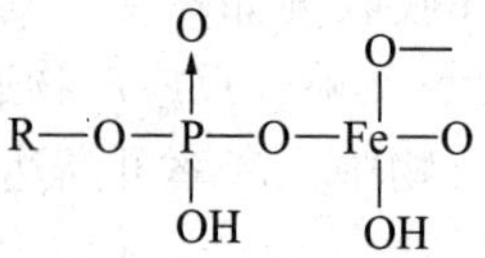

结构C

因为此时在高速工况下生成了一层薄的高黏度非固体膜，从而增加了膜的总厚度[24,31]。

二烷基亚磷酸酯现广泛用于齿轮油、汽车传动液(ATF)和其他润滑油中。在无级变速器油中也有用双螺环亚磷酸酯(结构 D)的报道。

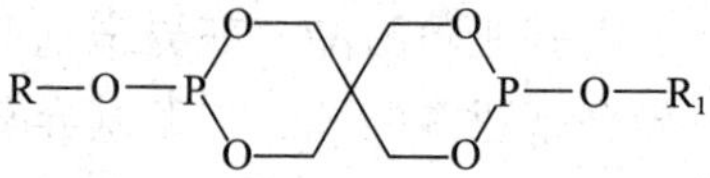

结构D

8.2.2.3　二烷基烷基膦酸酯

二烷基烷基膦酸酯($R—P(=O)(OR)_2$)是稳定的有机磷化合物，易溶于酯、醇和大多数有机溶剂。除用作添加剂的溶剂和低温液压油之外，还用于重金属提取、溶剂分离、汽油的预燃添加剂、抗泡剂、增塑剂和稳定剂。二烷基烷基磷酸酯可由酸性二烷基亚磷酸酯或三烷基亚磷酸酯来制备(Michaelis - Arbuzov 反应)，见式(8.14)~式(8.16)。

$$(RO)_3P + R'X \Rightarrow (RO)_2P(=O)R' + RX \tag{8.14}$$

$$(RO)_2P(=O)H + R'OH + CCl_4 \Rightarrow (RO)_2P(=O)R' + H_2O \tag{8.15}$$

$$(RO)_2P(=O)H + NaOH \Rightarrow (RO)_2P \cdot O \cdot Na + R'X \Rightarrow (RO)_2P(=O)R' + NaX \tag{8.16}$$

亚磷酸酯从理论上是可以热异构化为膦酸酯的。亚磷酸酯的热稳定性相差很大，主要取决于 R 取代基的性质，受热则容易形成其他产物。如 R 是甲基时，200℃下 18h 完全转化；如 R 是丁基时，化合物在 223℃时仍很稳定。一些研究者认为亚磷酸酯的热异构化仅当微量膦酸酯作为杂质已经存在时才有可能发生[33]，见式(8.17)。

$$(RO)_3P + Heat \Rightarrow (RO)_2P(=O)R \tag{8.17}$$

8.2.2.4　酸性磷酸酯

与二烷基亚磷酸酯类似，酸性磷酸酯也是一类有效的抗磨/极压剂。原磷酸(单磷酸) H_3PO_4 是磷的最简单含氧酸，可由五氧化二磷与水反应来制备。它广泛用于肥料生产中。原磷酸仅含有一个易电离的氢原子，电解见式(8.18)。

$$H_3PO_4 \Leftrightarrow H^+ + H_2PO_4^- \Leftrightarrow H^+ + HPO_4^{2-} \Leftrightarrow H^+ + PO_4^{3-} \tag{8.18}$$

一级电离常数 $K_1(7.1 \times 10^{-3})$ 比二级($K_2 = 6.3 \times 10^{-8}$)要大的多。一级电离中生成的少量 $H_2PO_4^-$ 则继续进行二级电离，甚至更少的 HPO_4^{2-} 继续进行三级电离，因为三级电离常数 K_3 非常小(($K_3 = 4.4 \times 10^{-13}$)。因此，原磷酸有三系列包含这些离子的盐，如 Na H_2PO_4，Na_2HPO_4 和 Na_3PO_4。

8.2.2.4.1　性质与制备

烷基(芳基)磷酸盐可由醇和五氧化二磷来制备，通常生成的是单烷基(芳基)和二烷基(芳基)磷盐的混合物，见式(8.19)。

$$3ROH + P_2O_5 \Rightarrow (RO)_2P(=O)OH + (RO)P(=O)(OH)_2 \tag{8.19}$$

纯的单或二烷基(芳基)磷酸酯可以通过不同的反应路线来制备，见式(8.20)和式(8.21)。

$$ROH + POCl_3 \Rightarrow ROP(=O)Cl_2 \Rightarrow (Hydrolysis) \Rightarrow (RO)P(=O)(OH)_2 \tag{8.20}$$

$$(RO)_2P(=O)H + Cl_2 \Rightarrow (RO)_2P(=O)Cl \Rightarrow (Hydrolysis) \Rightarrow (RO)_2P(=O)(OH) \tag{8.21}$$

8.2.2.4.2 应用与性能

酸性磷酸酯与水接触时易进一步水解，水解程度取决于接触水量和接触时间。因此，无论在哪，酸性磷酸酯应尽可能保存在干燥氮气氛围中来防止其水解。由于其使用时不可避免地会与水接触，所以通常酸性磷酸酯是不被建议使用的。

酸性磷酸酯虽可用作防锈剂和抗磨剂，但也不如中性磷酸胺衍生物，如磷酸胺，应用那么广泛。

8.2.3 硫磷类添加剂

在边界润滑和弹性流体动力润滑(EHL)时，硫磷类添加剂用来给金属间的中高压接触提供保护，金属型硫磷类添加剂，如二硫代磷酸锌(ZDTP)，是发动机油中最重要的抗磨/极压剂。无灰型硫磷类添加剂则不如前者应用广泛。市场上最常用的硫磷类添加剂是二硫代磷酸酯、硫代磷酸酯和硫代膦酸酯。硫磷类化合物其他重要的应用是用作火柴、杀虫剂、浮选剂、硫化促进剂。

8.2.3.1 无灰型二硫代磷酸酯

早期许多专利报道了二硫代磷酸酯在润滑油中的应用。美国专利 US2528732 描述了硫代磷酸的烷基酯，美国专利 US2665295 描述了 S－萜酯，US2976308 描述了二硫代磷酸酯对各种烯烃(包括芳香族和脂肪族的)反－Markovniko 加成。二硫代磷酸胺和其他新式的二硫代磷酸酯也在文献[34~38]中有报道。与乙烯基吡咯酮、丙烯醛或亚烷基氧化物相结合也有报道[39~41]。

8.2.3.1.1 性质与制备

与金属型二硫代磷酸盐相似，无灰型二硫代磷酸酯也是以五硫化二磷(P_2S_5)为基础，它们的制备与 ZDTP 制备使用同样的前驱物，即二硫代磷酸，它可由醇(或烷基酯)和 P_2S_5 反应来制备。见式(8.22)。

$$4ROH + P_2S_5 \Rightarrow 2(RO)_2P(=S)SH + H_2S \tag{8.22}$$

二硫代磷酸继续同有机底物反应生成无灰型二硫代磷酸酯衍生物。典型的有机底物是(单)烯烃、二烯烃、不饱和酯(丙烯酸酯、甲基丙烯酸酯、乙烯酯等)、不饱和酸、酯。无灰型二硫代磷酸酯的功效和稳定性完全取决于制备中的各反应组分和反应条件。

市场上最常用的无灰型二硫代磷酸酯是一种由乙基丙烯酸酯和二异丙氧基二硫代磷酸(结构如下)反应来制备的二硫代磷酸酯。

$$[C_3H_7{-}O{-}]_2{-}P(=S)S{-}CH_2{-}CH_2{-}C(=O)O{-}C_2H_5$$

萜烯、聚异丁烯(PIB)或聚丙烯(PP)与 P_2S_5 反应并水解生成硫代磷酸[$R{-}P(=S)(OH)_2$，R = PIB、萜烯或 PP]。该硫代磷酸可与丙烯氧化物或胺进一步反应来降低酸性。然而，该类型添加剂属于无灰分散剂类别。因此，它们可能成为具有改善极压抗磨性能的双重功效分散剂。

8.2.3.1.2 应用与性能

不像ZDTP，无灰型二硫代磷酸酯不具有多重功效，因此也不能用作多效添加剂。尽管无灰型二硫代磷酸酯有着相当优异的抗磨和极压性能，但它们的抗腐蚀性能不如ZDTP。这与无灰型二硫代磷酸酯的稳定和分解机制密切相关。相对较差的抗腐蚀性能使得其在浓度较高时不能用于发动机油和一些工业润滑油中。

无灰型二硫代磷酸酯能用于金属加工液、汽车传动液(ATF)、齿轮油、润滑脂和不含锌液压油中[42,43]。

8.2.3.2 无灰硫代膦酸酯和硫代磷酸酯

虽然许多硫代膦酸酯的结构已经弄清楚，但在这些含氧/硫(O—S)酸的盐和酯中，双键的位置规律却仍然不甚明了。因此，从理论上可存在两系列酸，各系列生成的盐和酯如下：

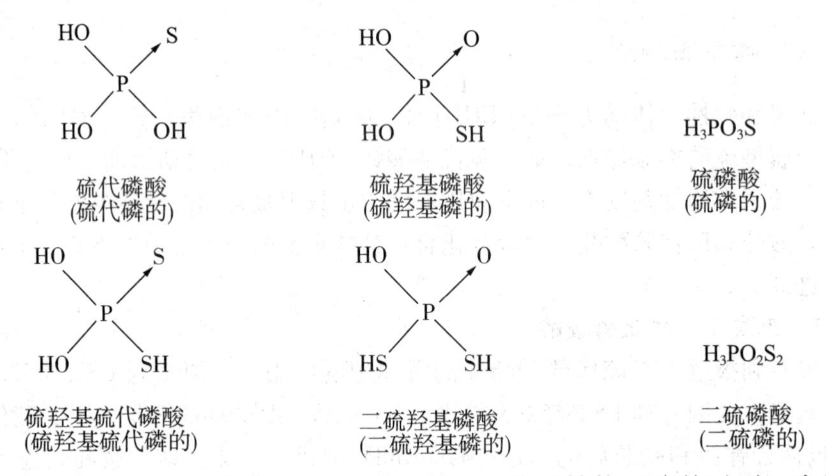

硫代酸含有P═S键，硫羟酸含有P—SH键，而分子结构不清楚时则经常用“thioic”。通常这些酸的其中一种结构比另外一种对应结构要稳定，不大可能生成两种硫代磷酸异构体的酯化物，例如：

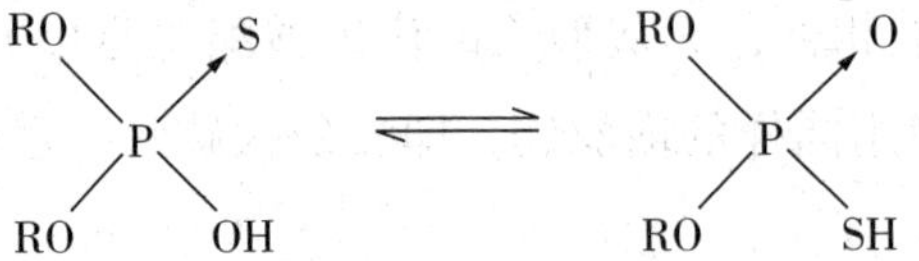

$$(RO)_2P(\rightarrow S)OH \rightleftharpoons (RO)_2P(\rightarrow O)SH$$

就某些酯而言，硫羟基的结构是最稳定的，但苯基酯80%以硫代酸结构$(PhO)_2P(═S)OH$存在；20%以硫羟基结构$(PhO)_2P(═O)SH$存在。这些化合物的平衡取决于了取代基的性质、所用溶剂、甚至溶质浓度，而分子间的氢键也影响到平衡[33]。

8.2.3.2.1 性质与制备

S—P化合物可由磷化合物与硫经简单加热即可制备[44]，同样地P—S化合物可由P—O化合物与P_2S_5经简单加热制备。在硫化磷的水解作用下，无机硫代膦酸酯通常由含S的磷化合物来制备。但无机硫代膦酸酯(硫代磷酸酯)在水中经常是不稳定的，水解成其O对应体并放出H_2S。因为P—S化合物的热稳定性不如其O对应体。示例如下：

$$P_4S_{10} + 12NaOH \Rightarrow 2Na_3PO_2S_2 + 2Na_3PS_3O + 6H_2O \qquad (8.23)$$

$$(BuO)_2P(═O)SH + RI \Rightarrow (BuO)_2P(═O)SR + HI \qquad (8.24)$$

$$(PhO)_3P + S \Rightarrow (PhO)_3P = S \qquad (8.25)$$

$$(PhO)_3P + PSCl_3 \Rightarrow (PhO)_3P{=}S + PCl_3 \quad (8.26)$$

当硫代膦酸酯水解时，S 会逐渐丧失，一部分被 O 取代，一部分以 H_2S 气体放出。

$$(RO)_3P{=}S + H_2O \Rightarrow (RO)_3P{=}O + H_2S \quad (8.27)$$

8.2.3.2.2 应用与性能

多年以前便知道在金属作用面，硫类添加剂能生成硫化铁膜，磷类添加剂能生成磷酸铁膜。一般认为，诸如 SIB 之类硫添加剂生成的膜含有 FeS、$FeSO_4$ 和添加剂分解的有机碎片；诸如二烷基亚磷酸酯之类磷添加剂生成的膜含有 $FePO_4$、$FePO_3$ 和添加剂分解的有机碎片。当添加剂中既含硫又含磷时，两元素都对生成膜起作用，谁占主导地位取决于 S/P 比、分解机制和操作工况如高速冲击或高扭矩/低速。

在许多要求低金属含量的润滑油中，无灰型硫代膦酸酯现在广泛用作二硫代磷酸金属盐替代品。当使用既含硫又含磷的添加剂时，润滑油配方中常常有硫代膦酸酯。芳基硫代膦酸盐，从其 FZG 试验来看，有着良好的热稳定性和抗磨/极压性能。

8.2.4 硫氮类添加剂

在边界润滑和弹性流体动力润滑(EHL)时，硫氮类添加剂用来给金属间的中高压接触提供保护。许多开链和杂环化合物都被研究用来探索作为抗磨和极压剂可能性。在开链类添加剂中，二硫代氨基甲酸酯应用最为常用。其他的一些添加剂譬如有机磺酸胺盐[45]、硫氰酸烷基胺盐[46]等在文献中也曾被报道，但其商业价值较低。硫氮类杂环化合物，如 2-巯基苯并噻唑(MBT)、2，5-二巯基-1，3，4-噻二唑(DMTD)及其衍生物，长期以来就以较低的浓度被用作抗氧剂、防腐剂以及金属减活剂。

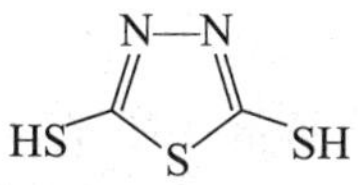

结构E(DMTD) 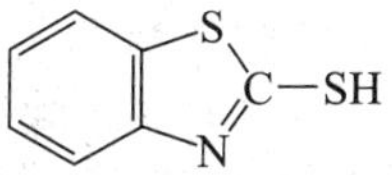　　　　结构F(MBT)

8.2.4.1 二硫代氨基甲酸酯

二硫代氨基甲酸酯和二硫代氨基甲酸的半酰胺化物，是在对有机硫化学研究初期时发现的一类化合物[47,48]。由于其金属盐的不溶性以及能形成螯合物的能力，其与金属成键的特性在研究早期便为人所知了。二硫代氨基甲酸酯除了用于润滑领域，还作为硫化促进剂和抗氧剂用于橡胶工业。

8.2.4.1.1 性质与制备

有机的二硫代氨基甲酸酯由二烷基胺、二硫化碳以及某有机底物的一步反应来制备。据文献报道，有机底物倾向于用烯烃、二烯烃、环烷烃或者其他不饱和化合物所组成[49,50]。二硫代氨基甲酸酯也可由二硫代氨基甲酸金属盐或胺盐与有机卤化物通过两步反应而制得[51]。就其胺盐而言，氮取代的二硫代氨基甲酸，$RNHC({=}S)SH$ 或 $R_2NC({=}S)SH$，可以在它们与胺进一步反应之前，由二硫化碳和一个伯胺或仲胺在乙醇或水相溶液中反应得到。为了提高胺的转化率，通常利用碱金属氢氧化物使其转化成相应的盐：

$$RNH_2 + CS_2 + NaOH \Rightarrow RNHC({=}S)S\text{-}Na + H_2O \quad (8.28)$$

二硫代氨基甲酸可通过在二硫代氨基甲酸酯中加入无机酸而制备。二硫代氨基甲酸极不稳定，仅在 5℃以下可保持较短时间。最常用的添加剂 $[(C_4H_9)_2NC({=}S)S]_2CH_2$ 则是由二硫代二丁基氨基甲酸钠与亚甲基氯化物反应来制备：

$$2(C_4H_9)_2NC(=S)S-Na+CH_2Cl_2 \Rightarrow [(C_4H_9)_2NC(=S)S]_2CH_2+2NaCl \quad (8.29)$$

8.2.4.1.2　应用与性能

二硫代氨基甲酸金属盐已广泛用于各润滑领域，但无灰型二硫代氨基甲酸酯最近才引起人们的重视。它们相对偏高的成本是其应用受到限制的主要因素。二硫代氨基甲酸金属盐的大获成功也使得无灰型二硫代氨基甲酸酯黯然失色。某些二硫代氨基甲酸金属盐，譬如二硫代氨基甲酸钼，有着独一无二的优良摩擦学特性，这是其无灰型二硫代氨基甲酸酯所不能比拟的。但人们已经发现在某些领域，无灰型二硫代氨基甲酸酯(见结构 Ga 和 Gb)具有多效添加剂的特性，比如可以作为抗磨添加剂、抗氧化添加剂、金属减活剂等[52~55]，并与大多数金属盐类添加剂相比，不容易形成油泥和沉积物，并且与基础油相容性良好。

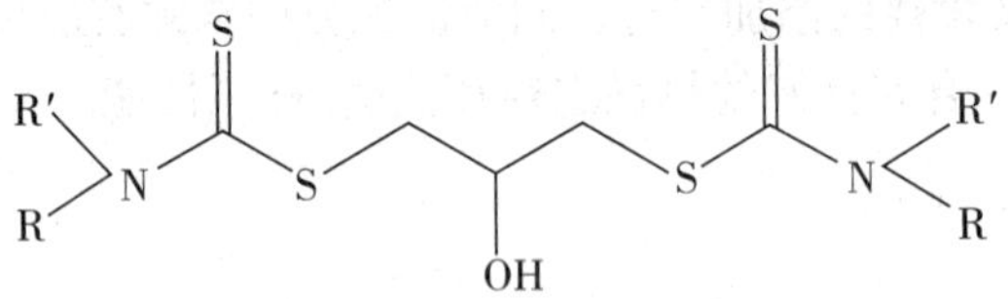

结构Ga

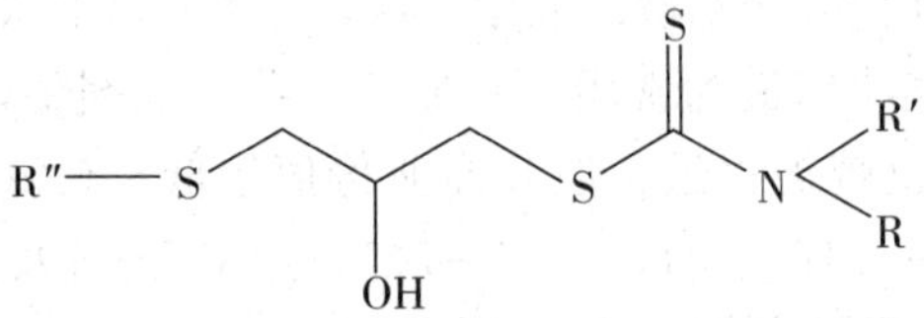

结构Gb

8.2.4.2　二巯基噻二唑及巯基苯并噻唑型添加剂

2，5-二巯基-1，3，4-噻二唑(DMTD)以及2-巯基苯并噻唑(MBT)及其衍生物作为添加剂，文献中有大量记载。由于其含有稳定的环状结构(部分芳香性和共振离域化)、均衡的硫氮分布及活性的巯基基团，使得具有这两种杂环结构的分子可能成为生产许多具有特性的添加剂的通用核心分子，譬如优良的热或氧化稳定性、抗腐蚀性。但不幸的是，这两种添加剂在石化溶剂中的低溶解性限制了其优势的发挥。因此要想获得理想的抗磨减摩添加剂，合理的制备工艺非常关键。

8.2.4.2.1　性质与制备

在制备过程中，将会通过许多不同的化学反应使 DMTD 以及 MBT 中的巯基基团官能化。涉及其他烷硫醇的过氧化反应中，元素硫的引入改善了添加剂的极压特性，而烷基链长的增加则改善了添加剂的油溶性[56]。与其他含活性双键的有机物的加成反应可使 DMTD 或 MBT 的杂环分子与具有长链的酯、酮、醚、酰胺及酸类化合物等相连[57~60]。同样的，利用环氧化物的开环反应将会生成醇类衍生物[61]。直接生成胺盐和通过 Mannich 碱缩合反应来连接烷基胺也被广泛地研究[62~64]。下面是一些例子(其中 TD 为噻二唑的缩写，BT 为苯并噻唑的缩写)：

过氧化反应：

$$DMTD+2RSH+2H_2O_2 \Rightarrow RS-S-(TD)-S-SR+4H_2O \quad (8.30)$$

巯基烷基化反应和曼尼希烷基化反应：

$$DMTD + 2CH_2 = O + 2RSH \Rightarrow RS - CH_2 - S - (TD) - S - CH_2 - SR + 2H_2O \quad (8.31)$$

$$MBT + CH_2 = O + RNH_2 \Rightarrow (BT) - S - CH_2 - NHR + H_2O \quad (8.32)$$

胺化反应:

$$DMTD + 2RNH_2 \Rightarrow RNH_3 - S - (TD) - S - NH_3R \quad (8.33)$$

8.2.4.2.2 应用于性能

MBT是一种浅黄色的粉末，难溶于烃类溶剂中，溶于芳香类溶剂(在甲苯中的溶解度约为1.5%)、极性溶剂以及高级芳香油中。MBT在燃料油中被用作铜腐蚀抑制剂，在许多工业润滑油中，如重载荷削油、金属加工液、液压油和润滑脂，也被用作防腐蚀剂。DMTD是一种浅黄色的难溶于烃类溶剂的粉末，也是一种通用的制备油溶性衍生物的中间体。

MBT以及DMTD的衍生物被广泛用作铜钝化剂以及非铁类金属的防腐剂。一些私人载荷添加剂是有取代基的MBT和DMBT，它们既可用作单独组分，也可用作复合添加剂的部分[65,66]。MBT和DMTD中没有磷元素存在，因此其油溶性衍生物可代替某些润滑油中的二硫代磷酸锌。例如一种高密度的粉末状的DMTD衍生物，在润滑脂中作为具有双重功效(抗氧化/极压)的添加剂。

8.2.4.3 其他类硫-氮型添加剂

除了MBT、DMTD以及二硫代氨基甲酸酯以外，其他的一些硫-氮型添加剂在市场上或文献中均可见。其中以吩噻嗪衍生物(见结构H，PTZ)，硫脲的取代物添加剂(见结构I，TU)，亚乙基硫脲衍生物(见结构J，TIDZ)，噻二唑烷(TDZL)和噁二唑(ODZ)衍生物(见结构K和L)，秋兰姆一硫化物，秋兰姆二硫化物以及苯并噁唑最令人们感兴趣，因为这些物质中的硫氮含量均较高[67~73]。秋兰姆二硫化物在化学性质上与二硫代氨基甲酸酯相似，在橡胶工业上可用作硫化剂。2-烷基-苯并噁唑除具有良好的极压/抗磨特性[74]外，还有优良的摩擦性质。

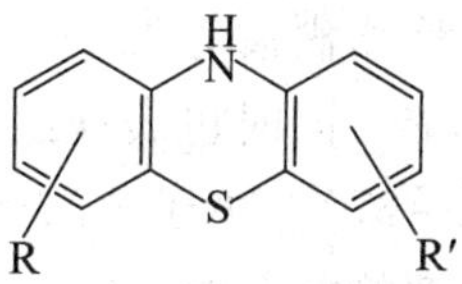

结构H, PTZ

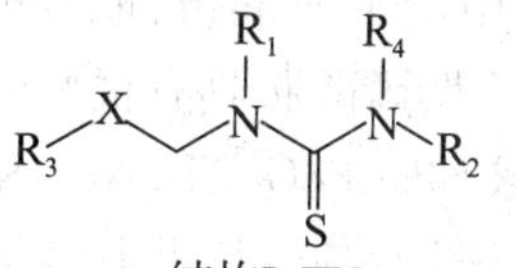

结构I, TU

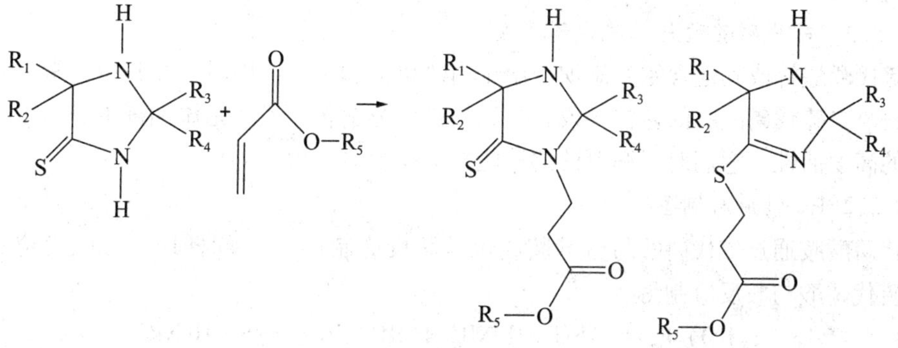

结构J, TIDZ

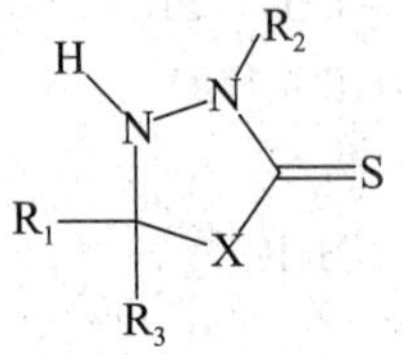

结构K, TIDZ 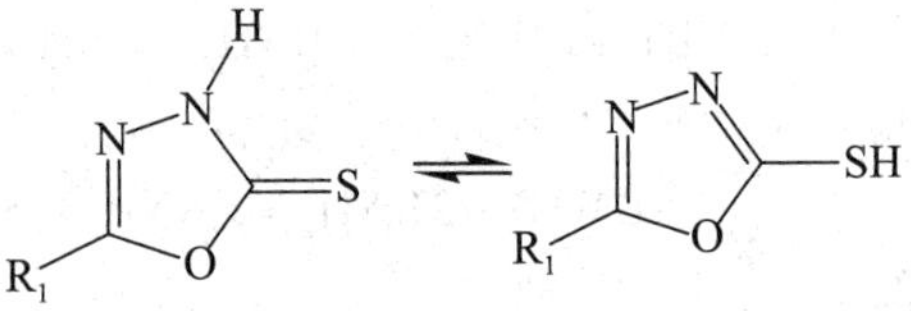　　结构L, ODZ

8.2.5　磷氮类添加剂

在边界润滑和弹性流体动力润滑(EHL)时，磷氮类添加剂用来给金属间的中高压接触提供保护。无灰型磷氮类添加剂被广泛用作具有双重功效的抗磨减摩添加剂。在市场上最常见的有二硫代磷酸铵、磷酸铵以及磷酰胺等。

8.2.5.1　磷酸胺

磷酸胺是润滑油磷氮类添加剂中目前最重要的一种添加剂。实际上，磷酸胺是一种具有好的抗蚀/抗磨/减摩特性的多功能添加剂。

8.2.5.1.1　性质与制备

磷酸胺是由酸化的磷酸盐与烷基胺或芳基胺反应来制备。在不同的反应条件下可制得不同的胺盐，如酸式胺盐、中性胺盐、碱式胺盐。如果使用单烷基酸式磷酸胺盐和二烷基酸式磷酸胺盐的混合物作为原料，便可制得相应的磷酸盐混合物。最终合成的添加剂虽然被认为是呈中性的，但是通常具有较高的总酸值和TBN值。众所周知，单烷基酸式磷酸胺盐与胺并不容易发生彻底的中和反应，通常只发生部分中和反应。

$$(RO)_2P(=O)(OH)+R'NH_2 \Rightarrow (RO)_2P(=O)O\cdot NH_3R' \tag{8.34}$$

$$(RO)P(=O)(OH)_2+R'NH_2 \Rightarrow (RO)P(=O)(OH)O\cdot NH_3R' \tag{8.35}$$

8.2.5.1.2　应用与性能

磷酸胺被广泛应用于工业润滑油、润滑脂以及车辆齿轮油中。各种腐蚀实验(ASTM D665和CRC L-33)表明磷酸胺具有很好的防腐性能，同时也表现出极好的抗磨/极压性能(四球磨损试验和四球EP、FZG、Timken和CRC L-37)。由于磷酸胺具有很强的极性，很容易与其他的添加剂发生反应，因此其性能与添加剂的配方密切相关，这在使用磷酸胺时要引起特别注意。

8.2.5.2　硫代磷酸胺与二硫代磷酸胺

当硫代磷酸锌或其他含氮类添加剂用于内燃机油和工业油中时，在其中通常可以发现硫代磷酸胺与二硫代磷酸胺的存在，或者是添加剂的分解物，或者是添加剂本身。由于其对金属表面的高度活性，它们对于润滑油的性能至关重要。

8.2.5.2.1　性质与制备

硫代磷酸胺通过硫代磷酸与芳基胺或烷基胺反应制得[75]。同样地，二硫代磷酸胺也是通过二硫代磷酸与胺反应制得。

$$(RO)_2P(=S)SH+H_2NR' \Rightarrow (RO)_2P(=S)S\cdot H_3NR' \tag{8.36}$$

$$(RO)_2P(=O)SH+H_2NR' \Rightarrow (RO)_2P(=O)S\cdot H_3NR'+(RO)_2P(=S)O\cdot H_3NR' \tag{8.37}$$

8.2.5.2.2 应用与性能

硫代磷酸胺与二硫代磷酸胺也都是多效添加剂，均具有很好的防锈和抗磨特性。但由于硫代磷酸胺与二硫代磷酸胺的高活性与低稳定性，其应用不像磷酸胺与二硫代磷酸金属盐那么广泛。通过对他们的抗磨机理进行详细研究表明，在摩擦过程中有添加剂碎片生成[76,77]。而其较差的防腐性是需要引起注意的一点。但通过调整配方，可以克服其内在缺陷，便可将这两种化学物质应用于各种润滑油产品中。

8.2.5.3 其他磷氮类添加剂

许多其他的磷氮型无灰抗磨添加剂常见于文献。其中的一些只是作为一种私人技术，还未见其商业应用。苯并三氮唑的有机磷衍生物是一类基于三唑和双烷基或双烷基苯基氯化磷的添加剂[78]。芳基胺和二烷基亚磷酸盐可通过 Mannich 缩合反应结合，形成独特的磷酸盐，该产物可用作多效抗氧抗磨添加剂[79]。双磷酰胺也有相关报道[80]。

8.2.6 氮类添加剂

含氮添加剂在各种润滑油应用时用于提供防锈和清洁作用。例如，含氮无灰分散剂是发动机油中的一个重要组分，烷氧基化胺化合物便被用于润滑脂中提供防腐作用[81]。另外，芳基胺由于其可中止自由基链增长和分解过氧化物的特性，被广泛地用作抗氧剂。极少有单独的含氮添加剂被视为有效的抗磨/极压添加剂，他们的性能或者是针对特定的工业应用，或者是相当依赖产品的配方。然而当与其他的硫、磷或硼添加剂复合使用时，含氮添加剂就会对提高抗磨极压性能表现出极有效的补充效应。

8.2.6.1 性质、制备与性能

在文献中报道了仅含氮的抗磨添加剂的几种新的化学性能。其中，双氰化合物经试验，表现出很好的四球磨损行为[82]。据报道苯乙烯－马来酸酐共聚物的聚酰氨－胺盐可作为抗磨添加剂，但要求添加剂的浓度较高(5%～10%)[83]。由琥珀酸或琥珀酸酐制备的烷氧基胺(结构 M)和脂肪酸的混合物，脂肪酸酰胺，酰亚胺或酯的衍生物也被证明是有效的燃料润滑油添加剂(结构 M)[84]。结构中含有两个相邻的氮原子的烷基酰肼添加剂也具有很好的抗磨性能(结构 N)[85]。有研究表明结构中接有烷基、胺基、羧基的含氮杂环化合物在润滑油和燃料油中均是有效抗磨添加剂[86～92]，如 ODZ(性能特性见表 8.2 和表 8.3)、苯并三氮唑(BZT)和甲基苯并三氮唑(TTZ)、烷基琥珀酰肼(SHDZ)和硼化羟基吡啶(BHPD)(分别见结构 O，P，Q，R，S)。尽管苯并三氮唑价格较贵，但其独特的几何结构对有效地形成表面膜非常有益。

表 8.2

SAE 5W－20 发动机油配方

组成	含量/%(质量分数)	组成	含量/%(质量分数)
SN100	22.8	防锈剂	0.1
SN150	60	抗氧剂	0.5
丁二酰亚胺分散剂	7.5	降凝剂	0.1
高碱值硫化烷基酚钙清净剂	2	OCP 黏度指数改进剂	5.5
中性磺酸钙清净剂	0.5	抗磨剂[a]	1

[a] 在未注明抗磨剂的情况下，在 SN100 基础油中抗磨剂加量为 1.0%。

表 8.3
四球磨损实验结果

组成	配方体系	磨斑直径/mm
无抗磨剂	A	0.73(0.74)[a]
1.0% ZDDP	A	0.50(0.51)
0.5% ZDDP	A	0.70(0.67)
5－十七烯基－1，3，4－噁二唑	A	0.38(0.38)
5－庚－1，3，4－噁二唑	A	0.54(0.56)
5－十七烯基－2，2－二甲基－1，3，4－噁二唑	A	0.7
5－十七烯基－2－糠基－1，3，4－噁二唑	A	0.38(0.39)

[a]重复检测数据。

$$RO(C_4H_8O)_nCH_2CH_2CH_2NH_2(M)$$

结构 M

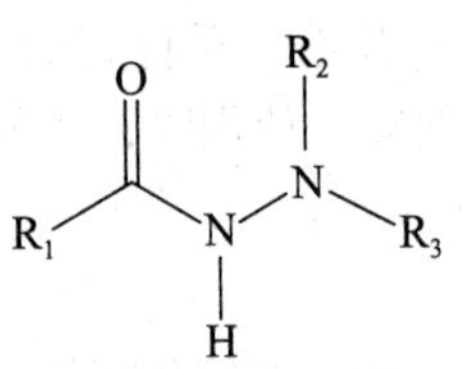

结构N(AHDZ) 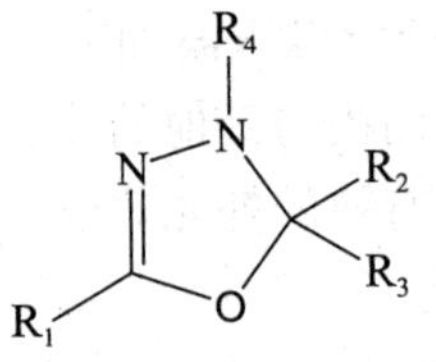　　结构O(ODZ) 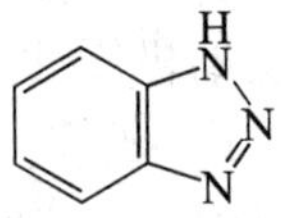　　结构P(BZT)

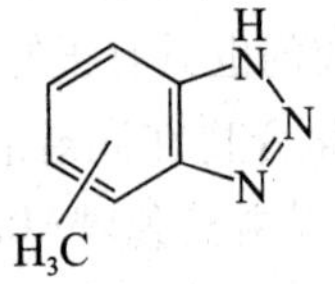

结构Q(TTZ) 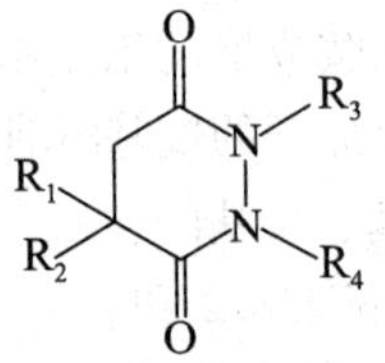　　结构R(SHDZ) 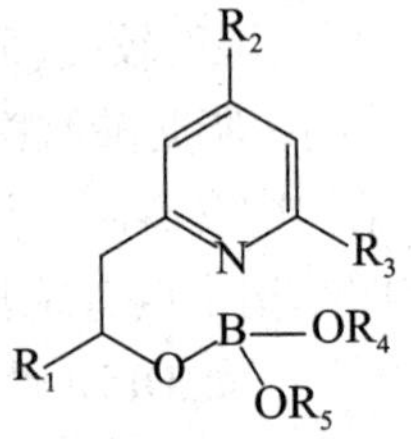　　结构S(BHPD)

在低浓度时，BZT 和 TTZ 的衍生物都是有效的铜减活剂。所以该类的添加剂确实具有双重性能，并在工业油、润滑脂和燃料油中都有应用。

表 8.2 列出的发动机油配方用于评价噁二唑衍生物(ODZ)类添加剂的性能，配方中各种噁二唑衍生物(ODZ)可以被混合并以 1% 的剂量加入到轻质基础油中。表 8.3 中列出了加入各种噁二唑衍生物(ODZ)配方的四球磨损数据，并与加入 0.5% 和 1.0% ZDDP 配方的数据进行了对比。结果表明，噁二唑衍生物(ODZ)具有很好的抗磨性能。

8.2.7　多元素添加剂

通过调整硫/磷、硫/氮、磷/氮和其他传统添加剂功能官能团的比例可以得到多元素添加剂，因此，多元素添加剂中含有 4 种、5 种、6 种甚至更多的元素(除了含有 C、H、O 还含有 S、P、N、B)。尽管加多元素添加剂会增加添加剂的复杂程度，但却可以将所有关键因素相结合，有利于得到性能更为优异的多功能添加剂，这样不仅可以满足油品性能需求，也有助于降低正在开发新化学添加剂相关的潜在费用。

在文献中和市场上都有很多相关的实例，如二硫代磷酸酯和硫代磷酸酯胺盐（第8.2.5.2节）；二硫代磷酸酯硼酸衍生物[41]，二硫代氨基甲酸盐[50]和二巯基噻二唑[93]；二硫代磷酸酯的聚氨酯衍生物（结构T）[94]；以及烷基磷酸酯，硫黄和酰胺的反应产物[95]。

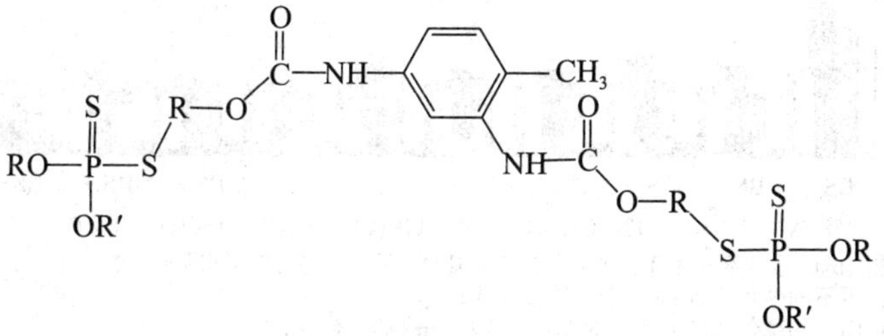

结构T

为了得到更好的协和作用，几个在同一分子中具有相同元素的多功能添加剂往往会有不同的化学性质。例如在下列情况下，一种化学结构既具有亚磷酸酯的性质也具有磷酸盐的性质，这样就得到更好的抗磨性能[96]［反应(8.38)］。

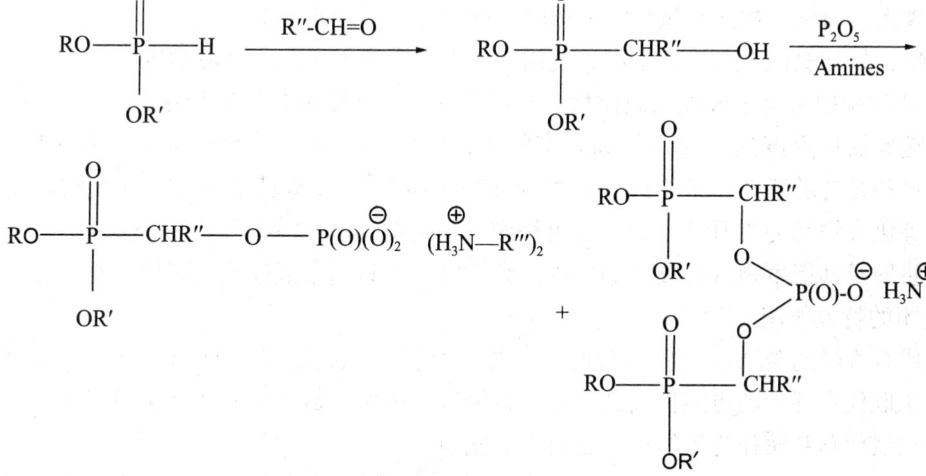

(8.38)

将添加剂以1%剂量加入到基础油中，利用四球机在三个条件下测试了合成的9种结构类似多功能的含磷添加剂的协同抗磨性能，结果见图8.2。由图中可以看出，9种含磷添加剂均表现出优异的抗磨性能。

8.2.8 卤类添加剂

氯是在润滑油工业中应用最早的极压抗磨成分之一。含氯添加剂与含硫添加剂一起，仍在切削液和相关金属加工液中使用。碘在铝处理润滑剂中用作控制磨损。全氟酸盐（酯）中的氟可以减少磨损，尤其是摩擦。

氯型添加剂的作用机制是当微量水分存在时，在润滑的较高压力影响下，在金属表面会形成一种氯化金属膜。$FeCl_2$ 的熔点是672℃，与钢铁比较，具有较低的剪切强度。

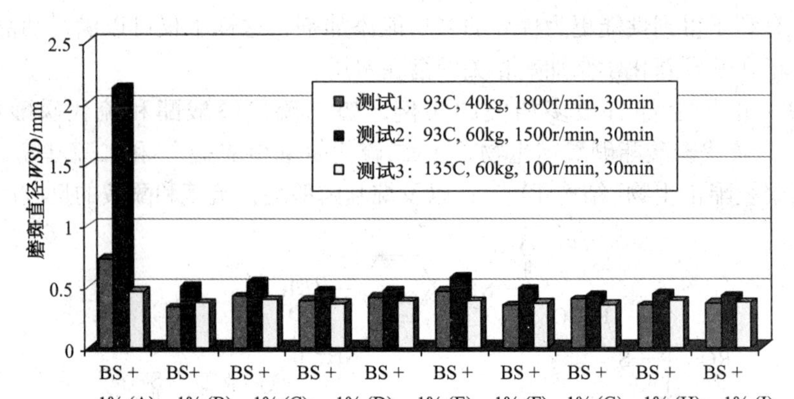

所有被测试的添加剂（A–J）都是由二丁基亚磷酸酯、丁醛和不同摩尔比的特定胺合成的。
A和B：用不同摩尔比Primene JMT伯胺合成；
C和D：用不同摩尔比二异十三烷基胺（Ado gen 183）合成；
E、G和I：用不同摩尔比N–油酸三亚甲基二胺（Duomeen）合成；
F和H：用不同摩尔比二异辛醇胺（bis Z–EH amine）合成。

图 8.2　多功能含磷添加剂抗磨性能

氯型添加剂的效果取决于氯原子的反应活性、温度和浓度。当水量较多时，会形成 HCl 并对金属表面形成严重的腐蚀。随着氯原子反应活性的增加，其极压性能也随之升高，但腐蚀的危害也越大，因此，在开发氯型添加剂时必须要寻求一种折衷的方法。

氯化石蜡，如三氯代十六烷，是过去使用的一类重要的极压剂。随着浓度的提高，这类添加剂在 FZG 试验中可显著地提高载荷量。其极压性能实际受链长影响极小，但另一方面，载荷能力却随着氯化程度的加深而提高。实际上，使用的氯化石蜡含有 40% ~70% 的氯；然而它们对水和光的敏感性，易于进一步反应生成 HCl[97]。含苯氧基 - 丙烯氧化物、胺或碱性磺酸盐等化合物都可与 HCl 中和，并可用作其稳定剂。

氯代脂肪酸及其衍生物具有较好的极压抗磨效果，尤其当末端连有三氯甲基时，这是因为—CCl_3 基团的特效作用。

由于氯代芳香烃的芳香性(高稳定性)，其极压性能比氯代脂肪烃略差。氯取代在侧链的烷基芳烃比取代在环上的更能提高载荷量，且侧链上碳原子数越多极压效果越显著。氯代脂肪油和酯与氯代萜和胺作为极压剂也已有专利报道。

在 20 世纪 30 年代中期，人们发现硫 - 氯型添加剂能够满足客车上的齿轮润滑。很明显，这类添加剂在当时能够满足客车的高速和中等负荷的运行。当硫和氯以有机分子的形式结合时，硫在一定程度上就减少了氯的腐蚀性；另一方面，复合成分的极压性能也较单剂添加剂高。其中典型的有：氯化烷基硫化物，氯化萘硫化物，氯化烷基硫代碳酸盐，联 - (p - 氯代苄基)二硫化物，四氯联苯硫化物，和三氯化丙烯醛缩硫醛。石蜡和不饱和脂肪酸酯与硫化氯反应所得的产物中含有高反应活性的 β - 氯代硫化物，由于氯和硫原子的高反应活性，因而其是一种很好的极压剂，然而也或多或少地表现出较强的腐蚀性。尤其这点对在高扭距、低速状态运行下经常发生剧烈的磨损的卡车轴承就比较重要了。尽管氯化物是一种较好的极压添加剂，但后来人们发现氯的存在对润滑油的热稳定性有危害。因而在过去的三十年里，氯都没有应用于齿轮油中。

三油酰氯磷酸酯、氯化脂肪油与二硫代磷酸二酯碱式盐的浓缩产物、乙二醇与 PCl_3 的反应产物，都在近年来用作氯－磷类添加剂。

氯类抗磨/极压剂的最严重的缺陷是在环境方面。世界工业立法将许多润滑油中氯含量限制在 ppm(10^{-6})级。因此，除了颇受争议的切削油之外，氯类添加剂对现代润滑油来说不是一个可行的选择。

8.2.9 非传统的抗磨/极压剂

在抗磨/极压剂市场下，传统的硫、磷、卤类等相关化合物仍占据主导地位，然而，随着环境意识的增强，那些能消除潜在危险和处置的添加剂在未来将倍受青睐，最近的清洁燃料运动使得硫含量降到了 10～50μg/g。另外自从认识到硫会使得 NO_x 转化的催化剂中毒后，石油工业也倾向于低硫润滑油。因此，开发利用非传统抗磨添加剂更具价值。

文献[98～102]中已有几种无硫、无磷类无灰抗磨剂技术的报道，主要是高羟基酯(HHE)、二聚酸、羟胺酯、酸酐、环胺及硼的衍生物。石墨和聚四氟乙烯有着优异的减摩特性，并间接地提高了抗磨/极压性能，然而这两种物质在润滑油中溶解有限，阻碍了它们的应用。有机硼酸酯被认为是有效的抗氧剂、摩擦改进剂和清净分散剂。V 形结构的硼酸钾在齿轮油中使用已经有好几年了，但本节所讨论不是金属硼酸盐类型。有机硼酸酯被认为拥有良好的润滑性能，并且通过合适的官能化作用，可以使得其润滑性能进一步提高到具有抗磨特性。许多公司在这个方面均有可以市场化的产品。

8.3 生产、市场和前景

所有主要的添加剂供应商都生产单组分和复合组分的无灰抗磨和极压剂。以下列出常见的生产商(依照字母顺序排列)。

雅富顿公司
阿托菲纳化学公司
科聚亚(前大湖化工化学部)
雪佛龙公司(Oronite 部)
多佛化学品公司(前凯尔化学部，Ferro 公司)
Elco 公司(德特雷克斯公司)
Hampshire 化工公司(前 Evans Chemetics)
润英联国际有限公司
Polartech 公司
罗地亚公司(前奥尔布莱特·威尔逊公司)
阿克苏诺贝尔公司
巴斯夫公司
汽巴精化有限公司
科莱恩公司
陶氏化学公司(前安格斯部)
富美实公司
美国 ICI 公司(Uniqema)
路博润公司
莱茵化学公司
捷利康公司

供应的无灰抗磨和极压剂有多种性质，包括单和多组分复合，使其性能最优化和反作用(例如沉析、腐蚀等)最小化。产品名称取决于化学种类和浓度。按照应用要求，许多产品被配成复合添加剂，例如客车发动机油、重柴油机油、汽车传动液，汽车齿轮油、液压油等。由于所给出的产品只能是特定的产品，因此建议直接联系供应商，或访问其相应的网站获得更详细的资料。

虽然在添加剂行业有过几次合并，但是市场并没有因此改变多少。以下是发生的重大变化的年份表。

1992	乙基公司收购阿莫科石油添加剂(美国)和日本库珀(日本)
1996	乙基公司收购德士古添加剂公司
1997	路博润公司购买了 Gateway 添加剂公司(斯巴达堡，南卡罗来纳州)
1999	1999 年 1 月 1 日，埃克森化学和壳牌化学添加剂合并组成新的石油添加剂企业润英联，并推出了全新的企业形象开始全面运作(添加剂公司历史上最大的合并)
1999	克朗普顿与威特科合并
2001	德士古石油与雪佛龙石油公司合并，保持雪佛龙化工 Oronite 部不变
2003	多佛化学公司收购 Ferro 公司的凯尔化工石油添加剂业务
2004	为了最大限度地发挥具有经营潜力的石油添加剂和四乙基铅的燃料添加剂业务部门，乙基公司转化为 NewMarket 公司(雅富顿化学公司和乙基公司的母公司)
2005	康普顿和大湖化学公司合并成立科聚亚公司
2007	科聚亚与 Kaufman 控股公司(Anderol 和 Hatco 公司的母公司)资产重组，扩大了其特种润滑油业务

由于大多数润滑油添加剂公司为批量生产，合并有助于运营效率提高和成本降低(比如采用更好的化工生产系统来减少工厂的闲置时间)。许多工厂的生产设备和工艺仍然是三四十年前的样子，所以投资建造自动化持续生产的工厂将更具竞争优势。然而，润滑油添加剂工业发展平缓，以至于大多数生产商很难判断资本的扩张是否正确。

8.4 评定设备/规格标准

8.4.1 润滑油规格标准

润滑油组分和成分明确的产品在炼油厂和润滑油调合厂都按照严格的规格标准生产，并满足商用、工业用和军用规格要求。例如，美国军方对汽车润滑油就有严格的标准，而汽车生产商也有类似严格的但又不是必需的规格标准，以确保润滑油生产的质量和连续性。另外，规格标准也必须满足原设备制造商(OEM)的要求，譬如，农业机械和其他非高速公路汽车设备等。这些规格标准是为了让用户选择合适的润滑油，并确保其在给定的使用寿命内有着足够的运行性能。

工业上对于政府关于性能规格标准最微小的变化大都具有足够的自我调节能力。开发更新润滑油和燃料规格标准的最复杂系统是汽车润滑油。美国材料试验协会(ASTM)、汽车工程师协会(SAE)、美国石油研究院(API)都能制定某些产品的规格标准，例如客车发动机油和重负荷发动机油，这三个组织都在美国。在国际上，国际润滑剂标准和认证委员会(ILSAC)也积极活跃在发动机润滑油的各时期发展舞台上。

在其他产品类别上，润滑油和添加剂供应商，OEM 和行业贸易协会一起协力确定运行性能要求和产品规格标准。除了上面提及的三个行业组织外，国际润滑脂协会(NLGI)、国际船舶制造商协会(NMMA)、美国齿轮制造商协会(AGMA)、摩擦学家和润滑工程师协会(STLE)和其他团体协会以及关键设备制造商都可以影响到润滑油规格标准的制订。

除了满足所有军用和工业用的规格要求外，一些重要的润滑油市场负责人和润滑油供应商还开发他们自己的内部规格标准，这可用于新产品的开发、有竞争力产品的分析和未来产品的发展。现场试验是整个新润滑油产品开发过程中所必须的一部分，并经常是最关键的一步，以确保新产品技术上的成功和消费者的满意。

8.4.2 添加剂规格标准

抗磨和极压剂的规格标准主要集中在操作工况、基础油适应性和关键组分含量上。除此之外，说明还明确地给定了特定的和关键的运行性能标准。抗磨和极压剂通用的规格标准见表8.4。

表8.4
抗磨和极压剂的典型规格

化合物种类	理化性质参数	性能测试
磷酸胺盐	氮、磷含量，TAN/TBN	四球磨损试验，四球极压试验，FZG试验，锈蚀/氧化试验
亚甲基双-二烷基二硫代氨基甲酸盐	硫、氮含量，氯残余量，胺含量	四球极压试验，FZG试验，法莱克斯极压试验，氧化/腐蚀试验
硫化猪油、酯、脂肪酸	总硫含量，活性硫含量	四球磨损试验，四球极压试验，粘滑试验，铜腐蚀试验
三苯基硫代磷酸盐	硫、磷含量，熔点	四球极压试验，FZG试验，法莱克斯极压试验，氧化/腐蚀试验
氯化石蜡、氯化脂肪酸	氮含量，酸值	四球极压试验，法莱克斯极压试验，梯姆肯试验，铜腐蚀试验

除了给出像从A到C级的分析授权证明书等典型的规格说明外，单个的润滑油市场供应商还青睐于开发他们的内部添加剂规格标准，譬如红外光谱图和关键性能检测情况。

8.4.3 检侧方法和设备

在美国，ASTM开发并通过了许多台架和高级检测方法。这些检测在行业内也得到广泛的认可。然而，仅由专门的具有创新性的设备制造商开发和批准的这些经过精心挑选的实验室台架和高级检测方法代表着某些关键的和所期望的运行性能特点(图8.3和图8.4)。本节不详细地涉及所有的评定试验，而只论述一些典型试验来突出其评定的核心与关键。

(1)四球机磨损和极压试验　该试验用来评价润滑油的抗磨性、极压性和抗烧结性。这是个简单的台架试验，用来衡量润滑油在高压和不同的剪切速率下所能提供的保护能力。四球磨损试验机由4个直径为1.5in排成正四面体的小球组成。在下面的3个小球夹紧固定不动，而第4个小球则对着它们旋转。要检测的润滑油放在检测处，覆盖住检测球所要接触的区域。在检测中，磨痕就会在这三个静止的小球表面上形成。所形成磨痕的直径取决于载荷、速率、温度、持续时间和润滑油种类。四球极压试验机在固定转速1770r/min±60r/min下检测，但对润滑油温度的控制则没有说明。显微镜是用来测量磨痕直径的。两项在四球机上运行的标准试验是平均赫兹载荷和载荷磨损指数。ASTM D2596和D2783都详细地说明了润滑脂和润滑油的载荷磨损指数的计算步骤。这些步骤包括在不断增长的载荷范围内运行一系列持续10s的测试直到烧结发生。从磨痕的测量来看，平均载荷(载荷磨损指数)可被计

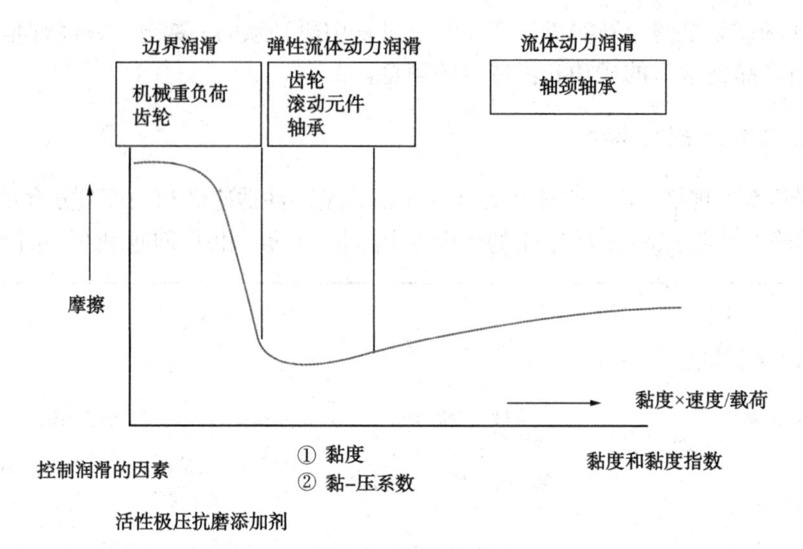

图 8.3　润滑状态

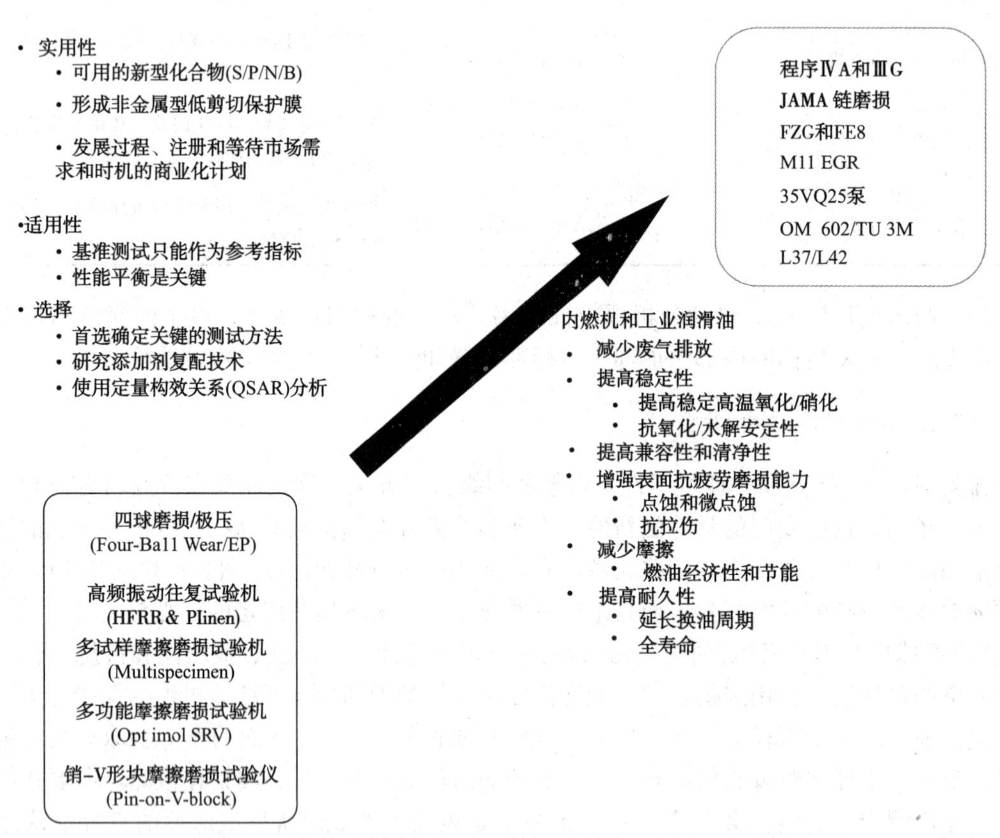

图 8.4　无灰抗磨添加剂：实用性、适用性、选择和未来需求

算出并用作所检测润滑油载荷性能的指示值。

(2) FZG 齿轮试验机　FZG 试验设备由两套电动马达驱动的排成四方体的齿轮装置组成。检测的齿轮装置浸在所要检测的润滑油中，不断增大载荷等级(从 1 ~ 13)直到卡咬发生。在固定速率下每个载荷运行检测 15min。肉眼评定法认为，在某一载荷等级下，当齿轮承担载荷的侧面区域，由于刮伤或擦伤，超过20%遭到损坏时，就认为该等级是损坏载荷等级。称重法则认为，在某一载荷下，当驱动轮和齿轮总的重量减少量超过以前载荷阶段重量减少平均值10mg时，就认为该等级是损坏载荷等级。该试验是用来满足各种各样制造商开发工业齿轮油、汽车传动液和液压油的要求。

(3) Falex 极压/磨损试验机　Falex 试验机可用来快速测量润滑油的载荷能力和磨损性质。该试验用一个旋转的检测销放在两个浸在所要检测润滑油的能加负荷的轴(V-块)之间。两个通用的试验就是在该试验机上完成的：一个是极压试验(增大所要检测润滑油的载荷直到卡咬发生)，另外一个是磨损试验(固定所要检测润滑油的载荷，在确定的时间内测量磨损类型)。

(4) Timken 极压试验　Timken 极压试验可用来快速测量润滑油的载荷能力和抗磨性。许多润滑油要求 Timken"OK"在某一最小值之上。该试验由一个 Timken 锥形滚筒轴承杯对着一个静止的、加硬的钢滑轮旋转。通过一个控制杆将固定大小的力加到与旋转杯接触的滑轮上。OK 载荷是杯子与滑轮在10min检测时间内不发生烧结所能承受的最高载荷。Timken 研磨性能测试是在固定载荷下，延长检测时间，用杯子和滑轮总的重量减少值来衡量润滑油的抗研磨性能的。

(5) L-37 高扭矩试验　CRC L-37 试验是在低速高扭矩条件下操作。它用来评价齿轮润滑油的载荷能力、磨损稳定性和腐蚀性。试验的微分式是一个由雪弗莱卡车发动机和四速传动器所驱动的 Dana 模型单元。在仔细检查齿轮和轴承承受能力后，每次测试都使用一个完全新的轴。在低载荷和高速磨合之后，连续在低速(80r/min)和高扭矩条件下进行24h。

(6) L-42 高速冲击试验　CRC L-42 试验是用来评价齿轮润滑油中的极压剂在高速、冲击载荷条件下的抗擦伤性能。试验轴是一个由雪弗莱卡车发动机和四速传动器所驱动的 Dana 模型单元。测试步骤中要求具有惯性载荷的第四个齿轮加速五次，而具有测功率载荷的第三个齿轮加速十次。对润滑油的评定是建立在擦伤量的基础上的，检测结果用擦伤的齿轮接触面积表示。

(7) FAG FE-8 试验　FAG 开发了一个具有弹性的"摩擦学"检测体系，可用来在大范围的操作条件下各种各样检测轴承的试验。快速的标准化试验已经用在各种场合。FAG 也采用更长时间的测试(如疲劳性)来给出综合的评定。FE-8 齿轮油试验专门用来评价抗磨剂的有效性。该试验在高载荷和低速率下进行，这使得轴承在边界润滑条件下操作。

轴承测试条件

轴承	圆筒形辊筒/推力载荷
速率	7.5r/min
载荷	114kN
轴承温度	变量
检测时间	80h

其他试验包括 Optimol SRV、Cameron-Plint、Falex Multi-Specimen、Vickers Vane 泵、Vickers 35-VQ-25 泵和轴向回转柱塞式高压泵，也被广泛用来评定各种润滑油和脂。在新产品进入市场之前，为了保证好产品质量和设备兼容性/友好性，也会安排适当的现场试验。

在发动机油方面，国际润滑剂标准化和认证委员会(ILSAC)一直活跃在客车发展的各个阶段，而汽车工程师协会(SAE)，对那些兴趣在交通运输上的人而言，是一个技术协会。在SAE内，有一个燃料和润滑油分支部门/发动机油技术委员会(TC－1)，作为有关现在和将来发动机需求和标准化发展等技术话题公开讨论的论坛。随着GF－3的引入，行业内将启用一套全新的发动机试验，来对轿车发动机油性能进行评定。尽管一些新试验取代了一些受限制的现行试验，但另外一些却在新的领域提供了性能测试的方法。

在GF－4试验之中，与抗磨/极压性有关的最关键的发动机测试是程序ⅣA和程序ⅢG。ⅣA是ASTM指定的测试，以前被称为KA24E，最初是由日本汽车制造商协会开发的，用来取代VE的磨损组分。ⅣA被认为是用来评定滑动阀列车发动机中滑轮圆形突出部分在低温、短程、突然起动条件下(低速/低温条件下)润滑油的抗磨损能力。试验条件和说明如下：

发动机	Nissan 2.4L 4缸	循环时间	50min～低速/10min～高速
发动机速率	800r/min和1500r/min(循环)	检测长度	100h
发动机扭距	25N·m	七点滑轮突出部分磨损	最大值120μm
油温	50～60℃		

程序ⅢG是用来替代程序ⅢF，并采用通行的GM3800系列ⅡV－6发动机。经过特殊表面处理的凸轮和挺杆用以增加磨损。程序ⅢG用来评定在高速和高温操作条件下，润滑油的抗氧化能力和抗磨损能力。试验条件和说明总结如下：

发动机	GM3800系列ⅡV－6(231CID)	油温	150℃
发动机速率	3600r/min	冷却剂温度	115℃
发动机载荷	250N·m	检测长度	100h
气门弹簧载荷	205lb	平均圆形突出部分和升降机磨损	60μm(最大值)

国际润滑剂标准化和认证委员会(ILSAC)下一步计划在2010年中推出ILSAC GF－5。委员会决定保留程序ⅢG和程序IVA测试，以确保即将执行的ILSAC GF－5可以达到需要的磨损保护。

在重型柴油发动机油领域，也有一些发动机磨损性能测试的行业标准。这些测试既要满足工业要求也要满足发动机制造商的要求，如满足卡特彼勒(Caterpillar)、康明斯(Cummins)、底特律柴油机(Detroit Diesel)、马克(Mack)和沃尔沃(Volvo)制造商要求的API CJ－4和各种规格测试。关键的磨损试验是在苛刻的工况下测试油品控制节气门或活塞环和缸套磨损的能力，其中包括测试高负荷的工作周期、废气再循环的利用以及烟尘污染的程度。

API CJ－4要求三项测试，其中包括节气门磨损作为通过/失败的评价因素。随动滚柱磨损试验(ASTM D5966)在6.5L的V－8通用柴油发动机上进行，它最初是为早期的API CG－4开发的，后来因为引进了低硫燃料(最大为500μg/g)而得到了发展。然而，这个测试在随后的所有规格要求中保留了下来。当50h的测试结束时，在用油的烟炱水平通常为

3.5% ~4.0%。以此作为评判液压凸轮挺杆上的固定销的磨损程序。在 API CJ - 4 行业标准中引入了康明斯 ISB 测试(新 ASTM 程序)。测试要求在 5.9L 直列 6 缸发动机上用超低硫柴油(最大为 15μg/g)运行 350h。在稳定状态下运行最初的 100h，在油中产生 3.25% 的烟炱。最后的 250h 在循环条件下运行，强化凸轮与挺杆磨损，这是主要的通过/失败标准。第三个测量阀系磨损的柴油发动机试验是康明斯 ISM 试验(新 ASTM 程序)。在一系列为 API 和引擎制造商柴油规格开发的康明斯重型磨损测试试验中，康明斯 ISM 试验是第三个。类似以前的康明斯 M11 HST(ASTM D6838)和康明斯 M11 EGR(ASTM D6975)测试，康明斯 ISM 在 50h 烟炱产生阶段和 50h 磨损阶段之间交替进行。ISM 试验用 500μg/g 低硫柴油测试 200h。所使用的油通常含有 6% ~7% 烟炱，判断通过/失败的关键因素集中在十字头(进气阀和排气阀的链接杆)和喷油嘴调整螺杆的磨损上。

马克 T - 12 试验(ASTM D7422)用 15μg/g 的低硫燃料在苛刻条件下测量活塞环缸套的磨损。试验的 300h 是在尾气再循环率(EGR)的条件下运行，开始阶段的 100h 产生 4.3% 的烟炱，在后 200h 的测试阶段，发动机在大扭矩全负荷的苛刻条件下运转，当活塞顶环顶到上死点时测量顶环失重和缸套磨损，这是测试的关键磨损参数。

8.5 展望

近些年，由于原料供应紧张和远东地区的需求增长，使需求和供应之间存在不平衡，因此添加剂工业情况有所好转。原料化学品供应商没有新的生产技术，并且生产规模也没有扩大，因此近些年用于生产添加剂的原料化学品供不应求。诸如卡特里娜飓风等一定数量的自然灾害也使情况变的更糟。添加剂供应商通过逐步提高添加剂的售价和提高利润空间，已经成功的度过了由原材料成本不断增高而造成的困境。不断增加的添加剂需求量受几个因素的制约，如润滑油的寿命变的更长和有灰分添加剂使用量的不断减少。尽管受新发动机油更加苛刻需求的推动，但使用的合理化却正受到重视，要考虑如何使用更长效的添加剂和工业上对其产品的回收。因此，总的添加剂需求增长非常缓慢。从市场需求来看，无灰抗磨/极压添加剂与其他添加剂没有什么不同。

抗磨添加剂是一个功效成熟的类别，并且在接下的几年里发展契机也不是太明显。近期发动机油中 ZDDP 的绝对地位不会受到威胁。因此，发动机油中朝无灰添加剂彻底的转变不太可能很快实现，但细微的变化却不断发生。

现在，对润滑油添加剂配方改进的呼吁非常强烈。政府和规章上的要求继续对该行业发起挑战，以寻求具有更低毒性的改良产品。发动机的新发展，譬如陶瓷柴油机，即将问世，给高温高效的抗磨添加剂带来了契机。太空技术和其他高级交通工具也将给该行业提供挑战与机遇。当然，这也需要产品具有更低的成本和更易于生产。

四个特别的趋势将对近期润滑油行业产生主要影响：①基础油倾向于低硫加氢处理(Ⅱ类和Ⅲ类)的基础油，无硫的天然气合成油(GTL)和合成基础油(Ⅳ类和Ⅴ类)；②发动机油倾向于更低灰分和更低的硫磷含量；③减少或消除润滑油中的氯，尤其是在金属加工液中；④减少发动机油和其他工业油中重金属量，使其低灰或甚至无灰化。

为了满足日益增长的对更好的热/氧化稳定性和黏温性能的需求，合成基础油譬如聚 α - 烯烃，还有经加氢处理的基础油和天然气合成油(GTL)，正继续在所有润滑油应用范围内拓宽。这些类型的产品没有芳香烃或极大地减少了芳香烃的含量，这样做也具有潜在的问题。由于除去这些具有溶解性能的芳香烃，添加剂易于从油中沉析出来，特别是那些具有表面活性的极性组分，譬如抗磨剂。因此，对所有抗磨和极压剂来说，更好的同非传统的基础油(从第Ⅱ类到第Ⅳ类)相容性是个必需的要求。与此同时，在大量润滑油应用场合，发现在某些无灰抗磨和极压剂与非传统基础油之间存在显而易见的协同作用。因此，选择更合适的无灰添加剂将是极其重要的。

由于大量的汽车在曲柄轴箱装有对来自 ZDDP 中磷敏感的催化转化器(可能使得催化效率降低)，因此强烈地要求使用更低磷含量的发动机油。最初，ILSAC GF-4 的目的是降低磷含量至 0.05%(约为前一级别 GF-3 油的一半)，但是最终被最大磷含量不大于 0.08% 的标准所代替(减少了 20%)。此外限制磷含量，也提高了 GF-4 油的氧化安定性(包括硝化控制)，高温磨损的辨别性，高温沉积控制和在用润滑油的泵送性[103]。

随着汽车排放法规变的更具挑战性，除了磷元素以外，有可能对于影响排放系统的其他元素也限制的越来越多。硫和金属也正在被审查，怀疑硫也能使 $DeNO_x$ 催化剂中毒，来自金属的灰分有可能堵塞后处理系统的微粒过滤器。现代发动机油严重依赖 ZDDP 提供所需要的抗磨、抗氧化和防腐保护。由于 ZDDP 中含有大量的磷、硫和锌元素，因此 ZDDP 是一个明显的排放控制目标。事实上，在早期使用水平时，ZDDP 要对发动机油中超过三分之二的硫和全部的磷、锌含量负责，基础油中硫除外。含有早期水平 ZDDP 的油品使 OEM 厂商针对后处理系统优化消耗(成本和寿命)变的非常困难。因此，未来的发展趋势是通过使用性能相当的替代添加剂来降低发动机油中 ZDDP 的使用量[104]。

对于氧化和沉积控制，为了获得所需的性能，可以在发动机油配方中加入更多的抗氧剂。这些无灰抗氧剂(受阻酚和芳胺)可以有效地弥补由于减少 ZDDP 的用量而损失的抗氧化性能。然而，由于 ZDDP 具有很好的性价比并且在许多发动机油中，是唯一提供抗磨性能的组分，因此降低 ZDDP 的使用量可能会无法提供所需的抗磨损保护。最近，发动机制造要求发动机油具有更高的抗磨损性能，并且正在实施更为严格的测试，以确保润滑油可以满足更为严格的规格要求。因此非常需要有一种先进的无灰抗磨系统可以取代或补充 ZDDP 的功能，在满足排放法规的同时，确保具有高水平的抗磨损性能的保护[105,106]。

在发动机油中，并非所有含磷添加剂的作用都是相同的。甚至在同一 ZDDP 系列中，对于后处理系统，并不是所有 ZDDP 的影响都是相同的，它们不同的相对挥发性提供了很好的证据。有数据表明，在新油中，挥发出的磷非常少，这是由油的挥发性或新油中的磷含量所决定的。数据似乎还表明，和其他添加剂复配的含磷添加剂中的磷的挥发性和释放水平可以控制添加剂的化学性质和功能。利用塞尔比(Selby)的磷排放指数(PEI)和硫排放指数(SEI)可以显示一些排放效果，S/P 控制挥发性好于 ZDDP 含量，将来，非常需要无灰抗磨添加剂[107~109]。

润滑油和其他物质中氯元素正引起越来越多的环境关注。工业界中立法限制许多润滑油产品中氯含量在 50μg/g 甚至更低。蒙特利尔法案授权逐渐减少含氯制冷剂的使用，譬如氯氟烃(HCFC)和氟氯化碳(CFC)，并用氢氟碳化物(HFC)来替代。而 HFC 替代 CFC 作制冷剂时，在冰箱压缩机中发现磨损增加，因为 HFC，作为一种环境友好的气体，相比 CFC，抗磨能力较差些[110]。这也为冰箱压缩机油开发新的无灰抗磨添加剂提供了一些契机。

切削油工业也正面临类似的生态上压力，有望将来减少或消除其中的氯。最显著的契机可能是由人类健康和关于氯化石蜡废弃物处理所驱动的。氯化石蜡作为极压剂广泛应用在与金属接触的润滑油中。国家毒物检测法(NTP)将由 C_{12}馏分氯化率为60%的氯化石蜡列为可疑的致癌物质。尽管与金属接触的润滑油中几乎都不含该类石蜡，但氯化石蜡的声誉，由于NTP对该类添加剂未来再次划分的不确定性，总的说来还是受到重创。

齿轮添加剂是另一个所关心领域。因为含氯添加剂的问题，它们在齿轮油中的使用已经极大地减少了。然而在大量生产齿轮添加剂的过程中，在反应次序的某些阶段上使用了氯和含氯的试剂。所以在最后产品中仍存留这微量的氯。因此，氯的完全除去有望成为首当其冲的事情，但在短期很难取得成效。

最后，由于环境的原因，金属系抗磨/极压剂的使用正在减少。重金属是污染物并且它们的存在也不受环境欢迎。在给定同样的性能和成本下，许多未来的润滑油更倾向于无灰抗磨剂。

在将来，润滑油添加剂贸易将继续增长并需要更多的无灰抗磨/极压剂[111]。新的可能市场包括生物降解型润滑油、高级交通工具润滑油、机器人、陶瓷和太空技术润滑油。在传统市场譬如发动机油、汽车传动液、船舶、航空、齿轮、液压循环油与金属加上液，还有其他的工业润滑油等等，也正不断发展。非传统基础油(第Ⅱ类到第Ⅴ类)对人类健康影响的关注也将在领域内的许多方面出现。显然，环境友好、性能优异并极其稳定的高级无灰抗磨剂，尤其就非传统型基础油而言，将会成为越来越多润滑油的首选添加剂。

致谢

感谢 Pat Dedert 和 Elvin Hoel 在文献检索方面的协助，感谢其他同事的帮助，特别是 Douglas Deckman 博士，David Blain 博士，Steven Kennedy 博士，Andy Horodysky 博士和 Andy Jackson 博士，感谢他们宝贵意见。

参考文献

1. Ranney, M.W., Lubricant Additives, *Chemical Technology Review*, No. 2, 1973.
2. Ranney, M.W., *Synthetic Oils and Additives for Lubricants—Advances Since 1977.*
3. Ranney, M.W., *Synthetic Oils and Additives for Lubricants—Advances Since 1979.*
4. March, J., *Advanced Organic Chemistry,* p. 703, Second Edition, McGraw-Hill Book Company, 1977.
5. Pozey, J.S. et al., *Reactions of Sulfur with Organic Compounds*, Edited by J.S. Pizey, Consultants Bureau, New York, A Division of Plenum Publishing Corporation, 1987.
6. Reid, E.E., *Organic Chemistry of Bivalent Sulfur,* Volume I–V, 1958–1963, Chemical Publishing Co., Inc., 1963.
7. N. Kharasch, *Organic Sulfur Compounds*, Volume 1, Symposium Publications Division, Pergamon Press Inc., Chapters 8, 10 and 20, 1961.
8. Landis, P.S., The Chemistry of 1,2-dithiole-3-thiones, *Chemical Reviews*, 65, 237, 1965.
9. Jones, S.O. and Reid, E.E., The Addition of Sulfur, Hydrogen Sulfide and Mercaptans to unsaturated hydrocarbons, *The Journal of the American Chemical Society*, 60, 2452, 1938.
10. Louthan, R.P., Preparation of Mercaptans and Thioether Compounds, US Patent No. 3,221,056, 1965; US Patent Nos. 3,419,614 (1968); 4,194,980 (1980) and 4,240,958 (1980).
11. US Patent Nos. 2,012,446 (1935) and 3,953,347 (1976).
12. Myers, H., Lubricating Compositions Containing Polysulfurized Olefin, US Patent No. 3,471,404, 1969; US Patent Nos. 3,703,504 and 3,703,505 (1972).
13. Davis, K.E., Sulfurized Compositions, US Patent Nos. 4,119,549, 1978 and 4,191,659, 1980.
14. Davis, K.E. and Holden, T.F., Sulfurized Compositions, US Patent Nos. 4,119,550, 1978 and 4,344,854, 1982.

15. Dibiase, S.A., Hydrogen Sulfide Stabilized Oil-soluble Sulfurized Organic Compositions, US Patent No. 4,690,767, 1987.
16. Horodysky, A.G. and Law, D.A., Additive for Lubricants and Hydrocarbon Fuels Comprising Reaction Products of Olefins, Sulfur, Hydrogen Sulfide and Nitrogen Containing Polymeric Compounds, US Patent No. 4,661,274, 1987.
17. Horodysky, A.G. and Law, D.A., Sulfurized Olefins as Antiwear Additives and Compositions thereof, US Patent No. 4,654,156, 1987; US Patent No. 2,995,569 (1961).
18. Johnson, D.E. et al., Sulfurized Olefin Extreme Pressure/Antiwear Additives and Compositions thereof, US Patent No. 5,135,670, 1992; US Patent Nos. 2,999,813 (1961); 2,947,695 (1960) and 2,394,536 (1946).
19. Papay, A.G., *Lubrication Engineering*, 32(5), 229–234, 1975.
20. Korosec, P.S. et al., *NLGI Spokesman*, 47(1), 1983.
21. Macpherson, I. et al., *NLGI Spokesman*, 60(1), 1996.
22. Buitrago, J.A., Gear Oil Having Low Copper Corrosion properties, EP Patent Application 1 471 133 A2, 2004.
23. Rohr, O., *NLGI Spokesman*, 58(5), 1994.
24. Papay, A.G., *Lubrication Science,* 10(3), 1998.
25. Mortier, R.M. and Orszulik, S.T., *Chemistry & Technology of Lubricants*, 1992.
26. Habeeb, J.J. and Haigh, H.M., Premium Wear Resistant Lubricant Containing Non-Ionic Ashless Anti-wear additives, US Patent Application 2006/0135376 A1, 2006.
27. Samuel, D. and Silver, B.L., *The Journal of the American Chemical Society*, 3582, 1963.
28. Smith, T.D., *The Journal of the American Chemical Society*, 1122, 1962.
29. Venezky, et.al., *The Journal of the American Chemical Society*, 78, 1664, 1956.
30. Orloff, H.D., *The Journal of the American Chemical Society*, 80, 727–734, 1958.
31. Lacey, I.N., Macpherson, P.B., and Spikes, H.A., Thick Antiwear Films in EHD Contacts, Part 2: Chemical Nature of the Deposited Film, *ASLE Preprint*, 1985.
32. Ishikawa, M. and Watts, R.F., Continuously Variable Transmission Fluid, US Patent Application 2005/0250656 A1, 2005.
33. Corbridge, D.E.C., *Phosphorus: An Outline of its Chemistry, Biochemistry and Technology*, pp. 213, 249, 401, 1985.
34. Lange, R.M., Norbornyl Dimer Ester and Polyester Additives for Lubricants and Fuels, US Patent No. 4,707,301, 1987.
35. Pollak, K., Amine Derivative of Dithiophosphoric Acid Compounds, US Patent No. 3,637,499, 1972.
36. Shaub, H., Amine Salt of Dialkyldithiophosphate, US Patent No. 4,101,427, 1978.
37. Michaelis, K.P. and Wirth, H.O., Di- or trithiophosphoric Acid Diesters, US Patent No. 4,244,827, 1981.
38. Horodysky, A.G. and Gemmill, R.M., Phosphosulfurized Hydrocarbyl Oxazoline Compounds, US Patent No. 4,255,271, 1981.
39. Farng, L.O. et al., Phosphorodithioate-derived Pyrrolidinone Adducts as Multifunctional Antiwear/Antioxidant Additives, US Patent No. 5,437,694, 1995.
40. Ripple, D.E., Phosphorus Acid Compounds-Acrolein-Ketone Reaction Products, US Patent No. 4,081,387, 1978.
41. Farng, L.O. et al., Lubricant Additive Comprising Mixed Hydroxyester or Diol/Phosphorodithioate-derived Borates, US Patent No. 4,784,780, 1988.
42. Farng, L.O. et al., Lubricant Additives Derived from Alkoxylated Diorgano Phosphorodithioates and Isocyanates to Form Urethane Adducts, US Patent No. 5,282,988, 1994.
43. Le Sausse, C. and Palotai, S., Ashless Additives Formulations Suitable for Hydraulic Oil Applications, US Patent Application 2005/0096236 A1, 2005.
44. Cardis, A.B., Reaction Products of Dialkyl and Trialkyl Phosphites with Elemental Sulfur, Organic Compositions Containing Same, and Their Use in Lubricant Compositions, US Patent No. 4,717,491, 1988.
45. Bosniack, D.S., US Patent No. 4,079,012, 1978.
46. Nebzydoski, J.W. et al., US Patent No. 3,952,059, 1976.
47. Debus, H., Uber die Verbindungen der Sulfocarbaminsaure. *Ann Chem (Liebigs)*, 73, 26, 1850.
48. Thorn, G.D. and Ludwig, R.A., *The Dithiocarbamates and Related Compounds*, Elsevier Publishing Company, 1962.
49. Lam, W.Y., US Patent No. 4,836,942, 1989.
50. Cardis, A.B. et al., Borated Dihydrocarbyl Dithiocarbamate Lubricant Additives and Composition thereof, US Patent No. 5,370,806, 1994.

51. Farng, L.O. et al., Dithiocarbamate-derived Ethers as Multifunctional Additives, US Patent No. 5,514,189, 1995.
52. Gatto, V.J., Dithiocarbamtes Containing Alkylthio and Hydroxy Substituents, EP Patent Application No. EP 1306370 B1, 2003.
53. Cardis, A.B. and Ardito, S.A., Biodegradable Non-Toxic Gear Oil, US Patent Application No. 2003/0125218 A1, 2003.
54. Daegling, S., Use of a Noise-reducing Grease Composition, EP Patent Application No. 1188814 A1, 2002.
55. Cartwright, S.J., Ashless Lubricating Oil Composition with Long Life, CA Patent Application No. CA2465734 A1, 2004.
56. Little, R.Q., US Patent No. 3,087,932, 1963.
57. Gemmill, R.M. et al., US Patent No. 4,584,114, 1986.
58. Davis, R.H. et al., Antiwear/Antioxidant Additives Based on Dimercaptothiadiazole derivatives of Acrylates and Methacrylates Polymers and Amine Reaction Products thereof, US Patent No. 5,188,746, 1993.
59. Karol, T.J. Maleic Derivatives of 2,5-Dimercapto-1,3,4-thiadiazoles and Lubricating Compositions Containing Same, US Patent No. 5,055,584, 1991.
60. Fields, E.K. US Patent No. 2,799,652, 1957.
61. Davis, R.H. et al., Dimercaptothiadiazole-derived, Organic Esters, Amides and Amine Salts as Multifunctional Antioxidant/Antiwear Additives, US Patent No. 4,908, 144, 1990.
62. Vogel, P.W., US Patent No. 3,759,830, 1973.
63. Fields, E.K. et al., US Patent No. 2,703,784 and 2,703,785, 1955.
64. Hsu, S-Y. et al., Quaternary Ammonium Salt Derived Thiadiazoles as Multifunctional Antioxidant and Antiwear Additives, US Patent No. 5,217,502 and 5,194,167, 1993.
65. Srinivasan, S. et al., Automatic transmission fluid comprises major amount of base oil and minor amount of additives comprising dihydrocarbyl - thiadiazole, sulfurized fat and ester and metal containing detergent, US Patent Application 780998 20010209 and EP Patent Application 1231256 20020814.
66. Srinivasan, S. et al., Automatic Transmission Fluid, for Automatic Transmission Equipment Platforms, Comprises Major Amount of Base Oil and Minor Amount of Additives Comprising Ashless Dialkyl Thiadiazole and Amine Antioxidants, US Patent Application 800017 20010305 (March 5, 2001) and EP Patent Application 1239021 20020911 (September 11, 2001).
67. Vann, W.D. et al., Lubricant Containing a Synergistic Composition of Rust Inhibitors, Antiwear Agents, and a Phenothiazine Antioxidants, US Patent No. 7,176,168 B2, 2007.
68. Esche, C.K., Gatto, V.J., and Lam, W.Y., Effective Antioxidant Combination for Oxidation and Deposit Control in Crankcase Lubricants, US Patent No. 6,599,865 B1, 2003.
69. Nalesnik, T.E. and Barrows, F.H., Substituted Linear Thiourea Additives for Lubricants, US Patent No. 6,187,726 B2, 2001.
70. Mukkamala, R., Thioimidazolidine Derivatives as Oil-Soluble Additives for Lubricating Oils, EP Patent Application No. EP 1,229,023 B1, 2003 and EP 1,361,217 B1, 2005.
71. Nalesnik, T.E., Oxadiazole Additives for Lubricants, US Patent No. 6,551,966 B2, 2003.
72. Nalesnik, T.E., Thiadiazolidine Additives for Lubricants, US Patent No. 6,559,107 B2, 2003.
73. Camenzind, H. and Nesvadba, P., Lubricant Composition Comprising an Allophanate Extreme-pressure, Anti-wear Additive, US Patent No. 5,084,195, 1992 and 5,300,243, 1994.
74. Zhang et al., A Study of 2-Alkyldithio-benzoxazoles as Novel Additives, *Tribology Letters*, 7, 173–177, 1999.
75. Polishuk, A.T., and Farmer, H.H., *NLGI Spokesman*, 43, 200, 1979.
76. Schumacher, R. et al., Improvement of Lubrication Breakdown Behavior of Isogeometrical Phosphorus Compounds by Antioxidants, *Wear*, 146, 25–35, 1991.
77. Schumacher, R. et al., Tribofragmentation and Antiwear Behavior of Isogeometric Phosphorus Compounds, *Tribology International*, 30(3), 199, 1997.
78. Okorodudu, A.O.M., Organophosphorus Derivatives of Benzotriazole, US Patent No. 3,986,967, 1976.
79. Farng, L.O. and Horodysky, A.G., Phenylenediamine-derived Phosphonates as Multifunctional Additives for Lubricants, US Patent No. 5,171,465, 1992.
80. Hotten, B.W., Bisphosphoramides, US Patent No. 3,968,157, 1976.
81. Andrew, D.L. and Moore, G.G., Lubricating Grease Composition with Increased Corrosion Inhibition, EP-903398, 1999.
82. Cier, R.J. and Bridger, R.F., US Patent No. 4,025,446, 1977.

83. Pratt, R.J., US Patent No. 3,941,808, 1976.
84. Daly, D.T., Adams, P.E., and Jackson, M.M., US Patent No. 6,224,642 B1, 2001.
85. Nalesnik, T.E., Alkyl Hydrazide Additives for Lubricants, US Patent No. 6,667,282 B2, 2003.
86. Nalesnik, T.E., 1,3,4-Oxadiazole Additives for Lubricants, US Patent No. 6,566,311 B1, 2003.
87. Avery, N.L. et al., Friction Modifiers and Antiwear Additives for Fuels and Lubricants, US Patent No. 5,538,653, 1996.
88. Farng, L.O. et al., Triazole-maleate Adducts as Metal Passivators and Antiwear Additives, US Patent No. 5,578,556, 1996.
89. Farng, L.O. et al., Fuel Composition Comprising Triazole-derived Acid-esters or Ester-amide-amine Salts as Antiwear Additives, US Patent No. 5,516,341, 1996.
90. Nalesnik, T.E., Alkyl-Succinhydrazide Additives for Lubricants, US Patent No. 6,706,671 B2, 2004.
91. Nalesnik, T.E. and Barrows, F., Tri-glycerinate Vegetable Oil-Succinihydrazide Additives for Lubricants, US Patent No. 6,559,106 B1, 2003.
92. Levine, J.A. and Wu, S., Borate Ester Lubricant Additives, US Patent Application 2004/0235681, 2004.
93. Farng, L.O. et al., Mixed Alcohol/Dimercaptothiadiazole-Derived Hydroxy Borates as Antioxidant/ Antiwear Multifunctional Additives, US Patent No. 5,137,649, 1992.
94. Farng, L.O. et al., Lubricant Additives, US Patent No. 5,288,988, 1994.
95. Watts, R.F. et al., Power Transmission Fluids with Improved Extreme Pressure Lubrication Characteristics and Oxidation Resistance, US Patent No. 6,534,451 B1, 2003.
96. Farng, L.O. et al., Load-Carrying Additives based on Organo-Phosphites and Amine Phosphates, US Patent No. 5,681,798, 1997.
97. Anon, The Future of Chlorine in Metalworking Fluids, *Lubrication Engineering*, 35(5), 266–271, 1979.
98. Furey, M.J. and Kajdas, C., Wear Reducing Compositions and Methods for Their Use, US Patent No. 5,880072, 1999.
99. Baranski, J.R. and Migdal, C.A., Phenolic Borates and Lubricants Containing Same, US Patent No. 5,698,499, 1997.
100. Roby, S.H. and Ruelas, S.G., Engine Oil Compositions, US Patent Application 2005/0070450 A1, 2005.
101. Williamson, W.F and Rhodes, B., Non-Phosphorus, Non-Metallic Anti-wear Compound and Friction Modifier, International Patent Application WO 00/42134, 2000.
102. Yoon, B.A. et al., Borated-Epoxidized Polybutenes as Low Ash Anti-wear additives for Lubricants, US Patent Application Serial No. 10/951356, EP Patent Application No. EP1699909 A1 and PCT/ US2004/042149, 2004.
103. Tan, I., Lubricant Additives—Treats and Opportunities, *Lubricants World*, July/August, 16–19, 2003.
104. Farng, L.O. et al., Ashless Anti-wear additives for Future Engine Oils, *14th International Colloquium Tribology*, Stuttgart, Germany, 1547–1553, January 13–15, 2004.
105. Korcek, S. Jensen, R.K., and Johnson, M.D., Assessment of Useful Life of Current Long Drain and Future Low Phosphorus Engine Oils, *Proceedings of second World Tribology Congress—Scientific Achievements—Industrial Applications—Future Challenges*, 259–262, Vienna, Austria, 2001.
106. Korcek, S. Jensen, R.K., and Johnson, M.D., Engine Oil Performance Requirements and Reformulation for Future Engines and Systems, SAE Paper #961146, 1996.
107. Selby, T.W., Development and Significance of the Phosphorus Emission Index of Engine Oils, *13th International Colloquium Tribology—Lubricants, Materials and Lubrication*, Technische Akademie Esslingen, Germany, January 15–17, 2002.
108. Selby, T.W., Fee, D.C., and Bosch, R.J., Analysis of The Volatiles Generated During The Selby-Noack Test by ^{31}P NMR Spectroscopy, *Elemental Analysis Symposium, ASTM D02 Meeting*, Tampa, FL, December 2004.
109. Selby, T.W., Fee, D.C., and Bosch, R.J., Phosphorus Additive Chemistry and Its Effects on The Phosphorus Volatility of Engine Oils, *Elemental Analysis Symposium, ASTM D02 Meeting*, Tampa, FL, December 2004.
110. Mizuhara, K. et al., The Friction and Wear Behavior in Controlled Alternative Refrigerant Atmosphere, *Tribology Transactions*, 37, 1, 120, 1994.
111. Farng, L.O. and Deckman. D.E., Novel Anti-Wear Additives for Future Lubricants, *Additives 2007 Conference: Applications for Future Transport*, London, U.K., April 17–19, 2007.

9 硫载体添加剂

Thomas Rossrucker and Achim Fessenbecker

9.1 引言

在当今的润滑油工业中，种类繁多的含硫添加剂被大家所认知并得以应用，下面列出一些常见的类型：

①硫载体（硫化烯烃、酯和脂肪油）；

②硫/磷衍生物（二硫代磷酸盐、硫代磷酸盐、硫代亚磷酸盐等）；

③硫代羟酸衍生物（二硫代氨基甲酸盐、黄酸盐或脂等）；

④含硫杂环化合物（巯基苯并噻唑、噻二唑等）；

⑤磺酸盐（烷基苯磺酸盐的钠盐钙盐、壬基萘磺酸盐）；

⑥其他（硫酸化脂肪油/土耳其红油、硫氯化脂肪油、硫化酚、苯酚）。

从这些物质可以看出，含硫化合物在润滑油中的多用途和重要性。含硫化化合物具有广泛的用途，在润滑油中的应用也很广泛。本章对这一类硫载体添加剂的重要性进行阐述。这类含硫化合物已经被市场认知，形成一类具有极压（EP）和抗磨（AW）性能的添加剂，应用于齿轮油、金属加工液、润滑脂和发动机油中。其中应用较多的是硫化脂肪、酯和烯烃。为了使它们和其他的含硫产品区分开来而且避免误解，人们把含硫载体定义为：

含硫载体是一类硫原子氧化状态为 0 价或 -1 价的有机化合物，其中硫原子与一个烃或其他的硫原子连接。

（1）不包含除氧原子以外的其他杂原子；

（2）通过硫与各种含有双键的不饱和化合物，如烯烃、天然酯、丙烯酸酯和其他不饱和化合物反应来制备。

本章主要讨论符合这一定义的润滑油添加剂。

由于硫的化学性质具有多种变化，其他含硫产品就不能很深入地讨论，但是在书中合适的地方会提到。

尽管这类添加剂在润滑油工业中已用了 80 多年，但是硫载体的用途依然广泛。实际上，至今仍然可以看到它的应用范围正在不断扩大。其中一个原因是在这个领域不断地发展，出现了许多新的发明，并使得产品不断改进，很多的化学性质和应用正有待于挖掘。而且，硫载体对于解决润滑油市场的需求方面也是必要的，例如：取代氯化石蜡、重金属，以及健康、安全和环境问题。所以，我们期待着未来的硫载体在浅色、低味、无异味方面取得显著进步。

9.2 历史

我们回顾硫化合物一百多年的发展历史，在 20 世纪 50 年代前，我们只能从原始文献上获得这方面的知识。在文献研究阶段，发现最有用的原始资料来自 1949 年 Helen Sellei[1,2] 发表的一些综述文章，以下的讨论是基于它们的内容，但是我们尽力用现在的背景知识解释其中的信息。

9.2.1 首次合成与应用(1890～1918)

硫化脂肪油类已经工业化生产了 100 多年。很久以前就当作润滑油添加剂使用，它们已经成为橡胶业很重要的添加剂。在高温(120～180℃)下将 4%～8% 的硫加到不饱和的天然油(例如油菜籽油)中，生成一种被称为“油膏”的有弹性的胶黏聚合物。硫和天然油的双键进行加成反应，而且在甘油三酸酯分子之间建立一个硫的三元构造，该反应类似于橡胶成型过程中的胶乳化加硫硬化过程。

在 19 世纪末期，橡胶是一种昂贵的天然原料，由于工业化的快速普及，尤其是不断发展的汽车产业，橡胶轮胎的需求量不断上升。人们不久就发现在硫化过程中油膏给橡胶产品提供了特别优秀的性质，由此一些小型化工厂开始为橡胶工业生产添加剂。1889 年在德国慕尼黑的 Carl 先生申请了世界上第一个汽车专利，在同一年和同一个城市中，德国 Rheinau CmbH 有限公司成立而且开始生产天然的硫化油类。在 1914 年以前德国人已经认识到硫化油在橡胶工业中独有的一方面的特点。因为德国殖民地很少，而橡胶产品又依靠进口。20 世纪头 10 年国际关系的紧张和后来的贸易斗争，强力推动了替代品的出现，这就导致了合成橡胶(丁钠橡胶)的出现。后来，因为其价格低廉而且可以以当地可用的自然物质作为原料，油膏作为橡胶的替代品和橡胶稀释剂的应用不断扩大。

9.2.2 首次应用于金属加工油(1920～1930)

在现代润滑油出现的初期，人们就认识到硫是一个提高摩擦学性能、阻止高负荷下磨损的重要元素。游离硫和含硫的杂环分子(如噻吩、硫醚等)都存在于天然原油中。在较早的炼油技术中，不能很有效地把它除去，特别是高黏度油，因此，高黏度油主要用于含硫 3%～4% 的齿轮油中。天然硫有助于提高极压(抗烧结)性能。认识到在润滑油中硫的优良性质之后，下一步就是在不断升高的温度下把硫黄溶解到润滑油中。但是这种硫对于铜和铜合金有腐蚀作用。同时，硫黄在矿物油中有一个有限的溶解性，因此限制了它的最大剂量和达到的最终极压性能。

硫化酯首先应用于金属加工液。对于重负荷工作条件下的边界润滑，加入油溶性硫化物对性能产生很大的影响作用。报道这一里程碑效应的文献出现在 1918 年——E. F. Houghton Corporation[3] 撰写的切削油中。文献描述在升温过程中将硫混入猪油、矿物油和羊脂肪中形成的硫化物，可以有效的提高切削油的性能，特别是延长了工具寿命，而且随着摩擦和切削温度的降低，冷却剂产生的油烟也大大降低。这种现象在今天看来仍然有效，而且还可以被看成是硫载体作为润滑油添加剂的首例。

固体橡胶状的物质投放市场已经几十年了，相比而言，Houghton Corporation 公司的突破在于生产一种液体脂肪状的物质，以便能以任何比例溶解在矿物油中。该公司克服了硫的溶解性的限制而且能根据比率不同调节极压性能水平。他们用没有反应的矿物油和羊毛脂作为断链剂和溶剂，以便控制猪油的聚合反应，使它保持液态。从此以后，含硫油在金属加工中的应用就十分广泛了。

9.2.3 齿轮油和其他润滑剂中的含硫化合物(1930~1945)

若干年后，车用润滑油研究人员发现了提高在高压高温下承载能力的方法，并将其应用到了新的准双曲线齿轮箱油中。在20世纪20年代到30年代，随着准双曲线齿轮箱油在汽车上应用，高负荷下的磨损和卡咬成了润滑油公司急需解决的主要技术问题。润滑油公司已经为解决问题作了很大的努力，一些关于新技术的详细文献已出版。然而，专门用于针对润滑油的含硫化合物专利数量在整个20世纪30年代到40年代迅速增长。

1936年，报道了第一篇具有极压性能的润滑油的专利[4]；

1940年，对1938~1939年的专利进行回顾[5]；

1941年，包括大量专利的润滑添加剂的出版物[6]；

1946年，关于不饱和化合物硫化的文章[7]。

这些清楚地表明，金属加工行业的人员发明并首次应用的这种想法，对齿轮也起作用。硫化产物与铅皂和润滑脂的结合是齿轮油中的第一个高极压性能应用技术的产品。多年以后，Musgrave在一篇文章里面对准双曲线齿轮油作了论述[8]，他认为在20世纪30年代早期发现的硫和铅皂的结合所能够表现出的协同效应仅仅是出于偶然。

第二次世界大战中极压齿轮油的发展又增加了有趣的新内容。在20世纪20年代到30年代由于对汽车行业的重视，大多数极压齿轮油的研制出现在美国。而德国的齿轮油技术并没有像美国那样得到有效发展，经历者称在对俄国的进攻中，德国的坦克和重装备经常发生齿轮箱的损坏，原因是秋天俄国的道路变得泥泞，重型车辆大部分时间都是高功率的状态下在这些道路上行驶，仅含有性能普通添加剂的齿轮油并不能很好的阻止擦伤和烧结。

9.2.4 化学和应用方面的科学研究(1930~1949)

20世纪30年代和50年代之间，硫载体技术的重要基础已经得到发展。这个时期的专利包括了大部分今天用到的原料和反应途径。原料是动物油[3]、植物油/有机酸[9]、松木油类[10~11]、鲸鱼油、丙烯酸酯、石蜡[12]、乙醇[13]、合成酯[14]和水杨酸[15]。甚至合成了硫代碳酸盐[16]和黄原酸盐[17]作为有机的、油溶性的巯基极压添加剂使用。在这些专利中提到的反应途径包括：

①在有和无H_2S、胺和其他合适催化剂的条件下的硫化反应；

②S_2Cl_2的硫氯化反应[18]；

③有机卤化物与碱性多硫化物的反应；

④硫醇路线[19]。

那个时期提到的产品性能，仍然是当前研究工作的部分内容，其产品性能包括：

①硫化产品的稳定性，如二异丁烯[20]；

②活性和非活性的硫化合物；

③腐蚀和非腐蚀的化合物；

④浅色和深色的衍生物；

⑤浓和淡气味产品。

随着添加剂作用机理研究的深入，摩擦学的测试仪器也发展很快。在1931年的API会议上，Mougay和Almen[21]首次对含硫极压添加剂的承载能力和它们与铅皂的共同作用进行了解释。他们将这种性能归因于在摩擦副之间形成了一个分散的薄膜——这是摩擦学中被普遍接受的理论。1939 年硫化物形成薄膜的理论在四球试验机上被证明[22]。1938 年，Schallbock[23]等人根据在金属加工领域的调查统计，公布了标准的测定结果，切削速度、温度和工具寿命之间具有经验上的相互联系且被证明是有效的。1946 年，基于最新一代的双曲线齿轮油配方的化学反应理论，推导出含氯添加剂与含硫添加剂具有协同作用[24]。在这一时期含磷添加剂(磷酸三甲苯酯[25]、二烷基二硫代磷酸盐 ZDDP)、主抗氧化剂(苯基－α－萘胺、2，6－二叔丁基－甲基苯酚 BHT)、清净剂(水杨酸盐)、分散剂[26]与硫载体结合使用并一起加入到润滑油添加剂的行列中来。

当时大部分的研发工作都是以一个推论的方式在不断的对和错的探讨中完成的。理论上的解释、摩擦学和化学的模型总是滞后(以今天的观点看，人们会很惊讶地发现在 70 年内，并没有多少改变)。

9.2.5　过去 50 年的总结

由于润滑油添加剂的历史上硫载体的作用机理研究的如此之早，从 1950 年至今文献都集中在生产步骤的优化、与其他添加剂的配伍性、产品质量的提高和对特殊应用的研究方面上。硫载体的应用从金属加工和汽车领域延伸到工业油和润滑脂。对特殊应用的无灰液压油可以含有硫化的极压添加剂。现在该类产品在整个润滑油工业都得到应用。

“摩擦学”已经被定义为科学研究的一个特别领域，而且添加剂的一些基本反应模型已提出。1970 年的一篇综述[27]包括许多参考文献总结了那时的工艺状态。

直到 20 世纪 50 年代，硫载体才被润滑油制造商大量生产。随着环保意识的增强、市场的扩大，更多具体产品的需要发生了变化。硫化过程包括深厚的化学知识和生产实际知识，包含特别高的安全风险，特殊的化学品公司在这一领域会有所作为。可以预计，少数仍然生产少量黑色含硫脂肪的作坊式的润滑油公司迟早停产。

20 世纪 50 年代以来，硫载体市场分成了两个领域：汽车和工业。大的石油公司已经有了他们的化学部门(美孚化学、BP 化学、壳牌化学、埃克森化学、雪弗兰化学等)。随着市场需求的增加，建设了添加剂生产厂，包括异丁烯装置，因为异丁烯的生产主要集中在具有汽车添加剂和润滑剂生产的一些公司。在汽车齿轮油领域，由于硫化异丁烯具有较高的硫含量且腐蚀性小就成为标准的极压产品，由于齿轮箱是完全密封的系统，因此典型的、有相当强烈气味的硫化异丁烯不是大的问题，在任何开放式的润滑系统中该类极压剂都是不能接受的。数十年以来，由于环境的要求这些产品在氯的水平上已经有了很大的改变[28]。早期含有 2% ~3%，现在高质量的产品已经不再含有氯了，因为进行了一个脱氯、高压的 H_2S 的生产处理过程。同时，硫化异丁烯中活性硫的数量已经减少，来提高齿轮油轴承在长期磨损过程中的性能，从而符合现在的全寿命油品的需求。但是理论上说来在汽车的应用当中，跟 60 年前一样，同样的硫的化学性能今天也在应用当中。

硫化极压添加剂另外一个大的应用领域是工业润滑油。传统意义上，这个领域较为无序和较少受到 OEM 许可、通用规范和标准的限制。金属加工市场是一个特别真实的反映，在这个领域有很多可以解决问题的各种添加剂一直在使用，随着金属加工以及润滑脂应用中更为细化的技术要求，大量的小分子含硫添加剂出现了。很多小的、更为专业的添加剂公司应运而生。第一个产品是黑色的，但是德国莱茵化学有限公司早在 1962 年就将他的第一个基于无氯产品技术的浅色低味的硫化合成酯投放市场(参考9.3.2节)。

国际上在1971年禁止鲸油的使用在硫载体的历史上是一个重大的里程碑，在此前鲸油作为高质量并且便宜的天然物质而得到普遍使用。以这一原料为基础的硫化产品显示出了优良的溶解性能和润滑性能。这一时期的广泛研究活动产生了各种专利[29~30]。新的天然原料出现了，那就是植物油和合成酯或烯烃聚合相结合的产物。

另一个影响硫载体市场的重要因素是基础油生产技术的改变，芳族和硫含量已经越来越少。因此，包括硫载体在内的添加剂是需要调节溶解能力以避免在极性小的流体中的混浊问题。这一点有助于硫化添加剂市场的不断成长，因为天然硫(有助于提高极压/抗磨和抗氧化性能)对于提高添加剂的平衡方面是必要的。这一趋势在20世纪70年代开始，随着XHVI基础油、API Ⅱ类和Ⅲ类基础油以及完全合成的基础油(聚α-烯烃)用量的增大，现在这种趋势正日趋强烈。

在20世纪70年代末到80年代初期，一类新的二烷基多硫化物硫载体添加剂被引入到工业润滑油市场中，它是基于C_8、C_9或C_{12}的烯烃和含40%以上的活性硫的混合液体，可以看作是硫黄粉的油溶性产品，许多润滑油调合企业要求开发这类添加剂用来替代硫化基础油的产品，硫化基础油是一个非常费事的工序，并且会产生有毒气体(H_2S)或在使用中会发生硫析出，熔点在115℃的升华硫以0.4%~0.6%的典型添加量溶解在矿物油中可以应用到重型金属加工油和磨合的齿轮油中(参见9.5.1.3节)，添加剂生产商提供了一种能起到良好的效果的颜色浅、气味极小的有机聚合硫化物。二异丁烯五硫化物和叔十二烷基硫化物作为易混合的液体被引入并替代升华硫。现在，这些活性硫化物成为工业用油方面最重要和最广泛的一类。

在1985年发现，硫载体特别是聚硫化物与高碱值(TBN ASTM D4739)的磺酸钠和磺酸钙复合表现出很强的极压/抗磨配伍性能[31]，该类物质作为纯油金属加工中的PEP(惰性极压)技术已经为大家所认知。最初，希望这种结合对即将来临的氯化脂肪烃取代问题能有通用的简单解决方案。这个问题是在20世纪80年代中后期在西欧和斯堪的纳维亚半岛开始出现的。但事实证明，惰性极压技术中的氯化脂肪烃配方与金属加工条件不太匹配，尤其是在低速/高压力下的金属加工条件更不适用(详细见9.5.4.2节)。

在20世纪80年代后期到90年代早期，硫化酯和脂肪的开发出现了一种新的基本要求，即这些化学物质有无毒性、劳动者的安全、环境的相容性、生物降解能力和其他相似的要求比在汽车润滑应用更加严格。实际上，天然物质的使用、可再生原料的利用以及生产程序的优化都可以得到低毒和生物降解的硫载体，这就重新点燃了化学家开发一类满足性能要求、环境安全添加剂的兴趣。

进入21世纪，添加剂和润滑油的研发部门考虑的核心问题是如何进一步优化能源效率、减少摩擦。在内燃机油、风力发电齿轮油等配方中，硫载体的添加剂仍然起到重要的作用。

9.3 化学性质

9.3.1 硫载体的化学结构

大多数硫载体的离散构造很难描绘出，原因是：

天然的原料经常是同分异构体的混和物：以烯烃为例，二异丁烯基有五个主要的同分异构体；四丙烯在气象色谱(GC)中有35个结构。天然的脂肪油包括单、双和三重不饱和酸，还有未皂化成分。

随着温度的变化、分子内或分子间的硫可能发生键合。

以某种方式催化直接添加硫(马尔科夫尼科夫规则等)。

实际上，硫载体是基于原材料的技术产品。在下列各项中，最典型的硫载体的结构是以不同原料或同时代的原料为基础的。硫化反应是一个相当复杂的反应过程，因此有必要简化模型结构。

9.3.1.1　硫化异丁烯

这是用于齿轮油的标准极压添加剂(见图9.1)，其典型硫含量在40%～50%。

9.3.1.2　活性硫化烯烃

聚硫化物类型的硫载体已经作为基础油硫化物的替代品，现在广泛应用于金属加工中(图9.2)。

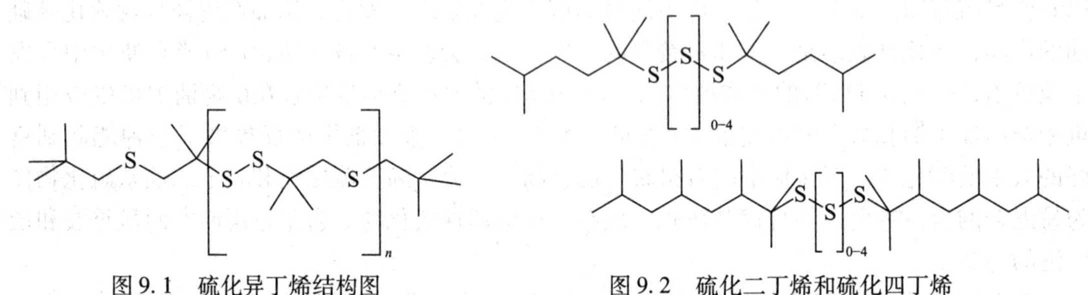

图9.1　硫化异丁烯结构图　　图9.2　硫化二丁烯和硫化四丁烯

9.3.1.3　非活性硫化α-烯烃

用于无腐蚀润滑油，范围包括了金属加工液、润滑脂，甚至在发动机油中也有应用(图9.3)。

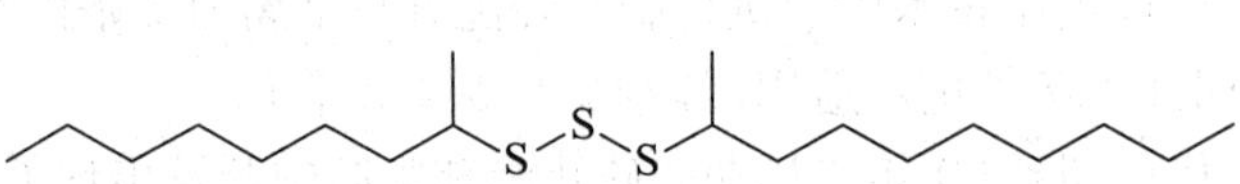

图9.3　非活性的硫化α-烯烃

9.3.1.4　硫化合成酯(浅色)

广泛用于金属加工液和润滑脂。根据选择的合成酯类型，可以获得一些特殊的性能，如低温稳定性/流动性和低黏度(图9.4)。

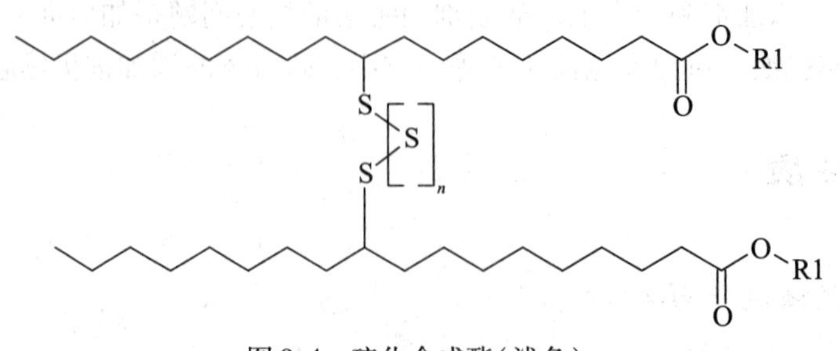

图9.4　硫化合成酯(浅色)

9.3.1.5 硫化脂肪油(深色)

内容参见9.3.2.2，黑色硫化物(图9.5)。

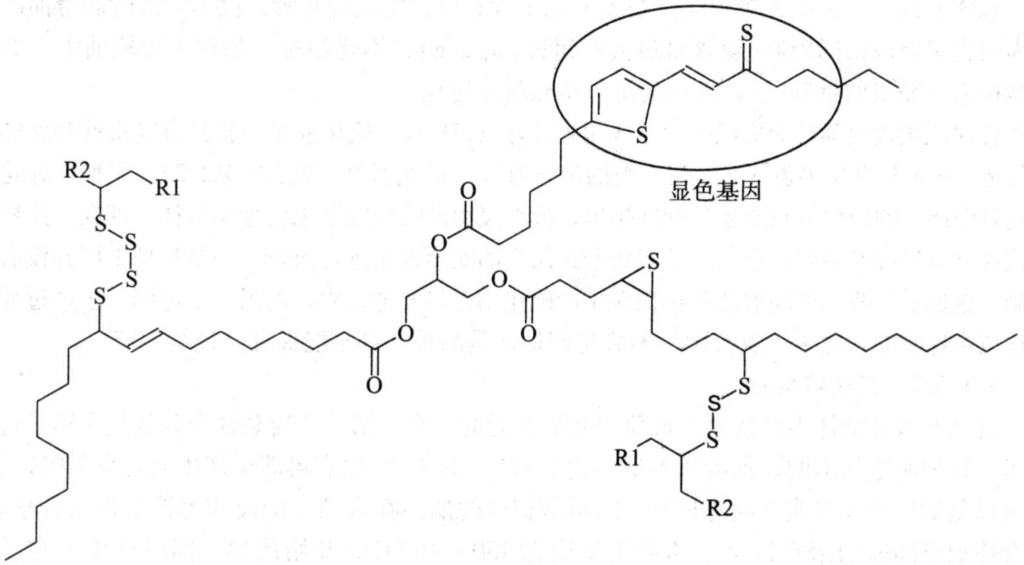

图9.5 硫化脂肪油(黑色)

9.3.1.6 硫化脂肪油/烯烃混和物(浅色)

这一类特殊的硫载体具有突出的性能，因为可以与硫化烯烃结合产生其他的效果(如水解安定性、高含硫量)，使得硫化脂肪油具有优良的润滑性和成膜性(图9.6)。

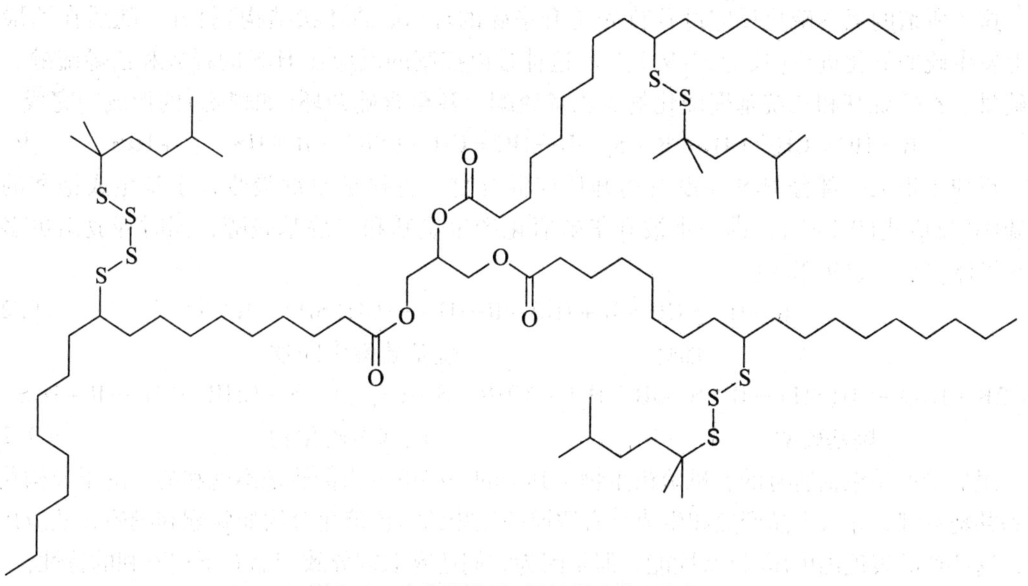

图9.6 硫化脂肪油/烯烃混合物(浅色)

9.3.2 目前工业化生产过程

9.3.2.1 概述

目前现有的任何硫化工艺，原料都是以不饱和化合物(烯烃或不饱和酯)为基础的。所有反应都是化学教科书中引用的对烯烃双键的加成反应(催化条件、机理、加成模式－马尔科夫尼科夫规则或反马尔科夫尼科夫规则)。

总体来说，今天的大规模生产技术避免了含有卤素的反应步骤，因为最终的润滑油产品对卤素含量有较低的限制(氯含量最大不超过 30μg/g)，不能超标，如汽车齿轮油中，如果不含卤素，昂贵的拆卸/后处理如清洗等步骤就能避免。

任何硫化过程都可能形成硫化氢或用到硫化氢(H_2S)，硫化氢是一种具有高毒性和腐蚀性的气体。H_2S 具有臭鸡蛋气味，对人类的鼻子有很大的刺激性(参见 9.3.2.2)。早期，硫化反应过程中产生的硫化氢只能通过烟囱排出，根本没用碱性吸收器来处理该气体。现在，这样的工艺在全世界都不会被容忍，由于需要购买昂贵的安全设备进行投资，一些小型工厂并没有这样做，这也是一些小型润滑油公司仍在生产硫化物并没有考虑停产的另一个原因。生产过程是连续或半连续的，对于工业应用，不管是产量还是品种，都不能保证会连续生产。

9.3.2.2　黑色硫化物

这是所有硫载体生产技术中最简单和最古老的一个。第一个硫载体专利就是介绍了这种技术。这种制造技术的设备需要承受高达 1～2bar 的压力(也有可能生产压力要小一些)。原料可以是烯烃及天然或合成的具有一定不饱和度的酯。在含烯烃的反应容器中加入升华硫，混合物加热到硫的熔点以上。非催化反应在 150～160℃时开始放热，同时产生一定量的 H_2S。催化反应在硫的熔点以上已经开始，反应温度范围在 120～125℃，典型的催化剂有机胺、金属氧化物和酸。

这一反应的机理研究已有报道，而且非常复杂[32]。反应温度在 120～160℃，容易发生分子间反应。反应温度在 160～190℃之间容易发生分子内反应。

这个所谓的黑色硫化反应过程首先是升华硫的环(S_8 的环状结构)打开，随后在乙烯质子上发生硫的氧化进攻[反应式(9.1)]。这种难以控制的反应在 H_2S 的释放和乙烯硫醇、乙烯硫醚、乙烯烷基和二烷基聚硫化物、乙烯硫酮，甚至含硫杂环(如噻吩)的形成中完成。

$$\mathrm{R—HC=CH—CH_2—R+S_x \rightarrow R—HC=CH—(SR)—R+HS_{(x-1)}+H_2S} \quad (9.1)$$

反应中很大一部分 H_2S 并没有离开反应混合物，直接被双键吸收，于是生成饱和的烷基硫醇[反应式(9.2a)]，进一步被升华硫氧化产生烷基和二烷基硫醇，同时释放出更多的 H_2S 气体[反应式(9.2b)]。

$$\underset{\text{烯烃}}{\mathrm{R—HC=CH-R}}+\mathrm{H_2S} \rightarrow \underset{\text{烷基硫醇中间物}}{\mathrm{R—H_2C—CH(SH)—R}} \quad (9.2a)$$

$$\underset{\text{烷基硫醇}}{\mathrm{2R—H_2C—CH(SH)—R}}+\mathrm{S_x} \rightarrow \underset{\text{二烷基多硫化物}}{\mathrm{R—H_2C—CHR—S—(S_{x-1})—S—CHR—CH_2—R}}+\mathrm{H_2S} \quad (9.2b)$$

最后的产品包括所有的有机硫衍生物。其中的一些衍生物仍然是不饱和的，由于异构化双键和共轭双键，导致产品变黑和生成具有浓厚的气味的深色硫化合物如硫酮和噻吩，从应用来看，这些产品表现出极压/抗磨性能，但是因为它们还有双键导致产品有下列不利的特性：

①在使用期间甚至是储存条件下将会继续聚合；

②在清洁的金属表面容易氧化，形成残渣物质和污点；

③在短时间内将会在循环系统中使总酸值增大而且导致换油期缩短；

④甚至会在润滑系统高温使用期间产生 H_2S/硫醇(参见 9.4.2.1.7 节和 9.4.2.1.2 节)。

所以，今天这些黑色硫化产品主要用在全损失润滑油中，而其长期稳定性和难闻的气味已经不成问题。因为这是最廉价的硫化添加剂的生产方法。

9.3.2.3 高压 H_2S 反应

目前用高压高温设备生产的高质量的硫载体与黑色硫化物相比很多性能已经提高。有毒的 H_2S 在高压条件下的操作需要复杂的操作技术和安全措施。此外，H_2S 是一种昂贵的气体。所有的这一切说明与简单的黑色硫化工艺相比此工艺具有更高的生产成本。

在这一过程中，烯烃、硫和 H_2S 被加入一个高压反应器中并且加热到 120～170℃。反应也被胺、金属氧化物和酸等催化。对于低沸点烯烃（比如异丁烯）来说，压力可以高达 50～60bar，对于高沸点烯烃，如二异丁烯来说，典型的压力在 2～15bar 之间。H_2S 可作为一个还原剂和强的亲核体，与黑色硫载体的生产过程有显著差异，它能有效地抑制硫在乙烯基 C－H 键上的氧化反应。黑色硫载体生产过程中的副反应在这里变成了主要的反应：H_2S 对双键的加成形成硫醇[反应式(9.2a)]，硫醇迅速地与硫发生氧化还原反应生成二烷基二硫、三硫、四硫化物和聚硫化物，还释放出相同摩尔质量的 H_2S[(反应式(9.2b)]。

此工艺条件可以提供更为可控的反应条件和产生很少的副产物，该反应的特点是在反应过程中双键断裂，并且反应结束后没有共轭体系（发色基团）生成。这一种方式制备的硫载体具有更好的氧化稳定性，而且它们的颜色很浅。这个一步反应过程在总生产时间和周期方面具有优势。

9.3.2.4 硫醇路径

一些生产商用两步法合成硫载体。

(1)第一步在路易斯酸的催化作用下将硫化氢加到烯烃中。如果使用活性很强的 BF_3，那么反应在 -20℃时就可以发生，其他的步骤在 60～90℃时进行。产生的烷基硫醇从反应混合物中蒸馏出来并且作为中间产物被隔离[反应式(9.3)]，未反应的烯烃被循环回到反应容器中。

$$\underset{\text{烯烃}}{R{-}HC{=}CH{-}R} + H_2S \rightarrow \underset{\text{烷基硫醇}}{R{-}H_xC{-}CH(SH){-}R} \tag{9.3}$$

(2)硫醇可以被 H_2O_2（过氧化氢）氧化成二烷基二硫化物[反应式(9.4)]，或也可以被定量的硫变为三硫化物[反应式(9.5)]和聚硫化物[反应式(9.6)]，这可以用图 9.7 中显示的反应概述。

$$\underset{\text{烷基硫醇}}{2R{-}H_2C{-}CH(SH){-}R} + H_2O_2 \rightarrow \underset{\text{二烷基二硫化物}}{R{-}H_2C{-}CHR{-}S{-}S{-}CHR{-}CH_2{-}R} \tag{9.4}$$

$$\underset{\text{烷基硫醇}}{2R{-}H_2C{-}CH(SH){-}R} + 2S \rightarrow \underset{\text{多烷基多硫化物}}{R{-}H_2C{-}CHR{-}S{-}S{-}S{-}CHR{-}CH_2{-}R} + H_2S \tag{9.5}$$

$$\underset{\text{烷基硫醇}}{2R{-}H_2C{-}CH(SH){-}R} + S_x \rightarrow \underset{\text{多烷基多硫化物}}{R{-}H_2C{-}CHR{-}S{-}(S_{x-1}){-}S{-}CHR{-}CH_2{-}R} + H_2S \tag{9.6}$$

这个过程主要应用于烯烃基的硫载体，以三聚和四聚丙烯为初始物质，因为最后的十二烷基硫醇可以用于其他的方面，比如橡胶处理过程和作为化学中间体。

9.3.3 其他合成方法

9.3.3.1 硫氯化处理

最初生产厂用二氯化二硫和硫化钠溶液通过两步反应来生产硫载体产品（图 9.8）。由于

可以很好地控制 S_2 - 桥的形成而少有副反应发生，因此这种工艺被广泛使用。

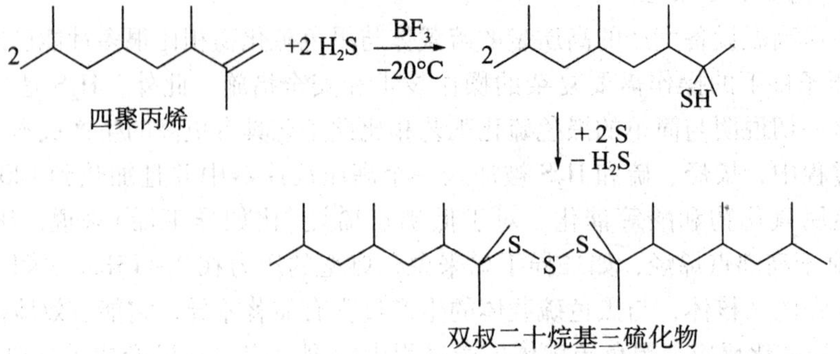

四聚丙烯　+2 H_2S $\xrightarrow[-20°C]{BF_3}$　SH　+2 S　- H_2S

双叔二十烷基三硫化物

图 9.7　两步法工艺概图

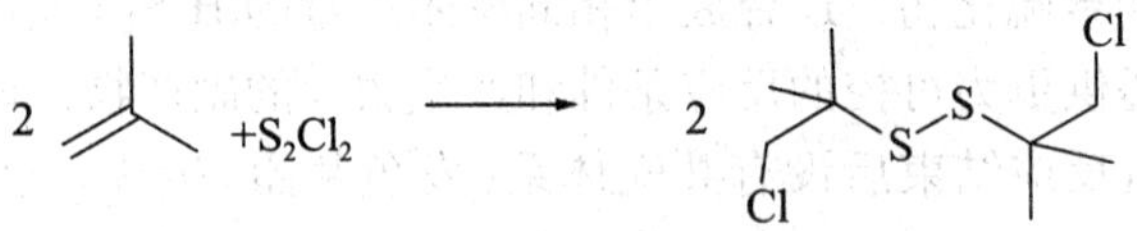

2　+S_2Cl_2 ⟶ 2　Cl　S　S　Cl

图 9.8　硫化氯代脂肪油

第一步：二硫二氯化物加成到双键，如果以脂肪油作为烯烃源，所得到的硫化脂肪油作为含氯或含硫脂肪油的极压添加剂应用在金属加工油中。从技术角度来看，最大的问题是氯元素解离后出现的腐蚀性问题难以控制，从目前的发展来看，由于环保因素的影响，氯元素在这类添加剂中没有存在的必要了。

第二步：在水中硫化钠(Na_2S)溶液对硫氯率产物进行进一步处理，这是一个硫对氯的置换反应(见图 9.9)，分子间的成键和闭环一样可能发生，水溶性的氯化钠用水洗去除。

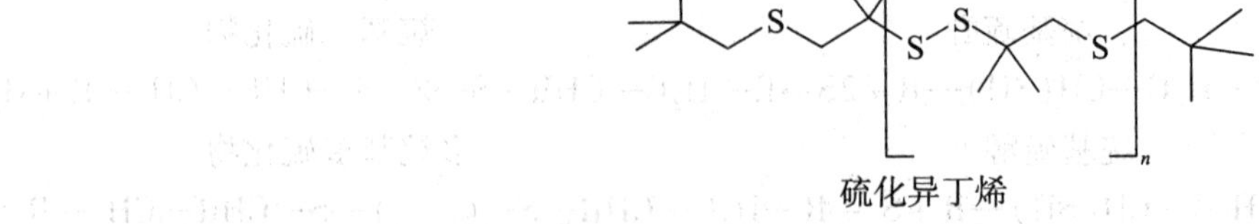

2　Cl　S　S　Cl　+2Na_2S　-4Nacl

硫化异丁烯

图 9.9　硫化异丁烯

9.3.3.2　烷基卤化物/NAS_x

这一过程与 9.3.3.1 的反应式非常接近。最初的原料可能是烷基 - 或芳基卤化物，与图 9.10中的反应式一样，可能通过碱性硫化物用硫来替换卤素。如果用 Na_2S，将产生单硫化物。在使用碱性聚硫化物时，产生烷基或芳基聚硫化物。

相对于其他的合成方法，这个路线由于成本太高，还没有实际工业化生产。

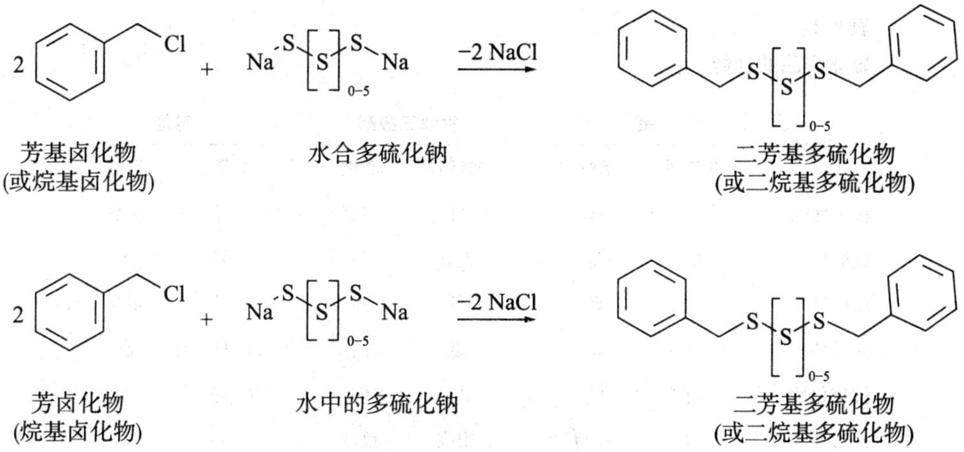

2 (苯基)—Cl + Na—S—[S]$_{0-5}$—S—Na $\xrightarrow{-2\ NaCl}$ (苯基)—S—[S]$_{0-5}$—S—(苯基)

芳基卤化物（或烷基卤化物） 水合多硫化钠 二芳基多硫化物（或二烷基多硫化物）

2 (苯基)—Cl + Na—S—[S]$_{0-5}$—S—Na $\xrightarrow{-2\ NaCl}$ (苯基)—S—[S]$_{0-5}$—S—(苯基)

芳卤化物（烷基卤化物） 水中的多硫化钠 二芳基多硫化物（或二烷基多硫化物）

图 9.10 使用碱基多硫化物时合成的烷基或芳基多硫化物

9.3.4 原料

原则上讲，任何含一个或多个双键的分子都可能被硫化。因此，烯烃原料很多，但含硫原料很少，主要是升华硫(S_8)、硫化氢气体(H_2S)、一些 S_2Cl_2 和碱性聚硫化物(如 Na_2S_x 等)。

在烯烃方面，专利文献报告如下：

(1)植物油(黄豆油、菜籽油、棉籽油、剥壳稻米油、向日葵油、棕榈油、妥尔油、萜油等)；

(2)动物脂肪和油类(鱼油、猪油、牛油、鲸油)；

(3)脂肪酸；

(4)合成酯；

(5)烯烃(异丁烯、二异丁烯、三异丁烯、四丙基烯、α－烯烃、n－烯烃、环己烯、苯乙烯、聚异丁烯)；

(6)丙烯酸酯、甲基丙烯酸酯；

(7)丁二酸衍生物或其他更多烯烃。

工业化原料的选择受制于原料价格和对化合物的性能要求。以低沸点烯烃(如 C_4 类型)为基础的硫载体，由于产品分解产生难闻的挥发性气体，仅限制在封闭润滑系统中使用。对水基润滑油系统来说，硫化脂肪酸很容易乳化，不能水解的活性烯烃成为首选。在油品的应用中，人们总能在整个产品范围找到一个合适的硫化物。

9.4 性质与特性

9.4.1 化学性质

9.4.1.1 添加剂结构对性能的影响

9.4.1.1.1 原料

添加剂结构主要受原料和硫化方法的影响。以不同原料为基础的硫化产品的性能归纳于表 9.1 中。

表 9.1

硫化产品的性能

项目	酯		甘油三酸酯		烯烃	
	非活性	活性	非活性	活性	非活性	活性
极压性能	一般	好	好	很好	差	一般
抗磨性	好	差	很好	差	好	差
反应活性	低	高	低	高	低	很高
铜/腐蚀	低	高	低	高	低	高
抗氧化性	好	低	好	差	好	差
润滑性	一般	一般	很高	很高	差	差

9.4.1.1.2　原料对极压抗磨性能的影响

原料决定了产品的极性，因此，也决定了产品对金属表面的吸附能力[33]。随着极性的不断增加，极压性能(极压)也不断提高。直链的硫化烯烃是非极性的，对金属表面的吸附力相对较弱(参见 9.4.2.1.4 极压部分)。因为极性按烯烃 < 酯 < 甘油三酸酯的顺序提高，极压性能以同样的顺序增加。这已在简单的四球机极压测试中被证明。图表 9.1 是油中不同硫含量的硫化添加剂的四球机烧结负荷(DIN 51350 第 2 部分)。高极性产品(C、D)比非极性添加剂(A、B)具有更高的极压负荷。

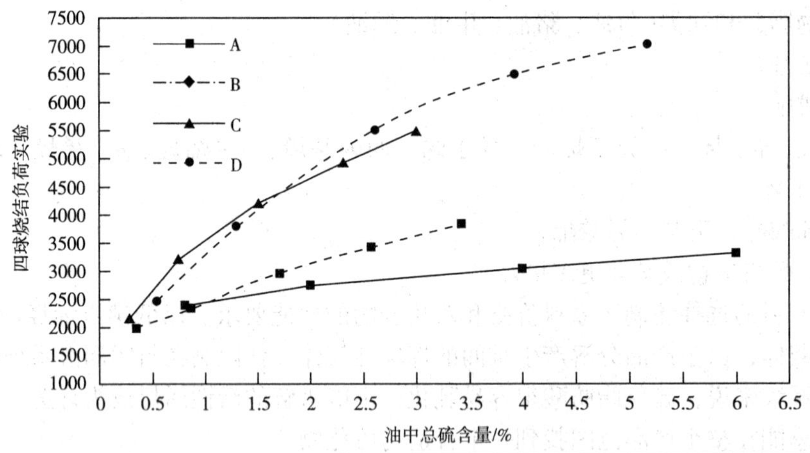

类型	总硫量	活性硫	活性/%
A 烯烃	40	36	90
B 酯	17	8	47
C 甘油三酸酯	10	0.5	5
D 甘油三酸酯	18	9	50

图表 9.1　原材料对极压性能的影响

活性硫的含量在极压性能方面的重要性是次要的，极性和化学结构起主要作用。

9.4.1.1.3 活性

一定量的活性硫在特定的温度下可能会起反应。通常测定活性硫的方法是 ASTM D－1662[34]。铜粉与硫化物在 149℃温度下进行 1h 反应可以测定活性硫含量。活性硫含量可能非常高，这取决于原料和硫化方法。活性是温度的函数。图表 9.2 列出了基于不同化学和硫化方法的硫化产品中典型活性硫的含量。

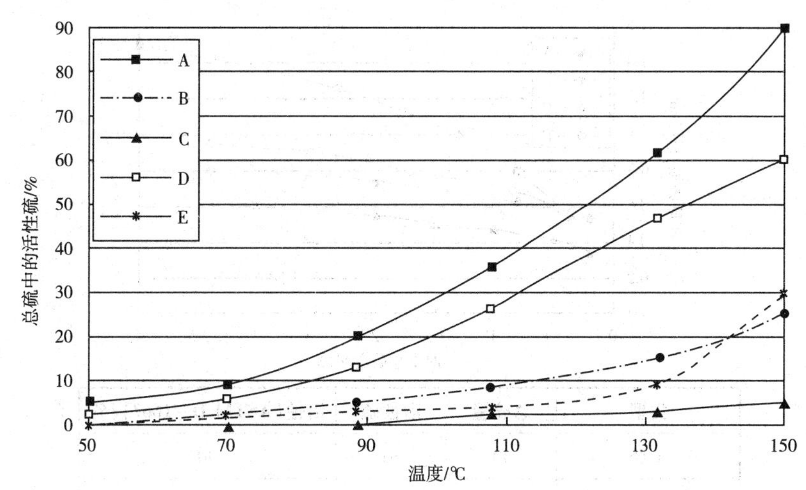

类型	总硫量	149℃时的活性硫
A 烯烃	40	36
B 烯烃	20	10
C 甘油三酸酯	10	0.5
D 甘油三酸酯	18	10.5
E 烯烃/甘油三酸酯	15	4.5

图表 9.2 各种硫化产品中的活性硫含量

活性主要取决于分子中的硫链。单硫化物、二硫化物对黄铜并没有腐蚀性。五硫化物具有很高的反应能力，因此，适用于重负荷钢材设备，它对黄铜的腐蚀抑制作用很差。聚硫化物(A)中的长链硫键的热稳定性比短链硫键的要低，在短链硫化物中硫连接到原料的碳原子上。由于这个原因，与金属表面在相对较低温度下反应是可能的。因为硫只有在较高的温度才能被释放，所以单、二硫化物仅仅表现出中等活性[35]。活性硫在给定的温度下表现出的特点是能提供充分的反应硫形成金属硫化物。有文献表明有机硫化合物对润滑油极压性能影响的作用机理是，有机硫化物与金属表面可以形成一层更容易被剪切的硫化物膜[36]。

因此，活性硫对抗磨性能有很大的影响。较高的硫活性导致了金属硫化物的快速形成，也导致了更高的磨损。这个性能见图表 9.3。这个图表表明具有不同活性的硫化产品的四球磨痕(DIN 51350 部分 3)。

9.4.1.1.4 铜腐蚀

ASTM D－130 是测定添加剂铜腐蚀的一个普遍方法[37]。铜腐蚀并不能反映硫化物的反应活性，因为黄铜金属钝化剂经常会掩饰活性硫的反应活性。

铜腐蚀程度取决于活性硫的数量和黄铜减活剂的存在。可以使用非活性含硫化合物或者中等活性与非活性的含硫化合物结合对黄色金属(非染色)进行钝化，活性含硫化合物短期会被抑制，但是长期看来会重新变的活跃，在减活剂被消耗尽或被反应完以后会和黄铜反应。

因此，能得出的唯一论断就是产品在试验条件下不会腐蚀铜。用这个方法来测定活性并不恰当的，对于硫化产品的性能来说活性是主要的方面(参见9.4.1.1.3)。

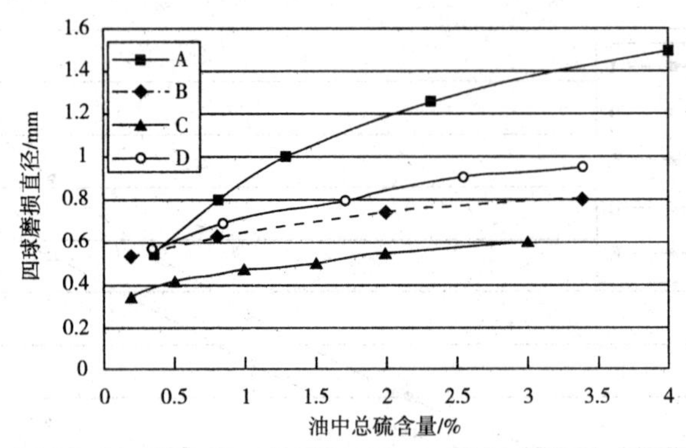

类型	总硫量	活性硫	活性(ASTM D－1662)/%
A烃	40	36	90
B烃	20	5	25
C甘油三酸酯	10	0.5	5
D甘油三酸酯	18	10.5	58

图表9.3　活性对抗磨性能的影响

9.4.1.1.5　抗氧剂

低活性硫含量的硫化产物可以适当地改善润滑剂的抗氧化性能。这对于加氢裂化生产的基础油来说特别重要，因为加氢裂化得到的几乎都是无硫的基础油。在这些润滑油基础油在生产时，天然硫会被除去(主要是活性的杂环硫)。非活性硫载体的再次引进提高了润滑油的氧化稳定性，特别是与其他的辅助抗氧剂结合起来使用。

9.4.1.1.6　润滑性

润滑性能可以描述为低负荷条件下降低摩擦，在这种情况下，物理吸附润滑膜是有效的(参见9.4.2.1.4极压部分)。非活性的硫化甘油三酸酯广泛地用来改良润滑剂的润滑性能。一般来说，硫载体的润滑性随着极性的增加而增加。硫化烯烃(没有润滑性) < 硫化酯(中等润滑性) < 硫化甘油三酸酯(高的润滑性)。提高润滑性的特别产品是以具有协同作用的原料混合物为基础的，如甘油三酸酯/长链醇、甘油三酸酯/脂肪酸和甘油三酸酯/烯烃。

9.4.1.1.7　颜色

硫化物的颜色主要受生产方法和原料来源的影响。浅色不仅是一个外观问题而且是一个质量特征。浅色产品通过高压硫化氢生产或者硫醇氧化工艺生产，并没有保留不饱和双键，因此，一般具有较好的氧化安定性。

9.4.2 物理性质

9.4.2.1 添加剂结构对性质的影响

9.4.2.1.1 原料

原料的选择和生产过程决定了化合物的化学构造，硫化产品的物理性质取决于化学结构，如表9.2所述。

表9.2

硫化产品的物理性质

项目	酯	甘油三酸酯	烯烃
聚合性	低	高	非常低
溶解性	好	相当好	非常好
极性	中等	高	低
黏度	低	高	非常低
生物降解性	好	优	差

9.4.2.1.2 聚合

在硫化过程中，原料的分子通过硫连在一起，两个或更多的原料分子连一起主要取决于原料的结构。甘油三酸酯，如猪油、黄豆油，确实能聚合而形成固体，如果聚合作用没有受到酯或烯烃这样只含有一个双键的链终结物质控制，将会形成橡胶状产品。只有一个双键的烯烃并不聚合。两个分子硫链连接，硫链的长度取决于生产过程。酯是相似的，但由于天然酯中不饱和化合物的数量在不断改变，一些聚合作用会发生。相对于浅色、完全饱和的化合物来说黑色的硫化产品不但表现出更低的氧化稳定性，而且在生产过程完成之后继续发生聚合反应。

9.4.2.1.3 溶解性

溶解性是极性产品的主要特点。极性按烯烃＜酯＜甘油三酸酯的顺序增大，其溶解性逐渐减小。极性与聚合程度一样决定溶解性。一般来说，硫化烯烃在溶剂和所有的矿物油中具有优良的溶解度。根据硫化方法的不同，如果聚合程度在生产过程中被控制的话，酯具有良好的溶解性，它甚至在API Ⅱ类和Ⅲ类基础油中能表现出好的溶解能力。一般说来，硫化甘油三酸酯的极性高，溶解性受到限制。聚合程度对溶解性也起到非常大的作用。一个受控制的反应/聚合能生产出浅色的产品，能溶解在石蜡基基础油中，然而不受控制的聚合反应将会生产出深色的产品，只能溶解在高极性和高芳香族含量的油中，比如环烷基基础油。

9.4.2.1.4 极性

极性决定硫化产品对金属表面的吸附。极性取决于用于硫化的原料。分子的有机部分决定了极性和硫化产品对金属表面的亲和力[35]。极性按硫化烃＜硫化酯＜硫化甘油三酸酯的顺序增大，其对金属表面的亲和力(物理吸附)也增大。因此，相对于以低极性酯或无极性的烯烃为基础的硫载体来说，以甘油三酸酯、脂肪酸或醇为基础的硫化产品能提供更高的润滑性能。

9.4.2.1.5　黏度

硫化产品的黏度取决于硫化时使用的原料和聚合程度，高聚合度(分子量)就会导致高的黏度，原料决定硫载体的黏度指数(Ⅵ)。短链硫化烯烃表现出低的黏度指数，硫化甘油三酸酯的黏度指数大于200。

9.4.2.1.6　生物降解能力

按原料和硫化过程的不同，硫化产品范围从不具有生物降解能力到具有很好的生物降解性。除了原料，生产技术起了很重要的作用。催化剂的使用、原料的杂质和合成期间产生的副产物对生物降解能力有很强的影响。因此，生物降解能力不能够预测，必须对每一个单一产品进行试验。具有生物降解能力的硫载体可以应用于不同的领域[38]。

9.4.2.1.7　稳定性

除硫化氢和硫醇外，硫载体中的双键参与了反应，从而达到储存安定性的要求。尤其是硫醇，还有硫化氢，在硫化过程中要被分离除去，如果 H_2S 或硫醇不能完全除去，它们在最后的应用中将会在苛刻的工作条件下蒸发，甚至在较差的储存状态之下也可以蒸发。根据原料和硫化反应过程的类型，一些硫化产品在储存期间继续聚合。尤其是甘油三酸酯，在高压条件下与升华硫化合，在储存期间会表现稳定，有时也会发生很强的聚合反应。

9.5　在相关应用领域的性能数据比较

9.5.1　金属加工

9.5.1.1　切削/成形

原则上，我们必须了解所有在磨削磨损(如切削加工)和粘着磨损(新生边缘)中的切削过程。这些磨损类型之一的加工参数非常重要，并取决于实际操作过程。在低加工速度比如大部分的成型操作中，粘着磨损(冷焊)等新生边缘的形成和磨损决定了工具寿命。在高速和增加接触温度的操作条件下，磨削磨损决定了工具寿命。添加剂的反应能力依赖于温度和压力。现场试验和实验室试验表明，不同类型的硫载体(硫含量相同，但原料不同和/或生产过程不同)在金属加工操作中表现出明显不同的结果[39]。

9.5.1.2　硫载体对金属加工的作用

在金属加工过程中能满足技术和生态上要求的硫化产品。为了避免粘着和防止粘着磨损，并提高润滑性，硫化产品已成功的应用了80多年。在切削操作中，他们的主要功能是维持切削并且在成型过程中避免工具的磨损，硫化产品应该可以形成一个具有稳定压力的润滑膜并且阻止粘着磨损。

9.5.1.3　替代硫升华

过去在金属加工液中通过溶解升华硫来获得高的反应活性和好的极压性能是非常普遍的。这一步骤的花费是非常大的，因为必须严格控制低于硫的熔点的温度之下，并且有很多缺点，比如，溶解度的限制(最大0.8%的S)、稳定性的限制(硫析出)和对黄铜的高腐蚀性。同时，存在产生 H_2S 的危险，因为它是众所周知的具有臭鸡蛋气味的高毒性气体。今天这一过程被硫化产品广泛替代。如果反应需要，可以使用总硫量和活性硫含量高的硫化烯烃，虽然当使用一个适当的硫化产品的化合物时，调节任何的活性/润滑性的比值都是可能的。

9.5.1.4 铜腐蚀

根据加工过程和金属机械要求控制黄铜的腐蚀。如果需要对黄铜具有非活性(不污染铜)，使用完全非活性的硫化产品和黄铜减活剂共同使用的中等活性的硫载体是很重要的。活性硫产品的活性在短期内能被抑制，但在长期内又会变成活性的。

9.5.1.5 替代氯化石蜡

替代氯化石蜡的驱动力主要是生态和毒性方面的考虑。用户和废油处理厂对氯化石蜡的分解产物的腐蚀性特别关注，尤其是会分解出盐酸。

硫化石蜡的使用是由于它在低温、中等压力下都可以形成高持久性的润滑膜。在高温高压的条件下，分解形成氯化氢，进而与金属反应形成氯化铁[39]。

可用硫化产品替代氯化石蜡，根据含氯化合物在使用过程中所起的作用特点，例如润滑性或活性，可用合适的相应硫化产物代替。润滑性主要是被高极性、非活性的硫化物所覆盖(参见9.4.1.1中的润滑性)，也就是活性被反应的硫化烯烃或混合硫化烯烃/甘油三酸酯所覆盖。

9.5.1.6 替代重金属

重金属，特别是铅、锑、钼和锌化合物在苛刻的金属加工过程中作为极压和抗磨添加剂使用。已经证明硫载体是适合的替代品，特别是当它与具有增效作用的化合物一起使用时，这些具有增效作用的化合物是聚酯、磷酸酯、二烷基二硫代磷酸盐和磺酸盐。

9.5.1.7 降低轧制油中的残炭

用于钢冷轧的硫载体在退火过程中应防止金属板表面产生残炭。残炭是轧制油中的添加剂产生氧化/聚合作用而形成的。因此，典型的轧制油含有巯基的边缘抗弯和减少碳生成的添加剂[40]。润滑剂的清洁燃烧对于获得一个清洁的金属表面来说是重要的，润滑剂在随后的过程中能均匀地在金属表面覆盖一层。

在这一应用领域中的典型产品是具有低到中等活性的硫化烯烃或非活性的硫化甘油三酸酯。

9.5.1.8 水混溶金属加工产品

用于与水混溶金属加工系统的硫化产品，根据硫载体的类型、润滑性能提供的极压性能。到目前为止，最大的应用是溶解油或乳状液。标准的硫化产品并不是水溶性的。必须使用表面活性剂来维持乳液中硫载体的稳定性。与在非水基系统中的应用相比，水基系统需要水解性能稳定的产品，而且这种产品在相对较低的温度下就能够反应。因此，活性的硫化烯烃，尤其是五硫化物，被广泛的用于这种场合。硫化酯和甘油三酸酯也有使用，尤其需要更好的润滑性时。专门的硫载体是硫化脂肪酸和硫化烃的反应产物。这些硫载体具有高的乳化性能、相对较高的的水解安定性和活性。直链硫化脂肪酸，如用于半合成的金属加工液的硫化油酸，硫化脂肪酸将会与碱性化合物，比如胺或氢氧化钾反应形成皂。这种皂是水溶性的而且比硫化烯烃需要更少的乳化剂。然而，硬水稳定性能成为这类硫载体的一个问题。

9.5.2 润滑脂

对于重负荷机械部件，需要使用极压和抗磨添加剂来防止材料的损失和摩擦副表面的破坏。较旧的技术仍然使用典型的以短链烯烃(如异丁烯)为基础的齿轮油硫载体，这些硫载体提供了一个高的硫含量，但是它们独特又强烈的气味使其不能在开放式润滑系统中使用。

在润滑脂中通过使用黄铜减活剂或硫清除剂的方法掩饰硫化物的活性几乎是不可能的，非活性硫化物被广泛用作润滑脂极压添加剂，特别是在很宽的范围使用的润滑脂，要使用真正的非活性硫载体，因为黄铜被广泛用作摩擦副(如黄铜保持架轴承)。除此之外，对各种类型润滑脂的高温稳定性要求提高也需要具有非活性和氧化安定性的硫化产品。用于润滑脂的典型的硫载体如表 9.3 所示。

表 9.3

润滑脂中典型的硫化产品

类型	总硫量	活性硫	特点
甘油三酸酯	8 ~ 12	0.5 ~ 3	主要为非活性，有限极压性
甘油三酸酯	13 ~ 15	4 ~ 7	主要为活性，几乎不能长期抑制铜腐蚀，优良极压性
烃	45	10 ~ 15	高极压性，有明显气味，仅用于全封闭系统
甘油三酸酯/烃	15	4	主要为非活性，高极压性
酯	9 ~ 11	1 ~ 3	主要为非活性，有限极压性，优良低温泵送性

硫化产品也用来代替传统上被用作润滑脂极压剂的重金属化合物，这类重金属化合物除具有优良性能外，也表现出一些缺点，如锑和铋化合物具有腐蚀铜的缺点，而铅化合物有毒，因此，许多产品已经被特制的硫化产品替代，要么直接代替，要么是和具有协同作用的化合物联合使用进行替代，比如二烷基二硫代磷酸盐、磷酸酯或高碱性磺酸盐等[41]。硫化产品也用于在等向万向节中使用的润滑脂(CVJ)[42]。硫化物与含钼化合物结合具有很好的效果[如二烷基二硫代氨基甲酸钼(MoDTC)、二硫代磷酸钼(MoDTP)、有机钼盐]，由于含有硫元素，因此可保持润滑性，也能在摩擦区域形成非活性二硫化钼。

在环境敏感应用领域中，对极压润滑脂的需求不断增加，比如铁轨边缘的润滑、铁路道岔和农业设备(拖拉机或棉花采摘机轴)。一些硫化产品具有生物降解能力，并且表现出了优良的生态学性能。因此，在这些领域中，硫化产品在提高极压和抗磨性能方面胜于含有重金属的化合物。

9.5.3 工业用油

硫化物作为极压抗磨添加剂在工业润滑油中的应用越来越多。

9.5.3.1 工业齿轮油

在这一应用中的典型的硫载体是短链的硫化烯烃。硫化异丁烯或硫化双异丁烯在工业齿轮油中被广泛地作为极压添加剂使用。硫化异丁烯在几乎所有的工业齿轮油复合剂中作为极压添加剂使用已长达数十年之久。高的硫含量、相对较低的活性硫水平是理想的产品。但是，这些产品有非常独特的气味并且根据生产工艺含有氯化合物。新近开发的是以长链硫化烯烃为基础的硫化产品。对润滑性能有特别要求的特种产品是以硫化甘油三酸酯或硫化烯烃和甘油三酸酯的混合物为基础的硫化产品。

9.5.3.2 导轨油

导轨油是齿轮油中一个特别的类型，要求具有很高抗黏滑吸附性能。除了在摩擦系数上的严格要求外，也要求与金属加工乳化液具有相容性和乳化分离性。非活性的硫化甘油三酸酯用来适当减少摩擦系数。但是，这些产品大部分很容易乳化，由于不能满足抗乳化性的要求，因此配方外延受到了限制。现代的导轨油是以抗乳化的硫化烯烃/甘油三酸酯的产品为基础的，这些产品具有低摩擦系数、良好的抗乳化性能和高的极压性能等优点。

9.5.3.3 液压油

对于热稳定性要求比较缓和的液压系统，有可能使用非活性的硫载体。典型的产品是硫化烯烃、硫化甘油三酸酯及其混合物。

9.5.3.4 多功能润滑油

多功能的润滑油不只在一个润滑领域中应用。对这类润滑油的需求不断增加，特别是在金属加工行业中。由于这类润滑油常常用于不同的领域，而这些应用领域有时又具有不同的性能要求，因此使用多功能添加剂是重要的。根据综合性能要求，硫载体可作为极压剂、抗磨剂或润滑性添加剂(表 9.1 和表 9.2)。多功能润滑油几乎在配方中兼顾了各种性能。例如，金属加工机械就要求有齿轮油/工艺油的综合性能，因此要求仔细调整添加剂配方，特别是极压性能。具有中等活性和硫清除剂的硫载体广泛应用于这个领域。

9.5.3.5 农业中的应用

用于农业方面应用的润滑油可能滴在土壤中，可能是因为机械设计，也可能是因为液压和传动系统的泄漏导致。因此，具有环境兼容性和低害的润滑油的需求逐渐增加。硫化产品在这个方面的应用是很理想的。硫化产品能被设计符合所需性能和生态学的要求(如生物降解)。户外设备广泛使用的润滑油是以植物油类为基础的(如大豆油、棕榈油、菜籽油、向日葵油)。在这些应用中主要是基于植物油的硫载体和严格控制生产工艺合成的硫载体。典型的硫载体在农业上的应用见表 9.4。

表 9.4
农业应用中的硫载体

硫载体添加剂类型	应用
酯，非活性	齿轮用润滑脂(NLGI000 系列)，棉花采摘轴润滑油
甘油三酸酯，非活性	齿轮润滑剂，液压油，轴承润滑脂，底盘润滑剂
甘油三酸酯，中等活性	齿轮润滑剂，链条和链锯润滑剂
烯烃，非活性	齿轮用润滑脂(NLGI000 系列)，棉花采摘轴润滑油
甘油三酸酯/烯烃，非活性	齿轮润滑剂，液压油，轴承润滑脂，底盘润滑剂

9.5.3.6 汽车方面的应用

美国专利 4394276 和 4396277 透露，各种不同的含硫烷烃二醇与润滑油配合使用可有效降低内燃机的燃油消耗。一般来说，具有非活性和氧化安定性的硫化烯烃产品在降低发动机中的摩擦方面是有效的。它们不仅能够提供抗磨和减摩性，而且还具有抗氧化性。然而，它们这一应用领域中不能够替代多功能的二烷基二硫代磷酸锌。

除曲轴箱应用之外，硫化产品对于汽车齿轮润滑剂更为重要。自从 20 世纪中叶以来，几乎每个用于汽车的齿轮油产品都使用了硫化异丁烯。硫化异丁烯的特点是它的硫含量高、氧化安定性好和腐蚀性小，但缺点是非常独特的气味和低的润滑性。

硫化酯和甘油三酸酯用于特殊的变速箱液体来调节黏滑性。这些硫载体也在汽车领域的其他方面得到了应用。

9.5.4 与其他添加剂的协同作用/兼容性

硫化产品能够与在润滑油中应用的大部分添加剂相容。只是必须避免强酸和强碱与硫载体的结合。

9.5.4.1 ZDDP

二烷基二硫代磷酸锌在不同的应用场合下都能与硫化产品结合使用，其主要功能除作为抗磨和抗氧剂外，还具有稳定的协同作用并可改进硫载体的铜腐蚀作用，这些性质在 ASTM D-130种铜腐蚀实验中可以得到验证(表 9.5)。

除此之外，ZDTP 对改进硫载体的气味产生较好的影响。

表 9.5

ZDTP 对铜腐蚀的协同效应

类型	总硫量	活性硫	添加量/%	铜腐蚀 3H@100℃	铜腐蚀(+1.5%ZDTP)3H@100℃
甘油三酸酯	18	10.5	5	4C	3B
酯	17	8.5	5	3B	1B
甘油三酸酯	15	5	5	3A	1B

9.5.4.2 碱金属盐

硫化产品与碱金属盐结合时表现出非常强的协同效应，例如高碱值磺酸盐或高碱值羧酸盐[43]。特别是与高碱值磺酸钙或磺酸钠结合时，活性硫表现出很好的优点，如好的承载能力和抗磨性，这些添加及组合常常用在苛刻的金属加工润滑油中。

国际专利 WP87/06256 揭示，高碱值碱土金属盐或其与至少一种硫化有机化合物复配组合的添加剂对提高润滑脂的负载性能和齿轮的润滑性能具有意想不到的效果[41]，从今天的观点来看，高碱产品/硫化物组合在一些不锈钢的切削和成形加工中具有优点。但是这样的高碱性产品在于润滑脂和其他类型的酸性添加剂接触时，在兼容性方面存在很大的问题。当钙皂出现的时候，碱性清洁功能很快被消耗光并且需要更加频繁的补充。当高 TBN 的磺酸盐产生大量的氧化物灰烬时，对没有清洁的金属表面进行焊接几乎没有可能。

9.5.4.3 抗氧化剂

非活性的硫载体与胺类抗氧剂具有协同效应。这个效果在低硫或无硫基础油中很明显。活性硫化产品并没有这个协同作用。相反，活性硫化物使氧化安定性变差。表 9.6 表明了在相同的原材料中活性和非活性硫载体的氧化安定性(ASTM D-2272，旋转氧弹试验)特点。

非活性的产品提高了抗氧化安定性(250min)，是活性产品类型(120min)的两倍多。在和胺类抗氧化剂的结合中，相互协同的效应是明显的。非活性的硫载体提高胺类抗氧剂的抗氧化性能，不过活性硫载体却产生了一个相反的效果，降低了抗氧剂的抗氧化性能。

表 9.6

ZDDP 对铜腐蚀的协同影响

项目	基础油，经加氢裂化、脱蜡处理，不含硫/min	1.0%非活性烃，20%硫，5%活性硫/min	1.0%活性烃，39%硫，30%活性硫/min
基础油	40	250	120
0.2%胺类抗氧剂（烷基化二苯胺）	400	540	135

9.5.4.4 酯/甘油三酸酯

酯既可作为基础油，又可作为添加剂使用。筛选酯的类型和硫的化学性质来达到最佳性能是重要的，不饱和酯与活性硫表现出强烈的协同效应，而非活性硫却与饱和酯具有明显的协同作用。硫载体在饱和酯中的性能类似于在矿物油中的性能。在润滑油配方中广泛利用了这些协同作用的性能。

活性硫与不饱和脂或甘油三酸酯(主要的植物油或动物油，如棕榈油、菜籽油、松浆油、向日葵油和它们的酯)的结合广泛应用于所有类型的金属加工液中，无论是油基的还是水基的。这些产品的结合表现出了比单一成分更好的极压和抗磨性能。这个性能在四球试验中得到了验证(表 9.7)。

表 9.7

酯对极压和抗磨性能的协同作用

含 40%硫的硫化烯烃，36%为活性硫	三羟甲基丙烷油酸酯	四球烧结负荷/N DIN 51350 第二部分	四球磨斑直径/mm DIN 51350 第三部分
1.5%	–	2800	0.8
–	5.0%	800	0.6
1.5%	3.5%	3200	0.55

活性硫/不饱和酯的结合的其他应用是农业设备中的重负荷齿轮油、环境友好的链条和链锯润滑油(见 9.5.3.5 农业方面的应用)。

如果铜腐蚀已经出了问题，中等活性的硫化产品与不饱和酯的结合表现出优越性。这类硫载体具有足够的活性来产生协同作用，但对铜腐蚀的问题可通过加入适当的黄铜腐蚀抑制剂来控制。

除了提高极压和抗磨性能外，非活性的硫载体还能提高抗氧化性能。

饱和酯用在要求氧化安定性比较好的地方。在饱和酯中硫化产品的性能是可以与在矿物油中的性能相媲美的。非活性的硫化烯烃和硫化甘油三酸酯及其混合物，作为典型的添加剂用在饱和酯为基础的润滑油中。

9.5.5 成本效益

硫化产品涵盖了从低到高的各种价格。根据类型和处理水平的不同，硫化产品在润滑油中是一个主要的价格因素。然而，硫载体的使用能够使加工过程正常进行，并且克服在成本效益方面用其他的添加剂不能解决润滑问题。举例来说，当使用硫载体代替酯和氯化石蜡有可能提高机器速度和生产能力。根据硫载体的类型，其他在配方中普遍使用的添加剂，如酯或黄铜失活剂能节省出来。与重金属或含氯的润滑剂相比较，废油的处理费用很低。

除了直接节省费用以外，由于较高的生产能力和较低的处理费用，因而成本效率较高，这是第二个成本因素。与一些传统使用的极压添加剂比较，如氯化石蜡(形成 HCl→锈)、高碱值磺酸盐(脱脂困难、和其他的添加剂不相容)或含有重金属的添加剂(形成残留物)，一般来说，硫化产品表现出了较低成本效益。

9.6 制造和市场营销

9.6.1 制造商

Afton(美国)

Arkema(法国)

DAI Nippon Inc.(日本)

DOG - Chemie，(德国)

Dover Chemical Corp.(美国)

Elco(美国)

Harrison Manufacturing Company(澳大利亚)

Hornett(英国)

Lubrizol(美国)

Miracema Nuodex(巴西)

PCAS(法国)

Rhein Chemie(德国)

另外，一些润滑油制造商仍然生产硫化深色产品供自己使用，而且一些地方的硫化厂也硫化常用性的产品。

9.6.2 市场营销

一般来说，制造商也销售产品。一些地方的制造商买来硫化产品并把硫化产品与酯或矿物油混合，然后用他们自己的商标卖这些混合产品。硫载体是中间产品而不是消费产品。

9.6.3 经济分析

市场价格的改变取决于原料、生产过程和产品的性能水平。低质量、黑色的硫化脂肪具有独特的气味和有限的稳定性，因此其售价低于 1.6 $/kg。高性能、高品质、低气味、浅色的产品，其价格超过 4.0 $/kg。不仅原料，而且更多的是生产过程决定了硫化产品的价格。举例来说，用二氯化硫和典型的齿轮油硫载体进行硫化，随后必要进行的清洗步骤比脂肪和升华硫进行的硫化更贵。

9.6.4 政策法规

9.6.4.1 竞争压力

政府法规并不关心硫化产品的用途，但根据生产厂的位置，制定严格的法规和排放标准。因此，在具有较强或较弱环境意识的国家之间产生了很大的竞争性。生产技术特别是低排放技术是增加成本的主要因素。

9.6.4.2 产品区分

除了一些商品之外，主要从质量和性能上对硫化产品有一个明确的区分。区分的第一个标准是颜色，然后就是硫含量、原料和气味。因为许多产品是定制的：有的是具有特殊性能，有的是满足不同使用条件下的特别性能，所以把产品进行分类几乎是不可能的。以硫含量或原料基础的简单分类方法太粗略了，而且并没有考虑其性能。甚至以相同的原料为基础但是不同生产工艺制造的产品在性能上可能是完全不同的。

浅色、低气味、高性能的现代产品是硫化氢或是用硫醇进行硫化的，甚至可以从外观将其从常规硫化的深色、有气味的产品中区分出来。

9.7 展望

9.7.1 曲轴箱/汽车应用

不断降低发动机油磷含量和提高燃料经济性(即减少摩擦)的要求，将会给硫化学提供一个新机会。硫化产品已用于这一领域(见9.5.3.6节，汽车应用)。

9.7.2 工业应用

多功能的和多用途的润滑油是许多终端用户所希望的。硫化产品在这些类型润滑油中的应用有了很大的发展，而且产品已经工业化了。基于混合及充分平衡原料为基础的大多数浅色产品已在多用途产品方面获得了广泛应用。

替代几乎所有工业润滑油中的重金属和氯化石蜡是工业界广泛的共识，硫载体在对这些产品的替代起了举足轻重的作用。

环境兼容润滑油不断提高的要求已经使很多的润滑油配方随之发展，这些润滑油是以天然甘油三酸酯为基础的，如棕榈油、大豆油、松浆油及其酯。生物降解的硫载体在这些应用中作为极压和抗磨添加剂也可以起到辅助抗氧剂的作用。

9.8 趋势

9.8.1 目前的设备/规格要求

硫化产品是单一的成分，并不具备完全的复合性能，例如液压油或曲轴箱油。因此，硫载体用于各种各样的润滑油中，而不是在一个特定的设备中使用。同时，对于这些产品还没有国内或国际的规格标准，只是制造商按照与用户的协议建立了规格标准。

9.8.1.1 设备类型

前面已经提到，硫化产品(除了硫化异丁烯)的最大的用途是在工业应用中。金属加工液和润滑脂是仅次于工业齿轮油的硫载体使用领域，许多旧的设备仍然在使用中。在过去的三十多年中，许多中型和小型公司并没有更新金属加工设备。这些老式、耐用的设备经常在非最佳状态下低速使用。现代机械设备需要热稳定性好的润滑油，其基础油主要是深度精致的或全合成的油，热稳定性好的硫化产品和改善溶解性的非极性油显得尤为重要。

9.8.1.2　添加剂的使用

当今添加剂的使用在很大程度上取决于区域的技术需求和当地法规。在技术水平低下和很少关心环境的国家中，像氯化石蜡或重金属之类的添加剂常用于润滑油配方中，而且经常和硫化产品结合使用。而在另一些国家，其法规对润滑油配方和润滑油用户产生压力(含氯润滑剂的高处理成本、废水中的重金属含量限制等)，硫化合物起到了非常重要的作用。它们主要是极压添加剂，经常和磺酸盐、硫酸盐、磷酸酯、二烷基二硫代磷酸盐或羧酸盐复合来补充抗磨和润滑性能。

9.8.1.3　目前添加剂的缺点

所有在用的硫载体由于它们的热稳定性而受到限制。当分子破裂时，参与反应的硫会被释放出来，这是一个特征。然而，有一些添加剂在高温下使用，这种情况下，极压产品的快速分解是不理想的。对黄铜腐蚀是硫化物的另一个缺点。在高温下应用时，活性硫将会和铜反应形成硫化铜。

9.9　中期趋势

总的来说，润滑油发展的总趋势是经济型、生态性、毒性安全性。

9.9.1　金属加工

运转速度加快的设备、高压缩比的机器和减少步骤的加工过程都会导致润滑油温度提高。未来，金属加工润滑油的热稳定性和它们的毒性安全将是考虑的焦点。由于综合使用(润滑油用于加工过程和机械润滑)，添加剂需要在宽的温度范围内使用。一个趋势就是使用成型的操作代替复式的切削过程。因此，添加剂类型也会改变。

从性能和市场营销方面来看，极微量的润滑需要新的理念。润滑油的维护将会进一步减少。这个趋势再一次要求添加剂增加稳定性。

用于金属加工的硫化产品需要提高热稳定性能以及在高石蜡基础油甚至是合成油中具有好的溶解能力。生态方面和毒性方面的安全将是最基本的需求。改良的润滑性和与加工过程中的材料，比如清洗剂和油漆，要有极好的相容性是对现代变形加工润滑油的基本要求(如冷锻、深冲压)。

9.9.2　工业润滑油

合成润滑油如聚α-烯烃(PAO)、聚亚烷基二醇(PAG)、超高黏度指数的矿物油(XHVI)或合成酯，作为高性能工业润滑油的用量正在不断增大。较小的润滑油箱、设备部件尺寸的减小、提高性能会对润滑油提出高的要求。尤其在移动设备(挖掘机、割草机等)中，环保和无毒性的润滑油是需要的。减少维护的次数及较长的换油期需要更高的润滑油稳定性。

对新一代工业润滑油而言，硫化产品需要更高的热稳定性、低的铜腐蚀和在合成油中优良的溶解能力。

参考文献

1. Sellei, H., Sulfurized extreme-pressure lubricants and cutting oils, Part 1, *Petroleum Processing*, 4, 1003–1008, 1949.
2. Sellei, H., Sulfurized extreme-pressure lubricants and cutting oils, Part 2, *Petroleum Processing*, 4, 1116–1120, 1949.
3. Base for metal-cutting compounds and process of preparing the same, George W. Pressell, Houghton & Co. PA, US 1,367,428/GB 129132 (1921).
4. Byers, J.T., Patents show trend in extreme pressure lube technology, *National Petroleum News*, 28, 79, 1936.
5. van Voorhis, M.G., 200 lubricant additive patents issued in 1938 and 1939, *National Petroleum News*, 32, R-66, 1940.
6. Miller, F.L., W.C. Winning, and J.F. Kunc, Use of additives in automotive lubrication, *Refiner and Natl. Gas Manuf.* 20(2), 53, 1941.
7. Westlake, H.E., Jr., The sulfurization of unsaturated compounds, *Chemical Reviews* 39(2), 219, 1946.
8. Musgrave, F.F., The development and lubrication of the automotive hypoid gear, *Journal of the Institution of Petroleum* 32(265), 32, 1946.
9. Lubricating compound and process of making the same, Leonard A. Churchill, US 1,974,299 (1934).
10. Method of sulphurizing pine oil and data thereof. M.C. Edwards, J. Heights, J.V. Congdon US 2,012,446 (1935).
11. Method of sulphurizing terpenes, abiethyl compounds, etc. J.W. Borglin, Hercules Powder Company, Del. US 2,111,882 (1938).
12. Pure compounds as extreme pressure lubricants. E.W. Adams, G.M. McNulty, Standard Oil Company, IL, US 2,110,281 (1938).
13. Production of mercaptanes, K. Baur, IG Farbenindustry AG, US 2,116,182 (1938).
14. Sulphurized Oils, B.H. Lincoln, W.L. Steiner, Continental Oil, OK, US 2,113,810 (1938).
15. Lubricating Oil, E.A. Evans, C.C. Wakefield & Co Ltd., US 2,164,393 (1939).
16. Extreme Pressure Lubricating Composition, B.B. Farrington, R.L. Humphreys, Standard Oil Company, CA, US 2,020,021 (1935).
17. Lubricant composition, E.W. Adams, G.M. McNulty, Standard Oil Company, IL, US 2,206,245 (1940).
18. Lubricating Oil, J.F. Werder, US 1,971,243 (1934).
19. Lubricant containing organic sulphides, L.A. Mikeska, F.L. Miller, Standard Oil Development Company, US 2,205,858 (1940).
20. Compound lubricating oil, C. Winning, Westfield, D.T. Rogers, Standard Oil Development Company, US 2,422,275 (1947).
21. Mougay, H.C., and G.O. Almen, Extreme pressure lubricants, *Journal of the Institution of Petroleum*, 12, 76, 1931.
22. Baxter, J.P. et. al., Extreme pressure lubricant tests with pretreated test species, *Journal of the Institution of Petroleum*, 25(194), 761, 1939.
23. Schallbock et al., *Vorträge der Hauptversammlung der deutschen Gesellschaft für Metallkunde*, VDI Verlag, pp. 34–38, 1938.
24. Prutton, C.F. et.al., Mechanism of action of organic chlorine and sulfur compounds in E.P. lubrication, *Journal of the Institution of Petroleum*, 32(266), 90.
25. Lubricant, Herschel, G. Smith, Wallingford, Gulf Oil Corporation, PA, US 2,179,067 (1939).
26. Lubricant, E.W. Cook, W.D. Thomas, American Cyanamid Company, NY, US 2,311,931 (1943).
27. Forbes, E.S., Load carrying capacity of organo-sulfur copmpounds—a review, *Wear, Lausanne*, 15, 341, 1970.
28. Process for producing sulfurized olefins, A.G. Horodysky, Mobil Oil Corporation, US 3,703,504 (1972).
29. A sulphurised mixture of compounds and a process for ist production, Ingo Kreutzer, Rhein Chemie Rheinau GmbH, GB 1371949 (1972).
30. Cross-sulfurized olefins and fatty monoesters in lubricating oils, B.W. Hotten, Chevron Research Company, CA, US 4,053,427 (1977).
31. Metal working using lubricants containing basic alkali metal salts, J.N. Vinci, The Lubrizol Corporation, OH, US 4,505,830 (1985).
32. Prof. Hugo, Rhein Chemie Rheinau GmbH internal studies, Freie Universität Berlin, 1980.

33. Korff, J., *Additive fuer Kuehlschmierstoffe, Additive fuer Schmierstoffe*, Expert Verlag, Renningon Germany, 1994.
34. ASTM D 1662, Standard Test Method for Active Sulfur in Cutting Oils.
35. Fessenbecker, A., Th. Rossrucker, and E. Broser. Rhein Chemie Rheinau GmbH—performance and ecology, two inseparable aspects of additives for modern metalworking fluids, TAE, International Colloquium, 1992.
36. Allum, K.G. and J.F. Ford. The influence of chemical structure on the load carrying properties of certain organo-sulfur compounds, *Journal of the Institute of Petroleum*, 51(497), 53–59, 1965.
37. ASTM D-130, Detection of Copper Corrosion from Petroleum Products by the Copper Strip Tarnish Test (2000).
38. Roehrs, I. and T. Rossrucker, Performance and ecology—two aspects for modern greases. *NLGI Annual Meeting*, 1994.
39. Rossrucker, T. and A. Fessenbecker, Performance and mechanism of metalworking additives: new results from practical focused studies, Rhein Chemie Rheinau GmbH, *STLE Annual Meeting*, 1999.
40. Deodhar, J., Steel rolling oils—cold rolling lubrication, the metalworking fluid business, The College of Petroleum Studies, December, 1989.
41. Vinci, J.N., Grease and gear lubricant compositions comprising at least one metal containig composition and at least one sulfurized organic compound, The Lubrizol Corporation, OH, International Publication No. WO 87/06256, 1987.
42. G. Fish. Greases, GKN Technology Limited, WO 94/11470, EP 0668 900 B1, 1994.
43. Vinci, J.N. Metal working using lubricants containing basic alkali metal salts. The Lubrizol Corporation, OH, US 4,505,830 (1985).

（四）黏度控制添加剂

10 烯烃共聚物黏度指数改进剂

Michael J. Covitch

10.1 引言

烯烃共聚物(OCP)黏度改进剂是油溶性共聚物，其中通常含有乙烯和丙烯或许还含有第三单体，也可能是一种非共轭二烯，由于它们较高的增稠效率和较低的成本，它们占据发动机润滑油黏度指数改进剂市场的主要份额[1]。20 世纪 60 年代后期埃克森美孚公司首次将 OCP 作为润滑油添加剂。由于 OCP 的化学性能和物理性能继续完善，低温流变性、增稠效率和散装装卸特性都得到了提高。关于 OCP 黏度改进剂已经发表出版了很多很好的综述[1~3]。本章是对这类重要的润滑油添加剂的结构、性质和性能等的最新论述。

10.2 烯烃共聚物的分类

有很多途径可以对烯烃共聚物黏度指数改进剂进行分类。从用户的角度来看，烯烃共聚物是以固体或者液体浓缩物的形式供应市场的。固体的物理状态依赖于几个因素，主要决定于乙烯/丙烯的质量比。当乙烯/丙烯的质量比在 45/55 ~ 55/45 范围内，室温下材料是无定形的冷流体。因此，这种烯烃共聚物常常采用大包装销售，包装在硬箱子里来保持它大包装的形态。当乙烯/丙烯的比例高达 60/40 时，共聚物在自然状态下变成半结晶态并且在常温下不会冷流。因此，大块小块都可以生产。

烯烃共聚物矿物油的液体浓缩物只有橡胶含量足够高才能提高运动黏度，100℃的时候在 500 ~ 1500cSt(mPa · s)范围内。一种典型的黏度/浓度关系如图 10.1 所示。

通过前面的讨论，烯烃共聚物也可根据结晶性来分类，用 X - 射线衍射法或差示扫描量热法进行测试。结晶度对流变性能的影响将在 10.5 节中讨论。

剪切稳定性是 OCP 黏度改进剂分类的另一个参数，OCP 黏度调节剂根据它来分类。当液体的流动场产生拉伸力的时候，聚合物分子量越高，机械安定性越容易发生下降的趋势。这个主题将在 10.5.2.2.3 节中详细地讨论。

最后，化学官能团被接枝到烯烃共聚物骨架上，增强其分散性，抗氧化性和低温黏度。许多烯烃共聚物功能化的化学方法将在 10.3.3 节中讨论。

10.3 化学

10.3.1 齐格勒 - 纳塔聚合物的合成

虽然在 20 世纪 30 年代就已经(ICI 高压工艺)有合成高分子量聚乙烯的方法就已经商业

化，但聚合物中包含大量的短链和长支链，这些支化结构限制了生产高密度聚乙烯的能力。

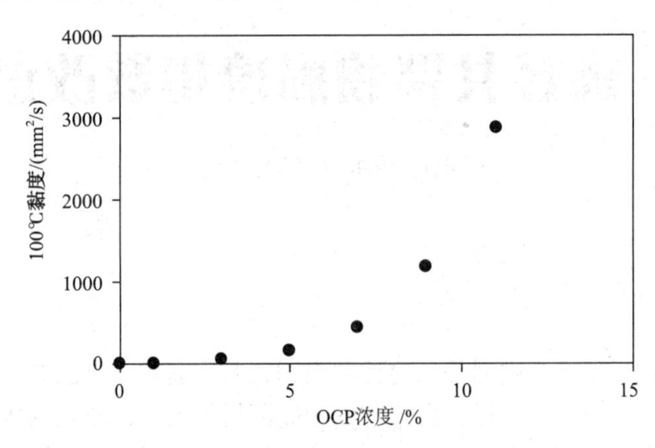

图 10.1　溶解在 100N 矿物油中的无结晶烯烃共聚物 50 循环剪切稳定性(PSSI)的动态黏度

(Minick, J., A. Moet, A. Hiltner, E. Baer and S. P. Chum, *J. Appl. Poly. Sci.*, 58, 1371～1384, 1995. 经约翰·威利数据库许可转载)

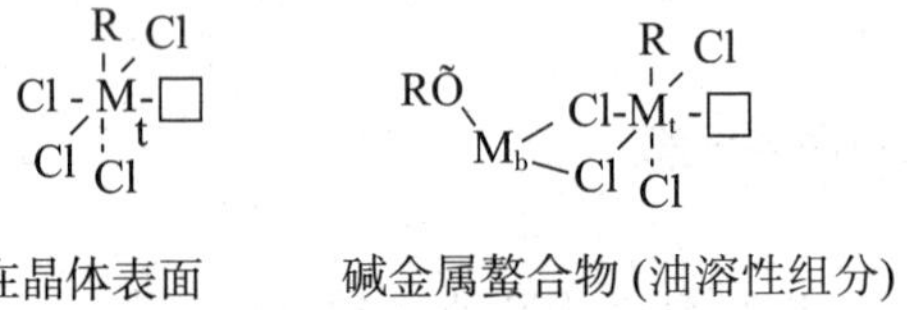

在晶体表面　　　　碱金属螯合物 (油溶性组分)

图 10.2　齐格勒－纳塔催化剂的活性中心

M_t = 过渡金属(例如 Ti)；M_b = 碱金属(例如 Al)。

(Adapted from Boor, J., Jr., 齐格勒－纳塔催化剂与聚合，学术出版社，纽约，1979.)

第一个可用于商业化的线型聚乙烯于 1953 年首次被齐格勒在低压下合成，紧接着纳塔实现了 α－烯烃的定向聚合[4]。他们成功的秘密就是发现了催化剂(即所谓的齐格勒催化剂或者齐格勒－纳塔催化剂)。这种催化剂是由卤化物和Ⅳ－Ⅷ族过渡金属(Ti、V、Co、Zr 和 Hf)的衍生物和Ⅰ～Ⅲ碱金属的烷基物生成的络合物。这种类型的一个典型的催化剂包含一个烷基铝和钛或者钒的卤化物，它们的通用结构如图 10.2 所示。电子供体，如有机胺、酯、磷化氢和酮，可用于提高反应动力学。最终，分子量的控制主要依赖于链转移剂如氢分子或者烷基锌的帮助[5]，这有效地终止了链增长并且不会使活性金属中心中毒。

齐格勒－纳塔催化的聚合可能是插入型配位聚合中具有有规立构或定向聚合最著名的例子。这种系统命名法被用来描述该机理，在配位催化剂的空间和电子特性控制下，烯烃单体插入到增长的聚合物链上。一种大家公认链的增长机理包括单体插入到过渡金属－碳键中间[4]。碱金属烷基化的主要目的是将过渡金属盐烷基化，从而使其稳定避免分解。正如 Boor[4] 所指出的，齐格勒－纳塔催化剂可以被改进用来生产不同无规度的共聚物，或者从一个不同观点看，是一种嵌段或者由两种共聚单体组成的嵌段共聚物。由于乙烯比丙烯具有更高的反应活性[4～7]，形成乙烯的长碳链比丙烯的长而有序的构成更加得到人们的偏爱。这可以用碳核磁共振光谱证明[8～13]。

齐格勒－纳塔催化剂是以非均相和均相两种形式存在的。非均相催化剂不能溶解于反应介质而是悬浮于流化床中。反应发生在金属络合物表面的暴露面。由于每一个晶面都有稍微不同的原子排列，每一个晶体表面根据单体插入量和分子量的不同也会产生稍微不同的聚合物链，从统计角度来说就是单体插入和分子量分布。因此，他们常常被称为多位点催化剂。均相齐格勒-纳塔催化剂可以溶于反应的溶剂中，因为所有分子作为潜在的反应位置，所以功能会更有效。因为催化剂没有被抑制在晶体基质中，它趋向于有比其他多相催化剂更多的“单一活性”。均相聚合产生的聚合物一般在微观结构以及分子量分布方面更均匀，因此这种聚合物更倾向于被用作黏度调节剂[1~4]。

非共轭二烯通常用于制造乙丙共聚物[被称为乙烯丙烯二烯单体(EPDMs)]来提供交联点(在非润滑应用)或降低橡胶的黏性，以便于生产和处理。某些二烯提高长链支化度[2,5,14,15]，进而增加橡胶平坦区的弹性模量。三元共聚物由于其干燥和包装处理更容易[1]。尽管有报道说乙烯基降冰片烯或降冰片二烯的低聚物在不降低稠化能力和剪切稳定性的情况下可以提高冷流性[15]，但是长支链的一个不利因素是跟具有相似分子量和共聚物组成的简单共聚物相比，它降低了对润滑油的增稠效率。

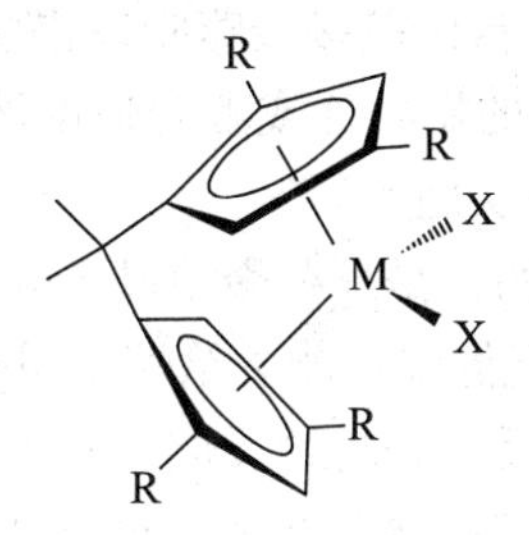

图 10.3　一般桥接的双环戊二烯基茂金属催化剂的化学结构

(M 是第四主族的过渡金属；X 是卤素或烷基自由基。)

(Rubin, I. D. and A. Sen, *J. Appl. Poly. Sci.*, 40, 523-530, 1990. John Wiley & Sons, Inc. 公司许可转载)

10.3.2　茂金属聚合合成

对控制聚合物立构规整性、组成和分子量分布达到更高水平的要求导致了活性茂金属催化剂的发展。尽管都知道齐格勒和纳塔，但是这个技术仍然被 Kaminsky 和 Sinn 在 1980 年重新发现，并被 Brintzinger，Chien，Jordan 和其他人[16~20]进行了更进一步的发展。茂金属催化剂由带有一个或两个茂环过渡金属(通常为第Ⅳ副族过渡金属：Ti，Zr，和 Hf)组成。最常用的活化剂是甲基铝氧烷(MAO)。很多变种被报道，但是最高水平的立体定向已经完成，这就是二环戊二烯茂金属化合物(图 10.3)[21]。茂金属相对于齐-纳催化剂催化效果好的一个主要的原因是茂环具有能跟 α-烯烃和其他单体配位并将它们聚合到乙烯链上的能力。

第一个商业化使用茂金属单活性点催化剂来制备的产品是杜邦-道弹性体 Plaquemine, LA facility，于 1996 年开始经营，使用的是陶氏化工®几何约束的催化剂[22,23]。该催化剂被描述为“第四主族的单环戊二烯茂金属和共价键连接的供电子配体形成的络合物，需要强路易斯酸体系活化，例如甲基铝氧烷……”，这项技术跟传统的齐格勒-纳塔生产工艺相比具有的一些优点已有报道。因为这种催化剂效率高、用量少，所以工艺中不要求去除金属或灰分的步骤。另外，通过这个化学反应生产的共聚物被报道分子量分布窄，增稠效率好、剪切稳定性高、共聚物结构可控性好。茂金属催化的聚烯烃和齐格勒-纳塔聚合物的不同在于前者主要包含不饱和亚乙基末端基团[24]。

10.3.3　功能化化学

传统上，OCP被加入到润滑油里以减弱黏度随温度降低的程度，换句话说，作为流变控制剂单独发挥作用。其他润滑油添加剂，例如无灰丁二酰亚胺分散剂，各种抗氧剂、清净剂、抗磨剂、消泡剂、摩擦改进剂和防腐蚀化合物，提供其他重要功能(分散污染物、保持发动机清洁、维持活塞环性能、防止摩损等)。多年以来就认为用同一分子便可以对某些性能和流变特征进行控制是可能的。一些报道说“分散剂和抗氧剂接枝到聚合物骨架上效果要明显优于它们单独被使用的效果[25]”。三种杂化材料已经被商业化，但是更多的是从专利文献中披露出来，它们包括分散型OCPs(D-OCPs)，分散抗氧型OCPs(DA-OCPs)和接枝OCPs(g-OCPs)。增加抗磨功能的也有报道[25,26]。

尽管文献里报道了很多接枝反应，两类接枝反应受到了广泛的关注。自由基接枝含氮单体或烷基甲基丙烯酸酯接枝OCP分子是一类；含氮单体例如乙烯吡啶、乙烯吡咯烷酮、乙烯咪唑常常在专利中被提到[28~33]。自由基接枝噻吩以提供抗氧功能也有文献报道[28~33]。接枝反应的实施发生在OCP分子溶解的矿物油或者合适的溶剂中[77,86,130,131]；无溶剂加工过程也报道了[28~33]，该反应在挤出机中实施。

烷基甲基丙烯酸酯单体的混合物，是那些聚甲基丙烯酸酯黏度指数改进剂中所用的典型单体，也可以接枝到OCPs[34]以提高低温性能。给烷基甲基丙烯酸酯混合物中添加含氮单体可以提供分散性能。一个常见的副反应是均聚反应，它可以通过过程优化而被降低到最低程度。含氮单体的均聚物一般难溶于矿物油并常常导致产品浑浊，并且会腐蚀含氟弹性体的密封件。然而烷基甲基丙烯酸酯均聚物完全溶于油。因此，当和含氮单体共聚时接枝工艺的优化是非常关键的。

第二类接枝反应包括两个步骤[25,35~47]。在第一步，马来酸酐或类似二酰基化合物在自由基引发剂、氧、热[54,77,86,130,131]等作用下被接枝到OCP链上；第二步，胺和醇和酐接触相互作用生成酰亚胺、氨基化合物或酯键。在许多方面，这种化学方法跟用于制造无灰丁二酰亚胺分散剂的方法类似。这个方法比自由基单体接枝好的有利条件是避免了均聚物的生成。专利文献描述了相关的功能化过程，在这些过程中高碱性的丁二酰亚胺分散剂中的伯氮或仲氮连接到马来酸酐接枝OCP分子上[49~52]。胺的衍生物噻二唑或酚的胺衍生物[25]，芳香多胺化合物跟马来酸酐接枝OCP反应得到抗氧性能高的添加剂[25]。

尽管马来酸酐是最常用的将功能基悬挂在OCP聚合物上的化学“钩”，还是有其他的方法也被报道[55~61]。更详细的阐述不在本章范围内。

另一个方法是通过三元共聚物中的非共轭二烯来将功能基接枝到OCP链上[26,62]。例如，2-巯基-1，3，4-噻二唑通过含硫基团加成接枝到三元乙丙橡胶中的乙叉降冰片烯的双键上。噻二唑基团可以为含有接枝OCP的润滑油提供抗磨、抗卡咬的特性。

10.4　制造工艺

两种聚合工艺(溶液聚合工艺和悬浮聚合工艺)被用于制造E/P共聚物黏度改性剂。在溶液聚合工艺中，气态单体在压力下被加入到有机溶剂(例如正己烷)中，形成的聚合物则留在溶液中。相比之下，悬浮聚合工艺中利用聚合物不会溶解在溶剂例如液体丙烯中。据报道[63]在悬浮聚合过程中，从聚合物中清除催化剂残渣是非常困难的，一些文献认为催化剂的含量很低，所以没必要清除催化剂[27]。

据报道[64]乙丙橡胶已经在一个流化床的气相反应器中成功生产出来。然而，对于生产低分子量等级的润滑油黏度改进剂，流化助剂例如炭黑是必需的。这样，气相过程并不适合制造 OCP 的黏度指数改进剂。

10.4.1 溶液聚合工艺

生产 OCP 黏度改进剂最常用的方法是溶液聚合，如图 10.4 所示[65]。它由四部分组成：聚合、聚合物分离、蒸馏和包装。在聚合过程，单体，有机溶剂例如正己烷以及可溶性的催化剂被加入到连续搅拌的聚合反应器中。在聚合过程中，聚合物溶解在溶液中导致反应介质黏度增加。为了保持良好的搅拌、单体扩散和热量控制，聚合反应器中聚合物的浓度被限定在 5% ~6%[27]。文献中报道[66]在这一反应系列中有多达 5 个反应器。从最后一个反应器出来的聚合物和水性速止液接触以终止聚合并除去催化剂，虽然当使用茂金属催化剂时由于它们高的反应活性和低的浓度[22]，这一步通常被省略。尽管共聚物依然在溶液中，增量油或抗氧剂可以被加入到其中。

在分离部分，文献中描述了三种技术。在最常用的方法中(见图 10.4)，聚合物与蒸汽絮凝，溶剂和未反应的单体被回收，纯化并被循环使用。含水的聚合物浆被机械脱水成颗粒状并被风干。第二个分离聚合物的非水方法描述如下：聚合物在一系列的溶剂去除步骤中被浓缩[67,68]，最后一步在液化挤压机中完成。第三个技术并不把聚合物作为一种固体分离，而是把聚合物溶解在矿物油中，然后把溶剂蒸馏掉，最终生产出液体 OCP 产品[2]。

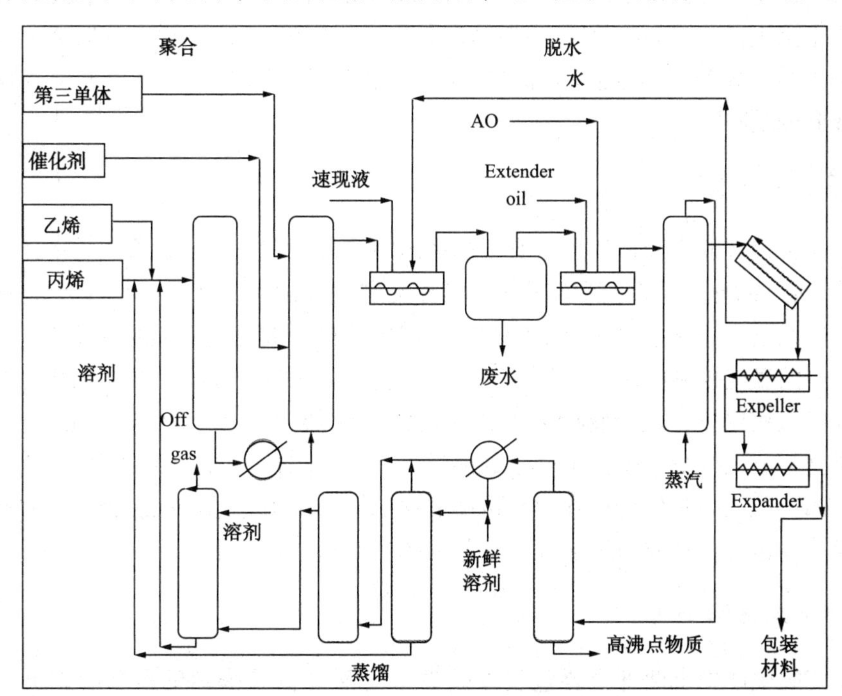

图 10.4 制造 EPDM 的溶液聚合工艺

(被收录在《烃加工》164，11 月，1981 年。)

另一种溶液聚合的聚合工艺是受到广泛关注的埃克森公司的管式反应器技术。其目的是合成一个跟单体组成不同的带有长嵌段的聚合物，作为黏度改进剂的聚合物[3,69~71]。制备单体和溶剂预混物的流程如图 10.5 所示。

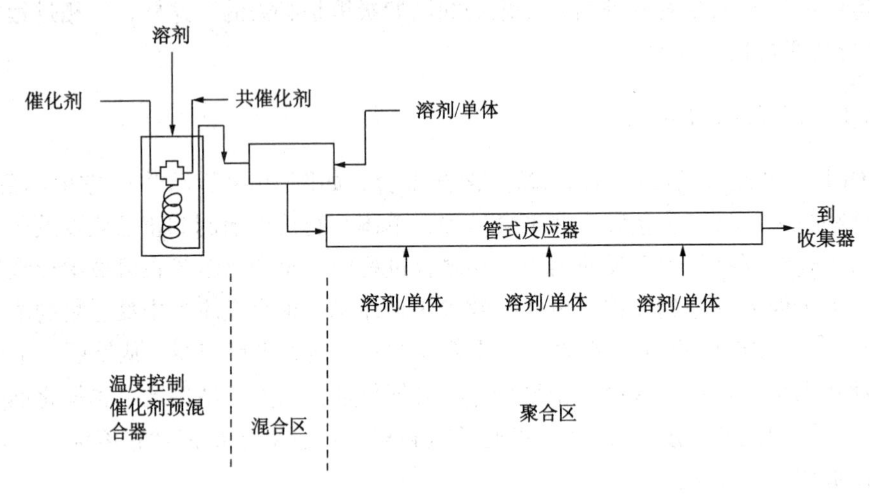

图 10.5　多嵌段乙烯 - 丙烯共聚物的管式反应器制备工艺

(美国专利：4874820，1989；美国专利：4804794，1989；美国专利：5798420，1998.)

将单体和溶剂预先与一个高活性的齐格勒 - 纳塔催化剂混合，在链转移及终止反应最低的条件下，计量注入活塞流反应器。乙烯或丙烯从不同的点被注射到管中来调节局部单体浓度和在不断增长的聚合物链中组成的分布，因此，与不同类型的 A - B - A 嵌段共聚物组份的流变学性能相比，Ver Strate 和 Struglinski 报道[12]："链段中高乙烯成分的链…低温下与小分子结合。"当高乙烯含量(可结晶)部分在末端、在较低的温度下可以形成聚合物网络，这可使得溶液形成凝胶结构。

10.4.2　悬浮聚合

乙烯和一个非共轭二烯，如果需要，和液态丙烯混合在一起，起着既是单体又是反应介质的作用[27,72]。在合适的催化剂存在下，聚合反应很快发生，产生不溶于反应介质的共聚物颗粒且悬浮在反应介质中。聚合反应过程中产生的热量被通过丙烯的蒸发所带走，于是提供了一种方便的温度控制办法。另外，因为聚合物不溶于反应介质，黏度仍然很低。因此和典型的溶液聚合相比较，聚合物的浓度比在悬浮反应器中要高 5 ~ 6 倍。在聚合反应器中，聚合物悬浮物与蒸汽接触，脱去未反应的丙烯，这些丙烯然后进行再循环。根据 Corbelli 和 Milani[72]，Dutral®乙丙胶聚合过程中不包括催化剂清洗步骤。悬浮在水相中的共聚物产品被脱水、干燥，并包装在和类似溶液聚合工艺制备的产品的包装里。

10.4.3　后聚合过程

今天在实际生产中有两种主要包装方式[64]。一种方法是隔离的聚合物被机械力压缩成矩形块。这些块状物常常被聚烯烃包装膜包裹起来以防止在贮存过程中相互粘结在一起和发黏的橡胶表面沾染杂质。典型的聚烯烃包装膜包括乙烯 - 醋酸乙烯共聚物、低密度聚乙烯和乙烯/α-烯烃共聚物。包装固体OCP胶的另一种方法是挤压聚合物，将熔融物通过水冷却的树脂切碎机，并烘干最终产物。这些球形的产品可以用袋子或箱子包装，也可以压缩成矩形包装。

橡胶的机械性能常常决定了采用什么类型的分离和包装工艺是最合适的。无定型乙丙共聚物经常是太黏以至于不能成功的完成一般的絮凝/干燥/脱水过程。通过利用低浓度非共轭二烯或其他的支化剂来引入长支链是[5,48,73]一种改变组分以提高其操作性能的方式。对不含官能团的OCP来说，这是商业级黏度调节剂中存在二烯烃的主要原因[2]。高乙烯含量(>60%[5])的共聚物常常是半结晶体，可以以小球形式进行包装。从某些方面说，这些球状物可能含有抗结块剂，使其不能凝聚。

另一种类型的制造法被用于制造低分子量的OCP黏度改进剂，但是难以用常规设备进行分离和包装。适当组分的一个高分子量原料被送进咀嚼压缩机或密炼机中，在热和机械能的作用下裂解成低分子量的物质[74~81]。多项专利技术描述使用氧[82~85]或自由基引发剂[86,87]来实现这一过程。

10.4.4 OCP液体浓缩物的制造

在固体的烯烃共聚物黏度指数改性剂被制造出来以后，它必须首先被溶解在油里然后才能有效地与基础油和其他添加剂混合均匀。第一阶段需要将橡胶加入到机械研磨机中[2]，然后将聚合物的碎末加入到被加热至100~130℃不断搅拌的高质量稀释剂油中，橡胶慢慢地充分溶解，如图10.1所示油的黏度提高。当然也可以高强度的均质器将胶直接送入高温高湍流强度的稀释油容器中，这个加工方法避免了预先研磨过程。

当固体聚合物以固体颗粒的形式被提供，橡胶可以直接投入到热的油里面，如果它们发生轻微的团聚，它们可以先经过低能量的机械研磨。

10.5 性能和特性

10.5.1 乙烯/丙烯比例对固体胶物理性能的影响

共聚单体中乙烯/丙烯的比例对橡胶的物理性能有着深远的影响。这些特性依次规定了包装物的类型产品(贮存时使用的容器)以及在销售和应用过程中应采用的方式。

碳核磁共振谱被广泛的用于表征乙丙共聚物的序列分布[88~93]。随着乙烯/丙烯比例的增加，乙烯-乙烯二单元组分提高了，图10.6中的数据可以证明。同时，乙烯/丙烯的单元组的总体部分下降了(正、反向插入的丙烯分别用P和P*表示)。这样邻近乙烯的平均长度随着乙烯含量的增加而上升。当乙烯的含量超过60%时，这些链长到足可以结晶，因而可用差示扫描量热法(DSC)或X-射线衍射法测试。

当结晶度超过25%，乙丙共聚物由于其在大多数矿物油中溶解度有限，变的不适合被用作黏度改性剂。由于丙烯含量接近于零，共聚物呈现出高密度聚乙烯的物理特性，由于其对油的惰性，它常作为发动机润滑油和其他车用油的复合材料。Minick等研究了茂金属乙烯/α-OCPs的微结构[94]。得出的结论是：低结晶度(<25%)样品相对短的乙烯序列能够

结晶成胶束或短的束状结构(图 10.8)。高度有序的形态如薄层或球状结构未曾发现。因此，半结晶 OCP 的物理性能介于聚乙烯和无定形乙丙橡胶之间。

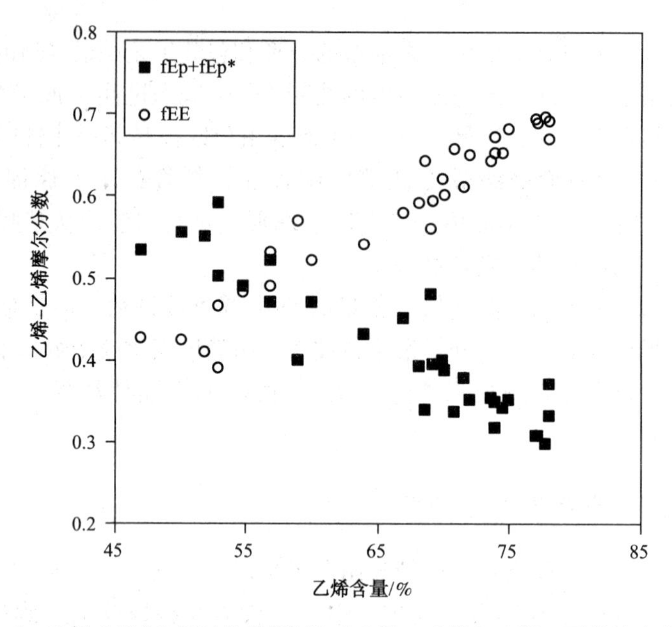

图 10.6　乙烯含量(%通过校磁测试)对乙烯-乙烯和乙烯-丙烯浓度的影响

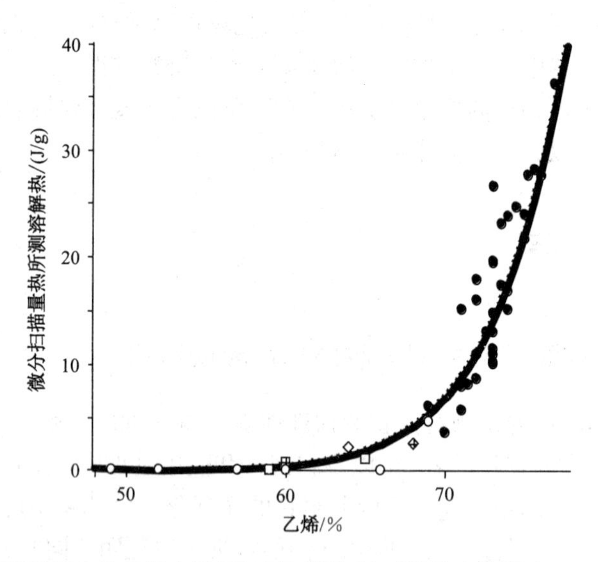

图 10.7　系列试验 EPDM 聚合物乙烯含量(通过核磁测试)对结晶度的影响(通过差示扫描量热测定)

聚乙烯在常温下是一种刚硬性、高模量固体。在环境常温条件下无定型乙丙橡胶是一种相对柔软的材料，会流动，它常常表现出黏而未干的感觉。黏的程度与分子量成反比，也能通过与长支链的结合而降低。这种固体胶在储存期间很容易被压缩并硬化。半晶质的烯烃共聚物在贮存时保持它们的形状但是接触时仍有轻微发黏的感觉。更高的压缩压力，较长的压缩时间和较高的终轧温度是成功的生产密集包装的必要条件。乙丙共聚物典型的物理性能总结在表 10.1 中。

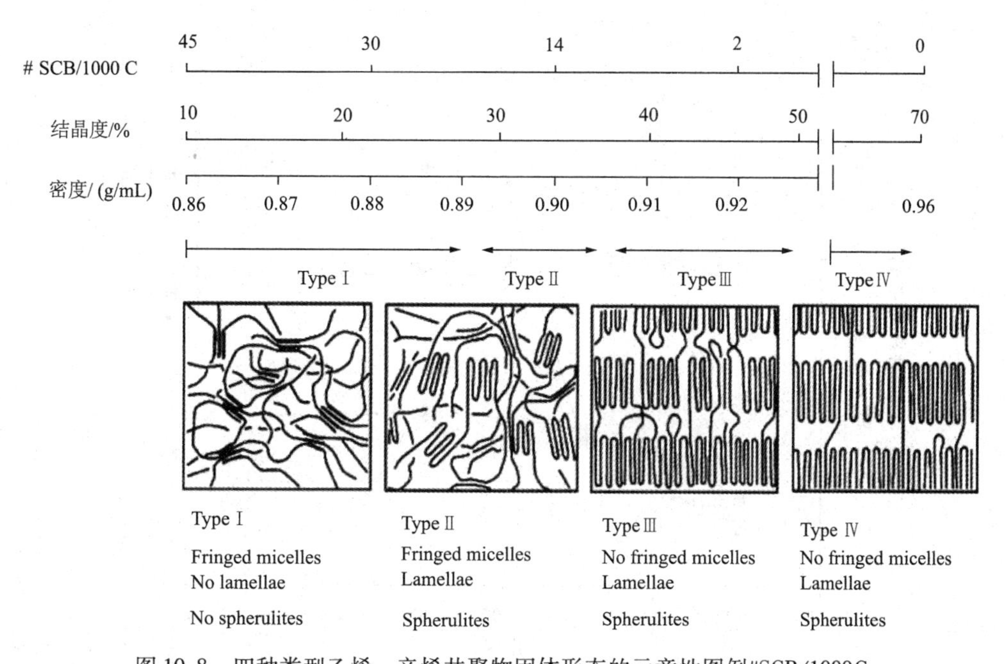

图 10.8 四种类型乙烯－辛烯共聚物固体形态的示意性图例#SCB/1000C被定义为每1000个主链碳原子上所连侧链的数目

（来自于参考文献 Minick，J.，Moet，A.，Hiltner，A.，Baer，E.，and Chum，S. P.，J. Appl. Poly. Sci.，58，1371－1384，1995。经 Wiley 数据库授权重印）

表 10.1

乙丙共聚物典型的物理性能

性能	特征值
密度/(kg/m^3)	860
比热容/(cal/g·℃)	0.52
热传导率/(cal/cm·s·℃)	8.5×10^{-4}
热扩散率/(cm^2/s)	9.2×10^{-4}
线性增大的热系数/(1/℃)	2.2×10^{-4}

来源：Adapted from Corbelli，L.，*Dev. Rubber Tech.*，2，87－129，1981.

10.5.2 共聚物组成对溶液流变性能的影响

10.5.2.1 低温流变性

Rubin 等[95~101]和别的一些研究者[102]测试了乙丙共聚物在不同溶剂中作为温度函数的本征黏度[η]（图 10.9）。本征黏度是在稀溶液中衡量聚合物线团尺寸的标准，对温度和非结晶 OCPs 相当不敏感。半结晶共聚物在温度下降到 10℃以下时它的本征黏度经历了急剧的下降。在此范围，聚合物开始结晶，实际上形成分子间的缔合而导致分子自身的收缩，但仍然保持足够的溶剂化物并悬浮在油溶液中。聚合物稀溶液的黏度遵循 Huggins 方程[103]。

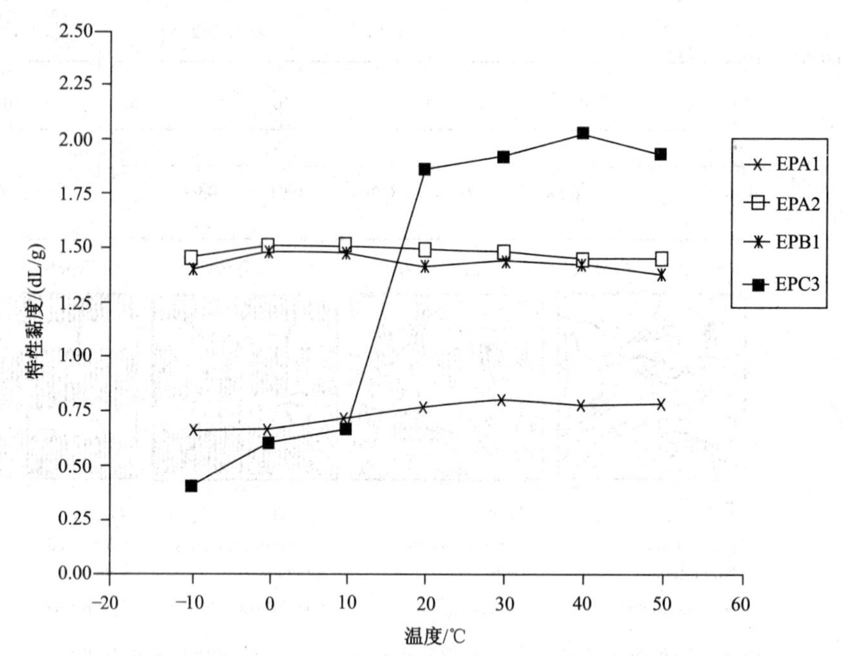

图 10.9　不同温度下乙烯－丙烯共聚物在 SNO－100 基础油中的特性黏度

$$\eta_{sp}/c=[\eta]+k'[\eta]^2c$$

式中　c——聚合物浓度，g/dL；

η_{sp}——特性黏度，$\eta_{sp}=(\eta-\eta_0)/\eta_0$；

η——溶液黏度；

η_0——溶剂黏度；

k'——常数。

因此，对于一种特定的润滑油组分，c 和 η_0是固定值，溶液黏度和温度依赖性是和本征黏度直接相关。

汽车润滑油的低温黏度是一个重要的流变特性。因为汽车在寒冷的天气启动时，轴承里的润滑油的黏度低于低温发动机启动试验测定的临界值[7]和所有冬用级 SAE J300[104]的定义值。冷启动模拟检测(CCS)，ASTM D 5293，是一个在指定低温下使用的高剪切流变仪，被设计用来模拟在启动过程中汽车轴承里油的流动状态。发动机启动后，润滑油必须也能自由的流进油泵和发动机的内部分配油管。这是发动机油的低温黏度规定的一个方面[104]。微型旋转黏度计(MRV)是一种低剪切速率流变仪，ASTM D 4684 是设计用来模拟车辆多级油在寒冷天气中大约空转 2 天后泵送特征的。SAE J300 还包含 MRV 的上限黏度和所有 W 等级的屈服应力。

然而，由于分子间的结晶机理从而导致溶液中聚合物分子尺寸的收缩，高乙烯含量黏度改进剂对黏度的贡献少于低温下相似分子量的非结晶或无定形共聚物。

因为这个原因，乙烯含量高于 60% 的乙丙共聚物中被称之为低温 OCPs 或者 LTOCPs。两个 LTOCPs 和一个常规 OCP 黏度调节剂在一些 SAE 5W－30 油配方中的流变性能对比见图 10.10 和图 10.11。这些数据证明低温流变性得益于 LTOCPs。

然而一些人认为，长乙烯序列的 LTOCPs 结构和固体石蜡相似，并且在较低的温度下也可以与石蜡基础油成分相互作用。在许多情况下，在某些基础油中需要特别设计的降凝剂以使其具有特定功能。因此，LTOCP 黏度调节剂被涉及到 MRV 故障等问题，例如在新油[105]及在用的轿车润滑油[106,107]中。

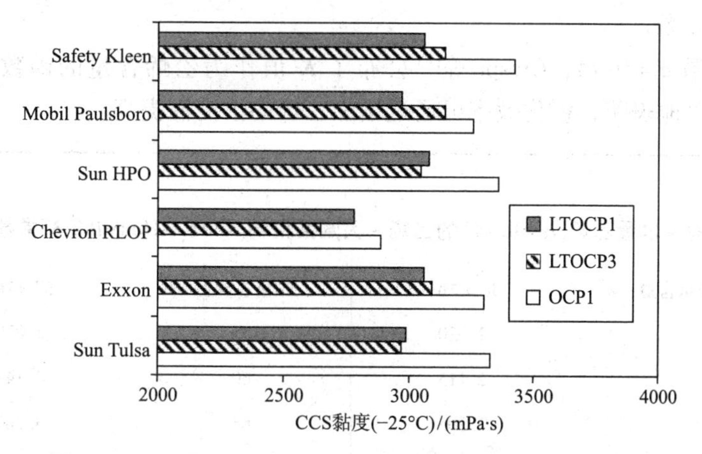

图 10.10 六种 SAE 5W－30 配方润滑油的冷启动模拟黏度

（每种都加入一种黏度改进剂：LTOCP－1、LTOCP－3、OCP－3。各类型基础油中，高、低黏度基础油比例都保持不变。）

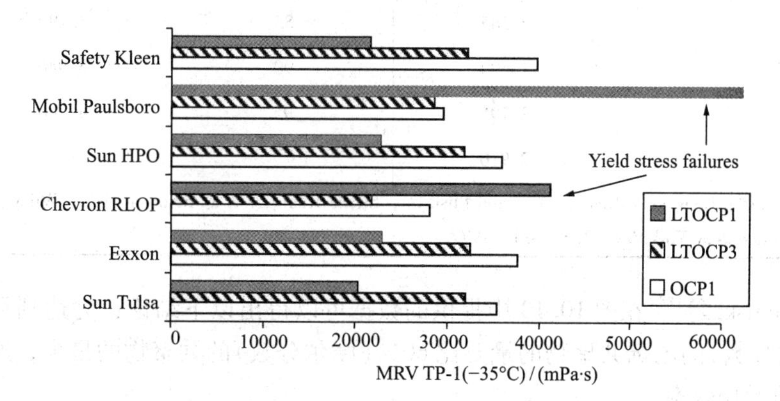

图 10.11 六种 SAE 5W－30 配方润滑油的微型旋转黏度计测定结果

（每种都加入一种黏度改进剂：LTOCP－1、LTOCP－3 或 OCP－3。各类型基础油中，高、低黏度基础油比例和类型、降凝剂含量都保持不变。）

10.5.2.2 高温流变性

共聚物组成对高温流动性的影响小于对低温流动性的影响，部分原因是轻微结晶的聚烯烃熔点低于 100℃[97]。由于高温 *KV* 值及高温高剪切率黏度（HTHS）被用来对多级发动机油分类[104]，因此，获悉共聚物组成和分子量是如何影响这些关键参数显得非常重要。

10.5.2.2.1 运动黏度

出于经济和性能两方面的考虑，必须限制为达到流变性目标值而所用的聚合物的量。因此，量化分子量、分子量分布和支化度在稠化效率的影响是很重要的。稠化效率已用许多方法来定义，但最常见的定义是：(1)把参比油的 *KV* 值增加到一个特定数值所需的聚合物的数量；(2)在参比油中给定聚合物浓度的 *KV* 值或比黏度（参见 10.5.2.1 节）。对于相同分子量的聚合物来说，增稠效率随着乙烯含量增加而提高，当共聚物具有窄的分子量分布时增稠效率最高[1,2]。图 10.12 中特性黏度和重均分子量(M)的图说明了熟悉的 Mark - Houwink 幂律关系：

$$[\eta]=K'M^a$$

式中　K'和 a 是常数。

假设幂律常数 $a=0.74$，Crespi 等[5]公布了 K'值作为乙烯含量的函数的变化情况(见表 10.2)。这清楚地表明，稠化效率可通过增加乙烯的浓度而提高。

表 10.2

含有不同摩尔量乙烯($\alpha=0.74$)的乙烯 - 丙烯共聚物 Mark - Houwink K'常数

乙烯摩尔含量/%	$K'\times10^4$	乙烯摩尔含量/%	$K'\times10^4$
5	2.020	55	3.020
10	2.115	60	3.140
15	2.205	65	3.260
20	2.295	70	3.385
25	2.390	75	3.515
30	2.485	80	3.645
35	2.585	85	3.790
40	2.690	90	3.940
45	2.795	95	4.240
50	2.910		

*：来源：Crew. G. Valvassori. A., and Flisi. U., Stereo Rubbers. V. M. Saltman, ed., Wiley - Interscience. New York. NY, 365 - 431, 1977.

从 Kapuscinski 等[98]在图 10.13 中提供的数据可以得出以下结论：为达到目标黏度所需的 80%(摩尔分数)的乙烯共聚物的量要比 60%(摩尔分数)的共聚物的量少，所以前者比后者具有更高的增稠效率。

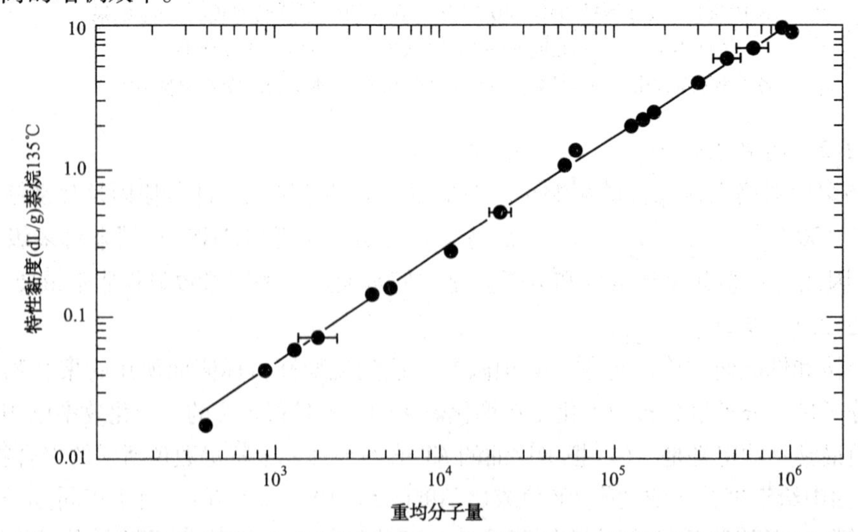

图 10.12　特性黏度作为窄多分散度(M_w/M_n)乙烯 - 丙烯共聚物重均分子量的函数

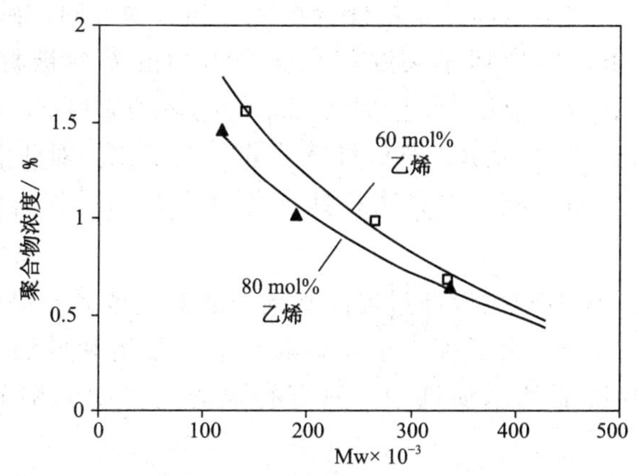

图 10.13 130N 基础油运动黏度提高到 11. 5mm^2/s 所需的共聚物浓度

（源自：Kapscinski M. M.，Sen. A.，and Rubin，I. D.，Soc，Automot，Eng. Tech，Paper Ser，No，892152，1989）

对于相同分子量的聚合物而言，长支链对增稠效率有直接影响，这并不令人惊讶，因为在溶液中无规卷曲线团平均末端距是可控的，大部分靠主链的长度控制。支链本质上缩短了链长并降低了流体动力学半径。例如，表 10.3 给出了两组非结晶 OCP 黏度调节剂的增稠效率数据，一种是线型的聚合物，另一种含有 2% 的支化聚合物，两组的差异仅仅是分子量不同。

10. 5. 2. 2. 2 高温、高剪切率黏度

因为同心滑动轴承在水力或弹性流体动力润滑体系使用，油膜厚度是影响磨损的一个决定性的因素[108,109]。因为这个原因，SAE J300 为每个黏度等级都指定了最低高温高剪切率黏度(HTHS)[104]。高温高剪切率黏度(HTHS)在很高的剪切速率和温度(分别是 $10^6 s^{-1}$ 和 150℃)下测定，这与稳定状态下曲轴箱轴承在流动环境下操作是相似的。

表 10.3

线型和支化型烯烃共聚物黏度调节剂的稠化效率

Mw	线型	支化型
230000	13.5	12.03
180000	11.17	10.87

注释：稠化效率被定义为 1.0% 聚合物溶于 6.05mm^2/s 矿物油中的运动黏度(100℃)。

表 10.4

含有不同分子量烯烃共聚物黏度指数改进剂的润滑油的流变性比较

黏度指数改进剂	重均分子量	*PSSI*	毛细管黏度 (150℃)/cP	*HTHS* (150℃)/cP	*TVL*/%
OCP-1	160000	45	5.33	3.43	36
OCP-2	80000	30	5.33	3.77	29
OCP-3	50000	22	5.33	3.88	27

注：1cP = 1mPa·s。

在这个形变速率下，大多数高分子量聚合物将会和流动方向一致排列[110]，黏度的暂时降低被测量。150℃下，低剪切率黏度和高温高剪切的差异被称为“暂时黏度损失”(TVL)或暂时黏度损失百分率(相对于低剪切速率下的运动黏度)。对于大多数聚合物来说这是真实的[110]，如表10.4所示，*TVL*和分子量[1]成正比。对于相同重均分子量的聚合物，那些具有较窄分子量分布的聚合物和具有宽M_w/M_n值的聚合物相比它们会经历较低的TVL[1]。

高温高剪切率黏度(HTHS)可以通过提高基础油的黏度或者提高黏度调节剂浓度的方法来实现，如图10.14所示。由于配方也需要满足运动黏度和低温冷启动模拟器黏度的限制，常常在给定的基础油和添加剂中，只有有限的灵活度来调节高温高剪切率黏度(HTHS)。

10.5.2.2.3 永久剪切稳定性

OCP分子在受到机械力作用时它的断链趋势由它的分子量、分子量分布、乙烯含量和长支链的支化度决定。机械力使聚合物链断裂变成较低分子量的片段，机械力拉伸分子链直至它不能再承受这种负荷为止。这种聚合物链长度的损失导致任何温度下润滑黏度的永久损失。和临时剪切的损失相比，永久黏度损失(*PVL*)代表了一个不可逆的润滑油黏度降低，当设计商业用途的发动机油时，就一定要考虑这种永久黏度损失。

除了在剪切前后用运动黏度来测定黏度损失外，*PVL*和*TVL*相似。永久剪切稳定性常用剪切稳定指数(*PSSI*)或简写成*SSI*来定义，根据ASTM D 6022，如下：

$$PSSI = SSI = 100 \times (V_0 - V_s)/(V_0 - V_b)$$

式中 V_0——未剪切油的黏度；

V_s——剪切油的黏度；

V_b——基础流体的黏度(无聚合物)。

*SSI*表示的是*SSI*与以log10为底的重均分子量的对数成正比，如图10.15所示。商业OCP黏度改进剂的*SSI*值在23～55范围内。

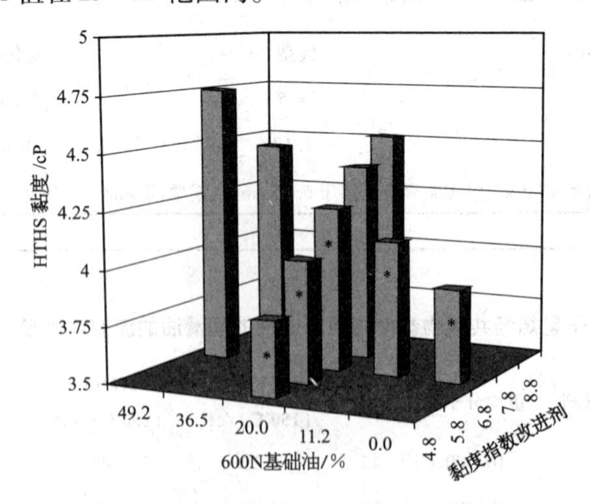

图10.14 基础油组分和黏度调节剂含量对HTHS黏度的影响

(基础油，SAE15W-40发动机油组成中包括欧洲API Ⅰ类基础油和符合ACEA A3-98/B3-98质量要求的添加剂；经油稀释的无定型OCP黏度改进剂和一个降凝剂；带星号条遵从ASTM D445和D5293对SAE 15W-40油的限值。)

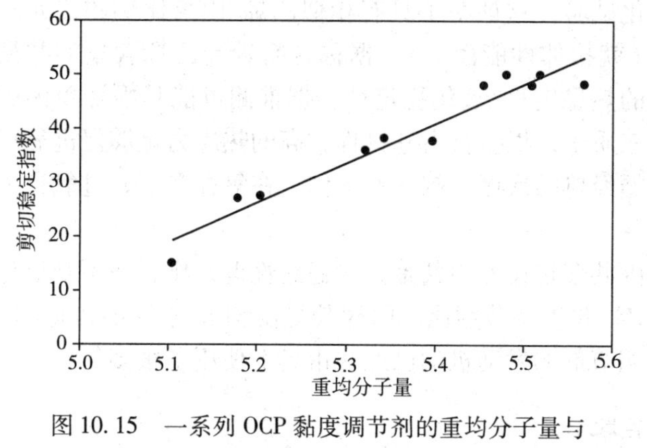

图 10.15 一系列 OCP 黏度调节剂的重均分子量与 *SSI*(ASTM D 3945)之间的关系

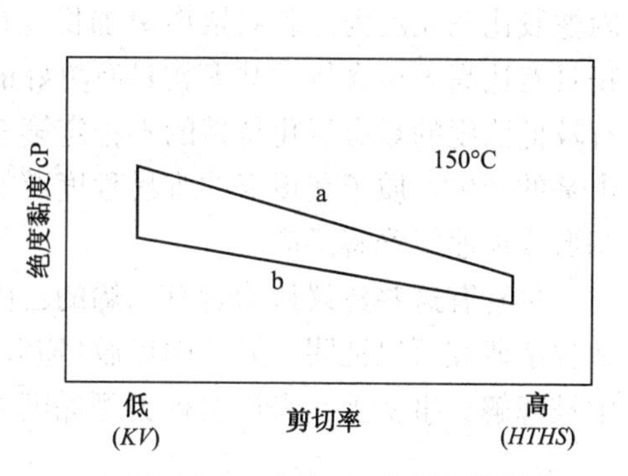

图 10.16 每 Selby 黏度损失梯度

a—新油黏度；b—永久剪切后的油品黏度

尽管 ASTM D 6022 给出了 *SSI* 的定义，但是要认识到在剪切中使黏度损失的唯一成分是高分子量聚合物非常重要。如果添加剂的 *SSI* 计算恰好是油中的浓缩聚合物溶液，依照 ASTM D 6022 的严格定义，基础油的成分不包括黏度调节剂的稀释油。由于对于大多数黏度等级来说，稀释油黏度通常比混合基础油的黏度更低，如果黏度调节剂稀释油黏度考虑了 V_b，那么 V_b 就会比原来高。例如，SAE 15W－40 发动机油是在 5.1mm^2/s 矿物基础油中加入 10%(质量分数)液体 OCP 浓缩物聚合物。V_0 和 V_s 分别为 15.2mm^2/s 和 12.8mm^2/s。基础混合物的黏度是 9.4mm^2/s(黏度调节剂组分是液体)。当黏度调节剂组成被限定为固体聚合物，V_b 黏度为 9.15mm^2/s。计算的剪切稳定性指数值分别为 41.4 和 39.7。因此，剪切稳定指数(SSI)的数值取决于聚合物添加剂的定义。

“超定黏度”一般是指一种润滑油的概念，当在车辆或实验室剪切设备进行测试时，保持其运动黏度在其原来的 SAE 黏度等级限制范围内。除了聚合物永久剪切对黏度的影响外，影响发动机油黏度问题还应该考虑许多其他因素例如燃料稀释，氧化和烟灰积聚等的影响。因此，通常惯例是在实验室装置剪切后测量 *PVL*，最常见的是 Kurt Orbahn 测试，ASTM D6278。几个关于用于测定含有聚合物的润滑油的剪切稳定性方法的综述已经发表了[111~113]。

Selby 设计了一个图示方案来映射剪切速率和 *PVL* 对高温黏度的影响，黏度损失梯形(*VLT*)[114]如图 10.16 所示。该梯形角的拐点由黏度数据定义，这些点用直线连接。请注意，直线并不意味着黏度与剪切速率有一个线性关系。*VLT* 是一个方便的含聚合物油的临时及永久性的剪切损耗特性的图示。分子量降解造成运动黏度和高温高剪切这两者的永久损失，但前者的幅度总是大于后者。*VLT* 的形状是高分子聚合物化学和分子量的特性。

实验观察到的[115]，Kurt orbahn 剪切试验破坏了在分子量定值以上的分子；分子量小于定值的则具有抗降解能力。Selby[114]用这个观察获得一个定性的结论：从 *VLT* 的形状得到聚合物分子量分布。

10.5.3 二烯烃对热稳定性/氧化稳定性的影响

公开的文献中几乎没有可靠的科学数据能比较出含有乙丙共聚物和三元乙丙橡胶(EPDM)的油溶液的相对热稳定性/氧化稳定性。Marsden[2]指出：“第三单体的引入……能……对剪切稳定性和氧化稳定性产生负面影响，这由单体决定”，但是他没有提供数据来证明这点。其他[5,27]引证了固体样品的高温老化试验，这证明了具有相似乙烯/丙烯比例的二元乙丙橡胶比三元乙丙橡胶共聚物更加稳定(就拉伸性能而言)。据称含有较高乙烯含量的共聚物具有比高丙烯含量的共聚物具有更好的热稳定性/氧化稳定性，据推测可能是丙烯单体中有较低浓度的具有氧化特性的不稳定第三质子，根据自由基机理，高的热应力足够促进氢自由基的产生。质子获得氢的难易程度遵循经典的次序：叔 > 仲 > 伯。在氧存在下，过氧自由基形成加速了降解反应。

尽管有这些建议认为含有二烯的乙丙共聚物比乙丙共聚物热稳定性差，作者还不知道什么权威研究可以证明三元乙丙橡胶(EPDM)黏度调节剂比乙丙橡胶黏度调节剂更可能在使用中被降解。事实上，采用两种类型黏度调节剂的发动机油已经在市场上使用了很多年。

10.5.4 发动机油的流变学性能比较

对发动机油中OCPs的流变性能影响最大的因素是其分子量及单体组成。分子量和分子量分布的影响在10.5.2.3节中已进行了讨论，乙烯/丙烯的比例对低温流变学性能的影响在第10.5.2.1进行了讨论。在本节中，为了进一步阐明OCP结构和流变的性能之间的联系，列出了两个相对的流变学研究的例子。

10.5.4.1 在固定的SAE 5W－30发动机油配方中的OCP黏度调节剂的对比研究

有两种途径可以对几种黏度调节剂的相对性能进行比较。一种途径是选择固定的发动机油配方(基础油组成和添加剂含量保持不变)，调节黏度调节剂的用量达到特定的100℃运动黏度目标。另一个途径是调节两种基础油的组成和黏度调节剂的含量以达到预定运动黏度和低温冷起动模拟器(CCS)黏度目标。第10.5.4.1节提供了一个第一种方法的例子，而10.5.4.2节举例说明了第二种方法。

四个OCP黏度改性剂被混合在SAE 5W－30发动机油中，这种发动机油含有95/5(质量比)的加拿大100N/250N矿物基础油、ILSAC GF－2复合添加剂和聚甲基丙烯酸酯降凝剂。黏度调节剂如表10.5所示。OCP－1和OCP－2都是高剪切稳定指数(SSI)聚合物，它们的乙烯/丙烯比例和二烯含量均不同。OCP－3和OCP－4是剪切稳定性逐渐提高的且基本无结晶。

表10.5
表10.6中所用的OCP黏度改性剂的性能

黏度改性剂代号	剪切稳定性指数(ASTM D 6278)	共聚物类型
OCP－1	55	EP，LTOCP
OCP－2	50	EPDM，无定形
OCP－3	37	EP，无定形
OCP－4	25	EP，无定形

流变学数据被列在表10.6中。OCP－1和OCP－2相比，前者具有更好的增稠效率，因为它不含长支链(无二烯单体)并且乙烯含量高(见图10.13)。后者的性能也表现为它具有低的CCS黏度。相对于其他非结晶型的OCPs而言，OCP－1的MRV黏度也较低，但是这在很大程度上依赖于被用于此项研究的特定的降凝剂。大多数油在－35℃下的屈服应力失败，

这一事实表明降凝剂作为特殊的成分没有被优化。

表 10.6

含不同 OCP 黏度改进剂的 SAE 5W－30 发动机油的流变性

项目	OCP－1	OCP－2	OCP－3	OCP－4
聚合物含量/%	0.58	0.71	0.73	1.05
运动黏度(100℃)/(mm^2/s)	10.17	10.09	9.99	10.10
黏度指数	156	160	160	158
CCS 黏度(－25℃)/mPa·s	3080	3280	3510	3760
MRV 黏度(－30℃)/mPa·s	13900	26500	26700	28100
MRV 黏度(－35℃)/mPa·s	40100	屈服应力	屈服应力	屈服应力
HTHS/mPa·s	2.95	2.88	2.96	3.07

表 10.7

表 10.8 中用于流变性研究的 OCP 黏度改性剂

黏度改性剂代号	共聚物类型
OCP－7	EPDM，无定形
OCP－3	EP，无定形
OCP－8	EP，LTOCP
OCP－9	EP，LTOCP

从 OCP－1 到 OCP－4，剪切稳定指数(SSI)降低，达到运动黏度 10cSt 的目标值需要提高聚合物的浓度。换句话说，聚合物增稠效率和剪切稳定性指数是成正比例的。在非结晶 OCPs 中，聚合物用量的增加使 CCS 黏度提高。因为所有油的配方里都采用相同的基础油、HTHS 相对不变，不依赖于 OCP 的类型。OCP－4 是分子量最低的聚合物，应该有最低的 TVL 程度，它确实在这组中具有最高的 HTHS 黏度。

10.5.4.2 *在 SAE 15W－40 发动机油中 37 SSI OCP 黏度改性剂的对比研究*

在这个例子里，为达到以下目标，对基础油的比例和聚合物的浓度进行了调整：运动黏度＝15.0mm^2/s，在－15℃时 CCS＝3000mPa·s。基础油是美国石油学会的北美 API Ⅰ类油矿物油，添加剂是 API CH－4 复合剂，降凝剂是经过优化用于这些基础油的一个苯乙烯酯型聚合物，。所有的黏度调节剂(见表 10.7)是根据 ASTM D 6278 测定，其 SSI 为 37。流变学结果被总结在表 10.8 中。

OCP－3 和表 10.5 中所列的聚合物相同。尽管 OCP－8 和 OCP－9 都是半结晶低温烯烃共聚物，它们代表不同的生产工艺。图 10.4 和图 10.5 分别概括地描述了它们的生产工艺。顺便提一句，表 10.5 中所列的 OCP－1 也是如图 10.5 所示的管式反应器工艺制造而来的。

表 10.8

含不同 OCP 黏度改进剂的 SAE 15W－40 发动机油的流变性

项目	OCP－7	OCP－3	OCP－8	OCP－9
聚合物含量/%(质量分数)	0.95	0.85	0.85	0.64
150N 基础油百分比	76	76	70	70
600N 基础油百分比	24	24	30	30
动力黏度(100℃)/(mm^2/s)	15.04	14.97	15.25	15.12
黏度指数	141	140	140	135
CCS 黏度(－15℃)/mPa·s	3080	3040	3070	3010
MRV 黏度(－20℃)/mPa·s	10000	9900	8800	固体
MRV 黏度(－25℃)/mPa·s	20500	18600	18300	固体
HTHS/mPa·s	4.17	4.38	4.25	4.42

表 10.8 流变学数据进一步说明前面提到 LTOCPs 的一些性能。它们固有地具有较低的 CCS 黏度，允许大量使用高黏度的基础油，这有利于满足挥发性方面的要求。OCP－9 的低温 MRV 性能远不如其他共聚物，这说明为这个特别研究选择的降凝剂对 OCP－9 用于这类基础油不是最优的。

另一个聚烷基甲基丙烯酸酯降凝剂被发现在－20℃和－25℃时使得 OCP－9 的 MRV 黏度分别降低到 7900mPa·s 和 18000mPa·s。更多关于和降凝剂的相互作用在 10.5.5 节中讨论。

此外，乙丙共聚物比具有相似分子量(或剪切稳定性)的三元乙丙橡胶具有更好的增稠效率，这可以被表 10.8 中的数据所证明。值得注意的另一个特征是，增加基础油黏度可以促使高温高剪切黏度稍微提高(OCP－7 与 OCP－8 比较或 OCP－3 与 OCP－9 比较)。

10.5.5　与降凝剂的相互作用

尽管基础油和黏度调节剂在决定润滑油低温泵送性能方面起了重要的作用，但是降凝剂发挥的作用不容忽视。虽然 SAE J 300[104] 承认其他试验也可用于新组分润滑剂的发展，但是它认为 MRV(ASTM D4684)测试是唯一的评价泵送性能的措施。虽然扫描布鲁克菲尔德测试(ASTM D 5133)和倾点(ASTM D 5873)测试尽管 SAE J 300 并没有要求，但它们常常包含在原始设备制造商、润滑油经销商以及政府部门制定的标准中，因此在现代发动机油的发展中也必须考虑。

近年来，基础油技术的发展使得大范围的矿物油和合成润滑油基础油[116] 被分为 API Ⅰ类、Ⅱ类、Ⅲ类、Ⅳ类和Ⅴ类基础油。API 是根据黏度指数(Ⅵ)，饱和度和含硫量对基础油进行分类的。Ⅰ类矿物油被定义为 <90% 的饱和度，黏度指数Ⅵ >80，硫含量 >0.03%。Ⅱ类和Ⅲ类基础油中硫含量 <0.03%、饱和度 >90%，但它们的主要是黏度指数Ⅵ不同。Ⅱ类基础油黏度指数Ⅵ >80，而Ⅲ类基础油黏度指数Ⅵ >120。

使用这些传统的和高度精制油来满足 SAE J300 所有的流变要求并不总是那么简单的。基础油技术中一个重要方面是脱蜡工艺类型或采用的工艺技术，这种基础油工艺在 API

分类编号方案中并没有体现出来。众所周知[117~123]发动机油的低温泵送性能受蜡晶成核和生长的阻碍，这些晶体会结合并限制低温下油的流动。形成的蜡的种类及数量决定了使用降凝剂的类型和浓度，降凝剂使蜡晶体的尺寸有效保持在较小范围内因此它们不能形成网状结构从而导致黏度和屈服应力的增大。原料和基础油的脱蜡工艺决定了蜡的组成和所需的PPD。

某些类型的黏度调节剂在较低的温度下也可以与基础油和PPDs互相作用，在某些情况下导致MRV黏度过高(例如，表10.8中的OCP-9)。以作者的经验，采用无定型OCPs不会存在上述问题。相反地，LTOCPs拥有长的乙烯序列，它们在较低的温度下有可能与蜡晶体相互作用。一些文献报道[66,76]认为：在某些情况下，高乙烯含量的OCP可以与降凝剂互相作用，对MRV黏度和屈服应力产生负面影响，可能会对PPDs的类型更加敏感，从而影响一些配方系统的有效性。

前期在作者实验室进行的低温下基础油、OCP黏度调节剂和降凝剂相互之间作用的研究(未曾公开发表)所用的成分在表10.9~表10.11中列出。

表10.9

用于低温黏度改进剂/降凝剂相互作用研究的基础油

基础油代码(API类型)	饱和度/%	运动黏度(100℃)/(mm^2/s)	硫含量/%	黏度指数	CCS黏度(-25℃)/cP
B1-L(Ⅰ)	73.6	3.88	0.276	104	1170
B1-M(Ⅰ)	71.8	5.15	0.553	102	4060
B1-H(Ⅰ)	61.8	12.10	0.381	97	—
B2-L(Ⅰ)	75.2	4.18	0.193	105	1510
B2-M(Ⅰ)	75.0	4.91	0.544	106	3060
B2-H(Ⅰ)	72.3	12.73	0.412	99	—
B3-L(Ⅱ)	100	4.20	0.006	100	1570
B3-M(Ⅱ)	100	5.49	0.011	117	2430
B3-H(Ⅱ)	100	10.72	0.016	98	—
B4-L(Ⅲ)	100	4.50	0.007	123	1120
B4-H(Ⅲ)	100	6.49	0.006	131	2710

表10.10

用于低温黏度改进剂/降凝剂相互作用研究的黏度调节剂

黏度改进剂代号	OCP类型	剪切稳定性指数SSI(ASTM D 6278)
VM-1	无定形	37
VM-2	LTOCP	35
VM-3	LTOCP	37

表 10.11
用于低温黏度改进剂/降凝剂相互作用研究的降凝剂

降凝剂代号	化学成分
PPD－1	聚苯乙烯－马来酸酯
PPD－2	聚烷基甲基丙烯酸酯
PPD－3	聚苯乙烯－马来酸酯
PPD－4	聚烷基甲基丙烯酸酯

全配方 SAE 5W－30 和 SAE 15W－40 的发动机润滑油分别用复合添加剂 DI－1(11%)和 DI－2(13%)调制 API SJ 级汽油机油和 API CH－4 柴油机油，生产时，将复合添加剂与基础油、黏度调节剂和降凝剂混合均匀。

图 10.17～图 10.20 总结了黏度改进剂/降凝剂对各种类型 MRV 基础油黏度的影响。在这些图中，竖状柱上方的字母 Y 代表失效时的屈服应力。对于 API－I 类基础油 B1(SAE 5W－30，图 10.17)，PPD－3 是三个黏度改进剂里面唯一有效果的。VM－1 和 VM－3 至少有一个 PPD 的屈服应力失效。在 15W－40 配方中，VM－3 表现出四个 PPDs 屈服应力失效，甚至在 MRV 黏度相当低的情况下也是这样(PPD－1)。根据作者的经验，在 MRV 测试中当黏度低于 40000mPa·s 时发现屈服应力失效是不正常的。

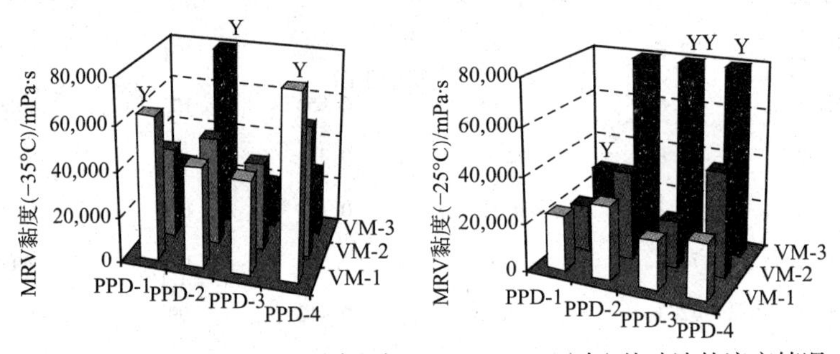

图 10.17　B1. SAE 5W－30(左)和 SAE 15W－40(右)基础油的流变情况

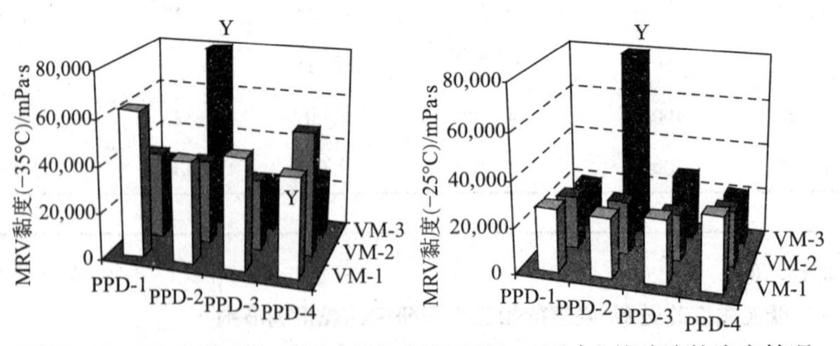

图 10.18　B2. SAE 5W－30(左)和 SAE 15W－40(右)基础油的流变情况

另一个 API－I 类混合油 B2(图 10.18)，与降凝剂的相容性和 B1 相似，但仅仅在 SAE 5W－30 配方中才会出现这种情况。在 15W－40 中的情况是：在黏度改进剂中仅仅只有 VM－3 的屈服应力失效，但是当仅有 PPD－2 时；其他所有的组合表现出了可以接受的泵送性能。

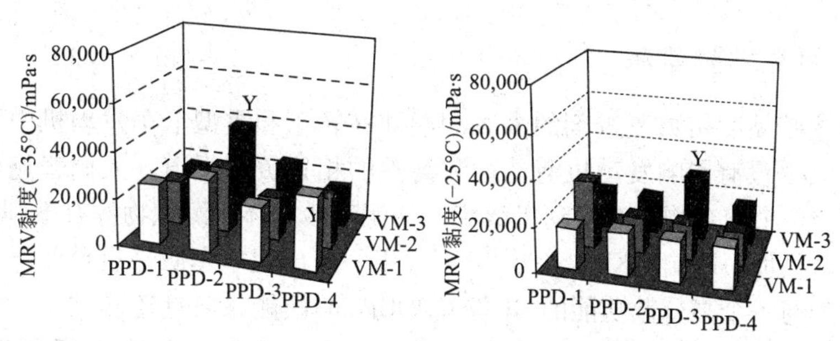

图 10.19 B3. SAE 5W－30(左)和 SAE 15W－40(右)基础油的流变情况

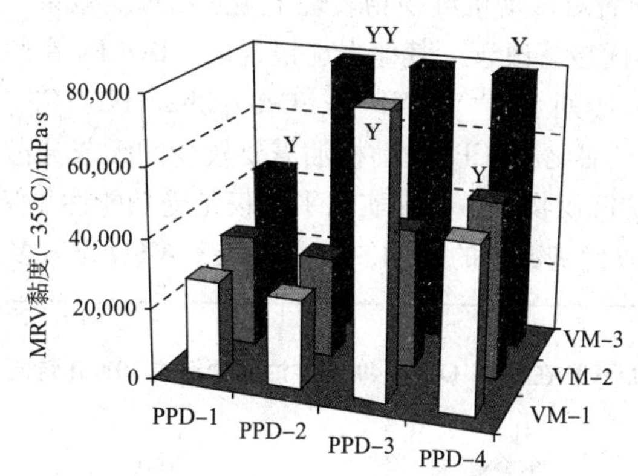

图 10.20 B4. SAE 5W－30 基础油的流变情况

图 10.19 是 API－Ⅱ类基础油 B3 的 MRV 图。总体来讲，对于所有的 VM/PPD 制品低温黏度都相当低，尽管 VM－3 对每一个黏度等级来说，再一次出现了一个屈服应力失败。VM－1 出现一个屈服应力失败。

最后，API Ⅲ类基础油配制的 SAE 5W－30(图 10.20)是通过低温性最困难的。所有四种油与 VM－3 混合后都出现屈服应力失败，而且另外两个 VMs 中的每一个都出现了与一个降凝剂复合时屈服应力失败。

综上所述，由于屈服应力而导致 MRV 失败的次数见表 10.12。显而易见，LTOCP 黏度改进剂之一的 VM－3 实际上比另外两种聚合物对降凝剂更敏感。尤其和 PPD－2 不相容。本项研究中的其他 LTOCP，VM－2 和无定形的 VM－1 被发现具有比降凝剂类型更强的适应性。和 10.5.4.2 节中的讨论相类似，VM－3 和 VM－2 之间一个主要的区别就是制造工艺的不同，分别在图 10.5 和图 10.4 中进行了详细的描述。

表 10.12

低温黏度改进剂/降凝剂相互作用下屈服应力 MRV 测试失效次数

VM	PPD－1	PPD－2	PPD－3	PPD－4	合计
VM－1	1		1	3	5
VM－2				1	1
VM－3	2	6	3	2	13
总计	3	6	4	6	19

10.5.6 行车试验数据

含有乙丙橡胶黏度指数改进剂的多级润滑油在轿车和重型卡车发动机中已经使用了近30多年了，但几乎没有影响发动机清洁性和磨损的相关负面报道。人们普遍认为，在发动机润滑油里添加一个聚合物会对发动机漆膜、油泥和活塞环组沉积物等有不利影响。但性能添加剂可弥补这些负面影响。Kleiser等[124]不仅用一个出租车车队来设计测试比较非功能性OCP黏度改性剂与一个高分散功能的OCP(HDOCP)的性能，而且还测试了其他配方油的效果。他们惊讶地发现含有较高浓度的非DOCP的SAE 5W-30油与聚合物含量较低的SAE15W-40油相比，前者对发动机沉积物表现出更好的控制效果。他们还观察到，由于使用HDOCP油泥和漆膜方面显著改善。其他人也报告说，DOCPs在避免实验室发动机产生沉积物方面是有利的，例如序列VE[125]，VD[1]，Caterpillar 1H2/1G2[1]测试。这些作者发现，含有某些DOCPs的发动机油比NOCPs发动机油需要较少的无灰分散剂就可达到一个可接受的发动机清洁水平。预防沉积物产生的真实水平不仅是受功能性化学品的影响，而且还受每1000个主链碳原子数的取代基数量的影响，如表10.13(MFOCP=多功能OCP)。

表10.13

***N*-乙烯基吡咯烷酮接枝的OCP在SAE OW-40配方油品中经过20h开特匹勒1H2试验后的活塞环沉积评分**

样品	氮含量/%	TGF	WTD
OCP	0	—	>800
MFOCP5	0.3	46	244
MFOCP6	0.5	39	173
MFOCP7	0.7	47	149
MFOCP6[a]	0.26	28	156
MFOCP2[a]	0.28	11	139

注：TGF，顶环槽填充率；WTD，活塞加权总评分。

[a] OCP接枝马来酸酐，然后与胺反应的产物。

出处：Adapted from Spiess, G. T., Johnston, J. E., and VerStrate, G., Addit. Schmierst. Arbeitsfl uessigkeiten, Int. Kolloq., 5th, 2, 8.10-1, Tech. Akad. Esslingen, 1986.

10.6 制造商，销售商等方面的问题

10.6.1 乙丙共聚物和三元乙丙共聚物制造商

乙丙共聚物和三元乙丙共聚物(EPDM)是由世界各地多个公司制造的。表10.14[126]中列出了那些产能超过30000t/a(每年6500万美元)的公司。不是所有的橡胶供应商都必然进入黏度改进剂市场。绝大多数的被用于其他应用领域，如汽车(密封系统、散热器软管、注塑件)、建筑(门窗密封条、屋面/片材、电缆绝缘和电缆填料)和塑料改性。

不同等级通常通过熔融黏度，乙烯和丙烯的比率，二烯烃的类型和含量，以及物理形式

和填料的类型和级别(炭黑、颜料、填充油)来分类。熔融黏度通过两个主要的技术来测定：即门尼黏度(ASTM D 1646 或 ISO 289)和熔融指数(ASTM D 1238 或 ISO 1133—1991)，也被称为熔体质量流率)。门尼黏度与分子量成正比，而熔融指数与分子量成反比。

表 10.14

生产能力超过 30kt/a 的生产厂家

公司	生产地点	产能/(t/a)	技术	商品名称	备注
Dow Chemical	Plaquemine，Louisiana Seadrift，Texas	230000	茂金属，溶液和气相工艺	Nordel IP	三元乙丙橡胶
DSM Elastomers	Geleen，The Netherlands；Triunfo，Brazil	185000	齐格勒－纳塔溶液工艺	Nordel MG Keltan	二元和三元乙丙橡胶
ExxonMobil Chemical	Baton Rouge，Louisiana，United States；Notre Dame de Gravenchon，France；Kumbo Polychem，South Korea (JV)	272500	齐格勒－纳塔、茂金属和溶液工艺	Vistalon	二元和三元乙丙橡胶
JSR Corporation (Japan Synthetic Rubber)	Yokkaichi and Kashima，Japan	87500	齐格勒－纳塔溶液工艺	Esprene	三元乙丙橡胶
Lanxess	Orange，Texas Marl，Germany	110000	齐格勒－纳塔、悬浮和溶液工艺	Buna EP T Buna EP G	二元和三元乙丙橡胶
Lion Copolymer	Geismar，Louisiana，United States	93000	齐格勒－纳塔溶液工艺	Royalene，Trilene	二元和三元乙丙橡胶
Mitsui	Chiba，Japan	120000[a]	齐格勒－纳塔、茂金属和溶液工艺	Mitsui EPT	二元和三元乙丙橡胶
Polimeri Europa	Ferrara，Italy	85000	齐格勒－纳塔悬浮工艺	Dutral	二元和三元乙丙橡胶
Sumitomo	Japan	45000	齐格勒－纳塔溶液工艺	Esprene	三元乙丙橡胶

[a] 包括 2007 年投产的 7kt/a 的茂金属厂。

10.6.2 烯烃共聚物黏度改进剂经销商

为黏度改进剂市场提供乙丙共聚物和三元乙丙共聚物的公司在表 10.15 中被列出。各种各样的产品，不同的剪切稳定性和结晶度，可以固体和液体的形式供应。一些供应商还可提供具有分散性和抗氧化性的功能性聚合物。建议读者定期更新此信息，因为每家公司的产品线随时间而改变。兼并和收购对 OCP 市场的流通也有显著贡献。例如，Paratone®产品线最初的开发和销售是由埃克森美孚化工公司的 Paramins 部门负责的。当埃克森美孚和壳牌润滑油后来合并了添加剂销售业务并于 1998 年成立润英联以后，Paratone 的业务出售给雪佛龙化工公司润滑油添加剂部门——Oronite。Ethyl 公司在 20 世纪 90 年代收购了 Amoco 公司和 Texaco 公司 OCP 产品技术，导致 Texaco 的 TLA - ××××产品重新更名而成为 Ethyl 公司的 Hitec®产品系列。2004 年 Ethyl 添加剂更名为雅富顿化学公司。杜邦本来在黏度改进剂市场以 Ortholeum®商标销售的三元乙丙橡胶(制造于德克萨斯州自由港的工厂)，1995 年被卖给了 Octel。此后，杜邦公司采用了 NDR 这个商标品牌。杜邦公司和陶氏化学公司于 1995 年各出资 50%，成立了合资企业合并了弹性体业务。不久，他们成功启动了位于路易斯安那州普拉克明的茂金属工厂，2 年后，普拉克明自由港的工厂被关闭了。2005 年陶氏化学公司获得了 EPDM 产品线的控制权，产品以 NORDEL IP 商标名称在市场上销售。2004 年拜耳将其三元乙丙橡胶业务转移到一家名为 LANXESS 的新公司。德国罗门哈斯有限公司虽然主要是一家开发聚合物(聚甲基丙烯酸烷基酯)的公司，但却研制了一些基于 OCP 的黏度改进剂，使用 Viscoplex 的商品名进行销售，目前由 Degussa 公司的 RohMax 添加剂公司在市场上销售。在 2007 年年中，康普顿将其三元乙丙业务出售给了 Lion Copolymer。

表 10.15

作为发动机润滑油黏度指数改进剂的乙烯丙烯共聚物和三元乙丙共聚物的营销商

公司	总部	商品名	产品类别	产品形态
Afton	Richmond，Virginia	Hitec 5700 系列	NDOCP，DOCP，DAOCP	浓缩液
Chevron Oronite	Richmond，California	Paratone	NDOCP，DOCP	颗粒、包和浓缩液
Dow Chemical	Midland，Michigan	Nordel IP	NDOCP	包和颗粒
Infineum	Linden，New Jersey	Infineum V8000 系列	NDOCP	颗粒和浓缩液
Lubrizol	Wickliffe，Ohio	Lubrizol 7000 系列	NDOCP，DOCP	包和浓缩液
RohMax(Degussa AG)	Darmstadt，Germany	Viscoplex	NDOCP，PMA 和 OCP 的混合物	浓缩液

注：DAOCP = 具有分散和抗氧功能的烯烃聚合物；DOCP = 具有分散功能的烯烃聚合物；NDOCP = 没有功能化的烯烃共聚物；PMA = 聚甲基丙烯酸酯。

10.6.3 相互匹配指南

各种润滑行业协会已经出版了非常详细的说明书[127~129]，在规定条件下，允许通过认证的发动机油配方所用添加剂和基础油的完全或部分的改变而无需完整的发动机测试数据来支持这样的变化。这些标准的目的是最大限度地减少测试成本，同时确保商用发动机油满足行业标准规定的性能、认证体系和原始设备制造商(OEM)要求。从黏度改进剂的角度看，变化通常由以下一个或多个需要所驱动：

(1)在一个给定的黏度等级下优化黏度；

(2)为了改善配方的剪切稳定性；

(3)从一种聚合物互换成另一种聚合物(成本，供应安全，客户选择)。

美国化学理事会(ACC)和欧洲两大个机构：ATC(欧洲石油添加剂制造商技术委员会)和 ATIEL(欧洲润滑油工业技术协会)实际采用的规范之中既存在相似性又存在差异。所有允许的黏度改进剂浓度的细微变化(不超过 15%，相对质量基础上)都是为了达到前面所提到的第一需要。如果黏度改进剂的供应商认为它们是“等效和可以互换的”，欧洲法规明确允许黏度改进剂之间的互换(如果两者都来自同一供应商)，黏度改进剂来自于不同的供应商，或从相同的供应商但没有被认为是“等效的”，则必须经过如表 10.16 所列严格的发动机测试程序。

ACC 规范强调两个水平的数据来支持黏度改进剂的互换。水平 1 支持的数据定义为分析和流变试验数据。水平 2 支持的数据包括水平 1 的数据和有效的全尺寸 ASTM 发动机试验，旨在证明，建议的黏度改进剂的互换并没有引起润滑油性能方面的损害。三类发动机试验满足 ACC 水平 2 的准则：(1)用统计原理设计发动机试验模型；(2)完整的程序；(3)来自相同技术领域的部分数据设定。这种添加剂互换的宽泛定义在解释方面比欧洲润滑剂工业技术协会(ATIEL)规范更加开放，如表 10.16 所示。轻微的配方调整仅仅需要水平 1 数据支撑，但不允许黏度改进剂类型转变，聚合物定义为“有特别的剪切稳定性的特定的分子结构，使用特别的商品名、原料或代码”。当剪切稳定性的改变是必需的，对于来自同一个制造商的相同的化学系列(例如乙烯聚合物)的聚合物来说，水平 2 是足够的。否则，必须要通过一个完整的发动机测试程序。该 ACC 准则还规定，如果分散型黏度调节剂(DVM)用在多级油核心配方中，在较低黏度改进剂浓度情况下，添加分散剂到单级油或其他多级油，需要一个 VE 程序试验，在其他的试验中，需要水平 2 来支持。

表 10.16

在 ATIEL 实际准则范围内不断变化的黏度改进剂的发动机试验要求

性能种类	NDVM to NDVM(1, 2, 3, 4)	DVM to DVM or NDVM to DVM(1, 2, 3, 4)
汽油机油	TU572(8) M111 or VG(9) M111FE	TU572(8) M111 or VG(9) M111FE
轻负荷柴油机油	VWICTD(9) VW DI M111FE	OM602A VWICTD(9) XUD11(12) VW DI M111FE
汽油机油/轻负荷柴油机油	TU572(8) M111 or VG(9) VWICTD(9) VW DI M111FE	TU572(8) M111 or VG(9) OM602A VWICTD(9) XUD11(12) VW DI M111FE
带有后处理装置的汽油机油/轻负荷柴油机油	TU572(8) M111 or VG(9) VW DI M111FE	TU572(8) M111 or VG(9) OM602A XUD11(12) VW DI M111FE

表 10.16 续表

性能种类	NDVM to NDVM(1，2，3，4)	DVM to DVM or NDVM to DVM(1，2，3，4)
重负荷柴油机油	OM364LA(10) Mack T8(6) Mack T8E(7) OM 441 LA M11(5)(11)	OM364LA(10) OM602A Mack T8 Mack T8E OM 441 LA M11(5)(11)

注：1. 上述未列的任何其他黏度改进剂互换(VMI)都要进行全面测试。

2. 物理混合的非分散型黏度改进剂(NDVM)和 DVM 被作为 DVM 处理。

3. 仅仅当包括在 ACEA 序列中测试在必须运行时通读。

4. 替代测试被列出，例如“M111 或 VG”，如果其他测试已获得一个失败的结果替代测试不能运行记录读取。

5. 与原配方相比如果新的成品油配方具有相同或更大的 HTHS 测试值则不需要。

6. Mack T8 要求放弃，如果 NDVM 的替代具有相同或较差剪切稳定性，由备选测试油配方类似的黏度(作为的原始测试 NDVM 制定测量 CEC－14－A－93(ASTM D6278－98))决定，并且如果注 7 的要求也得到满足。

7. T8 或 T8E 的要求被放弃，如果更换的 NDVM 和测试的 NDVM 是相同的化合物类型(“化合物类型”是指化合物系列，例如(但不限于)苯乙烯酯、聚甲基丙烯酸酯、苯乙烯－丁二烯、苯乙烯异戊二烯、聚异戊二烯、烯烃共聚物和聚异丁烯)。

8. TU3MH 结果可以用来支持 A2－96 的问题，结果是通过为 A2－96 卷 23。

9. VWICTD 可能被 VWDI 替换(受 B4 性能限制)。

10. E5 水平通过 OM441LA，OM364LA 的要求可能会碰到。

11. M11EGR 测试可用于代替 M11 测试的地方。

12. XUD11 测试可以被 DV4 测试替换。

10.6.4 安全与健康

乙丙共聚物以及三元乙丙共聚物被 OSHA(1910.1200)和欧洲经济共同体(EEC)认为是“无害”的物质。它们类似于其他高分子量的聚合物，通常无剧毒。材料被加热到熔融状态会排放烟气，这些都是有害的并且刺激眼睛、皮肤、黏膜和呼吸道，尤其是含有第三单体的非共轭二烯的共聚物。在这些条件下处理乙丙共聚物和三元乙丙共聚物时，建议采取适当的通风和呼吸防护措施。适当的个人防护装备也是需要的，应谨防灼伤。表 10.17 中列出了化学文摘服务中的 EP/EPDM 牌号索引。

表 10.17

化学文摘服务中的 EP/EPDM 牌号索引

EP/EPDM	CAS 索引
EP	9010－79－1
EPDM(ENB 三聚体)	25038－36－2
EPDM(DCPD 三聚体)	25034－71－3
EPDM(1，4－己二烯三聚体)	25038－37－3

参考文献

1. Spiess, G.T., J.E. Johnston and G. VerStrate, "Ethylene Propylene Copolymers as Lube Oil Viscosity Modifiers," *Addit. Schmierst. Arbeitsfluessigkeiten, Int. Kolloq.*, 5th, 2, 8.10-1, W.J. Bartz, ed., Tech. Akad. Esslingen, Ostfildern, Fed. Rep. Germany, 1986.
2. Marsden, K., "Literature Review of OCP Viscosity Modifiers," *Lubr. Sci.*, 1(3), 265, 1989.
3. Ver Strate, G. and M.J. Struglinski, "Polymers as Lubricating-Oil Viscosity Modifiers," in *Polymers as Rheology Modifiers*, D.N. Schulz and J.E. Glass, eds., *ACS Symp. Ser.*, 462, 256, Am. Chem. Soc., Washington, DC, 1991.
4. Boor, J., Jr., *Ziegler-Natta Catalysts and Polymerizations*, Academic Press, New York, 1979.
5. Crespi, G., A. Valvassori and U. Flisi, "Olefin Copolymers," in *Stereo Rubbers*, W.M. Saltman, ed., Wiley-Interscience, New York, NY, pp. 365–431, 1977.
6. Brandrup, J. and E.H. Immergut, eds., *Polymer Handbook*, 2nd Ed., Wiley , New York, p. II-193, 1975.
7. May, C.J., E. De Paz, F.N. Gixshick, K.O. Henderson, R.B. Rhodes, S. Iseregounis, and L. Ying, "Cold Starting and Pumpability Studies in Modern Engines," ASTM Res. Report RR-DO2-1442, 1999.
8. Wilkes, C.E., C.J. Carmen and R.A. Harrington, "Monomer Sequence Distribution in Ethylene-Propylene Terpolymers Measured by ^{13}C Nuclear Magnetic Resonance," *J. Poly. Sci.: Symp. No. 43*, 237, 1973.
9. Carmen, C.J. and K.C. Baranwal, "Molecular Structure of Elastomers Determined with Carbon-13 NMR," *Rubber Chem. Tech.*, 48, 705, 1975.
10. Carmen, C.J., R.A. Harrington and C.E. Wilkes, "Monomer Sequence Distribution in Ethylene–Propylene Rubber Measured by ^{13}C NMR. 3. Use of Reaction Probability Model," *Macromolecules*, 10(3), 536, 1977.
11. Randall, J.C., *Polymer Sequence Determinations: Carbon-13 NMR Method*, Academic Press, New York, p. 53, 1977.
12. Carmen, C.J., "Carbon-13 NMR High-Resolution Characterization of Elastomer Systems," in *Carbon-13 NMR in Polymer Science, ACS Symp. Ser.*, W.M. Pasikan, ed. 103, 97, 1978.
13. Kapur, G.S., A.S. Sarpal, S.K. Mazumdar, S.K. Jain, S.P. Srivastava and A.K. Bhatnager, "Structure-Performance Relationships of Viscosity Index Improvers: I. Microstructural Determination of Olefin Copolymers by NMR Spectroscopy," *Lubr. Sci.*, 8-1, 49, 1995.
14. U.S. Patent 4666619, 1987.
15. U.S. Patent 4156767, 1979.
16. Olabisi, O. and M. Atiqullah, "Group 4 Metallocenes: Supported and Unsupported," *J.M.S.—Rev. Macromol. Chem. Phys.*, C37(3), 519, 1997.
17. Soares, J.B.P. and A.E. Hamielec, "Metallocene/Aluminoxane Catalysts for Olefin Polymerization. A Review," *Poly. Reaction Engr.*, 3(2), 131, 1995.
18. Gupta, V.K., S. Satish and I.S. Bhardwaj, "Metallocene Complexes of Group 4 Elements in the Polymerization of Monoolefins," *J.M.S.—Rev. Macromol. Chem. Phys.*, C34(3), 439, 1994.
19. Hackmann, M. and B. Rieger, "Metallocenes: Versatile Tools for Catalytic Polymerization Reactions and Enantioselective Organic Transformations," *Cat. Tech*, 79(December), 1997.
20. Chien, J.C.W. and D. He, "Olefin Copolymerization with Metallocene Catalysts. I. Comparison of Catalysts," *J. Poly. Sci. Part A: Poly. Chem.*, 29, 1585, 1991.
21. Montagna, A.A., A.H. Dekmezian and R.M. Burkhart, "The Evolution of Single-Site Catalysts," *Chemtech*, 26(December), 1997.
22. McGirk, R.H., M.M. Hughes and L.C. Salazar, "Evaluation of Polyolefin Elastomers Produced by Constrained Geometry Catalyst Chemistry as Viscosity Modifiers for Engine Oil," Soc. Automot. Eng. Tech. Paper Ser. No. 971696, 1997.
23. Rotman, D., "Dupont Dow Dobuts Metallocene EPOM." "Synthetic Rubber," *Chem. Week*, 15,(May 14), 1997.
24. U.S. Patent 5151204, 1992.
25. Mishar, M.K. and R.G. Saxton, "Polymer Additives for Engine Oils," *Chemtech*, 35(April), 1995, pp. 35–41.
26. U.S. Patent 5698500, 1997.
27. Corbelli, L., "Ethylene-Propylene Rubbers," *Dev. Rubber Tech.*, 2, 87–129, 1981.

28. European Patent 199453, 1986.
29. U.S. Patent 4092255, 1978.
30. U.S. Patent 4699723, 1987.
31. U.S. Patent 4816172, 1989.
32. U.S. Patent 5814586, 1998.
33. U.S. Patent 5874389, 1999.
34. Pennewib, H. and C. Auschra, "The Contribution of New Dispersant Mixed Polymers to the Economy of Engine Oils," *Lubr. Sci.*, 8(2), 179–197, 1996.
35. U.S. Patent 4089794, 1978.
36. U.S. Patent 4160739, 1979.
37. U.S. Patent 4171273, 1979.
38. U.S. Patent 4219432, 1980.
39. U.S. Patent 4320019, 1982.
40. U.S. Patent 4489194, 1985.
41. U.S. Patent 4749505, 1988.
42. U.S. Patent 5210146, 1992.
43. U.S. patent 5252238, 1993.
44. U.S. Patent 5290461, 1994.
45. U.S. Patent 5401427, 1995.
46. U.S. Patent 5427702, 1995.
47. U.S. Patent 5534171, 1996.
48. Garbassi, F., "Long Chain Branching: An Open Question for Polymer Characterization?" *Polymer News*, 19, 340–346, 1994.
49. U.S. Patent 4517104, 1985.
50. U.S. Patent 4632769, 1986.
51. U.S. Patent 5540851, 1998.
52. U.S. Patent 5811378, 2000.
53. European Patent 338672, 1989.
54. U.S. Patent 5075383, 1991.
55. U.S. Patent 4500440, 1985.
56. U.S. Patent 5035819, 1991.
57. European Patent 470698, 1992.
58. European Patent 461774, 1991.
59. U.S. Patent 5021177, 1991.
60. U.S. Patent 4790948, 1988.
61. European Patent 284234, 1988.
62. U.S. Patent 6117941, 2000.
63. Ondrey, G. and T. Kamiya "Synthetic Rubber is Resilient," *Chem. Eng.*, 105(12), 30, 1998.
64. Italiaander, E.T., "The Gas-Phase Process—A New Era in EPR Polymerization and Processing Technology," *KGK Kautschuk Gummi Kunststoffe*, Jahrgang, 48(October), 742–748, 1995.
65. Hüts, B., "Ethylene-Propylene Rubber," *Hydrocarbon Processing*, p. 164, November 1981.
66. "EPM/EPDM," *Gosei Gomu*, 85, 1–9, 1980.
67. Darribère, C., F.A. Streiff and J.E. Juvet, "Static Devolatilization Plants," *DECHEMA Monographs*, 134, 689–704, 1998.
68. U.S. Patent 3726843, 1973.
69. U.S. Patent 4874820, 1989.
70. U.S. Patent 4804794, 1989.
71. U.S. Patent 5798420, 1998.
72. Corbelli, L. and F. Milani, "Recenti Sviluppi Nella Produzione Delle Gomme Sintetiche Etilene-Proilene," *L-Industria Della Gomma*, 29(5), 28–31, 53–55, 1985.
73. Young, H.W and S.D. Brignac, "The Effect of Long Chain Branching on EPDM Properties," *Proceedings of Special Symp. Advanced Polyolefin Tech., 54th Southwest Reg. Meeting*, American Chemical Society, Baton Rouge, LA, 1998.
74. British Patent 1372381, 1974.
75. Canadian Patent 991792, 1976.
76. U.S. Patent 4464493, 1984.
77. U.S. Patent 4749505, 1988.

78. U.S. Patent 5290461, 1994.
79. U.S. Patent 5391617, 1995.
80. U.S. Patent 5401427, 1995.
81. U.S. Patent 5837773, 1998.
82. U.S. Patent 3316177, 1967.
83. U.S. Patent 3326804, 1967.
84. U.S. Patent 4743391, 1988.
85. U.S. Patent 5006608, 1991.
86. U.S. Patent 4743391, 1988.
87. U.S. Patent 5006608, 1991.
88. Carman, C.J. and K.C. Baranwal, "Molecular Structure of Elastomers Determined with Carbon-13 NMR," *Rubber Chem. Technol.*, 48, 705–718, 1975.
89. Carman, C.J., R.A. Harrington and C.E. Wilkes, "Monomer Sequence Distribution in Ethylene-Propylene Rubber Measured by ^{13}C NMR. 3. Use of Reaction Probability Model," *Macromolecules*, 10(3), 536–544, 1977.
90. Carman, C.J., "Carbon-13 NMR High-Resolution Characterization of Elastomer Systems," *Carbon-13 NMR in Polymer Science, ACS Symp. Ser.*, 103, 97–121, 1978.
91. Wilkes, C.E., C.J. Carman and R.A. Harrington, "Monomer Sequence Distribution in Ethylene–Propylene Terpolymers Measured by ^{13}C Nuclear Magnetic Resonance," *J. Poly. Sci.: Symp. No. 43*, 237–250, 1973.
92. Di Martino, S. and M. Kelchtermans, "Determination of the Composition of Ethylene-Propylene-Rubbers Using ^{13}C-NMR Spectroscopy," *J. Appl. Poly. Sci.*, 56, 1781–1787, 1995.
93. Randall, J.C., *Polymer Sequence Determinations: Carbon-13 NMR Method*, pp. 53–138, Academic Press, New York, 1977.
94. Minick, J., A. Moet, A. Hiltner, E. Baer and S.P. Chum, "Crystallization of Very Low Density Copolymers of Ethylene with α-Olefins," *J. Appl. Poly. Sci.*, 58, 1371–1384, 1995.
95. Rubin, I.D. and M.M. Kapuscinski, "Viscosities of Ethylene-Propylene-Diene Terpolymer Blends in Oil," *J. Appl. Poly. Sci.*, 49, 111, 1993.
96. Rubin, I.D., "Polymers as Lubricant Viscosity Modifiers," *Poly. Preprints, Am. Chem. Soc. Div. Poly. Chem.*, 32(2), 84, 1991.
97. Rubin, I.D., A.J. Stipanovic and A. Sen, "Effect of OCP Structure on Viscosity in Oil," Soc. Automot. Eng. Tech. Paper Ser. No. 902092, 1990.
98. Kapuscinski M.M., A. Sen and I.D. Rubin, "Solution Viscosity Studies on OCP VI Improvers in Oils," Soc. Automot. Eng. Tech. Paper Ser. No. 892152, 1989.
99. Kucks, M.J., H.D. Ou-Yang and I.D. Rubin, "Ethylene-Propylene Copolymer Aggregation in Selective Hydrocarbon Solvents," *Macromolecules*, 26, 3846, 1993.
100. Rubin, I.D. and A. Sen, "Solution Viscosities of Ethylene-Propylene Copolymers in Oils," *J. Appl. Poly. Sci.*, 40, 523–530, 1990.
101. Sen, A. and I.D. Rubin, "Molecular Structures and Solution Viscosities of Ethylene-Propylene Copolymers," *Macromolecules*, 23, 2519, 1990.
102. LaRiviere, D., A.A. Asfour, A. Hage and J.Z. Gao, "Viscometric Properties of Viscosity Index Improvers in Lubricant Base Oil over a Wide Temperature Range. Part I: Group II Base Oil," *Lubr. Sci.*, 12(2), 133–143, 2000.
103. Huggins, M.L., "The viscosity or dilute solutions of Long-chain molecules. IV. Dependence on concentration" *J. Am. Chem. Soc.*, 64, 2716, 1942.
104. "Engine Oil Viscosity Classification," Soc. Automot. Eng. Surface Vehicle Standard No. J300, Rev. December 1999.
105. Rhodes, R.B., "Low-Temperature Compatibility of Engine Lubricants and the Risk of Engine Pumpability Failure," Soc. Automot. Eng. Tech. Paper Ser. No. 932831, 1993.
106. Papke, B.L., M.A. Dahlstrom, C.T. Mansfield, J.C. Dinklage and D.J. Rao, "Deterioration in Used Oil Low Temperature Pumpability Properites," Soc. Automot. Eng. Tech. Paper Ser. No. 2000-01-2942, 2000.
107. Matko, M.A. and D.W. Florkowski, "Low Temperature Rheological Properties of Aged Crankcase Oils," Soc. Automot. Eng. Tech. Paper Ser. No. 200-01-2943, 2000.
108. Alexander, D.L., S.A. Cryvoff, J.M. Demko, A.K. Deysarkar, T.W. Beta, R.I. Rhodes, M.F. Smith, Jr., R.L. Stambaugh, J.A. Spearot and M.A. Vickare, "High-Temperature, High-Shear (HTHS) Oil Viscosity: Measurement and Relationship to Engine Operation," J.A. Spearot, ed., *ASTM Special Tech. Pub.*, STP 1068, 1989.
109. Bates, T.W., "Oil Rheology and Journal Bearing Performance: A Review," *Lubr. Sci.*, 2(2) 157–176, 1990.

110. Wardle, R.W.M., R.C. Coy, P.M. Cann and H.A. Spikes, "An 'In Lubro' Study of Viscosity Index Improvers in End Contacts," *Lubr. Sci.*, 3(1), 45–62, 1990.
111. Alexander, D.L. and S.W. Rein, "Relationship 'between Engine Oil Bench Shear Stability Tests," Soc. Automot. Eng. Tech. Paper Ser. No. 872047, 1987.
112. Bartz, W.J., "Influence of Viscosity Index Improver, Molecular Weight, and Base Oil on Thickening, Shear Stabilit, and Evaporation Losses of Multigrade Oils," *Lubr. Sci.*, 12(3), 215–237, 2000.
113. Laukotka, E.M., "Shear Stability Test for Polymer Containing Lubricating Fluids—Comparison of Test Methods and Test Results," *Third International Symposium—The Perform. Evolution of Automotive Fuels and Lubricants*, Co-ordinating European Council Paper No. 3LT, Paris, April 19–21, 1987.
114. Selby, T.W., "The Viscsosity Loss Trapezoid – Part 2: Determining General Features of VI Improver Molecular Weight Distribution by Parameters of the VLT," Soc. Automot. Eng. Tech. Paper Ser. No. 932836, 1993.
115. Covitch, M.J., "How Polymer Architecture Affects Permanent Viscosity Loss of Multigrade Lubricants," Soc. Automot. Eng. Tech. Paper Ser. No. 982638, 1998.
116. Kramer, D.C., J.N. Ziemer, M.T. Cheng, C.E. Fry, R.N.Reynolds, B.K. Lok, M.L. Sztenderowicz and R.R. Krug, "Influence of Group II & III Base Oil Composition on VI and Oxidation Stability," National Lubricating Grease Inst. Publ. No. 9907, *Proceedings from 66th NLGI Annual Meeting*, Tucson, AZ, October 25, 1999.
117. Rossi, A., "Lube Basestock Manufacturing Technology and Engine Oil Pumpability," Soc. Automot. Eng. Tech. Paper Ser. No. 940098, 1994.
118. Rossi, A., "Refinery/Additive Technologies and Low Temperature Pumpability," Soc. Automot. Eng. Tech. Paper Ser. No. 881665, 1988.
119. Mac Alpine, G.A. and C.J. May, "Compositional Effects on the Low Temperature Pumpability of Engine Oils," Soc. Automot. Eng. Tech. Paper Ser. No. 870404, 1987.
120. Reddy, S.R. and M.L. McMillan, "Understanding the Effectiveness of Diesel Fuel Flow Improvers," Soc. Automot. Eng. Tech. Paper Ser. No., 1981.
121. Xiong, C-X, "The Structure and Activity of Polyalphaolefins as Pour-Point Depressants," *Lubr. Eng.*, 49(3), 196–200, 1993.
122. Rubin, I.D., M.K. Mishra and R.D. Pugliese, "Pouir Point and Flow Improvement in Lubes: The Interaction of Waxes and Methacrylate Polymers," Soc. Automot. Eng. Tech. Paper Ser. No. 912409, 1991.
123. Webber, R.M., "Low Temperature Rheology of Lubricating Mineral Oils: Effects of Cooling Rate and Wax Crystallization on Flow Properties of Base Oils," *J. Rheol.*, 43(4), 911–931, 1999.
124. Kleiser, W.M, H.M Walker and J.A. Rutherford, "Determination of Lubricating Oil Additive Effects in Taxicab Service," Soc. Automot. Eng. Tech. Paper Ser. No. 912386, 1991.
125. Carroll, D.R. and R. Robson, "Engine Dynamometer Evaluation of Oil Formulation Factors for Improved Field Sludge Protection," Soc. Automot. Engr. Tech. Paper Ser. No. 872124, 1987.
126. R.J. Chang and M. Yoneyama, "CEH Marketing Research Report, Ethylene-Propylene Elastomers," 525.2600, Chemical Economics Handbook—SRI Consulting, Mento Park, California, January 2006.
127. *Petroleum Additives Product Approval Code of Practice*, American Chemistry Council, Appendix I, Arlington, Virginia, April 2005.
128. *ATC Code of Practice*, Technical Committee of Petroleum Additive Manufacturers in Europe, Section H, Brussels, Belgium, October 2006.
129 *Code of Practice for Developing Engine Oils Meeting the Requirements of the ACEA Oil Sequences*, ATIEL, Technical Association of the European Lubricants Industry, Issue No. 13, Appendix C, Brussels, Belgium, November 28, 2005.
130. U.S. Patent 4169063, 1979.
131. U.S. Patent 4132661, 1979.

11　聚甲基丙烯酸酯黏度指数改进剂和降凝剂

Bernard G. Kinker

11.1　历史发展

11.1.1　首次合成

应用于润滑油添加剂领域并具有潜在应用价值的聚甲基丙烯酸酯(PMA)的首次合成大概发生在20世纪30年代中期，原创性的工作是在罗门哈斯公司位于费城的实验室里在Herman Bruson的指导下完成的(当时Herman Bruson受雇于罗门哈斯公司)。Bruson当时在探索含长烷基侧链聚甲基丙烯酸酯的合成及可能的应用[1]。他提出聚甲基丙烯酸十二醇酯可作为一种潜在的可用于矿物油的增稠剂或黏度指数改进剂。该研究成果在1937年申请了两项美国发明专利——物质的组成及工艺[2]和酯的制备工艺及产品[3]。

11.1.2　首次应用

Bruson的发明确实可以使矿物油增稠，而且它在高温下增加黏性的效果要比低温或者较冷的温度下更明显，由于这种行为影响流体的黏温性能或者流体的黏度指数，这些材料逐渐的成为了众所周知的黏度指数改进剂。虽然聚甲基丙烯酸酯(PMA)成功地增稠了油，然而当时还有其他一些较有竞争力的增稠剂被用于提高矿物油的黏度；这些是基于聚异丁烯和烷基化聚苯乙烯。PMA在商业上能否获得成功尚不能完全确定。最终使PMA成功超越同一时代其他矿物油增稠剂的原因是PMA作为黏度指数改进剂而非单一的润滑油增稠剂所具有的优越性能。换句话说，PMA在低温下对润滑油黏度的贡献相对较低，例如可能会在设备启动时遇到；但在温度较高时对黏度的贡献较大，例如设备运转过程中。这个令人满意的特性让润滑油配方设计师制备的多级油能满足更大范围的操作温度要求。对黏度指数的提高保证了PMA日后的成功。

11.1.3　首次大规模生产及应用

二战以前PMA作为黏度指数改进剂在商业上的发展一直停滞不前，直至美国政府治理委员会发现了Bruson发明的黏度指数改进剂。该委员会主要负责从科技文献中搜集能够对战争提供有益帮助的发明。当考虑到潜在效用，他们设想PMA黏度指数改进剂能够在更宽的范围内提供更为均衡的黏度特性，尤其在航空液压油方面。当时的航空液压油存在很严重的缺陷，特别是战斗机在经历苛刻的温度/时间循环变化过程中。在地面上，液体经受了高温环境和发动机放出的废热，而当飞机快速排升到高空时，飞机又受极冷环境的影响，油又要经历-40℃以下的低温。当罗门哈斯公司与国家研究与防护委员会(NRDC)合作，成功地使 PMA 通过多级航空液压油的测试后，迅速地进行了 PMA 黏度指数改进剂的商业化，并于1942 年交付了第一批产品——Acryloid HF。这些多级液压油很快就被美国空军所采用，接下来其他用于多级液压油和地面车辆润滑油中的黏度指数改进剂也被逐渐采用。

第二次世界大战之后，罗门哈斯公司将 PMA 黏度指数改进剂用于通用工业和汽车领域。早期的轿车发动机油黏度指数改进剂在 1946 年被首次投放到市场。两个事件极大地影响了"四季通用"油被商业市场所采用。第一件事是汽车制造商黏度规格说明中引入了新的"W"冬季标准；另一个是 Van Horne[4] 发表的研究成果指出制造及销售通用级别油的可能性，例如现在众所周知的"10W-30"和其他的通用级别油料。20 世纪 50 年代初，在消费市场上轿车应用多级油得以迅速推广。PMA 黏度指数改进剂在早期的多级发动机油的配方中发挥了主要作用。PMA 黏度指数改进剂的使用已经延伸到齿轮油、传动液和除了早期使用的航空液压油之外的广泛使用的工业和液压液。

11.1.4　其他应用的发展

PMA 化学品的另一个重要的应用场合是在降凝剂(PPDs)领域。当一个甲基丙烯酸酯聚合物至少包含一些较长的烷基侧链，其链长度和矿物油中蜡的具有相对相似的链长时，它们可以与生长的蜡晶体在足够低的温度下相互作用。蜡状的侧链可以和蜡晶融为一体从而扰乱蜡晶的生长。净效应是防止未添加降凝剂时的蜡会在发生凝结的温度下凝结。早期的聚甲基丙烯酸酯降凝剂被用于军工，1946 年美国罗门哈斯公司为工业及汽车行业的市场提供此类产品后，后来这类产品也被用于民用工业。尽管聚甲基丙烯酸酯不是第一个被当做降凝剂(烷基化萘是第一个降凝剂)，但是现在聚甲基丙烯酸酯是这个特殊的应用领域中的主导产品。

与蜡作用的聚甲基丙烯酸酯的另一个应用是作为精炼过程的脱蜡助剂。这个脱蜡过程主要是从石蜡油中除去蜡以降低润滑油基础油的倾点。PMA 与蜡存在很强的相互作用，有很强的结晶成核作用，并能有效地促进大晶粒的进一步生长。大晶粒更容易从残液中过滤除去，就能使润滑油的产量得到提高，蜡浓度较低因此倾点降低。

共聚到 PMA 中的极性较烷基甲基丙烯酸酯强的单体为产品提供无灰分散剂或分散型黏度指数改进剂的功能。极性单体一般含有氮和氧(酯基里的氧除外)元素，在浓度足够大时它的存在能沿着亲油聚合链生成亲水区域。由此产生的 PMA 分散剂在润滑油中非常有用，因为它们可以悬浮在溶液中，能解决有害物质带来的影响，这些物质可能是高度氧化的小分子到烟炱颗粒。

PMA 也被用于许多其他以石油为原料的应用中，虽然相对用量较少。一份简明列表可能包括沥青改性剂，润滑脂增稠剂、乳化剂、抗泡剂、破乳剂、原油流动改性剂。目前，聚甲基丙烯酸酯被用于润滑油已经有 65 年的历史了，并且它的超长寿命源于 PMA 的其化学性能即组成和加工工艺的灵活性。从最初的甲基丙烯酸十二(醇)酯演变到包括不同烷基甲基丙烯酸酯和非甲基丙烯酸酯带来的附加功能并且扩大了它们的应用范围。化学工艺也不断的发展，这样就可以生产出希望得到的任意分子量(剪切稳定性)或允许合成复杂结构的聚合物。因为 20 世纪 90 年代可控自由基聚合的发展导致星形和嵌段共聚物的发展，这使得制备得到具有窄分子量分布产品的开发变成现实。

11.2 化学性质

11.2.1 一般产品的结构

典型的甲基丙烯酸酯黏度指数改进剂是由三种等级的烃基侧链(三种截然不同长度侧链的碳氢化合物)构成的一种线型聚合物。这些分别是短碳链、中等长度碳链和长碳链的聚合物。更广泛的讨论将在第11.3节中给出，但这里给出的简短描述是为了更好地理解甲基丙烯酸酯单体及其聚合物的合成和化学性质。

第一类是含1~7个碳原子的短链烷基甲基丙烯酸酯。加入这些短碳链材料会影响聚合物线团尺寸尤其是在低温下线团尺寸，因此影响了油溶液中聚合物的黏度指数。中等长度碳链包含8~13个碳原子，他们作为聚合物可溶于烃类溶剂中。长碳链包含14个或者更多的碳原子，它们可以和蜡发生作用而影响其结晶，这样就起到降凝的作用。

用作降凝剂的聚甲基丙烯酸酯的结构与仅依靠利用两个共聚用单体的黏度指数改进剂不同，这种结构可以与长碳链或中等长度碳链的蜡结晶化物质相互作用。

这些被选中的单体按照一定的比例混合在一起，为上述所述的性能提供了全面的平衡。该混合物聚合后得到共聚物，其结构中R代表不同的烷基官能团，x代表不同聚合度。简化结构如图11.1所示。

11.2.2 单体化学

在讨论基于PMA基础的润滑油添加剂之前，有必要对单体的化学结构作一简要介绍。甲基丙烯酸酯单体的基本结构如图11.2所示。

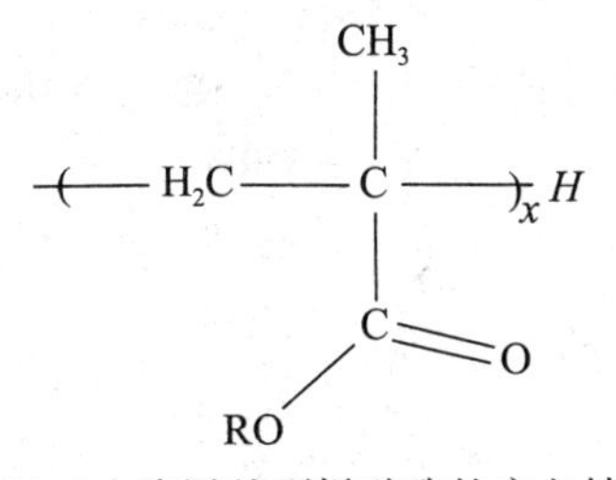

图11.1 聚甲基丙烯酸酯的广义结构

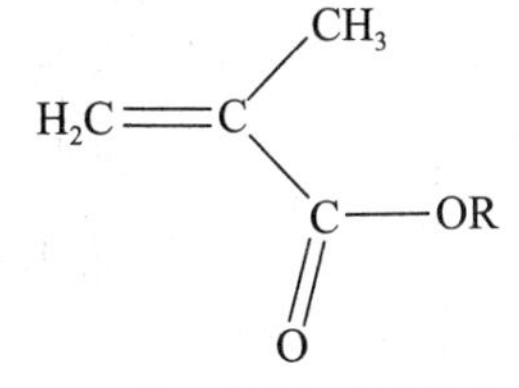

图11.2 烷基甲基丙烯酸酯单体

这种乙烯基化合物的四个显著特点如下：

(1)碳-碳双键是加聚反应的活性中心。

(2)跟双键毗邻的酯基，由于它的极化而使双键在聚合反应过程中受到活化。

(3)悬垂的侧链和酯(R)基毗邻。这些链包括全烷烃链和包含杂原子的更复杂的链结构。聚甲基丙烯酸酯有益特性的一个重要部分源自于侧链。

(4)和双键毗邻的侧甲基，它的作用是屏蔽酯基免受化学攻击，尤其是指其与水解稳定性有关。

正如前面所提到的，各种不同的甲基丙烯酸酯单体，主要是侧链的长度不同，通常被用来制备聚甲基丙烯酸酯添加剂。合成这些单体的化学方法分成两大类：短链含4个或更少的碳链而长链含 5 个碳或多于 5 个碳的碳链。制备各类型单体的工业化生产完全不同。

短碳链单体在除润滑油添加剂之外的其他方面还有很大的用途，因此被大量生产。例如，甲基丙烯酸甲酯被大量生产主要是作为生产有机玻璃以及乳胶漆和胶黏剂中的基础原料。它也被用于聚甲基丙烯酸酯润滑油添加剂，但比起其他领域的用量，用量极少。甲基丙烯酸甲酯一般由两种路线合成。多数是从丙酮开始、然后转化为 2 - 甲基 - 2 - 羟基丙腈，紧接着是水解作用及酯化反应。另一种方法首先是将丁烯氧化，然后水解、酯化。近来，基于丙烯和丙炔化学基础上的甲基丙烯酸甲酯的附加工艺被引入，但是它们的使用仍然较小。

长链单体是典型的但并非专用于润滑添加剂，并且可以通过两种商业化的方法来生产它。第一个方法是采用适当的醇和甲基丙烯酸直接酯化。这个众所周知的反应常被用于实验室模式来高效的驱使一个反应达到高的产率。这种方法包括催化剂(通常采用酸)；过量反应物来促使反应平衡向产物方向转移，并且除去其中至少一种产物，典型的产物如酯化反应中生成的水，再一次使反应平衡方向发生转移。相关化学方程式如图 11.3 所示。

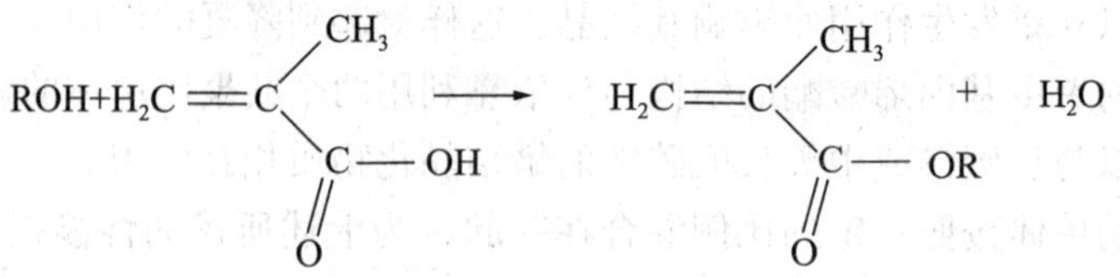

$$ROH + H_2C{=}C(CH_3){-}C({=}O){-}OH \longrightarrow H_2C{=}C(CH_3){-}C({=}O){-}OR + H_2O$$

图 11.3　甲基丙烯酸和醇直接酯化

第二种方法是通过相应的甲基丙烯酸酯和相应的醇发生酯交换反应来制备得到长侧链的甲基丙烯酸酯单体。该反应使用一种碱性化合物或一种路易斯碱作为催化剂。当使用过量的甲基丙烯酸酯并除去反应产物甲醇，平衡向产物方向转移(假如甲基丙烯酸甲酯被当作反应物)。图 11.4 是反应方程式。

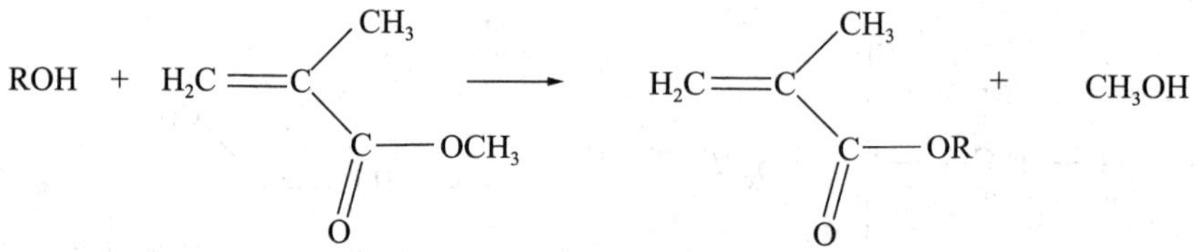

$$ROH + H_2C{=}C(CH_3){-}C({=}O){-}OCH_3 \longrightarrow H_2C{=}C(CH_3){-}C({=}O){-}OR + CH_3OH$$

图 11.4　甲基丙烯酸酯的酯交换反应

11.2.3　传统的聚合物化学

一种特定的产品是按照既定的比例将各种烷基甲基丙烯酸酯单体混合后进行溶液聚合而得到，自由基加聚反应得到的是无规共聚物。反应遵循典型的加成聚合技术路线和工艺来生产商用原料[5]。

商用聚合物目前采用自由基引发剂来合成，这些引发剂可能是氧族或者氮族的热不稳定化合物，它们在受热时会分解产生两个自由基。含氧类引发剂(即过氧化物、过氧化氢、过酸酯或其他含氧 - 氧共价键的化合物)，受热均裂形成两个以氧为中心的自由基。含氮类引发剂受热分解产生两个自由基，但是这些物质很快转变成一摩尔的氮气，紧接着形成以碳为中心的自由基。在任何情况下，自由基进攻甲基丙烯酸酯上位阻较小乙烯基双键活性较高的一端。这两种典型的自由基加聚反应的链引发和链增长步骤如图 11.5 和图 11.6 所示。

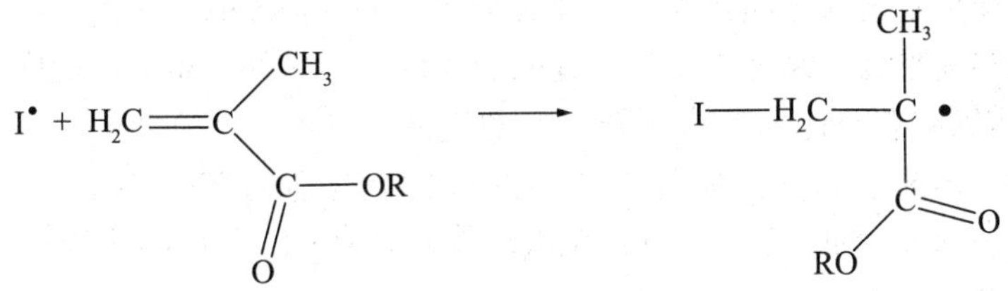

图 11.5 甲基丙烯酸酯聚合的自由基引发

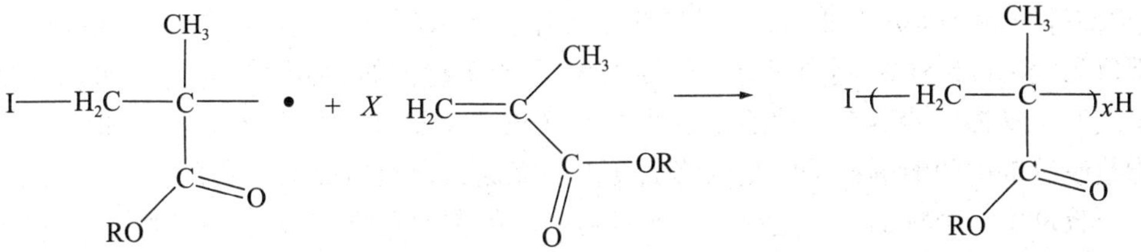

图 11.6 链增长

反应温度的选择主要是考虑到引发剂的半衰期温度范围可以从 60~140℃。通常，选择温度控制的引发体系将提供一个经济、便捷可行的将单体转变为聚合物，并且避免潜在副反应发生的方法。也应该考虑到温度及相关的其他因素。这些因素主要考虑在合成过程中聚合物在反应器中保持合理的黏度，显而易见，温度被用于维持(以及溶剂)一个生产单元的机械搅拌和泵送体系有一个适当的黏度。过高的温度一定要避免，以规避聚合的上线温度，否则上线温度下会发生解聚反应(见 11.3.1.2 节)。

通常，烷基甲基丙烯酸酯单体混合物被用于制备无规共聚物。无需特别的反应技术以避免反应过程中组成的变化，因为烷基甲基丙烯酸酯的竞聚率是相似的[6]。

合成反应中最重要的一个考虑因素是制备得到特定分子量的聚合物，这是为了生产合适剪切稳定性的商业化产品。和平常的乙烯(系)加成聚合一样，通常甲基丙烯酸酯的聚合也经历链终止反应：偶合终止、歧化终止和链转移反应。硫醇是最常用的链转移剂(CTA)，被选择用来控制分子量。链转移剂类型的选择和用量地确定必须非常小心，应该认识到很多其他因素也影响分子量。很多因素影响聚合度：引发剂浓度、自由基的稳定性和溶剂浓度，还有除链转移剂以外的其他化合物的链转移反应。一个不受欢迎的链转移反应是：聚合物链上任意位置的氢被夺去而导致支化聚合物的产生，这种支化聚合物和严格意义上的线型聚合物相比，支化聚合物的增稠效率较差。硫醇的链转移反应机理见图 11.7。除链转移以外，甲基丙烯酸酯还会发生其他一些常见的链终止反应例如偶合终止和歧化终止反应。

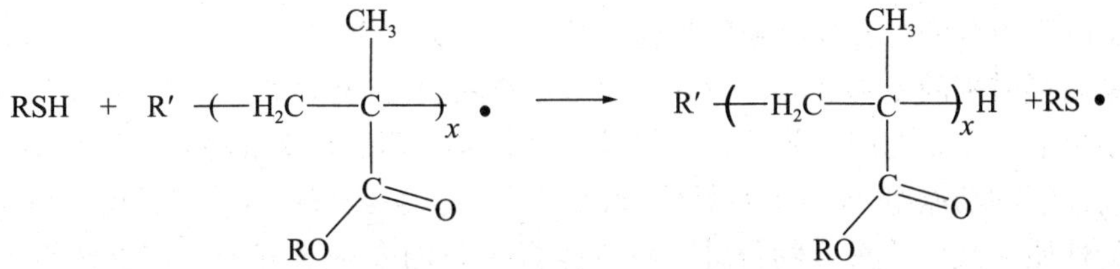

图 11.7 链转移的终止

工业级产品涵盖了一个很宽的范围，聚合物的分子量从 20000 到 750000 道尔顿。分子量要被仔细的控制，目标是生产的产品能对于特定的应用场合具有合适的剪切稳定性。

高分子量的聚甲基丙烯酸酯作为一种纯聚合物是很难处理的，因此，几乎非常必要在所有的商品中使用溶剂来减小黏度以达到合理的加工性能。另外，聚合反应中保持合理的黏度是非常重要的(尽管随着单体向聚合物转化率的提高，黏度一直在增长)，因此必须保持充分的搅拌。因此，溶剂是无论如何都得使用的。一个合适的溶剂必须具备：(1)不反应；(2)难挥发(至少在反应温度下)；(3)避免链转移反应；(4)与最终作为产品来使用的产物相容。结果证明矿物油能相当好的符合上述标准。所以这种溶剂可以从具有较高性能、较低黏度级别的矿物油中选择。不反应则要求其有较高的饱和度；因此，可以使用高质量的 API Ⅰ(或更高等级的 API 分类油)。溶剂黏度的选择主要依赖于其最终的用途；选择的范围是从非常低黏度油(35 SUS)到中等黏度的油 150N。当矿物油妨碍聚合反应时，可以先使用一种不反应但是易挥发的溶剂，然后把这种溶剂换成一个更适合的载体油。添加到商品 PMA 黏度指数改进剂中的溶剂的量应足以将黏度水平降低到合理的加工或从容器中泵送出去的水平。这个数量由聚合物的分子量决定，而且对产品的黏度有较大影响。一般情况下高分子量的聚合物需要更多的溶剂。商业化的产品所含聚合物的浓度在 30% ~80% 这样一个很宽很宽的范围内。

1956 年，Catlin 在一个专利[7]中首次提出了分散型 PMA。该专利认为把 2 - 乙氨基 - 乙基 - 甲基丙烯酸酯聚合到聚合物中在当时是一种可以作为提高黏度指数改进剂分散性和改善发动机测试中沉积物性能的方法。最初的分散型聚甲基丙烯酸酯利用单体和很容易发生共聚的烷基甲基丙烯酸酯单体来聚合，而不需要不同的化合物聚合。除这些原始的无规聚合以外，接枝反应也是一条重要的合成路线，把想要的极性单体接枝到甲基丙烯酸酯聚合物上。Stambaugh[8]确定可以把 *N* - 乙烯吡啶接枝到 PMA 链上作为合成路线以提高黏度指数改进剂的分散性。另一种方法是将 *N* - 乙烯吡啶和 *N* - 乙烯咪唑都接枝上去[9]。接枝反应一个明显的优点是把不容易和甲基丙烯酸酯单体发生共聚的极性单体(由于竞聚率的差异)结合在一起。接枝反应是在烷基甲基丙烯酸酯达到较高的转化率以后才发生的。Bauer[10]确定了一条备用的合成路线，先在聚合物链上结合了分散型功能基，这为反应提供了反应点，然后再进行后聚合反应。例如，将马来酸酐共聚或者接枝到聚合物骨架上可以和希望具有的化学官能团(例如胺)的化合物反应。这个策略是一种合成不能经过加聚反应(因为它们缺乏可以反应的双键)来制备的化合物的途径。

这个讨论描述了用于制备大多数商业化 PMA 产品的化学反应。其他的化学方法和一些新颖的加工工艺以及聚合物混合技术在下面的专利和文献中被综述。

11.2.4　专利综述

相关文献和专利的综述证明聚甲基丙烯酸酯在过去几十年已成为许多研究的主题。现有很多聚甲基丙烯酸酯的专利文献，而其中大多数都跟润滑油添加剂相关。从添加剂相关的专利中可总结出五个主要的研究领域，它们可以分为以下几类：聚合物组分的变化；除流变性之外的提高性能的功能组合，即分散性；改良工艺来提高经济性或提高性能；聚合物共混物提供独特的性质；最后，聚合物设计。只有少数重要的专利对五个研究领域给出了简要的探讨。

自从第一个聚甲基丙烯酸酯的专利[2,3]公开以后，人们一直寻找通过改变组成来提高甲基丙烯酸酯聚合物某些方面的流变学性能。正如人们所预料的那样，许多早期的工作探索了不同烷基甲基丙烯酸酯单体的使用，并考察了单体之间相互的配比；这项工作是完善技术的一个重要组成部分。但是，甚至更多的专利文献包括教材中都有 PMA 的组成。高极性的 PMA 由高浓度的短链烷基甲基丙烯酸酯组成，有益于合成极性流体例如磷酸酯以提供流变性[11]。有很多例子将非甲基丙烯酸酯聚合到聚合物中，一个实例就是把苯乙烯[12]当做共聚单体来提高剪切稳定性。然而，苯乙烯单体和甲基丙烯酸酯单体具有不同的竞聚率，常规工艺会导致苯乙烯较低的转化率。这个缺点可以通过在聚合末期加入过量的甲基丙烯酸酯单体的办法使得苯乙烯达到一个高的转化率的工艺来克服[13]。

通过功能单体的共聚来制备分散型 PMA 在前面部分已经进行了论述。尽管分散型 PMA 具有的性能众所周知，但它仍然是个活跃的研究领域，如文献[14]描述了适用于现代柴油发动机烟灰的分散剂。尽管氮基分散剂是众多研究的焦点，含氧分散剂如甲基丙烯酸羟乙酯[15]和含醚甲基丙烯酸酯[16]也被人们所关注。除包含分散功能以外，合成具有其他化学功能(抗氧性)[17]的工作也取得了显著的成果。

用以提高产品性能或经济性的新颖的加工方法得以发展。通过转化率信息不断的反馈给调节单体、引发剂和温度的计算机控制系统，分子量分布和聚合度可以被严格得到控制[18]。配位聚合在制备甲基丙烯酸酯和其他乙烯基单体的交替共聚物时是非常有用的[19]。文献[20]描述了一个制备连续可变组成的聚合物的方法，可以避免物理混合聚合物的需要。

PMA 和烯烃共聚物(OCP)黏度指数改进剂的共混物提供了较单一产品 OCP 赋予的良好的增稠(和经济性)和 PMA 赋予的良好的低温流变学折衷的性能。然而，两种不同黏度指数改进剂浓缩形式的物理混合物是不相容的。这个问题可以通过使用增容剂来克服，实际上接枝了 PMA 聚合物的 OCP，可以使 70% PMA 和 30% OCP 混合物相容[21]。非常高的聚合物含量可以通过乳化混合物的方法制备得到，因此 PMA 相在弱极性溶剂中是连续相，但是通常下非常黏稠的 OCP 相在胶束中[22,23]。混合了 PMA 可以提供协同增稠和倾点降低的特性[24]。

现在，PMA 聚合物的合成非常活跃。PMA 嵌段、星状、梳状和窄分子量分布聚合物的制备是最近授权专利和专利申请的主题。例如，新的聚合技术可控自由基聚合(CRP)，尤其是原子转移自由基聚合(ATRP)，被用来制备特别窄分子量分布的 PMA 以用来提高最终产品的增稠效率/剪切稳定性平衡[25]。同样的，另一种可控自由基聚合——氮氧调控自由基聚合(NMP)也被用于制备改善了性能的相似产品[26]。ATRP 的技术已被用来制备 PMA 链中含功能基(极性)单体的嵌段聚合物，提高对金属表面吸附性从而改善低速条件下摩擦性能[27,28]。文献[29]描述了通过可控自由基聚合包括反向加成断裂链转移聚合(RAFT)、NMP 和 ATRP 方法制备星状 PMA 以提高溶液性能。通过不同的可控聚合工艺来合成星状和其他聚合物在文献中被描述[30,31]，它们具有较传统线型聚合物好的增稠效率/剪切稳定性和黏度指数贡献。另一种新的聚合物结构合成的热点是参考文献[32]所描述的基于聚烯烃和 PMA 原理的梳状聚合物；像我们之前提到的用这些结构可同样的提高性能。

11.3 特性和性能特点

11.3.1 化学性质

聚甲基丙烯酸酯是相当稳定的材料，在温和条件下，甚至相对苛刻条件下不发生化学反应。任何黏度指数改进剂或降凝剂的化学设计时都需要避免在它们的结构中引入反应活性部位，这样就可以为暴露在恶劣的环境下的润滑剂提供较高的稳定性。人们期望这些 PMA 添加剂不具有化学活性，因为它们的添加只是改变润滑油的物理性能，即黏度和蜡结晶现象。当考虑到分散型 PMA，它包括除了烷基丙烯酸甲酯以外的化合物，甚至这些化合物具有和非分散型聚烷基甲基丙烯酸酯在本质上一样的稳定性。任何黏度指数改进剂(包括 PMA 在内)最明显的反应是聚合物所受到的机械剪切。

11.3.1.1　水解

聚甲基丙烯酸酯不容易被水解；然而，水解稳定性的问题是由于酯基的存在而被提出来。聚合物形式的甲基丙烯酸酯基团是相当稳定的，因为它们被它们周围的聚合物以及侧链所屏蔽。包围着酯基团的化学环境毫无疑问是斥水性的，它们和那些化合物不相容或者不催化水解反应的发生。可以采取措施以引起水解反应的发生，例如氢化锂铝可以使得聚甲基丙烯酸酯的侧链水解而得到醇类。然而，没有证据表明聚甲基丙烯酸酯的水解在润滑油应用中是重大成果。

11.3.1.2　热反应：解聚酯的高温分解

这些反应是在聚甲基丙烯酸酯存在下发生的，但需要非常强烈的条件。在润滑油应用中似乎没有什么重要的后果发生，因为油的使用温度低于裂解反应发生的温度[33]。

PMA 的一个纯粹的热反应是简单的解聚反应(聚合物主链被打开)。PMA 链在足够高的温度下被打开并产生很高的原始单体；解聚反应仅仅是聚合反应的逆反应。为防止解聚的发生，必须小心控制反应，避免过高的温度使得聚合物解聚。因此，合成温度被设计远远低于聚合/解聚平衡的上限温度。PMA 发生解聚的起始温度大约在235℃，文献[34]中给出了聚甲基丙烯酸甲酯的解聚温度。精细的侧链结构可能会对聚合物有一个小的影响，但是人们对长侧链烷基甲基丙烯酸酯聚合物在润滑油中的应用研究较少。同样认为聚合物链上的末端双键是最容易发生解聚的起点。当结构中出现末端双键，它们最可能是歧化终止的产物。

另一个潜在的反应是聚合物链上的个别酯结构单元的热分解反应。这个反应，通常被称为β-酯热解，从侧链上降解下来的聚合物基侧链将产生α-烯烃。烯烃的碳链长度和侧链上骨架的碳链长度相同(和被用来做单体的原料醇的碳链长度一样长)。其他反应产物可能是聚合物链中残留的酸。这种酸可能会跟邻近的酯发生反应而生成乙醇和环状酸酐。另一种可能性是两个邻近的羧酸基团在失去一分子水之后形成环状酸酐。高温分解反应通过从侧链β-碳上的氢键上的氢和酯的羰基氧形成的六元过渡环产生。过渡态的环分解成α-烯烃和酸[35]。此反应在温度为250℃以上才能发生。

酯结构聚合物解聚后，聚合物骨架或单体酸、酐会降解生成挥发性的α-烯烃，以及酸和酸酐。在剧烈的热等条件下，聚合物主链中的酸和酐的降解反应持续进行，通过初始引发，并最终形成不稳定的产物。

任何一个热反应的结果会导致作为黏度指数改进剂或者降凝剂活性的丧失并产生一系列挥发性小分子化合物。产物从高温反应区域蒸馏出来因此不会发生进一步的化学反应。表11.1 的数据说明 PMA 黏度指数改进剂当被暴露在极端温度下的空气中具有非常高的挥发性。在润滑油正常应用过程中，没有证据表明解聚或酯的高温分解是很重要的。大多数润滑油应用的温度低于开始反应的拐点温度，因此，这些反应可以不予考虑。微环境下存在有限的潜在可能性，例如靠近燃烧室附着在活塞沉积物中的黏度指数改进剂就会超过分解温度而降解[6]。

11.3.1.3 氧化裂解

与暴露在苛刻氧化条件下的烃类一样，PMA 可能受典型的氧化反应而导致聚合物降解[33]。裂解反应产生两个不同长度的碎片，它们其中的任何一个链的分子量都较起始链段的分子量低，因此其对黏度的贡献也有相应的损失。由于聚合物链的任何部位都可能受到氧化或自由基进攻，所以这个反应是随机发生在骨架上的。烯丙基、苄基或叔氢是最容易受氧化或自由基攻击的对象。甲基丙烯酸酯通常不包含这样的结构成分；因此，这个反应通常不发生。表 11.1 给出的热解数据似乎能支持这个结论，在试验条件下断裂得到的碎片总体来说不会挥发。

表 11.1
聚甲基丙烯酸酯的热裂解

失重/%	分解温度/℃	
	290	315
2min	—	18.7
3min	93.2	—
5min	93.1	94.6
10min	94.9	96.1
15min	96.3	97.7

PMA 氧化稳定性的证据和延续的效果通过旧油被暴露在苛刻序列ⅢG 发动机氧化程序的黏度比较而被证明。一种油里面包含了 PMA 降凝剂，另一种油中含有完全相同的组分但不含降凝剂；经过引擎老化试验，这个油被添加相同量的降凝剂处理(和相同浓度的含降凝剂的油相比)，最终的黏度基本上一样。尤其值得注意的是，在某种重要的方式下低温低剪切率下的黏度并没有什么不同，这说明 PMA 降凝剂在苛刻环境程序ⅢG 的测试中并不降解[36]。

从整体来看，在通常使用情况下聚甲基丙烯酸酯不容易发生热或氧化反应，很少有证据表明在绝大多数聚甲基丙烯酸酯基润滑剂应用中这些反应是重要的。

11.3.1.4 机械剪切和自由基生成

在所有的黏度指数改进剂中包括 PMA，一个著名的且非常重要的降解反应是机械剪切。虽然聚合物剪切开始就好像一个物理过程，它产生自由基。对于每一个聚合物链的断裂，会产生两个以碳为中心的自由基。在润滑油中自由基很快的就猝灭，它们可能被包围在周围的烃类溶剂或润滑油配方中的抗氧剂所猝灭。总之，假如化学反应进一步发生，自由基变的很少。然而，重要的是黏度结果发生变化，这是因为裂解而导致两个低分子量碎片的产生，减少了对黏度的贡献。聚合物链的剪切过程开始，足够的能量是打开聚合物骨架上碳－碳键并导致聚合物链发生均裂的原因。聚合物易发生机械剪切跟其化学结构无关；而是由聚合物分子量，甚至更可能是聚合物的末端距所造成的[37]。总之，黏度指数改进剂的剪切稳定性，尽管是一个重要的物理过程，并没有显示出一些可以觉察到的化学后果。关于剪切的进一步的讨论将在结构对物理性能的影响一节给出。

11.3.2 物理性能

聚甲基丙烯酸酯极为重要的性能跟他们被用作降凝剂、黏度指数改进剂或分散剂有关。分散剂也可以用于它们黏度指数或者增稠性能的提高，但在某些情况下，增稠性能是不需要的，这种分子仅被用于当做分散剂使用。聚甲基丙烯酸酯的有用性主要跟它们的物理性质(主要是分子量)和化学性质(主要是侧链结构)相关。

11.3.2.1 降凝剂

降凝剂主要被用来改进和控制石蜡基矿物油里的蜡结晶现象。当温度下降，蜡质组分开始形成小的、片状结晶。这种片状结晶最后聚集成相互关联的网络结构并可以高效捕捉剩余液体。除非有一个强大的作用力足以破坏这种相对较弱的蜡凝胶所形成的网络结构，否则流体将停止流动。在润滑油中控制蜡的结晶常常被描述为倾点抑制，因为量化的效果就是降低 ASTM D 97 中的倾点。倾点的测试是一个相当古老的方法，它利用快速冷却来测试流动及非流动条件。降凝剂还控制蜡的结晶，在各种较慢且更加逼真的冷却条件下更有利于晶体生长[38]。PPDs 被用来保持润滑油在不同冷却温度下的流动性，将润滑油的工作温度拓展到更冷的区域范围。工作区域的扩展程度由基础油中蜡的化学性质、其在基础油中的浓度，其他蜡添加剂的有无、冷却条件、最终冷却温度，当然还有化学性质和浓度所共同决定[38]。

PPDs 不影响从溶液中析出蜡结晶的温度或者说蜡沉淀的数量。PPDs 凭借它们的长烷基侧链，在生长的蜡片边缘上形成共结晶。因此，生长着的蜡晶体黏附在聚合物上，于是，因为大的聚合物骨架分子的存在，晶体在面内的生长受到位阻的妨碍。在垂直方向被重定向进一步生长，导致形成了更多的针状晶体。因此，通常基于板状晶体而形成三维立体结构的倾向被扰乱，至少蜡凝胶网络暂时被阻止。在极低的温度下，油可能最终会变得黏度很大而停止流动，但这不是蜡的问题[39]。

PMA 是第一个聚合物降凝剂，在 20 世纪 40 年代被罗门哈斯公司商业化。今天，它们是本应用领域最主要的化学品并占据全球市场的绝大多数份额。其成功的原因是和其分子结构相关的，如图 11.8 所示，它固有的化学灵活性与聚合物链长有关，但更重要的是其侧链长度的多样性以及适当的浓度。

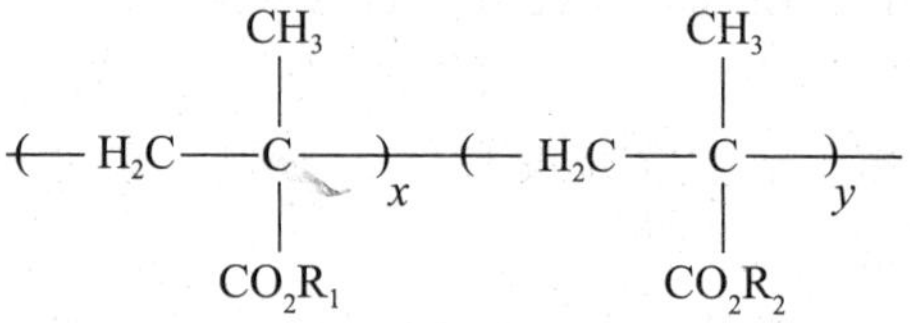

$$-\!\!\left(H_2C-\underset{CO_2R_1}{\overset{CH_3}{C}}\right)_x\!\!\left(H_2C-\underset{CO_2R_2}{\overset{CH_3}{C}}\right)_y\!\!-$$

图 11.8 聚甲基丙烯酸酯降黏剂

在图 11.8 中，R_1 和 R_2 代表不同长度的烷基侧链；一个是和蜡相互作用，另一个是中立的或者与蜡无相互作用力。但是，侧链实际上是烷基的复杂混合物，含从 1 到多于 20 个碳原子。长的碳侧链倾向于和蜡相互作用；为了结合，它们必须是线型的，其链长必须达到至少 14 个碳原子。蜡烃基侧链与蜡的相互作用因其长度的增大而加强。然而，短链被添加进去当做惰性稀释油使用，确保与蜡相互作用的控制程度，或作为较长侧链的间隔基团使得晶格结构得到更好的调节。

降凝剂在很宽范围内(变化范围从 200 到 3000)，与聚合度和分子量无关。但是，如上所述，为阻止晶体增长提供足够位阻以获得最小的聚合主链也十分重要。

根据两者的类型和浓度，与蜡最适宜的正相互作用需要仔细地平衡像蜡一样的烷基基团。该观点有时被表述成函数，即蜡相互作用因子(WIF)，考虑每个烷基基团的用量和蜡的互相作用以及相互作用强度的影响。在特定情况下，由于矿物油中所含蜡的链长分布不同，PPD 所含的侧链分布也不同是为了更好地与蜡相互作用。因为基础油和添加剂的不同，蜡的结构和含量会发生变化，采用不同蜡相互作用因子的降凝剂是最佳选择。不同基础油中所含蜡的化学组成及浓度不同，其 WIF 对 PPD 的影响效应如表 11.2 所示。

表 11.2

PPD[a] 对各种基础油的感受性

PPD 含量	基础油 1		基础油 2	
	PPD-1 低 WIF	PPD-2 高 WIF	PPD-1 低 WIF	PPD-2 高 WIF
无	-18	-12		
0.05	-24	-21	-18	-18
0.10	-33	-30	-21	-27
0.20	-36	-30	-27	-33

a ASTM D 97 倾点(℃)。

与用于调配全配方油的基础油相比，成品润滑油对降凝剂常常产生不同的响应。例如，在 MRV TP-1测量中、两种不同的 150N 基础油对 PPD 3 有响应：基础油 A 有一些屈服应力，基础油 B 没有一些屈服应力；然而，当这些基础油里面添加了相同的 DI 和黏度指数改进剂，它们给出相反的感受性。基于基础油 A 的 SAE 10W-40 通过流变学测试，而基于基础油 B 的 SAE 10W-40 油却明显的失败。为保证基于油 B 的配方通过测试，使用了具有不同 WIF 的 PPD4 进行考察，数据如表 11.3 所示。

PMA 的氧化安定性和热稳定性在前面(11.3.1.3 节)被讨论并得出结论，PMA 降凝剂即使暴露在苛刻的氧化环境中仍然保持有效。实验的背景是国际润滑油标准化和认可委员会(ILSAC)对轿车发动机油 GF-4 标准提出的一项新的低温泵送要求[40]。泵送性是基于油经过苛刻氧化和挥发环境的程序ⅢG 老化试验(ASTM D7320)后通过 ASTM D4684 测试。

一般认为低温泵送性与蜡形成的现象有关并与最终的降凝剂活性有关，但是之所以增加废油的低温泵送性，是因为 OEM 关心油在野外的降解，可以凭借低温黏度的测量而不是通常高温动力学黏度的测定来辨别[41]。由于苛刻氧化会导致极性物质的形成，而在相对冷温条件下可以形成胶体结构，因此需要低温条件下测试而不是较暖温度条件下测试。

11.3.2.2 黏度指数改进剂

黏度指数改进剂被用于希望获得具有多级润滑油优点的很多应用领域，包括曲轴箱发动机油、自动传送液、高黏度指数液压油、齿轮油和其他主要用于户外的(但不是必须的)润滑油。黏度指数改进剂，也是众所周知的黏度调节剂，是高分子量油溶性的聚合物，理想情况下它在高温条件下提高润滑油的黏度，在低温条件下对黏度无影响[42]。当前市售的主要基于以下两种化学品系列：碳氢化合物例如乙丙共聚物或含酯类材料例如 PMA。每种化学品系列都有其他的一些例子。PMA 在高黏度指数和超低温性能的应用领域占据了主要地位[36]。这些好处可以在典型的润滑油工业低温、低剪切率流变学测试例如 ASTM D 4684(例如 MRV TP－1)，扫描布鲁克菲尔德的测试和 ASTM D 2983 布鲁克菲尔德黏度，以及还有很多其他的测试中都可以观察到。聚合物分子大小影响不同温度下增稠能力，线团尺寸越大，增稠能力越好。

表 11.3

PPD[a] 对基础油和全配方油感受性的对比

PPD[a] 加入量 0.1%	基础油 A (150N)	基础油 A＋DI 和 VⅡ(SAE 10W－40)	基础油 B (150N)	基础油 B＋DI 和 VⅡ(SAE 10W－40)
PPD 3	31100/35	39700/<35	26500/<35	62000/70
PPD 4	—	—	28100/<35	35800/<35

[a] ASTM D 4684 TP－1 MRV(－30℃)，黏度(cP)/屈服压力(Pa)。

相反，较小的线团尺寸具有较弱的增稠能力。PMA 黏度指数改进剂在高温下对油的黏度贡献较大而在低温时对油的黏度贡献相对较小。这种理想的黏－温现象来自于 PMA 酯的官能团，使得聚合物在非极性烃类溶剂、矿物油中具有极性，导致低温下相对小的分子线团尺寸。酯的极性可以通过短侧链单体的使用而增强。

任何化学类型的黏度指数改进剂或黏度调节剂的增稠性能跟它们的化学性质以及分子大小(与溶解他们的小分子溶剂相比)有极大的关系。长的聚合物链、聚合物的骨架、形成随机线团的形状、线团的大小，或者更确切的说是它的流体力学体积和作为一级近似值的聚合物分子量成正比；但更准确地说，这是和聚合物的均方末端距的三次方成正比。在黏性流晶格理论中，聚合物分子的片段充满了晶格中的空穴(所有的周围分子构造而成)，从而限制了小分子通过晶格而参与运动[38]。黏度的增加程度依赖于线团的尺寸大小，因此，高分子量聚合物提供更好的增稠效果。聚合物增稠溶液的黏度与聚合物浓度和分子量的关系通过 Stambaugh 方程来表达[6]。

$$\ln\eta = KM_{v}^{a}c - k''(M_{v}^{a})^{2}c^{2} + \ln\eta_{0} \tag{11.1}$$

式中　M_v——VⅡ黏均分子量；

c——VⅡ(或增稠)浓度；

η_0——溶剂黏度；

指数 a——与特定的聚合物溶解性，溶剂以及温度有关。

对于溶液中的 PMA 黏度指数改进剂，线团的膨胀与收缩随着温度而变[43]。在低温下，根据相关理论，PMA 在油中的溶解性很差。这并不是说 PMA 从溶液中沉淀出来，而是相对较差的溶解性导致的收缩，小体积的聚合物线团对黏度贡献较小。当温度升高，溶解性提高聚合物线团也随着膨胀到最大尺寸，因此对黏度的贡献也随着增大。这个线团膨胀的过程是完全可逆的。如果不考虑溶液的老化，随着温度的变化聚合物线团将继续膨胀或收缩(见图 11.9)。相比之下，非极性聚合物增稠剂在任何温度下都可以很好的溶解在油中，而且线团的尺寸不随着温度的变化而变化[44]。对于一些黏度指数改进剂或者黏度调节剂，这些溶解系数与方程(11.1)中的指数 a，确切的说与温度溶解能力相关。尤其对 PMA，是一个平均长度侧链化学性质的函数：即短、中等长度和长烷基链。三个截然不同的链长度的结构概念如图 11.10 所示。

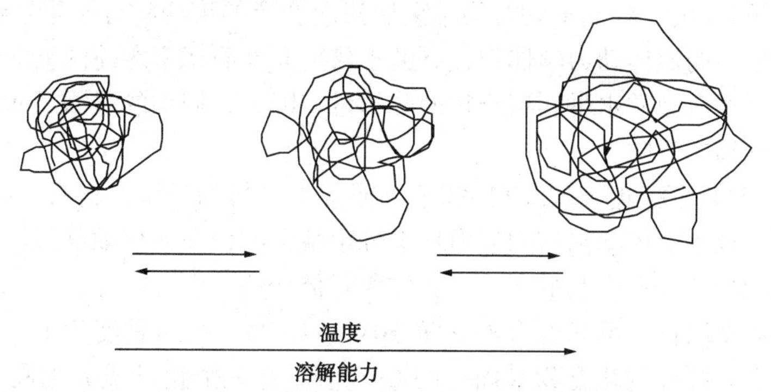

图 11.9　聚甲基丙烯酸酯的卷曲结构伸展

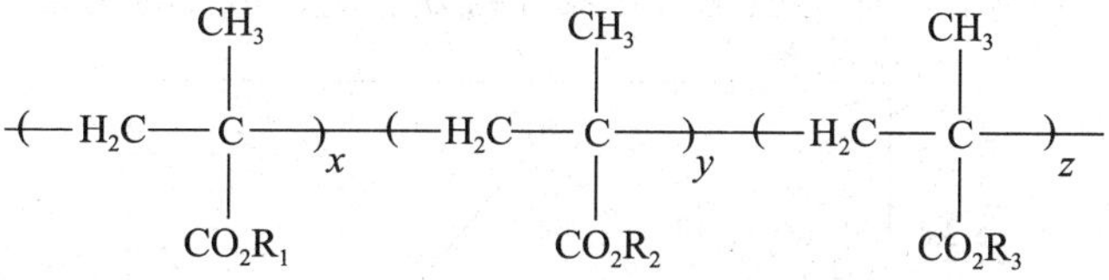

$$\left(\mathrm{H_2C-\underset{CO_2R_1}{\overset{CH_3}{C}}}\right)_x\left(\mathrm{H_2C-\underset{CO_2R_2}{\overset{CH_3}{C}}}\right)_y\left(\mathrm{H_2C-\underset{CO_2R_3}{\overset{CH_3}{C}}}\right)_z$$

图 11.10　聚甲基丙烯酸酯黏度指数改进剂的结构

一种典型的平均侧链长度为 8 个碳原子的将为聚甲基丙烯酸酯提供良好的油溶性，甚至是在极低的温度下。因此，一个中等链长的单体被用来提供全面的油溶性，通常是选自线性或支链由 8～14 碳组成的单体。由超过 14 个以上的碳组成较长的链，用于合成降凝剂章节所述的跟蜡发生相互作用的介质。非常短的链是 C_1 或 C_4，通常用来平衡此组合物，增加在平均链长至少是 8 个碳的矿物油的溶解性。恰恰说明，黏温性能由平均侧链长度而不是侧链结构的具体性能决定。

可以把降凝剂特性引入 PMA 黏度指数改进剂，包括一些长侧链的单体也可以包容在组分中。因为不同基础油（蜡类型和含量）中都可能用到黏度指数改进剂，因此确定黏度指数改进剂达到最佳效果也许不可能。然而，黏度指数改进剂和降凝剂相比而言添加量较高，而高的聚合物浓度可以使蜡结晶现象被克服，从而防止蜡凝胶网络的形成（见 11.3.2.1 节）。

商业化的聚甲基丙烯酸酯黏度指数改进剂有不同的化学成分，并且分子量从 20000 到 740000 道尔顿。这种高分子量原料不仅是最有效的增稠剂和具有最高的黏度指数，也最容易受到剪切的影响。对于指定的应用选用合适的黏度指数改进剂主要应该考虑剪切稳定性、增稠效率和对黏度指数的提高上。

剪切效应，不论是临时还是永久的黏度丧失，都跟聚合物骨架的分子量有关。高分子量聚合物常常受到剪切变稀引起的暂时黏度损失和聚合物链在机械作用下的永久黏度损失两方面的影响，这两者都会导致增稠效率的损失。

当聚合物分子流体沿着轴向受到足够高的剪切率时会发生暂时黏度损失。这个现象，即所谓的剪切变稀。发生剪切的最低限度通常在 $10^4 s^{-1}$时，剪切变稀即可发生。聚合物形状从一个球形线团变成一个长链形结构，这种结构具有较小的流体动力学体积、对黏度贡献较小。随着剪切速率进一步增加、越来越多的分子变形导致对应黏度更大的损失，直至达到最大的变形量。在润滑油领域内，非牛顿流体、剪切变稀现象更多的被誉为“暂时性黏度损失”，因为过程是可逆的，在高剪切行为结束后扭曲变形的聚合物分子重新恢复随机线团的形状，重新占据原始的流体动力学体积，有助于黏度向高剪切率之前的黏度恢复。暂时性黏度损失值取决于剪切应力的水平和聚合物的分子量。因为它们小的线团尺寸，低分子量聚合物不易受到剪切变稀的影响。

PMA 的暂时黏度损失和分子量直接相关，或者更确切的说跟主链分子量有关。PMA 不是缔合性增稠剂，也不会由于高剪切应力场下分子缔合的损失而使黏度降低。任何黏度的损失仅与分子大小和分子变形引起的流体力学体积降低有关。

图 11.11 的数据取自一系列混合的 SAE 10W－40 油，运动黏度为 14.5mm^2/s，除黏度指数改进剂外，含有同样的化合物和固定的 CCS 值。有三个化学成分相同但仅仅是分子量不同的 d－PMA 黏度指数改进剂被用于配方中。由此产生的高温高剪切率(HTHS)黏度很显然是聚合物分子量的函数，本质上表现出和聚合物分子量是相反的线性关系。

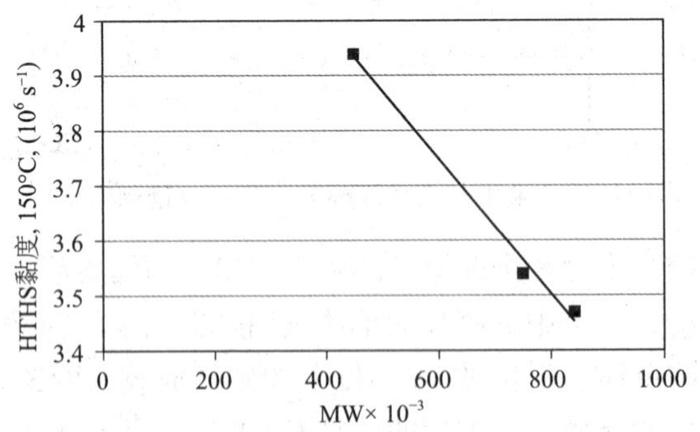

图 11.11　聚甲基丙烯酸酯黏度指数分子量与临时剪切稳定性之间的关系
(100℃运动黏度为 14.5mm^2/s 的 SAE10W－40 发动机油)

在非常高的剪切应力下经过机械降解会发生永久性的黏度损失，或许外加上湍流的影响，聚合物线团的极度变形和足够高的振动能使得聚合物链断裂。通过产生强烈的速度梯度，气蚀在这个过程中也扮演了一个重要的角色。碳—碳键的均裂引起聚合物链的断裂，统计学研究发现链断裂在聚合物链中间发生。裂解产生两个分子，每一个分子具有的分子量大约是原始分子一半的分子量；图 11.12 代表分子的伸长率和断裂的概念。两个新生小分子的流体力学体积小于单一的原聚合物链的流体力学体积，导致它们对黏度的贡献较低。因为键的断裂是不可逆的，因此黏度损失也是永久的。高分子量的聚合物容易受到变形和机械降解的影响，而太低分子量的聚合物不可能承受永久的剪切。受过剪切过的聚合物分子典型的特点是分子量相对较低，正常情况下是不容易受到进一步降解的影响。因此，在规定剪切强度下降解过程是自限性的。

对于剪切变稀现象，具有足够分子量的 PMA 受机械作用而导致永久黏度损失，另一方面，线型 PMA 黏度损失的程度是和分子量有非常直观的函数关系，分子量分布起次要作用。如果分子量的分布偏向于高分子量的那部分，黏度损失将比有类似的平均相对分子质量但有一个高斯分布的聚合物的大。同样应该注意到的是，不同的应用会产生不同程度的剪切应力，因为这样，规定分子量的聚合物的黏度损失可能由于应用的不同而变化。在一个特定的应用或实验测试中，最终的结果是：黏度损失一级近似和分子量及剪切力的数量直接相关。图 11.13 是一组 PMA 黏度指数改进剂剪切稳定性指数对聚合物分子量和应用场合剪切程度的关系图[45]。

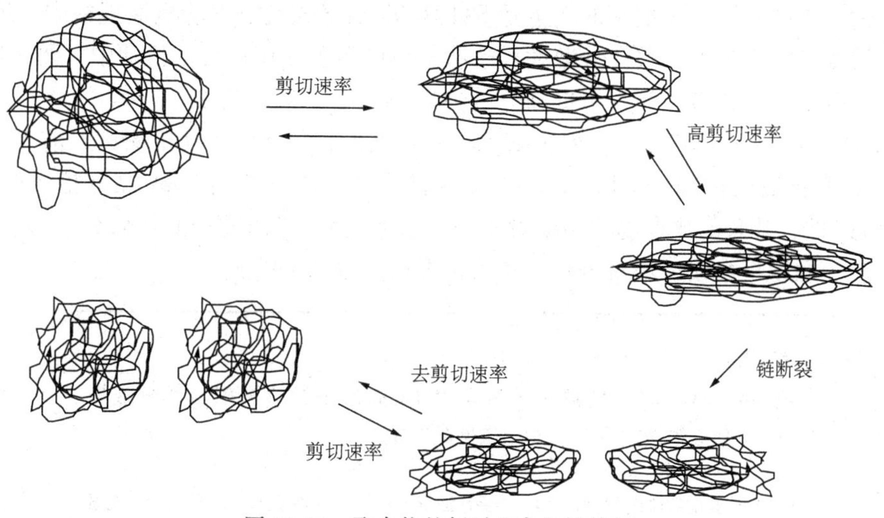

图 11.12　聚合物的暂时和永久性剪切

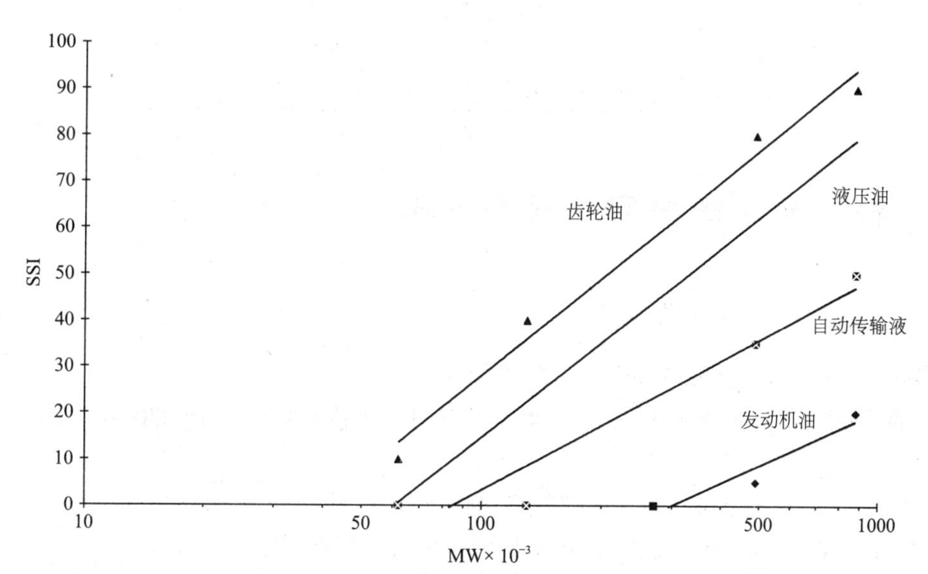

图 11.13　应用中的聚甲基丙烯酸酯黏度指数改进剂分子量与剪切稳定性指数和剪切强度之间的关系

可以通过将包含杂原子的单体共聚到 PMA 化学品上而赋予其分散功能，并沿着不同亲油聚合物链产生定向偶极区域。通常情况下胺、氨基化合物或内酰胺里面含的杂原子是氮，但有时含氧单体也被使用。像先前讨论的，通过单体共聚而获得，将一个单体接枝到预聚物链上，或者在聚合物链上引入化学反应活性部位然后再跟合适的化合物反应连接上去，例如以酐(如顺酐)，作为化学反应活性部位，然后在聚合后跟胺反应，从而在聚合物链上形成琥珀酰亚胺。由此产生的极性区域(s)用于吸引和胶化小的极性分子或粒子，例如被氧化的油、氧化的燃料以及烟灰。这些不受欢迎的材料通常是润滑油的燃烧或氧化所形成的副产物。这些小分子将发生进一步的反应，导致有害沉淀物的生成，而颗粒状物质或许会成为磨损源。

在少数应用场合分散型的PMA只作为分散剂产品，但更多场合下作为分散型黏度指数改进剂使用，这可以通过DI复合剂中使用的一类无灰分散剂发现增加了分散性能而得到验证？仅作为单独的d－PMA使用的例子是SAEJ1899活塞式航空发动机油规格中。PMA分散剂也可以被用来提高配方的整体分散性。这些材料已经被使用在发动机油中，要么取代一些传统的无灰分散剂，或者只是为了提高分散性以及赋予一般的流变性。表11.4中包含的数据来自于SAE 5W－30 API SG油和SAE 5W－30油的程序VE发动机测试，前者含有分散型－PMA黏度指数改进剂(45 Bosch SSI)，后者除含有非分散型PMA黏度指数改进剂(45 Bosch SSI)以外，其余的化合物均与前者相同。结果是六台发动机测试结果的平均值。显而易见，分散型黏度指数改进剂对分散性的改善要比非分散型的强。

表11.4
在SAE 5W－30 SG油中分散型PMA黏度指数改进剂与非分散型PMA黏度指数改进剂的发动机性能测试[a]

PMA黏度指数改进剂(45 SSI)	平均油泥/%	平均漆膜	平均凸轮磨损
分散型	9.23	6.25	1.5
非分散型	4.55	4.56	5.8

[a] 程序VE试验——数据摘要(取自六次试验平均值)。

11.4 制造商、销售商和经济效益

11.4.1 制造商和销售商

下列公司提供商业级聚甲基丙烯酸酯添加剂：

(1)雅富顿石油添加剂有限公司：维吉尼亚州里士满南第四大街330号，2189邮政信箱，23219。

(2)雪佛龙德士古公司：布林格峡谷路6001号，圣罗曼，CA 94583。

(3)汽巴精华有限公司：纽约塔里敦1059，怀特普莱恩斯路540号。

(4)润英联有限公司：弥尔顿·希尔1#邮政信箱，英国滨牛津郡，OX 13 6BB。

(5)日本NSC有限公司：特种合成聚合物银座长城大厦6－13－16，日本东京银座中央区104－0061。

(6)路博润公司：29400俄亥俄州威克利夫湖区大道，OH 44092－2298。

(7)罗曼克斯添加剂股份有限公司：德国达姆施塔特Kirschenallee D－64293。

(8)三洋化成工业株式会社：日本京都东山区野本町11－1，605－0995。

(9)东邦化学工业株式会社：日本东京中央区明石町6－4，104－0044。

在润滑油添加剂领域，NSC主要生产聚甲基丙烯酸酯黏度指数改进剂和降凝剂。罗曼克斯、三洋化成和东邦，虽然主要致力于生产聚甲基丙烯酸酯，但是也向润滑剂和炼油工业

提供其他类型的产品。汽巴精化公司提供除甲基丙烯酸酯之外的添加剂大多数为抗氧剂和无灰组分。雅富顿、雪佛龙奥仑耐、润英联和路博润除了生产聚甲基丙烯酸酯外，还为润滑剂工业生产其他类型的添加剂和复合剂。

11.4.2 经济效益和成本效益

表 11.5 列出了一些应用于不同场合的黏度指数改进剂和 PMA 降凝剂的现有价格。降凝剂的价格幅度涵盖了从低到高不同的范围。

当然，必须清楚添加剂的添加量，这样才是一个有意义的经济性研究。尽管这对任何添加剂也适用，但是对于黏度指数改进剂更为适用，因为黏度指数改进剂的用量取决于其化学性质、基础油黏度以及预处理油的理想黏度级别。PMA 黏度指数改进剂的成本效益随着应用的不同而变化很大。只有当要求提高低温性能，高黏度指数和优异的剪切稳定性等需求，PMA 才能体现出成本竞争力。

表 11.5
PMA 产品的价格表

产品种类	应用范围	价格/(US $/lb)
VⅡ-45 SSI	发动机油	1.22
VⅡ-45 SSI 分散剂	发动机油	1.60
VⅡ-25 SSI 分散剂	发动机油	1.91
VⅡ-15 SSI	水基液压液	2.29
VⅡ-30 SSI	水基液压液	1.99
PPDs	不同种类产品	2.03-2.72

注：应用于发动机油的 PMA 添加剂的 SSI，由 ASTM D 6278 测定(30 通过 Bosch 柴油机喷嘴喷射试验)。应用于水基液压油的 PMA 添加剂的 SSI，由 ASTM D 5621 测定(40min 超声剪切)标准试验制定。
资料来源：美国罗曼克斯公司。

这些应用例子是汽车自动传送液(ATF)，多级液压油和低 SAE W 级齿轮油。在这些情况下，因为一些前面所述性能方面的技术缺陷使用其他黏度指数改进剂常常显的不切实际。

在发动机油中这些技术准则不是很严格，PMA 黏度指数改进剂常常处于成本劣势。从根本上来说，和烃类黏度指数改进剂例如乙丙共聚物或者早期描述的异丙基聚合物相比，PMA 是低性价比的增稠剂。黏度指数改进剂的增稠能力与聚合物主链分子量呈函数关系(实际上就是均方末端距)，但是典型的 PMA 在主链上的分子量对总分子量的贡献只有较少一部分(15%)，而烯烃共聚物的主链分子量对总分子量的贡献多达 80%~90%。PMA 为了保证具有油溶性，其大部分分子量都集中在侧链上。因此，当 PMA 与具有相似的分子量的聚烯烃相比较，PMA 显然有较短的末端距，显然是一种效率较差的增稠剂。在这种情况下，PMA 可能会给配方提供一些独特的性能如辅助的分散性(如重负荷柴油发动机油的烟炱控制)或者超低温性能，这些技术优势可能使 PMA 更经济。

对于降凝剂，也很难确定一个典型的添加量。降凝剂的浓度变化范围很大，这是因为受影响的因素很多，包括使用的基础油的类型、其他添加剂对理想性能的影响，甚至在指定应用场合所用的低温测试类型。

11.4.3 其他效益

另外，如果黏度指数改进剂带有附加性能例如降凝分散性或分散性，这些产品特点的经济性就必须反映在净利润的成本中。

降凝剂的经济性也包括商业化认可，即尽可能少的降凝剂种类，甚至是单一的降凝剂产品更易受到润滑油调和厂的青睐。在各种配方中，性能的稳定性是可高度控制的。甲基丙烯酸酯与它们内在的灵活的化学性能可以很好地调整达到预期的目标，并进一步满足成本和经济效益之间的关系。总之，用简单的方法来确定成本效益是很困难的；然而，聚甲基丙烯酸酯降凝剂在这个应用领域被认为是广泛使用的化学品并且占据了世界50%的市场。

11.5 展望与趋势

11.5.1 当前及近期展望

在过去的几十年里，PMA的商业化，其适应性、化学组成的演变创新和发展来满足越来越高的流变学要求是值得赞美的。在现代全球化经济下来自其他化学物质的竞争压力仍然很高，从而继续使用PMA依赖于市场的连续和对更高流变性能改进的需要。考虑到这个因素，PMA的组成也无疑将得到改进。同时，原材料和工艺将不断得以研究以获得更高成本效益的原料。最终开发出先进的聚合物生产工艺以保证满足更高流变性要求的唯一聚合物产品。

对于PMA黏度指数改进剂的前景，在很大程度上满足设备和操作条件需要的驱动促使运输工具和工业多级油黏度提出的要求。设备和操作条件都在连续不断的改变。自动变速器的发展为设备的变化而对ATF提出的要求提供了一个很好的例证。这造就了需要更严格的ATFs、低温黏度(低温操作)、降低高温黏度和更高的黏度指数(提高燃料燃烧效率)、更好剪切稳定性(更长的流体寿命)，同时还保持传统液膜强度和热/氧化稳定性。PMA提供最好的低温性能和高黏度指数贡献的同时，完全适应相对剪切稳定性的需求。显然，ATFs的发展有利于PMA黏度指数改进剂的持续使用。

流体的要求可能会经常出现矛盾，例如，出于燃油经济性的考虑，现代ATFs经常需要低的整体黏度和高的黏度指数。另一个例子就是不断推动以改善低温黏度性能的同时，提高剪切稳定性，更好的剪切稳定性通常意味着较高的聚合物添加量，这意味着更高的低温黏度。这么多形成鲜明对比的要求中强调一个或更多的令人满意的PMA性能，这些因素进一步增加了对PMA性能要求。

传动油要满足更复杂传动系统的润滑要求，连续可变传动系统、双离合传动系统并不是唯一经历了多级油的变化。运输车用齿轮油将发展到能更好地满足燃油经济性和苛刻热环境的要求。在工业和拖拉机液压系统、高压液压泵、无所不在的对燃油经济性提高的要求驱动流体的变化。如此多的变化中包括高的黏度指数，更好的低温黏度，剪切稳定性的提高，PMA黏度指数改进剂将被包括在内。

这是很有可能的，这样的设备发展趋势和通常更苛刻的作业环境将继续在近期或者中期的未来演变，因此需要进一步提高流体的黏度性能。在这些应用领域中，PMA黏度指数改进剂提供了一些有益的性能。但仍然需要增强其应用，而且还要不断地创新。而在某些润滑剂应用领域，如发动机油，PMA 黏度指数改进剂并没有成本竞争优势，除非需求改变，否则很难预见 PMA 使用的重要性。

PMA 降凝剂的前景显然与其低温流变技术规范以及润滑油中的蜡特性是联系在一起的。当然，除了前面讨论过的 ATF 的情况很多润滑油的低温性能规范趋于更加严格。为应对氧化增稠(轻负荷发动机)和烟炱相关增稠(重负荷发动机)，北美发动机油规格中现在已经附加了废油的低温要求。这些要求的存在增加了一个新的层面来评估降凝剂，目前，此旧油必须被评估。此后一点润滑油中蜡特性如蜡的化学组成以及基础油中蜡含量等这些因素将继续对 PPD 的未来使用至关重要。

随着基础油加工工艺的进步，可以保证生产更高等级的润滑油，与以往基础油相比它们可能会包含不同蜡结构的组分。需要开发能控制不同蜡结晶现象的降凝剂。此外，基础油中的蜡与其他添加剂相互作用有助于像蜡一样的特性出现(如清净剂)，这样就形成一个复杂覆盖层，通常这影响 PPD 化合物的选择。PMA 降凝剂的结构可以被改善，以适应流体中不同类型和数量的蜡发生相互结晶化作用。假设 PMA 具有满足现在和将来与蜡相关需要的能力，在未来，它们作为降凝剂使用将得以保证。

对于 PMA 的分散型黏度指数改进剂(不管增稠效果)，前景是不明确的。在那些目前采用这些材料的应用场合，从化学或商业的角度来看，可以预见它们的未来变化不大。如果行业对分散性的需求达到更高的水平，这有可能是重要的商业机会。一个例子是未来的柴油发动机要求提高烟灰分散性，但是，柴油微粒过滤器的出现似乎降低了这方面需求的可能性。

11.5.2 长期展望

正如许多其他添加剂和基础油一样，PMA 的未来取决于未来的设备对流体流变学性能的要求。在设备的发展没有革命性突破之前，润滑油长期的发展趋势将继续受早期所提出的考虑因素所驱使：排放物的控制，燃料效率，更长的使用寿命。这三点关注肯定在不同程度适用于所有的多级油，并且会导致流体需求将继续要求提高流变特性。润滑剂将可能向着性能提高但又传承传统性质的方向转变。在那些拥有突出技术优势的应用领域应该巩固这种情况。与此同时，PMA 也将进一步改善其剪切稳定性、低温黏度、和蜡的相互作用、黏度指数、或许还有分散性。11.2.4 节中指出当前聚合物的合成无疑也朝这个研究方向发展。

PMA 未来应用的另一个重要因素主要取决于未来的基础油。例如，选择全合成聚 α－烯烃基础油提高油品性能，就可以不用添加降凝剂。因为这些基础油不含蜡。然而添加剂诸如像 PMA 这类降凝剂或许在更新的基础油如 API Ⅱ、Ⅲ类基础油中的应用成为可能，这类基础油在性能上可以满足目标要求，而且与类似于 APIⅣ(PAO)类油相比更具竞争性。

就这些设备革命性的改变而言，如陶瓷发动机零件或基于电池、燃料电池或清洁燃烧系统(例如，氢或者天然气)的汽车，润滑油要求也会改变，因此润滑剂自身也将进行类似的变革。其中的大多数这样的变化将会彻底改变润滑油的化学性能和物理性能甚至用量，因为不利的环境将不会再让内燃机决定发动机润滑油的化学性质。由于基本新材料和动力源的影响，导致发动机润滑油用量降低，毫无疑问所有的降凝剂和黏度指数改进剂用量也将不同程度地减少。然而，在其他应用比如液压领域，主要使用 PMA 黏度指数改进剂，这样的极端的设备变化似乎还没出现。

参考文献

1. Hochheiser, S. *Rohm and Haas, History of a Chemical Company.* Philadelphia, PA: University of Pennsylvania Press, 1986, p. 145.
2. U.S. Patent 2,001,627, Rohm and Haas Co., 1937.
3. U.S. Patent 2,100,993, Rohm and Haas Co., 1937.
4. Van Horne, W.L. Polymethacrylates as viscosity index improvers and pour point depressants. *Ind Eng Chem* 41(5):952–959, 1949.
5. Billmeyer, F.W. *Textbook of Polymer Science.* New York: Wiley-Interscience, 1971, pp. 280–310RL
6. Stambaugh, R.L. Viscosity index improvers and thickeners. In R.M. Mortimer. S.T. Orszulik, eds., *Chemistry and Technology of Lubricants.* London: Blackie Academic & Professional, 1997, pp. 144–180.
7. U.S. Patent 2,737,496, E.1. Du Pont de Nernours Co., 1956.
8. U.S. Patent 3.506,574, Rohm and Haas Co., 1970.
9. U.S. Patent 3,732,334, Rohm GmbH, 1973.
10. British Patent 636,998, Rohm and Haas Co., 1964.
11. U.S. Patent 5.863,999, Rohm and Haas Co., 1998.
12. U.S. Patent 4,756,843, Institute Français du Petrol, 1998.
13. U.S. Patent 6,228,819, Rohr and Haas Co., 2001.
14. U.S. Patent Application 0,142,168, RohMax Additives, 2006.
15. U. S. Patent 3,249,545, Shell Oil, 1966.
16. U.S. Patent 3,052,648, Rohm and Haas Co., 1962.
17. U.S. Patent 4,790,948, Texaco Inc., 1988.
18. EP. Patent 569,639, Rohm and Haas Co., 1993.
19. Japanese Patent 4,704,952, Sumitomo Corp., 1972.
20. U.S. Patent 6,140,431, Rohm and Haas Co., 2000.
21. U.S. Patent 4.149.984, Rohm GmbH, 1979.
22. U.S. Patent 4,290,925, Rohm GmbH, 1981.
23. U.S. Patent 4,622,358, Rohm GmbH, 1986.
24. Great Britain Patent 1,559,952, Shell, Intl., 1977.
25. U.S. Patent 6,403,746, RohMax Additives GmbH, 1999.
26. U.S. Patent Application 2007/0082827, Arkema, 2003.
27. German Patent Application DE 103 14 776, RohMax Additives GmbH, 2003.
28. German Patent Application DE 10 2005 015 931, RohMax Additives GmbH, 2005.
29. International Patent Application WO 2006/047398, The Lubrizol Corporation, 2006.
30. International Patent Application WO 2006/047393, The Lubrizol Corporation, 2006.
31. German Patent Application DE 10 2005 041 528, RohMax Additives GmbH, 2005.
32. German Patent Application DE 10 2005 031 244, RohMax Additives GmbH, 2005.
33. Arlie, J.P., J. Dennis, G. Parc. Viscosity index improvers 1. Mechanical and thermal stabilities of polymethacrylates and polyolefins. IP Paper 75-005, Institute of Petroleum, London, 1975.
34. Branderup, J., E.H. Irmergul, eds. *Polymer Handbook.* New York: Interscience, 1966, pp. V-5–V-11.
35. March, J. *Advanced Organic Chemistry, Reactions, Mechanisms and Structure.* New York: McGraw-Hill, 1968, p. 747.
36. Kinker, B., R. Romaszewski, J. Souchik. Pour point depressant robustness after severe use in passenger car engines in the field and in the Sequence IIIGA engine, SAE Paper 2005-01-2174.
37. Kinker, B.G. Automatic transmission fluid shear stability trends and viscosity index improver trends, Proceedings of 98th International Symposium of Tribology of Vehicle Transmissions, Yokohama, 1998, pp. 5–10.
38. Kinker, B.G. Fluid viscosity and viscosity classification. In G. Totten, ed., *Handbook of Hydraulic Fluid Technology.* New York: Marcel Dekker, 2000, pp. 318–329.
39. RohMax Publication RM-96 1202. Pour point depressants, a treatise on performance and selection, Horsham, PA, 1996.
40. International Lubricant Standardization and Approval Committee, ILSAC GF-4 standard for passenger car engine oils, January 14, 2004.
41. Bartko, M., D. Florkowski, V. Ebeling, R. Geilbach, L. Williams. Lubricant requirements of an advanced

designed high performance, fuel efficient low emissions V-6 engine, SAE Paper 2001-01-1899.
42. Neudoerfl, P. State of the art in the use of polymethacrylate VI improvers in lubricating oils. In W.J. Bartz, ed., 5th International Colloquium, Additives for Lubricants and Operations Fluids, vol. 11. Technische Akademic Esslingen, Ostficldcrn, 1986, pp. 8.2-1–8.2-15.
43. Selby, T.W. The non-Newtonian characteristics of lubricating oil. *Trans ASLE* 1:68–81, 1958.
44. Mueller, H.G., G. Leidigkeit. Mechanism of action of viscosity index improvers. *Tribol Intl* 1(3): 189–192, 1978.
45. Kopko, R.J., R.L. Stambaugh. Effect of VI improver on the in-service viscosity of hydraulic fluids. SAE Paper 75.069_319, 1975.

12 降凝剂

Joan Souchik

12.1 引言

降凝剂(PPDs)，也称为低温流动性改进剂、蜡晶改良剂，它们的聚合物被加入到矿物油基的润滑油中以用来提高润滑油的冷流动特性。没有降凝剂的加入，许多润滑油在低温下由于黏度太高而无法流动，或许会凝胶，其结果是：机械需要润滑的时候体系仅有少许或者无润滑油在体系中流动。对于不同的润滑油应用场合例如自动传动液、发动机油、齿轮油和液压油，石蜡基油都是首选的润滑剂。这些石蜡基油通常来源于原油并由非芳香饱和烃组成。石蜡基油通常称为基础油，由于其化学性质稳定，具有抗氧化性能并具有良好的黏度指数而被用于制造高级润滑油。然而，正因为它的特性，其结构中含有14个碳或者更长的碳链分子。这些物质被认为是像蜡一样的物质，可以导致石油在低温下泵送失败。除本来所含的蜡基组分外，由于特定配方的需要其他来源的蜡材料作为润滑油产品的一部分被加入到其中。这些额外的组成部分包括一些黏度指数改进剂和清净、抗氧复合剂。

12.2 流体力学和倾点抑制剂的作用机制

矿物油通常被认为是牛顿流体，这意味着它们的行为符合以下公式：

$$剪切力 = 剪切速率 \times 黏度$$

实验结果表明，只要温度高于该矿物油的浊点时该公式适用于矿物油。浊点是矿物油中的蜡质组分开始结晶并从溶液里沉淀出来出现浑浊现象时的温度。这样肉眼可见的蜡晶体开始产生的证据可以用ASTM D 2500[1]测试得到。黏度和温度的对数关系如图12.1所示。在浊点以上，从图12.1中的数据可以看出，黏度随着温度成比例地下降。当温度在浊点以下，黏度随温度的下降急剧增加。在浊点以下，在那些除牛顿流体之外观察到两种非牛顿行为其中之一是不寻常的：宾汉流体行为或无法预测的高黏度。

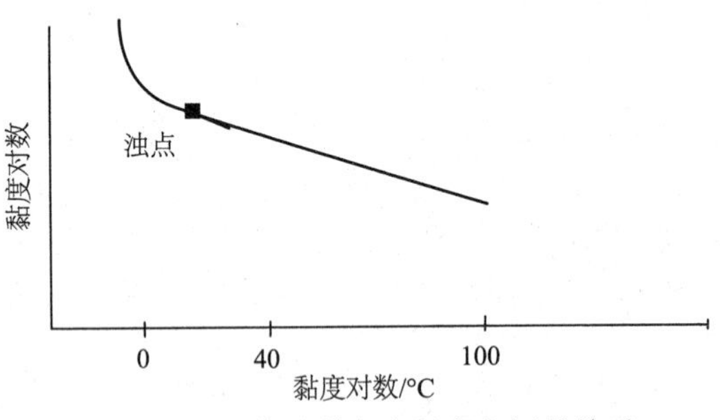

图12.1 矿物油黏度和温度之间的关系

12.2.1 宾汉流体行为

宾汉流体行为是一种流体在低剪切条件下流动失败的情况，即除非给系统中增加一些能量。下列的等式描述了宾汉流体的行为：

$$剪切力 = (剪切速率 - 屈服应力) \times 黏度$$

宾汉流体的剪切应力和剪切速率之间的关系如图 12.2 所示。

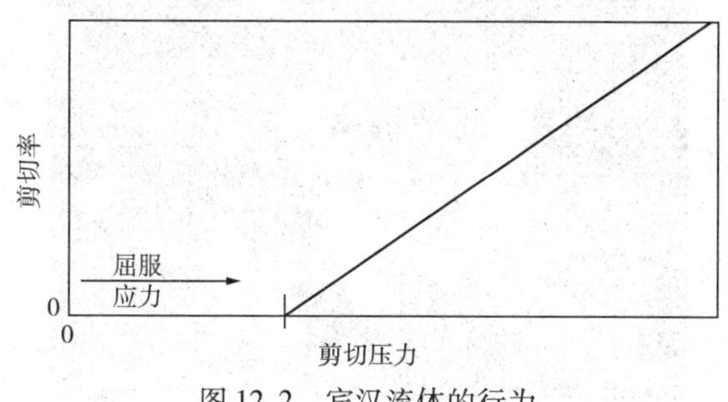

图 12.2 宾汉流体的行为

这种流动的失败和打翻一瓶番茄酱所观察到的初始流动状况类似。当一瓶番茄酱被打翻，由于番茄酱组分中的几种分子之间微弱的相互作用，番茄酱并不从瓶子里流出来。然而当给体系提供能量，比如敲击瓶底而使蕃茄酱开始流动。同样地，矿物油在低温下不流动是因为它们含有在较低的温度下具有结晶特性的分子。

首先是二维晶体的形成，然后三维针状结构形成。含有薄层片晶的针状结构如图 12.3 所示。针状结构相互层叠在一起形成网络结构，将非结晶的油捕获在晶体形成的网络结构中，这妨碍了油的流动(见图 12.4)。这个过程被认为是凝胶化，上述过程中的屈服应力源自于蜡－凝胶基质非晶油分子被固定化。

图 12.3 微晶三维针状结构

宾汉流体的行为能够通过两个公认的工业测试而证实：ASTM D 4684[2] 和 ASTM D 5133[3]。在 ASTM D 4684 测试中观察到的屈服应力或在 ASTM D 5133 测试中测量的高凝胶指数(>12)证明了蜡结晶网络结构的形成，并且形成的程度被定量化。

可能发生在汽车引擎里的空气阻塞现象是一例不确定的宾汉流体行为。当发动机静止时，机油流下来堆积在油底壳中。在低温下油中的蜡状材料结晶形成凝胶网络。当发动机启动，油泵产生足够的能量使处于油过滤器中的凝胶结构被破坏。一小部分油被泵送进入发动机使得过滤器上产生一个空气缝隙。更有可能的是，在底盘上的油的黏度虽然可以泵送，但被蜡晶体形成的网络所锁定。在这一点上，空气被泵入到引擎并且空气被当做是一个差的润滑剂，这可能会导致发动机故障。

图 12.4　针状结构的凝胶网络

12.2.2　高黏度现象

第二类非牛顿行为常常在矿物油的温度低于其浊点时被发现，其具有不可预测的高黏度。当油中的蜡状分子结晶，它们共结晶但是并不形成强烈的有序网络结构。然而，这些共结晶有足够的流体动力学体积，它们妨碍非晶状油分子的流动，极大的提高了油的黏度。在这种情况下，油黏度如此之高所以根本无法泵送到发动机中去，如果有润滑的话，在限定情况下进行发动机试车会出现一种严重的情况。值得注意的是，在一种油中流动 - 限制行为可能因为另一个原因而发生，所有流体都将随着温度的下降而黏度增加，最终达到一个流体不能被泵送的黏度。流体的流动不再受重力影响，与蜡晶体的析出和生长无关。仅仅是由于其他分子物质贡献的黏度，此时的温度被称为粘滞倾点。在流体中添加了降凝剂绝不会改变其粘滞倾点。

12.2.3　降凝剂作用机理

一个降凝剂既可以解决凝胶结构的失效也可以解决高黏度模式的失效。降凝剂通过两种方式来控制蜡结晶现象：延迟了低温下较常温下会明显发生的蜡 - 凝胶基质的形成，或者降低了蜡晶颗粒对黏度的贡献。降凝剂干扰蜡晶体的三维增长行为。

12.3　降凝剂化学

在 20 世纪 30 年代早期降凝剂被使用之前，几乎没有控制蜡结晶的方法。一种方法就是加热，例如，在汽车油箱下面生火；另一种方法就是增加润滑剂中煤油的比例来增加溶解能力，煤油会在使用过程中挥发；第三种方法是使用天然原料例如微晶蜡或者沥青树脂。尽管这些天然添加剂稍微有点效果，它们常常仅对一种应用有特效。这推动了基于烃结构的天然降凝剂的合成降凝剂的研究。在 1931 年，烷基化萘被作为一类小分子化合物降凝剂确定下来，在 1937 年，罗门哈斯公司研究的聚合物聚甲基丙烯酸酯首次被确定用作降凝剂[4]。

20 世纪 30 年代初以来，其他合成降凝剂被引入。然而，聚合物降凝剂仍然是商业上最为可行的方案并且包括但不限于丙烯酸酯、烷基化苯乙烯、α - 烯烃、乙烯/醋酸乙烯酯、甲基丙烯酸酯、烯烃/马来酸酐、苯乙烯/丙烯酸酯、苯乙烯/马来酸酐和醋酸乙烯酯/富马酸酯。

所有这些聚合物工作原理都一样。

降凝剂的化学结构是像梳状的聚合物，如图 12.5 所示。长的蜡状侧链被聚合到夹杂有短的中性侧链(与蜡无相互作用)的聚合物链上。长的像蜡的侧链和油中的蜡相互作用，在一定程度上，它们的长度与侧链的长度成比例。这些侧链可以是线型的或是枝化结构的，并且对降凝剂来说应该包含至少 14 个碳原子，它们可以跟油中的蜡相互作用。短中性侧链担当着惰性稀释剂的作用和帮助控制跟蜡相互作用的程度。而且，烃侧链的长度的分布可以被利用，因为这样可以和油中的蜡有最好的相互作用，因为蜡中也包含一系列的分子链长度。一般情况下降凝剂骨架的分子量的变化对性能影响较小；然而，骨架的大小有一个最低值，低于这个值降凝剂就会基本无效。

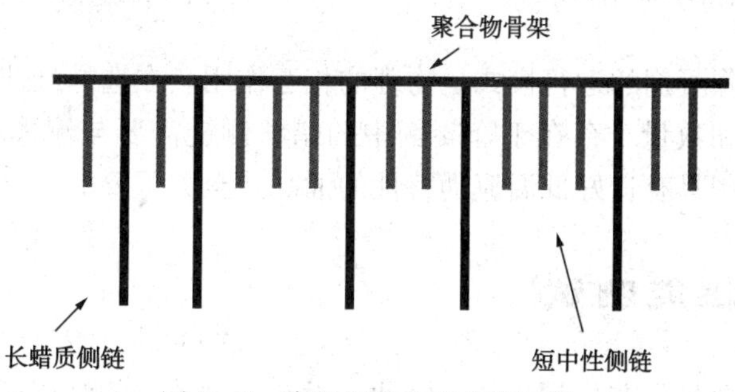

图 12.5 降凝剂梳状聚合物图解

图 12.6 描绘的是降凝剂的三维立体结构。长的线团代表降凝剂的骨架，依附在骨架上的短的 Z 字型链段代表侧链。图 12.7 显示的是降凝剂的侧链与油在片状结构边缘结晶。这种共结晶抑制了三维网络结构的形成(见图 12.8)，维持蜡的微晶的分散和保证油的流动性。

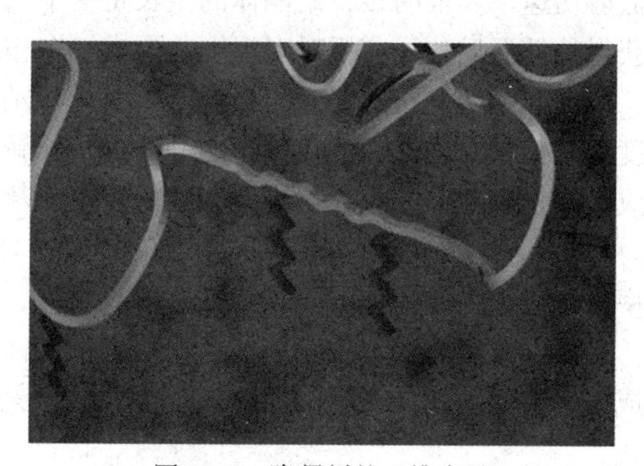

图 12.6 降凝剂的三维表示

蜡和烷基侧链之间相互作用的强度是一个类型和侧链数量的函数。此相互作用可以用蜡相互作用因数(WIF)来描述。蜡相互作用系数是一种根据蜡性能对降凝剂进行排序的方法，按照降凝剂中的蜡状侧链所占的量和它们相互之间作用的强度，一个低蜡流体对低 WIF 降凝剂通常感受性最好，同样，在较高 WIF 降凝剂的多蜡质流体中将获得每个单元的优化性能。因为需要对付大量的各种各样的和蜡相关的情况，大量的降凝剂产品被开发出来了[5]。

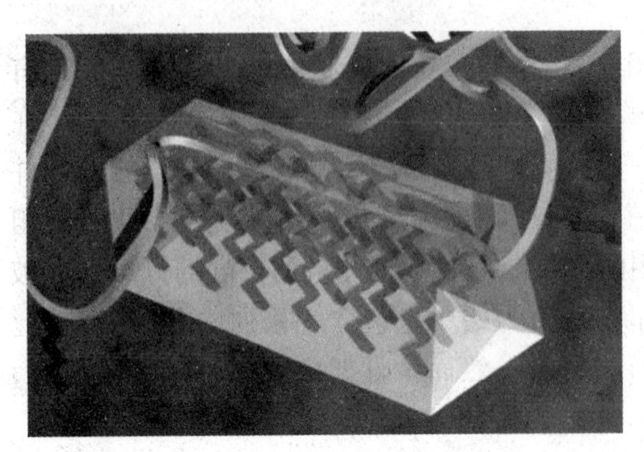

图 12.7 降凝剂的针状结构结晶

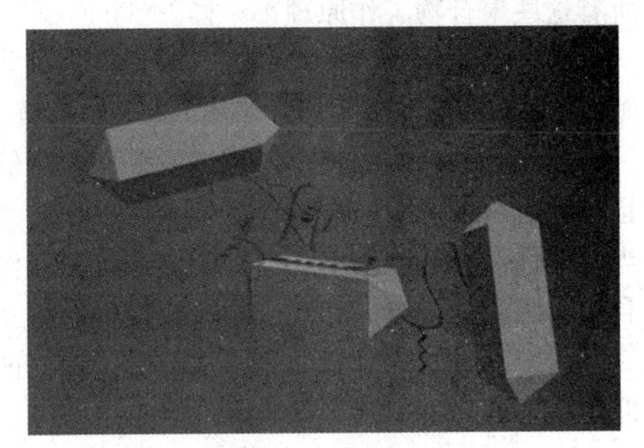

图 12.8 降凝剂对形成凝胶网络的预防

像描述的那样，降凝剂的运行模式是物理的相互作用。在选择最佳降凝剂时，需要考虑流体中蜡分子的性能和数量。存在于降凝剂中的蜡状侧链需要与流体中的那些蜡状分子平衡。这一平衡对于调制具有良好低温流动特性的油品是至关重要的。

12.4 降凝剂性能测试

低温下矿物油是典型的非牛顿流体，因此，没有一种单一的测试可以确保混合了矿物油流体的润滑油在大范围的条件下仍将保持流动。受热历程，其中包括冷却速率和温度循环，也会影响到油的流动行为。多年来不同的测试方法被开发出来，用于评价油品在各种条件下所表现的性能特点。

有一个测试对预测蜡晶体的生长具有意义，但是必须把三种关键因素综合考虑：低温极点、确定的冷却模式和低剪切速率。很明显，蜡晶体的生长是一个低温现象，所以低温终点是必需的。测试中最终获得的低温反映了应用时对温度的要求。在相同温度下并不是流体中所有的蜡状分子都结晶，改变温度的测量点将大大影响以晶体形式存在的蜡的数量；因此，恰当的选择最终测试温度是至关重要的。冷却速率影响晶体生长和新晶体成核这两个竞争因素，从而影响新晶体形成的数量和他们的相对大小。温度循环中冷却模式的存在会进一步影响蜡晶体的数量或大小。

显然，确定冷却速率对于弄清楚蜡晶体的生长至关重要。最终，低剪切速率也是表征低温行为的一个重要指标。蜡的网络很脆弱，很容易在更高的剪切条件下受到扰乱。为了了解蜡晶体网络是否已经形成，研究低剪切条件下的流体是很重要的，允许形成的任何网络被保护起来。

对于不同低剪切测试方法中关于冷却和剪切速率的比较见表 12.1。ASTM D 97[6] 对蜡晶体生长的倾点测试采用了一种快速和不现实的冷却速率。快速冷却不会让蜡晶体形成缔合。然而，这种测试方法被工业界使用了很多年，它的迅速性无疑对质量控制是有益的。稳定的倾点[7] 比 ASTM D 97 倾点更现实是由于其较长的冷却时间。ASTM D 3829[8] 和 ASTM D 4684 有相当的剪切速率，但是 ASTM D 3829 在较短时间内使用了程序化降温速率，在 16h 内的平均降温速率为 2℃/h 进行，而相对于 ASTM D 4684 在 48h 内的平均降温速率为 0.33℃/h。图 12.9 描述了几个泵送台架试验的冷却速率。因为测试的差异，这几种测试方法的结果的分析对于润滑油配方选择最佳的降凝剂起决定性作用。在低剪切条件下，快速和慢速冷却都能产生出令人满意的降凝剂，比在限定条件下已经表现出性能缺陷的降凝剂要好，因为这种降凝剂所表现出来的性能超出了所有可预见的条件。结果是不可能对潜在出现状况的所有条件进行测试。

表 12.1

低温和低剪切速率测试的比较

测试标准	冷却速率/℃	剪切速率/s^{-1}	试验时间
ASTM D 97(倾点)	0.6/min	0.1～0.2	2h
稳定倾点	0～40(超过7d)	0.1～0.2	7d
ASTM D 3829(MRV)	2/h	17.5	16h
ASTM D 4684(MRV TP－1)	0.33/h	17.5	48h
ASTM D 2983	Shock	0.1～12	16h
ASTM D 5133 (布鲁克菲尔德黏度扫描和凝胶指数)	1/h	0.25	35h

注：MRV＝微转子黏度计；MRV TP－1＝微转子黏度计温度模式1。

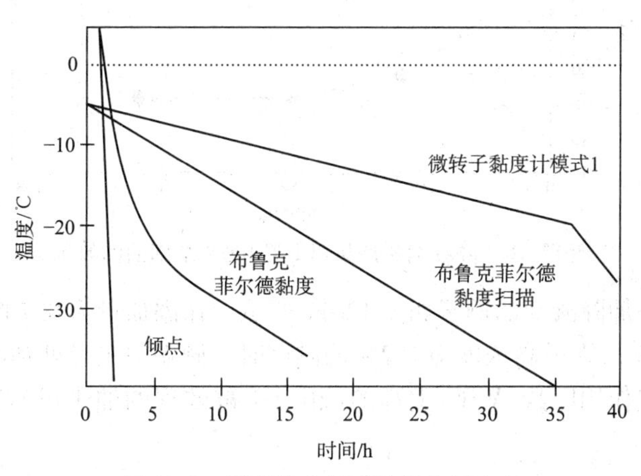

图 12.9 泵送性台架试验的冷却速率

冷启动模拟器(CCS)测试 ASTM D 5293[9](取代了 ASTM D 2602[10])是一种常见的油品测试方法，但不适用于蜡凝胶的测试，因为它采用一种快速冷却速率和高剪切速率。一组来自 ASTM D 2602 测试结果用以确定降凝剂的添加能否影响汽车工程师学会(SAE)5W－30 油的 CCS 黏度被列在表 12.2 中。

表 12.2

添加了降凝剂的 SAE 5W－30 机油的 CCS 黏度

降凝剂含量	和现在一样	0.15%	0.3%
－25℃黏度/mPa・s	2900	2950	2850

当降凝剂的含量从0增加到0.3%，几乎没有观察到任何黏度的变化。这个结果与人们希望的通过添加降凝剂的效果相反，这可以用CCS测试的高剪切性质来解释。降凝剂被加入到一个流体中来控制蜡晶体的生长。蜡晶体网络是脆弱的，在CCS测试的高剪切条件下形成的蜡网络会破裂，其结果是导致降凝剂不能提高油的CCS黏度。

12.5 降凝剂选择的原则

12.5.1 加入量与倾点回升

使用降凝剂来改善倾点意味着在润滑油中添加一些像蜡一样的材料。降凝剂的添加量或者浓度应该被优化，避免降凝剂本身产生结晶，降凝剂加入量对I类油100N基础油倾点的影响如图12.10所示，加入0.2%的降凝剂就可使倾点从-15℃降低到-33℃，将浓度增加一倍达到0.4%仅仅使得倾点降低了-3℃。额外增加降凝剂的含量并不会进一步降低倾点。因此对这个特定的油-降凝剂体系最佳的降凝剂加入量约为0.2%。

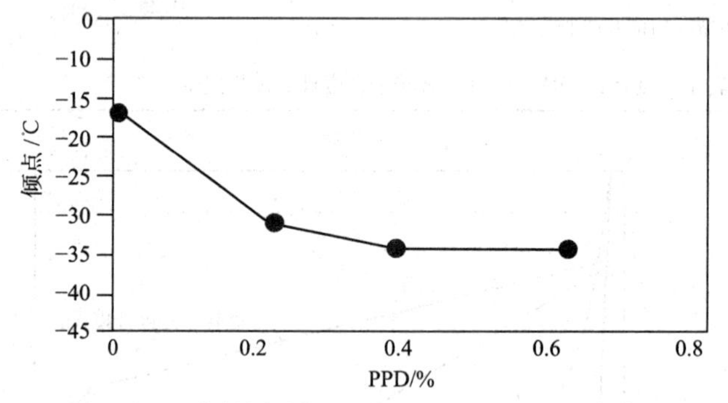

图12.10 降凝剂添加量对I类100N基础油的效果

一个油中过度添加降凝剂的例子如图12.11所示。在添加量为0.7时，倾点从最小添加量0.3%增加至0.7%。在最高浓度为1.2%的测试时，倾点与未经处理的油结果相似。由于选用了不合适的相互作用因数(WIF)太高的(相对于被处理的油来讲)降凝剂，也可能发生倾点回升。

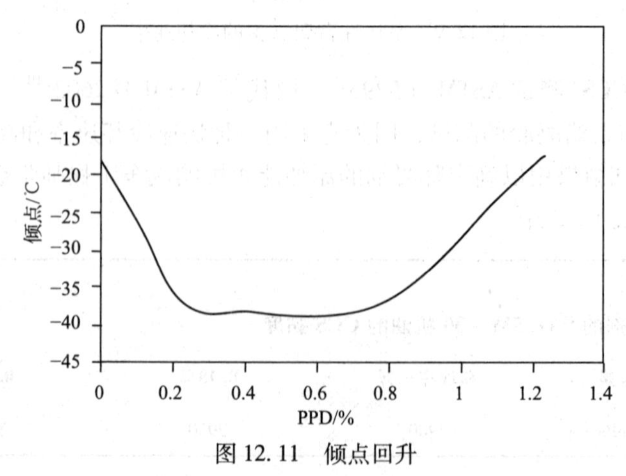

图12.11 倾点回升

图 12.12 是一个典型的感受性曲线，表明在一个特定的基础油中降凝剂的效果是相互作用因数(WIF)的函数。最低添加量为 0.05%(图 12.12 最上面的曲线)表示特定的相互作用因数(WIF)对应着最佳性能。当降凝剂的添加量增加，其感受性窗口的大小增加。如果期望一个不太确切的感受性，可以使用更高的添加量。同样，蜡相互作用指数和添加量在某种程度上并不意味着高的添加量可以补偿优化蜡相互作用指数，反之亦然。这种灵活性考虑到了一个降凝剂可以在多级油甚至整个工厂体系都运作良好。

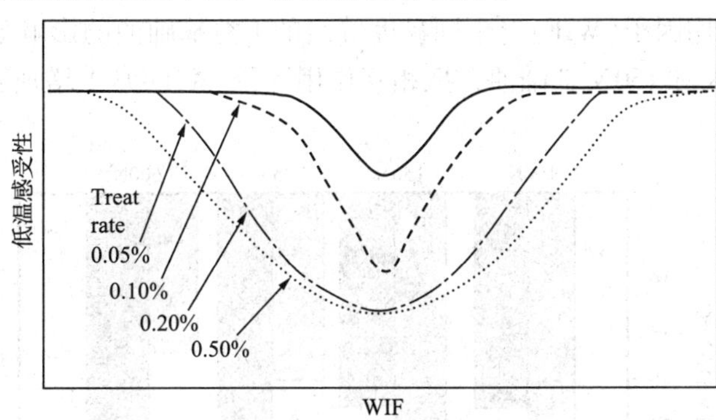

图 12.12　作为 WIF 函数的降凝剂的低温感受性

12.5.2　基础油对添加剂性能的影响

12.5.2.1　基础油蜡含量及其化学

润滑油中基础油的蜡含量的变化随原油来源、原油提炼过程、精制油的脱蜡过程以及基础油的最终黏度等级的变化而变化。脱蜡工艺无疑是决定油的低温低剪切(LTLS)行为一个关键因素。油被精炼以后，不同类型的碳氢化合物仍留在其中，主要依赖于过程。溶剂萃取法对精炼原油脱蜡除去了长链碳氢化合物。相比之下，催化脱蜡使得碳氢化合物的结构发生改变，即使它们裂解成小的碎片或发生异构化，而不是把它们除去。最后，基础油的黏度等级直接依赖于油中的蜡含量(假设高黏度油中含有长链碳氢化合物)。

两种不同降凝剂对溶剂萃取的基础油和催化脱蜡的 SAE 10W－30 调配油黏度的影响如图 12.13 所示。ASTM D 4684 被用于测定四种降凝剂－油配方的黏度。两种油都有相同的清净－抗氧剂(DI)和黏度指数改进剂，PPD－1 的 WIF 比 PPD－2 低。对于含有两种降凝剂的溶剂抽提油黏度维持的都很低。

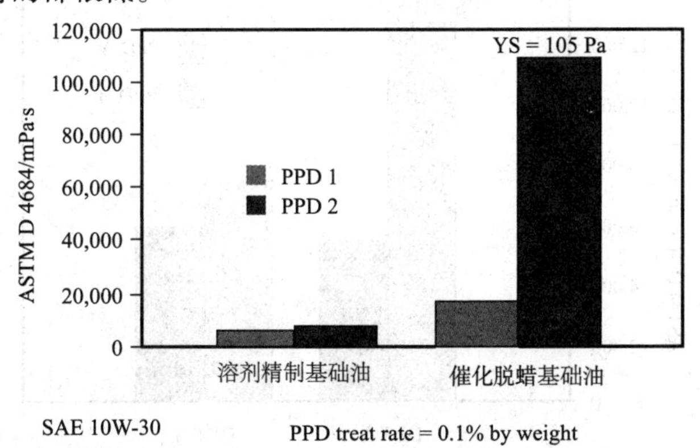

图 12.13　溶剂萃取油和催化脱蜡油的黏度对比

然而，添加了 PPD 2 的催化脱蜡油比添加了 PPD 1 的催化脱蜡油的黏度高，并且添加了 PPD 2 的催化脱蜡油具有极高的屈服应力约 105Pa。为了通过现在北美的内燃机油规格、屈服应力不得超过 35Pa。PPD 2 高的 WIF 最有可能导致催化脱蜡油黏度和屈服应力的增加。对此的一种解释是，催化脱蜡基础油中包含少量或者更多的含 14 以上碳原子的线性分子。降凝剂的蜡质侧链，发现有限的相互作用的天然蜡通过高分子聚合物之间的相互作用缔合而表现出黏度。

降凝剂的相互作用因子(WIF)对不同黏度等级的Ⅰ类基础油的影响如图 12.14 所示。对于低黏度等级的 100N 和 150N 基础油，把相互作用因子(WIF)从 1 增加到 2 对于降低倾点温度影响很小。

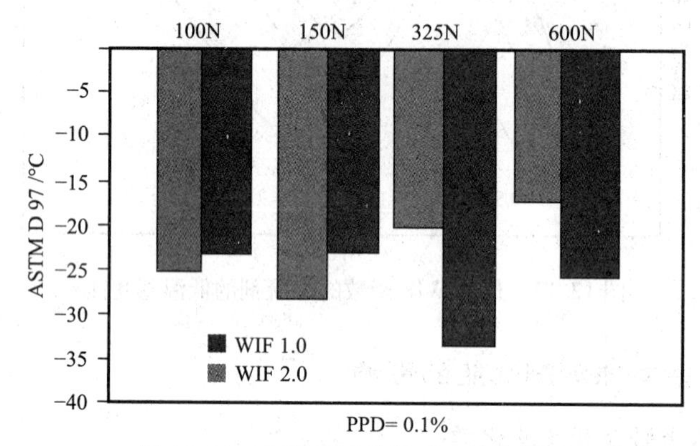

图 12.14　Ⅰ类基础油的黏度等级效果

对于更高黏度等级的 325N 和 600N 基础油，其结果是相反的，更高的相互作用因子(WIF)明显降低了倾点温度。这是由于降凝剂和用于高黏度级别基础油中的长链碳氢化合物的相互作用而引起的。

12.5.2.2　其他蜡源

其他蜡来源包括清净抗氧复合剂和可能含有蜡状烃链的摩擦改进剂。同时，应该考虑到黏度指数改进剂它们通常含有长的乙烯序列。这些蜡状物质将影响全配方油的低温低剪切性能，既有正面影响也有负面影响，因此当为润滑油选用降凝剂时考虑到它们的贡献是非常重要的。SAE 15W－40 中使用两种不同的降凝剂的清净效果如图 12.15 所示。

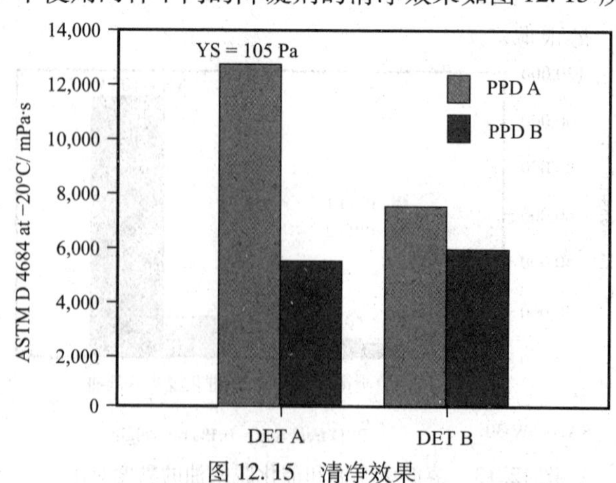

图 12.15　清净效果

两种油的黏度按照 ASTM 4684 测试方法进行测定。降凝剂 A 比降凝剂 B 的蜡含量低。在加有清净剂 A 的油中，降凝剂 A 能控制黏度到 13000mPa · s(100mPa · s = 100cP = 1P)，这低于试验规格所要求的 30000mPa · s。然而，降凝剂 A 控制不了屈服强度，约 105Pa，这超过了试验规格 <35Pa 的要求。过度的屈服强度证明凝胶网络已经形成。一种解释认为清净剂 A 具有蜡的特性，降凝剂 A 类似蜡结构的侧链与清净剂 A 相互作用，留下很少的侧链与油中的蜡发生相互作用。降凝剂 B 具有比降凝剂 A 高的相互作用因子(WIF)值，控制了蜡的结晶化。两个降凝剂在清净剂 B 中的测试结果相当，都通过了黏度和屈服强度的规定。

SAE 5W-30 油中黏度指数改进剂和降凝剂的化学效应如图 12.16 所示。含有 VⅡ-1 和 VⅡ-2 的油性能相当，在 -30℃下油满足 <30000mPa · s 的测试要求。当温度降到 -35℃，含有 VⅡ-2 的油被发现黏度变化较大。含有 VⅡ-1 的油黏度增大两倍，而含有 VⅡ-2 的油黏度增大到 3 倍。尽管两种黏度指数改进剂满足 -35℃下 <60000mPa · s 的测试要求，该降凝剂在添加有 VⅡ-2 的油中不能控制黏度增长。选择适当的降凝剂，VⅡ-2 无疑能显示出跟 VⅡ-1 相当的性能。这证明了在不同低温条件下对降凝剂的选择的效果和油配方中这种变化看起来微不足道，VⅡ-1 或者 VⅡ-2 可以改变润滑油的最佳的降凝剂。

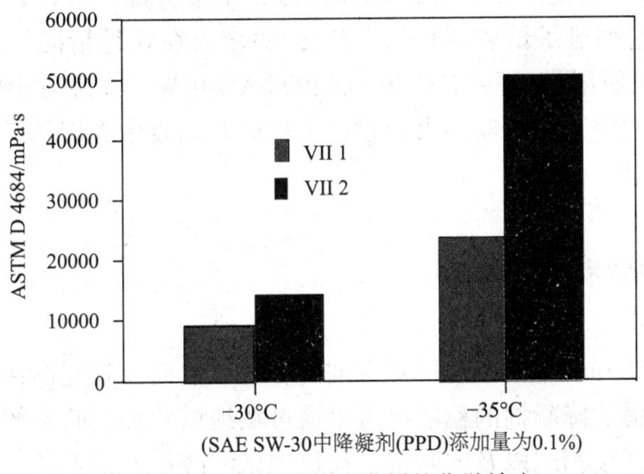

图 12.16 黏度指数改进剂的化学效应

烯烃共聚物常被用作黏度指数改进剂。烯烃共聚物中的乙烯含量在润滑油黏度优化和结构控制方面会极大的影响降凝剂的选择。降凝剂测试的重要性和应该考虑到的相关试验被总结在表 12.3 中。

表 12.3

高乙烯含量烯烃共聚物黏度指数改进剂的效果

黏度指数改进剂	传统	HE OCP	HE OCP
PPD	1	1	2
ASTM 97/℃	-30	-27	-30
ASTM D 4684 黏度/mPa · s	13.700	13.900	9.700
ASTM D 5133 (30000mPa · s)/℃	-28.8	-25.9	-32.0
凝胶指数	4.6	9.8	4.8

注：油的来源，SAE 10W-30，添加量 = 0.1%(质量分数)。

给出了在 SAE 10W－30 油测试中含有传统 OCP 和更高乙烯含量的(HE)OCP 并含有两种不同的降凝剂的检测结果。使用 PPD 1(一种低 WIF 的降凝剂)，含有高乙烯含量烯烃共聚物的油具有和传统 OCP(除凝胶指数以外)所有测试类似的结果，而凝胶指数接近规定限制的 12，表示结构已经开始发展。当 PPD 2(一种高 WIF 的降凝剂)和高乙烯含量烯烃共聚物共用，与含传统烯烃共聚物和 PPD 1 的结果相似或更好。假设在高乙烯含量的 OCP 中具有长的乙烯序列，对与蜡的相互作用有贡献，这些数据表明，一个高 WIF 值的 PPD 需要扰乱柔软的黏度指数改进剂结晶，也要与基础油中的蜡质物质相互作用。

12.5.2.3 全配方油

从以往的讨论中可以明显发现，选择降凝剂的另一个重要方面是全配方油和基础油相比的黏度行为。全配方油常常包含添加剂和基础油中所没有的蜡源，而这些蜡可能影响黏度行为。两种不同的降凝剂在 150N 基础油和 SAE 10W－40 中的效果(用同样的 150N 基础油)如图 12.17 所示。PPD 2 具有较 PPD 1 高的 WIF 值。当 PPD 1 和 PPD 2 单独在基础油中测试时，它们具有相似的黏度结果；然而，添加了 PPD 2 的油检测到屈服强度。这些结果表明 PPD 1 对于 150N 基础油将是一个更好的选择。对于全配方油，PPD 1 导致高的黏度并且屈服强度达到 105Pa。它超过了试验规格 <35Pa 的要求。在这种情况下，PPD 2 是较好的选择，因为来自于 DI 或使用了一些 150N 基础油的 SAE 10W-40 配方中的黏度指数改进剂中额外的蜡质组分需要更多地在降凝剂聚合物链上可以与蜡发生作用的活性点来有效控制全配方油的低温低剪切特性。

12.6 降凝剂的稳定性

实验室的测试很明确的证实了使用降凝剂的好处。然而，降凝剂在使用过程中是否会失效的问题必须加以考虑。降凝剂的稳定性可以通过场地试验和实验室的研究来测定。通过实验来确定经过苛刻的现场测试以及实验室发动机测试的降凝剂是否发生降解。严格的现场测试是在纽约城区 10000 英里的出租车行驶试验；实验室测试是程序ⅢG 测试(ASTM D 7320)[11]，100h，高温发动机测试。泵送黏度(ASTM D4684 MRV TP－1)被测试以用来评价降凝剂的响应。图 12.18 和图 12.19 描述了新油、未添加降凝剂的旧油、添加了降凝剂的旧油和分别经过出租车测试和程序ⅢG 测试试验后添加了降凝剂的旧油之间的对比。所有的新油是在－35℃下测试，而旧油在－30℃下进行测试。两个测试证明，若没有添加降凝剂，那么旧油具有明显高于新油的黏度，在－30℃下测量时由于黏度太高而难以测量。相反，含有降凝剂的旧油轻松通过了 SAE J 300 的 60000mPa·s 的限制并且没有屈服强度。此外，当降凝剂被加入到来自于出租车和程序ⅢG 测试没有添加降凝剂的旧油中以后，旧油黏度大大改善。结果证明其值和添加了降凝剂的废油类似并且略高。显然，在使用过程中降凝剂并没有恶化，因为降凝剂预处理的废油显示了良好的 MRV TP－1 黏度，而未处理的旧油则 MRV TP－1 黏度失败。后添加降凝剂的旧油和用降凝剂预处理的油结果类似[12]。

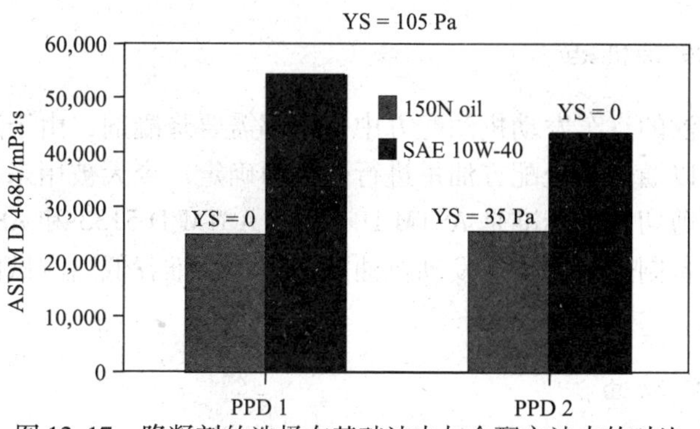

图 12.17　降凝剂的选择在基础油中与全配方油中的对比

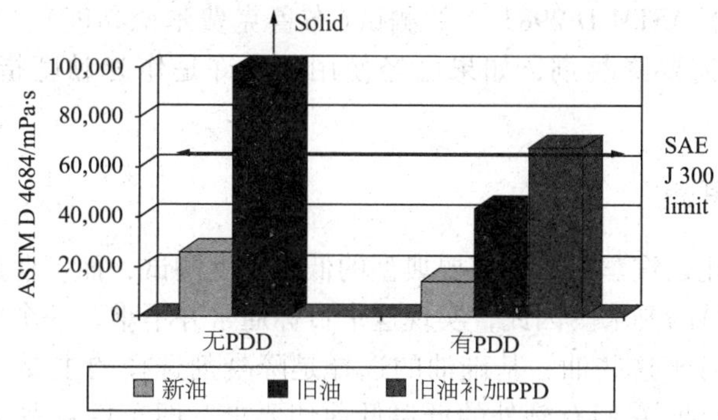

图 12.18　经过出租车场地试验的降凝剂的稳定性

［SAE 5W－30 作为新油（－35℃），SAE 10W－40 作为 10000 英里出租车现场试验后的旧油（－30℃），含降凝剂（PPD）的配方中其用量为 0.1%］

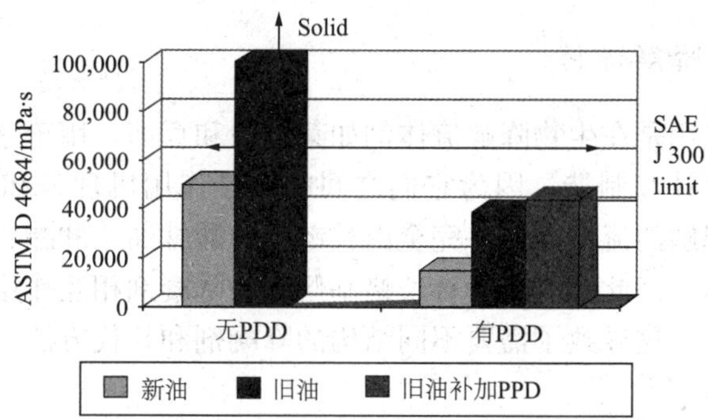

图 12.19　经过程序ⅢGA 测试的降凝剂的稳定性

［经过程序ⅢGA 测试的 SAE 5W－30 作为新油（－35℃），SAE 10W－40 作为旧油（－30℃）中添加了 0.3% 的降凝剂。］

12.7　润滑剂应用

降凝剂被选择并被设计应用于不同的领域，其范围包括从汽车发动机润滑油和传动油到工业用油和可生物降解流体。发动机油趋向于促使降凝剂的选择过程要求满足严格限定条件下的几个低温低剪切要求，对于调合厂来说这些往往是大批量的产品。另外，其他润滑油很少选用降凝剂。

12.7.1 汽车发动机油

以矿物油为基础油的汽车发动机油配方中一般都需要降凝剂，由于这些油的复杂性，最适宜的降凝剂通常可以通过在全配方油里进行研究而确定。今天被用来评价发动机油泵送性能的最常用的低温低剪切测试标准是 ASTM D 4684，ASTM D 5133 和 ASTM D 97。不同的国家、国际上和原始设备制造商都指定发动机油规格现状，推荐低温测试的每一项变化或在一个特定测试许可界限。

12.7.2 汽车传动油

汽车传动油用降凝剂的选择、包括齿轮油和自动传送液，通常需要通过在 -12℃，-26℃和 -40℃温度下 ASTM D 2983[13] 的测试(布鲁克费尔德黏度)。ASTM D 也同样是相关的。矿物油流体也需要降凝剂，如果已经使用，或许是作为黏度指数改进剂组分被使用的。

12.7.3 工业用油

和汽车润滑油相比，汽车润滑油需要典型的低温黏度测试，而工业用油通常只有一个简单的倾点(ASTM D 97)的要求。因此，实现这个目标通常并不难，一个低剂量的传统降凝剂可能就能满足需求。对于这些油，基础油的选择是降凝剂选择的主要考虑因素。一些液体(如多级液压或拖拉机油)它们有额外的低温低剪切要求，即布鲁克费尔德的黏度。这些流体通常需要添加低剂量的降凝剂才能满足要求，降凝剂的实验室试验将确定最佳的产品和添加量。特定工业用油，如制冷油、也许掺杂了合成油或环烷基油。这些油有良好的低温低剪切性能，降凝剂的添加一般不会带来更多的改善。

12.7.4 生物可降解流体

降凝剂的另一个应用是在生物降解流体例如菜籽油和豆油。用于这些生物降解流体的降凝剂必须经过特殊的设计和制造，因为它们之间的相互作用机理是和传统的汽车润滑油不同。对于这些生物可降解的流体，几乎完全由长链脂肪酸甘油三酸酯、低温下使流体表现出黏度问题的高含量的蜡，因此，少量含有长蜡基侧链的降凝剂相互作用机理不足以解释正常情况下所观察到的问题。这导致了需要不同结构的降凝剂和替代方法。

参考文献

1. ASTM Standard D 2500, *Test Method for Cloud Point of Petroleum Products*, ASTM International, West Conshohocken, PA, www.astm.org.
2. ASTM Standard D 4684, *Test Method for Determination of Yield Stress and Apparent Viscosity of Engine Oils at Low Temperature*, ASTM International, West Conshohocken, PA, www.astm.org.
3. ASTM Standard D 5133, *Standard Test Method for Low Temperature, Low Shear Rate, Viscosity/Temperature Dependence of Lubricating Oils Using a Temperature-Scanning Technique*, ASTM International, West Conshohocken, PA, www.astm.org.
4. Hochheiser, S., *Rohm and Haas: History of a Chemical Company*. Philadelphia, PA: University of Pennsylvania Press, 1986.
5. RohMax Publication RM-96 1202, *Pour Point Depressants, A Treatise on Performance and Selection*, Horsham, PA, 1996.

6. ASTM Standard D 97, *Test Method for Pour Point of Petroleum Products*, ASTM International, West Conshohocken, PA, www.astm.org.
7. Federal Testing Method 203, Standard No. 791/Cycle C, *Stable Pour Point*, U.S. Military.
8. ASTM Standard D 3829, *Test Method for Predicting the Borderline Pumping Temperature of Engine Oil*, ASTM International, West Conshohocken, PA, www.astm.org.
9. ASTM Standard D 5293, *Test Method for Apparent Viscosity of Engine Oils between −5 and −35°C Using the Cold-Cranking Simulator*, ASTM International, West Conshohocken, PA, www.astm.org.
10. ASTM Standard D 2602, *Test Method for Apparent Viscosity of Engine Oils between −5 and −35°C Using the Cold-Cranking Simulator*, ASTM International, West Conshohocken, PA, www.astm.org.
11. ASTM Standard D 7320, *Test Method for Evaluation of Automotive Engine Oils in the Sequence IIIG, Spark-Ignition Engine*, ASTM International, West Conshohocken, PA, www.astm.org.
12. Kinker, B.G., R. Romaszewski, J. Souchik. Pour Point Depressant Robustness After Severe Use in Passenger Car Engines in the Field and in the Sequence IIIGA Engine, SAE Paper 2005-01-2174, 2005.
13. ASTM Standard D 2983, *Test Method for Low-Temperature Viscosity of Lubricants Measured by Brookfield Viscometer*, ASTM International, West Conshohocken, PA, www.astm.org.

（五）其他类添加剂

13 黏附剂和防雾剂

——用开放式虹吸法测量含聚合物润滑剂的黏度：实验、理论和讨论

Victor J. Levin，Robert J. Stepan，Arkady I. Leono

13.1 引言

黏附剂是增加黏度或维持分子链展开的润滑添加剂，典型应用在润滑油和润滑脂中。黏附剂的功能是通过增加润滑剂的黏度来增加油品附着力、防止油膜脱落以及改善润滑脂的质地。在实际应用中，大多数的黏附剂是含有可溶性聚合物的矿物性或者植物性的稀溶液。最常用的有聚异丁烯(PIB)，分子量为 $1\times10^6\sim4\times10^6$，还有混合有很少量乙丙共聚物的、分子量为 2×10^5 的 PIB。润滑产品的黏度一般情况下随分子量的增加而增大，其使用环境决定黏附剂的选择。在高温高剪切环境里，乙丙共聚物就比 PIB 表现得更好。根据应用情况的不同，可以选择石蜡基、环烷基和植物提炼等不同种类的基础油。黏附剂的典型应用有：增加链条油的附着力；抵御温度的干扰，使油品保持在润滑表面上；增加润滑脂的黏度和附着力，使其降低水的冲刷、喷溅的影响；充当防雾剂的作用。可以应用在非常专业的食品、太空、生物技术等领域。添加的剂量范围从充当防雾剂的 0.02% 到最多在润滑脂应用的 3% 不等。对于生产商和使用者最大的难度是如何系统、规律的评价和使用黏附剂。本章建立理论基础和实验，来试图解决这一难题。

本章采用了开放式虹吸法，详细地考察了几种不同润滑剂的黏度。在实验中，通过毛细管把润滑剂从开放的容器中竖直吸起来，由于液体具有一定的黏度，所以看似呈"喷射"状态。润滑剂为含有不同分子量、不同浓度的 PIB 或 PIB 混有乙丙共聚物的油基稀溶液。不同的真空度下，记录从几种不同润滑液表面被吸起的"液柱"的高度和形状，以及吸取润滑液的流速。润滑油的黏度就是由液柱的最大高度经计算求得的。对已有关于稳定吸取的稀溶液理论进行修改后，用来对本实验得出的数据进行处理。从实验中观察到一些具体现象，例如液柱上有溶剂渗出效应，流速的最大值只与时间有关，黏附剂和非黏附剂混合会使黏度增大，毛细管中出现两相流动的现象。

在许多工业应用中，轴承用润滑油是不允许出现滴出和雾化现象的。黏附剂的作用就是在尽可能地保持低黏度、减少阻力的同时，通过增加分子间的内聚力防止雾化。最理想的润滑状态为润滑油品为丝须状结构，这样就可以防止油品损失，延长润滑时间。为了满足上述工业上的润滑要求，润滑工业发明和使用了含有黏附剂的润滑油。到目前为止，黏附剂的典型应用主要还是 PIB 在矿物油中的使用。

聚合物黏附剂溶于油品后，要求聚合物分子链能够自然伸展。因此，黏附剂具有防雾剂的功能。F. Litt[1] 详细地描述了防雾剂的理论。这类润滑液应该是具有弹性或黏弹性的。这种黏弹性是由聚合物的分子量、分子结构以及在溶液中浓度决定的[2~4]。其中，最重要的参数就是聚合物的分子量(一定程度上指的是分子量分布)和聚合物链的弹性。聚合物链的弹

性是由链上库恩段的打开与否和伸展方向决定的。黏性聚合物溶液的另一个重要参数就是溶剂的黏度。许多润滑添加剂都有增加黏度的作用。在笔者的知识范围内，还未见到关于含黏附剂的润滑液的黏性现象的研究。

本章用著名的虹吸原理考察含聚合物黏附剂的润滑剂黏性[5](参考文献[6]、[7]中也有专题论述)。在此方法中，黏性液体从一个开放式的槽中被毛细管垂直吸入，毛细管另一端连接在可调节真空度的细口瓶上。在吸力的作用下，黏性液体从液面被拉起，看似一个喷射的液柱。黏性越大，液柱被拉起的高度越大，非黏性的液体不能被吸力拉起。有人使用此方法对含有聚环氧乙烷(PEO)的水溶液做了相关的试验[8]。Prokunin[9]用液-固转化的方法深入研究了相关理论[10]，认为被吸起来的液柱可以被看成是一个凝胶状的固体。他对试验结果和理论值进行比较发现[8]，二者有很好的相关性。本章在后面有相关的详细论述[7]。参考文献[8]、[9]中的试验结果和理论值都产生在稳定实验过程上，从匀速的圆盘中吸起液柱，吸的速度和流量都由圆盘的转速决定。对含有高分子量 PEO 的水溶液体积浓度为0.5%进行了试验[8,9]，并证明了以上结论。因此，为了描述、分析不稳定的虹吸过程就要对之前的理论进行一定的修改[7,9]。

上面提到吸起黏弹性液体好像黏性液体呈圆柱状垂直上升。这里存在一个问题，在圆柱的外侧轮廓上，重力、黏性力和表面张力共同作用，会形成一层很薄的膜。Landau 和 Levich 在黏性液体流动和稳定圆锥之间摸索到了匹配条件，成功解决了这一难题[10,11]。这两个问题虽然看起来相似，但从开放表面吸取聚合物稀溶液更为复杂，例如液柱半径的外延，高度的变化，都是未知的。

本章由以下几部分组成。13.2 描述了实验设备的安装、过程以及实验对象。13.3 介绍了有关介绍聚合物黏性的知识。13.4 用类似的方法修正理论：在不稳定条件下使用开放式虹吸管吸取聚合物稀溶液。13.5 定量地讨论实验数据，以及用 13.4 和 13.6 中虹吸法测黏度的原理分析数据。13.7 给出最终结论。

13.2 实验装置的安装、实验过程及实验对象

本实验的试验装置与参考文献[5]、[6]中的类似，安装过程在 13.1 中有过介绍。玻璃毛细管的内径为 1.58mm，长度为 120mm，一端插入装有聚合物稀溶液的量筒里，另一端与抽真空装置相连接。实验中的压力取三个值，分别是 68KPa，77.3KPa 和 84KPa。量筒的内径为 28mm，高度为 190mm。为了测量吸起液柱的高度和半径，我们使用柯尼卡美能达 A4 相机和装有 photoshop 的电脑。

实验过程如下：首先，在试验开始前，要把毛细管伸入液面以下，如图 13.1 所示。打开抽真空装置，液体开始被吸入到毛细管中，量筒中液面也随之下降。当液面下降到与毛细管底端相平时，实验开始。这时，液柱开始形成。虹吸管不断吸走量筒中的液体，液面随之不断下降，形成液柱的高度也不断增加，柱体变得越来越细。流速 q 通过量筒的读数记录。真空度越高，流速越大。流速过小，会使液柱断掉；流速过大，会破坏液柱的稳定性，流速也会随之发生振荡。之前提到的压力值就是为了避免这两种情况的出现。但在此压力范围内，我们也观察到零星的流速振荡。因此，我们把每一次测量重复三遍，取平均值。图 13.2a 和 13.2b 为形成液柱的特征照片。从照片中，可以看到随液柱上升在液面处隆起的锥体和不稳定时的情况。

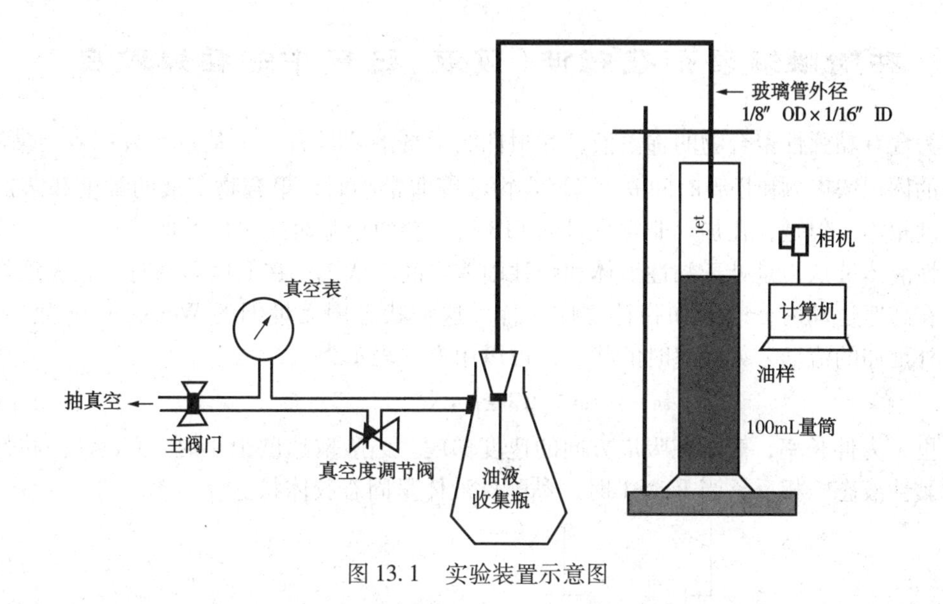

图 13.1 实验装置示意图

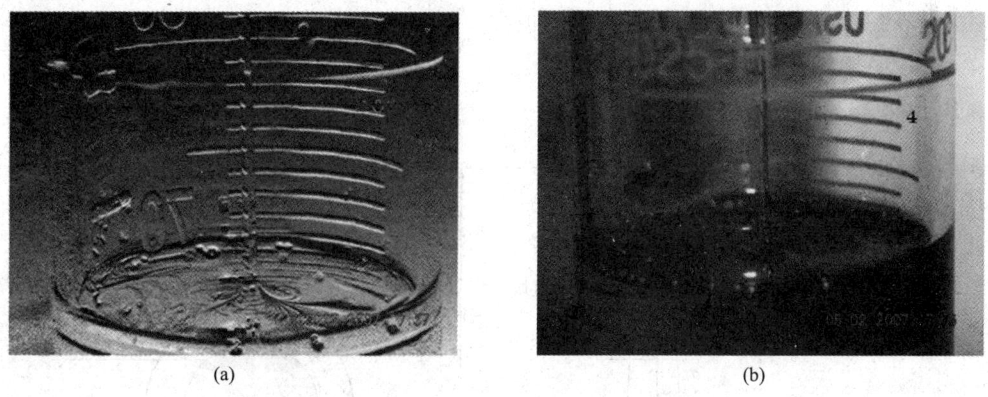

(a) (b)

图 13.2 含 0.025% PIB 的润滑油的黏附性喷射图

实验开始后，每次实验开始之后的25s内会自动拍摄一些照片，通过照片测量液柱的形状和尺寸。液柱的最大高度对应的就是液体的黏度。用 photoshop 将照片放大，打印，从而测出在不同流速 q 下，距液面距离为 Z 处的液柱半径 r。在液柱断开的瞬间，测量不同流速下隆起锥体的半径 R 和液柱最下端的半径 r_0。

13.5 讨论了实验的主要部分，我们把分子量为 $Mn = 2.1 \times 10^6$ 的 PIB 溶于 ISO68[12] 的油中，浓度为 0.025%，ISO68 油品在 20℃、40℃、100℃ 的黏度 η_s 分别是 0.138Pa · s、0.0585Pa · s、0.0073Pa · s。黏度测量方法采用 ASTM D445。ISO68 的密度 ρ_s 在25℃的平均密度为 0.86g/cm^3，20℃时的表明张力 γ_s 平均为 2.7Pa · cm[13]。

13.6 主要讨论了其他工业实验的结果。我们使用了分子量为 0.9×10^6、1.6×10^6、4.0×10^6 的 PIB，浓度从 0.005% ~0.12%，分别溶于 40℃黏度为 0.068 ~0.022Pa · s 的矿物油中。ISO68 和 ISO22 标准油、乙丙共聚物和分子量为200000 的 PIB 混合的黏附剂常用于润滑工业中。聚合物溶解前为颗粒状，在低速搅拌下溶解，时间不超过48h。

13.3　黏附性润滑剂在拉伸(吸取)过程中的黏弹效应

作为含有黏弹性聚合物的稀溶液，黏附性润滑剂溶液具有三个基本参数：溶剂黏度 η_s，聚合物的体积浓度 c 和松弛时间 θ。当聚合物浓度非常小时，聚合物溶液的黏度和溶剂矿物油的黏度相等。但是，在加入非常少量的 PIB 后，会使松弛时间明显增加。

弹性液体被认为是处于黏性液体和弹性固体之间的状态。在低速运动时，它表现如黏性液体；在高速运动时，表现如弹性固体一样。这种状态用无量纲的 Weissenberg 数(We)表示。向外延伸的流动，如吸取时的状态，可以用方程表示为

$$We = \theta \cdot \dot{\varepsilon} \tag{13.1}$$

这里 ε 为伸长率，表示在吸取方向的速度梯度。当吸取速度很小时，$We \ll 1$，黏弹性液体呈现黏性液态；相反，当 $We \gg 1$ 时，黏弹性液体呈固态胶体状。

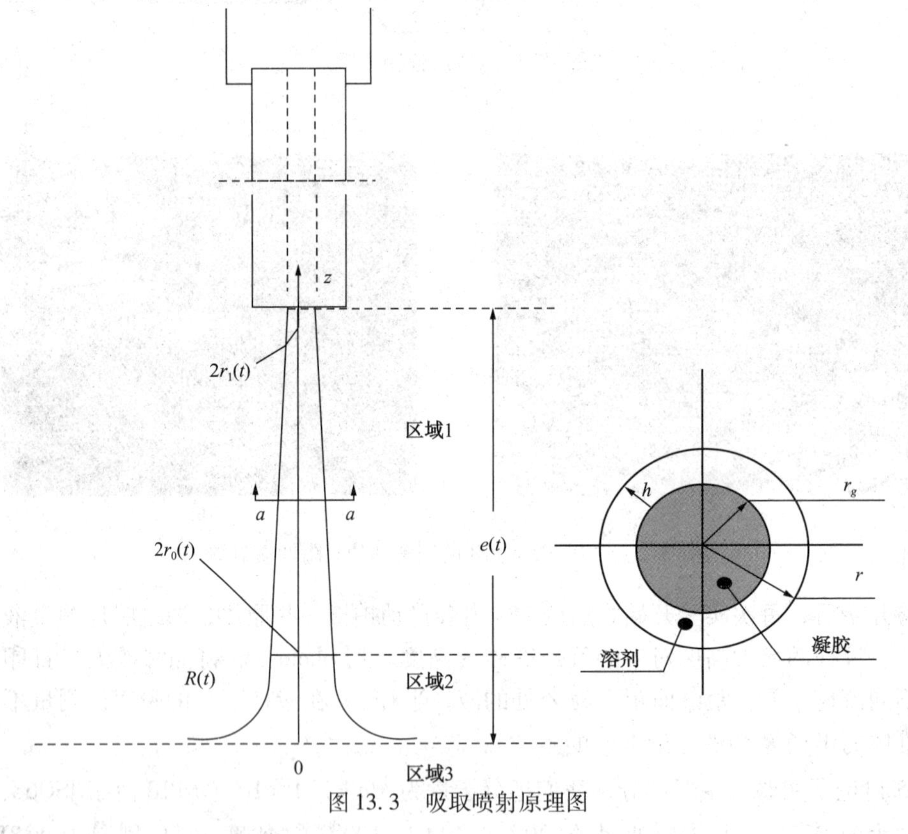

图 13.3　吸取喷射原理图

许多黏弹性液体处于弹性固体和黏性液体之间，只要跨过临界值 We_c，便可以在两种状态之间快速转化。这种现象叫做流动性损失，是由聚合物分子分布窄引起的，也叫做松弛转化(参考文献[7]中有专题论述)。

这种现象的根本原因是具有高导向性的聚合物分子在一定的流速下横向耦合，导致聚合物分子有效地被“冻结”，阻止了流动。在吸取聚合物稀溶液实验中，流动损失是由于在液柱下端向外延伸呈圆锥体时，聚合物浓度突然增大引起的。更深入的原因是聚合物巨大的分子在流动轨迹上相遇而造成的耦合。

13.4　理论模型

为了弄清楚虹吸法吸取黏性润滑剂的过程，我们在此对参考文献[9]中的理论模型进行了修正，“修正”包括三个假设：①流速损失效应在抗拉力中占主导地位；②惯性是可以忽略的；③液柱上的溶剂溢出是很重要的因素。

在参考文献[9]中，对含有0.5%高分子量的聚环氧乙烷水溶液进行实验，证明前两个假设被是有效的，但用在聚合物稀溶液中是否有效还不清楚。忽略惯性作用，用类似的方法可以使理论条件从固定的条件向不固定的条件延伸。第三个假设是针对本实验提出的，故十分重要。为了方便理论分析，我们把 Z 值分成三个区间讨论：液面下 $Z<0$，锥形堆积高度为 $0 \leqslant Z \leqslant R(t)$，液柱部分 $R(t) \leqslant Z \leqslant l(t)$（图13.3）。函数 $R(t)$ 和 $l(t)$ 都是未知的，需要其他条件才能确定。在这三个区域的流动状况，在下文依次讨论[7~9]。

在区域3中 $Z<0$ 时，由于吸力的作用，会有一个向外溢流的过程。这个过程中，液体的流动随时间缓慢变化，从量筒底部到液面这个范围内，好像存在一个液柱向外溢流。因此，在从下往上的方向上，液柱垂直向上的速度和向外延的速度梯度 $\varepsilon = \mathrm{d}V/\mathrm{d}Z$ 都是增加的。把 ε 的值代入方程(13.1)，便可以解释为什么 We 的增加导致了“液－固转化”。在参考文献[7]和[9]中提到的“液－固转化”发生在 $0 \leqslant Z \leqslant R(t)$ 区域，液柱在此区域形成，主要受表面张力的作用。在区域1中，认为液柱为溶剂溶胀包裹着的凝胶，呈直线状，是在表面张力、向外延伸力和重力的共同作用下形成的。

为了描述区域2中的情况，我们使用了经验公式，代替了原有在区域2和区域3中使用的复杂分析方法。在区域2中，锥体粗略的经验方程表达式为

$$r(Z,\ t) \approx r_0 + R - \sqrt{R^2 - (R - Z)^2} (0 \leqslant Z \leqslant R) \tag{13.2}$$

这里 $R(t)$ 为锥体的最大高度，$r_0(t)$ 为液柱的最下端半径（最大值）。

图13.3为实验的示意图。在 $Z=0$ 液面处，虽然圆锥底面和液面之间不是平滑的切面，但是还是可以大体上表示出方程的几何模型。方程(13.2)可以描述大致特征，也可以准确地把实验现象呈现出来，例如低速流动效应和测量出接近液面处的半径。

尽管使用的是非常稀的聚合物溶液，我们认为液柱在区域2中的变化与参考文献[7]和[9]中的分析是一致的。用空间几何的方法讨论，可以得到下面的方程。

$$R = \alpha(q\theta)^{\frac{1}{3}} \quad r_0 = \beta(q\theta)^{\frac{1}{3}} \quad [(S_0 = \pi r_0 = \pi\beta^2(q\theta)^{\frac{2}{3}})] \tag{13.3}$$

$$\sigma_0 \approx \rho g m R + \frac{2\nu\gamma}{R} = \rho g m v r_0 + \frac{2\gamma}{r_0} \tag{13.4}$$

式中　σ_0——形成 r_0 时的压力；
$q(t)$——流速；
θ——特征松弛时间；
ρ 和 γ——溶液的密度和表面张力，它们的值分别由相应的溶剂的密度 ρ_s 和表面张力 γ_s 估出。

方程(13.3)和方程(13.4)中的参数 α 和 β，由下面的方程得出，

$$v = \frac{\alpha}{\beta} \quad m = m(v) = v^2\left[\frac{2}{3} + (1 + 1/v)^2 - \left(\frac{\pi}{2}\right)(1 + 1/v)\right] \tag{13.5}$$

方程(13.4)中的两个方程描述的是重力和表面张力对区域2中锥体压力 σ_0 的贡献。从方程式(13.4)中可以得出，σ_0 的大小只与 R 或 r_0 有关。当 $R=R_c(r_{0c})$ 时，σ_0 有最小值。

$$\sigma_{0\min}=(c_1\rho g\gamma)^{1/2}\quad R_c=\left[\frac{c_2\gamma}{\rho g}\right]^{1/2}\quad r_{0c}=\left[\frac{\hat{c}_2\gamma}{\rho g}\right]^{1/2}\quad \theta q_c=\left[\frac{c_3\gamma}{\rho g}\right]^{3/2}$$

$$c_1=8mv\quad c_2=\frac{2v}{m}\quad \hat{c}_2=\frac{2}{vm}\quad c_3=\frac{c_2}{\alpha^2} \tag{13.6}$$

其中，参数 c_1、c_2、$\hat{c}_2$ 和 c_3 由方程(13.5)求出。R_c 和 q_c 的物理意义为液面下未形成液柱的临界参数[7,9]。R_c 和 q_c 只与 ρ 和 γ 有关，与吸取的条件和液体的黏度无关。

为了分析区域1的射流特性，在图13.4中提到的吸入管(毛细管)中的不稳定流动现象须考虑进去。

在区域1中，我们认为液柱进入毛细管后，液柱的直径要略小于毛细管的内径。在更高的真空度下，液柱会在毛细管中继续运动，直到毛细管另一端的尽头。所以，液柱的总长度 $L(t)$ 就是由可以看见的液柱部分 $l(t)$ 和吸入管中的部分 l_T(毛细管长度)组成，表达式为

$$L(t)=l(t)+l_T \tag{13.7}$$

在本实验中，张力导致的溶剂溢出效应必须被考虑进去。尽管不知道这个过程的动力学模型，但可以假设包裹在凝胶柱表面的溶剂薄膜层的流动和流体沿竖直平面向上运动一样。向上拽的力，认为是黏性张力、重力和表面张力共同作用产生的。

为了考虑溶剂的渗出现象，我们在图13.3中介绍了一个两相模型，液柱半径 r 由凝胶的半径 r_g 和溶剂薄膜层厚度 h 组成，$r=r_g+h$。对于任何一个 r 值，都是由 r_g 和 h 共同组成的，这里我们始终把液柱视为弹性固体，溶剂膜视为黏性液体。若忽略溶剂薄膜轴向拉力作用，那么在这个两相模型中，我们认为局部的表面张力对总半径 r 的作用是必须考虑的。

这时，假设 h 只与时间有关，得到 $h\approx\xi r_0(t)$。这里函数 $\xi=\xi(q_c/q)$ 为单调递增函数，$r_0(t)$ 为时间 t 是的最大液柱半径。那么，就会得到一个两相转化的动力学方程

$$r=r_g+h(t)=r_g+\xi\left(\frac{q_0}{q(t)}\right)r_0(t) \tag{13.8}$$

在区域2中若忽略薄溶剂层的影响，使用动力学和作用分析方法可以在这部分结束时，用13.5节中的函数 $\xi=\xi(q_c/q_t)$ 计算出独立变量 $r_0(t)$ 的值。

前面提到的假设在区域1中应用时，我们认为液柱核心部位的凝胶为一个内耦合的、具有很低弹性模量 μ 和很大弹性张力($\lambda\gg1$)的固体。我们将区域1中液柱平面化处理，采用类似于参考文献[7]和[9]中的方法，于是方程(13.8)可以转化为下面的方程：

$$\lambda=\lambda_0\left(\frac{r_{0g}}{r_g}\right)^2=\lambda_0\left[\frac{(1-\xi)r_0}{(1-\xi r_0)^2}\right] \tag{13.9}$$

$$\sigma\approx\left(\frac{\mu}{n}\right)\lambda^n-\frac{\gamma}{r}(n>1) \tag{13.10}$$

式中　λ 和 σ——伸长率和压力；

n——准确表述弹性势能的数学参数[q]；

λ_0——区域2中“液－固转化”处的向外延伸率。

根据参考文献[7]和[9]，在液柱界面处的非惯性要素方程和平衡方程为

$$\frac{\mathrm{d}}{\mathrm{d}z}(\sigma S_g-2\gamma\sqrt{\pi S})=\rho g S(S=\pi r^2,\ S_g=\pi r_g^2) \tag{13.11}$$

$$uS = u_g S_g + u_f S_f = q(t)\,(S_f = S - S_g) \tag{13.12}$$

式中 S、S_g 和 S_f——总面积、弹性固体面积和薄膜面积；

r——液柱的总半径；

u、u_g 和 u_f——总流速、凝胶流速和薄膜流速。

必须注意的是，如果 $u_g \approx u$，那么 $u_f \approx u$。也就是说，溶剂薄膜和凝胶以相同的速度向上运动。

把方程(13.9)和(13.10)代入方程(13.11)，可以描述因两相转化产生的压力－张力转化的问题，见方程(13.4)～(13.6)。

$$\sigma = G_0\left(\frac{r_0(1-\xi)}{r-\xi r_0}\right)^{2n} - \frac{\gamma}{r} \quad z - R = \frac{n-1}{n} \quad \frac{G_0}{\rho g}\left[\left(\frac{r_0(1-\xi)}{r-\xi r_0}\right)^{2n} - 1\right] - \frac{\gamma}{\rho g}\left(\frac{1}{r} - \frac{1}{r_0}\right)(G_0 = \sigma_0 + \gamma/r_0) \tag{13.13}$$

方程(13.13)中 $\lim\xi \to 0$ 与参考文献[7]和[9]中的形式相同。式(13.8)中的参数 r_0、S_0、σ_0 和 G_0 只是时间的函数。它们分别表示在 $Z = R$ 时的边界值。这些值可以用来判断是在区域1中还是在区域2中。$\xi(q_c/q)$也是时间的函数，这些值被求出后，液柱的形态和沿柱体的压力分布($R < Z < l(t)$)就立即可以从方程(13.13)得出。

对于很长的液柱，我们认为表面张力相比于重力的影响可以忽略。对于不同 Z 的值，在参考文献[7]和[9]中是以渐近的形式得到的。

$$\sigma \approx \rho g\left(\frac{n}{n-1}z + \frac{m(c-1)}{c}R\right)(c = m(n-1)/n) \tag{13.14}$$

式中，参数 c 可以通过 α、β 从方程(13.12)中得出。当$\frac{n}{n-1}Z \geqslant \frac{m(c-1)}{c}R$，方程(13.14)可以简化为，

$$\sigma \approx \frac{\rho g z n}{n-1}(z \gg R) \tag{13.15}$$

方程(13.9)～(13.15)推到可以在参考文献[9]中，稳定的液柱吸取过程，当 $\lim\xi \to 0$ 用忽略惯量的方法可以推出方程(13.9)～(13.15)，其中锥体的 R、r_0 和流速 q 一样为常数。若吸取过程不稳定，在不考虑惯性的条件下，这些方程依然成立。尽管 $L(t)$ 和流速 q 只是时间的函数，但是为了求出 $L(t)$ 和$q(t)$，必须采用两个额外的条件：

(1)从方程(13.1)和方程(13.3)得到：

$$q(t) = A \cdot \frac{\mathrm{d}L}{\mathrm{d}t} \tag{13.16}$$

式中，$A = \pi r_j^2$ 为液柱横截面的面积，方程(13.16)表明液柱高度和量筒液面下降有关。

(2)动态的描述流速随毛细管压力降低后，吸入液体的情况。如果“液－固转化”发生在毛细管内，我们就可以用泊肃叶定律来描述流速随压力的变化。但是这种转化是不可能被观察到的。相反，图13.4中十分复杂的两相转化出现在这里。在最大真空度下，液柱可以被吸到毛细管另一端的尽头，在尽头处液柱分解为“液–气”混合物。在低的真空度下，这种现象便在毛细管中发生。由于吸取压力低，这种复杂的黏性液体流动的压力和流速被认为近似于线性水性液体流动，可以得到方程为：

$$q \approx k(\sigma_v - \sigma_L) \qquad k = 常数 \qquad \sigma_v = p_a - p_v \tag{13.17}$$

式中 σ_v——真空产生的吸力；

图 13.4 毛细管中两相喷射运动情况照片

p_v 和 p_a——绝对真空度和大气压强；

σ_L——在 $Z=L(t)$ 时液柱的弹性张力。

量纲为($cm^3/Pa \cdot s$)的常数 k 表示的是液柱在毛细管末端的流动阻力。它的值可以由理论值和实验值对比得出。

由渐近方程(13.15)和 $Z=L(t)$ 可得 σ_L 的值，把它和方程(13.17)代入方程(13.16)得到动力方程来描述 $L(t)$：

$$\frac{dL}{dt}+sL=sL_u \tag{13.18}$$

其中，s 表示随时间变化的弹性参数，L_u 为在指定压力下液柱的最终长度。它们的表达式为：

$$s=\frac{n}{n-1}\cdot\frac{\rho gk}{A} \quad L_u=\frac{n-1}{n}\cdot\frac{\sigma_v}{\rho g} \tag{13.19}$$

当开始时间为 t_*，渐近方程(13.15)依然成立。方程(13.18)可推导为：

$$L(r)=L_u\cdot\{1-\exp[-s(t-t_*)]\}(t\geqslant t_*) \tag{13.20}$$

最后，把方程(13.6)和方程(13.20)联立，得到流速 q 的表达式为：

$$q=s\cdot L_u\cdot\exp[-s(t-t_*)](t\geqslant t_*) \tag{13.21}$$

在13.5节中，用方程(13.19)和方程(13.21)求出的弹性参数 s 和弹性常数 n。实验吸取过程中，只要在开始时间 t_* 以后，方程(13.15)都能有效的表达这个物理过程。

为了描述整个过程，我们从方程(13.3)~(13.7)可以计算得出。这里，$Z=L(t)$，$S=S(l(t))\equiv S_1(t)$。虽然这些数据具有很好的相关性，但问题是吸取液柱实验在毛细管中伴随着的两相转化还是有些影响的。

13.5 与理论对比：含0.025%PIB的实验结果讨论

首先，我们使用5.3中提到的修正理论考察图13.2(a)和图13.2(b)。从图片中可以很明显地看出水平方向的波纹。这可能是由于溶剂渗出后不稳定运动引起的。不稳定的液膜流动形成波纹间接地证明了有溶剂在液柱上伸出的事实。

随着吸取时间的增加，液柱的直径越来越小。从量筒中吸出的量每5s读取一次，在不同真空度下的流量值便可以得出。

实验开始时，流速 q 是随着时间增加的，到25s左右达到最大值。真空度越高，流量最大值就越大，就越早达到最大值，结果见图13.5。原因如下：起初，刚形成短的液柱时，由表面张力和吸力起共同主导作用，表面张力挤压液柱，导致流速增加。随着液柱变长，重力作用越发明显，很快就超过表面张力的作用，使流速减小。

图13.6说明了流速 q 与液柱长度的变化速度具有同比例的变化趋势 $\mathrm{d}l/\mathrm{d}t(=\mathrm{d}L/\mathrm{d}t)$，直接证明了方程13.16是成立的。可以获得如图13.7的 $\ln q$ 与时间的线性关系。

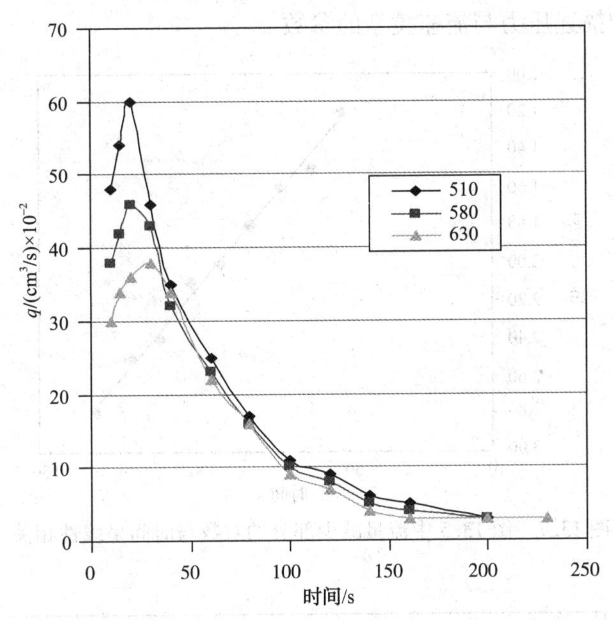

图13.5 在不同真空条件下，含0.025% PIB润滑剂的流速变化(插图所示)

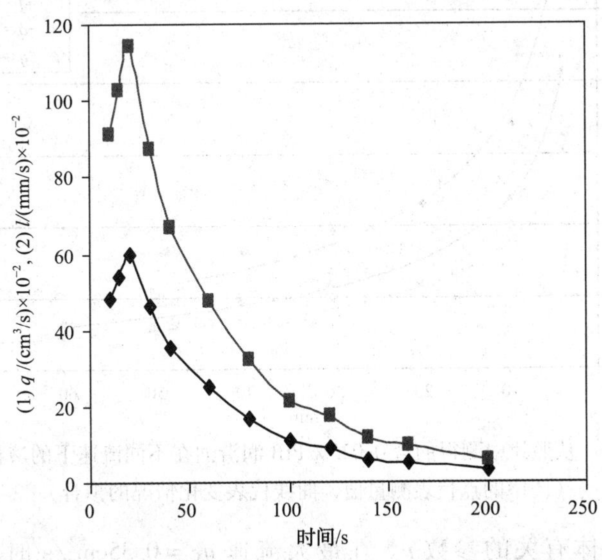

图13.6 在真空度 $\sigma_v=32\mathrm{kPa}$ 时，含0.025% PIB润滑油的吸取速率(曲线1)和流速(曲线2)随时间变化的对比

本节另一个重要的现象是，液柱在断开时，流速都不大于0.03cm³/s，与真空度无关。方程(13.6)的第4个式子也给出了相同的结论，此结论在下面的模型中也有应用。

从图13.5中，我们选择流速下降段数据，q_1 = 0.35cm³/s，q_2 = 0.25cm³/s，q_3 = 0.20cm³/s，q_4 =0.14cm³/s，对应的时间为t_k。在t_k点时，对液柱照相，测量照片中液柱的轮廓，对应的流量为q_k。在这一流速范围内，得出的液柱外形的值，如图13.8所示。图13.8表示的是液柱半径r随液柱高度变化趋势，范围从液柱形成到液柱高度最大值。图中表示渗出溶剂膜层厚度的函数$\xi[q_c/q(t)]$的三个参数为，与锥体有关的参数ν，描述凝胶弹性势能的参数n和描述压力与流速关系的参数κ。

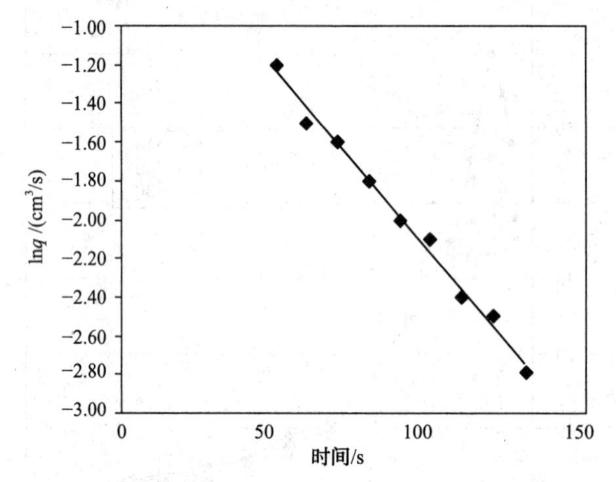

图13.7　图13.5中流量减少部分的对数与时间呈线性相关

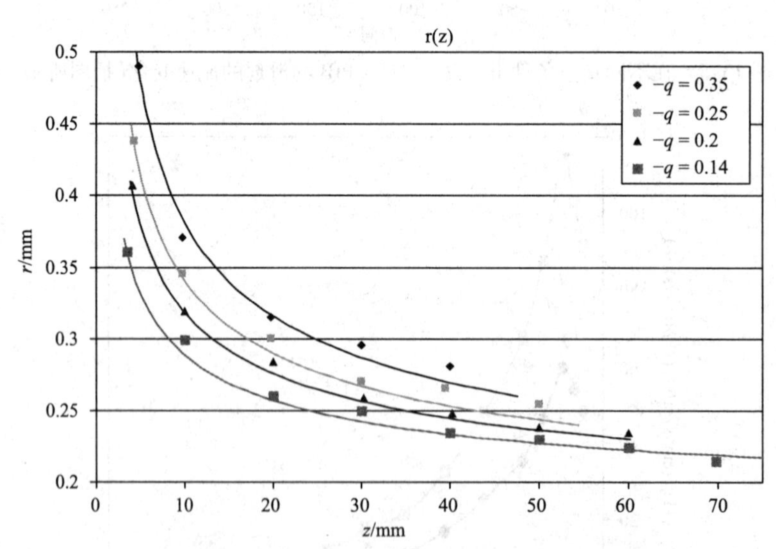

图13.8　从照片中测得的含0.025% PIB润滑油在不同流速下的液柱轮廓
(图中的点代表测量值，曲线代表变化情况的拟合)

首先，计算与锥体有关的参数ν。在最大流速q_1 = 0.35cm³/s时，对应的半径$r_{01} \approx$ 0.49mm。其他流速q_k对应的r_{0k}，由方程(13.3)$r_{0k} = r_{01}(q_k/q_1)^{1/3}$求出，见表13.1。图13.8中的点即为表13.1中的试验计算值。已知边界流速$q_{0c} \approx$0.03cm³/s，可计算出边界值$r_{0c} = r_{01}$

$(q_1/q_c)^{1/3}=0.216$mm。把 r_{0c} 代入方程(13.6)，把函数 $m(\nu)$ 代入方程(13.5)，可得方程 $\nu m(\nu)\equiv\nu(0.0959\nu^2+0.42\nu+1)\approx137$。解方程得 $\nu\approx9.7$，$m\approx14$。再把上述值代入 $R=\nu r_0$，可得锥体半径 R，方程(13.4)中的锥体压力 σ_0 和方程(13.13)的参数 G_0，见表 13.1。

高溶胀性凝胶的弹性势能是未知的，n 为表示弹性势能的参数。可由方程(13.19)计算出来。在 13.2 小节中提到的三个压力值对应的 σ_v 分别为 32kPa、22.7kPa 和 16kPa。在不同真空度下的液柱最终总长度为 Lu，因此，在最大压强 $\sigma_v=32$kPa 时，$lu\approx10$cm，$Lu\approx22$cm。把 Lu 的值代入方程(13.19)得 n 的值约为 1.062。

表 13.1

实验中液柱对应量筒中液面凹陷处的变化值

$q/(\mathrm{cm^3/s})$	(q_c)0.03	0.14	0.20	0.25	0.35
r_0/mm	0.216	0.361	0.407	0.438	0.490
R/mm	2.10	3.50	3.94	4.25	4.75
$\sigma_0\times10^{-2}$/Pa	4.97	5.63	5.98	6.25	6.71
$G_0\times10^{-2}$/Pa	6.22	6.38	6.65	6.87	7.26

不考虑液柱的溶剂渗出，简化处理函数 $\xi(q_c/q(t))$，得 $\xi=(q_c/q)^a$。从图 13.8 及对应的方程(13.13)可以很快得出 $a\approx1/2$。那么，溶剂膜层渗出的动力学方程为

$$h=\xi\cdot r_0=r_0\sqrt{\frac{q_c}{q}} \tag{13.22}$$

这个方程表明凝胶横截面的溶剂渗出现象是由张力作用引起的。更深入地探究这一现象的原因不在本章的范围之内。

把有关锥体的参数和弹性势能参数 n 以及方程(13.22)代入方程(13.13)，可计算出液柱轮廓的值。图 13.8 说明了计算结果与实验结果有很好的一致性。

液柱吸取过程的动力学方程为方程(13.16)~(13.20)。方程(13.16)是在较高的压力下的动力学方程。把方程(13.18)和 $s=0.02\mathrm{s}^{-1}$ 代入方程(13.17)可得，$k\approx2.71\times10^{-5}\mathrm{cm^3/(Pa\cdot s)}$。把图 13.5、方程(13.20)以及 S 和 Lu 的值联立，可计算出 $t_*\approx32$s。流速随时间呈数量级减小。

此时，我们发现松弛时间 θ 不能由以上的实验值直接计算得出。利用上述得出的值，只能得到方程 $\beta\theta\approx6.95\times10^{-2}(\mathrm{s})^{1/3}$。

$$\beta\theta^{1/3}\approx6.95\times10^{-2}(\mathrm{s})^{1/3} \tag{13.23}$$

在聚合物的稀溶液中直接测量松弛时间是很困难的。一个可行的办法是用方程(13.24)和参考文献[4]第 222 页提到的 Rouse 模型中粗略地估值。

$$\theta_R=[\eta]_0\frac{\eta_S M}{N_A k_B T} \tag{13.24}$$

式中 $[\eta]_0$——润滑剂的特性黏度[12]，小于 4Pa·s；

η_S——溶剂黏度；

M——聚合物的分子量；

N_A——阿伏伽德罗常数；

k_B——波尔兹曼常数；

T——热力学温度。

因此，在室温下含有0.025% PIB的润滑油稀溶液的松弛时间 $\theta_R \approx 4.54\times10^{-4}$s。

另一种得出松弛时间的方法是，先假设由聚合物浓度在液柱上的快速增长引起固－胶转化，我们推定发生转化时，We_c 为常数。由张力拉伸速率的临界值 $\dot{\varepsilon} = q/(\pi r_0^2 R)$，可以得到下面的关系式：

$$We_c = \theta_c \cdot \dot{\varepsilon}_c \approx \frac{\theta_c q}{\pi r_0^2 R} = \frac{1}{\pi v \beta^3} \tag{13.25}$$

假设 We_c 为常数，由参考文献[8]、[9]中可知，在含PEO 0.5%的水溶液中，ν_{PEO} = 2.6，β_{PEO}，0.334，由此可以得出 $We_c \approx 3.3$。这里，由 $\nu = 9.7$，可得 $\beta = (\pi \nu We_c)^{-1/3} \approx 0.215$。把 $\beta \approx 0.215$ 代入方程(13.22)，得 $\theta_c \approx 3.38\times10^{-2}$s。很明显，这个方法算出的 θ_c 的值比之前的 θ_R 大两个数量级。我们认为 θ_c 和对应的 β 的值更为接近真实值。表13.2为方程(13.21)中各常量的值。

表13.2

方程13.21中的常数值

β	ν	$\alpha=\beta\nu$	$m(\nu)$	n	$k/(cm^3/Pa\cdot s)$	θ/s
0.215	9.7	2.08	14	1062	2.71×10^{-5}	3.38×10^{-2}

13.6 开放式虹吸管测量润滑流体的黏附性

上面提过，液柱的最终喷射长度(溶液的黏性)主要取决于溶剂的黏度、溶解聚合物的分子量以及它的浓度。图13.9描述了两种石蜡基基础油作为溶剂，黏度分别为0.068Pa·s和0.022Pa·s，在40℃溶解分子量 M 为 2×10^6PIB，液柱高度随浓度变化的情况。

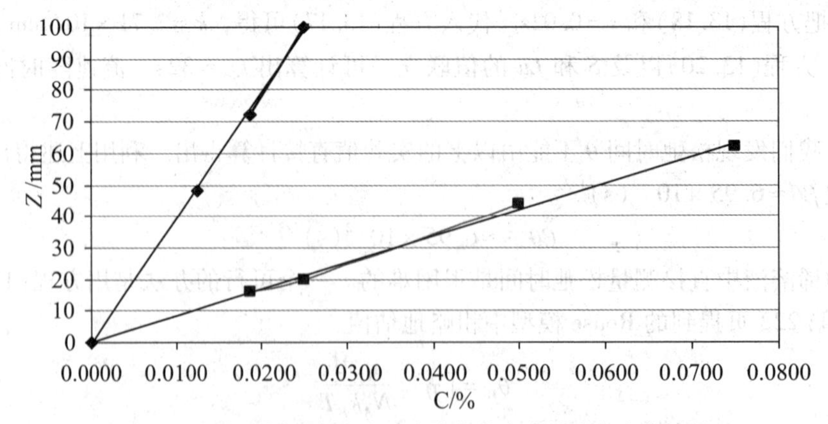

图13.9 在不同黏度基础油中液柱的高度随浓度变化情况

从图中可以看出，黏性随浓度均呈线性变化。事实上，不同分子量、不同黏度基础油的情况下，黏性也都是随浓度呈线性变化的。从图13.9可知，基础油的黏度越小，黏性越小。

例如在含 PIB 为 0.025%、基础油黏度为 0.068Pa·s 的溶液中吸取的喷射长度平均为 100mm，但是在基础油黏度为 0.022Pa·s 的溶液中，喷射长度平均只有 20mm，只有前者的五分之一。

图 13.10 描述的是吸取液柱喷射长度达到 100mm 时，在基础油黏度为 0.068Pa·s 中 PIB 浓度随分子量的变化情况。我们可以从图中看出，黏度随分子量增加而大大增长，但分子量的增加会引起热稳定性(抗氧化能力)和剪切稳定性的降低。

从图 13.9 和图 13.10 中的数据，我们可以得到在不同浓度、不同分子量的溶液中，喷射长度和溶液黏性的值。

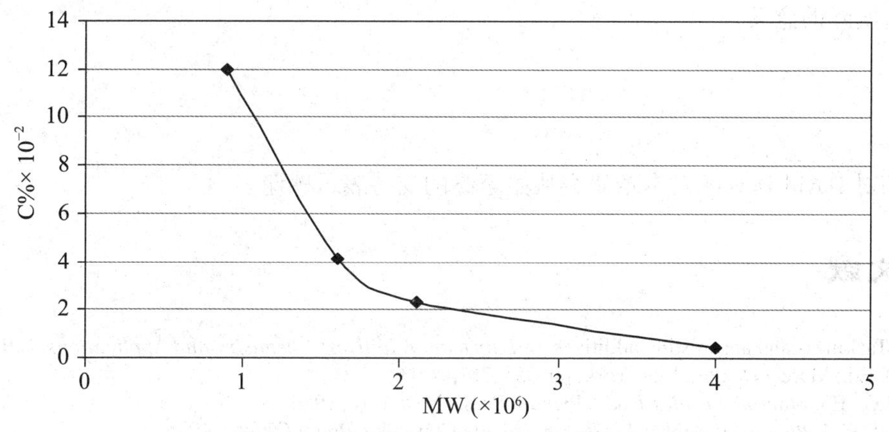

图 13.10 溶解浓度随分子量变化情况

和 PIB 经常作为黏附剂不同，乙丙共聚物通常不起黏附作用。将非常少量的乙丙共聚物和分子量为 2×10^6 的 PIB 混合作为黏附剂，实验会出现不同情况。若加入 0.01% 乙丙共聚物的 PIB 稀溶液会将喷射长度提高 30%，但不会改变溶液的黏度。从图 13.11 可知，随共聚物浓度的提高，黏性是呈下降趋势的。

原因如下：当含乙丙共聚物为 0.01% 时，因为是非常稀的浓度，大分子之间相互分离。PIB 分子链运动时，乙丙共聚物被夹裹在其中，短得多、硬得多的分子便起到支撑作用，因此黏度会增加。当乙丙共聚物黏度增加到一定程度时，乙丙共聚物的分子团聚在一起，起不到支撑作用，而且会阻碍 PIB 分子链的伸展，因此溶液的黏性会降低。

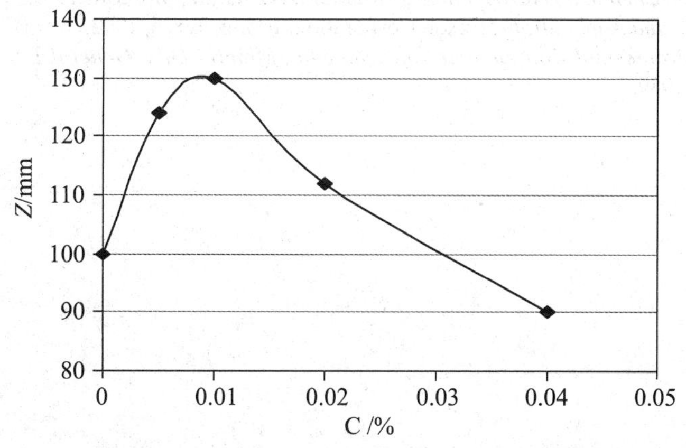

图 13.11 在含 PIB0.025% 的润滑油中，黏附作用随乙丙共聚物浓度变化的情况

13.7 结论

本章的理论模型与参考文献[9]中的模型相似，这里的液柱可视为轻微交联的弹性胶体。与参考文献[9]中的对比，本章的模型增加了两个新的要素条件：①我们考虑溶剂的渗出，也就是在液柱上溶剂渗出效应，在实验中也是能观察到的；②对于稳定的理论过程，我们把不稳定的现象考虑进去，这样得出的数据就使得我们能更好的解释理论模型。

本章实验得出的结论清晰地揭示了用开放式虹吸法测量黏着性简单、可靠，对润滑工业应用有着实际的意义。

致谢

我们对 David Devore 对本章研究从始至终的支持表示感谢。

参考文献

1. Litt, F. Tackiness and antimisting additives, in *Lubricant Additives: Chemistry and Applications*, L.R. Rudnick Ed., Marcel Dekker, New York, pp. 355–361, 2003.
2. Elias, E.G., Ed. *Macromolecules 1 & 2*, Plenum Press, New York, 1984.
3. Treloar, L.R.G. *Physics of Rubber Elasticity*, 3rd ed., Clarendon Press, Oxford, 1975.
4. Larson, R.G. *Constitutive Equations for Polymer Melts and Solutions*, Butterworth, Boston, MA, 1988.
5. Astarita, G. and L. Nicodemo. Extensional flow behavior of polymer solutions. *Chem. Eng. J.*, 1, 57–61, 1970.
6. Boger, D.V. and K. Walters. *Rhelogical Phenomena in Focus*. Elsevier, New York, 1993.
7. Leonov, A.I. and A.N. Prokunin. *Nonlinear Phenomena in Flows of Viscoelastic Polymer Fluids*, Chapman and Hall, New York, pp. 106–108, 338–342, 1994.
8. Leonov, A.I. and A.N. Prokunin. On spinnability in viscoelastic liquids. *Trans. Acad. Sci. USSR, Fluid, Gas Mech.*, 4, 24–33, 1973.
9. Prokunin, A.N. A model of elastic deformation for the description of withdrawal of polymer solutions, *Rheol. Acta*, 22, 374–379, 1984.
10. Landau, L.D. and V.A. Levich. Upward withdrawal of vertical plate from viscous liquid. *Acta Phys. Chem. USSR* (Russian), 17, 42, 1942.
11. Levich, V.G. *Physico-Chemical Hydrodynamics* (Russian), Fizmatgiz, Moscow, 1959.
12. Vistanex, *Properties and Applications*, Exxon Corporation, Irving, Texas, 1993.
13. Irvin, R.J., Ed. *Environmental Contaminate Encyclopedia, Mineral Oils, General Entry*, John Wiley and Sons, NY, NY, 1989.

14 密封膨胀添加剂

Ronald E. Zielinski and Christa M. A. Chilson

14.1 引言

约从1930年开始，添加剂被用于军用和民用润滑油中。在此之前，由于大多数液压系统是在低压和低循环速率条件下工作，润滑油中并不需要添加剂。密封制品一般是用皮革或者类似材料制成的，与石油基液压油不会产生溶胀，因此也不需要使用密封膨胀剂。最先在军用液压油中加入添加剂来提高其性能，工业液压油与军用液压油同时发展或伴随着它的发展而发展。

在约1935年爆发的第二次世界大战的推动下，军用飞机和往复式发动机得到了进一步发展，先进的战斗机和轰炸机需要新的、更高性能的润滑油和密封制品。新的军用液压油主要以石油基原料或矿物油为基础油，其组成为烷烃、芳香烃和环烷烃。添加剂包括防锈剂、抗氧剂、清净分散剂、黏度指数改进剂(VI)、降凝剂、抗磨剂以及抗泡剂，这些添加剂根据飞机类型和预定任务的不同发展为不同的复合剂并用于不同的液压油中。这最终导致了军用规格MIL-H-5606的出现。这个规格允许在配方上有一些灵活性，其目的是为了适应竞争、保证液压油的性能以及与弹性密封体的兼容性。

以芳香族和脂肪酸双酯为主要基础油的新型往复式发动机润滑油也经历了类似的过程，针对每一种航空发动机，如高空飞行的轰炸机(B-17s)和战斗机(P-47s)的液压油复合剂得到了发展，这就是MIL-L-7808的早期版本。

含丁二烯-丙烯腈(NBR)的高丙烯腈密封制品常用于这类航空液压系统中，并能稳定工作。但用于远距离高空[升限>30000in(9100m)]飞行的战略轰炸机上时，密封制品会出现泄漏，因此，基础聚合物就需要用低-丙烯腈组分来改善其低温性能。当然，降低丙烯腈含量的NBR密封制品的丁二烯含量会增加，这样会增加在石油基液压油的膨胀体积，从而引发很多问题。军方调集了材料和化学工程师一起调整油品和密封件的配方来解决这个问题，结果使得液压油和密封制品协调发展。

液压油复合剂的相关资料是专有的高度商业机密，所以要以特定的方式来说明商业密封膨胀添加剂是很困难的。我们根据军用液压油和密封制品的三个基本发展时间段：1935～1960年、1961～1980年、1981～2007年来研究密封膨胀添加剂。因为大部分的航空液压油组成包括密封膨胀添加剂都是商业机密，因此信息很有限。尽管如此，军方提供的信息还是很有用的。在列举有关膨胀添加剂的例子时，仍会涉及液压油配方的专业/商业机密。工业液压油，包括密封膨胀添加剂是随着军用液压油的发展而发展的，工业液压油和军用液压油使用的密封膨胀添加剂基本是相同的。

14.2 1935~1960年间的液压油/密封膨胀添加剂

在这一阶段，液压油主要为石油基液压油。最早的满足MIL-H-5606(矿物油)标准的军用液压油富含芳香族组分，为活塞式飞机的低压液压(~1500Pa)系统中高-丙烯腈(CAN)NBR密封制品提供了充足的膨胀体积。随着航空技术的进步，大功率活塞式发动机已经研制成功，这主要是用在担任远程任务的轰炸机尤其是陆军和空军袭击欧洲和远东敌人的B-17飞机上。这种远程轰炸机飞行高度在35000~45000ft(10700~13700m)，导致油品变黏、密封泄露，从而使得液压操作行动迟缓。密封制品是军方指定的符合MIL-R-25732的丁腈橡胶密封制品。由于陆地战斗机和航空母舰舰载机执行的是低空短距离飞行任务，并没有出现类似的问题。要解决轰炸机的液压油问题，就需要对矿物油进行进一步的精制，用脂肪族组分替代部分芳香族组分，从而改善液压油-65℉的低温黏度，这促成了液压油规格MIL-H-5606的修订。通过用中等或低等CAN NBR替代高CAN NBR，或者用2，2-乙烷基己基癸二酸酯(DOS)替代部分2，2-乙烷基己基邻苯二甲酸酯(DOP)来改善符合MIL-R-25732的含高CAN NBR组分的密封制品的低温密封性能。油品配方制定者加入双酯油，如DOS，是为了使MIL-H-5606液压油保持18%~30%的密封膨胀体积。早期的活塞发动机用石油基润滑油作为其润滑剂，为改善液压油-65℉的低温性能以及275℉的高温性能，改用季戊四醇酯基油。军用MIL-R-25732密封制品也适用于发动机的润滑密封。另外，在海军飞机上还应加入防锈添加剂。

在这一阶段，军用飞机的商业化有了很大的发展。例如，道格拉斯DC-3(C-7军用运输机改装)、道格拉斯DC-6以及洛克西德型星座飞机。这些飞机最初使用的也是军用航空液压油/密封制品以及发动机润滑油/密封制品。但是，由于短途飞行和频繁起降，飞机需要一种新的阻燃性强的液压油。这类新的液压油含磷酸酯，这就要求密封制品与这种聚合物相适应。

14.3 1961~1980年间的液压油/密封膨胀添加剂

随着军用飞机(喷气式飞机)性能的提升以及作战任务的复杂化，液压系统和发动机的工作温度都提高了。为满足飞机和涡轮喷气发动机在-65~350℉下的工作要求，油品公司和密封件制造商都加强了合成油和相应密封件的调整。油品公司合成了在350℉高温下能保持热稳定性的聚α-烯烃(PAO)液压油，其配方组成中含有抗氧剂、润滑性添加剂、抗泡剂、金属减活剂、防锈剂、黏度指数改进剂以及满足18%~30%膨胀体积的密封膨胀剂。最初的军用合成液压油阻燃性比MIL-H-5606液压油好，被命名为MIL-H-83282。MIL-H-83282液压油的工作温度范围为-40~350℉。用硫黄处理或过氧化氢漂白过的NBR密封制品被用于这种液压油中，这种新的密封制品被命名为MIL-R-83461，并且能满足在-65~350℉的工作要求。

MIL-H-83282液压油中富含双酯油以满足密封膨胀体积。这种液压油适用于大多数军用飞机，但除战略轰炸机，如B-52，B-1B，KC-135以及KC-10外，这类飞机要求液压油在-65℉有较小黏度，而MIL-H-83282液压油在低于-40℉时就会变得非常黏稠，这一缺点后来被 PAO 液压油 MIL-H-87257 弥补了。通过合成低分子量的 PAOs 并替代 MIL-H-83282 中部分高分子组分来生产这种低温 PAO 液压油。这一改进使其阻燃性有小的损失，但还是能满足所有军用飞机的一般阻燃性要求以及 -65~350℉的工作温度范围。

在这个时期，发动机润滑剂的工作温度也上升到 -65~350℉，这促使了己二酸和癸二酸的发展，尤其是己二酸二辛酯(DOA)和 DOS 成为了发展的主流。这就是当时用于军事和商用飞机的 MIL-L-7808。在此期间，为了满足 -40~350℉的工作环境，还向密封制品中加入了氟碳聚合物，这些密封制品符合 MIL-R-83485 的要求。因为碳氟化合物和 NBR 密封制品在液压油中表现出溶胀性，所以在 MIL-L-7808 液压油中不需要密封膨胀添加剂。

在 1961~1980 年间，商用飞机使用的是阻燃性的磷酸酯类液压油，用于这类液压油的是乙烯-丙烯基(EPM)或乙烯丙烯-二烯基弹性密封制品。由于磷酸酯起到了可塑剂的作用，这类液压油中也不需要密封膨胀添加剂。

14.4 1981~2000 年间的液压油/密封膨胀添加剂

如前所述，20 世纪 60 年代末至 70 年代 MIL-H-83282 聚 α-烯烃液压油得到了长足的发展，在 70 年代后期，通过大量的飞行测试后，应用于大多数的非战略军用飞机(F-16，F-14，F-18 战斗机)上。空军的战略性飞机、长距/高空轰炸机、坦克、侦察机继续使用工作温度在 -65~275℉的 MIL-H-5606 液压油。对具有更好低温黏度和阻燃性的液压油的需求促进了 MIL-H-87257 的发展，这种液压油用合适的分子量范围的 PAO 组分来平衡 PAO 组成。使用合适的复合剂，包括双酯(如：DOS)可以达到 18%~30% 的膨胀体积；压力循环测试表明这种液压油能在 -65~350℉下工作并且能与 MIL-R-82485(碳氟化合物)和 MIL-H-83461(NBR)的橡胶兼容。所有种类的军用飞机，包括战略飞机都进行了飞行测试，结果表明：MIL-H-87257 液压油可作为军用飞机的通用液压油。在此期间，商用飞机仍使用磷酸酯类液压油和前面提到的 EPM/EPDM 密封制品。无论是军用还是商用喷气机的发动机都使用符合 MIL-L-7808 的 DOS 型的液压油。自从双酯类油能满足要求后，就不再需要密封膨胀材料了。

14.5 2001~2007 年间的液压油/密封膨胀添加剂

MIL-H-83282 PAO 液压油已经取代 MIL-H-5606 液压油成为主要的军用飞机液压油。F-22、F-35 以及最新型号的 F-18 等先进的军用战斗机都要用 MIL-H-83282 液压油。目前，用于这些液压系统的密封制品是 MIL-P-83461 NBR 以及 MIL-R-83484 高温碳氟化合物密封材料。以前使用 MIL-H-5606 液压油的飞机的主要系统现在使用的是 MIL-H-83282 液压油，但由于 MIL-H-5606 良好的低温(-65℉)性能仍在一些部位，如粘滞阻尼器上使用。以前使用 MIL-H-5606 液压油的老式飞机正逐步地过渡到使用MIL-H-83282 液压油。

尽管新的商用飞机，如：空客 A380 和波音 787 型飞机的液压系统压力高达 5000psi

(34500kPa)，它们仍使用前面提到的磷酸酯基液压油和EPM/EPDM密封制品。这种磷酸酯类液压油在点火性能和其他方面的性能需要改进，但由于双酯类液压油能达到密封膨胀要求，这类液压油中仍不需要密封膨胀添加剂。由于没有新种类的液压油和密封膨胀添加剂出现，符合MIL－L－7808的DOS液压油仍是军用和商业喷气机的主要液压油。

14.6 发展趋势

先进的军用战斗机将继续要求液压油满足在4000psi(27580kPa)压力、－45～350℉的条件下的性能要求。由于MIL－H－83282液压油满足这些要求，它将继续成为这些飞机的主要液压油。在有必要改善PAO基液压油低温性能或新的基础油呗被开发出来之前，在需要更好的低温性能的部件上仍使用MIL－H－5606液压油。由于丁腈弹性体在高于250℉的温度下长期暴露容易氧化，而氟碳化合物弹性体又不能满足－65℉条件下的低温性能要求，因此可能成为未来密封材料的新的聚合物正在探索研究中。

未来20年战略飞机的需求似乎是改进型的C－17运输机、新的A300、KC－10或者是C－17的空中加油机(KC－17)，而战略轰炸机则是B－1B、B－2以及B－2的改进型隐形飞机。虽然对液压系统和发动机润滑液的要求可能会有一些改变，但目前还不能确定具体需要的液压油、密封制品、密封膨胀添加剂。

未来20～30年内商用飞机的需求量不会有太大变化，除了根据客户的要求增强部分性能外，飞机机身的设计和发动机的要求不会变化。因此，商用飞机液压油、润滑剂、密封件也不会有大的变化。

14.7 工业用油

如前所述，工业液压油是伴随着军用液压油的发展而发展的。天然石油包括矿物油也在工业液压油中得到应用。对工业液压油的控制没有军用液压油那么严格，其规范在满足基本性能的前提下，允许添加剂在很窄的范围内变动以适应竞争投标的要求。工业液压油原料来源广泛，如石蜡基、环烷基、混合基、石蜡环烷基等；其制备方法也很多，如蒸馏、直馏、裂解、加氢精制、溶剂抽提等。工业液压油的种类很多，但正如军用液压油的密封膨胀添加剂一样，复合剂是有专业秘密的。

DOS和DOP应用于工业液压油中，包括含脂肪族醇如十三烷基醇的其他的密封膨胀添加剂也应用于工业液压油中。油溶性的饱和脂肪或芳香烃酯类如邻苯二甲酸二己酯是很常用的。三亚磷酸酯和烃代苯酚的化合物也常用作密封膨胀添加剂。越来越多的精制矿物油和合成PAO进入市场，使得密封膨胀添加剂之间就没有明显的区别了。

14.8 密封膨胀添加剂的困境

确定液压油的配方时，密封膨胀添加剂的用量通常在0.6%～1.0%(体积浓度)。随着技术的进步，液压油生产商用标准的弹性体试验测定液压油的密封膨胀性，通常指标在18%～30%。这类测试通常需要持续70～168h，但并不能对液压油、密封件的兼容性进行全面评估，因此与弹性密封兼容才能被标识为液压油。现在所面临的困境是在实际系统中使用的密封件与密封膨胀测定中使用的弹性件不同，从性能的需求或弹性体规范的角度都不允许超过20%的膨胀体积。因此，我们需要研发具有高密封膨胀性的液压油以及膨胀体积不超过20%的橡胶密封件。出现这种困境的原因是液压油和密封件发展不协调。过去在军方进行研究时，液压油和密封件的发展是比较协调的，但是在今天的商业领域就不能保持协调了。液压油生产商认为高的密封膨胀性能就是好的，它允许更大的密封力和更小的压缩形变。但问题是，密封件过分膨胀会变软，并完全填满整个密封装置。对动态密封件而言，这种情况会导致溢出密封装置的密封件被一点一点的磨掉从而增大密封件的磨损。这会导致密封件过早地失效和泄露，带来的是更换密封件时高昂的停机检修费用。

为了使液压油和密封件的制造同步协调发展，国际组织委员会 ASTM D 02 制定了 ASTM D 6546 规格。该规格详细规定了液压油 - 弹性密封件试验项目，包括在实际工况温度条件下用新液压油进行长周期(1000h)运转的弹性体适应性测试。这种苛刻的测试条件可以更全面地评价液压油和密封件之间的兼容性，同时，也可以用最低量的密封膨胀剂优化液压油配方。

在新的液压油规范中增加测试次数的变化是缓慢进行的，更重要的是提高了油品的可靠性和长周期性。商用航空业已成为规范更新的动力，如 SAE AS 5780 中增加了含有商业密封材料的液压油的测试次数。军用液压油正慢慢地跟随着发展。

14.9 成本效益

在液压油配方中减少密封膨胀添加剂的用量是很重要的，因为它会增加矿物基和 PAO 基液压油的成本。这是因为，和基础油比起来了，大量的 DOS 添加剂是很昂贵的，但它又是满足密封膨胀体积必不可少的，而这还没有算上昂贵的液压油和密封件的质量控制和检测的费用。这就是 ASTM D 6546 中规定成本效益是液压油发展过程中不可或缺的部分的原因。液压油开发商们也可以用测试的结果来使用户相信所提供和推荐的液压油和密封制品是经过长期测试证实的。

这个长周期的测试还可以给用户提供一些有用的信息，可以帮助他们做好保养计划从而避免或减少昂贵的停机检修费用。液压油稳定性测试已经达到 1000h，这些额外的测试可以优化液压油配方的经济性，并满足整个系统(液压油和密封制品)的要求。

14.10 生产制造

液压油和密封件的制造都是极具竞争力和专利权的行业。这种状态很多年都没有改变过，预计将来也不会改变。简言之：

(1)两个商业伙伴的竞争将决定产品的价格；

(2)液压油有着使用寿命长和出现问题少的良好声誉。

液压油配方，包括 ASTM D 6546 或相似规范的测试将长期有效，因为液压油应该有一个昂贵添加剂的最低含量，密封制品长寿命的兼容性需要验证。

14.11 总结

在许多液压油配方中，密封膨胀添加剂是必须的，它可以减小装置的压缩值。然而，过度的密封膨胀对密封件寿命和密封系统的性能都是有害的。密封膨胀添加剂增加了液压油配方的成本，因此，从经济角度看，最大限度的降低这些添加剂的含量是至关重要的。对于液压油和密封件开发者来说，ASTM D 6546 规定的方法可以保证密封制品和含有复合剂的液压油是完全兼容的。无论专利配方是什么，液压油开发商对密封件长期的兼容性都是关注的，由此决定以最低的成本得到最大的密封性能的密封膨胀添加剂用量。

2005 年 10 月修订了 SAE AS 5780 燃气航空涡轮发动机润滑油标准。

15 金属加工液杀菌剂

William R. Schwingel and Alan C. Eachus

15.1 引言

金属加工液，作为润滑剂的一种（包括水基液压液）在金属切削和成型过程中提供多种功能。这种润滑剂易遭受细菌的侵袭。作为润滑和冷却作用的金属加工液还应具有防腐、电化学稳定性和在环境中的生物降解能力。同时，金属加工液还应该具有对人体安全的性能。加工液众多性能要求中的任何一项失败均会造成操作问题、金属加工过程终止、加工工具寿命变短以及产品质量问题，所有这些问题都会使成本增高。其中最普遍存在并且可控的问题是微生物的分解。所有的金属加工液中都含有允许那些未受控制的微生物生长的营养物质，其中包括矿物油原料、乙二醇、脂肪酸皂、胺、磺酸盐以及其他有机成分。乳化油、半合成液和浓缩液（含水型）由于含有水而容易遭受微生物的攻击。这是因为水是微生物生长重要条件，也是微生物污染的主要来源。相反的，纯油型加工液由于不含水而表现出良好的生物稳定性。为了保证金属加工液拥有长的使用寿命，防止微生物生长是金属加工体系中一个不可分割的部分。

15.2 微生物生长

对金属加工液造成污染的微生物有两种类型，细菌和真菌。它们在加工液中独立生长，但有时也可以在一个体系中共存。微生物的类型以及它们在同一体系中共存的能力取决于加工液的组成成分和环境条件。

15.2.1 细菌

细菌——缺少像高级生命形式中的内部细胞器官的单细胞有机体。细菌可以根据它们细胞壁的结构分为革兰氏阳性细菌和革兰氏阴性细菌两种；或根据它们对氧气的需要分为需氧菌和厌氧菌。厌氧菌在氧气存在的情况下不能生存，但严格的说，厌氧菌在氧气存在的情况下可以短时间的存活。另一种细菌，具有厌氧菌的特性，它能够在有氧气存在的情况下像需氧菌一样新陈代谢；但是，当氧气量有限时，它又能够变为厌氧菌的新陈代谢。通过厌氧菌代谢而产生的化合物会产生难闻的气味，同时伴随加工液性能和质量的下降。由厌氧菌代谢而生成的这些化合物包括有机酸和具有毒性、爆炸性的气体如硫化氢和氢气等。

在金属加工液的使用环境中，不是所有的细菌都能存活，这要看具体的加工液情况而定。然而，在所有的金属加工液中一般都会发现假单胞铜绿菌、阴沟肠杆菌、大肠杆菌、肺炎克雷白杆菌和脱硫弧菌，因为这些细菌是在河流、小溪、湖泊以及土壤中发现的最主要的细菌种类。加工液组成中含水一般被视为造成细菌污染的最大根源，另外一些造成细菌污染的根源包括空气、原材料、动物(包括人)。当加工液中有细菌存在时，它们会分布在整个金属加工系统中，并且当条件适宜时会加速繁殖。

15.2.2 真菌

真菌能以酵母和霉菌的形式发生。酵母像细菌一样是单细胞的，形状一般呈球形。相反，霉菌不止一个细胞组成，并且能够形成具有定向孢子结构的细的菌丝状的复杂的形状，这种形状使得真菌的外观像粉末一样。真菌能够在环境中扩散，在腐烂的食物中如面包、水果和奶酪中一般都会发现它们。在合成型金属加工液中通常都会发现真菌，但浓度和分布要比细菌少。真菌能够在液体本身生长，但也可以生长在固体表面如飞溅面，同时也能够在加工液的出液口、水槽、滤网和管道中生长。虽然有很多种不同种类的真菌已经可以从加工液中去除，但镰刀菌、假丝酵母和头孢酶还是经常被发现。

15.2.3 生物膜

虽然微生物可以存在于中央系统中自由流动的加工液中，但较大部分的微生物种群是存在于生物膜中。生物膜黏附在系统表面，它由不同的微生物种群组成并且具有复杂的结构，生物材料和化学材料都能成为生物膜生命细胞隐藏的聚集地。生物膜的厚度可以从几毫米到几厘米。加工液内部环境会因为微生物的存在而大大地受到影响，而且有可能不同于加工液原来本身具有的内部环境。由于生物膜中的微生物有可能对批量加工液产生影响，因此可通过使用抗菌剂存放控制微生物的生长，但作用有限。这就是为什么在实验室用化学处理表明有效而在实际使用中失效的原因[1]。

15.3 适于细菌生长的环境

影响微生物生长最基本的要素是：有效水、营养成分、体系 pH 值和温度以及是否存在化学抑制剂[2]。前面已经介绍了水是金属加工液中一个重要组成成分，因此微生物的生长已经成为一个主要的关心问题。像所有活的生物一样，细菌和真菌也需要赖以生存的水，而这些水存在于所有的乳化油型、半合成型金属加工液中。至于营养物质、金属加工液能提供微生物生长的所有物质[3]，其中包括：碳、氮磷、硫和其他微量元素。少量的无机盐对微生物的生长也是至关重要的，即水的硬度和质量变化将影响到微生物的存活。虽然一定量的无机盐有助于细菌的生长，但是无机盐浓度过高，会抑制微生物的生长。至于 pH 值，适合细菌生长的理想的 pH 值水平为中性或偏酸性，即 pH 维持在 6.5 ~7.5。

真菌在更低一些的 pH 值范围内，即 4.5 ~5.0。但是，在这些 pH 值范围外，细菌和真菌都能够在金属加工液中存活。大量的微生物会在金属加工液典型的 pH 值范围内出现，当 pH 值为 8.5 或更高时，其种类的多样性将会降低。

微生物生长最适宜的温度范围为 30 ~35℃，也是金属加工液的工作温度。但是，很多微生物能够在极端温度下存活。例如，在北极极低气候下以及热水器的出口处已经发现细菌可以生长。

通过控制这些各种各样的微生物的生长条件，可以达到控制甚至阻止微生物生长和扩散的目的。水的质量和 pH 值是两个最容易掌握的因素。然而，营养物质的有效性可以通过原材料的选择来加以控制微生物的生长。这些原材料对微生物有更好的天然抵抗力。有些成分如硼酸盐、胺类和杀菌剂能抑制微生物的生长。显然控制加工液的温度经济有效，但是很困难。对于氧气，虽然其不能减少微生物的生长，但至少可以改变微生物的种群。例如，如果金属加工液不暴露在空气中也不循环，那么需氧菌种群就可能完全转变为兼具厌氧菌群或专性厌氧菌群。

15.4 设计、维护和监控

在金属加工液中，对微生物控制逐步发展的要求使得系统设计、适当的储存管理、加工液的维护和微生物的监控等都显得非常重要。在高速均匀流体的区域，微生物很少能够建立健康的种群，因此对于设计较好的体系能够消除或减少停止不动的区域是比较理想的。例如，厌氧菌喜欢在流动很小的区域建立种群，因为这样常常可以限制氧气扩散到加工液中[4]。

优秀的存储管理是让工人穿好劳保服装并保持现场清洁整齐。这样降低了工人们的安全风险，如污物进入工厂或其他可能的生物、化学刺激物及污染物携带进入休息场所。而食品和生活垃圾们也有可能是污染源，因此禁止带入金属加工液的现场操作系统。

15.5 困难和挑战

不对微生物的生长进行任何控制会严重影响到金属加工液的性能和中心系统的操作。由于微生物分解而引起加工液性能的降低会导致机械、工件和刀具表面的腐蚀，加工液润滑性能和稳定性的丧失；还会导致黏性物质的产生而堵塞滤网和输送管道，并产生难闻的气味。微生物的生长还会对皮肤和呼吸道的刺激。

加工液的变质可以理解为影响加工液使用的任何不良变化。各种各样的微生物会分解金属加工液配方中很多有机化合物，这会直接导致加工液的变质[5,6]。加工液中有些组成如烃类、石油磺酸钠、脂肪酸、脂肪酸酯、有机磷、含氮化合物通常不会受到某一单独微生物种群的影响，但它们易受到微生物种群的联合攻击。加工液中这些成分的降解会导致加工液性能丧失。一些有潜力的微生物种群甚至可以发展成为具有进攻和分解杀菌剂的能力，特别是在杀菌剂未达到理想的浓度时。

微生物污染还是导致一些金属加工液产生使用问题的间接原因，包括气味的产生。气味的产生与一些不稳定的有机酸(主要是醋酸盐、丙酸盐和丁酸盐)和微生物的新陈代谢的副产物 H_2S 有关，当加工液含氧水平下降时会使厌氧菌激增，就会产生这些化合物。在周末，生产停工，加工液不循环，含氧量水平下降导致气味的产生。随着液体流动，气味开始挥发。通过这种方式产生的气味叫做“星期一早上的臭味”。这些难闻的气味使得工人们在其散去之前不愿意工作。

另一个微生物污染的症状是加工液 pH 值的下降。微生物新陈代谢产生的有机酸有可能会降低加工液的 pH 值。而加工液 pH 值降低会导致铁基材料的腐蚀。pH 值的降低还会导致乳化液油水相分离以及配方中其他组成成分效率的降低，这其中包括抗菌剂或杀菌剂。为了保证加工液保持优良的性能，浓缩液的碱性必须保持在最初所设定的 pH 值范围内。

微生物还能通过一种叫做"微生物群腐蚀"的过程对腐蚀产生直接的影响。有些细菌种群能在金属表面形成电解细胞或者能够促进阴极或阳极反应，这种情况能够在加工刀具和工件表面形成点蚀和腐蚀。虽然这种情况经常与管道输送、化学工艺和水处理伴随而生，微生物还能够将防腐蚀添加剂分解，从而使金属更容易遭到腐蚀[7]。

在金属加工中心，生物膜的生成是一个很严重的问题。机器表面上，生物膜的生长会影响到系统的热交换特性。如果生物膜从金属表面脱落，会妨碍到加工操作如加工液的流动和过滤。真菌在管路和滤网堵塞中扮演很重要的角色。如果要在加工液系统中除去生物膜使系统恢复高效工作，需要花费大量的时间和精力。

微生物污染有时候会造成操作工人的皮肤刺激或者皮炎。但是，人们发现这种现象是化学试剂引起的。近年来，金属加工车间工人的呼吸问题被认为与金属加工液中的微生物污染有关系。最严重的情况是过敏性肺炎，这主要是由于受污染的金属加工液中的分枝杆菌引起的[8]。其他可能引起呼吸系统损害的因素包括：内毒素，这是一种能在金属加工液中发现的革兰氏阴性细菌的细胞壁碎片。还有毒枝菌素，由受污染的金属加工液中的真菌引起的。引起呼吸系统损害的因素还在继续研究之中。Passman[9]等最近对引起工人健康的问题提出了详细的见解。美国材料和测试协会关于金属加工液健康和安全标准的小组委员会出台了分枝杆菌引起健康问题的测试方法(E2564 - 07)[10]和金属加工液中毒素的限定浓度(E2250 - 02)[11]。

15.6　微生物污染测试

通过及时、准确的判断和处理来控制和防止金属加工浓缩液和冷却系统中的微生物污染，微生物测试方法在这一过程中很重要。目前有很多种测试方法，但是每种方法都有它的优点和局限性。好的方法应该随环境的不同而改变，但是更理想的测试方法应该在使用的易操作性与准确性、可实践性和结果的及时性之间达到平衡。不同的测试方法是用来测定微生物污染的不同方面，了解这一点是很重要的。

金属加工液和系统性质的改变如臭味和黏性物质的生成、腐蚀的产生、乳化液油水相分离以及加工液颜色变化都是微生物污染问题的明显征兆。当这些特征现象增强时，微生物种类数量急剧增加，加工液的一些性能明显降低。另外一种估计存在于加工液中微生物数量的方法是通过直接或间接测得加工液中单位体积内的微生物数量。

最常用的直接方法是用显微镜观察微生物的数量。该方法要求使用者通过专业方面的培训，该方法比较繁琐，且耗时。另外一种直接测定微生物的方法需要更专业的训练，要求既能观察到活的微生物，还能在特定的有机种群中观察到死的微生物，并且能够辨认出微生物的种群。直接的测定方法有助于计算出在各种营养介质中不能生长的微生物，而这种营养介质通过特殊的设计可以用来列举出所有的微生物。

间接的测定方法包括通过复制加工液中的微生物来获得存在微生物数量的估计值。这种用于估计活跃微生物的方法可以反应出存在于系统中单位体积内微生物的数量。标准平板计数法和浸片法是较为普遍的计算细菌和真菌数目的间接方法。这些计数方法都是基于在固体营养介质表面生长起来的细菌和真菌群。在标准平板计数法，是将金属加工液的规定使用浓度的稀释液涂抹在消过毒的皮士培养皿中，然后在培养皿中填入营养琼脂，营养琼脂在高于45℃的条件下进行液化，然后在室温下固化。经过几天的培养之后，细菌和真菌在琼脂上形成可见的菌群，这些菌群可以被分别计数。稀释法被用来测试原始样品中的微生物的数量。由于平板计数法费运比较昂贵，且较为耗时，所以研发了另外一种比较相近的方法，叫做浸片法。浸片法是用琼脂覆盖在浆形装置上进行试验。先将试片浸入到加工液试样中几秒钟，然后把它放置在经过消毒的支架上培养几天。试片装置上一般含有指示剂，当细菌和真菌开始生长的时候，它会变色。这样就可以提供一种简单、可见的测定菌种数目的方法。试片法的另外一个优点是能够与在浆形装置两侧不同的生长介质中同时测试细菌和真菌。

在标准平板计数法以及试片法中，每一个菌种都是一个单细胞，细胞经常会聚集在一起导致测试结果无效。另外，对于给定的营养介质仅仅适合于某些特定的微生物生长，而实际上则可能抑制了其他微生物的生长。因此，限制了获得存在于加工液中总的微生物确切数量的能力。据估计，这种直接测定微生物数量的方法仅仅覆盖了加工液中10%的微生物。平板计数法另外一个主要的缺点是细菌生长所需的时间，一般在24h或72h才能达到效果，有时会更长。这样由于时间的延长使培养环境中的微生物水平达到一个不利的微生物水平。平板法和浸片法由于耗时太长的弊端激起了快速测定方法的探索。快速测定法主要是对细胞成分如蛋白质、酶以及ATP浓度的测定。虽然这些方法能够提供对微生物生长可靠的计数，但是他们往往需要较为昂贵以及复杂的设备。但当这些测试方法变为普通的测试方法后，这种技术的费用将会降低。

15.7 微生物处理方案

金属加工液提供了有助于微生物生长的环境。为了将由于微生物污染给金属加工液带来的使用麻烦降到最低，以及保证金属加工过程的连续进行，防止细菌生长的技术至关重要。不论是化学的，还是物理的防菌方法都是可利用的。并且，当需要建立和维护微生物控制系统时，常常是物理方法和化学方法联合使用。

15.7.1 化学方法

在金属加工液中添加杀菌剂是最常用的控制微生物生长的方法。为了使水基浓缩液和最终使用的稀释液中的细菌和真菌保持在一个可以接受的浓度水平，杀菌剂通常作为加工液最终产品中的一个基本组分。由于杀菌剂能够快速消除微生物生长，杀菌剂的使用非常频繁，但是要考虑经济和毒性因素的制约。

许多国家的政府机构控制了杀菌剂的使用。在美国，杀菌剂的使用受到了环保局的限制。根据联邦杀虫剂使用条款，杀虫剂和灭鼠剂的使用必须满足一定的毒性和环境影响标准。在欧盟杀菌剂产品指南起相类似的作用。杀菌剂的使用是有一定危险性的，美国环保局要求所有的杀菌剂标签都应该包括明确的应用环境，这样就能够使使用者决定该注册过的杀菌剂是否适合于应用环境。金属加工液是美国环保局规定的一种在规定环境中使用的终端产品。在60多种注册过的化学杀菌剂应用中，只有少数杀菌剂通常在配方和终端用户中使用。

目前，杀菌剂的种类主要有两种，即杀细菌剂和杀真菌剂。许多杀菌剂同时具有这两种功能，既能用作杀细菌剂又能被用作杀真菌剂。

下面是常用杀菌剂化学品的一个简单概括。比较完整的杀菌剂系列产品及其性能介绍，有几篇优秀的参考文献，其中包括Rossmoore[12]、Ash[13]和Paulus[14]等发表的工作。杀菌剂供应商提供的是另外一种有价值的信息来源，他们提供产品的信息和安全数据。这些数据可以给出关于杀菌剂化学、效果、毒理学特性和使用方面的详细信息。另外，确定在加工液中使用的剂量时，必须参考杀菌剂的标签信息。根据联邦法律要求，杀菌剂的使用量应在标签中有所标注，但此处给出的剂量是一个估计值，使用剂量还会根据加工液的配方、储存管理、存放年限、操作温度、pH 值和可受到微生物污染类型等的不同而发较大的变化。为了确定最佳的杀菌剂使用量应该是应该通过实验确定，杀菌剂的最佳使用剂量必须根据试验测得。

15.7.2 常用杀菌剂化学品

甲醛缩合物是常用的金属加工液杀菌剂化学品。该类物质通过释放甲醛来控制微生物的生长。像其他甲醛类物质一样，甲醛的抗微生物活性来源于其亲电的活性基团与细胞亲核目标发生反应。这些目标包括氨基基团和硫醇等官能团以及氨基酸和蛋白质等的氨基化合物，这些官能团一般都是酶物质重要的组成部分或促进细胞功能生长的功能蛋白质。正是由于这种再生的作用模式，甲醛缩合物杀菌剂具有很宽的抗微生物活性范围，但是一般认为其抗细菌的效率高于抗真菌的效率。甲醛杀菌剂一个不利因素是：微生物有一种能对它产生抵抗能力的倾向[10,11]，由于甲醛有着不确定的作用模式，所以抗体发展的频率要比其他微生物添加剂小。

三嗪(苯基 - 1，3，5 - 三[羟乙基] - *S* - 三嗪，CAS#4719 - 04 - 4)是最常用、最经济的甲醛缩合物金属加工液杀菌剂。当体系的 pH 值在适当的碱性范围内，该杀菌剂是溶于水且稳定存在的，它是一种由单乙醇胺和甲醛合成的三元环状化合物。这种杀菌剂通常以 78% 含量的水溶液供应，使用时加入碱性物质。三嗪类杀菌剂可以在液槽边加入或者作为组成成分直接加到配方中。一般认为，抗菌剂的经验用量是在稀释液中占 0.15%。

另外一种常用的甲醛缩合物杀菌剂是唑烷类。该类物质是由甲醛和各种链烷醇胺反应生成的含 N、O 的杂环化合物。代表化合物有 4，4 - 二甲基 - 1，3 - 唑烷(CAS#15200 - 87 - 4)和 7 - 乙基双环唑烷(CAS#7747 - 35 - 5)。这些物质可以是油溶的，也可以是水溶的，并且很容易在金属加工浓缩液或者稀释液中添加。它们自身的碱性也有助于防止铁的腐蚀。一般认为，唑烷类杀菌剂在金属加工液中的经验添加量为 750 ~ 1500μg/g。

三羟甲基 - 硝基甲烷(CAS# 126 - 11 - 4)是一种甲醛和硝基甲烷反应而成的水溶性的浓缩产品。在酸性条件下化学性质稳定，但是在碱性条件下将会分解并释放甲醛。它要么是还有 50% 活性成分的水溶液，有时是一盎司的固体片剂。它的分解率随着体系碱性水平的增加而增加，并且杀菌效果迅速。由于在碱性条件下的不稳定性，该杀菌剂缺乏长效性，因此该杀菌剂不是加工液母液的组成成分，而是在加工液使用过程中添加。三羟甲基 - 硝基甲烷由于其自身的酸性、不含卤素以及快速杀菌的特性，常用于非铁体系如铝轧制的金属加工液中。实践证明，三羟甲基 - 硝基甲烷与异噻唑啉酮具有良好的协同效应，特别是在铝轧制液中[17]。该类杀菌剂的推荐使用量为 1000 ~ 2000μg/g 活性成分就能控制稀释液中的细菌。

另外一种叫做拌棉醇的杀菌剂(2 - 溴 - 2 - 氮 - 1，3 丙二醇，CAS#52 - 51 - 7)，是由硝基甲烷与 2mol 甲醛、1mol 溴反应而成。拌棉醇在杀菌过程中不释放甲醛，实践证明其对杀死株铜绿假单胞菌很有效果。这种水溶性的杀菌剂在 pH 值在 8.0 以上时，化学性质并不能长期稳定。该杀菌剂常用量为：活性组分在 50 ~ 400μg/g 范围内。

实践证明一种包括4-(2-硝丁基)-吗啉(CAS# 2224-44-4)和4，4′-(2-乙基-2-硝基环丙烷)二吗啉(CAS# 1854-23-5)的生物杀菌剂，对金属加工液中的真菌和细菌都很有抑制效果。虽然该类杀菌剂是由甲醛、吗啉以及硝基丙烷反应而成的，而它并不是通过释放甲醛而达到杀菌效果的。该类杀菌剂易溶于油而难溶于水，其活性组分一般都在金属加工液的浓缩液中，特别是水溶性油中。实际上它是为数不多的几种油溶性杀菌剂中的一种。为了同时优化抗细菌和抗真菌效率，其使用剂量应该在500~1000μg/g活性成分之间。

酚类化合物，包括最常用的活性成分2-苯基苯酚(OPP；CAS#90-43-7)以及OPP的钠盐(CAS#6152-22-6)早已被用作金属加工液中的杀菌剂。虽然有时环境因素降低该类化合物的受欢迎程度，但是由于对人类较轻的毒性和法令禁止金属加工液直接排放，它们重获新生。作为杀菌剂，OPP可以在加工液槽中添加，也可以在浓缩液中添加。OPP的钠盐在水溶液中有更高的溶解性，而OPP更容易加到低水成分的浓缩液中。这些化合物表现出一个广谱的杀菌性能，能有效地抑制真菌和细菌包括酵母和霉菌。OPP及其钠盐的pH使用范围较广，然而，当体系的pH值在9以上时，它们的性能和溶解性最好。OPP的用量大约是500~1500μg/g活性组分，其钠盐是500~1000μg/g活性组分。这些活性组分可以是固体形式也可以是液体形式。另外一种酚类杀菌剂是4-氯-3-甲基-苯酚(PCMC，CAS# 59-50-7)。PCMC是一款使用非常广泛的杀菌剂，对细菌、酵母都很有效，片剂的使用量为500~2000μg/g。其中有效组分4-氯-3-甲基-苯酚在pH=4~8的范围内有效，但是与OPP及其钠盐相比，在碱性条件下不够稳定。它可以添加在金属加工液的浓缩液中，也可以在加工液槽中添加。在加工液槽边添加时，该物质的水溶液往往比直接加入固体粉末更有效。与之关系较密切的一种化合物，对氯间二甲酚(PCMX，CAS# 88-04-0))作为杀菌剂与PCMC一样盛行。不论是PCMC还是PCMX，由于对分枝杆菌有效，最近又重新受到使用者的青睐。

15.7.3 杀菌剂的混合使用

如今为了拓宽或者补强单一杀菌剂产品的杀菌性能，将不同活性组分的杀菌剂混合使用比较广泛。即一种抗真菌剂可以和一种抗细菌剂联合使用而达到双重功能，或者说当一种抗细菌剂对有些细菌效果有限时，另外一种抗细菌剂可以补强整个体系的杀菌效果。例如，2-吡啶硫醇-1-氧化钠是一种抗真菌剂，它经常与具有杀细菌能力的三嗪或唑烷混合使用而达到两种微生物都能抵抗的混合效果。对于终端使用者来说，在商业方面的好处是杀菌剂的混合使用减少了终端用户使用产品的种类和数量。

杀菌剂还可以混合在一起来提高杀菌剂的整体的性能，这称之为协同效应，它能够在不同方面使产品的性能激增。一种杀菌剂的分子可以稳定另外一种杀菌剂，并且可以扩大杀菌剂的使用范围，甚至产生一种额外的抑制微生物的作用方式。异噻唑啉酮与某些甲醛浓缩物抗菌剂复合使用就具有这种协同效应。异噻唑啉酮在金属加工液中单独使用时，其持久性有限。然而，甲醛缩合物可以稳定噻唑啉酮，并且将两者混合使用增强了体系的长效性。

在美国，关于混合杀菌剂注册的法令要比世界上其他国家现采用的法规更为严格。在美国，如果一种混合物要用于配方中，混合物本身必须单独作为一种杀菌剂在EPA注册过。目前，众所周知的强制性BPD(欧洲杀菌剂指导令)将使杀菌剂法令更加严格，杀菌剂的选择有可能更小。

15.7.4 杀菌剂的使用方法

杀菌剂既能在金属加工液的母液中使用，也能够在加工系统的液槽中使用，每种方法都有自己的优势和局限性，杀菌剂化学知识可以指导使用者哪种应用方法最好。直接添加在加工液母液中的杀菌剂不仅能够保护母液，还能够为相应的稀释液提供抗微生物保护。这种加入方式减少了在工厂或最终使用地点的操作程序。同时也能够保证杀菌剂能按正确的比例加入到加工液体系中。而该方法的局限性是不同加工液体系对杀菌剂有不同的要求，例如在加工液体系中可能存在一些与杀菌剂不能共存的物质，这样的话杀菌剂将会在使用时的稀释液中效率降低甚至失效。当体系中已经存在较为严重的微生物污染时，杀菌剂会迅速消耗而导致配方中其他有效组分失去保护。另外，加入到母液中的杀菌剂假设对相应的稀释液进行保护，那么浓缩液要在使用时进行适当的稀释。如果由于某种原因浓缩液被过度稀释，那么杀菌剂就不足以充分控制微生物的生长。

另外，在工厂液槽边加入杀菌剂，允许对各个工厂情况更直接、更具体的说明。利用这种方法，杀菌剂的选择是要视各个工厂的操作参数而定的，如水的特性(微生物特性和化学特性)、储存管理方式、加工液存放时间、员工的专业知识水平以及工厂中废液的处理方法。如果操作环境中变数较多，那么槽边添加的方法需要严格的监控。这种方法的优点是能够快速反映出由它引起的问题。通过严格监控槽边环境，拥有了明确的杀菌目标，并且如果这一目标值能够长时间维持，则日常的槽边添加杀菌剂的方法能更有效地控制微生物的生长。将杀菌剂与整个加工液配套使用要比按照单方面的需要来使用效果更好。等到微生物问题出现时才使用杀菌剂会导致大量的微生物死亡，这样会堵塞管道和漏网，并且腐败的微生物会散发出臭气。加工液槽边加入方法的局限性主要在于使用者所关注的维护和使用纯的杀菌剂产品时，造成的健康和安全问题，以及需要经常监控和保持住杀菌剂水平而产生的劳动力方面的加大。槽边加入方法还需要对操作人员进行深入的培训，同时还需要更深一步懂得如何正确计算和添加给定剂量的杀菌剂。使用槽边加入杀菌剂的方法时，有一点很重要，即当有纯的杀菌剂存在时，通知工厂里的所有员工都必须谨慎小心。

许多金属加工液的操作使用同时采取以上两种杀菌剂的添加方式来对加工液进行更全面的保护。虽然将杀菌剂直接加到浓缩液中有助于保护浓缩液并且减少了加工液槽的体积，但是这种方式加入的杀菌剂也有可能由于加工液长时间使用而失效。而槽边添加杀菌剂的一旦浓缩液中杀菌剂被耗尽，那么日常加到液槽边的杀菌剂就能够及时阻止微生物的生长而最终达到延长加工液寿命的目的。因此要综合考虑浓缩液中使用和槽边添加杀菌剂方案。

15.7.5 杀菌剂的选择

表面上看来杀菌剂的选择比较简单，但是实际上杀菌剂的选择是一项具有挑战性的工作。因为，杀菌剂可选的类型很多，而且并不是单一的杀菌剂就能为所有情况下的微生物进行有效的控制。在选择杀菌的时候，要考虑各种因素。首先要考虑的是所选择的产品是否有在金属加工液中使用时的环保局(EPA)注册；另外，杀菌剂与加工液的兼容性也要考虑，即杀菌剂必须不影响加工液的功能性，其中包括润滑性能，防腐性和乳化液稳定性。在实验室或者现场对杀菌剂进行评估前，开始试验或估计杀菌剂选择范围以前，一些因素如经济性、已知化学品的不兼容性以及应用场合都要进行分析。使用加工液的金属类型也要考虑，因为铁基金属与非铁基金属对杀菌剂的兼容能力不同。为水溶性金属加工液中选择杀菌剂而制定的标准方法 ASTM E2169－01(2007)，详细规定了如何选择杀菌剂与加工液(冷却液)化学成分及其性能要求相符合。该标准方法中也列出了已经在环保局(EPA)注册过的 57 种用于金属加工液杀菌的化学品。

杀菌剂选择需要考虑成本效益，并且也能够对由于光线引起的微生物问题有抑制作用。虽然各种各样的实验室测定杀菌剂性能的方法较多，但是确切估计金属加工液实际使用工况是很难的。最严格的测定杀菌剂的实验室方法是由美国材料试验学会(ASTM)制定的。该协会制定的 ASTM E2275－03e1，是一个用于测定水溶性加工液生物稳定性以及抗菌性的标准评价方法[23]。该方法替代了以前 ASTM 制定的两种方法 D3946 和 E686。这两种方法能够用来估计初始溶液的生物稳定性、杀菌速度以及加工液在不断遭受细菌攻击情况下的抗菌能力。操作方式为，在小于 1L 的稀释液中接种各种微生物，然后通空气来模拟加工液使用的循环系统。测试时间持续 24h 到 3 个月，或者更长的测试时间。部分测试液定期要被新配制的稀释液替代，以便模拟加工液循环使用过程。加工液的抗菌性能通过单位体积微生物的数量以及加工液物理、化学性能方面的变化来决定。该测试方法要将加工液的相关性能与杀菌剂建立对比关系，而不是绝对的估计加工液的抗菌性能。尽管实验室测定方法对杀菌剂的工作环境做了全面的考虑和估计，但是它也不能完全模仿加工液的真正工作环境。因此，当通过实验室筛选工作为相应金属加工液选择一款杀菌剂时，通过现场试验来确定实验室筛选是否可靠是必须要做的工作。

15.7.6 杀菌剂使用方法

在使用杀菌剂的时候，务必牢记杀菌剂是为金属加工液中杀死或者抑制微生物生长而设计的产品。因此，杀菌剂是有毒性的，使用杀菌剂时要格外小心。杀菌剂的安全信息数据(MSDS)是最好的参考来源，它会对如何合理操作该杀菌剂提供大量的信息。产品的标签信息也要参考，因为联邦法规要求已经注册的杀菌剂产品标签提供详细的安全操作规程以及使用说明。虽然根据杀菌剂的化学类型推荐的杀菌剂类型不同，但是，在使用任何杀菌剂的时候，至少要做到以下保护措施：有良好的使用化学品的卫生习惯，佩戴手套、围裙，佩戴防护眼罩和面罩等。

15.7.7 物理或非化学的微生物控制方法

虽然，化学方法是眼下控制金属加工液中微生物生长的最普遍的方法，但是一些非化学方法也引起了人们的关注。这些方法主要包括热处理或者加热杀菌法，紫外光照或过滤。与化学方法相比，这些技术存在一些共同的弱点。由于这些方法在控制金属加工液中的微生物时，只是在加工液体系的一个点上，这种方式不能够使微生物在液体中循环，或者在体系中的生物膜仍在持续反而没有被处理。

加热杀菌法是将加工液加热到足够使其中引起加工液变质的微生物被破坏的温度，但是该温度不能使加工液的其他性能被破坏。虽然，许多细菌容易通过热处理的方式来控制，但是也有部分细菌耐热性很好，在热处理过程中能够存活，这些微生物仍然造成加工液性能变差。热处理过程需要将加工液的温度维持在～142℉(63°C)，且一个处理周期在 30min 以上，因此热处理杀菌方法需要大量能量。由此可见，该方法能否取得成功，取决于是否有大量的能量供给系统以及热处理加工液时的装置系统。虽然 Elsmore 和 Hill[24] 在热处理方面取得了一些好的结果，但是他们发现间歇性耐热菌群数量增多了。然而，热处理方法和杀菌剂方法联合使用在控制细菌方面的效果要比单独使用任何一种抗菌方法都好[25]。

现有研究证明，似乎几种辐射技术如紫外辐射、高能量电子辐射以及 γ 射线等对控制金属加工液中微生物生长有一定效果。利用所有这些方法，金属加工液流过这些射线库。这些射线通过离子效应直接导致微生物突变或者直接将其杀死。这三种射线在某种程度上难以穿透不透明的金属加工液。紫外光由于不能面对这个挑战，所以是效果最差的一种技术。然后是高能电子辐射技术，由于其能量高，有一定的经济效益。γ 射线在透光方面和杀菌方面是最具潜力的。然而，操作这些射线源需要较大的经济成本并且需要经过良好训练的操作者。

人们设计过滤系统来除去金属加工液中的颗粒物，但是这种过滤装置不能将加工液中的微生物过滤。一些特定的生物种群，喜欢在颗粒物表面生长而不是在自由流动的加工液中生长。通过过滤系统移除这些颗粒物，保持加工液清洁，减少了微生物滋长的可能性。当然，清洁的加工液运作系统对于减少杀菌剂的使用是必要的。但是，要记住过滤介质也是微生物生长的港湾，有些也许加重了微生物生长的问题。

目前，非化学方法由于首当其冲的昂贵费用问题以及能源成本问题，同时，由于缺乏该技术的成功案例，并没有在金属加工液微生物控制中广泛使用。但是，迫于减少配方中有毒化学品的压力，倒有助于促进工业上去研究更多的非化学方法处理微生物的技术。

15.7.8 加强对金属加工液的保护

如今对加工液的使用要求是尽可能的延长其使用寿命。这不但可以减少废物处理的费运，另一方面消费者更希望通过延长使用寿命来消除或减少有毒物质，如杀菌剂的使用。为了达到这个目标，人们已经在努力研究具有更好生物稳定性的全配方金属加工液利用一些自身具有一定生物稳定性的添加剂来搭配配方方面做了很多研究工作。

将那些能够提高杀菌剂活性的非杀菌剂物质混合使用是解决该类问题的方案之一。最有名的例子是使用螯合剂如乙二胺四乙酸钠盐(EDTA)。由于钙、镁离子引起的水的硬度变高，常用螯合剂来使其软化。很长时间以来，EDTA 也被看作是一个具有抗菌潜能的物质[27]。这主要是由于它能够瓦解革兰氏阴性细菌细胞壁(如铜绿假单胞菌)，促使细菌易于遭受杀菌剂的破坏。因此，EDTA 的存在，有助于降低稀释液中杀菌剂的使用量。然而，在研发过程中，事实常常是加入一种组分之后，要在期望该组分具有的性能和潜在的危害之间保持一个平衡。过量的 EDTA 或者其他螯合剂能导致大量泡沫的形成并且增大了加工工件以及加工工具遭到腐蚀的可能性。

另外一个方法是在配方中添加生物稳定剂。虽然生物稳定剂本身不具有杀菌性能，但是在遭到细菌攻击时不易分解。生物稳定剂不易给细菌提供赖以生存的营养资源。与此同时，这些生物稳定剂一直能够抵抗遭受细菌三番五次的攻击。金属加工液总体的生物降解性能取决于每个组分对细菌的敏感性。在一种菌群存在的状况下，生物稳定剂的结构和功能保持不变。具有较强的生物稳定性的加工液，没有必要只是减少微生物的数量。并且抑制微生物活性以及生长不是生物稳定剂本身所具有的性质。

另外一种金属加工液组分，被用于维持加工液体系 pH 以及防止腐蚀的链烷醇胺受到广泛关注，虽然所有的烷醇酰胺在使用过程中易被生物降解。但是他们抗微生物特性不同[28,29]。一般而言，2-氨基-2-甲基-1-丙醇(AMP，CAS# 124-68-5)的生物稳定性要比二甘醇(CAS# 929-06-6)、单乙醇胺(CAS# 141-43-5)或三乙醇胺(TEA，CAS# 102-71-6)的好。然而，这些链烷醇胺生物稳定性的不同取决于相应的配方和相应金属加工液使用的环境。至少在某种程度上，加工液的生物稳定性与这些链烷醇胺对体系的 pH 值有关。Rossmoore[30]等证明体系中高的 pH 值归功于链烷醇胺的生物稳定性。然而，在一些金属加工液中，当 pH 降低，体系仍然具有生物稳定性；反之，生物稳定性降低。Sandin 等人[31]的报道认为：金属金属加工液的生物稳定性直接与体系的 pH 值以及与链烷醇胺中烷基链的长度有关。其他一些链烷醇胺也具有生物稳定性，如 2-丁氨基乙醇(CAS# 111-75-1)和 *N*-丁基二乙醇胺(CAS# 102-79-4)。

胺与硼酸的反应产物可以用做铁缓蚀剂。但是这类物质还具有一个附加功能，就是它具有优异的抗菌性能[32]。然而，在干燥的情况下，这些物质容易在加工刀具和加工件表面生成难以去除的残留物[33]。

15.8 微生物控制的未来

虽然金属加工液的市场前景现在看来不会无限扩张，但是该领域充满了迫切的改革以及挑战。金属加工液的使用和技术逐渐变得更加精确而复杂。很多专家预言，这些改革和挑战将会推动半合成和全合成型金属加工液的应用，这也会增加在如何革新和有效控制微生物方面的策略需求。环境的要求似乎对金属加工液的使用越来越高，使得处理成本增加，因此对延长加工液使用寿命带来更大压力。由于金属加工液操作者安全意识的增强，他们要求使用低毒的金属加工液产品，由此看来靠简单的添加杀菌剂来抑制微生物生长的惯用方法在将来会承受一定的压力。与此同时，由于环保法规的要求以及敞开使用体系的增加，选择杀菌剂的加工液将会降低，并且更多的杀菌剂替代品将会出现。另外，微生物抵抗作用会降低现有杀菌剂的效率。杀菌剂注册费用的提高，新的杀菌剂产品进入市场的步伐将会减慢。此外，由于最近一些新法规的调整，如欧洲的化学品注册法规，化学品评估和授权法规(REACH，Regulation 1907/2006/EC)使得一些化学品如杀菌剂和抗菌剂的发展和市场前景逐渐失去吸引力。与此同时，最近绿色化学的趋势，将会使一些烃类的润滑材料被植物油、植物油衍生物所替代。虽然这些物质提供比矿物油更强大的润滑性能，但是它们自身的易于生物降解性。导致其用在金属加工液中又引起新的微生物问题。要去挑战更新的加工技术，这也是金属加工所面临的挑战。但是，这些新的挑战同时促进了新一代微生物控制技术的进步和革新。

参考文献

1. White, E.M. The low down on the slime—biofilm control in metalworking fluid distribution systems. *Compoundings* 54(9): 22–23, 2004.
2. Passman, F.J. Microbial problems in metalworking fluids. *Trib Lubr Technol* 60(4): 24–27, 2004.
3. Buers, K.L., E.L. Prince, C.J. Knowles. The ability of selected bacterial isolates to utilize components of synthetic metalworking fluids as sole sources of carbon and nitrogen for growth. *Biotechnol Lett* 19: 791–794, 1997.
4. Abanto, M., J. Byers, H. Noble. The effect of tramp oil on biocide performance in standard metalworking fluids. *Lubr Eng* 50(9): 732–737, 1994.
5. Almen, R.G. et al. Application of high-performance liquid chromatography to the study of the effect of

microorganisms in emulsifiable oils. *Lubr Eng* 38(2): 99–103, 1982.
6. Rossmoore, H.W., L.A. Rossmoore. Effect of microbial growth products on biocide activity in metalworking fluids. *Int Biodetn* 27: 145–156, 1991.
7. Scott, P.B.J. et al. Expert consensus on MIC—prevention and monitoring, Part 1. *Mater Perf* 43(3): 2–6, 2004.
8. Rossmoore, H.W., L. Rossmoore, D. Bassett. Life and death of mycobacteria in the metalworking environment. *Lubes'N'Greases* 21–27, April 2004.
9. Passman, F.J. Metalworking fluid microbes: What we need to know to successfully understand cause-and-effect relationships. *Tribol Trans* 51(1): 107–117, 2008.
10. ASTM E2564-07, Standard test method for enumeration of mycobacteria in metalworking fluids by direct microscopic counting (DMC) method, *Annual Book of Standards,* vol 11.03, Philadelphia, 2007.
11. ASTM E2250-02, Standard method for determination of endotoxin concentration in water miscible metal working fluids, *Annual Book of Standards*, vol 11.03, Philadelphia, 2002.
12. Rossmoore, H.W., ed. *Handbook of Biocide and Preservative Use*. Blackie Academic & Professional, Glasgow, 1995.
13. Ash, M., I. Ash. *The Index of Antimicrobials.* Gower, Aldershot, U.K., 1996.
14. Paulus, W., ed. *Directory of Microbicides for the Protection of Materials—A Handbook.* Springer, Berlin, 2005.
15. Sondossi, M., H.W. Rossmoore, J.W. Wireman. Observations of resistance and cross-resistance to formaldehyde and a formaldehyde condensate biocide in *Pseudomonas aeruginosa. Int Biodetn* 21: 105–106, 1985.
16. Sondossi, M., H.W. Rossmoore, R. Williams. Relative formaldehyde resistance among bacterial survivors of biocide-treated metalworking fluids. *Int Biodetn* 25: 423–437, 1989.
17. Heenan, D.F. et al. Isothiazolinone microbiocide-mediated steel corrosion and its control in aluminum hot rolling emulsions. *Lubr Eng* 47(7): 545–548, 1991.
18. Passman, F.J., J. Summerfield, J. Sweeney. Field evaluation of a newly registered metalworking fluid biocide. *Lubr Eng* 56(10): 26–32, 2000.
19. Sondossi, M., H.W. Rossmoore, E.S. Lashen. Influence of biocide treatment regimen on resistance development to methylchloro-/methylisothiazolinone in *Pseudomonas aeruginosa. Int Biodeterior Biodegrad* 43: 85–92, 1999.
20. Law, A.B., E.S. Lashen. Microbiocidal efficacy of a methylchloro-/methylisothiazolinone/copper preservative in metalworking fluids. *Lubr Eng* 47(1): 25–30, 1991.
21. Sondossi, M. et al. Factors involved in bacterial activities of formaldehyde and formaldehyde condensate/isothiazolone mixtures. *Int Biodetn* 32: 243–261, 1993.
22. ASTM E2169-01, Standard practice for selecting antimicrobial pesticides for use in water-miscible metalworking fluids, *Annual Book of Standards*, vol 11.03, Philadelphia, 2007.
23. ASTM E2275-03E01, Standard practice for evaluating water-miscible metalworking fluid bioresistance and antimicrobial pesticide performance, *Annual Book of Standards*, vol 11.05, Philadelphia, 2003.
24. Elsmore, R., E.C. Hill. The ecology of pasteurized metalworking fluids. *Int Biodetn* 22: 101–120, 1986.
25. Rossmoore, L.A. Magnets & magic wands—exploring the myths of metalworking fluid microbiology. *Compoundings* 55(9): 19–21, 2005.
26. Heinrichs, T.F., H.W. Rossmoore. Effect of heat, chemicals and radiation on cutting fluids. *Dev Ind Microbiol* 12: 341–345, 1971.
27. Brown, M.R.W., R.M.E. Richards. Effect of ethylenediamine tetraacetate on the resistance of *Pseudomonas aeruginosa* to antibacterial agents. *Nature* 20: 1391–1393, 1965.
28. Auman, U., P. Brutto, A. Eachus. Boost your resistance: metalworking fluid life can depend on alkanolamine choices. *Lubes'N'Greases* 22–26, June 2000.
29. Aumann, U. Comparative study of the role of alkanolamines with regard to metalworking fluid longevity-laboratory and field evaluation. *Proceedings of 12th International Colloquium Tribology*, 10.8: 787–794, Technische Akademie Esslingen, Germany, 2000.
30. Rossmoore, H.W. Biostatic fluids, friendly bacteria, and other myths in metalworking microbiology. *Lubr Eng* 49(4): 253–260, 1993.
31. Sandin, M., I. Mattsby-Baltzer, L. Edebo. Control of microbial growth in water-based metalworking fluids. *Int Biodetn* 27: 61–74, 1991.
32. Watanabe, S. et al. Antimicrobial properties of the products from the reaction of various aminoalcohols and boric anhydride. *Mater Chem Phys* 19: 191–195, 1988.
33. Byers, J.P., ed. *Metalworking Fluids*, 2nd ed. CRC Press, New York, 2006.

16 润滑油表面活性剂*

Cirma Biresaw

16.1 引言

表面活性剂是一种应用最为广泛的物质之一[1~9]。日常普通的清洁工作应用了表面活性剂，药品、食品、农药和润滑剂配方等较为复杂的工艺也用到了表面活性剂。尽管表面活性剂的认知和应用已有几个世纪，但其依旧是研究开发的主题。这主要是因为新的、复杂用途应用所需(如纳米技术等)，这些用途要求使用新的或改进性能的表面活性剂，而且，需要对表面活性剂的性能有更深入地了解。

本章主要目的是综述表面活性剂在润滑油中的应用。在开始阐述之前，先对表面活性剂的一些基本知识进行说明，这些基本知识会对以后章节所要讨论表面活性剂在润滑油中所起作用的理解至关重要。

本章首先回顾关于润滑油表面活性剂在化学结构方面的一些基本知识。尽管不同的表面活性剂有不同的应用，但它们均有类似的结构。

表面活性剂的另一个重要特性是它既能溶解于极性溶剂，也能溶解于非极性溶剂，这种现象的出现将在表面活性剂有序聚集体讨论之后作简要描述。由于表面活性剂具有自然形成不同类型微观结构或有序聚集体的能力，使其具有诸多性能[1~9]。

在润滑油中使用表面活性剂，能够取得众多较为理想的效果，如减小摩擦、降低磨损、良好的过滤性、较低的挥发性和良好的低温性能等。在润滑油中，表面活性剂所能提供的功能很多，在此，只能给出一些特定的例子来简要说明。另外，我们会对表面活性剂的两个最重要的特性，即增溶作用和边界润滑进行深入和重点讨论。

增溶作用就是指表面活性剂具有溶解各种极性和非极性组分的能力[1~13]。这个特性使表面活性剂调配成各种油溶性或者水溶性润滑剂成为可能，而这样的润滑剂目前正用于各类用途。

在边界状态下，摩擦表面在高载的同时受压，并在低速下彼此摩擦，这个过程会产生严重的摩擦和磨损。表面活性剂会吸附在摩擦表面，阻止摩擦面之间直接接触，进而降低摩擦和磨损[14~32]。

16.2 表面活性剂的结构

表面活性剂是指同一个有机分子中含有两个不同基团的有机分子，其中一个基团是各类

---

* 名称如实地反应了现有的数据；然而，美国农业部不能保证产品的标准，且美国农业部使用的名字意味着对其他合理解释的排斥。

结构的烃链，只溶解于苯、甲苯和己烷等非极性溶剂中。由于其只溶解于非极性溶剂，因此，该基团也被称为表面活性剂的油端或亲油基。

表面活性剂的另一个基团由极性基团组成，因此，就很容易地结合或溶解于极性溶剂水、甘油、甲酰胺或其他类似的溶剂中。由于与极性基团具有很强的亲合力，因此，该基团也被称为表面活性剂的亲水端或亲水基。

图16.1所示为不同类型表面活性剂的结构示意图。最简单的表面活性剂是一个带有直链或支链的亲油基直接链接一个亲水基，见图16.1(a)和图16.1(b)。更为复杂的表面活性剂是一个以上的亲油基链接着一个以上的亲水基(见图16.1c至图16.1e)或者是不同的亲油基和亲水基的聚合体，如图16.1f所示。

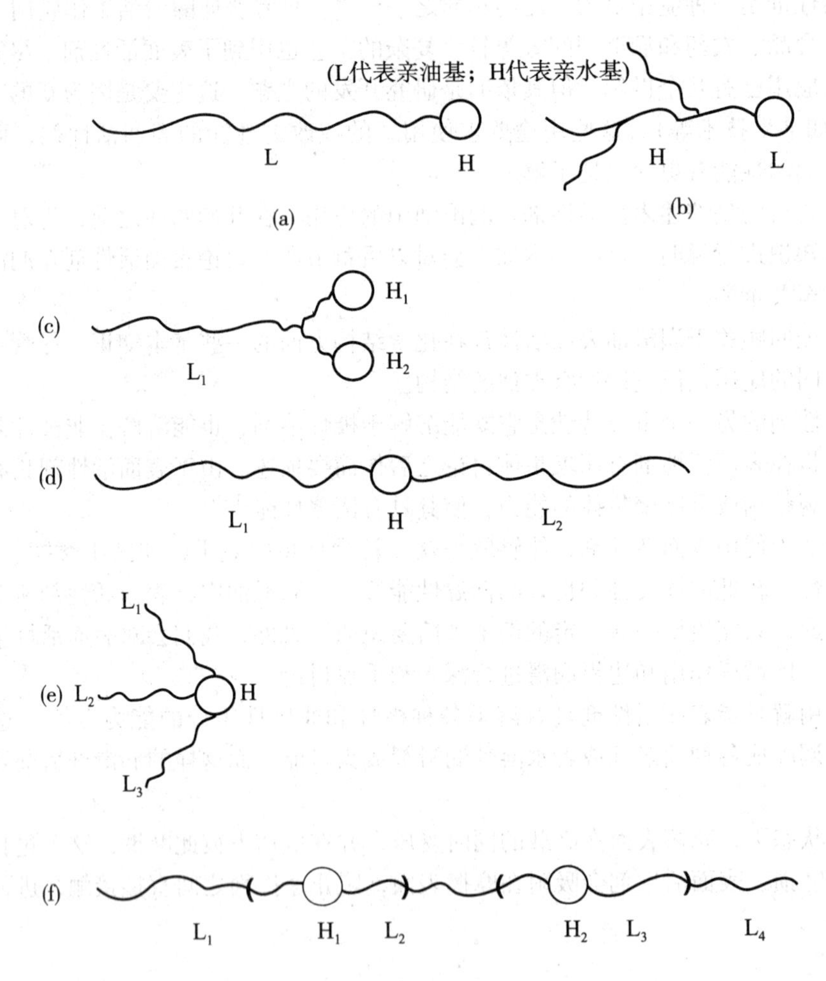

图16.1　不同结构类型的表面活性剂示意图亲水基和亲油基分别用H和L代替

按照亲水基的性质，表面活性剂可分为四类，即阴离子表面活性剂、阳离子表面活性剂、非离子表面活性剂和两性离子表面活性剂。阴离子表面活性剂电离后，含有一个或多个带同等正电荷的有机或无机离子，带负电荷的离子具有表面活性；同样，阳离子表面活性剂电离后，含有一个或多个带同等负电荷的有机和无机离子，带正电荷的离子具有表面活性；非离子表面活性剂不带电；两性表面活性剂电离后具有相同的正电荷和负电荷，不带有相反电荷的离子。表16.1中给出了各种亲水和亲油结构的离子型和非离子型表面活性剂的例子，并且也给出了表面活性剂的俗名。

表16.1

不同结构类型亲水基和亲油基表面活性剂实例结构通式：RXY

类型	R	X	Y	名称
阴离子表面活性剂	$C_{11}H_{23}$—	COO^-	K^+	月桂酸钾(皂)
	$C_{12}H_{25}$—	SO_4^-	Na^+	十二烷基硫酸钠(SDS)
阳离子表面活性剂	$C_{16}H_{33}$—	$(CH_3)_3N^+$	Br^-	十六烷基三甲基溴化铵
	C_8H_{17}—	$(C_8H_{17})_2CH_3N^+$	Cl^-	三(辛)-甲基氯化铵
两性表面活性剂	$C_{12}H_{25}CH$—	$(CH_3)_2N^+$	—$CH_2CO_2^-$	十二烷基二甲基胺乙内酯
非离子表面活性剂	$C_{12}H_{25}$—	OH		月桂醇
	$C_{12}H_{33}$—	COOH		油酸
	$C_{12}H_{25}O$—	$(CH_2CH_2O)_6H$		十二烷醇聚氧乙烯醚

16.3 表面活性剂的溶解度

几乎所有的离子型表面活性剂(包括阴离子、阳离子和两性表面活性剂)在水溶液中都表现出了良好的溶解性，但在非极性溶液中则表现较差，而多数非离子表面活性剂则正好和离子型表面活性剂相反(乙氧基化表面活性剂除外，见表16.1)。非离子型表面活性剂在亲水溶剂(例如：水)和亲油溶剂(例如：己烷)中的溶解性，取决于该表面活性剂的亲水基与亲油基的相对“强度”。Becher[9]发明了以下经验公式来计算该净强度，即非离子型表面活性剂的亲水亲油平衡值：

$$\mathrm{HLB} = \frac{20 \times (M_W - EO)}{M_W} \tag{16.1}$$

式中，$(M_W - EO)$表示表面活性剂环氧乙烷端的分子量；M_W表示表面活性剂的分子量。

为说明公式16.1的用途，我们考察了聚氧乙烯醚非离子表面活性剂的HLB值。根据公式16.1，HLB最大为20，也就是说，当非离子表面活性剂不含亲油基团，即$x=0$时，HLB最大为20；同样地推断，当非离子表面活性剂不含亲水基团(即图16.2中，$y=0$)时，HLB的最小值为0。聚氧乙烯醚非离子表面活性剂的溶解性和HLB之间存在如下关系：当HLB较高(大于11)时溶于水，适宜形成水包油(O/W)乳化液。相反，当HLB较低(小于9)时溶于油，适宜形成油包水(W/O)乳化液。

$$H—(C_yH_{2x}O)—(CH_2CH_2O)_y—H$$

图16.2 聚氧乙烯醚非离子表面活性剂结构通式

16.4 表面活性剂的有序聚集体

当溶解于油性溶剂和水性溶剂时，表面活性剂会形成不同的结构，其结构的类型取决于多种因素，包括表面活性剂的性质、溶剂的类型、表面活性剂的浓度、共溶质(如盐和其他表面活性剂等)的温度、性质和浓度。

在低浓度条件下，表面活性剂吸附在溶剂表面，一部分溶解于溶剂中，另一部分则和空气接触。至于是哪个部分接触溶剂主要取决于溶剂是亲油还是亲水性的。在亲水溶剂中，极性基团和溶剂进行接触，非极性基团碳链则和空气接触。在亲油性溶剂中，则正好与此相反。其结构描述如图 16.3(a)和图 16.3(b)所示。

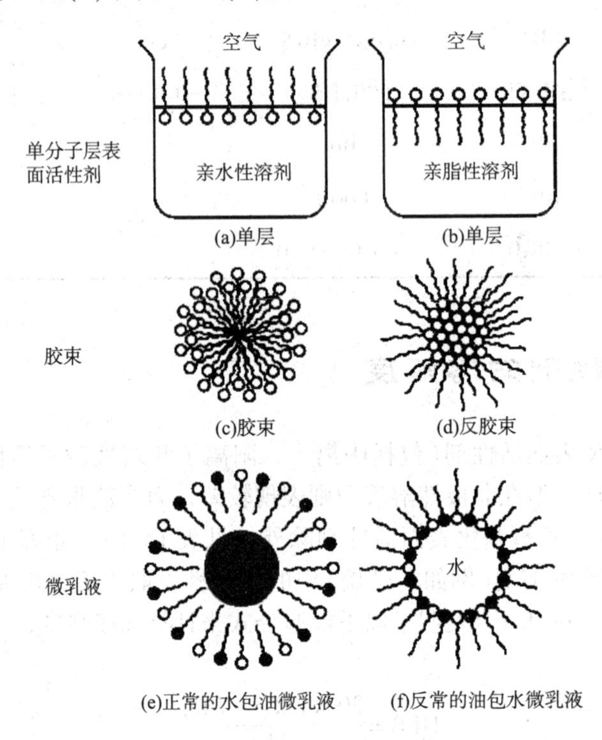

图 16.3　溶液中表面活性剂聚集体的微观结构

当表面活性剂的浓度达到一个临界值时，表面活性剂分子会自然地形成胶束或者聚集体，自然形成这样微孔结构的浓度点即为临界胶束浓度(CMC)或者临界聚集浓度(CAC)。在亲水溶剂中，表面活性剂中的亲油基链形成了球体的核，远离亲水溶剂，而亲水基头则和亲水溶剂相接触，这就形成了胶束或聚集体。在亲油溶剂中，形成反胶束和聚集体，亲水头被它包裹在核内，远离亲油溶剂，而亲油端与溶剂接触。胶束与反胶束的结构如图 16.3(c)和图 16.3(d)所示。

通常，胶束体和聚集体是不同的，胶束体具有统一的大小和稳定的聚集数，也就是说，每个胶束都是由相同数量的表面活性剂分子组成的。相反，聚集体则没有固定的大小和数量，但其具有一定范围[11]。

在胶束和反胶束中加入一种助表面活性剂(如短链醇等)可使它们各自的胶核溶解于亲水(如水)和亲油(如油)溶剂中，结果使胶束具有更大的直径从而形成增溶胶束。具有大量溶解油的胶束称作水包油微乳液(O/W)，相反，有大量水溶性基团存在的胶束则成为油包水微乳液(W/O)，油包水和水包油微乳液的示意图如图 16.3(e)和图 16.3(f)所示。

胶束和微乳液的直径要小于可见光的波长，且在热力学上是稳定的，因此，胶束和微乳液能够一直保持清澈透明。

在设有表面活性剂存在的条件下，胶束是微溶或不溶于油中的，此时，混合胶束溶液就会发生乳化。乳化不同于胶束和水包油微乳液，因为它们的油滴直径要大于光的波长，因此，通过反射可见光呈现乳白色的外观。同时，乳化液在热力学上是不稳定的，放置一段时间后，油和水就会出现分层现象。

在润滑油中，胶束、水包油微乳液(O/W)、油包水微乳液(W/O)的这种区别非常重要。在水基润滑剂中，这 3 种流体会被润滑油提供商和用户以不同的命名方式予以区别[12]。由于乳化液包括大量可溶性油，因此，乳化液通常被称为水溶性润滑剂；微乳液指半合成润滑剂，因为它包含的可溶油相对较少；胶束则指合成润滑剂，它本身不含油溶剂油，其润滑作用是通过合成组分的胶束溶解于水相来实现的。关于水基润滑剂的详细情况，将会在 16.6 节中进行说明。

当胶束形成后，随着表面活性剂浓度的增加会形成薄层液晶，这就是三维表面活性剂的多层结构。其结构分子的具体排列方式主要取决于溶剂是极性还是非极性的，具体情况如图 16.4(a)和图 16.4(b)所示。

继续增加表面活性剂浓度，胶束或反胶束则会形成六角相液晶，具体情况如图 16.4(c)和图16.4(d) 所示。其他表面活性剂微观结构包括囊泡和泡沫分别如图 16.4(e)和图 16.4(f)所示。控制泡沫是润滑油中的一个主要问题[12]。

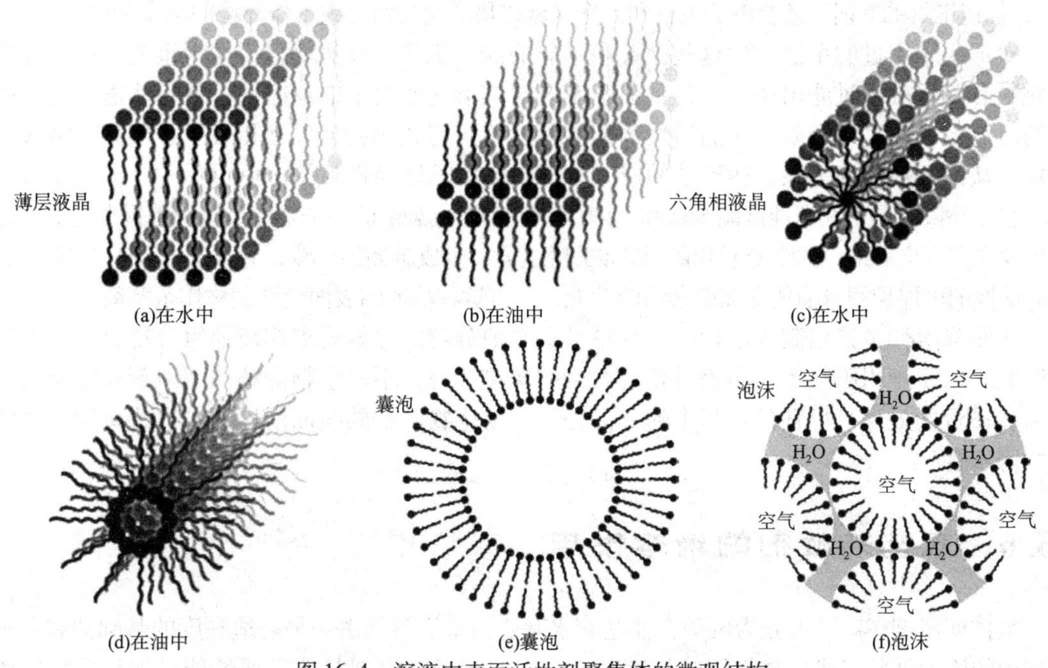

图 16.4 溶液中表面活性剂聚集体的微观结构

16.5 表面活性剂在润滑油中的作用

表面活性剂在润滑中发挥着许多关键作用，因此，称为润滑油配方中重要的组成部分。为实现不同的润滑性能，可以选择不同类型的表面活性剂。例如，通过表面活性剂可获得的性能包括：增溶、减摩、破乳、分散、抗腐蚀、抗泡、抗磨和抗菌等。

有时，表面活性剂在润滑油中提供的性能可能和预定目标相互矛盾。例如乳化和破乳、生物降解和抗生物降解、对碎屑和颗粒物的凝聚和分散。由于润滑剂的性能要求会随时间或工艺的变化而变化，因而这些矛盾就会出现。例如，润滑剂在使用过程中在废物处理或回收过程中要求是不同的。又如，在润滑过程中(如热轧压)与润滑剂处理过程中(如过滤等)，其性能要求也是不同的。

本节将会简述表面活性剂的一些功能。对于表面活性剂的增溶作用和边界摩擦，将会在以后的章节中进行详细的阐述。由于表面活性剂在润滑油中起着众多作用，因此，本节就不对其进行一一说明，有兴趣的读者可以根据本章参考文献去获取更多细节。

乳化作用是表面活性剂在润滑油中最为重要的功能之一，将会在16.6节中进行深入讨论。通过乳化剂，可使润滑剂组分稳定分散于水中，从而使润滑剂同时满足加工过程中润滑和冷却的需求。当然，这就需要很好地选择表面活性剂，不仅要保证提供乳化性能而且还不影响其润滑功能。

破乳作用在处理废弃润滑油时会用到，在这个过程中，表面活性剂有助于润滑油中水相和油相彻底分层，进而可得到适当的加工和处理。

在润滑加工过程中，会产生许多的颗粒和碎屑，因此，表面活性剂的分散作用在此就显得非常重要，它主要是来阻止这些金属微粒和碎片形成更大的聚集体。如果不进行分散，那么，这些微粒和碎屑就会持续地聚集在工具或工件的表面，造成不良后果，如产品质量差(碎屑进入工件中)，加速工具的磨损，还会由于设备和工作区域碎屑的增加而导致工作环境的不安全性。

对那些采用过滤手段去除这些微粒和碎屑的加工工艺，聚集就显得尤为重要。由于分散着颗粒和碎屑难于过滤出来，为达到加工工艺对润滑剂所要求的清净性，就可能需要使用昂贵的过滤设备和过滤介质。表面活性剂能够使这些碎屑和颗粒可以互相吸引、聚集，生成大颗粒，从而方便过滤去除，达到节约成本，保持润滑油清净性目的。

抗生物降解是指润滑油抵制细菌和真菌(酵母和霉菌)袭击的一个功能。被细菌侵袭的润滑油会出现许多不良后果，如改变pH值，破坏关键组分、生成难闻的气味，导致工具和工件腐蚀等。表面活性剂可保护润滑油免受细菌袭击的功能，具有这种功能的表面活性剂称作杀菌剂。

生物降解性是指当润滑剂理时，容易且自然地分解。这就要求润滑油组分更容易被微生物吸收，用于堆积肥料等。为满足日益严格的环境法规，不可生物降解的润滑剂在完全丢弃前需要昂贵的处理。尽管只是其中的一部分，但易生物降解的表面活性剂可以改善润滑剂的生物降解性。

16.6 表面活性剂的增溶作用

液体润滑剂在广义上分为两类：油基和水基。油基润滑剂由一种合适黏度的基础油和各种可溶解的添加剂所组成。其作用是抗磨减摩，同时赋予润滑剂其他重要性能，如氧化稳定作用、降凝作用和抗生物降解作用等。油基润滑剂在润滑过程中会产生热，但这不会产生工件磨损、产品质量、生产效率、安全和其他问题的工艺中；使用油基润滑剂的另一个原因是：当水存在时会导致某些不好的结果，如产品质量低（被水污染等）、腐蚀工件和机器元件、生锈等。

水基润滑剂一般是含有0~20%（部分或全部）的油基润滑剂，溶解于80%~99%的水中。水基润滑剂主要应用在润滑过程中会产生大量的热，而这些热又可能损坏工件，使产品质量变差、引起着火和其他不良后果的那些工艺过程。例如，这样的过程包括金属成型（热轧铝和钢）和金属切除（磨削和加工）过程。

为了使油相溶解于水中，需要选取不同类型的表面活性剂（助表面活性剂、偶联剂等）。根据其组成和物理性质，水基润滑剂主要分为以下几类[12,13]：

（1）可溶性油　这是一类水包油（O/W）的乳化液，其水相中含有的油相最多达20%。在表面活性剂存在条件下，剧烈搅拌油相和水相，即可生成乳状液。这样乳状液含有大直径油滴，依靠表面活性剂而稳定分散于水中。和水包油（O/W）微乳液不同，水包油（O/W）乳化液的油滴具有较大的直径，因此可以反射可见光，以肉眼观察呈现奶白色。水包油（O/W）乳化液和微乳液的另一个较大区别在于它们的稳定性，水包油乳化液一般在热力学上是不稳定的，因此，放置一段时间后，水相和油相就会出现分层，图16.5所示为水包油乳化液和水包油微乳液比照的示意图。

（2）半合成油　这类水基润滑剂中含有1%~5%（质量分数）的可溶性油，半合成油属于微乳液，已在16.4节和图16.3（e）中进行过讨论。半合成油为清澈透明液体，这归于油滴直径小于光的波长。如上所述，半合成油在热力学上是稳定的，关于水包油（O/W）乳化液和微乳液的比较如图16.5所示。

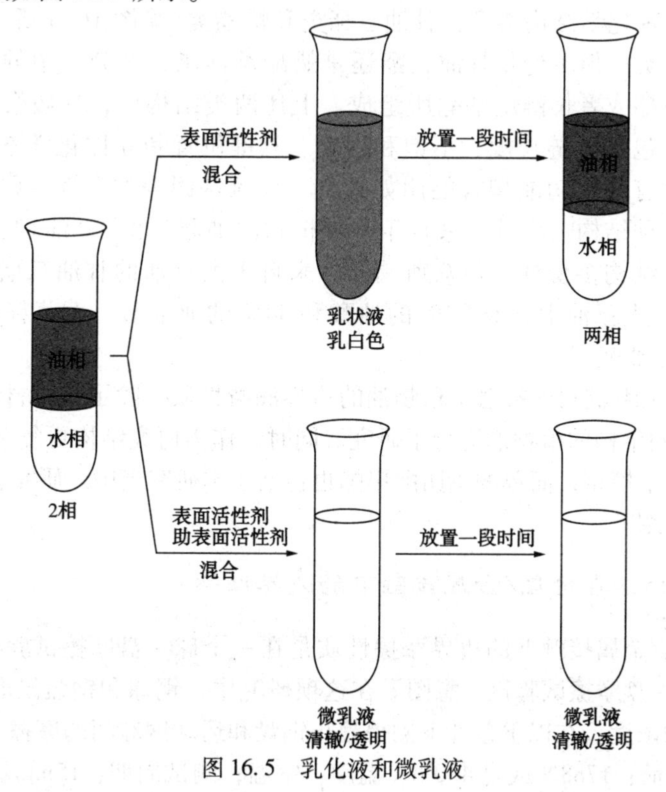

图16.5　乳化液和微乳液

(3)合成油　合成油属于胶束溶液，这已经在16.4节和图16.3(c)中进行过阐述。合成油中不含可溶性油，但含有可以持续溶解于水相和亲油基胶核的添加剂，从而赋予合成油一些必要的摩擦、磨损和其他性能。由于存在可溶性添加剂，因此，合成油可视为一种膨胀胶束。另外，因为膨胀胶束的直径小于光波波长，故合成油呈现出清澈透明的外观，而且在热力学上是稳定的，因此放置一段时间后各种添加剂不会出现分层现象。

16.7 表面活性剂的边界润滑性质

边界润滑通常发生在低速、高负荷运行的摩擦表面[13]，在这种状况下，没有形成可以使摩擦面彼此分离的润滑膜。摩擦面之间相互接触，但吸附在摩擦面的表面活性剂可以阻止其直接接触，这就是表面活性剂在摩擦学中的另一个重要性能。在边界润滑条件下，表面活性剂降低摩擦和减少磨损的效果主要取决于其极性与非极性端的化学性质、浓度、摩擦表面的性质和加工条件(如温度等)，这将会在农用表面活性剂边界润滑研究简述中加以说明。

蛋白质[14,15]、淀粉[16,17]和植物油[18~22]等来自于农产品的物质，不管处理与否(通过酶，化学法和其他方法)均发现其具有表面活性性质。这就显著增加了过剩农作物的潜在应用领域。表面活性物质被广泛地应用于消费品和工业品中，包括食品、化妆品、农药、颜料、涂料、衣物、黏合剂、聚合体和润滑剂等[1~9]。

在众多农产品中，植物油是被作为润滑剂研究最为广泛的原料[18~23]。这不仅因为大多数植物油在室温下呈液体状，同时，也因为其具有表面活性作用，因此，可用于各种润滑状态(即边界润滑，流体动力润滑和混合薄膜润滑)的润滑加工过程。

植物油具有两种化学结构类型：甘油三酯类和蜡酯类(见图16.6所示)，大多数植物油都属于甘油三酯类。但不论是甘油三酯还是蜡酯类油脂，其分子中的极性基团都是由一个或多个脂肪酸酯或者长链烷基醇所组成。上述两类结构中，一般会涉及不同类型的脂肪酸，结构差异包括碳链长度、不饱和程度、双键位置和立体化学不饱和位置；在脂肪酸碳链中，还会有其他功能型官能团如羟基、环氧基团等的存在，因此，甘油三酯和蜡酯类油脂具有多种结构。另外，来自于某种植物的油脂(如大豆油)其结构通常是一种混合物，尽管具有结构多变性，但众所周知，来自于大豆油的甘油三酯的结构组成却是固定的[23]，比如，大豆油中含有23%的油酸和54%的亚油酸，而菜籽油中则含有61%的油酸和23%的亚油酸[23]。

考察了钢/钢和钢/淀粉的接触下植物油的边界润滑性质。除了接触材料(钢/钢、钢/淀粉)不同，也对不同结构的植物油进行了研究。同时，作为研究结构更复杂的甘油三酯类和蜡酯类化合物的一个模型，简单的脂肪酸甲酯也包括于本研究当中。研究总结及相关数据分析将在后面进行介绍。

16.7.1 植物油在金属/金属接触下的边界摩擦

植物油在金属/金属接触下的边界摩擦性质是在一个球－盘摩擦试验机中进行研究的，图16.7所示为球－盘摩擦试验机示意图。在这项研究中，钢球和钢盘浸泡在十六烷润滑剂中，调节植物油的浓度。在以下条件下测得静止钢盘和运动钢球间的摩擦力：速度：5r/min或者6.22m/s；负荷：1788N或是400lb；温度：室温；测试周期，15min。十六烷中植物油

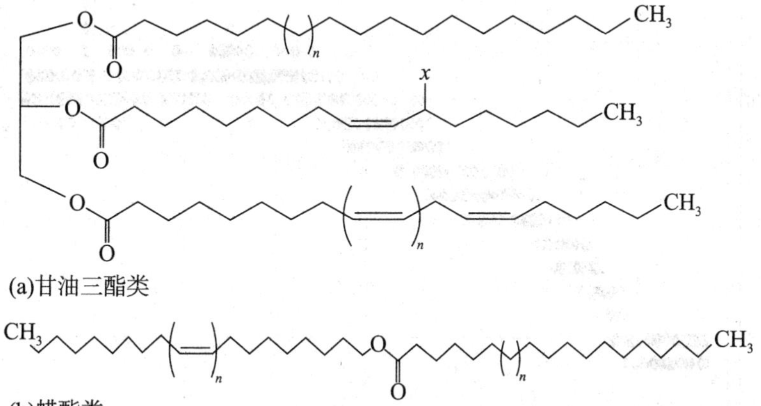

(a)甘油三酯类

(b)蜡酯类

图 16.6 植物油的化学结构

浓度范围在 0.0 ~ 0.6mol/L。来自球盘式摩擦机的典型数据如图 16.8 所示。从表中数据可以看出，随着时间的增加，摩擦系数(COF)逐渐提高，并在 6min 后趋于稳定，润滑油的摩擦系数就是指稳定状态下 COF 的平均值。

植物油浓度在球－盘摩擦试验机上对摩擦系数的影响如图 16.9 所示，其具有四个重要的特征需要特别指出：(1)当十六烷中不存在植物油时，摩擦系数很高，大于 0.5；(2)植物油的加入能够迅速降低摩擦系数；(3)摩擦系数随着植物油浓度的增加而降低并能够达到一个最小值；(4)一旦摩擦系数达到最小值就能够保持一个恒定的状态，继续增加植物油浓度也不会对其产生影响。这些结论对于正确理解植物油边界润滑的机理极其重要，同时也是正确分析摩擦数据、阐述植物油对摩擦系数影响以及掌握边界摩擦性质的基础。

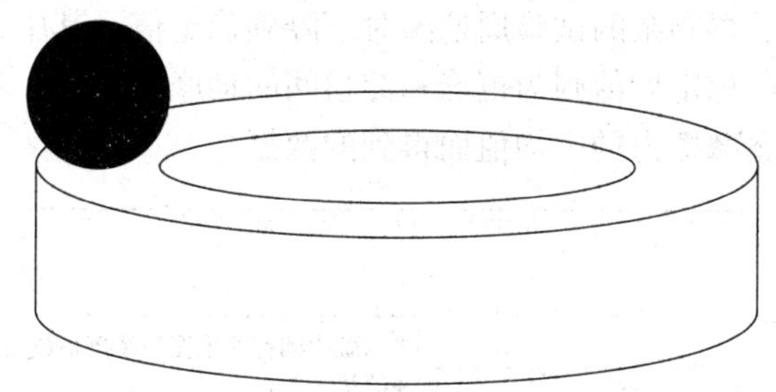

图 16.7 球－盘摩擦试验机示意图

(图片来自 Biresaw，G.，Adharyu，A.，Erhan，S. Z.，Carriere，C. J.，*J. Am. Oil Chem. Soc.*，79(1)，53 ~ 58，2002. 已经经过作者允许)

16.7.2 植物油在淀粉/金属接触下的边界摩擦

采用一种称之为 Fantesk™[24] 的蒸汽喷射蒸煮工艺，把植物油封装至淀粉基中，所形成的淀粉－油混合物重新分散于水中并应用于薄片金属表面形成一种干膜润滑剂[25~28]，其主要作用是防止金属在运输、储存过程中表面受损(如凹痕、生锈和腐蚀)，或者作为随后金属成型过程中的一种润滑剂[13]。为了考察植物油在淀粉－油混合物中的摩擦性质作了相关研究，以拥有不同植物油浓度(0 ~ 40%)的混合物分散于水中，采用不同的方法分散于钢表面，然后评价其摩擦性质。这种干膜的边界摩擦性能通过球－盘摩擦试验机(图 16.10)进行

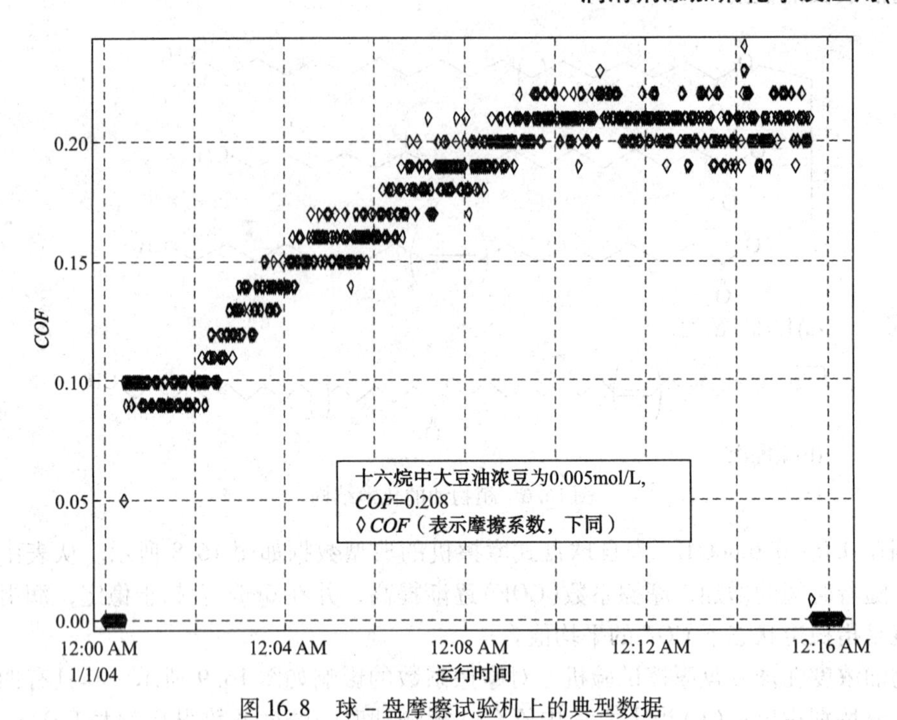

图 16.8　球－盘摩擦试验机上的典型数据

（图片来自 Biresaw，G.，Adharyu，A.，Erhan，S. Z.，Carriere，C. J.，*J. Am. Oil Chem. Soc.*，79(1)，53～58，2002. 已经经过作者允许）(SBO 代表大豆油)

测定，操作条件为：温度：室温；转速：2.54mm/s；负荷：14.7N(1500gf)；测试周期：24s。典型数据如图 16.11 所示。从表 16.11 数据可以看出，在开始阶段，摩擦力急剧上升并达到一个最大值，然后再剩余的试验周期瞬时下降到稳定值。其中，出现的最大值为钢球和淀粉间的静摩擦力，而稳定后值则为钢球和淀粉间的动摩擦力。干膜润滑剂的摩擦系数是通过加载负荷除以稳定态摩擦力的平均值而得到的数据。

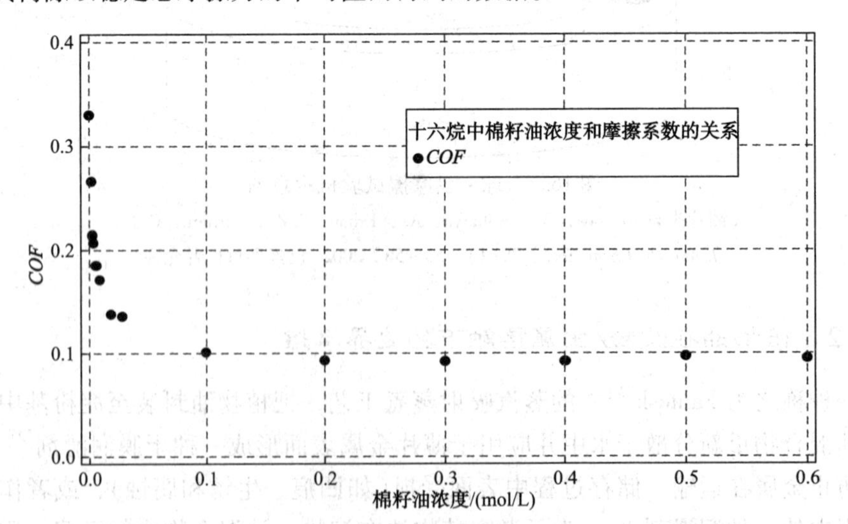

图 16.9　十六烷中植物油浓度对钢/钢接触下边界润滑的影响

（图片来自 Adhvaryu，A.，Biresaw，G.，Sharma，B. K.，Erhan，S. Z.，*Ind. Eng. Chem. Res.*，45(10)，3735～3740，2006. 已经经过作者允许）

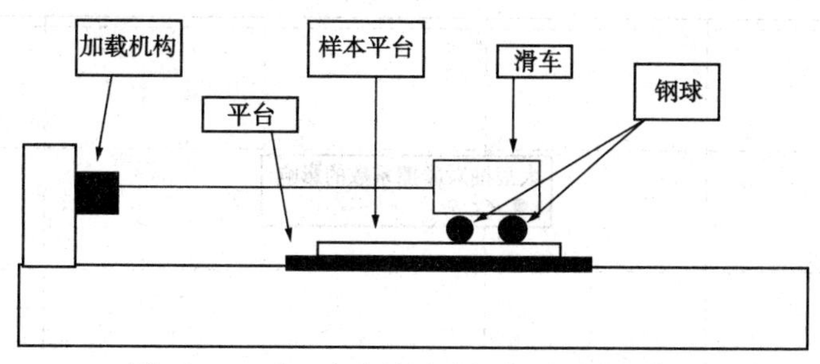

图 16.10 球－盘摩擦试验机作用原理示意图

（图片来自 Biresaw，G.，Erhan，S. M.，*J. Am. Oil Chem. Soc.*，79，291～296，2002. 已经作者允许）

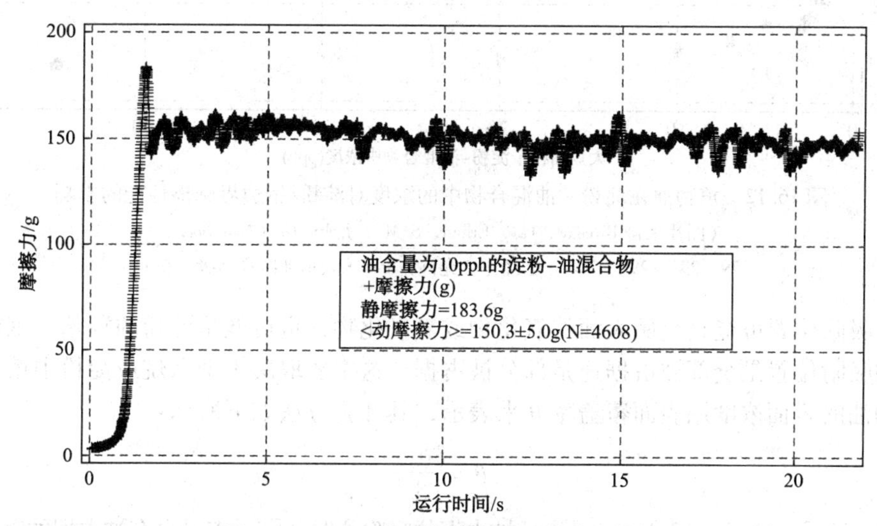

图 16.11 球－盘摩擦试验机上的典型数据

（图片来自 Biresaw，G.，Erhan，S. M.，*J. Am. Oil Chem. Soc.*，79，291～296，2002. 已经作者允许）

淀粉基中植物油的浓度对淀粉－钢边界摩擦的影响如图 16.12 所示。数据表明：没有植物油存在时，淀粉和钢间的摩擦系数很高，在 0.8 左右；随着植物油的加入，摩擦系数急剧降低并趋于一个恒定值，此时，继续增加植物油浓度，则对摩擦系数没有影响。在淀粉－钢球接触条件下植物油浓度对摩擦系数的影响和前面讨论过的钢－钢接触（图 16.9）较为相似，因此，可以推断在这两种接触方式下的边界摩擦机理是相似的。

16.7.3 植物油边界润滑摩擦机理

不论在钢－钢接触还是钢－淀粉接触中，植物油浓度对其摩擦系数的影响均可以用吸附模型来解释[29,30]。根据此模型，当无植物油存在时，两高能量的表面（钢－钢、钢－淀粉）间直接接触（属于边界摩擦），导致了较高的摩擦系数；而加入植物油后，植物油吸附在摩擦面（金属或淀粉）上，从而阻止了两高能面直接接触，降低了摩擦系数。

植物油之所以能够吸附，主要是由于植物油中的极性基团和淀粉或者钢铁表面的极性吸附位置间强相互作用的结果。根据吸附模型，在钢铁或淀粉表面会有无数的吸附位置（S_t），一旦吸附位置被占满，所有表面即被覆盖，不会再有吸附发生，这时摩擦系数就会保持不

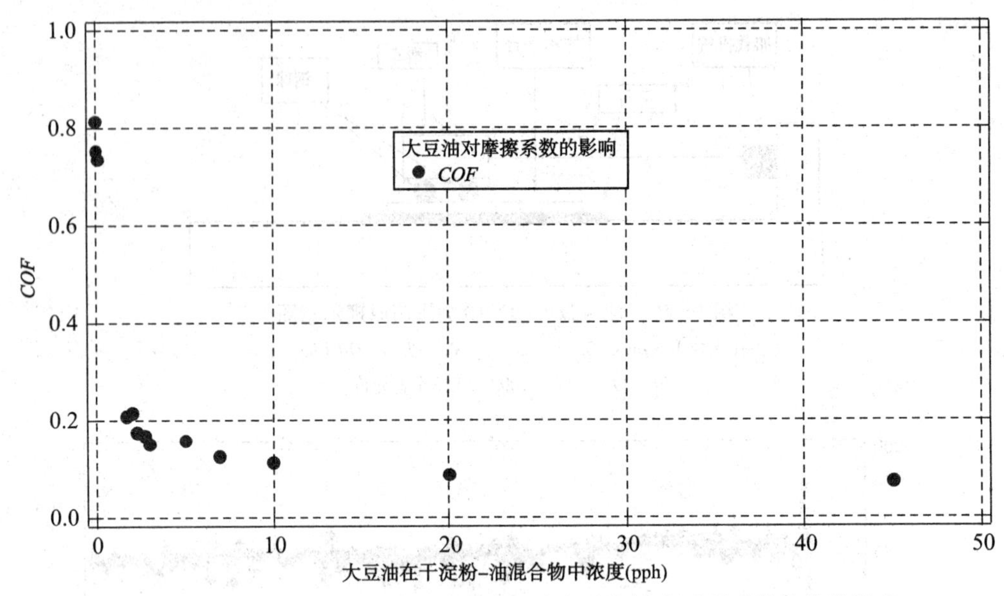

图 16.12　植物油在淀粉－油混合物中的浓度对淀粉/钢边界摩擦性能的影响

(图片来自 Biresaw，G.，Erhan，S. M.，*J. Am. Oil Chem. Soc.*，79，291～296，2002. 已经作者允许)(PEGS 表示纯净食品级淀粉)

变。这些吸附位置可能是金属表面的氧化物或氢氧化物，也可能是淀粉的羟基。钢或淀粉基质表面的吸附位置是全部被占据还是部分被占据，这主要取决于十六烷或淀粉中植物油的浓度，植物油的表面浓度用表面覆盖率 θ 来表示，其计算方法如下所示：

$$\theta = \frac{[S_o]}{[S_t]} \tag{16.2}$$

其中，$[S_t]=[S_o]+[S_u]$，$[S_o]$表示被占据的吸附位置，$[S_u]$表示没有被占据的吸附位置。

表面覆盖率可以从边界摩擦数据中获得，定义如下[17～21,28～30]：

$$\theta = \frac{f_s - f_o}{f_s - f_m} \tag{16.3}$$

式中　f_s——无植物油时摩擦系数；

f_m——摩擦系数的最小值或者表面全部被覆盖时的摩擦系数；

f_o——不同浓度植物油条件下的摩擦系数。

在公式(16.3)中，当没有添加植物油时，$f_o=f_s$，$\theta=0$；当表面被全部覆盖时，$f_o=f_m$，$\theta=1$，因此，θ 的取值范围在 0～1。

吸附模型也是植物油在溶液中的浓度(O_b)及其吸附表面之间的一种动态平衡过程，如下所示：

$$O_b + S_u \xrightleftharpoons{K_o} S_o \tag{16.4}$$

其中，K_o 为平衡常数，单位 mol/L，计算方法如下：

$$K_o = \frac{[S_o]}{[O_b][S_u]} \tag{16.5}$$

选择一种合适的吸附模型，公式(16.5)中的 K_o 可以用来计算植物油的吸附自由能(ΔG_{ads})，当然，要计算吸附自由能，必须有两个前提条件：第一是要建立吸附等温线，也就是植物油在溶液中的浓度(mol/L)和表面覆盖率(θ)之间的关系；第二就是必须有一种合适的吸附模型来分析该等温线。吸附模型用数学公式来表示表面覆盖率和溶液浓度之间的相关关系，平衡常数 K_0 应用该模型分析等温吸附数据来获得。

运用边界摩擦系数数据，通过公式(16.3)计算得到典型的吸收等温线(十六烷或淀粉中植物油浓度与表面覆盖率)如图 16.13 和图 16.14 所示。其中，θ 表示金属或淀粉表面的植物油浓度，而摩擦系数 COF 可以用来计算 θ 值，见图 16.3 和图 16.4。从两图可以看出，浓度与 θ 的关系和浓度与 COF 的关系是镜像。

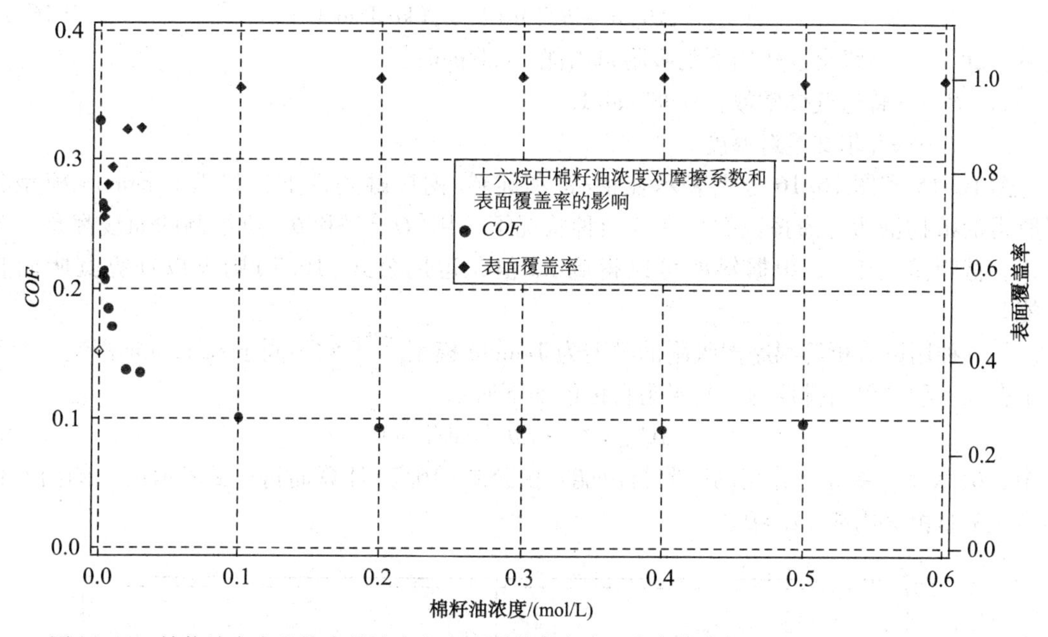

图 16.13 植物油在十六烷中的浓度和表面覆盖率在球 - 盘摩擦磨损试验机上的边界摩擦数据

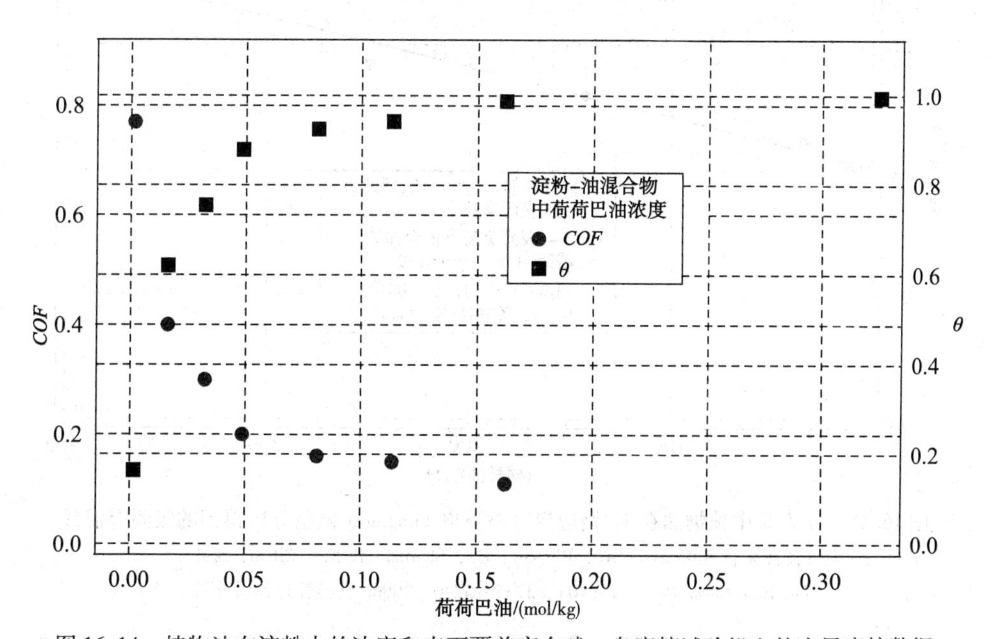

图 16.14 植物油在淀粉中的浓度和表面覆盖率在球 - 盘摩擦试验机上的边界摩擦数据

可以用不同的模型来分析吸附等温线[5,6]。其中，最简单的就是 Langmuir 吸附模型[31]，它假定吸附仅仅是植物油和表面之间发生了一级交互作用，被吸附的分子之间没有侧向相互作用，Langmuir 吸附模型给定的吸附表面和植物油溶液浓度间的关系如下：

$$\frac{1}{\theta}=1+\left(\frac{1}{\{K_o[O_b]\}}\right) \tag{16.6}$$

根据公式(16.6)，$[O_b]^{-1}$和θ^{-1}应该是一条在y轴上截距为1，且斜率为K_o^{-1}的直线。此时根据公式(16.6)中获得的K_0值利用公式(16.7)来计算吸附自由能ΔG_{ads}：

$$\Delta G_{ads}=\Delta G_o=-RT[\ln(K_o)](\text{kcal/mol}) \tag{16.7}$$

式中　ΔG_o——一级交互作用下的吸附自由能，cal/mol；

R——普适气体常数，1.987cal/K；

T——开尔文绝对温度。

图16.15和图16.16分别表示在钢/钢和淀粉/钢接触条件下，利用 Langmuir 模型分析所得的植物油边界摩擦数据。在这两种状况下，用$[O_b]^{-1}$和θ^{-1}所绘制的曲线都是一条直线，截距接近于1，根据斜率可以得到K_0值，运用公式(16.7)则可以计算其吸附自由能。

另一种用以分析等温摩擦吸附的模型为 Temkin 模型[32]，它不同于 Langmuir 模型，而是假定存在一种净侧向排斥力，其吸附自由能如下所示：

$$\Delta G_{ads}=G_o+\alpha\theta(\text{kcal/mol}) \tag{16.8}$$

其中，G_o表示一级相互作用的吸附自由能，由公式(16.7)计算而得；α表示由于侧向互作用产生的自由吸附能，$\alpha>0$。

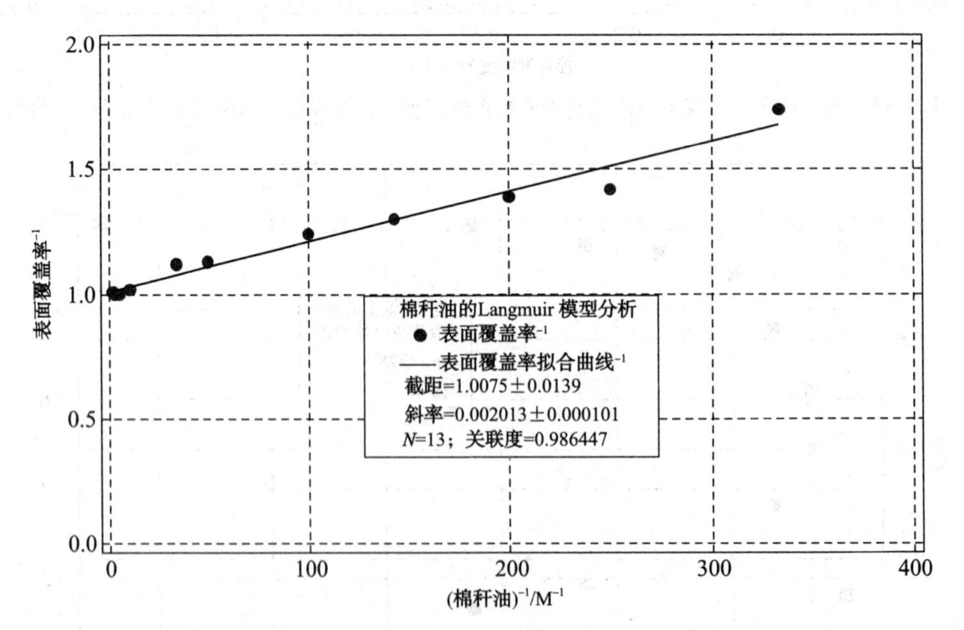

图16.15　十六烷中植物油在钢/钢边界摩擦下以 Langmuir 模型分析得到的吸附等温线

（图片来自 Adhvaryu，A.，Biresaw，G.，Sharma，B.K.，Erhan，S.Z.，*Ind. Eng. Chem. Res.*，45(10)，3735～3740，2006. 已经经过作者允许）

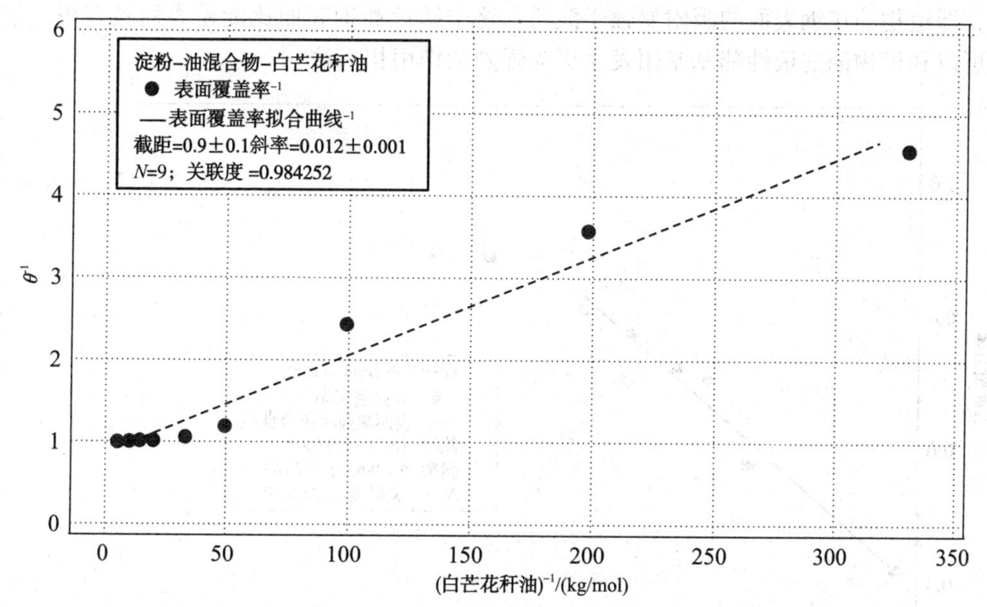

图 16.16 植物油在淀粉-油混合物中，以淀粉/钢边界摩擦为条件，用 Langmuir 模型分析得到的吸附等温线

要运用 Temkin 模型[公式(16.7)和(16.8)]计算 ΔG_{ads}，就需要知道 K_o 和 α 值，当 $0.2 \leqslant \alpha \leqslant 0.8$ 时，Temki 模型又假定植物油的溶液浓度 O_b 和表面覆盖率 θ 间存在如下关系[32]：

$$\theta = \left(\frac{RT}{\alpha}\right)\ln\left(\frac{[O_b]}{K_o}\right) \tag{16.9}$$

根据公式(16.9)，在特定的 θ 范围内，θ 与 $\ln([O_b])$ 成线性关系，K_o 和 α 是公式(16.9)中直线的斜率和截距，得到 K_o 和 α 的值后，用公式(16.7)和式(16.8)即可计算得到吸附自由能 ΔG_{ads}。

图 16.17 所示为植物油在钢/钢接触条件下，以边界摩擦测量的数据，用 Temkin 模型分析得到的吸附等温线。从图中可以看到：根据 Temkin 模型预测结果，当 $0.2 \leqslant \theta \leqslant 0.8$ 时，等温线是一条直线。从该直线的斜率和截距我们可以得到 K_o 和 α 值，这样，就可以利用公式(16.7)和式(16.8)来计算吸附自由能 ΔG_{ads}。

表 16.2 是采用不同的植物油，在球-盘摩擦试验机上以钢/钢边界摩擦的数据，通过 Langmuir 和 Temkin 模型分析得到的吸附自由能 ΔG_{ads} 值。从表 16.2 的数据可以看到：相比 Langmuir 模型，Temkin 模型预测的吸附要弱(更小的负值)，这也和 Temkin 模型假定的一种净强侧向排斥力($\alpha>0$)，而不是强一级相互作用的观点相一致。同时，表 16.2 也表明：甘油三酯类油脂的吸附要强于荷荷巴油酯或脂肪酸甲酯的蜡酯类油脂，这主要是由于甘油三酯可以和作用表面发生多重结合，而蜡酯则不能，因为其每个分子中只含有一个可以发生吸附的官能团。表 16.2 同时还表明：随着甲酯脂肪酸链的长度的减短，其吸附能力也是呈降低趋势的，这可能是由于油分子分子量的降低，减弱了范德华(van der waals)相互作用力的缘故。

表 16.3 比较了在钢/钢和钢/淀粉接触条件下，用 Langmuir 和 Temkin 模型分析边界摩擦数据获得的吸附自由能 ΔG_{ads} 值。从表 16.3 中可以看出，钢/钢接触下的吸附通常要小于钢/

淀粉，即植物油在钢表面的吸附要强于淀粉。这个结论和钢表面比淀粉表面具有更高能量，从而可以和植物油的极性酯基基团发生更为强烈的作用相一致。

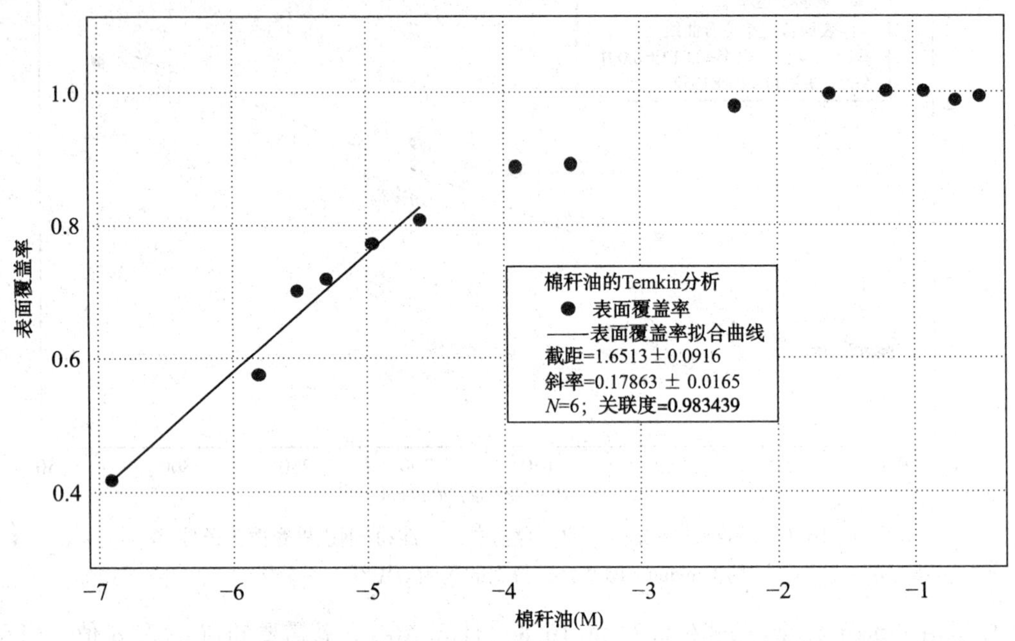

图 16.17 十六烷中植物油在钢/钢边界摩擦下以 Temkin 模型分析得到的吸附等温线

表 16.2

球盘摩擦磨损试验获取的郎格缪尔和梯姆肯钢/钢摩擦 ΔG_{ads} 数据

油料	摩擦副	测试工具	ΔG_{ads}/(kcal/mol)	
			Langmuir	Temkin
棉籽油	钢/钢	球－盘摩擦磨损试验机	-3.68	-2.16
菜籽油	钢/钢	球－盘摩擦磨损试验机	-3.81	-2.04
白芒花籽油	钢/钢	球－盘摩擦磨损试验机	-3.66	-2.28
荷荷巴油	钢/钢	球－盘摩擦磨损试验机	-3.27	-1.31
油酸甲酯	钢/钢	球－盘摩擦磨损试验机	-2.91	-1.02
棕榈酸甲酯	钢/钢	球－盘摩擦磨损试验机	-2.7	-1.63
肉桂酸甲酯	钢/钢	球－盘摩擦磨损试验机	-1.9	-0.6

表 16.3

球盘摩擦磨损试验获取的郎格缪尔钢/钢、淀粉/钢摩擦 ΔG_{ads} 数据

植物油	淀粉/钢接触(淀粉－油混合干膜润滑剂)		钢/钢接触(液体润滑剂)	
	淀粉－油混合物	ΔG_{ads}/(kcal/mol)	基础油	ΔG_{ads}/(kcal/mol)
白芒花籽油	纯化食品级淀粉	-2.41[a]	十六烷	-3.57[b]
荷荷巴油	纯化食品级淀粉	-2.63[a]	十六烷	-3.27[c]

表 16.3 续表

球盘摩擦磨损试验获取的郎格缪尔钢/钢、淀粉/钢摩擦 ΔG_{ads} 数据

植物油	淀粉/钢接触(淀粉-油混合干膜润滑剂)		钢/钢接触(液体润滑剂)	
	淀粉-油混合物	ΔG_{ads}/(kcal/mol)	基础油	ΔG_{ads}/(kcal/mol)
大豆油	纯化食品级淀粉	-2.96[a]	十六烷	-3.6[d]
大豆油	蜡	-2.91[a]		

[a] Biresaw, G., Kenar, J.A., Kurth. T.L., Felker, F.C., Erhan, S.M. Investigation of the mechanism of lubrication in starch-oil composite dry film lubricants, *Lubr. Sci.* 19(1): 41–55, 2007.

[b] Adhvaryu, A., Biresaw, G., Sharma, B.K., Erhan, S.Z. Friction behavior of some seed oils: Bio-based lubricant applications, *Ind. Eng. Chem. Res.* 45(10): 3735–3740, 2006.

[c] Biresaw, G., Adharyu, A., Erhan, S.Z. Friction properties of vegetable oils, *J. Am. Oil Chem. Soc.* 80(2): 697–704, 2003.

[d] Biresaw, G., Adharyu, A., Erhan, S.Z., Carriere, C.J. Friction and adsorption properties of normal and high oleic soybean oils, *J. Am. Oil Chem. Soc.* 79(1): 53–58, 2002.

16.8 结论

表面活性剂广泛应用于各类消费品和工业领域中，从简单的清洗液到比较复杂的药物、食品、润滑剂等，其价值是无法估量的。

表面活性剂被如此广泛地使用，主要是由它独特的结构所决定。其同一个分子中包含两个不同的部分，其中，亲水基部分只溶于亲水或极性溶剂如水中；而亲油基部分只溶解于亲油或非极性溶剂如正己烷中，这样，表面活性剂不论在亲油基还是亲水基溶液中均会展示出不同程度的溶解度，基于此，通过改变亲油基部分和亲水基部分结构，在诸多应用领域开发出多种多样表面活性剂。

按照亲水基，表面活性剂可分为四类：阴离子表面活性剂、阳离子表面活性剂、非离子表面活性剂和两性离子表面活性剂。一般而言，离子型表面活性剂在亲水和亲油基溶液中更倾向于溶解于亲水溶液中(如水)；非离子表面活性剂则更倾向溶解于亲油溶液中(聚氧乙烯醚除外)。后者的溶解度主要取决于表面活性剂分子中亲水基亲油基团间的相对强弱，这种强度可以按既定计划进行调整，并用亲水亲油平衡值 *HLB* 进行量化。聚氧乙烯醚非离子表面活性剂的 *HLB* 取值范围在 0 ~ 20，当 *HLB* 值小于 7 时，它是油溶性的；当 *HLB* 值大于 11 时，它是水溶性的；*HLB* 值介于 7 ~ 11 的则是两性的，即在水和油中均能溶解。

表面活性剂的另一个重要性质是它在溶液中具有自发形成不同聚集体的能力。这些聚集体的结构取决于表面活性剂的性质、与溶剂的性质、表面活性剂浓度、共溶剂的存在(如盐和助表面活性剂)和温度等相关。在低浓度条件下，表面活性剂形成单层，随着浓度的逐步提高，形成聚集体、胶束、薄层状或六边形晶体，表面活性剂在溶液中的其他状态还有囊泡和泡沫。

如果选择合适的表面活性剂组合物，胶束可用来溶解水相中大量的油，或是油相中大量

的水，使之变成细小的液滴，形成均相透明溶液，称之为水包油或油包水的微乳液。

表面活性剂在润滑油中承担着众多的功能，使润滑油满足润滑、冷却、加工、废物处理、清理等其他要求。有时，润滑油的一些要求是相互矛盾的，因此，为了取得理想的效果，要求合理选择表面活性剂组合物。例如润滑油同时具有生物稳定性及生物降解性就是这样一个矛盾的例子。一方面，润滑油在使用过程中要求具有生物稳定性，此时表面活性剂的作用是防止微生物(如细菌和真菌)入侵润滑油中；另一方面，需要处理的废润滑油要求其具有生物降解性，从而易于进行微生物分解，此时表面活性剂的作用是增强生物降解性。

润滑油配方在广义上分为两类，即油基和水基。水基润滑剂配方是表面活性剂在润滑油中最重要功能之一，水基润滑剂通常使用与作用过程中产生大量热，且必须冷却以防止工具磨损、工件损坏、着火和出现其他不良后果的那些工艺过程。表面活性剂能使润滑剂中的油相分散于水中，而且不干扰油相的润滑功能和水相的冷却功能。依据溶解油相浓度大小，水基润滑剂可以分为3类：可溶性油，含有高达20%的油；半合成油，含有5%的油；合成油，不含可溶性油。可溶性油属于水包油(O/W)乳状液，和油包水(W/O)微乳液不同，它是一种乳白色液体且在热力学上是不稳定的；半合成油属于水包油(O/W)微乳液，在热力学上是稳定的且在外观上呈透明均一的溶液；合成油则属于胶束溶液，含有可溶性添加剂，提供润滑和其他的功能。

在润滑油中的表面活性剂的另一个重要特性是它能够吸附于固体表面、液体表面和接触面上，以此来改变表面和接触面的性能。基于农产品衍生的表面活性剂如蛋白质、淀粉和植物油能够有效地降低表面张力、界面张力、表面能量和边界摩擦系数，通过对植物油在钢/钢和钢/淀粉接触下边界摩擦的研究，结果表明：植物油是一类有效地边界润滑添加剂。通过分析摩擦吸附等温线得到的吸附自由能值与预期的植物油结构、摩擦表面性质对吸附的影响相一致。

表面活性剂的认知、研究和应用已有几个世纪，尽管如此，目前快速发展的新产品、复杂产品、工艺和设备对研发新的、改进的表面活性剂提出了更多的需求，当然，我们也需要更深层次地理解表面活性剂的作用性能，因此，未来表面活性剂的研究和发展将会持续活跃。

参考文献

1. Milton, J.R. *Surfactants and Interfacial Phenomena*, 3rd Edition, Wiley, New York, 2004.
2. Lange, K.R. *Surfactants: A Practical Handbook*, Hanser-Gardner, Cincinnati, OH, 1999, pp. 1–237.
3. Myers, D. *Surfactant Science and Technology*, 3rd Edition, VCH, Berlin, 1992, pp. 1–380.
4. Mittal, K.L., ed. *Contact Angle, Wettability, and Adhesion*, VSP, Utrecht, The Netherlands, 1993.
5. Hiemenz, P.C., Rajagopalan, R. *Principles of Colloid and Surface Chemistry*, 3rd Edition, Marcel Dekker, New York, 1997, p. 327.
6. Adamson, A.P., Gast, A.W. *Physical Chemistry of Surfaces*, Wiley, New York, 1997.
7. Israelachvili, J. *Intermolecular and Surface Forces*, 2nd Edition, Academic Press, London, 1992, p. 150.
8. Holmberg, K. *Surfactants and Polymers in Aqueous Media*, 2nd Edition, Wiley-Interscience, New York, 2002, pp. 1–562.
9. Becher, P. *Emulsions, Theory and Practice*, 3rd Edition, Oxford University Press, New York, 2001.
10. Anonymous. *The HLB System—A Time-Saving Guide to Emulsifier Selection*, ICI Americas Inc, Wilmington, Delaware 19897, USA, 1976.

11. Biresaw, G., Bunton, C.A. Application of stepwise self-association models for the analysis of reaction rates in aggregates of tri-n-octylalkylammonium salts, *J. Phys. Chem.* 90(22): 5854–5858, 1986.
12. Byers, J.P. *Metalworking Fluids*, Marcel Dekker, New York, 1994.
13. Schey, J.A., *Tribology in Metalworking Friction, Lubrication and Wear,* American Society of Metals, Metals Park, OH, 1983.
14. Mohamed, A.A., Peterson, S.C., Hojilla-Evangelista, M.P., Sessa, D.J., Rayas, D., Biresaw, G. Effect of heat treatment and pH on the thermal, surface, and rheological properties of *Lupinus albus* protein, *J. Am. Oil Chem. Soc.* 82(2): 135–140, 2005.
15. Mohamed, A., Hojilla-Evangelista, M.P., Peterson, S.C., Biresaw, G. 2007 (s2006) Barley protein isolate: Thermal, functional, rheological and surface properties, *J. Am. Oil Chem. Soc.* 84: 281–288, 2007.
16. Shogren, R., Biresaw, G. 2007 (s2006) Surface properties of water soluble starch, starch acetates and starch acetates/alkenylsuccinates, *Colloids Surf. A Physicochem. Eng. Aspects* 298(3): 170–176, 2007.
17. Biresaw, G., Shogren, R. Friction properties of chemically modified starch, *J. Synth. Lubr.* 25: 17–30, 2008.
18. Biresaw, G., Adharyu, A., Erhan, S.Z., Carriere, C.J. Friction and adsorption properties of normal and high oleic soybean oils, *J. Am. Oil Chem. Soc.* 79(1): 53–58, 2002.
19. Kurth, T.L., Byars, J.A., Cermak, S.C., Biresaw, G. Non-linear adsorption modeling of fatty esters and oleic estolides via boundary lubrication coefficient of friction measurements, *Wear* 262(5–6): 536–544, 2007.
20. Biresaw, G., Adharyu, A., Erhan, S.Z. Friction properties of vegetable oils, *J. Am. Oil Chem. Soc.* 80(2): 697–704, 2003.
21. Adhvaryu, A., Biresaw, G., Sharma, B.K., Erhan, S.Z. Friction behavior of some seed oils: Bio-based lubricant applications, *Ind. Eng. Chem. Res.* 45(10): 3735–3740, 2006.
22. Birsaw, G., Liu, Z.S., Erhan, S.Z. Investigation of the surface properties of polymeric soaps obtained by ring opening polymerization of epoxidized soybean oil, *J. Appl. Polym. Sci.* 108: 1976–1985, 2008.
23. Lawate, S.S., Lal, K., Huang, C. Vegetable oils—structure and performance, in *Tribology Data Handbook*, Booser, E.R. ed., CRC Press, New York, 1997, pp. 103–116.
24. Fanta, G.F., Eskins, K. Stable starch-lipid compositions prepared by steam jet cooking, *Carbohydr. Polym.* 28: 171–175, 1995.
25. Biresaw, G., Erhan, S.M., Solid lubricant formulations containing starch-soybean oil composites, *J. Am. Oil Chem. Soc.* 79: 291–296, 2002.
26. Erhan, S.M., Biresaw, G. Use of starch-oil composites in solid lubricant formulations, in *Biobased Industrial Fluids and Lubricants*, Erhan, S.Z., Perez, J.M. eds., AOCS Press, Champaign, IL, 2002, pp. 110–119.
27. Biresaw, G. Biobased dry film metalworking lubricants, *J. Synth. Lubr.* 21(1): 43–57, 2004.
28. Biresaw, G., Kenar, J.A., Kurth. T.L., Felker, F.C., Erhan, S.M. Investigation of the mechanism of lubrication in starch-oil composite dry film lubricants, *Lubr. Sci.* 19(1): 41–55, 2007.
29. Jahanmir, S., Beltzer, M. An adsorption model for friction in boundary lubrication, *ASLE Trans.* 29: 423–430, 1986.
30. Jahanmir, S., Beltzer, M. Effect of additive molecular structure on friction coefficient and adsorption, *J. Tribol.* 108: 109–116, 1986.
31. Langmuir, I. The adsorption of gases on plane surfaces of glass, mica and platinum, *J. Am. Chem. Soc* 40: 1361–1402, 1918.
32. Temkin, M. I. Adsorption equilibrium and the kinetics of processes on non-homogeneous surfaces and in the interaction between adsorbed molecules, *J. Phys. Chem. (USSR)* 15: 296–332, 1941.

17 腐蚀抑制剂和防锈剂

Michael T. Costello

17.1 引言

自从帕拉图于公元前四世纪发现浸泡在海水中的东西容易受到盐水的侵蚀以来，防止金属部件的腐蚀成为制造商们关注的焦点，而且腐蚀每年都导致了数十亿美元的严重经济损失。在柏拉图之后的几个世纪里，人们对腐蚀的确切机理并不清楚。直到1675年，Robert Boyle发表了第一篇论述腐蚀机理的科技论文——《腐蚀作用和腐蚀性的产生或成因机理》。之后，又过去了一个世纪，到1780年，Luigi Galvani描述了双金属腐蚀，即Galvanic腐蚀机理。在有了这一成果之后，对腐蚀研究的进展更为迅速。1800年左右，W. H. Wollaston提出了“酸腐蚀的电化学理论”，并用该理论解释了用于生产浓硫酸的铂容器的耐腐蚀性[1]。之后，在1903年，W. R. Whitney[2]发表了一篇完全从化学角度描述腐蚀的研究论文，在这篇论文里他认为当铁溶解到溶液里时产生锈蚀的必要条件是氧气和碳酸的存在，而加入碱性物质则可以抑制腐蚀。Whitney的论文为腐蚀是一种化学和电化学现象的理论奠定了坚实的基础。

在20世纪20年代，一般采取在金属工件表面利用天然产物形成涂层的方法来减少腐蚀，常用的有凡士林、蜡、氧化蜡、脂肪酸皂和松香等[3~5]。到了30年代，则普遍使用石油炼制过程中产生的副产品——石油磺酸盐作为腐蚀抑制剂。第二次世界大战期间由于军事需求的急剧膨胀，又开发出了合成磺酸盐来补充供应[6]。战后，人们发现磺酸钡盐和高碱度磺酸钡盐在防锈油中是非常有效的防锈剂，而且事实上情况就是如此[7,8]。在40年代和50年代，人们发现引入亚硝酸钠可以防止天然气管道的腐蚀，而在水溶液系统中采用铬酸盐和多聚磷酸盐也能达到相同的效果[9,10]。随后，关于腐蚀化学的研究和各种至今仍在使用的腐蚀抑制剂就以指数级速度发展着，而且扩展到各个不同的应用领域。

腐蚀抑制剂可以根据其使用期限、化学成分和最终用途分为几个大类。常见的可用做腐蚀抑制剂的化学品有亚硝酸盐、铬酸盐、肼、羧酸盐、硅酸盐、氧化物、磺酸盐，胺、羧酸胺盐、硼酸盐、硼酸胺盐、磷酸盐、磷酸胺盐、咪唑、咪唑啉、噻唑、三唑、苯并三氮唑，并根据不同的应用分为不同的产品系列(表17.1)。通常用来确定一类化学品能否成为腐蚀抑制剂的性能要求就是其所形成的防锈涂层的持续时间。特别是，在工件暴露在户外极端气候条件而重新进行防锈处理又很困难的情况下，一些防锈涂层要求具备很长的服务期，而其他腐蚀抑制剂则只用于工件在生产前或喷漆前短期储存时的防锈处理。目前腐蚀抑制剂基本上有三大类别，可分为以下几个方面：

(1)油膜涂层　用于防止工件在运输途中或暂时室内储存(数月)或室外存储(数周)时发生腐蚀的临时液体涂层。防锈油(零件防护油)可以应用在金属成形加工过程中或加工完成后的工件防锈处理。

表 17.1
常见防锈剂及其应用

项目	水溶性	乳化油	油溶性
油膜涂层	羧酸盐 磺酸盐 烷基胺 烷基胺 磷酸盐 烷基胺 硼酸酯/盐	羧酸盐 磺酸盐 烷基胺 烷基胺 硼酸酯/盐	羧酸盐 磺酸盐 烷基胺 烷基胺 磷酸酯 烷基胺 硼酸酯 咪唑啉类化合物 噻唑类化合物 苯并三氮唑类化合物 三唑类化合物
软涂层	—	氧化物 磺酸盐 烷基胺	氧化物 磺酸盐 烷基胺
硬涂层	亚硝酸盐 铬酸盐 肼 磷酸盐	—	—

(2)软涂层　临时的软固体涂层，通常由蜡、凡士林或油脂获得。这类涂层常用于涂覆暴露在风雨等外界因素下的部件，如桥梁、汽车或卡车，使用期限往往从几个月到几年。

(3)硬涂层　这类涂层通常以醇酸树脂或无机涂层(或镀锌涂层)的形式在金属表面形成一层永久性的硬保护层来阻止腐蚀的发生。这类产品一般都仅用作抑制腐蚀的保护层，并不具有润滑油中类似防锈剂的作用。

硬涂层一般都是在水溶液中以电镀形式进行制备的，而油膜涂层和软涂层则常以不同的方法应用于金属表面。许多油膜涂层和软涂层通常都是以油体系或挥发性溶剂油体系制备的，但是它们也可以通过乳化或溶解在水体系中进行制备，往往都是待挥发性溶剂挥发变干之后在金属表面形成一层防锈油膜。防锈涂层可以根据它们应用于金属表面的方法而分为以下三个不同类别：

(1)水溶性　该类添加剂主要是一些无机类化合物(如亚硝酸盐或砷酸盐)，常用于水性体系如水处理系统或钻井泥浆。

(2)乳化油　这类添加剂主要是金属成型加工和去除加工乳化液的油溶性磺酸盐和有机胺。

(3)油溶性　此类添加剂主要是一些可用于机械润滑油或防锈油的油溶性添加剂。

在这一章中，对腐蚀抑制剂的研究将仅限于通过使用添加剂在润滑油体系或水性体系中抑制腐蚀的领域。另外，尽管在水处理、炼油厂、钻井和气相腐蚀抑制剂等在严格意义上都不属于润滑油应用领域，但很多在上述水性体系中使用的添加剂同样也适用于油性体系，其中就有很多添加剂在润滑油领域得到了应用。

17.2 腐蚀抑制剂类型

腐蚀是材料(通常是金属材料)，与其所处环境间发生的一种化学或电化学反应。这种作用往往会导致材料及其性能下降。为起到防腐蚀的目的，将金属腐蚀过程假设为电化学过程很有意义，减少该过程中金属在阳极被氧化，阴极被还原的可能(图 17.1)。根据体系的 pH 值，在阴极反应中，在酸性条件下生成氢气，在中性或碱性条件下则生成 OH^-。

酸性介质

阳极：$Fe \rightarrow Fe^{2+} + 2e^-$　　$E_{ox} = -(-0.44)\ V$

阴极：$2H^+ + 2e^- \rightarrow H_2$　　$E_{red} = +0.00\ V$

$Fe + 2H^+ \rightarrow Fe^{2+} + H_2$　　$E_{cell} = +0.44\ V$

中性成碱性介质

阳极：$Fe \rightarrow Fe^{2+} + 2e^-$　　$E_{ox} = -(-0.44)\ V$

阴极：$O_2 + 2H_2O + 4e^- \rightarrow 4OH^-$　　$E_{red} = +0.40\ V$

$2Fe + O_2 + 2H_2O \rightarrow 2Fe^{2+} + 4OH^-$　　$E_{cell} = +0.84\ V$

图 17.1　酸性和碱性(中性)介质中的腐蚀反应

在阳极氧化形成的金属离子(以铁为例即 Fe^{2+} 和 Fe^{3+})扩散至体系中并与腐蚀抑制剂或阴极还原产物发生反应。最终的结果是形成一些难以定义化学计量比的腐蚀产物(氧化层或铁锈)(图 17.2)。在这个标准模型中，抑制剂被用于防止金属的氧化或氧气(或氢离子)的还原。

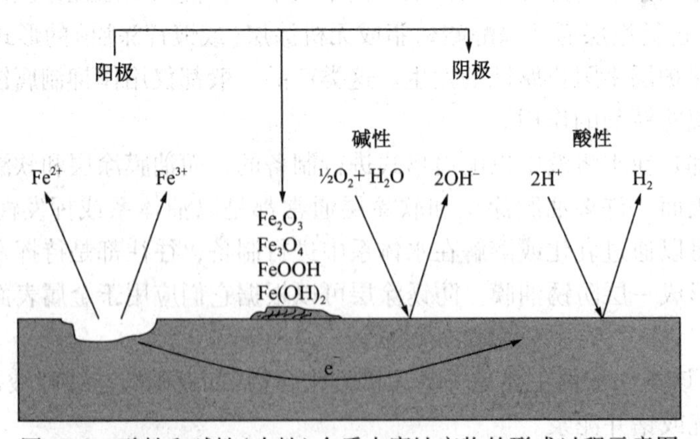

图 17.2　酸性和碱性(中性)介质中腐蚀产物的形成过程示意图

腐蚀抑制剂的作用机理得到了广泛的研究，目前人们普遍接受的有三种基本机理，即腐蚀抑制剂破坏阳极反应、腐蚀抑制剂破坏阴极反应，或者同时破坏阳极氧化反应和阴极还原反应(图 17.3)。腐蚀抑制剂的作用机理在很大程度上取决于体系的 pH 值，并最终决定生成保护膜的类型。

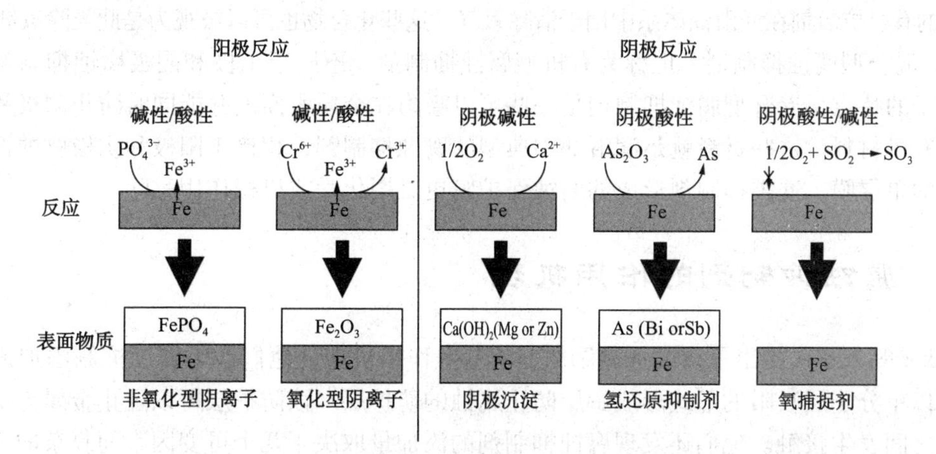

图 17.3 阴极腐蚀抑制剂和阳极腐蚀抑制剂的作用机理示意图

(1)阳极腐蚀抑制剂(钝化型抑制剂或危险抑制剂) 阳极抑制剂能够通过在金属表面生成一层保护性氧化物膜或氢氧化物膜的方式使金属的腐蚀电位产生一个较大的正位移(图 17.3)。这类腐蚀抑制剂会相当危险，因为它们在低浓度下会产生腐蚀，所以需要仔细监测它们的浓度。目前这类抑制剂破坏阳极过程的作用模式主要有 2 种。

(2)氧化型阴离子 氧化型阴离子可以在没有氧气的条件下钝化金属。典型的例子包括铬酸盐和亚硝酸盐，它们可以通过使金属电位位移至生成不溶于体系的氧化物或氢氧化物的区域，从而在金属表面生成一层保护性氧化物膜或氢氧化物膜，进而达到抑制腐蚀的目的。例如，常用的铬酸盐中的六价铬可以被还原为三价铬，与此同时表面的 Fe^{2+} 被氧化为 Fe^{3+}。与 Fe^{2+} 相比，Fe^{3+} 在水溶液中的溶解度更低，因此会在铁表面形成一层具有保护作用的氧化膜并且对铁表面起到钝化作用[10,11]。

(3)非氧化型阴离子 非氧化型阴离子需要与氧气共同作用来钝化金属。典型的化学品包括硅酸盐、碳酸盐、磷酸盐、钨酸盐和钼酸盐。这些化合物的作用模式更像是促进在金属表面的阳极区域形成钝化型氧化物薄膜[11]。

(4)阴极腐蚀抑制剂 阴极抑制剂能够延缓 O_2 或 H^+ 的还原，或者选择性的沉淀到阴极区域上(图 17.3)。阴极抑制剂的腐蚀抑制性能虽然在较低浓度下不如阳极抑制剂，但阴极腐蚀抑制剂在低浓度下不会对金属产生腐蚀。目前这类腐蚀抑制剂破坏阴极反应过程的作用模式主要有 3 种。

(5)氢还原抑制剂 像砷(三氧化二砷或砷酸钠)、铋或锑等氢还原抑制剂主要在酸性介质中起作用(图 17.3)，它们可以通过在阴极发生还原反应并在阴极表面形成一层抑制剂金属沉积膜的方式延缓还原反应。但不幸的是，它们也能促进氢在钢表面的吸附，如果不加以仔细监测很可能引起钢的氢脆变。

(6)阴极沉淀 在中性或碱性溶液中(图 17.3)，阴极沉淀可以在阴极区域形成不溶性氢氧化物(如与钙、镁、锌离子)，从而降低裸露金属的腐蚀速率。通常当阴极区域的氢氧根离子(OH^-)浓度增加时，阴极沉淀如钙或镁的碳酸盐将通过反应吸收过量的氢氧化物并在阴极金属表面形成 $Ca(OH)_2$ 或 $Mg(OH)_2$ 沉淀，进而抑制氧气还原引起的腐蚀。

(7)除氧剂 除氧剂可以通过捕捉体系中过量的氧气而减少腐蚀的发生。在水处理行业中，典型的水性除氧剂有肼、二氧化硫、亚硝酸钠和亚硫酸钠，但也有许多基于烷基化二苯胺或烷基酚结构的有机抗氧剂在润滑油体系中用于清除氧气，这些化合物也可以被视为是此类除氧剂。

(8)混合型腐蚀抑制剂　也称为有机型腐蚀抑制剂。不同于阳极和阴极腐蚀抑制剂同为无机离子的特点，混合型腐蚀抑制剂是一些可以吸附在金属表面上并能同时防止阳极和阴极反应的有机材料。这些材料就是润滑油中典型的腐蚀抑制剂，相比于阳极和阴极腐蚀抑制剂所形成的单层膜，这类抑制剂形成的腐蚀保护膜更难用化学或机械作用移除。

17.3　腐蚀抑制剂的作用机理

Baker 等人首次提出了腐蚀抑制添加剂的基本作用机理，他们认为腐蚀抑制添加剂在金属表面以单分子层吸附的形式形成一层防止腐蚀的防护层。该防护层可以阻止金属与水和外界环境之间发生接触。他们还发现腐蚀抑制剂的添加量取决于几个可变因素间复杂的相互作用，主要因素有吸附膜寿命、氧气的存在、热和机械作用导致的吸附膜脱附以及腐蚀抑制剂在水中的溶解度和表面润湿性能[7,8]。之后，Kennedy[12]补充了这一理论，他认为金属表面吸附的水与胶束中存在得水或者说被增溶的水之间存在一个复杂的平衡关系；他还发现，体系中的水含量对磺酸盐的腐蚀抑制性能有影响。随后，Anand 等人[13]发现降低体系的界面张力也能提高抗腐蚀性。

后来，人们发现腐蚀抑制剂在体系中能通过其极性头基与金属表面结合，而非极性的尾部则垂直并紧密排列于金属表面，从而形成一个能对抗水和氧的单层吸附膜[14]。当腐蚀抑制剂和基础油的碳链长度相匹配时，例如，碳链长度为 16 的脂肪酸配合碳链长度为 16 的烷烃时，由于二者可以在金属表面形成紧密堆积排列的结构，使得腐蚀抑制剂在表面的吸附膜更加难以通过化学作用移除，从而可以起到良好的腐蚀抑制作用(图 17.4)[15]。进一步的研究表明，腐蚀抑制剂在金属表面的吸附过程是由静电作用(物理吸附)或电子向配位键的转移(化学吸附)完成的[13,15]。人们还发现，这层吸附膜不仅能阻止侵蚀性物质接触到金属表面，而且还能防止表面金属离子通过扩散进入溶液，从而抑制了阴极反应的发生以及氢气的生成和氧气的还原。(图 17.4)[14]。

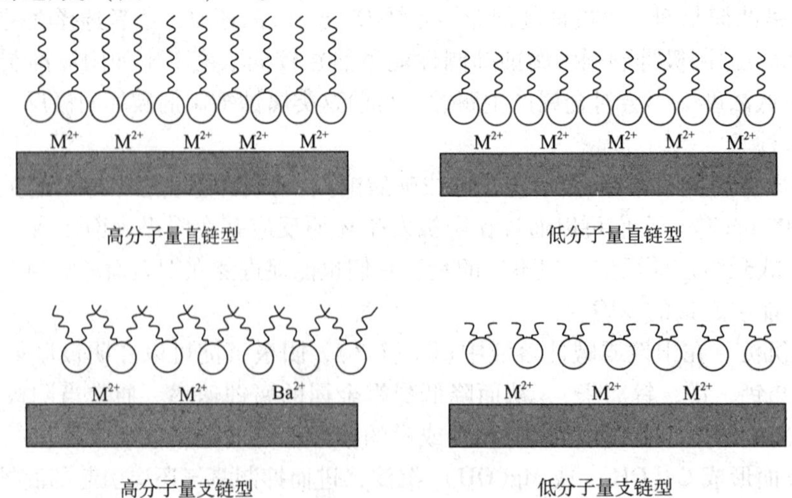

图 17.4　表面吸附膜示意图

早期对腐蚀抑制剂的研究集中在使用很广泛的二壬基萘磺酸盐上。研究发现，在磺酸盐的饱和水溶液中，阳离子不影响磺酸盐在金属表面的吸附，而在无水体系中阳离子对其吸附具有非常显著的影响。于是有人提出在非水体系中，阳离子能直接与不溶于水相的氧化物膜发生配位[16]。对磺酸盐而言，其抗腐蚀性能随阳离子变化的一般趋势为钠盐 < 镁盐 < 钙盐 < 钡盐[13,14,16]。

总的来说，腐蚀抑制剂是一种可以在金属表面形成防护层，将金属与外界环境隔离开来的物质。这种防护层能较为牢固的吸附在金属表面，防止侵蚀性物质与金属表面发生接触，同时也能防止腐蚀产物离开金属表面而进入体系。

17.4 常见腐蚀抑制剂

17.4.1 亚硝酸盐

Wachter 和 Smith 第一次描述了使用亚硝酸钠（$NaNO_2$）作为阳极腐蚀抑制剂来防止石油产品输送管道内由水和空气导致的内部腐蚀[17,18]。对于其作用机理，最初推测认为是在金属表面形成了一个由氧和亚硝酸盐组成的致密氧化层，这层氧化层钝化了金属从而防止了腐蚀[19]，亚硝酸的形成反应见图 17.5。但后来有人提出，亚硝酸盐的腐蚀抑制机理是加速了三价铁离子（Fe^{3+}）在金属表面的富集，进而形成了一层比二价铁化合物水溶性更低的三价铁化合物防护层[20]。

$$2HNO_2 \longrightarrow N_2O_3 + H_2O$$

$$R_2NH + N_2O_3 \rightarrow R_2N-N{=\!=}O + HNO_2$$

图 17.5 亚硝胺的形成反应

从使用历史上看，亚硝酸盐最初是在含水体系中作为阳极腐蚀抑制剂来使用的，如水处理系统或混凝土乳液中[20]，但后来它们也被应用于乳化油型金属加工液中。20 世纪 50 年代，人们发现在乳化油中普遍使用的胺类化合物在酸性条件下能与亚硝酸盐发生反应并形成致癌的亚硝胺（R_2NNO）[21,22]。因此，1984 年，美国环境保护总署（EPA）颁布法令禁止在含有脂肪酸醇胺盐的金属加工液中使用亚硝酸盐作防锈剂。为此，各个金属加工液制造商也迅速调整了他们的配方，用其他类型的腐蚀抑制剂来取代亚硝酸盐[23]。典型的亚硝酸盐替代品有三乙醇胺（TEA）的硼酸盐、羧酸盐或磷酸盐[24,25]。后来，人们发现在单乙醇胺（MEA）、二乙醇胺（DEA）和三乙醇胺（TEA）这三种常见的聚氧乙烯醚脂肪胺中，二乙醇胺最易与亚硝酸盐发生反应，但没有证据表明在含有三乙醇胺的乳化油中有亚硝胺形成[26]。尽管亚硝酸盐与三乙醇胺形成亚硝胺的倾向非常低，但亚硝酸盐在金属加工液中的使用从此被全面禁止。

17.4.2 铬酸盐

铬酸盐是另一类阳极钝化型腐蚀抑制剂，它们似乎是通过形成一个氧化层来抑制腐蚀[19,27]。从使用历史来看，铬酸盐主要用于金属的电镀与抛光、水体系中腐蚀的控制和皮革鞣制。此外，尽管有人试图制备油溶性的有机铬酸盐衍生物[28]，但由于它们不稳定，并没有被广泛地用于润滑油。在水处理行业中，铬酸盐常以铬酸、铬酸钠（Na_2CrO_4）或重铬酸钠($Na_2Cr_2O_7$)的形式加以应用，在上述所有形式的铬酸盐中均含有六价铬。但之后，人们发现六价铬(Cr^{6+})是一种强烈的呼吸道致癌物质，而且具有很高的水生生物毒性。因此，1990年，水处理行业就禁止使用铬酸盐，与此同时，人们致力于将铬酸盐衍生物应用到润滑油中的热情也消失了[29]。

17.4.3 肼

肼，也称联氨，历来就是水处理行业中应用的腐蚀抑制剂和除氧剂。肼防止锅炉发生腐蚀主要是通过以下三种途径实现的：(1)与氧反应形成氮气和水；(2)与Fe_2O_3(赤铁矿)反应形成更硬的(被动)Fe_3O_4(磁铁矿)，这相当于在铁表面形成了一个保护层；(3)在高温和高压条件下生成氨，以维持体系处于较高碱度(如图17.6所示)[30]。虽然已经证明肼的衍生物可用于抑制铜在硫酸中的腐蚀[31]，但考虑到健康问题，只开发了相对很少的一些新的油溶性肼衍生物，而研究的热点则集中在选用其他可替代肼的有机处理剂上[32]。

$$N_2H_4 \longrightarrow N_2 + 4H^+ + 4e^-$$
$$4H^+ + O_2 + 4e^- \longrightarrow 2H_2O$$

图17.6 肼的分解反应

17.4.4 硅酸盐

鉴于成本较低，硅酸盐主要用于饮用水处理过程中的腐蚀抑制。而且由于它们的油溶性很差，硅酸盐类腐蚀抑制剂几乎很少用于润滑油配方之中。

17.4.5 氧化物

氧化物是一类最为古老的防锈添加剂，在历史上其主要由氧化油脂、蜡和石油炼制过程中产生的矿脂获得[35]。此类氧化物一般可以在封闭容器中，在氧气和催化剂存在的条件下，通过加热石油产品的方法生产，也可以使用浓硝酸、浓硫酸或高锰酸钾等强氧化剂化学处理的方法制备。这两种方法最终得到的产品都是一个由羧酸、酯、醇、醛和酮等极性物质组成的混合物体系，其总酸值(TAN)在10~200mgKOH/g，而皂化值介于10~200mgKOH/g。通常，商业化产品的总酸值在50~100mgKOH/g，皂化值在10~50mgKOH/g。根据应用的不同，氧化物型腐蚀抑制剂可以用如下不同方式应用于金属表面：

(1)水分散法　氧化物腐蚀抑制剂可以溶解或悬浮在水基配方中然后应用于表面防锈处理。一般可以用含氧化物腐蚀抑制剂的水基防锈产品冲洗工件的方法形成防锈涂层，或者将水基防锈产品均匀涂覆到工件表面，再将水烘干的方法得到防锈涂层。

(2)溶剂法　将氧化物腐蚀抑制剂溶解在类似石脑油的低沸点溶剂中，待溶剂快速挥发后就在金属表面形成了一层防锈涂层。

(3)固体薄膜法(通常为蜡)　固体氧化物腐蚀抑制剂既可以加热使其软化成液体后涂覆于金属表面，待冷却后固化就形成了一层防锈涂层；也可以通过机械方法将固体氧化物在室温下直接作用于金属表面形成防锈涂层。

虽然氧化物这类物质以酸性的形式就能起到有效地防锈作用，但为了获得更好的防锈性能通常将它们中和后再加以使用。已经发现，氧化蜡用氢氧化钙或氢氧化钡中和后是一类非常有效的防锈剂[33]，而且使用氢氧化钙作为中和试剂时可以有效防止凝胶的产生[34]。此外，用含碳酸钙的碱性物质中和氧化石油后也是一类性能良好的防锈剂。已经证实，在金属成型加工油和内燃机油中将氧化石油和高碱值磺酸盐结合使用可以更好的改善润滑和抗腐蚀性能[35,36]。此外，氧化石油也可以用胺类中和形成羧酸胺盐。虽然在专利文献中报道可以用各种胺来中和氧化石油，如哌啶[37]和多胺[38]等，但最常用还是比较简单的烷基醇胺[35]。

17.4.6 磺酸盐

磺酸盐是一类可以从天然石油或合成原料得到的物质。实践证明，当基础原料与三氧化硫反应生成的磺酸用不同的碱中和后，所得到的磺酸钠盐、磺酸钙盐、磺酸镁盐或磺酸钡盐都是能在各个领域应用的良好防锈剂。另外，上述各类中性盐可以通过加入过量碱和通入二氧化碳的方法过碱化，从而得到对应的高碱值磺酸盐。以石油磺酸钙为例，在反应过程中向磺酸物料中加入过量的氢氧化钙并通入二氧化碳气体，可以形成碳酸钙在油中的胶状悬浮体，相当于磺酸钙把极细小的碳酸钙颗粒包裹后分散到了载体油之中(图 17.7)。高碱值磺酸盐具有双重防锈作用，一方面磺酸盐可以吸附到金属表面形成防护层，另一方面，碳酸钙可以吸收在腐蚀过程中产生的所有酸性物质。因此，中性磺酸盐和高碱性磺酸盐结合起来使用是一类非常有效地防锈剂。

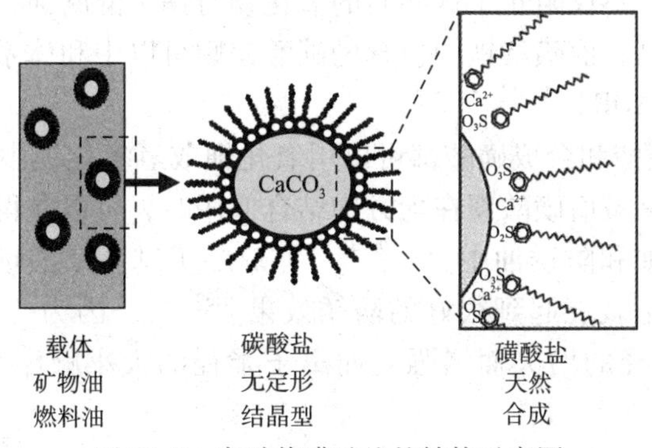

图 17.7 高碱值磺酸盐的结构示意图

目前市场上大量生产的磺酸盐有以下两种：

(1)石油磺酸盐 也称为天然磺酸盐。它们最初源自石油精炼过程中酸处理阶段的副产品，但后来就成为生产工业白油和医用白油时酸处理过程中有意回收的副产物[6,39]。在这个过程中，形成的油溶性石油磺酸通常用碳酸钠处理生成钠盐的方法将其与油层分离开来，然后再用乙醇加以萃取。通常萃取产物中有效成分占60%，这有效地降低了最终产物的黏度，便于储存和日常的使用。

(2)合成磺酸盐 合成磺酸盐一般通过磺化长链烷基取代芳烃获得。根据不同的芳环结构，选取的烷基碳链长度也不同，但重要的是烷基化程度要足以使产物具有良好的油溶性。烷基苯磺酸衍生物中的苯环一般为长碳链单烷基取代的结构(烷基碳链长度为 16～40)，而在烷基萘磺酸衍生物中萘环一般为较短碳链二取代的结构(烷基碳链长度为 9～10)，二壬基萘磺酸钡(BaDNNS)就是一种常见的结构[6,40,41]。

天然或合成磺酸都可以根据不同的应用领域用不同金属阳离子的碱进行中和和过碱化。例如：

(1)磺酸钠　一般来说，高当量(500～550EW)的石油磺酸或(390～700EW)的合成烷基苯磺酸用氢氧化钠中和后形成的磺酸钠，通常用于乳化油型金属加工液。因为二价金属阳离子(如镁、钙、钡等)形成的磺酸盐不利于乳化油体系的稳定性。合成的二烷基萘磺酸盐虽然也在使用，但由于其成本高限制了它们在乳化油型金属加工液中的应用。

(2)磺酸钙　合成磺酸和天然磺酸均可用氧化钙或氢氧化钙中和为中性磺酸钙盐，但通常这些产品过碱化之后可以获得更好的性能。高碱值磺酸钙一般包含无定形或结晶型的碳酸钙。包含无定形碳酸钙的高碱值磺酸钙易溶于油，常用作内燃机油的分散剂[42,43]，而包含结晶型碳酸钙(方解石)的高碱值磺酸钙，由于所形成的胶体颗粒较大而无法稳定悬浮在液体当中，容易析出形成凝胶或凝胶状固体，因而一般用于防锈涂层和润滑脂[44,47]。

(3)磺酸镁　天然磺酸和合成磺酸均可用氧化镁或氢氧化镁中和形成磺酸镁盐。虽然磺酸镁盐并未普遍用于防锈油品，但高碱值磺酸镁盐却被广泛用作燃料油添加剂[48,49]。特别是，燃料油中经常会包含一些诸如金属钒盐或钠盐的不良污染物，而这些污染物会在用于发电的商用锅炉炉壁上形成一些低熔点的腐蚀性炉渣，尤其是熔融的五氧化二钒由于可以作为氧载体能加速腐蚀。在燃料油中加入高碱值磺酸镁后，可以将低熔点的钒酸钠反应形成高熔点的钒酸镁，由此可以增加体系的黏度，降低体系对氧气的吸收量，并能阻止氧化物防护层的破坏。此外，高碱值磺酸镁的还可以与体系中氧化形成的硫的氧化物(SO_3/SO_2)反应形成高熔点、易碎的硫酸镁，不仅阻止了这些硫的氧化物对锅炉的腐蚀，而且硫酸镁还可以很容易地通过洗涤除去，而高碱值磺酸镁中包含的碳酸镁则可以中和体系中的游离酸，降低体系的pH值和酸沉积速率(ADR)[50,51]。

(4)磺酸钡　天然磺酸和合成磺酸都可以用氧化钡或氢氧化钡中和形成磺酸钡盐。人们发现，将中性磺酸钡和高碱值磺酸钡在配方中结合使用时，可以获得良好的防锈性能，此类产品通常用于金属轧制油和防锈油中[8,13,39～41,52,53]。二壬基萘磺酸钡盐(BaDNNS)相比于其钙盐和钠盐，在低浓度下就能起到很好的防锈效果[6,39～41]。因为一般来说，磺酸盐的防锈性能随其阳离子离子半径的增大而增强，而离子半径的大小顺序为钡 > 钙 > 镁 > 钠，见表17.2。

表17.2
不同阳离子的离子半径

类别	溶度积/Ksp	离子半径/pm	ΔH_{soln}/(kJ/mol)	$\Delta H_{lattice}$/(kJ/mol)
$MgCO_3$	6.82×10^{-6}	65	-25.3	3180
$CaCO_3$	4.96×10^{-9}	99	-12.3	2804
$SrCO_3$	1.1×10^{-10}	113	-3.4	2720
$BaCO_3$	2.58×10^{-9}	135	4.2	2615

碱土金属所形成磺酸盐的防锈性能与其阳离子半径大小呈正比，而阳离子半径大小又与添加剂中相应碳酸盐和磺酸盐在基础油中的溶解性呈反比。举例来说，钡离子较大的离子半径导致其在溶解过程中所释放的能量较低，即溶解焓较小，这是因为对钡离子这样一个大的极性阳离子而言，它只需较低的溶剂化程度。因此，离子半径较大的阳离子需要更多的能量来使其溶解，因而也更难以被潮湿的空气或用水清洗的方法从金属表面除去。

17.4.7 羧酸盐

羧酸盐是一类已知最为古老的腐蚀抑制剂，通常可以从动物油脂(如羊毛脂、猪油或牛油)，植物油(如妥尔油脂肪酸(TOFAs))，以及矿物油产品(如环烷酸或芳香酸)中制取，一般用于早期的防锈油配方中[3~5]。羧酸可以用一些含特殊阳离子(如铋)的碱来中和，但通常都是用氢氧化钠与羧酸反应形成羧酸钠。

由于羧酸在水体系中具有腐蚀性[55]，因此在金属加工行业中常常将羧酸与烷基酸胺结合使用，使它们在乳化油中原位反应形成羧酸的醇胺盐。在金属加工液中，羧酸的醇胺盐可以与体系中的其他润滑添加剂起到良好的耦合作用，从而可以增强润滑性，并形成不含钙的软残留物。但链烷醇胺的羧酸盐对硬水特别敏感，而且由许多短碳链羧酸形成的醇胺盐会产生难闻的气味和大量的泡沫。虽然具有良好腐蚀抑制性能和低泡倾向的二元羧酸醇胺盐可以解决上述问题，但由于它们成本较高而且与其他润滑添加剂有一定的对抗作用，因而并未得到广泛的应用。

在其他方面，羧酸盐也取得了不同程度的成功应用。人们已发现，添加少量碳链长度在6~18的脂肪酸可以阻止涡轮发动机的腐蚀，但碳链长度低于6的脂肪酸却会促进腐蚀[56]。此外，还发现，一些结构较为简单的脂肪酸酯在金属冲压油中不仅可以提供良好的润滑性能，而且还可以发挥其内在的防锈性[57]。

17.4.8 烷基胺

烷基胺是所有防锈剂中数量最多、种类最为丰富的一类，目前广泛用于各种金属加工油液和工业油中。使用最为普遍的烷基胺主要有单乙醇胺(MEA)、二乙醇胺(DEA)、三乙醇胺(TEA)、脂肪胺、二元胺、苯二胺、环己胺、吗啉、乙二胺、三乙烯四胺(TETA)和四乙烯五胺(TEPA)。最初人们一直认为胺类化合物可以优先吸附到金属表面从而阻止腐蚀性物质与金属发生反应[58]，但现在人们认为，烷基胺首先取代了吸附在金属表面的水分子，之后其氮原子上的孤对电子与氧化层表面缺陷处的金属原子的空轨道之间发生作用形成了一定的化学键。因此，胺类化合物可以通过在金属表面形成防护层和抑制酸性条件下 H^+ 还原为 H_2 过程的方式起到良好的阴极腐蚀抑制性能[59~62]。已有研究表明，一般情况下，碳链长度较长的胺类物质抗腐蚀性能明显优于链长较短的胺类物质[60]，而且胺中氮原子的亲核性与其防锈效果密切相关，亲核性较强的叔胺防锈性能要优于亲核性较弱的仲胺和伯胺[61]。

由于环己胺、吗啉、哌啶等胺类化合物具有高挥发性和低灰份残留的特点，它们往往被用作气相腐蚀抑制剂。它们常用于一些不适宜使用防锈油脂和硬质防腐涂层的体系中，因为它们可以扩散到气相中，充满金属周围的所有空间，从而在整个金属表面形成一层极薄的防护膜(包括在已经点火的发动机内部复杂的零件表面)[59,63]。由于不含无机盐(如磷酸盐、硼酸盐或羧酸盐)，所以它们在金属表面都没有产生干性残渣的倾向[64]。此外，它们在非酸性气体(如二氧化碳)和酸性气体(如硫化氢)的输送等领域也得到了较多的应用，因为它们挥发后可以充满管道的所有微小间隙，进而能够抑制腐蚀[65]。

但不幸的是，后来人们发现，长期接触或使用含有胺类物质的金属加工液的工人们往往会患上职业性皮肤病(如刺激性皮炎和过敏性接触皮炎)[66~68]。特别是，在金属加工液中常用的单乙醇胺和二乙醇胺已经被证实极易引发皮肤疾病[69]，因此，这两种物质在金属加工液领域已经基本上被淘汰，取而代之的是皮肤刺激性较小的叔胺，如三乙醇胺。由于叔胺还具有伯胺和仲胺所不具备的低毒性，因而它们经常用于一些易对环境产生污染的行业。例如，它们是特别有效的油田酸化作业的腐蚀抑制剂，而且可以直接排向户外环境[70]。

17.4.9 烷基胺盐

尽管烷基胺经常被用作气相腐蚀抑制剂，但在金属加工液中最常用的是一些胺的羧酸盐、硼酸盐和磷酸盐，它们往往是胺与相应的酸在体系中原位反应形成的。例如，妥儿油脂肪酸用三乙醇胺中和后所形成的羧酸胺盐是一种在金属加工液中很常用的防锈剂。由于在金属加工液和防锈领域使用的每一类胺盐都拥有其独特的化学特性和性能特点，所以在下面将就不同胺盐分开进行讨论。

17.4.10 羧酸胺盐

在金属加工液配方中，最具代表性的叔胺就是三乙醇胺，它被有机脂肪酸原位中和后形成的羧酸胺盐不仅能起到抗腐蚀性能，而且还能改善体系的润滑性和乳化性能。尽管叔胺与脂肪酸之间存在非常多的组合形式，但最有效的是碳链长度在 18 ~ 22 的脂肪酸与叔胺的组合[71,73]。

17.4.11 硼酸胺盐

硼酸盐是目前化学结构种类最多，同时又是我们知之甚少的一类防锈剂。虽然硼酸盐和硼酸酯的结构可以经验地写为 $B(OR)_3$，其中 R 代表氢原子或烷基，但硼酸盐(酯)的实际三维结构是非常复杂的链状结构和环状结构，它们同时包含 sp^2 杂化(三配位)和 sp^3 杂化(四配位)结构的硼原子。例如，含硼化合物 $Na_2(B_4O_5(OH)_4)$ 就同时含有 sp^3 杂化和 sp^2 杂化的硼原子，其中两个 sp^2 杂化的硼原子既可以通过它们空的 p 轨道与胺或其他具有孤电子对的物种形成化学键，也可以通过其末端的氧原子与其他基团相连而形成硼酸酯结构(如图 17.8所示)。

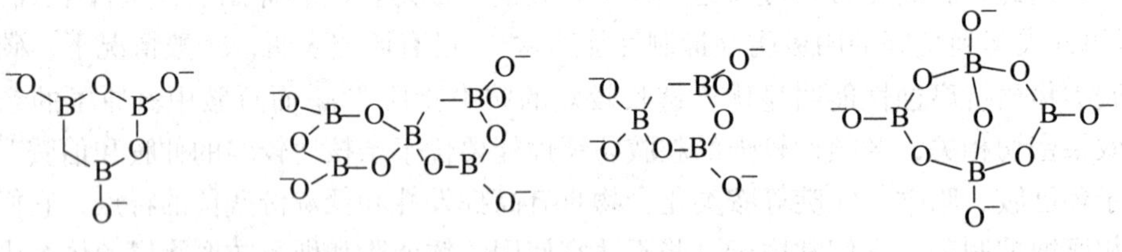

硼氧六元环　　五硼酸盐　　三硼酸盐　　硼砂

图 17.8 硼酸盐的可能结构

因此，常见的乙氧基胺，如三乙醇胺，能以以下描述的四种不同的键合形式与硼酸盐(酯)相连接(图 17.9)：

(1)三乙醇胺直接与硼原子空的 sp^2 杂化轨道配位键合，形成 $R_3N:B(OR)_3$ 形式的硼酸盐。

(2)三乙醇胺与一个和 sp^2 杂化硼原子相连的氧原子发生键合，形成—(N—CH_2—CH_2—O—B)—的单齿配位键。

(3)三乙醇胺与硼原子空的 sp^2 杂化轨道以配位键形成硼酸盐，也与一个和 sp^2 杂化硼原子相连的氧原子发生键合，形成—(N—CH_2—CH_2—O—B)—的单齿配位键。

(4)三乙醇胺与两个和 sp^2 杂化硼原子相连的氧原子键合，形成—[N—(CH_2—CH_2—O)$_2$—B]—的双齿配位键。

硼酸盐的优势在于其成本低、毒性低、硬水稳定性好，同时具有优良的抗磨性能和碱储备能力。但它存在的一个较大缺点是在加工工序结束后可能在工件表面形成一些黏性的残留物，这主要是由于硼酸酯结构的部分脱水产物在工件表面沉积形成的，像偏硼酸盐及其酯[74]。

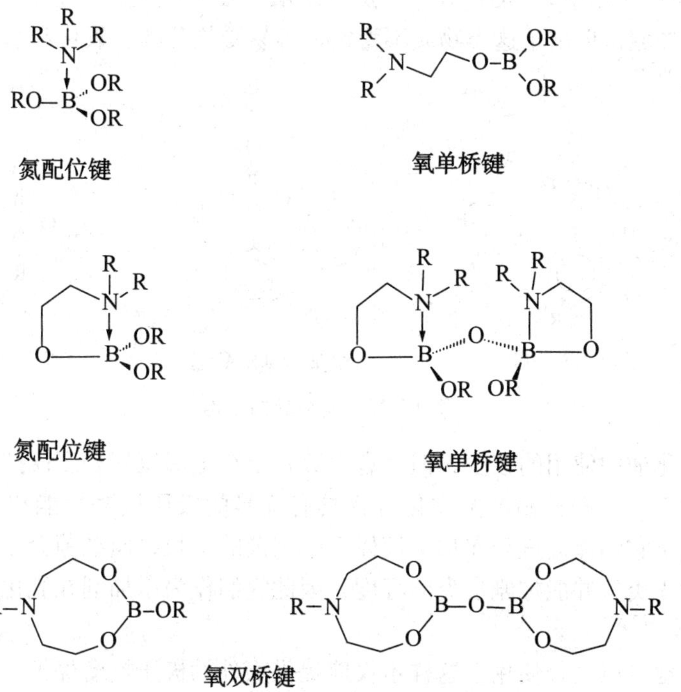

氮配位键　　氧单桥键

氮配位键　　氧单桥键

氧双桥键

图 17.9　硼酸胺的可能结构

硼酸盐不仅可以抑制金属腐蚀，而且它们还可以做为抑菌剂(生物力学)使用，已经发现它们与胺类物质复合后使用具有非常明显的协同抑菌效应。目前对硼酸盐微生物抑制效应的作用机理尚不清楚，但据认为，这可能是由于在较低 pH 环境下释放出的游离硼酸能与核苷酸反应生成顺式二醇结构的化合物，从而起到增强抗微生物活性的作用[75,77]。

虽然硼酸胺型化合物也在内燃机油[78,79]、液压液[80]和防锈油[81,82]中使用，但由于它们具有优异的防锈性能和微生物抑制性能，所以它们最主要用于金属加工液[83]。

17.4.12 磷酸胺盐

金属表面的磷化处理是一种众所周知的表面处理技术，它可以提高金属的耐磨性和耐腐蚀性，常用于金属在喷漆前的表面处理。磷化处理时，一般将铁、钢或钢基衬底浸泡在含有锌离子或镁离子等重金属促进剂的磷酸溶液或其钾盐、钠盐或钙盐溶液中，从而在金属表面形成一层由不溶性磷酸盐结晶组成的温和的抗腐蚀保护膜。目前，金属表面的磷化处理被认为是钢厂的一项关键表面预处理技术，通过表面磷化将金属上层表面转化成一层高度不溶的抗腐蚀层[84]。目前认为这种阴极腐蚀抑制剂的作用机制是在钢表面形成一层可以阻止酸性物质和水侵蚀作用的磷酸盐沉积膜。另外，磷酸盐也被广泛的用于水处理行业，主要是利用磷酸根结合钙离子形成磷酸钙沉淀[10]。

虽然无机磷酸盐(单磷酸盐、正磷酸盐或多磷酸盐)都不是油溶性的，但通过合成可以制备油溶性的磷酸酯类化合物用于润滑油。特别是，像磷酸三酯$(RO)_3P=O$和$(RO)_2(OH)P=O$磷酸双酯类化合物，R通常为烷基取代芳香基，这类化合物已经单独或与其他添加剂复合后在防锈油中使用(图17.10)[84~90]。最为常见的磷酸芳基酯化合物是磷酸三甲酚酯(TCP)和磷酸三(二甲苯)酯(TXP)。虽然磷酸三烷基酯(如磷酸三丁酯和磷酸三辛酯)也能应用于防锈领域，但由于这类物质不稳定，容易受热分解、氧化和水解，使得它们不适宜做防锈添加剂[91,92]。

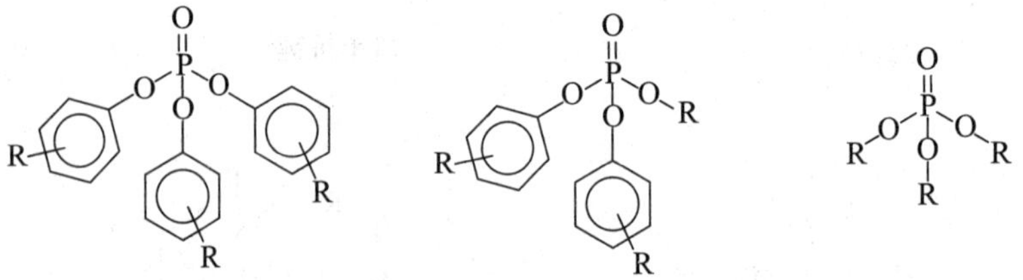

三芳基磷酸酯　　烷基芳基磷酸酯　　三烷基磷酸酯

图17.10　磷酸酯的结构

磷酸酯在乳化油中使用的较少，但也有少数几个在金属拉深和变薄拉伸工艺中使用磷酸三烷基酯的案例[93,94]。虽然磷酸酯类化合物具有优异的极压抗磨性能和防锈性能，同时毒性也较低，但由于它们能促进金属加工液体系中细菌的生长，而细菌会导致与之长期接触的工人产生接触性皮炎，并能加剧皮炎的程度，因此它们作为添加剂在乳化油中的应用受到了极大的限制[10,69,95,96]。

磷酸酯与胺也可以结合使用，这样不仅能提供额外的极压抗磨保护，而且它本身也是一种集阴离子型防锈性(磷酸盐)和阳离子型防锈性(铵)于一体的盐[85]。

另一方面，磷酸酯，特别是磷酸三甲酚酯(TCP)，也广泛应用于对低灰分要求较高的航空涡轮发动机[97]。虽然在1940年代和1950年代生产的磷酸三甲酚酯的确含有相当数量的磷酸三邻甲苯酯(TOCP)，而这种物质由于具有较强的神经毒性受到越来越多的关注，但现在市场上商品化的磷酸三甲酚酯中磷酸三邻甲苯酯的含量已经低到了十亿分之一级了，所以神经毒性不再是人们所关注的焦点[98]。

17.4.13　含氮杂环化合物

叔胺由于其良好的酸中和能力在各种防锈油配方中得到了广泛的认可，但人们发现含氮杂环化合物也可以用于许多常见的防锈处理过程中。最常见的含氮杂环结构有咪唑啉、苯并三氮唑、噻唑、三唑、咪唑和巯基苯并噻唑(图17.7)，当然也包括结构中含有碱性氮原子的所有上述化合物的衍生物。由于这类物质具有挥发性，所以它们可以用于气相防锈剂，尤其适合用于类似由铸铁和铸铝组成的发动机机体等金属设备[99]。另外，由于不会形成无机盐，所以这类物质也极大减少了干性残渣的形成。

人们还发现，一些咪唑啉衍生物在海洋环境中具有较低的毒性，因而可以用于近海石油开采和天然气生产[64,100]。尽管对上述作用的机制并不清楚，但似乎是因为环结构中的高碱性氮与有机酸反应后被转化成了低碱性的盐，而这种低碱性的盐使得分子在海洋环境中毒性较低[64]。

虽然有许多杂环胺类化合物可以用作防锈添加剂，但只有咪唑啉及其衍生物由于具有相对较低的成本和良好的防锈效果，在润滑脂、乳化油以及轧制、切削、钻孔、车削、磨削、拉丝和冲压等金属加工领域取得了不同程度的成功应用。此外，咪唑啉可单独使用或与一些有机酸复合形成无灰胺盐后使用，实践证明它们是非常有效的防锈添加剂(图 17.11)。

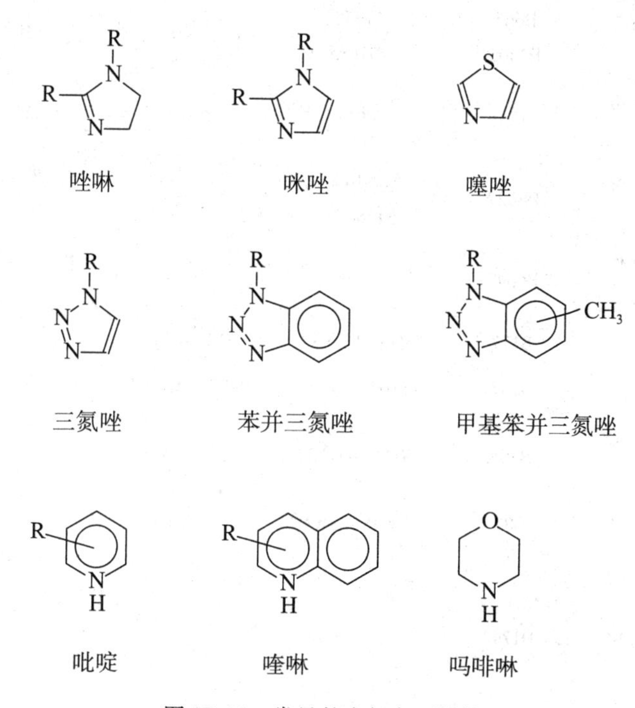

图 17.11　常见的含氮杂环结构

17.5　腐蚀的测试方法

防锈添加剂一般用于各种终端润滑油品中，因此，有各种各样的工业防锈测试标准和腐蚀试验标准可供配方师选择。虽然像美国材料试验协会(ASTM)一样的工业组织列出了许多常用的测试方法，但仍存在许多其他国际性组织制定的标准，如德国标准试验方法(DIN)、国际标准化组织(ISO)、法国标准化协会(AFNOR)、英国石油学会(IP)制定的标准，此外还有各种原始设备制造商推荐用于检测腐蚀和防锈性能的方法。表 17.3 列出了美国材料试验协会制定的防锈剂和腐蚀抑制剂测试标准中最为常用的方法，并与其他组织制定的标准进行了对照。

表 17.3
不同腐蚀测试实验间的对照比较

关于测试方法的描述	测试方法				
	ASTM	DIN	ISO	IP	FTM
润滑油					
用铜带试验法检测石油产品对铜腐蚀性的试验方法	D130	51759，51811	2160	154	7915525
水存在下加抑制剂矿物油防锈特性的试验方法	D665 D3603	51355，51585	7120	135	7914011，7915315
用金属腐蚀抑制剂在湿度箱测定防锈性的试验方法	D1748	50017*	—	366	7915310
水稀释型金属加工液铁屑腐蚀试验方法	D4627	51360P2*，51360P1*	—	287* 125*	—
双金属电偶用润滑液腐蚀作用的试验方法	D6547	—	—	—	7915322.2
盐雾试验方法	B117	50021-SS*	9227-SS*		7914001.2
醋酸-盐雾试验方法	B287	51021-ESS*	9227-AASS*	—	—
铜加速-醋酸盐水喷雾试验(CASS 试验)	B368	50021-CASS*	9227-CASS*	—	—
潮湿二氧化硫试验	G87	50018-SWF*	3231	—	—
润滑脂					
润滑脂防腐蚀性能测试方法	D1743	—	—	—	7914012
检测润滑脂防铜腐蚀性能的试验方法	D4048	—	—	—	7915309
稀释合成海水环境下润滑脂防腐性能试验方法	D5969	—	—	—	—
在动态潮湿条件下测定润滑脂防腐蚀性能的试验方法(Emcor 试验)	D6138	51802	—	220	—
车辆用油					
评价 121℃下柴油机油腐蚀性的试验方法	D5968				7915308.7
评定汽车发动机油防锈性能的试验方法	D6557				

*代表该方法与 ASTM 标准的方法相似。

（1）ASTM D1401　石油和合成液的水可分离性试验方法。该试验方法可以测定40℃运动黏度为28.8～90mm²/s的润滑性液体的水分离能力，如加抑制剂工业齿轮油、液压油、汽轮机油等的水分离能力。虽然这不是一个专门的腐蚀试验标准，但是它被广泛应用于润滑油行业中筛选具有防锈性的润滑剂配方，特别是在一些需要将水及时分离出润滑系统的应用场合（如抗蚀油、轧制油等），而在其他一些应用场合中，乳化又是必要的（如乳化油型金属加工液）。在ASTM D2711标准中，抗乳化性能是衡量工业齿轮油与混入其中的水的分离能力，其测试方法类似于ASTM D1401，但ASTM D2711标准中抗乳化性能的测试方法主要用于衡量高黏度工业齿轮油（ISO 220－ISO 1500）的油水分离能力，不适用于防锈性考察。

（2）ASTM D130　铜片腐蚀试验。该试验方法一般用于评价油品对含铜部件的腐蚀倾向，而ASTM D4048方法则适用于润滑脂。通常，1b代表铜片轻微失去光泽，2a代表铜片中度失去光泽，在大多数情况下这两种测试结果意味着通过腐蚀试验。这一试验方法的测试结果对油品中的活性硫（ASTM D1662）非常敏感，所以可以通过在防锈油品中添加非活性硫添加剂的方法轻易的通过该试验。

（3）ASTM D665　汽轮机油防锈性能测试方法。该试验的目的是评价工业用油在受到水污染后的防锈性能。试验结束后，试件在自然光和无放大观察的情况下必须达到完全无锈的程度才能算通过该测试。这一标准最初是针对汽轮机油制定的，是最为古老的腐蚀测试标准之一，但也适用于许多其他油品（如航空油，防锈油，齿轮油和液压油）。

（4）ASTM D1748　在潮湿箱测定金属防锈剂防锈性能的试验方法。该试验方法用于评价在49℃和高湿度条件下金属防锈剂的防锈性能。在该试验中，在抛光好的钢板表面均匀地涂一层防锈油，然后将其垂直地挂在潮湿箱中，潮湿箱中的水汽从箱子底部喷出并与试片接触。在不同的时间间隔，将试片移出潮湿箱用肉眼进行观察，看是否存在锈蚀和污渍。以试片发生锈蚀或产生污渍的时间，或者以一定的测试时间内试片表面产生锈迹的面积百分数做为评价防锈性能优良的指标。根据不同的应用场合，试片达到1000h、2000h或4000h无锈，可以被认为是通过这一测试。

（5）ASTM B117　盐雾试验方法。这虽然不是一个特定的试验方法，但这一测试方法规定了试验设备、试验步骤和在35°C下产生和维持盐雾环境的试验条件。这一方法既没有规定试件的规格或具体油品在盐雾环境下的暴露时间，也没有对不同的测试结果做出相应的解释。因此，从这一方法衍生出了很多由原始设备制造商（OEM）、军方或国际标准组织制定的类似的更加具体的试验方法，但这些具体的试验方法在使用时则必须经过油品买方和卖方双方的协商同意。在这些具体试验方法中，最常用的是FTM－791C 4001.2方法，它详细的描述了试验的各个条件，包括测试时间、温度、盐溶液浓度。这一方法被公认为是行业标准方法，常用于相对地比较不同防锈油配方间的防锈性能。通过该测试的典型时间一般在100～2000h，但因为该方法是通过与一个指定的标准参照油进行防锈性能对比，所以并不存在一个绝对的通过时间。

表17.4列出了一些最常用的防锈性能测试标准方法，测试的苛刻程度随以下顺序递增：

ASTM D665A < ASTM 665B < ASTM D1748 < FTM 4001.2 < CASS。

表 17.4
典型的腐蚀试验条件

方法	ASTM D665&B	ASTM D1748	FTM 4001.2	CASS
试验类型	锈蚀试验	湿度箱试验	盐雾试验	醋酸－盐雾试验
试验时间/h	4	100	24	5
试验温度/℃	60	49	35	35
试验环境	蒸馏水或合成海水	蒸馏水	5% NaCl 溶液	5% NaCl + 0.2% 醋酸溶液
试件类型	钢棒	喷砂冷轧钢	冷精轧钢	冷轧钢
试件规格	AISI/SAE 1010(BS 970)	AISI/SAE 1009C	AISI/SAE 1010	AISI/SAE 4130
试件尺寸	5″×2×11/16″	4″×2″×1/3″	3″×2″×1/8″	6″×4″×1/8″

(6) ASTM D4627　水稀释金属加工液铁屑腐蚀试验方法。该方法以金属加工过程中产生的典型的铸铁屑为试件，来确定水稀释金属加工液对铸铁的相对腐蚀速率。测试时，将约2g干净的铸铁屑均匀的铺展到放在培养皿中的滤纸上，然后将待测试的金属加工液样品滴加到铸铁屑上，滴加完毕后盖上培养皿。经过一定的试验周期后(一般为24h)，移除滤纸表面的铸铁屑，观察滤纸上的污渍情况。该测试方法通常用通过或失败这两种标准评判水稀释型金属加工液的防锈性能。同样，由该测试方法同样衍生出了诸多有轻微变化的其他方法，如英国石油学会的 IP－287 测试方法、德国标准 DIN 51 360P1、IP－125 或 DIN 51 360P2。修改这一方法主要是为了适应终端用户的各种不同条件。一般以在滤纸上或铸铁屑上不发生锈蚀的最低浓缩液浓度来衡量水稀释性金属加工液的防锈性能，通常这一最低浓度在2%～5%时认为是可以接受的。目前这一方法仍是一种成本低、效果好的筛选手段，可以非常有效地评价水稀释性金属加工液中防锈剂的性能。

(7) ASTM D6547　双金属电偶用润滑液腐蚀作用的试验方法。这个测试方法用于测试液压液和润滑液对双金属电耦的腐蚀作用，该方法替换了联邦标准 791 号的 5322.2 方法。该方法与联邦标准 791 中的 5322.2 方法所使用的仪器、测试条件和结果评判标准都是相同的，但它在描述测试步骤方面更加详尽。

(8) ASTM D1743　测定润滑脂防腐蚀特性的试验方法。该测试方法通过在潮湿环境下储存涂有润滑脂的圆锥滚子轴承的手段来评价润滑脂的防腐蚀性能。该方法中，在一个较轻的轴向载荷下，运转填装有润滑脂的圆锥滚子轴承，使润滑脂均匀的涂覆到整个轴承。该方法是基于 CRC L 412 技术，能够较好的实现实验室测试结果与脂润滑飞机轮轴轴承实际使用性能间的相关性。

(9) ASTM D5969　稀释合成海水环境下润滑脂防腐性能试验方法。该测试方法通过将涂有润滑脂的圆锥滚子轴承暴露于各种浓度的稀释合成海水，并在潮湿环境下储存的手段来评价润滑脂的防腐蚀性能。这个测试方法基于 ASTM D 1743 方法，ASTM D 1743 方法的测试步骤与 ASTM D5969 方法非常相似，但使用的是蒸馏水。该试验结束后，根据至少2/3数量的轴承的锈蚀情况，最终给出通过或失败的试验结果。

(10) ASTM D6138　在动态潮湿条件下测定润滑脂防腐蚀性能的试验方法(Emcor 试验)。该测试方法用于衡量在水存在条件下润滑脂保护轴承免受腐蚀的能力。该方法适用于在动态潮湿条件下测定润滑脂对滚珠轴承的腐蚀防护作用。这是一个动态测试方法，试验时将2套涂装好润滑脂的轴承浸入水中，然后进行一系列周期性的运行和静止存放。在测试结束时，对轴承外圈滚道进行检查并对其生锈情况进行评估。该方法等效于IP-220、DIN 51 802和Emcor/SKF水淋试验。

(11)ASTM B368　铜催化醋酸盐雾试验(CASS试验)。虽然ASTM B368方法通常用于评价硬质镀层(如镀锌或喷漆的表面)的防腐蚀性能，但长期处于户外露天情况下的防锈油和软涂层也可以用该测试方法作为一种可选的条件比较温和的盐雾试验手段。在该方法中，标准盐雾试验的腐蚀性会随着体系pH值的降低或试验温度的升高而加剧。一些本地汽车厂商也有自己版本的该测试方法(如Ford BG105-01 and GM 4476P)，以解决他们自己对具体材料的要求。

(12)ISO 6988　金属和其他无机涂层在通常凝露条件下的二氧化硫腐蚀试验。该试验中，用充有二氧化硫气体的耐蚀箱来测试金属和无机涂层在长期户外暴露条件下的抗腐蚀能力。该耐蚀试验主要模拟酸雨对金属和无机涂层的有害影响，因此要求将二氧化硫溶解在蒸馏水中。试验时，将试验箱在100%相对湿度下加热8h。8h后，从试验箱通气口排出过量的二氧化硫并将试验箱降至室温。每天重复这一循环试验过程，直到在指定的试验周期后发现肉眼可观察到的锈迹，才进行试验结果的报告，结果一般为通过或失败(表17.5)。

表17.5

常见商品防锈剂和腐蚀抑制剂

生产商	化学品名	商品名
空气化工产品公司(Air Products)	烷基胺	
阿克苏诺贝尔公司(Akzo Nobel)	长链烷基取代咪唑啉	Armohib
阿克苏诺贝尔公司(Akzo Nobel)	磺酸胺盐	Armohib，Armeen，Duomeen，
阿克苏诺贝尔公司(Akzo Nobel)	烷基胺	Triameen
阿克苏诺贝尔公司(Akzo Nobel)	硫氰酸铵	
阿克苏诺贝尔公司(Akzo Nobel)	季铵盐类化合物	Arquad
阿克苏诺贝尔公司(Akzo Nobel)	乙氧基化烷基胺	Ethomeen，Ethoduomeen
奥麟化工	联氨	Scav-Ox
亚利桑那化工公司(Arizona Chemical)	二聚脂肪酸	Century，Unidyme
巴斯夫BASF(formerly PPG/Mazer)	烷基胺	Mazon
科聚亚公司(Chemtura)	磺酸钙	Calcinate
科聚亚公司(Chemtura)	磺酸钡	Surchem，Petronate
科聚亚公司(Chemtura)	氧化石油	Oxpet
科聚亚公司(Chemtura)	磺酸钠	Petronate
汽巴精化(Ciba)	丁二酸酯	Irgacor
汽巴精化(Ciba)	多元羧酸	Irgacor
汽巴精化(Ciba)	癸二酸二钠盐	Irgacor
汽巴精化(Ciba)	壬基苯氧基乙酸	Irgacor
汽巴精化(Ciba)	磷酸酯胺盐	Irgalube
汽巴精化(Ciba)	*N*-酰基肌氨酸	Sarkosyl

表 17.5 续表

生产商	化学品名	商品名
汽巴精化(Ciba)	咪唑啉衍生物	Amine
科宁(Cognis)	二聚酸	
科宁(Cognis)	乙氧基化脂肪酸	Eumulgin
科宁(Cognis)	烷基胺	Texamin
道华化学(Dover)	羧酸盐	Synkad
道华化学(Dover)	溴化物	Synkad
道华化学(Dover)	羧酸盐	Mayco
道华化学(Dover)	磺酸钡	Mayco
陶氏化学(Dow)	氨基醇	AMP AEPD, Corrguard
陶氏化学(Dow)	恶唑啉	Alkaterge
杜邦(Dupont)	磷酸二月桂基酯	Ortholeum
杜邦(Dupont)	二元羧酸	Corfree
格雷斯公司	亚硝酸钙	DCI Corrosion Inhibitor
佐治亚太平洋公司(Georgia Pacific)	乙醇胺硼酸盐	Actracor
佐治亚太平洋公司(Georgia Pacific)	乙醇胺羧酸盐	Actracor
佐治亚太平洋公司(Georgia Pacific)	烷醇酰胺	Actramide
Halox 公司	烷基铵盐	Halox
Halox 公司	烷醇胺/硼酸/磷酸	Flash - X
亨斯迈公司(Huntsman)	硼酸胺	Diglycol amine
亨斯迈公司(Huntsman)	乙醇胺	MEA, DEA, TEA
亨斯迈公司(Huntsman)	聚醚胺类	Jeffamines
亨斯迈公司(Huntsman)	蓖麻油聚氧乙烯醚	
亨斯迈公司(Huntsman)	氨甲基丙醇	AMP
金氏工业(King)	二壬基萘磺酸盐	Na - Sul
金氏工业(King)	烷基胺	K - Corr
金氏工业(King)	烷基胺盐	K - Corr
龙沙公司 Lonza	季铵碳酸盐	Carboshield
龙沙公司 Lonza	季铵氯化物	Uniquat
龙沙公司 Lonza	咪唑啉衍生物	Unamine
路博润(Lubrizol)	磺酸钙	Alox, Lubrizol
路博润(Lubrizol)	磺酸钡	Alox, Lubrizol
路博润(Lubrizol)	氧化石油	Alox
Oxy - Wax	氧化蜡	Hypax

表 17.5 续表

生产商	化学品名	商品名
派诺化工	磺酸钠	Aristonate
派诺化工	乙醇胺磺酸盐	Aristonate
派诺化工	磺酸钙	Aristonate
PMC Specialties	苯并三氮唑	Cobratec
PMC Specialties	甲基苯并三氮唑	Cobratec
PMC Specialties	羧基苯并三氮唑	Cobratec
PMC Specialties	甲基苯并三氮唑钠盐	Cobratec
PQ Corporation	硅酸钠	PQ
范德比尔特(R. T. Vanderbilt)	丁二酸酯	Vanlube
范德比尔特(R. T. Vanderbilt)	磺酸钡	Vanlube
范德比尔特(R. T. Vanderbilt)	咪唑	Vanlube
范德比尔特(R. T. Vanderbilt)	磷酸脂胺盐	Vanlube
罗曼哈斯(Rohm & Haas)	烷基胺	Primene
有利凯玛(Uniqema)	专利产品	Perfad
有利凯玛(Uniqema)	脂肪酸衍生物	Prifac, Priolene, Pripol
有利凯玛(Uniqema)	硼酸酯	Monacor
有利凯玛(Uniqema)	羧酸胺盐	Monacor
有利凯玛(Uniqema)	磷酸酯胺盐	Monacor
有利凯玛(Uniqema)	磷酸酯	Monalube
有利凯玛(Uniqema)	咪唑	Monazoline

17.6 未来的需求

润滑油行业对防锈添加剂的需求在未来数年内将持续增长，在某种程度上这是由于像巴西、俄罗斯、中国和印度(金砖四国)一样的发展中国家的需求在不断增长，另一方面，也是因为发达国家原始设备制造商(OEM)在用的设备已逐渐老化。目前新型防锈添加剂市场发展的动力将是对环境和健康的持续关注。

对防锈添加剂新的环境要求中，明确指出了现有各类商品化防锈剂在环境安全方面存在的问题。对胺型产品而言，人们希望能够降低它们对海洋生物的毒性或生态毒性，对这一目标的追求不断推动着工业应用领域选择生态毒性更低、更加环境友好的替代防锈剂产品。而对经典的钡基防锈剂而言，人们期望降低其中的重金属含量并能最终用一些低毒的金属(如钠、钙或镁)取代重金属钡。此外，在润滑油和金属加工润滑剂应用领域，如何处理最终产生的废液或废油已成为人们高度关注的问题，这也不断推动着润滑剂和添加剂市场追寻一些基于动物油脂的产品和更易降解的新化学品。

虽然大多数类似六价铬产品致癌性的严重健康影响已经在极大程度上得到了解决，但仍然有零星爆发的由添加剂导致的各种急性和慢性症状。特别是，减少机械加工厂工人们患接触性皮炎的公共健康问题所引起的关注，已经导致人们对无胺型润滑剂和金属加工液需求的增长，而一般都通过使用像磺酸盐型防锈剂或低毒性胺等的替代技术来解决这一问题。此外，虽然接触性皮炎通常被视为一种急性症状，但过敏性肺炎(常见于惠普工厂工人或机械加工工人)在最极端的情况下往往会导致一些可能需要长期住院治疗的慢性疾病。因此，现在在许多金属加工厂，职工定期健康检查和车间空气质量监测已成为减少和防范职业病发生的标准做法。

通常来说，现在在工业制造领域工作的工人们要比以前安全了许多，因为现在各个行业和政府机构都有了更加严格的法律法规来规范和保护工人的健康和安全，因此人们能在添加剂领域积极地寻找一些低毒、易生物降解的替代化学品。由于人们对环境和健康的持续关注，防锈添加剂的供应商们也将继续开发各种替代技术，并将这些技术应用到从产品最初生产至产品最终处置的管理过程中。

参考文献

1. McDonald, D., The beginnings of chemical engineering—the design of platinum boilers for sulphuric acid concentration, *Platinum Metals Rev.*, 1(2), 51–54, 1957.
2. Whitney, W.R., The corrosion of iron, *J. Chem. Soc.*, 25, 394–406, 1903.
3. Styri, H., Rust prevention by slushing, *Trans. Am. Electrochem. Soc.*, 40, 81–98, 1921.
4. Walker, P.H., L.L. Steele, Slushing oils, Technical Paper, U.S. Bureau of Standards, 176, 1–23, October 14, 1920.
5. Bishkin, S.L., Slushing type rust preventatives, *Nat. Pet. News*, 35, R225–R233, 1943.
6. Baker, H.R., C.R. Singleterry, E.M. Solomon, Neutral and basic sulfonates corrosion-inhibiting and acid-deactivating properties, *J. Ind. Eng. Chem.* (Washington, DC), 46, 1035–1042, 1954.
7. Baker, H.R., W.A. Zisman, Polar-type rust inhibitors: theory and properties, *J. Ind. Eng. Chem.* (Washington, DC), 40, 2338–2347, 1948.
8. Baker, H.R., D.T. Jones, W.A. Zisman, Polar-type rust inhibitors. methods of testing the rust-inhibition properties of polar compounds in oils, *J. Ind. Eng. Chem.* (Washington, DC), 41, 137–140, 1949.
9. Wachter, A., S.S. Smith, Preventing internal corrosion—sodium nitrite treatment for gasoline lines, *Ind. Eng. Chem.*, 35, 358–367, 1943.
10. Kalman, E., Routes to the development of low toxicity corrosion inhibitors for use in neutral solutions, *Eur. Fed. Corros. Publ.*, 11, 12–38, 1994.
11. Nathan, C.C., *Kirk-Othmer Encyclopedia of Chemical Technology*, 2nd Edition, vol. 6, pp. 317–346, 1965.
12. Kennedy, P.J., The mechanism of corrosion inhibition by dinonylnaphthalenesulfonates, *ASLE Trans.*, 23(4), 370–374, 1980.
13. Anand, O.N., V.P. Malik, K.D. Neemla, Sulfonates as rust inhibitors, *Anti-Corros. Methods Mater.*, 33(7), 12–16, 1986.
14. Mertwoy, A., H. Gisser, J. Messina, Rust inhibition in petroleum and synthetic lubricant, *Corrosion*, 74, Paper No. 69, 1974.
15. Reis, H.E., J. Gabor, Chain length compatibility in rust prevention, *Chem. Ind.*, 1561, 1967.
16. Bascom, W.D., C.R. Singleterry, The adsorption of oil-soluble sulfonates at the metal/oil intereface, *J. Phys. Chem.*, 65, 1683–1689, 1961.
17. Wachter, A., S.S. Smith, Preventing internal corrosion—sodium nitrite treatment for gasoline lines, *Ind. Eng. Chem.*, 35, 358–367, 1943.
18. Wachter, A., Internal Corrosion prevention in conduits, U.S. Patent 2,297,666, 1942.
19. Cohen, M., Inhibition of steel corrosion by sodium nitrite in water, *J. Electrochem. Soc.*, 93(1), 26–39, 1948.
20. Hoar, T.P., Nitrite inhibition of corrosion: some practical cases, *Corrosion*, 14, 103t–104t, 1958.

21. Zingman, P.A. T.Y. Fan, W. Miles, N.P. Sen, Nitrosamines and the potential cancer threat in metalworking lubricants, *Metalwork. Interface.*, 3(1), 9–16, 1978.
22. Archer, M.C., J.S. Wishnok, Nitrosamine formation in corrosion-inhibiting compositions containing nitrite salts of secondary amines, *J. Environ. Sci. Health A.: Environ. Sci. Eng.*, A11(10–11), 583–590, 1976.
23. Bennett, E.O., D.L. Bennett, Metalworking fluids and nitrosamines, *Tribol. Int.*, 17(6), 341–346, 1984.
24. Vukasovich, M.S., Rust protection of synthetic metalworking fluids with nitrite alternatives, *Lubr. Eng.*, 40(8), 456–462, 1984.
25. Fette, C.J., Sodium replacement—the state of the art, *Lubr. Eng.*, 35(11), 625–627, 1979.
26. Lucke, W.E., J.M. Ernst, Formation and precursors of nitrosamines in metalworking fluids, *Lubr. Eng.*, 49(4), 217–275, 1993.
27. Hackerman, N., E.S. Snavelyin, *Corrosion Basics—An Introduction*, L.S.V. Delinder, ed. NACE, Houston, TX, 1984.
28. Cerveny, L., *Anticorrosive Lubricants*, GB Patent 1,003,789, 1962.
29. Lake, D.L., Approaching environmental acceptability in cooling water corrosion, *Corros. Prev. Control*, 35(4), 113–115, 1988.
30. Collis, D.E., Hydrazine for boiler protection, *Kent Tech. Rev.*, 12, 19–21, 1974.
31. Siddagangappa, S., S.M. Mayanna, F. Pushpanadan, 2,4-Dinitrophenylhydrazine as corrosion inhibitor for copper in sulphuric acid, *Anti-Corros. Method. Mater.*, 23(8), 11–13, 1976.
32. Banweg, A., Organic treatment chemicals in steam generating systems—using the right tool in the right application, *PowerPlant Chem.*, 8(3), 137–140, 2006.
33. Nagarkoti, B.S., A.K. Jain, M.F. Sait, Rust prevention characteristics of barium and calcium oxidates in rust preventing oils, *Additives in Petroleum Refinery and Petroleum Product Formulation Practice*, Proceedings, Sopron, Hung, pp. 125–127, 1997.
34. Rigdon, O.W., A. Macaluso, Petroleum oxidate and calcium derivatives thereof, U.S. Patent 4,089,689, 1978.
35. Eckard, A.E., I. Riff, Overbased sulfonates combined with petroleum oxidates for metal forming, U.S. Patent 5,439,602, 1995.
36. Slama, F.J., Process for overbased petroleum oxidate, U.S. Patent 5,013,463, 1991.
37. Hayner, R.E., Metal-sufonate/piperadine derivative combination protective coatings, U.S. Patent 4,650,692, 1987.
38. Carlos, D.D., B.K. Friley, Hydrocarbon oxidate composition, U.S. Patent 4,491,535, 1985.
39. Anand, O.N., V.P. Malik, P.K. Goel, Oil-soluble metallic petroleum sulfonates, *Petrol. Hydrocarbons*, 7(2), 59–67, 1972.
40. Baker, R.F., P.F. Vaast, Sulfonates as corrosion inhibitors in greases, *NLGI Spokesman*, 54(11), 465–469, 1991.
41. Baker, R.F., Barium sulfonates in lubricant applications, with a regulatory overview, *NLGI Spokesman*, 57(11), 463–466, 1994.
42. Hone, D.C., B.H. Robinson, J.R. Galsworthy, R.W. Glyde, Colloidal chemistry of lubricating oils, *Surf. Sci. Ser.*, 100(Reactions and Synthesis in Surfactant Systems), 385–394, 2001.
43. Liston, T.V., Engine lubricant additives what they are and how they function, *Lubr. Eng.*, 48, 389–397, 1992.
44. Han, N., L. Shui, W. Lui, Q. Xue, Y. Sun, Study of the lubrication mechanism of overbased Ca sulfonates on additives containing S or P, *Tribol. Lett.*, 14(4), 269–274, 2003.
45. Eckard, A.E., H. Ridderikhoff, High performance calcium sulfonates for metalworking, *12th International Tribology Colloquium*, Esslingen, 2000.
46. Marsh, J.F., Colloidal lubricant additives, *Chem. Ind.*, 20, 470–473, 1987.
47. Riga, A.T., H. Hong, R.E. Kornbrekke, J.M. Calhoon, J.N. Vinci, Reactions of overbased sulfonates and sulfurized compounds with ferric oxide, *Lubr. Eng.*, 49(1), 65–71, 1992.
48. Muir, R.J., Eliades, T.I. Overbased magnesium deposit control additive for residual fuel oils, PCT Intl. Appl. WO 99/51707, 1999.
49. Diehl, R.C., J.L. Walker, Composition and method of conditioning fuel oils, Eur. Pat. Appl. EP 0 0007 853, 1980.
50. Tiwari, S.N. and S. Prakassh, Magnesium oxide as a corrosion inhibitor of hot oil ash corrosion, *Mater. Sci. Technol.*, 14(5), 467–472, 1998.
51. Pantony, D.A., K.I. Vasu, Corrosion of metals under melts I. Theoretical survey of fire-side corrosion of boilers and gas turbines in the presence of vanadium pentoxide, *J. Inorg. Nucl. Chem.*, 30(2), 423–432, 1968.

52. Sabol, A.R., Method of preparing overbased barium sulfonates, U.S. Patent 3,959,164, 1976.
53. Tebbe, J.M., L.A. Villahermosa, R.B. Mowery, Corrosion preventing characteristics of military hydraulic fluids, *2005 SAE World Congress*, Detroit, MI, # 2005-01-1812, 2005.
54. Graichen, S., Fatty acid bismuth salts as bactericides and anticorrosion inhibitor suitable for lubricating or cooling fluids in metalworking, Eur. Pat. Appl. 1035192, 2000.
55. Watanabe, S., T. Fujita, New additives derived from fatty acids for water-based cutting fluids, *J. Am. Oil Chem. Soc.*, 62(1), 125–127, 1985.
56. Larson, R.G., G.L. Perry, Investigation of friction and wear under quasi-hydrodynamic conditions, *Trans. ASME*, 65(1), 45–49, 1945.
57. Carcel, A.C., D. Palomares, E. Rodilla, M.A. Perez-Puig, Evaluation of vegetable oils as pre-lube oils for stamping, Tribology in Environmental Design 2003: The Characteristics of Interacting Surfaces—A Key Factor in Sustainable and Economic Products, International conference, 2nd, Bournemouth, U.K., September 8–10, pp. 205–215, 2003.
58. Annand, R.R., R.M. Hurd, N. Hackerman, Adsorption of monomeric and polymeric amino corrosion inhibitors on steel, *J. Electrochem. Soc.*, 112, 138–144, 1965.
59. Subramanian, A., M. Natesan, V.S. Muralidharan, K. Balakrishnan, T. Vasudevan, An overview: vapor phase corrosion inhibitors, *Corrosion*, 56(2), 144–155, 2000.
60. Ch'iao, S.J., C.A. Mann, Nitrogen-containing organic inhibitors of corrosion, *Ind. Eng. Chem.*, 39(7), 910–919, 1947.
61. Desai, M.N., Corrosion inhibitors for aluminium alloys, *Werstoffe Korrosion*, 23(6), 475–482, 1972.
62. Hausler, R.H., L.A. Goeller, R.P. Zimmerman, R.H. Rosenwald, Contribution to the "filming amine" theory: an interpretation of experimental results, *Corrosion* (Houston, TX), 28(1), 7–16, 1972.
63. Murray, W.J., Vapor phase corrosion inhibition, U.S. Patent 2,914,424, 1959.
64. Naraghi, A, H. Montgomery, N. Obeyesekere, Corrosion inhibitors with low environmental toxicity, Eur. Pat. Appl. EP 1 043 423 A2, 2000.
65. Wu, Y, K.E. McSperritt, G.D. Harris, Corrosion inhibition and monitoring in sea gas pipeline systems, *Mater. Perf.*, 27(12), 29–34, 1988.
66. de Boer, E.M., W.G. van Ketel, D.P. Bruynzeel, Dermatoses in metal workers. (I) Irritant contact dermatitis, *Contact Dermatitis*, 20, 212–218, 1989
67. de Boer, E.M., W.G. van Ketel, D.P. Bruynzeel, Dermatoses in metal workers. (I) Allergic contact dermatitis, *Contact Dermatitis*, 20, 280–286, 1989.
68. Grattan, C.E., J.S.C. English, I.S. Foulds, R.J.G. Rycroft, Cutting fluid dermatitis, *Contact Dermatitis*, 20, 372–376, 1989.
69. Geier, J., H. Lessman, H. Dickel, P.J. Frosch, P. Koch, D. Becker, U. Jappe, W. Aberer, A. Schnuch, W. Uter, Patch test results with the metalworking fluid series of the German Contact Dermatitis Research Group (DKG), *Contact Dermatitis*, 51, 118–130, 2004.
70. Williams, D.A., D.S. Sullivan, B.I. Bourland, J.A. Haslegrave, P.J. Clewlow, N. Carruthers, T.M. O'Brien, Amine derivatives as corrosion inhibitors, Eur. Pat. Appl. EP 0 593 294 A1, 1992.
71. Quitmeyer, J.A., Amine carboxylates: additives in metalworking fluids, *Lubr. Eng.*, 52(11), 835–839, 1996.
72. Kyle, G.H. Maleated tall-oil fatty acid reacted with alkanolamines for a corrosion inhibitor suitable for lubricating or cooling fluids in metalworking, PCT Int. Appl. WO 00/52230, 2000.
73. Vuorinen, E., W. Skinner, Amine carboxylates as vapour phase corrosion inhibitors, *Br. Corros. J.*, 37(2), 159–160, 2002.
74. Yao, J., J. Dong, Improvement of hydrolytic stability of borate esters used as lubricant additives, *Lubr. Eng.*, 51(6), 475–479, 1995.
75. Sherburn, R.E., P.J. Large, Amine borate catabolism by bacteria isolated from contaminated metal-working fluids, *J. Appl. Microbiol.*, 87, 668–675, 1999.
76. Loomis, W.D., R.W. Durst, Chemistry and biology of boron, *Biofactors*, 3, 229–239, 1992.
77. Buers, K.L.M., E.L. Prince, C.J. Knowles, The ability of selected bacterial isolates to utilize components of synthetic metal-working fluids as sole sources of carbon and nitrogen growth, *Biotech. Lett.*, 19(8), 791–794, 1997.
78. Hellmuth, W.W., E.F. Miller, Boron amide lubricating oil additive, U.S. Patent 4,025,445, 1977.
79. Small, V.R., T.V. Liston, A. Onopchenko, Diethylamine complexes of borated alkyl catechols and lubricating oil compositions containing the same, U.S. Patent 4,975,211, 1990.
80. Sato, T., K. Kawakatsu, Hydraulic fluid comprising a borate ester and corrosion inhibiting amounts of an oxyalkylated alicyclic amine, U.S. Patent 4,173,542, 1979.

81. Herd, R.S., A.G. Horodysky, Products of reaction of organic diamines, boron compounds and acyl sarcosines and lubricant containing same, U.S. Patent 4,474,671, 1984.
82. Hunt, M.W., Amine boranes, U.S. Patent 3,136,820, 1964.
83. Jahnke, R.W., W.C. Woerner, Corrosion-inhibiting compositions, and oil compositions containing said corrosion-inhibiting compositions, PCT Intl. Pat. Appl. WO 86/03513, 1985.
84. Placek, D.G., G. Shankwalker, Phosphate ester surface treatment for reduced wear and corrosion protection, *Wear*, 173(1–2), 207–217, 1994.
85. Palmer, R.C., Lubricant, U.S. Patent 2,418,422, 1947.
86. Paciorek, K.J.L., S.R. Masuda, Rust inhibitor phosphate ester formulations, U.S. Patent 5,779,774, 1998.
87. Anzenberger, J.F., Rust-preventative compositions, U.S. Patent 4,263,062, 1981.
88. Bretz, J., Metal-containing organic phosphate compositions, U.S. Patent 3,411,923, 1968.
89. Cantrell, T.L., J.G. Peters, Rust inhibited lubricating oil compositions, U.S. Patent 2,772,032, 1956.
90. Pragnell, J.W.A., A.J. Markson, M.A. Edwards, Corrosion inhibiting lubricant composition, GB Patent 2,272,000 A, 1994.
91. Shankwalker, S.G., C. Cruz, Thermal degradation and weight loss characteristics of commercial phosphate esters, *Ind. Eng. Chem. Res.*, 33, 740–743, 1994.
92. Cho, L., E.E. Klaus, Oxidative degradation of phosphate esters, *ASLE Trans.*, 24(1), 119–124, 1981.
93. Malito, J.T., R.D. Wintermute, S.F. Ross, J.M. Ferrara, Polycarboxylic acid ester drawing and ironing lubricant emulsions and concentrates, U.S. Patent 4,767,554, 1988.
94. Tury, B., Ammonium organo-phosphorus acid salts, PCT Intl. Pat. Appl. WO 94/03462, 1994.
95. Isaksson, M., M. Frick, B. Gruvberger, A. Ponten, M. Bruze, Occupational allergic dermatitis from the extreme pressure (EP) additive zinc, bis ((O,O′-di-2-ethylhexyl)dithiophosphate) in neat oils, *Contact Dermatitis*, 46(4), 248–249, 2002.
96. The effects of water impurities on water-based metalworking fluids, Milacron Marketing Co. Technical Report No. J/N 96/47.
97. Phillips, W.D., Phosphate ester hydraulic fluids, *Handbook of Hydraulic Fluid Technology*, G.E. Totten, ed. New York: Marcel Dekker, 2000.
98. Mackerer, C., M.L. Barth, A.J. Krueger, A comparison of neurotoxic effects and potential risks from oral administration or ingestion of tricresyl phosphate or jet engine oil containing tricresyl phosphate, *J. Toxicol. Environ. Health, Part A*, 57(5), 293–328, 1999.
99. DeCordt, F.L.M., N. Svensson, J. Mihelic, M. Blackowski, Corrosion inhibiting composition, U.S. Patent Appl. 2005/0017220 A1, 2005.
100. Braga, T.G., R.L. Martin, J.A. McMahon, B. Oude Alink, B.T. Outlaw, Combinations of imidazolines and wetting agents as environmentally acceptable corrosion inhibitors, PCT Intl. Pat. Appl. WO 00/49204, 2000.

18 可生物衍生和生物降解的润滑油添加剂

18.1 引言

作为石油基油品的替代产品，生物基和可生物降解润滑油正在引起人们的日益关注。根据美国海洋和大气管理局(NOAA)发布的数据，每年有7亿加仑的石油排入海洋，超过半数即3.6亿加仑是因为不负责任的保养习惯及常规的泄漏和溢出。

由于来自环境执法机构压力和石油润滑油泄漏成本的不断增加，许多设备用户正在使用或考虑使用环境安全油品。这类油品可保证用户不用考虑罚款、清理费用和停机时间，但必须为每个特定的应用场合选择正确的油品。

可生物降解液压油的好处众所周知。生物降解特性可降低泄漏和溢出对环境产生的负面影响；无毒的特性意味着不会伤害与该液体接触的操作人员、动物或植物；可再生性降低了对国外石油的依赖。

传统上研究人员一直专注于如何解决植物油用作润滑油基础油的局限性，植物油存在氧化安定性、低温性能以及橡胶相容性差的特点。早期的生物基润滑油配方基于与石油基润滑油相类似的化学机理，产品并不能满足工业要求。在过去的十多年中，随着对植物基原料和配方的改进以及对相关化学机理认识的提高，已开发出了性能可与常规石油基润滑油比拟或更好的生物降解油品。

生物基油品范围宽泛，但大多数易于生物降解。也就是说，以ASTM D 5864可生物降解性能试验测定，28天内生物降解率可以达到60%以上。而石油基液压油既不具有可生物降解性(28天内$<30\%$)，也不具有自身的生物降解性(28天内$30\% < X < 59\%$，X为生物可降解率)。

大多数生物基油品不含毒性物质，如硫酸盐灰分、锌、钙以及其他重金属。生物基油品通常经调制后也几乎无毒，与ASTM无毒性规范比较，其毒性经多次测试要低5~10倍。常规石油基润滑油通常为锌和钙添加剂体系，一般认为是有毒的，且毒性持久，可杀死用于生物降解的微生物，而其自身也不易被微生物所消耗。有一些自身可生物降解的石油基无灰添加剂体系液压油，毒性比标准的石油基液压油要低得多。不过，这些产品仍然是石油基的，微生物不易使其降解(消化)。它们可在环境中持续存在好几个月或数年，极大地降低了水质，危害当地的野生动物和生态系统。

石油产品含有芳香、环状(环形结构)烃类，这些芳烃会使水面产生类似彩虹的光泽。而生物基产品不含芳烃，溢出后不会在水面产生彩虹光泽。苛刻加氢处理后的油品在炼制过程中会除去大部分芳烃，这类油品溢出后也许不会在水面产生光泽，但仍会持续危害水表，伤害野生水中动物和生态系统。

对于润滑油而言，没有一个关于生物基、环境友好或可生物降解的通用定义，本章重点讨论植物油含量最大值 >60% 的植物油基或生物基润滑油。美国农场安全和农村投资法(FS-RIA 或农场法案)于 2002 年颁布，这一立法的目的是促使政府部门购买和使用生物基产品。根据这项立法，美国农业部(USDA)开始选择并按优选次序分批指定相关的生物基油品，同时对其最低生物基含量作出规定。第一轮与润滑油相关的产品已颁布(表 18.1)[1]。

表 18.1

政府指定的最低生物基含量

产品	最低生物基含量/%
柴油燃料添加剂	90
液压油(移动设备)	44
外泄性润滑油	68

资料来源：摘自美国农业部推荐的生物网站，http：//www.biopreferred.gov。

虽然美国联邦政府对油品生物基含量的最低水平做出了规定，但高性能植物基油品的生物基含量有时会超过 90%，这样会更易于(快速)生物降解[2]。

本章主要讨论与环境相容的化学性，通常定义为无重金属、无灰、低处理量、低毒性和对环境影响的低持久性。这些化学性不会对生物基产品的环境安全性产生不利影响，且毒性非常小。评价物质毒性的一个标准是 LC_{50}，即某种物质的浓度为多少个 μg/g 级别时会在 96h 试验中使实验动物有 50% 致命[3]。可以看出，LC_{50}越高毒性越低。大部分市售生物基润滑剂配方的 LC_{50}为 5000 ~ 10000μg/g，仅 LC_{50}小于 5000μg/g 的毒性才会被考虑。然而，本章也会涉及到一小部分 LC_{50} < 5000μg/g 植物基油品，但添加剂化学性对油品有正面影响。这些添加剂包括传统矿物油型添加剂和其他新型添加剂。

目前，已对液压油和拖拉机传动液进行了大量工作，测出了其在使用过程中润滑油的总损失量。对发动机油而言，其市场虽然较大，但由于泄漏或溢出少，通常对环境的威胁不明显。由于发动机工作温度极高，植物基油品并不适用。虽然迄今已做了一些工作，但化学品制造商协会(CMA)或国际润滑剂标准化和批准委员会(ILSAC)仍认可了非植物基发动机油的使用，对发动机油的研究也显示有几种类型添加剂可予以应用。

经精炼、脱色和脱臭(RBD)处理的食品级植物油在工业润滑应用中会有一定的局限性，这是由于其热氧化安定性和低温流动性较差的内在缺陷所致。可通过基因技术改性植物基础油如高油酸、化学改性如利用酯化反应，再结合与改性植物油具有良好配伍性的添加剂，解决植物油用于液压油的相关问题。较早的研究和后来的商业应用也表明，混有改性植物油的液压油可满足原设备制造商(OEM)对油品的性能要求。对基因改性植物油及其混合物(包括酯和聚 α-烯烃)性能优点的评价方面也已做了大量工作，但本章不予以介绍。大多数情况下，可为常规植物油提供性能保证的添加剂也适用于基因改性植物油及其混合物。

在介绍现代添加剂之前，先讨论植物油的发展历史。

18.2 发展历史

早期生物基润滑油配方基于类似于石油基润滑油所应用的化学机理，开发的产品往往不能满足工业性能要求。

从历史上看，植物油基润滑油在工业应用中不能表现出良好的性能，主要有以下几方面的原因。第一，植物基润滑油配方不合适。通常，润滑油由基础油和各种不同性能的化学品调配而成。市场上的早期植物基润滑油采取同样的配方进行调合，但由于植物油特征与石油大不相同，这种方法不是很有效。植物油典型特征列于表 18.2。

表 18.2

不同基础油的典型特征

特征	矿物油	植物油	饱和酯	聚 α－烯烃
润滑性	低	高	高	低
氧化安定性 RPVOT	300	50	180	300
黏度指数(VI)	100	200	165	150
水解稳定性	高	高	低	高
极性	低极性	高极性	极性	低极性
饱和度	饱和	不饱和	饱和	饱和
闪点/℉	200	450	400	350
倾点/℉	－35	－35	－40	－50

资料来源：Terresolve 内部资料库。

植物基油品要根据其自身的特性进行调制。目前，已有一些具有良好性能和合理价格的现代植物基油品推向市场。图 18.1 为各种基础油的相对成本。

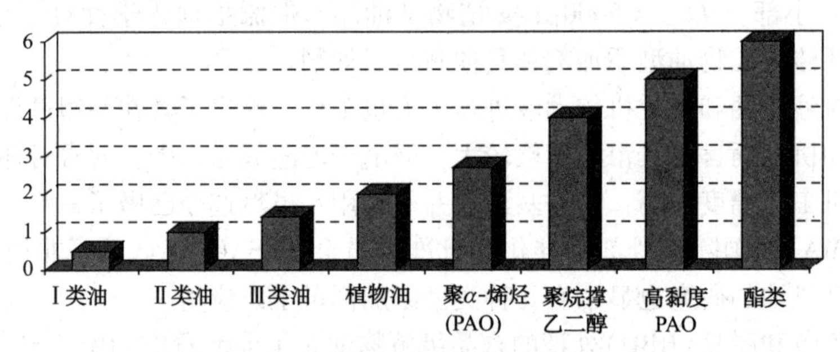

图 18.1　各种基础油的相对成本

（资料来源：Terresolve 内部资料库）

所有甘油三酯植物基润滑油都会受到温度因素的限制，但还是有一些油品性能要更好一些。例如：大多数植物基润滑油最高工作温度为 140℉，但部分油品能达到 220℉。同样，大多数植物基润滑油工作温度可低至 30℉，但还是有部分油品能在 －30℉保持良好的流动性能。

温度因素是早期油品技术上不过关的另一个主要原因，也造成了对油品的错误选择。即使是最高性能生物基润滑油，也有温度和寿命方面的局限性。在超过 220℉（有些低达 160℉）工况下，会提前导致设备故障，或者有可能引发灾难性故障。再结合对湿气的敏感性（生物基润滑油的另一个特征），会引起大量问题。在极端高温、环境敏感的应用场合，还是应该选择易于生物降解的合成润滑油。

最后，在生物基油品的应用中，要特别注意尽量延长其使用寿命。润滑剂系统中最好不要有水的存在，因其会引起包括添加剂失效、促使酸性物质生成、破坏密封、生锈和加速磨损等不利因素。而大部分生物基油品更易于水解从而导致酸性物质形成，更易于使添加剂沉淀，也更易于氧化不稳定。

在过去的十多年中，随着对植物基原料的改进包括使用低油酸的菜籽油类、高油酸的大豆和菜籽油类及低温蓖麻油，对添加剂化学性认识的提高，对配方技术的改进，研究人员已开发出了性能可与常规石油基润滑油比拟或更好的生物降解油品。

18.3 植物基油品

植物油和脂肪通常是甘油三酯，即基本上是脂肪酸和甘油的三酯，可溶于大多数有机溶剂，不溶于极性物质如水。植物油有宽范围的脂肪酸分布，但最常用的是 C_{18} 油酸或亚油酸。每种酸的比例取决于植物类型、生长季节和地理分布，这些因素可以显着影响植物油基油品的性能，包括氧化安定性、冷流动性、水解稳定性等。例如，油酸含量越高，氧化安定性越好，但倾点越高(这是不好的)。其他章节将进一步讨论酸含量和油品性能的关系。

18.4 油品类型和性能

下图示出以压力差式扫描量热(PDSC)法测得的油酸含量对氧化安定性的影响。PDSC 法常用来评价润滑油和基础油的薄膜氧化性能，也可称为 CEC L－85－T－99。该试验可测出诱导时间为分种，通常，时间越长氧化安定性越好。

图 18.2[4] 表明植物油油酸含量与其氧化安定性之间具有关联作用。通常，油酸含量越高，氧化安定性越好。

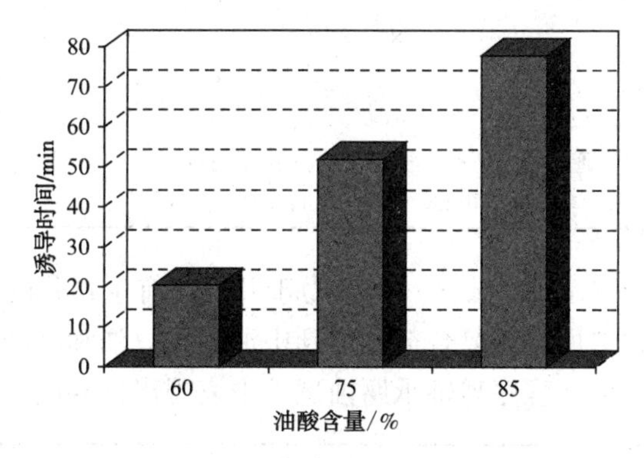

图 18.2 PDSC 氧化安定性

(Bergstra，R.，天然油基化学品的发展机遇．植物生物产业研讨会，MTN 顾问协会，加拿大萨斯喀彻温省萨斯卡通，2007.2.27)

18.5 复合剂

如前所述，早期植物油基油品配方中使用的添加剂类似于石油基油品中的添加剂。在大多数情况下，石油是非极性而甘油三酯是高极性的。因此，传统石油添加剂在植物油中有时会存在溶解性问题，通常要在复合剂中添加增溶剂。不含金属的复合剂即无灰添加剂，在植物油中更易于溶解。

即使在今天，添加剂制造商仍在尝试改进复合剂配方以用于植物油。尽管添加剂公司对石油基础油的化学机理已完全理解，但制定植物油基油品配方需高度专业化知识，添加后能维持油品体系的一致性是一项异常复杂的工作。

添加剂公司提供的大多数复合剂主要为石油基油品设计，即使是面向植物油使用的复合剂，其核心化学机理也是基于石油基油品。此外，各组分中的稀释液通常是石油类，当复配各类添加剂时会引入几个百分比的石油，这最终将会降低油品生物降解能力并提高其毒性。

由植物油制取高性能油品必须选用清洁方案，同时油品设计要基于基础油特定特征和最终产品的特定要求。某些典型的石油添加剂在植物油中也是有效的，常见的食品级添加剂性能优越且低毒。在调制植物基润滑油时，可扩大对食品添加剂和其他非润滑剂行业添加剂的研究并予以应用。表 18.3[5]列出了可同时用于石油和植物基油品的复合剂性能，并与特制的植物油基油品配方及其专用复合剂性能进行了比较。旋转弹氧化试验(RPVOT)即 ASTM D 2272 是测定润滑油和基础油氧化安定性的常见试验方法，ASTM D 665B 防锈试验也是测定成品油锈蚀性能的典型方法。

表 18.3

植物油复合剂性能

项目	客户配方	植物油复合剂 1	植物油复合剂 2	石油复合剂 1	石油复合剂 2
石油复合剂 1				×	
石油复合剂 2					×
植物油复合剂 1		×			
植物油复合剂 2			×		
RPVOT D2272	125	76	16	41	16
锈蚀 D665B	通过	通过	不通过	通过	不通过

数据来源：Terresolve 专有技术开发中心，2005.10.11 ~2007.1.8。

过去几年中，胜牌(Valvoline)公司一直致力于开发含有生物基的发动机油。在这项工作中，胜牌基于清洁方案，选用常规复合剂添加到中油酸大豆油和石油的混合物中。考虑到生物基油品的特性，该油品可在程序Ⅶ轴承腐蚀试验中表现出优异的性能(表 18.4)[6]。

表 18.4

程序Ⅶ性能

发动机测试结果	失重/mg	10h 后黏度降低/(mm^2/s)
GF4 规格限值	26	维持评级值
传统复合剂	108.6	11.50
专用复合剂	4.0	11.09

资料来源：McCoy，S，美国大豆理事会技术咨询小组，2005 年 9 月 20 日。

18.6 清净剂

植物油有较高的溶解能力，且自身也可作为清净剂。植物油和植物油甲基酯成功用作溶剂和清洁剂已有很多年。

改善清净剂性能应避免使用酚盐和磺酸盐，因为对于环境安全油品而言这类盐通常具有毒性。酚盐和磺酸基官能团没有问题，但传统石油清净剂常链接有重金属如钙、钠和钡，具有很强的毒性。不含金属的酚盐和磺酸盐可用于密封防护材料，同时还附带有其他优点，如某些酚盐可改善天然油脂的热稳定性，某些磺酸盐具有抗腐蚀性能。

低剂量的磷酸盐和磷酸脂已成功用于植物基油品，具有良好性能且对环境没有不利影响。

硫化酚盐和水杨酸盐会对植物油环境安全性的优点产生不利影响，通常不用于生物基油品。已对硫代膦酸盐、膦酸盐和硫代磷酸酯的清净性和抗磨性做的一些研究工作(虽然不多)表明，这类添加剂用于植物基润滑油配方中意义不大，因为植物油自身已拥有足够的清净和抗磨能力，不需要另外补充。

18.7 分散剂

几乎所有的分散剂都是专为石油基油品设计，通常含有长长的尾链能将其溶于油中，极性头能将杂质分散于油中，这些杂质可在稍后滤去或在换油时除去。植物油分子用作分散剂尺寸太小，极性头又是高极性，分子链长度太短无法容纳杂质和油泥。

典型的植物基润滑油如液压液和全损耗油(链锯油和二冲程发动机油)几乎不需要分散剂。但还是做了一些工作来评价分散剂在植物基发动机油中的作用，研究表明，在不显著降低其他特性的情况下，最有效的方式是通过分散剂聚合物来增加分散性。由于分散剂是一种多用途添加剂，分散剂聚合物的另一个好处是能将非生物降解、非生物基产品数量维持到最低限度。传统的高分子量分散剂如聚异丁烯(PIB)、聚异丁烯丁二酰亚胺和聚异丁烯丁二酸酯，会对环境产生不利影响通常不使用。

18.8 防腐剂/防锈剂

锈蚀是水和黑色金属之间的化学反应，腐蚀是化学物质(通常为酸)和金属之间的化学反应。如前所述，任何润滑系统中有水存在都是不好的。一方面它能在金属表面形成锈蚀，另一方面还可与系统中的化学品反应产生酸继而形成腐蚀。植物油可用新型(昂贵)酸抑制剂防止腐蚀和锈蚀，而酸抑制剂用于传统添加剂常会形成沉淀引起过滤器堵塞。磺酸盐和酸锈蚀抑制剂有较多的表面活性，用在植物油基油品中能表现出良好的性能。

18.9 抗氧剂

植物油在工业应用中的主要弱点是其氧化不稳定性，主要为油和氧之间的相互作用。植物油(甘油三酯)的双键数量取决于油品类型，油品在使用中产生自由基离子，双键会寻找离子(游离电子)并与之发生反应，从而改善植物油的特性，即打开双键使副产物降解。植物油不饱和度与氧化安定性之间有很好的相关性，表18.5[7]列出了几种类植物油用PDSC测量的氧化特性(详细描述见第4节)。可以看出，通过改变脂肪酸组成而不是个别的脂肪酸比例，可使起始氧化温度和氧化稳定性得到改善。

表18.5

大豆油的饱和度和PDSC起始氧化温度

基础油	名称	不饱和度	PDSC起始氧化温度/℃
大豆油	SO	1.5	173
高亚油酸大豆油	HLSO	1.4	179
中油酸大豆油	MOSO	1.14	190
高油酸大豆油	HOSO	0.94	198

来源：Erhan，S. Z. 中油酸大豆油的氧化安定性：抗氧剂－抗磨剂的协同效应，美国国家农业利用研究中心，2006。

植物油与石油基油品相比氧化安定性要低很多，可通过选择植物种类、化学改性和使用抗氧剂加以改善。

继之前对植物基油品和石油基油品复合剂对油品氧化安定性(第18.5节表18.3)影响的研究，本节继续考察添加抗氧剂后对油品的影响。从表18.6可以看出，虽然两种复合剂中添加抗氧剂后对油品的氧化安定性有所改善，但均未达到客户液压油配方的性能要求。

表18.6

抗氧剂对植物油配方的影响

项目	用户配方	植物油基油品复合剂	植物油基油品复合剂＋抗氧剂1	石油基油品复合剂＋抗氧剂3	石油基油品复合剂＋抗氧剂2
石油基油品复合剂				×	×
植物基油品复合剂		×	×		
抗氧剂1			×		
抗氧剂2					×
抗氧剂3			×	×	
RPVOT D2272	125	76	100	41	52
锈蚀D665B	通过	通过	通过	通过	没有测试

数据来源：Terresolve专有技术开发中心，2005.10.11～2007.1.8。

某些独特的抗氧化剂如二芳基二硫代氨基甲酸锌(ZDDC)、烷基二苯基胺(ADPA)和叔丁基对甲酚(BHT)，可改善大豆油的PDSC和RPVOT性能。研究也显示(图18.3)，添加某些抗磨剂如二烷基二硫代氨基甲酸锑(ADDC)后可增强油品RPVOT性能。

这类化学物质对植物油氧化性能的改善具有积极意义，但它们有毒且毒性持久，会影响油品的环境安全性。

另外还有两种方法广泛用于抑制油品的氧化，分别是去除自由基和过氧化氢分解。去除自由基方法是先锁定自由基以抑制氧化，植物油常用自由基清除剂有芳基胺和受阻酚。二烷基二硫代锌(ZDDP)是一种应用广泛的自由基清除剂和优良的抗磨剂，但由于具有高毒性，在植物油配方中不经常使用。

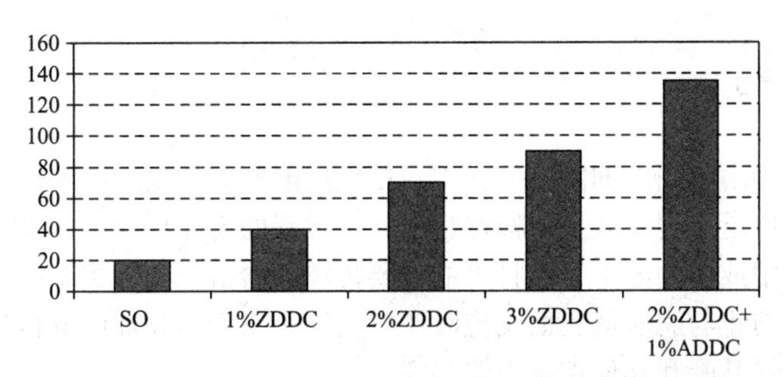

图 18.3 抗氧剂和抗磨剂对大豆油 RPVOT 性能的影响

（来源：Erhan，S. Z. 中油酸大豆油的氧化安定性：抗氧剂－抗磨剂的协同效应，美国国家农业利用研究中心，USDA/ARS，依利诺斯州 Peoria：2006）

另外一种广泛使用的抗氧化剂基于过氧化氢分解。过氧化氢物是氧化的另一种前身物，使之分解可大大提高氧化稳定性。可分解过氧化氢物的添加剂主要是含磷添加剂，大多对环境无害且非常有效。其他诸如硫化物、磷酸盐和烯烃，由于与环境不相容一般不使用。

18.10 抗磨剂

植物油有优异的润滑性，远优于矿物油。植物油的极性可提高油品抗磨特性，这是因为它们与金属有亲和力并可保护表面。某些精炼植物油在自然状态下不含任何添加剂，可通过 ASTM D2882 和 ASTM D2271 方法的液压泵磨损试验。这类未加剂油品会由于氧化不稳定性而产生热分解，但在磨损试验中却表现良好。

磷酸胺化合物(APC)由于易于生物降解及其自身固有的生物降解性，已用于植物油。磷酸胺化合物虽然在精制油品中不能很好工作，但却可用于植物油中。

一些常用抗磨剂已用于植物油。研究发现，当与某些抗氧剂一起使用时，会降低油品的氧化安定性，如 APC 和二烷基磷二硫代钼盐(MDPDT)等抗磨剂与 ZDDC 一起使用(图 18.4)。

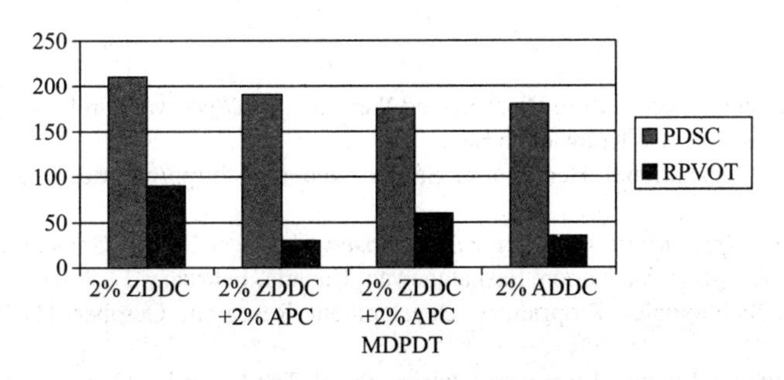

图 18.4 植物油配方中各种抗磨剂的氧化作用

（来源：Erhan，S. Z. 中油酸大豆油的氧化安定性：抗氧剂－抗磨剂的协同效应，美国国家农业利用研究中心，USDA/ARS，依利诺斯州 Peoria：2006）

这些添加剂及其他含钼、锌和硼化合物是性能极佳的抗磨减摩剂，但通常设计用于石油基油品。尽管如此，这类添加剂在植物油和石油基油品均能表现出良好的性能，但会提高整个体系的毒性。

18.11 抗泡剂

植物油需要添加防泡剂以抑制空气夹带。传统抗泡剂对植物油影响较小，其中硅型抗泡剂由于性能良好已广泛应用。硅是非极性物质，是极好的泡沫抑制剂。含硅化学物通常可稀释用于石油基油料中或植物油中，并且可能需要再添加增溶剂如酯类维持溶解性。硅作为一种表面活性剂，可防止与润滑剂表面反应时产生气沫。用于植物油的其他抗泡剂有二甲基硅氧烷、烷基甲基丙烯基酯和其他烷基丙烯基酯。

18.12 黏度改进剂/降凝剂

黏度俗称为对流动的阻抗。通常，植物油用于工业润滑油具有良好的天然黏度。有些配方就是利用植物油具有非常高黏度指数(VI)这一天然特性，不再添加任何黏度改进剂。

黏度指数(VI)是指流体黏度随温度变化的程度，黏度指数越高，表示流体黏度受温度影响越小。与石油基油品相比，植物油具有非常高的黏度指数，通常能达到200，而石油基油品则为100。这意味着植物油可在更宽的温度范围内保持其设计黏度。

要找到环境安全的黏度改性剂非常困难，这是因为长链聚合物通常不易打断，降低了其生物可降解性。大部分黏度改性剂为非极性物，在植物油难于溶解从而形成混合物。其中，三元乙丙橡胶(EPDM)聚合物由于含有二烯烃双键尤其难于溶解。但也有一些黏度改性剂可分散于植物油中，如烯烃共聚物(OCP)和聚甲基丙烯酸酯(PMA)。

倾点是油品可以流动的最低温度。大部分降凝剂(PPD)可使晶体结构尺寸和凝聚力减小，从而可在温度下降时降低倾点和提高流动性。降凝剂对基础油是特定的，植物油的碳侧链空间位阻效应对倾点的影响较其他因素影响更大，某些降凝剂在工业应用中可有效地降低倾点。

苯乙烯酯、甲基丙烯酸酯和烷基化萘不仅可用于石油基油品，在植物油中也表现良好以及石油基液体均能很好地工作。甲基丙烯酸酯通常用于Ⅱ类石油基油更为有效。

参考文献

1. United States Department of Agriculture Biopreferred Web site, http://www.biopreferred.gov.
2. Terresolve Technologies In-house Knowledge Base.
3. Canadian Centre for Occupational Health and Safety Web site, http://www.ccohs.ca/oshanswers/chemicals/ld50.html.
4. Bergstra, R., *Emerging Opportunities for Natural Oil Based Chemicals*, MTN Consulting Associates, Plant Bio-Industrial Workshop, Saskatoon, Saskatchewan, Canada, February 27, 2007.
5. In-house Terresolve Technologies Proprietary Development Research, October 11, 2005 through January 8, 2007.
6. McCoy, S., United Soybean Council Technical Advisory Panel, The Valvoline Company, September 20, 2005.
7. Erhan, S. Z., *Oxidative Stability of Mid-Oleic Soybean Oil: Synergistic Effect of Antioxidant-Antiwear Additives*, National Center for Agricultural Utilization Research, USDA/ARS, Peoria, IL, 2006.

（六）添加剂的应用

19 添加剂在曲轴箱润滑油中的应用

Ewa A. Bardasz and Gordon D. Lamb

19.1 引言

发动机油几乎占据了一半的润滑油市场，因而受到极大的关注。发动机油的主要功能是确保机械在不同转速、温度和压力条件下能够延长运动部件的使用寿命。在低温下，润滑油应具有良好的流动性以便能及时保障运动部件的润滑；在高温时，润滑油应能较好地隔离运动部件从而减少磨损。润滑油所起的作用就是减少摩擦并从运动部件带走热量。发动机在运行过程中累计起来的污染物会影响发动机的正常工作，这些污染物可能是磨粒、油泥、烟炱粒子、酸或过氧化物。润滑油的一个重要作用就是防止这些污染物对发动机造成危害。

为有效提高润滑效率，润滑油通常由化学添加剂和基础油组成。基于这种应用方式，使用不同的添加剂化合物以满足要求的性能等级。最重要的添加剂有：清净剂、分散剂、抗磨剂、抗氧剂、黏度指数改进剂、降凝剂、抗泡剂。

除此之外，还有防腐剂、防锈剂、密封溶胀剂、抗菌剂、抗乳化剂等添加剂。

19.2 清净剂

19.2.1 前言

清净剂的作用是中和燃烧过程中生成的酸性物质，它对于保护内燃机中的不同部件发挥了至关重要的作用[1~3]。汽油机油和柴油机油占清净剂消耗总量的75%。清净剂在机油中的添加量(质量分数)可达到6%～10%，而在船用机油中的含量会更高，因为轮船所使用的高硫燃料燃烧后会生成无机酸性化合物。比如像硫酸这一类强酸，这就需要更多的清净剂来中和这些酸性产物。

清净剂在曲轴箱中的作用是：

(1)溶解/分散燃烧不溶物，例如油泥、烟炱和氧化产物；

(2)中和燃烧产物(无机酸)；

(3)中和油在变质过程中生成的无机酸；

(4)防止油品的锈蚀和腐蚀，同时控制沉积物生成胶质[4]。

为什么清净剂的这些特殊作用对发动机的持久耐用至关重要呢？因为积炭和漆膜能限制活塞环的正常运动，这使得一部分燃烧气体窜入曲轴箱和燃烧室对机油造成严重污染，影响发动机输出排放，并在发动机高负载下引起活塞卡咬[5]。重质油泥可堵塞燃烧滤清器，导致发动机油供应不足造成气缸的严重磨损，特别是在低温启动时磨损会更剧烈[6]。如果是酸性燃料，还会引起腐蚀。

清净剂还可与氢氧酸反应，预防在油品氧化过程中生成沉积物。沉淀在生成之前就被清净剂胶束所吸附并包裹起来，使其不能够附着于金属表面形成胶质类沉淀。清净剂的这种清洁作用归因于化学吸附过程和金属盐的形成机理。

为更好的满足以上要求，实际上所有的清净剂都包含：

(1)极性头端：亲水基团，酸性组分类[例如磺酸盐、羟(基)氢氧基、氢硫基、羧基或者是碳氨基化合物]能和金属氧化物或者氢氧基发生反应的物质。

(2)碳氢尾端：亲油亲脂基、环状脂肪族或者能满足油溶性的芳烃族碳氢化合物。

(3)一种或多种金属离子。

图 19.1 显示了典型的清净剂结构。

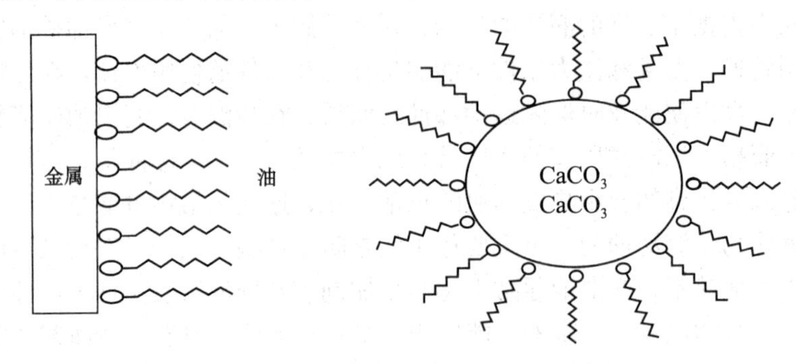

图 19.1　中碱值和高碱值清净剂典型示意图

虽然有好几种金属可添加到清净剂中，但只有三种金属阳离子得到了普遍应用—钙、镁、钠，像钡这类重金属则不会再使用。

清净剂通过金属比、皂含量、硫酸盐灰分、过碱度化程度和总碱值(*TBN*)来进行化学描述。金属比定义为总金属含量与有机酸基质所含的金属量之比。皂含量指中性盐的含量，它反映了清净剂清洁能力的强弱。磺酸盐灰分的百分含量则指清净剂和硫酸反应，并完全燃烧后所得灰分的多少。过碱度化(转化率)描述的是和金属基体相当的酸性物质的比率，通常它表示为转化率。转化率提供了无机物相对于有机物的含量，它定义为和酸值为 100 的基准物质相当的物质的量。清净剂的过碱度部分是用来中和酸性副产物的，总碱值表示清净剂的酸中和能力，它定义为消耗 KOH 的毫克数，通常用电位计来测量(例如 ASTM D2897 型电位计)。

现代所使用的清净剂碱储量变化范围相当大。中性清净剂中所含金属在数量上相当于中和酸所需碱度的化学计算量。碱式盐(或高碱度盐)清净剂中含有相当过量的金属氧化物、金属氢氧化物、金属碳酸盐等，且皆呈胶体分散状态。这种胶体以反相胶束的形态存在，即金属皂盐分子聚集在胶核内部而非极性末端延伸到油中(图 19.1)。

事实上所有的商品清净剂在某种程度上都是高碱度盐。例如，商用“中性”磺酸盐的 *TBN* 不低于 30mgKOH/g，“碱性”清净剂的 *TBN* 则在 200～500。

某些清净剂还具有抗氧化剂的效果，这与其所具有的天然功能团有关。大部分现代发动机油都采用几种类型清净剂的复合配方，并经过筛选以求得最佳性能。

钙基清净剂的制备过程如下所示：

$$2RSO_3H + CaO \rightarrow (RSO_3)_2Ca + H_2O$$

$$(RSO_3)_2Ca + Ca(OH)_2 \xrightarrow[xCO_2]{xCa(OH)_2} (RSO_3)_2Ca(CaCO_3)_x + H_2O\uparrow + 促进剂\uparrow$$

促进剂

19.2.2 磺酸盐

长链烷基磺酸盐作为清净剂被广泛使用。碱式磺酸钙占据了65%的清净剂市场。

由于对于磺酸的需求增长极快，除了石油精制得到的天然磺酸外，还采用了一些其他具有$(RSO_3)_vMe_w(CO_3)_x(OH)_y$通式的合成产品。合成产品通过对适宜的烷基芳烃(例如十二烷基苯生产过程中的二烷基化产物或多烷基化产物)进行磺化而制得。它们的烷基碳原子总数至少应为20。其他原料还有α－烯烃聚合物(平均分子量在1000左右)。

中性磺酸盐(结构如图19.2所示)含有化学计量的金属离子和酸。除了含有Na、Ca和Mg等金属粒子的磺酸盐以外，还发表了一些采用含Cr、Zn、Ni和Al等金属离子的磺酸盐作为清净剂的专利。然而含有这些金属离子的清净剂的重要性不如那些含碱土金属的清净剂。

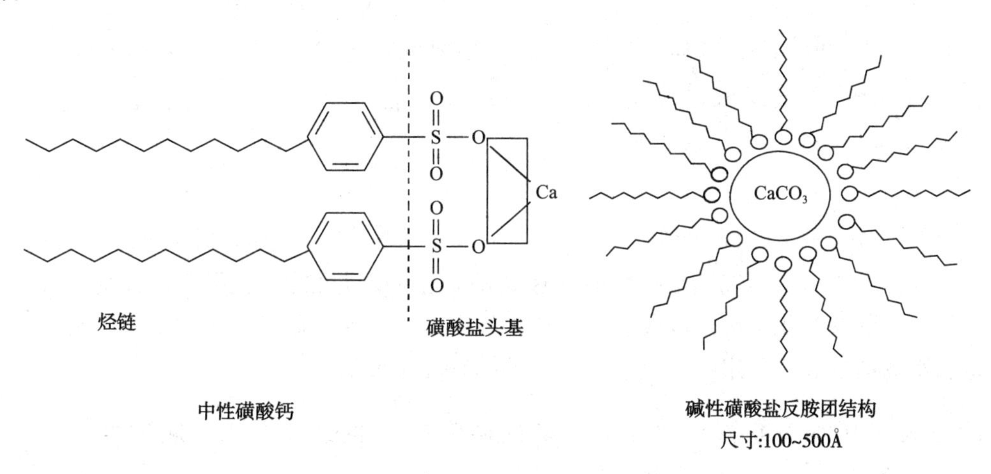

图19.2 中性和碱性磺酸盐的结构

中性、油溶性的石油磺酸金属盐可以和金属氧化物或氢氧化物一起混合加热，然后过滤，就可转化为碱性磺酸盐。在这些产物中，金属氧化物和氢氧化物呈胶体分散状态(图19.2)。这种碱性磺酸盐的碱储备量增长很大，因此具有更高的中和能力。

将碱性磺酸盐用二氧化碳处理可使其转化为具有相同碱储量的金属磺酸－碳酸复合物，而后者的碱性更低。为使添加剂产品具有更强的中和效果，开发出了高碱度磺酸盐。这种添加剂除中和能力很强外，还具有高度的分散性能，以应对大量极性无机碱的存在。

例如，高碱度磺酸盐的制备方法为：将一种油溶性磺酸盐与金属氧化物在催化剂作用下一起加热，催化剂一般采用酚类、磷酸衍生物等。

19.2.3 酚盐、硫化酚盐与水杨酸盐

碱性酚盐占据了清净剂市场的31%。酚盐和硫化酚盐的结构如图19.3所示。

最常见的酚盐清净剂是钙盐和镁盐。烷基酚金属盐与硫化烷基酚金属盐$(R)(OH)C_6H_3—S_x—C_6H_3(OH)(R)$(式中$x=1$或2，$R=\sim 12C$)的制备方法为：在高温下通过醇化反应，例

如 Mg 的乙醇化物；或是酚类或硫化酚类和过量的金属氧化物或金属氢氧化物(特别当金属是 Ca 时)反应；或是金属硫化物与过量的金属氧化物或金属氢氧化物在中性酚盐中反应而得。它们除了中和能力强外，还具有良好的分散性。

酚盐经过磺化反应后也可具有高碱值。高碱值酚盐通常用于船用柴油机气缸油。

在很多商品清净剂中，常把几种不同金属成分的磺酸盐与酚盐配合在一起以求得最佳的清净效果和中和能力。采用碱性酚盐的重要动机，除了因其中和能力强外，还有一点就是它与常规酚盐相比生产成本更低。

水杨酸盐作为清净剂在曲轴箱系统中的使用不是很普遍。图 19.4 给出了典型的水杨酸盐清净剂结构。

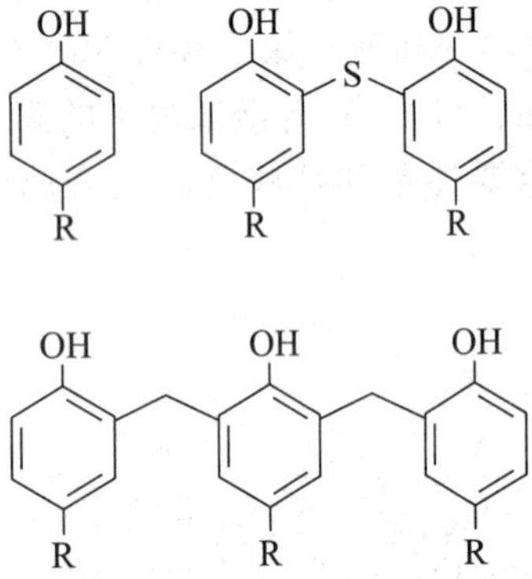

图 19.3 酚盐和硫化酚盐的结构

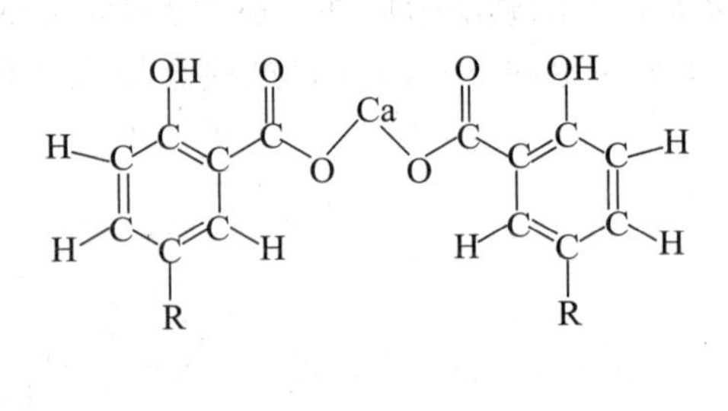

图 19.4 木杨酸钙的结构

除清净性质外，金属烷基水杨酸还具有抗氧化与抗腐蚀性能。把醇基链长度加长或是对芳环进行一般的烷基化都可以改善它们在矿物油中的溶解度。通过加入碱土金属碳酸盐可将碱土金属水杨酸盐制成稳定的、呈胶束状态的高碱度添加剂。

19.2.4 其他清净剂：磷酸盐、硫代磷酸盐、膦酸盐、硫代膦酸盐

磷酸盐与硫代磷酸盐除了用作抗氧剂外，复合后还可作为清净剂。工业上通常采用五硫化磷与聚异丁烯的反应产物经过金属氢氧化物水解再用石蜡、脂肪醇和酯中和的方法得到硫代膦酸盐。

19.2.5 在润滑剂中的作用

曲轴箱发动机油包括轿车、重型柴油机、船用柴油机和固定式燃气发动机油，清净剂发挥了某些重要的性能。高碱值清净剂最主要的性能之一就是中和酸性燃烧副产物[2~4]。在所有的往复式活塞内燃机中，气体会在高压下经活塞颈部窜入曲轴箱，和润滑油发生相互作用。这些燃烧气体和副产物中含有油中硫的氧化产物。特别在柴油机中，这些硫氧化物和燃料油以及机油中的氧化组分相互作用，就会生成硫酸和有机酸等腐蚀性产物[6]。

另一类燃烧副产物来自氮的氧化产物，它们是吸入空气中的氮和氧化高温下化合而成的。这些副产物在汽油机中占据了主要成分，氮的氧化产物进一步和水(燃烧过程中生成)反应从而对机油和燃油造成氧化，氧化机油和燃料、烟炱(如果存在)继续反应生成发动机油泥和活塞漆膜。显然，这些酸性燃烧气体和副产物会对发动机部件和润滑油本身的使用寿

命造成危害，它们能大大加速钢件的锈蚀和轴承的腐蚀。

具有高 *TBN* 的清净剂能很好应对这些问题。然而，必须格外注意这种清净剂混合比例，使其酸中和能力和防腐性能达到最佳值。采用在一种润滑油中使用几种适当清净剂的方法，可以提高发动机防锈和轴承防腐的性能，但对于保持阀系磨损作用不是很明显，比如大家熟知的汽油发动机规格：程序 VE 和ⅣA 试验。

图 19.5 为最新轿车行车试验数据，图中显示在用机油的总碱值(*TBN*)呈下降趋势，而总酸值呈上升趋势。OEM 推荐的机油换油周期通常以此类测试而定，在 *TBN* 和 *TAN* 值交接以前就换油被认为是一种理想状况。例如在特别“苛刻使用”的情况下，初始 *TBN* 值为 9 的油品换油一次，而初始 *TBN* 为 6 的油品则需要换油两次。油品中的这类结果表明，*TBN* 值越高，推荐的换油期越长。

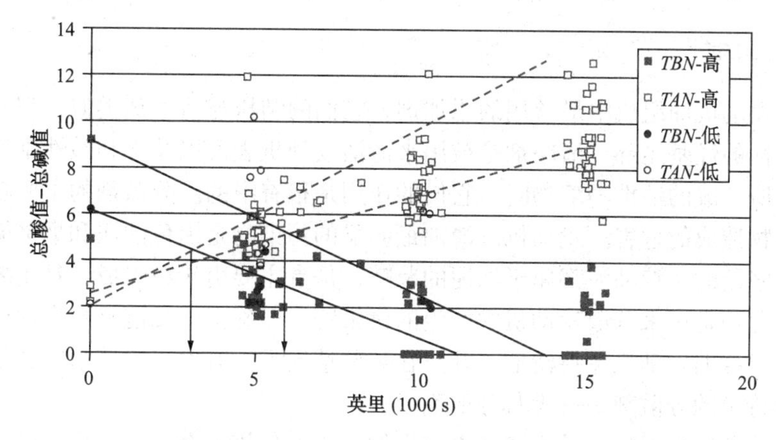

图 19.5 轿车场地试验：总碱值(*TBN*)/总酸值(*TAN*)关系

清净剂的另一个作用是防止发动机沉积物的生成，特别是活塞和活塞环这类在高温下工作的部件(图 19.6)。北美柴油发动机油清净性的评价使用的都是单缸发动机(开特皮勒 1N，1K、1P 和 1Q 方法)和多缸发动机(康明斯 M11，MACK T－9 和 T－10)来测试的。试验所选的清净剂能否使活塞和环塞获得最好的清净性，在很大程度上取决于活塞环部周围的温度条件、活塞的金属成分、环状结构的设计挑选以及用于实验的润滑油基础油。对于发动机设计中使用的不同金属需选用与之相适应的清净剂，比如含有铝和合金钢活塞的柴油发动机对清净剂的选择就不尽相同。由多种清净剂混合后得到的一种特制清净剂可能对铝制发动结构件很有效果，但可能对钢制发动机构件的效果不明显。

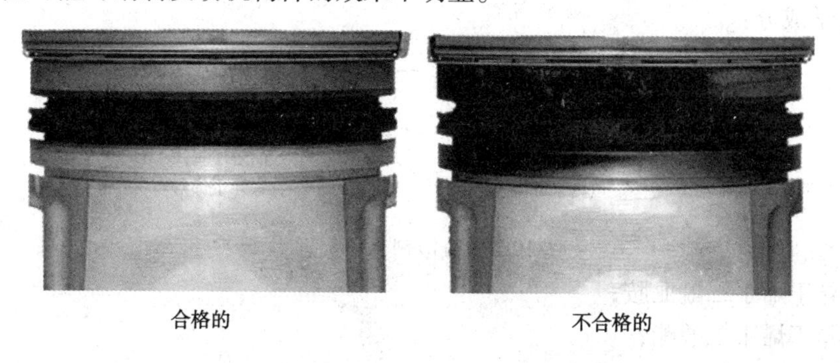

图 19.6 保持活塞清洁的清净剂使用效果图

某些类型的清净剂在发动机油中还有其他功能。例如，双烷基苯酚能增强油品在高温下的抗氧化性能。这主要归因于这些化合物特殊的结构和良好的热稳定性，它们有助于提高在高速重负荷发动机中工作的润滑油的抗氧化性能。同时，它们也会使油品的黏度有较小幅度的增长。最后，高温抗氧化能力同清净剂发生协同作用，增强了清净剂清洁的能力。

总之，在润滑剂中选择清净剂的组合以获得最低的成本和最好的效果，取决于多种因素。其中的某些因素受发动机性能、用户期望和规则的影响，包括最大金属总含量或金属灰分在润滑油中的要求都有详细的规范加以设定。

19.3 分散剂

19.3.1 引言

分散剂是发动机油组成中最常用的添加剂，它们的结构与清净剂类似，都有一个极性基团和一个油溶性的烃基尾部。清净剂是被用来清洁发动机表面以及中和酸性副产物，而在分散燃烧副产物所生成的油性不溶物时，它们的作用是很有限的。分散剂的主要功能就是尽量减少这些污染物造成的危害。发动机润滑油最明显的污染物是黑色油泥和烟炱微粒。从稠的油状沉积物到坚硬的沉淀油泥都属于油泥的范畴；烟炱主要由炭粒组成，且主要存在于柴油发动机中。分散剂是用来分散发动机中产生的污染物，以确保油品能够自由地流动。分散剂的分散性能可以帮助发动机保持清洁，并且在某些情况下，有助于维持活塞的清洁。有些配方实际上是指特定的分散剂——无灰分散剂。

多年来，分散剂在保持发动机清洁方面发挥了重要作用，今后，它们在油品配方中继续作为重要组分。现代高质量的发动机油配方中，分散剂所占比例达到总质量的3% ~6%，这意味着分散剂占了润滑油品中添加剂含量的50%左右。

19.3.2 分散剂的结构

分散剂由一个油溶性部分连接一个极性头基组成。极性基团通过“挂钩”的方式连接在油性基团上。图19.7给出了基于聚异丁烯丁二酸酐与多胺或多元醇反应得到并具有有代表性的分散剂的结构示意图，许多不同类型的分散剂已经用于润滑油复合剂中。随着OEM厂家和测试机构的要求越来越苛刻，分散剂也在不断发展变化。以下列出了当前应用最普遍的分散剂的化学成分：

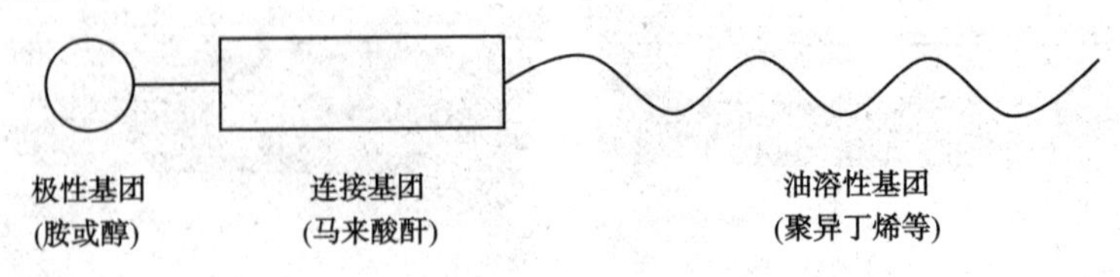

图19.7　分散剂分子示意图

(1)聚异丁烯丁二酰亚胺；
(2)聚异丁烯丁二酸酯；
(3)曼尼西分散剂；

(4)分散型黏度改进剂(VMs)，例如，烯烃聚合物[dOCP]分散剂、聚甲基丙烯酸酯[dPMA]分散剂。

目前最普遍的分散剂是聚异丁烯丁二酰亚胺，这类分散剂对于出现在20世纪80年代的黑色油泥问题会更有效。为了减小柴油机中由于高烟炱含量引起的油稠度增涨，自90年代至今，聚异丁烯丁二酰亚胺类分散剂的用量在持续增加。

聚异丁烯丁二酰亚胺的制备过程如下：顺丁烯二酸酐(MA)同聚异丁烯(PIB)发生反应，它们像“挂钩”一样连接在一起从而形成了聚异丁烯丁二酸酐(PIBSA)，聚异丁烯丁二酸酐同多胺发生中和反应得到丁二酰亚胺分散剂(图19.8)。

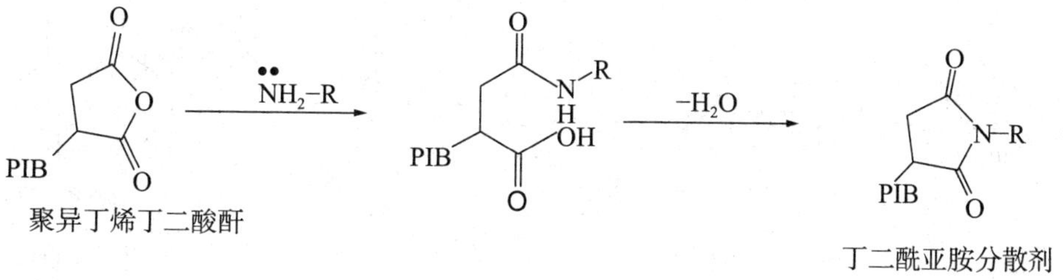

图19.8 聚异丁烯丁二酸酐的酰亚胺化

聚异丁烯(PIB)和顺丁烯二酸酐(MA)之间的反应是通过聚异丁烯的末端不饱和键进行的。在超过200℃的条件下，PIB和MA直接发生反应(直接烷基化或暂时生成DA反应产物)，生成的PIBSA可以继续反应，得到丁二酸酯产物。PIB和MA之间能否反应，取决于PIB的末端非饱和键是否具有足够的活性同MA进行加成。当反应进行时，MA加成到PIB中的速度要缓慢，以保证PIB的末端活性基团能完全反应。有些类型的PIB，在反应结束时还有相对较多的PIB未发生反应。为了克服这个问题，近来，人们开始使用末端亚乙烯基含量高(>80%，有时候)的PIB，这些亚乙烯基通过直接烷基化以后变得更具反应活性，使得通过DA反应制备PIBSA的过程中未反应的PIB含量相对较低(图19.9)。

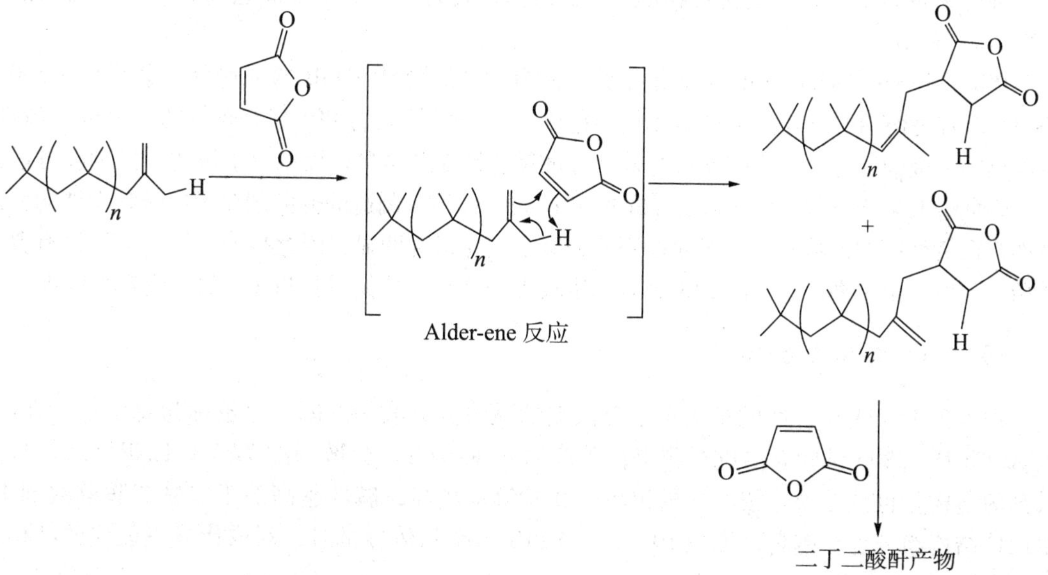

图19.9 聚异丁烯与马来酸酐直接烷基化反应

PIB－MA 反应的关键是确保 PIB 完全转化为 PIBSA，未反应的 PIB 进入最后的润滑油产品中会导致油品的低温黏度特性变差，还会使分散剂阻止油泥形成以及分散烟炱的效率将降低，这是因为并不是所有的油溶性 PIB 都包含具有活性的分散剂化学成分。

由于上述原因，最大限度地将 PIB 转化为丁二酸酐是对分散剂有利的。使用氯气可使得 MA 与 PIB 的加成更易进行，因为生成的 PIB 的二烯中间体对反应有催化作用，使得 PIB 和 MA 的反应更加容易，大大提高了 PIB 的转化率。图 19.10 显示了该反应的过程。

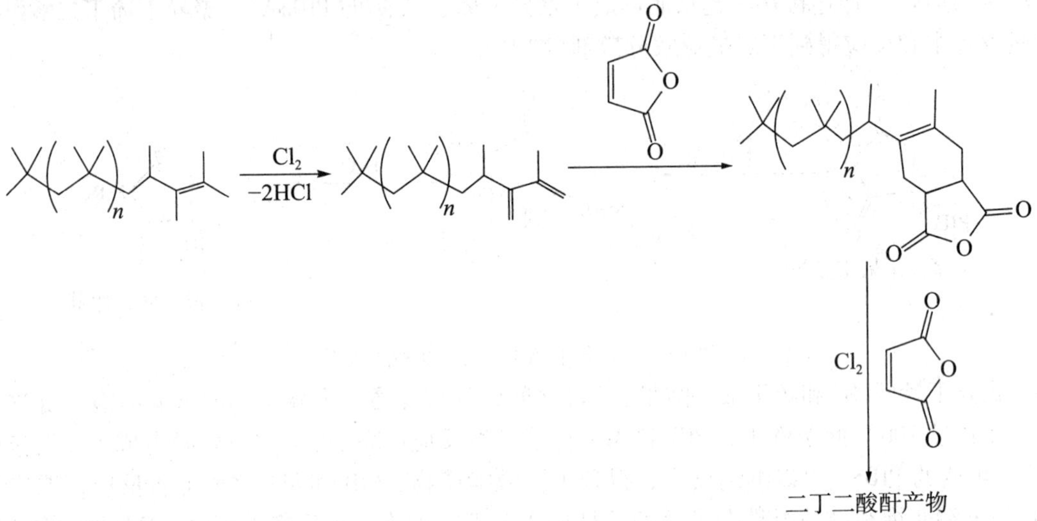

Cl_2 −2HCl

n n n

Cl_2

二丁二酸酐产物

图 19.10　PIB 的氯化、丁二酸酐化

19.3.3　聚异丁烯的合成

聚异丁烯可以通过纯异丁烯或炼油厂 C_4馏分进行的阳离子聚合反应制得。C_4馏分中的异丁烯容易进行反应，其他化合物如 n－丁烯和丁烷的反应活性都没它高。反应常用的催化剂有 $AlCl_3$和 BF_3。

PIB 的分子量对分散剂的性能有重要的影响。通常情况下 PIB 的平均分子量分布在 500～3000，但有时使用的 PIB 分子量不在这个范围。分子量较大的 PIB 具有较好的黏度改进特性，可以调制多级油。此外，它们能更有效地分散黑色油泥和烟炱，而低分子量的分散剂在分散油泥和烟炱时效果比较差。由于高分子量的 PIB($Mn>2500$)制造的分散剂对于成品润滑油的低温特性存在负面影响，特别是低温曲轴用油的黏度变化最为明显，因此高分子量的 PIB 没有普遍使用。此外，由于高分子量的 PIB 具有黏度较大的特点，这使得其与 MA 的反应变得困难。

19.3.4　分散剂的碱性

加入到 PIBSA 中多胺的量决定了分散剂的碱值。分散剂的碱值也被称为总碱值(TBN)，以 ASTM D－2896 试验方法进行测定，单位为 mgKOH/g。分散剂的 TBN 可以很好地体现分散剂的结构。也就是说多胺的含量越高，其碱值也越高，碱性越高的丁二酰亚胺分散剂中，单取代结构组分也会越高，见图 19.11。当 PIB 的摩尔数过量时，双取代或三取代的结构会占大多数(图 19.12)。

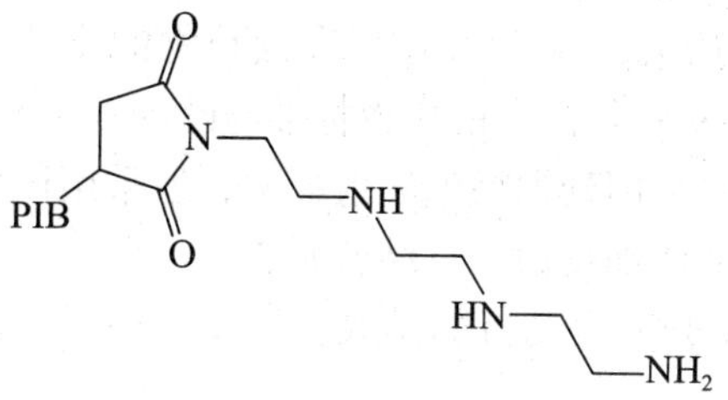

图 19.11 由三乙烯四胺(TETA)合成的单丁二酰亚胺

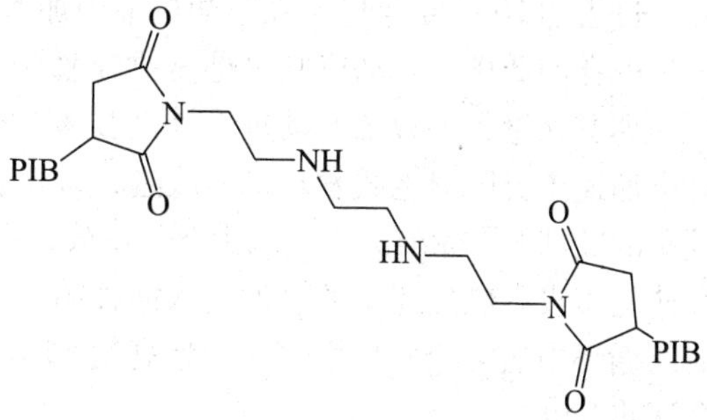

图 19.12 由三乙烯四胺合成的双丁二酰亚胺

19.3.5 丁二酸酯分散剂

这类分散剂是由一分子的 PIBSA 和一分子的多羟基化合物反应得到的，如图 19.13 所示。酯型分散剂主要用于减少油泥和活塞沉积物的生成，其功能类似于丁二酰亚胺类分散剂。

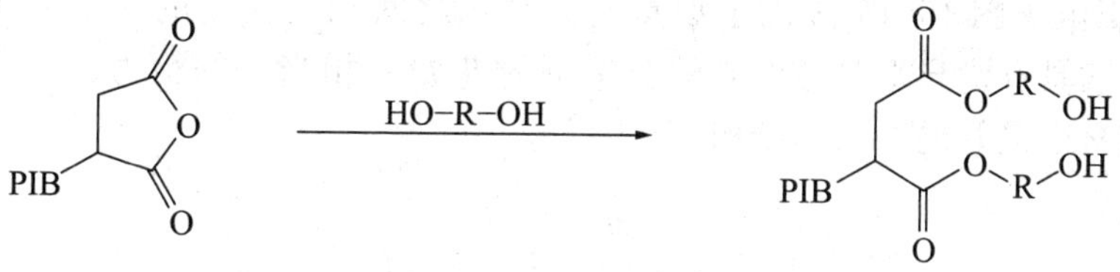

图 19.13 一个简单的丁二酸酯分散剂

19.3.6 曼尼西分散剂

这类分散剂是聚异丁烯基苯酚与多胺在甲醛的存在下反应得到的。这类分散剂具有一定的抗氧性，在汽油发动机中得到了典型的应用(图 19.14)。

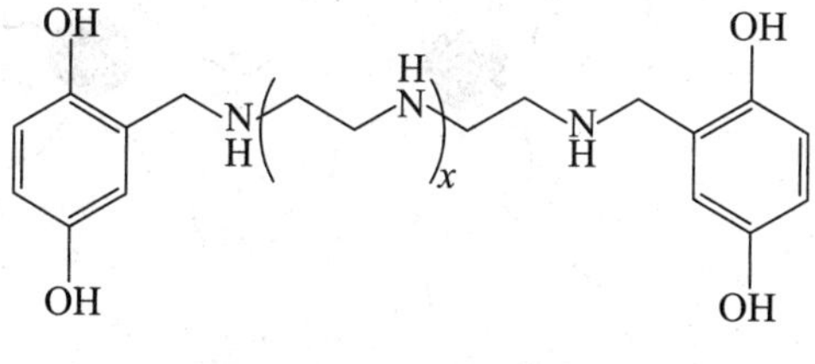

图 19.14 曼尼西分散剂

19.3.7 柴油发动机油中的烟炱污染物

烟炱污染物在重载荷柴油发动机中经常出现，当发动机在高负荷的条件下工作或是燃油喷射被延迟时，烟炱污染物就会出现。在特定的发动机中，粒径小(<200nm)的烟炱会聚集为较大的聚集体，从而导致油品的黏度显著增长。分散剂的结构是润滑油减少烟炱聚集体形成的关键所在。因此，选择正确的分散剂才能减小因烟炱引起的黏度增长，阻止大的烟炱聚集体形成，从而保持了整个发动机的清洁。

过去的10～20年里，在柴油机油中加入分散剂的主要原因是由于不断增加的烟炱含量，对于现在的低排放发动机则更是需要分散剂。在20世纪90年代，由于柴油发动机中不断增加的烟炱含量，导致了发动机设计新技术的出现，这大大减少了NO_x和微粒物的排放。同时也加速了美国对老式发动机的改进，以符合美国1990年制定的排放标准与欧洲在1992年颁布的欧洲I号标准。为了减少NO_x排放，OEM主要采用延迟燃油喷射技术，但采用该技术会使更多没有燃烧完全的燃油进入曲轴箱中，从而形成烟炱微粒。结合延长换油期，某种负荷的循环中通常会发现烟炱的含量高达5%。为减少柴油发动机的排放，更多的相关法规将会逐步建立。

分散剂的*TBN*值是影响其烟炱分散的一个重要因素之一。通常情况下，丁二酰亚胺分散剂的碱值趋向于更高的值，分子量趋向于较低的值，结构趋向于单取代结构，因该结构中含有较多的初级氮。这类分散剂在柴油发动机中有更好的作用效果，特别是在烟炱含量较高的低排放发动机中。分散剂的分散能力由其分隔烟炱微粒并阻止其聚集的能力决定，其分散机理是，碱性分散剂分子的碱性部分吸附在烟炱微粒表面的酸性部位，从而起到了分散作用。如果有足够多的分散剂分子吸附在烟炱微粒上，PIB链就能阻止烟炱微粒聚集。分散剂分散烟炱的稳定性受PIB链的分子量和分子中活性胺（初级胺或二级胺）百分数的影响。图19.15给出了烟炱与分散剂之间相互作用的一个简单示意图。的确，人们在探索具有优异烟炱分性能的分散剂时花费了相当大的精力，并且每个添加剂公司都有他们自己最好的分散剂结构。

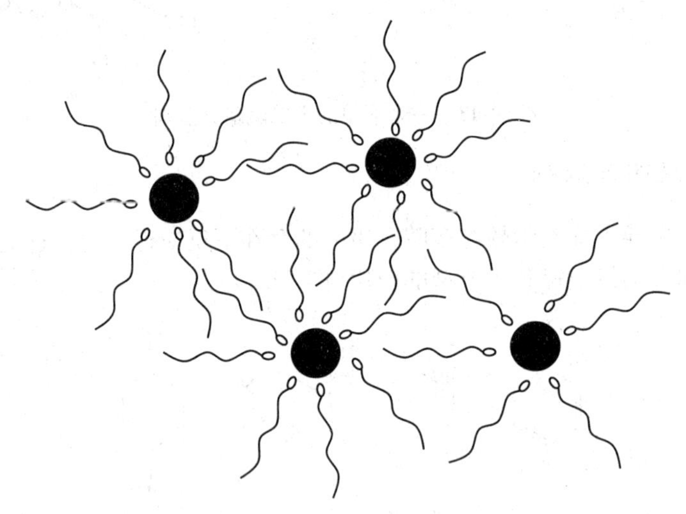

图19.15　分散剂－烟炱相互作用示意图

19.3.8　烟炱增稠测试

随着重负荷柴油发动机油中烟炱含量的增加，OEM厂家（特别是在北美地区）引入了发动机台架试验来评价油品的烟炱分散性能。过去常常用Mack T－7台架试验来评价低排放发动机中烟炱引起的油稠度增加，这个实验包含在Mack EO－K和API CF－4的规则说明中。发动机技术的进步使得排放的标准更低，一些更严格的台架试验方法也被引入到API CG－4和API CH－4的性能评价中。表19.1总结了Mark发动机台架试验的级别以及在API C中应用所受的限制。

表 19.1

评价烟炱引起的油增稠的 Mark 发动机试验

发动机种类	发动机试验	限定值
API CF-4	Mack T-7	≤0.04$mm^2/s \cdot h^{-1}$，试验 50h 后)
API CG-4	Mack T-8	≤11.5mm^2/s，3.8% 烟炱
API CH-4	Mack T-8E	≤2.1×剪切黏度，4.8% 烟炱

* Mark-T8E 剪切黏度 = $(KV_{初始} + KV_{DIN剪切})/2$

对于轻载荷柴油机油的应用，Peugeot 引入了 XUD-11 烟炱增稠台架试验，主要是为了通过欧洲汽车制造商协会(ACEA)乘用车柴油机油的认证。如今该试验方法已发展到了第二代，称为 XUD11 BTE 试验。以往该方法是用来测量烟炱稠度大于 4% 的油品。相对于为欧洲乘用柴油车制定的前欧洲Ⅱ号标准，这个标准的烟炱含量是相当高的，它对测定小型欧洲柴油发动机机油减少氧化烟炱稠度提供了较好的方法。这个标准已经应用到梅赛德斯 OM602A、OM364LA 和 OM441LA 柴油发动机试验中，以测试烟炱引起的油稠度变化和油泥起到控制作用。尽管所有这些测试中用到碱性分散剂的配方级别越来越高，但使用的发动机仍然是 Mack 发动机。图 19.16 给出了 API CG-4 和 API CH-4 配方在 Mack T-8 测试结果比较，显示了分散剂性能从 API CG-4 到 API CH-4 级别的提高。

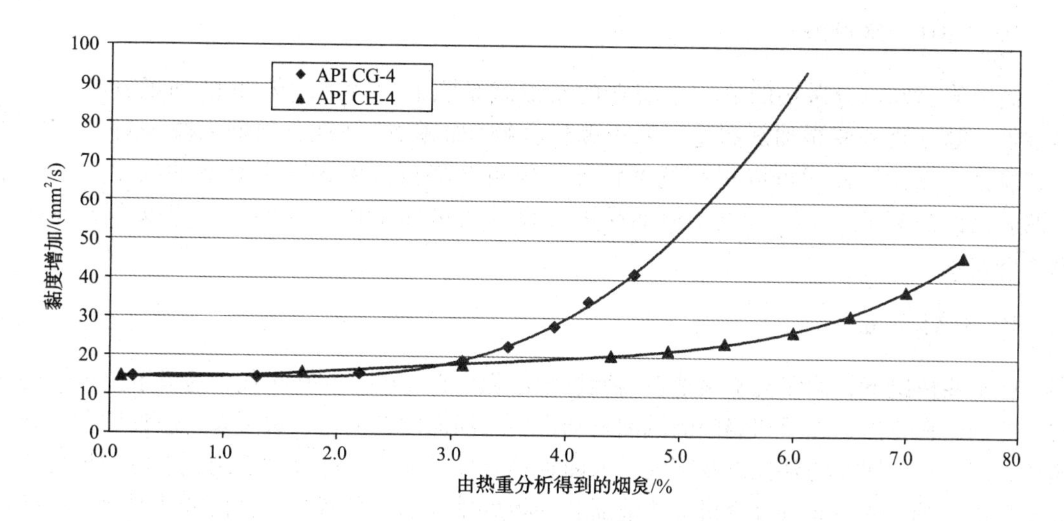

图 19.16 API CG-4 和 API CH-4 配方油的 Mack T-8 发动机试验比较

19.3.9 密封性能测试

在过去的 10 年里，对润滑油配方研究人员来说，在烟炱分散性能和密封性间找到平衡点是一个很大的挑战，特别是在欧洲，密封测试是油品准入过程中的一个重要部分。

对于密封性而言，最大的问题是柴油机油中用来分散烟炱的高碱值分散剂对起密封作用的氟橡胶具有腐蚀性。测试橡胶密封性的方法很多，其中一个最普遍的测试方法是大众公司制定的 PV3344 试验。该实验要求通过大众汽车公司的认可。对大多数欧洲发动机制造厂商也都要求进行密封性能试验，例如梅塞德斯－奔驰公司、MAN 公司、MTU 公司和其他欧洲汽车制造商协会的汽车制造商。表 19.2 总结了含有不同分散剂的三种配方在梅赛德斯－奔驰公司的密封性能测试，从表中可以明显的看出，API CH－4 配方的烟炱分散性能高，但其相应的含氟橡胶的密封则越差。

表 19.2

分散剂的总碱值(*TBN*)对梅赛德斯－奔驰氟橡胶密封的影响

AK6Viton 配方变化	A	B	C
硬度(A 沿)	-3	0	1
体积/%	1	1	0.9
抗张强度/%	-8	-32	-46
断裂伸度/%	-15	-33	-38
	通过	通过	边界失效

注：A——欧洲轿车汽油/柴油配方；
B——北美重负荷柴油配方(API CG－4)；
C——北美重负荷柴油配方(API CH－4)。

19.3.10　腐蚀性

高碱值(*TBN*)分散剂的另一个潜在的缺点就是它们对含 Cu 或 Pb 的轴承具有更强的腐蚀性，这使得一些添加剂制造厂家用硼化合物(如硼酸)处理分散剂来减少对 Cu/Pb 部件的腐蚀。虽然这样做可以提高抗磨性能，但也会降低分散剂分散烟炱的效率，已经在这两者之间找到了一个平衡点，但油品配方设计人员还采用不同的分散剂以满足各种性能上的要求。

19.3.11　油泥

在某些情况下，油泥会不断地在内燃机中沉积。在 20 世纪 80 年代，这成了全球性的问题，特别是在德国、英国和美国的汽油发动机中。油泥问题的起因很可能与燃油质量、动力循环、汽油排放周期的延长以及窜气进入曲轴箱有关。如果未能及时控制，油泥的聚集能遍布整个发动机，从而导致流经机油滤清器和阀板后排孔的油量减少。在极端情况下，将导致发动机拉缸，这和润滑油的质量无关。然而，随着润滑油技术的不断发展，研究发现新的润滑油配方有助于缓解油泥问题。

油泥分为低温油泥和高温油泥。低温下形成的油泥质软，易于从表面擦除。油泥形成的机理是由于窜气进入机油加速了机油的氧化，这在前文中已提过。窜气中含有水、酸和部分碳氢化合物燃烧形成的氧化物与烯烃，烯烃与氮氧化物进一步反应形成非油溶性的产物。具有高沸点或高芳烃含量的燃油更易于生成油泥。一旦油泥形成，高速公路上行驶的车辆使得这一问题加重，因为发动机越跑越热从而导致油泥烧结硬化。

通过加入碱性丁二酰亚胺分散剂(特别是高分子量的分散剂)可减少油泥的形成。丁二酰亚胺分散剂中引入硼酸可得到碱值低的分散剂，其油泥分散效率也会随之降低[7]。这表明碱性分散剂是被用来中和油泥前体，研究还发现在汽油发动机中分散油泥并不需要高碱性的氮。在程序 VE 试验中，高分子量 PIB 双丁二酰亚胺分散剂体现出优异的油泥分散性能。这也说明油泥在汽油发动机中形成机理与烟炱在柴油机油发动机中的聚集机理是不同的，后者要求较高碱性含氮物质存在，特别是对低饱和的矿物油。尽管双丁二酰亚胺和单丁二酰亚胺分散剂都用于汽油机油和柴油机油中，但最近的研究发现，与汽油机油相比柴油机油更趋向于使用较高碱值和较高单丁二酰亚胺含量的分散剂。自从开始改进 API CG-4 配方的润滑油以来，遇到一个巨大的挑战就是需要设计出同时满足汽油机油和柴油机油的配方要求的油品，即所谓的通用机油。这就要求在设计双丁二酰亚胺和单丁二酰亚胺分散剂分子时要更加精细。

设计发动机油配方时还需要考虑丁二亚胺分散剂同其他添加剂(如二烷基二硫代磷酸锌 ZDDP)之间的相互作用。ZDDP 同丁二酰亚胺多胺混合物之间的相互作用已在试验中进行了全面的研究，特别是在碱性氮与 ZDDP 出现高的比值时[8]。随着分散剂碱值的增加，油泥和磨损得以改善。但是分散剂含量达到临界浓度，ZDDP 的抗磨损性能明显下降，其原因是碱性氮化物同 ZDDP 形成稳定的复配物从而使得 ZDDP 的抗磨损性能下降。已经证实 ZDDP 和胺的配合物会阻止 ZDDP 分解过氧化物的速度[9]，而过氧化物会对油泥的形成起到加速作用。油泥通常伴随磨损的进行而增加，因此要求分散剂达到分散油泥的效果就需要高含量的 ZDDP。在优先考虑发动机的油泥分散性和抗磨性条件下，允许在高 ZDDP 含量的润滑油里加入较多量的分散剂。但是磷被证实对尾气净化剂有毒害作用的，因此润滑油中磷的最高含量限制在 0.1% 以下，这已经被最新的 API 和 ILSAC 规格所采用。这意味着对磷的限制已经应用到 API SJ 和 ILSAC GF-3 配方中，从而要求在 ZDDP 和分散剂的选择上更加谨慎。对于 ILSAC GF-4 配方油品，磷的最高限制含量将更低。因此在未来的发动机中，为了满足油泥分散和抗磨性的要求，将对润滑油提出更多挑战。

19.3.12 发动机油泥测试

虽然油泥测试已经开展很多年，但最重要的润滑油测试方法仍是 20 世纪 80~90 年代期间针对油泥问题设计的程序 VE 和梅赛德斯 M102E 方法。最近，程序 VG 和 MB M111E 已经取代前面的试验方法并成为欧洲和北美评价油泥分散性能的最新标准。表 19.3 列出了不同汽油机油的油泥测试条件。自高温油泥作为汽油发动机测试的参数以来，程序 IIIE 和 IIIF 测试也成为油泥测试的标准试验。

高温油泥也出现在柴油发动机中，也是几类发动机测试的评价参数，特别是在康明斯 M11 为 API CH-4 制定的标准里。在该试验中，高分子量的 PIB 分散剂是用来将油泥的聚集减到最小。油泥也是梅赛德斯-奔驰 OM364LA 和 OM441LA 发动机测试的一个评价参数，但不是康明斯 M11 发动机测试中的关键参数。

表 19.3
发动机油泥试验比较

试验	气缸结构	排量/mL	试验时间/h	实验操作	时间/h	速度/(r/min)	功率/kW	冷却液温度/℃	机油温度/℃	燃料类型
程序ⅢE(别克)	V-6	3800	64	稳定速度	64	300	50.6	115	149	Philips GMR 含铅汽油
程序ⅢF(别克)	V-6	3800	80	稳定速度	80	3600	75.0	115	155	Howell EEE 无铅汽油
程序ⅤE(福特)	I. L.-4 滑动凸轮从动轮	2290	288	循环	2.00 1.25 0.75	2500 2500 750	25.0 25.0 0.75	51.7 85.0 46.1	68.3 98.9 46.1	Philips J 无铅汽油
程序ⅤG(福特)	V-8 滚动轮从动轮	4600	216	循环	2 1.25 0.75	1200 2900 700	69 66 记录	57 85 45	68 100 45	无铅汽油
梅赛德斯-奔驰 M-111E 油泥	I. L.-4	1998	224	循环	48h 冷 75hWOT 100h 循环	5500	空转至最大	40~98	45~130	CEC RF-86-T-94(ULG,无铅汽油)
尼桑 ⅤG-20E		2000	200	循环	200	800~3500	2~9 kgf·m	38~100	50~117	无铅汽油
丰田 1G-FE		2000	48	稳定速度	48	4800	6kgf·m	120	149	无铅汽油

19.4 抗磨剂

19.4.1 前言

随着发动机性能的提高，添加剂的抗磨作用就越显重要。最初的发动机载荷较轻，轴承和阀系能够承受此负荷。轴承金属的防腐性能是对发动机油的早期要求之一，很幸运的是用来保护轴承的添加剂通常都具有抗磨特性。这些抗磨剂都是一些诸如长链羧酸的铅盐和含硫物质复配。油溶性的硫-磷复合物和氯化物作为抗磨剂使用效果同样很好。然而，摩擦化学领域最重要的进展发生在20世纪30~40年代，这就是二烷基二硫代磷酸锌(ZDDP)[10~12]的发现。这些化合物最初是用来保护轴承免遭腐蚀的，但后来发现它们还有抗氧化和抗磨损的辅助功能。ZDDP抗氧化机理作用的关键是由于它能够减少轴承腐蚀。因为ZDDP能抑制过氧化物的形成，这能防止有机酸对Cu/Pb轴承的腐蚀。

19.4.2 磨损机理

在边界润滑条件下，抗磨添加剂是以混合状态或部分生成的润滑膜方式来最大限度地减少磨损(图 19.17)。典型的边界润滑模型是从动轮的凸轮上发生的不规则接触。当润滑油黏度小到不足以完全隔开两摩擦表面时，部分油膜润滑的现象就会发生。

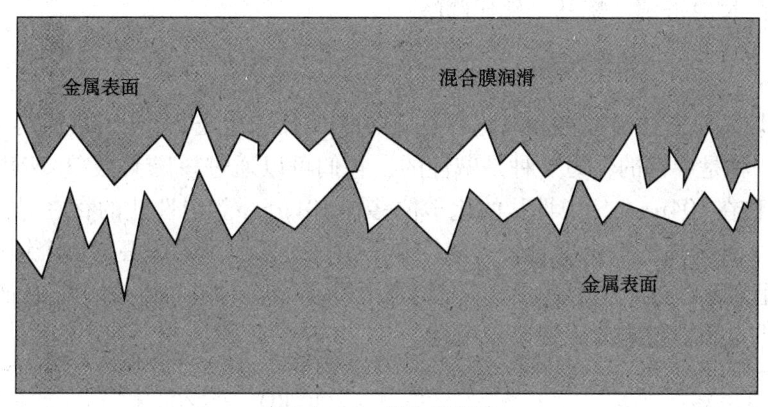

图 19.17 混合膜润滑

随着温度的上升，由于黏温性能与润滑剂有关，使得边界润滑的趋势增加。低接触速度、高接触负荷以及粗糙表面都将发生更多的边界润滑现象。如果这些工况变得极为苛刻并且只有少量或几乎没有润滑油存在的情况下，那么摩擦表面就会大量接触(图 19.18)。这就是极压(EP)接触，并且通常伴随着高温和高负荷。在极压(EP)工况下防止磨损的添加剂比普通的抗磨添加剂需要更高的活性温度和更高的负荷。

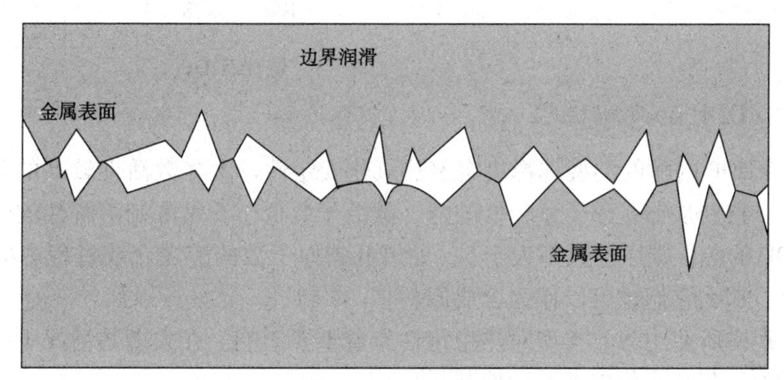

图 19.18 边界润滑

抗磨和极压添加剂通过热分解释放出能和金属表面发生反应的化合物来发挥其作用。在边界润滑条件下，这些表面活性物形成可优先剪切的薄膜。

ZDDP 发现以后，很快成为在润滑油中广泛使用的抗磨添加剂。结果，围绕 ZDDP 展开了大量的研究工作，提出了许多关于抗磨和抗氧化的作用机理[13~17]。ZDDP 的性能极大地受到分解方式的影响。这些分解方式包括热分解、氧化和水解，发生哪种分解方式取决于 ZDDP 的工作条件。通常认为 ZDDP 的分解产物在金属表面形成一层薄膜，在有磷、氧或者聚合物存在的条件下这层薄膜相当明显。正如上文所说，在边界润滑条件下这层薄膜优先剪切，因而减小了金属表面的磨损。这层薄膜需要不断补充，ZDDP 在润滑油中的浓度就很关键。因此，ZDDP 在当今润滑油中的质量分数通常都会超过 2%，这等同于磷在润滑油中的含量可达到 0.15% 左右。

19.4.3　ZDDP 的制备

ZDDP 通过二烷基二硫代磷酸与氧化锌反应而得。第一阶段的反应是酸的制备。五硫化二磷同相应的醇反应得到二烷基二硫代磷酸：

$$4ROH + R_2S_5 \xrightarrow{-H_2S} \underset{\text{二烷基二硫代磷酸}}{2(RO)_2P(S)SH}$$

然后，二烷基二硫代磷酸再和氧化锌在 70 ~ 90℃ 反应生成 ZDDP。最后得到两种结构类型的 ZDDP，一种是中性的，另一种是碱性的，它们可以通过核磁共振 ^{13}P NMR 来测量。碱性盐的化学位移在 104μg/g，中性盐的化学位移在 101μg/g。中性盐的存在是因为生成了一种单体、双体、共聚体的平衡混合物。碱性盐是由一个氧原子为中心，四个锌原子和六个二硫代磷酸盐(呈对称性的六边形四面体)围绕这个中心形成的四面体烷。在工业生产过程中，ZDDP 只留有少量碱性盐组分以提高稳定性。

$$2(RO)_2P(S)SH + ZnO \xrightarrow{-H_2O} [(RO)_2P(=S)S]_2Zn$$

中性ZDDP

$$3[(RO)_2P(S)S]_2Zn + ZnO \longrightarrow [(RO)_2P(=S)S]_6Zn_4O$$

碱性ZDDP

19.4.4　ZDDP 的分解机理

用于制备 ZDDP 的醇的类型选择决定着热氧化安定性。大多数活性较高的 ZDDP 都是从仲醇反应而来，特别是那些分子量较低的醇。碳原子数低于 5 是限制溶解性的因素，因此大多数制备 ZDDP 的醇，碳原子数都大于 5。如果低碳原子数的醇在合成过程中能和高碳原子数的醇相化合，那么它们也可以作为合成原料。

在制备过程中所使用醇的类型对热稳定性有着重要影响。在大多数情况下 ZDDP 的热稳定性大小排列为：芳基 > 伯烷基 > 仲烷基。

不稳定的 ZDDP 在低温发动机油中更易加剧磨损。其抗磨性排列次序为：仲烷基 > 伯烷基 > 芳基。

表 19.4 ~ 表 19.6 给出了不同 ZDDP 在系列发动机磨损试验中的性能。

表 19.4
程序 VE 磨损试验中 ZDDP 类型比较

醇类型	ZDDP 中 Zn 含量/%	程序 VE 磨损试验	
		平均值/μm	最大值/μm
C_3 仲醇和 C_8 伯醇混合	0.127	36	203
C_8 伯醇	0.124	121	495

表 19.5

程序ⅤD 磨损试验中 ZDDP 类型比较

醇类型	ZDDP 中 Zn 含量/%	程序 VD 磨损试验平均值/μm
C_6 仲醇	0.13	18
C_6 仲醇与 C_8 伯醇混合	0.13	48

表 19.6

程序ⅢD 磨损试验中 ZDDP 类型比较

醇类型	ZDDP 中 Zn 含量/%	程序ⅢD 磨损试验平均值/μm
C_6 仲醇和 C_8 伯醇混合	0.13	25
C_8 伯醇	0.13	175

图 19.19 显示了仲醇 ZDDP 热降解的机理。当温度升高时，降解过程很快发生，使得 β 位置上的氢原子更易失去而形成烯烃。这个机理可以用来解释为什么仲醇制备的 ZDDP 具有更高的抗磨活性，特别是在低温条件下。

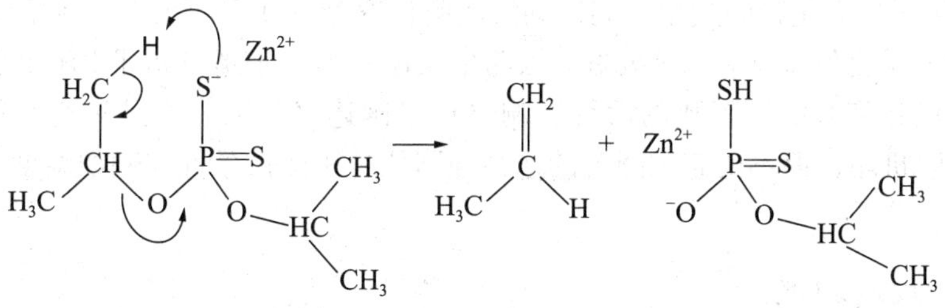

图 19.19 β - 消除反应(仲烷基 ZDDP)

相反，伯醇制备的 ZDDP 由于在 β 位上缺少第三个氢原子而使得稳定性更高，因而更适宜于柴油发动机的高温和重磨损环境。连续性的烷基转移和烷基分子间的转移是热降解的主要机理(图 19.20)。

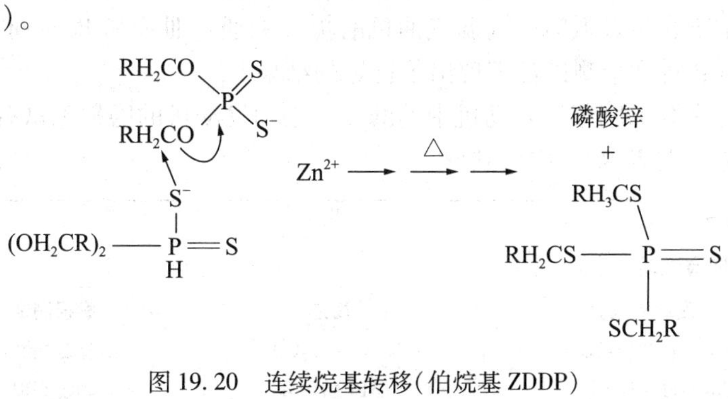

图 19.20 连续烷基转移(伯烷基 ZDDP)

19.4.5 连续性烷基转移(伯 ZDDP)

其他添加剂对 ZDDP 热降解的速度会产生影响。比如，众所周知丁二酰亚胺分散剂同 ZDDP 复合后对热降解的抵抗能力会更强。因此，弄清楚油品添加剂的配方组成就显得格外重要。太多的添加剂附着在 ZDDP 上则不易形成有效的抗磨性润滑油薄膜。从 ZDDP 的类型和分散剂的结构入手已经成功找到了它们之间的平衡点。

ZDDP 在低温下也同样会降解。通过氧化(<100℃)，产生出对有利于抗磨的化合物(见图 19.21)。这引出了二烷基二硫代磷酸锌的抗氧机理，其原因就是生成了中间产物硫代磷酰二硫化合物(见图 19.22)。更为详细的硫代磷酰二硫化物中间产物抗氧机理在文献[18]中有说明。

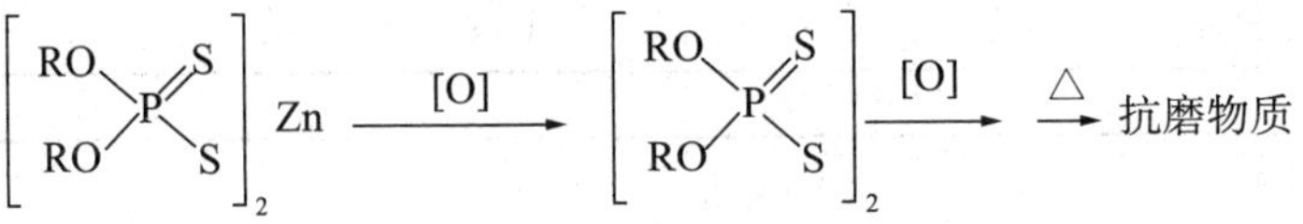

硫代磷酰二硫化物

图 19.21　硫代磷酰二硫化物的形成

([O]几乎可以是任意氧化剂，如 O_2、ROOH、H_2O_2、Cu% NO_x 等)

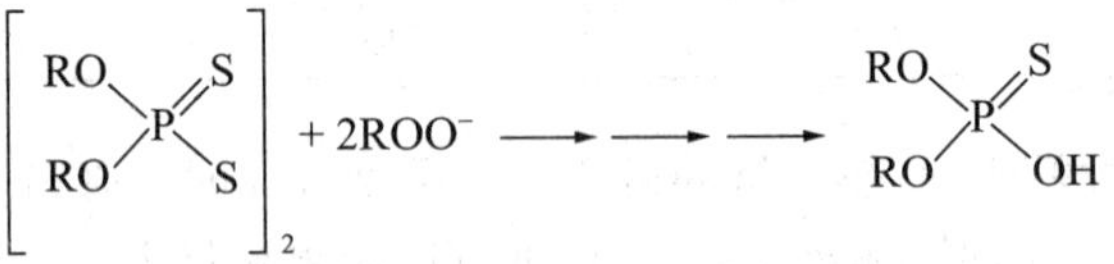

图 19.22　硫代磷酰二硫化物与过氧自由基的分解反应

ZDDP 分解氢过氧化物的效率已同发动机的磨损率测试联系起来[19]。仲烷基 ZDDP 在分解过氧化物的效果比伯烷基 ZDDP 要好。大量的文献资料详细地分析了 ZDDP 分子降解的各种途径，并对磨损和润滑油氧化的后续影响进行了阐述[13,14,20~22]。虽然这些资料全面揭示了 ZDDP 的降解机理，但不要忘记降解的途径强烈依赖于测试条件。例如温度、数量以及氧化类型等等。

19.4.6　抗磨测试

程序ⅤE 和程序Ⅳ-A 汽油发动机测试(分别为 API SJ 和 ILSAC GF-3 设计)设计的目的是用来测定润滑油抵抗汽油发动机阀系低温磨损的能力。仲烷基 ZDDP 通常在这两个测试中的性能比伯烷基 ZDDP 要好。然而，在特定情况下，伯烷基 ZDDP 可能也会出现较好的结果，特别是在添加剂含量较低时。高温汽油机磨损性能通过ⅢE 和 Peugeot TU3 擦伤测试来评定，大多数 ZDDP 对这个测试都表现出了良好的结果。

烟炱的存在通常会加剧柴油发动机中的磨损。柴油发动机的磨损测试有好几种方法，其中最常用的 4 种方法在表 19.7 中已列出。

表 19.7

柴油抗磨试验

发动机试验	规范	磨损测试
GM 凸轮挺柱磨损试验	API CG-4，CH-4	凸轮挺柱磨损
Cummins M11	API CH-4	阀桥磨损
Mercedes OM602A	MB 薄片 228. X 229X	凸轮尖磨损
	ACEA B 和 E 程序	气缸磨损
Mitsubishi 4D34T	全球 DHD-1，JASO DH-1	凸轮尖磨损

除此之外，野外测试方法(如 Volve VDS 和 Scania LDF 规则)也详细限定了对发动机部件的磨损。依据机油工作的温度条件，来决定使用伯烷基或仲烷基的 ZDDP。对于重负荷柴油发动机油，伯烷基或仲烷基的 ZDDP 使用范围极广。在某些情况下，芳基 ZDDP 也可以作为大剂量的热稳定剂使用。

19.4.7 其他抗磨剂

硼由于具有良好的抗磨特性而在润滑油中广泛使用。最普遍的制备方法就是将一分子硼酸同二分之一分子的琥珀酰亚胺分散剂反应。硼通过在金属表面发生反应生成硼酸，从而形成一层较弱的夹层结合物的层状结构[14]。对于这层物质，不大可能同 ZDDP 的抗磨特性相当，但它可以同其他抗磨添加剂复合使用起到减摩效果。

19.5 抗氧化剂

19.5.1 引言

大多数以烃基为基础的润滑油非常易于被氧化[23,24]。如果氧化不能得到控制，润滑油的分解产物将导致油层变厚，油泥、漆膜、胶质和腐蚀性酸的生成[25,26]。

在有氧气存在的情况下，随温度升高润滑油就会开始氧化，这会导致润滑油性能的下降，诸如运动黏度的显著增高，此现象会在苛刻的工作条件中或延长换油期间观察到(图 19.23)。

总的来说，所有类型的基础油都需要添加抗氧剂，而抗氧剂的添加要依据基础油中所含不饱和烃与“天然氧化抑制剂”的多少而定。精制矿物基础油中含有的“天然氧化抑制剂”(以含硫化合物与含氮化合物形式出现)能满足多用途所提出的要求。这种油的氧化安定性显示出了不同的相对较长的诱导期。但另一方面，精制加氢油中并不含有这种天然的氧化抑制剂，或者含量很少。除了硫和氮的化合物以外，其他化合物(比如芳烃或者部分加氢的芳烃以及苯酚的氧化产物)可能起了重要的作用；这些化合物的氧化抑制作用会随着各种精制的过程而消失。传统的矿物油，比如Ⅰ类和Ⅱ类基础油，显示出了中等的抗氧特性。合成油，诸如多元醇酯和加氢 PAO 具有很高的氧化安定性，这主要是由于它们中不饱和烃的含量过低造成的。最不稳定的基础油包括高度不饱和的植物甘油三酸酯，比如玉米油、葵花籽油、色拉油、花生油等。

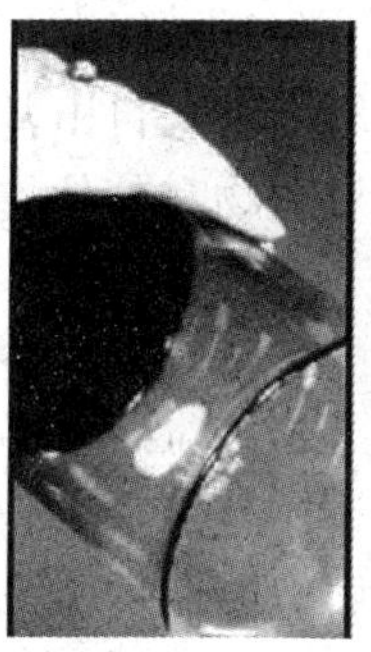

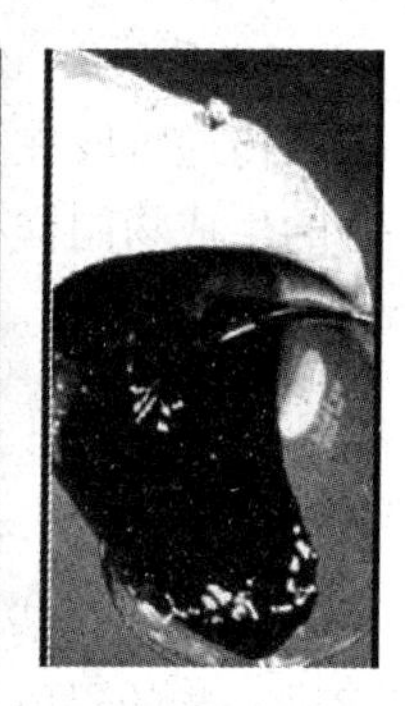

图 19.23 抗氧剂能阻止润滑油过早变稠

所有润滑油氧化的过程都是通过饱和烃向羰基化合物的转化开始的(图 19.24)。这些极性化合物通过醇醛和相关反应生成的大分子物质而成对出现。最终，当生成物质分子量过大时(如 >1000)，这部分润滑油就转化为不溶性的油泥，沉积到发动机原件上。

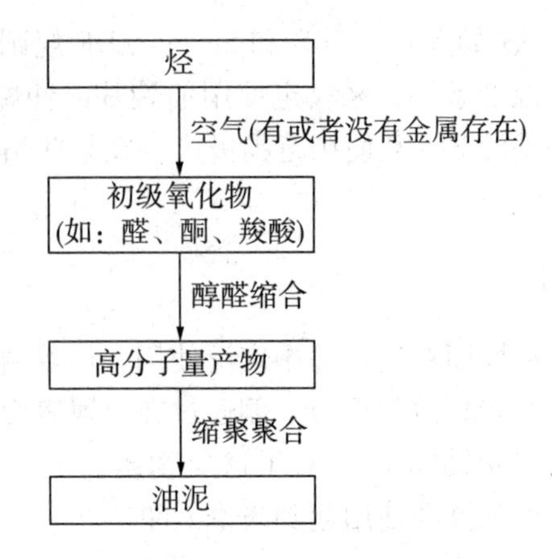

图 19.24　矿物润滑油的降解

19.5.2　润滑油的氧化机理

石油烃的氧化反应是通过烃基与过氧基按照自由基链反应的机理分为三个阶段进行的[27]。

19.5.2.1　引发阶段

$$RH + O_2 \longrightarrow R + HOO$$

引发阶段以氧原子从烷基链中缓慢分离从而生成过氧自由基开始的，这个过程可以称作“自氧化反应”。较长的时间、更高的温度、有过渡金属(如铁、镍、铜等)催化能促进反应的进行。

19.5.2.2　传递阶段

传递阶段在开始时，过量的氧同烷基自由基迅速发生反应生成烷基过氧自由基，这些烷基的生成物同样有能力形成氢过氧化物和其他烷基。这些烷基与更多的氧反应，在链传递阶段就结束了[25]。

$$R\cdot + O_2 \longrightarrow ROO\cdot$$

$$ROO\cdot + RH \longrightarrow ROOH + R\cdot$$

19.5.2.3　过氧化物的分解

过氧化烷基非常活泼并可分解，当温度较高时能形成其他的自由基种类。这些反应能引起进一步的提取反应和链传递反应，从而增加更多的氧化反应过程。过氧烷基和过氧烷自由基同样能分解为中性氧化产物，比如乙醇、乙醛、酮和羧酸。氢过氧化物被分解为中性氧化产物可以看作是链的终止步骤，因为这时已经不再有自由基形成。

$$ROOH \longrightarrow RO\cdot + R\cdot$$

$$2ROOH \longrightarrow RO\cdot + ROO\cdot + H_2O$$

$$RO\cdot + ROOH \longrightarrow \text{各类产物}$$

$$\begin{matrix}\text{发动机表面}\\\text{或润滑剂}\end{matrix} + ROOH \longrightarrow \begin{cases}\text{自由基}\\\text{醇类}\\\text{非活性产物}\end{cases}$$

19.5.2.4　终止反应(自终止或链断裂)

在链反应中止阶段，自由基反应既可能自我中止，也可能与氧化抑制剂反应而被迫中止[23]。

$$ROO\cdot + ROO\cdot \longrightarrow \text{非活性产物}$$

$$ROO\cdot + IH \longrightarrow ROOH + I\cdot$$

下面列出了氧化的其他几种方式。

19.5.2.5 自由基的形成

$$RH + O_2 \longrightarrow \underset{(\text{氢过氧化物})}{ROOH}$$

$$ROOH \longrightarrow RO\cdot + \cdot OH$$

$$ROH + NO_x \longrightarrow R\cdot + HNO_{x+1}$$

$$2R\cdot + 2NO_x + O_2 \longrightarrow \underset{(\text{硝酸盐和硝酸酯})}{RONO + RONO_2}$$

氮的氧化物能与乙醇(一种氧化产物)反应形成烷自由基。这些自由基同 NO_x 和氧反应后可形成硝酸盐和硝酸酯类的氧化产物。

19.5.2.6 分解和重组

$$ROOH + SO_2 \longrightarrow ROH + SO_3$$

$$ROOH + H_2SO_4 \longrightarrow \text{羰基化合物}$$

$$RO\cdot + ROO\cdot \longrightarrow \text{氧化产物}$$

二氧化硫和 H_2SO_4(SO_3与水反应而得)在有过氧化烷基存在的情况下可反应生成中性氧化产物，比如乙醇和羰基化合物。乙醛和酮能进一步反应形成聚合体。羧酸能对金属部件产生腐蚀：包括活塞环、气阀机构和轴承装置，这会造成大范围的磨损。而且，它们能形成羧酸金属盐进一步加快氧化速率。同时，磨损下来的金属也能加快氧化率。

19.5.3 氧化抑制剂

氧化抑制剂被划分为以下几类：

(1)自由基中止剂；

含氮抑制剂：芳胺；

含氧抑制剂：苯酚；

二烷基二硫代磷酸锌(ZDDP)。

(2)氢过氧化物分解剂：

含硫抑制剂：硫化物、二硫代氨基甲酸盐、硫化烯烃；

含磷抑制剂：磷酸、二烷基二硫代磷酸锌(ZDDP)。

值得注意的是ZDDP具有抗氧化作用的同时还兼有抗磨保护作用(详见章节19.4.2)。ZDDP能够以两种不同的方式提供抗磨和抗氧化这种双重(或三重)功效，因而这些添加剂是目前最有效的抑制剂，尤其是它们极高的性价比。

特定结构的苯酚和胺类通过从氧原子或氮原子到烃自由基或过氧自由基的氢转移，起到自由基接受体的作用。而在这种情况下形成的抑制剂自由基，通过自由基合并或电子转移反应，生成离子化合物，亦会是发生加成反应或产生不再继续维持自动氧化反应的自由基链反应的复合物。而在进一步的反应中，常产生醚、酮或聚合芳香族物系。

19.5.4 位阻型苯酚和芳胺

位阻型苯酚和芳胺是抑制剂的两个重要例子，它们的功能是将氢转移出来起到链反应中止的作用。图19.25解释了苯酚的抗氧化机理。

在众多类型的苯酚中，聚烷基苯酚的性能大大优于没有经过烷基化的化合物(图

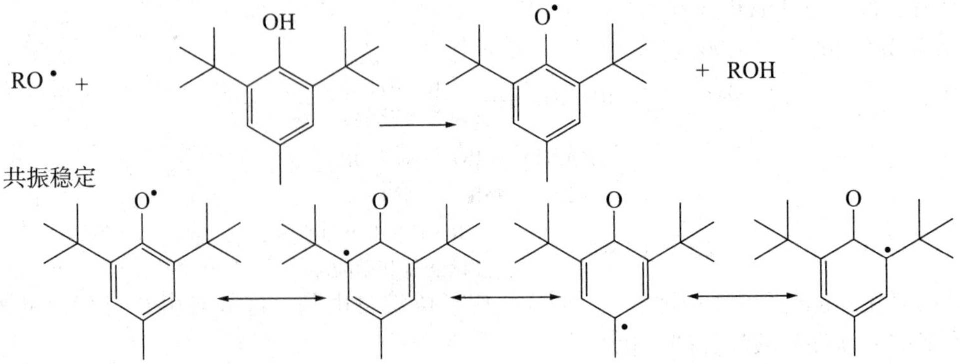

共振稳定

图 19.25 受阻酚的氧化抑制机理

19.26)，取代反应证明了苯酚中氧原子上的电子密度和空间位阻效应在其中扮演着重要角色；在氧或邻位上烷自由基或引入电子数量的增加都能增强这种影响效果；而电子接受体的数量增加则会减弱这种影响效果。烷基氧位上的 α 支链或 C_4 组在邻位上增加烷基链对这种影响有利[27]。

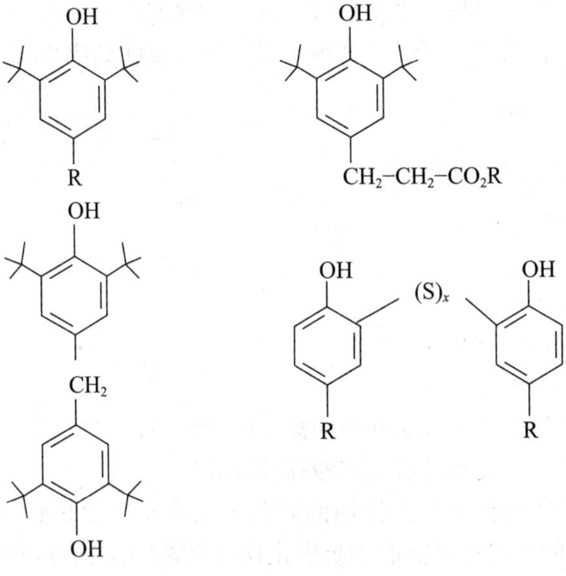

图 19.26 酚型抗氧剂的主要类型

一种新类型的抗氧剂，例如丙烯酸酯，它包含受阻苯酚的碱性催化加成产物到 Michael 接受体这类物质。虽然这比简单的苯酚结构抗氧剂更昂贵，但这一化学领域的创始人则称在特定柴油发动机测试中，对上部活塞沉积控制进行改良会收到比苯酚更好的密封兼容性。

双 S(x=1，2)型烷基苯酚集合了苯酚型和硫型抗氧剂的优点。

图 19.27 展示了芳胺的抗氧化机理(基于氮自由基的生成)。

一般而言，烷基芳胺的抗氧化效果比烷基苯酚更好，因为它们有以下特点：

(1)能捕获更多的自由基：2 个烷基芳胺可捕获 4 个自由基；

(2)能更好的稳定氮自由基和硝酰自由基(通过两个苯环代替一个苯环的方式)；

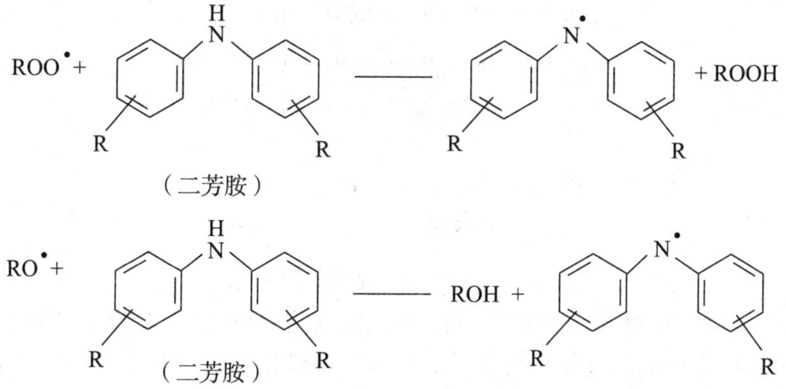

$$ROO^{\bullet} + (二芳胺) \longrightarrow + ROOH$$

$$RO^{\bullet} + (二芳胺) \longrightarrow ROH +$$

图 19.27 二芳胺的氧化抑制机理

（3）能同时在低温和高温条件下起作用（在高温环境可重新生成烷基芳胺）。

油溶性胺（例如二苯胺、苯基－α－萘胺等）是在润滑油中最常用的胺性抗氧剂类型。二苯胺在氯化铝做催化剂以及有带支链 的壬烯烃存在的情况下可发生烷基化反应。单分子和双分子的烷基（图 19.28）混合后通过对反应物比率的控制，可达到生成液体产物的特定目的。二苯胺特别适合于温度升高很快的工作条件，因而它常被用作超音速飞机发动机和轴承的润滑剂。在这些应用中，芳胺能在合成酯类油中阻止油泥的形成。

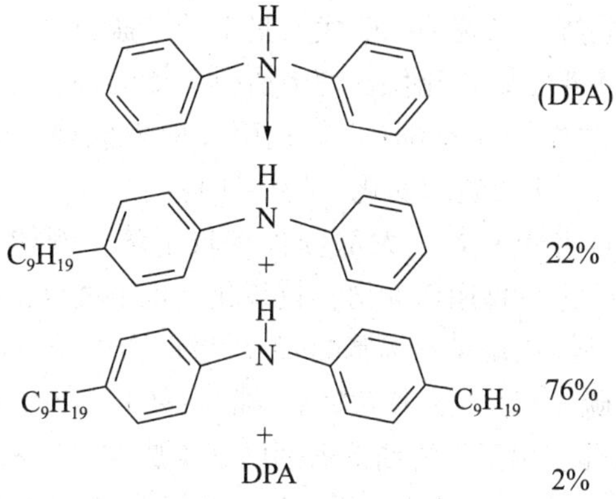

(DPA)

C_9H_{19} 22%

C_9H_{19} C_9H_{19} 76%

+ DPA 2%

图 19.28 烷基化芳胺抗氧剂

19.5.5 含硫和含磷的抗氧剂

硫、磷及硫磷化合物把自由基链中氢过氧化物还原为醇类而使过氧化物分解：同时硫和磷原子则相应得到氧化（图 19.29）。此时含二价硫的化合物（如硫化物等）生成亚砜与砜；含三价磷的化合物（亚磷酸盐）转化为含五氧化二磷的化合物（磷酸盐）。四价硫的有机化合物能起过氧化物分解剂的作用，但是相应的六价硫的有机化合物，从理论上来说是不能起这种作用的。由于氢过氧化物的破坏使得这些中间产物不能被分解为可继续进行氧化链反应过程的自由基，磷酸盐是不稳定的水解产物，因而需限制曲轴箱润滑油中磷的含量，含磷添加剂在齿轮润滑油中也有相应要求。对曲轴箱润滑油来说，ZDDP 含有自氧化性能很高的磷元素，同时它也能增加油品的抗磨性能。

$$ROOH + R'_3P{=}O \longrightarrow ROH + R'_3P{=}O$$

$$ROOH + (R'O)_3P \longrightarrow ROH + (R'O)_3P{=}O$$

亚磷酸酯　　　　亚磷酸盐

$$ROOH + R'SR'' \longrightarrow ROH + R'\overset{\overset{O}{\|}}{S}R''$$

硫化物　　　　亚砜

图 19.29　含硫和含磷抗氧剂的机理

ZDDP 能把氢过氧化物转化为相当量的醇和羰基化合物(图 19.30)。ZDDP 可完整性地再生，并可继续转化其他氢过氧化物分子。许多氢过氧化物的分解循环都是由 ZDDP 来完成的，因为 ZDDP 先于它们自身最后的分解反应。

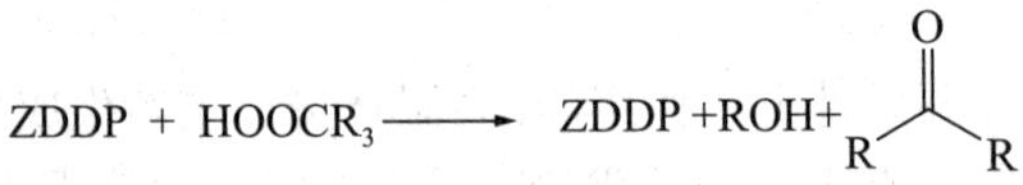

$$ZDDP + HOOCR_3 \longrightarrow ZDDP + ROH + R{-}\overset{\overset{O}{\|}}{C}{-}R$$

图 19.30　ZDDP 氢过氧化物再生

19.5.6　含硫化合物

元素硫是一种有效的抗氧化剂，但是它的腐蚀性很强。

从实践应用来说，许多二烷基硫化物、多硫化物、二芳基硫化物、改性硫醇、巯基苯并咪唑、噻吩衍生物、黄原酸盐、二烷基二硫代氨基甲酸锌盐、硫二甘醇、硫醛等，都曾证明可作为氧化剂使用。在烷基芳香族含硫化合物中值得一提的还有二苄化二硫。

烷基酚(如丁基酚、戊基酚或辛基酚)与氯化硫反应生成烷基酚的硫化物，由于硫原子在 OH 基的邻位，所以比二苄化二硫型的化合物活性高。

目前这类化合物除了含有甲基外，大部分含有叔丁基，例如 4，4′-硫代双(2-叔丁基)-5-甲基酚。含硫氮的化合物用作润滑油抗氧化剂也很适合(如 2-巯基苯并咪唑，巯基三嗪、苯并三唑与烷基乙烯醚(或烷基乙烯基酯)的反应产物以及吩噻嗪及其衍生物等)。在含硫的羧酸酯中，把 3，3′-硫代双(丙酸十二烷基)酯与双(3，5-二叔丁基-4-羟基苄基)丙二酸双(3-硫代十五烷基)酯应用于润滑油抗氧剂已获得成功。这些化合物已被二烷基二硫代磷酸盐所代替，因为它的应用范围比较广。亚砜与芳香族胺组合物有时也得到了应用。

19.5.7　含磷化合物

红磷具有氧化抑制功能，但无法应用，因为它们对有色金属与合金都有腐蚀性。磷酸三芳基酯与亚磷酸散烷基酯都是热稳定化合物，可用作抗氧化剂，但是它们的用途受到限制。苯酚磷酸酯衍生物如 3，5-二叔丁基-4-羟基苄基磷酸二烷基酯或哌嗪磷酸酯具有更好的效应。

19.5.8　含硫磷的化合物

目前，硫代磷酸的金属盐作为曲轴箱润滑油抗氧化剂已占有突出的地位。原则上，含硫磷化合物的效能显著高于只含硫或者只含磷的化合物，最广泛应用的抗氧化剂是二烷基二硫代磷酸锌，这种化合物的制备方法是由各种高级醇(如己醇、2-己基己醇、辛醇)和 P_2S_5 反应，再与氧化锌反应。生成盐的反应是放热反应，要求在 20℃ 恒温的条件下连续加入氧化锌并且不断冷却，甚至反应结束时温度也不能超过 80℃，因为二烷基二硫代磷酸金属盐是在矿物油溶液中进行制备的。它们在烃类润滑油中的溶解度随着烷基碳原子数的增加而增大，二戊烷基二硫代磷酸金属盐以及烷基碳原子数更高的化合物都具有令人满意的溶解度。链长度较长的衍生物可以作为短链衍生物的增溶剂。二烷基二硫代磷酸金属盐不仅可用作抗氧化剂，还可用作腐蚀抑制剂及极压添加剂。

二烷基二硫代磷酸锌盐(烷基为辛基或十六烷基以及分别为丙基、丁基或辛基的不同复合配方)的效能随着醇组分分子量的增长而下降。异丙基与异戊基的衍生物效果最好。

萜烯(双戊烯、α－蒎烯)，聚丁烯、烯烃与不饱和酯与 P_2S_5 的反应物属于同一类；有人建议将其中萜烯与聚丁烯的反应产物用作曲轴箱润滑油的抗氧化剂。二烷基二硫代磷酸金属盐同时具有清净剂、挤压抗磨剂、防腐剂(当氧化产物具有腐蚀作用时)的多种功能；当遇到腐蚀时，生成的硫化物保护膜或磷酸盐保护膜可保护金属不受有机酸的化学侵蚀。2，5－二巯基噻二唑衍生物也有类似的效果。

19.5.9 抗氧剂的选择协同以及测试

大多数的曲轴箱发动机油都加入了 ZDDP。当今的高温发动机(图 19.8)要求加入无灰抗氧剂，这样才能通过ⅢE 程序的发动机测试。现代发动机油会使用三种甚至更多不同类型的抗氧剂，而且 ZDDP 的用量极高(占到总质量的 0.1% ~0.5%)。

早一代的发动机测试润滑油氧化性能的是ⅢD 程序实验，这个实验要求润滑油的运动黏度在工作 80h 后增大的最大值不超过 375mm²/s。并且描述了一个还未到试验时间的一般就失效的基础配方试验(大约经历了 30h)。再添加质量分数为 0.5% 的芳胺抗氧剂基础配方中可以很容易通过运动黏度增大的实验要求。增加 ZDDP 的含量也能达到同样的实验结果，但当前对磷含量的限制阻止了这一方法的推广。

表 19.8

V－8 发动机表面的近似温度

发动机区域	温度范围/℃	发动机区域	温度范围/℃
排气阀头	650 ~ 730	活塞销	120 ~ 230
排气阀杆	635 ~ 675	活塞裙	93 ~ 204
燃烧室燃气	2300 ~ 2500	气缸壁顶部	93 ~ 371
燃烧室壁	204 ~ 260	气缸壁底部	~ 149
活塞顶	204 ~ 426	主轴承	~ 177
活塞环	149 ~ 315	连杆轴承	93 ~ 204

抑制剂之间的增效作用是另外一个众所周知的重要现象。这种现象被定义为：两种抑制剂化合物(各含一半或含有一部分)所产生的效果大大优于只含其中一种所产生的效果。抑制剂之间的化合物增效作用可提高润滑油使用的温度和扩大使用范围，其原因主要是因为它的性能得到了很大提高。

含有 0.5%(质量分数)的烷基酚(分数为 63)或者是 0.5%(质量分数)的芳胺(分数为 60)型抑制剂都不能单独的提供足够的沉积物控制能力以通过这个测试。然而两种抑制剂各以 0.25% 的含量混合后就能得到分数为 71 的优良结果，完全可通过测试。

润滑油的抗氧化效率可通过一系列的实验室台架试验和各种苛刻条件下的发动机试验来评定。对于摩托车机油来讲就显得特别真实，因为只有实际的发动机试验才能评定油品性能。举例来说，在一种给定的添加剂中，二硫代磷酸盐的高温效率就和分散剂以及抗氧剂之间经常发生冲突。

通常，最后产品配方的确定都必须经过旷日持久的实验。目前已经有了一些评定芳胺和发动机油氧化性能的试验方法。

(1)ASTM D－943　或者涡轮机油氧化测试方法通常是为液压油而设计。在这个评定方法中，氧气分子在95℃时通过一夸脱含铁和含铜的润滑油。记录实验油的 *TAN* 值达到2.0时的小时数，要通过试验大约需要进行1000～3000h，这主要依据具体客户使用要求而定。

(2)ASTM D－2272(RBOT 即旋转氧弹氧化实验)和 ASTM D－4742(TFOUT)　即薄膜氧化吸收实验)是另外两个工业认可的实验室试验。这些评定方法用压力来加速氧化的过程，从而模拟润滑油进一步的氧化性能或者"真实世界"的工况条件。RBOT 试验同样在工业润滑油配方中得到了利用，而 TFOUT 试验则被用来测量乘用汽车和重负荷柴油机油的氧化性能。

(3)ISOT(印第安纳搅动氧化实验)　已经有好几个版本，其温度范围在150～160℃。油杯在有铁和铜做催化剂的条件下持续搅拌24h，测量内容包括润滑油运动黏度的增大，*TAN* 值的增长和生成戊烷油泥不溶物的数量。

(4)PDSC(压力微分热量测定扫描)　是实验室用来预测弱氧化稳定性油品中加入抑制剂后对其性能提升的效果。

轿车发动机油(PCMO)的氧化性能评定有ⅢE 程序与ⅢF 程序(主要测量黏度的增长)，VE 程序与 VG 程序(主要测量控制油泥的能力)组成。

在 VE 发动机序列测试中其能达到的最高温度范围在图19.8中已经给出。润滑油大部分工作温度达不到这样高，但与这些部件非常接近的流动工作条件下的润滑油除外。既然润滑油的加速氧化过程受温度影响，也就很容易明白为什么润滑油的抗氧化系统要经过特别设计才能发挥有效作用。

自从乘用发动机在20世纪20年代初期介绍给公众以来，典型的乘用发动机设计经过了戏剧性的改变，表19.9概括了几种主要设计/流动系统的变化对照。有两个关键参数在影响润滑油配方的稳定性和设计寿命。

表19.9

过去70年 V－8 发动机的变化

	1920	1960	1990
发动机排量/L	6	2	1.6
制动马力	50	70	130
发动机转速/(r/min)	1200	5000	7000
机油温度(℃/°F)	60/140	90/194	130/266
机油容量/L	14	4.5	3.5
气阀机构	侧阀	推杆，顶阀	双顶置凸轮油，4阀
加燃料系统	单节气门化油器	多节气门化油器	燃料喷射器

注：①发动机油中温度大大提高(2倍)。

②润滑油用量的稳定减少(约5倍)。

这两个影响因数对润滑油的抗氧化系统提出了额外的要求，而近年来对磷含量的限制在某种程度上对ZDDP的用量提出了“封顶”。

19.6 黏度改进剂

19.6.1 概述

黏度改进剂添加到润滑油配方中，用以降低基础油的黏度－温度的依赖性。这类润滑油添加剂是20世纪60年代发展多级润滑油的技术基础。多级油最主要的性能特点是：它能够允许发动机在低温下的启动性，同时在高温时保持足够的黏度以保护发动机不受磨损。

以Ⅰ类油为基础油，未添加黏度改进剂的润滑油配方，只有一个非常有限的可操作温度范围，这主要是因为它具有一个很强的黏度－温度关系。黏度改进剂是一种油溶的聚合物，添加至油品中，高温下使油膜增厚，同时低温下的油膜厚度变化很小（见图19.31）。一个很简单的机理能够解释这一现象：低温条件下聚合物与油品的相互作用很小，但随着温度升高相互作用增加。聚合物与基础油在高温下的这种相互作用增加了聚合物的有效流体力学体积，因此也增加了黏度改进剂的有效体积分数，相应地增加了润滑油的黏度。利用这种现象，可以通过添加黏度改进剂和复合剂来使用低黏度的基础油。低黏度基础油在低温下自由流动，而黏度改进剂在高温下增加了油品的黏度。

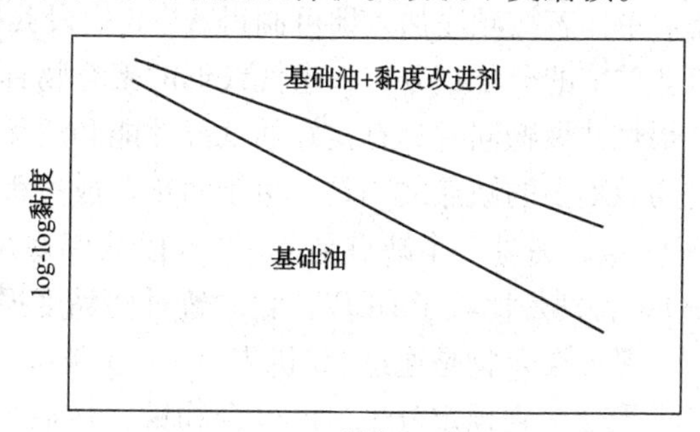

图19.31 黏度改进剂对基础油黏度－温度关系的影响

19.6.2 黏度改进剂类型

油品配方中的黏度改进剂类型多样，各有优、缺点。因此，为应用的油品选择正确的黏度改进剂类型显得尤为重要。表19.10列出了一些常用的类型。

表19.10
黏度改进剂

黏度改进剂名称	简写	聚合物结构
乙丙共聚物（或含有二烯烃的三元共聚物）	OCP	线形共聚物（可能含有长侧链）
聚甲基丙烯酸酯	PMA	线形共聚物
放射状的氢化聚异戊二烯（或含有苯乙烯的二元共聚物）	HRI	星形聚合物
氢化苯乙烯－异戊二烯	HIS	线形A－B嵌段共聚物
氢化苯乙烯－丁二烯	HSB	线形锥形嵌段共聚物
聚异丁烯	PIB	线形多元共聚物
苯乙烯－酯，苯乙烯－烷基马来酸酯的交替共聚物	SE	线形共聚物

OCPs是由齐格勒-纳塔或茂金属催化剂制备而来。该聚合物除了含有乙烯和丙烯外，二烯烃单体也可能被添加，以提高固体聚合物的加工特性。每种单体的量将决定聚合物的溶解性。当聚合物中乙烯的量增加后，聚合物的溶解性特别是低温下的溶解性变差，进而能够有效地降低油品在低温下的黏度。但乙烯的量也不能过高，这主要是由于当乙烯的量过高后，OCP不溶于油，或在低温下放置几个月后形成胶质。单体的序列分布至关重要，必须严格控制聚合物中乙烯的最高含量，进而降低油品在低温下的增稠能力。由于OCP良好的增稠能力和低廉的价格，已成为目前使用最广泛的黏度改进剂。

苯乙烯-二烯共聚物是由苯乙烯与丁二烯或异戊二烯经阴离子聚合制备，通过氢化将骨架上残留的不饱和键进行饱和。锥形嵌段共聚物是通过反应初期两种单体一起加料即可制备。单体若按顺序加入即可制得A-B嵌段共聚物。相对于OCPs和PMAs，阴离子聚合物具有非常窄的分子量分布，这使线形的聚合物具有高剪切稳定性和高增稠能力。由于苯乙烯-二烯烃共聚物同时具有良好的低温性能和增稠效果，它们已经被广泛地应用于发动机油中。它为数不多的缺点之一是，由于两步合成过程以及星形材料的成本较高，造成价格相比较于OCPs贵，另外一个缺点是A-B嵌段共聚物在高温高剪切(HTHS)条件下(例如在滑动轴承中)，特别是比较于OCPs，它的暂时性黏度损失增加。

星形聚合物是通过“臂优先”的过程制备，先由异戊二烯(和一个可选的共聚单体)经阴离子聚合得到预定分子量的聚合物链，然后加入二乙烯基苯将几条“臂”连起来形成一个不确定的凝胶核。每个星形结构中“臂”的数目由二乙烯基苯的加入量决定。最后，星形聚合物被氢化。这类聚合物具有优异的低温性能，但与具有相同剪切稳定指数(SSI)的OCP相比，在苛刻条件下的永久黏度损失更大。

PMAs是用甲基丙烯酸酯单体通过自由基聚合而来。聚合物具有相对较宽的分子量分布。增加引发剂浓度，分子量降低，聚合物的剪切稳定性提高，另外，在反应过程中加入链转移剂，阻止聚合物链的增长，使得聚合物产品分子量降低，剪切稳定性提高。通过选择聚合物骨架上单体的组成，可以优化低温性能、黏度指数及增稠效率。由于PMAs具有优异的低温黏度性能而被广泛使用，特别是在齿轮油，自动传动液以及液压油中，PMAs作为黏度改进剂或降凝剂被普遍使用。最近几年，由于OCPs的性能优良以及价格低廉，分得了PMAs在发动机油的一部分市场。PMAs还可以在结构中引入其他的功能基团，生产多功能添加剂，例如在聚合物分子中引入含N的单体，合成出具有分散性能的PMAs，或者将各种含N单体进行接枝反应。

19.6.3 分散型黏度改进剂

引入具有分散性能的基团可以制备多种黏度改进剂，这些分散型黏度改进剂可以进一步为发动机油提供油泥及烟炱分散性能。它们既能替代分散剂，也可以与分散剂混合使用。若要替代分散剂，它们必须具有相同的分散性。若与现有的添加剂共同作用，它们就可以提供超强的油泥及烟炱分散性能。

19.6.4 发动机油的剪切稳定性

黏度改进剂对机械剪切，有时是热剪切非常敏感，会造成油品的黏度损失。油品的*SSI*

由以下公式定义。*SSI* 可表明黏度改进剂的机械稳定性。

$$SSI = \frac{m_i - m_f}{m_i - m_o} \times 100$$

式中 m_i——添加了黏度改进剂的初始油品黏度，mm^2/s；

m_f——剪切后的油品黏度*；

m_o——未添加黏度改进剂的油品黏度，mm^2/s。

SSI 从数值上解释如下：黏度改进剂 *SSI* 值越低，剪切稳定性越好，反之亦然。黏度改进剂的 *SSI* 值取决于聚合物分子量，高分子量的黏度改进剂具有优良的增稠性能，但剪切稳定性差(高 *SSI*)。*SSI* 为 55，代表发动机油可接受的最差值。尽管对于北美 PCMO 而言，这并不少见，在欧洲，很少用剪切稳定性如此差的油品，ACEA 和 OEM 都规定了剪切稳定性的最差值。在欧洲汽柴油的应用中，黏度改进剂的 *SSI* 值通常为 25 或更低，在北美柴油机油配方中 *SSI* 值通常为 35 或更低。

19.6.5 黏度级别

油品的黏度级别，规定了油品能够被使用的操作温度，汽车工程师协会(SAE)规格中给出了黏度值。为制备更多黏度级别的油品，聚合物类的黏度改进剂就显得尤为重要。许多 OEMs 都使用黏度级别来划分润滑油，以便于更好的在其设备中使用。SAE J300 定义了发动机油的黏度级别。

通常，OEM 都会尽可能地用最低黏度级别的油品，这主要是由于低黏度油品会降低摩擦造成的能量损失。然而，为使其设备能够在最佳状态下运行，他们通常也会建议一个最低的油品黏度。这些限制并不总是与 SAE J300 规格一致，特别是就高温高剪切黏度而言。欧洲的 OEMs 一贯更加保守，其中许多都规定了与黏度级别无关的 HTHS 黏度的最低值为 3.5mPa · s。由于轴承磨损被看做是一个关键的性能参数，因此欧洲的重负荷柴油机的 OEMs 仍然在使用这个极限值。这就意味着 SAE 10W－30 的油品不仅需要满足 SAE 的黏度级别，而且 HTHS 黏度必须大于 3.5mPa · s。北美柴油机油的现状与欧洲极为相似，15W－40 油品占据主要市场。然而市场上也在使用没有 HTHS 最低黏度限制的 15W－30 油品。

对一些欧洲客车的 OEMs 而言，当发动机设计已经能够适应低黏度油品时，可以对 HTHS 黏度的限制有一些放宽，因为低黏度油品可以改进燃料的经济性。例如，大众公布的汽油机油的规格 VW503 和柴油机油的规格 VW506。考虑到燃油经济性，SAE 0W－30 的 HTHS 黏度最低值可以从 2.9mPa · s 到 3.4mPa · s。在欧洲对于 PCMO 而言，HTHS 黏度的降低与北美是一致的，北美许多油品是 5W－30，HTHS 的限值与 SAE J300 规格一致。另外，一些 OEMs 现在使用 5W－20 油品，以满足更好的燃油经济性。由于一些黏度改进剂在高温下暂时性黏度损失性能较差，这一点非常关键。如果 HTHS 必须大于 3.5mPa · s 时，配方中的黏度改进剂必须使用 OCP，如果 HTHS 要求小于 3.5mPa · s 时，配方中用其他的黏度改进剂就足以了。

---

* 注意，*SSI* 值取决于用于测量剪切稳定性的特定剪切装置。常用设备包括库尔特欧尔班喷油装置，CRC L－38 发动机试验，声波剪切装置和库尔勒锥形轴承试验台。后者主要用于测量传动系统流体如高度剪切稳定性的 ATF 和齿轮油的 *SSI*。

19.6.6　黏度改进剂的要求

作为黏度指数改进剂的聚合物必须具备以下性能：

(1)价格低且增稠能力强；

(2)适当的剪切稳定性以保障产品的品质稳定；

(3)在高温高剪切(特别是规定的)条件下具备暂时的剪切稳定性；

(4)低温冷启动和低温泵送黏度最低；

(5)高温下，活塞和涡轮增压器上的沉积物最少。

黏度改进剂的选择，不但要满足所有的黏度要求，而且成本要最优。具备以上条件的油品就必须要在各种发动机和实车实验中评价。在发动机和服务需求当中，黏度改进剂的性能决定了它是否适用于预期的应用。

19.7　降凝剂

所有矿物油都含有石蜡烃，虽然这部分组分黏温性能较好，但在低温下容易形成蜡，这些蜡的有效体积非常小，但蜡结晶形成的网状结构足以阻碍油品的流动性。一种方法就是用倾点考察油品的低温流动性，倾点就是油品能够流动的最低温度，方法见 ASTM D－97。加入降凝剂后可以降低油品的倾点，同时降低油品的低温泵送黏度。

降凝剂在低温下的作用，并不是阻止蜡结晶，而是减少蜡的网状结构的形成，由此降低了被网状结构包裹的油品数量，降凝剂包括聚甲基丙烯酸酯、苯乙烯－酯聚合物、烷基萘、乙烯－醋酸乙烯酯共聚物以及聚富马酸。处理率典型值 <0.5%(图 19.32)。

Paraffin

烷基萘

$$\left[-CH_2-\underset{COOR}{\overset{CH_3}{C}}- \right]$$

聚甲基丙烯酸酯

图 19.32　降凝剂示例

19.8　泡沫抑制剂/抗泡剂

在润滑油中夹带的气体或泡沫会降低油品的使用效果，因此在发动机工作情况下，必须降低它的形成，当然最好能够彻底阻止它。在发动机油品中，泡沫的出现会降低油压，导致发动机，特别是液压间隙调节器或液压驱动单元喷射器的损坏。另一个问题是气体夹带，这会导致轴承中油膜形成气蚀，使润滑失败。液压驱动单元喷射器对串气量也非常敏感。

对于一个简单的油品配方而言，可以不必添加泡沫抑制剂。但是随着更多的添加剂被加入到油品配方中，泡沫也会随之增长，此时就有必要使用以下泡沫抑制剂：二甲基硅氧烷聚合物、烷基甲基丙烯酸酯共聚物、烷基丙烯酸酯共聚物。

这些化合物溶解于润滑油中，目的是降低气泡界面的表面张力，使得气泡更容易破裂。

为更加有效地发挥作用，化合物必须具有良好的分散性能。

通常泡沫抑制剂的加入量非常低，典型加入量为 <20μL/L。加入量过高，会导致溶解性变差，油品混浊甚至析出。

泡沫量通过 ASTM D-892 方法测定，该方法是在油样中用流动的气体通过多孔球产生泡沫，分别在 24℃和 94℃下测定泡沫量及泡沫的稳定性。ASTM D-6082A 是这个方法的变动版，在 150℃下测定泡沫。其他的发动机试验如 Navistar HEUI，在 API CG-4 以来也被引入柴油机油当中。该方法能够评估柴油减少空气夹带的能力，这影响液压驱动的单元喷射器的性能。γ 射线检测技术也可以通过测定油品密度来监测发动机中夹带的气体。该方法已被宝马公司应用于油品的审批制度。

参考文献

1. Klamann, D., *Lubricants and Related Products*, Verlag Chemie, Hamburg, 1984.
2. Mortier, R.M. and Orszulik, S.T., eds., *Chemistry and Technology of Lubricants*, Blackie Academic & Professional, London, 1997.
3. Smalheer, C.V. and Smith, R.K., *Lubricant Additives*, The Lezius-Hiles Co., Cleveland, OH, 1967.
4. Gergel, W.C., Detergents: what are they? *The JSLE/ASLE Meeting*, Tokyo, Japan, June 10, 1975 (and references therein).
5. Kreuz, K.L., Gasoline engine chemistry as applied to lubricant problems, *Lubrication*, 55, 53–64, 1969.
6. Kreuz, K.L., Diesel engine chemistry as applied to lubricant problems, *Lubrication*, 56, 77–88, 1970.
7. Roby, S. et al., *Lub. Eng.*, 50(12), 989–955.
8. Harrison, P.G., Brown, P. and McManus, J., *Wear*, 156, 345–349, 1992.
9. Inoue, K. and Watanabe, H., *ASLE Trans.*, 26, 189–199, 1983.
10. Asseff, P.A., US Patent 2,261,047, October 28, 1941, assigned to Lubrizol.
11. Freuler, H.C., US Patent 2,364,283, December 5, 1944, assigned to Union Oil Co.
12. Schreiber, W., US Patent 2,370,080, February 20, 1945, assigned to Atlantic Refining Co.
13. Jones, R. and Coy, R.C., *ASLE Trans.*, 24(1), 77–90.
14. So, H. and Lin, Y.C., *Wear*, 177, 1994, 105–115.
15. Papey, A.G., *Lub. Sci.*, 10(3), 1998.
16. Georges, J.M. et al., *53rd Annual Meeting of STLE*, Detroit, MI, May 17–21, 1998.
17. Willermet, P.A. et al., *Tribol. Int.*, 28, 163–175, 1995.
18. Eberan-Eberhost, C. et al., Ash-forming extreme pressure/anti-wear lubricant additives, Paper presented at the seminar "*Additives for Lubricants*," TAE, Esslingen, Gremany, December 11–13, 1991.
19. Habeeb, J.J. and Stover, W.H., *ASLE Trans.*, 30(4), 419–426.
20. Korcek, S. et al., SAE 810014.
21. Jones, R. and Coy, R.C., *ASLE Trans.*, 24(1), 91–97.
22. Kawanura, M. et al., SAE 852076.
23. Ingold, K.U., Inhibition of autoxidation of organic substances in liquid phase, 61, 563–589, 1966.
24. Johnson, D., Korcek, S. and Zinbo, M., Inhibition of oxidation by ZDTP and ashless antioxidants in the presence of hydroperoxides at 160°C, *Fuels and Lubricants Meeting*, San Francisco, CA, October 31–November 3, 1983, pp. 71–81.
25. Rasberger, M., *Oxidative Degradation and Stabilisation of Mineral Oil based Lubricants*, R.M. Mortier and S.T. Orszulik, eds., VCH Publishers, Inc., New York, 1992, Chapter 4, pp. 83–123.
26. Abou El Naga, H.H. and Salem, A.E.M., Effect of worn metals on the oxidation of lubricating oils, 96, 267–283, 1984.
27. Ingold, K.U., *J. Phys. Chem.*, 64, 1636, 1960.

20　工业润滑剂添加剂的应用

Leslie R. Rudnick

20.1　引言

本章重点介绍工业润滑油添加剂和添加剂化学，同时回顾了添加剂的历史，以及在工业上用于改进性能的添加剂类型。本章还介绍了这些添加剂的作用机理和一些用于评价润滑油的重要测试方法。

添加剂是添加到基体中的一些用于改善它的性能和性质的物质。添加剂可以通过物理和化学的相互作用而起作用。作为被使用的添加剂，有些添加剂在使用过程中质量没有变化，而另一些添加剂则在使用中被消耗掉了，还有一些添加剂在起作用的过程中发生了化学变化。添加剂在很多工业中被广泛应用。一些大量使用添加剂的工业包括食品、肥皂、清洁剂、制药、油漆、塑料、燃料以及汽车工业。事实上，许多用于塑料的抗氧剂也可以用于汽车和工业润滑油。

今天，大多数添加剂(润滑油)公司都有企业网站提供相关的信息，尽管其中有些网站只提供了比较粗略的信息，但科学家、配方师和潜在的客户可以从中得到很多有用的信息。其他公司发布了所有市售添加剂的非常详细的说明，其中有些说明中包括了添加剂详细的化学性质、性能特点和配方实例。在过去的几年里互联网已经成为工业润滑领域的添加剂和润滑油的信息库。第31章和随书附赠的光盘中列出了添加剂供应商列表和相关网站的统一资源定位器(URL)。另外个别企业和工业组织的网站如美国Noria公司和摩擦学者、润滑工程师学会(STLE)和其他提供润滑信息的网站也能提供有用的信息，其中包括对添加剂在使用过程中的相互作用和损耗的讨论信息。在网上还有相关的专业书籍，可以根据需要购买下载整本书或其中需要的章节。最近也有涉及添加剂和润滑油的书籍出版[1~3]。

20.2　添加剂历史

公元前1500年左右的古埃及人已经可以用含有水基或非水基的添加剂的动物油脂来润滑木头车轮，运送巨大的石头和雕像到早期的金字塔建造地[4]。或许这就是最早涉及利用动物脂肪和天然油混合来润滑车轮和轴的情况。最早报道用固体膜润滑的证据是发现在中世纪大约在公元500年左右的嵌入到木制工具中的金属[1]。

近代在1700~1800年，由于工业革命导致了对机器使用的增加和发展，而添加剂科学和应用研究起源于对这些机器性能改进的需要，那时，在水中加入无机化学物质和动物脂肪、植物油以及鱼油的使用已经相当普遍。

1859年在美国的宾夕法尼亚州的Titusville发现了石油。这一发现不仅使新的石油工业得到迅速的发展，同时也刺激了对于改良润滑油特性与性能的工业添加剂的需求[6]。由于快速发展的铁路和汽车工业的需要，也带动了金属加工液添加剂的发展[7]。在这些工业中最早的添加剂是动物脂肪、鱼油、植物油、莱籽油以及与石油组分相混合以减小摩擦的松香油、云母和羊毛丝绒脂等。1916年“硫黄”被加入到金属加工液中，不久含磷添加剂也得到了使用。

在20世纪初期，石油加工工业无论是在规模上还是技术上都得到了持续的发展。起初，石油炼厂都将增大燃料油、取暖用油和用于道路铺设的沥青组分的产量和质量作为主要目的。在这种思潮下，发现有些石油馏分还可以用作润滑油。这些馏分是石油馏分中的高沸点馏分，含有不同数量硫和氮，后来发现当这些馏分作为润滑油使用时，这些元素有利于抗氧和降低磨损。因此可以认为这种石油非烃组分是第一种现代润滑油添加剂。各大石油公司的化学家们都致力于分离这些组分，并确定它们的结构，使它们可以合成所需要的添加剂，并且根据应用需要添加最佳的浓度。这类似于在制药行业中人们萃取天然植物中的组分，并加以分离，研究其功效。这些都是为直接用化学方法合成这些物质或者类似的物质而做的准备。同时工艺工程师开发工艺以除去这些物质，从而生产更稳定、清洁的润滑油。合成化学家也正在开发从基本石油化工原料和其他原料合成润滑油。所有这些方法都导致润滑油中天然抗氧剂、抗磨剂和抗腐蚀剂的含量比较低，从而使得油品更容易老化和使用效果更不明显，因此，需要添加特殊的添加剂以保护这些新型润滑油在更新、更苛刻的操作条件下保持功效。应该指出的是随着加氢工艺的推广，来自石油的润滑油组分中杂原子数量变得更少，结构更类似于烃类并且极性更小。

从20世纪30年代晚期起工业润滑剂性能的提高大部分得益于添加剂的使用。这些事态的发展最初由各大油品公司提出的，但随着工业的发展，许多添加剂公司也开始出现并繁荣发展起来。表20.1给出了一些添加剂的发展年表。

表20.1

添加剂的发展年表

年代	应用环境	添加剂	注释
公元前	车轮	动物脂肪、油	战车、马车
	建筑	水	金字塔、移动重石块
1500	拔金属丝	石蜡	铜、银金属
1750	工业	水	工业革命、冷却
1800	工业、金属加工业	水和无机物	防锈
1900	工业	硫、磷	抗氧、抗磨脂
1920	金属加工业	乳化剂	可溶性油
	汽车工业、内燃机油	脂肪酸	减摩
1930	内燃机油	异构烷烃、聚甲基丙烯酸酯	降凝剂
	齿轮	铅皂	极压抗磨
1940	内燃机油	羧酸钙	清净剂
	内燃机油	二硫代磷酸锌	抗磨/抗氧
	内燃机油	磺酸盐、膦酸盐、酚盐	清净剂、分散剂

表 20.1 续表

年代	应用环境	添加剂	注释
	金属加工液	乳化油	冷却能力
1950	内燃机油	黏度改进剂、碱性磺酸盐	改进黏温特性、清净剂
		高碱性水杨酸盐	分散剂、酸性、控制氧化
1970	工业	固体添加剂	
		磷酸盐玻璃	
		氮化硼	类聚四氟乙烯
		碳氟化物	
		低毒剂	
		可生物降解剂	环保
1990	工业	低挥发性剂	减少消耗
		食品级添加剂	食物加工/处理的安全性
		纳米材料	提高微润滑

目前已经发表了一些关于润滑油添加剂发展过程和它们的应用[3,8-12]资料。企业十分重视保护他们的研究投资，对新创新都申请了技术专利保护。截至 20 世纪 50 年代，有超过 3000 种的添加剂专利被发表。20 世纪初是添加剂市场快速发展的年代，随着世界上的成品润滑油市场保持平稳发展，近几年添加剂市场发展速度也有所减缓。据预测，截至 2015 年，全球添加剂的需求量每年只有 1% ~1.2% 的增长[13]。

20.3 添加剂的功能

本书第 19 章中描述的多种添加剂结构证明，润滑油工业有许多优秀的化学家，他们设计合成了许多新的可以作为润滑油添加剂使用的有机和无机的化合物，这是润滑油行业的优势所在。将其中有些结构稍作修改，就可以在其他工业中进行应用。天然的材料或者人工合成的材料都可以被使用。例如 α - 生育酚，即维生素 E 就是一个很好的例子。它可以在食品中做抗氧剂，又可以在石油产品中做抗氧剂；同时它还可以在食品级或非食品级润滑剂、汽车润滑剂基础油中用来当作保持高品质白油的稳定剂。尤其是抗氧剂不仅可以防止润滑油配方中所使用的原料不被氧化，也可以在储存和使用过程中保护复合剂不被氧化。

虽然很多工业对本身使用的添加剂有特殊的性能要求，但这些添加剂的大部分普遍要求可以满足所有的应用范围。

评价润滑油配方中添加剂最重要的标准是其在使用过程中的有效性。也就是说可以通过一些特定因素来评价添加剂。

这些因素包括：

(1)溶解性　添加剂必须溶于基础油，在一些应用场合，要求添加剂能溶于水。在润滑油使用的整个温度范围内，添加剂都要在润滑油中具有很好的溶解性；在润滑油整个使用过程中要求添加剂不能发生沉淀现象或者有效浓度降低的情况，不能因为溶解性不好而造成任何有害的影响。

(2)稳定性　添加剂应具备好的稳定性以保证产品的长期性能，添加剂缺少稳定性会影响到产品的颜色和气味。受热、光照和潮湿都会影响添加剂的稳定性。许多添加剂特别市芳胺类抗氧剂容易在光照条件下颜色变深。这会影响产品的稳定性，也会使人们对产品质量提出质疑。

(3)挥发性　大多数工业润滑油的应用都要求低的挥发性。在系统中添加剂的挥发将导致油品的不一致性，添加剂挥发后，油品中的重组分含量增加，因此会使系统中的油膜变厚。此外，在研制油品配方过程中，要考虑使用那些低挥发性的添加剂，这样在润滑油使用条件下才能保证添加剂含量不变，而这一点恰恰容易被忽视。对于在高温下使用的润滑油，添加剂的挥发性尤为重要。在一些特殊情况下，需要使用特定挥发度的添加剂，例如气相防腐剂，则添加剂必须具有可控的挥发速度。

(4)兼容性　添加剂必须能和系统中的其他成分兼容，包括基础油和其他添加剂。与油品基础油兼容是最重要的考虑因素之一。与其他成分兼容也包括系统成分例如密封件、垫圈以及软管等的兼容性。油品出现浑浊是不兼容的最初表现，是某些组分不容或反应的第一条线索。包括用肉眼观察在内的基本测量方法可以给出添加剂在油品中是否兼容的信息。

(5)气味　气味必须是可以接受的，尤其是在食品加工过程中，任何由基础油和添加剂所散发的气味都有可能被食品吸附，从而影响食品的质量。在制造纺织品、制纸和制造其他纤维材料过程中，也存在类似的问题。

(6)活性　在添加剂使用的整个生命周期内，必须具有活性。例如一种活性很高的抗氧剂在很短的时间内能完全消耗从而使润滑油更容易被氧化，和含有长周期抗氧剂的润滑油相比，此类润滑油被氧化的时间更短。

(7)环保性　这里有三个问题需要考虑，分别是添加剂的可生物降解性、处理的限制条件和添加剂的毒性。无论从添加剂使用的观点出发，还是从妥善的废物处理和处理泄漏事件的角度出发，这些问题都十分重要。许多企业现在通过添加剂生命周期分析方法去了解和掌控从进料到出料整个工艺过程中所有成分的使用。绿色化学也适用于添加剂制备，以将生产过程和废料处理所造成的对环境的影响降至最低。

(8)健康和安全问题　任何接触和运输润滑油添加剂的人都会关心这些问题。在食品加工厂，使用的食品级润滑油中，添加剂的健康和安全问题尤为重要。每一种被使用的食品级H－1(偶然接触)润滑油添加剂都有一个使用浓度上限。润滑油质量级别要比安全标准更严格，而不是仅仅考虑加入添加剂会有潜在的食品安全影响。

在讨论工业应用中大量不同类型添加剂化学成分之前，应该考虑各种添加剂在润滑油中起到什么样的功能，它们物理和化学作用是什么样的。物理作用可以是物理的吸附—解附现象，包括降凝剂、油性剂、颜色稳定剂、随温度变化而结构发生变化添加剂[黏度指数改进剂(VII)]、改变表面或界面间作用力添加剂(消泡剂和乳化剂)、加入到基础油中形成某种结构添加剂(增黏剂，增稠剂，填充剂)、抗雾添加剂、防水剂或影响润滑油表观性能添加剂(气味改进剂、颜色稳定剂或染料、化学标记剂)(表20.2)。

表 20.2
产生物理作用的添加剂

添加剂	功能
抗泡剂	防止形成稳定的泡沫
防雾剂	减少雾或气溶胶的倾向
颜色稳定剂	减缓液体变黑
破乳剂	增加下拉凝聚和重力诱导相分离，提高水和油的分离能力
染色剂	染色，遮掩颜色，产品认证
乳化剂	降低界面张力使水分散在油中
摩擦改进剂	改善金属间的接触，提高表面之间的滑动
气味抑制剂	防止或屏蔽不良的气味或维持某种气味
降凝剂	通过降低蜡晶的形成来改善低温流动性
增黏剂	改善液体的黏附性能和防滴下能力
增稠剂、填充剂	将油变成固体或半固体润滑剂
黏指剂	改善黏温特性
防水剂	给予润滑脂和其他润滑剂抗水能力

表 20.3 描述了产生化学作用的添加剂，这些添加剂会在作用过程中逐渐被“耗尽”。化学作用还会增强物理作用，如当抗氧剂不能有效控制氧化时，氧化会导致挥发性的增强。基础油的氧化会导致分解而产生小分子，这些小分子比原来的分子更容易挥发。

表 20.3
产生化学作用的添加剂

添加剂	功能
抗菌剂(杀菌剂)	阻止或减缓系统中的细菌生长
防腐剂(缓蚀剂)	防止表面的化学腐蚀
抗氧剂	减缓氧化或油液变差，提高油液的机器寿命
防锈剂	消除由于水和湿气造成的锈蚀
抗磨剂	减轻薄膜、边界润滑磨损
碱性控制剂	中和氧化过程中产生的酸
清净剂	使表面保持干净
分散剂	分散和悬浮不完全燃烧、磨损和氧化产物
极压剂(温度)	阻止烧结，增强载荷能力
摩擦改进剂	降低摩擦，增强润滑
金属减活剂	通过钝化金属表面来阻止表面的催化作用

有一点应该引起注意，润滑油配方中使用的基础油和添加剂的化学结构都是润滑油至关重要的特性和性能。由于混合物中每种组分在金属表面的竞争作用，因此基础油和添加剂的极性也非常重要。在非极性基础油中，极性添加剂在金属表面的吸附和脱附是可逆的过程，添加剂在金属表面的吸附都会存在一个稳定的状态，而在高极性基础油如酯类油和植物油中，极性添加剂吸附的浓度就会很小，甚至会失效。

在11种不同基础油中研究了磷酸三甲酚酯的抗磨性能。研究了分子量、介电常数和溶解度与添加剂浓度之间的关系[17]，以得到最佳浓度。

20.4 添加剂的类型

20.4.1 抗氧剂

抗氧剂的功能是通过干涉自由基团或者分解能促进氧化的过氧化物来减缓基础油的氧化链反应。最典型的两类抗氧剂是位阻酚和芳胺化合物。在工业上使用的酚类抗氧剂包括二叔丁基对甲酚(BHT)、3，5－二叔丁基羟基苯基丙酸和 $C_7 \sim C_9$ 支链烷基酯。芳胺类抗氧剂的例子有二苯胺、辛基二苯胺、苯乙烯化二苯胺、苯基－α－萘胺(PANA)和三甲基喹啉聚合物。这些类型添加剂的详细描述见本书第1章。这些类型抗氧剂通常被用在齿轮油、汽轮机油、液压油、压缩机油和各种润滑脂当中。一些添加剂分子中含有不同的化学结构，例如吩噻嗪类抗氧剂有时可以用在酯类油配方中，它在消耗完之前可以和氧分子反应很多次。具有其他功能的添加剂如二硫代磷酸锌(ZDTPs)和无灰含磷添加剂也具有抗氧的作用。这些类型添加剂分别在第2章和第3章作出了详细说明。

20.4.2 抗磨和极压(抗卡咬)添加剂

抗磨和极压(抗卡咬)添加剂可以和金属表面反应生成化学反应膜，和金属表面相比较这层反应膜更容易被剪切。具有这种功能的添加剂类型很多，主要有二硫代磷酸锌(ZDTPs)、无灰含磷剂、无灰抗磨极压添加剂和含硫添加剂，详细描述见第2、第3、第8和第9章。极压和抗磨添加剂的主要区别有两点：添加剂膜的承载能力和在摩擦力作用下的抗高温能力。在摩擦过程中尽管油温可能很低，但是金属和金属摩擦表面的温度可以达到300℃以上，在极高载荷下，摩擦热甚至比金属熔点更高。实际上，在四球极压试验过程中，烧结载荷就是导致钢球彼此真正烧结在一起时的载荷。

一些添加剂如二硫代磷酸锌(ZDTPs)和芳胺都具有多项功能，既可以用作抗氧剂也可以用作抗磨剂、表面钝化剂。二硫代磷酸锌(ZDTPs)是最经济有效的添加剂之一，在汽油机油和柴油机油中使用的最为广泛，除此之外，在工业液压油中也有应用。二烷基二硫代磷酸锌(ZDDPs)的最有效的温度取决于其结构中的混合烃基团，即伯烷基、仲烷基或芳基。因此，二烷基二硫代磷酸锌(ZDDPs)的用量和结构都会影响全配方油的性能。

目前出于对环保的考虑，在汽油机油中ZDTP的使用已经遭到了质疑。无论是点燃式的汽油机还是压燃式的柴油机，添加剂中的磷和硫都被认为对尾气处理催化剂有害。因此人们一直在研究有成本效益的二烷基二硫代磷酸锌(ZDDPs)的替代物，但替代添加剂的功效和经济性都不如ZDDP类。如果燃烧不是工业应用中的一个重要方面，那使用这种添加剂就不会存在问题。

二苄基二硫化物和二苄基硫醚在钢表面上的吸附和脱附早前已有研究。这涉及在不锈钢盘上的标记添加剂的摄取率。通过研究添加剂在金属表面的吸附和脱附动力学，认为吸附有两个过程：可逆的物理吸附和不可逆的化学吸附，这两个过程影响了添加剂的抗磨极压行为[18]。

20.4.3　摩擦改进剂

摩擦改进剂或润滑油添加剂(见第7章)吸附在摩擦表面形成膜从而降低了移动面之间的摩擦。这些添加剂通常是极性分子，结构中有一个极性官能团(醇、醛、酮、酯和羧酸)和一个非极性烃基尾。分子中的极性端吸附在摩擦表面，另一端非极性烃基尾暴露在移动的摩擦面间减小接触面间的摩擦。摩擦改进剂也可以含有极性元素并和摩擦表面吸附和进行化学反应形成保护膜。以植物油、油脂和动物油为基础的结构是优异的摩擦改进剂材料。除液体有机摩擦改进剂外，还有各种固体摩擦改进剂。在第6章详细描述了这类添加剂。最近的文献报道了石墨、二硫化钼和全氟聚烷基醚(PFPAE)对润滑脂剪切力的影响[19]。

20.4.4　黏度改进剂/黏度指数改进剂

黏度指数改进剂是一类分子量非常大的化合物(聚合物)，它随着温度的变化而发生物理变化来起作用。然而，它会通过热或者氧化使链断裂而被消耗，它还会被机械剪切形成小的、效率低的分子。黏度指数改进剂的稳定性既依靠于其化学结构又依靠于分子大小。黏度指数改进剂有两个主要的分子结构——非极性的烯烃共聚物(第10章)和极性的聚甲基丙烯酸酯和相关化合物(第11章)。

20.4.5　增黏剂和防雾剂

增黏剂和防雾剂有许多应用。增黏剂对于维持润滑油和金属表面的接触尤其重要。润滑油有从金属表面流走的趋势，因此需要润滑油依靠黏度来保持对摩擦表面和设备的润滑。防雾剂对于减少润滑油在空气中形成溶胶或细雾的倾向非常重要。减少这些现象的添加剂的详细描述见第13章。

20.4.6　密封膨胀添加剂

密封膨胀添加剂是保持润滑油和橡胶或者其他类型密封材料和设备金属表面保持联系的关键。密封件保持润滑油在需要的地方而不会泄漏到不希望被润滑的地方。密封膨胀剂被密封材料吸附并且防止密封件受损和破裂。这类添加剂在第14章中有详细描述。

20.5　染料

染料经常被用来鉴别应用的液体。二战时期，液压油经常被染成红色，冷却剂被染成绿色，这样可以使技术人员更易正确地选用润滑油、维护设备。二战中许多飞机上使用的液压油是被染成红色的MIL-L-Spec.5605。染料也可以用作产品品牌的标志，以此鉴定特定供应商是否用低成本润滑油替换品牌润滑油。

20.6 杀菌剂

杀菌剂是用在金属加工液中以减少细菌生长的添加剂。由于暴露在空气和环境中的润滑剂有自然被细菌分解的倾向，因此在润滑剂中需要用很多这类添加剂。在润滑剂中加入杀菌剂是为了保持润滑剂的质量和性能(见第15章)。

20.7 表面活性剂

表面活性剂是应用最为广泛、多样化的添加剂之一。它们已经在润滑剂中应用了好几个世纪，并已经形成了与相关性能相结合的理论基础，包括在润滑过程中减摩、抗磨和冷却。由于这些材料具有可溶解性的极性基团和非极性基团，因此表面活性剂使许多液体可以用作金属加工液或者其他领域的润滑剂。表面活性剂吸附在金属表面，并在移动表面提供防止磨损的缓冲垫或分子边界层。表面活性剂化学的详细论述见第16章。

20.8 缓蚀剂

腐蚀是工业设备的潜在破坏力，这些工业设备经常会接触到水和其他腐蚀材料。虽然水可以进入空气形成空气湿度，但是它们仍然可以进入设备，或者和设备的外表反应从而缩短昂贵的工业机器的使用寿命。关于缓蚀剂的总结见第17章。

20.9 食品级添加剂

很明显，食品生产、制备食品的设备与工业中其他设备一样，同样也需要润滑油。然而有一项额外的要求，食品工业所使用的化学品由于会与食品直接接触可能会造成食品的安全问题。因此，所使用的化学品都是通过认证的食品级特定类型添加剂，使用浓度也有限制。润滑油食品级添加剂的详细介绍见第21章。

20.10 磁盘驱动添加剂

磁盘驱动器在现代科技中是一个关键器件，磁盘在密度和转速均取得很多发展，同样磁头获得更高精度和更小的公差。设计的润滑油应该为主轴马达和主磁盘界面都要提供润滑。其中的添加剂要防止基础油被氧化、控制传导率和维持其他一些性能长期稳定。磁盘驱动添加剂的详细描述见第22章。

20.11 滑脂添加剂

在润滑脂中使用的添加剂和在其他工业润滑油中使用的添加剂类似，但是添加剂使用浓度和复合剂配方却完全不同。这类添加剂在第23章中详细描述。

20.12　生物降解润滑油添加剂

随着人们环保意识的增强，世界各国政府颁布了相关环保法规，可生物降解润滑油变得更为重要。为了符合润滑油生物降解、毒性环保法规的要求，添加剂除发挥被需要的功能外自身还必须满足有关毒性的要求。这些添加剂有时和那些在其他领域普遍使用的添加剂一样，但是更多地是需要专门开发那些符合法规要求的、无毒和可生物降解的添加剂。在第 18 章中描述了这些材料的一些性能。最近报道了最新合成的生物降解性可控的酯类添加剂[20]。这些添加剂可以在四球磨损测试中所使用的不锈钢球表面形成稳定的润滑膜。

添加剂通过改善油品的化学和物理特性从而改善润滑油的特性和性能。添加剂的作用机理依赖于添加剂的化学结构，基础油的化学结构、使用温度和机械压力也需要考虑。许多机理都很好理解并且在文献中也已经有了报道。一些较常见的添加剂化学在下面的部分做了简要的回顾。

20.13　添加剂化学

无论是对于添加剂合成来说，还是对在使用过程中润滑油和添加剂如何反应起作用的理解来说，了解添加剂化学相关知识都是必不可少的。从 20 世纪 40 年代开始，由于在第二次世界大战期间军事设备工作条件非常苛刻，相对之前的研究，需要对相关领域进行更加详细的研究。更恶劣的工作条件要求润滑油具有更高的热稳定性和氧化稳定性，更好的减摩性能和更好的抗磨性能。润滑油的基础油只能部分提供所需要的属性和性能，在润滑油配方中使用添加剂可以提供更为优异的性能。

Ingold[21]、Watson[22]、Mahoney 等[23]、Chao 等[24]、Jensen 等[25]、Booser 等[26~28]、Dennison，Condit[29]、Zuidema[30]和其他研究人员对于添加剂的氧化机理和氧化行为进行了研究。

抗氧剂是通过干涉自由基或者通过分解能促进氧化的过氧化物来减缓油品氧化。如前所述，含有胺类或酚类基团的物质是有效的抗氧剂。含硫以及含硫磷的化合物能有效抵抗过氧化物[21,32]。一些含金属的化合物如环烷酸铜根据系统根据配方和添加浓度的不同可以是氧化剂或者抗氧剂[33,34]。

有关于支链全氟烷基醚润滑油的热稳定性和氧化稳定性对金属和有坚硬涂层的金属的影响已有报道[35,36]。

金属减活剂可以减轻金属以及它们的盐类对液体氧化速度的影响[37]。这些化合物中有些如乙二胺四乙酸(EDTA)能和金属微粒联合而悬浮在液体中从而表现出减活作用。

抗磨(AW)添加剂通过与金属表面发生物理或化学反应形成保护膜而起作用[38~42]。这些膜通过形成能减小摩擦的低剪切强度膜来降低接触温度，或者通过增强接触面积而减小有效载荷最终使得表面金属的磨损减小。最有效的抗磨添加剂是含硫、含磷或两种都有的添加剂。文献中介绍了磷酸三苯酯(TCP)和 ZDDP 的性能和作用机理[43~48]。

极压(EP)或更准确的说是极端温度添加剂也是含硫或含磷化合物。但含氯化合物同样也有效[49]。含磷化合物的使用大概开始于第一次世界大战，而在齿轮油中加入硫或氯开始于20世纪30年代[50~53]。在20世纪60~70年代里，极压齿轮油配方中大多含有硫、磷和氯的添加剂。由于环境因素，含氯的抗磨和极压添加剂的使用正逐步减少，许多供应商正开发新的替代品[54]。

防腐剂和防锈剂能吸附在金属表面，形成一层屏障烃膜而阻止了水以及可引起腐蚀的材料与表面的接触。这些添加剂通常是具有碱性的胺型化合物，它们能中和酸，还能够钝化金属表面从而减少了金属的催化作用以及对油液氧化的加速作用[55,56]。在复合剂配方中当抗氧剂复合使用时，这种典型的复合被称为锈蚀和氧化包或锈蚀和氧化油(*rust and oxidation package or rust and oxidation oil*，*R&O*)并且在相对缓和的操作条件下为工业用油提供保护。

清净剂可以中和油液氧化或发动机燃烧产生的酸性产物。清净剂可以是酚盐、磺酸盐和水杨酸盐[38,57]。典型的分散剂有琥珀酰亚胺和琥珀酸盐。通过分散液体中的前期氧化产物和不溶微粒来减缓沉积物和油泥的形成。与清净剂相同，分散剂是同时具有极性端和非极性端的大分子。一般来说，分散剂和清净剂只用在内燃机油中，在工业用油中不用。这两种类型的添加剂是销售量最大的两类添加剂。通常情况下，分散剂和清净剂在工业齿轮油、汽轮机油或工业液压油中不要求使用。

消泡剂是通过改变表面张力来阻止泡沫的形成，它可以在气泡形成时使其破裂[58]。消泡剂是具有高分子量的聚合物，它在油中相对不溶。消泡剂用溶剂稀释后使用，其使用浓度为几个μg/g。一些市售的抗泡剂是已经用适当的溶剂稀释过的，这样有助于更准确地添加抗泡剂。空气的夹带经常使得液压系统起泡，而添加剂有时会更有助于空气的夹带，但通常是通过改变系统来阻止空气进入或者改变基础液来更好地解决问题。聚二甲基硅氧烷、聚二芳基硅氧烷、混合硅氧烷和聚乙二醇醚都是具有消泡作用的添加剂。

摩擦改进剂的加入可以通过减小系统的摩擦从而降低系统能量。这些添加剂通常是长链的烷烃分子，在分子的一端包含有一个可以吸附在表面上的极性基团[59~61]。烷基链长度和支链烷基会影响摩擦改进剂在金属表面的吸附浓度。油酸和其他有机脂肪酸、乙醇和氨基化合物都是摩擦改进剂的典型代表。

除了液体，有些固体也可以用作摩擦改进剂。例如石墨或钼化合物就可以用作固体摩擦改进剂。这些材料提供减摩并经常还会帮助防止磨损。这些材料不溶于烃类油，因此不能在润滑油中使用。

工业用油的流变学特性在系统性能中是个重要的因素[62~65]。

在正常工作温度下的黏度是润滑油一个重要的规格参数。在操作条件下，润滑油油膜厚度被认为可以减少磨损防止设备损坏。黏度和温度、压力有关(非牛顿液体的剪切率)。使用黏指剂可以改变油品的黏-温特性。黏指剂是高分子量聚合物，在低温下，分子结构紧密，而在高温下，分子结构扩张变大。目前工业用油中所使用的黏度指数改进剂有苯乙烯-丁二烯共聚物、丙烯酸酯、聚甲基丙烯酸酯和各种聚合物。黏指剂通常可以增加润滑油的黏度并且可以用在配方中用来增加基础油的黏度。

低温黏度也是必须在低环境温度下启动和运行的设备的一个重要参数。石蜡基油在低温时非常黏稠，除非高蜡成分被去除掉。而许多非石蜡基和环烷基油在温度低于-40℃时还可以流动。一般合成油具有优秀的低温特性。天然油如植物油一般在0℃以下是呈固体状或变得很黏稠。

降凝剂被用来弥补以石蜡基原油为来源的基础油的不足。这些添加剂阻止油液在低温下形成晶体网络，其效率既要依靠于油液的类型，又要依靠于添加剂的化学结构。为了得到最好的低温特性，降凝剂的添加量和复配需要进行评估。二类基础油和三类基础油中都含有较高量的异链烷烃分子，因此它不需要降凝剂就可以具有较满意的倾点。相反，天然油在用作多黏度级别油(多级油)时需要与一定量的合成油混合并且需要加入一定的降凝剂来达到必须的黏度水平。很多商业降凝剂对矿物油有效，但是对天然油(指植物油)效果很小或根本无效。使用条件决定了润滑油所需要的凝点。显然，如果在北极使用的润滑油就要在最低的温度下还要保持流动性。通常在机器启动时，摩擦生热将帮助润滑油降低黏度，这一点对于设备启动非常重要。对于空间应用和远程测量设备如远程地点的关键设备，低温流动性是必须的作出规定的。然而，这些液体一般都是设计与合成基础油复配从而获得低倾点和更好的低温黏度。

当系统中一些部件如密封和垫圈不能与使用的油液相兼容时，就会发生收缩、膨胀、断裂以及其他方面的恶化。在系统中加入适当的添加剂可以控制密封元件的损坏，如有机磷酸盐的使用，然而对于合成液，最好的方法是将基础液混合以达到所期望的性能。其成功的实例可能是混合合成烷烃的应用，例如聚α－烯烃、酯混合就可以达到较理想的密封溶涨性。

在一些水基油液的情况下，例如在液压液、金属加工液、水－乙二醇防冻液以及其他一些相类似的油液中，经常需要一些如破乳化剂、乳化剂、杀菌剂以及防腐剂等添加剂。

金属加工液中可能会有抗磨、极压、防雾、防腐、杀菌、杀真菌、消泡、填充剂以及染色等添加剂。

20.14　工业应用

第20.13节描述了添加剂的功能、构成和添加剂化学以及这些添加剂的使用。无论是在应用方面还是在各种条件下必须执行标准方面，润滑剂的工业应用领域都极其多样化。

以下是一些更重要的润滑剂工业应用列表。

1. 气动工具润滑油
2. 轴承润滑油
3. 电缆油
    a. 中空电缆
    b. 固体电缆
4. 链条润滑剂
5. 压缩机润滑油
    a. 空气压缩机
    b. 往复式压缩机
    c. 螺杆式压缩机
        ⅰ. 油浴压缩机油
    d. 旋转叶片式压缩机
    e. 离心式压缩机
    f. 轴流压缩机
    g. 气体压缩机
        ⅰ. 天然气压缩机
        ⅱ. 乙烯压缩机
        ⅲ. 工艺气体压缩机
    h. 制冷压缩机
        ⅰ. 往复式压缩机
        ⅱ. 螺杆式压缩机
6. 冷凝器油
7. 传送带润滑剂
8. 钻井液

9. 齿轮润滑油
    a. 抗磨
    b. 极压
    c. 防锈和抗氧
10. 润滑脂
11. 热传导液
12. 液压油
    a. 齿轮泵
    b. 高压液压装置
    c. 活塞泵
    d. 叶片泵
13. 金属加工液
    a. 连铸
    b. 冷锻
    c. 切削
    d. 冷却剂
    e. 拉拔
    f. 挤压
    g. 研磨
    h. 珩磨
    i. 精磨
    j. 冲压
    k. 轧制
    l. 淬火
    m. 电火花油
14. 脱模剂
15. 橡胶脱模剂
16. 减震器油
17. 开关齿轮油
18. 纺织润滑剂
19. 涡轮机
    a. 燃气涡轮机
        ⅰ. 飞机涡轮机
    b. 蒸汽涡轮机
20. 变压器油
21. 真空泵油
22. 减震油
23. 钢丝绳润滑剂

以上每一种用法都在不同领域，润滑油和添加剂的使用将取决于润滑油的特性和润滑油所需要的特性。这些应用中的一些要求只适用于油的配方，因此也要求使用油基添加剂。其他类型的配方，特别是在一些金属加工中的应用，需要使用水包油乳化液，这些配方要求不同的添加剂化学性质。这些领域的每一种添加剂类型在本书的不同章节和一些参考书中都有详细的描述[2,33,66]。

本质上所有的工业润滑油都加入添加剂，哪怕只有保护作用的抗氧剂或者少量抗磨剂。模拟测试用来筛选添加剂的性能。这样做是因为模拟测试的成本比现场试验的花费小的多。另外一个原因是可以使用更少的润滑剂，测试时间也更为灵活。

用来评价润滑油配方的方法非常多，包括对润滑油配方物理性质的分析方法和结构分析方法，物理性质的分析方法如黏度、倾点、闪点、燃点、相对密度和挥发度，结构分析方法如红外光谱分析、元素分析、苯胺点和残炭。更详细的分析可能还会包括腐蚀试验、水解稳定性、密封兼容性和密封膨胀测试。机械测试方法也有很多类型如四球磨损测试和各种 Falex 试验方法。石油学会、美国材料与试验协会（ASTM）、德国国家标准（DIN）、日本工业标准（JIS）以及欧洲协调委员会（CEC）列出了大部分业界认可的测试方法。这些标准方法的总结见第 27 章。

除了标准的测试方法以外，有些实验室测试方法也已被用于评估润滑液体和配方的各方面性能。此外，各大润滑油公司也自行设计和使用了许多未公开的性能测试方法。以下几个段落将会描述几个已应用于润滑剂评价的分析技术实例。

热重分析（TGA）和压力差示扫描量热法（PDSC）可以用来评价挥发性、氧化安定性以及沉积物形成的趋势[67~74]。Noel 和 Cranton 是那些最早认识到用 DSC 评价润滑剂潜力的人之一[67~69]。

已经开发了用 DSC 评价润滑油剩余使用寿命的方法，这项工作表明，人们可以使用 DSC 数据从本质上来预测涡轮发动机油衰变的时间，这样可以及时更换涡轮发动机油从而降低了设备故障的维护费用，同时也可以降低由于所用油品的不准确的质量数据而产生的更换油品的费用[70]。

In - Sik Rhee[71]报道了用 PDSC 评价润滑脂氧化稳定性新的测试方法的发展情况。用 PDSC 评价的优势是所需样品量很少、分析速度快、重复性好和灵敏度高。

研究润滑油基础油发现基础油挥发性的差异取决于是否有空气存在，或者其他未被证实的因素，这种差异一直作为引起氧化挥发被描述的[75]。其他用热分析方法评价润滑油配方热氧化稳定性的也可以用 DSC 来评价[76]。

经常使用标准氧化实验来确定润滑油配方质量，并且测试结果也经常在产品规格或产品技术数据表中列出。两个重要的工业测试方法是旋转氧弹法(RPVOT)(ASTM 方法 D2272)和矿物油氧化特性的试验方法(ASTM 方法 D943)。这两种方法都是氧化测试方法的实例[77]。最近开发的氧化测试方法是氧化薄膜吸收法(TFOUT)和内燃机油热氧化模拟试验方法(TEOST)。和前面表述的测试方法相比，这两种方法都是薄膜氧化测试方法[78,79]。所有这些方法都是用来测试期望得到更好性能的基础油或润滑油配方的热稳定性和氧化稳定性。

摩擦磨损的评估可以在各种试验机上进行。ASLE(现在为 STLE)在 1976 年编辑了一个具有 234 种磨损试验方法的清单[80]。ASTM 也列举了几种摩擦磨损试验方法，其中包括四球试验法、ASTM 方法 D2266、D2783、D4172 和 D51283[76]。使用四球试验方法的各种变化来作为研究工具在文献[81,82]中有报道。Cameron - Plint 方法和针盘式试验方法也被广泛用于评估材料、摩擦和磨损[83,84]。

20.15 小结和结论

添加剂在润滑油中起到各种不同的功能，是工业润滑油整体特性和性能的重要和必要贡献者。没有添加剂，即使是最好的基础油也是缺乏某些功能的。研制一种产品需要综合考虑，总会存在成本或性能的问题。很多时候，对于在基础油中使用各种不同添加剂的影响的平衡都要进行大量必要的研究。

尽管润滑油添加剂种类非常多，然而新的添加剂仍旧继续被开发出来。这将有助于未来润滑油满足设备制造商所要求的日益苛刻的条件。此外，环境问题将需要设计性能更优良和环境友好型的添加剂，以满足全球正在提出和已经实施的法规。

致谢

感谢 J. M. Perez，感谢他在润滑油添加剂中关于添加剂工业应用的原始章节的描述：化学及应用，Marcel Dekker，纽约，第 1 版，2003 年本章已进行了扩充、更新和修订。

参考文献

1. Booser, E. R. (Ed.), *Tribology Data Handbook*, CRC Press, Boca Raton, FL, 1997.
2. Rudnick, L. R. (Ed.), *Synthetics, Mineral Oils and Bio-Based Lubricants*, CRC Press, Boca Raton, FL, 2006.
3. Rudnick, L. R. (Ed.), *Lubricant Additives: Chemistry and Applications*, 1st Edition, Marcel Dekker, New York, 2003.
4. Krim, J., Friction on the atomic scale, *Lubr. Eng.*, 8–13, 1997.
5. Dowson, D., *History of Tribology*, Longman Group Ltd., London, 1979.
6. Dickey, P. A., The first oil well, *J. Pet. Tech.*, (January), 12–26, 1959.
7. Larson, C. M. and Larson, R., Lubricant additives, Chapter 14, *Standard and Book of Lubrication Engineering*, O'Conner and Boyd (Eds.), McGraw-Hill, New York, 1968.
8. Smalheer, C. V. and Mastin, A., Lubricant additives and their action, *J. Pet. Inst.*, 42(395), 337–346, 1956.
9. Zuidema, H. H., *The Performance of Lubricating Oils*, 2nd Edition, Rheinhold, New York, 1959.
10. Zisman, W. A. and Murphy, C. M., *Advances in Petroleum Chemistry and Refining*, Interscience, New York, 1960.
11. Stewart, W. T. and Stuart, F. A., *Advances in Petroleum Chemistry and Refining*, Vol. 7, Chapter 1, J. Mckette, Jr. (Ed.), Wiley, New York, 1963.
12. Smalheer, C. V. and Kennedy, S., *Lubricant Additives*, S. N. Bowen and R. G. Harrison (Eds.), The Lubrizol Corp., The Lezius-Hiles Co., Cleveland, OH, 1967 (Library of Congress Cat. Card No. 67-19868).
13. DeMarco, N. Additive supply: Tight and tighter, Lube Report, February 21, 2006.
14. de Wild-Scholten, M. J. and Alsema, E. A., Environmental life cycle inventory of crystalline silicon photovoltaic module production, *Materials Research Society Symposium Proceedings*, Vol. 895, 2006.
15. Brinkman, N., Wang, M., Weber, T., and Darlington, T., *Well-to-Wheels Analysis of Advanced Fuel/Vehicle Systems—A North American Study of Energy Use, Greenhouse Gas Emissions, and Criteria Pollutants*, May 2005.
16. Papasavva, S., Hill, W. R., and Brown, R. O., GREEN-MAC-LCCP®: A Tool for assessing life cycle greenhouse emissions of alternative refrigerants, SAE Technical Paper 2008-01-0829, April 2008.
17. Han, D. H. and Masuko, M., Comparison of antiwear additive response among several base oils of different polarities, Preprint of the Society of Tribologists and Lubrication Engineers, Las Vegas, NV, May 23–27, 1999, pp. 1–6.
18. Dacre, B. and Bovington, C. H., The adsorption and desorption of dibenzyl disulfide and dibenzyl sulfide on steel, *ASLE Trans.*, 25(2), 272–278.
19. Czarny, R. and Paszkowski, M., The influence of graphite, molybdenum disulfide and PTFE on changes in shear stress values in lubricating greases, *JSL*, 24(1), 19–30.
20. Wu, H. and Ren, T. H., Tribological performance of sulfonamide derivatives in lubricating oil additives in the diester, *JSL*, 23(4), 211–222.
21. Ingold, K. U., *J. Phys. Chem.*, 64, 1636, 1960.
22. Watson, J. I. and Smith, W. M., *Ind. Eng. Chem.*, 45, 197, 1953.
23. Mahoney, L. R., Korcek, S., Norbeck, J. M., and Jesen, R. K., Effects of structure on the thermoxidative stability of synthetic ester lubricants: Theory and predictive method development, *ACS Prepr. Div. Petrol. Chem.*, 27(2), 350–361, 1992.
24. Chao, T. S., Hutchinson, D. A., and Kjonaas, M., Some synergistic antioxidants for synthetic lubricants, *Ind. Eng. Chem. Prod. Res. Dev.*, 23(1), 21–27, 1984.
25. Jensen, R. K., Korcek, S., and Jimbo, M., Oxidation and inhibition of pentaerythritol esters, *J. Synth. Lubr.*, 1(2), 91–105, 1984.
26. Booser, E. R., Ph.D. Thesis, The Pennsylvania State University, 1948.
27. Booser, E. R. and Hammond, G. S., *J. Am. Chem. Soc.*, 76, 3861, 1954.
28. Booser, E. R., Hammond, G. S., Hamilton, C. E., and Sen, J. N., *J. Am. Chem. Soc.*, 77, 3233, 3380, 1955.
29. Dennison, G. H., Jr. and Condit, P. C., *Ind. Eng. Chem.*, 37, 1102, 1945.
30. Zuidema, H. H., *Chem. Rev.*, 38, 197, 1946.
31. Johnson, M. D., Korcek, S., and Zimbo, M., Inhibition of oxidation by ZDTP and ashless antioxidants in the presence of hydroperoxides at 160°C, SAE SP-558, pp. 71–81, 1983.

32. Scott, G., Synergistic effects of peroxide decomposing and chain-breaking antioxidants, *Chem. Ind.*, 271, 1963.
33. Mortier, R. M. and Orszulik, S. T., *Chemistry and Technology of Lubricants*, Blackie Academic and Professional, Suffolk, Great Britian, 1997.
34. Brooke, J. H. T, Iron and copper as catalysts in the oxidation of hydrocarbon lubricating oils, *Discuss. Faraday Soc.*, 10, 298–307, 1951.
35. Hellman, P. T., Zabinski, J. S., Geshwender, L., and Snyder Jr. C. E., The effect of hard-coated metals on the thermo-oxidative stability of branched perfluoroalkylether lubricants, *JSL*, 24(1), 1–18.
36. Hellman, P. T., Geshwender, L., and Snyder Jr., C. E., A review of the effect of metals on the thermo-oxidative stability of perfluoroalkylether lubricants, *JSL*, 23(4), 197–210.
37. Klaus, E. E. et al., U.S. Patent 7,776,524, 1993.
38. Rizvi, S. Q. A., Additives—chemistry and testing, *STLE Tribology Data Handbook*, Chapter 12, E. R. Booser (Ed.), CRC Press, Boca Raton, FL, 1997.
39. Roby, S. H., Yamaguchi, E. S., and Ryason, P. R., Lubricant additives for mineral based hydraulic oils, *Handbook of Hydraulic Fluid Technology*, Chapter 15, G. E. Totten (Ed.), Marcel Dekker, New York, 2000.
40. Liston, T. V., Lubricating additives—what they are and how do they function, *Lubr. Eng.* 48(5), 389–397, 1992.
41. Spikes, H. A., Additive–additive and additive–surface interactions in lubricants, *Lubr. Sci.*, 2(1), 4–23, 1988.
42. Barton, D. B., Klaus, E. E., Tewksbury, E. J., and Strang, J. R., Preferential adsorption in the lubrication process of zinc dialkyldithiophosphate, *ASLE Trans.*, 16(3), 161–167, 1972.
43. Rounds, F. G., Some factors affecting the decomposition of three commercial zinc organic phosphates, *ASLE Trans.*,18, 78–89, 1976.
44. Jahanmir, S., Wear reduction and surface layer formation by a ZDDP additive, *J. Trib.*, 109, 577–586, 1987.
45. Spedding, H. and Watkins, R. C., The antiwear mechanism of ZDDPs, Part I, *Trib. Int.*, 15, 9–12, 1982.
46. Watkins, R. C., The antiwear mechanism of ZDDPs, Part II, *Trib. Int.*, 15, 13–15, 1982.
47. Coy, R. C. and Jones, R. B., The thermal degradation and E.P. performance of zinc dialkyldithophopate additives in white oil, *ASLE Trans.*, 24, 77–90, 1981.
48. Perez, J. M., Ku, C. S., Pei, P., Hegeemann, B. E., and Hsu, S. M., Characterization of tricresylphophate lubricating films using micro-Fourier transform infrared spectroscopy, *Trib. Trans.*, 33(1), 131–139, 1990.
49. Taylor, L., Dratva, A., and Spikes, H. A., Friction and wear behaviour of zinc dialkyl-dithiophophate additives, *Trib. Trans.*, 43(3), 469–479, 2000.
50. U.S. Patent 2,124,598 (Standard Oil—1938).
51. U. S. Patent 2,156,265 (Standard Oil—1939).
52. U.S. Patent 2,153,482 (Lubrizol—1939).
53. U. S. Patent 2,178,513 (Lubrizol—1939).
54. Tocci, L., Under pressure, *Lubes-n-Greases*, 3(12), 20–23, 1997.
55. Ford, J. F., Lubricating oil additives—A chemist's eye view, *J. Inst. Petrol.*, 54, 198, 1968.
56. Hamblin, P. C., Kristen, U., and Chasen, D., A review: Ashless antioxidants, copper deactivators and corrosion inhibitors. Their use in lubricating oils, *Int. Colloquium on Additives for Lubricants and Operational Fluids*, W. J. Bartz (Ed.), Techn. Akad. Esslingen, 1986.
57. O'Brien, J. A., Lubricating oil additives, in *STLE Handbook of Lubrication*, Vol. II, E. R. Booser (Ed.), CRC Press, Boca Raton, FL, pp. 301–315, 1984.
58. Ibid., p. 309.
59. Haviland, M. L. and Goodwin, M. C., Fuel economy improvements with friction modified engine oils in EPA and road tests, SAE Technical Paper No. 790945.
60. Dinsmore, E. W. and Smith, A. H., Multi-functional friction modifying agents, *Lubr. Eng.*, 20, 353, 1964.
61. Dancy, J. H., Marshall, H. T., and Oliver, C. R., Determining frictional characteristics of engine oils by engine friction and viscosity measurements, SAE Technical Paper No. 800364, 1980.
62. Johnston, W. G., A method to calculate pressure–viscosity coefficient from bulk properties of lubricants, *ASLE Trans.*, 24, 232, 1981.

63. Klaus, E. E. and Tewksbury, E. J., Liquid lubricants, in *STLE Handbook of Lubrication*, Vol. II, E.R. Booser (Ed.), CRC Press, Boca Raton, FL, pp. 229–253, 1984.
64. Peter Wu, C. S., Melodick, T., Lin, S. C., Duda, J. L., and Klaus, E. E., The viscous behavior of polymer modified lubricating oils over a broad range of temperature and shear rate, *J. Trib.*, 112(July), 417, 1990.
65. Manning, R. and Hoover, Flow properties and shear stability cold flow properties, *ASTM Manual on Fuels, Lubricants and Standards: Application and Interpretation*, G. Trotten (Ed.), ASTM, Basel, Switzerland 2001.
66. Klamen, D. *Lubricants and Related Products*, Verlag Chemie, Basel, 1984.
67. Noel, F., *J. Inst. Pet.*, 57, 354, 1971.
68. Noel, F. *Thermochim. Acta*, 4, 377, 1972.
69. Noel, F. and Cranton, C. E., in *Analytical Calorimetry*, Vol. 3, R. S. Porter and J. F. Johnson (Eds.), Plenum Publishing Company, New York, p. 305, 1974.
70. Kauffman, R. E. and Rhine, W. E., Development of a remaining useful life of a lubricant evaluation technique. Part I: differential scanning calorimetric techniques, *Lubr. Eng.*, 154–161, 1988.
71. Rhee I.-S., The development of a new oxidation stability test method for greases using a pressure differential scanning calorimeter, *NLGI Spokesman*, 7–123, 1991.
72. Walker, J. T. and Tsang, W. Characterization of Lubricating Oils by Differential Scanning Calorimetry, SAE Technical Paper No. 801383, 1980.
73. Hsu, S. M. and Cummins, A. L., Thermogravimetric analysis of lubricants, SAE Tech Publication 831682, San Francisco, CA, SAE Special Technical Publication No. 558, 1983.
74. Perez, J. M., Zhang, Y., Pei, P., and Hsu, S. M., Diesel deposit forming tendencies of lubricants—microanalysis methods, SAE Technical Paper No. 910750, Detroit, MI, 1991.
75. Rudnick, L. R., Buchanan, R. P., and Medina, F., *J. Synth. Lubr.*, 23, 11–26, 2006.
76. Zeeman, DSC cell-A versatile tool to study thermo-oxidation of aviation lubricants, *J. Synth. Lubr.*, 5(2), 133–148, 1988.
77. *Annual Book of ASTM Standards, Petroleum Products, Lubricants and Fossil Fuels*, American Society of Testing Materials, West Conshohocken, PA.
78. Ku, C. S., Pei, P., and Hsu, S. M., A modified thin-film oxygen uptake test (TFOUT) for the Evaluation of Lubricant Stability in ASTM Sequence IIIE, SAE Technical Paper No. 902121, Tulsa, OK, 1990.
79. Florkowski, D. W. and Selby, T. W., The development of a thermo-oxidation engine oil simulation test (TEOST), SAE Technical Paper No. 932837, 1993.
80. *Friction and Wear Devices*, 2nd Edition, ASLE (STLE), Park Ridge, IL, 1976.
81. Perez, J. M., A review of four-ball methods for the evaluation of lubricants, *Proceedings of the ASTM Symposium on Tribology of Hydraulic Pump Stand Testing*, ASTM, Houston, TX, 1995.
82. Klaus, E. E., Duda, J. L., and Chao, K. K., A study of wear chemistry using a micro sample four-ball wear test, *Trib. Trans.*, 34(3), 426–432, 1991.
83. Operating Instructions, PLINT TE 77 High Frequency Machine, Serial No. TE77/84 08/96, Oaklands Park, Wokingham, Berkshire, England.
84. Sheasby, J. S., Coughlin, T. A., Blahey, A. G., and Katcicjm D. F., A reciprocating wear test for evaluating boundary lubrication, *Trib. Int.*, 23(5), 301–307, 1990.

21 食品级润滑剂添加剂的应用

Ewa A. Bardasz and Gordon D. Lamb

21.1 引言

21.1.1 背景

食品级润滑剂泛指应用于食品处理、加工、制造和包装等设备中的润滑油和润滑脂。润滑油、润滑脂和固体润滑剂用于食品工业。一般情况下把食品级润滑剂分为三类：H1 级、H2 级和直接接触食品级润滑剂。此外食品级润滑剂还存在第四种分类：H3 级，主要用于手推车润滑。这方面最好的文章详见本书第一版。

H1 级润滑剂表示偶尔与食品发生接触的润滑剂，主要用在偶尔与食品接触的产品线设备中；H2 级润滑剂表示不会与食品接触的润滑剂，主要用在不会与食品接触的生产设备中；通常 H1 食品级润滑剂可以替代 H2 食品级润滑剂应用于设备中，但 H2 食品级润滑剂不能代替 H1 食品级润滑剂。直接接触食品级润滑剂应用在会与食物发生直接接触的场合下(如烘烤脱模剂)，对此食品和药品管理部门(FDA)根据联邦法令规范(CFR)颁布了需经过认证批准的产品清单。食品级润滑剂分类见表 21.1[1,2]。

表 21.1
食品级润滑剂的分类

分类	应用范围	标　准
H1	应用于可能接触食品的设备中	21CFR 178.3570 部分
H2	应用于不可能接触食品的设备中	不含有毒的重金属或者其他有毒成分。
H3	手推车油	无定义

21.1.2 基础油和添加剂的认证

联邦法令规范(CFR 21)对于 H1 食品级润滑剂做了严格的限制，并制定添加剂和基础油的应用规范，具体如下[3]：

(1)偶尔与食品接触润滑剂(21 CFR 178.3570 章节)；

(2)预先认证批准目录(21 CFR 181 章节)；

(3)符合安全标准(GRAS，21 CFR 182 章节)。

联邦法令规范(CFR 21)178.3570 章节特别规定了可以用于生产食品级润滑剂的添加剂和基础油目录。为了进入该目录，添加剂和基础油供货商需向食品和药品管理部门(FDA)提出申请，通过审查后获得其认证批准。通常，该类化学品的认证是一项费用高昂且周期很长的过程。一家全球重要的食品级润滑剂生产商已经对178.3570章节中大多数的添加剂进了申请，并获得了FDA的认证批准。该项工作极大的推动了食品级润滑剂种类的发展。而对于基础油，目前众多的供应商也已经获得了FDA的认证批准。

以前的认证批准目录和GRAS目录没有对偶尔接触食品级润滑剂的成分进行特别规定。只要该化学品能够满足偶尔接触食品级润滑剂添加剂及基础油的要求且能够证明其过往使用的安全性，其都可以被应用在食品级润滑剂中。

GRAS目录包含了大量的既具有润滑剂功能又可作为食物食用的化学成分。例如，GRAS目录中的植物油既可以食用也可以作为润滑剂的基础油使用。其余，如卵磷脂和部分脂肪酸也具有类似的特点。

H1食品级润滑剂的认证批准工作由国家卫生基金会(NSF)负责。目前，CFR 21目录中所列的成分和基础油被划分为HX-1，所调和的润滑剂划分为H1。

21.1.3 食品级润滑剂的注册

通常来讲，供应商承担着食品级润滑剂的注册工作。在2002年之前，美国农业部(USDA)负责H1和H2润滑剂的认证程序，对符合的产品给予相应的认证。这项工作还包括对食品级润滑剂成分描述、标识使用等原则的规定。USDA免费为符合CFR 21目录的润滑剂成分给予认证，而对于没有出现在CFR 21目录中的成分，USDA则会征询FDA的意见做出认证决定。

然而，在1998年USDA终止了该认证工作。随后，NSF和UL提出继续认证和对原认证程序的修改建议[1]。在2008年后，NSF成为了食品级润滑剂主要的认证组织。目前，全球超过350家公司通过该组织对他们的产品进行认证，而且获得认证的公司数量呈现出逐年增长的趋势。这主要得益于对H1润滑剂需求的不断增长，其中美国公司在亚洲、美洲和世界其他地区工厂开工数量的增加是推动H1润滑剂份额增长的主要动力。随着美国企业在全球的扩张，越来越多的企业意识到使用H1润滑剂可以提高美国企业在全球市场中的竞争力，扩大其产品销售份额。这促使了H1润滑剂在全球范围内的不断增长。

另外，NSF认证采取自愿的原则，食品级润滑剂生产商需要对产品自行提出认证申请。

21.1.4 宗教认证

偶尔接触食品级润滑剂主要以联邦政府标准为基础，此外还要使与偶尔接触食品级润滑剂和产品生产厂商所要求的宗教信仰相一致。

目前，两个主要的宗教认证是“kosher”和“halal”。生产满足该类宗教信仰的食品所需的设备润滑油也应满足宗教要求。因而，客户可能要求对润滑油添加剂和成品油进行“kosher”和“Halal”的认证。

对于“kosher”和“Halal”的认证，润滑油添加剂、基础油和成品油生产商必须严格遵循以下两个标准：产品的生产场所和生产过程必须满足“kosher”和“halal”要求，同时润滑油添加剂或者成品油也必须满足“kosher”和“halal”的认证。通常，这个两个标准并不冲突而是互相牵连的，对于产品和生产设备，认证证明可以同时获得。

犹太教的饮食规则称为为“kosher”原则[5]。尽管各个“kosher”认证组织在认证原则上有细微的差别，但都要遵循了如下原则：产品中禁止含有猪肉及其派生物；产品中禁止含有奶油成分；使用动物派生物时，该动物的屠宰必须符合“kosher”原则；在制作“kosher”类食品之前必须对设备进行“kosher”化，且生产前要将设备闲置24h。

在美国，有300多家机构提供“kosher”的认证服务。其中，Orthodox Union(纽约)是全球最大的“kosher”的认证组织，已经为超过68个国家的4500多家企业提供了认证批准服务。“kosher”的认证服务费用需要企业自行支付，并且由犹太法师对相应企业进行强制现场检查。在得到认证后，为了保持认证资格，企业必须接受宗教组织的监督，并且支付相应费用。

穆斯林的食品规则称为“halal”原则(Halal为阿拉伯词汇，意思是穆斯林所允许的和合法的)。“halal”原则与“kosher”具有很多的类似的地方，但“halal”原则禁止产品含有酒精成分[6]。美国伊斯兰食品和营养委员会(芝加哥)为“halal”的认证批准机构，同时也承担着监督责任。

尽管这些并不是强制性要求，但是考虑到全球1300万犹太人和16亿的穆斯林信奉者，生产商必须考虑这些潜在的客户。

21.1.5　偶尔接触食品级润滑剂所遵循的其他原则

偶尔接触食品级润滑剂制造商除遵循前文所述的原则外，还要遵循“良好生产规范”(GMP)原则或者“国际标准化组织”(ISO)标准。GMP要求企业在生产的每道工序都严格遵循GMP原则，并创建自己的GMP指南。ISO标准是目前企业所遵循的常用标准，例如ISO 9001和ISO 14001。

21.1.6　偶尔接触食品级润滑剂标准概述

本章节总结并概述偶尔接触食品级润滑剂及其基础油和添加剂所要遵循的标准，通过使用获得相应认证的化学品可以自动获得H1食品级润滑剂的认证资格。认证工作将通过自主认证或者NSF来完成。

对于生产商获得产品的认证批准是一项极具挑战性的工作，同时也会增加企业成本，这最终使得偶尔接触食品级润滑剂价格远远高出传统润滑剂[7]。

图21.1为偶尔接触食品润滑剂行业所需遵循的标准，包括润滑剂(润滑油和润滑脂)、成分以及生产企业的标准。

成分 添加剂 组合物 基础油	**润滑剂** 润滑油 润滑脂 固体润滑剂	**企业** 生产商 包装企业
21CFR：178.3570章节 GRAS：182预先批准目录，181其余批准目录 NSF H-1 Kosher Halal ISO 21469 OEM认证	21CFR：178.3570章节 GRAS：182预先批准目录，181其余批准目录 NSF H–1 Kosher Halal ISO 21469 OEM认证	GMP Kosher Halal ISO 21469 ISO 9001 ISO

图21.1　偶尔接触食品的食品级润滑剂标准汇总

21.1.7 偶尔接触食品级润滑剂的成分组成

USDA 对偶尔接触食品级润滑油(H1)及其添加剂和基础油进行了分类，并且遵循了 CFR 21 中 178.3570 章节和 GRAS 目录的分类。在 NSF 负责该工作后，H1 级润滑剂添加剂和基础油被统一划分为 HX－1。

21.1.8 偶尔接触食品级润滑剂的基础油

对于润滑油和润滑脂而言，基础油是最主要的成分。对于 H1 食品级润滑剂，基础油中禁止含有芳香烃组分。基于该项限制，不含芳香烃成分的矿物白油、合成烃和聚烷基二醇成为了最主要的食品级润滑剂基础油。为了提高润滑油配方的灵活性，最近 NSF 认证批准了部分酯类化合物作为偶尔接触食品级润滑剂的基础油。此外，随着科技的不断进步，植物油也越来越多作为基础油使用在偶尔接触食品级润滑剂中[8]。表 21.2 中所列为常用偶尔接触食品级润滑剂基础油的典型性能。

表 21.2
基础油典型性能

基础油	ISO 黏度范围	倾点/℃	抗氧化性	价格/($/lb)[a]
Ⅱ类基础油				
矿物白油	32～46	－9	极好	0.30～0.35
其余Ⅱ类基础油	32～46	－9	极好	0.30～0.35
Ⅳ类基础油				
PAO	32～46	＜－30	极好	1.00～2.0
Ⅴ类基础油				
聚异丁烯	200～＞1000			0.85～1.2
聚内酯				
PAG	32～46	－12	好	1～2
植物油	32、220	－15	中等	0.60～1.0
酯类	46～1000	－45	好	1～3
硅树脂	46	－50	[b]	2～4
氟树脂	32	－12	[b]	1～3

注：a. 价格随着产品质量、市场供需及生产情况随时变化。
b. 大多数添加剂不溶于该类基础油中。

21.2 添加剂

21.2.1 增黏剂

偶尔接触食品级润滑剂的黏度按照应用类型进行分类，表 21.3 为通用的黏度分类。

对于矿物型基础油，聚异丁烯(PIB)是一种有效的增黏剂。图 21.2 为聚异丁烯的分子结构，图 21.3 为偶尔接触食品级润滑剂的 ISO 黏度级别[9]。PIB 可溶于矿物油中，但不溶于水溶性的 PAG 和部分酯类油中。此外，由于 PIB 与植物油较差的相容性，植物油(黏度范围为 ISO 32～46)很少应用在高黏度的润滑剂中。

表 21.3
偶尔接触食品级润滑剂黏度分类

类型	典型黏度范围
液压油(hydraulic fluids)	32～68
齿轮油(gear oils)	100～460
空气压缩机油(air compressor oils)	32～100

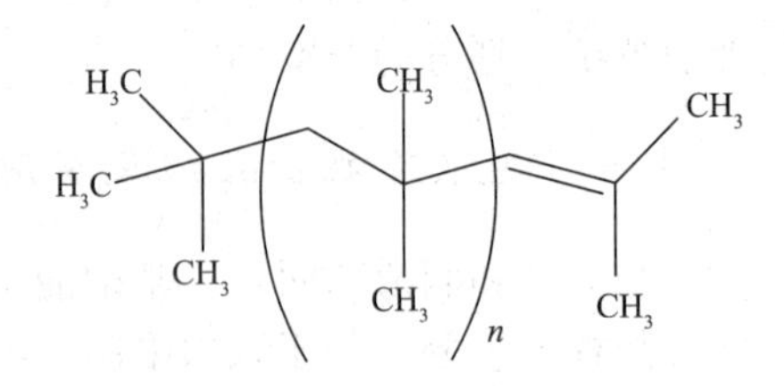

图 21.2　聚异丁烯分子结构

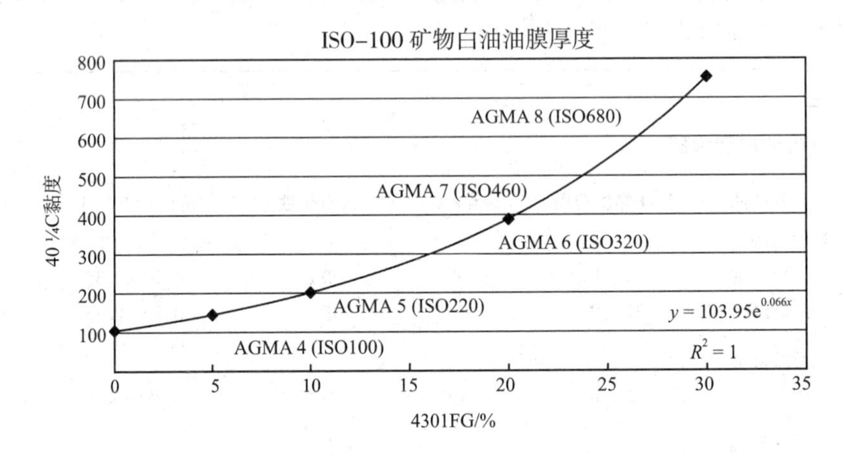

图 21.3　偶尔接触食品级润滑剂的 ISO 黏度级别

21.2.2　黏附剂

黏附剂主要是一些高分子化合物，如聚烯烃和聚异丁烯等。它的主要作用是改进润滑油在工作表面的滞留时间，减少润滑油的流失和飞溅，从而降低了润滑油的损失[10]。在食品加工设备中，黏附剂主要应用在链条油。黏附性能是考察黏附剂的一项重要指标。在过去，黏附力采用手指黏附力测定法进行测试。通过测定黏附剂在两个手指间的拉伸力来表征它的黏附性能，拉伸力越大则黏附性能越好。现在采用测试油品在开放的虹吸管中的自由吸附长度来表征黏附性能(图 21.4)[11]。

21.2.3　降凝剂

在工业和发动机领域中，油品的低温性能是一项非常重要的指标。但是对于食品行业而言，由于食品的生产温度是严格控制的，偶尔接触食品级润滑剂的低温性能并不是一个非常重要的指标。因而，偶尔接触食品级润滑剂中并不使用降凝剂，而是通过使用低黏度的基础油来获得低温性能。

图 21.4　虹吸法测定黏附力

21.2.4　抗氧剂

偶尔接触食品级润滑剂(H1)主要应用在食品加工机械的液压传动、齿轮、压缩机、链条和轴承等设备中。偶尔接触食品级润滑剂也面临着类似于传统润滑剂的各种老化的因素，但也有其特别的一面。首先，由于偶尔接触食品级润滑剂的基础油不含芳香烃组分，它的极性和溶解性都很低。这使得油品氧化产生的油泥不能被溶解而造成设备损伤。其次，部分偶尔接触食品级润滑剂的应用温度很高，可高达180℃。所幸的是由于Ⅱ类基础油、矿物白油和 PAO 不饱和烃含量极少，由该基础油调和的润滑剂都具有很好的抗氧化性。一般用于偶尔接触食品级润滑剂中的抗氧剂为胺类和位阻酚抗氧剂，此外还有生育酚(图 21.5)。

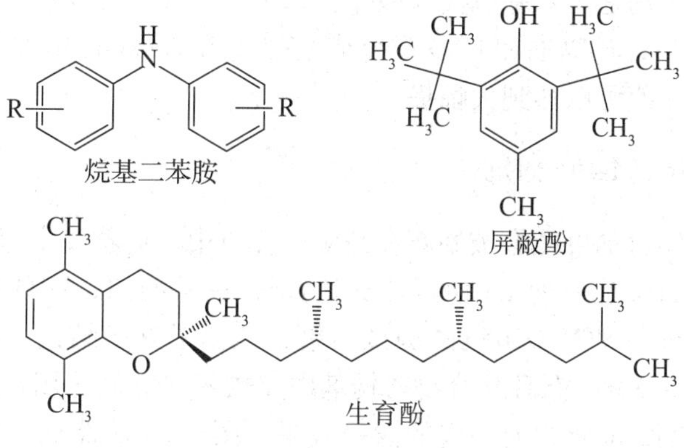

烷基二苯胺　　屏蔽酚

生育酚

图 21.5　典型抗氧剂的结构

取代胺类抗氧化剂在矿物油中非常有效，但是会导致油品颜色变深。受阻酚类抗氧剂，例如丁基羟甲苯(BHT)，也是非常有效的抗氧剂，而且不会导致油品颜色变深。但是，丁基羟基甲苯(BHT)在油品配方中可能会很难溶解。因而，对于拥有良好溶解性的抗氧剂具有一个明确的需求。

最新介绍的复合抗氧剂能够在不同油中品表现出高效的抗氧化作用，并且是一种液态产品。图 21.6 为该复合抗氧剂在白油中的试验结果。

21.2.5　抗磨剂和极压剂

抗磨剂是润滑油中非常重要的添加剂。它可以有效地减少部件之间的摩擦和磨损，防止

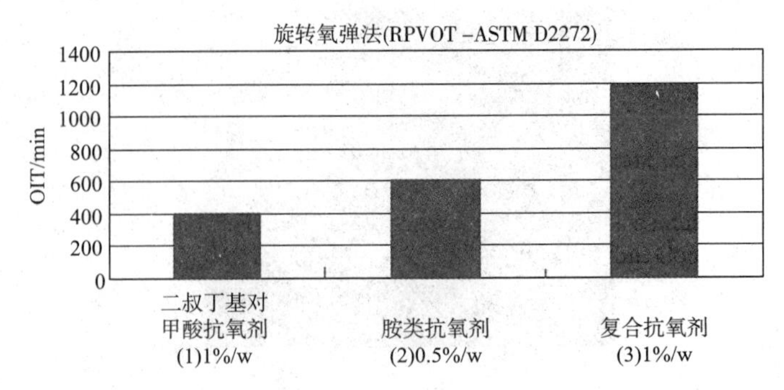

图 21.6　抗氧剂性能

(1)商业化抗氧剂的使用水平；(2)最高允许用量；(3)最高允许用量的 50%

烧结，从而提高机械效率，减少能源消耗，延长机械寿命。磷酸酯胺盐是偶尔接触食品级润滑剂中常用的抗磨剂，除具良好的抗磨性能外，还具有一定的防锈作用，其分子结构见图 21.7。此外，常用的抗磨剂包括甘油酯和脂肪酸化合物等。

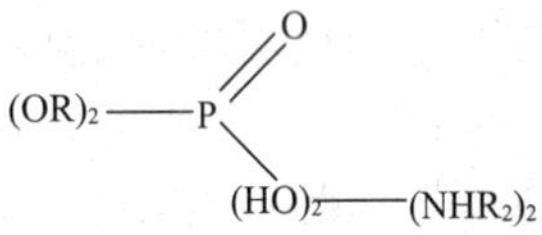

图 21.7　磷酸酯胺盐

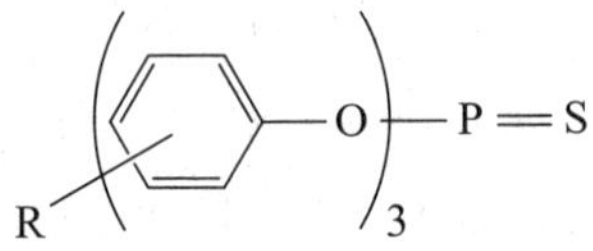

图 21.8　三苯基硫代磷酸盐(TPPT)

最常用的一种极压剂是三苯基硫代磷酸盐(TPPT)。TPPT 是一种白色结晶固体，分子式见图 21.8。通常情况下，矿物油和 PAO 类合成基础油的 Timken OK 值约为 15～25lb，而在加入含硫极压剂后，该值可以得到大幅提高。

21.2.6　腐蚀和锈蚀抑制剂

偶尔接触食品级润滑剂可能会被暴露在高湿度环境中，这就要求它具有一定的抗腐蚀和抑制锈蚀的能力。脂肪胺是一种常用的腐蚀抑制剂，在矿物油、PAO 和植物油中都表现出极高的效率。锈蚀测试(ASTM D665)的测试结果也证明了这一结论。通常情况下，锈蚀抑制剂的添加量不超过 0.5%。杂环化合物防锈剂中要数苯并三氮唑用得最多，它是有色铜出色的缓蚀剂、防变色剂，对钢也有一定的防锈效果。图 21.9 为脂肪胺和苯并三氮唑的分子结构式。

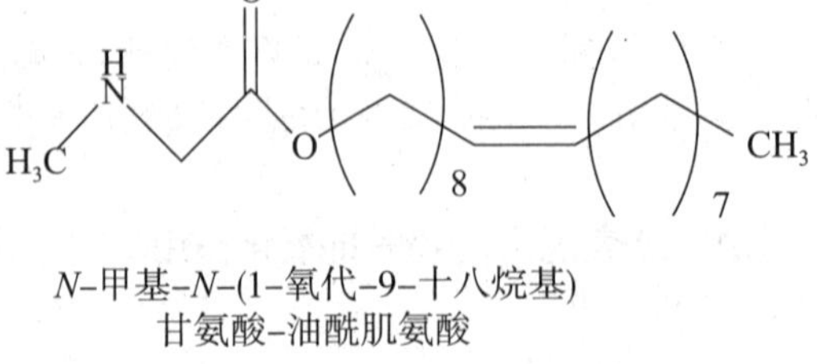

N-甲基-*N*-(1-氧代-9-十八烷基)
甘氨酸-油酰肌氨酸

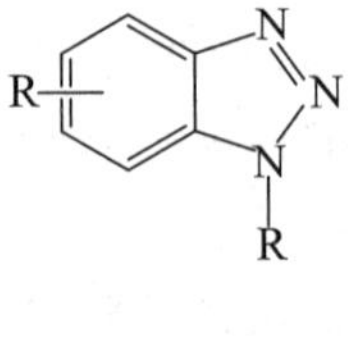

苯并三氮唑

图 21.9　防锈剂和金属减活剂分子式

21.2.7 抗泡剂

抗泡剂用来防止油品的过多泡沫化。分子量大于2000的聚硅醚是偶尔接触食品级润滑剂中常用的抗泡剂，其分子式见图21.10。

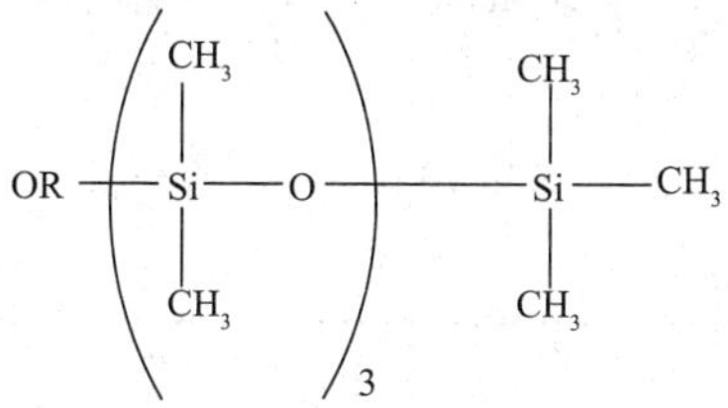

$$RO\left(\begin{array}{c} CH_3 \\ | \\ -Si-O- \\ | \\ CH_3 \end{array}\right)_3 \begin{array}{c} CH_3 \\ | \\ -Si-CH_3 \\ | \\ CH_3 \end{array}$$

图21.10 二甲基硅油结构式

21.2.8 偶尔接触食品级润滑剂的复合剂

在传统润滑剂生产中，复合剂可以节约操作工序和调和时间。其中之一的挑战是复合剂供应商必须遵循该类润滑剂化学品的限制分类。目前液压油复合剂主要由两大供应商提供，其中一个供应商还提供相应齿轮油复合剂产品。表21.4为该复合剂的主要性能数据，表21.5为主要的试验数据[9]。

表21.4

液压油和齿轮油典型性能

试验项目	ISO 46 液压油	ISO 220 齿轮油	试验方法
50℃空气释放性试验			
空气释放值/min	2.5		ASTMD3427
旋转氧弹(氧化诱导期)	571	623	ASTM D2272
橡胶相容性试验(168h/100℃)		4.8/~5	SRE－NBR28
体积/硬度变化率/%		1.3/~4	
拉伸强度/延伸降低率/%			
铜片腐蚀试验			
100℃，3h	1B	1A	ASTM D130
121℃，3h		1B	
锈蚀测试(A部分/B部分)	通过/通过	通过/通过	ASTM D665
四球机法抗磨损性试验(75℃，1200r/min，20kg)			
磨斑直径/mm	0.30		
平均摩擦系数	0.108		
四球机法抗磨损性试验(75℃，1200r/min，40kg)			
磨斑直径/mm	0.37	0.37	ASTM D4172
平均摩擦系数	0.113	0.117	

表 21.5

液压和齿轮油泵送测试

测试项目	初始/最终流速/(g/min)	环和叶片总失重[a]/mg	环失重[a]/mg	叶片失[a]/mg
片泵磨损实验(Vickers 104 – C)100h at 150F Conestoga	5.3/5.3	42	39	3
叶片泵磨损实验(Vickers 35VQ)(50h)		52	45	7

21.2.9 偶尔接触食品级润滑剂配方所面对的挑战

对于配方师来讲，研制偶尔接触食品级润滑剂面临着巨大的挑战，因为该类配方要遵循很多严格的限制，如基础油和添加剂的成分限制、添加剂含量的限制、添加剂在基础油中的溶解性问题，以及产品的多样性等。

该类润滑剂所面临的不仅仅是性能标准要求，更是一些额外的标准需求[12]。《*Five Hurdles to Making Incidental Food – Contact Lubricants*》一书中对偶尔接触食品级润滑剂的配方设计和生产进行了详细的阐述[8]。

21.2.10 偶尔接触食品级润滑剂化学品的前景及推动力

目前，偶尔接触食品级润滑剂已经形成了一个比较成熟的市场，同时可以预见在未来该市场会显现一个不断增长的势头。这主要得益于以下几点：首先，在西方，人们对于该类润滑剂分类必要性的认识越来越深。很多工厂越来越转向使用 H1 级润滑油，从而降低由于使用非 H1 级润滑油对食品造成的污染而产生的浪费。其次，不断增长的人口加剧了对食品的需求，这也极大的刺激食品级润滑剂消费量的增长。另外，随着印度和中国的日益富足，人们对于深加工和包装类食品的消费需求也保持了一个长足的增长。这将带动本土食品加工企业不断的向现代化企业转变，同时也将吸引西方优秀的外资企业在本地建立现代化的工厂，为了保持产品质量的全球统一性，使用 H1 级润滑剂成为了一个主要趋势。

随着食品行业的日益发展，ISO 21469 标准的推广应用越显重要。该标准主要针对润滑油产品，但它也将间接影响到添加剂的发展和应用情况，有助于增加以下法规中的添加剂应用品种[3]：

(1)FAO/WHO 联合食品添加剂专家委员会(JECFA)；

(2)除着色剂和甜味剂外的食品添加剂指令 95/2/EC；

(3)联邦法令规范(CFR 21)178.3570：直接接触食品的润滑油的相关规定。

总之，作为工业润滑油的一部分，随着对食品级润滑剂认识的不断提高和 ISO 标准的长足发展，食品级润滑剂将更加的国际化，同时消费量将会持续增加。

参考文献

1. Raab, M., S. Hamid, *Lubricant Additives—Chemistry and Application*, Additives Handbook, Ed. L. Rudnick, Marcel Dekker Publishing, New York, NY, 2003, pp. 453–465.
2. Lawate, S., What you need to know about food-grade lubricants, *Machinery Lubrication*, 7, 2007.
3. *Code of Federal Regulations*, Book 21 Section 178.3570, United States.
4. www.nsf.org.
5. Public Broadcasting Service, Belief and practice, Kosher certification, July 22, 2005, Episode No 847, http://www.pbs.org/wnet/religionandethics/week847/belief.html.
6. http://www.ifanca.org/halal/.
7. Lawate, S.R. Profilet, Five hurdles to making food-grade lubes, *Compounding*, 57(10), 2007, pp. 27, 28.
8. Lawate, S.S., V.A. Carrick, P.C. Naegely, US Patent 5538654, 1996.
9. Lawate, S., Products for incidental food-contact lubricants—Lubrizol 4300FG, Commercial forum presented by the Lubrizol Corporation, STLE, 2007.
10. Litt, F., *Lubricant Additives—Chemistry and Application*, Ed. L. Rudnick, Additives Handbook, Marcel Dekker Publishing, New York, NY, 2003, pp. 355–361.
11. Levin, V.J., R.J. Stepan, A.I. Leonov, Evaluating the Tackiness of Polymer Containing Lubricants by Open-Siphon Methods: Experimental Theory and Observation, TAE Conference, Stuttgart, Germany, July 11, 2007.
12. Lawate, S., Environmentally Friendly Hydraulic Fluids in *Synthetic Base Oils*, Ed. L. Rudnick, Marcel Decker Publishing, New York, NY, 1999.
13. NSF Steering Committee Meeting presentations and discussions, Ann Arbor, MI, October 2007.

22 用于磁盘驱动行业的润滑剂

Tom E. Karis

22.1 引言

人们一想到磁盘驱动器，脑中就浮现出了安装在电脑、数码录像机或音乐播放机等设备中的一个转动的磁盘，磁盘上存储了数字数据信息单元。也许这些具有出色精度和可靠性、高速旋转的机电设备，是领先的微机电系统和纳米技术在今天得到应用的例证。例如，磁记录读/写头在距离磁盘表面5nm的空气润滑轴承上浮动，相对速度往往超过10m/s。剪切速率为2×10^9m/s。不久的将来，随着数据磁道宽度减小到200nm以下，主轴电机上安装的磁盘数量增加，必须提高主轴电机的刚度来减小振幅，才能很好地减少伺服寻道时间和磁道跟踪。过去使用的滚动轴承主轴电机已经无法满足需要了，目前的产品采用的是液体轴承主轴电机。此外，当金属和绝缘部件之间有很高的相对速度时，必须控制产生的静电荷和消散。润滑剂在满足这些要求方面扮演了极其重要的角色。了解润滑机理和润滑剂化学，对于磁盘驱动技术的不断进步具有重要意义。

本章主要介绍的是磁记录盘和主轴轴承电机的润滑剂。重点放在一般润滑剂常用的分析手段，类似的技术用于表征一些影响润滑剂性能的物理性质。流变性能测试不仅能够表征润滑剂的黏度，而且可以评价磁盘润滑剂通过时间 - 温度叠加作用时的瞬时动态响应特征。利用剪切流变仪可以表征润滑脂的屈服应力，也可以表征混合物对液体轴承电机油的影响。利用介电谱学可以探测磁盘润滑剂端基的偶极子弛豫。测量介电常数和电导率可以开发用于电机密封件上磁流体的导电添加剂，并且测量介电常数和电导率还可以检测污染物对滚珠轴承润滑脂电化学性质的影响。另一个本章的重点是傅里叶红外光谱。这种技术可用于研究传动装置中反射样品和主体样品的薄膜。举例来说红外线(IR)光谱也适用于检测滚动轴承润滑脂在电化学氧化过程中形成的反应产物。热分析方法可以用来测定磁盘润滑剂的蒸气压。通过凝胶渗透色谱法(GPC)测定分子量分布，建立模拟多分散性润滑剂的挥发性的模型。测量润滑剂的接触角表面能，并结合半流体流动和蒸发的化学动力学模型，可以预测出分子级薄膜的黏度，并且了解防止润滑剂从转动磁盘上漏失的因素。这个化学动力学模型也可以关联蒸气压和黏度数据，来探索兼具低黏度和低蒸气压的流体动力轴承润滑油的分子结构。这里举例说明的磁盘行业的技术手段不仅适用于一般的润滑剂工业，而且使这些方法适用于微米级和纳米级电化学系统的摩擦学领域也将十分有帮助。

在这个修订的章节中，包含了几个流体动力轴承油的核磁共振(NMR)光谱图，以突出这些油品在化学结构上的差异。作为电机油品加速老化试验，即使在高温下对于稳定的油品也需要花费很长的测试时间，通过试验提出了动力学模型，这个模型包括了一级抗氧剂(PriAOX)、二级抗氧化剂(SecAOX)和金属催化剂对油品氧化寿命的协同效应，有助于估算最佳的添加剂浓度。例举了含有一种芳族胺一级抗氧剂和一种烷基二硫代氨基甲酸盐二级抗氧剂的加速油品老化试验以及在等温加速油品氧化寿命试验中溶解金属催化物的作用。

22.2 磁记录盘片润滑剂

磁记录盘基底上的软磁层通常是涂覆了一层 3～5nm 厚的碳薄膜。因为碳膜涂层有比较高的表面能，低表面能的全氟聚醚润滑剂可以附着在碳膜涂层上。应用最广泛的是具有 Z 型骨架链的全氟聚醚。以下是具有线性骨架链结构的无规共聚物通式：

$$X—[(O\ CF_2)_m—(O\ CF_2CF_2)_n—(O\ CF_2CF_2CF_2)_p—(O\ CF_2CF_2CF_2CF_2)_q]_{x0}—OX$$

这里 X 表示末端基团，x_0 表示 Z 型骨架链的聚合度。

可以在很广的范围内调整末端基团，使润滑剂发挥出最佳的性能。表 22.1[1] 列出了一些市售润滑剂的末端基团。碳膜表面上末端基团的吸附能（除了—CF_3）高于骨架链[2,3]。A20H 的 X1P 型末端基团比单链的空间位阻大[6]，并且 X1P 型末端基团 1000Da 的分子量对于通常骨架链 2000～4000Da 的分子量是一个重要的贡献[7]。带有二丙基胺的 Zdol 和表中提到的 ZDPA 的末端基团分子量较小，也有路易斯酸位被钝化的倾向[8]。

表 22.1

部分 Z 型全氟聚醚主链上的末端基团的分子结构

名称	结构
Z	$—CF_3$
Zdol	$—CF_2CH_2OH$
Ztetraol	$CF_2CH_2OCH_2CH(OH)CH_2OH$
Zdiac	$—CF_2COOH$
Zdeal	$—CF_2COOCH_3$
Zdol TX	$—CF_2CH_2(OCH_2CH_2)_{1.5}OH$
AM－3001	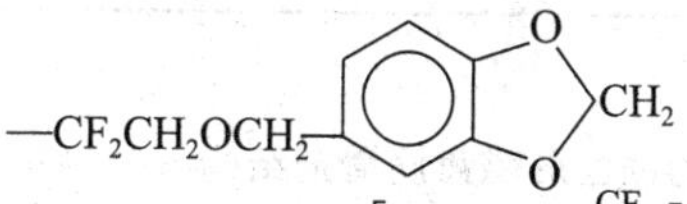 $—CF_2CH_2OCH_2$–（苯并-1,3-二氧杂环戊烯，O–CH_2–O）
A20H	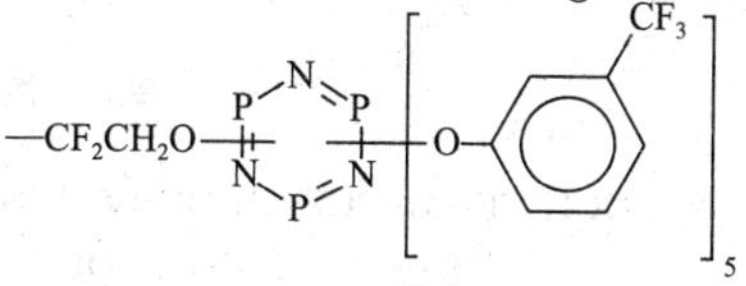 $—CF_2CH_2O$–（环磷腈 P/N 环）–$[O–C_6H_4–CF_3]_5$
ZDPA	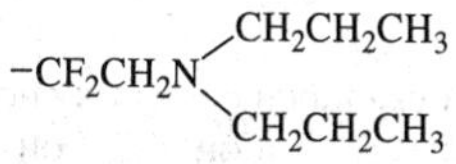 $—CF_2CH_2N(CH_2CH_2CH_3)_2$

注：A20H 有一个 Zdol 末端基团。

表 22.2 列出了 D 型和 K 型全氟聚醚的分子结构，这类全氟聚醚过去也被用作磁记录盘的润滑剂。D 型链结构的重复单元是全氟环氧正丙烷。D 系列包括含非极性末端基团的 Demnum，Demnum SA 有一个羟基末端基团，而 Demnum SH 有一个羧酸末端基团。K 型链

结构的重复单元是全氟环氧异丙烷，K 系列包含带非极性基的 Krytox 和带一个羧酸基的 Krytox COOH。

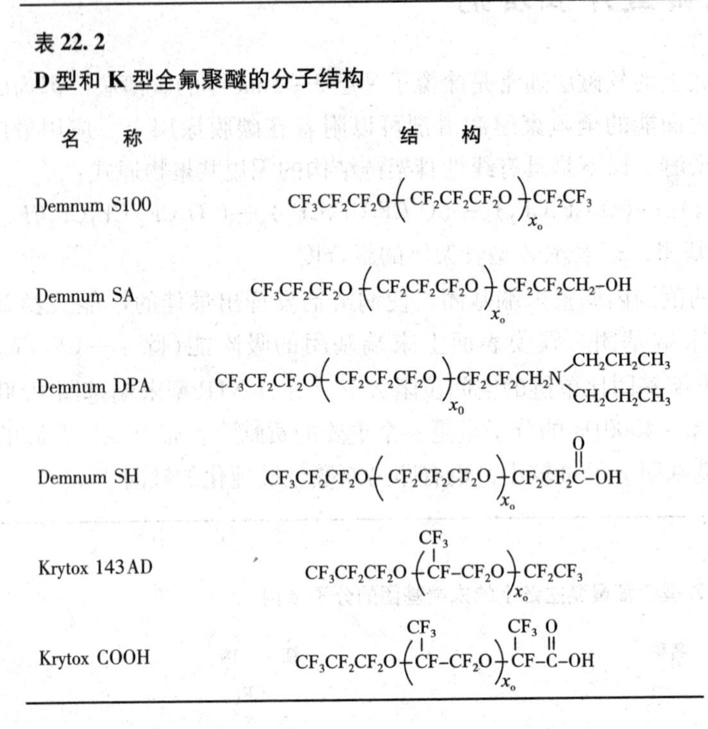

表 22.2

D 型和 K 型全氟聚醚的分子结构

名　称	结　构
Demnum S100	$CF_3CF_2CF_2O\left(CF_2CF_2CF_2O\right)_{x_o}CF_2CF_3$
Demnum SA	$CF_3CF_2CF_2O\left(CF_2CF_2CF_2O\right)_{x_o}CF_2CF_2CH_2{-}OH$
Demnum DPA	$CF_3CF_2CF_2O\left(CF_2CF_2CF_2O\right)_{x_0}CF_2CF_2CH_2N(CH_2CH_2CH_3)_2$
Demnum SH	$CF_3CF_2CF_2O\left(CF_2CF_2CF_2O\right)_{x_o}CF_2CF_2C({=}O){-}OH$
Krytox 143AD	$CF_3CF_2CF_2O\left(CF(CF_3){-}CF_2O\right)_{x_o}CF_2CF_3$
Krytox COOH	$CF_3CF_2CF_2O\left(CF(CF_3){-}CF_2O\right)_{x_o}CF(CF_3){-}C({=}O){-}OH$

最近，全氟聚醚磁记录盘润滑剂已经发展到带有多种羟基末端基团，以增加其对碳膜的吸附能力(见表 22.3)[1]。环氧氯丙烷连接两个 Zdol 链形成多齿形 Zdol(ZDMD)，ZDMD 的每个末端和中间带一个羟基[9]。氟化二环氧基连接两个 Ztetraol 链形成多齿形 Ztetraol 链(ZTMD)，每个末端有两个羟基而中间附近有四个羟基[10]。一种新型的包含聚乙烯四氟乙烯氧化物的三臂星形多齿全氟聚醚，是由末端带有一个羟基的烃酯直接氟化得到(LTA－30)[11,12](表 22.3)。

表 22.3

由 Z 型全氟聚醚演化的锯齿形磁盘润滑剂结构

名称	结　构
ZDMD	$HOCH_2CF_2{-}Z{-}OCF_2CH_2OCH_2CH(OH)CH_2OCH_2CF_2{-}Z{-}OCF_2CH_2OH$
ZTMD	$HOCH_2CH(OH)CH_2OCH_2CF_2{-}Z{-}OCF_2CH_2OCH_2CH(OH)CH_2OCH_2CH(OH)CF_2CF_2CF_2CH(OH)CH_2OCH_2CH(OH)CH_2OCH_2CF_2{-}Z{-}OCF_2CH_2OCH_2CH(OH)CH_2OH$
LTA－30	$HOCF_2\left[OCF_2CF_2\right]_xOCF\left(CF_2O\left[CF_2CF_2O\right]_xCF_2OH\right)_2$

注：ZDMD 由 Zdol 1000 或 Zdol 2000 演化而来。ZTMD 源于 Ztetraol 1000。LTA－30 的分子量为 3000Da。

22.2.1 性能

由于全氟聚醚的表面能低、蒸气压低、液态范围宽、透明而且没有气味，作为磁记录盘润滑剂是很有吸引力的。全氟聚醚与聚四氟乙烯类似，但是玻璃化转化温度更低[13,15]。最早市售的全氟聚醚有四氟乙烯末端基团，属于非极性全氟聚醚。近年来，广泛使用的是带有羟基、羧基和其他极性末端基团的极性全氟聚醚。极性末端基团提供了另一种方式来调节润滑剂的流动性能和与磁盘表面间的相互作用。带有极性末端基团的全氟聚醚主要用于润滑现在的刚性磁记录介质。

表 22.4
几种全氟聚醚的组成

润滑剂	m	n	p	q	m/n	O/C	x	M_n(Da)
Z03	0.530	0.405	0.057	0.008	1.31	0.754	73.4	6810
Zdiac	0.508	0.435	0.048	0.008	1.17	0.744	24.4	2310
Zdeal	0.567	0.426	0.003	0.004	1.33	0.782	22.8	2070
Ztetraol 2000	0.485	0.515	0	0	0.94	0.743	23.2	2300
Ztetraol 1000	0.523	0.477	0	0	1.10	0.762	14.2	1270
Ztx	0.475	0.517	0.007	0.001	0.92	0.736	22.7	2230
Zdol4KL819	0.612	0.383	0.003	0.0025	1.60	0.720	46.5	4000
Zdol4KL492	0.568	0.425	0.005	0.002	1.34	0.693	39.1	3600
Zdol4KL990	0.515	0.475	0.005	0.005	1.08	0.666	39.2	3600
Zdol4KBL598	0.492	0.508	0	0	0.97	0.658	47.2	4300
Zdol4KL905	0.469	0.526	0.0025	0.0025	0.89	0.650	41.5	3900
Zdol 2500	0.456	0.544	0	0	0.84	0.728	26.1	2420
Demnum S100	—	—	—	—	—	0.333	31.7	5230
Demnum SA2000	—	—	—	—	—	0.333	12.6	2080
Demnum SA2	—	—	—	—	—	0.333	18.6	3080
Demnum DPA	—	—	—	—	—	0.333	48.4	8100
Demnum SH	—	—	—	—	—	0.333	18.3	3040
Krytox 143AD	—	—	—	—	—	0.333	39.8	6580
Krytox COOH	—	—	—	—	—	0.333	32.3	5370

注：聚合度 $x = x_0 + 2$。Zdol4K 系列与 Zdol 4000 系列的生产商不同。

全氟聚醚的多功能性引起了人们相当多深入的研究。Sianesi[13]、Ouano[16]、Cantow[17]、Marchionni[18~21]、Cotts[22]和 Ajroldi[23]等详述了非极性全氟聚醚的体积黏度和玻璃态转化温度。之后的研究开始报道含有极性基团的全氟聚醚的性质，例如 Danusso[24]、Tieghi[25]、Ajroldi[26]和 Kono[27]等均有报道。

表 22.4[1]列出了由核磁共振光谱测定的几个全氟聚醚润滑剂的组成和分子量。

22.2.1.1 黏弹性(流变性)

在一台 Carri - Med CSL500(现在的 TA 仪器)应力流变仪上进行了全氟聚醚的振荡剪切和蠕变测试，该流变仪带有扩展温度模块和一个 40mm 直径的平行板夹具。动态应变振幅设为5%，且在这种材料的线性黏弹区内。在每个温度下1～100r/s测定储能模量G'和损耗模量G''。典型的测试条件是从-20℃到-100℃每隔20℃测量。低温测试需要在遇到粗糙面接触的短时间内进行计算，可以提供高振动频率性能数据。在低温下测得的数据可以通过时间-温度叠加Williams-Landel-Ferry(WLF)系数转化为高振动频率[29]，WLF系数由流变测试数据得到。在这种测试条件下全氟聚醚是线性黏弹性的。动力特性不依赖于应变振幅，并且即使在最低的测量温度下也没有观察到正弦角代替波形的谐波畸变。时间-温度叠加可以得到叠合曲线[30]。润滑剂在每个温度下的黏度通过稳态蠕变计算出来。玻璃态转化温度T_g，由TA生产的型号2920 MASC V2.5F的差示扫描量热计测定。将样品冷却到-150℃然后加热到20℃，升温速率为4℃/min，开始的1.5°有一个超过80s的平衡时间。通过测定差热流量和温度相移来确定热流的可逆和不可逆的组分。表22.5列出了几个全氟聚醚润滑剂的玻璃态转化温度。

表22.5

几种全氟聚醚的玻璃态转化温度和WLF系数

润滑剂	T_g/℃	C_1	C_2
Z03	-131.8	14.13	24.51
Zdiac	-118.4	18.14	25.90
Zdeal	-120.2	17.25	23.64
Ztetraol 2000	-112.2	23.22	45.81
Ztx	-109.9	15.67	42.75
Zdol4KL819	-126.7	11.73	38.46
Zdol4KL492	-123.3	16.27	49.82
Zdol4KL990	-119.7	15.98	52.22
Zdol4KBL598	-117.2	16.66	37.14
Zdol4KL905	-115.6	10.54	38.05
Zdol 2500	-113.6	13.62	59.72
Demnum S100	-111.2	13.06	62.76
Demnum SA2000	-114.1	13.75	43.89
Demnum SA2	-110.2	13.77	62.11
Demnum DPA	-110.7	12.13	78.52
Demnum SH	-110.1	13.27	63.56
Krytox 143 AD	-66.1	12.22	31.65
Krytox COOH	-61.4	11.97	40.79

注：C_1和C_2的参考温度为T_g。

图22.1～图22.3是黏度与温度的关系图[1]，纵坐标代表黏度和分子量的比值η/M_n，横坐标代表测量温度和玻璃态转化温度的差值$T-T_g$。η/M_n的值与段间摩擦系数成比例[30]，变换玻璃态转化温度要考虑T_g对弛豫时间的影响。这个平滑的曲线由WLF方程转变因子的回归拟合得到。图22.1说明了Z型全氟聚醚不同末端基团的作用。图中列出的大部分全氟聚醚的O/C率在0.65左右，除了Zdeal的O/C率为0.694。段间摩擦系数最小的

是非极性的 Z03 和 Zdol4KL905（Zdol4KL905 见图 22.2），最大的是每个末端带两个羟基的 Ztetraol。带有其他末端基团的 Z 型链的段间摩擦系数都在 Z03 和 Zdol4KL905 之间。Zdeal 的摩擦系数略低于 Zdiac，可能因为甲酯基阻碍了氢键的结合。Ztx，Zdiac 和 Zdol2500 的段间摩擦系数差不多一样。

图 22.2 表明了 Zdol 4K 系列的 O/C 率对段间摩擦系数的影响。许多中间 O/C 率的 Zdol4K L492，990，和 598，即使它们的玻璃态转化温度间隔 11°，曲线也几乎一样，并在 Zdol4K L819（高）$O/C=0.72$ 和 Zdol4K L905（低）$O/C=0.65$ 的曲线之上。出现这样惊人的关系可能是因为段间摩擦系数对链的弹性和内聚能量密度的依赖不同于玻璃态转化温度对这些性质的依赖。

D 和 K 系列的段间摩擦系数见图 22.3，在上图 22.2 中 Zdol4K 系列的范围内。非极性的 Krytox 和 Krytox COOH 的曲线几乎重合，并且在 Demnum 系列的下方。所有 Demnum 系列的曲线几乎重合。增加一个极性末端基团对于 D 和 K 系列的段间摩擦系数几乎没有影响。

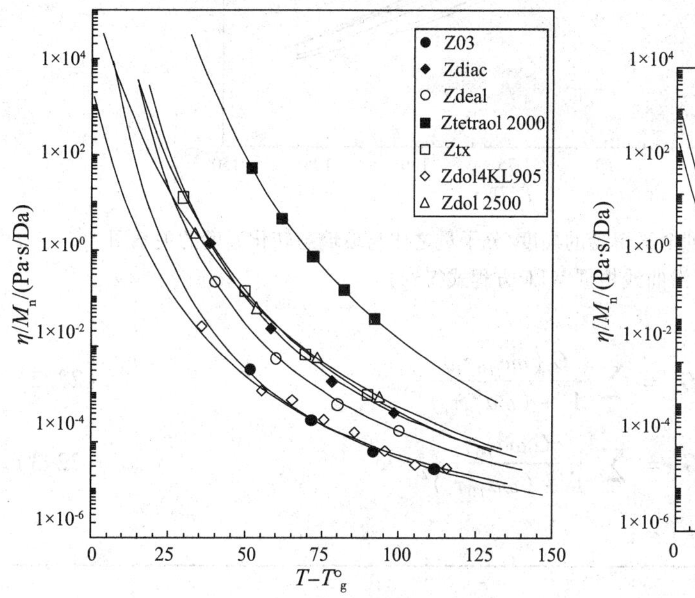

图 22.1 Z 型全氟聚醚黏度/分子量之比与玻璃态转化温度的关系图

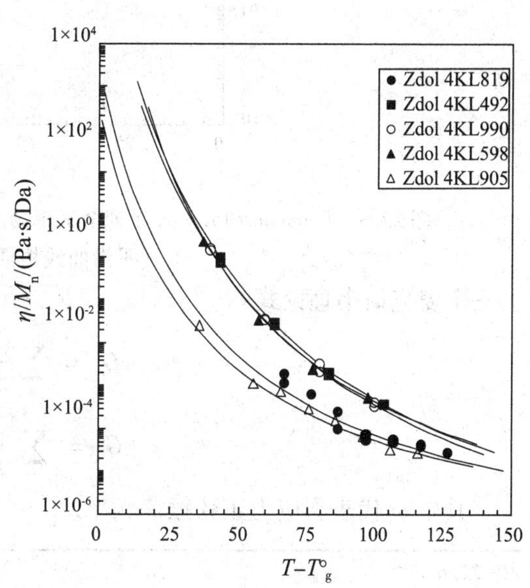

图 22.2 Zdol4K 型全氟聚醚的黏度/分子量之比与玻璃态转化温度的关系图（表明了 O/C 比的影响。平滑曲线根据 WLF 方程式得到）

测定储能模量 G' 和损耗模量 G''，并随温度坐标轴变化作图得到叠合曲线。用以下的方程通过非线性回归分析得到的转变因子 $a_{T_0}(T)$ 可以计算出 WLF 系数[29]。

$$\log(a_{T_0})=\frac{-C_1(T-T_0)}{C_2+(T-T_0)} \tag{22.1}$$

其中，基准温度 $T_0=T_g$，C_1 和 C_2 是关于 T_g 的 WLF 系数。表 22.5 列出了 WLF 系数。这里系数的范围是 $10.5<C_1<23.5$、$23.5<C_2<79$，与 Marchionni 等报道的非极性 Y 型和 Z 型全氟聚醚的系数范围一致[18]。

通过线性黏弹性剪切储能模量 G' 和损耗模量 G'' 的非线性回归分析得到的叠合曲线导出

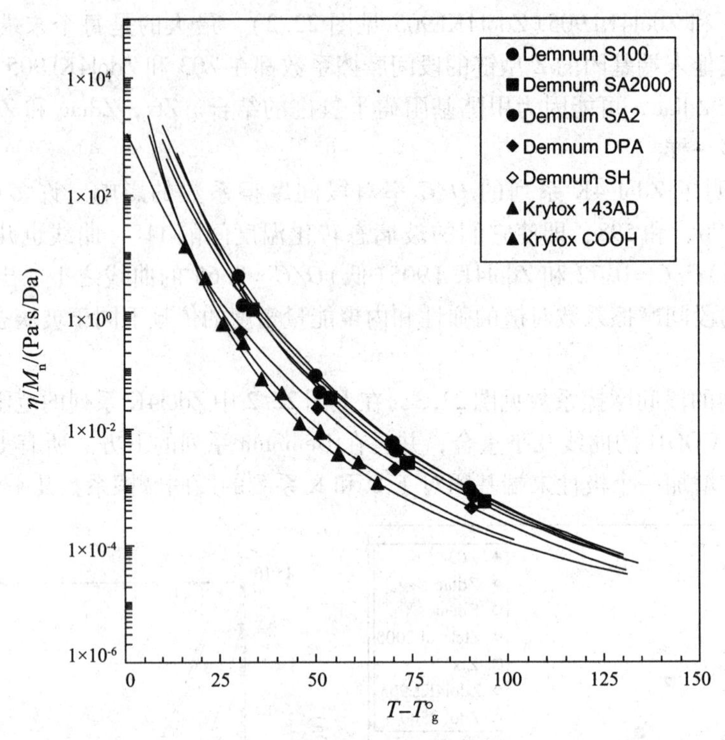

图 22.3　Demnum 和 Krytox 系列全氟聚醚的黏度/分子量之比与玻璃态转化温度的关系图（平滑曲线根据 WLF 方程式得到）

了三个麦克斯韦理论式：

$$G' = \sum_i \frac{G_i(\omega a_{T0}\tau_i)^2}{1 + (\omega a_{T0}\tau_i)^2} \tag{22.2}$$

$$G'' = \sum_i \frac{G_i \omega a_{T0}\tau_i}{1 + (\omega a_{T0}\tau_i)^2} \tag{22.3}$$

其中 ω 代表剪应力正弦振荡频率。

表 22.6

参考温度 T_g 下的叠合曲线导出的麦克斯韦理论式系数

润滑剂	G_1(kPa)	τ_1(s)	G_2(kPa)	τ_2(s)	G_3(kPa)	τ_3(s)	η(−20℃)/Pa·s 蠕变	η(−20℃)/Pa·s 动态
Z03	49.3	1.11×10^7	—	—	—	—	0.2	0.2
Zdiac	28.4	5.17×10^{10}	5.6	3.09×10^9	—	—	1.0	1.0
Zdeal	31.1	6.31×10^9	4.0	1.44×10^8	—	—	0.4	0.4
Ztetraol 2000	36.6	4.02×10^{13}	8.9	3.86×10^{12}	5.5	3.1×10^{11}	83	70
Ztx	55.6	7.42×10^6	—	—	—	—	2.0	1.6
Zdol4KL819	4.0	3.56×10^5	5.2	7.91×10^4	14.3	8.13×10^3	0.2	0.5
Zdol4KL492	43.4	1.51×10^7	—	—	—	—	1.3	1.1
Zdol4KL990	49.7	5.77×10^6	—	—	—	—	1.3	1.5
Zdol4KBL598	48.4	2.10×10^8	—	—	—	—	2.3	1.4

表 22.6 续表

润滑剂	G_1(kPa)	τ_1(s)	G_2(kPa)	τ_2(s)	G_3(kPa)	τ_3(s)	η(-20℃)/Pa·s 蠕变	动态
Zdol4KL905	19.3	2.40×10^3	19.7	2.21×10^2	—	—	0.3	0.2
Zdol 2500	51.9	5.03×10^4	—	—	—	—	2.2	2.0
Demnum S100	11.8	4.52×10^4	38.0	9.91×10^3	3.4	2.84×10^2	3.7	1.5
Demnum SA2000	54.0	4.09×10^5	—	—	—	—	1.1	1.5
Demnum SA2	35.1	5.49×10^4	10.4	6.43×10^3	—	—	2.8	2.1
Demnum DPA	42.0	1.87×10^8	3.38	1.22×10^7	—	—	3.6	2.5
Demnum SH	47.5	2.28×10^4	6.8	1.60×10^3	—	—	2.9	2.8
Krytox 143 AD	55.3	1.35×10^5	3.1	4.30×10^3	1.0	1.16×10^2	81	69
Krytox COOH	44.9	3.08×10^4	4.7	1.21×10^3	2.3	7.17×10^1	220	200

注：稳态剪切速率在蠕变状态下测量，零剪切速率由 -20℃ 的动力数据计算得到。

剪切刚度 G_i 和相应的弛豫时间 τ_i 见表 22.6[1]。WLF 系数、剪切刚度和弛豫时间绘出了图 22.4～图 22.6 的曲线[1]。有不同末端基团的 Z 系列的动力特性见图 22.4。极性末端基团

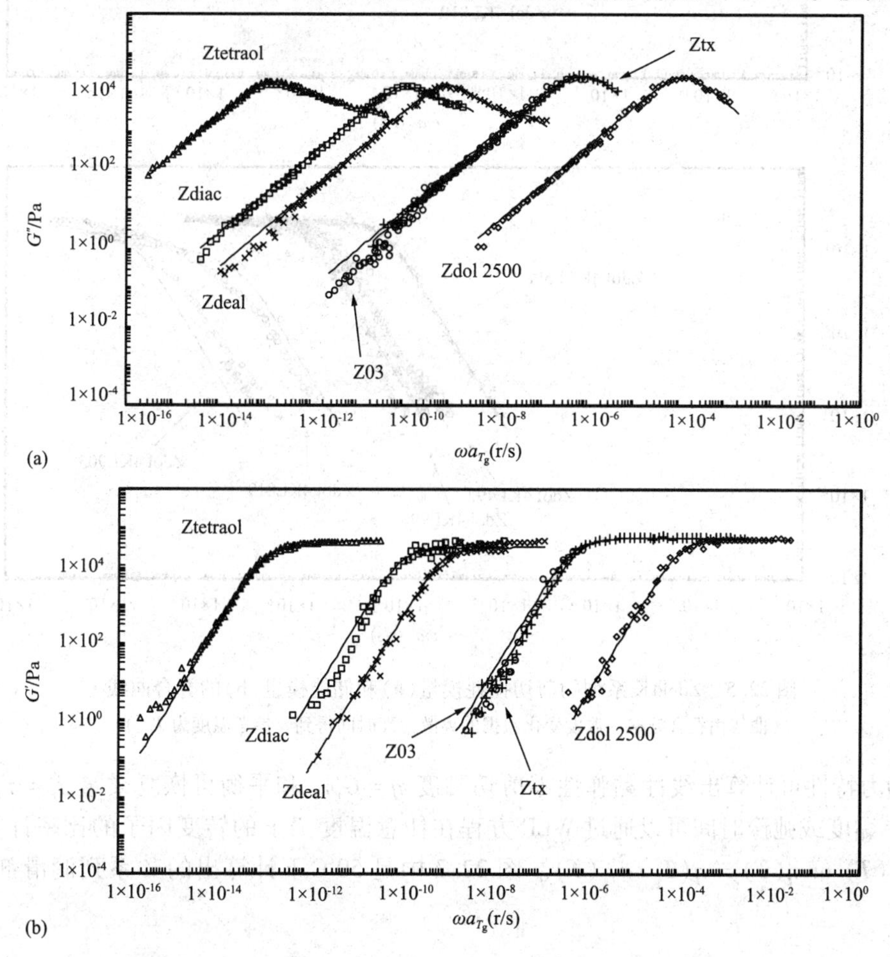

图 22.4　Z 型的剪切损耗模量(a)和储能模量(b)的关系曲线
（曲线由符合频率 - 温度变化数据的离散弛豫时间得到，参考温度为 T_g）

增加弛豫时间。从图上可以看出，Zdiac、Zdeal、和 Zdol4KL905 有两个弛豫时间。Ztetraol 和 Zdol4KL1819 有三个弛豫时间。在室温下，Z03 有最短的特征时间 τ_1，即使在所有的全氟聚醚中它的分子量最大。在 Z 系列中 Ztetraol 的特征时间 τ_1 最长。有一系列 O/C 率的 Zdol 型的曲线见图 22.5。O/C 率对 Zdol 4K 系列的动力特性有显著影响。Demnum 和 Krytox 型的动力特性曲线见图 22.6。Krytox 的 τ_1 要比 Demnum 的长得多。

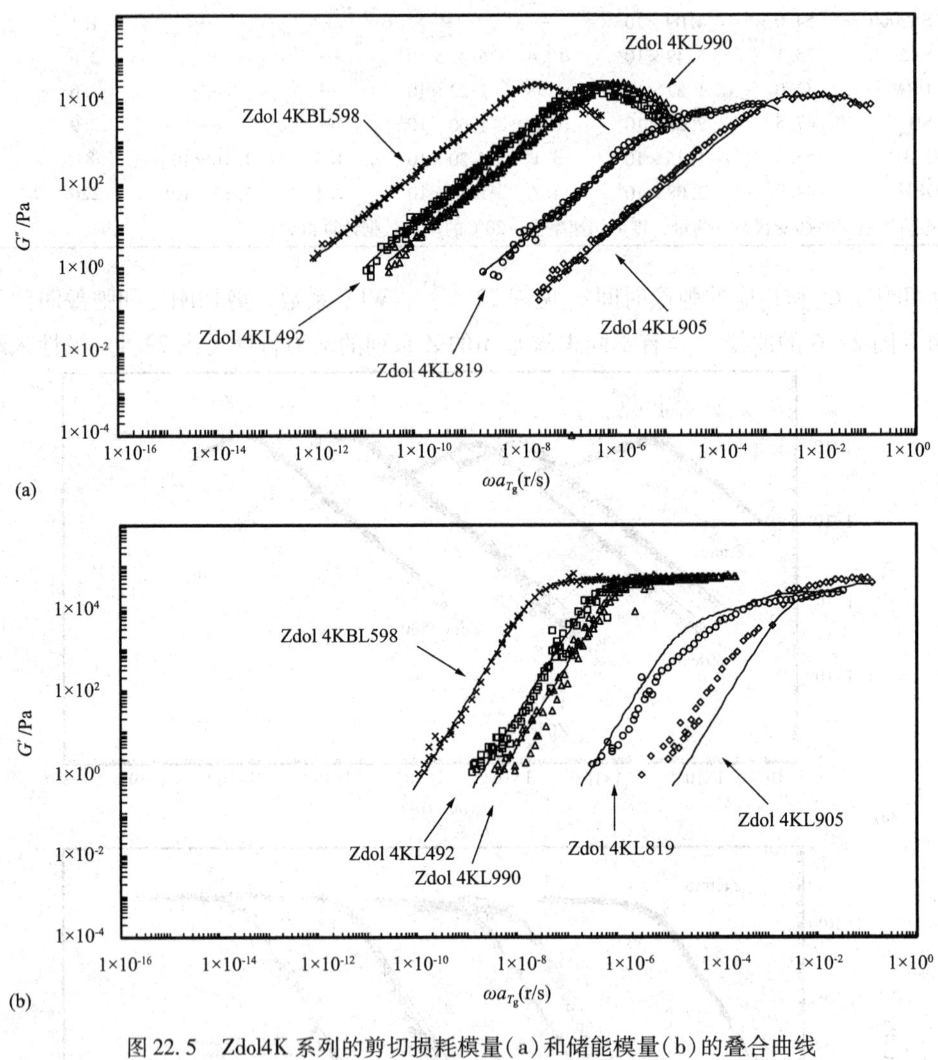

图 22.5　Zdol4K 系列的剪切损耗模量(a)和储能模量(b)的叠合曲线
(曲线由符合频率－温度变化数据的离散弛豫时间得到。参考温度为 T_g。)

由动力特性可计算出线性黏弹性零剪切黏度 $\eta = G_1\tau_1$ 和平衡可恢复柔量 $J_e^0 = \tau_1/\eta$，见表 22.6。黏度或弛豫时间可以通过 WLF 方程在任意温度 T 下的转变因子的比率计算出来。例如，$\tau_1(T)$ or $\eta(T) = \eta(T_g)a_{T_g}(T)$。图 22.7 中是 50℃下计算出的 Z 系列润滑剂的弛豫时间[1]。

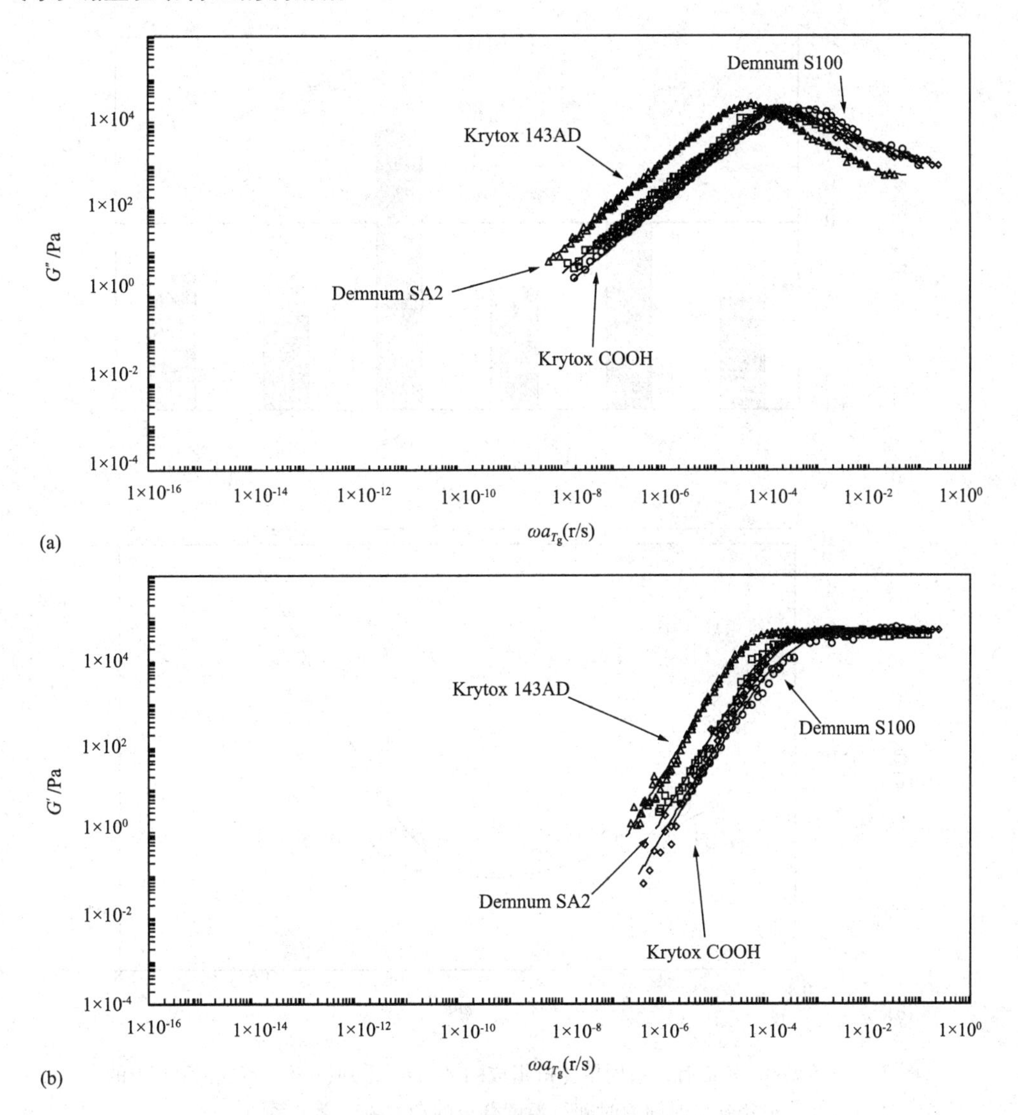

图 22.6 Demnum 和 Krytox 系列的剪切损耗模量(a)和储能模量(b)的叠合曲线

(曲线由符合频率-温度变化数据的离散弛豫时间得到。参考温度为 T_g)

22.2.1.2 介电性

润滑剂的介电性为流变学数据提供了一些补充信息。它们在能量储存和释放方面的概念是类似的，以电场的正弦响应为特征。

用带有单面陶瓷传感器的 2970 型号的 TA 介电分析仪测量不同润滑剂样品的介电常数和损耗因子。外加电压为 1V。频率扫描范围 0.1～10000Hz。温度范围 -100～100℃。几种磁记录盘润滑剂在不同温度下相对基准温度 $T_0=50℃$ 的数据得到的介电曲线见图 22.8[1]。

$$\varepsilon'' = \frac{\sigma}{\varepsilon_0 \omega a_{T_0}} + \sum_i \frac{(\varepsilon_{s,i} - \varepsilon_\infty)\omega a_{T_0}\tau_i}{1 + (\omega a_{T_0}\tau_i)^2} \tag{22.4}$$

从曲线的离散弛豫时间模型[31]表征介电损耗因子 ε'' 和介电常数 ε' 得到介电性能。

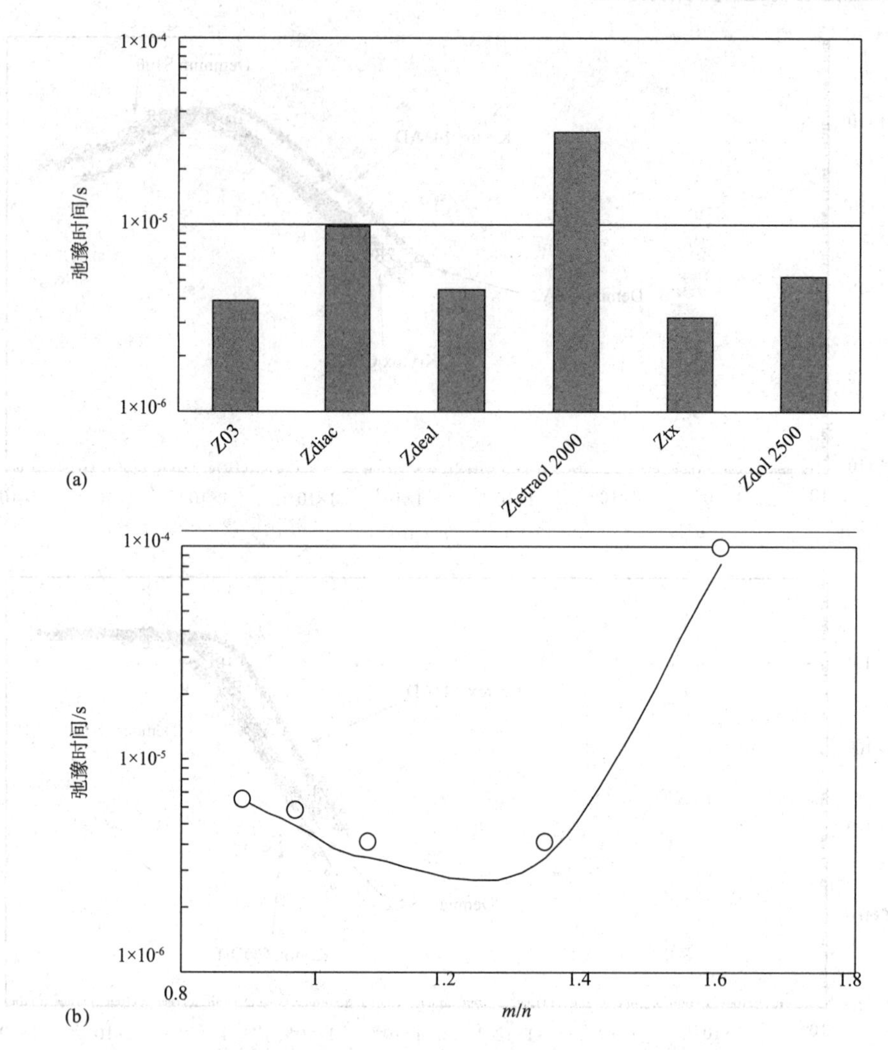

图 22.7　Z 型(a)和带有一系列单体链组成的 Zdol4K 系列(b)润滑剂在 50℃下的最长弛豫时间由时间－温度叠合的动力流变学关系图

(Adapted from Rudnick, L. R. (ed.), *Synthetics, Mineral Oils, and Bio-Based Lubricants Chemistry and Technology*, Chapter 38, CRC Press, Taylor & Francis Group, Boca Raton, FL, 2006.)

$$\varepsilon' = \varepsilon_\infty + \sum_i \frac{\varepsilon_{s,i} - \varepsilon_\infty}{1 + (\omega a_{T_0} \tau_i)^2} \tag{22.5}$$

式中　ω——外加电压的正弦振动频率；

τ_i——介电弛豫时间；

ε_0——自由空间的绝对电容，8.85×10^{-12}F/m。

对介电曲线进行线性回归确定离散弛豫时间序列的参数。Zdol 和 Ztetraol 有多重的离散弛豫时间。四个弛豫时间相应的数据见图 22.8。这些可以评价电导率 σ、直流相对介电常数 $\varepsilon'(0)=\Sigma_i\varepsilon_{s,i}$和极限高频介电常数 ε_∞。注意电容储能和直流相对介电常数成正比，折射率 n 与极限高频相对介电常数的关系为麦克斯韦关系式 $n=\sqrt{\varepsilon_\infty}$。全氟聚醚的 $n\approx1.3$[28]，$\varepsilon_\infty\approx1.7$。表 22.7[1] 列出了介电性、四个弛豫时间和静态弛豫振幅。

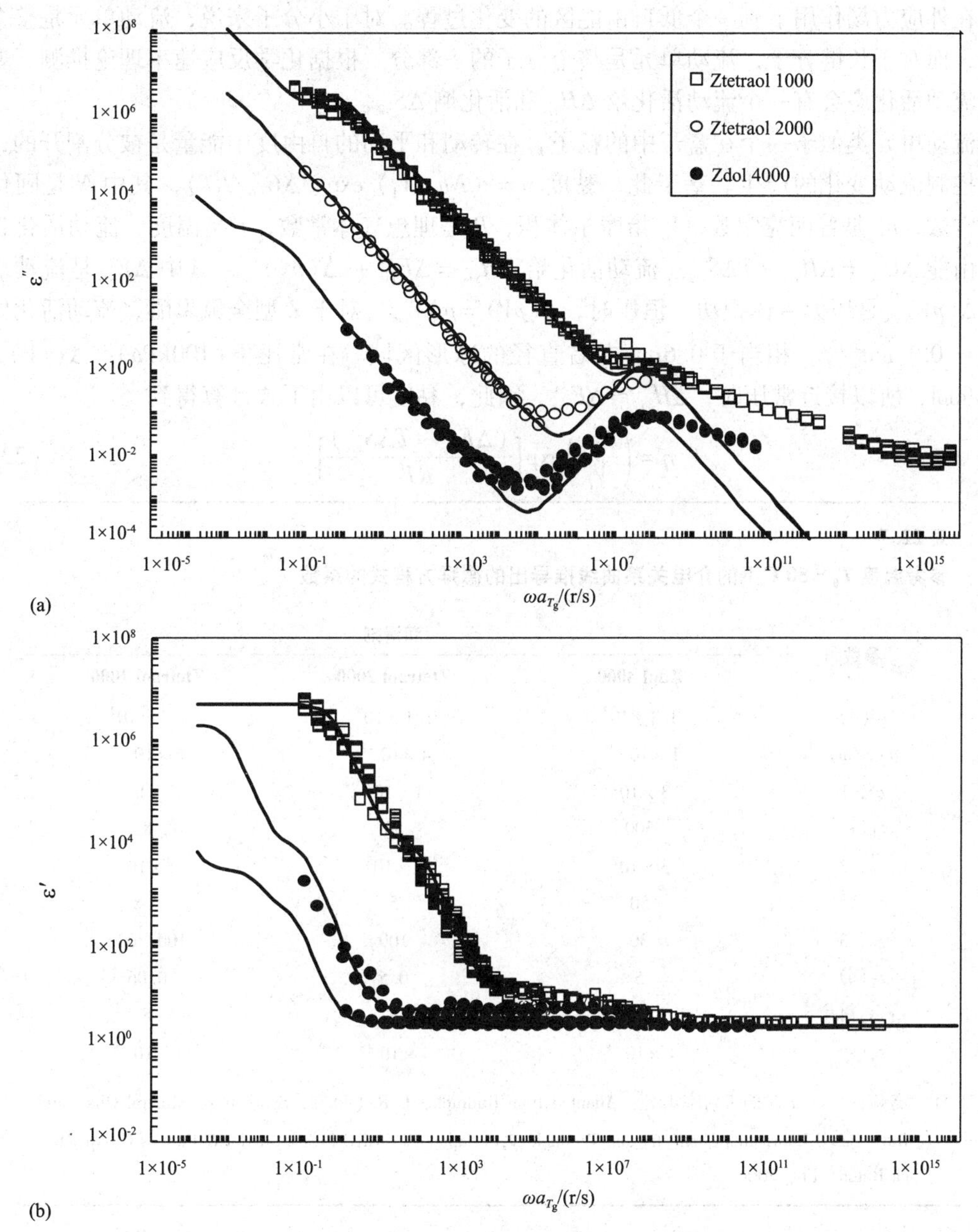

图 22.8 Ztetraol 2000、Ztetraol 1000 和 Zdol 4000 的介耗电损因子(a)与相对介电常数(b)的关系曲线

(曲线由符合频率－温度变化数据的离散弛豫时间得到。参考温度为 T_0 =50℃)

22.2.1.3 油膜黏度

上述结果表明，绝大部分全氟聚醚磁盘润滑剂的黏度随着测试温度接近玻璃态转化温度成指数级地增长。这是因为随着分子链的热能小于活化能，链运动被逐渐冻结了。润滑剂的黏度也随着润滑剂油膜厚度减小而增加，这有助于阻止润滑剂在空气剪切中从磁记录盘上完全流出[32]。发现了另一个增强油膜黏度的途径是降低温度。

色散相互作用对最接近磁盘表面的分子层的黏度有显著的影响，可以通过黏性流体的速率理论来解释。速率理论中，流动现象的产生包括流动单元从正常或静止状态经过流动活化态、在外应力场作用下到一个低自由能区的变化过程。对于小分子来说，流动单元是整个的分子，而对于长链分子，流动单元是整个分子的一部分。根据化学反应速率理论推测，要转变为流动活化态会有一个流动活化焓 ΔH_{vis} 和活化熵 ΔS_{vis}。

流动单元类似于一个在盒子中的粒子，在转动和平动的自由度中能量是被分割开的，以此来控制流动变化的产生。基于此，黏度 $\eta = (Nh_p/V_1)\exp(\Delta G_{vis}/RT)$，其中 N 是阿伏伽德罗常数，h_p 是普朗克常数，V_1 指摩尔体积，R 是理想气体常数，T 指温度，流动活化吉布斯自由能 $\Delta G_{vis} = \Delta H_{vis} - T\Delta S_{vis}$。流动活化焓 $\Delta H_{vis} = \Delta E_{vis} + \Delta(pV)_{vis}$，其中 ΔE_{vis}是流动活化能，$\Delta(pV)_{vis}$是压力－体积功。恒压时，$\Delta(pV) = p\Delta V_{vis}$。对于 Z 型全氟聚醚，流动活化体积 $\Delta V_{vis} \approx 0.1\ nm^3$[17]，相当于 0.6nm 左右直径的球形区域。在常压下(100kPa)，$\Delta(pV)_{vis} \approx 6.2J/mol$，所以接近常压时，$\Delta H_{vis} \approx \Delta E_{vis}$。因此，黏度可以由下式计算得到。

$$\eta = \left(\frac{Nh_p}{V_l}\right)\exp\left[\frac{(\Delta E_{vis} - T\Delta S_{vis})}{RT}\right] \tag{22.6}$$

表 22.7

参考温度 T_0 =50℃下的介电关系曲线推导出的德拜方程式的系数

参数	润滑剂		
	Zdol 4000	Ztetraol 2000	Ztetraol 1000
$\varepsilon'(0)$	3.3×10^3	1.1×10^4	1.1×10^7
σ(S/m)	1×10^{-11}	4×10^{-8}	6×10^{-7}
εs, 1	3×10^3	1×10^4	1×10^7
τ_1(s)	500	50	8
εs, 2	3×10^2	1×10^3	1×10^6
τ_2(s)	50	5	0.8
εs, 3	30	100	100，000
τ_3(s)	5	0.5	0.06
εs, 4	2	4	5
τ_4(s)	1×10^{-8}	1×10^{-8}	1×10^{-8}

注：高频 $\varepsilon_\infty \approx 1.7$ 时的折射率出处：Adapted from Rudnick，L. R.（ed.），Synthetics，Mineral Oils，and Bio－Based Lubricants Chemistry and Technology，Chapter 38，CRC Press，Taylor & Francis Group，Boca Raton，FL，2006。

对体积黏度的回归分析得到温度的函数 $\Delta E_{vis} = 34.7kJ/mol$ 和 $\Delta S_{vis} = 9.87J/(mol \cdot K)$。流动活化能与文献[33]和[34]中报道的分子量在 3100Da 的绝大部分 Zdol 型的活化能接近。大部分 Zdol 型的活化熵为正值，说明流动单元在进入流动活化态时熵是增加的。

固体表面附近的润滑剂流动活化能和熵的变化导致黏度随油膜厚度的变化。油膜汽化能估算固体表面附近的流动活化能如下所述。理想气体化学势 μ(或偏摩尔 Gibbs 自由能)定义为：

$$d\mu = RTd\ln P \tag{22.7}$$

其中，P 为润滑剂的气相分压。

润滑剂膜的单位体积化学势为 $\mu/V_1 = \Pi$。油膜表面蒸气压和整个润滑剂蒸气压的比

$P^{o}(h)/P^{o}(\infty)$，由公式(22.7)得到

$$\mu(h)-\mu(\infty)=RT\ln\left[\frac{P^{\circ}(h)}{P^{\circ}(\infty)}\right] \tag{22.8}$$

润滑剂的化学势和蒸气压作为参考态，$\mu(\infty)=0$，$P^{o}(\infty)$是液体的蒸气压。一般而言，表面能定义为单位面积的自由能，这些液体(Ⅱ)的总分离压力可以由实验的表面能数据(接触角)得到。

$$\Pi=-\frac{\partial}{\partial h}(\gamma^{d}+\gamma^{p}) \tag{22.9}$$

其中，γ^{d} 和 γ^{p} 分别是表面能的色散和极性部分，h 为油膜厚度。

将表面能数据回归拟合得到的曲线如图 22.9(a)和图 22.9(b)[1]所示，数字分化得到分离压力[35,36]。总分离压力包括色散和极化性组分各自的贡献，见图 22.10(a)[1]。注意 γ^{d} 随 h 单调下降，和公式(22.10)一致。油膜厚度低于 0.5nm，每个分子量的 Π 由 γ^{d} 决定，γ^{d} 随着油膜厚度的减小迅速增加，且在很大程度上不依赖于分子量。然而，γ^{p} 随油膜厚度增加而波动，

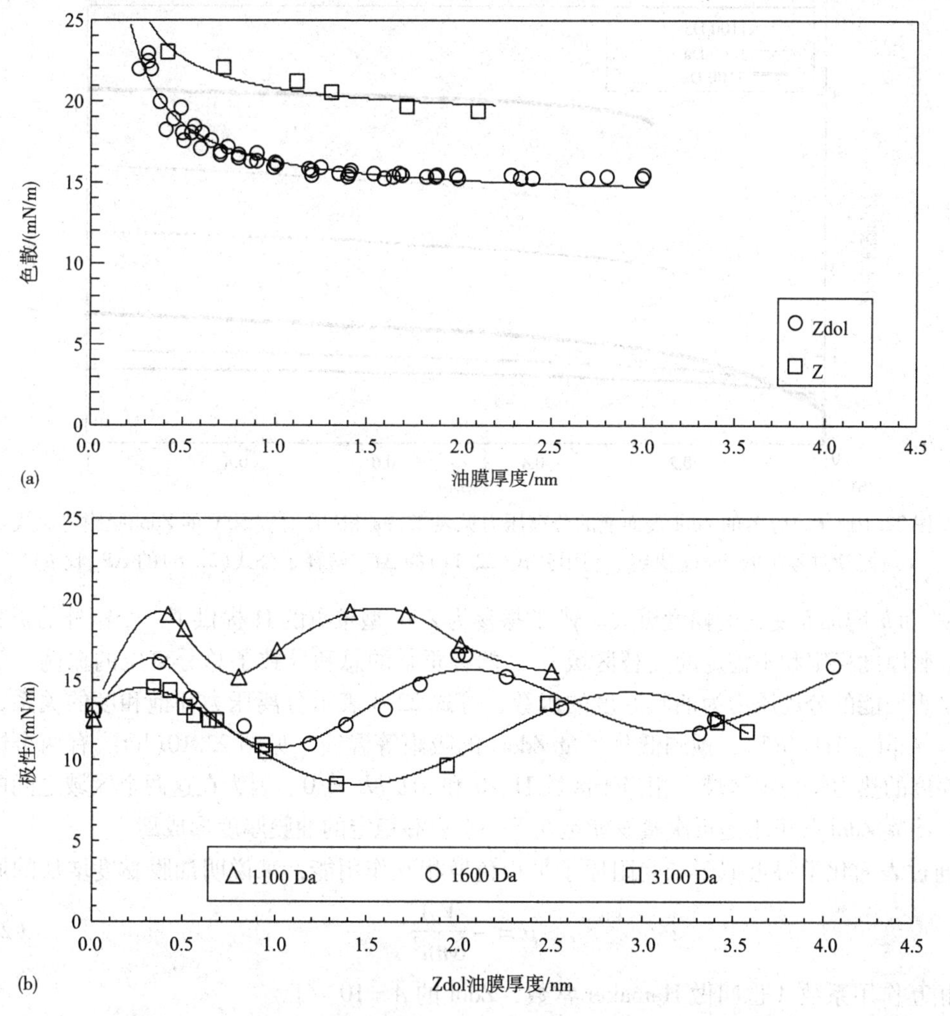

图 22.9 在覆盖磁记录介质的 CHx 油膜上测量的表面能的组成(油膜具有狭窄多分散指数的分解的 Zdol。(a)Z 型和 Zdol 型全氟聚醚表面能的色散组分，(b)Zdol 型全氟聚醚表面能的极性组分

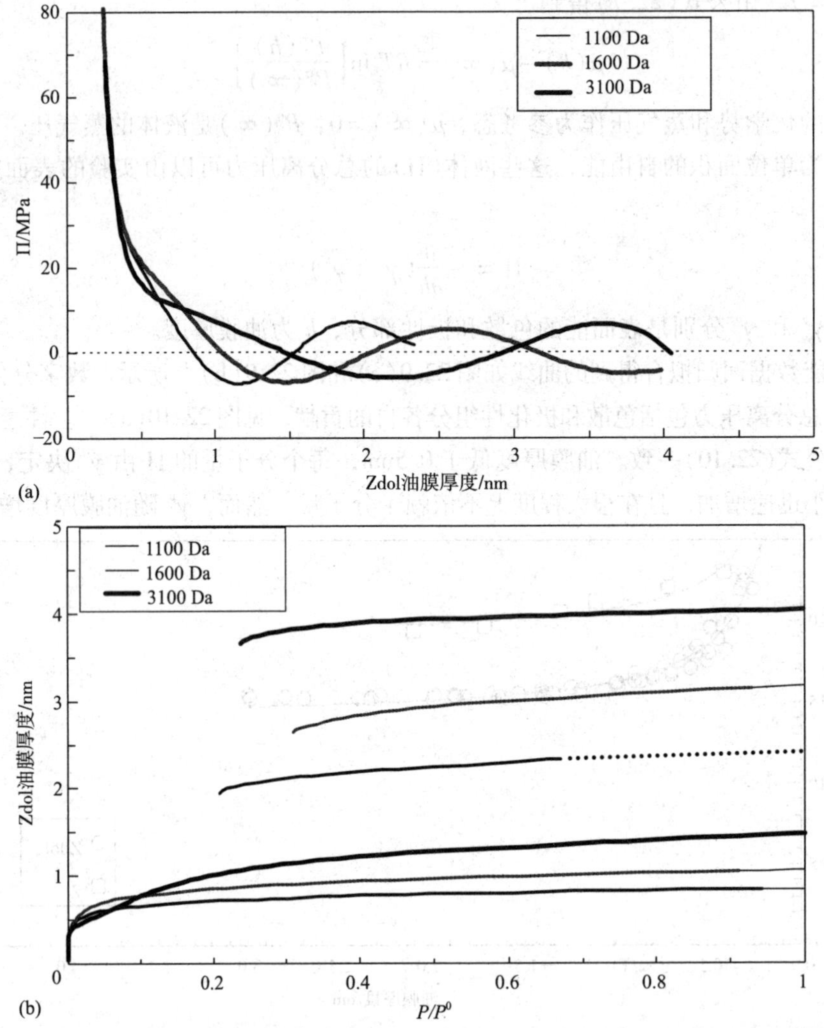

图 22.10　(a)分解的 Zdol 表面能的分离压力见表 22.9a 和(b)对应 60℃的 Zdol 吸附等温线（应流动过程中的 dh/dt 决定。利用公式(22.11)的 ΔE_{vis} 解释了公式(22.6)的 ΔS_{vis} 比 h）

且比 γ^d 随 h 增加而变化的幅度更大。γ^p 的振荡为 Zdol 型聚醚的 Π 提供了一个额外的贡献，产生了油膜厚度稳定和不稳定的交替区域[37]。两种贡献的总和导致了总分离压的振荡。值得注意的是表面能的分离压力为油膜厚度的函数，等式 22.8 表示分离压力和饱和度的关系，根据 $P/P^0 = \exp(-\Pi V_l/RT)$，预测低分子量 Zdols 的吸附等温线，见图 22.10(b)。有两个饱和度油膜厚度的热力学稳定区域，相当于区域 $\Pi > 0$ 和 $\partial\Pi/\partial h < 0$。因为在这两个区域之间的油膜厚度，冷凝 Zdol 分子不是再次蒸发就是在下一个更高稳定的油膜厚度形成岛。

通过表面化学势近似于未受阻原子平板色散相互作用能，来说明油膜黏度增加的原因。

$$\mu = -\frac{V_l A}{6\pi h^3} \tag{22.10}$$

色散相互作用系数 A 也叫做 Hamaker 常数，Zdol 的 $A = 10^{-19}$J。

如前所述，汽化能是从液体表面移走一个分子而不留下一个孔洞、需要在液体中形成一个分子大小的孔洞的能量。自由体积需要一个流动单元转变为流动活化态，流动单元小于整个分子的大小。发现比率$n \equiv \Delta E_{vap,\infty}/\Delta E_{vis,\infty} > 3$，其中$\Delta E_{vap,\infty}$和$\Delta E_{vis,\infty}$分别是液体的汽化和流动活化能。这样，表面附近流动活化能近似表示为

$$\Delta E_{vis} = \Delta E_{vis,\infty} - \frac{\mu}{n} \tag{22.11}$$

对多于5个或10个碳原子的直链分子，n由于链段流动的开始而增加。实际上，n是通过试验由汽化和流动活化能的测量值确定的。全氟聚醚Zdol4000的$\Delta E_{vap,\infty}=166\text{kJ/mol}$，计算出$n\approx 4.8$。这与链段流动相符合。

油膜黏度用公式(22.6)计算得到，需要已知表面流动活化熵值。试验的流动活化熵由公式(22.6)和公式(22.11)的自旋加快数据计算。试验的η对h由转动磁盘空气剪切感。

流动活化能和熵见图22.11(a)[1]。活化能在0.8nm以下突然增加，是由于油膜厚度强烈的色散力依赖。抑制流动过渡态自由度中的明显的限制效果，更加剧了这种流动增加的延

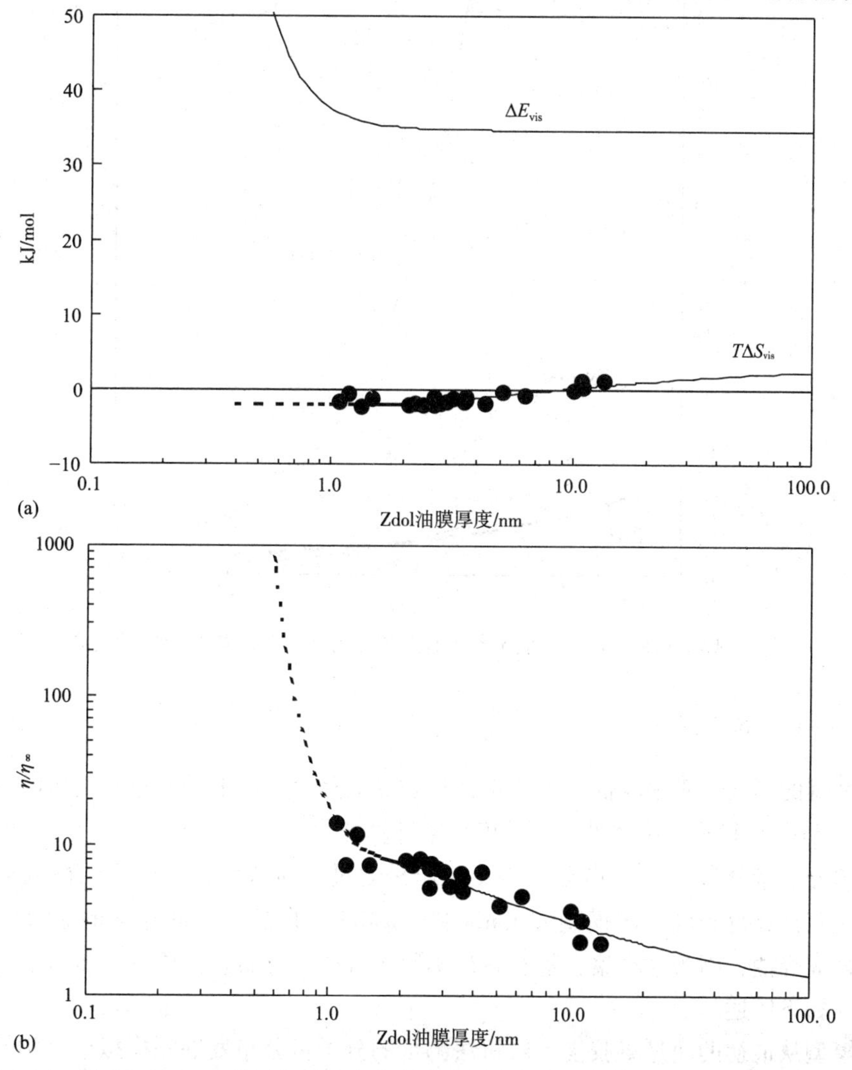

图22.11 纵坐标轴为(a)流动活化自由能的流动活化能与活化熵分量和(b)色散增强黏度与横坐标油膜厚度的关系(实心点由自旋加快测量得到，曲线的虚线部分由2.3nm以下的恒流活化能计算得到。分解的Zdol分子量为4500Da，温度为50℃)

迟影响，如图22.11a中负熵的贡献。低于2.3nm，$T\Delta S_{vis}\approx -1.9$kJ/mol，这相当于流动位形熵的关键变化($-R\ln 2\approx -5.76$J/mol °K)。如图22.11b所示，综合的影响引起了黏度随油膜厚度的增加，而且由于油膜剥落是如此缓慢，即使推断更薄的油膜的黏度，也需要数年时间来测量。

油膜随着油膜厚度的增长而大量增加，这种增加要大于磁盘驱动中通常遇到的黏度随温度的增加。几种全氟聚醚润滑剂的体积黏度如图22.12所示[1]。因为在0.8nm以下黏度随油膜厚度增加要多于黏度随0~60℃温度的增加，磁盘驱动的运行温度对润滑剂从空气剪切的磁盘上脱落没有显著影响。即排除磁头悬浮组件和空气轴承引起的空气应力[38]和润滑剂和低空飞行滑块间的色散力[39]。

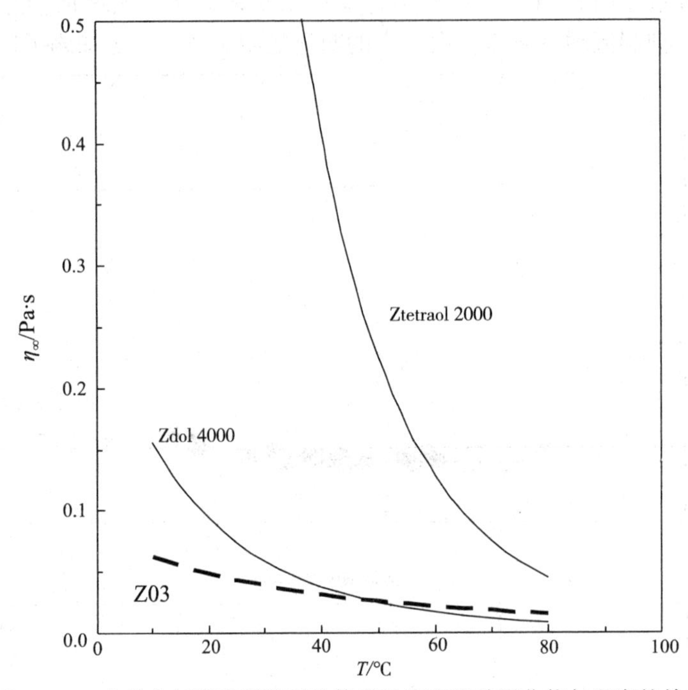

图22.12　几种全氟聚醚润滑剂的体积黏度和流动活化能与温度的关系

22.2.1.4　蒸气压

全氟聚醚的蒸气压必须较低，来防止其从磁盘上蒸发。以下是测量蒸气压的方法。从测量Zdol分子量分布和蒸发速率推导出的模型来计算蒸气压。如Karis等人所述，用凝胶渗入层析法来测分子量分布[28]。离散分子的蒸气压是通过停滞薄膜扩散模型的恒温热重分析测出的蒸发速率计算得到的，该模型如Karis和Nagaraj[40]所述。Zdol这样的聚合物不同于低分子量的合成烃油，因为这类聚合物有各种不同的分子量分布。需要进一步考虑对聚合物的蒸发建模，如下所述。

数字模型从最初的通过凝胶渗入层析法测量的分子量分布发展到模拟聚合物的蒸发。这里写的蒸发模拟式包括质量流量和由分子量分布构成的离散值$w_i(t)$

$$w_i(t^+) = w_i(t) - flux_i(t)\left\{\frac{A}{m_0}\right\}\Delta t \tag{22.12}$$

式中 A——蒸发的润滑剂的表面积；

m_0——润滑剂的初始质量；

Δt——模拟的时间间隔。

第 i 个分子的质量分数 M_i 的质量流量由停滞膜扩散式给出：

$$flux_i(t)=\frac{D_i}{\delta}\left(\frac{M_i}{RT}\right)P_i \tag{22.13}$$

这里 D_i 为气象扩散系数，δ 为扩散距离(由已知液体的蒸气压计算或测出)质量流量除以质量密度得到的油膜厚度的变化率。假设是理想溶液，第 i 个分子的溶液蒸气压由乌拉尔等式 $P_i=x_iP^0$ 近似得到，这里 x_i 为第 i 个分子的摩尔分数。

Hirschfelder 近似值[4]作为气相扩散系数

$$D_i=1.858\times10^{-4}\left(\frac{1}{M_i}+\frac{1}{M_{gas}}\right)^{1/2}\frac{T^{3/2}}{P\sigma_i^2\Omega} \tag{22.14}$$

式中 M_{gas}——环境大气的分子量(空气或氮气而非氧气)；

P——环境气压；

σ_i——碰撞直径，$\sigma_i=(\sigma_{lube}^i+\sigma_{gas}^i)/2$。

对于氮气，$\sigma_{gas}^i=0.315$nm。第 i 个分子的气相分子直径用于估算双重离散系数，由 $\sigma_{lube}^i=2\times R_{g,i}\approx0.05\times\sqrt{M_i}$ 近似得到，这里分子量 M_i 的单位是道尔顿，回转半径 $R_{g,i}$ 的单位是纳米。测量 Zdol 的回转半径的方法见文献[42，43]中 Freon 所述。通过估计理想单分散 Zdol 分子量的范围得到的分子直径见表 22.8[1]。

表 22.8

由 Theta 溶剂的回转半径 $d=0.05\sqrt{M}$ 计算得到的理想单分散 Zdol 片段的气相分子直径

分子量/Da	直径/nm	聚合度	伸直长度/nm	平衡油膜厚度/nm
500	1.12	3.54	2.71	0.66
750	1.37	6.29	4.06	0.74
1000	1.58	9.03	5.41	0.82
1350	1.84	12.88	7.29	0.93
1500	1.94	14.53	8.10	0.98
2000	2.24	20.02	10.79	1.14
3000	2.74	31.01	16.18	1.46
4000	3.16	42.00	21.56	1.79
4300	3.28	45.30	23.18	1.88
5400	3.67	57.38	29.10	2.24

注：表中还包括聚合度，从分子链一端到另一端测量的伸直长度，平衡油膜厚度。平衡油膜厚度是最大稳定油膜厚度，或去湿厚度，由随油膜厚度增加的分离压力的第一零点交叉确定。

以烃类油类推，气相中分子间的碰撞的碰撞积分 Ω 是双重 Lennard - Jones 相互作用势的函数。Zdol 分子和氮气分子间的碰撞积分与烃类分子和氮气分子间的碰撞积分一样，$\Omega=1.2$。

用克拉伯龙方程计算纯组分的蒸气压：

$$P_i^0 = P\exp\left\{\frac{\Delta S_{vap}^i}{R}\right\}\exp\{-1\}\exp\left\{\frac{-\Delta E_{vap}^i}{RT}\right\} \tag{22.15}$$

其中蒸发熵 $\Delta S_{\text{vap}}^i = S_{\text{vap}}^i - S_{\text{liq}}$ 不同于气相和液相的熵。Zdol 的液态熵假定与分子量无关。液态熵由除活化能以外的等温 TGA 蒸发损失重量数据模拟的蒸发量比较决定。Zdol 的液态熵 $S_{\text{liq}} = 107\text{J/(mol}\cdot\text{K)}$，在这个范围内适用于合成烃油。合成烃油的气相平移熵用 Sackur - Tetrode 方程近似得到：

$$S_{\text{vap,trans}}^i = R\left[\frac{5}{2} + \ln\left\{\frac{(2\pi)^{3/2}}{h_p^3}\frac{(RT)^{5/2}}{N^4 P}\right\} + \frac{3}{2}\ln(M_i)\right] \tag{22.16}$$

$$S_{\text{vap,trans}}^i = R\left[1 + \ln\left\{\frac{1}{\pi q}\left(\frac{8\pi^3 IRT}{h_p^2}\right)^{a/2}\right\}\right] \tag{22.17}$$

式中 a——独立的旋转轴数；

q——简并度；

I——惯性矩；

$S_{\text{vap,rot}}^i$——其估算值见文献[40]。

汽化熵也包括振动熵。对于这些高分子量的烃类油或聚合物油分子，在液态和气态之间的振动状态是类似的，但是在液相，平移和旋转状态受到很大的限制。

利用理想气体状态方程推导方程 22.15。汽化焓 $\Delta H_{\text{vap}}^i = \Delta E_{\text{vap}}^i + \Delta(PV)_i$。压力体积膨胀功由 $\Delta(PV)_i = RT$ 代替。汽化活化能 ΔE_{vap}^i 也由分子量决定，因为长链分子需要更多的能量来克服自身与附近液体分子之间的相互作用力。极性末端基团贡献了一定量的汽化能，解释了汽化能作为分子量的函数部分的截距。正如人们所预料的，Zdol 的活化能和分子量之间有线性关系[45]，$\Delta E_{\text{vap}}^i \approx \Delta E_{\text{int}} + \Delta E_{\text{slope}} \times M_i$。斜率 $\Delta E_{\text{slope}} = 0.029\text{kJ/mol/Da}$，截距 $\Delta E_{\text{int}} = 50\text{kJ/mol}$，汽化活化能与 Zdol 的分子量的线性关系由模拟蒸发数据与等温 TGA 测量数据相比较决定。热力学性质气相分散系数和蒸气压，由如前所述的一系列理想单分散 Zdol 分子量计算得到，列于表 22.9[1]。表 22.9 中的数值代入公式(22.15)中可以计算理想单分散分子量分数的蒸气压。

像 Zdol 这样市售全氟聚醚的实际样品是多分散的。因此，一个给定的样品有较宽范围的局部压力，分子量分布中最低分子量的类型有最高的蒸气压力。就 Zdol 2000 来说，因为它是一种四氟乙烯和四氟乙烯氧化物的共聚物，最低的分子量低聚物具有接近的分子量，因此有接近的蒸气压。用凝胶渗入层析法测定的 Zdol 2000 的分子量分布如图 22.13a 所示。很明显地看到分子量分布波动达到 1000Da。图中也显示了摩尔分数分布，其在确定实际的蒸气压方面起了关键的作用。实际上，蒸气压随着分子量减小而增加，但是当分子量增加较少时，溶液中的分子较少，所以按拉乌尔定律部分地抵消了蒸气压的增加，造成限制蒸气压在低分子量中的下降。因此，在 50℃ 计算出的，气体分压分布的叠加分布图形见图 22.13a。Zdol 的气体分压分布见图 22.13b。表明凝胶渗入层析法 GPC 提供了很多的详细信息，并且，气体分压的峰值显示了将以最高速率蒸发或从分布中蒸馏出来的分子的分子量。Zdol 2000 在 50℃ 时总的蒸气压是每个组份分压的总和，这里为 0.2Pa。

本章不包括磁记录盘润滑剂的一些其他重要的性质，有关这些性质的几个参考文献之后会提到。通过与碳膜上的化学吸附作用，润滑剂从滑块上剥离和转移的可能性被降至最低[46]。化学吸附也被认为是黏附性，Tyndal 等人有详细的描述[48]。磁盘润滑剂也用于防腐蚀。Tyndall 等人将 Zdol 润滑剂的防腐蚀能力与表面能联系起来[48]。应用最成功的磁盘润滑剂添加剂是环状膦嗪。然而，环状膦嗪增加了润滑剂的流动性[49]并减少了去湿润膜厚度[37]。最近，科学家们已经通过把环状膦嗪末端基团连接到 Zdol 上将两者的优良性能结合起来。这种润滑剂简称为 A20H，如 Waltman 等人所述[5]。表 22.1 列出了 A20H 的末端基团。

表 22.9

三个不同温度下的部分理想单分散 Zdol 在环境压力下蒸发到氮气中时的汽化熵 ΔS^i_{vap}，双重扩散系数 D_i 和蒸气压 P^i_{vap}

M_i/Da	ΔS^i_{vap}/(J/mol K)	D/(m^2/s)	P^i_{vap}/Pa
温度：35℃			
500	123	3.16×10^{-6}	1.13×100
750	133	2.27×10^{-6}	2.26×10^{-1}
1000	140	1.78×10^{-6}	3.17×10^{-2}
1350	147	1.38×10^{-6}	1.48×10^{-3}
1500	150	1.26×10^{-6}	3.72×10^{-4}
2000	157	9.79×10^{-7}	3.07×10^{-6}
3000	167	6.82×10^{-7}	1.25×10^{-10}
4000	174	5.25×10^{-7}	3.61×10^{-15}
4300	176	4.91×10^{-7}	1.50×10^{-16}
5400	182	3.98×10^{-7}	1.16×10^{-21}
温度：45℃			
500	123	3.32×10^{-6}	2.76×100
750	133	2.38×10^{-6}	6.01×10^{-1}
1000	141	1.87×10^{-6}	9.19×10^{-2}
1350	148	1.44×10^{-6}	4.87×10^{-3}
1500	151	1.32×10^{-6}	1.29×10^{-3}
2000	158	1.02×10^{-6}	1.27×10^{-5}
3000	168	7.15×10^{-7}	7.44×10^{-10}
4000	175	5.51×10^{-7}	3.05×10^{-14}
4300	177	5.15×10^{-7}	1.41×10^{-15}
5400	183	4.18×10^{-7}	1.61×10^{-20}
温度：60℃			
500	124	3.56×10^{-6}	9.51×100
750	135	2.55×10^{-6}	2.34×100
1000	142	2.00×10^{-6}	4.05×10^{-1}
1350	149	1.55×10^{-6}	2.55×10^{-2}
1500	152	1.41×10^{-6}	7.28×10^{-3}
2000	159	1.10×10^{-6}	9.19×10^{-5}
3000	169	7.66×10^{-7}	8.80×10^{-9}
4000	176	5.90×10^{-7}	5.91×10^{-13}
4300	178	5.52×10^{-7}	3.17×10^{-14}
5400	184	4.48×10^{-7}	6.26×10^{-19}

注：文中使用的其他参数见后文。

出处：Adapted from Rudnick，L. R. (ed.)，Synthetics，Mineral Oils，and Bio - Based Lubricants Chemistry and Technology，Chapter 38，CRC Press，Taylor & Francis Group，Boca Raton，FL，2006.

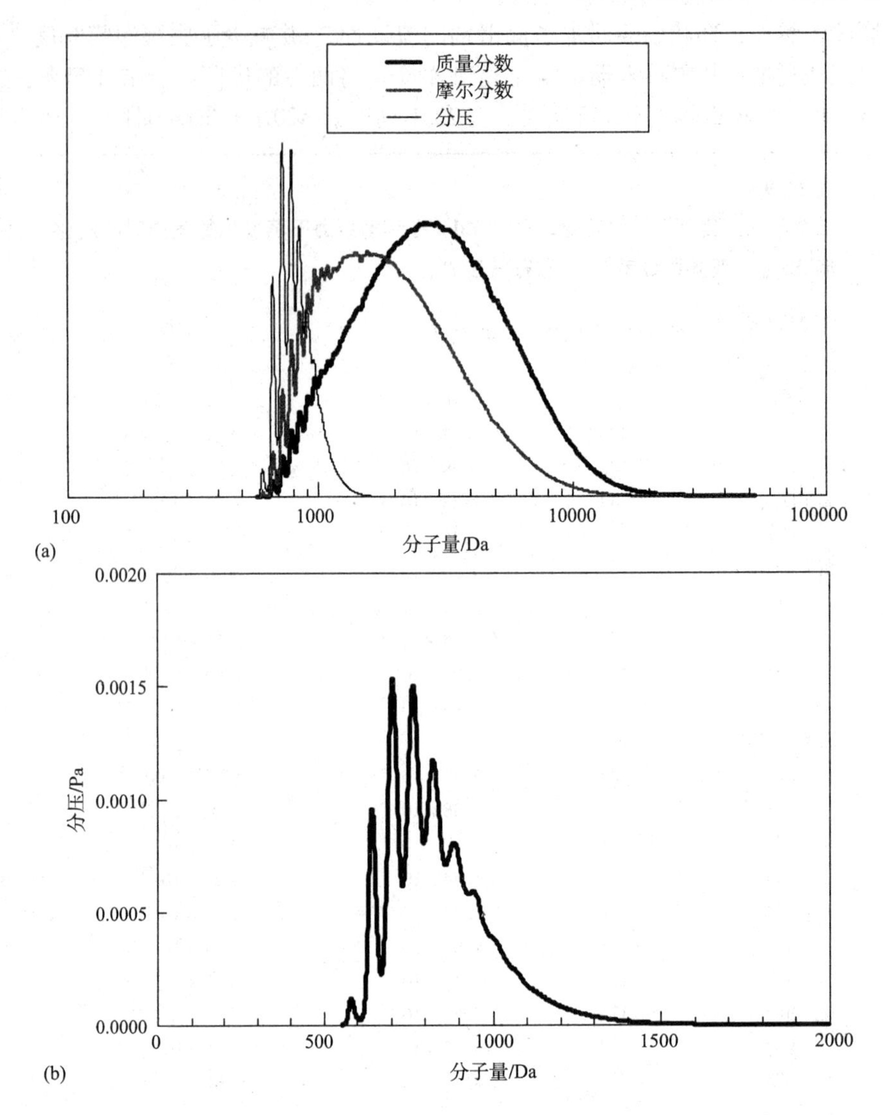

图 22.13　分子量分布、摩尔分数分布、计算得到的分压分布图(a),
以及 50℃时 Zdol 2000 的单位规模不断扩大的分压分布图(b)

22.3　主轴电机润滑剂

驱动磁盘的电机有滚动轴承主轴电机和液体轴承主轴电机(见参考文献[50]的详细介绍)。主轴电机的结构和主轴电机轴承的类型见图 22.14[1]。

22.3.1　滚动轴承主轴电机轴承润滑脂

滚珠轴承主轴电机的轴承一般用 NLGI 2 号锂基润滑脂。例如 SRL 润滑脂是一种锂基脂，由 10% 左右的 12 - 羟硬脂酸锂、17% 的二(2 - 乙基己基)癸二酸酯和 70% 季戊四醇四酯以及磺酸盐防锈剂和胺类抗氧剂组成。锂皂纤维增稠了润滑脂[51,52]，该润滑脂基础油的 40℃黏度为 22mPa · s，工作锥入度为 245。种类繁多的润滑脂可以用于这些轴承，但是实际

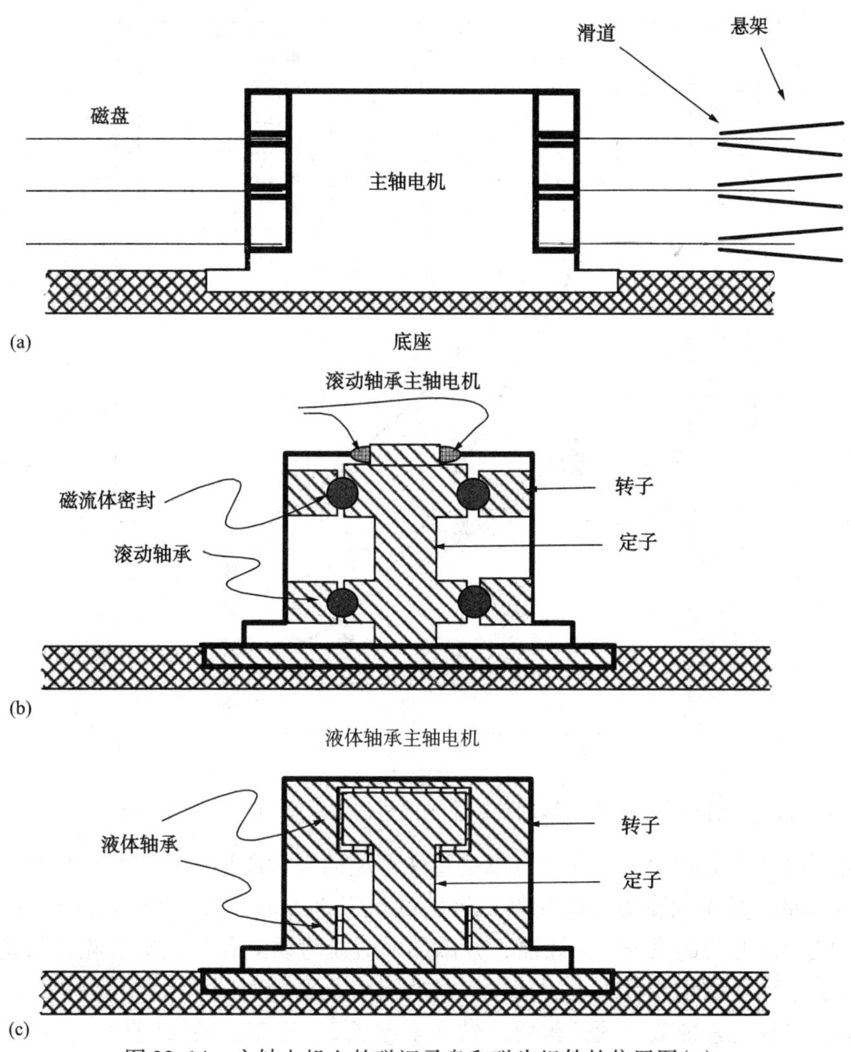

图 22.14 主轴电机上的磁记录盘和磁头组件的位置图(a)，滚动轴承主轴电机简图(b)，以及液体轴承主轴电机简图(c)

上，由于在低挥发性、温度屈服应力、低转矩噪音和优良热稳定性等方面的严格要求，可使用的润滑脂种类受到限制。

22.3.1.1 随温度变化的屈服应力

Karis 等人详述了典型滚动轴承主轴电机润滑脂的流变性和屈服应力[53]。出于实际的目的，通过逐渐增加一个带有锥板夹具的应力流变仪的应力，来测量润滑脂的屈服应力。当锥板开始旋转时就测到屈服应力。例如，屈服应力是温度的函数，用于滚动轴承主轴电机的几个润滑脂样品的屈服应力如图 22.15 所示[1]。大体趋势是随着温度的升高而降低，但是所有的润滑脂至少在 80℃时仍能维持向上的屈服应力。后面将予以介绍，润滑脂的屈服应力随温度降低比润滑脂基础油随之降低要少得多。

润滑脂被补加的基础油稀释，或者润滑脂混入了污染物，也会影响屈服应力。一旦轴承填满了润滑脂，补加的油经常被用来对新轴承进行附加预润滑。这样做的目的是在凝胶稠化剂中的基础油充分分散到整个滚珠和滚道的表面之前，为新轴承在初始启动过程中提供润滑

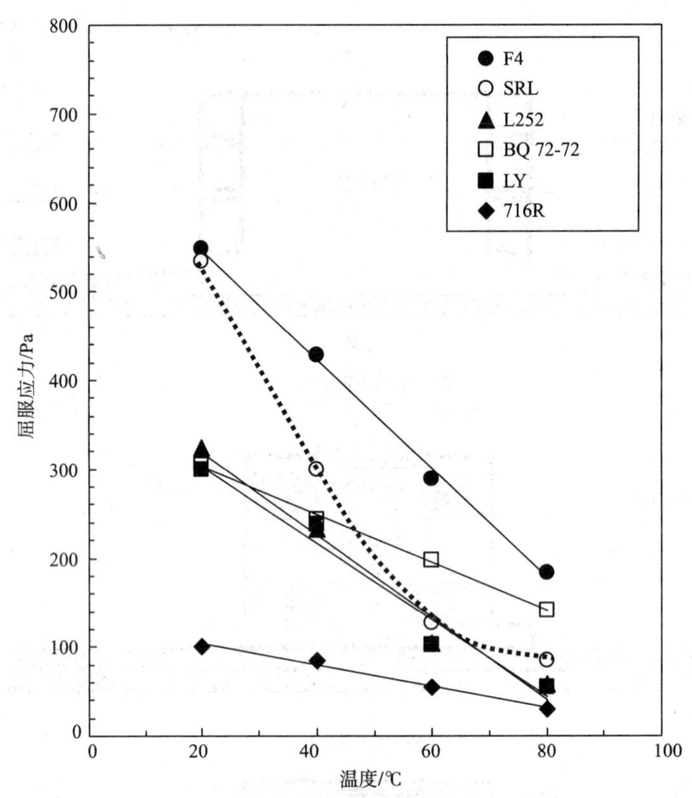

图 22.15　各种市售的用于滚动轴承主轴电机的润滑脂的屈服应力随温度的变化

膜。预润滑可以是润滑脂的基础油也可以是特殊调配的预润滑油。这里介绍两种预润滑油的影响。预润滑油 A 是添加磺酸盐防锈剂和屏蔽酚抗氧剂的双酯油。预润滑油 B 以双酯油为主，再混合几个百分比的聚 α - 烯烃油，并添加磺酸盐防锈剂和二烷基二硫代氨基甲酸锌抗磨剂。润滑脂也可能暴露于有机金属盐中，这些有机金属盐由轴承、轴承防护罩或电机中的各种成分构成。锌元素形成二丙烯酸锌，铁元素形成 2 - 乙基己酸铁(Ⅲ)。二丙烯酸锌用来模拟被残留的电机轴承黏合剂腐蚀的产物[54]。

模拟用的润滑脂是在一个定制的实验室规模的润滑脂研磨机中进行完全混合制备的，包含预润滑油或污染物。润滑脂研磨机可以研磨 10g 左右的润滑脂。这个研磨机有两个 32mm 直径的圆盘，圆盘带 35 个圆孔，每个圆孔直径在 460μm，内部是不锈钢管。一个 3. 8mm 宽的洞隔开了多孔盘。两个反向的气缸驱动四氟乙烯活塞，挤压钢管中的多孔板，这种往复动作迫使润滑脂来回通过多空盘的孔洞，利用一个由变速齿轮电机驱动的凸轮和随动件，空气压力被轮流地施加到气缸上。

这些润滑脂的屈服应力见表 22. 16[1]。二丙烯酸锌增加屈服应力，而预润滑油减小屈服应力。

SRL 润滑脂基础油和两个预润滑油的屈服应力与温度之比，以及黏度和密度与温度的关系见图 22. 17[1]。SRL 基础油的黏度和密度略高于预润滑油。基础油和预润滑油 A 或 B 的混合物的黏度在两者之间。油品黏度随温度降低的程度远超过屈服应力随温度降低的程度。这预示着屈服应力随温度改变(图 22. 16)很大程度上是跟稠化剂的凝胶网状结构有关。混合了预润滑油的润滑脂的屈服应力减小，很可能是由于稠化剂凝胶瞬态网状结构被稀释了。

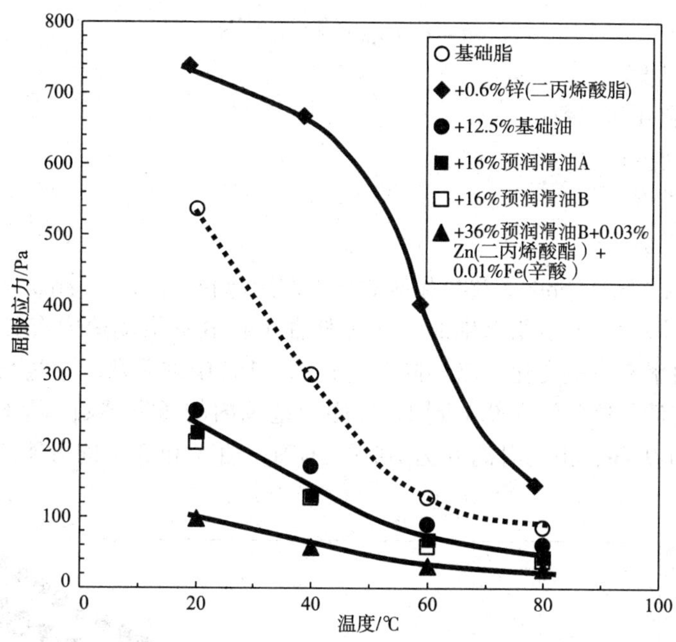

图 22.16 基础脂 SRL 以及添加基础油、预润滑油和有机金属盐污染物的屈服应力随温度的变化图

22.3.1.2 流体动力油膜厚度

润滑脂提供的流体动力油膜的厚度必须足够厚，来覆盖在规定的载荷和速度下运行中的滚珠和滚道的粗糙表面。流体动力油膜厚度由下式给出：

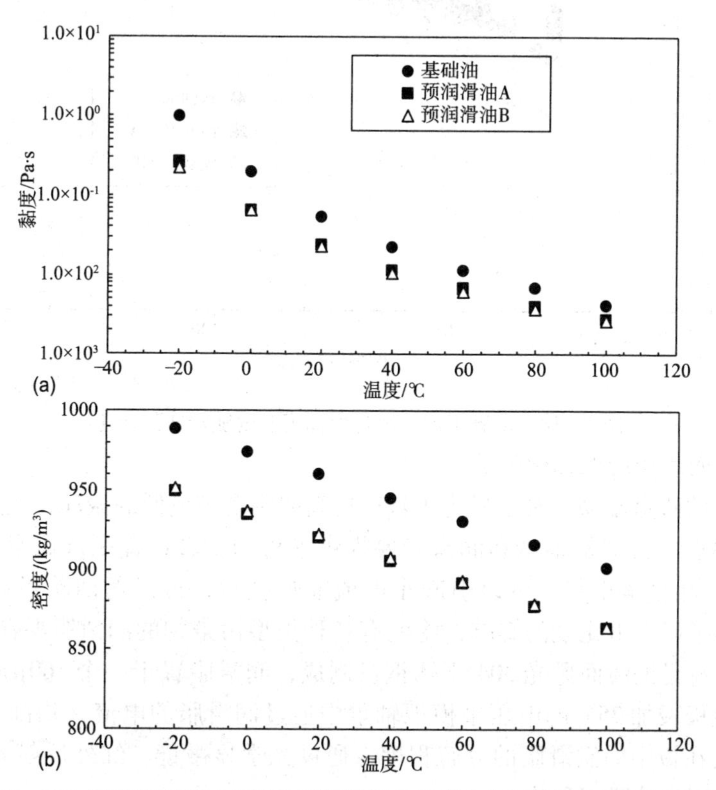

图 22.17 SRL 润滑脂基础油和两个预润滑油的黏度(a)和密度(b)随温度的变化图

$$h = k(U\eta_0)^{0.67}(\alpha_p)^{0.53} \tag{22.18}$$

式中 h——油膜厚度；

k——材料和几何参数；

U——夹带速度；

η_0——常压黏度。

α_p——压黏系数[55]。

英国帝国学院的 H. A. Spikes 教授和他的学生们用薄膜干涉法[56]测量了钢球和平板之间的油膜厚度。油膜厚度与润滑脂基础油、预润滑油 A 和 B 的滑动速度有关，见图 22.18[1]。这些油的幂定律斜率有一些变化，略不同于公式(22.18)中的系数。通过与已知压黏系数的流体比较，他们估计了这些油在 0.1 到 1m/s 限速范围内的压黏系数，基础油为 15 1/GPa，预润滑油 A 为 12 1/GPa，预润滑油 B 为 10.5 1/GPa。油 A 和 B 不同可能由于 B 中含有少量的聚 α 烯烃。

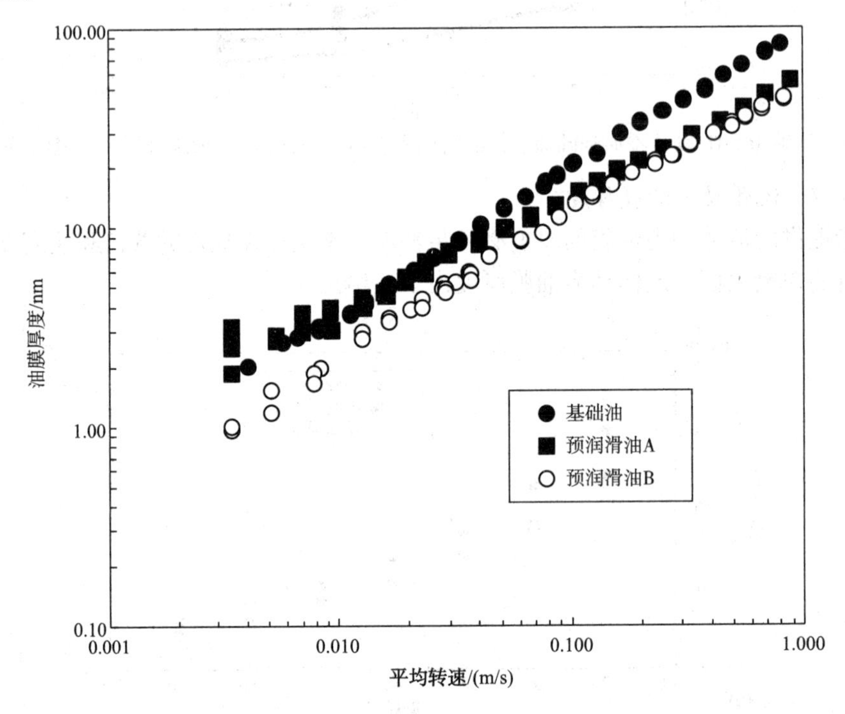

图 22.18 薄膜干涉法测量的油膜厚度随转速的变化

22.3.1.3 润滑脂的电化学性质

一些高性能的磁盘驱动主轴电机为了获得更高的刚度和更低的振动，使用带有氮化硅陶瓷滚珠的滚珠轴承。关键是轴承和润滑脂要提供平稳的旋转以免引起磁盘组套的共振(图 22.14a)。轴承产生的静电势，可以引起小电流通过轴承，再以返回路径通过磁流体密封(图 22.1b)。为了研究电化学的影响，将混有各种类型污染物的润滑脂夹在钢电极板之间。电极板由 25mm 直径的镜面抛光 304 不锈钢盘制成，润滑脂置于一个 160μm 厚的滤纸上夹在两板之间。电极板加 25V 的电压来模拟轴承中通过润滑脂的电流。几百个小时之后，分开电极板检查夹在板中的润滑脂的分解程度。通过光学显微镜、红外反射光谱和 X 射线光电子能谱(XPS)观察油膜沉积物。

通过电极板的电流与夹在板间新鲜润滑脂的油膜上的电压的关系见图 22.19[1]。电机中磁流体密封的电导率在 77nS(13MΩ)左右，所以通过轴承的电流通常在 30～80nA。在稳定态，电化学电池在 25V 或 100～3000nA 之间运转，这取决于润滑脂的污染物类型。更高的电化学电池的电压可能增加电化学反应的速率。电化学电池的初始电导率由电流－电压的线性图计算出来，见表 22.10 的第二列[1]。纯 SRL 润滑脂的电导率最低，含有 12.5% SRL 基础油的补加油的润滑脂电导率增大。含有 16% 预润滑油 B 和 300μg/gZn 的润滑脂的电导率最高。在施加电压过程中，润滑脂电导率随时间逐渐变化，如图 22.20 中几个不含和含有污染物的润滑脂所示。纯净的、没有被稀释或混入污染物的润滑脂保持了最低的电导率。

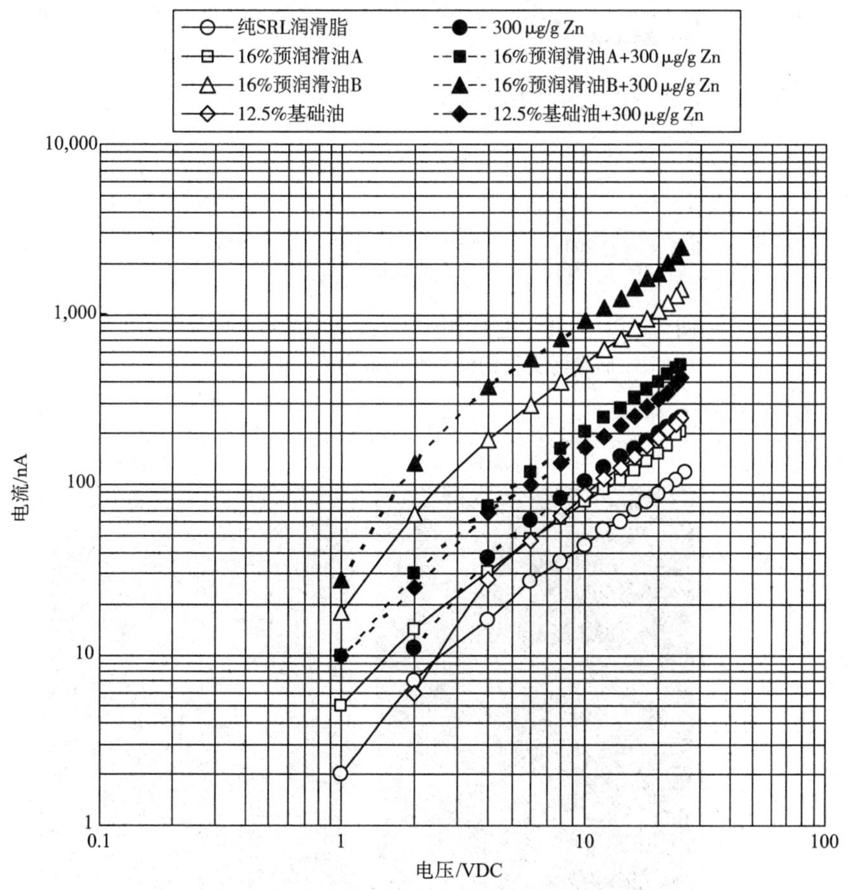

图 22.19 电化学电池中测量出的纯 SRL 润滑脂以及含有添加剂和污染物的 SRL 润滑脂的初始电流－电压图

几百小时后，分开电极板并用吸液管喷出氯仿冲洗。这时，在阴极板上观察到油膜。尽管有时在阳极板上也有极少的油膜形成或微小的蚀斑，但是太少不能确定数量。几个阴极板上油膜沉积物的显微图片见图 22.21[1]。图片显示了纤维的形貌，油膜沉积物具有较高黏度。在规定的电解时间过后，油膜沉积物按严重程度定性排列，分为轻度、中度和重度(表 22.10)。原始的润滑脂和被自身基础油稀释的润滑脂观察到的沉积物最轻。最高电导率的沉积物最重。然而，尽管混有 300μg/g 丙烯酸锌的润滑脂，或混有 16% 预润滑油 A 的润滑

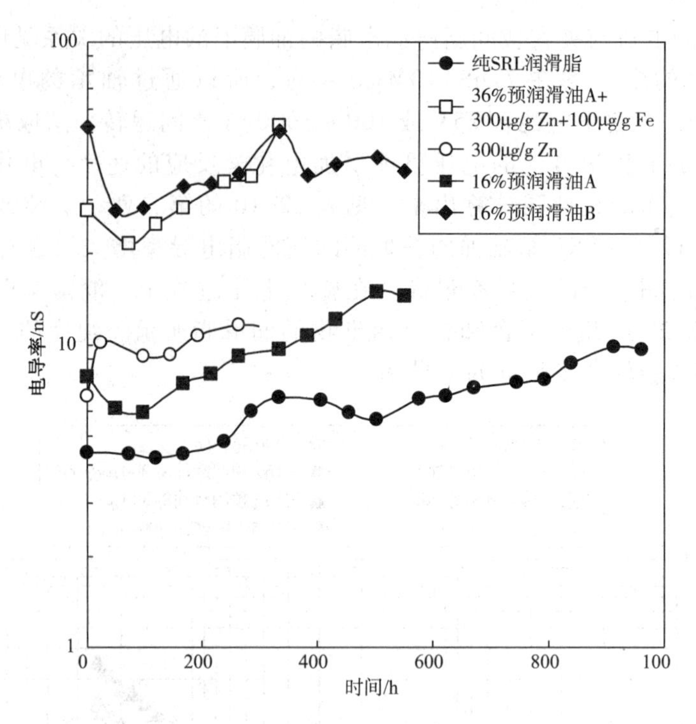

图 22.20　电化学电池中测定的纯 SRL 润滑脂以及含有添加剂和污染物的润滑脂的电导率－时间关系图

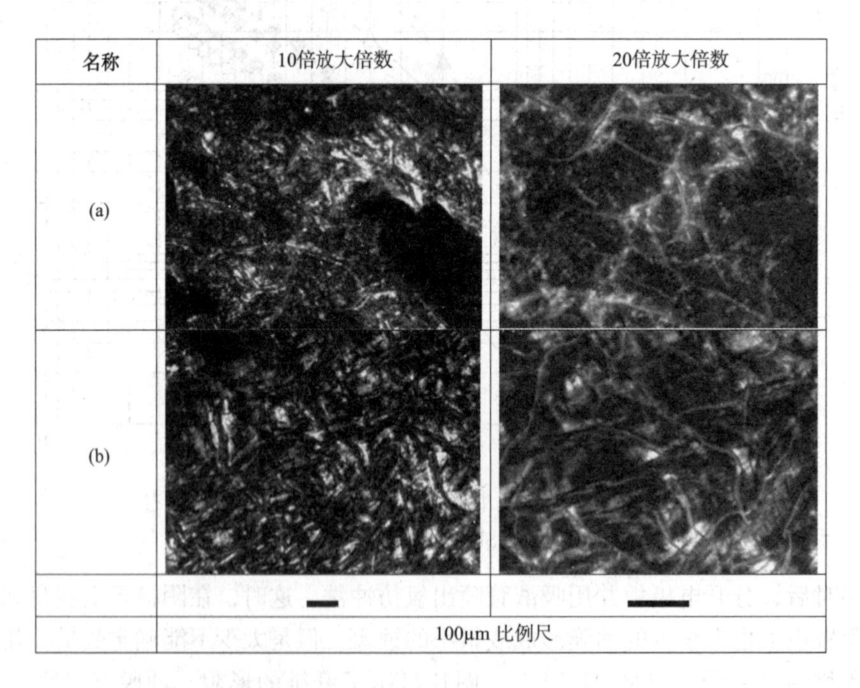

图 22.21　两个不同放大倍数下阴极板上随着被污染润滑脂的电化学氧化出现的油膜沉积物的光学显微图片

脂的电导率接近最低值，也形成了严重的沉积物。

每次测试后用红外反射光谱检测电极板上的残留物。典型的红外谱图如图 22.22 所示[1]。红外峰根据表 22.11 的特征峰分布来确定化合物基团[1]。Cann 等研究了机械压力下润滑脂相似的红外谱图和特征峰分布[57]。电化学氧化的润滑脂的红外特征峰分布，以及 XPS 测出的残留物见表 22.12[1]。羰基基团的比例随着电化学氧化而增加。对于纯稠化剂，羧酸锂的比例为 1.07，而老化的润滑脂或电化学氧化的润滑脂由于被氧化，羰基的含量增加。报废轴承上的黑色润滑脂、嘈杂轴承中的残渣和磁盘磨损测试轨道上，与原始的稠化剂相比，都显示出羰基数的增加。

总之，在所有的条件下，为了维持最长的寿命和最好的性能，锂基润滑脂必须去除金属杂质和稀释油。当发生电化学氧化时，在滚道上会形成皂基稠化剂的沉积物。

表 22.10

在直径 1in 电极板之间的直径的 160μm 厚滤纸上的润滑脂的电化学电池测试结果

样　　品	初始电导率/nS	时间/h	薄膜沉积物
纯 SRL 润滑脂	4	960	轻度
SRL 润滑脂 +36% 预润滑油 A +300μg/g Zn +100 μg/g Fe	28	336	中度
SRL 润滑脂 +300 μg/g Zn	7	336	重度
SRL 润滑脂 + 16% 预润滑油 A	8	576	重度
SRL 润滑脂 + 16% 预润滑油 A + 300 μg/g Zn	20	336	轻度
SRL 润滑脂 + 16% 预润滑油 B	52	576	轻度
SRL 润滑脂 + 16% 预润滑油 B + 300 μg/g Zn	93	336	重度
SRL 润滑脂 + 12.5% SRL 基础油	9	336	轻度
SRL 润滑脂 + 12.5% SRL 基础油 +300 μg/g Zn	16	336	重度

注：初始电导率由 1 ~25V 间测量的电流 - 电压数据的线性区域计算得到。预润滑的定义见文中所示。右测第三列给出了施加 25V 电压一段时间后的阴极板上的油膜沉积物的形貌。

22.3.2 滚动轴承主轴电机的磁流体密封

如前所述，滚动轴承产生的电荷通过从转子到定子的返回路径穿过磁流体密封(图 22.14b)。磁流体被密封壳体的磁铁控制在适当位置，磁流体的主要作用是防止气流通过电机进入磁盘驱动附件。典型的磁流体是偏苯三/三羟甲基丙烷酯油的悬浮液，油中含有 10% ~ 30% 直径 10nm 铁磁矿颗粒，10% ~20% 分散剂和多达 10% 的抗氧剂。

磁流体是一种成熟的技术，并且这些流体是极稳定的。最近大部分的研究是将磁流体改性，目的是增加电导率来减小主轴电机转子和定子之间的电势。下面介绍磁流体导电添加剂的开发。

研究表明添加剂可以增加载体油的导电性。许多增强导电性的化合物被加到试验载体油、偏苯三酸三辛酯(TOTM)中，用 DEA 测试电导率，如 22.2.1.2 章节所述。初始测试结果见表 22.13[1]。大多数添加剂减小了电导率。这可能说明添加剂与油中作为主要电荷载体的杂质有关。从丁二酰亚胺和十二烷基苯磺酸的胶束溶液中得到了最满意的结果[58]。研究者探索了有机酸的衍生物和丁二酰亚胺/酸的比例来优化 TOTM 载体油的导电性。结果见表 22.14[1]。丁二酰亚胺和酸的混合物为油提供了最高的电导率。在试验的基础上，试验油中最优的导电添加剂见图 22.23[1]。即使在 TOTM 中最佳组合的导电添加剂仍然比任何磁流体的导电率低。

介电谱学被用于研究磁流体的导电机理。磁流体有三个介电阻尼时间：260ms、43ms 和 6.3ms。这些阻尼模式可能包括磁铁粒子的原子间致导电性运动、离子的原子间致导电性运动和电子跳。导电活化能接近于半流体活化能，因此磁流体的导电性很大程度上取决于磁铁粒子的原子间致导电性运动。导电添加剂不能改变阻尼时间。

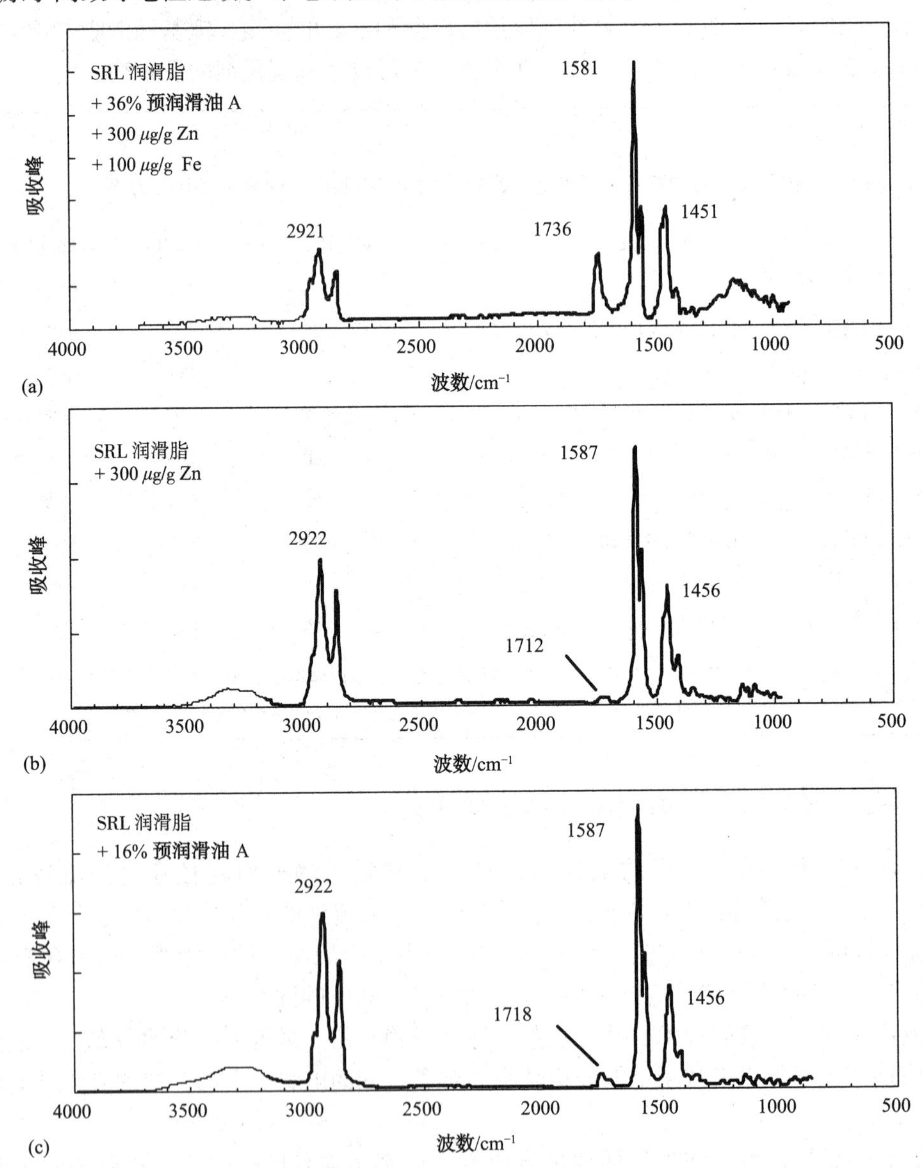

图 22.22　含有各种污染物的润滑脂的阴极板上残留沉积物的红外反射光谱图

[(a)预润滑油 A；Zn 和 Fe；(b)Zn 和(c)预润滑油 A。在测试之前用溶剂冲洗，去除基础油。]

表 22.11

红外吸收峰分布

吸光位置	波数/cm^{-1}
12－羟硬脂酸中的羰基二聚 O—H 氢键伸缩	3500～2500
乙醇中 O—H 间的氢键伸缩	3500～3200
不对称亚甲基 C—H 伸缩	2928～2917
脂肪族醛或酯的 C ═O 伸缩	1740
脂肪族甲基酮的 C ═O 伸缩	1730
脂肪族内部酮的 C ═O 伸缩	1725
12－羟硬脂酸的羧酸二聚 C ═O 伸缩	1695
2－羟基硬脂酸的 C—O—H 水平弯曲	1470
羧酸阴离子，不对称伸缩	1589～1581
羧酸阴离子，对称伸缩	1456～1442
基础油中的酯 C—C(═O)—O	1166

注：羧酸盐阴离子由 Li 或 Zn 和 12－羟硬脂酸形成。用羧酸盐阴离子、不对称伸缩和不对称亚甲基 C—H 伸缩测定 $(C=O)_{salt}/C(-H)_2$ 的比。

表 22.12

失效电机轴承中的样品化合物、电化学沉积膜、内圈沉积物和黑色润滑脂的红外光谱测定的羧酸与亚甲基之比，X 射线能谱测定的总羰基碳与亚甲基碳的比、总羰基碳与锂之比以及锂和锌的原子百分数

油膜	红外光谱		X 射线能谱			
	氢键 OH	$(C=O)_{salt}/C(-H)^2$	$(C=O)_{total}/C(-H)^2$	$(C=O)_{total}/Li$	Li/%	Zn/%
12－羟硬脂酸锂	有	0.067（精确）	0.067	1.07	4.3	0.09
润滑脂的 12－羟硬脂酸锂（棕色，储存 8 年）	有	0.035	0.079	1.5	3.6	—
12－羟硬脂酸锌	—	—	0.063	—	<0.3	3.0
130℃10min 的 12－羟硬脂酸锌	有	0.049	—	—	—	—
SRL 润滑脂＋36% 预润滑油 A＋300μg/g Zn＋100 μg/g Fe	有	0.17，0.05，0.054	0.097	1.3	5.1	0.06
SRL 润滑脂＋300μg/g Zn	有	0.086，0.082	0.11	1.4	4.7	0.12
SRL 润滑脂＋16% 预润滑油 A	有	0.072，0.077	0.11	1.4	5.3	—
黑色润滑脂	无	0.076	0.14	0.5	15.8	0.16
内平面残留物	无，有	0.10，0.06	—	—	—	—
滚道残留物	无	0.12，0.20，0.31，0.13	—	—	—	—

注：消光系数比 $\varepsilon_{C(-H)2}/\varepsilon_{C=O}=0.0475$ 由 12－羟硬脂酸锂和硬脂酸锂的亚甲基 $C(-H)_2$ 不对称伸缩和羧酸(C ═O—O)阴离子不对称振动的红外光谱计算得到。润滑脂样品用溶剂冲洗去掉基础油。对于 12－羟硬脂酸，准确的 $C=O/C(-H)_2$ 比为 1/15＝0.067，准确的 C(═O)/Li 比为 1，准确的锂原子百分数为 4.8，锌为 2.4；300μg/g 的锌相当于 12－羟硬脂酸锂的 0.06 的原子百分数。这些数据证明了 12－羟硬脂酸稠化剂的电化学氧化。

表 22.13

偏苯三酸三辛酯试验载体油中有可能导电的添加剂的试验模型

项目	浓度/%	备注	电导率/(pS/m)
添加剂			
无	—	—	250~300
癸二酸磷酸氢二钠(Ciba DSSG)	1	乳浊液	5~7
琥珀酰亚胺(2,5-吡咯烷二酮)	2	大部分不溶	80~100
十二烷基苯磺酸	2	清液	180~230
丁化羟基甲苯(BHT 或 Ionol)	2	清液	50~70
Ciba Irgamet 30	2	清液	170~180
双环乙基胺安息香酸盐	2	乳浊液	200~260
PMC Cobratec 911S	2	大部分不溶	8~17
混合物			
琥珀酰亚胺(2,5-吡咯烷二酮) 十二烷基苯磺酸	1.6 1	薄雾	860~990
琥珀酰亚胺(2,5-吡咯烷二酮) 十二烷基苯磺酸	7.6 4.8	薄雾/凝胶	3000~5000

注:电导率在 1Hz 和 50℃下测定。

表 22.14

偏苯三酸三辛酯试验载体油中丁二酰亚胺/磺酸盐添加剂的导电性最优化模型

添加剂	浓度/%	备注	介电常数(1Hz)		电导率/(pS/m)	
			5℃	50℃	5℃	50℃
无	—	—	3.9	6.3	15	250~300
丁二酰亚胺	2	大部分不溶	—	4.0	—	80~100
DDBSA	2	清液	—	4.0	—	180~230
丁二酰亚胺	1.6	薄雾	4.9	6.5	140	860~990
DDBSA	1					
丁二酰亚胺	7.6	薄雾/凝胶	—	26.0	—	3000~5000
DDBSA	4.8					
丁二酰亚胺	1.5	褐色,薄雾	3.0~3.2	4.8~5.6	160~220	4400
DNNSA	1.4					
丁二酰亚胺	1.5	发白,薄雾,	—	2.9~3.2	—	5~8
DNNDSA	0.8	外观良好				

注:丁二酰亚胺是 2,5-吡咯烷二酮(99.1g/mol)。DDBSA 是十二烷基苯磺酸(326.5g/mol)。DNNSA 是二壬萘磺酸(460.71g/mol)。DNNDSA 是二壬萘二磺酸(540.79g/mol)。

这就明显说明增加载体油导电性的传统的添加剂没有作用，或者减小了磁流体导电性，人们需要寻找另一条途径。由于存在磁铁粒子，磁流体的导电性明显优于载体油。磁流体的导电性只能通过改善磁铁悬浮颗粒之间的电荷转移效率来提高。可以将颗粒涂上一层导电聚合物、导电低聚物或多壁碳纳米管形成的纳米线。有科研人员在 TOTM 试验油中评价了涂覆导电聚合物的炭黑颗粒（Eeonomer）[59] 和多壁纳米管。见表 22.15[1]，Eeonomer 和纳米管将油的导电性增加了大约五个数量级。纳米管的稳定混合悬浮液不能完全分散在磁流体中。

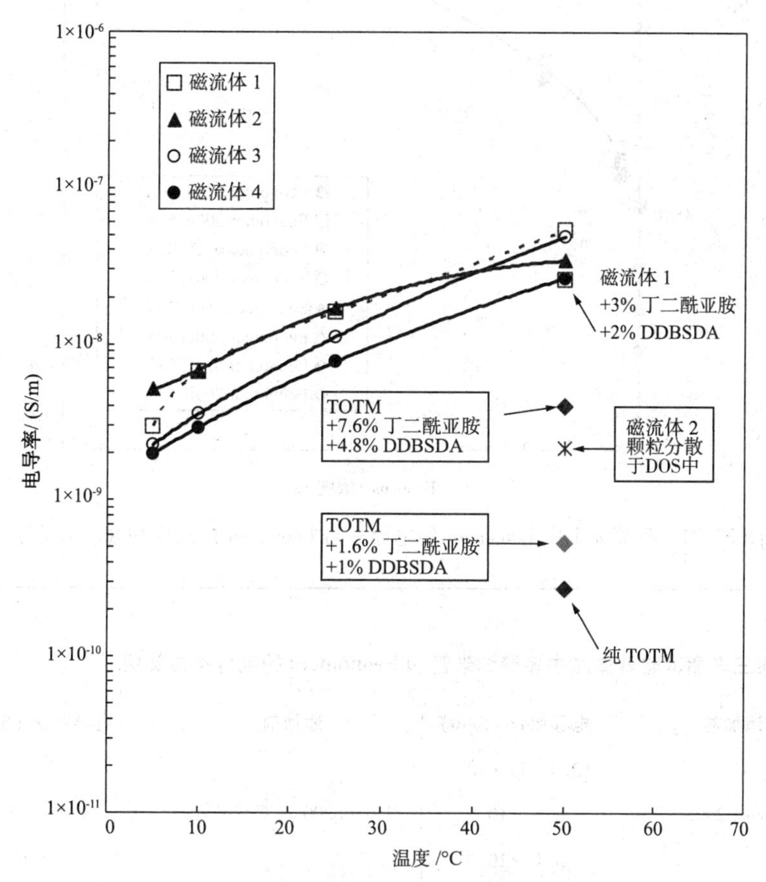

图 22.23 几种磁流体、载体油中的导电添加剂以及添加最佳导电添加剂的磁流体 1 的电导率

磁流体的导电性随着 Eeonomers 浓度的增加而增加，并且在 5～50℃几乎与温度无关，见 22.24[1]。含有 Eeonomers 的磁流体 1 与温度的关系见图 22.25a[1]。导电机理可能由 Eeonomers 的电子转移所限定，而不是粒子间的分散性接触，因为 Eeonomers 磁流体的电导率和黏度的乘积随温度升高而减小（图 22.25b）。导电聚合物包覆物类似金属的导电性，随分散导电性减小，因为点阵振动快于粒子间的转移，根据布朗定律，点阵振动随温度的升高而增强。

尽管 Eeonomers 似乎是增强磁流体导电性最有效的办法，十二烷基苯磺酸和酯类载体油之间的反应可能会降低其长期稳定性。此外，在制造磁流体时初始分散阶段进行的研磨，可能使导电聚合物包覆物从炭黑上破碎脱落。

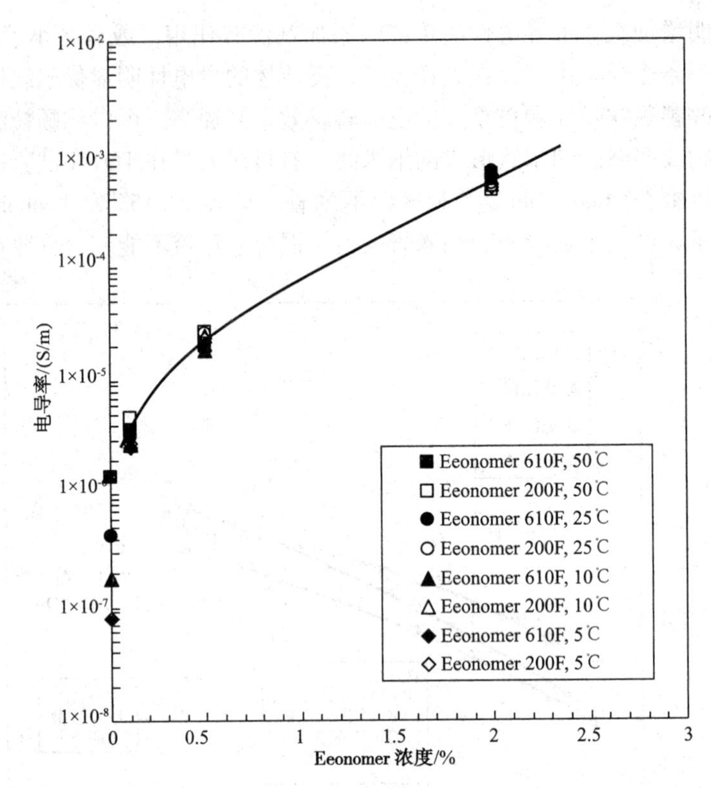

图 22.24 磁流体 1 中 Eeonomer 的电导率与 Eeonomer 的浓度和温度的关系

表 22.15

偏苯三酸三辛酯试验载体油中多壁纳米管和 Eeonomers 的电导率估算值

添加剂	电导率 σ/(S/m)	添加剂	电导率 σ/(S/m)
无	$(2.5\sim3)\times10^{-10}$		
2% Eeonomer 200F	6.1×10^{-4}	1% BS200 多壁纳米管	9.0×10^{-4}
	3.1×10^{-4}		9.0×10^{-4}
2% Eeonomer 610F	2.0×10^{-4}	10% BU200 多壁纳米管	8.8×10^{-4}
	2.3×10^{-4}		8.6×10^{-4}

注：表中混合物有两个不同的测定结果。

22.3.3 液体轴承电机油

磁盘驱动电机轴承的动力学决定了主轴旋转的精度。由于套筒相对于定子旋转，旋转轴形成了一个轨道。旋转轴运动有一个部件与主轴旋转同相且同频率，这是可复原偏转。也有一个旋转轴运动是随机的，这是不可复原偏转(NRRO)。NRRO 很可能限制了电脑磁记录盘驱动数据存储密度的增加。旋转轴是 NRRO 的主要影响因素。改善 NRRO 提高寻道时间，提高跟踪特定的磁迹间距和伺服系统的能力。具有低 NRRO 轴承的磁盘驱动器能容纳更高的磁道密度，从而可以获得更高的磁录密度。

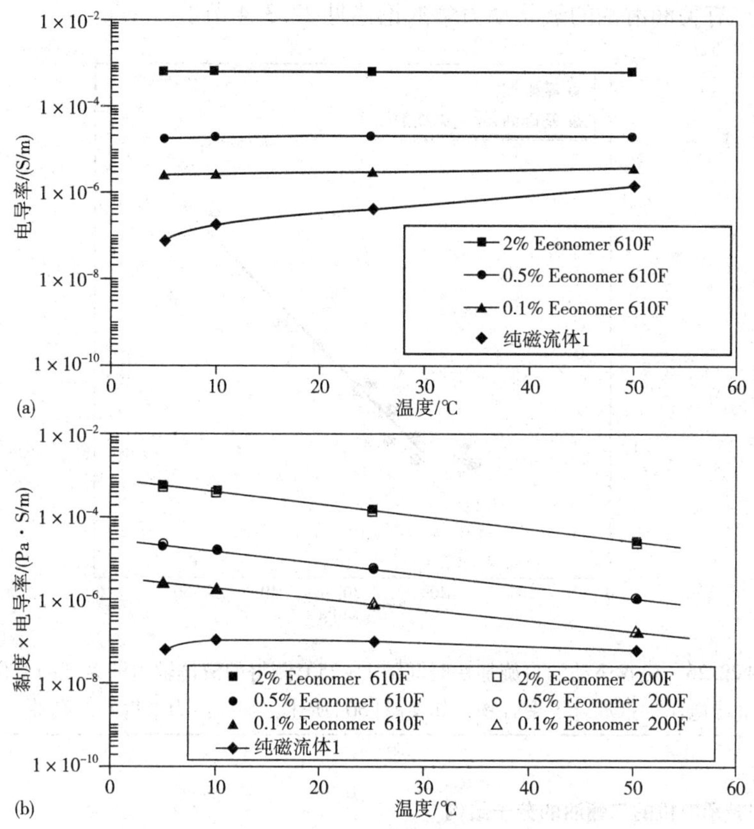

图 22.25 (a)磁流体 1 中 Eeonomer 的电导率随 Eeonomer 温度的变化关系；
(b)含有添加剂的磁流体 1 中电导率与黏度的乘积随温度的变化关系

几乎所有最新生产的磁盘驱动都使用了液体轴承电机(图 22.14c)。因为液体轴承电机有更低的 NRRO，允许伺服系统跟踪更窄的数据磁道，从而代替了滚珠轴承旋转电机。液体轴承的核心是一个横向推力的在套筒中的轴和一个纵向推力的止推板。横向和纵向部件的表面加工了槽，迫使润滑油流向内部，产生的内压保证了轴承的刚度[60]。液体轴承实现更低水平的不可复原偏转是因为相对厚的润滑油膜隔开了套筒和定子。10000～15000r/min 的高性能的电机，其油膜厚度通常在 5～10μm。油膜产生了黏滞阻力减小了不可复原偏转，使之低于滚珠轴承。液体轴承的套筒产生的力与滚珠轴承相比有更低的频率和振幅。励磁带宽和功率的减小使得伺服系统能在一个更高的磁道密度上寻找和控制。

然而，轴承必须设计为避免气蚀[61]和空气摄入[62]；液体轴承油的两个基本要求是低黏度和低蒸气压。黏度必须足够稀，使得温度接近 0℃时能在较短的时间内启动。例如，图 22.26 显示了带有液体轴承电机的磁盘驱动器的启动时间[1]。当黏度高于 25mPa·s 时，黏度控制了启动时间。对于更低的黏度，启动时间由磁盘组件的惯性和电机峰值功率限制。

油必须有足够低的蒸气压，以便在电机的最高内部运行温度 80℃左右、超过 5～7 年的寿命里没有明显的蒸发。另外，液体轴承油必须有足够的导电性来驱散由空气剪切、电子双层剪切产生的静电荷累积[63]，并且作用于滑块和磁盘之间的功能不同[64]。轴承油还必须有低的直流介电常数，以尽量降低由离子分离或偶极取向产生的电荷存储。最后，调配好的轴承油必须含有抗氧剂和其他添加剂来抑制氧化和腐蚀。用于液体轴承油的抗氧剂的结构和试验见文献[50]。有关润滑油的氧化动力学的论述见 22. 3. 4 节。

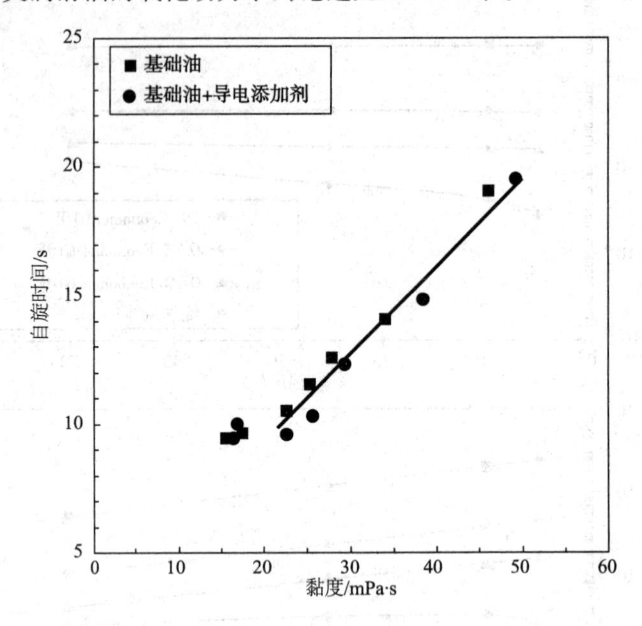

图 22. 26　磁盘驱动的自旋加快时间随 1 ~ 25℃测得的液体轴承油黏度的变化
（导电添加剂混合了聚合物，如文献[50]所述；基础油为市售的二酯油）

表 22. 16
用于液体轴承电机的二酯油的分子结构

缩写	分子量/(g/mol)	结　构
DBS	314	
DOA	371	
DOZ	413	
DOS	427	
DIA	427	

出处：Adapted from Rudnick, L. R. (ed.), Synthetics, Mineral Oils, and Bio – Based Lubricants Chemistry and Technology, Chapter 38, CRC Press, Taylor & Francis Group, Boca Raton, FL, 2006.

测试了各种试验油，为选择最低的黏度和蒸气压的轴承油提供指导。考察的油有二酯（表 22.16）、三酯（表 22.17）和非极性的烃（表 22.18）[1]。首先的五个试验油是二酯油，由烷链双酸和醇制成，具有一系列二元酸链长度、几个醇的分子量和支链异构体。Aldrich 化学公司发明了二(*n*－丁基)癸二酸酯（DBS），二(2－乙基己基)己二酸酯（DOA）和二(2－乙基己基)癸二酸酯（DOS）。二(2－乙基己基)壬二酸酯（DOZ）叫 Emery 2958，二(4，4－二乙基)己二酸酯（DIA）叫 Emery 2970。Emery 油的样品由 Henkel 公司提供。其次的四个试验油是三酯，由三元醇和烷酸制成，具有一系列酸链长度。甘油三酸酯、三酸甘油酯（TRIB）、三己酸甘油酯（TRIH）、和癸酸－1，2，3－丙三醇酯（TRIO）（也分别叫做三丁精、三己精和三辛精），由 Aldrich 化学公司提供。将三己精在 6.3kPa 下真空干燥 96h，蒸发掉大约 8% 的低分子量杂质。其他试验油在同样条件下真空干燥，杂质含量小于 0.2%，不会显示在核磁共振谱图上。三羟甲基丙烷 C_7 酯、三羟甲基丙烷三庚酸酯（TMP）叫 Emkarate 1510 由 ICI 美国公司提供。支链烷烃、低分子量聚乙烯（α 烯烃），叫 NYE 167A 来自 Nye 润滑剂公司。一些油是异构体，有相同的分子量和成分但是分子结构不同。试验油性能的更多特点见文献[40]。

表 22.17

用于液体轴承电机的三酯油的分子结构

缩写	分子量/(g/mol)	结构
TRIB	302	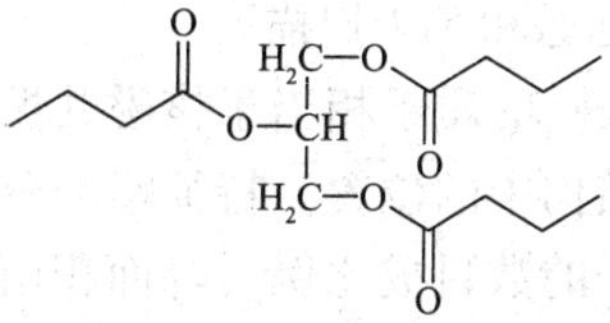 O; H_2C—O; O—CH; O; H_2C—O; O
TRIH	387	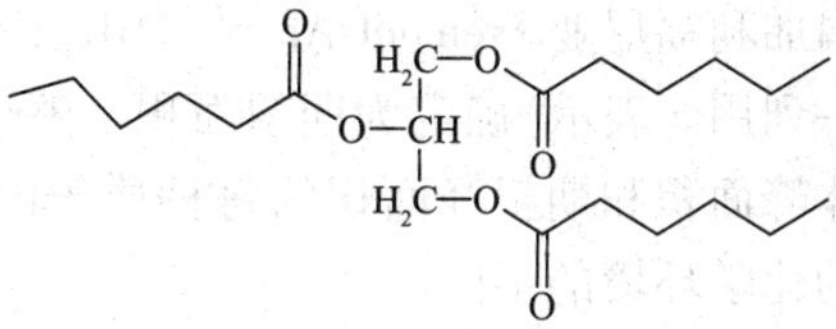 O; H_2C—O; O—CH; O; H_2C—O; O
TRIO	471	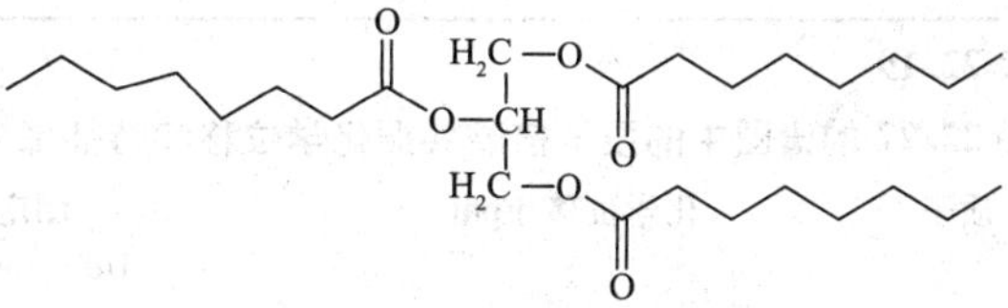 O; H_2C—O; O—CH; O; H_2C—O; O
TMP	471	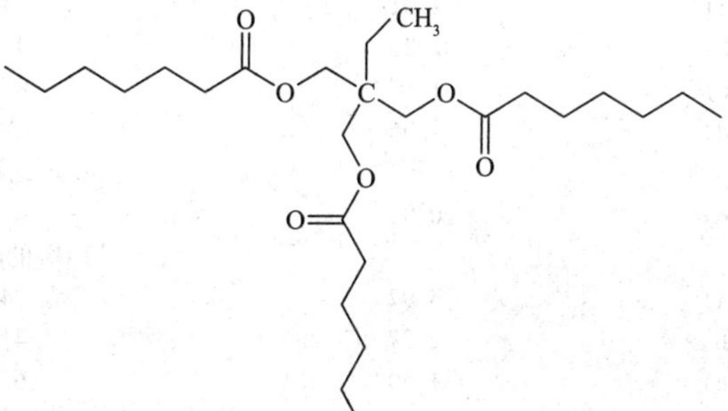 O; CH_3; O; C; O; O; O=; O

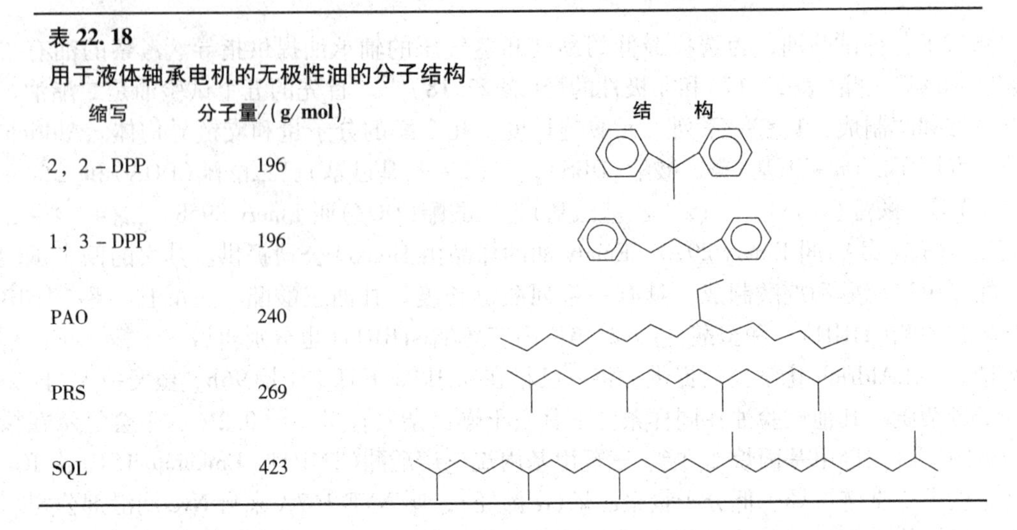

表 22.18

用于液体轴承电机的无极性油的分子结构

缩写	分子量/(g/mol)	结　构
2，2－DPP	196	
1，3－DPP	196	
PAO	240	
PRS	269	
SQL	423	

二酯油 DBS 和 DOS 的特征质子核磁共质谱图见图 22.27。广泛地用于磁盘驱动液体轴承主轴电机的轴承油是非常相似的。核磁共振测试是在一个 Bruker Aspect 3000 核磁共振谱仪上进行的，该仪器上有一个 250 赫兹的超导磁体，并带有一个样品自动交换室。用于质子核磁共振谱测试的样品以 10% 浓度溶于氘代氯仿中。在 Kontes 科学玻璃仪器公司生产的 5mm 核磁共振管中测试溶液的光谱。质子核磁共振谱测试条件为 5kHz 谱宽，45°、3.0μs 脉冲时间，1s 暂停延迟和 512 扫描。

由一个字母表示的质子相当于核磁共振谱中的各个特征峰，见图 22.27[1]，箭头表示相应的质子在分子结构中的位置。特征峰的分布对应油的结构列于表 22.19 中[1]。峰面积与每个化学位移的质子的数目成比例。峰面积由核磁共振谱的商业软件计算(NUTS NMR 数据计算软件，美国加利福尼亚 Fremont Acorn NMR 工业有限公司 4.27 版)。参考面积(在特征峰分布表的第一列用 a 表示)确定为期望面积。整个面积的剩余部分与参考峰面积有关系。化学结构中整体峰面积和期望峰面积的每种质子的量允许在 10% 以内，化学位移中小的变化是由于质子的化学环境的不同。

表 22.19

图 22.27 的谱图中的质子核磁共振化学位移和特征峰分布

质子	化学位移/ppm	测定值	近似值
		DBS 的峰面积	
(a)[a]	4.01	4	4
(b)	2.23	4.2	(b)
(c)	1.57	8.4	8
(d)	1.36	12.4	12
		DBS 的峰面积	
(e)	0.91	6.1	6
		DOS 的峰面积	
(a)[a]	3.97	4	4
(b)	2.27	4.1	4
(c)	1.59	6.6	6
(d)	1.28	24.6	24
(e)	0.86	12.1	12

注：上标 a 指作为其他峰面积基准的参考峰。

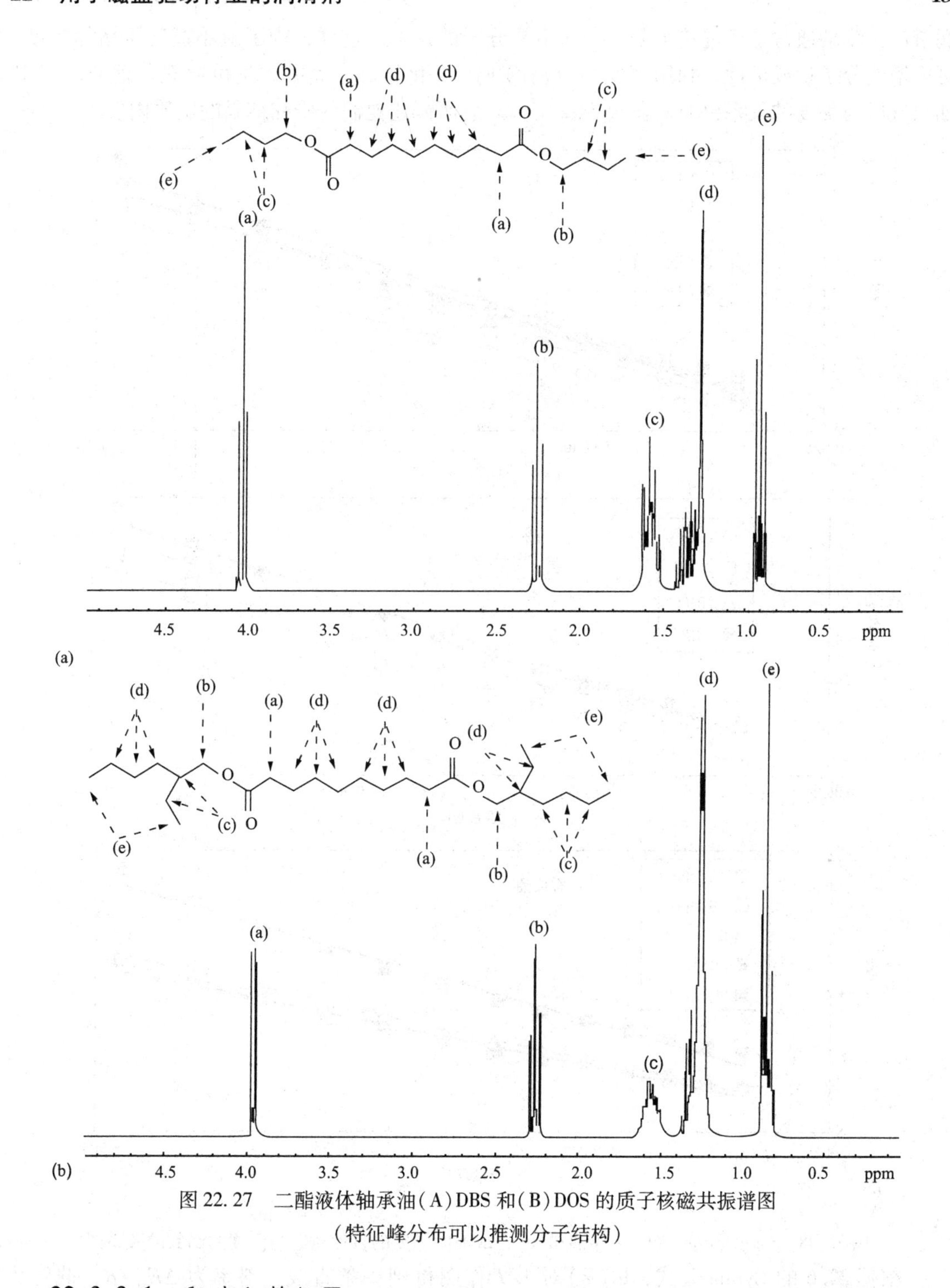

图 22.27 二酯液体轴承油(A)DBS 和(B)DOS 的质子核磁共振谱图

(特征峰分布可以推测分子结构)

22.3.3.1 黏度和蒸气压

由于分子间的分散和偶极力，润滑油的黏度和蒸气压是与热力学相关的。全部的分子间势能必须用来克服从液体中蒸发一个分子，并且部分分子间势能必须来克服流动。对于第一个定律，分散力与原子的数量和类型，也就是分子量成比例。液体轴承中用相对低分子量的润滑油，流动通常是通过整个分子，而不是分子的片段。这样，为了减小蒸气压增加黏度，可以增大分子量或极性。利用蒸发和流动的 Eyring 化学反应速率理论可以充分地研究润滑油蒸气压与黏度的关系(Karis 和 Nagaraj[40])。后面概述他们的研究结果的实质内容。

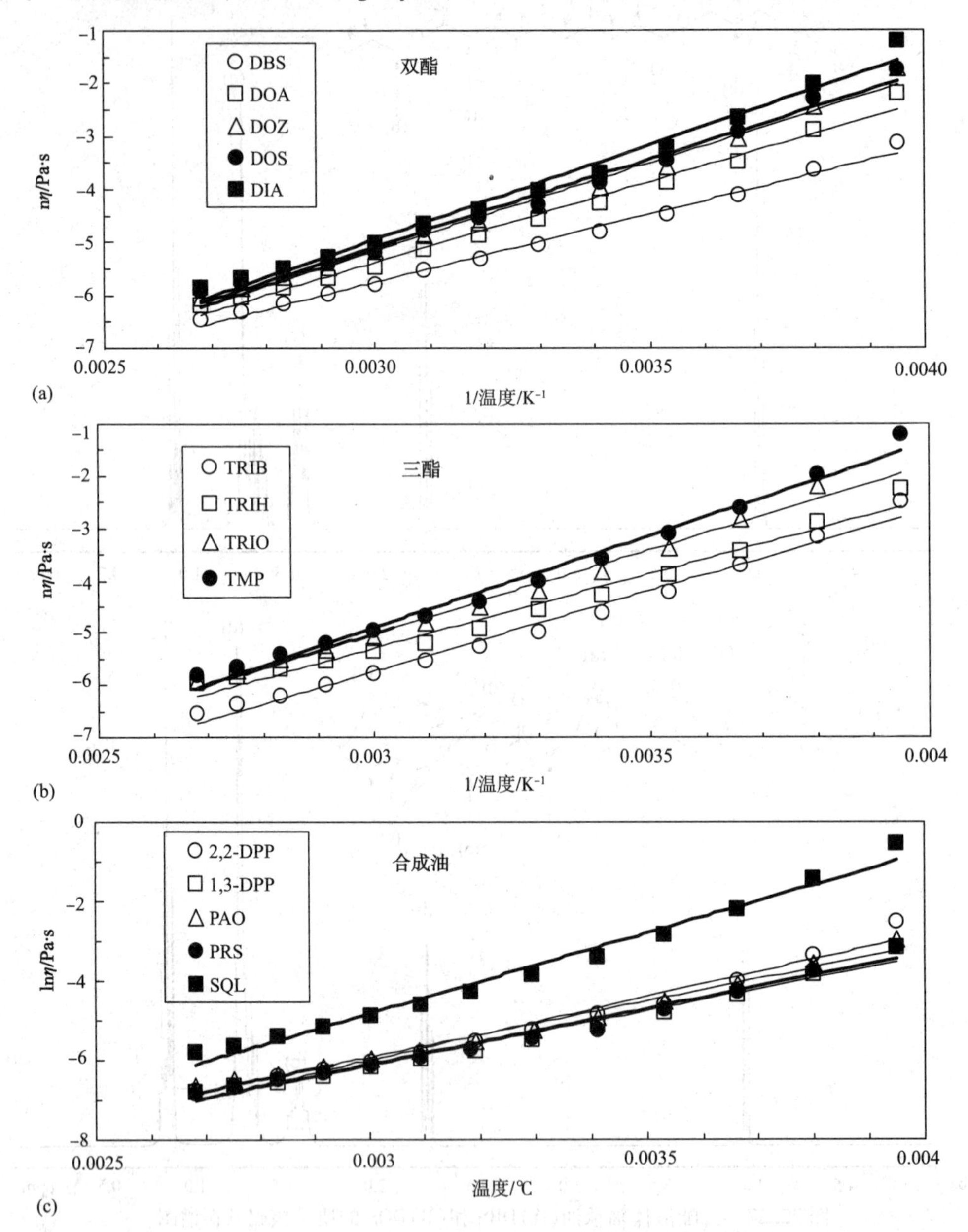

图 22.28 (a)二酯油、(b)三酯油和(c)合成油的黏度的自然对数与温度的倒数的关系图

根据 22.6 的 Eyring 公式，$\ln(\eta)$ 对 $1/T$ 作图得到一条直线，斜率为 $\Delta E_{vis}/R$，截距为 $\ln(Nh_p/V_l)-\Delta S_{vis}/R$。几种低分子量酯油和烃油的黏度图见图 22.28[1]。有一些线性的系统偏差，但是在 -20 ~ 100℃的总体趋势是符合 Eyring 公式的。

流动活化熵 $\Delta S_{vis}=\Delta S_{vis}^{trans}+\Delta S_{vis}^{rot}$是平动和转动的贡献的总和。$\ln(\eta)$ 对 $1/T$ 作图的斜率和截距用来计算每种油的 ΔS_{vis}和 ΔE_{vis}。表 22.20 列出了流动的热力学性质[1]。

表 22.20

试验液体轴承油的蒸气压和黏度数据计算出的蒸发和流动的热力学性质

油	蒸发			流动			
	ΔE_{vap}/(kJ/mol)	ΔS_{vap}/(J/mol·K)	S_{liq}/(J/mol·K)	ΔE_{vis}/(kJ/mol)	ΔS_{vis}/(J/mol·K)	ΔS^{rot}_{vis}/(J/mol·K)	n
DBS	90.7	160	114	20.6	-4.2	-3.1	4.4
DOA	94.4	160	117	24.7	4.1	6.61	3.8
DOZ	84.5	125	154	26.7	6.8	19.8	3.2
DOS	108.6	175	105	26.7	5.8	2.6	4.1
DIA	94.1	143	137	28.9	11.2	18.1	3.3
TRIB	81.8	154	163	25.1	10.5	12.5	3.3
TRIH	93.3	156	167	23.2	-1.5	2.4	4.0
TRIO	116.3	185	143	26.2	3.5	-1.4	4.4
TMP	81.0	110	218	28.9	10.4	30.3	2.8
2，2-DPP	59.1	120	144	25.5	17.0	30.4	2.3
1，3-DPP	74.2	159	105	22.3	8.4	6.6	3.4
PAO	89.6	188	80	22.7	4.5	-4.2	3.9
PRS	78.5	166	104	22.8	4.6	2.6	3.5
SQL	82.8	124	156	32.9	21.2	36.6	2.5

注：蒸发性质的参考温度为100℃和大气压(100kPa)。流动性质的参考温度为40℃。

类似的分析也用于这些油的蒸气压。根据 Claperyron 等式(22.15)，$\ln(P^0)$对$1/T$作图得到一条直线，斜率为$-\Delta E_{vap}/R$，截距为$\ln(P)-1+\Delta S_{vap}/R$。几个低分子量酯和烃油的$\ln(P^0)$对$1/T$的蒸气压图见22.29[1]。汽化熵$\Delta S_{vap}=\Delta S^{trans}_{vap}+\Delta S^{rot}_{vap}$是平动和转动的贡献的总和。用$\ln(P^0)$对$1/T$作图的截距来计算每种油的$\Delta S_{vap}$和$\Delta E_{vap}$。公式(22.16)表示汽化的平移分量近似等于气相熵，公式(22.17)表示气相转动分量近似计算公式[40]。液相熵$S_{liq}\approx S_{vap}-\Delta S_{vap}$由汽化熵和气相平移与转动熵估算得到。这些热力学流动性质见表22.20。

通过结合热力学结构和蒸发与流动反应速率模型的结果，进一步探索液体轴承电机油的蒸发和流动性之间的关系[65,66]。汽化能与流动活化能的比$n=\Delta E_{vap}/\Delta E_{vis}$代表流动过程中分子间引力的不完全退耦和蒸发表面发生的完全退耦的比[67]。流动过程中另一个关键的热力学量是流动活化转动熵。流动活化转动熵ΔS^{rot}_{vis}，由蒸气压加上黏度与温度之比计算得到[40]。如果有方法能降低黏度而不提高蒸气压，似乎仅通过增加流动活化熵ΔS_{vis}就能实现。见图22.30a所示润滑油的ΔS_{vis}与ΔS^{rot}_{vis}成比例。然而，ΔS^{rot}_{vis}随n减小，见图22.30b所示。因此，流动活化转动熵随着蒸发和流动之间的退耦或不对称的量而减小。例如，球形分子在流动活化态能更自由地转动，而棒状分子在流动活化态的转动可能性较小，因为它们要克服周围液体的邻近分子的能垒。

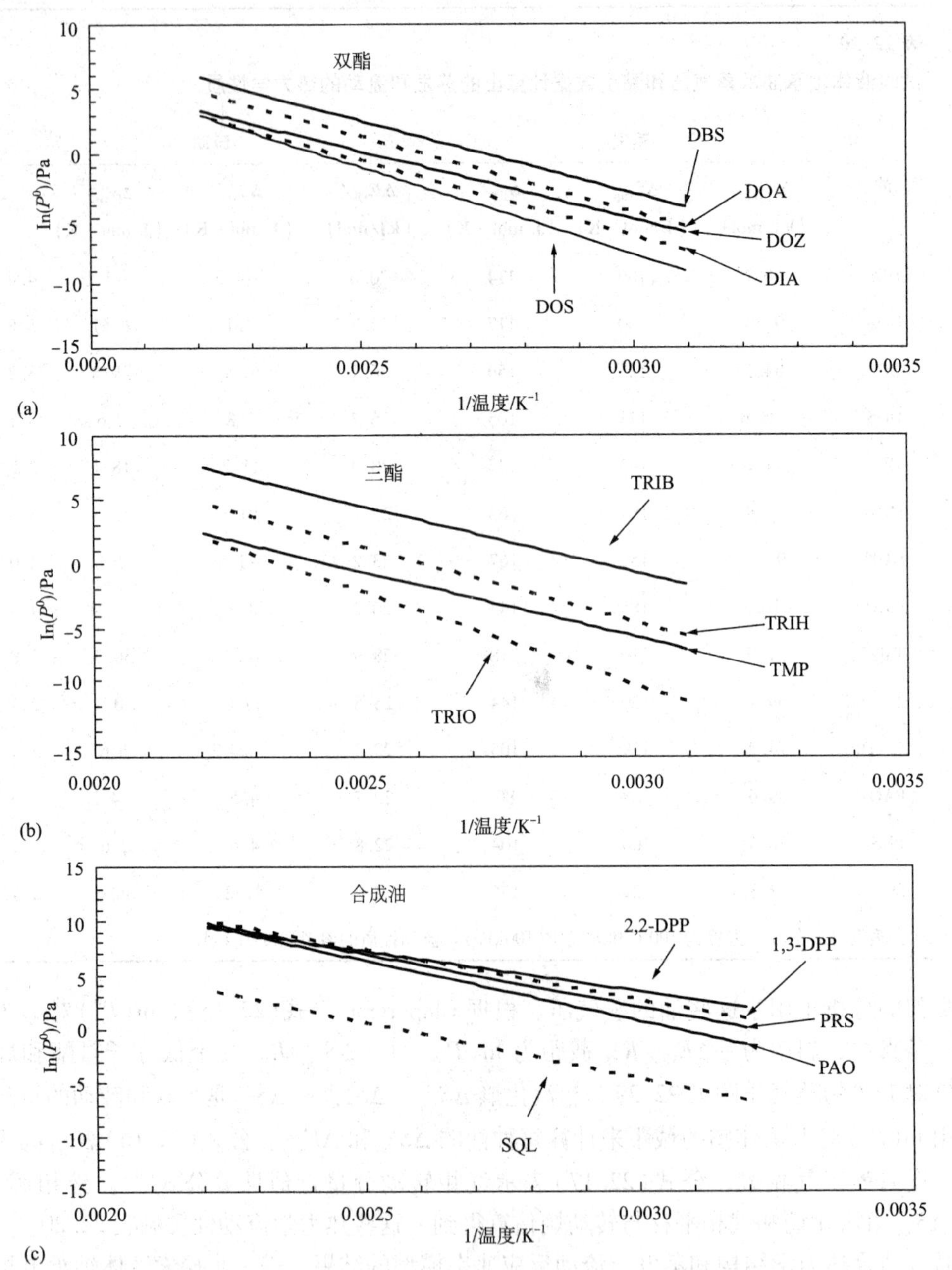

图 22.29 (a)二酯油、(b)三酯油和(c)合成油的蒸气压的自然对数与温度的倒数的关系图(直线符合克拉伯龙方程，大气压 P = 100kPa)

虽然前面讨论的是蒸发和流动的热力学性质如何影响油的蒸气压和黏度，还有一点需要特别说明，分子结构和组成可以合成润滑油以确保适应于改进的液体轴承电机。最近分子动态模拟的发展有可能建立起分子结构和热力学之间的桥梁。例如，Bair 等人证明了高剪切黏度的测量和分子动态模拟的推测之间有很好的相关性。然而，模型需要输入特定的分子结构，如异三十烷，并且推测黏度需要数字的密集计算。如果试图同样推测一个更复杂的极性分子例如二酯的黏度，甚至要涉及更多的复杂的计算。

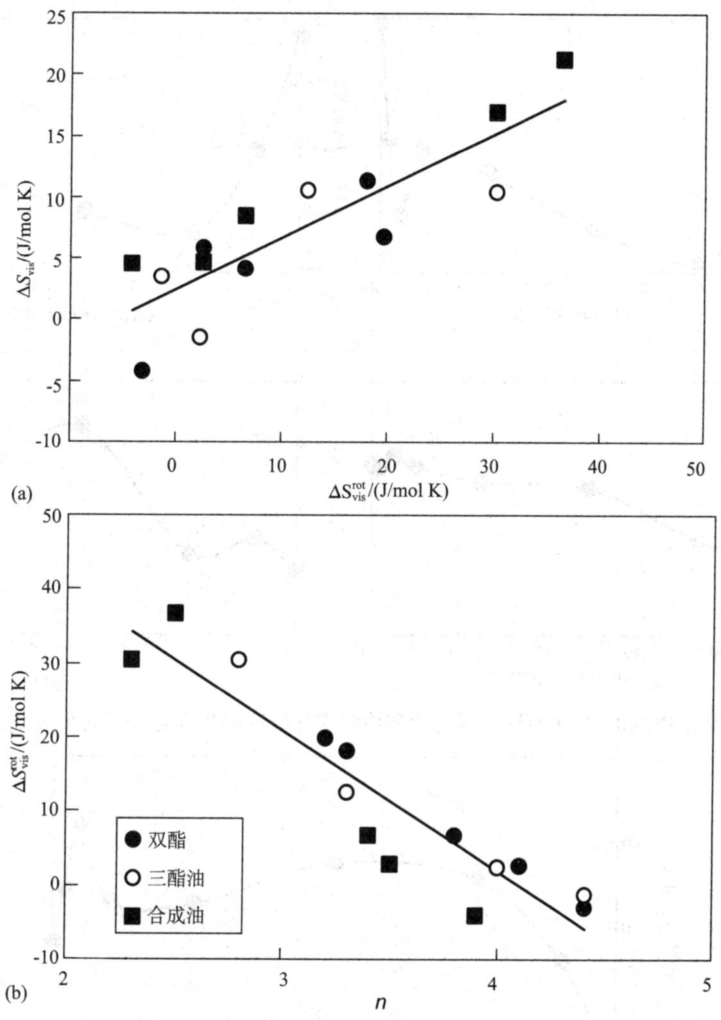

图 22.30 表 22.16~表 22.18 中(a)列出的油的流动活化熵和流动活化旋转熵的关系
(b)流动活化旋转熵和汽化能与流动活化能之比的关系

本文还讨论了混合油或减黏剂。混合油改变了压黏系数[55]从而提供了一个中间的黏度[69,70]。二酯油与非极性聚 α 烯烃的混合油的汽化能和熵，以及流动活化能和熵见图 22.31[1]。混合油的汽化能小于纯组份的汽化能。混合油的熵高于纯组份的熵。汽化能的减少超过了液体熵增加的影响，并且混合油的蒸气压高于纯组份的蒸气压。然而，近 95% 的 DOS 的热力学性质有一个有趣的可重复的倾斜。混合油的流动活化能和熵见图 22.31(c)和 22.31(d)。流动活化能由混合组分的质量分数的线性组合得到。然而，由于流动活化能增加了近 50%，实际上混合黏度小于线性组合。进一步分析，在图 22.32(a)中近 95% 的 DOS 的流动活化转动熵有一个突然的峰值。近 95% 的 DOS 的 $n = \Delta E_{vap}/\Delta E_{vis}$ 有一个突然的峰值(图 22.32b)。近 95% DOS 的这个独特的现象说明混合油中可能由于协同效应。这可能是因为非极性油和二酯的脂肪链的团聚。也许，这种作用可以用来开发减黏剂，比基础油具有更低的蒸气压。

然而，为了使用混合油，也需要其能形成共沸混合物，然后这种混合油以共沸组分的形

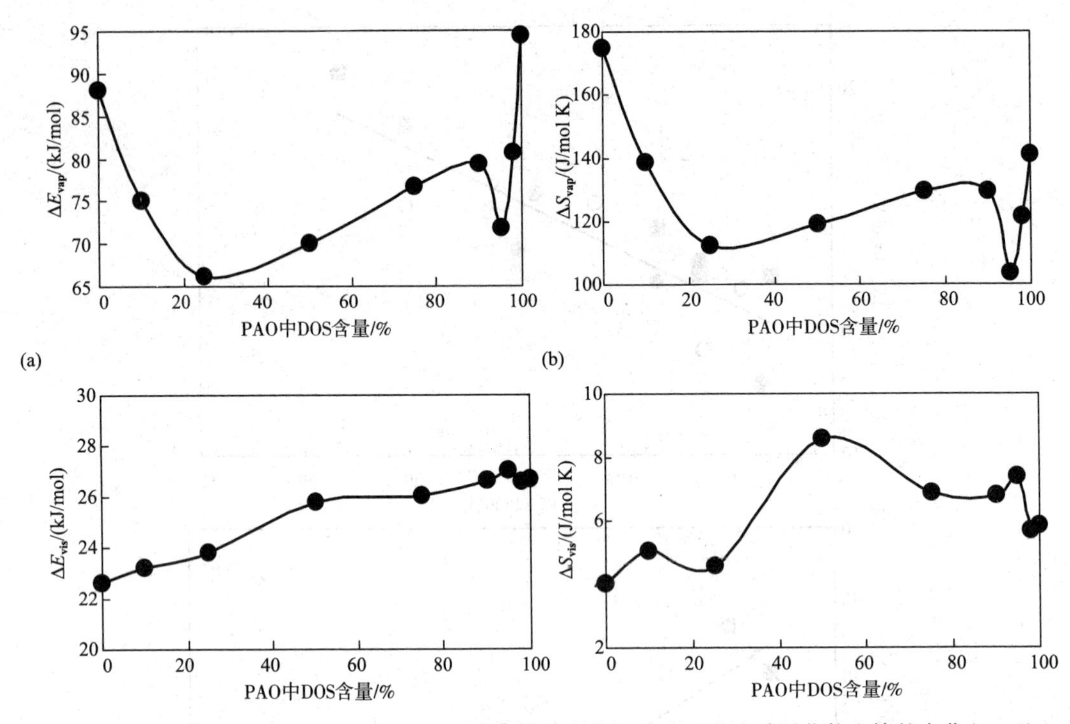

图 22.31　在混有 DOS 的 PAO 的汽化活化能和熵的变化(a, b)以及流动活化能和熵的变化(c, d)

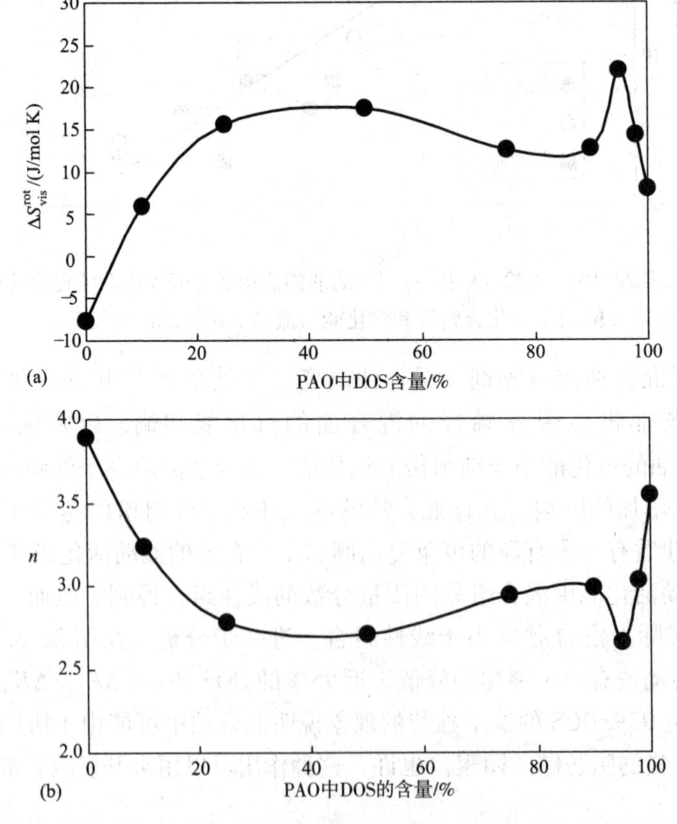

图 22.32　混有 DOS 的 PAO 的流动活化熵旋转分量(a)和汽化能与流动活化能的比 n(b)

式只能用于电机。否则，具有最高蒸气压的混合油组分蒸发，混合油的黏度和蒸气压会随着时间逐渐改变。

22.3.4 油品配方化学

通过调配添加剂赋予了润滑脂和润滑油热稳定性。在过去的20年，我们在实验室中运用油品氧化化学的机理开发了滚动轴承润滑脂[71]和处于工业前沿的液体轴承主轴电机油[72]的配方。氧化与稳定的化学机理、添加剂和加速试验结果见文献[50]。这里我们概述了各种包含氧化剂抑制的氧化路径的低温基元反应。速率方程为无因次形式，将模拟结果与热氧化寿命测试数据进行对比来说明一级抗氧剂PriAOX、二级抗氧剂SecA-OX和金属催化作用的协同作用。

以下文献[50]和[73]研究的基元反应的设置，用于模拟数据。不包括链内去质子和自终止。没有说明部分非速率的控制反应物和产物。链引发和链增长反应分别见图22.23(a)和22.33(b)。其中，圆点代表一个碳原子。只考虑了链内去质子作用(非分裂反应)，因为根据研究，这是酯类油的主要反应途径。由热或机械激发引起的RH的去质子作用，是链引发的限速步骤。氢过氧化物ROOH的分解是链增长的限速步骤。

$$RH \xrightarrow{k_1} R^{\cdot}+H^{+}$$

$$R^{\cdot}+O_2 \xrightarrow{k_2} ROO^{\cdot}$$

$$ROO^{\cdot}+RH \xrightarrow{k_3} ROOH+R^{\cdot}$$

(a)

$$ROOH \xrightarrow{k_4} RO^{\cdot}+HO^{\cdot}$$

$$RO^{\cdot}+RH \xrightarrow{k_5} ROH+R^{\cdot}$$

$$HO^{\cdot}+RH \xrightarrow{k_6} H_2O+R^{\cdot}$$

(b)

图22.33 油品初始氧化(a)和链增长(b)的基元反应
(RH代表烃类油；H指质子而R指其余的分子)

一级抗氧剂质子化自由基见图22.34(a)所示。例如一级抗氧剂丁基羟基甲苯(BHT)、二辛基二苯胺(DDA)和苯基萘胺(PNA)。二级抗氧剂分解氢过氧化物，见图22.34(b)。例如二级抗氧剂二烷基二硫代磷酸锌(ZDDP)和二烷基二硫代氨基甲酸盐(ZDTC)。这些二级抗氧剂的氢过氧化物分解的产物在金属表面形成了一层抗磨损膜[74]。溶解下来进行催化反应的金属离子M^n和M^{n+1}(上角标指金属离子的价态)，在电荷交换反应的过程中分解氢过氧化物[75]，如图22.34(c)。基元反应的速率常数近似地由季戊四醇四酯油的恒温油品氧化寿命试验结果估算得到[73](图22.35a)。模拟速率常数的值见表22.21。除非特别规定，模拟计算和等温试验的温度为150℃。单个基元反应的活化能是未知的，非金属催化的活化能接近总的活化能120kJ/mol，其由油品不含和含有抗氧剂的寿命测试实验测定得到。金属催化的基元反应的活化能设为10kJ/mol，以适应总的活化能70kL/mol，该值由含有抗氧剂和催化金属离子的油品的寿命试验测定得到。

$$R^{\bullet} + PriAOX \xrightarrow{k_{p_1}} RH$$

$$ROO^{\bullet} + PriAOX \xrightarrow{k_{p_2}} ROOH$$

$$RO^{\bullet} + PriAOX \xrightarrow{k_{p_3}} ROH$$

$$HO^{\bullet} + PriAOX \xrightarrow{k_{p_4}} H_2O$$

(a)

$$ROOH + SecAOX \xrightarrow{k_s} \text{惰性产物}$$

(b)

$$ROOH + M^{n+1} \xrightarrow{k_{m_1}} ROO^{\bullet} + H^+ + M^n$$

$$ROOH + M^n \xrightarrow{k_{m_2}} RO^{\bullet} + OH^- + M^{n+1}$$

(c)

图 22.34 (a)一级抗氧剂、(b)二级抗氧剂的氧化抑制以及(c)氢过氧化物分解的金属 M 催化作用

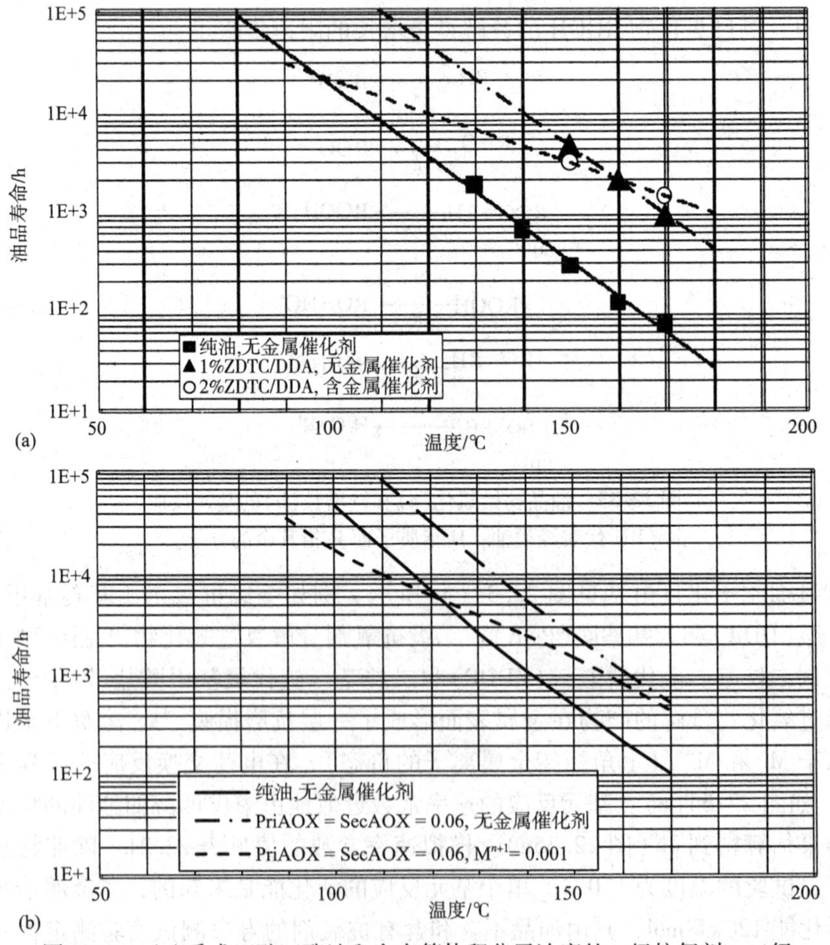

图 22.35 (a)季戊四醇四酯油和含有等体积分子浓度的一级抗氧剂、二级抗氧剂与金属催化剂的等温氧化寿命；(b)等体积分子浓度的一级抗氧剂和二级抗氧剂的模型计算出的油品氧化寿命显示出金属催化剂的定性作用

模型计算的油品寿命被认为是 ROOH 浓度的峰值(图 22. 36)，相当于油品分子 RH 的突然消耗量，见图 22. 36a。请注意完全的产物实际上会继续进一步反应，现在的模型不包括这些反应。在高温下，小分子量产物和水蒸发。羟基形成氢键，增加了油品的黏度。

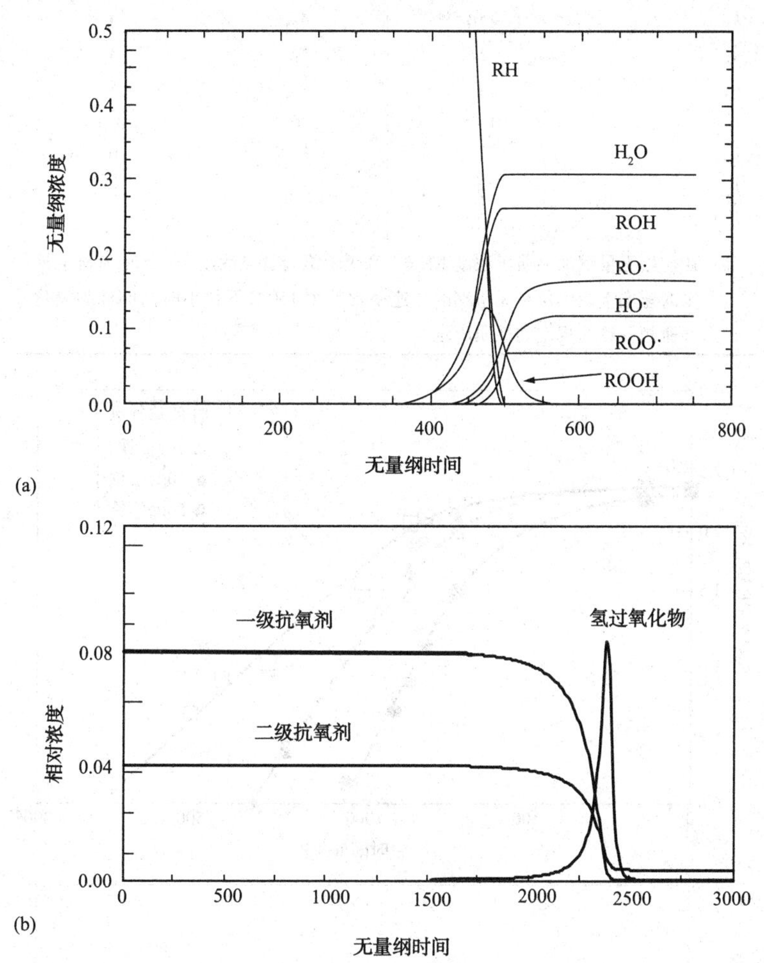

图 22. 36 (a)纯基础油模拟等温氧化过程中的油品氧化产物和中间产物；(b)一级抗氧剂、二级抗氧剂的变化以及随时间氢过氧化物浓度峰值的变化 (PriAOX + SecAOX) = 0. 12 和 PriAOX/(PriAOX + SecAOX) = 0. 67

从上述速率常数和活化能得到的模型计算的油品寿命曲线见图 22. 35b。基础油和含抗氧剂油的曲线斜率与图 22. 35a 的实验结果相一致。更复杂的温度相关性用来预测含有一级和二级抗氧剂以及金属催化剂的油品。在较低的温度下，被金属催化[75]的氢过氧化物的分解速率会更加显著地增加[76]。

模型计算的一级抗氧剂和二级抗氧剂的消耗曲线见图 22. 36b。油品的最终寿命相当于一级抗氧剂和二级抗氧剂二者同时消耗殆尽。这表明在油品失效之前补充抗氧剂可以延长油品的寿命。该模型的定性能力与含有一级和二级抗氧剂的油品中，增加金属离子浓度使一级抗氧剂随时间消耗的实验结果相一致，见图 22. 37。金属离子催化作用增加了氧化剂的消耗速率，从而缩短了油品寿命，因此在油品快速氧化开始之前缩短了油品的氧化诱导期。

表 22.21

图 22.33 和 22.34 的基元反应的速率常数

速率常数	数值	速率常数	数值
k_1	1×10^{-10}	k_{p_2}	1
k_2	5	k_{p_3}	1
k_3	1	k_{p_4}	1
k_4	0.05	k_s	0.3
k_5	1	k_{m_1}	10
k_6	5	k_{m_2}	10
k_{p_1}	10		

注：在初始无量纲油品质子浓度 RH = 1 和无量纲溶解氧浓度为 0.5 的基础上推出的速率常数单位是无量纲的。速率常数由 150℃ 下数小时内的油品氧化寿命相一致的规定的性质决定。

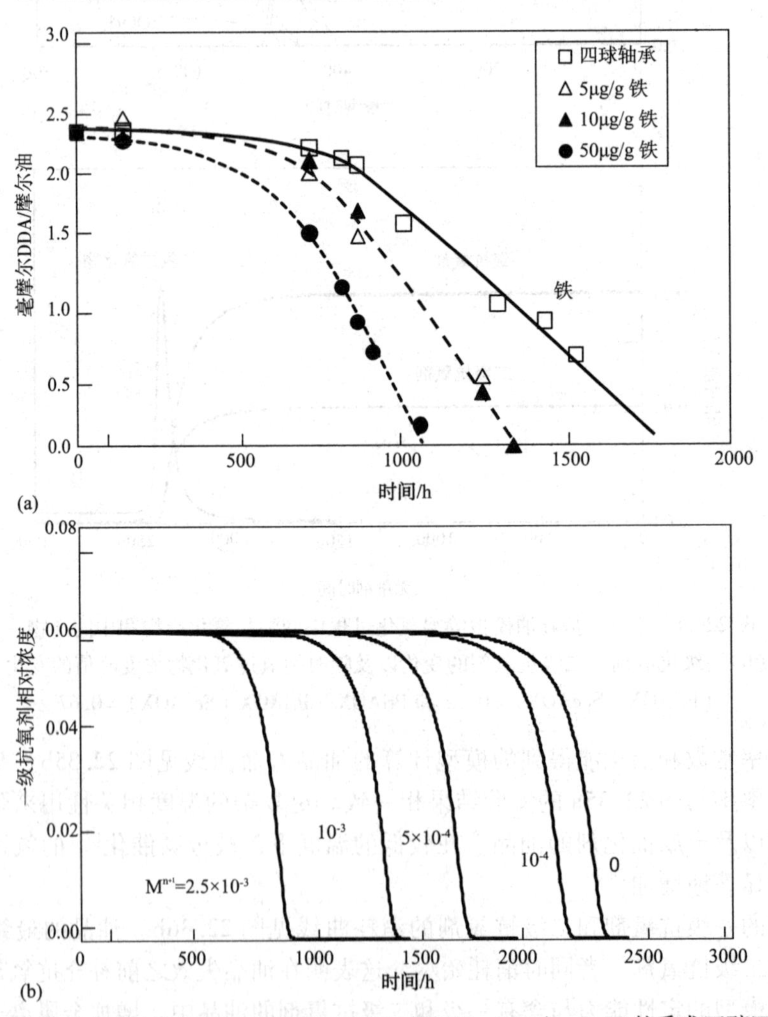

图 22.37　(a)含有 1%(ZDTC + DDA)、DDA/(ZDTC + DDA) = 0.57 的季戊四醇四酯油，在空气、150℃下老化过程中的金属催化剂对一级抗氧剂浓度的影响；(b)模型计算的在各种溶解金属离子 Mn + 1 的无因次初始量下的相对一级抗氧剂的富集，这里无因次式 PriAOX + SecAOX = 0.12 并且 PriAOX/(PriAOX + SecAOX) = 0.5

一级和二级抗氧剂以不同途径的复杂的氧化机理相互作用，随基元反应速率常数 k_{pi} 和 k_s 的值决定，两者之间可能有协同效应。例如，过氧自由基在结合质子之前与一级抗氧剂反应形成过氧化氢，可以实现最大的抑制氧化作用(图 22.33a)。然后，过氧化物在分解为烷氧基和氢自由基之前(图 22.33b)，被二级抗氧剂分解为惰性产物(图 22.33a)。滚动轴承油的一级和二级抗氧剂的协同作用见图 22.38a。达到最大油品氧化寿命的一级/(一级+二级)抗氧剂的最佳摩尔比为 0.2，或 20mol% 的一级抗氧剂和 80mol% 的二级抗氧剂。模型推算了这个比率对油品寿命的作用见图 22.38b。油品含有和不含催化金属都预测了最大油品寿命。最佳的一级和二级抗氧剂的比例接近 50%。催化金属的存在减弱了协同效应的效果。进一步优化各个速率常数，以及合并更多复杂的基元反应，可以改进该模型对油品寿命测试的适应性。

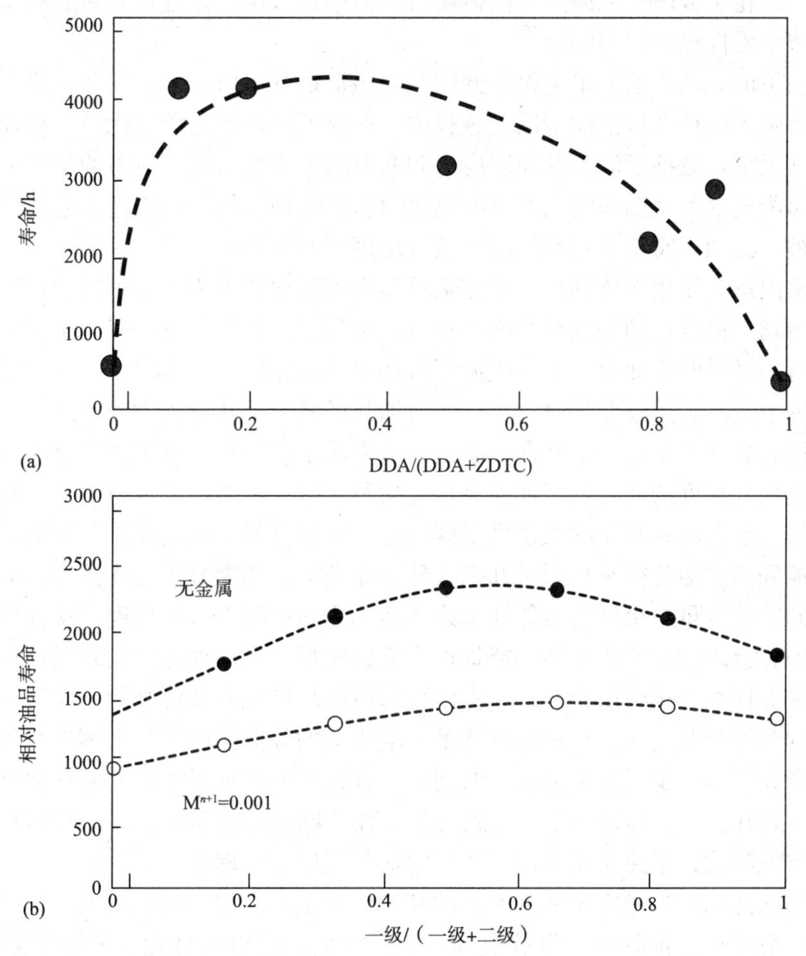

图 22.38 (a)170℃下测定的总抗氧剂浓度含量 1% 的滚动轴承中的季戊四醇四酯油的一级抗氧剂+二级抗氧剂的摩尔比与油品氧化寿命的关系；(b)含有和不含金属催化剂的 PriAOX + SecAOX = 0.12 的动力学模型计算出的摩尔比与油品氧化寿命的关系

动力学模型也预测了油品氧化过程中的氧消耗量，抗氧剂浓度、氧气压力对等温压力差示扫描量热法的诱导时间的影响，非等温压力差示扫描量热法的放热峰值温度，以及加热速率对放热温度的影响，可参考附属说明。

22.4 结束语和展望

磁记录盘驱动器通过使用在润滑科学和技术方面有一定技术水平的润滑剂，来获得无可比拟的可靠性。磁盘存储容量的持续增长，比以往任何时候都更依赖于提高边界区域的润滑。本章叙述了磁头磁盘界面的纳米级润滑，液体轴承电机润滑油和全氟聚醚盘片润滑油的物理性能。油和油膜的特性，与极性末端基团结合，由于分子级油膜黏度的提高和蒸气压的降低可以确保润滑剂的长期使用。高档的磁盘润滑剂将越来越多地满足环境变化的苛刻需求[77,78]和在低飞行高度下的摩擦[79,80]。目前，正在开发的高档的润滑剂具有高水平的能吸附到盘片涂层的化学吸附质，来防止液体润滑剂转移到滑块，并且在黏附剂的相互作用开始之前，能够减小元件和磁层的间距。

润滑脂润滑的滚动轴承主轴电机达到的极限驱动是10000r/min，在开发用于高精度、低振动、长寿命轴承的精密沟槽润滑脂的过程中，需要了解很多润滑脂化学、物理性质和污染物的影响。这里综合概括了润滑脂屈服应力和润滑脂污染物对屈服应力的影响，以及一种锂皂为稠化剂、酯类油为基础油的润滑脂的电化学氧化机理。同样的机理也适用于一般的润滑脂，因此可被广泛用于需要平稳高速旋转领域使用的润滑脂。

主轴电机改进为使用液体轴承，液体轴承具有和滚动轴承相当或更好的挺度，因此提供了更平稳的转动。挺度由轴和轴套之间的相对运动提供，在二者中一个表面有一系列沟槽。此沟槽被气封了微米厚的油膜。本章强调了液体轴承油的两个关键性质——黏度和蒸气压。目前的液体轴承油具有足够低的蒸气压，使得油品的蒸发损失很小从而比驱动器的寿命长。然而，蒸气压和黏度之间有一个平衡，电机的最大功率和油品黏度限制了驱动器的最低运行温度。尝试使用低黏度的油导致了油品有较高的蒸气压，一般而言这似乎是一种物理学上的限制。对油品的蒸气压和黏度的关系做了详细的热力学分析。通过油品分子间的相互作用力将流动活化能和蒸发活化能互相联系起来。然而原则上，如果分子结构具有流动活化熵的一个很大的正的旋转分量，也许有可能在不改变活化能的情况下减小黏度。这种现象是如何实现的，迄今为止分子结构的研究还不能提供完整的解释。另一种方法是开发两种油品的混合物——极性和非极性分子的组合。这一方法可以使油品形成共沸混合物，同时比单一组成的油具有更低的黏度和蒸气压，要确保液体轴承电机油的较低黏度和较低蒸气压仍然有许多工作要做。混合物可以减少低温下的启动时间，并且使用液体轴承电机的驱动器具有更低的最低运行温度。现在高级液体轴承油配方设计的工作是防止油品蒸发损失、烟雾化和空气－油半月界面的空气吸收，来防止转子和定子之间油膜产生气穴现象。

润滑油和润滑脂的热稳定添加剂配方的开发借助了一个化学动力模型。模型解释了热加速油品氧化寿命过程，预测了一级抗氧剂、二级抗氧剂和溶解催化金属离子之间的相互作用，低温下的油品氧化实验需要很长时间，而等温和非等温压力差式扫描量热法实验可以在较短的时间内完成。动力学模型将短时高温实验结果和长时低温实验结果联系起来，使得实验数据能够预测使用温度下的理想油品氧化寿命。

致谢

在驱动器润滑剂领域工作的十年间，有一个团结的团队的努力使得本章所述的工作得以展开。感谢 IBM 阿尔马登研究中心的 P. Kasai 对于润滑剂末端基团和 NMR 峰值分布的专业分析。热力学分析、介电谱学以及流变学和黏度的测试由 M. Carter 完成，日立全球存储技术圣何塞材料分析实验室的 N. Burns 提供了 NMR 谱图和分析，我还要感谢该实验室的 D. Pocker 在润滑脂降解方面的 XPS、IR 显微镜的 F. Eng 的工作。感谢 R. Siemens，他完成了 PFPE 润滑剂的凝胶渗入层析法测试。我要感谢 T. Gregory 对于 PFPE 蒸气压和多分散润滑剂蒸发模型的发展方面的宝贵建议和专业的分析。多种组分的 PFPE 润滑剂由日立全球存储技术圣何塞材料分析实验室的 R. Waltman 慷慨提供。非常感谢对这项工作做出贡献的优秀的学生：A. Brooks，J. Castro，A. Voss，和 A. Greenfield。大部分的 NMR 分析、黏度和密度测试以及蒸发数据分析由 D. Hopper 利用 5 年的业余时间数据与我们一起工作而完成。H. S Nagaraj 首次将主轴电机的滚动轴承润滑脂和液体轴承油介绍给我。润滑脂实验室由 J. Miller 设计和建立，他制备了实验润滑脂样品，并对润滑脂进行了电化学测试。IBM 阿尔马登研究中心的 G. Tyndall 提供了非常宝贵的表面能方面的深刻见解和专业分析。最后，我要感谢我的领导 B. Marchon，J. Lyerla，O. Melroy 和 J. Kaufman 对这项工作的鼓励和支持。特别感谢 A. Hanlon 和 C. Hignite 的指导和建议。

参考文献

1. Rudnick, L. R., *Synthetics, Mineral Oils, and Bio-Based Lubricants Chemistry and Technology*, Chapter 38, CRC Press, Taylor & Francis Group, Boca Raton, FL, 2006.
2. Ruhe, J., G. Blackman, V. J. Novotny, T. Clarke, G. B. Street, and S. Kuan, "Terminal Attachment of Perfluorinated Polymers to Solid Surfaces," *J. Appl. Polym. Sci.*, 53, 825–836, 1994.
3. Kajdas, C. and B. Bhushan, "Mechanism of Interaction and Degradation of Perfluoropoythers with a DLC Coating in Thin-Film Magnetic Rigid Disks: A Critical Review," *J. Info. Storage Proc. Syst.*, 1, 303–320, 1999.
4. Tani, H., H. Matsumoto, M. Shyoda, T. Kozaki, T. Nakakawaji, and Y. Ogawa, "Magnetic Recording Medium," U.S. Patent 2002/0006531 A1, January 17, 2002.
5. Waltman, R. J., N. Kobayashi, K. Shirai, A. Khurshudov, and H. Deng, "The Tribological Properties of a new Cyclotriphosphazene-Terminated Perfluoropolyether Lubricant," *Trib. Lett.*, 16(1–2), 151–162, 2004.
6. Kasai, P. H., "Degradation of Perfluoropoly(ethers) and Role of X-1P Additives in Disk Files," *J. Info. Storage Proc. Syst.*, 1, 23–31, 1999.
7. Tagawa, N., T. Tateyama, A. Mori, N. Kobayashi, Y. Fujii, and M. Ikegami, "Spreading of Novel Cyclotriphosphazine-Terminated PFPE Films on Carbon Surfaces," in *Proceedings of the 2003 Magnetic Storage Symposium, Frontiers of Magnetic Hard Disk Drive Tribology and Technology*, eds. A. A. Polycarpou, M. Suk, and Y.-T. Hsia, ASME, New York, TRIB-Vol. 15, 17–20, 2003.
8. Kasai, P. H. and V. Raman, "Perfluoropolyethers with Dialkylamine End Groups: Ultrastable Lubricant for Magnetic Disks Application," *Trib. Lett.*, 12(2), 117–122, 2002.
9. Chiba, H., Y. Oshikubo, K. Watanabe, T. Tokairin, and E. Yamakawa, "Tribological Characteristics of Newly Synthesized Multi-Functional PFPE Lubricants," *Proceedings of WTC2005 World Tribology Congress III*, September 12–16, 2005, Washington.
10. Marchon, B., X.-C. Guo, T. Karis, H. Deng, Q. Dai, J. Burns, and R. Waltman, "Fomblin Multidentate Lubricants for Ultra-Low Magnetic Spacing," *IEEE Trans. Magn.*, 42(10), 2504–2506, 2006.
11. Sonoda, K., D. Shirakawa, T. Yamamoto, and J. Itoh, "The Tribological Properties of the New Structure Lubricant at the Head-Disk Interface," *IEEE Trans. Magn.* 43(6), 2250–2252, 2007.
12. Shirakawa, D., K. Sonoda, and K. Ohnishi, "A Study on Design and Synthesis of New Lubricant for Near Contact Recording," *IEEE Trans. Magn.*, 43(6), 2253–2255, 2007.
13. Sianesi, D., V. Zamboni, R. Fontanelli, and M. Binaghi, "Perfluoropolyethers: Their Physical Properties and Behavior at High and Low Temperatures," *Wear*, 18(2), 85–100, 1971.

14. Marchionni, G., G. Ajroldi, M. C. Righetti, and G. Pezzin, "Molecular Interactions in Perfluorinated and Hydrogenated Compounds: Linear Paraffins and Ethers," *Macromolecules*, 26(7), 1751–1757, 1993.
15. Sanguineti, A., P. A. Guarda, G. Marchionni, and G. Ajroldi, "Solution Properties of Perfluoropolyether Polymers," *Polymer*, 36(19), 3697–3703, 1995.
16. Ouano, A. C. and B. Appelt, "Poly(Perfluoroethers): Viscosity, Density and Molecular Weight Relationships," *Org. Coat. Appl. Polym. Sci. Proc.*, 46, 230–236, 1981.
17. Cantow, M. J. R., E. M. Barrall Jr., B. A. Wolf, and H. Geerissen, "Temperature and Pressure-Dependence of the Viscosities of Perfluoropolyether Fluids," *J. Polym. Sci. Polym. Phys.*, 25(3), 603–609, 1987.
18. Marchionni, G., G. Ajroldi, and G. Pezzin, "Molecular Weight Dependence of Some Rheological and Thermal Properties of Perfluoropolyethers," *Eur. Polym. J.*, 24(12), 1211–1216, 1988.
19. Marchionni, G., G. Ajroldi, P. Cinquina, E. Tampellini, and G. Pezzin, "Physical Properties of Perfluoropolyethers: Dependence on Composition and Molecular Weight," *Polym. Eng. Sci.*, 30(14) 829–834, 1990.
20. Marchionni, G., G. Ajroldi, M. C. Righetti, and G. Pezzin, "Perfluoropolyethers: Critical Molecular Weight and Molecular Weight Dependence of Glass Transition Temperature," *Polym. Commun.*, 32(3), 71–73, 1991.
21. Marchionni, G., G. Ajroldi, and G. Pezzin, "Viscosity of Perfluoropolyether Lubricants: Influence of Structure, Chain Dimensions and Molecular Structure," *Soc. Automot. Eng.*, SP936, 87–96, 1992.
22. Cotts, P. M., "Solution Properties of a Group of Perfluoropolyethers: Comparison of Unperturbed Dimensions," *Macromolecules*, 27(22), 6487–6491, 1994.
23. Ajroldi, G., G. Marchionni, M. Fumagalli, and G. Pezzin, "Mechanical Relaxations in Perfluoropolyethers," *Plast. Rubber Compos. Process. Appl.*, 17(5), 307–315, 1992.
24. Danusso, F., M. Levi, G. Gianotti, and S. Turri, "Some Physical Properties of Two Homologous Series of Perfluoro-polyoxyalkylene Oligomers," *Eur. Polym. J.*, 30(5), 647–651, 1994.
25. Tieghi, G., M. Levi, and R. Imperial, "Viscosity versus Molecular Weight and Temperature of Diolic Perfluoropoly(oxyethylene-ran-oxymethylene) Oligomers: Role of the End Copolymer Effect," *Polymer*, 39(5), 1015–1018, 1998.
26. Ajroldi, G., G. Marchionni, and G. Pezzin, "The Viscosity-Molecular Weight Relationships for Diolic Perfluoropolyethers," *Polymer*, 40, 4163–4164, 1999.
27. Kono, R.-N., M. S. Jhon, H. J. Choi, and A. Kim, "Effect of Reactive End Groups on the Rheology of Disk Lubricant Systems," *IEEE Trans. Magn.*, 35(5), 2388–2390, 1999.
28. Karis, T. E., B. Marchon, D. A. Hopper, and R. L. Siemens, "Perfluoropolyether Characterization by Nuclear Magnetic Resonance Spectroscopy and Gel Permeation Chromatography," *J. Fluor. Chem.*, 118(1–2), 81–94, 2002.
29. Williams, M. L., R. F. Landel, and J. D. Ferry, "The Temperature Dependence of Relaxation Mechanisms in Amorphous Polymers and Other Glass Forming Liquids," *J. Am. Chem. Soc.*, 77, 3701–3707, 1955.
30. Ferry, J. D., *Viscoelastic Properties of Polymers*, 3rd ed. Wiley, New York, 1980.
31. Debye, P., *Polar Molecules*, Lancaster Press Inc., Lancaster, PA, 1929.
32. Karis, T. E., B. Marchon, V. Flores, and M. Scarpulla, "Lubricant Spin-Off from Magnetic Recording Disks," *Trib. Lett.* 11(3–4), 151–159, 2001.
33. B. G. Min, J. W. Choi, H. R. Brown, D. Y. Yoon, T. M. O'Connor, and M. S. Jhon, "Spreading Characteristics of Thin Liquid Films of Perfluoropolyalkylethers on Solid Surfaces: Effects of Chain-End Functionality and Humidity," *Trib. Lett.*, 1, 225–232, 1995.
34. O'Connor, T. M., M. S. Jhon, C. L. Bauer, B. G. Min, D. Y. Yoon, and T. E. Karis, "Surface Diffusion and Flow Activation Energies of Perfluoropolyalkylethers," *Trib. Lett.*, 1, 219–223, 1995.
35. Tyndall, G. W., T. E. Karis, and M. S. Jhon, "Spreading Profiles of Molecularly Thin Perfluoropolyether Films," *Trib. Trans.*, 42(3), 463–470, 1999.
36. Karis, T. E. and G. W. Tyndall, "Calculation of Spreading Profiles for Molecularly Thin Films from Surface Energy Gradients," *J. Non Newt. Fluid Mech.*, 82, 287–302, 1999.
37. Waltman, R. J., A. Khurshudov, and G. W. Tyndall, "Autophobic Dewetting of Perfluoropolyether Films on Amorphous Nitrogenated Carbon Surfaces," *Trib. Lett.*, 12(3), 163–169, 2002.
38. Dai, Q., F. Hendriks, and B. Marchon, "Modeling the Washboard Effect at the Head/Disk Interface," *J. Appl. Phys.*, 96(1), 696–703, 2004.
39. Karis, T.E., X-C. Guo, and J-Y. Juang, "Dynamics in the Bridged State of a Magnetic Recording Slider," Trib. Lett., 30(2), 123–140, 2008.

40. Karis T. E. and H. S. Nagaraj, "Evaporation and Flow Properties of Several Hydrocarbon Oils," *Trib. Trans.*, 43(4), 758–766, 2000.
41. Hirschfelder, J. O., R. B. Bird, and E. L. Spotz, "The Transport Properties of Gases and Gaseous Mixtures. II," *Chem. Rev.*, 44, 205–231, 1949.
42. Cotts, P. M., "Solution Properties of a Group of Perfluoropolyethers: Comparison of Unperturbed Dimensions," *Macromolecules*, 27(22), 6487–6491, 1994.
43. Sanguineti, A., P. A. Guarda, G. Marchionni, and G. Ajroldi, "Solution Properties of Perfluoropolyether Polymers," *Polymer*, 36(19), 3697–3703, 1995.
44. Adamson, A. W., *A Textbook of Physical Chemistry*, Academic Press, New York, p. 228, 1973.
45. Stirniman, M. J., S. J. Falcone, and B. J. Marchon, "Volatility of Perfluoropolyether Lubricants Measured by Thermogravimetric Analysis," *Trib. Lett.*, 6(3–4), 199–205, 1999.
46. Waltman, R. J., G. W. Tyndall, G. J. Wang, and H. Deng, "The Effect of Solvents on the Perfluoropolyether Lubricants used on Rigid Magnetic Recording Media," *Trib. Lett.*, 16(3), 215–230, 2004.
47. Karis, T. E., "Water Adsorption on Thin Film Magnetic Recording Media," *J. Coll. Int. Sci.*, 225(1), 196–203, 2000.
48. Tyndall, G. W., R. J. Waltman, and J. Pacansky, "Effect of Adsorbed Water on Perfluoropoyether-Lubricated Magnetic Recording Disks," *J. Appl. Phys.*, 90(12), 6287–6296, 2001.
49. Matsumoto, H., H. Tani, and T. Nakakawaji, "Adsorption Properties of Lubricant and Additive for High Durability of Magnetic Disks," *IEEE Trans. Magn.*, 37(4), 3059–3061, 2001.
50. Karis, T. E., "Lubricant Additives for Magnetic Recording Disk Drives," in *Lubricant Additives: Chemistry and Applications*, ed. L. Rudnick, Marcel Dekker, Inc., New York, pp. 467–511, 2003.
51. Kimura, H., Y. Imai, and Y. Yamamoto, "Study on Fiber Length Control for Ester-Based Lithium Soap Grease," *Trib. Trans.*, 44(3), 405–410, 2001.
52. Salomonsson, L.,, G. Stang , and B. Zhmud, "Oil/Thickener Interactions and Rheology of Lubricating Greases," *Trib. Trans.*, 50(3), 302–309, 2007.
53. Karis, T. E., R.-N. Kono, and M. S. Jhon, "Harmonic Analysis in Grease Rheology," *J. Appl. Polym. Sci.*, 90, 334–343, 2003.
54. D. J. MacLeod, A. Gredinberg, and G. P. Stevens, "Method and Apparatus for Assembling Disc Drive Motors Utilizing Multiposition Preload/Cure Fixtures," U.S. Patent 6,061,894, 2000.
55. LaFountain, A. R., G. J. Johnston, and H. A. Spikes, "The Elastohydrodynamic Traction of Synthetic Base Oil Blends," *Trib. Trans.*, 44(4), 648–656, 2001.
56. Johnston, G. J., R. Wayte, and H. A. Spikes, "The Measurement and Study of Very Thin Lubricant Films in Concentrated Contacts," *Trib. Trans.*, 34(2), 187–194, 1991.
57. Cann, P. M., M. N. Webster, J. P. Doner, V. Wikstrom, and P. Lugt, "Grease Degradation in R0F Bearing Tests," *Trib. Trans.*, 50(2), 187–197, 2007.
58. Bronshtein, L. A., Y. N. Shekhter, and V. M. Shkol'nikov, "Mechanism of Electrical Conduction in Lubricating Oils (Review)," *Chem. Technol. Fuels Oils*, 15(5–6), 350–355, 1979.
59. Avlyanov, J. K., "Stable Polyaniline and Polypyrrole Nanolayers on Carbon Surface," *Synth. Met.*, 102(1–3), 1272–1273, 1999.
60. Zhu J., and K. Ono, "A Comparison Study on the Performance of Four Types of Oil Lubricated Hydrodynamic Thrust Bearings for Hard Disk Spindles," *J. Trib. Trans. ASME*, 121(1), 114–120, 1999.
61. Hirayama, T., T. Sakurai, and H. Yabe, "Analysis of Dynamic Characteristics of Spiral-Grooved Journal Bearing with Considering Cavitation Occurrence," *JSME Int. J. Ser. C—Mech. Syst. Mach. Elem. Manuf.*, 48(2), 261–268, 2005.
62. Asada, T., H. Saitou, Y. Asaida, and K. Itoh, "Characteristic Analysis of Hydrodynamic Bearings for HDDs," *IEEE Trans. Magn.*, 37(2), 810–814, 2001.
63. Gavis J., and I. Koszman, "Development of Charge in Low Conductivity Liquids Flowing Past Surfaces: A Theory of the Phenomenon in Tubes," *J. Coll. Int. Sci.*, 16, 375–391, 1961.
64. Feng, Z., C. Shih, V. Gubbi, and F. Poon, "A Study of Tribo-Charge/Emission at the Head-Disk Interface," *J. Appl. Phys.*, 85(8), 5615–5617, 1999.
65. Eyring, H., "Viscosity, Plasticity, and Diffusion as Examples of Absolute Reaction Rates," *J. Chem. Phys.*, 4, 283–291, 1936.
66. Glasstone, S., K. L. Laidler, and H. Eyring, *The Theory of Rate Processess*, McGraw-Hill Inc., New York, p. 477, 1941.
67. Ewell, R. A., "The Reaction Rate Theory of Viscosity and Some of its Applications," *J. Appl. Phys.*, 9, 252–269, 1938.

68. Bair, S., C. McCabe, and P. T. Cummings, "Comparison of Nonequilibrium Molecular Dynamics with Experimental Measurements in the Nonlinear Shear-Thinning Regime," *Phys. Rev. Lett.*, 88(5), 58302-1-4, 2002.
69. Eiteman M. A. and J. W. Goodrum, "Rheology of the Triglycerides Tricaproin, Tricaprylin, and Tricaprin and of Diesel Fuel," *Trans. ASAE*, 36, 503–507, 1993.
70. Valeri D. and A. J. Meirelles, "Viscosities of Fatty Acids, Triglycerides, and Their Binary Mixtures," *J. Am. Oil Chem. Soc.*, 74(10), 1221–1226, 1997.
71. Karis T. E. and H. S. Nagaraj, "Magnetic Recording Device," U.S. Patent 6,194,360, 2001.
72. Wong, S., R. Kroeker, J. Burns, T. Karis, A. Hanlon, T.-C. Fu, and C. Hignite, "Disk Drive System with Hydrodynamic Bearing Lubricant Having Charge-Control Additive Comprising Dioctyldiphenylamine and/or Oligomer Thereof," U.S. Patent 7,212,376, 2007.
73. Karis, T. E., J. L. Miller, H. E. Hunziker, M. S. de Vries, D. A. Hopper, and H. S. Nagaraj, "Oxidation Chemistry of a Pentaerythritol Tetraester Oil," *Trib. Trans.*, 42(3), 431–442, 1999.
74. Spikes, H., "The History and Mechanisms of ZDDP," *Trib. Lett.*, 17(3), 469–489, 2004.
75. Chakravarty, N. K., "The Influence of Lead, Iron, Tin, and Copper on the Oxidation of Lubricating Oils. Part II. On the Metal Catalysed Oxidation of Oils," *J. Inst. Petrol.*, 49(479), 353–358, 1963.
76. Bondi, A., *Physical Chemistry of Lubricating Oils*, Reinhold Publishing Corp., New York, p. 289, 1951.
77. Karis, T. E., B. Marchon, M. D. Carter, P. R Fitzpatrick, and J. P. Oberhauser, "Humidity Effects in Magnetic Recording," *IEEE Trans. Magn.*, 41(2), 593–598, 2005.
78. Karis, T. E., W. T. Kim, and M. S. Jhon, "Spreading and Dewetting in Nanoscale Lubrication," *Trib. Lett.*, 17(4), 1003–1017, 2004.
79. Karis, T. E., and M. A. Tawakkul, "Water Adsorption and Friction on Thin Film Magnetic Recording Disks," *Trib. Trans.*, 46(3), 469–478, 2003.
80. Karis T. E., and X.-C. Guo, "Molecular Adhesion Model for the Bridged State of a Magnetic Recording Slider," *IEEE Trans. Magn.*, 43(6), 2232–2234, 2007.

23 润滑脂添加剂的应用

Robert Silverstein and Leslie R. Rudnick

23.1 引言

润滑脂是最古老的润滑材料之一，事实上，按我们现代的标准，最早的润滑脂可以认为是环境友好可生物降解的。大约公元前1400年古埃及人制造了原始润滑脂来润滑他们的马车。这些早期的润滑脂由羊油和牛油组成，有时也混入石灰。实际上，润滑脂一词来源于“crass us”，拉丁语意为脂肪。随着时间的流逝，直到大约18世纪，润滑脂的性能还几乎没有改进。在18、19世纪及工业革命时期，社会上出现了越来越多的新机器。这种在工业革命时期或之后发展的现代技术就要求润滑剂能满足设备在更高负荷以及更苛刻的工况下工作的性能要求。为了改善设备的性能以及延长机器部件的使用寿命，需要新的润滑脂技术。

润滑脂是将稠化剂分散于一种或多种液体润滑剂(润滑油)中所形成的一种固体或半固体润滑剂。在某些场合下选择润滑脂替代惯用的润滑油进行润滑，其主要优势在于润滑脂能黏附在相互接触的两摩擦表面，润滑脂一般不会从润滑部位流失。润滑脂中的稠化剂就是用来减少因重力、压力或者离心运动所造成的流失。润滑脂是最好的稠化油。

润滑脂作为润滑剂与润滑油相比至少有三大优势：

(1)使用润滑油会泄漏的场所适于使用润滑脂；

(2)需要润滑脂作为天然密封物质时；

(3)需要有更厚的润滑油膜时。

润滑脂中液体润滑剂或基础油通常占70%～95%。基础油可以是矿物油、合成油或者天然油脂如植物油，动物油现在已不常用。润滑脂中有5%～25%的稠化剂。现在用得最普遍的稠化剂是金属皂，尤其是锂皂，锂基润滑脂占整个润滑脂市场的60%以上。硅胶、膨胀石墨[1]或者黏土(膨润土或水辉石)有时也用作稠化剂。黏土基润滑脂约占润滑脂市场份额的5%～10%。

用于改善润滑脂某些性能的添加剂如抗氧剂、抗磨剂、防腐剂等在润滑脂中占0.5%～10%，添加量视润滑脂种类和用途的不同而不同。当润滑脂用于更苛刻条件下润滑时，通常要加入性能更好的多种添加剂组成的复合添加剂。这些添加剂常常和液体润滑剂(润滑油)中的添加剂一样，石墨、二硫化钼等典型的用做抗磨添加剂和极压添加剂的固体添加剂除外。

进一步的深入研究将会产生更多更有效的新物质用于稠化剂和/或润滑领域的其他添加剂。人们期盼这些将要出现的物质具有大大优于润滑脂和液体润滑剂(润滑油)中现有添加剂的性能。

除了避免润滑脂的流失使其保持在润滑部位外，润滑脂的基本性能就是减少摩擦和磨损。影响润滑脂性质和作用的主要因素有：

(1)稠化剂的种类和添加量;

(2)润滑脂的稠度或硬度;

(3)润滑脂的滴点;

(4)抗氧剂;

(5)极压添加剂;

(6)润滑脂的泵送性能;

(7)润滑脂的蒸发性;

(8)毒性及生物降解性等环境因素。

用作稠化剂的皂可以看作是润滑脂中的添加剂,尽管它们在润滑脂组成中通常占有比较大的比例。实际上,是稠化剂使润滑脂成其为脂而区别于传统的润滑流体的。本章没有介绍皂的相关知识,因为 Klamann[2] 和 Boner[3] 在前面已进行了介绍。功能皂也用来赋予润滑脂极压性能和抗磨性能[2]。

本章旨在介绍润滑脂中用到的一些重要的添加剂以及一些不同添加剂使用性能的测试结果。因为润滑脂的最终配方是特殊性能要求的结果,因此这里所介绍的数据集中在基础油、稠化剂、添加剂影响等几方面,而不是润滑脂全面的配方设计,这些配方许多都是专属不公开的。

23.2 全球润滑脂使用情况

从全球来看,消耗润滑脂最多的地区是北美(541MM lb*)、中国(510MM lb)和欧洲(414MM lb)。其他主要的消耗地区是印度和印度次大陆(182MM lb)、日本(184MM lb)、太平洋和东南亚(113MM lb)、加勒比和南美中心地区(99MM lb)以及非洲和中东地区(71MM lb)地区[4]。全球每一个不同的地区对润滑脂产品都有不同的需求。

美国润滑脂协会(NLGI)2006 年润滑脂产品调查报告报出一个巨大的数据:全球 2006 年大概生产了 21 亿英镑润滑脂。其中,传统的锂基脂和复合锂基脂大约分别占总量的 59% 和 15%,美国和加拿大,2006 年润滑脂产值为 5.45 亿英镑,其中传统的锂基脂和复合锂基脂分别占总量的 32% 和 36%[4]。

经深度精制和化学处理的矿物油(CMMO)或合成基础油[5],被用做高性能的复合皂润滑脂,应用于传统润滑脂不能满足要求的更宽的领域。工业润滑脂占了全球润滑脂的主要部分,最大的应用领域是铁路润滑、钢铁生产、矿业及普通制造业。汽车行业如卡车、公交车、农用车、非道路用建筑设备和轿车都用到润滑脂[5]。

23.3 润滑脂生产

皂基脂的生产是通过三个连续有序的基本步骤完成的。首先,通过不同脂肪的皂化生成皂;然后对皂进行脱水和进一步性能优化;最后,将皂、基础油、添加剂等进行碾磨,使各组分充分混合形成均匀分散系。碾磨就是剪切润滑脂使各组分分散的过程。Brown 等已介绍

---

* 译者注:1lb = 453.6g;MM lb 表示百万磅。

了在碾磨定位皂纤维时，剪切过程是如何进行的[6]。分散和定位过程可以使润滑脂的硬度增加100个锥入度单位[7]。

润滑脂可以通过反应釜法、接触法或连续反应三种不同的工艺生产。因润滑脂的产率不同、产量不同和早期设备投资不同而区分为以上三种不同的生产工艺。反应釜法和接触法都是一次反应法，接触法利用压力来缩短反应时间。

当润滑脂采用一次反应法进行生产时，基础油、添加剂和稠化剂一起加热。如果皂化过程需要生成皂，反应混合物则在更高温度下完成反应，同时将各组分充分分散。一个典型的一次反应釜法的反应过程一般要8～24h，产量为2～50000lb。它们(反应釜)的外形是典型的圆柱体，高径比为1～1.5。(反应釜)底部是中间凹陷的圆盘形或圆锥形，顶部则为平顶或穹窿形顶。因为制备润滑脂的首要目标即为各组分的分散，因此反应釜或可能配有一套搅拌器或者平衡搅拌器的配套设备用于各组分更有效的混合，有时也用刮刀去除黏附在反应釜壁上的物质。

接触法的优点在于能缩短加热和反应的时间。例如，同样生产20000lb的锂基脂，一次反应釜法可能要20h，而接触法则只需要5～7h[8,9]。在接触法中，脂肪酸或氢化蓖麻油、牛油、植物油等甘油脂以及氢氧化锂等从(接触器)顶部加入，再加基础油，也可能加水。对接触器加压，加快接触器中皂化反应进程。其他工序包括反应后的冷却、调合成品油、润滑脂泵入成品脂中。

连续反应法制润滑脂分三个主要阶段：皂反应阶段、脱水阶段和调合完成阶段。皂化作用发生在反应阶段，在这个阶段脂肪组分、碱及基础油一起加入。接着润滑脂各组分转入到脱水阶段，脱水是在真空条件下除去挥发性物质，这个阶段的产物就是脱水皂基料。上述产物接着进入调合完成阶段，这个阶段会加入另外的基础油和添加剂使其复合，并分散均匀[10]。表23.1对连续反应法和反应釜法进行了比较[8]。

表23.1

润滑脂连续反应法及反应釜法的比较

	连续反应法	反应釜法
投资成本因素	1.0	1.2
生产成本因素	1.0	4.1
热负荷/(Btu/h)	1500000	3000000
冷却水量/(gal/main)	75	200
用电量/(kW/h)	120	380

注：以上数据是根据年产值为1千万英镑的锂基脂、钙基脂和钠基脂的两种不同生产工艺所得。

许多化学和工艺因素会影响润滑脂的性能。例如，影响锂基脂生产的几个因素有基础油、脂肪酸浓度、温度、湿度及添加剂的化学性质。用不同工艺生产润滑脂需要考虑以下几个因素：润滑脂产量、制备润滑脂需要的能耗、制备时间以及相关维护费用。

对于苛刻环境下使用的场合，如航空、军事上所使用润滑脂要求其具有特殊的性能。这些润滑脂必须在大多数其他润滑脂从来不会遇到的条件下具有可靠的使用性能。这此物质必须具有极好的热稳定性、低挥发度。同时在极端温度区域(极柢或极高)仍然能发挥效能。

基础油和所有的添加剂必须满足这些要求。例如，高性能润滑脂已采用复合烷基环戊浣(MAC)作基础油[12]。其他有特殊性能的基础油正在研究中，包括含氟和其他杂原子化合物。

23.4 润滑脂组成及性能

23.4.1 组成

传统润滑脂基础油通常有三类：矿物油(来自石油)、合成油(来自不同化学组分的合成)、天然油(动植物油)。矿物油可以是石蜡基油或环基油。常用的合成油有聚 α-烯径(PAOs)、酯类油、聚乙二醇、硅油。天然油来自大豆、油菜及其他植物和富含油酸的植物。

基础油的黏度通常直接影响到成品脂的黏度性质。制备润滑脂所用基础油通常是黏度为150~600N 的油，也可以是光亮油。高黏度基础油用于高温高负荷型润滑脂。用于高速条件下的润滑脂则普遍需要低黏度的基础油。润滑脂也可以根据稠化剂的种类来进行分类[13]。

润滑脂稠化剂的种类多种多样。但从使用情况来看，整个工业中通常用到几种主要的稠化剂。碱类物质有氢氧化锂、氢氧化钙、氢氧化钠和氢氧化铝。这些碱和来自动物、植物和海洋的原料物质进行反应。也可以用非皂基稠化剂如硅土、黏土、尿素、聚脲以及聚四氟乙烯(特氟隆)作润滑脂稠化剂。

Wills 已总结了润滑脂的稳定性、抗氧化性、水的影响、最高使用温度及其他性质[13]。

23.4.2 润滑脂性质

润滑脂通常通过以下实验对其进行分类和性能评价：

稠度；
腐蚀性；
稳定性；
耐水性；
极压抗磨性能；
台架试验；
泵送性能。

23.4.3 稠度

润滑脂最重要的性质之一便是它的稠度。正如润滑油有不同黏度等级一样，润滑脂则用美国材料试验学会(ASTM)工作锥入度测量稠度，根据稠度进行等级划分。工作锥入度是指润滑脂在测试前按标准方法经过60 次往复工作后测得的锥入度。锥入度是以长度进行评定的，即锥入度是指标准圆锥体在标准作用力的作用下锥入润滑脂样品中的深度，单位为0.1mm，标准的测试方法为 ASTM D 217[7]。但是 ASTM D 1403 这个特殊的测定方法则用四分之一和二分这一的圆锥体来测定更少的润滑脂样品的锥入度。已有公式用于把 ASTM D 1403 测定结果换算为 ASTM D 217 的测定结果。

在这些试验中，润滑脂的工作温度为25℃的恒温，测定结果中硬脂比软脂的锥入度要小。国际润滑脂协会(NLGI)润滑脂分类系统中即是按 ASTM D 217 试验的锥入度结果来评定润滑脂软硬等级进行润滑脂牌号划分的，见表 23.2。

表 23.2

国际润滑脂协会(NLGI)润滑脂牌号划分

NLGL 牌号	工作锥入度	NLGI 牌号	工作锥入度
000	445～475	3	220～250
00	400～430	4	175～205
0	355～385	5	130～160
1	310～340	6	85～115
2	265～295		

其他用于评定润滑脂稠度的测试方法还有表观黏度(ASTM 在 1092)和蒸发损失(ASTM D 972 和 ASTM D 2595)。

23.4.4 稳定性

23.4.4.1 滴点

润滑脂的硬度是温度的函数。润滑脂仅仅在某一温度点以下可以是稠化状润滑剂，在某些温度以上则变为流体。测试润滑脂温度升高时其变为流体的能力所用的标准方法是滴点法(ASTM D 2265)[15]。实质上，滴点是衡量润滑脂耐温度的能力。在滴点测试试验中，润滑脂样品装在一个小开口的标准脂杯中，将润滑脂样品插入预热好的铝块中加热。当润滑脂从脂杯中滴下第一滴液体时，此时润滑脂样品的温度加上它与铝块温度之间差值的三分之一温度之和即定义为滴点。表 23.3 概括了一些使用不同稠化剂的润滑脂的最大使用温度和滴点范围[16,17]。

表 23.3

润滑脂的一般温度性质

稠化剂	滴点/℉	最高使用温度/℉
铝基皂	230	175
钙基皂	270～290	250
钠基皂	340～350	250
锂基皂	390	275
钙复合皂	>500	350
锂复合皂	>500	350
铝复合皂	>500	325
聚脲(非皂基)	>450	350
有机黏土(非皂基)	>500	350

已有人用核磁共振光谱在 23～90℃下对润滑脂中油的自扩散行为进行了研究。已对环烷基矿物油和聚 α－烯径合成油进行了测试。在 40～90℃温度条件下的试验结果表明：使用同种基础油时，稠化剂的浓度影响分散性[18]。

其他测试润滑脂高温稳定性的试验有：润滑脂高温流失(ASTM D 1742)、三叉探针法(ASTM D 3232)、润滑脂锥体流失法(FTM 791B)、润滑脂挥发性(ASTM D 972 和 D 2595)、润滑脂滚轧稳定性(ASTM D 1831)、润滑脂氧化安定性(ASTM D 942)以及润滑脂高速轴承试验(ASTM D 3336)。

23.4.5　极压抗磨性能

23.4.5.1　四球机磨损试验

ASTM D 2266 测定方法中，三个硬钢球被固定卡住，被测试的润滑脂样品淹过这三个钢球，第四个钢球旋转挤压这三个固定的钢球，使每个钢球都产生一个磨斑，测量时记录其平均磨斑直径。该试验是在较轻负荷下进行的，因此钢球不发生卡咬或烧结[19]。

23.4.5.2　四球极压性能

ASTM D 2296 与 ASTM D 2266 测定方法相似，只是所加负荷更高。在某一负荷下，四个钢球会黏结在一起，即发生烧结。此负荷即为烧结负荷。烧结负荷可以用于评价润滑脂的负荷承载能力是低、中还是高。ASTM 把负荷(综合)磨损指数(或润滑剂承载能力)作为评定润滑脂肪所加负荷下抗磨损能力的一个指标。试验条件下，在钢球发生烧结前，按牛顿(公斤力)载荷级别精确到0.1对数单位向三个固定好的钢球上加载十个系列负荷进行试验。负荷(综合)磨损指数即是由临近烧结负荷点前所加的十个负荷值决定的矫正负荷的平均值[20]。

微动磨损是用 ASTM D 3704 来评定的，同时润滑脂的负荷承载能力还可以用梯姆肯 OK 值进行评定(ASTM D 2509)。

23.4.6　泵送性能

润滑脂泵送性能可以用美钢(USS)低温流动性实验进行评定。低温流动性很大程度上反映的是稠化剂的种类和浓度，与添加剂的相关性则不是很明显。

23.4.7　腐蚀性

评定润滑脂腐蚀性的试验有三个：润滑脂铜片腐蚀试验(ASTM D 130)、轴承锈蚀试验(ASTM D 1743)及 Emcor 锈蚀试验。

23.4.8　耐水性

润滑脂抗水淋性能用 ASTM D 1264 评定，润滑脂抗水喷射性能用 ASTM D 4049 评定，修改后的 ASTM D 1831 则用于评定润滑脂湿滚筒稳定性能。

23.4.9　台架性能试验

润滑脂工业中有几个比行业评价更重要的台架试验用于评定润滑脂性能。这些试验包括汽车车轮轴承润滑脂高温寿命性能测定法(ASTM D 3527)、模拟造纸厂使用润滑脂性能测定法(SKF R2F)、FE－8 型润滑脂性能试验、CEM 电动马达试验和 GE 电动马达试验。低温扭矩则用 ASTM D 1478 和试验温度为－54℃的 ASTM D 4693 试验测定。

23.5　润滑脂稠化剂

大多数润滑脂是把金属皂作为稠化剂加入基础油中制得的。金属皂基稠化剂是由碱与脂肪或脂肪酸反应制得的。脂肪可来源于动物、海洋、植物脂肪酸或脂肪。来自以上的脂肪酸通常是最多含一个不饱和双键的几个碳原子的直链脂肪酸。通常用于制脂的是氢化蓖麻油。通过皂化制得 12－羟基硬脂酸锂基脂。氢氧化锂、氢氧化钙、氢氧化铝和氢氧化钠常作为制皂的碱性物质。图 23.1 是制皂的一些反应式[2]。

现代润滑脂中单皂和复合皂均用。单皂是由一种脂肪酸和一种金属氢氧化物制得的。国际润滑脂协会(NLGI)将复合脂定义为皂，这种皂中含有皂晶，或是由两种或者多种化合物共晶形成的纤维，即普通皂和复合皂[21]。普通皂是类似于常规皂基稠化剂如硬脂酸钙和 12－羟基硬脂酸锂等长链脂肪酸金属盐。复合剂可以是短链有机酸的金属盐，如乙酸等。

总之，润滑脂稠化剂通常有以下类型：

(1)铝皂；

(2)复合铝皂；

(3)钙皂；

(4)复合钙皂；

(5)锂皂；

(6)复合锂皂；

(7)聚脲(脲基稠化剂)；

(8)黏土。

复合皂基脂的性能取决于[22]：

(1)金属类型(锂、钙等)；

(2)普通皂的类型(硬脂酸金属盐、12－羟基硬脂酸金属盐等)；

(3)复合剂类型(醋酸盐、苯甲酸盐、碳酸盐、氯化物等)；

(4)普通皂与复合剂之比；

(5)生产工艺条件。

复合皂可用于更高温度条件下，因为其滴点比普遍润滑脂高。

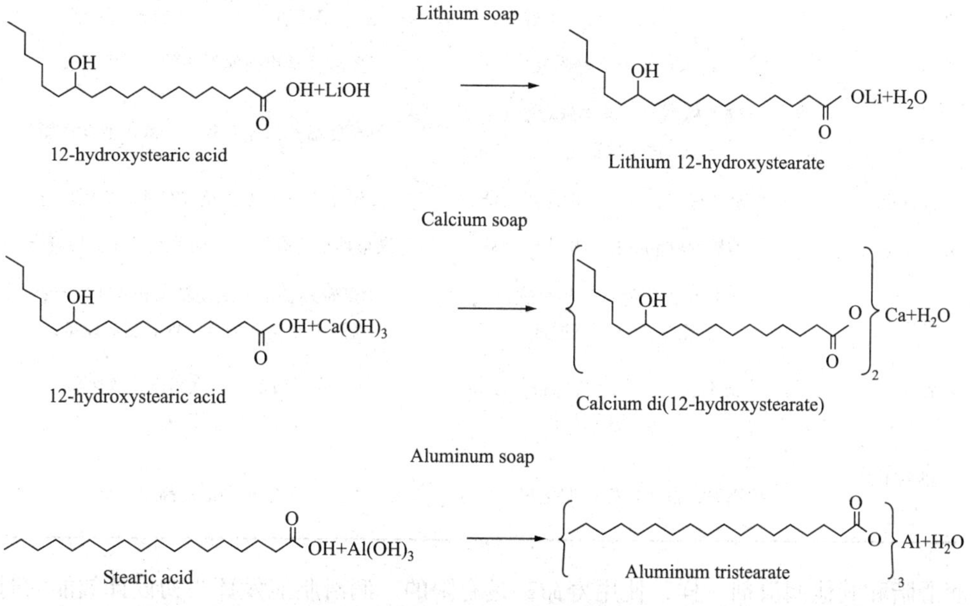

图 23.1 制备润滑脂稠化剂的化学反应式

稠化剂结构直接影响整个成品润滑脂的性能。稠化剂的链结构可以是直链皂结构也可以是更复杂的环状结构。实际上，稠化剂可能是针状的、平面盘状的或球状的，并且在尺寸上有很大变化。皂形成皂纤维，这些即为固定基础油的骨架结构。钠皂纤维结构大小为 1 ×

100μm，而短纤维的锂皂则为0.2×2μm，铝皂纤维直径可能只有0.1μm[23]。Boner已经报道了不同尺寸皂分子制得的锂基脂的流变性质[24]。皂纤维结构及其表面积体积比随皂的种类不同而不同。据报道，稠化剂分子最有效的形状是细带状，随着稠化剂分子的表面积体积比的增加，润滑脂结构变得牢固，表现为锥入度降低[25]。Wilson报道了锂皂纤维是长的平面带状[26]。一般来说，钠皂纤维尺寸在1.5~100μm，锂皂为2~25μm。实际上铝皂纤维是球状的，尺寸为0.1μm，钙皂为短纤维，一般约为1μm长。有机质膨润土大约为0.1×0.5μm。

一般来讲，使用不同稠化剂制得的润滑脂不能在同一应用场合混合使用。这可以从混合脂与单一脂性能对比中混合脂性能更差得出这一结论。润滑脂间不相容及性能恶化也会引起设备功能失调。例如，人们常被提醒锂基脂和钠基脂不相容。当然，任何事物都有两面性，Meade通过广泛研究，试验了1200多种润滑脂混合物，发现其中有75%的脂相互间是相容的[27]。

当润滑脂在剪切力作用下或受剪切作用后的稳定性受稠化剂的种类和结构影响。在台架试验中，锂基脂在剪切作用下损失最小且为薄膜厚度。研究发现，钙基脂，钠基脂和膨润土基脂不耐剪切[28]。表23.4概括了使用不同种类稠化剂的润滑脂的性能特点和应用场合[2]。

表23.4

不同种类稠化刘润滑脂的性能特点和应用场合

稠化剂	性能特点	应用场合
铝皂	滴点低；抗水性很好	低速轴承；潮湿环境
钙皂	滴点低，抗水性很好	潮湿环境下轴承；铁路铁轨润滑
钠皂	抗水性很差；黏附性好	要求经常更换润滑脂的旧工业设备
锂皂	滴点较高；不易变软和流失；抗水性适度	汽车底盘；汽车轮毂；一般工业润滑脂
复合钙皂	抗水性很好；固有的极压承载能力	高温条件下的工业及汽车轴承应用场合
复合锂皂	不易变软和流失，抗水性适度	汽车轴承；高温下滚动单元工业应用场合
复合铝皂	抗水性很好；不易变软；泵送性好；可逆性	钢厂辊颈轴承；滚动轴承和普通轴承；高温工业应用场合；食品制造设备；
聚脲（非皂基）	抗水性好；抗氧性好抵抗变软和抗流失能力较弱	工业滚动轴承；汽车连续变速器
有机黏土（非皂基）	抗流失；抗水性好；稠化剂无滴点	需常常再润滑的高温轴承

润滑脂和其他润滑剂一样，使用寿命都是有限的。润滑脂能发挥当初设计效能的时间长短与影响其他润滑剂使用的各种因素有关。另外，润滑脂的结构受温度、机械强度以及稠化剂的氧化性能影响。随着润滑脂使用时间的增长，润滑脂可能会变干变脆，因此润滑脂可能会失去当初设计的效能。

不同稠化剂润滑脂的性质如下：

(1)铝基脂　抗水性很好，机械安定性差，氧化安定性很好，分油性好，泵送性差，最高使用温度一般为175℉(79.5℃)；

(2)钙基脂　抗水性好，机械安定性一般，氧化安定性差，防锈性能优良，泵送性能一般，最高使用温度一般为250℉(121℃)；

(3)锂基脂　抗水性良好，机械安定性很好，氧化安定性介于良好到很好之间，因配方不同其防锈性能则从差到很好，泵送性能从一般到很好，通常最高使用温度为275℉(135℃)；

(4)复合铝基脂　一般抗水性很好，机械安定性良好，有一定的极压抗磨性，最高使用温度一般为350℉(177℃)；

(5)复合钙基脂　分油能力极好，机械安定性良好，有一定的极压抗磨性，最高使用温度一般为350℉(177℃)；

(6)复合锂基脂　分油性极好，抗水性适度，最高使用温度350℉(177℃)；

(7)膨润土基脂　抗水性在良好到很好之间，泵送性能良好，分油性很好，最高使用温度一般大大高于350℉(177℃)；

(8)聚脲基脂　氧化安定性很好，优异的泵送性，分油性也很好，但工作稳定性差，防锈性能一般，最高使用温度一般为350℉(177℃)。聚脲基脂容易变软。但可逆，即具有塑性变形。

热和剪切力引起物理化学变化会降低润滑脂的性能[29]。这些研究人员指出：羟基硬脂酸锂基脂因温度而老化是润滑膜厚度变化和在缺脂情况下滚动接触时脂流失所致。

23.6 抗氧剂

由于烃类的氧化机理对于润滑化学和润滑性能有重要作用，因此人们已经对其进行了深入研究，本书第一章已作了相关介绍。

烃类与氧反应时，首先产生过氧化物和氢过氧化物，这些物质进一步反应生成醇、醛、酮及羧酸。这些氧化反应过程是通过自由基链反应进行的。对于皂基稠化剂稠化的以烃类为基础的润滑脂，也对氧敏感(也易被氧化)。另外，金属皂中的金属(离子)能发生催化氧化反应。

润滑脂中的抗氧剂分类举例如下：

(1)受阻酚类/酚型抗氧剂：如2，6-二叔丁基酚，2，6-二叔丁基对甲酚；

(2)芳香族胺/胺型抗氧剂：如二芳基胺、二辛基二苯胺；

(3)金属二烷基二硫代磷酸盐：如(二烷基)二硫代磷酸锌；

(4)金属二烷基二硫代碳酸盐：如(二烷基)二硫代碳酸锌、二烷基二硫代碳酸钼；

(5)无灰型二烷基二硫代碳酸酯；

(6)硫化酚：如硫化酚酯和硫化酚醚；

(7)吩噻嗪；

(8)二硫化物：如二芳基二硫化物；

(9)二烷基和三芳及磷酸盐和磷酸酯：如三(二叔丁基苯基)磷酸酯。

烷基酚型抗氧剂在低温下最有效。仲芳香胺如苯基α-萘胺(PANA)、苯基β-萘胺

(PBNA)、二辛基二苯胺、吩噻嗪等在高温下最有效。实际上，润滑脂中常加入包括烷基酚型、仲胺型和酚型抗氧剂的混合物以使润滑脂能在尽可能宽的温度范围下工作。

在某些情况下，多种抗氧剂(或其他添加剂)间具有加和作用。而在另外一些情况下，有人已证明，在同一配方中同时使用受阻酚(酚型抗氧剂)和芳胺(胺型)抗氧剂具有协同效应。

23.7　摩擦与磨损

摩擦力是阻止相互接触的两物体或两表面做相对运动的力，润滑剂是用来减小摩擦力的。剧烈摩擦会产生热，并且因为要使相互接触的两部分作相对运动所以需要更大的力，这样的摩擦会降低工作效率。当润滑膜厚度不足以保护金属表面时，摩擦的一方或双方就会产生磨损。磨损是作相对运动的两物体表面的凹凸会发生相互作用而直接造成的物质损失。因为磨损导致材料损失，使设备各部件的形状、尺寸随之改变，因此磨损会缩短各摩擦部件的使用寿命。严重的磨损会导致设备失效和安全事故。通常磨损有三种类型：磨粒磨损、黏着磨损和腐蚀磨损。润滑脂的作用就是阻止这种现象的出现。当两摩擦面间加有润滑剂时，摩擦和磨损可以降低到最小。根据摩擦副表面间形成的润滑剂膜厚度大小或状态和特征将润滑分为三种方式：边界润滑、弹性流体动压润滑(混合润滑)和流体动压润滑。

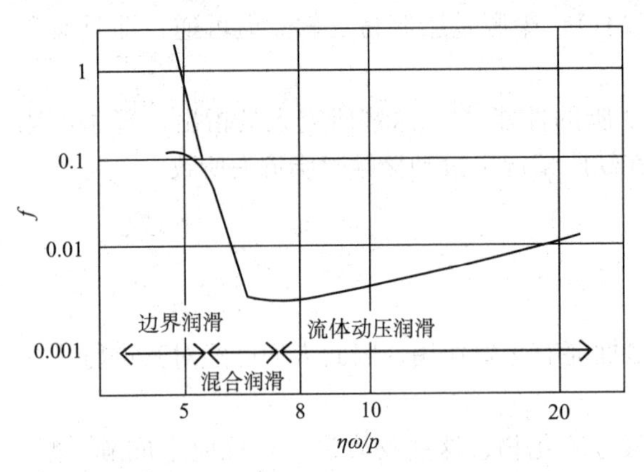

图 23.2　一般轴承的斯萃贝克曲线

图 23.2 中 Stribeck(斯萃贝克)曲线表述了以上三种润滑情况[30]。表 23.5 则给出了各个润滑区域的润滑膜厚度、相应凹凸体尺寸大小及边界润滑区域的滑动磨损碎片尺寸[31]。

流体动压润滑本质上是摩擦副被润滑剂分隔开的区域。在这个区域里，因油品的黏度随着机械摩擦副的运动能产生足以将两摩擦副完全分隔开的流体压力。

表 23.5

润滑膜、凹凸体及边界润滑碎片尺寸

项目	大致尺寸范围/μm	项目	大致尺寸范围/μm
单分子层	0.002～0.2	滚动磨粒	0.07～10
滑动磨粒	0.002～0.1	流体动压膜	2～100
边界膜	0.002～3	凹凸体尖半径	10～1000
弹性流体膜	0.01～5	集中接触宽度	30～500
凹凸体高度	0.01～5		

弹性流体动压润滑是润滑膜厚度不足以完全分隔开摩擦副的润滑区域。在这个区域里，表面凹凸体相互接触导致磨损发生。润滑剂连续充满整个凹凸体接触的区域[32]。弹性流体

动压润滑膜的厚度比边界润滑膜大，但比流体动压润滑膜小。

边界润滑区域摩擦幅表面间润滑膜厚度仅为几个分子层。在此区域，因为摩擦副表面紧紧相连，摩擦和磨损就取决于摩擦副表面性质和润滑剂性质了。形成边界膜，降低了表面能，因此从热力学角度讲，边界膜是有利的[33]。边界膜是由含极性基团的分子层形成的，正因为如此，边界膜是靠化学或物理吸附在摩擦副表面的。即使是润滑剂分子断裂产生的氧化产物，也能吸附在金属表面并且进入润滑区域。边界润滑在温和的条件下和苛刻的条件下均会产生。

物理吸附是一个可逆过程，即分子在表面发生吸附和脱附，而不发生化学变化。添加剂通过物理吸附起保护作用的是极性结构。这至少有两种现象必定发生：极性分子必定对摩擦副表面具有优先亲和力；同时极性分子应当在表面优先定位排列以便能更牢地吸附在表面。醇类、酸类和胺类即是长链分子末端具有功能团的极性物质例子。极性分子能紧紧吸附并紧密排列在表面相应位置，提供更牢固的润滑膜。因为物理吸附力相对较弱，因此，这些润滑膜在低温到中温条件下有效。大量润滑剂中新的分子能不断地替代摩擦副表面因物理脱附或机械外力脱附的分子。

但是化学吸附则是不可逆的过程，这个过程中润滑流体分子或添加剂组分与摩擦副表面反应生成低剪切应力的保护层。当这层新的低剪切应力保护物质消耗完时，其余的添加剂又参加反应形成新的保护层。化学吸附的保护作用发生在高温条件下，因为需要进行化学反应生成表面膜。极压添加剂(EP)能在400℃保护润滑表面。

较宽温度范围内减少抗磨和减磨，可以通过调合具有物理吸附和化学吸附的添加剂来完成。在低温物理吸附层与高温化学(反应)吸附层之间存在一个较难保护的温度范围。已有实验证明：通常油酸可作常温抗磨减摩添加剂，含氯添加剂则可以更高温度下起极压保护作用[34]。

23.8 极压抗磨剂

极压抗磨剂是在中等及更苛刻的边界润滑条件下起减摩和抗摩作用的。我们知道活性物质S、P、Cl、金属或其混合物能起极压保护作用。

在高负荷下，金属表面相互接触，结果导致局部温度上升，使得极压抗磨剂(EP)和金属表面发生反应，生成防止相对的两凹凸体发生焊接的表面膜[35]。

下面给出一些极压抗磨添加剂的主要基团：

(1)硫化烯烃，脂肪及酯；

(2)氯化石蜡；

(3)二烷基二硫代磷酸盐：包括锑盐和锌盐；

(4)磷酸酯和硫代磷酸酯：如二正辛基磷酸酯，异癸基磷酸二苯酯；

(5)磷酸酯胺盐；

(6)硼酸酯；

(7)二硫代碳酸盐：包括锑；

(8)环烷酸盐：包括铋和铅；

(9)金属皂：包括铅；

(10)硫化物和二硫化物：如二芳基二硫化物；

(11)高分子复合酯。

23.8.1 固体添加剂

固体添加剂是用于润滑脂极压抗磨减磨或当润滑剂漏失时起保护作用的有机、无机或聚合固体物质。本书第6章将更详细介绍固体润滑剂的相关知识。实例有：

(1)铋比铅作为极压添加剂对环境更友好[36,37]；

(2)含硼添加剂：硼酸、硼砂及金属硼酸盐；

(3)氮化硼；

(4)二硫化钼；

(5)无机S、P添加剂：磷酸盐与硫代硫酸盐混合物专利产品[38]；

(6)聚氟化合物：如全氟化聚烯烃；

(7)各种形式的石墨：报道了分散型石墨的优点[39]；

(8)醋酸钙、碳酸盐、磷酸盐、氟化铈；

(9)硬脂酸锌、氧化锌；

(10)铜粉；

(11)镍粉；

(12)磷酸酯玻璃体。

作者比较了润滑脂中MoS_2、石墨、二硫代碳酸钼、聚三氟乙烯、氮化硼和磷酸酯玻璃体的极压性能和作用机理[40]。使用磷酸酯玻璃体——一种较其他固体添加剂相对昂贵的白色粉末，可以改善润滑脂的承载能力，在极端条件下具有较好的抗磨作用[41,42]。在轻负荷条件下，这些磷酸酯玻璃体细粒能保持最初的圆形。在极高负荷下，磷酸酯玻璃体颗粒被压缩并在磨损表面形成一层厚的保护膜。

润滑脂另外的应用领域是空间润滑，在这种应用领域甚至包括真空条件下，润滑剂需要具有很长的使用寿命。这类润滑脂中的添加剂必须挥发性小、润滑性能极好。PEPAE(全氟聚烷醚)是已用于这一领域多年的润滑脂。据报道，在$10^{-5} \sim 10^{-4}$Pa的真空、2000r/min转速下使用以PFPAE为基础油的润滑脂，进行深槽滚珠轴承试验，结果表明其具有很长的使用寿命[43]。

23.9 防锈防腐剂

锈蚀是铁与空气中的氧气发生电化学作用的一种腐蚀形式，由于水的催化作用，锈蚀随湿度的增加而加重[44]，钢铁的锈蚀会引起设备效能降低和设备及零部件的损坏。

钢和铁表面的电化学氧化反应可以通过在润滑脂中添加阻止铁锈(或铁氧化物)生成的特效锁水添加剂，来防止锈蚀发生。防锈添加剂是强极性的活性油溶性物质，通过物理吸附吸附在金属表面。加有防锈添加剂的润滑脂可以形成一层保护膜以避免光、湿度、水分和空气的影响。防腐添加剂是通过对基础油和添加剂因降解所产生的腐蚀性酸进行中和而起作用。

润滑脂中的防锈防腐添加剂按化学种类分类主要有：

(1)羧酸：包括脂肪酸，如烷基丁二酸半酯及壬基苯氧基乙酸；
(2)脂肪酸盐及胺：如葵二酸二钠；
(3)丁二酸酯：如烷基丁二酸半酯；
(4)脂肪胺及酰胺；
(5)磺酸盐：包括胺盐、钡盐和钠盐；
(6)环烷酸盐：包括铋盐、铅盐和锌盐；
(7)酚盐；
(8)含氮气、杂环化合物：如咪唑啉的取代物；
(9)磷酸胺；
(10)磷酸酯盐。

23.9.1 金属减活剂

这些物质能减少金属对氧化反应的催化作用。他们通过与金属离子络合在金属表面形成一层惰性膜而起保护作用。据报道，以下几类物质是有效的金属减活剂：
(1)含氮、硫的混合有机物、胺、硫化物及磷酸盐；
(2)2，5－二疏基－1，3，4－三噻唑衍生物；
(3)三唑，苯并三唑，甲苯基三唑；
(4)双亚水杨酸基丙二胺。

23.9.2 黏附剂

润滑脂在重型设备中使用时通常要承受强大的冲击力。当使用黏附剂时，润滑脂能获得额外减震除噪的缓冲性能，润滑脂的黏附性会得以改善从而避免轴承及配件处润滑脂被甩落。这种加有黏附剂的润滑脂抗水性也会得以大大的提高。

高分子聚合物如聚异丁烯(PIB)、聚丁烯、乙烯－丙烯共聚物(OCP)及胶乳配合物等是典型的黏附剂。像所有长链聚合物一样，当受到高速剪切时黏附剂容易断裂。本书12章将对这些有趣的物质进行进一步探讨。

23.10 环境友好润滑脂

具有环境安全与适应性的高性能全配方润滑脂不仅在民用工业、汽车行业得以发展，在军事上也得以使用[45]。

环境友好润滑剂的目的在于最大程度地减少和消除任何对人类、野生动植物、土壤和水可能造成的潜在危害和破坏。从使用环境友好(或“绿色”)润滑剂的本质来看，它的使用可以降低部分甚至可能完全避免用于治理和处理非降解润滑剂和/或有毒润滑剂的费用。

用来调合可降解润滑脂的关键原料之一即为植物油。植物油可再生降解，因此它比传统矿物油润滑剂对环境更友好[46]。

有一类特殊的植物油含油酸量高(≥75%)、含聚合的不饱和脂肪酸(亚麻酸、亚油酸)量少，表现出良好的氧化安定性和低温性质。这使得它们比常规的植物油更适合做润滑脂用[46]。

除了润滑油外，添加剂的毒性和降解性也很重要。多年来，许多添加剂来源于从石油或煤的液体衍生物所切取的馏分，现在人工合成这些添加剂，因此纯度要高得多。在许多情况下，直链烃取代了支链或芳烃功能团。这使得润滑脂具有潜在的更易降解的能力。在很多情况下，添加剂的毒性和其金属有关。现在的发展趋势是用性能相近的或更好的无灰添加剂代替金属(有灰)添加剂。这会减轻对环境的污染压力。即使是军用产品也正在向对环境更友好的方向发展。

环境友好润滑脂正应用于农业、建筑、林业、渔业、矿业和铁路等行业，特别适用的场合有电车轨道、铁道道岔及铁路、农用车轮毂轴承的润滑。

23.11　小结

总之，润滑脂用于其他液体润滑剂可能会流失或泄漏的场合。润滑脂的结构就如润滑剂储存器一样，因此使用润滑脂不用对某一部位反复润滑。当机械设备的垂直部分需要润滑剂时或其他润滑剂不易达到的地方使用润滑脂是相当有效的。润滑脂起一层物理屏障作用，把外部污染物有效隔开，同时可以比其他润滑剂起更好的保护作用。在某些场合润滑脂也能降噪。同时在润滑的部件上产生震动冲击力的情况下，使用润滑脂能有效保护高温高压下运行的设备。

润滑脂的调合可以认为是一门艺术或是一门科学，这取决于研究人员的看法，但某些准则却通常有效。

在低温应用场合，润滑脂可以以低黏度、高黏度指数(VI)的基础油和含量相对较低的稠化剂进行调合，调合的这种液体润滑剂应该倾点更低、泵送性较好，防锈性好。在高温条件使用的润滑脂，典型的应该用较高黏度的润滑油和高温复合稠化剂，这样调合的润滑脂滴点较高。这类润滑脂所用场合也要求能抗燃(低可燃性)，因此在设计调和时应考虑润滑脂的蒸发性要低。

那些易受到水污染的场合，润滑脂中应考虑使用抗水稠化剂，并且通常使用高黏度润滑油。润滑脂应该耐水洗耐水淋，这可以通过使用增黏剂来改善。任何潮湿环境都要求润滑脂具有优良的防锈防腐能力。设备表面保护对其使用寿命很重要，因此，对润滑脂进行精心调和以使所需添加剂的化学性质达到平衡，对于获得满意的润滑脂性能至关重要。在振动和高负荷条件下，调和润滑脂应用高黏度润滑油，同时抗磨和极压添加剂的含量也要高些。这样的调和产物既能提供较厚的润滑膜，又能提供适当的添加剂化学组分以保护金属表面。

在集中润滑系统中使用润滑脂则需要其稠化剂浓度在较低到中等范围中，同时要使用黏度较低润滑油，这样便于润滑脂具有较低的表观黏度，也容易泵送到整个系统。

23.12　个别添加剂和润滑脂皂的影响

本章包含了不同润滑脂使用不同添加剂以改善其性能的一个应用实例。第一节介绍了特殊类型润滑脂中单一添加剂的使用情况。第二节则揭示了同时使用两种或两种以上添加剂，所产生的协同效应并不能满足所要求的某些性能。

关于合成润滑脂的基本性质已有了一个总体概念，在概述中根据合成脂的性质和作用不仅对大多数合成脂进行了描述和介绍，同时提醒人们其中合成脂的某些高性能并不是常常需要具备的，但是合成脂的高成本是不可避免的。在以前已出版的书籍中可以找到关于润滑脂的相关章节[48,49]。

这些实际应用场合的使用数据可作为指导性的纲领，但不是润滑脂调和的方案。润滑脂各组分的实际调和，包括基础油、稠化剂、每一种添加剂及添加各组分的顺序都会对最终调合出的润滑脂性能有影响，因此这些问题就留给具体调和人员来解决。表 23.6 列出了一些添加剂组分情况。

表 23.6

润滑脂添加剂——化学成分

Molyvan L：二(2－乙基己酯)二硫代亚磷酸钼

Molyvan 822：油溶性二烷基二硫代氨基甲酸钼

Molyvan 855：有机复合钼

Molyvan A：2－正丁基二硫代氨基甲酸钼

Vanlube829：5，5－二硫代双－(1.3，4－噻二唑－2)3H－硫

Vanlube 73：油溶性三(二烷基二硫代氨基甲酸锑)

Vanlube 7723：亚甲基二(二丁基二硫代氨基甲酸酯)

Vanlube 622：油溶性 *O*，*O*－二烷基二硫代亚磷酸锑

Vanlube 8610：二硫代氨基甲酸锑/硫化烯烃混合物

Vanlube NA：烷基化二苯胺

Desilube 88：磷酸盐与硫代硫酸盐混合物

Irgalube 63：无灰型二硫代磷酸酯

Irgalube TPPT：三苯基硫代亚硫酸盐

Lubrizol 1395：二烷基二硫代磷酸锌(ZDDP)

Lubrizol 5235：含 S－P－Zn 的添加剂复合剂

Lubrizol 5034A：含 S－P 的工业齿轮油复合添加剂

Amine O：咪唑啉的取代物

Sarkosyl O：*N*－油烯基肌氨酸

Na－Sul ZS－HT：二壬基萘磺酸锌/羧酸锌的复合物

MoS_2：二硫化钼

表 23.7 则显示了复合铝基脂中添加相同浓度的四种含钼的不同添加剂的磨损试验结果。Molyvan A 是粉末物质，其在润滑剂中任何不均匀性分散均可能导致润滑脂的磨斑增大。

表 23.7

复合铝基脂中有机钼化合物

添　加　剂	含量/%	四球极压烧结负荷/kg	四球磨斑直径/mm
基础脂(880 SUS 与石蜡基基础油的混合物)	—	126	0.68
Molyvan L	3.0	200	0.48
Molyvan 822	3.0	250	0.60
Molyvan 855	3.0	250	0.58
Molyvan A	3.0	250	0.76

在 Vanlube 829 为同一添加量条件下比较复合铝基脂和复合锂基脂发现，复合锂基脂在四球极压烧结负荷和磨斑方面都有所改善(见表 23.8)。值得注意的是，这些实验结果中所得到的不同烧结负荷(数据)是在实验误差范围内的，而磨斑和烧结负荷的综合改善则直接让人满意。

表 23.8

润滑脂中噻二唑效果

添　加　剂	含量/%	四球极压烧结负荷/kg	四球磨斑直径/mm
复合铝基基础脂(900SUS 石蜡基基础油的混合物)	—	140	0.59
复合锂基基础脂(600SUS 石蜡基础油)	—	180	0.61
复合铝基脂中的 Vanlube 829	3.0	620	0.66
复合锂基脂中的 Vanlube 829	3.0	超过 800	0.50

表23.9则是复合铝基脂中分别添加Vanlube 73、Vanlube 7723与Vanlube 622的效果比较，可见加有Vanlube 622的复合锂铝基脂性能更好。表中结果应注意Vanlube 622中的硫含量高，因此在这种润滑脂应用于含铜部件时要注意对铜产生的腐蚀作用。

表23.9
复合铝基脂中含锑化合物效果

添　加　剂	含量/%	四球极压烧结负荷/kg	四球磨斑直径/mm
复合铝基基础脂(980SUS石蜡基基础油的混合物)	—	126	0.68
Vanlube 73	3.0	315	0.84
Vanlube 7723	3.0	315	0.81
Vanlube 622	3.0	500	0.46

表23.10比较了复合铝基脂中两种极压/抗磨添加剂(含锑化合物)的效果，结果表明，硫化锑二硫代氨基甲酸盐(Vanlube 8610)具有更好的极压性能和低磨斑直径。

表23.10
复合铝基脂中锑DTC与锑DTC/硫化烯烃的效果

添　加　剂	含量/%	四球极压烧结负荷/kg	四球磨斑直径/mm
复合铝基基础脂(880SUS与石蜡基基础油的混合物)	—	126	0.68
Vanlube 73	3.0	315	0.84
Vanlube 8610	3.0	400	0.74

表23.11比较了复合铝基脂与复合锂基脂中两种含S－P极压添加剂的效果，结果表明，Desilube 8864与Irgalube 63相比具有极好的四球极压性能。

表23.11
润滑脂中S－P添加剂的效果

添　加　剂	含量/%	四球极压烧结负荷/kg	四球磨斑直径/mm
复合铝基基础脂(900SUS石蜡基基础油的混合物)	—	140	0.59
复合锂基基础脂(600SUS石蜡基基础油)	—	180	0.61
复合铝基脂加Desilube 88	3.0	800	0.76
复合锂基脂加Desilube 88	3.0	620	0.88
复合铝基脂加Irgalube 63	3.0	250	0.60
复合锂基脂加Irgalube 63	3.0	315	0.55

23.12.1　食品级润滑脂

食品级润滑脂是一类用于特殊场合的无毒润滑脂，本书18章将进一步详细介绍这一类润滑脂。

表 23.12

食品级复合铝基脂

添加剂	含量/%	烧结负荷/kg	磨斑直径/mm	ASTMD 174 防锈实验
复合铝基基础脂(500SUS 工业白油)	—	140	0.62	未通过
碳酸钙	4.0	315	0.49	—
碳酸钙	4.0	315	0.49	通过
Amine O	0.5			
Sarkosyl O	0.5			
Amine O	0.5	160	0.80	通过
Desilube 88	3.0	500	1.04	—

表 23.12 中数据表明，加入碳酸钙添加剂比单独加 Desilube 88 更能同时兼顾润滑脂的极压性能和抗磨性能。防锈实验 ASTM D 1743 表明，以上两种防腐剂在防锈蚀性能上具有加和作用。在这一产品中，单一添加剂不能改善润滑脂的极压性能和抗磨性能。

23.12.2 添加剂的协同效应

通常，两种或两种以上的添加剂的混合物比单一添加剂表现出更优越的性能，特性化合物的协同效应是否发生及其加和程度的大小很可能依赖于基础润滑脂的本质特性，包括基础油和稠化剂的特性。

表 23.13 中，Vanlube 829 与 Lrgalube 63 的复合添加剂比 Vanlube 829 与 Irgalube TPPT 复合添加剂的复合效果在降低四球磨斑直径方面要好。以上两种复合添加剂在极压性能方面都比单独使用 Irgalube 63 或 Irgalube TPPT 而不使用 Vanlube 829 要好。在复合铝基脂中将 Desilube 88 和 MoS_2复配，极压抗磨效果大大优于复合锂基脂中极压抗磨效果(见表 23.14)。

表 23.13

复合铝基脂中添加剂加和效应

添加剂	含量/%	四球极压烧结负荷/kg	四球磨斑直径/mm
复合铝基基础脂(880SUS 石蜡基基础油的混合物)	—	126	0.68
Vanlube 829	1.0	400	0.88
Irgalube TPPT	3.0		
Vanlube 829	1.0	400	0.60
Irgalube 63	3.0		
Irgalube 63	3.0	250	0.50
Irgalube TPPT	3.0	200	0.55

表 23.14

润滑脂中 MoS_2 (复配)效果

添加剂	含量/%	四球极压烧结负荷/kg	四球磨斑直径/mm
复合锂基脂(600 SUS 石蜡基基础油)加 MoS_2	3.0	500	0.72
复合锂基脂(900 SUS 石蜡基基础油)加 MoS_2	3.0	400	0.90
MoS_2	1.3	500	1.0
复合铝基脂加 Desilube 88	3.0		
MoS_2	1.3	800	0.8
复合铝基脂加 Desilube 88	3.0		

12－羟基硬脂酸锂基脂中加入在低负荷下自身不起减磨作用的极压添加剂与磺酸盐防锈剂后能提高润滑脂的四球抗磨性(见表23.15)。广泛使用的抗磨添加剂二烷基二硫化磷酸锌(ZDDP)加入复合铝基脂和复合锂基脂中，都比空白脂表现出中等极压性能和低磨斑结果(见表23.16)。

表23.15

12－羟基硬脂酸锂基脂中磺酸盐添加剂效果

添 加 剂	含量/%	四球极压烧结负荷/kg	四球磨斑直径/mm
Vanlube 73	3.0	250	0.73
Vanlube 73	3.0	250	0.47
Na－Sul ZS－HT	3.0		

表23.16

润滑脂中ZDDP的作用效果

添 加 剂	含量/%	四球极压烧结负荷/kg	四球磨斑直径/mm
复合铝基基础脂(900SUS与石蜡基基础油的混合物)	—	140	0.59
复合锂基基础脂(600SUS石蜡基基础油)	—	180	0.61
复合锂基脂加Lubrizol 1395	3.0	315	0.47
复合铝基脂加Lubrizol 1395	3.0	250	0.55

为使润滑脂具有良好的极压抗磨性能，常在其中特别加入多功能添加剂包。通常，这种添加剂包也具有抗氧抗腐性，也具有使金属铜减活性能(见表23.17)。极压添加剂有时对润滑脂的氧化安定性有害。表23.18则表明，胺型抗氧剂能提高具有极压性的无机黏土润滑脂的氧化安定性。

表23.17

复合铝基脂中S－P－Zn－N添加剂包效果

添 加 剂	含量/%	四球极压烧结负荷/kg	四球磨斑直径/mm
复合铝基脂(900SUS石蜡基基础油) 加Lubrizol 5235	3.0	250	0.57
复合锂基脂(600SUS石蜡基油)加Lubrizol 5235	3.0	315	0.50

表23.18

无机黏土润滑脂中添加剂氧化安定性

添 加 剂	含量/%	四球极压烧结负荷/kg	四球磨斑直径/mm	氧化安定性，ASTM D 942500 h下(psi)
有机黏土脂(600SUS石蜡基基础油)	—	126	0.61	13.0
Molyvan A	1.4	200	0.52	17.0
Molyvan A	1.4	200	—	17.0
Vanlube NA	0.5			

因为齿轮油具备良好的极压抗磨性能，所以有时它们也用于润滑脂调合。复合铝基脂和复合锂基脂中S －P工业齿轮油添加剂包均具有良好的极压抗磨性能(见表23. 19)。

表23. 19
润滑脂中S－P齿轮油添加剂包

添　加　剂	含量/%	四球极压烧结负荷/kg	四球磨斑直径/mm
复合铝基脂(900SUS石蜡基混合物)加Lubrizol 5034A	3. 0	250	0. 45
复合锂基脂(650SUS石蜡基油)加Lubrizol 5034A	3. 0	315	0. 50

说明

其余的添加剂如防锈防腐剂、抗氧剂通常也加入以上所举润滑脂中，使其具备完善的性能。四球机极压试验在某一负荷下具有重复性和可再现性。四球机抗磨损实验中磨斑直径重复性为0. 2mm，重现性磨斑直径要求为0. 37mm。

致谢

作者衷心感谢Henry Kruschwitz of Rhoclia，Inc. 所提供的实验室和给予的帮助。

参考文献

1. Polishuk, A. Expanded graphite as a dispersed phase for greases. *NLGI Spokesman* 61(2):38, May 1997.
2. Klamann, D. *Lubricants and Related Products*. Weinheim: Verlag Chemie, 1984, pp. 177–217.
3. Boner, C.J. *Modern Lubricating Greases*. New York: Scientific Publication Ltd., 1976.
4. The NLGI Grease Production Survey Report for the calendar year 2006.
5. Lubrizol, *Ready Reference for Grease*. The Lubrizol Corp, Wickliffe, OH, October 1999.
6. Brown, J.A., C.N. Hudson, L.D. Loring. Lithium grease-detailed study by electron microscope. *The Institute Spokesman* 15(11):8–17, 1952.
7. ASTM D-217. Standard test methods for cone penetration of lubricating grease. Annual Book of ASTM Standards, Philadelphia, PA, Sec. 5, Vol. 5.01, 1996.
8. Technology of modern greases. *Lubrication* 77(1), 1991.
9. White, A.C., D.A. Turner. Grease making in the 90's. *NLGI Spokesman* 59(3):97–107, June 1994.
10. Continuous grease manufacture. *Lubrication* 55(1), 1969.
11. Okaniwa, T., H. Kimura. *NLGI Spokesman* 61(3):18–24, 1997.
12. Bassette, P.A. Presented at the Annual Meeting on the NLGI, Carlsbad, CA, October 26–29, 1997.
13. Grease. In J.G. Wills, ed. *Lubrication Fundamentals*. New York: Marcel Dekker, 1980, pp. 59–84.
14. ASTM D 1403. Standard test methods for cone penetration of lubricating grease using one-quarter and one-half scale cone equipment. *Annual Book of ASTM Standards*, Philadelphia, PA, Sec. 5, Vol. 5.01, 1996.
15. ASTM D 2265. Standard test method for dropping point of a lubricating grease over wide temperature range. *Annual Book of ASTM Standards*, Philadelphia, PA, Sec. 5, Vol. 5.01, 1996.
16. Grease—The world's first lubricant. *NLGI Spokesman*, 59(5):1–8, insert, August 1995.
17. Polishuk, A.T. Properties and performance characteristics of some modern lubrication greases. *Lubrication Engineering* 33(3): 133–138, 1997.

18. Hermansson, M., E. Johansson, M. Jansson. Self-Diffusion of Oil in Lubricating Greases by NMR. *Journal of Synthetic Lubrication* 13(3):279–288, 1996.
19. ASTM D 2266. Standard test method for wear preventative characteristics of lubricating grease (four-ball method). *Annual Book of ASTM Standards*, Philadelphia, PA, Sec. 5, Vol. 5.01, 1996.
20. ASTM D 2596. Standard test method for measurement of extreme-pressure properties of lubricating grease (four-ball method). *Annual Book of ASTM Standards*, Philadelphia, PA, Sec. 5, Vol. 5.01, 1996.
21. *NLGI Lubricating Grease Guide*, 4th Ed., 1996.
22. Fagan, G. Complex soap greases. *NGLI 64th Annual Meeting*, Carlsbad, CA, 1997.
23. Frye, R.L. An introduction to lubricating greases. *NLGI 64th Annual Meeting*, Carlsbad, CA, 1997.
24. Boner, C.J. *Manufacture and Application of Lubricating Greases*. New York: Reinhold Publishing Corp, 1954.
25. Hotten, B.W. *Advances in Petroleum Chemistry and Refining*, Chapter 3, Vol. 9. New York: Interscience Publishers, 1964.
26. Wilson, J.W. Three-dimensional structure of grease thickener particles. *NLGI Spokesman* 3:372–379, 1994.
27. Arbocus, G. When greases don't perform. *Lubricant's World* 3(10):7–8, October 1993.
28. Czarny, R. Effect of changes in grease structure on sliding friction. *Industrial Lubrication and Tribology* 47(1):3–7, 1995.
29. Hurley, S., P.M. Cann, H.A. Spikes. *Tribology Transactions* 43(1):9–14, 2000.
30. Williams, J.A. *Engineering Tribology*. New York: Oxford University Press, 1994.
31. Booser, E.R. (Ed). *CRC Handbook of Lubrication*, Vol. 2, Boca Raton, FL: CRC Press, 1984.
32. Pemberton, J., A. Cameron. A mechanism of fluid replenishment in elastohydrodynamic contacts. *Wear* 37:185–190, 1976.
33. *Boundary Lubrication* (Texaco Inc.) 57(1), 1971.
34. Fuller, D.D. *Theory and Practice of Lubrication for Engineers*. New York: Wiley, 1984.
35. Lubetext DG-400. *Encyclopedia for the User of Petroleum Products*. Exxon Corp, 1993, p. 10.
36. Rohr, O. *NLGI Spokesman* 61(6):10–17, 1997.
37. Rohr. O. Presented at NLGI 63rd Annual Meeting, Scottsdale, AZ, October 27–30, 1996.
38. King, J.P. Presented at NLGI Annual Grease Meeting, Dublin, Ireland, 1998.
39. Ischuk, Y.L. et al. *NLGI Spokesman* 61(6):24–30, 1997.
40. Ogawa, T. et al. Presented at NLGI 64th Annual Meeting, Carlsbad, CA, October 21–29, 1997.
41. Tocci, L. Transparent grease bears a heavy load. *Lubes-n-Greases* 3:52–54, April 1997.
42. Ogawa, T., H. Kimura, M. Hayama. *NLGI Spokesman* 62(6):28–36, 1998.
43. Seki, K., M. Nishimura. Lubrication Characteristics of Oils and Grease applied to Ball Bearings for use in Volvo. *Journal of Synthetic Lubrication* 9(1):17–27, 1992.
44. Lewis Sr., R.J. *Hawley's Condensed Chemical Dictionary*, 13th Ed. New York: Van Nostrand Rheinhold, 1997, p. 977.
45. Rhee, I.-S. *NLGI Spokesman* 63(1):8–18, 1999.
46. Lawate, S., K. Lal, C. Huang. Vegetable-Oils-Structure and Performances. In E.R. Booser, ed., *Tribology Data Handbook*. Boca Raton, FL: CRC Press, 1977, pp. 103–106.
47. Coffin, P.S. *Journal of Synthetic Lubrication* (1):34–60, 1984.
48. Bassette, P., R.S. Stone. Synthetic Grease. In L.R. Rudnick, R.L. Shubkin, eds., *Synthetic Lubricants and High-Performance Functional Fluids*. New York: Marcel Dekker, 1999, pp. 519–538.
49. Schrama, R.C. Greases. In E.R. Booser, ed. *Tribology Data Handbook*. Boca Raton, FL: CRC Press, 1977, pp. 138–155.
50. Baker, R.F., R.F. Vaast, Jr. *NLGI Spokesman* 55(12):23-487–25-489, March 1992.

（七）添加剂及其发展趋势

24 工业润滑剂添加剂的发展趋势

Fay Linn Lee and John W. Harris

24.1 引言

工业润滑油配方体系根据其具体应用情况会有很大变化，本章所讨论的工业润滑油按消耗量(递减)排列如下：

(1)循环用油，包括涡轮机油；

(2)液压油；

(3)齿轮油；

(4)压缩机油。

另外，在本章中也讨论润滑脂技术的发展趋势。

表24.1列出了不同类型工业润滑油相关的性能要求。通常，对润滑油的性能要求越多，其配方体系就会越复杂。

表24.1

工业润滑油的性能要求

油的类型	性能要求				
	防锈和抗氧性	抗泡性	分水性	抗磨性	极压性
循环用油和涡轮机油	×	×	×	–	–
液压油	×	×	×	×	–
压缩机油	×	×	×	×	–
齿轮油	×	×	×	×	×
润滑脂	×	–	–	×	×

24.2 循环用油和涡轮机油添加剂

24.2.1 循环用油和涡轮机油性能要求

以下是循环用油的典型性能要求，特别是蒸汽轮机和燃气轮机用油。

(1)润滑轴承；

(2)通过循环带走热量；

(3)在调节机构和其他控制装置上充当液压油；

(4)润滑减速齿轮；

(5)防止腐蚀；

(6)使水快速分离；

(7)抗起泡;

(8)抗氧化及抗油泥产生。

燃气轮机用油工作温度通常要比蒸汽轮机用油高，因此对第8项的性能要求更为严格。相关军队、民间机构和OEM均有涡轮机油规范颁布[1,2]，其常用性能试验列于表24.2。

表24.2

用在涡轮机油中的添加剂

添加剂	组成	相关的性能评价试验方法
抗氧剂	二芳胺 受阻酚 有机磺酸盐	ASTM[a] D 943，抗氧化矿物油氧化特性试验方法 ASTM D 2272，汽轮机油氧化安定性(旋转氧弹法)测定试验方法 ASTM D 4310，抗氧化矿物油油泥和腐蚀倾向试验方法 ASTM D 6186，润滑油氧化诱导期测定法(压力差式扫描量热法PDSC)
防锈剂	烷基琥珀酸衍生物 乙氧基酚类 咪唑啉衍生物	ASTM D 665，水存在下抗氧化矿物油防锈特性试验方法
抗泡剂	聚二甲基硅氧烷 聚丙烯酸酯	ASTM D 892，润滑油抗泡性测定试验方法
金属减活剂	三唑 苯并三唑 2-巯基苯并噻唑 甲苯甲酰三唑衍生物	ASTM D 130，石油产品铜片腐蚀试验方法
缓和抗磨/极压剂	烷基磷酸酯和盐	ASTM D 4172，润滑油抗磨特性试验方法(四球法) ASTM D 5182，油品抗擦伤性能试验方法(FZG可视法)
乳化剂	聚烷氧基酚 聚烷氧基多醇 聚烷氧基聚胺	ASTM D 1401，石油和合成液水分离性能试验方法

注：a. ASTM D美国材料试验学会，ASTM标准年鉴：石油产品，润滑剂和矿物燃料，5.01-5.04卷。

24.2.2 添加剂

用于涡轮机油的常见添加剂和相关的性能评价试验方法列于表24.2。

24.2.2.1 抗氧剂

抗氧剂可抑制氧气对涡轮机油的进攻，以减少不利氧化产物如腐蚀性有机酸和不溶性油泥的形成。在涡轮机油中，这通常由受阻酚和二芳胺协同完成，通过向氧化过程中产生的活泼过氧自由基中间体提供氢来抑制其氧化，这样可中止链反应以阻止更多的油分子裂解[3-7]。通常，将钝化过氧自由基的抗氧剂称为"第一级抗氧剂"。要尽量避免使用挥发性抗氧剂，因其在使用中会蒸发耗尽。

另外一类抗氧剂是通过分解活性氢过氧化物中间体减少活性物来抑制油液的氧化，否则这些氢过氧化物将进一步分解成活性自由基而促进氧化反应的发生。通常，将充当过氧化物分解剂的抗氧剂称为“第二级抗氧剂”[5]，这类抗氧剂包括：硫醚、二烷基二硫代磷酸锌(ZDDP)、二烷基二硫代氨基甲酸锌及有机亚磷酸酯。

研究人员开发了受阻酚与二芳胺之间、第一级抗氧剂和第二级抗氧剂之间具有协同关系的配方[8]。抗氧剂制造商也生产了在同一个分子中同时含有苯酚基团和硫醚基团的抗氧剂，这样就使得一种抗氧剂既可以充当第一级抗氧剂又可以充当第二级抗氧剂[5]。

24.2.2.2 防锈剂

涡轮机油要能阻止与油接触的金属表面发生锈蚀。典型的涡轮机油规格要求油品通过方法 ASTM D 665 程序 A 和程序 B 中的软化水和盐水锈蚀试验。通常，防腐剂具有极性，能够优先在铁或钢表面形成防水膜[5]。这类添加剂不能因循环用油中夹带水而轻易从涡轮机油中滤去，同时不会对快速水分离和低起泡倾向等性能有不利影响。涡轮机油常用防锈剂列于表 24.2。

当涡轮机油被含有有机金属添加剂的工业油污染时有可能与防锈剂发生相容性问题。例如，抗磨液压油中有可能含有锌基抗磨剂和金属磺酸盐防锈剂，涡轮机油中的酸性防锈剂和抗磨液压油中的金属添加剂之间就会相互作用形成不溶盐，继而堵塞滤网。类似情况有：如果装置中安装新的涡轮组件，而组件上的金属磺酸盐防锈剂未完全清洗干净，就有可能发生滤网堵塞现象。

24.2.2.3 金属减活剂

金属减活剂可以防止铜和铜合金如青铜和黄铜的腐蚀，其功能是优先在铜合金表面形成一层保护膜，抑制润滑油氧化过程中生成的酸对铜合金的攻击[5,9]。另一方面，金属减活剂还可作为铜钝化剂保护油液不受铜合金催化作用的影响，而这种催化作用能加速油液的氧化。表 24.2 中列出了可用于涡轮机油的金属钝化剂。

24.2.2.4 抗泡剂

表 24.2 所列抗泡剂可抑制涡轮机油起泡倾向，泡沫倾向通过 ASTM D 892 试验方法测定。抗泡剂不完全溶解于油，而是形成具有较低表面张力的细小液滴分散体，加快油中气泡的聚集。含硅抗泡剂的典型加剂量是 10~20μg/g，聚丙稀酸酯抗泡剂的典型加剂量是 50~200μg/g。由于抗泡剂仅能部分溶解于油，最终会从油中分离出来，从而降低对泡沫的控制能力。

有一点很重要，即抗泡剂不能对涡轮机油的空气释放性有不利影响。否则，油中的夹带空气会使液压系统产生操作迟缓等问题。空气释放性通过 ASTM D3427 试验方法测定，典型值应低于 5~10min，过量添加抗泡剂会对空气释放性产生不利影响。

24.2.2.5 破乳化剂

破乳化剂能促进水从油中分离，它们聚集在水-油界面并促进水滴的聚集，使水快速从油中分离后沉积在油箱底部并被排出。常见破乳化剂列于表 24.2。

24.2.3 涡轮机油监测

尽管添加了各种添加剂，涡轮机油在使用过程中仍会不断恶化。已经建立了涡轮机油不同理化性能的现场监测导则，详见 ASTM D 4378。涡轮机制造商也会制定其设备用油监测导则。

24.2.4 基础油对添加剂的影响

现代发动机油性能要求使得其配方中的矿物基础油已经发生变化，这也包括工业润滑油。美国石油学会(API)定义的三种基础油描述如下[10]。

(1) Ⅰ类基础油：饱和烃含量<90%、硫含量>0.03%、黏度指数80≤Ⅳ<120。

(2) Ⅱ类基础油：饱和烃含量≥90%、硫含量≤0.03%、黏度指数80≤Ⅳ<120。

(3) Ⅲ类基础油：饱和烃含量≥90%、硫含量≤0.03%、黏度指数Ⅳ≥120。

用Ⅱ类基础油替代Ⅰ类基础油，可使矿物型涡轮机油氧化性能得到显著改善。Ⅱ类基础油芳烃含量远低于Ⅰ类基础油，而芳烃易于氧化；Ⅱ类基础油硫含量水平低，但其中一些硫分可以充当第二级氧化抑制剂。已经有报道指出，为进一步提高Ⅱ类基础油的抗氧化性能，可添加优化后的受阻酚和二芳胺第一级抗氧剂、含硫第二级抗氧剂[8]。此外，由于Ⅱ类基础油芳烃含量低，致使其溶解性能差。因此，不是所有用在Ⅰ类基础油中的添加剂配方体系都能在Ⅱ类基础油中呈现出令人满意的溶解效果[11]。

24.2.5 涡轮机油对环境的影响

涡轮机油添加剂通常不含金属且加剂量低(低于1%)，对环境的影响较小。但某些地方废水处理规范的要求有可能会使涡轮机油用户不希望在油品中检测出酚类抗氧剂。

24.2.6 涡轮机油发展趋势

由于希望有更长的涡轮机油氧化寿命，这就需要建立新的试验方法来评价油品的现场使用性能。目前以Ⅱ类基础油调制的新型涡轮机油能通过ASTM D 943方法10000~30000h，但用该方法评价涡轮机油的氧化寿命并不适用。ASTM D 943方法主要是用来评价油品氧化后酸性物质的形成，而油品氧化后产生的油泥会影响到一些关键设备如伺服真空管的运转。因此，重点应放在如何来评价油品油泥和胶质的形成倾向，以及如何选择添加剂减少不溶性氧化产物的形成。Ⅲ类基础油宽泛的应用性在未来有助于更长寿命涡轮机油配方体系的发展。

24.3 液压油添加剂

24.3.1 性能要求

液压泵主要有齿轮泵、叶轮泵和活塞泵三种类型，每种泵用于不同工况。通常，叶轮泵在高压条件下工作，对液压油的抗磨损性能有最高要求[12]。

液压油的主要功能如下：

(1)传递能量；

(2)保护和润滑系统部件；

(3)通过循环带走热量；

(4)防止部件氧化和腐蚀；

(5)提供磨损保护；

(6)提供缓和的极压性能；

液压油应满足下列性能要求：

(1)性能一致、适当的黏度和压缩性；

(2)防腐蚀；

(3)抗磨损、热氧化安定性；

(4)水解安定性；

(5)长寿命；

(6)过滤性；

(7)和设备部件具有相容性；

(8)良好的破乳化或乳化性能(决定于应用要求)。

美国材料和试验学会(ASTM)颁布了矿物型液压油标准 ASTM D 6158。一些液压泵制造商也颁布了其 OEM 规范，通常是在苛刻条件下满足泵的性能。有文献对相关 OEM 规范[13]和军用油规范[2]进行了描述。液压油规范中常见的试验方法列于表 24.3。

表 24.3

用在工业液压油中的添加剂

添加剂	组　成	相关的性能评价试验方法
抗氧剂	受阻酚 二芳胺 吩噻嗪 二烷基二硫代氨基甲酸金属盐 无灰二烷基二硫代氨基甲酸酯 二烷基二硫代磷酸金属盐	ASTMa D 943，抗氧化矿物油氧化特性试验方法 ASTM D 2272，汽轮机油氧化安定性(旋转氧弹法)试验方法 ASTM D 4310，抗氧化矿物油油泥和腐蚀倾向试验方法 ASTM D 6186，润滑油氧化诱导期测定法(压力差式扫描量热法 PDSC)
防锈剂	烷基琥珀酸衍生物 乙氧基酚 脂肪胺 脂肪酸盐和脂肪酸胺盐 磷酸酯盐和磷酸胺盐 金属磺酸盐 磺酸铵 咪唑啉衍生物	ASTM D 665，水存在下抗氧化矿物油防锈特性试验方法
金属减活剂	苯并三唑 2－巯基苯并噻唑 噻二唑 甲苯甲酰三唑衍生物	ASTM D 130，石油产品铜片腐蚀试验方法
抗磨剂	烷基磷酸酯和烷基磷酸盐 二烷基二硫代磷酸盐 二烷基二硫代氨基甲酸金属盐[14] 磷酸酯 二硫代磷酸酯 2，5－二巯基－1，3，4－噻二唑衍生物 羧酸钼	ASTM D 4172，润滑油抗磨特性试验方法(四球法) ASTM D 7043，恒容量叶轮泵中石油和非石油基液压油磨损性能试验方法 ASTM D 5182，油品抗擦伤性能试验方法(FZG 可视法)
破乳化剂	聚烷氧基酚 聚烷氧基多醇 聚烷氧基聚胺	ASTM D 1401，石油和合成液水分离性能试验方法 ASTM D 2711，润滑油破乳化特性能试验法
降凝剂	聚(烷基甲基丙烯酸酯)	ASTM D97，石油产品倾点测定试验方法 ASTM D 5949，石油产品倾点测定试验方法
抗泡剂	聚二甲基硅氧烷	ASTM D 892，润滑油抗泡性测定试验方法
剪切稳定 VI 改进剂	聚(烷基甲基丙烯酸酯) 烯烃共聚物 苯乙烯二烯共聚物	ASTMD 5621，液压油超声剪切定性试验方法

24.3.2　添加剂

液压油常用添加剂列于表24.3。

24.3.2.1　抗氧剂

除前面涡轮机油中用到的抗氧剂外，液压油还可以使用有机金属抗氧剂，如二烷基二硫代磷酸锌(ZDDP)[15,16]。ZDDP是多功能添加剂，可用作第二级抗氧剂和抗磨剂。用于液压油的常见抗氧剂列于表24.3。

24.3.2.2　防锈剂

液压油防锈剂有可能含金属如金属磺酸盐，也可以是过碱性的以中和酸性氧化产物。用于液压油的常见防锈剂列于表24.3。

24.3.2.3　抗磨剂

抗磨剂用来阻止活动部件(如叶轮泵活动叶片)的摩擦磨损。这种添加剂在金属表面发生反应，形成较金属自身剪切强度更低的保护膜。保护膜有助于减小摩擦，虽然形成过程中活动部件表面会损失少量金属，但远低于没有保护膜存在的情形。

用于液压油的常见抗磨剂列于表24.3。大多数液压液配方体系含有ZDDP抗磨剂，研究显示，ZDDP在金属表面形成的膜组成复杂[17]。这种添加剂由于兼有抗磨、抗氧多种功能，且成本低廉，已得到广泛应用。虽然ZDDP具有极佳的抗磨性能，但在其水解和热分解过程中会造成腐蚀并形成沉积物。研究人员通过选择用于生成ZDDP分子中磷酸酯部分的醇，在保持良好抗磨性的同时最大化水解和热稳定性。通常，从伯醇得到的ZDDP热稳定性要优于从仲醇得到的ZDDP。

环境友好液压油通常由不含锌的无灰抗磨剂调配而成[12,18]，这类添加剂一般是含硫和磷的有机化合物。和ZDDP抗磨剂一样，无灰抗磨剂设计也应能在保持良好抗磨性的同时最大化其水解和热稳定性。据称无灰抗磨液压油会显示出比ZDDP抗磨液压油更好的过滤特性[12,19]。由于在商业应用中有可能会把无灰抗磨液压油与含锌抗磨液压油不小心混在一起，所以在调配无灰抗磨液压油时，最好能使其与含有ZDDP的添加剂具有相容性，避免形成沉积物堵塞滤网[12]。

评价抗磨液压油水解和热稳定性的试验方法有：ASTM D 2070用来评价油品的热稳定性，在铜棒和铁棒存在情况下将油品加热到135℃，168h后观测金属棒并评分，同时分离滤网上的油泥并称重；ASTM D 2619用来评价油品的水解安定性，将试验油、水和铜片密封在玻璃瓶中，加热到93℃旋转摇动48h后，测定油品的黏度变化、油相和水相的酸值变化、铜片的质量损失，称重分离出的不溶物。

24.3.2.4　金属减活剂

由于抗磨剂分解产物有潜在的腐蚀作用，在抗磨液压油中添加有效的金属减活剂比在涡轮机油中更为重要。表24.3列出了用于液压油的常见金属减活剂。

24.3.2.5　抗泡剂

由于空气的可压缩性，液压油中存在泡沫或夹带空气会妨碍其传递能量的基本功能。通常，会通过选择硅类或聚丙烯酸酯抗泡剂并控制添加量，在保持良好空气释放性的同时最大程度地抑制泡沫产生。很多原设备制造商(OEM)非常关心液压设备中是否有硅材料的存在，因为即使是痕量硅附着于金属表面也会影响表面油漆层的功能，OEM 会要求其设备用油只能选用非硅抗泡剂。

抗泡剂选择还会受到液压油监测的影响。通常，基于光散射技术的光学粒子计数器可用来监测液压油清洁度。但由于抗泡剂是高度分散而不是完全溶解于油中，有些光学粒子计数器会错误地将其计入颗粒物内。因此，未来选用抗泡剂的一个标准可能会是其能否足够充分地分散于油中，并不会干扰光学粒子计数器的监测工作。

24.3.2.6 黏度指数改进剂

黏度指数(VI)改进剂可用来拓宽液压油的工作温度范围。它们是长链聚合物，在温度升高时可通过展开或分裂促使油品稠化。由于这种特性，高温工况下添加了黏度指数改进剂的油品会较未添加黏度指数改进剂的油品显示出更高的动力黏度，虽然 40℃ 黏度有可能不变。用作黏度指数改进剂的常见聚合物列于表 24.3。

液压油黏度指数进剂的一个重要特性是剪切安定性。如果一种黏度指数改进剂的剪切安定性较差，会在液压泵的作用下快速剪切分解(降解)，在温度升高时无法增加基础油的黏度，从而导致润滑油膜厚度无法达到最佳状态而加速泵的磨损。一般来说，黏度指数改进剂剪切安定性会随着分子量的减小而提高，增稠能力却会随着分子量的减小而降低。在工业应用中，趋向于选用具有较好剪切安定性的黏度指数改进剂，以提高对泵的保护能力。因此，尽管添加量高，通常还是会选用低分子量黏度指数进剂。

ASTM D 5621 可用来评价添加有黏度指数改进剂液压油的剪切安定性。该方法基于声波照射，将试验油在声波振荡器中照射一个特定时间后测定其黏度变化。通过这种方法获得的剪切结果类似于在叶轮泵试验中给予液压油的剪切效果[20]。

24.3.2.7 降凝剂

降凝剂是一类通过降低油品倾点保持矿物油基液压油低温泵送性的化学物质。通常，降凝剂是聚合物，能够干扰低温下矿物油中蜡的结晶。通过延缓或阻止低温下油品中网状蜡结晶的形成，可将石蜡基油品倾点降低 30~40℃。降凝剂在含蜡较低的非石蜡基油品中效果并不明显。

24.3.3 对环境的影响

人们对液压油对环境的影响相当关注。由于液压油在管路中以中压至高压状态工作，如在森林中或河流附近发生管线破裂，会导致大量液压油泄漏到这些环境敏感地区。相关部门已起草了标准来评价液压油对环境的影响，并定义了可快速生物降解液压油的分类方法。例如，ASTM 颁布了如下可评价液压油对环境影响的标准方法。

(1)D 5864 润滑剂及其组分在水中有氧生物降解性测定法；

(2)D 6006 液压油生物降解性测试指导标准；

(3)D 6046 液压油对环境影响的分类标准；

(4)D 6081 润滑剂水生物毒性测试操作规程：取样准备和结果说明。

通常，可生物降解液压油用天然或合成酯调制，添加剂要对这种酯类基础油有效[21]且环保。法规通常要求环境友好液压油不含金属、易于生物降解、对水和土壤低生物毒性、生物体内低积累[22,23]。用于调配可生物降解液压油的添加剂也要基本满足上述条件。

24.3.4 发展趋势

液压装置的发展趋势是不断小型化以降低成本，这样可以避免液压油在高温工况下工作，缩短其在油箱中停留时间。另外，环境因素驱动液压油要具有更长使用寿命以最小化废油处理量。以上这些趋势要求液压油不断改善其氧化耐久性、水分离性及空气释放性。其中一些性能可通过基础油升级来完成，即从Ⅰ类基础油升级到Ⅱ类基础油，甚至升级到Ⅲ类基础油；其余性能则通过环境友好添加剂来补充。基础油升级时，添加剂的选择要确保其和基础油的相容性。

24.4 齿轮油添加剂

24.4.1 齿轮油性能要求

大部分工业设备都需要至少一种齿轮来驱动，包括凿石器、破碎机、起重机、研磨机、搅拌机、增速器或减速器等。

齿轮机构可以是多种不同类型和材料齿轮的组合，对齿轮油的要求也有所不同。表24.4列出了常见齿轮的大致分类，其示意图如图24.1～图24.7所示。相互作用的齿轮间，其传动的啮合方式是滑动还是滚动，会因齿轮类型有很大不同。例如，蜗轮蜗杆间的相互作用主要通过滑动完成，而直齿圆柱齿轮间的相互作用则通过滚动和滑动共同完成。对于直齿轮如直齿圆柱齿轮，同一时间内每个啮合齿轮上仅有一个齿承受载荷；而锥齿轮和曲面齿轮则设计为在同一时间内每个啮合齿轮上可以有多个齿来承受载荷，这样就提高了齿轮的承载能力。

表 24.4
齿轮的基本类型

齿轮类型	齿轮装置结构	注　释
直齿圆柱齿轮(图24.1)	直齿切平行于齿轮轴线	适用于中负荷和中速工况
斜齿圆柱齿轮(图24.2)	齿切与齿轮轴线成一定角度	相较于直齿圆柱齿轮，适用于更高负荷和更高速工况产生轴向推力
双螺旋齿轮(图24.3)	齿切呈“V”形	类似于斜齿圆柱齿轮，但“V”形齿可消除轴向负荷
直齿锥齿轮(图24.4)	直齿切于锥斜截面上	可传递轴线垂直相交两轴间的运动 适用于中负荷和中速工况
弧齿锥齿轮(图24.5)	类似于直齿锥齿轮，但齿切在径向线上呈一定角度	相较于直齿锥齿轮，适用于更高负荷和更高速工况 比直齿锥齿轮噪声低
双曲面齿轮(图24.6)	类似于弧齿锥齿轮，但齿切可适应不同面的轴中心线	适用于高负荷和低噪声工况 轮齿载荷可以很高，要求齿轮油具有良好的极压性能
蜗轮蜗杆(图24.7)	涡轮与蜗杆(螺旋杆)呈90°角转动	啮合齿轮间的相互作用完全以滑动完成 啮合齿载荷可以保持在很低水平

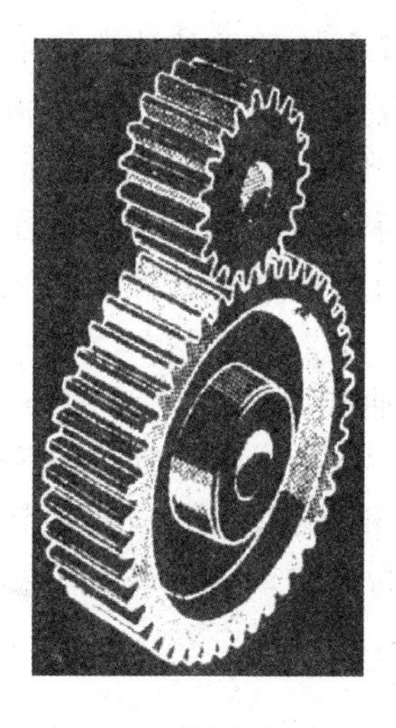

图 24.1　直齿圆柱齿轮（路博润提供）

图 24.2　斜齿圆柱齿轮（路博润提供）

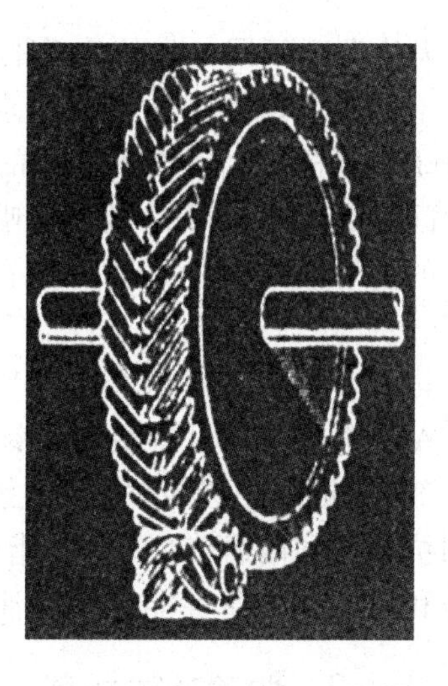

图 24.3　双螺旋齿轮（路博润提供）

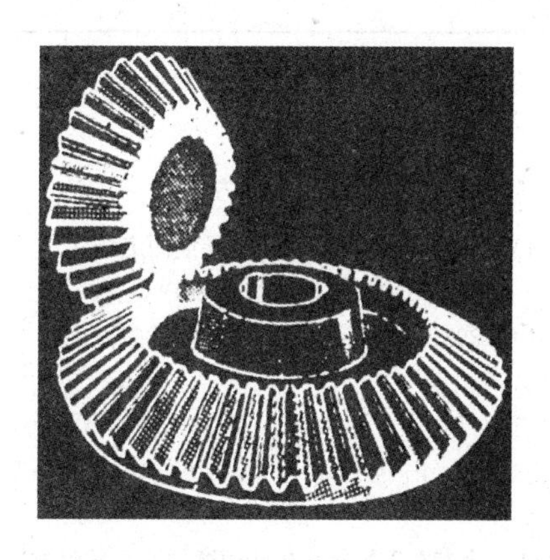

图 24.4　直齿锥齿轮（路博润提供）

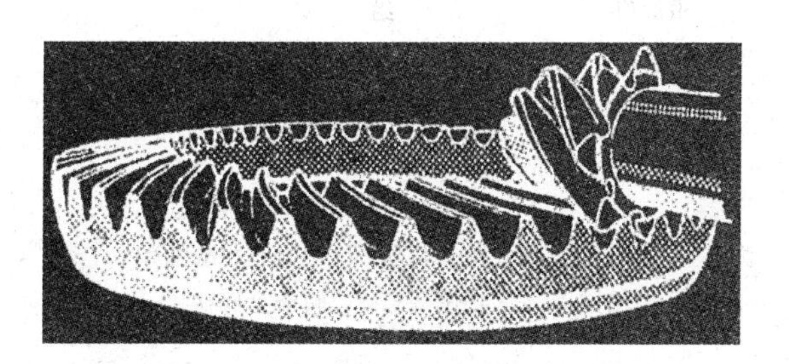

图 24.5　弧齿锥齿轮（路博润提供）

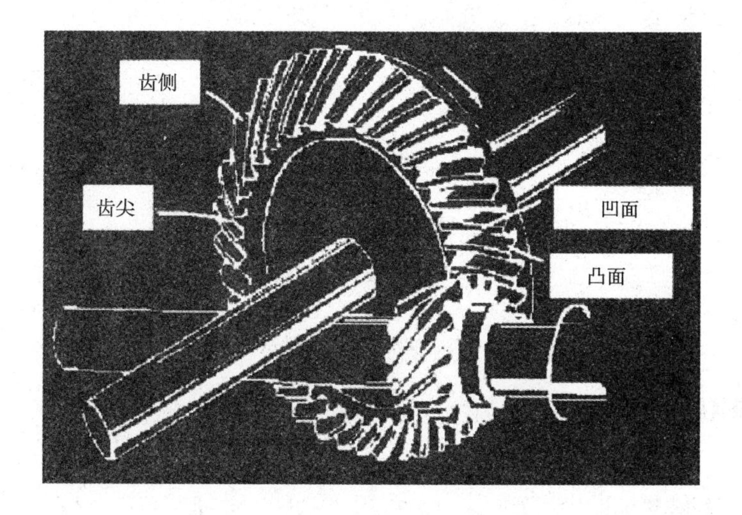

图 24.6　双曲面齿轮（路博润提供）

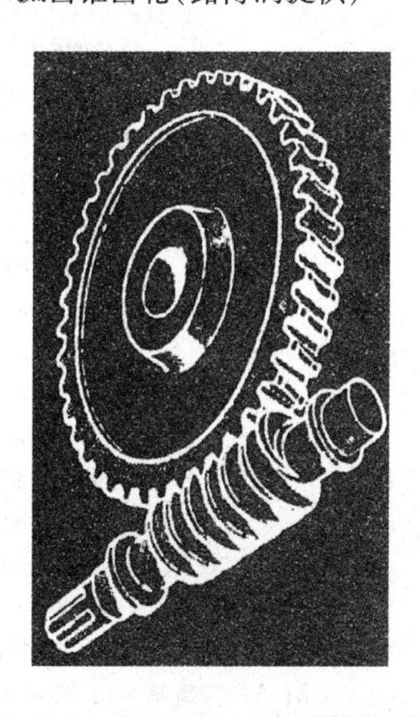

图 24.7　蜗轮蜗杆（路博润提供）

齿轮类型不同，齿轮传动的啮合方式(即是滑动还是滚动)及齿轮的承载能力会有很大不同，对齿轮油的性能要求也有所变化。例如，轻载荷的直齿圆柱齿轮油仅需添加防锈剂和抗氧剂，而重载荷的双曲面齿轮油要添加高剂量的极压剂。至于涡轮蜗杆，齿轮间运动几乎全部是滑动，啮合齿通常不会承载较重载荷。而较小的蜗轮蜗杆为了更好的抗滑动磨损，材质多为青铜，蜗轮蜗杆油中加入脱酸动物脂肪这类摩擦改进剂即可。

美国齿轮制造商协会(AGMA)颁布了一系列工业闭式齿轮油和开式齿轮油规格。AGMA 规格依据黏度等级主要针对三类油品制定，即抗氧防锈型齿轮油(仅含防锈剂和抗氧剂)、极压型齿轮油(含防锈剂和抗氧剂同时另加入极压剂)和复合齿轮油(含防锈剂和抗氧剂同时含有脂肪)。脂肪如脱酸动物脂肪，可为以滑动为主传动的蜗轮蜗杆提供缓和极压和减摩性能。齿轮油规范中常见的试验方法列于表 24.5。

24.4.2 齿轮油添加剂

齿轮油常用添加剂列于表 24.5。

表 24.5
工业齿轮油用添加剂

添加剂	组　成	相关的性能评价试验方法
抗氧剂	受阻酚 二芳胺 吩噻嗪 二烷基二硫代氨基甲酸金属盐 无灰二烷基二硫代氨基甲酸酯 二烷基二硫代磷酸金属盐	ASTM D 6186，润滑油氧化诱导期测定法 (压力差式扫描量热法 PDSC) ASTM D 2893，极压润滑油氧化特性试验方法
防锈剂	烷基琥珀酸衍生物 乙氧基酚类 脂肪胺 脂肪酸盐和脂肪酸胺盐 磷酸酯盐和磷酸胺盐 金属磺酸盐 磺酸铵 取代咪唑啉	ASTM D 665，水存在下抗氧化矿物油防锈特性试验方法
金属减活剂	苯并三唑 2-巯基苯并噻唑 噻二唑 甲苯甲酰三唑衍生物	ASTM D 130，石油产品铜片腐蚀试验方法
抗磨剂	烷基磷酸酯和盐 二烷基二硫代磷酸盐 二烷基二硫代氨基甲酸金属盐 磷酸酯 二硫代磷酸酯 2，5-二巯基-1，3，4-噻二唑衍生物 羧酸钼	ASTM D 4172，润滑油抗磨特性试验方法(四球法)

表 24.5 续表

添加剂	组　成	相关的性能评价试验方法
可溶性极压剂	硫化酯[26] 硫化烯烃[26] 二芳基二硫化物[26] 二烷基二硫代磷酸酯 环烷酸铅 环烷酸铋[27] 二烷基二硫代氨基甲酸锑 二烷基二硫代磷酸锑 磷酸酯钼盐 氯化石蜡 高分子量复合酯[28] 硼酸酯[29]	ASTM D 5182，油品抗擦伤性能试验方法（FZG 可视法） ASTM D 2782，润滑油极压性能试验方法（姊姆肯法） ASTM D 2783，润滑油极压性能试验方法（四球法）
固体极压剂	二硫化钼 石墨	见以上极压和抗磨性能试验方法
黏附剂	聚异丁烯	无 ASTM 试验方法
破乳化剂	聚烷氧基酚 聚烷氧基多醇 聚烷氧基聚胺	ASTM D 1401，石油和合成液水分离性能试验方法 ASTM D 2711，润滑油破乳化特性能试验法
摩擦改进剂	脱酸动物脂肪	ASTM D5183，润滑油摩擦系数测定法（四球法）
降凝剂	聚（烷基甲基丙烯酸酯）	ASTM D97，石油产品倾点测定试验方法 ASTM D 5949，石油产品倾点测定试验方法
抗泡剂	聚二甲基硅氧烷	ASTM D 892，润滑油抗泡性测定试验方法
剪切稳定 VI 改进剂	聚（烷基甲基丙烯酸酯） 烯烃共聚物 苯乙烯二烯共聚物	严格的剪切试验方法还在开发中
抗雾剂	聚异丁烯[30~32]	ASTM D 3705，润滑油起雾性能试验方法

大多数用于液压油的添加剂也可用于齿轮油，以下介绍不同于用于液压油的添加剂。

24.4.2.1　极压剂

齿轮油极压剂组分主要包括有机磷/硫化合物和无机硼酸盐[33]，已有相关文献对其在齿轮油添加剂中的作用进行了报道[34]。在硫/磷极压剂中，磷的作用是降低正常工况下的磨损，硫可防止高负荷工况下的烧结。现代齿轮油还常含有硼酸盐，高度分散于齿轮油中的硼酸盐有可能在铁的表面形成硼酸盐膜，进一步提高油品的高速和低速承载能力[34]。

也可将有机磷和氯化合物复合用作齿轮油极压剂，但氯化铁耐热强度低，有水存在时还有可能发生水解作用生成盐酸，这些因素限制了氯系极压剂的应用[34]。

24.4.2.2 摩擦改进剂

摩擦改进剂如脱酸动物脂肪主要应用于蜗轮蜗杆这类滑动接触。由于蜗轮蜗杆材质多为青铜，摩擦改进剂比含硫极压剂(有可能促进青铜腐蚀)更为有效。

24.4.2.3 黏度指数改进剂

由于齿轮油会受到比液压油更强的机械剪切，用于齿轮油黏度指数改进剂的聚合物要有良好的剪切安定性。通常，低分子量聚合物比高分子量聚合物显示出更优异的剪切安定性，齿轮油更倾向于选用低分子量黏度指数改进剂。但使用低分子量黏度指数改进剂会增加配方体系成本，因为要提高同样的黏度指数，其用量要高于高分子量黏度指数改进剂。尽管如此，为了保证运行过程中齿轮油的黏度等级和润滑油膜厚度，使用低分子量黏度指数改进剂还是必要的。

24.4.2.4 抗雾剂

油雾润滑是齿轮等部件润滑的一种有效方式，但必须注意如何最小化散逸油雾的产生，否则会引起操作人员人体健康问题。像聚异丁烯这类聚合物可用作抗雾剂，能促进油滴的聚合并减少散逸油雾的形成[30~32]。

24.4.3 开式齿轮油添加剂

对于大型、运动缓慢且在实际应用中不能封闭于油箱中的齿轮，需要黏附性好的高黏度润滑剂覆盖在齿轮上，一般采用喷射和涂抹方式。在寒冷季节，有必要选用高黏度合成基础油以保证润滑剂在低温下均匀喷射于齿轮表面[35,36]。这种润滑剂一般包括以下核心成分：

(1)高黏度基础油；

(2)油溶性极压剂；

(3)固体极压剂；

(4)增黏剂；

(5)防腐剂。

24.4.4 对环境的影响

过去，齿轮油常以含铅有机衍生物提高极压性能，开式齿轮油以含氯溶剂改善泵送性。但在过去的10年中，出于环保考虑这类化合物已基本淘汰。更进一步，基于环境和性能的双重考虑，新型开式齿轮润滑油配方体系开始倾向于不使用沥青[35,36]。

在森林中或河流附近等环境敏感地区，已有基于天然或合成酯的可生物降解齿轮油开发供选用[37]。

24.4.5 发展趋势

在某些应用情况如风电齿轮箱，其齿轮表面会形成一种被称为“微点蚀”的失效现象[3]。虽然失效模式还未完全弄明白，但可以肯定和齿轮表面光洁度有关。已有齿轮油抗微点蚀的试验方法推出[39]，未来在微点蚀成因和如何防止微点蚀现象发生方面还有很多工作要做。

对于液压泵，提高齿轮箱效率可降低终端用户的操作成本，而这会使齿轮箱在更高速度、负载和温度下运行，要求齿轮油配方中的基础油和添加剂能满足以下性能：

(1)改善热稳定性和清洁性；

(2)改善高温极压性能；

(3)改善耐氧化性能；

(4)延长破乳化寿命；

(5)低摩擦；

(6)改善抗泡性；

(7)改善表面疲劳保护。

24.5 压缩机油用添加剂

24.5.1 压缩机油性能要求

很难概括出压缩机的润滑要求，因其受很多应用参数的影响，包括压缩机类型、压缩气体性质、排气温度和压力设计值等[40,41]。

根据压缩气体的工作过程，压缩机可分为容积式和动力式两种类型。容积式压缩机依靠工作腔吸入气体、压缩气体体积然后释放压缩气体的过程工作。动力式压缩机依靠加速气体流动速度、然后将气流速度转换化为压力的过程工作。容积式压缩机适用于高压工况，但对排出气体温度有限定。动力式压缩机适用于大流量、低压工况。

容积式压缩机进一步分为往复式和回转式两大类。往复式压缩机可使用单作用或双作用活塞。回转式压缩机有旋转叶片式和旋转螺旋式[41]。

往复式压缩机的主要润滑部件有曲轴和相关轴承、连杆、活塞销、活塞、气缸、活塞环及阀门等。旋转螺旋式压缩机润滑部件有转子、轴承及轴承密封等。旋转叶片式压缩机润滑部件有轴承和轴等。

动力离心式压缩机润滑部件有轴承、减速齿轮和密封部件等[41]。

不同类型的压缩机对油品润滑特性主要有如下要求：

(1)抗氧化性；

(2)热稳定性；

(3)高温下低积炭(高压往复式压缩机)；

(4)与压缩气体的相容性；

(5)黏度保持性(不易被压缩气体稀释)；

(6)抗磨性(旋转叶片式)；

(7)提供气体密封；

(8)一定的润滑性；

(9)转移热量；

(10)防止腐蚀；

(11)与压缩机部件的相容性；

(12)良好的破乳化性能；

(13)一定的清洁度；

(14)低起泡倾向;

(15)低燃烧性。

24.5.2 压缩机油配方体系

高压往复式压缩机的排气温度可达到350~500℉，这就要求压缩机油具有高温稳定性，不易产生积炭。往复式压缩机热的阀门区域若积炭严重，有可能引发火灾和爆炸。因此，高压往复式压缩机油通常会选用双酯和多元醇酯这类积炭倾向低的合成基础油。

尽管压缩机油受诸多应用参数的影响很大，大部分油品选用合成基础油，但多数配方体系中的添加剂还是基于表24.2和表24.3中的涡轮机油和液压油用添加剂。旋转叶片式压缩机要求压缩机油能最小化叶片的磨损和黏结问题，除前文所论述涡轮机油和液压油添加剂外，旋转叶片式压缩机油需要添加清净剂来阻止沉淀物的形成和叶片的黏连。

压缩机油配方体系还受压缩机和压缩气体种类影响很大。通常，压缩气体为天然气时不会选用矿物油进行调合，因为天然气可溶于矿物油。天然气对矿物油压缩机油的稀释作用会将油品黏度降到有效润滑水平之下。在这种情况下，选用不易吸收天然气的聚乙二醇基础油会更适合。

24.5.3 压缩机油发展趋势

矿物油型压缩机油适用于不与压缩气体反应的正常负荷工况，多种合成油型压缩机油可用于重负荷、高温、高压且压缩气体与矿物油反应的工况。通常，酯基压缩机油由于具有低积炭(可引起火灾)倾向性能，常用于工作条件苛刻的往复式压缩机。对于旋转螺杆式压缩机和旋转叶片式压缩机，聚α-烯烃由于具有良好的热稳定性和相对于酯基油更低的成本，应用日益广泛。应用于苛刻工况的压缩机油，其配方体系受设备设计和压缩气体化学特性的影响很大，压缩机制造商常会指定配套用油。

24.6 润滑脂添加剂

24.6.1 润滑脂性能要求

润滑脂由基础油、添加剂和稠化剂组成。稠化剂是均匀分散在油品中的不溶性细小颗粒，可构成一种独特骨架结构将油品保持为半固体形态。由于半固体具有一定稠度，润滑脂显示了一些优于润滑油的性能特点。例如：润滑脂比润滑油更易密封于轴承内，润滑脂不需要循环系统，在潮湿或多尘环境可严格密封抵御杂质污染。基于这些因素，润滑脂通常是电机、家用电器、汽车轮毂和底盘中滚珠或滚柱轴承润滑、以及一些工业应用中滑动和滚动轴承润滑的首选润滑剂。

润滑脂应用范围很宽，不同机构分别制定了相应的润滑脂规范。一些多用途润滑脂满足ASTM D 4950的LB-GC规范，ASTM D4950即汽车用润滑脂技术规范，由美国材料与实验学会(ASTM)、美国润滑脂协会(NLGI)、美国汽车工程师学会(SAE)三方联合推出。ASTM D 4950 规范是适用于轿车、轻载货车和客车底盘和轮毂轴承系统的周期性再润滑(即养护)规格。在 ASTM D 4950 分类系统中，“LB”表示可用于中等到重负荷工况下轿车、轻载货车和客车底盘组件及联轴节部件的润滑，“GC"表示可用于中等到重负荷工况下轿车、轻载货车和客车轮毂轴承的润滑。在实际应用，有可能调制同时满足 LB 规格和 GC 规格的润滑脂，这种润滑脂的商品标识示为 NLGI GC – LB[42]。

此外，还有军用润滑脂规范颁布[2]，满足军用规格的润滑脂主要设计用于航空等严苛的环境。许多原设备制造商(OEM)如汽车生产厂也颁布了专用于其设备的润滑脂 OEM 规格。

区分润滑脂和润滑油的关键因素在于稠化剂。大多数润滑脂稠化剂是脂肪酸衍生物和金属氢氧化物反应产物所形成的皂。另外，将盐和皂基稠化剂结合后可提高润滑脂滴点(润滑脂开始液化的温度)，这类脂称为“复合脂”。还有一小部分润滑脂由有机膨润土或聚脲等非皂基稠化剂生产。部分常见的稠化剂如下所列：

(1)氢化蓖麻油脂肪酸锂盐；

(2)硬脂酸钙(水合)；

(3)硬脂酸钙(无水)；

(4)复合锂 ；

(5)复合铝；

(6)复合钙；

(7)有机膨润土；

(8)聚脲；

(9)硅土。

24.6.2 添加剂

用于润滑脂的添加剂与用于润滑油的添加剂类似，但用于润滑脂的添加剂要与脂稠化剂具有相容性。否则会破坏用于保持稠化剂半固体形态的胶体结构，导致润滑脂不可控的软化或硬化，或是引起润滑脂滴点下降。

不同添加剂与各类润滑脂稠化剂的相容性会有所差异。通常，锂皂稠化剂与添加剂的相容性比有机膨润土稠化剂更为宽泛。例如，像磺酸钙这类防腐剂在锂基润滑脂中性能表现良好，但在有机膨润土润滑脂中会显著软化。因此，润滑脂添加剂与稠化剂要具有配伍性。

添加剂在润滑脂中的加量一般要高于在润滑油中的加量，这主要是由于以下几方面的原因。

(1)稠化剂会和添加剂在金属表面发生竞争吸附。

(2)稠化剂也会吸附添加剂，从而减少了添加剂的有效量。

(3)相较于润滑油的循环润滑，润滑脂润滑无法带走热量，且填充量要少得多。

另外，润滑脂更倾向于选用固体添加剂。在润滑油体系中，尽管做了多种努力尝试将固体添加剂悬浮分散于油中，但仍然会有分层或滤网堵塞现象发生。润滑脂的半固体形态具有一定稠度，很容易使石墨和二硫化钼等固体润滑添加剂较好的分散于其中。

润滑脂常见添加剂及相关的性能评价试验方法列于表 24.6。随着 HSE 对重金属、含氯化合物、反应后有可能产生潜在致癌物组分的日益关注，表 24.6 中所列部分添加剂的使用已较过去要少得多。HSE(即健康、安全与环境管理体系)规格和 OEM(即原设备制造商)要求正在使添加剂组分的选择和用量成为一个挑战，详见 24.6.3 节。

表 24.6

润滑脂添加剂

添加剂	组　成	相关的性能评价试验方法
抗氧剂	受阻酚 二芳胺 吩噻嗪 三甲基二氢喹啉的低聚体 烷基二硫代氨基甲酸金属盐 无灰二烷基二硫代氨基甲酸酯 二烷基二硫代磷酸金属盐	ASTM D 5483，润滑脂氧化诱导期测定法(压力差式扫描量热法 PDSC) ASTM D 942，润滑脂氧化安定性(氧弹法)测定试验方法
防锈剂	烷基琥珀酸衍生物 乙氧基酚类 含氧杂环化合物 脂肪胺 脂肪酸和胺的盐 磷酸酯和胺的盐 金属磺酸盐[43,44] 磺酸铵 取代咪唑啉 环烷酸铅 环烷酸铋 亚硝酸钠 癸二酸钠	ASTM D 1743，润滑脂防腐蚀性试验方法 ASTM D 5969，稀释合成海水环境下润滑脂防腐蚀性试验方法 ASTM D 6138，润滑脂动态防锈性能试验方法(Emcor 试验法)
金属减活剂	双亚水杨基丙二胺 2，5－二巯基－1，3，4－噻重氮衍生物	ASTM D 4048，润滑脂铜片腐蚀试验方法
抗磨剂	烷基磷酸酯和盐 二烷基二硫代磷酸盐 二烷基二硫代氨基甲酸金属盐 磷酸酯 二硫代磷酸酯 2，5－二巯基－1，3，4－噻重氮衍生物 羧酸钼	ASTM D 5707，润滑脂摩擦磨损性能测定法(高频线性振动试验机法) ASTM D 2266，润滑脂抗磨性能试验方法(四球法)

表 24.6 续表

添加剂	组　成	相关的性能评价试验方法
可溶性极压剂	硫化酯[26]	ASTM D 5706，润滑脂极压性能测定法（高频线性振动试验机法）
	硫化烯烃[26]	ASTM D 2596，润滑脂极压性能试验方法(四球法)
	二芳基二硫化物[26]	ASTM D 2509，润滑脂承载能力试验方法(梯姆肯法)
	有机硫/磷化合物	
	环烷酸铅	
	环烷酸铋[27,45]	
	二烷基二硫代氨基甲酸锑	
	二烷基二硫代磷酸锑	
	磷酸酯的铵盐	
	氯化石蜡	
	高分子量复合酯	
	硼酸酯[46]	
固体极压剂	硼酸金属盐	见以上极压和摩擦磨损性能试验方法
	二硫化钼[47]	
	全氟化聚烯烃	
	石墨[48]	
	碳酸钙	
	磷酸钙	
	醋酸钙	
	氮化硼	
	硼酸	
	金属粉末	
	磷酸盐玻璃[49]	
增黏剂	聚异丁烯	无 ASTM 试验方法
抗水聚合物	无规聚丙烯	ASTM D 4049，润滑脂抗水喷雾性测定法
	聚乙烯	ASTM D 1264，润滑脂水淋流失量测定法
	功能化聚烯烃	
	烷基琥珀酰亚胺	
	聚异丁烯	
	苯乙烯丁二烯嵌段共聚物	

24.6.2.1　防锈剂和抗氧剂

在轻负荷和高速工况下，脂润滑基于弹性流体动力润滑，仅需添加防锈剂、抗氧剂和抗磨剂。其组成类似于润滑油添加剂(表 24.6)，但如前文所论述，加剂量要高于润滑油添加剂。

不同于润滑油添加剂配方，润滑脂添加剂对油品的透明度没有要求。甚至于像亚硝酸钠和癸二酸钠这类不溶性添加剂也可用作润滑脂防锈剂，但固体添加剂的缺点是会在轴承润滑过程中产生较高的噪音水平。

24.6.2.2　极压抗磨剂

至于更高负荷工况下的汽车和工业用轴承，油膜已不能有效阻止金属间直接接触，需要添加表 24.6 中所列极压抗磨剂，其中包括了大部分可用于极压齿轮油配方体系中的添加剂。

表 24.6 列出了几种评价润滑脂极压性能的试验方法，以不同方式对润滑脂的抗磨和极压性能进行评价。在设计多用途工业润滑脂配方体系时，其抗磨和极压性能最好均能达到这几种试验方法的评价要求。通常，可通过添加一种以上添加剂且复配体系要具有协同效应来完成。据报道，有些极压剂性能会受添加温度的影响。例如，当硫化烯烃添加温度从 90℃提高到 120℃时，锂基脂的 Timken OK 值(ASTM D 2509)会从 35lb 上升到 55lb。

在一些会发生冲击载荷的应用中，如大型挖掘机和输送机轴承，快速加载的负荷会在可溶性极压剂反应形成“牺牲膜”之前造成金属面擦伤。在这种工况下，可选择固体添加剂为金属面之间提供物理分离。这类添加剂通常是可均匀分散的固体，通过在金属表面形成膜来减少滑动摩擦。各类润滑脂固体润滑剂列于表 24.6，其中石墨和二硫化钼是应用最为普遍的两种固体添加剂，其在润滑脂和开式齿轮油中的极压抗磨协同效应研究已经开展了很多年。例如，用碱性钼酸盐和钨酸盐、碱土金属硫酸盐和磷酸盐等极性试剂处理石墨，可提高极压和抗磨性能。这类极性无机材料有助于石墨更牢固地黏附于金属表面，即使在无微量水环境下也可，而未处理石墨黏附于金属表面必须要有微量水充当减摩剂[55]。

含有固体添加剂的半流体专用润滑脂已用于不能通过油箱方式润滑的开式齿轮[56]，这类润滑脂能在有可能受到冲击载荷的重负荷齿轮表面形成牢固的保护膜。由于润滑脂通常采用喷嘴间歇式喷射润滑，要具有一定的可泵送性和可喷射性。过去常通过添加 1，1，1－三氯乙烷或烃类等溶剂保证泵送性能，近年来开发了不含溶剂的开式齿轮用合成润滑脂，即利用合成基础油来保证低温性能和泵送性能[56]。开式齿轮润滑脂通常会同时添加可溶性极压剂和固体添加剂保证其极压性能，并以高含量聚合体来改善黏附性和抗水性。由于开式齿轮润滑脂含有一定量石墨和二硫化钼，颜色通常会呈灰色到黑色。但通过添加磷酸盐玻璃等无色固体添加剂，已开发出颜色较浅的开式齿轮润滑脂[49]。近年来，随着原材料成本的增长，在技术允许的情况下，一些二硫化钼的替代物已应用于润滑脂。

螺纹脂是另一类固体添加剂含量较高的润滑脂，通常由很高含量的金属粉末和其他固体添加剂组成。例如，API BUL 5A2[57]标准中螺纹脂组成为：36%的基础脂、30.5%的铅粉、12.2%的锌粉、3.3%的铜粉和 18%的天然石墨。螺纹脂中还含有防腐剂防止钢管螺纹在储存过程中腐蚀。

24.6.2.3 抗水聚合物

汽车用轴承常在有水环境下工作，工业用轴承如钢厂和造纸厂等设备也大都如此。已经发现在润滑脂中添加聚合物可改善其耐水性，用于润滑脂的常见聚合物列于表 24.6。大部分聚合物是通过提高基础油黏度来改善耐水性，但在皂基稠化剂的形成过程中，至少会有一种聚合物能与碱反应并成为稠化剂独特骨架结构的一部分。

24.6.2.4 可作为添加剂的稠化剂

在润滑脂技术的发展过程中，近年来的一个研究方向是开发既能充当脂稠化剂又能作为添加剂的固体。例如，已有很多关于复合磺酸钙基润滑脂制备和应用的专利公布，在这类润滑脂中，磺酸钙可同时用作稠化剂、防腐剂和极压剂，并将碳酸钙均匀分散于润滑脂中。同样类似的还有复合钛基润滑脂，其中的复合钛稠化剂同样具有多种功能。

24.6.3 对环境的影响

环境因素和法规已对现代润滑脂配方体系产生影响，并且这种影响在未来还会加剧。由于处理含受限制化学物质润滑剂的过程复杂且昂贵，人们开始避免使用已经或未来有可能列在受限制物质列表上的添加剂。受环境因素驱动促使润滑脂配方体系改变的实例主要有：

(1)以可选的极压剂和防腐剂替代环烷酸铅和二烷基二硫代氨基甲酸铅。

(2)除去螺纹脂中的重金属粉末[63~65]。

(3)除去开式齿轮润滑油和润滑脂中的氯化溶剂[56]。

(4)以可选的极压抗磨剂替代氯化石蜡[28,66]。

(5)以可选的防腐剂替代亚硝酸钠。

随着加利福尼亚州对二硫化钼固体添加剂潜在毒性的日益关注，产生了对含二硫化钼废润滑脂如何处理的问题。但“加州有毒物质控制局”在对其进行毒性评估后，将以二硫化钼形式存在的含钼废弃物排除在危险废弃物名录之外[67]。

随着全球润滑剂贸易的不断增长，欧盟《化学品注册、评估、授权与限制法案》(即REACH法规)开始影响世界润滑油和添加剂工业的发展。该法规于2007年6月1日正式实施，虽然法规的具体实施细节还未全部完成，但有可能会对超过30000种化学品的供应商、生产商和用户产生巨大影响。

许多原设备制造商(OEM)如汽车生产厂，也会提供一份原材料中(如润滑油)不允许使用的受限制物质名录，并持续追踪。毫无疑问，这份名录中的受限制物质数量还会不断增加。对环境问题的持续关注有可能促进对可生物降解润滑脂需求的增长，虽然目前市场还很温和，但美军已出台相关多用途润滑脂规格，有助于促进可生物降解润滑脂技术的发展[68]。可生物降解润滑脂通常由能生物降解的天然或合成酯类基础油和低毒添加剂调制而成，其中添加剂即使本身不容易降解，但至少不会阻止微生物最终将润滑脂中的有机成分降解成二氧化碳、水和生物群。不同添加剂在这类基础润滑脂中的效率研究已经完成[69,70]。

24.6.4 润滑脂发展趋势

和其他工业润滑剂一样，润滑脂的发展趋势是改善产品的高温性能以延长轴承寿命。润滑脂配方设计者同时也在开发能抗盐水腐蚀且不影响稠化剂性能的防腐剂[44]。

为优化润滑脂配方体系，必须要考虑添加剂和稠化剂的相互作用，添加剂的选择要针对稠化剂的不同有所变化。虽然锂基脂和复合锂基脂由于其多功能性应用最为广泛，但近年来聚脲润滑脂在一些需要非常长寿命的密封轴承中应用逐渐增多。预计聚脲和二脲润滑脂的应用会持续增长，如果是这样，开发能在这类稠化剂中具有最优性能的添加剂将是未来的一个研发重点。

参考文献

1. I Macpherson, DD McCoy. Hydraulic and turbine oil specifications. In ER Booser, ed. *Tribology Data Handbook*. Boca Raton, FL: CRC Press, 1997, pp. 279–281.
2. BD McConnell. Military specifications. In ER Booser, ed. *Tribology Data Handbook*. Boca Raton, FL: CRC Press, 1997, pp. 182–241.
3. ET Denisov, IV Kyudyakor. Mechanisms of Action and Reactivities of the Free Radicals of Inhibitors. *Chem Rev*, 87, 1313–1357, 1987.
4. M Rasberger. Oxidative degradation and stabilization of mineral oil based lubricants. In RM Mortier and ST Orszulik, eds. *Chemistry and Technology of Lubricants*. New York: VCH Publishers Inc., 1992, pp. 108–109.

5. PC Hamblin, U Kristen, DC Ardsley. Ashless antioxidants, copper deactivators and corrosion inhibitors: Their use in lubricating oils. *J Lubr Sci* 2(4): 287–318, 1989.
6. JR Thomas, CA Tolman. Oxidation inhibition by diphenylamine. *J Am Chem Soc* 84: 2930–2935, 1962.
7. JR Thomas. The identification of radical products from the oxidation of diphenylamine. *Am Chem Soc* 82: 5955–5956, 1960.
8. VJ Gatto, MA Grina. Effects of base oil type, oxidation test conditions and phenolic antioxidant structure on the detection and magnitude of hindered phenol/diphenylamine synergism. *Lubr Eng* 55(1): 11–20, 1999.
9. Y Luo, B Zhong, J Zhang. The mechanism of copper-corrosion inhibition by thiadiazole derivatives. *Lubr Eng* 51(4): 293–296, 1995.
10. American Petroleum Institute. Appendix E—API (base oil interchangeability guidelines for passenger car motor oils and diesel engine oils. API) 1509, 14th ed., Addendum 1, 1998, p. E-1.
11. AS Galliano-Roth, NM Page. Effect of hydroprocessing on lubricant base stock composition and product performance. *Lubr Eng* 50(8): 659–664, 1994.
12. D Clark et al. New generation of ashless top tier hydraulic fluids. *Lubr Eng* 56(4): 22–31, 2000.
13. I Macpherson, DD McCoy. Hydraulic and turbine oil specifications. *Tribology Data Handbook*. Boca Raton, FL: CRC Press, 1997, pp. 274–278.
14. DK Tuli et al. Synthetic metallic dialkyldithiocarbamates as antiwear and extreme-pressure additives for lubricating oils: Role of metal on their effectiveness. *Lubr Eng* 51(4): 298–302, 1995.
15. MD Sexton. Mechanisms of antioxidant action. Part 3. The decomposition of 1-methyl-1-phenylethyl hydroperoxide by OO′-dialkyl(aryl)phosphorodithioate complexes of cobalt, nickel, and copper. *J Chem Soc: Perkin Trans* 2, pp. 1771–1776, 1984.
16. AJ Bridgewater, JR Dever, MD Sexton. Mechanisms of antioxidant action. Part 2. Reactions of zinc bis-[OO-dialkyl(aryl)phosphorodithioates] and related compounds with hydroperoxides. *J Chem Soc: Perkin Trans* 2, pp. 1006–1086, 1980.
17. JM Georges et al. Mechanism of boundary lubrication with zinc dithiophosphate. *Wear* 53: 9–34, 1979.
18. WB Bowden, JY Chien, KA Colapret. Scrapping downtime in a scrapyard—a field test of ashless hydraulic oils in a high pressure application. *Lubr Eng* 54(11): 7–11, 1998.
19. LR Kray, JH Chan, KM Morimoto. New direction for paper machine lubricants, ashless vs. ash type additive formulations. *Lubr Eng* 51(10): 834–838, 1995.
20. RL Stambaugh, RJ Kopko, TF Roland. Hydraulic pump performance—a basis for fluid viscosity classification, SAE Paper no. 901633. Available from Society of Automative Engineers, 400 Commonwealth Dr., Warrendale, PA 15096, 1990.
21. S Asadauskas, JM Perez, JL Duda. Oxidative stability and antiwear properties of high oleic vegetable oils. *Lubr Eng* 52(12): 877–892, 1996.
22. RL Goyan, RE Melley, WC Ong. Biodegradable lubricants. *Lubr Eng* 54(7): 10–17, 1998.
23. DE Tharp, KD Erdman, GH Kling. Development of the BF-1 biodegradable hydraulic fluid requirements. *Lubr Eng* 54(7): 21–23, 1998.
24. VW Castleton. Development and use of multipurpose gear lubricants in industry. *Lubr Eng* 51(7): 593–598, 1995.
25. RW Cain, PS Greenfield, GF Hermann. Industrial gear oil: Past, present and future. *NLGI Spokesman J* 64(8): 22–29, 2000.
26. O Rohr. Sulfur: The ashless additive, sulfur as a key element in EP greases and in general lubricants. *NLGI Spokesman* 58(5): 20–27, 1994.
27. RW Hein. Evaluation of bismuth naphthenate as an EP additive. *Lubr Eng* 56(11): 45–51, 2000.
28. PR Miller, H Patel. Using complex polymeric esters as multifunctional replacements for chlorine and other additives. *Lubr Eng* 53(2): 31–33, 1997.
29. J Yao, J Dong. Improvement of hydrolytic stability of borate esters used as lubricant additives. *Lubr Eng* 51(6): 475–478, 1995.
30. JP Maxwell. Practical application of oil mist lubrication for gear driven machine tool heads. *Lubr Eng* 49(6): 435–437, 1993.
31. K Bajaj. Oil-mist lubrication of high-temperature paper machine bearings. *Lubr Eng* 50(7): 564–568, 1994.
32. RS Marano et al. Polymeric additives as mist suppressants in metal cutting fluids. *Lubr Eng* 53(10): 25–34, 1997.

33. M Masuko, T Hanada, H Okabe. Distinction in antiwear performance between organic sulfide and organic phosphate as EP additives for steel under rolling with sliding partial EHD conditions. *Lubr Eng* 50(12): 972–976, 1994.
34. SM Kim et al. Boundary lubrication of steel surfaces with borate, phosphorus, and sulfur containing lubricants at relatively low and elevated temperatures. *Trib Trans* 43(4): 569–578, 2000.
35. DB Barret, IR Bjel. High viscosity gels for heavy duty open gear drives a break from tradition. *Lubr Eng* 49(11): 820–827, 1993.
36. G Daniel et al. Lubricants for open gearing. *NLGI Spokesman* 63(6): 20–30, 1999.
37. BR Hohn, K Michaelis, R Dobereiner. Load carrying capacity properties of fast biodegradable gear lubricants. *Lubr Eng* 55(11): 15–38, 1999.
38. J Muller. The lubrication of wind turbine gearboxes. *Lubr Eng* 49(11): 839–843, 1993.
39. P Oster, H Winter. Influence of the lubricant on pitting and micro pitting resistance of case carburized gears–test procedures, AGMA paper 87-FTM-9, 1987.
40. W Scales. Air compressor lubrication. In ER Booser, ed. *Tribology Data Handbook*. Boca Raton, FL: CRC Press, 1997, pp. 242–247.
41. KC Lilje, RE Rajewski, EE Burton. Refrigeration and air conditioning lubricants. In ER Booser, ed. *Tribology Data Handbook*. Boca Raton, FL: CRC Press, 1997, pp. 342–354.
42. *Lubricating Grease Guide*. Kansas, MO: The National Lubricating Grease Institute, 4th ed., 1996, pp. 3.28–3.36.
43. R Baker. A comparison of rust inhibitors in ASTM D 1743 and IP 220 tests. *NLGI Spokesman* 57(9): 20–23, 1993.
44. ME Hunter, F Baker. Corrosion rust and beyond. *NLGI Spokesman* 63(1): 14–20, 1999.
45. O Rohr. Bismuth, the new and "green" extreme pressure-element and the best replacement for lead. *NLGI Spokesman* 61(6): 10–17, 1997.
46. JP Donor. U.S. Patent 5, 242, 610, Grease composition, 1993.
47. TJ Risdon. EP additive response in greases containing MoS_2. *NLGI Spokesman* 63(8): 10–19, 1999.
48. WM Kenan. Characteristics of graphite lubricants. *NLGI Spokesman* 56(11): 14–17, 1993.
49. L Tocci. Transparent grease bears a heavy load. *Lubes-n-Greases* 3(4): 52, 1997.
50. HS Pink, T Hutchings, JF Stadler. U.S. Patent 5,110,490, Water resistant grease composition, 1992.
51. CE Ward, CE Littlefield. Practical aspects of grease noise testing. *NLGI Spokesman* 58(5): 8–12, 1994.
52. S Beret. Assessment of grease EP performance and EP testing. *NLGI Spokesman* 58(8): 7–22, 1994.
53. PR Todd, MR Sivik, GW Wiggins. An investigation into the performance of grease additives as related to the temperature of addition: Part 1. *NLGI Spokesman* 64(3): 14–18, 2000.
54. FG Fischer, AD Cron, RG Huber. Graphite and molybdenum disulphide-synergisms. *NLGI Spokesman* 46(6): 190, 1982.
55. R Holinski, M Jungk. New solid lubricants as additives for greases—"polarized graphite." *NLGI Spokesman* 64(6): 23–27, 2000.
56. N Samman, SN Lau. Grease-based open gear lubricants: Multi-service product development and evaluation. *Lubr Eng* 55(4): 40–48, 1999.
57. API Bulletin 5A2 on thread compounds for casing, tubing, and line pipe, 5th ed., Washington, DC, American Petroleum Institute, 1972, p. 9.
58. C Scharf, HF George. The enhancement of grease structure through the use of functionalized polymer systems. *NLGI Spokesman* 59(8): 8, 1996.
59. WD O1sen, RJ Muir, T Eliades, T Steib. U.S. Patent 5,308, 514 sulfonate greases, 1994.
60. W Macwood, R Muir. Calcium sulfonate greases one decade later. *NLGI Spokesman* 63(5): 24–37, 1999.
61. A Mukar et al. A new generation high performance Ti-complex grease. *NLGI Spokesman* 58(1): 25–30, 1994.
62. A Kumar et al. Titanium complex greases for girth gear application. *NLGI Spokesman* 63(6): 15–19, 1999.
63. WD Stringfellow, NL Jacobs, RV Hendricks. Environmentally acceptable specialty lubricants, an interpretation of the environmental regulations of the North Sea. *NLGI Spokesman* 57(9): 14–19, 1993.
64. N Adamson, JM Pinoche, T Noel. A novel tubing/casing thread compound offering both corrosion protection and performance with environmental acceptability. *NLGI Spokesman* 62(7): 10–22, 1998.
65. NL Jacobs. U.S. Patent 5, 180,509, Metal-free lubricant composition containing graphite for use in threaded connections, 1993.
66. RJ Fensterheim. Where in the world are chlorinated paraffins heading. *Lubes-n-Greases* 4(4): 14, 1998.

67. J Dumdum. Government regulations update. *NLGI Spokesman* 58(4): 36, 1994.
68. I Rhee. 21st century military biodegradable greases. *NLGI Spokesman* 64(1): 8–17, 2000.
69. A Fessenbecker, I Roehrs, R Pegnoglou. Additives for environmentally acceptable lubricant. *NLGI Spokesman* 60(6): 9–25, 1996.
70. N Kato et al. Lubrication life of biodegradable greases with rapeseed oil base. *Lubr Eng* 55(8): 19–25, 1999.
71. Lubrizol Corp.

25 航空航天用添加剂长期发展趋势

Carl E. Snyder, Lois J. Gschwender, and Shashi K. Sharma

25.1 航空航天应用的特殊要求

航空航天，特别是军用航空航天系统，要求更快速、操作难度高、高温系统。对于所有航空航天润滑剂而言，普遍经历高温，在此仅以液压液为例进行说明。航空航天液压系统在高温下工作基于以下三方面的原因：第一，军用飞行器具有高速和高度机动等操作要求，从而使液压系统更为苛刻；第二，重量始终是飞行器的关键问题，从而使液压系统组件小、操作费力(高速、高载)，对液压液的操作工况也更为苛刻(例如高温、高剪切率)；第三，飞行器强调轻便，从而导致液压系统体积变小。以上所有这些因素均导致液压液处于较高的温度。尽管商用飞行器高机动性通常不是问题，但另外两个因素对于商用和军用则同等重要。除高温外，航空航天液压液必须能在极低温度下操作，要求液压和润滑系统可在低至 -54℃下操作，航空液压液典型操作温度范围如图 25.1 所示。类似的因素也使其他航空润滑剂如涡轮发动机油和润滑脂等具有特殊要求。航空航天包括航天和航空两种用途，本章主要强调的是航空用途。液压液和燃气涡轮发动机油用量大，故而在本章讨论。但是其他润滑剂和工作液(如润滑脂和冷却液)也同样存在相同的影响因素和问题。由于空间环境对添加剂提出了独特并具有挑战性的问题，因此空间用途的液态类和脂类润滑剂也在此讨论。通常，常规添加剂不适用于航空航天用途，需要不断开发出令人满意的润滑剂[1~8]。

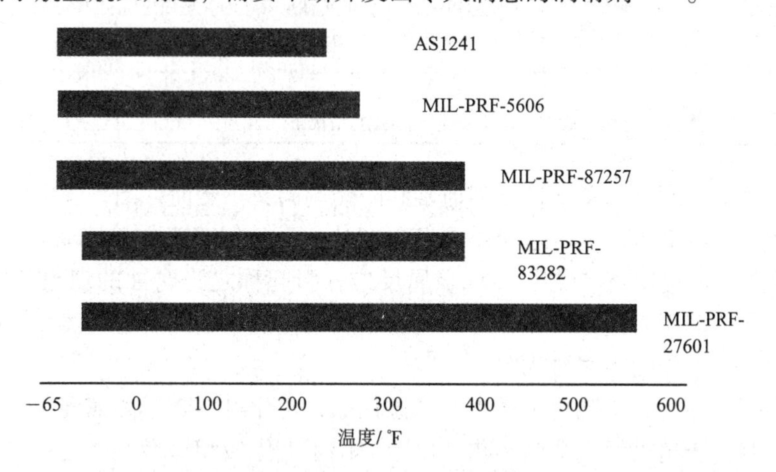

图 25.1 航空航天液压液的温度范围

25.2 为什么需要添加剂？

需要添加剂来增强或赋予单独基础液所不能提供给航空航天工作液和润滑剂所要求的可

操作能力。当一种润滑剂(润滑油、液压液和润滑脂等)进入其操作环境，会因降解而对使用它的系统或部件产生不良影响。为了提高润滑剂的性能，或减缓润滑剂使用过程中发生降解，要求使用添加剂。表25.1中列出了一些用于航天航空的添加剂类型。根据其应用环境，配方中可以使用一种或多种添加剂：边界润滑添加剂(抗磨、润滑性、极压)、抗氧剂、抗腐蚀添加剂、金属钝化剂、黏度指数改进剂(VI)。

润滑剂必须在液膜润滑和边界润滑两种状态下均有效果。在液膜润滑中，液体膜将互相接触的表面分开，而在边界润滑中，两个接触面之间会发生更多的直接接触。液膜润滑可以进一步分成两大类：流体动压润滑和弹性流体动压润滑。在液膜润滑中，润滑剂的物理性质如黏度、受压黏度和附着摩擦力决定了润滑接触的性能。尽管液体膜润滑是理想的操作方式，但边界润滑是不可避免的。即使在液体膜润滑中，也会在启动/停止以及运行中偶然苛刻接触而出现边界润滑。因此，边界润滑中的材料(表面和润滑剂)与液体膜润滑同等重要。边界润滑通常需要用添加剂来降低部件之间的摩擦和磨损[9]。

为了延长工作液和润滑剂的使用寿命，要求使用抗氧剂。大多数工作液和润滑剂为烃基，易通过自由基机理氧化降解，抗氧剂可以与最初产生的自由基反应，从缓慢引发到快速自催化阶段阻止氧化过程的发生。

表25.1

航空工作液和润滑剂中使用的典型添加剂

		液压液		空间润滑剂	
工作液	燃气蜗轮机油	烃基	磷酸酯	烃基	PFPAE
抗氧剂	芳胺，如PANA[a]	位阻酚	专有	位阻酚	试验中
润滑剂/抗磨剂	芳基磷酸脂	芳基磷酸脂	专有	芳基磷酸脂	试验中
黏度指数改进剂	N/A	聚甲基丙烯酸脂	专有	N/A	
防锈剂	金属磺酸盐或金属有机酸盐	磺酸盐	专有	N/A	$NaNO_2$[b]
抗泡剂	硅	硅	专有	N/A	N/A
金属减活剂	苯并三唑	苯并三唑	专有	N/A	N/A

注：a苯-α-萘胺；b仅用在脂中；N/A一般不用在此情况下。

对大多数润滑剂而言，腐蚀抑制剂通常和防锈剂同义。然而，当系统中含有更多外来金属并使用卤代型润滑剂时，则有色金属会发生腐蚀，而且侵袭工作液降解产物会发生侵蚀。例如，全氟聚烷基醚的降解产物与各种金属反应，引起称之为腐蚀的现象[10,11]。腐蚀抑制剂更好的定义是能抑制水气或液体分解产物与金属反应的添加剂。起这类作用的添加剂广泛应用于许多类型的工作液和润滑剂中。

金属减活剂是那些用于钝化金属表面的添加剂，钝化可以降低金属催化对润滑剂降解的影响，也可以降低金属表面润滑的影响，广泛应用于液压液和润滑剂中。

黏度指数改进剂将在第25.5节中讨论。

25.3 添加剂的作用机理

通常，某些能改善性能的添加剂用于特定基础油中才是最有效的，但有时相同的添加剂用于不同类别的基础油也能起作用。然而有些情况下，在一种或多种类别基础油中能改进特定性质或性能的添加剂，在另一些基础油中却没有效果。例如，取代型芳基磷酸脂对钢－钢摩擦接触润滑已经是非常有效的抗磨剂，可用于大部分基础油料，如矿物油、合成烃、酯类油以及聚苯醚、含硅烃等非常规基础油中。然而，用于聚二甲基硅氧烷或氯三氟乙烯钢－钢接触的润滑剂中时，取代型芳基磷酸脂则不是一类有效的添加剂。关于一些添加剂特殊性的原因不在本章讨论的范围中，但是在考虑添加剂的未来发展趋势时认识到这种现象是非常重要的。当我们试图利用新型基础油开发先进的润滑剂时，必须认识到可能需要使用新型添加剂技术。本章将讨论不同的添加剂如何增强润滑剂的性能。

在边界润滑状态下，相互作用的表面与润滑组分反应，形成保护性物理吸附、化学吸附或反应膜[12]。在润滑接触中，当两个表面之间发生金属和金属接触时，表面的粗糙部分受到剪切，因此会暴露出新的金属表面。适当的润滑剂组分可以与暴露的新鲜金属形成保护性表面膜。这样形成的表面膜通常低摩擦、耐磨，并且可以保护表面，使其免受过早失效/磨损。工作过程中，这些表面膜磨损并再生。通常在基础油中添加抗磨剂或润滑性添加剂，用来增强边界润滑过程中保护性表面膜的形成。因此，在边界润滑过程中，润滑剂的化学性质与相互接触表面的材料性质一起决定了润滑接触的性能。

许多研究者花费大量的精力来测定特定添加剂详细的作用机理。在一些情况下，各类机理被广泛研究、阐释，而且通常能得到很好地理解[13]，例如，大多数有效抗氧剂的自由基捕获机理；而在另一些情况下，如对磷酸三邻甲苯酯的作用机理，尽管进行了深入的研究，仍然存在许多理论(其中有些有化学数据支持)，但没有一种理论被普遍接受。

我们在查阅出版资料时，以及很多研究者在翻阅其未出版的那些数据时，可以发现，许多类型的性能改进添加剂均具有一些共同的事实。首先，大多数添加剂似乎都是通过“竞争反应”机理起作用。换句话说，添加剂在润滑系统中与一些非理想组分反应，如果不用添加剂加以控制，将导致润滑剂或部件过早失效。就烃基润滑剂中加入的抗氧剂而言，抗氧剂与氧化过程中最初形成的自由基发生反应，从而减缓或阻止自由基在自催化过程中对润滑剂分子进行攻击，这种攻击会导致润滑剂快速降解。就烃基润滑剂中加入的抗磨剂而言，抗磨剂与金属间接触形成的高能、新金属表面发生反应，因而钝化了形成的这些表面。在大多数情况下，这些不稳定的反应产物可以防止部件发生剧烈磨损。这些化学反应产物的化学性质将依据添加剂及表面化学性质的不同而有所不同。然而，磨损保护的机理可以随着润滑剂和不同化学表面的变化而改变，这将在第 25.4 节全氟聚烷基醚(PFPAE)部分进行专门讨论。

对许多添加剂而言，另一个公认的事实是，润滑剂发挥“正常”功能期间，添加剂通常是不起反应的和稳定的，只有在需要时添加剂才开始生效并起反应。例如，烃类中的抗氧剂，只有在因润滑剂分子氧化形成自由基时才生效和起反应。同样的，烃类润滑剂中的有效抗磨剂通常只有在形成新的金属表面时才反应。这种反应是被新金属表面的反应活性诱发，还是金属与金属接触期间产生的短暂高温所诱发？这个问题仍然在争论之中，但人们通常接受的是，添加剂在受到特定事件诱发以前，是不反应的并且是稳定的。某些事件的发生会降低活化能，并使添加剂生效。

另一些添加剂很少受到能诱发反应的那些“事件”的影响。例如，黏度指数改进剂[14]和防锈剂，它们通常会在润滑剂的整个寿命周期起作用，而不需要一些特定的(独特的)事件去引发其发生反应。但是，当我们着眼于未来基础液及润滑表面类别发展对未来添加剂的要求时，则必须开发新的添加剂技术。

一种添加剂可以通过不止一种机理来发挥作用。例如，许多烷基化金属磺酸盐防锈剂可在金属表面形成一个物理屏障，其分子极性部分吸附在金属表面上，有效阻止水腐蚀金属表面的倾向[8]。这些分子也会形成胶束或极性端向里的松散环状分子团，就像小型捕水器包围和捕获水分子，从而再阻止水接触到金属表面。

25.4　航天用添加剂

外部空间用的润滑剂非常具有挑战性。首先，航天润滑剂用量太少，即使这样的润滑剂价格不菲，主要的油公司很少有兴趣投资于此项研发及商业化。幸运的是，有几家做特种润滑剂业务的公司愿意供应这个市场。

航天润滑剂中最重要的添加剂是抗磨添加剂[7]。航天机械通常在极少量润滑剂下工作，润滑剂因蒸发或潜变而衰败，润滑部件继而经历高度边界润滑状态，因此需要有效的抗磨剂来延长这些部件的寿命。由于全氟聚烷基醚(PFPAE)润滑剂在轴承接触应力超过100000psi(1psi =6.895kPa)时会遭受摩擦腐蚀引发失效，所以，一般来说PFPAE不用于此类用途。通常，配方油在地面等待发射时，需要使用一种抗氧剂来保护航天烃类油及其抗磨添加剂，但在太空环境里几乎没有氧气，则不需要这样的抗氧剂。

航天润滑剂用添加剂主要的技术挑战是低的挥发性和良好的溶解性。航天润滑剂最初使用矿物基油脂，但这些油脂逐渐被聚α-烯烃((PAO)、多烷基环戊烷(MAC；Pennzane®)和PFPAE等合成油代替，甚至正在开发航天用的低挥发性、改善低温性能的硅烃[15]。地面用烃类油很容易得到有效的具有溶解能力的添加剂，而且也容易找到商用的低挥发性的添加剂。添加剂在润滑脂中的溶解性不是很重要，但人们相信，润滑脂中使用部分溶解的添加剂，其性能至少比使用完全不溶的添加剂更有优势。

很多年以来，还没有能用于PFPAE润滑剂中的可溶性添加剂。常规添加剂不溶于PF-PAE液体中，为了使添加剂可溶于PFPAE中，要求添加剂结构类似于PFPAE液体骨架结构的可溶解性取代基。不过，PFPAE生产商最近已经在其润滑剂中添加了可溶性添加剂。厂家生产的这些添加剂是用于其自己的产品线上，而不售予其他公司做配方调和。作为高性能蜗轮项目[16]的一部分，美国空军完成了FPFAE可溶性添加剂的研究开发。PFPAE液体中需要添加剂是因为其独特的特性，特别是用在低湿度环境下[17]的边界润滑状态，会发生一种称之为“摩擦腐蚀”的现象，这是液体降解和磨损金属腐蚀共同作用的结果。这种现象发生的温度要比由静态、非磨损稳定性试验预测值低得多。添加剂的作用是阻止液体降解产物与金属相互反应的一系列过程，从而尽可能的降低摩擦腐蚀，提高抗磨损性能[18]。

除了抗磨剂外，在使用PFPAF液或脂时需要采用防锈剂，以防止钢铁部件生锈。普通的烃基润滑剂常常在钢铁表面留下保护膜，但PFPAE液不会这样，因此，在使用PFPAE之后低铬钢部件易于生锈。这是因为PFPAE具有高氧气溶解性，从而使氧气与铁表面接触而生锈。

空军项目[16]开发出了几种重要的添加剂新类别，最值得关注的类别有：全氟烷基二苯醚(DPE)、全氟烷基三苯醚(TPE)和三(全氟聚烷基醚苯基)磷化氢(PH3)[19]。这些添加剂可以通过反应并中和液体的降解产物来提供PFPAE液良好的抗磨性和高温稳定性，如果没有这些添加剂，降解产物将攻击金属表面，从而引起液体自催化降解。

随着润滑剂分子量的增加，对极性添加剂的溶解性将下降。这种情况尤其适用于非极性程度很高的PAO类油。添加剂上的长链烷基可以改进添加剂的溶解性，但是通常会降低使用效果。一般来说，添加剂属于极性化合物，这也是添加剂生效的主要物质。所有这些因素均使有效、可溶解和低挥发性的航天用添加剂种类非常稀少。

由于航天机械不会在高温下操作，所以航天用润滑剂添加剂不需要特别的热稳定性。但是，航天机械会在极寒冷温度下操作，因此，添加剂必须溶解于润滑油中。

航天润滑剂的试验方法还没有完全的标准化，这些标准通常归属于特定的卫星公司。由于一旦航天润滑剂投用，几乎很少有第二次机会再使用，所以要在高真空条件下模拟实际运行环境，通常这样的“寿命试验”要在地面上进行几年。

25.5 液压液用添加剂

虽然液压液可以敞开在空气中储存，但液压液是在密闭系统下工作的。液压液添加剂包括有抗氧剂、抗磨剂、橡胶膨胀剂、黏度指数改进剂以及少量的金属钝化剂和染色剂(这比发动机油用的要简单，在发动机油中热氧化稳定性非常关键)。应用的温度通常决定了要使用哪些添加剂。军用液压液在军用规格中做出了定义，包括MIL－PRF－5606H[20](矿物油)、MIL－PRF－83282D[21]和MIL－PRF－87257[22](后面两者都是合成型加氢PAO)规格。商业化飞行器用的液压液为磷酸酯类，在SAE AS 1241[23]中做出了定义。

抗氧剂通常是无灰型(不含金属)，并且它对液压液提供的保护主要是在储存过程而不是在使用过程。航空涡轮发动机润滑剂及其他高精炼油的腐蚀性和氧化稳定性通常用试验(如ASTM D4636)来评价抗氧剂的有效性。

液压液中广泛使用芳基磷酸盐，并且对钢－钢摩擦非常有效。普遍采用ASTM D4172润滑剂耐磨性试验(四球机磨损法)来评价抗磨添加剂，但也可以使用其他方法评价。

橡胶膨胀剂用于PAO一类的合成油中，合成油本身很难提供膨胀，甚至还会收缩腈橡胶密封件，而腈橡胶是军用飞行器最广泛使用的密封材料。最初开发的腈封用于环烷基矿物油中可以膨胀一定的体积，但当出现合成油并成为矿物油的完全替代品时，这样的橡胶膨胀剂就需要添加到合成型配方中。橡胶膨胀剂通常为极性酯，实际上被吸附到弹性化合物里，为液压系统创建了完全密封的环境。密封试验包括FED－STD－791 3603膨胀测试方法以及其他物理性质测定法。

环烷基矿物油和磷酸酯类油主要使用黏度指数改进剂来提高其黏度指数(降低黏度随温度变化的量)。黏度指数改进剂是聚甲基丙烯酸酯类长链聚合物，但也可以使用其他类别的化合物。理论上，黏度指数改进剂在低温下以线团状存在，温度较高使线团伸张，因而对油品流动的阻碍作用低温时小而在高温时大。黏度指数改进剂就像过去的密封等块状物来阻碍流动，并在低剪切环境下提供额外的液体膜厚度，但在轴承弹性流体动压润滑中[14]对改善液体膜的厚度几乎不起作用。在高剪切、高压环境下，弹性流体和边界润滑两种状态中，黏度指数改进剂均被破坏成为小的碎片，因而不起作用。采用如MIL－PRF－5606液压液规格[20]中的剪切稳定性试验，在特定的条件下测定配方的抗剪切能力，但这类试验不能反映实际润滑接触中的苛刻度。

为了能通过 ASTM D4636 中所有的金属重量变化，需要在 PAO 基液压液中加入少量(0.05%)的金属钝化剂。在液压液中使用少量染色剂是为了方便泄露检查，烃基通常使用红色染色剂，而磷酸酯类则使用紫色。

25.6 燃气轮机油用添加剂

航空发动机油中性能改进添加剂体系必须保持平衡，如果用在高温下尤为如此。发动机油通常喷溅到热轴承上，在那里存在大量的空气流有助于冷却轴承，这就会引起热斑增加，而且薄油膜会大量与氧气接触。当这些物质氧化并转化为炭沉积物时，工作液和添加剂发生焦化，这对发动机冷却效率是极为不利的。而且，焦化也会堵塞发动机进气和输油管道。

发动机油为氧化稳定性极强的多元醇酯类油，并含有一种或多种抗氧剂、抗磨剂、抗泡剂和金属钝化剂。所有的添加剂必须具有低的生焦倾向，通常，最佳的发动机油会在低生焦和特定添加剂所提供的最优性能之间进行折中。例如，不同的芳基磷酸酯抗磨添加剂展现出不同的效果，但由于油中存在这样的添加剂会引起生焦过多，不可能选择其作为最佳抗磨剂。一般来说，配方油的结焦倾向随着芳基磷酸酯抗磨性的增加以及添加量的增多而加剧。

发动机油中可以使用一种具有特定分子量的二甲基硅抗泡剂。通常采用以下试验评价添加剂的有效性：

(1)氧化稳定性：ASTM D4636；

(2)抗磨性：ASTM D1947，Ryder 齿轮试验及修订的 ASTM D5182，FZG 试验；

(3)抗结焦性：Fed - Std 791，Method 3450，轴承沉积物；

(4)起泡性：Fed - Std 791，Method 3213，飞行器蜗轮发动机油泡沫特性(静态泡沫试验)。

除了这些试验外，每种新的发动机油要通过军用规格认证，则必须通过规格中所描述的实际发动机试验。

25.7 未来发展趋势

航空航天用新型添加剂的研发需求有三个主要的驱动因素：第一，是在低至 - 54 ~ >300℃宽范围下添加剂有效性的需求，这已经在 25.1 章节中进行了详细讨论；第二，为满足新的、更多的要求，开发的新型基础油类别对添加剂的需求，这也在某种程度上进行了讨论。前面讨论的 PFPAE 类基础油，有时也称为全氟醚或全氟聚醚，就是其中的一例。另一类被证实具有独特要求的基础油为氯氟碳低聚物，它可以作为 - 54 ~ 175℃不易燃的航天航空液压液基础油。尽管用在烃基润滑剂中的大多数添加剂能很好的溶解于氯氟碳基础油中，但它们中的大多数效果不好。利用这些独特的基础油成功开发一种有效的配方需要数年的研究时间。能满足军用规格 MIL - H - 53119[24] 的最终配方，仔细平衡了包括有润滑性添加剂和防锈剂的添加剂组分。尽管以上两种新型独特的基础液作者有第一手经验，但未来应用也可能开发其他新型基础油，这些基础油也要求研究开发新型添加剂。

未来润滑系统开发新型添加剂的第三个驱动因素是，为延长寿命，与润滑剂接触表面的化学性质发生了变化。受此因素影响的主要添加剂类型是润滑性添加剂。有两个实例：新型金属合金和硬质涂层类的表面改性，在这两种情况下，其金属原子过去可以与添加剂相互反应，但现在不能或不容易发生反应了。

可以激活添加剂的化学反应受到了阻止，然而，表面改性也对润滑剂和基体材料之间的任何非理想反应提供了屏障。新型轴承材料如 Cronidur – 30 ®、Rex20 ®（CRU20 ®）和 CCS42L ®[25]已经开发出来，这些新材料抗腐蚀性更强，并且也比传统的工具钢材料如 M50 和 52100 更硬。这些新型材料更高的硬度使其负载能力更高。对于利用了低密度氮化硅滚动元件的高速精密轴承和混合轴承而言，这些材料则越来越受到欢迎。

这些新材料缺乏与环境(包括润滑剂/添加剂系统)的反应活性，这使得它们在耐腐蚀方面更为有效，而且也会抑制能增强边界润滑性能的有益表面膜形成。对具有新型化学组分的轴承钢来说，先进的边界润滑添加剂如三甲酚磷酸酯则不是最优的。为了完全发挥新型耐腐蚀/强硬度轴承钢的优点，在美国空军倡导下，通过包括油品公司、发动机公司及承包商在内的一个方案，已经开发出新型添加剂。为了使钢球和套圈上带有硬质涂层的轴承性能最优化，需要开发类似的添加剂。涂有这些硬质、耐磨涂层如氮碳化钛（TiCN）[26]和碳化钛（TiC）的钢球，在关键应用下已经显示出具有延长轴承寿命的能力。但是，在大多数情况下，无论是使用非液态润滑脂还是使用润滑剂润滑，均可使用这些涂层优化钢 – 钢接触的润滑系统。此外，这样的润滑性添加剂化学也被优化用于与新鲜钢(铁)的粗糙面反应，这些粗糙面是因边界润滑接触引起的。从铁基合金到硬质涂层，随着轴承材料表面化学的变化，代表性的润滑性添加剂已不能有效地增强典型钢轴承的使用寿命。大多数情况下，因引入涂层或陶瓷钢球和标准钢套圈，混合轴承寿命得以提高。但是，对于全陶瓷轴承或是在钢球和套圈两者上均覆有涂层的轴承而言，除非开发新的添加剂，否则，不能获得性能最大化。这些新型添加剂有利于与这些新型轴承表面反应形成润滑性涂层，而这种润滑层被认为是钢轴承拥有现代润滑性添加剂后使当前磨损性改进的主要机理。

参考文献

1. Snyder, C.E., Jr., L.J. Gschwender. Development of a nonflammable hydraulic fluid for aerospace applications over a −54°C to 135°C temperature range. *Lub Eng* 36: 458–465, 1980.
2. Snyder, C.E., Jr. et al. Development of high temperature (−40° to 288°C) hydraulic fluids for advanced aerospace applications. *Lub Eng* 38: 173–178, 1982.
3. Beane, G.A., IV et al. Military lubricants for aircraft turbine engines. *Proceedings of 60th Meeting of Structures and Materials Panel*, AGARD, NATO, 1985.
4. Snyder, C.E., Jr. et al. Development of a shear stable viscosity index improver for use in hydrogenated polyalphaolefin-based fluids. *Lub Eng* 42: 547–557, 1986.
5. Gschwender, L.J., C.E. Snyder Jr., G.A. Beane IV. Military aircraft 4 cSt gas turbine engine oil development. *Lub Eng* 42: 654–659, 1987.
6. Gschwender, L.J. et al. Advanced high-temperature air force turbine engine oil program. In W.R. Herguth, T.M. Warne, eds., *Turbine Lubrication in the 21st Century*, ASTM STP 1407. West Conshohocken, PA: American Society for Testing and Materials, 2001.
7. Gschwender, L.J. et al. Improved additives for multiply alkylated cyclopentane-based lubricants. *J. Syn. Lub.* 25: 31–41, 2008.
8. Gschwender, L.J. et al. Computational chemistry of soluble additives for perfluoropolyalkylether liquid lubricants. *Trib Trans* 39: 368–373, 1996.
9. Snyder, C.E., Jr. et al. Liquid lubricants and lubrication. In B. Bhushan, ed., *CRC Handbook of Modern Tribology*, Vol. I. Boca Raton, FL: CRC Press, 2000, pp. 361–382.
10. Hellman, P.T., L. Gschwender, C.E. Snyder Jr. A review of the effect of metals on the thermo-oxidative stability of perfluoropolyalkylether lubricants, *J Syn Lub* 23: 197–210, 2006.

11. Hellman, P.T., J.S. Zabinski, L. Gschwender, C.E. Snyder Jr., A.L. Korenyi-Both. The effect of hard coated metals on the thermo-oxidative stability of a branched perfluoropolyalkylether lubricant. *J Syn Lub* 24: 1–18, 2007.
12. Liang, J., B. Cavdar, S.K. Sharma. A study of boundary lubrication thin films produced from a perfluoroplyalkylether fluid on M-50 surfaces. I. Film species characterization and mapping studies. *Trib Lett* 3: 107–112, 1997.
13. Jensen, R.K. et al., Initiation in hydrocarbon autoxidation at elevated temperatures, *Int J Chem Kinet* 22: 1095–1107, 1990.
14. Sharma, S.K., N. Forster, L.J. Gschwender. Effect of viscosity index improvers on the elastohydrodynamic lubrication characteristics of a chlorotrifluoroethylene and a polyalphaolefin fluid. *Trib Trans* 36: 555–564, 1993.
15. Jones, W.R. et al. The tribological properties of several silahydrocarbons for use in space mechanisms. NASA/TM–2001–211196, November 2001.
16. Gschwender, L.J., C.E. Snyder Jr., G.W. Fultz. Soluble additives for perfluoropolyalkylethers liquid lubricants. *Lub Eng* 49: 702–708, 1993.
17. Helmick, L.S. et al. The effect of humidity on the wear behavior of bearing steels with $R_fO(n\text{–}C_3F_6O)_xR_f$ perfluoropolyalkylether fluids and formulations. *Trib Trans* 40: 393–402, 1997.
18. Sharma, S.K., L.J. Gschwender, C.E. Snyder Jr. Development of a soluble lubricity additive for perfluoropolyalkylether fluids. *J Syn Lub* 7: 15–23, 1990.
19. Tamborski, C., C.E. Snyder Jr. Perfluoroalkylether substituted aryl phosphines and their synthesis, U.S. Patent 4,011,267, March 1977.
20. MIL-PRF-5606H, Military specification, hydraulic fluid, petroleum base; aircraft, missile and ordnance, June 7, 2002.
21. MIL-PRF-83282D, Performance specification, hydraulic fluid, fire resistant, synthetic hydrocarbon base, metric. NATO Code Number 537, September 30, 1997.
22. MIL-PRF-87257, Military specification, hydraulic fluid, fire resistant; low temperature synthetic hydrocarbon base, aircraft and missile, December 8, 1997.
23. AS1241, Fire resistant phosphate ester hydraulic fluid for aircraft, SAE, 1992.
24. MIL-H-53119, Military specification, hydraulic fluid, nonflammable, chlorotrifluoroethylene base, March 1, 1991.
25. Hoo, J.J.C., W.B. Green, eds. *Bearing Steels: Into the 21st Century*, ASTM STP 1327. West Conshohocken, PA, American Society for Testing and Materials, 1998.
26. Rai, A.K. et al. Performance evaluation of some pennzane-based greases for space applications. Published in the *33rd Aerospace Mechanisms Symposium Proceedings*, NAS/CP-1999-209259, 1999, pp. 213–220.

26 润滑油添加剂的生态要求

Tassilo Habereder, Danielle Moore, and Matthias Lang

26.1 生物润滑油

随着公众意识的提高，政府间气候变化专门委员会(IPCC)发布了第四次评估报告《气候变化2007》，报告指出：人类活动是造成过去50年全球变暖的主要原因。另外，工业化时代的到来，使全球温室气体(GHG)排放量增长，1970~2004年增加了70%[1]。

自然界中的摩擦学在减少温室气体排放方面可以发挥重要作用，使用合适的润滑剂可减少摩擦和防止磨损，也会对温室气体排放可产生直接影响。从这个意义上说，每一种润滑剂都可以考虑作为环境友好的润滑剂或生物润滑剂，但是这样就很难定义生物润滑剂。因此，不管是相关行业还是立法机构，这也是为什么都没有一个生物润滑剂的定义能被大家普遍接受的的唯一原因。生物润滑剂的特点，诸如环境友好、环境可承受性、对环境比较合适，或者更具体地说，如拥有高度的生物可降解性，从可再生资源来生产，并有合理的生态性和毒理学。

使用可生物降解和生态可接受的润滑剂在传统行业包括农业、林业、水处理和水管理等和相关环境领域包括国家公园、旅游区和水道等使用更为普遍。

在温室气体排放方面，润滑剂的可再生性是一个重要因素。从生物产生的含碳材料制取的润滑剂，而不是使用矿物油可以减少碳排放。出于这个原因，生物基润滑剂的使用对环境可产生正面的积极影响。

Vag等[2]对制造液压液中使用的基础油的生命周期评估进行了对比分析，并计算了单位官能团的能耗，生产矿物油基液压液的能耗(45000MJ)大于合成酯(22000MJ)。

生物基材料的使用也可节约有限的矿物油资源。为了量化生物基，可采用ASTM D 6866-4[3]方法，使用放射性碳同位素比值质谱分析，用以确定生物基含量。

然而，对环境而言温室气体平衡也许并不是影响润滑剂的最重要因素。据文献报道，目前全球销售润滑油的近50%最终通过全损耗应用、泄漏、溢散等方式进入环境[4]，估计液压液的损失高达70%~80%[5,6]，这些润滑油会污染土壤、地表水和地下水、空气。为阻止润滑油对环境的污染，最好的办法就是首先要防止润滑剂损耗。如果不可能，要使用符合环保要求的润滑油。符合环保要求或环境友好润滑油可描述为能快速生物降解、低生态毒性和对水无害。当然，这类润滑油并不强制为生物基油品，来自石化衍生的某些产品也可望实现上述环境标准。

具体情况甚至更为复杂，因为生物降解并不只由单一定义来描述，往往要通过多种方法的评价。通常，可以耗氧量或由微生物产生的二氧化碳量间接评价。典型情况下，根据经合组织(OECD)的使用如下：

301：易生物降解性

A：溶解性有机碳(DOC)的测试

B：CO_2演化试验

C：改进版日本通商产业省(MITI)测试法(Ⅰ)

D：密封的瓶式测试

E：改进的经合组织(OECD)筛选试验

F：测压计量测试

302A：固有的生物降解性：改进的半连续活性污泥(SCAS)测试

302B：固有的生物降解性：Zahn - Wellens/Eidgenosische Materialprüfungs - undVersuchsanstalt für Industrie，Bauwesen 和 Gewerbe (EMPA)法测试

302C：固有的生物降解性：改进版日本通商产业省测试(Ⅱ)

303：模拟试验——好氧污水处理

A：活性炭

B：生物膜

304A：土壤中固有的生物可降解性

305：生物浓度：流动水中的鱼类测试

306：海水中的生物可降解性

307：土壤中的好氧和厌氧转化

308：水生沉积物系统中好氧和厌氧转化

309：地表水好氧矿化——模拟的生物降解试验

310：快速法生物降解性——密闭容器中的二氧化碳(顶部空间试验)

311：消化污泥中有机化合物的厌氧生物降解——利用产气测量的方法

312：土层中的沥滤[7]

生态毒性的评价基于采用相关评价因子对水生有机物(藻类、水蚤和魚)评估后的外推结果，评价结果为浓度限值。只要评价物质浓度低于设定限值，就可以确认其对生态系统没有负面影响。此外，在某国家如德国，还有对水危害评价的要求[8]。根据对水域的潜在危害，将相关物质分成三个等级，从1级(WGK1 = 轻度污染水)到3级(WGK3 = 重度污染水)[9]。

由于对生物润滑油有不同的定义，在调制生物润滑油之前，要明确油品的性能要求和要满足的规范。一种好的生物润滑剂，不仅要符合环保要求，还要满足相关应用的技术要求。理想的生物润滑剂至少应具备与矿物油基润滑油相同的性能，并满足相关的原设备制造商(OEM)及国家和国际规范要求。

26.2　使用生物润滑剂的驱动因素

多年来，生物润滑剂的生产原材料与矿物油相比一直较为昂贵；而第一代生物润滑剂在性能方面不理想，终端用户对其不信任。由于成本和性能仍是润滑油市场的主要驱动因素，已在市场上取得一定成功的生物润滑剂发展仍然较为缓慢。另一方面，由政府行为推动的环境友好润滑剂市场份额得以增加，这已成为主导生物润滑剂市场的重要因素之一。通常，政府行为推动的刺激方案大致为三类：立法、市场引入机制、国家或国际标签计划。

26.2.1　立法

有了立法，政府可依法积极或消极的监控某些特定化学成分的使用，即是义务还是强

制，是禁止还是分类使用。然而，为了强化利用法律来使用生物润滑剂，仍然有点异常，多见的是藉助义务来促进使用。第一次义务式的使用可生物降解润滑剂为1991年在葡萄牙的授权[10]，要求舷外二冲程发动机油生物可降解性达到66%（根据CEC-L-33-T-82[11]），但没有进一步对基础油要求。奥地利1992年开始禁止使用矿物链锯油，并强制最终用户用油生物降解油至少要达到90%[12]。在瑞典，瑞典的标准是强制性的，例如，在林业上应用的液压设备用油[13]。瑞典标准还提供了一个标签计划，这将在26.2.3.2节详细论述。

26.2.2 市场推介计划

为了推广使用生物润滑剂，政府引入了一些方案，例如，因油本身的费用和劳动力成本而需要改变为生物润滑剂，则予以补贴。这样的市场推介计划的成功范例已在德国建立（德国MIP生物基燃料和润滑油[14]）。德国目前的市场推介计划（MIP）的资助相当于每年近1000万欧元[15]。在这个方案的框架内，政府企图取消矿产基和生物基润滑剂之间的价差，使最终用户能应用资助金，以弥补额外的费用。用于这一计划选中的润滑剂，其中符合资格的类别有液压液、多功能油、齿轮油、发动机油和全损耗用途润滑油，已列于表中[14]。根据经合组织301 B，C，D或F规定，表中所列的合资格的润滑剂必须至少由50%的可再生资源来制取，至少有60%易于生物降解，并且列入生态毒理学标准，必须为WGK1（低危害水）。根据H. Theissen介绍，近90%的补助金将用于液压设备的应用中。

在美国，美国的农业法案[16]已经出台，旨在于为强化长远的农场经济[16]，其中的主要焦点是确保所使用的组分的高度可再生性。在美国，生物基产品业已作为商业或工业产品予以介绍（食品或饲料除外），生物制品或可再生的国内农业材料（包括植物、动物和海洋材料），或林业材料[17]已成为整体或重要的组成部分。

根据不同的应用，美国的计划要求有不同的生物基含量[18,19]：

移动设备液压液：为44%；渗透润滑油：68%；切割、钻孔和攻丝油：64%；枪支润滑油：49%。

为了支持生态产品和服务的应用，美国政府还通过联邦生物基产品优先采购计划[20]，也称为FB4P[20]，其为生物基产品创建了一个国内市场。这种类型的绿色采购，要求联邦机构优先购买基于生物的产品，与传统产品相比应提供相同的技术性能。测试工具业已开发，即所谓环境和经济可持续性构筑法（BEES[21]），其中，可测试环境性能、经济性能和人类健康相关方面。BEES还提供了一个计算机程序[22]，它可计算出用于辅助选择精确的生物润滑剂的范围，如图26.1所示。采用BEES法，水生生物毒性、危险成分含量、二氧化碳平衡，和生命周期分析等方面也考虑在内。

在BEES法计算模型中，环境性能评分结果来自产品性能的组合，涉及12种不同的环境影响，一个单一的评分，评分越低，产品的整体环境性能越好。BEES法评分基于产品的生命周期费用评出经济性能，生命周期费用是从购买到处理的全部费用。生命周期费用越低，产品的整体经济性能越好[23]。

美国目前还没有生物基产品标签方案，特定的标签已在授予中（Jessica Riedl，Center for Industrial Research and Service（CIRAS），Private Communication，e-mail，July 3，2007）。

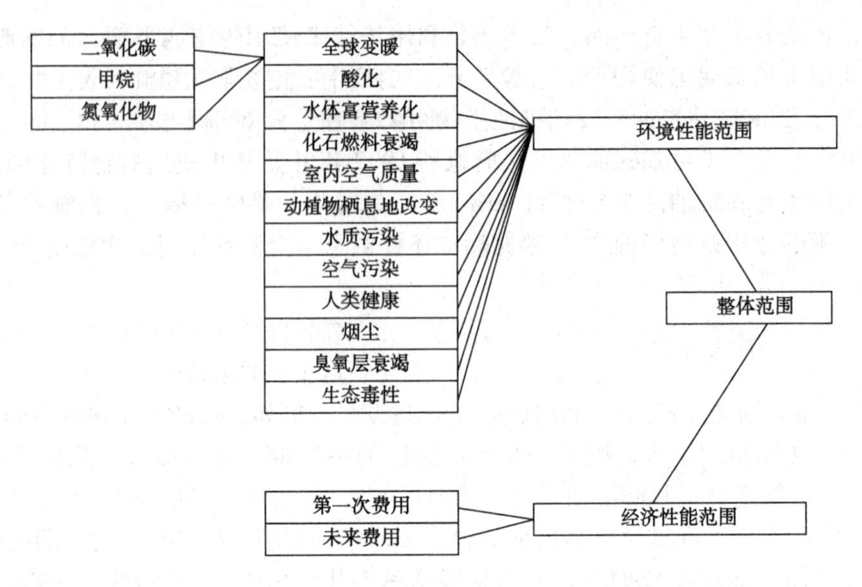

图 26.1　环境和经济可持续性构筑法(BEES 法)：对环境和经济性能得分的影响
(基于 http：//www. bfrl. nist. gov/oae/software/bees/model. html.)

26.2.3　国家或国际标签计划

一些企业可按照民间的组织制定的特定标签，将他们的产品和服务用于环境友好润滑剂的认证(欧洲生态标签，德国蓝色天使[Blue Angel]，北欧白天鹅[Nordic Swan]，瑞典标准等)。

标签计划不是目的不是给予补贴，但可提供一个普遍认可的手段，并旨在提高公众意识和创造对环境友好产品和服务的敏感性。目前，几种这样的标签在全球已有出现。

26.2.3.1　德国蓝色天使标志

蓝色天使标志始建于 1977/1978[24]，并且第一志愿环保标准特定地用于润滑剂(RAL - UZ48[25])，于 1988 年生效。德国蓝色天使生态标志包含三个标准：

(1)RAL - UZ48 易于生物降解的链条润滑剂，用于电锯 [25]；

(2)RAL - UZ64 易于生物降解的润滑剂和成型油[26]；

(3)RAL - UZ79 易于生物降解的液压液[27]。

据 VDMA 24568 规定[28]，不仅有技术性能要求，而且包括润滑剂对环境的影响。从生物降解性标准或规范的命名可以推断，此标签的重要作用。例如，根据经合组织的 301 - B、C、D 或 F[27]，液压液必须有 70% 的生物降解性。

此外，液压液必须不含有附件 I 中导则 67/548/EEC [29]所列的其他任何物质，并按第 4a Gefahrstoffverordnung[30](有害物质条例)来分类，这些有害物质为很有毒(T +)或有毒(T)，并且根据附件Ⅲ和Ⅵ的指令 67/548/EEC，必须具有以下的风险短语标记：R45(可能导致癌症)、R46(可能导致遗传基因损害)、R48(长时间接触会造成严重的健康损害危险)和 R68(可能出现造成不可逆转的影响的风险)。此外，它们绝不能危害水(水危害级别 3)。另外一点是德国的标签明确地包括技术性能要求。为明确这一点，液压液需要满足至少最低的 ISO15380 的技术要求[29,31]。

从广义上讲，这个德国生态标签侧重于水生生物毒性、生物降解、生物蓄积性、危险成分含量以及技术性能，应用于不同的润滑油类别。其他特性如可再生性、二氧化碳平衡，或生命周期分析没有详细考虑。不过，也可以说，蓝色天使标签的要求比德国市场推介方案的要求要严格得多。这也源于以下事实，只有14%润滑剂现被列入MIP认可表中，也符合蓝色天使标签要求。

26.2.3.2 瑞典标准

瑞典标准[13]来自哥德堡市的环保项目为出发点而开发[32]。从那时起，两个标准：SS155434用于液压液，和155434用于润滑脂，这两个标准业已部署执行。两个标准的环保要求重点是各种化学物质，涉及敏感属性、急性毒性和生物可降解性[33]。瑞典标准SS 155434是林业应用中对液压设备的法定要求。SS155434的第4版于2000年7月生效，引入了新的和更严格的生态要求。根据适用的方法，基础液的生物可降解性，必须满足至少60%（ISO9439[34]，ISO9408[35]，ISO10707[36]，ISO10708[37]）或超过70%（ISO7827[38]）。该油的生物可降解性及油和添加剂的毒性应予考虑。要使这种标签付诸实用，达到技术应用需求，即与矿物油基润滑剂有几乎相同的性能，必须予以满足。据Willing[39]的介绍，一些产品只列在确信的名单上，然后可自行地满足不同的要求。此外，在一些北欧国家，生物润滑剂已实现税收豁免[40]。

26.2.3.3 北欧白天鹅标签

另一种已知的欧洲生态标签是北欧白天鹅标签[41]，这由挪威、瑞典，芬兰、冰岛和丹麦颁发。这些国家决定引入一种中立、独立和世界上第一个跨国的标签，意在协助消费者选择环保的和无害的产品[42]。在20世纪70年代末开始，开发了第一种可生物降解的舷外机发动机油，应用于斯堪的纳维亚和北美市场，不仅可在船上使用，而且也可在雪地车和高尔夫球车上使用。

北欧白天鹅标签本身的引用，作为1989年自愿的生态标签，可用于链条油、模具油、液压油、二冲程油、润滑脂，金属切削液和传送/齿轮油。对于链条油、模具油、液压油、润滑脂、二冲程油，可再生原材料要有一定的比例。

作为基础液，直馏矿物油、白油、苛刻加氢处理油、合成油、合成酯、聚α-烯烃（PAO）、二元酸的酯、多元醇酯、烷基化芳烃、，聚烷撑乙二醇、磷酸酯、植物油、动物油和再生矿物油，以及这些油的混合物，都是潜在的选择方案。

对生态标签标准的承认，润滑油必须有令人满意的功能，为此，某些润滑剂类型可能需要含有较高量潜在的有害组分[43]。相反，具有北欧白天鹅标签的产品是不允许危害环境或危害健康的，必须功能圆满，并且必须有最低的可再生资源含量。这些要求列于表26.1中。

根据经合组织的201和202或等效方法，必须测量水生生物毒性[7]。短链和中链的含氯烷烃和烷基酚烷氧化物以及其他已知的内分泌干扰素绝不能在产品中存在。气雾剂产品也不得含有卤化烃[43]。

26.2.3.4 加拿大生态标签——EcoLogoM

如果制造商、供应商或进口商进行对环境无害的产品和服务，在环境选择计划（ECP）中，如果必须满足不同产品类别的要求，他们可以采用加拿大生态标签EcoLogo M[44]。这些类别包括汽车发动机油（回收后），自行车链条油（可生物降解），电锯润滑油（可生物降解和无毒），航海用发动机油（内舷和外舷），和工业润滑油（再生油、合成油和植物油基）。对于每个类别，设定的不同标准必须满足加拿大EcoLogo的质量要求。

表 26.1
按润滑油类型分解，满足北欧白天鹅标签要求的环境标准

润滑油类型	产品中可再生物质含量/%	产品中经炼制的物质含量/%	基础油要求，R50、R51/53、R52/53、R53/%	采用风险评价 R50 或 R50/53 认定的添加剂/%	采用风险评价 R50 或 R51/53 认定的添加剂/%	采用风险评价 R50 或 R52/53 或 R53 认定的添加剂/%
链条油	最低 85	无要求	0.0	最大 1.0	最大 1.0	最大 3.0
模具油	最低 85	无要求	0.0	最大 1.0	最大 1.0	最大 3.0
液压油	最低 65	无要求	0.0	最大 2.0	最大 1.0	最大 3.0
润滑脂	最低 65	无要求	0.0	最大 1.0	最大 1.0	最大 2.0
二冲程油	最小 50	无要求	0.0	最大 1.0	最大 1.0	最大 15
金属切削液	最低或最小 65		0.0	最大 2.0	最大 2.0	最大 5.0
齿轮/传输液	最低或最小 65		无要求	无要求	无要求	无要求

例如，对于合成工业润滑油，生物降解性必须按照 CEC – L33 – T82 要求。润滑剂不应含有超过 0.1% 的石油(或含石油的添加剂)以及以下的金属：铅、锌、铬、镁、钒等[45]。此外，润滑剂不得根据 D 类，以有毒和传染性物质[46]来加以标记。技术性能用各种 ASTM 测试方法试验，例如 ASTM D97 测倾点，ASTM D – 665 测锈蚀，ASTM D525 测氧化稳定性，和 ASTM D – 892 为泡沫测试[45]。在一般情况下，加拿大的 EcoLogo 重点是水生生物毒性和生物降解性与技术性能，而二氧化碳平衡和可再生性为次要之点。加拿大 EcoLogo 是少数几个标签之一，这些标签包括用于认定产品考虑中的生命周期分析。

26.2.3.5　欧洲生态标签

在 1992 年，欧盟推出了一个被普遍接受的标签，以帮助消费者识别环保产品和服务[47]。它代表了一个明确的更环保的产品和服务的自愿性计划，并已与工业界和非政府组织(NGOs)合作开发。经过 13 年的共同标签的试行，它于 2005 年 4 月 26 日由欧洲委员会决定，建立欧洲生态标签润滑剂类别(EEL)[48]。

新建立的标签包括液压液、润滑脂、链锯油和全损耗用途润滑剂，后者如二冲程油和混凝土脱模剂等领域。标签对私人消费者和专业用户有效。用于 EEL 的润滑油资格应符合技术规范，并应具有有限的水生生物毒性、高的生物降解性，高的生物蓄积性，有限的有危害性组分，并有正向的二氧化碳平衡。据 Mang 和 Dresel 报道，一个产品组的生态标准通常以 3 年为期建立。这期间允许使用技术的改进，以及当标准修订时市场的变化可以有所反映(详见文献[42]，137 页)。

添加剂必须根据生态毒理学的视角进行评估，并且附加组分必须符合下列条件以证明可接受性：

(1) R – 条款和对配方的影响；

(2)水生生物毒性(水蚤和藻类);

(3)生物可降解性/生物累积。

(4)有关大西洋东北海洋环境的保护(OSPAR)[49]，没有列在奥斯陆－巴黎 Konvention 组织内。

R－条款对允许加用添加剂处理的量有重要的要求，并且必须按 1999/45/EC 指令予以累计观察[50]，成品不允许标有任何的 R－条款。对于所有成分必须分别进行，或对成品配方必须进行水生生物毒性、生物降解、生物蓄积性等等的评价。这意味着，所有添加剂，完全要拥有全部记录在案的毒理学档案，以满足欧洲生态标签规定的要求。技术性能要求依赖于特定应用，例如，液压液，应符合 ISO15380 要求[31]。

这意味着，在实践中，一些测试，如巴德尔测试(DIN51554－3)、钢腐蚀测试(ASTM D－665)、铜片腐蚀测试(ASTM D－130)和 Forschungsstelle für zahnraer 与 Getriebebau(慕尼黑技术大学)(FZG)测试(DIN51354－2)必须通过。有些标准仅必须报告，或得到最终用户同意，例如，干 TOST 测试(ASTM D－943 改进法)。按照不同类型的基础油，因为 ISO15380[31] 与技术性能不同，因此应开发具有不同品质的润滑油。

到目前为止，许多新的欧洲成员仍然有他们自己的标签，标示它们各自的规格，但其中许多国家已宣布它们打算采用欧洲生态标签的相关标准，以用于本国的标签。例如，匈牙利和捷克共和国打算使他们国家的标签与欧洲生态标签相协调。有些国家将在未来采用 EEL，也有国家用 EEL 规格列为本国的标签，据估计，只有少数国家仍将以其自己的规格作为其本国的标签。

图 26.2 给出了生物润滑剂市场的一些主要的发展与各种生态标签方案、市场实施方案和立法的发展图示。

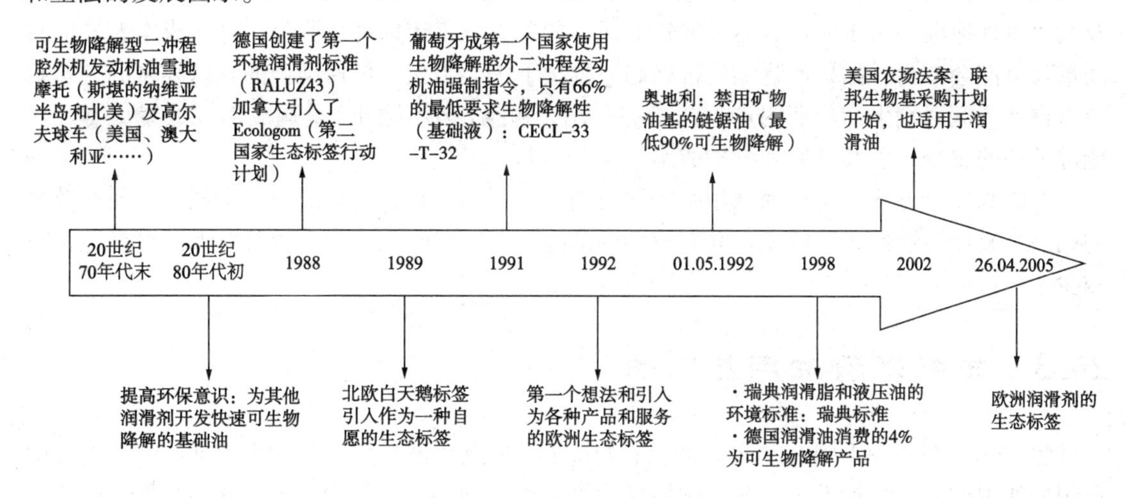

图 26.2 生物润滑剂和相应的生态标签的历史发展

总地来说，这可以看出，各种生态标签方案的总体要求是非常相似的，也可以在表 26.2 中看出。

然而，观察细节，仍然有一些差距，但从欧洲生态标签的建立来看，已走向统一的第一步，如果使生态标签区域简化或增加复杂性，则未来仍可期。

表 26.2
欧洲生态标签、德国蓝色天使标签、加拿大 EcoLogo 标签，和美国农业法亲的相关参数比较

生态标签	以下应用/有效	生物降解	水生毒性	健康危害	可再生性	技术性能
德国蓝色天使标签	电锯链条润滑剂，润滑剂和成型油，液压液	+ +	+ +	+ +	-	+ +
瑞典标准	液压液，润滑脂	+ +	+ +	+ +	+/-[a]	-
北欧白天鹅标签	链条油，模具油，液压油，二冲程油，润滑脂，金属切削液和变速箱/齿轮油	+ +	+ +	+	+ +	+
加拿大 EcoLogo 标签	通用工业润滑油，船用螺旋桨润滑油，发动机油，船用内舷/外舷机油，电锯润滑油，自行车链条润滑油，回收的汽车发动机油，海洋石油吸收剂，烃类吸附(收)剂	+	+ +	+	-	+
欧洲生态标签	液压液，润滑脂，链锯油，二冲程油，混凝土脱模剂	+ +	+ +	+ +	+ +	+ +

注：a. 润滑脂：考虑可再生；液压液：没有考虑。
　　+ +，主要关注；+，考虑；-，没有考虑。

作为任何市场发展的重要驱动力，在这方面，生物润滑剂市场的任何其他走向都没有什么不同，只是经济上的考虑有些不同。通常情况下，生物润滑剂价格水平可以是类似的矿物油基配方价格的 1.5～5 倍(取决于基础液的选择而定)，不过这可由用于处置的较低成本，及发生意外泄漏和溢出所造成后果的较低成本的差异，来予以部分弥补，这一成本差异随时间推移可能会减少。如果矿物油的价格趋势继续下去，当然，任何准确的经济因素的分析则应考虑计入润滑剂生命周期内产生的所有费用，包括(但不限于)采购成本、处置成本、对能源消耗的影响，以及维修和维护成本。

健康和安全方面的考虑使采用生物润滑剂认为有利，在通常情况下，类似黏度而有较高的闪点，会使可燃性风险较低，并有较低的危险评分，对吸入或皮肤接触的人的潜在危害也减少。

26.3 生物润滑油用基础油

生物润滑剂各种不同的定义也反映了大量采用的基础液。用国际标准 ISO 6743－4[51] 即可很好的说明，在该标准中，液压油用环境可接受基础油就可分为四类：甘油三酯、聚乙二醇、合成酯和 PAO，并以此调制成相关的烃类产品。显然，开发生物润滑油之前，要充分认识不同基础油的性能特点。

26.3.1 甘油三酯

甘油三酯是动植物油脂的主要成分，化学上甘油三酯由一分子甘油和三分子(通常为天然)脂肪酸反应生成。其中，脂肪酸主要为饱和脂肪酸如棕榈酸(C16∶0)和硬脂酸(C18∶0)、不饱和脂肪酸如油酸(C18:1)、亚油酸(C18:2)和亚麻酸(C18:3)。天然油中的脂肪酸组成很大程度上取决于其来源，例如，菜籽油中的脂肪酸主要为油酸(C18:1)，大豆油以亚油酸(C18:2)为主导。现代农业技术如植物新育种或生物基因改性技术可进一步定制脂肪酸组成，一个典型的例子是利用新型技术可培育出油酸(C18:1)含量高的葵花籽油。

甘油三酯作为润滑油有三个技术性能方面的弊端。

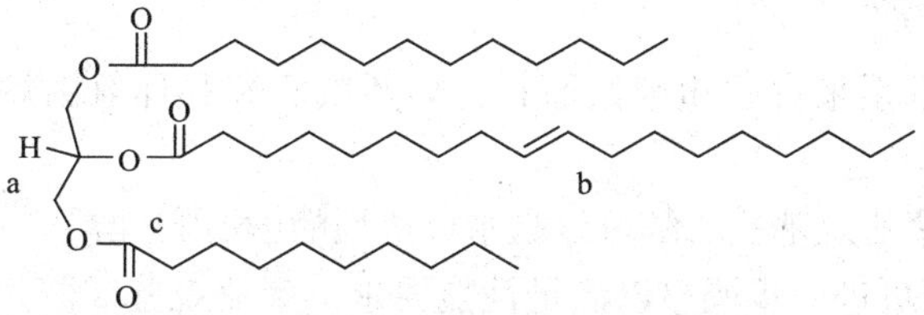

首先，由于氢原子在β位(a)，甘油三酯可通过低能量的六元环中间体分解，因此，天然酯的热稳定性非常低。第二，脂肪酸中存在的不饱和双键(b)在一定程度上会对氧化安定性产生负面影响。通常，与饱和烃上的氢键键能($\Delta H_{(C-H)}$ = 411kJ/mol ± 2kJ/mol)相比，烯丙基上的氢键键能($\Delta H_{(C-H)}$ = 345kJ/mol ± 5kJ/mol)要低得多[52]。

烯丙基上的氢原子在自由基引发的氧化过程中易于离去，尤其是多不饱和脂肪酸，会造成氧化安定性较差。根据 Falk 和 Meyer - Pittroff[53]，油酸(C18:1)、亚油酸(C18:2)和亚麻酸(C18:3)的反应活性为1:10:100。

当将甘油用作为醇时，甘油三酯的缺点是酯基团(c)具有低的立体结构需求，这使水会攻击羰基并使酯水解，而释放游离脂肪酸。

不饱和脂肪酸容易氧化，但不饱和天然油脂与它们的低温流动性相关。作为一个经验法则，可以说，天然的甘油三酯至少需要一个顺式排布的双键，才能显示出合适的低温性能。完全饱和的甘油三酯在室温下是固体，不适用于润滑油。

26.3.2 合成酯

为了克服天然酯类的某些缺陷，甘油基团可以被替换。通过使用有空间立体结构的醇类，而不在β位置含有氢原子，用于这类反酯化过程，则就可获得稳定性相当高的产品。通常诸如三羟甲基丙烷(TMP)、新戊二醇(NPG)或季戊四醇(PE)之类的醇类均可利用[54~56]。

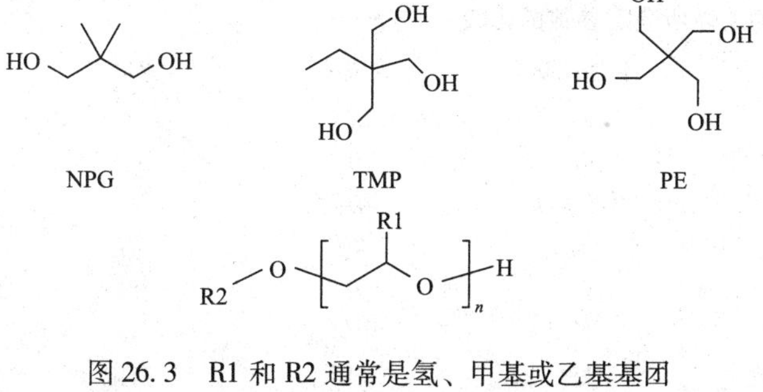

图 26.3 R1 和 R2 通常是氢、甲基或乙基基团

多元醇酯一般具有良好的水解安定性和热稳定性，其氧化安定性依赖其饱和度大小。这种酯可以是半合成酯，它们仍然有高度的生物基材料，因为其醇部分典型的来自石化产品所衍生，而脂肪酸部分来自自然界。

合成酯类是由醇与脂肪酸制取的，可以通过反应达到预期所需的性能。例如，使用支链醇或脂肪酸生产的酯类具有良好的氧化稳定性但低温性能较差。具有有高度的酯类具有良好的密封兼容性。石化产品，如酯类，不符合生物基要求但仍具有良好的生物降解性和良好的生态毒理学性能。

26.3.3 聚乙二醇

聚乙二醇合成技术系来自石化起始原料，如环氧乙烷和环氧丙烷，可产生聚合物结构(图26.3)。

根据起始原料，聚亚烷基乙二醇可以是水可溶性的(聚丙二醇)，也可以是油溶性的(聚丙二醇)，若使用共聚可进一步调整以满足性能要求。聚亚烷基二醇，尤其是水溶性的聚乙二醇具有可生物降解性，油溶性的聚乙二醇具有较低的生物降解性。

但是，聚乙二醇具有较高的水溶解度，这对环境不利；流体进入环境后将会很快进入水道而造成污染。目前，来自石化生产的聚亚烷基二醇不符合生物降解要求。从理论上讲，有可能从自然资源来生产聚亚烷基二醇，如来自乳酸或糖，但这些都不是常见的工业过程。

26.3.4 聚α-烯烃

聚α-烯烃(PAO)和相关的烃类来自石化资源，不是生物基产品，但它们具有良好的生物降解性。PAO由烯烃聚合而成，其中，双键在α位置。对于润滑剂，使用的原料是1-癸烯和1-十二碳烯，三聚体和四聚体等低聚物可予使用[57]。

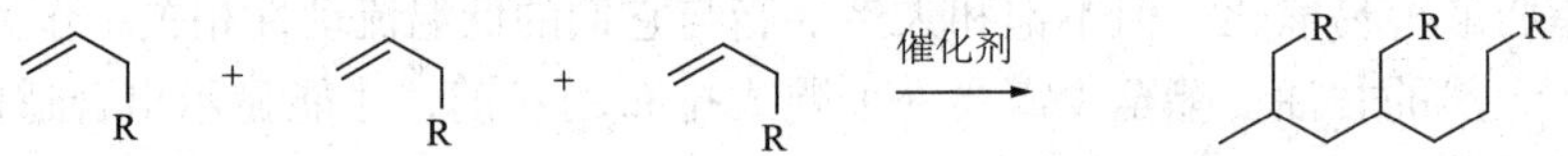

PAO性能良好，特别是在氧化稳定性方面。因为PAO具有非极性，具有良好的添加剂溶解性。因此，PAO往往与极性酯混合，用于克服极性酯的缺点。这种混合物具有良好的性能。

要调合生物润滑剂，选择正确的基础油是至关重要的。根据具体要求进行优化选择，使优点和缺点平衡和匹配，以满足润滑油的应用需求(表26.3)。

表26.3

用于环境相容的流体所选定参数的比较

参数	甘油三酯	合成酯	PAG	PAO
可再生含量	高	变化	无	无
生物可降解性	好	好	中等	中等
水溶性	低溶解度	低溶解度	兼容	低溶解度
低温性能	弱	好	好	好
抗氧化性	弱	好	好	好
水解稳定性	低	中等	好	好
密封材料的相容性	好	有限	有限	好
油漆和清漆兼容性	好	好	有限	好
添加剂溶解性	好	好	中等	有限
基础油润滑性	好	好	好	有限
耐腐蚀性	差	有限	有限	好

生物润滑剂使用的基础流体的未来发展趋势很难预测。但一个可能的趋势是第二代生物润滑剂，即使用沼气(生物气体)生产液态烃类：沼气制油(BTL)。如果这种技术被开发用于工业，这将使开发所有植物的生物质和宽范围的原料，如木材和植物废弃物成为可行。利用气化和费托合成技术，就可生产所有各种烃类。类似于甘油三酯，这一技术生产的产品用于润滑剂与其用于燃料的需求将具有很强的竞争性。因此，尚难以预测，这种技术对生物润滑剂市场可望会产生多么重大的影响。

26.4 生物润滑油用添加剂

成品润滑油的性能总体上取决于基础油和添加剂。并且对于生物润滑剂，基础油和添加剂的选择受限于生态法规。选择合适的添加剂及其组合物必须从整体上来考虑。首先，应确定用于配方的生物润滑剂类型和应满足的规范标准。如果目标是用于稳定生物基液体，而没有进一步的要求，则所有已知的添加剂都可以使用。但是，如果流体要接受环保标准，作为一个经验法则，则配方必须无灰(不含有金属)，并且只能使用无害的添加剂。鉴于第一个要求比较容易实现，因为市场上已有多种多样的无灰添加剂，但要使用无害的添加剂可能会成为一个问题。目前，只有数量有限的添加剂可以应用，完整的生态毒理学数据已由添加剂供应商进行了评估和披露。对于苛刻的要求，如来自欧洲生态标准的要求，目前只有少数几种添加剂被批准(van der Sijp，SMK list，Private Communication，2007)。此外，用于生物润滑剂的非矿物基基础油往往需要不同的添加剂和处理才能达到传统配方的性能。

26.4.1 抗氧剂

在实际应用中，润滑剂的氧化老化是占主导地位的过程，该过程会大大影响润滑剂的寿命[42]。氧化降解可导致酸、漆膜、沉淀、油泥的生成，并使润滑油的黏度增加。一种被普遍接受的观点认为氧化降解是通过烷基和过氧化自由基的循环来实现的，如图26.4所示。

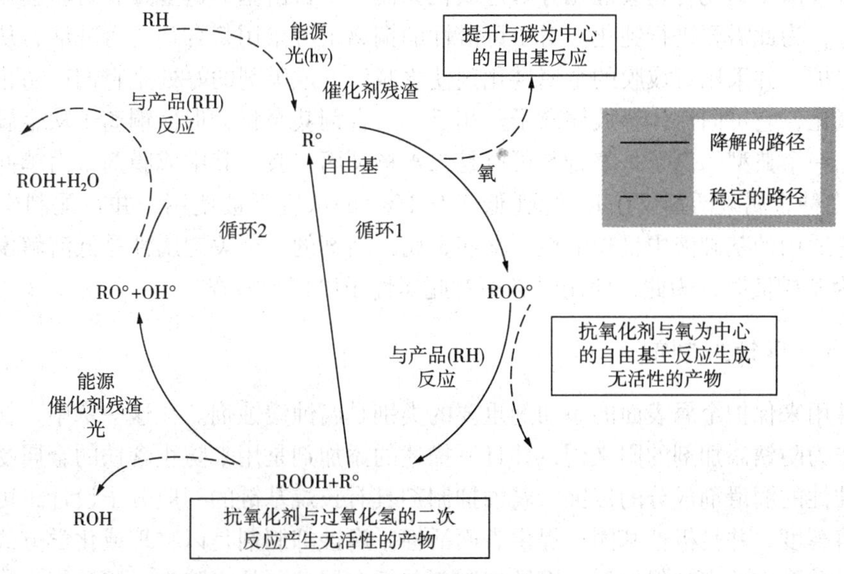

图26.4 氧化降解的图示机制和抗氧化剂的影响

为了防止氧化，抗氧化剂应包含在配方中。使用自由基清除剂，用于抑制自由基链式机制的延伸，可作为主要的抗氧化剂。位阻酚类和仲芳香胺是主要抗氧化剂。

尽管胺类和酚类抗氧化剂能通过类似的反应机制来稳定润滑剂，但业已发现，这两种抗氧化剂具有协同作用[58]。因此，往往组合使用胺类和酚类抗氧化剂。与酚类抗氧化剂不同，胺类抗氧化剂在较高的温度(>120℃)下活泼[59]，因此，需要了解预期应用的操作温度。未经化学改进的植物油，通常只能用在低温应用中，最好采用大量酚类抗氧化剂(>1%)使之能稳定，而对于高温应用，例如，PAO 基基础液，应添加胺类和酚类抗氧化剂的协同混合物，使之得以优化。因为主抗氧化剂是可再生的，为此它们在润滑剂稳定中可以对催化呈活性。

辅抗氧化剂可按化学计量与过氧化物反应，并且可使这些具有反应性的化学中间体减活。辅抗氧化剂的例子是含磷和含硫的化合物，其中杂原子拥有一个较低的价态，因此，它仍然可以很容易被氧化。因为辅抗氧化剂可使过氧化物减活，为此它们在当过氧化物分离成两个自由基时，可防止引发链增长反应。标准的辅抗氧化剂可为二烷基二硫代磷酸锌(ZDTPs)，然而，由于锌化合物被分类为对生态有毒性，并标有“N”基对藻类的毒性[60]，这种化学性不能用来配制符合环保标准的流体。对于这样的流体，无灰磷酸酯和硫酯更适合应用。由于拥有不同的添加剂的添加模式，为此组合采用主、辅抗氧化剂是非常有用的，并表明它们有协同效应。

作为上述抗氧化剂的替代物，使用二硫代氨基甲酸金属盐在文献中有介绍[61]。这些添加剂在不同的测试中显示出非常出色的性能，远远超过较常用的二烷基二硫代磷酸锌(ZDTPs)[62]。不幸的是，无灰二硫代氨基甲酸盐，使用铵盐或使用甲撑桥，不显示其性能有可提高的效果。相反，使用含有金属的二硫代氨基甲酸盐，如铋和锌，则又不能用于配制符合环保标准的流体。

26.4.2　金属减活剂

在各种应用中，润滑剂可能会与黄色金属通常为铜，或与可被污染的可溶性金属制成的部件相接触。由于铜化合物会催化分解过氧化物而产生自由基，这些金属材质会非常有效的会先被氧化，为此需要进行钝化。对于可溶性的铜离子可采用螯合剂进行减活，从而使金属部件得以保护，并采用可成膜的金属钝化剂使之减活。成膜剂的好处是它们可防止金属表面的进一步氧化，它可向流体释放铜离子。相反，络合剂甚至将会促使铜离子从金属表面转移到流体中。一个典型的例子是螯合剂可以是二水杨叉丙二胺，其中成膜剂常由苯并三唑衍生而来[63]。二种金属减活剂仅在非常低(低于 0.1%)的浓度下被使用，并在配制生物润滑剂使用的所有适用的基础液中呈现活性。某些金属减活剂的一个关键属性是低溶解度，尤其当 PAO 用作为基础液时，为此，使用时必须对此属性予以仔细检查。

26.4.3　腐蚀抑制剂

另一种用来保护金属表面的添加剂重要的类别是腐蚀缓蚀剂。在这一章中，长期缓蚀剂的使用被作为防锈添加剂的同义词，并且所描述的添加剂是用来防止含铁的金属受水分、氧和其他易蚀性的润滑剂成分的侵蚀。腐蚀抑制剂具有长烷基链的一般分子设计，可提高在润滑油中的溶解度，并且极性基团可提供表面活性。腐蚀抑制剂是以物理或化学方式吸附在金属表面上，并形成致密的保护层。腐蚀抑制剂包括金属硫酸盐、胺类、羧酸衍生物和胺中和的烷基磷酸酯。由于它们具有表面活性，这些腐蚀抑制剂往往可与极性基流体竞争金属表面，因此，它可以是非常复杂的酯或聚亚烷基乙二醇(PAG)，用以改善耐腐蚀性。另一个与腐蚀抑制剂相关的潜在的问题是酸类、碱类和金属可使酯类水解加速催化。

$$R1-C(=O)-O-R2 + H_2O \underset{}{\overset{催化剂}{\rightleftharpoons}} R1-C(=O)-OH + R2-OH$$

为了防止酯类化合物的水解，腐蚀抑制剂的使用应尽可能地少用，此外，最好是中性的添加剂，如中和后的酸类可以应用。相应于不同酯形式的腐蚀抑制剂可以有显着的不同[64]。例如，为了稳定菜籽油，与 TMP 油酸所需用量相比，必须使腐蚀抑制剂用量加倍。此外，现已发现，若腐蚀抑制剂的用量较高会对对腐蚀保护产生不利的影响。

对于 PAG 和 PAO，腐蚀保护非常容易，因为水解稳定性不是一个问题。对于非极性 PAO，这类添加剂降低了表面张力，可与成膜添加剂协同使用。

26.4.4 极压和抗磨剂

在润滑剂膜会在临界条件破裂的情况下，在润滑剂中需使用极压和抗磨(EP / AW)添加剂，这可保护金属表面不受机械损伤。这些添加剂，不仅可吸附在金属表面上，而且也可在热分解反应情况下，进一步反应，在金属上建立一化学反应层。形成的层面将使摩擦接触柔和，防止移动金属部件产生金属与金属的直接接触。AW 添加剂可用于中等负载应用场合。解释这些添加剂作用模式的一个模型是，假设聚合物缩合和聚合反应被触发，则它在金属上可提供一个保护层。这一层在操作过程中不断地被剪切开来并被重新更新[65]。在很高的负载下，AW 添加剂的性能可认为不是很有效，并需要使用 EP 添加剂。这些添加剂与金属表面进行真正的反应，形成由磷酸铁或硫化铁或氯化铁组成的摩擦层。在这里，金属是保护摩擦层的组成部分。

由于 EP/AW 添加剂成为真正的化学反应中的一部分，因此它们需要一定的活化能，以显示预期的性能。活化能部分是由工作温度所提供，但更主要是由局部温度峰值以及摩擦区的机械力所提供。因此，重要的是要知道这些条件，以选择正确的 EP/ AW 添加剂。对于低温应用，可能需要活性更高的添加剂，而对于较高的温度，必须确保这些添加剂至少有一部分留在流体中。

ZDTPs 是最常见的 EP/AW 添加剂，但它们并不适用于环境友好的流体，这是由于含有重金属：锌。对于生物润滑剂，无灰添加剂如三芳基磷酸盐或三烷基磷酸盐、被中和的烷基磷酸，以及无灰二烷基二硫代磷酸盐均可被使用。所有这些添加剂在非极性 PAO 中均有非常强的活性，因为它们可以很容易地被吸附在金属表面上。然而，在极性酯和 PAGs 中，情况更复杂，这是因为这些基础液与金属表面的强烈相互作用，从而会对摩擦和磨损提供很好的保护，至少在温和的条件下。而对于更为苛刻的应用，需要由添加剂提供保护性反应层，基础液的高表面活性是不利的，这是因为使添加剂在第一阶段到达金属表面受到阻碍。因此，需要应用较高的添加剂用量，并必须优先选用极性更强的添加剂。另一个问题是基于以下事实，甚至无灰的含硫和磷的化合物也不一定具有优良的生态毒理学优点。当然，这种说法不能一概而论，但是，到目前为止，只有数量非常有限的添加剂才适用，它们是被批准用于在严格的环境友好条件下的润滑剂，如欧洲生态标签流体。

如果应用场合非常苛刻和高负荷，则需要进行管理，由于毒理学的原因，有时一些可重复使用的氯化产品应绝对避免。相反，一些含硫载体可望用于生物润滑剂。例如，硫化酯类，它可以具有良好的毒理学优点以及具有高度的生物降解性，经过试验，已发现有良好性能[64]。

26.4.5 降凝剂和黏度指数改进剂

添加降凝剂(PPD)和黏度指数改进剂(VII)可改进润滑油的流变性。

在降低温度的情况下，润滑剂中的含蜡化合物可以形成蜡结晶，使润滑剂凝聚、结晶和固态化。为了防止这种结晶，需添加凝点降低剂。PPDs是专门设计的聚合物，其具有双功能分子结构。分子的某些部分类似于石蜡晶体，可与蜡一起进行共结晶，而聚合物的其他部分拥有的结构与蜡结晶完全不同，可防止石蜡矩阵有任何进一步的集聚和的增长。这种效应是使之有更好的流动行为并使倾点降低。因为PAGs、PAO和大多数合成酯已经具有良好的低温特性，加入PPD不是很常见。然而，天然酯类在某些室温条件情况下相对易于结晶，因此对PPD的需求较高。PPD的使用量取决于酯的类型、流体中的聚合物浓度、聚合物的类型以及倾点所需的校正程度而变化。

VII的添加在于使给定的流体随温度变化而产生的极端黏度变化能减小到最小化，这对于在不同温度下工作的应用尤为重要。VIIs的化学结构类似于PPD，但使用的聚合物有更高的分子量。由于生物润滑剂使用的基础流体一般已经拥有相当高的黏度指数，为此再进一步改进此属性不是非常普遍，仅适用于一些必要的特殊应用。

26.4.6 抗水解剂

抗水解剂是一类特殊添加剂，仅用于酯基润滑油。如前所述，酯键与水易发生离解反应，生成酸和醇。由于这一反应因酸而催化，反应为自动催化，这是因为在水解过程中每个分子都会形成酸，它们自身会催化新的水解反应。为了稳定酯，可添加特定的碳化二亚胺，作为酸消除剂进行工作，由此能够消除该催化作用[66]。这类酸消除剂的缺点是，作为腐蚀抑制剂或EP/AW添加剂加入时，它们很容易与酸类发生反应。

26.4.7 抗泡剂、破乳剂、乳化剂

为改善生物润滑油的表面性质，可以添加抗泡剂、破乳剂、乳化剂。在工业应用中，添加剂量极低(10~100μg/g)，因此此处不作详细讨论。

26.5 总结

目前，生物润滑油仍被视为利基产品。但在某些应用中，如液压油领域，生物润滑油的应用正在稳步增长。政府激励方案和自愿性的标签计划，目标是建立市场驱动机制、提高公众环保意识、对潜在的经济损失予以补偿。可以强制的是生物润滑油的技术性能及对环境危害的最小化，做到这一点，要选择合适的基础油；同时，添加剂也要根据不同的基础油“量体裁衣”，要精心配制，保证配方体系的协同效应，避免任何对立效应。到目前为止，虽然生物润滑油还未得到全球公认，但随着地区重要性的日益显现，需要生物润滑剂以应对生态环境；随着规范的日益严格，对原料的可再生性、水生物的低毒性、高生物降解性的要求也较以往更多。这不仅局限于基础油，在一定程度上对添加剂也有要求。因此，未来满足环保要求且具有高性能的添加剂需求将稳步增长。

参考文献

1. IPCC, Climate change 2007: Mitigation. Contribution of Working group III to the Fourth Assessment Report of the Intergovernmental Panel on Climate Change, Metz, B., Davidson, O. R., Bosch, P. R., Dave, R., Meyer, L. A. (eds), Cambridge University Press, Cambridge, U.K., 2007.
2. Våg, C., A. Marby, M. Kopp, L. Furberg, T. Norrby, A comparative life-cycle assessment of the manufacture of base fluids for lubricants, *J Synth Lubr*, 19(1), 39–57, 2002.
3. ASTM D 6866-04, Standard test methods for determining the biobased content of natural range materials using radiocarbon and isotope ration mass spectrometry analysis.
4. Horner, D., Recent trends in environmentally friendly lubricants, *J Synth Lubr*, 18, 327–348, 2002.
5. Carnes, K., Offroad hydraulic fluids beyond biodegradability, *Trib Lubr Technol*, 60, 32–40, 2004.
6. Miller, S., C. Scharf, M. Miller, Utilizing new crops to grow the biobased market, in trends, in *New Crops and New Uses*, Janick, J., Whipkey, A. (eds), ASHS Press, Alexandria, VA, pp. 26–28, 2000.
7. OECD guidelines for testing chemicals, http://www.oecd.org.
8. Umweltbundesamt, LTWS-Schriftenreihe Nr. 12, Katalog wassergefährdender Stoffe, 4 Bd., Berlin, 1996.
9. Allgemeine Verwaltungsvorschrift zum Wasserhaushaltsgesetz über die Einstufung wassergefährdender Stoffe in Wassergefährdungsklassen (Verwaltungsvorschrift wassergefährdende Stoffe—VwVwS) Vom 17, May 1999.
10. Schneider, M., P. Smith, Case Study: Plant Oil Based Lubricants in Total Loss & Potential Loss Applications—Final Report, 16 May 2002, Wuppertal and New York, http://www.nnfcc.co.uk/nnfcclibrary/productreport/download.cfm?id=36.
11. EU Eco-label—Marketing for Products—Project 2006, Final Report, 15 December 2006, p. 157, http://ec.europa.eu/environment/ecolabel/pdf/marketing/2006emp_finalreport.pdf.
12. Verordnung über das Verbot bestimmter Schmiermittelzusätze und Verwendung von Kettensägeölen, BGBl. Nr. 647/1990.
13. Bundesministerium für Verbaucherschutz, Ernährung und Landwirtschaft (Hrsg.): Bericht über schnell abbaubare Schmierstoffe und Hydraulikflüssigkeiten, June 2002.
14. Verband für nachwachsende Rohstoffe, http://www.bioschmierstoffe.info.
15. http://www.ifas.rwth-aachen.de/Main/Veroeffentlichungen/OuP2005_1_Bio-Oils.pdf.
16. United States Department of Agriculture, http://www.usda.gov/farmbill2002/.
17. Farm Security and Rural Investment Act of 2002, p. 354.
18. http://www.ofee.gov/gp/bioproddesig31606.pdf.
19. http://www.biobased.oce.usda.gov/fb4p/files/Round_4_proposal.pdf.
20. United States Department of Agriculture, http://www.biobased.oce.usda.gov/fb4p/.
21. http://www.bfrl.nist.gov/oae/software/bees/please/bees_please.html.
22. http://www.bfrl.nist.gov/oae/software/bees/model.html, June 19, 2007.
23. http://www.bfrl.nist.gov/oae/software/bees/scores.html, June 19, 2007.
24. Ral German Institute for Quality Assurance and Certification, http://www.blauer-engel.de/deutsch/navigation/body_blauer_engel.htm.
25. Ral German Institute For Quality Assurance And Certification, Basic Criteria for Award of the Environmental Label: Readily Biodegradable Chain Lubricants for Power Saws: RAL-UZ 48, Edition April 2007.
26. Ral German Institute For Quality Assurance And Certification, Basic Criteria for Award of the Environmental Label: Readily Biodegradable Lubricants and Forming Oils: RAL-UZ 64, Edition April 2007.
27. Ral German Institute For Quality Assurance And Certification, Basic Criteria for Award of the Environmental Label: Readily Biodegradable Hydraulic Fluids: RAL-UZ 79, Edition April 2007.
28. VDMA 24568:1994-03: Fluidtechnik, Biologisch schnell abbaubare Druckflüssigkeiten, Technische Mindestanforderungen, 1994-03.
29. Council Directive 67/548/EEC of 27 June 1967 on the approximation of laws, regulations and administrative provisions relating to the classification, packaging and labelling of dangerous substances; Annex I: Official Journal of the European Communities published in: Series of documents of the Federal Institute for Occupational Safety and Health—Regulations RW 23, List of Hazardous Substances and Preparations under Annex 1 to Directive 67/548/EEC (continuous publication).
30. Publication of the revised version of the Ordinance on Hazardous Substances, October 18, 1999 (Federal Law Gazette I 1999, p. 2059).
31. DIN ISO 15380, Mineralöle und Brennstoffe Bd. 1/ 14. Erg. Lieferung/Oktober 2004.

32. Norrby, T., M. Kopp, Industrial Lubrication and Tribology, Environmentally adapted lubricants in Swedish forest industry—a critical review and case study, Indust Lubrication Tribol 52(3), 116–124, 2000.
33. Gustafsson, H. Environmental Requirements for Lubricants in Swedish Standards, Abstract to European Lubricating Grease Institute, 15th Annual Meeting, Vienna, April 2003.
34. DIN EN ISO 9439 Norm, 2000-10, Wasserbeschaffenheit—Bestimmung der vollständigen aeroben biologischen Abbaubarkeit organischer Stoffe im wäßrigen Medium—Verfahren mit Kohlenstoffdioxid-Messung (ISO 9439:1999); Deutsche Fassung EN ISO 9439:2000.
35. DIN EN ISO 9408 Norm, 1999-12, Wasserbeschaffenheit—Bestimmung der vollständigen aeroben biologischen Abbaubarkeit organischer Stoffe im wäßrigen Medium über die Bestimmung des Sauerstoffbedarfs in einem geschlossenen Respirometer (ISO 9408:1999), Deutsche Fassung EN ISO 9408:1999.
36. DIN EN ISO 10707 Norm, 1998-03, Wasserbeschaffenheit—Bestimmung der vollständigen aeroben biologischen Abbaubarkeit organischer Stoffe in einem wäßrigen Medium—Verfahren mittels Bestimmung des biochemischen Sauerstoffbedarfs (geschlossener Flaschentest) (ISO 10707:1994), Deutsche Fassung EN ISO 10707:1997.
37. ISO 10708 Norm, 1997-02, Wasserbeschaffenheit—Bestimmung der vollständigen aeroben biologischen Abbaubarkeit organischer Verbindungen in einem wäßrigen Medium—Bestimmung des biochemischen Sauerstoffbedarfs mit dem geschlossenen Flaschentest in zwei Phasen.
38. DIN EN ISO 7827 Norm, 1996-04, Wasserbeschaffenheit—Bestimmung der vollständigen aeroben biologischen Abbaubarkeit organischer Stoffe in einem wäßrigen Medium—Verfahren mittels Analyse des gelösten organischen Kohlenstoffs (DOC) (ISO 7827:1994), Deutsche Fassung EN ISO 7827:1995.
39. Willing, A., Umweltverträglichkeit von Schmierstoffen: Anforderungen und Bewertungsverfahren—speziell auch im Hinblick auf die neue schwedische Norm SS 155434, Biologisch schnell abbaubare Schmierstoffe und Arbeitsflüssigkeiten—Teil I: Grundlagen, Technische Akademie Esslingen, 13–16. February 2001.
40. http://www.ienica.net/marketdatasheets/biolubricantsmds.pdf.
41. Miljömärkningen Svanen, http://www.svanen.nu/Eng/.
42. Mang, T., W. Dresel. *Lubricants and Lubrication*, Wiley VCH, Weinheim, Germany 2001.
43. Nordic Ecolabelling Lubricants 002/4.3, September 28, 2006.
44. The EcoLogo^{M} Program—TerraChoice Environmental Marketing, http://www.ecologo.org/
45. Environment Choice Program: Certification Criteria Document (CCD-069), Synthetic Industrial Lubricants, November 10, 1996, edits June 2007.
46. *Controlled Products Regulations* of the *Hazardous Products Act*, http://laws.justice.gc.ca/en/H-3.
47. http://www.eco-label.com/german/, June 19, 2007.
48. Decision of EU-Commission, April 26, 2007, Doc. L 118 resp. Doc. 2005/360/EU.
49. http://www.ospar.org/eng/html/welcome.html.
50. Official Journal of the European Communities, L 200/1, 30 July 1999: Directive 1999/45/EC of the European Parliament and of the Council of 31 May 1999.
51. ISO 6743-4 industrial oils and related products (class L)—Classification—Part 4: Family H (Hydraulic systems).
52. Lide, D. R., *Handbook of Chemistry and Physics*, Vol. 86, CRC Press, Boca Raton, FL, pp. 9.64–9.72, 2005.
53. Falk, O., R. Meyer-Pittroff, The effect of fatty acid composition on biodiesel oxidative stability, *J Lipid Sci Tech*, 106(12), 837–843, 2004.
54. Kosukainen, E., Y.Y. Linko, M. Lämasä, T. Tevvakangas, P. Linko, Plant-oil-based lubricants and hydraulic fluids, *J Am Oil Chem Soc*, 75, 1557–1563, 1998.
55. Kodali, D., Bio-based lubricants—Chemical modification of vegetable oils, *Inform* 14, 121–123, 2003.
56. Wagner, H., R. Luther, T. Mang, Lubricant base fluids based on renewable raw materials—their catalytic manufacture and modification, *Appl Catal A: Gen*, 221, 429–442, 2001.
57. Jungk, M., *Eurogrease*, 1, 23–28, 2006.
58. Jensen, R.K., S. Korcek, M. Zinbo, J.L. Gerlock, Regeneration of amines in catalytic inhibition and oxidation, *J Org Chem*, 17, 5396–5400, 1995.
59. Hamblin, P., D. Chasen, U. Kristen, Paper at the 5th International Colloquium Additives for Lubricants Operational Fluids, 1986.
60. 29th Amendment to the Technical Progress 2004/73EG of the Material Directive.
61. Becker, R., A. Knorr, Antioxidantein für pflanzliche ö, *Tribologie Schmierungstechnik*, 42(5), 272–276, 1995.

62. Becker, R., A. Knorr, An evaluation of antioxidants for vegetable oils at elevated temperatures, *Lubr Sci*, 8(2), 95–116, 1996.
63. Waynick, J., The development and use of metal deactivators in the petroleum industry a review, *Energy Fuels*, 15(6), 1325–1331, 2001.
64. Fessenbecker, A., J. Korff, Additive für ökologisch unbertenklichere Schmierstoffe, *Tribologie Schmierungstechnik*, 42(1), 26–30, 1995.
65. Meyer, K., Schicht bildungsprozesse and Wirkungsmechanismus schichtbildender Additive für schmierstoffe, Zeitschrift für Chemie, 24(12), 425–435, 1984.
66. Pazdzior, D., A. Fessenbecker, Additive solutions for industrial lubricants, Presentation given at the Lubricants Russia 2005 Conference, Moscow.

（八）方法和术语

27 添加剂/润滑剂标准测试方法和一些产品规范概述

Leslie R. Rudnick

本章选择了一些最常用的测试方法和规范，这些方法和规范选自美国、欧洲和日本的润滑剂测试方法。所包含的方法、标准和规范来自 ASTM、FTM、MIL、CEC、DIN、JPI 和美国联邦供应分类 9150 商品，也给出了一些对照。

美国材料试验学会每年出版一本 ASTM 标准。石油产品、润滑剂和矿物燃料、Vol. 5.01 -5.04，可查到关于润滑剂的所有 ASTM 方法。

27.1 标准测试方法和规范概要

27.1.1 ASTM 标准测试方法和规范概要

D 56	闭口闪点标准试验方法(泰格密闭闪点测试仪)
D 86	石油产品馏程标准试验方法
D 88	赛波特黏度标准试验方法
D 91	润滑油沉淀值标准测试方法
D 92	闪点和燃点标准试验方法
D 93	闭口闪点标准试验方法(宾斯基-马丁闭口闪点测试仪)
D 94	石油产品皂化值标准测试方法
D 95	石油产品水含量和蒸馏沥青材料的标准试验方法
D 97	石油产品倾点标准试验方法
D 130	石油产品铜片腐蚀标准试验方法
D 150	固态绝缘体的交流损耗特性和介电常数标准测试方法
D 156	石油产品赛波特颜色标准测试方法(赛波特比色计法)
D 189	石油产品康氏残炭标准测试方法
D 217	润滑脂锥入度标准试验方法
D 257	绝缘材料的直流电阻或电导率的标准测试方法
D 287	原油和石油产品 API 比重标准测试方法(比重计法)
D 445	透明和不透明液体运动黏度标准试验方法(和动力黏度计算法)
D 482	石油产品灰分标准试验方法
D 524	石油产品兰氏残炭标准试验方法
D 525	汽油氧化安定性标准试验方法(诱导期法)

续表

D 566	润滑脂滴点标准试验方法
D 567	黏度指数计算标准试验方法
D 611	石油产品和烃溶剂的苯胺点和混合苯胺点标准试验方法
D 664	石油产品酸值电位滴定标准试验方法
D 665	有水存在时加抗氧化剂的矿物油防锈性能标准试验方法
D 874	润滑油和添加剂硫酸盐灰分标准试验方法
D 877	绝缘液体介电击穿电压标准试验方法(盘电极测试仪)
D 892	润滑油泡沫特性标准试验方法
D 893	用过的润滑油不溶物标准试验方法
D 942	润滑脂氧化安定性氧弹法标准试验方法
D 943	加抗氧化剂的矿物油氧化特性标准试验方法
D 972	润滑油和润滑脂蒸发损失标准试验方法
D 974	酸值和碱值的标准测试方法(颜色滴定法)
D 1091	润滑油和添加剂磷含量标准试验方法
D 1092	润滑脂相似黏度标准试验方法
D 1093	液体烃和它的馏分残油的酸度标准试验方法
D 1159	石油馏出物和商品脂肪族烯烃溴价标准试验方法(电位滴定法)
D 1160	石油产品减压蒸馏标准试验方法
D 1209	透明液体颜色标准试验方法(铂钴颜色标准级别)[美国公共卫生协会(APHA)色度]
D 1238	热塑性塑料流动速度标准试验方法(挤压塑性测定法)(熔体流动指数)(或 ISO 1133—1991)
D 1264	润滑脂水淋性能标准试验方法
D 1217	液体密度和相对密度(比重)的标准测试方法(宾汉比重瓶法)
D 1268	汽车轮毂轴承润滑脂泄漏倾向性标准试验方法
D 1296	挥发溶剂和稀释剂气味标准试验方法
D 1298	原油和液体石油产品的密度、相对密度(比重)或 API 比重标准试验方法(比重计法)(1990)
D 1331	表面活性剂溶液的表面和界面张力标准测试方法
D 1358	分光光度计测定脱水蓖麻油及其衍生物二烯值标准试验方法
D 1401	石油基润滑油和合成液水分离性能标准试验方法
D 1403	润滑脂锥入度标准试验方法(用 1/2 和 1/4 比例的锥体)
D 1478	滚柱轴承润滑脂低温转矩标准试验方法
D 1480	黏性物质密度和相对密度(比重)的标准测试方法(宾汉比重瓶法)
D 1481	黏性物质密度和相对密度(比重)的标准测试方法(利普金双毛细管比重计法)
D 1500	石油产品颜色标准试验方法(ASTM 颜色标准级别)
D 1646	橡胶黏度、应力松弛和预硫化特性标准试验方法(穆尼黏度计法)
D 1662	切削油中活性硫标准试验方法
D 1742	润滑脂储存期间分油性标准试验方法

续表

D 1743	润滑脂防腐性标准试验方法
D 1744	液体石油产品水含量标准试验方法(卡尔-费休试剂法)
D 1747	黏性物质折射率标准试验方法
D 1748	潮湿箱中金属防锈剂防锈性能标准试验方法
D 1831	润滑脂滚筒稳定性标准试验方法
D 1947	石油和合成型齿轮油承载能力标准试验方法
D 2007	橡胶填充剂、加工用油和其他石油衍生油特征基团标准试验方法(白土-凝胶吸附色谱法)
D 2070	液压油热安定性标准试验方法
D 2155	(1981年停止使用，被E659取代)
D 2161	动力黏度换算为赛波特通用黏度或赛波特弗洛黏度的标准操作规程
D 2265	宽温润滑脂滴点标准试验方法
D 2266	润滑脂抗磨性能标准试验方法(四球法)
D 2270	以40℃和100℃运动黏度换算黏度指数的标准操作规程
D 2272	汽轮机油热氧化安定性标准试验方法(旋转氧弹法)
D 2273	润滑油中微量沉淀物标准试验方法
D 2500	石油浊点标准试验方法
D 2502	黏度测定法估算石油分子量(相对分子量)的标准试验方法
D 2509	润滑脂承载能力标准试验方法(梯姆肯法)
D 2512	材料与液氧兼容性标准试验方法(影响敏感性阈值和检验技术)
D 2549	分离高沸点油曲型芳烃和非芳烃馏分的标准试验方法(洗脱色谱法)
D 2595	宽温润滑脂蒸发损失标准试验方法
D 2596	润滑脂极压性能测试标准试验方法(四球法)
D 2602	(已被D 5293取代)，低温冷启动模拟发动机油相似黏度标准试验方法
D 2603	含聚合物油声波剪切稳定性标准试验方法
D 2619	液压油水解稳定性标准试验方法(酒瓶法)
D 2620	(1993年停止使用，被D 5293取代)
D 2622	石油产品硫含量标准试验方法(X-射线光谱法)
D 2625	干固体膜润滑剂耐久寿命和承载能力测试标准试验方法(法莱克斯法)
D 2670	液体润滑剂磨损性能测试标准试验方法(法莱克斯法)
D 2710	石油烃溴价标准试验方法(电位滴定法)
D 2711	润滑油抗乳化性能标准试验方法
D 2714	法莱克斯环-块摩擦磨损试验机校准及操作标准试验方法
D 2766	液体和固体比热标准试验方法
D 2782	润滑液极压性能测定标准试验方法(梯姆肯法)
D 2783	润滑液极压性能测定标准试验方法(四球法)(负荷磨损指数)
D 2786	高电离电压质谱法分析油气饱和馏分中烃类的标准试验方法

续表

D 2878	润滑油表面蒸气压力和分子量的评估标准试验方法
D 2879	蒸气压力计测定液体的蒸气压力－温度关系及起始分解温度的标准试验方法
D 2887	石油馏分沸程分布标准试验方法(气相色谱法)
D 2893	极压润滑油氧化特性标准试验方法
D 2896	石油产品碱值标准试验方法(高氯酸电位滴定法)
D 2982	用过润滑油中乙二醇基防冻液检测标准试验方法
D 2983	汽车液体润滑剂低温黏度测量标准试验方法(布式黏度计法)
D 3120	轻质液态石油烃中微量硫标准测试方法(氧化微库仑法)
D 3228	润滑油和燃料油中总氮含量标准测试方法(改进的凯式法)
D 3232	润滑脂高温稠度测量标准测试方法
D 3233	液体润滑剂极压性能测定标准试验方法(法莱克斯法)
D 3238	石油润滑油碳分布和结构基团分析标准测试方法(n－d－M 法)
D 3244	利用试验数据确定与规范一致性的标准操作规程
D 3336	滚柱轴承润滑脂高温寿命标准试验方法
D 3427	石油产品空气释放性能标准试验方法
D 3525	旧汽油机油中汽油稀释标准试验方法(气相色谱法)
D 3527	汽车轮毂轴承润滑脂寿命性能标准试验方法
D 3704	润滑脂抗磨性能标准试验方法[(法莱克斯)块对环摆动试验机法]
D 3705	润滑液烟雾性能标准试验方法
D 3711	液体在薄膜上沉积倾向标准试验方法
D 3829	发动机润滑油边界泵送温度预测标准试验方法
D 3850	固体电绝缘材料快速热降解标准试验方法 (热重分析法)
D 3945	含聚合物液体的剪切安定性标准试验方法(柴油机喷嘴法)(1998 年停止使用，被 D 6278 取代)
D 4047	润滑油和添加剂中磷含量测定标准试验方法(喹啉酸钼酸盐法)
D 4048	润滑脂铜片腐蚀测试标准试验方法
D 4049	测定润滑脂耐水喷射性的标准试验方法
D 4057	石油和石油产品手工取样标准操作规程
D 4172	润滑液抗磨特性标准试验方法(四球法)
D 4294	利用能量扩散 X－射线荧光光度法测定石油产品中硫含量的标准试验方法
D 4310	测定抑制矿物油淤渣和腐蚀倾向的标准试验方法
D 4485	汽车发动机油性能的标准规范
D 4624	高温和高剪切速率下毛细管黏度计测定表观黏度的标准试验方法
D 4627	水溶性金属加工液的铁屑腐蚀标准试验方法
D 4628	原子吸收光谱法分析未用过润滑油中钡、钙、镁和锌的标准试验方法
D 4629	注射/插入氧化燃料和化学发光法测定液态石油烃中痕量氮的标准试验方法
D 4636	液压油、飞机涡轮发动机润滑油和其他高精炼油的腐蚀性和氧化稳定性的试验方法

续表

D 4683	锥形轴承模拟机法在高剪切率和高温下测定黏度的标准试验方法
D 4684	低温下发动机油屈服应力和表观黏度的标准试验方法(MRV TP - 1 循环法)
D 4693	润滑脂润滑的车轮轴承低温扭矩的标准试验方法
D 4739	电位滴定法测定碱值的标准试验方法
D 4741	高温和高剪切速率下用锥形塞黏度计测量黏度的标准试验方法
D 4742	汽油发动机油氧化安定性的标准测试方法[薄膜氧化(TFOUT)测定法]
D 4781	细催化剂颗粒和催化剂载体颗粒机械振动堆积密度的标准测试方法
D 4857	四球磨损试验机测定润滑剂摩擦系数的标准试验方法
D 4871	通用氧化/热稳定性测试仪器标准使用指南
D 4898	液压油不溶性污染物标准试验方法(重量测定分析法)
D 4927	润滑油和添加物元素分析标准试验方法(用 X - 射线荧光光谱波长分散法测定钡、钙、磷、硫和锌含量)
D 4950	汽车保养润滑脂的标准分类和规范
D 4951	用感应耦合等离子体原子发射光谱法测定润滑油中添加元素的标准试验方法
D 5119	CRC L - 38 火花塞点燃式发动机中评定汽车发动机油的试验方法
D 5133	温度扫描技术测试润滑油的低温、低剪切率、黏性/温度依赖性的标准试验方法(带凝胶指数计算的布氏扫描测试)
D 5182	评定润滑油磨损承载能力的标准试验方法(FZG 目测法)
D 5183	四球磨损试验机测定润滑剂摩擦系数的标准试验方法
D 5185	感应耦合等离子体原子发射光谱法测定基础油中的所选元素以及已用润滑油中的添加剂元素、耐磨金属和杂质的标准试验方法(ICP - AES)
D 5293	低温冷启动模拟法测定 - 5 ~ - 30℃的发动机油表观黏度的标准试验方法
D 5302	在程序 VE 火花塞点火发动机中评定汽车发动机油的标准试验方法
D 5306	润滑油和液压油线性火焰传播速率标准试验方法
D 5480	气相色谱法测定发动机油挥发性标准试验方法
D 5483	用压差扫描热量测定法测试润滑脂的氧化诱导时间的标准试验方法
D 5533	在程序 IIIE 火花塞点火发动机中评定汽车发动机油的标准测试方法
D 5570	循环耐久性试验中手动变速箱润滑剂热稳定性评定的标准试验方法
D 5620	使用法莱克斯销 - V 形块摩擦磨损试验机在排水和干燥模式中评定薄膜液体润滑油的标准试验方法
D 5621	液压液的声波剪切安定性标准试验方法
D 5704	手动变速箱和主动传动轴用润滑油耐热和氧化安定性评定的标准试验方法
D 5706	使用高频线性振荡(SRV)试验机测定润滑脂极压性能的标准试验方法
D 5707	使用高频线性振荡(SRV)试验机测定润滑脂摩擦和磨损特性的标准试验方法
D 5800	测定润滑油蒸发损失的标准试验方法(Noack 法)
D 5862	评定二冲程循环涡轮增压 6V92TA 柴油发动机中发动机油的标准试验方法
D 5864	测定润滑油或其组分水中耗氧可生物降解性的标准试验方法

续表

D 5949	石油产品倾点标准试验方法
D 5968	评价121℃时柴油机油腐蚀性的标准试验方法
D 5969	在稀释合成海水的环境中测定润滑脂防腐蚀性能的标准试验方法
D 6006	评定液压液可生物降解性的标准指南
D 6022	永久剪切安定性指数计算的标准实施规程
D 6046	液压液对环境影响的标准分类
D 6079	高频往复摩擦试验机(HFRR)评价柴油润滑性能的标准试验方法
D 6080	测定液压油黏度特性的标准法则
D 6081	润滑剂水中毒性试验的标准操作规程：样品制备和结果解释
D 6082	润滑油高温起泡特性的标准试验方法
D 6121	低速和高转矩条件下评定双曲线齿轮传动轴用润滑剂承载能力的标准试验方法
D 6138	在动态潮湿条件下润滑脂防腐特性测定的标准试验方法(EMCOR 试验)
D 6158	矿物液压油的标准规范
D 6186	压差扫描量热法(PDSC)测试润滑油氧化诱导时间的标准试验方法
D 6203	导轨润滑剂热稳定性标准试验方法
D 6278	欧洲柴油喷射装置测定含聚合物液体的剪切安定性标准试验方法(参见 D 3945)
D 6278	欧洲柴油喷射装置测定含聚合物液体的剪切安定性标准试验方法
D 6417	毛细管气相色谱法评定发动机油挥发性的标准试验方法
D 6425	SRV 试验机测定极压润滑油摩擦和磨损特性的标准试验方法
D 6557	汽车发动机油防锈性能评定的标准试验方法
D 6594	评价135℃时柴油机油腐蚀性的标准试验方法
D 6595	旋转盘电极原子发射光谱法测定已用过的润滑油或已用过的液压液中金属和杂质的标准试验方法
E 537	化学品热稳定性标准试验方法(差示扫描量热法)
E 659	液体化学品自燃点标准试验方法(1994)e1
E 1064	卡尔费休库伦滴定法测定有机液体中水含量的标准试验方法
G72	高压富氧环境下液体和固体自燃点的标准试验方法
G133	线性往复球-盘滑动磨损标准试验方法
STP 315H	评定汽车发动机油的多缸试验程序
STP509A	评定曲轴箱润滑油性能的单缸发动机试验

27.1.2 CEC 测试方法和规范概要

L-01-A-79 79	Petter AV1 单缸柴油机评定曲轴箱润滑油试验
L-02-A-78 78	Petter W1 单缸汽油发动机评定润滑油氧化和轴承腐蚀试验
L-07-A-85 85	FZG 试验装置评定传动润滑油承载能力试验
L-11-T-72	DKA 摩擦试验机评定自动传动液摩擦系数试验

续表

L-12-A-76 76	MWMKD 12 E 试验发动机评定活塞清洁度(方法 B 更苛刻)
L-14-A-93 93	博世柴油喷射泵装置评定含聚合物润滑油剪切安定性
L-18-A-80 80	布氏黏度计测定低温表观黏度程序(液体浴)
L-19-T-77 77	评定二冲程发动机油润滑性(使用 Motobecane 发动机 AV7L 50cm³)
L-20-A-79 79	评定二冲程发动机油润滑剂沉积物形成(使用 Motobecane 发动机 AV7L 50cm³)
L-21-T-77 77	二冲程发动机润滑剂的评定 程序Ⅰ—活塞防卡咬 程序Ⅱ—综合性能 程序Ⅲ—点火提前(使用 Piaggio Vespa 180 SS 发动机)
L-24-A-78 78	苛刻条件下发动机清洁度评定(使用 Petter AVB 增压柴油发动机)
L-25-A-78 78	发动机油黏度稳定性试验(使用 Peugeot 204 发动机)
L-28-T-79 79	舷外发动机润滑剂性能评定(使用 Johnson 和 Evinrude 船用舷外发动机)
L-29-T-81 81	Ford Kent 试验程序评定润滑油对活塞环粘结和沉积物形成的影响(使用 Ford Kent 发动机)
L-30-T-81 81	凸轮和挺杆点蚀试验程序(使用 MIRA 凸轮和挺杆试验机)
L-31-T-81 81	用布氏(Brookfield)黏度计预测发动机油边界泵送温度
L-33-A-93 93	二冲程循环舷外发动机油在水中的可生物降解性
L-33-A-94 94	二冲程循环舷外发动机在水中的可生物降解性
L-34-T-82 82	发动机润滑剂提前着火倾向(使用 Fiat 132C 发动机)
L-35-T-84 84	涡轮增压客车柴油发动机评定发动机油(使用 VW ATL 1.6L 发动机)
L-36-96	油品与橡胶材料相容性评价试验(试验室测试)
L-36-A-90	高剪切条件下测量润滑剂动力黏度(使用 Ravensfield 黏度计)
L-36-A-97	HTHS(高温高剪切动力黏度测定)
L-37-T-85	含聚合物油的剪切安定性试验(使用 FZG 试验装置)
L-38-A-94	气门机构磨损试验(使用 PSA TU3 发动机)
L-39-T-87	油/橡胶适应性试验
L-40-A-93	润滑油蒸发损失(使用 NOACK 蒸发损失仪)
L-41-T-88	汽油发动机中评定发动机油抑制油泥性能(使用 Mercedes Benz M102E 发动机)
L-42-A-92	涡轮增压柴油发动机中评定缸套抛光、活塞清洁、衬套磨损和油泥(使用 Mercedes Benz - OM364A)
L-46-T-93	VW 中间冷却涡轮-柴油环黏结和活塞清洁试验
L-51-T-95	OM602A 氛试验
L-51-T-98	评价曲轴箱油在苛刻工况下抑制低温下油品变稠及机件磨损的综合性能试验(使用 Mercedes Benz - OM602A 发动机)‘A’级只适用于凸轮轴磨损
L-53-T-95	M111 黑油泥试验
L-54-T-96	发动机润滑油燃油经济性影响试验(使用 Mercedes Benz - M111 - E20 发动机)
L-55-T-95	TU3 MH 高温沉积物、环粘结、油增稠试验
L-56-T-95	XUD11 ATE 中温分散性试验
L-56-T-98	油品中温分散性汽车柴油发动机台架试验(使用 XUD11BTE 发动机)

27.1.3 GM 测试方法和规范概要

9099P	发动机油过滤性试验(EOFT)(被修订为 GF－3)

27.1.4 SAE 测试方法和规范概要

J183	发动机油性能和发动机保养分类(除了"节能")
J300	发动机油黏度分类标准
J357	发动机油物理化学性质
J1423	客车、货车和轻型卡车节能发动机油分类

27.1.5 其他测试方法和规范概要

CEM	电机试验(润滑脂)
DIN 51350	第 2 部分烧结负荷
DIN 51350	第 3 部分磨斑
DIN 51352－1	润滑剂检验; 润滑油老化性能的测定; 在润滑油中通入空气老化后康氏残炭增加值
DIN 51381	不同温度下润滑油空气释放能力的测定
DIN 51554－1	矿物油检验; 用巴德(Baader)法检验耐老化性; 目的、取样、老化试验
DIN 51587	润滑剂检验; 含添加剂的汽轮机油和液压油的老化性能测定
DIN 51802 (IP－220)	Emcor 锈蚀试验
DIN 51851	ASTM－D 5100 NOACK 挥发性试验
DIN 53169	20℃下 pH 值
Emcor 锈蚀试验(润滑脂)	Emcor 锈蚀试验(润滑脂)
FE－8	试验(润滑脂)
FTM－350	蒸发损失
FTM－352	灯芯点火
FTM－791B	锥入度
FTM－791C (Method 3470.1)	均匀性和互溶性
FTM－3009	杂质、微粒(油)
FTM－3010	经过滤的杂质、重质组分及灰分残渣
FTM－3011	HIAC 粒子计数器测量杂质, 颗粒的大小及数量
FTM－3012	经过滤的油的杂质, 微粒
FTM－3403	汽轮机油相容性
FTM－3411	热安定性和腐蚀性
FTM－3432	氟橡胶密封件相容性

续表

FTM 3433	海军小号硅橡胶、溶胀和拉伸力
FTM 3456	润滑油成沟点
FTM 3480	挥发性
FTM 3603	丙烯腈-丁二烯橡胶(NBR-L型)溶胀
FTM 3604	丙烯腈-丁二烯橡胶(NBR-H型)溶胀
FTM 4001.2 2	盐雾腐蚀（见 ASTM B 117）
FTM 5306	切削液腐蚀性
FTM 5307	氧化和腐蚀安定性
FTM 5308	氧化和腐蚀安定性
FTM 5309	铜片腐蚀铜片，24h
FTM-5322	腐蚀性(双金属叠片)
GE electric motor test(grease)	GE 电动机试验(润滑脂)
JPI-55-55-99	热管试验
MIL-G-22050	极性流体、蒸汽和适度高温空气环境下使用的垫圈和包装材料、橡胶
MIL-G-81322	宽温度范围航空润滑脂
MIL-H-22072C(AS)	液压流体弹射器
MIL-H-27601B	高温条件下使用的石油基液压油，飞行器使用，满足 MIL-H-46170 规格，水灵敏度
MIL-H-46170B	合成烃型防锈阻燃液压油
MIL-H-53119	CTFE 液压油腐蚀率试验程序（CREP），评价 MIL-H-83282 规格油品的高温安定性（密封细颈瓶）
MIL-H-83282	线性火焰传播速率
MIL-H-83282C	合成烃型阻燃液压油，MIL-H-83306 规格磷酸酯型阻燃航空液压油
MIL-H-87257	高温稳定性（用氮气吹扫）
MIL-P-25732	耐寒丁腈橡胶
MIL-PRF-2104	内燃机润滑油，满足 MIL-PRF-2105 规格军用多用途齿轮油
MIL-PRF-10924	车辆、火炮用润滑脂
MIL-PRF-46170	合成烃型防锈阻燃液压油
MIL-PRF-63460	武器和武器系统的润滑油和清洁防腐剂(公制)
MIL-PRF-81322	宽温度范围航空润滑脂
MIL-PRF-83282	合成烃型阻燃液压油。公制，NATO 代码 H-537
MIL-PRF-87252	冷却液水解稳定性，介电强度试验
MIL-R-83248	橡胶、氟碳弹性体、高性能液体，以及耐压缩设置
MIL-STD-1246	清洁度等级 SKF R2F 试验（模拟造纸厂应用）
USS	低温流动性试验(润滑脂)

27.1.6 美国联邦供应分类 9150 商品

文件	简要标题和描述	合格产品列表	管理人	NATO 代码
MIL - PRF - 23699F	合成航空涡轮发动机油	是	Navy/AS	O - 156/O - 154
MIL - PRF - 23827C	航空和仪器润滑脂	是		G - 354
MIL - PRF - 81322F	航空宽温润滑脂	是		G - 395
MIL - PRF - 81329D	固体膜润滑剂	否(FAT)		S - 1737
MIL - PRF - 83282D	合成难燃液压液	是		H - 537
MIL - PRF - 85336B	武器用全天候润滑脂	是		
MIL - L - 19701B	武器用半流体润滑脂	是		
MIL - G - 21164D	二硫化钼润滑脂	是		G - 353
MIL - L - 23398D	固体膜润滑剂，空气固化	是		S - 748
MIL - G - 23549C	多用途润滑脂	是		
MIL - G - 25013E	航空轴承脂	是		G - 372
MIL - G - 25537C	航空直升机轴承脂	是		G - 366
MIL - H - 81019D	用于超低温的液压液	是		
MIL - S - 81087C[a]	硅氧烷液体抗磨润滑脂	是		H - 536
MIL - G - 81827A	航空高承载和抗磨润滑油	是		
MIL - L - 81846	仪器滚珠轴承润滑油	否		
MIL - G - 81937A	超洁净仪器润滑脂	是		
DOD - L - 85645A[a]	干薄膜润滑剂	否		
DOD - G - 85733	弹射器高温润滑脂	是		
DOD - L - 85734	直升机合成传动润滑剂	是		
VV - D - 1078B	硅氧烷液体阻尼液	否		S - 1714 - 1732
SAE J1899	航空活塞发动机油，无灰分散剂	是		O - 123/O - 128
SAE J1966	航空活塞发动机油，无分散剂	是		O - 113/O - 117
SAE AMS - G - 4343	气动系统润滑脂	否		G - 392
SAE AMS - G - 6032	旋塞阀润滑脂	是		G - 363
MIL - H - 22072C	弹射器液压液	是	Navy/AS[b]	H - 579
A - A - 59290	制动装置液压液	否	Navy/AS[b]	
MIL - PRF - 9000H	柴油发动机油	是	Navy/SH	O - 278
MIL - PRF - 17331H	蒸汽轮机润滑油	是		O - 250
MIL - PRF - 17672D	液压液	是		H - 573
MIL - PRF - 24139A	多用途润滑脂	是		
DOD - PRF - 24574	氧化混合物润滑液	是		
MIL - L - 15719A	高温电动轴承润滑脂	是		

续表

文件	简要标题和描述	合格产品列表	管理人	NATO 代码
MIL – T – 17128C	换能器液	否		
MIL – G – 18458B	开式齿轮和钢丝绳润滑脂	是		
MIL – H – 19457D	难燃液压液	否		H – 580
MIL – L – 24131B	石墨和醇类润滑剂	是		
MIL – L – 24478C	二硫化钼和醇类润滑剂	否		
DOD – G – 24508A	多用途润滑脂	是		
DOD – G – 24650	食品加工设备润滑脂	否		
DOD – G – 24651	食品加工设备润滑油	否		
VV – L – 825C	制冷压缩机润滑油	否		O – 282/O – 290
A – A – 50433	抗海水润滑脂	否		
A – A – 50634	使用 HFC – 134A 的压缩机润滑油	否		
A – A – 59004A	抗擦伤化合物	否		
MIL – PRF – 6081D	喷气发动机润滑油	是	Air Force/11	O – 132/O – 133
MIL – PRF – 6085D	航空仪器润滑油	是		O – 147
MIL – PRF – 6086E	航空齿轮石油基润滑油	是		O – 153/O – 155
MIL – PRF – 7808L	航空涡轮合成发动机油	是		O – 148/O – 163
MIL – PRF – 7870C	低温润滑油	是		O – 142
MIL – PRF – 8188D	防腐蚀发动机油(FSC 6850)	是		C – 638
MIL – PRF – 27601C	液压油	是		
MIL – PRF – 27617F	航空和仪器润滑脂	是		G – 397 – 399/ – 1350
MIL – PRF – 32014	航空和导弹高速润滑脂	否		
MIL – PRF – 83261B	航空极压润滑脂	否		
MIL – PRF – 83363C	直升机传动润滑脂	否		G – 396
MIL – PRF – 87100A	航空涡轮合成发动机油	是		
MIL – PRF – 87252C	绝缘冷却液(FSC 9160)	是		S – 1748
MIL – PRF – 87257A	合成阻燃液压液	是		H – 538
MIL – H – 5606G[a]	航空/军械用石油基液压液	是		H – 515
DOD – L – 25681D	二硫化钼硅氧烷液体	否(二硫化碳)	Air Force/68	S – 1735
MIL – L – 87177A	合成防腐润滑剂	否(FAT)	Air Force/70	
MIL – PRF – 2104G	战斗/战术柴油发动机油	是(发动机油)	Army/AT	O – 236/ – 237/ – 1236
MIL – PRF – 2105E	多用途齿轮油	是		O – 186/ – 226/ – 228
MIL – PRF – 3150D	防锈油	是		O – 192
MIL – PRF – 6083F	操作和防锈液压油	是		C – 635
MIL – PRF – 10924G	自动/炮润滑脂	是		G – 403
MIL – PRF – 12070E	烟幕用油	否		F – 62
MIL – PRF – 21260E	防锈/跑合发动机油	是		C – 64 0/C – 642
MIL – PRF – 32033	防锈和水置换油	是		O – 190

续表

文件	简要标题和描述	合格产品列表	管理人	NATO 代码
MIL - PRF - 46002C	气相腐蚀抑制剂(VCI)	否(FAT)防腐油		
MIL - PRF - 46010F	固体膜润滑剂	是		S - 1738
MIL - PRF - 46147C	固体膜润滑剂	是		
MIL - PRF - 46167C	北极发动机油	是		O - 183
MIL - PRF - 46170C	合成阻燃液压油	是		H - 544
MIL - PRF - 46176B	硅氧烷制动液	是		H - 547
MIL - PRF - 53074A	气缸润滑油	否		O - 258
MIL - PRF - 53131A	精密轴承合成润滑油	是		
VV - G - 632B	通用工业润滑脂	否		
VV - G - 671F	石墨脂	否		G - 412
A - A - 52039B	汽车发动机油 API 分类 SH	否		
A - A - 52036A	商用重型柴油发动机油	否		
A - A - 59354	机械用液压液	否		
SAE J1703	普通制动液	否		H - 542
MIL - PRF - 63460D	武器清洁剂 - 润滑剂 - 防锈剂	是	Army/AR	S - 758
MIL - L - 11734C	机械熔断系统合成润滑剂	否		
Systems MIL - L - 14107C	低温武器润滑剂	是		O - 157
MIL - L - 45983	热固性固体膜润滑剂	否		
MIL - L - 46000C	半流体武器润滑剂	是		O - 158
MIL - G - 46003A	步枪润滑脂	是		
MIL - L - 46150	半流体高承载武器润滑剂	是		
MIL - PRF - 3572B	胶体石墨油	否		DSCR/GS
MIL - DTL - 17111C	动力传动液	否		(FAT)H - 575
MIL - PRF - 26087C	往复压缩机润滑油	否		
MIL - L - 3918A[a]	宝石轴承仪器润滑油	否		
MIL - L - 46014[a]	锭子润滑油	否		
MIL - L - 83767B[a]	真空泵润滑油	否		
VV - C - 846B	乳化型切削油	否		
A - A - 50493A	渗透油	否		
A - A - 59113	机床/导轨润滑油	否		
A - A - 59137	跑闩润滑油(海军军械)	否		
A - A - 59173	硅氧烷润滑油	否		
A - A - 59197	脂肪油金属加工润滑剂	否		
SAE AS1241C	难燃磷酸酯液压液	否		

[a] 以粗体表示的那些规范已被指定“不用新设计”，除了代替的目的不再使用。它们的合格产品列表将维持到这些产品不再需要。

[b] 见后面缩写词中对 Navy/AS2 注释。

27.1.7 JIS、ASTM 和其他规格的相互对照

ASTM 或其他	JIS	标题和内容
F 312	B 9930	液压液——粒子计数法测定微粒杂质
F 313	B 9931	液体杂质——比重法测定杂质
D 117	C 2101	绝缘油试验方法
D 923		取样方法
D 4559		蒸发
D 1218/21807		折射率和比散度
D 974		总酸值
D 1275		腐蚀性硫
D 1533		水含量
D 2112/2440		氧化安定性
D 877/1816		绝缘强度
D 924		介质衰耗因数和介电常数
D 1169		体积电阻率
	K 2249	原油和石油产品——基于标准温度(15℃)的密度和石油测量表的测定
D 1298/E100		Ⅰ型浮子法
D 4052/5002		摆动法
ISO 3833		沃德比重瓶法
D 941		Ⅰ型比重瓶法
D 70		哈伯德比重瓶法
D 140/4057/4177	K 2251	原油和石油产品取样
D 1093	K 2252	石油产品反应试验方法
	K 2254	石油产品——馏分特性测定
D 86，E133		石油产品常压蒸馏试验方法
D 1160		石油产品减压蒸馏试验方法
D 2287		石油产品减压蒸馏沸程气相色谱分析试验方法
	K 2255	石油产品——汽油——铅含量测定法
D 3341		氯化碘法
D 3237		原子吸收光谱法
D 661	K 2256	石油产品苯胺点和混合苯胺测试方法
D 323	K 2258	原油和石油产品蒸气压测定法(雷德法)
D 381	K 2261	石油产品——动力汽油和航空燃料——实际胶质测定——喷射蒸发法
	K 2265	原油和石油产品——闪点测定
D 56		塔格闭式试验

续表

ASTM 或其他	JIS	标题和内容
D 3828/3278		小刻度闭杯试验
D 93		潘斯基——马丁斯闭杯试验
D 92		克利夫兰德开杯试验
	K 2269	原油和石油产品倾点和浊点测试方法
D 97		倾点
D 2500		浊点
	K 2270	原油和石油产品残炭测定
D 189		康拉孙法
D 4530		微量法
	K 2272	原油和石油产品灰分和硫酸盐灰分测试方法
D 482		灰分
D 874		硫酸盐灰分
	K 2275	原油和石油产品水含量测定
D 95/4006		蒸馏法
D 4377/1744		卡尔－费休容量法 卡尔－费休库伦法
DIN 9114		氢化物反应法
	K2276	石油产品——航空燃料测试方法
D 873		氧化安定性(潜在残渣)
D 2386		冰点
D 1094		耐水性
D 235/4952		博士反应
D 3227		硫醇性硫含量测定(电位差法)
D 1740		辉光值法
D 1840		萘含量测定(紫外分光光度法)
FS 1151. 2		暴露蒸发试验
D 3242		总酸值
D 3948		水分离指数(微型分离器)
D 2550		水分离指数(水分离器)
D 3241		热安定性(JFTOT)
D 2276/5452		微粒杂质
IP 227		铜片腐蚀
D 2624		电导率
D 3343		氢含量

续表

ASTM 或其他	JIS	标题和内容
	K 2279	原油和石油产品——燃烧热测定和评价
D 4529/4868		净燃烧热
D 4868		总燃烧热
	K 2280	石油产品——燃料——辛烷值、十六烷值测定和十六烷指数计算
D 2699		研究法辛烷值
D 2700		马达法辛烷值
D 909		增压辛烷值
D 613		十六烷值
D 4737		用四变量方程计算十六烷指数
D 1368		正庚烷和异辛烷中含少量铅(双硫腙法)
D 2268		纯正庚烷和异辛烷(毛细管气相色谱法)
	K 2283	原油和石油产品——动力黏度测定和由动力黏度计算黏度指数
D 445/446		动力黏度
D 2270		黏度指数
D 341		评估动力黏度和温度的关系
D 525	K 2287	汽油氧化安定性测试方法(诱导期法)
IP 309	K 2288	柴油——冷滤点测定
	K 2301	可燃气体和天然气——化学分析和测试法
D 1145		气体样品取样
D 1945/1946		化学分析(气相色谱法)
ISO 6326 - 1		总硫分析
ISO 6326 - 1		硫化氢分析
ISO 6327		水分析(露点法)
D 900/1826		燃烧热(容克斯煤气量热器)
D 3588		燃烧热(计算方法)
D 1070		比重(比重瓶法)
D 3588		比重(计算法)
D 4057	K 2420	芳烃和焦油产品取样方法
	K 2501	石油产品和润滑剂——中和值测定
D 974		颜色指示剂滴定法(TAN, 强酸值, 强碱值)
D 664		电位滴定法(TAN, 强酸值)
D 4739		电位滴定法(TBN, 强碱值)
D 2896		电位滴定法(TBN, 高氯酸法)
	K 2503	航空润滑油测试方法
D 91/2273		沉淀值
D 94		皂化值

续表

ASTM 或其他	JIS	标题和内容
FS 3006. 3		杂质
FS 204. 1		稀释倾点
ISO 6617		氧化安定性
FS 5308. 7		腐蚀和氧化安定性
D 665	K 2510	润滑油防锈性能试验方法
D 130	K 2513	石油产品—铜腐蚀—铜片腐蚀
	K 2514	润滑油—氧化安定性测定
ISOT		内燃机润滑剂氧化安定性测定
D 943		透平(涡轮机)油氧化安定性试验(TOST)
D 2272		旋转氧弹法试验(RBOT)
D 3397		总酸值(半微量法)
IP 280		透平油氧化安定性(油溶性催化剂法)
D 892	K 2518	石油产品—润滑油—泡沫特性测定
K 2619		润滑油—承载能力测试方法
D 2619		Soda 四球法(Soda 博士改进的四球试验)
D 2782		梯姆肯法
K 2520		石油产品—润滑油—抗乳化性能测定
D 1401		破乳化试验
IP 19		蒸汽乳化值
K 2536		液化石油产品—成分测试方法
D 1319/2001/2427		荧光指示剂吸附法(FIA)
D 2267/4420/5580		气相色谱法测芳烃含量
D 1322	K 2537	石油产品—航空涡轮燃料和煤油—烟点测定法
K 2540		润滑油热安定性试验方法
K 2541		原油和石油产品硫含量测定
D 2785/ISO 4260		氢氧燃烧法
D 3120		微电量(库仑)滴定法
D 1551		石英管法
D 4294/ISO 8754		能量分散 X－射线光谱法
D 129		通用氧弹法
D 1266		燃灯法
D 2622		波长分散 X－射线光谱法
K 2580		石油产品色度测定
D 156		赛波特比色计法
D 1500		ASTM

续表

ASTM 或其他	JIS	标题和内容
K 2601		原油试验方法
D 3828		闪点
D 96/4007/1796		水和沉淀物
IP 77		盐含量(滴定法)
D 3230		盐含量(库仑法)
D 2892		常压蒸馏
D 1159/2710	K 2605	石油馏出物和商品脂肪族石蜡溴价测定
K 2609		原油和石油产品氮含量测定
D 3228		凯式(Kjeldahl)法
D 3431		微电量滴定法
D 4629/5762		化学发光法

①ISOT 代表印第安纳(Indiana)搅拌氧化试验

27.2 缩写词

QPL——合格产品列表

FAT——不在合格产品列表中，但要求首先产品试验(FAT)或可供选择的

Navy/AS——美国海军航空兵系统司令部(NAVAIR)，Patuxent River，MD

Navy/AS²——美国海军航空兵系统司令部(NAVAIR)，Lakehurst，NJ

Navy/SH——美国海军海洋系统司令部(NAVSEA)，Arlington，VA

Navy/YD——美国海军设备工程司令部(NAVFAC)，Alexandria，VA

Air Force/11——美国空军航空系统中心(ASC)，Wright - Patterson AFB，OH

Air Force/68——美国空军 San Antonio 空军后勤中心(SAALC)，Kelly AFB，TX

Air Force/70——美国 Hill 空军基地后勤中心，UT

Army/AT——美国陆军坦克和武器司令部，坦克研究发展和工程中心(TARDEC)，Warren，ML

Army/AR——美国陆军坦克和武器司令部，坦克研究发展和工程中心(ARDEC)，Picatinny，NJ

DSCR/GS——美国国防部后勤机构的 Richmond 国防供给中心(DSCR)，Richmond，VA

致谢

本章编撰过程历时多年，得益于许多润滑油行业同仁们的慷慨协助，他们是：Ed Zaweski 和 Hiroshi Yamaochi(Amoco Chemistry——均已退休)，Alan Plomer(BP Belgium)，以及 Darryl Spivey(BP，Naperville，IL)。

还要感谢 Piet Purmer(Shell Chemical Company). Dick Kuhlman(Afton)，Ed Snyder(AFRL/MLBT)，Don Campbell，以及 Bob Rhodes(Shell——均已退休)。

28 润滑剂工业相关术语及缩写词

LESLIE R. RUDNICK

润滑剂领域过多的缩写词还在不断增长中。这些缩写词来源于不同的多种多样的工业和学科，包括设备制造商、原料厂商、润滑剂添加剂和润滑油供应商及生产商，还有就是润滑剂工业中直接的或外围相关的专业协会。润滑剂的每个种类，合成的或常规的，都有为其保留的固定的缩写词，以描述其结构或特性的不足之处。润滑剂添加剂的术语和缩写词大多反映化学结构或添加剂的类型，某些情况下缩写词反映添加剂的功能。产品于不同的时间、不同工业领域的缩写词导致了同一缩写词反映不同的事物。

这一章将常用于润滑剂工业的重要术语收集在一起，当然，如果要一个极其完备的清单，那就需要远非本书所能提供的空间。

28.1 术语和缩写词

21 CFR 178.3570	美国联邦法规中针对“与食品存在意外接触可能性”的润滑剂所做的要求
2T/2 – cycle	本术语应用于二冲程发动机的润滑剂（也就是摩托车、船舶的外弦发动机、除草机等）。
3P2E	三环聚苯醚
4P3E	四环聚苯醚
4T	四冲程发动机润滑油的一个术语
5P4E	五环聚苯醚
6P5E	六环聚苯醚
AAM	汽车制造商联盟
AAMA	全美汽车制造协会
AAR	全美铁路协会
AB	烷基苯
ABIL	生物质工业润滑剂
ABMA	美国轴承厂商协会——美国抗摩擦轴承、普通球形轴承或其主要部件厂商的一个非盈利的协会，ABMA 的目的是制定国家及国际上的轴承产品和轴承维修工业统计学的相关标准
ABOT	福特 Mercon 自动传动液认可的铝杯氧化试验
ABSA	烷基苯磺酸；过碱磺酸钙母体
ACC	美国化学委员会
ACEA	欧洲汽车制造商协会

ACERT	先进的燃烧废气减除技术(卡特彼勒)
ACIL	美国独立实验室委员会；ACIL是代表独立、贸易工程、科学实验室以及试验、咨询、研究开发公司的国家贸易协会
ACS	美国化学学会
Additive	添加剂；化合物或加入基础油中改变其物理、化学和/或特性的几种化合物的配方
AEL	容许曝露极限
AEOT	发动机油充气试验
AES	发动机平均油泥(评分值)
AEV	发动机平均漆膜(评分值)
A/F	空燃比
AFNOR	法国标准化协会
AFOA	美国油脂协会
AFR	空气/燃料比
AFV	代用燃料汽车
AGELFI	阿吉普、埃尔夫、菲纳石油公司的合作研究机构
AGMA	美国齿轮制造商协会；一个制定和改进齿轮润滑剂工业标准的组织
AGO	汽车用汽油
AHEM	液压设备制造商协会
AIAM	国际汽车制造商协会
AIChE	美国化学工程师协会
AIT	自燃点(ASTM D 2155)，气体或蒸发性液体在无点火源时自燃的最低温度
AL	大气寿命
ALTNER	欧洲代用能源计划
AMA	汽车制造商协会
ANFAVEA	巴西汽车制造商协会
ANIQ	墨西哥相当于化学制造协会的组织
ANSI	美国国家标准学会
Antioxidant	抗氧剂；一种可加到润滑剂中以减少油类氧化变质趋向的化学成分
Antiwear additive	抗磨添加剂；可以堆积多层足够厚的膜层以形成边界润滑油膜，阻止金属部件的紧密接触或优先磨损以防止金属凸峰间直接接触从而引起金属部件磨损的添加剂
AO	抗氧化剂
AOCA	美国油品交换协会；为使用汽车的公众和汽车维护专家之间提供联系的桥梁

AOCS	美国石油化学家协会；全球性的关于油脂、油品、表面活性剂和相关原料的科学与技术论坛
APE	美国石油工程师协会
API	美国石油学会：促进石油工业发展的协会组织
API GL－4	指定用特殊齿轮的齿轮油；尤其是具有准双曲面齿轮装置的乘用车和其他汽车在高速低扭矩和在低速高扭矩运行时使用；大部分已被 API GL－5 取代
API GL－5	指定用特殊齿轮的齿轮油；尤其是具有准双曲面齿轮装置的乘用车和其他汽车在高速冲击负荷、高速低扭矩和在低速高扭矩运行时使用
AQIRP	汽车油料/燃料空气质量改进研究计划
ARB	加州空气资源协会
ASA	美国大豆协会
ASEAN	东南亚国家联盟(东盟)
Ashless	无灰剂；不含金属元素的添加剂
ASLE	美国润滑油工程师协会(现在是 STLE)
ASME	美国机械工程师协会
ASTM	美国试验及材料协会
A/T	传统自动变速器
ATA	美国货车运输协会
ATC	添加剂技术委员会(欧洲石油添加剂工业协会，欧洲的化学制造商协会)
ATD	通用汽车的埃利森传输部
ATF	自动传动液
ATIEL	欧洲润滑油工业技术协会
AT－PZEV	先进技术部分零排放车辆
Auto－Oil－Program	一个旨在欧盟、欧洲润滑油工业和欧洲摩托车工业的交流活动
AW	抗磨剂；通过与金属表面反应形成保护层而降低磨损
b－CVT	皮带无级变速器
BIA	造船工业协会；工业组织的成立旨在详细划分船用润滑油
Biodegradability	生物降解能力；化学物具有可被生物降解的能力
BFPA	英国流体动力协会
bhp－hr	制动马力－小时
BHRA	英国流体力学研究学会
BLF	英国润滑剂联盟
Block grease	一种非常坚硬的块状润滑脂，用于低速高温大面积开式轴承的润滑
BNA	汽车标准化局(法国)
BNP	石油标准化局

BOCLE	球体在圆柱体表面的球柱试验
BOFT	轴承油膜厚度
BOI	基础油互换
BOIG	基础油互换准则
BOTD	球板试验
Boundary	边界润滑；关于两金属件部分接触和被润滑剂膜部分分开的润滑机理
BPD	生物农药产品指令
BPT	边界泵送温度(作为 ASTM D3829 的定义)
Br	溴价(ASTM D 1158)
Brookfield viscosity	布氏黏度；用布氏黏度计测量(ASTM D 2983)，单位为厘泊。布氏黏度计的测量规范是测定旋转轴在流体中的转矩抗力。尽管布氏黏度常常与齿轮油和传动液的低温性相一致，实际上它也用于测定许多不同类型的润滑剂
BRT	球锈蚀试验：取代了发动机程序试验 IID 的新台架试验，用以测量低温下的生锈和腐蚀
BSFC	制动燃料比耗
BSI	英国标准协会
BTC	英国发动机和石油工业技术委员会
BTU	英国热量单位
C－3	通用汽车公司阿里逊分部的液压变速变速器油规格
CA（API）	用于缓和及中等负荷以及使用高品质燃料的柴油机，有时也可用于缓和条件下使用的汽油机。该级别润滑油能防腐和给予活塞环以抗磨和所需的清净分散性，广泛用于 20 世纪 40 年代后期和 50 年代，除非设备制造商推荐，否则不能用于其他发动机
CAA	空气清洁法
CAAA	空气清洁法修正
CAFE	公司平均燃料经济性
CARB	加州空气资源局
Carbon residue	在 ASTM D189(康氏残炭)或 ASTM D524(兰氏残炭)标准下，将润滑油样品暴露在高温下原材料的残炭百分含量
Caterpillar 1P	用于检验发动机油活塞沉积物的单缸发动机试验
CB(API)	用于缓和及中等负荷以及使用低品质燃料的需要更好的抗磨和清净分散性的柴油机，有时也可用于缓和条件下使用的汽油机。该级别润滑油能在自吸式柴油机使用高硫燃料时提供必须的防腐和活塞环所需的清净分散性，该级别润滑油用于 1949 年后出厂的车辆
CBO	常规基础油

CBOT	芝加哥交易所
CC(API)	用于自然吸气，涡轮增压柴油机，具有优良的抗磨性和清洁分散性，可使用各种燃料，包括高硫柴油。该级别润滑油用于1955年后出厂、需要较好的抗磨性和高温清洁分散性的柴油发动机 该级别润滑油也要通过如下的柴油和汽油发动机试验：1-G2柴油机的试验与在重负荷下工作的直接喷射式柴油机的工作状况相关，特别是活塞和活塞环槽中的沉积物情况相关。L-38汽油机试验主要测定在高温条件下铜铅轴承失重和活塞漆膜沉积物形成情况
CCD	燃烧室沉积
CCR	在ASTM D189(康氏残炭)标准下，将润滑油样品暴露在高温下原材料的残炭百分含量
CCS	冷启动模拟器
CD-Ⅱ(API)	用于典型的二冲程发动机，具有优良的抗磨性和清净分散性的机油。该级别的润滑油也可用于需要使用API CD级油发动机 该级别润滑油也要求通过如下的柴油和汽油发动机试验：1-G2柴油机的试验与在重负荷下工作的直喷式柴油机的工作状况相关，特别是活塞和活塞环槽中的沉积物情况相关。追溯到1985年，6v-53T型柴油机测试已经与在高速运行时的二冲程柴油机相联系，尤其是关于环和衬垫。L-38汽油机的试验主要测定在高温条件下铜铅轴承失重和活塞表面光洁度
CDP	甲酚二苯基磷酸盐
CE(API)	用于更多的低速高负荷和高速高负荷工作条件下的涡轮增压或超负荷高性能柴油机，用于1984年后出厂的车辆。在燃油消耗率、润滑油变稠以及活塞沉积物方面比CD级柴油机油更好 该级别润滑油也要求通过如下的柴油和汽油发动机试验：1-G2柴油机的试验与在重负荷下工作的直喷式柴油机的工作状况相关，特别是活塞和活塞环槽中的沉积物情况相关。T-6、T-7和NTC-400是直喷式柴油机试验。T-6用于评定1980后出厂的高速工作条件下使用的车辆，特别是注重润滑油变稠的情况。T-7用于评定1984年后出厂的带拖车工作条件下使用的车辆，特别注重润滑油的变稠情况。NTC-400柴油机试验用于1983后出厂的在高速公路行驶条件下的车辆，特别注重油料消耗、沉积物和磨损情况。L-38汽油机的试验主要测定在高温条件下铜铅轴承失重
CEC	运输用燃料、润滑油及其他流体性能测试开发欧洲协调委员会(欧洲发动机和石油工业协作委员会：其功能如同ASTM一样的标准化)
CFFIC	欧洲化学工业委员会
CEN	欧洲标准化委员会

CEPA	加拿大环境保护法
CERCLA	全面环境反馈、赔偿和义务法
CF（API）	CF级柴油机油用于使用各种燃料，包括高硫燃料(如0.5%)的典型直喷式柴油机和其他柴油机。能够有效的控制自吸式、涡轮增压和重负荷发动机的活塞沉积物、磨损以及含铜轴承的腐蚀。该级别润滑油用于1994年后出厂的车辆，也可用于要求使用CD级柴油机油的发动机
CF－2（API）	GF－2级柴油机油用于典型的二冲程发动机，能够有效控制气缸和活塞环表面的擦伤和沉积物。该级别润滑油用于1994年后出厂的车辆，也可用于要求使用CD－Ⅱ级柴油机油的发动机。该级别的润滑油不必满足CF或CF－4级别的柴油机油的要求，除非通过了这些级别的相关试验
CF－4（API）	CF－4柴油机油是为了满足高速四冲程柴油机而于1990年开始采用的。API CF－4润滑油在性能上较CE级润滑油更好，其油耗和活塞上的沉积物更少。该级别润滑油也要求通过如下的柴油和汽油发动机试验：1K柴油机的试验与1990年后出厂的直接喷射式柴油机在重负荷工作条件下的工作状况相关，特别注重用T－6、T－7、NTC－400和L－38发动机试验测定的活塞和活塞环槽中的沉积物情况：可参见上面的API CE说明
CFC	氟氯化碳
CFPP	冷滤点
CFR	燃料与设备研究协调委员会
CFV	清洁燃料汽车
CG	常规汽油
CG－4（API）	CG－4柴油机油用于在高速公路行驶的重负荷高速四冲程柴油机(使用硫含量小于0.05%燃料)，也可用于非高速公路行驶的重负荷高速四冲程柴油机(使用硫含量小于0.5%燃料)。CG－4能够有效的控制高温活塞沉积物、腐蚀磨损、泡沫、氧化安定性和烟炱堆积，还特别适用于满足1994年排放标准的发动机，也可用于需要使用CD、CE和CF－4的发动机，该级别发动机油用于1994年出厂的车辆
CGSB	加拿大通用标准部；一个被生产商、用户和为加拿大改进测试方法和产品的普通经济体一致认可的组织
CH－4（PC－7）	新的(建议的)重负荷发动机润滑油分类
CI	十六烷指数
CIA	化学工业协会(CEFIC的组成部分)
CIDI	直喷式压燃柴油发动机
CIMAC	国际内燃机委员会
CLCA	汽车建造协会

CLEPA　汽车建造设备协会
CLR　润滑油合作研究
CMA　化学品制造商协会；一个由添加剂制造商组成的标准化组织(美国)
CMAQ　减轻拥堵和改进空气质量计划
CMMO　经化学改性的矿物油
CMVO　经化学改性的植物油
CN　十六烷值
CNG　压缩天然气
CNHTC　中国重汽集团有限公司
CNPC　中国石油天然气集团公司
CO　一氧化碳
CO_2　二氧化碳
CONCAWE　清洁空气和水保护(欧洲)
Corrosion inhibitor　防腐剂，用于防止表面因润滑油或润滑脂带来的污染物而受到化学腐蚀的润滑油添加剂。这些添加剂一般是通过在金属表面的化学反应并形成反应膜而起作用
cP　厘泊 = mPa · s(国际单位)
CPC　中国石油公司
CPPI　加拿大石油产品协会
CRC　协调研究委员会；一个以性能测试为主的美国标准组织。
CSA　加拿大标准协会
cSt　厘斯
CSTCC　连续滑动扭矩传递离合器
Cummins M11　用于评价油品抑制十字头磨损性能的重负荷发动机试验
CUNA　汽车技术标准委员会(CEC)
CVMA　加拿大车辆制造商协会
CVS　定量取样
CVT　无级变速器
DAP　底特律顾问小组(API)
DASMIN　德国认证矿物油
DBC　碳酸二丁酯
DBPP　二丁基苯基磷酸酯
DCT　双离合变速器
DDC　底特律柴油机公司
DEC　碳酸二乙酯
DEER　柴油机减排

Demulsibility	破乳性：通过使用 ASTM D1401 方法测定打破油水乳状液所需的试验时间，用此来检测油从水中分离出来的能力
DEO	柴油机油
DEOAP	底特律发动机燃料顾问小组(API/EMA)
DETA	二乙烯三胺
Detergent	清净剂；用以防止在发动机表面形成沉积以及去除已形成沉积的添加剂
DEXRON® - Ⅱ	通用汽车公司自动传动液规格
DEXRON® - Ⅲ	通用汽车公司自动传动液规格，1993 年发布
DEXRON® - ⅢG	通用汽车公司自动传动液规格，1998 年发布
DFA	柴油机燃料添加剂
DGMK	德国石油与煤科学技术学会
DH - Ⅰ	日本汽车标准组织的一种柴油机油种类；主要为日本制造的重负荷柴油机使用的柴油机油，该油具有良好的抗磨性、良好的烟炱处理性能以及良好的热氧化安定性
DHYCA	烃和增碳剂管理部门(法国工业部)
DII	柴油机喷射改进器
DIN	德国标准协会
Dispersant	分散剂；在发动机使用期间，通过将润滑油氧化和燃料燃烧形成的不溶解于油的产物悬浮在油中，从而保持发动机清洁的润滑油添加剂
DIOC	碳酸二异辛酯
DiPE	季戊四醇
DKA	德国统筹委员会；一个与欧洲理事会同等的德国国家团体
DMC	碳酸二甲酯
DME	二甲醚
DNA	德国标准化委员会
DOA	己二酸二辛酯
DOC	柴油氧化催化剂
DOCP	分散剂烯烃共聚物黏度调节剂或黏度指数改进剂
DOD	国防部
DOE	能源部
DOHC	双顶置凸轮
DOP	2，2 - 乙烷基己基邻苯二甲酸脂
DOS	2，2 - 乙烷基己基癸二酸酯
DOT	运输部(美国)
DPF	柴油机颗粒捕集器
DPMA	分散剂型聚甲基丙烯酸酯黏度改进剂

Dropping point	滴点；在测试条件下润滑脂由半固体转变为流体时的温度。此温度可作为润滑脂的使用上限
DSC	差示扫描量热法——用于测量氧化开始的润滑油温度
DTBP	二叔丁基苯酚
DVM	分散剂黏度调节剂
EC	欧洲共同体 欧洲委员会 日本环境理事会 加拿大环境节能署
ECCC	电控离合器
EC－Ⅱ(API)	节能－Ⅱ；该发动机油在程序Ⅵ试验中，与参比油比可节约燃油2.7%
ECE	欧洲经济委员会
ECHA	欧洲化学品管理局——在芬兰赫尔辛基建立的化学品注册、评估、许可和限制法规(REACh)体系下进行化学品管制
ECTC	发动机冷却技术委员会(CEC)
EDC	柴油机电控
EEB	欧洲环境署
EEC	欧洲经济共同体 电子排放控制
EELQMS	欧洲发动机润滑油质量管理系统
EFI	电子燃油喷射
EFTC	发动机燃料技术委员会(CEC)
EGR	废气再循环
EHD	弹性流体动力润滑
EHDPP	2－乙基己基二苯基磷酸酯
EHEDG	欧洲卫生和装备设计组
EIA	能源部能源信息局(U. S. DOE)
EINECS	欧洲现有化学品的详细目录
ELGI	欧洲润滑脂协会
ELINCS	欧洲呈报化学品名单
ELTC	发动机润滑油技术委员会(CEC)
ELV	报废车辆
EMA	发动机制造商协会(美国)：重负荷柴油机
EMPA	瑞士联邦材料测试和研究实验室
Emulsion	乳化；两种相互不溶解的液体机械混合，某些金属加工液通过加入乳化剂来保持乳状液的稳定

ENGVA	欧洲天然气车辆协会
EOFT	发动机油过滤性试验(通用汽车公司)
EO - J/EO - K/EO - K/2	马克客车公司重型柴油机规格
EO - L	马克客车公司重型柴油机规格，1993 年发布
EOLCS	发动机油许可证和认证系统(API - 1520)
EO - M	马克客车公司重型柴油机规格，1998 年发布
EP additive	极压添加剂；用于极端高压的情况，当金属表面接触压力非常大时，一般的(氧化)保护膜被挤开，润滑油中的表面活性物质没有反应形成足够的保护膜，而极压剂能够阻止金属与金属间的黏附和焊接。极压添加剂的作用机理是与金属表面反应形成金属化合物，如硫化铁
EPA	美国环保局
EPACT	能源政策法
EPDM	乙烯 - 丙烯 - 二烯基弹性密封材料
EPEFE	欧洲调查来自燃料和发动机的排放计划[一个由 14 个发动机公司(ACEA)和 32 个润滑油公司(EUROPIA)组成的顾问团]
EPM	乙烯 - 丙烯基弹性密封材料
ERC	欧洲登记中心
ESCS	发动机服务登记系统
ESI	国内长期服务
ESIS	欧洲化学物质信息系统
ETC	欧洲过渡试验循环
ETLP	发动机润滑剂试验小组(英国石油学会)
EU	欧盟
EUC	基本城市循环
EUDC	额外城市驾驶循环
EULIM	欧盟独立润滑油制造商
EUROPIA	欧洲石油工业协会
EV	电动车辆
EVA	乙基乙烯基乙醇
FATG	燃料添加剂工作组(化学品制造商协会)
FBP	终馏点
FCAAA	联邦清洁空气法修正案
FCC	流体催化裂化装置
FCEV	燃料电池电动车
FDA	食品药品管理局

FE	燃油经济性
FEI	燃油经济性提高(增加燃烧效率)
FERC	联邦能源管理委员会(美国)
FF	装车油
FFV	灵活燃料车辆
FIE	燃油喷射装置
FIMS	场电离质谱
Fire point	燃点(ASTM D92 - a)；实验室测定样品维持燃烧5秒的最低温度
FISITA	国际汽车工程学会联合会
Flash point	闪点(ASTM D92 - a)；实验室测定样品与空气形成可燃性混合气的趋势，是点燃样品蒸汽的最低温度
Four - Ball Test	四球试验；基于同一原则下得两个试验程序： 1. 四球极压试验 2. 四球磨损试验 三个较低的球被夹在一起以支撑在其上面垂直轴中旋转的第四个球，四个球是浸在研究的润滑剂里。四球试验常用于测定在边界润滑条件下运行的润滑剂的相对抗磨性。此项测试是在特定的转速、温度和负荷下进行的。在指定的最后阶段，要测定三个球上磨斑的平均直径。四球极压试验用于评价更高负荷下的抗磨性能。在这项测试中，顶部的球以特定的转速(1700r/min ±60r/min)旋转，但是温度没有控制。以特定的间隔不断增加负荷直到旋转的球黏附和焊接到其他的球上，在每个负荷间隔的试验后，记录磨斑的平均直径，一般报告两个值——负荷磨损指数和焊接点
FSIS	食品安全监督服务局
FT	Fischer - Tropsch 煤基合成反应(Fischer、Tropsch 为人名)
FTC	联邦贸易委员会(美国)
FTIR	傅里叶变换红外光谱
FTM	联邦试验方法(美国)
FTP	联邦试验程序
FZG	齿轮及变速箱研究学会
GAO	审计总署(美国)
GATC	添加剂处理成本总额
GC	气相色谱法 在 ASTM D4950 为汽车保养润滑油脂而制定的标准分类和规格中，GC是在缓和到苛刻负荷条件下工作的乘用车、卡车和其他交通工具的轮轴的典型保养润滑脂
GDI	直喷式汽油机

GDTC	总运输处理费用
GEO	气体发动机油；用于天然气发动机的润滑油
GEPE	污染和能源专家组
GF－2	1997年8月生效的ILSAC(国际润滑剂标准批准委员会)、PCMO(乘用车发动机油)润滑油分类标准
GF－3	2000年提议的在GF－2之后的ILSAC、PCMO润滑油分类标准
GFC	法国协调组织(CEC)
GHS	全球协调系统
GI	凝胶指数(详细说明见于ASTM D 5133)
GL－4/5	齿轮装置特征
GM	美国通用汽车公司
GMO	甘油单油酸酯
GO－H	由马克卡车公司制定的齿轮润滑剂
GRAS	公认安全
GRPE	污染与能源专家工作组
GSA	综合服务管理局(美国)
GTL	天然气制合成油
GWP	全球气候变暖潜在因素
H－1	美国农业部分类，适用于偶尔与食品接触的润滑剂和制造这些润滑剂的成分。对于新的美国国家卫生基金会注册号分类，H－1代表此类润滑剂而HX－1代表H－1类润滑剂的成分
H－2	美国农业部的分类，适用于食品加工厂中不与食品接触的润滑剂和制造这些润滑剂的成分。对于新的美国国家卫生基金会注册号分类，H－2代表此类润滑剂而HX－2代表H－2类润滑剂的成分
HACCP	满足美国农业部调节需要的危害及关键控制点执行程序
HAP	有害空气污染物
HC	烃
HCB	加氢裂化装置底部
HCCI	均质混合气压燃技术
HCFC	氯氟烃
HD	重负荷
HDD	重负荷柴油机
HDDEO	重负荷柴油机润滑油
HDDO	重负荷柴油机油
HDEO	重负荷发动机润滑油

HDEOCP	重负荷发动机油分类小组
HDMO	重负荷摩托车润滑油
HEFCAD	高能、摩擦特性和耐久力；DEXRON－Ⅱ认证项目的一部分
HEUI	液压电子控制式单体泵喷射系统
HFC	氢氟碳化合物
HFE	氢氟代醚
HF－O	丹尼森公司规格，适用于重负荷抗磨液压液
HFRR	高频往复仪
HOOT	高温油氧化试验
HOPOE	高优化多元醇脂
HPV	高产量
HRMS	高分辨率质谱仪
HSPOE	高安定性多元醇脂
HTHS	在150℃和10^6s^{-1}高温、高剪切条件下测定黏度(ASTM D 4683，CEC L－36－A－90)(ASTM D 4741 或 ASTM D 5481)
HTHSRV	高温高剪切黏度
HVI	高黏度指数
Hydrodynamic lubrication	流体动力润滑；在两个运动的物体表面存在完整的润滑膜，当润滑油在两个运动部件间运动时，使润滑剂产生高压而使相对运动的部件彼此分开的一种润滑机理
HX－1	NSF(国家卫生基金会)分类，适用于H－1号润滑油中成分
HX－2	NSF(国家卫生基金会)分类，适用于H－2号润滑油中成分
IBP	初馏点
IC	内燃
IchemE	英国化学工程师协会
ICOA	国际蓖麻油协会
ICOMIA	国际船舶工业机构理事会
IDDPP	异癸二苯基磷酸酯
IDI	间接喷射(柴油机)
IEA	国际能源机构
IENICA	经济作物与应用互动网络
IFP	法国石油、天然气研究中心
IGL	润滑剂调查小组(属CEC)
ILMA	独立润滑剂制造商协会；一个润滑油公司组织
ILSAC	国际润滑剂标准化及认证委员会

I/M	车辆检查和维护计划
IMECHE	机械工程师协会
IOP	物理学会——摩擦学组
IP	石油学会(英国)
IPPP	异丙苯基苯基磷酸酯
IR	红外线(光谱学)
ISO	国际标准化组织
ISOT	印第安纳州搅拌氧化试验(被采用作为 JIS K 2514)
ISTEA	陆上综合运输效率法
IVD	进气阀门沉积物
IVT	无限变速传动
JALOS	日本润滑油协会
JAMA	日本汽车制造商协会
JARI	日本汽车研究会
JASIC	日本汽车国际标准化中心
JASO	日本汽车标准组织
JAST	日本摩擦学者协会
JATA	日本汽车运输技术协会
JCAP	日本清洁空气计划
JD	约翰迪尔；一个农场工具制造商
JIC	凯斯；农机制造商
JIS	日本工业标准
JISC	日本工业标准委员会
JPI	日本石油协会
JSAE	日本汽车工程师协会
KTH	瑞典皇家技术协会
KV	运动黏度
LB	在 ASTM D 4950 为汽车保养润滑脂而制定的标准分类和规格中，LB 是在缓和到苛刻条件下工作的乘用车、卡车和其他交通工具的底盘部分和万向节的典型保养用润滑脂
LCO	轻循环油
LCST	低临界溶解温度
LDV	轻型车
LeRC	刘易斯研究中心(NASA)
LEV	低排放车
LMOA	机车保养员协会

LNG	液化天然气
LOFI	润滑油流动改进剂
LPG	液化石油气
LPV	低产量
LRI	润滑剂评论协会；一个与 SAE 联合的组织，该组织对工业和美国军方使用的重负荷发动机润滑油和齿轮润滑剂进行认证
LSC	润滑剂标准委员会
LSD	低硫柴油
M11	测定十字头磨损的康明斯重负荷发动机试验(CH－4)
M111	梅赛德斯－奔驰汽油发动机油燃油经济性试验(CEC－L－54－T－96)
Mack T－8	马克卡车公司制定的长达 300h 的重负荷柴油机润滑油发动机试验
Mack T－9	马克卡车公司制定的重负荷柴油机润滑油发动机试验，CH－4 规格所需的更苛刻(更多烟炱)试验
Mannich	一个联系到独特的燃料和润滑剂清净剂/分散剂产品的名字
MB	梅赛德斯－奔驰
MB OM364A	一种梅赛德斯－奔驰重负荷柴油发动机油试验，测试气缸光洁度和活塞清洁度(CEC－L－52－T－97)
MB OM602A	一种梅赛德斯－奔驰重负荷柴油发动机油试验，测试凸轮擦损(CEC－L－51－T－95)
MERCON® V	福特汽车公司自动传动液规格
MIL	军用规格
MIL－L－210F	最新的重负荷柴油机润滑剂，美军用于长途运输和在非高速公路行驶的车辆
MIL－L－2105C	美军车用齿轮油规格，现已被替代
MIL－L－2105D	美军车用齿轮油规格，从 1995 年开始执行
MIL－PRF－2105E	美军齿轮规格，于 1995 年 8 月 22 日发布
MIRA	发动机工业研究协会(英国)
MITI	国际贸易及工业部(日本)
MOD	国防部
MOE	英国能源部
MOFT	最小油膜厚度
MOL	劳动部(日本)
MON	马达法辛烷值
MOT	运输部(英国)
MOU	备忘录

MRV	微型旋转黏度计——测量润滑油在不同温度下的泵送能力(ASTM D 3829 和 ASTM D 4683)
MSDS	物质安全资料表
MT-1	手动变速箱油规格，1995 年发布(API)
MTAC	多次试验评分标准
MTBE	甲基叔丁基醚
MTF	手动变速箱油
MVEG	机动车排放小组(欧洲)
MVMA	机动车制造商协会(美国乘用车)
MWF	金属加工液
NA	正常(或自然)吸气(柴油发动机)
NAAQS	国家环境空气质量标准(美国)
NACE	美国腐蚀工程师协会
NAEGA	北美谷物出口协会
NAFTA	北美自由贸易协议
NATC	净添加剂处理率
NCM	荷兰国家汽车委员会(CEC)
NCPA	美国国家棉籽产品协会
NCWM	美国国家计量大会
NDOCP	非分散型烯烃共聚物
NDTC	净输送处理率
NDVM	非分散型黏度改进剂
NEB	国家能源局(NA) 国家环保局(泰国)
NEDO	新能源产品技术综合开发机构(日本)
NEFI	新英格兰燃料学会
NEL	国家工程实验室(英国)
NESCAUM	东北各州综合空气使用管理
NESHAP	有害空气污染物排放国家标准
NFPA	国家流体力学学会
NGEO	天然气发动机油
NGFA	国家谷物及饲料协会
NI	非极性指数
NIOP	油菜籽产品国家研究所
NIST	国家标准与技术研究所(美国)

NLEV	国家低排放车辆
NLGI	国家润滑脂协会(美国)
NLP	不再作为聚合体的物质
NMHC	非甲烷烃
NMMA	国家船舶制造商协会(美国)[以前的船舶工业协会(BIA)]
NMOG	非甲烷有机气体(包括乙醇)
NMR	核磁共振
NOACK	挥发性(润滑油蒸发损耗);DIN 51851(ASTM D 5800)
NOPA	美国全国油籽加工商协会
NORA	国家润滑油回收商协会(美国)
NOX	氮氧化物
NPA	国家石油协会(美国)
NPG	新戊二醇
NPI	非极性指数
NPRA	国家石油炼制商协会(美国)
NRC	加拿大天然资源
NRCC	加拿大国家研究委员会
NREL	国家再生能源实验室(美国)
NRL	海军研究试验室
NSF	美国国家卫生基金会——一个不以营利为目的的非政府组织，相当于之前 USDA(美国农业部)的作用，NSF 为其签发并认证的润滑剂产品创建登记号
NTC-400	康明斯柴油机试验
NUTEK	瑞典国家工业和技术发展局
OCP	烯烃共聚物黏度调节剂或黏度指数改进剂
ODI	换油期
ODP	臭氧消耗潜能
ODS	臭氧消耗物质
OEM	设备原制造商(如通用、福特等)
OICA	国际汽车制造组织
OMB	美国管理与预算办公室
OMS	汽车资源办公室(美国 EPA)
ON	辛烷值
OPEC	石油输出国组织
OPEST	油品保护排放系统性能试验

ORD	辛烷需求量减少 研究及发展办公室(美国环保局)
ORI	辛烷需求量增加
ORNL	美国橡树岭国家实验室
OSHA	美国职业安全与健康局
OTA	技术评估局(美国)
OTAG	臭氧运输评估小组
OTC	臭氧运输委员会
Oxidation	氧化。油料变质的几种模式之一，过程一般包括润滑剂结构内氧的增加，随着裂变或聚合，其氧化结果对油品的性能不利
Package	各种(添加剂)化合物(配方)的应用形式
PADD	美国国防部防务区石油管理
PAG	聚烯烃基乙二醇(聚醚)
PAH	多环芳烃
PAHO	泛美卫生组织
PAJ	日本石油协会
PAO	聚 α - 烯烃；各种黏度等级的一类基础油
PAPTG	产品认同协议任务组(CMA)
PBT	持久性，生物累积性和毒性
PC	倡导的分类
PCD	轿车用柴油机
PCEO	轿车发动机油
PCMO	轿车发动机油
PCTFE	聚氯三氟乙烯
PDSC	压差扫描量热仪
PDVSA	委内瑞拉国家石油公司
PE	季戊四醇
PEA	聚醚胺
PEC	石油能源中心
PFPAE	全氟聚烷基醚
PFPE	全氟聚醚
Phenolic	酚醛；基于2，6 - 二叔丁基酚或其他烷基酚的抗氧剂
PIB	聚异丁烯
PIBSA	聚异丁烯基琥珀酰亚胺；最初的无灰分散剂
PIO	合成聚内烯烃
PM	颗粒物

$PM_{2.5}$	直径小于2.5μm 的颗粒物
PM_{10}	直径小于10μm 的颗粒物
PMA	聚甲基丙烯酸酯
PMAA	美国石油商协会
PMC	宾斯基马丁闭口——闪点试验
PNA	多环芳香烃
PNGV	新一代汽车合作伙伴计划(美国)
POFA	聚合脂肪酸
Poise	泊，绝对黏度的 CGS 单位(dyne · s/cm^2)，是在1cm/s 的剪切力作用下，沿着其他液层移动1cm 厚的液体所需的剪切压力。绝对黏度直接与流动阻力有关，而与密度无关
Pour point	倾点；广泛使用的低温流动性指标，是一般石油产品保持流动性的温度以上3℃。它是在寒冷天气下起动的重要指标，但必须考虑其相应的泵送能力，在接近倾点时，润滑油类容易形成蜂房或结晶，是润滑剂检测低温流动极限的常规方法
PPD	降凝剂；通过改变蜡结晶的结构而降低润滑油倾点的添加剂
PPE	聚苯醚
ppm	百万分比浓度
PSA TU3M	标致汽车公司测定凸轮轴磨损和擦伤的试验(CEC - L - 38 - A - 94) 标致汽车公司测定汽油机高温活塞环黏环和活塞漆膜沉积物的试验(CEC - L - 55 - T - 95)
PSA XUD 11	标致汽车公司测定柴油机油中温分散性(烟炱——包括润滑油变稠)试验(CEC - L - 56 - T - 95)
PTFE	聚四氟乙烯
PTIT	泰国石油协会
PTT	泰国石油管理局
PVA	聚甲基丙烯酸酯黏度指数改进剂或黏度改进剂
PVC	压黏系数
PVE	聚乙烯醚
QPL	合格产品清单(美军)
RBOT	旋转氧弹试验
RCRA	资源保护回收法
RFG	新配方汽油
RI	放射状异戊二烯(星型聚合物)黏度改进剂或黏度指数改进剂
RME	油菜籽甲基酯
R&O	防锈抗氧；用于循环系统、压缩机、液压系统和齿轮箱使用的润滑剂

ROCOT	旋转压缩机氧化试验
RON	研究法辛烷值
ROSE	玫瑰基金——润滑油再生以保护环境
RSI	注册系统，公司(CMA 监控机构)
Rust inhibitor	防锈剂，用来保护铁基成分(铁和钢)不被水和润滑油变质产生的有害物质锈蚀的一种润滑油添加剂。一些防锈剂和腐蚀抑制剂工作原理相似，都是在金属表面与金属反应形成惰性膜。另一些防锈剂吸收水，形成油包水的乳状液以便只有油才能接触金属表面
RVP	里德蒸气压
SA (API)	汽油机油规格，用于在缓和条件下工作的老式发动机，不需要添加剂提供保护。该级别润滑油现不用于任何发动机，除非设备制造商推荐
SAE	汽车工程师协会
SAIC	上海汽车工业(集团)总公司
SAIT	南非摩擦学学会
SARA	超级基金法修正案和重新授权法案
SB	苯乙烯 - 丁二烯黏度改进剂或黏度指数改进剂
SB (API)	汽油机油规格，用于在缓和条件下工作的老式汽油机，需要很少量的添加剂提供保护。该级别的润滑油用于20世纪30年代出厂的车辆，仅具有抗擦伤、抗氧化和抗轴承腐蚀能力。现不用于任何发动机，除非设备制造商特别推荐
SC(A[O])	汽油机油规格，用于1964~1967年出厂的乘用车、卡车和发动机制造商要求使用SC级油的汽油机。该级别润滑油可控制汽油机高低温沉积物以及磨损、锈蚀和腐蚀
SCAQM	加利福尼亚州南海岸空气质量管理
Scuffing	擦伤；由于局部焊接和摩擦表面破裂引起的磨损
SD(API)	汽油机油规格，用于1968~1970年出厂的乘用车、卡车和发动机制造商要求使用SC级油的汽油机，也可用于1971年或以后用户手册指定或推荐使用SD级润滑油的车辆。该级别润滑油控制汽油机高低温沉积物以及磨损、锈蚀和腐蚀的性能优于SC，并可用于推荐使用SC级油的车辆
SE(API)	汽油机油规格，用于1972年以后出厂的乘用车、卡车和某些1971年出厂的车辆，其发动机制造商要求使用SE级油。该级别润滑油的抗氧化性能及控制汽油机高温沉积物、锈蚀和腐蚀的性能优于SD、SC，并可用于SD、SC级油的车辆
Sequence ⅢE，F	程序ⅢE，F发动机试验，该发动机试验模拟车辆在高速路上行驶，以测定在高温下润滑油的氧化及抗磨损特性

Sequence tests	程序试验，一系列工业标准(ASTM)试验，用于测定曲轴箱润滑油的质量(如程序ⅡD，ⅢE，ⅤE，和ⅥA)
Sequence UL－38	程序UL－38发动机试验，该发动机试验除了使用无铅汽油外，其他与L－38相同，该试验用于测定轴承磨损程度和沉积物量
Sequence ⅤE，F	程序ⅤE，F发动机试验，该发动机试验模拟车辆停停开开的工况，以评价使用过程中润滑油抑制油泥、漆膜生成，以及抑制凸轮轴磨损、油滤堵塞的综合性能
Sequence ⅥA，B	程序ⅥA，B发动机试验，该发动机试验用于测定发动机润滑油的燃油经济性，评价润滑油节能性能。(VIA用于ILSAC GF－2规格油品，VIB用于ILSAC GF－3规格油品)
SF (API)	用于1980年以后出厂的乘用车、卡车和发动机制造商要求使用SF级油的汽油机。该级别润滑油的抗氧化性和抗磨损性能优于SE级油，还具有抑制汽油机高温沉积物生成，抑制锈蚀和腐蚀的性能。这一规格油品可用于推荐使用SE、SD和SC级油的车辆 该级别润滑油性能需要满足如下的汽油机试验：ⅡD汽油机试验与1978年之前用于短途旅行服务车辆的工况相关，特别注重抑制锈蚀。ⅢE汽油机试验与1988年之前在高温工况下的车辆相关，特别注重润滑油变稠和抑制阀系磨损性能。ⅤE汽油机试验与1988年之前在停停开开工况下车辆相关，特别注重润滑油抑制油泥生成以及阀系磨损。L－38汽油发动机评价润滑油在高温条件下抑制铜铅轴承腐蚀失重以及活塞漆膜沉积物形成的性能。1－H2柴油发动机试验用于评价润滑油在高温条件下抑制沉积物生成的性能
SH (API)	用于1993年以后出厂的乘用车、货车、轻型卡车和发动机制造商要求使用SH级油的汽油机。可用于推荐使用SG级油的车辆。SH级油进一步要求了以往规格中油品抑制沉积物、油品氧化，以及抑制磨损、腐蚀以及锈蚀等性能 SH级油可使用API基础油可替代性指导方针和API关于SAE黏度等级发动机试验的指导方针
SHC	合成烃
SHPD	超高性能柴油
SHPDO	超高性能柴油机油
SI	用于火花点火系统的苯乙烯－异戊二烯黏度改进剂或黏度指数改进剂——国际单位制(m、kg、s、K)
SIA	法国汽车工程师协会
SIAM	印度汽车制造商协会
SIB	硫化异丁烯；齿轮油复合剂中的一种基本极压添加剂
SIEF	物质信息交换论坛

SIGMA	美国汽油独立经销商协会
SIP	苯乙烯－异戊二烯共聚物
SIP(s)	国家执行计划
SIS	瑞典标准化委员会
SJ (API)	用于1996年以前的乘用车、越野车、货车、轻型卡车和发动机制造商要求使用SJ级油的汽油机，可用于推荐使用SH级油的车辆 SJ级油可使用API基础油可替代性指导方针和API关于SAE黏度等级发动机试验的指导方针
SMDS	壳牌中间馏分合成
SME	制造工程师学会
SMM&T	发动机制造商和贸易商协会(英国)
SMR	瑞典机械工程师学会(瑞典全国组织)(CEC)
SMRP	可靠性和维修性职业协会
SNAP	重大新替代品政策
SNCF	法国国家铁路协会
SNPRM	标准的补充通知
SNV	瑞士标准协会(瑞士全国组织)(CEC)
SOF	油溶性部分
SOT	自旋轨道摩擦计
SSI	剪切安定性指数
SSU or SUS	赛氏通用秒，一种测量黏度或流体的流动阻力的方法
STLE	摩擦学者和润滑工程师学会
STOU	超级拖拉机通用油，一个能用于拖拉机所有部件(包括液压系统、发动机、湿刹车和齿轮箱)润滑的润滑剂通用术语
SULEV	超级超低排放车辆
SUV	运动型多用途汽车
SwRI	西南研究院(美国)
T－8	马克卡车公司制定的长达300h的重负荷柴油机润滑油发动机试验
T－9	马克卡车公司制定重负荷柴油机润滑油发动机试验，CH－4规格所需要的更苛刻(更多烟炱)试验
TAD	德国添加剂技术委员会(ATC的下属机构)
TAN	酸值；润滑剂酸性的测定值
TBEP	磷酸三丁氧乙酯
TBN	碱值；润滑油酸中和性能的测定值
TBP	磷酸三丁酯
TBPP	叔丁基苯基苯基磷酸盐
TBS	锥形滚环轴承模拟器(ASTM D 4683)

TCP	磷酸三甲酚酯
t－CVT	环形 CVT
TCW－3	水冷二冲程发动机油规格
TEOST	发动机油热稳定性试验
TFB	瑞典运输调查部
TFMO	薄层微氧化试验
TFOUT	薄膜摄氧量试验
TGA	热重分析
THCT	涡轮增压器液压循环试验，DEXRON 认证程序的一部分
ThOD	理论需氧量
THOT	涡轮增压器液压自动氧化试验，DEXRON 认证程序的一部分
TiBP	磷酸三异丁酯
TISI	泰国工业标准协会
TLEV	过渡低排放汽车
TLTC	传动润滑剂技术委员会(CEC)
Timken OK load	梯姆肯 OK 负荷值；这是润滑剂极压性的测定方法。测定试样的润滑性时，用一个钢制试环在钢制试块上由试验轴带动旋转，梯姆肯 OK 负荷值是没有引起到擦伤时所加负荷的最大值
TMC	美国材料试验协会试验控制中心
TMP	三羟甲基丙烷
TO－2	凯特皮勒公司传动油规格，包括耐久性试验和摩擦特性试验。
TO－3	凯特皮勒公司传动油规格，包括 TO－2 加上氟橡胶密封件相容性试验
TO－4	凯特皮勒公司最新传动油(液)规格，包括 TO－2 加上氟橡胶密封件相容性试验
TOCP	磷酸三邻甲苯酯
TOST	汽轮机油稳定性试验
TOTM	偏苯三(甲)酸三辛酯
TOU	拖拉机通用油，由于除发动机以外拖拉机的各个部位润滑。
TPP	磷酸三苯脂
Tribology	摩擦学；关于相对运动部件表面相互作用的科学、技术以及实践性科学
TSCA	有毒物质控制法案
TÜV	德国技术监督协会
TVMD	见 TAD
TXP	磷酸三(二甲苯)酯
UCBO	非常规基础油

UCST	上限临界溶液温度
UDC	城市行驶工况(欧洲)
UEIL	欧洲独立润滑剂制造商联合会
UFIP	法国石油工业联合会
UIC	法国化工联合会
UKPIA	英国石油工业协会
ULEV	超低排放车辆
ULSD	超低硫柴油
USB	美国大豆基金会
USCAR	美国汽车研究理事会
USDA	美国农业部
USX	前美国钢铁公司；在钢铁和钢铁工业润滑剂以及相关工业方面占统治地位的制造商
UTAC	法国汽车、摩托车、自行车技术联合会
UTTO	通用拖拉机传动油，除了农场拖拉机曲柄轴箱外，用于润滑各个部位
VCI	德国化工协会
VDA	德国汽车工业协会
VDI	德国工程师协会
VDS，VDS2	沃尔沃长换油周期油品规格
VGO	减压瓦斯油
VGRA	黏度等级互换
VHVI	超高黏度指数
VI	黏度指数，测定黏度随温度变化率(VI 高，则黏度随温度变化小)(ASTM D 2270)
VII	黏度指数改进剂，加入此添加剂后可获得比普通精炼方法生产的润滑油更高的黏度指数
Viscosity	黏度，液体流动阻力的测定值。动力黏度是剪切力与剪切速率的比值，单位是泊或厘泊；运动黏度是动力黏度与密度的比值，单位是斯或厘斯
Viton®	来自杜邦公司的一种氟橡胶，目前用于凯特皮勒公司和梅赛德斯 - 奔驰传动系统
VM	黏度改进剂
VMI	互换黏度改进剂
VOC	有机挥发物
VOF	有机挥发物馏分
Volatility	挥发性；试样在测定条件下的挥发量的测定方法，通常用式样的挥发百分率表示

VTC	黏温系数
VVT	可变气门
VW 1431 TCIC	测定活塞环粘环和活塞清洁度的大众汽车公司间接喷射式柴油机油试验法(CEC－L－46－T－93)
VW DI	测定活塞环粘环和活塞清洁度的大众汽车公司直喷式柴油机油试验法(CEC－L－78－T－97)
WAFI	蜡状抗沉积流动改进剂
WASA	蜡状防沉降添加剂
WCM	蜡状结晶改进剂
WSPA	西部州石油协会
XDP	磷酸二苯基二甲苯酯
ZDDP	二烷基二硫代磷酸锌，一种广泛用于发动机油和工业润滑油中的抗磨抗氧剂，又叫做ZDTP，ZDP，或“zinc”
ZDP/ZDTP	二硫代磷酸锌
ZEV	零排放车辆
ZF	采埃弗，德国传动器制造商

28.2　一些美国联邦供应(链)缩写词

Air Force/11	美国空军航空系统中心(ASC)，俄亥俄州莱特－帕特森空军基地
Air Force/68	美国圣安东尼奥空军后勤中心(SAALC)，德克萨斯州凯特空军基地
Army/AR	陆军坦克和军备司令部，美国陆军武器研究发展与工程中心(ARDEC)，新泽西州皮卡汀尼基地
Army/AT	陆军坦克和军备司令部，美国陆军坦克和自动车辆研究发展与工程中心(TARDEC)，密歇根州温纳市
DSCR/GS	美国国防部后勤代理机构——国防供应中心(DSCR)/弗吉尼亚州里士满市
FAT	不在合格产品清单中，但需要通过第一项目试验，以备选择
Navy/AS	美国海军航空系统司令部(NAVAIR)，马里兰州帕特克胜特河海军航空基地
Navy/AS[2]	美国海军航空系统司令部(NAVAIR)，新泽西州海军莱克赫斯特基地
Navy/SH	美国海军海上系统司令部(NAVSEA)，弗吉尼亚州阿灵顿市
Navy/YD	美国海军设施工程司令部(NAVFAC)，弗吉尼亚州亚历山大市
QPL	合格产品清单

29 润滑油/添加剂的互联网资源

Leslie R. Rudnick

29.1 字母顺序列表

2V Industries Inc., www.2vindustries.com
49 North, www.49northlubricants.com
76 Lubricants Company, www.tosco.com
A.W. Chesterton Company, www.chesterton.com
A/R Packaging Corporation, www.arpackaging.com
Acculube, www.acculube.com
Accumetric LLC, www.accumetric.com
Accurate Lubricants & Metalworking Fluids, Inc. (dba Acculube), www.acculube.com
Acheson Colloids Company, www.achesonindustries.com
Acme Refining, Division of Mar-Mor Inc., www.acmerefining.com
Acme-Hardesty Company, www.acme-hardesty.com
Adco Petrol Katkilari San Ve. Tic. AS, www.adco.com.tr
Advanced Ceramics Corporation, www.advceramics.com
Advanced Lubrication Technology Inc. (ALT), www.altboron.com
Aerospace Lubricants Inc., www.aerospacelubricants.com
AFD Technologies, www.afdt.com
AG Fluoropolymers USA Inc., www.fluoropolymers.com
Airflow Systems Inc., www.airflowsystems.com
Airosol Company, Inc., www.airosol.com
Akzo Nobel, www.akzonobel.com
Alco-Metalube Company, www.alco-metalube.com
Alfa Laval Separation, www.alfalaval.com
Alfa Romeo, www.alfaromeo.com
Alithicon Lubricants, Division of Southeast Oil & Grease Company, Inc., www.alithicon.com
Allegheny Petroleum Products Company, www.oils.com
Allen Filters Inc., www.allenfilters.com
Allen Oil Company, www.allenoil.com
Allied Oil & Supply Inc., www.allied-oil.com
Allied Washoe, www.alliedwashoe.com
Amalie Oil Company, www.amalie.com
Amber Division of Nidera, Inc., www.nidera-us.com
Amcar Inc., www.amcarinc.com
Amerada Hess Corporation, www.hess.com
American Agip Company, Inc., www.americanagip.com
American Bearing Manufacturers Association, www.abma-dc.org

American Board of Industrial Hygiene, www. abih. org
American Carbon Society, www. americancarbonsociety. org
American Chemical Society (ACS), www. acs. org
American Council of Independent Laboratories (ACIL), www. acil. org
American Gear Manufacturers Association (AGMA), www. agma. org
American International Chemical, Inc., www. aicma. com
American Lubricants Inc., www. americanlubricantsbflo. com
American Lubricating Company, www. americanlubricating. com
American Machinist, www. americanmachinist. com
American National Standards Institute (ANSI), www. ansi. org
American Oil & Supply Company, www. aosco. com
American Oil Chemists Society (AOCS), www. aocs. org
American Petroleum Institute (API), www. api. org
American Refining Group Inc., www. amref. com
American Society for Horticultural Science (ASHS), www. ashs. org
American Society for Testing and Materials (ASTM), www. astm. org
American Society of Agricultural Engineering (ASAE), www. asae. org
American Society of Agronomy (ASA), www. agronomy. org
American Society of Mechanical Engineers International (ASME), www. asme. org
American Synthol Inc., www. americansynthol. com
Amoco, www. amoco. com
Amptron Corporation, www. superslipperystuff. com/organisation. htm
Amrep Inc., www. amrep. com
AMSOIL Inc., www. amsoil. com
Ana Laboratories Inc., www. analaboratories. com
Analysts Inc., www. analystinc. com
Anderol Specialty Lubricants, www. anderol. com
Andpak Inc., www. andpak. com
ANGUS Chemical Company, www. dowchemical. com
Anti Wear 1, www. dynamicdevelopment. com
API Links, www. api. org/links
Apollo America Corporation, www. apolloamerica. com
Aral International, www. aral. com
Arch Chemicals, Inc., www. archbiocides. com
ARCO, www. arco. com
Argonne National Laboratory, www. et. anl. gov
Arizona Chemical, www. arizonachemical. com
Asbury Carbons, Inc. —Dixon Lubricants, www. asbury. com
Asbury Graphite Mills Inc., www. asbury. com
Asheville Oil Company, Inc., www. ashevilleoil. com
Ashia Denka, www. adk. co. jp/en/chemical/index. html
Ashland Chemical, www. ashchem. com
Ashland Distribution Company, www. ashland. com
Asian Oil Company, www. asianoilcompany. com
Associated Petroleum Products, www. associatedpetroleum. com
Associates of Cape Cod Inc., www. acciusa. com

Atlantis International Inc. , www. atlantis-usa. com
Atlas Oil Company, www. atlasoil. com
Audi, www. audi. com
Ausimont, www. ausiusa. com
Automotive Aftermarket Industry Association (AAIA) , www. aftermarket. org
Automotive News, www. autonews. com
Automotive Oil Change Association (AOCA) , www. aoca. org
Automotive Parts and Accessories Association (APAA) , www. apaa. org
AutoWeb, www. autoweb. com
AutoWeek Online, www. autoweek. com
Avatar Corporation, www. avatarcorp. com
Badger Lubrication Technologies Inc. , www. badgerlubrication. com
Baker Petrolite, www. bakerhughes. com/bakerpetrolite/
BALLISTOL USA, www. ballistol. com
Bardahl Manufacturing Corporation, www. bardahl. com
Baron USA Inc. , www. baronusa. com
BASF Corp. , www. basf. com
Battenfeld Grease and Oil Corporation of New York, www. battenfeld-grease. com
Bayer Corp. , www. bayer. com
Behnke Lubricants Inc. /JAX, www. jax. com
Behnke Lubricants/JAX, www. jaxusa. com
Bell Additives Inc. , www. belladditives. com
Bel-Ray Company Inc. , www. belray. com
Benz Oil Inc. , www. benz. com
Berenfield Containers, www. berenfield. com
Bericap NA, www. bericap. com
Bestolife Corporation, www. bestolife. com
BF Goodrich, www. bfgoodrich. com
BG Products Inc. , www. bgprod. com
Bharat Petroleum, www. bharatpetroleum. com
Big East Lubricants Inc. , www. bigeastlubricants. com
Bijur Lubricating Corporation, www. bijur. com
Bio-Rad Laboratories, www. bio-rad. com
BioTech International Inc. , www. info@ biotechintl. com
Bismuth Institute, www. bismuth. be
Blackstone Laboratories, www. blackstone-labs. com
Blaser Swisslube, www. blaser. com
BMW (International) , www. bmw. com/bmwe
BMW (United States) , www. bmwusa. com
BMW Motorcycles, www. bmw-motorrad. com
Boehme Filatex Inc. , www. boehmefilatex. com
BP Amoco Chemicals, www. bpamocochemicals. com
BP Lubricants, www. bplubricants. com
BP, www. bppetrochemicals. com
Brenntag Northeast, Inc. , www. brenntag. com
Brenntag, www. brenntag. com

Briner Oil Company, www. brineroil. com

British Lubricants Federation Ltd. , www. blf. org. uk

British Petroleum (BP), www. bp. com

Britsch Inc. , www. britschoil. com

Brno University of Technology, Faculty of Mechanical Engineering, Elastohydrodynamic Lubrication Research Group, www. fme. vutbr. cz/en

Brugarolas SA, www. brugarolas. com/html/eng/actividades_industriales. php

Buckley Oil Company, www. buckleyoil. com

Buckman Laboratories Inc. , www. buckman. com

Buick (GM), www. buick. com

Burlington Chemical, www. burco. com

BVA Oils, www. bvaoils. com

Cabot Corporation (fumed metal oxides), www. cabot-corp. com/cabosil

Cadillac (GM), www. cadillac. com

California Air Resources Board, www. arb. ca. gov

Callahan Chemical Company, www. calchem. com

Caltex Petroleum Corporation, www. caltex. com

Calumet Lubricants Company, www. calumetlub. com

Calvary Industries Inc. , www. calvaryindustries. com

CAM2 Oil Products Company, www. cam2. com

Cambridge, chemfi nder. cambridgesoft. com

Cambridge University, Department of Materials Science and Metallurgy, Tribology, www. msm. cam. ac. uk/tribo/tribol. htm

Cambridge University, Department of Engineering, Tribology, www. mech. eng. cam. ac. uk/Tribology/

Canner Associates, Inc. , www. canner. com

Cannon Instrument Company, www. cannon-ins. com

Capital Enterprises (Power-Up Lubricants), www. nn1690. com

Car and Driver Magazine Online, www. caranddriver. com

Cargill—Industrial Oil & Lubricants, www. techoils. cargill. com

Car-Stuff, www. car-stuff. com

Cary Company, www. thecarycompany. com

Castle Products Inc. , www. castle-comply. com

Castrol Heavy Duty Lubricants, Inc. , www. castrolhdl. com

Castrol Industrial North America, Inc. , www. castrolindustrialna. com

Castrol International, www. castrol. com

Castrol North America, www. castrolusa. com

CAT Products Inc. , www. run-rite. com

Caterpillar, www. cat. com

Caterpillar, www. caterpillar. com

Center for Innovation Inc. , www. centerforinnovation. com

Center for Tribology, Inc. (CETR), www. cetr. com

Centurion Lubricants, www. centurionlubes. com

CEPSA (Spain), www. cepsa. es

Champion Brands LLC, www. championbrands. com

Chart Automotive Group Inc. , www. chartauto. com

Chattem Chemicals, Inc. , www. chattemchemicals. com

Chem Connect, www. chemconnect. com
Chem-Ecol Ltd. , www. chem-ecol. com
Chemetall Foote Corporation, www. chemetall. com
Chemical Abstracts Service, www. cas. org
Chemical Resources, www. chemcenter. org
Chemical Week Magazine, www. chemweek. com
Chemicolloid Laboratories Inc. , www. colloidmill. com
Chemlube International Inc. , www. chemlube. com
Chemsearch Lubricants, www. chemsearch. com
Chemtool Inc. /Metalcote, www. chemtool. com
Chevrolet (GM) , www. chevrolet. com
Chevron Chemical Company, www. chevron. com
Chevron Oronite, www. chevron. com
Chevron Phillips Chemical Company LP, www. cpchem. com
Chevron Phillips Chemical Company, www. chevron. com
Chevron Products Co. Lubricants & Specialties Products, www. chevron. com/lubricants
Chevron Products Company, www. chevron. com
Chevron Texaco, www. chevrontexaco. com
Chevron, www. chevron. com
Christenson Oil, www. christensonoil. com
Chrysler (Mercedes Benz) , www. chrysler. com
Ciba Specialty Chemicals Corporation, www. cibasc. com
CITGO Petroleum Corporation, www. citgo. com
Citroen (France) , www. citroen. com
Citroen (United Kingdom) , www. citroen. co. uk/fleet
Clariant Corporation, www. clariant. com
Clark Refining and Marketing, www. clarkusa. com
CLC Lubricants Company, www. clclubricants. com
Climax Molybdenum Company, www. climaxmolybdenum. com
Coastal Hydraulic Engineering Ltd, www. coastalhydraulics. com/OilsLubricants. htm
Coastal Unilube Inc. , www. coastalunilube. com
Cognis, www. cognis-us. com
Cognis, www. cognis. com
Cognis, www. na. cognis. com
College of Petroleum and Energy Studies CPS Home Page, www. colpet. ac. uk/index. html
College of Petroleum and Energy Studies, www. colpet. ac. uk
Colorado Petroleum Products Company, www. colopetro. com
Colorado School of Mines Advanced Coating and Surface Engineering Laboratory (ACSEL) , www. mines. edu/research/acsel/acsel. html
Commercial Lubricants Inc. , www. comlube. com
Commercial Ullman Lubricants Company, www. culc. com
Commonwealth Oil Corporation, www. commonwealthoil. com
Como Industrial Equipment Inc. , www. comoindustrial. com
Como Lube & Supplies Inc. , www. comolube. com
Computational Systems, Inc. , www. compsys. com/index. html
Concord Consulting Group Inc. , www. concordcg. com

Condat Corporation, www. condatcorp. com
Conklin Company, Inc. , www. conklin. com
Conoco, www. conoco. com
Containment Solutions Inc. , www. containmentsolutions. com
Coolants Plus Inc. , www. coolantsplus. com
Co-ordinating European Council (CEC) , www. cectests. org
Coordinating Research Council (CRC) , www. crcao. com
Cortec Corporation, www. cortecvci. com
Cosby Oil Company, www. cosbyoil. com
Cosmo Oil, www. cosmo-oil. co. jp
Country Energy, www. countryenergy. com
CPI Engineering Services, www. cpieng. com
CRC Industries, Inc. , www. crcindustries. com
Creanova, Inc. , www. creanovainc. com
Crescent Manufacturing, www. crescentmfg. net
Croda Inc. , www. croda. com
Crompton Corporation, www. cromptoncorp. com
Crop Science Society of America (CSSA) , www. crops. org
Cross Oil Refining and Marketing Inc. , www. crossoil. com
Crowley Chemical Company Inc. , www. crowleychemical. com
Crystal Inc-PMC, www. pmc-group. com
CSI, www. compsys. com
Cummins Engine Company, www. cummins. com
Custom Metalcraft Inc. , www. custom-metalcraft. com
Cyclo Industries LLC, www. cyclo. com
D & D Oil Company, Inc. , www. amref. com
D. A. Stuart Company, www. d-a-stuart. com
D. B. Becker Company, Inc. , www. dbbecker. com
D. W. Davies & Company, Inc. , www. dwdavies. com
D-A Lubricant Company, www. dalube. com
Daimler Chrysler, www. daimlerchrysler. com
Danish Technological Institute (DTI) Tribology Centre, www. dti. dk
Darmex Corporation, www. darmex. com
Darsey Oil Company Inc. , www. darseyoil. com
David Weber Oil Company, www. weberoil. com
Davison Oil Company, Inc. , www. davisonoil. com
Dayco Inc. , www. dayco. com
DeForest Enterprises Inc. , www. deforest. net
Delkol, www. delkol. co. il
Delphi Automotive Systems, www. delphiauto. com
Dennis Petroleum Company, Inc. , www. dennispetroleum. com
Department of Defense (DOD) , www. defenselink. mil
Des-Case Corporation, www. des-case. com
Detroit Diesel, www. detroitdiesel. com
Deutsches Institute Fur Normung e. V. (DIN) , www. din. de
Dexsil Corporation, www. dexsil. com

Dialog, www. dialog. com
Diamond Head petroleum Inc. , www. diamondheadpetroleum. com
Diesel Progress, www. dieselpub. com
Digilube Systems Inc. , www. digilube. com
Dingo Maintenance Systems, www. dingos. com
Dion & Sons Inc. , www. dionandsons. com
Diversified Petrochemical Services, www. chemhelp. com
Division of Machine Elements Home Page Niigata University, Japan, tmtribol. eng. niigata-u. ac. jp/index_e. html
Dixon Lubricants & Special Products Group, Division of Asbury Carbons, www. dixonlube. com
Dodge, www. dodge. com
Don Weese Inc. , www. schaefferoil. com
Dover Chemical, www. doverchem. com
Dow Chemical Company, www. dow. com
Dow Corning Corporation, www. dowcorning. com
Dumas Oil Company, www. esn. net/dumasoil
DuPont-Dow Elastomers, www. dupont-dow. com
DuPont Krytox Lubricants, www. lubricants. dupont. com
DuPont, www. dupont. com/intermediates
Duro Manufacturing Inc. , www. duromanufacturing. com
Dutton-Lainson Company, www. dutton-lainson. com
Dylon Industries Inc. , www. dylon. com
E. I. DuPont de Nemours and Company, www. dupont. com/intermediates
Eagle, www. eaglecars. com
Eastech Chemical Inc. , www. eastechchemical. com
Eastern Oil Company, www. easternoil. com
Easy Vac Inc. , www. easyvac. com
Ecotech Div. , Blaster Chemical Companies, www. pbblaster. com
Edjean Technical Services Inc. , www. edjetech. com
EidgenSssische Technische Hochschule (ETH) , Zurich Laboratory for Surface Science and Technology (LSST) , www. surface. mat. ethz. ch
EKO, www. eko. gr
Elco Corporation, The, www. elcocorp. com
El Paso Corporation, www. elpaso. com
Elementis Specialties-Rheox, www. elemetis-specialties. com
Elf Lubricants North America Inc. , www. keystonelubricants. com
Eljay Oil Company, Inc. , www. eljayoil. com
EMERA Fuels Company, Inc. , www. emerafuels. com
Emerson Oil Company, Inc. , www. emersonoil. com
Energy Connection, The, www. energyconnect. com
Engel Metallurgical Ltd. , www. engelmet. com
Engen Petroleum Ltd. , www. engen. co. za
Engineered Composites Inc. , www. engineeredcomposites. net
ENI, www. eni. it
Environmental and Power Technologies Ltd. , www. cleanoil. com
Environmental Lubricants Manufacturing, Inc. (ELM) , www. elmusa. com
Environmental Protection Agency (EPA) , www. epa. gov

Equilon Enterprises LLC-Lubricants, www. equilonmotivaequiva. com
Equilon Enterprises LLC-Lubricants, www. shellus. com
Equilon Enterprises LLC-Lubricants, www. texaco. com
Ergon Inc. , www. ergon. com
Esco Products Inc. , www. escopro. com
Esslingen, Technische Akademie, www. tae. de
Ethyl Corporation, www. ethyl. com
Ethyl Petroleum Additives, www. ethyl. com
ETNA Products Inc. , www. etna. com
Etna-Bechem Lubricants Ltd. , www. etna. com
European Automobile Manufacturers Association (ACEA), www. acea. be
European Oil Companies Organization of E. H. and S. (CONCAWE), www. concawe. be
European Patent Office, www. epo. co. at/epo/
EV1, www. gmev. com
Evergreen Oil, www. evergreenoil. com
Exxon, www. exxon. com
ExxonMobil Chemical Company, www. exxonmobilchemical. com
ExxonMobil Corp. , www. exxonmobil. com
ExxonMobil Industrial Lubricants, www. mobilindustrial. com
ExxonMobil Lubricants & Petroleum Specialties Company, www. exxonmobil. com
F. Bacon Industriel Inc. , www. f-bacon. com
F. L. A. G. (Fuel, Lubricant, Additives, Grease) Recruiting, www. flagsearch. com
Fachhochschule Hamburg, Germany, www. haw-hamburg. de/fh/forum/f12/indexf. html/tribologie/etribology. html
Falex Corporation, www. falex. com
Falex Tribology NV, www. falexint. com
Fanning Corporation, The, www. fanncorp. com
Far West Oil Company Inc. , www. farwestoil. com
Farmland Industries Inc. , www. farmland. com
Federal World, www. fedworld. gov
Ferrari, www. ferrari. com
Ferro/Keil Chemical, www. ferro. com
FEV Engine Technology, Inc. , www. fev. com
Fiat, www. fiat. com
Fina Oil and Chemical Company, www. totalpetrochemicalsusa. com
Findett Corporation, www. findett. com
Finish Line Technologies Inc. , www. finishlineusa. com
FINKE Mineralolwerk, www. finke-mineraloel. de
Finnish Oil and Gas Federation, www. oil. fi
Flamingo Oil Company, www. pinkbird. com
Flo Components Ltd. , www. flocomponents. com
Flowtronex International, www. flowtronex. com
Fluid Life Corporation, www. fluidlife. com
Fluid Systems Partners US Inc. , www. fsp-us. com
Fluid Technologies Inc. , www. Fluidtechnologies. com
Fluidtec International, www. fluidtec. com
Fluitec International, www. fluitec. com

FMC Blending & Transfer, www. fmcblending-transfer. com
FMC Lithium, www. fmclithium. com
FMC, www. fmc. com
Ford Motor Company, www. ford. com
Fortum (Finland) , www. fortum. com
Forward Corporation, www. forwardcorp. com
Freightliner, www. freightliner. com
Frontier Performance Lubricants Inc. , www. frontierlubricants. com
Fuchs Lubricants Company, www. fuchs. com
Fuchs, www. fuchs-oil. de
Fuel and Marine Marketing (FAMM) , www. fammllc. com
Fuels and Lubes Asia Publications, Inc. , www. flasia. inf
Fuki America Corporation, www. fukiamerica. com
Functional Products, www. functionalproducts. com
G-C Lubricants Company, www. gclube. com
G & G Oil Co. of Indiana Inc. , www. ggoil. com
G. R. O' Shea Company, www. groshea. com
G. T. Autochemilube Ltd. , www. gta-oil. co. uk
Galactic, www. galactic. com
Gamse Lithographing Company, www. gamse. com
Gard Corporation, www. gardcorp. com
Gas Tops Ltd. , www. gastops. com
Gasco Energy, www. gascoenergy. com
Gateway Additives, www. lubrizol. com
Gear Technology Magazine, www. geartechnology. com
General Motors (GM) , www. gm. com
Generation Systems Inc. , www. generationsystems. com
Geo. Pfau' s Sons Company, Inc. , www. pfauoil. com
Georgia Tech Tribology, www. me. gatech. edu
Georgia-Pacific Resins, Inc. —Actrachem Division, www. gapac. com
Georgia-Pacific Resins, Inc. —Actrachem Division, www. gp. com
Global Electric Motor Cars, LLC, www. gemcar. com
Globetech Services Inc. , www. globetech-services. com
Glover Oil Company, www. gloversales. com
GMC, www. gmc. com
Gold Eagle Company, www. goldeagle. com
Golden Bear Oil Specialties, www. goldenbearoil. com
Golden Gate Petroleum, www. ggpetrol. com
GoldenWest Lubricants, www. goldenwestlubricants. com
Goldschmidt Chemical Corporation, www. goldschmidt. com
Gordon Technical Service Company, www. gtscofpa. com
Goulston Technologies, Inc. , www. goulston. com
Graco Inc. , www. graco. com
Granitize Products Inc. , www. granitize. com
Greenland Corporation, www. greenpluslubes. com
Grignard Company LLC, www. purelube. com

Gulf Oil, www. gulfoil. com
H & W Petroleum Company, Inc. , www. hwpetro. com
H. L. Blachford Ltd. , www. blachford. ca
H. N. Funkhouser & Company, www. hnfunkhouser. com
Haas Corporation, www. haascorp. com
Hall Technologies Inc. , www. halltechinc. com
Halocarbon Products Corporation, www. halocarbon. com
Halron Oil Company, Inc. , www. halron. com
Hammonds Fuel Additives, Inc. , www. hammondscos. com
Hampel Oil Distributors, www. hampeloil. com
Hangsterfer' s Laboratories Inc. , www. hangsterfers. com
Harry Miller Corp. , www. harrymillercorp. com
Hasco Oil Company, Inc. , www. hascooil. com
Hatco Corporation, www. hatcocorporation. com
Haynes Manufacturing Company, www. haynesmfg. com
HCI/Worth Chemical Corporation, www. hollandchemical. com
Hedwin Corporation, www. hedwin. com
HEF, France, www. hef. fr
Henkel Surface Technologies, www. henkel. com
Hercules, Inc. , Aqualon Division, www. herc. com
Herguth Laboratories Inc. , www. herguth. com
Heveatex, www. heveatex. com
Hexol Lubricants, www. hexol. com
Hindustan Petroleum Corporation, Ltd. , www. hindpetro. com
Hino Motor Ltd. , www. hino. co. jp
Hi-Port Inc. , www. hiport. com
Hi-Tech Industries, Inc. , www. hi-techind. com
Holland Applied Technologies, www. hollandapt. com
Honda (Japan), www. worldhonda. com
Honda (United States), www. honda. com
Hoosier Penn Oil Company, www. hpoil. com
Hoover Materials Handling Group, Inc. , www. hooveribcs. com
Houghton International Inc. , www. houghtonintl. com
How Stuff Works, www. howstuffworks. com/engine. htm
Howes Lubricator, www. howeslube. com
Huntsman Corporation, www. huntsman. com
Huskey Specialty Lubricants, www. huskey. com
Hydraulic Repair & Design, Inc. , www. h-r-d. com
Hydrocarbon Asia, www. hcasia. safan. com
Hydrocarbon Processing Magazine, www. hydrocarbonprocessing. com
Hydrosol Inc. , www. hydrosol. com
Hydrotex Inc. , www. hydrotexlube. com
Hy-Per Lube Corporation, www. hyperlube. com
Hysitron Incorporated: Nanomechanics, www. hysitron. com
Hyundai, www. hyundai-motor. com
I. S. E. L. Inc. , www. iselinc. com

ICIS-LOR Base Oils Pricing Information, www. icislor. com
Idemitsu, www. idemitsu. co. jp
ILC/Spectro Oils of America, www. spectro-oils. com
Illinois Oil Products Inc. , www. illinoisoilproducts. com
Imperial College, London ME Tribology Section, www. me. ic. ac. uk/tribology/
Imperial Oil Company, Inc. , www. imperialoil. com
Imperial Oil Ltd. , www. imperialoil. ca
Imperial Oil Products and Chemicals Division, www. imperialoil. ca
Independent Lubricant Manufacturers Association (ILMA), www. ilma. org
Indian Institute of Science, Bangalore, India, Department of Mechanical Engineering, www. mecheng. iisc. ernet. in
Indian Oil Corporation, www. iocl. com
Indiana Bottle Company, www. indianabottle. com
Industrial Packing Inc. , www. industrialpacking. com
Infineum USA LP, www. infineum. com
Infiniti, www. infiniti. com
Ingenieria Sales SA de CV, www. isalub. com
Inolex Chemical Company, www. inolex. com
Innovene, www. innovene. com
Insight Services, www. testoil. com
Institut National des Sciences Appliquees de Lyon, France, Laboratoire de Mechanique des Contacts, www. insa-lyon. fr/Laboratoires/LMC/index. html
Institute of Materials Inc. (IOM), www. savantgroup. com
Institute of Mechanical Engineers (ImechE), www. imeche. org. uk
Institute of Petroleum (IP), www. energyinst. org. uk
Institute of Physics (IOP), Tribology Group, www. iop. org
Instruments for Surface Science, www. omicroninstruments. com/index. html
Interline Resources Corporation, www. interlineresources. com
Internal Energy Agency (IEA), www. iea. org
International Group Inc. , The (IGI), www. igiwax. com
International Lubricants Inc. , www. lubegard. com
International Organization for Standardization (ISO), www. iso. ch
International Products Corp. , www. ipcol. com
Intertek Testing Services-Caleb Brett, www. itscb. com
Invicta a. s. , www. testoil. com
Irving Oil Corporation, www. irvingoil. com
ISO Translated into Plain English, connect. ab. ca/praxiom
Israel Institute of Technology (Technion), meeng. technion. ac. il/Labs/energy. htm#tribology
Isuzu, www. isuzu. com
ITW Fluid Products Group, www. itwfpg. com
J & H Oil Company, www. jhoil. com
J & S Chemical Corporation, www. jschemical. com
J. H. Calo Company, Inc. , www. jhcalo. com
J. R. Schneider Company, Inc. , www. jrschneider. com
J. A. M. Distributing Company, www. jamdistributing. com
J. B. Chemical Company, Inc. , www. jbchemical. com

J. B. Dewar Inc. , www. jbdewar. com
J. D. Streett & Company, Inc. , www. jdstreett. com
J. N. Abbott Distributor Inc. , www. jnabbottdist. com
Jack Rich Inc. , www. jackrich. com
Jaguar, www. jaguarcars. com
Japan Association of Petroleum Technology (JAPT), www. japt. org
Japan Automobile Manufacturers Association (JAMA), www. japanauto. com
Japan Energy Corporation, www. j-energy. co. jp/english
Japan Energy, www. j-energy. co. jp
Japanese Society of Tribologists (JAST) (in Japanese), www. jast. or. jp
Jarchem Industries Inc. , www. jarchem. com
Jasper Engineering & Equipment, www. jaspereng. com
Jeep, www. jeep. com
Jenkin-Guerin Inc. , www. jenkin-guerin. com
Jet-Lube (United Kingdom) Ltd. , www. jetlube. com
John Deere, www. deere. com
Johnson Packings & Industrial Products Inc. , www. johnsonpackings. com
Journal of Tribology, engineering. dartmouth. edu/thayer/research/index. html
K. C. Engineering Ltd. , www. kceng. com
K. l. S. S. Packaging Systems, www. kisspkg. com
Kafko International Ltd. , www. kafkointl. com
Kanazawa University, Japan, Tribology Laboratory, web. kanazawa-u. ac. jp/ ~ tribo/labo5e. html
Kath Fuel Oil Service, www. kathfuel. com
Kawasaki, www. kawasaki. com
Kawasaki, www. khi. co. jp
Keck Oil Company, www. keckoil. com
Kelsan Lubricants USA LLC, www. kelsan. com
Kem-A-Trix Specialty Lubricants & Compounds, www. kematrix. com
Kendall Motor Oil, www. kendallmotoroil. com
Kennedy Group. The, www. kennedygrp. com
King Industries Specialty Chemicals, www. kingindustries. com
Kittiwake Developments Limited, www. kittiwake. com
Kleenoil Filtration Inc. , www. kleenoilfi ltrationusa. com/index. htm
Kleentek-United Air Specialists Inc. , www. uasinc. com
Kline & Company Inc. , www. klinegroup. com
Kluber Lubrication North America LP, www. kluber. com
Koehler Instrument Company, www. koehlerinstrument. com
KOST Group Inc. , www. kostusa. com
Kruss USA, www. krussusa. com
Kuwait National Petroleum Company, www. knpc. com. kw
Kyodo Yushi USA Inc. , www. kyodoyushi. co. jp
Kyushu University, Japan, Lubrication Engineering Home Page, www. mech. kyushu-u. ac. jp/index. html
Lambent Technologies, www. petroferm. com
Lamborghini, www. lamborghini. com
Laub/Hunt Packaging Systems, www. laubhunt. com
Lawler Manufacturing Corporation, www. lawler-mfg. com

Leander Lubricants, www. leanderlube. com
Leding Lubricants Inc. , www. automatic-lubrication. com
Lee Helms Inc. , www. leehelms. com
Leffert Oil Company, www. leffertoil. com
Leffler Energy Company, www. leffler. com
Legacy Manufacturing, www. legacymfg. com
Les Industries Sinto Racing Inc. , www. sintoracing. com
Lexus, www. lexususa. com
Liftomtic Inc. , www. liftomatic. com
Lilyblad Petroleum, Inc. , www. lilyblad. com
Lincoln-Mercury, www. lincolnmercury. com
Linpac Materials Handling, www. linpacmh. com
Liqua-Tek Inc. , www. hdpluslubricants. com
Liquid Controls Inc. , A Unit of IDEX Corporation, www. lcmeter. com
Liquid Horsepower, www. holeshot. com/chemicals/additives. html
LithChem International, www. lithchem. com
Loos & Dilworth Inc. —Automotive Division, www. loosanddilworth. com
Loos & Dilworth Inc. —Chemical Division, www. loosanddilworth. com
Lormar Reclamation Service, www. lormar. com
Los Alomos National Laboratory, www. lanl. gov/worldview/
Lowe Oil Company/Champion Brands LLC, www. championbrands. com
LPS Laboratories, www. lpslabs. com
LSST Tribology and Surface Forces, www. surface. mat. ethz. ch
LSST Tribology Letters, www. surface. mat. ethz. ch/people/senior-scientists/zstefan/sitepublications
LubeCon Systems Inc. , www. lubecon. com
Lubelink, www. lubelink. com
Lubemaster Corporation, www. lubemaster. com
LubeNet, www. lubenet. com
LubeRos—A Division of Burlington Chemical Company Inc. , www. luberos. com
Lubes and Greases, www. lngpublishing. com
LuBest, Division of Momar Inc. , www. momar. com
Lubricant Additives Research, www. silverseries. com
Lubricant Technologies, www. lubricanttechnologies. com
Lubricants Network Inc. , www. lubricantsnetwork. com
Lubricants USA, www. fi nalube. com
Lubricants World, www. lubricantsworld. com
Lubrication Engineers Inc. , www. le-inc. com
Lubrication Engineers of Canada, www. lubeng. com
Lubrication Systems, www. lsc. com
Lubrication Technologies Inc. , www. lube-tech. com
Lubrication Technology Inc. , www. lubricationtechnology. com
Lubrichem International Corporation, www. lubrichem. net
Lubrifi ants Distac Inc. , www. inspection. gc. ca/english/ppc/reference/n2e. shtml
Lubri-Lab Inc. , www. lubrilab. com
LUBRIPLATE Div. , Fiske Bros. Refi ning Company, www. lubriplate. com

Lubriport Labs, www. ultralabs. com/lubriport
Lubriquip Inc. , www. lubriquip. com
Lubritec, www. lubritec. com
Lubrizol Corporation, The, www. lubrizol. com
Lubromation Inc. , www. lubromation. com
Lub-Tek Petroleum Products Corporation, www. lubtek. com
Lucas Oil Products Inc. , www. lucasoil. com
LukOil (Russian Oil Company), www. lukoil. com
Lulea University of Technology, Department of Mechanical Engineering, www. luth. se/depts/mt/me/
Lyondell Lubricants, www. lyondelllubricants. com
Machines Production Web Site, www. machpro. fr
Mack Trucks, www. macktrucks. com
MagChem Inc. , www. magchem. com
Magnalube, www. magnalube. com
Maine Lubrication Service Inc. , www. mainelube. com
Manor Technology, www. manortec. co. uk
Manor Trade Development Corporation, www. amref. com
Mantek Lubricants, www. mantek. com
Marathon Ashland Petroleum LLC, www. mapllc. com
Marathon Oil Company, www. marathon. com
MARC-IV, www. marciv. com
Marcus Oil and Chemical, www. marcusoil. com
Markee International Corporation, www. markee. com
Marly, www. marly. com
Maryn International Ltd. , www. maryngroup. com
Maryn International, www. poweruplubricants. com
Master Chemical Corporation, www. masterchemical. com
Master Lubricants Company, www. lubriko. com
Maxim Industrial Metalworking Lubricants, www. maximoil. com
Maxima Racing Lubricants, www. maximausa. com
Mays Chemical Company, www. mayschem. com
Mazda, www. mazda. com
McCollister & Company, www. mccollister. com
McGean-Rohco Inc. , www. mcgean-rohco. com
McGee Industries Inc. , www. 888teammclube. com
McIntyre Group Ltd. , www. mcintyregroup. com
McLube Divisional/McGee Industries Inc. , www. 888teammclube. com
Mechanical Engineering Magazine, www. memagazine. org/index. html
Mechanical Engineering Tribology Web site, widget. ecn. purdue. edu/ < metrib/
Mega Power Inc. , www. megapowerinc. com
Mercedes-Benz (Germany), www. mercedes-benz. de
Metal Forming Lubricants Inc. , www. mflube. com
Metal Mates Inc. , www. metalmates. net
Metalcote/Chemtool Inc. , www. metalcote. com
Metalworking Lubricants Company, www. metalworkinglubricants. com
Metalworking Lubricants, www. maximoil. com

Metorex Inc., www. metorex. fi
Mettler Toledo, www. mt. com
MFA Oil Company, www. mfaoil. com
Michel Murphy Enterprises Inc., www. michelmurphy. com
Micro Photonics Inc., www. microphotonics. com
Mid-Michigan Testing Inc., www. tribologytesting. com
Mid-South Sales Inc., www. mid-southsales. com
Mid-Town Petroleum Inc., www. midtownoil. com
Migdal' s Lubricant Web Page, members. aol. com/sirmigs/lub. htm
Milacron Consumable Products Division, www. milacron. com
Milatec Corporation, www. militec. com
Mitsubishi Motors, www. mitsubishi-motors. co. jp
Mobil, www. mobil. com
MOL Hungarian Oil & Gas, www. mol. hu
Molyduval, www. molyduval. com
Molyslip Atlantic Ltd., www. molyslip. co. uk
Monlan Group, www. monlangroup. com
Monroe Fluid Technology Inc., www. monroefluid. com
Moore Oil Company, www. mooreoil. com
Moraine Packaging Inc., www. hdpluslubricants. com
Moroil Technologies, www. moroil. com
Motiva Enterprises LLC, www. motivaenterprises. com
Motorol Lubricants, www. motorolgroup. com
Motul USA Inc., www. motul. com
Mozel Inc., www. mozel. com
Mr. Good Chem, Inc., www. mrgoodchem. com
Murphy Oil Corporation, www. murphyoilcorp. com
Muse, Stancil & Company, www. musestancil. com
Nalco Chemical Company, www. nalco. com
NanoTribometer System, www. ume. maine. edu/LASST
Naptec Corporation, www. satec. com
NASA Lewis Research Center (LeRC) Tribology & Surface Science Branch, www. lerc. nasa. gov/Other_Groups/SurfSci
National Centre of Tribology, United Kingdom, www. acat/net
National Fluid Power Association (NFPA), www. nfpa. com
National Institute for Occupational Safety and Health, www. cdc. gov/homepage. html
National Institute of Standards and Technology, webbook. nist. gov/chemistry
National Lubricating Grease Institute (NLGI), www. nlgi. org
National Metal Finishing Resource Center, www. nmfrc. org
National Oil Recyclers Association (NORA), www. recycle. net/Associations/rs000141. html
National Petrochemical & Refi ners Association (NPRA), www. npradc. org
National Petroleum News, www. npnweb. com
National Petroleum Refi ners Association (NPRA), www. npra. org
National Resource for Global Standards, www. nssn. org
National Tribology Services, www. natrib. com
Naval Research Lab Tribology Section—NRL Code 6176, stm2. nrl. navy. mil/ ~ wahl/6176. htm

NCH, www. nch. com
Neale Consulting Engineers Limited, www. tribology. co. uk
Neo Synthetic Oil Company Inc. , www. neosyntheticoil. com
Newcomb Oil Company, www. newcomboil. com
Niagara Lubricant Company, Inc. , www. niagaralubricant. com
Nissan (Japan), www. nissan. co. jp
Nissan (United States), www. nissandriven. com
Nissan (United States), www. nissanmotors. com
NOCO Energy Corporation, www. noco. com
Noco Lubricants, www. noco. com
Nordstrom Valves Inc. , www. nordstromaudco. com
Noria—OilAnalysis. Com, www. oilanalysis. com
Northern Technologies International Corporation, www. ntic. com
Northwestern University, Tribology Lab, cset. mech. northwestern. edu/member. htm
Nyco SA, www. nyco. fr
Nye Lubricants, www. nyelubricants. com
Nynas Naphthenics, www. nynas. com
O' Rourke Petroleum, www. orpp. com
Oak Ridge National Laboratory (ORNL) Tribology Test Systems, www. html. ornl. gov/mituc/tribol. htm
Oakite Products, Inc. , www. oakite. com
OATS (Oil Advisory Technical Services), www. oats. co. uk
Occidental Chemical Corporation, www. oxychem. com
Occupational Safety and Health Administration (OSHA), www. osha. gov
Ocean State Oil Inc. , www. oceanstateoil. com
Oden Corporation, www. odencorp. com
Oil Analysis (Noria), www. oilanalysis. com
Oil Center Research Inc. , www. oilcenter. com
Oil Depot, www. oildepot. com
Oil Directory. com, www. oildirectory. com
Oil Distributing Company, www. oildistributing. com
Oil Online, www. oilonline. com
Oil-Chem Research Corporation, www. avblend. com
Oilkey Corporation, www. oilkey. com
Oil-Link Oil & Gas Online, www. oilandgasonline. com
Oilpure Technologies Inc. , www. oilpure. com
Oilspot. com, www. oilspot. com
OKS Speciality Lubricants, www. oks-india. com
OMGI, www. omgi. com
OMICRON Vakuumphysik GmbH, www. omicroninstruments. com/index. html
Omni Specialty Packaging, www. nuvo. cc
OMS Laboratories, Inc. , members. aol. com/labOMS/index. html
Opel, www. opel. com
Orelube Corporation, www. orelube. com
Oronite, www. oronite. com
O' Rourke Petroleum Products, www. orpp. com
Ottsen Oil Company, Inc. , www. ottsen. com

Owens-Illinois Inc. , www. o-i. com
Oxford Instruments Inc. , www. oxinst. com
Paper Systems Inc. , www. paper-systems. com
Paramount Products, www. paramountproducts. com
PARC Technical Services Inc. , www. parctech. com
Parent Petroleum, www. parentpetroleum. com
PATCO Additives Division—American Ingredients Company, www. patco-additives. com
Pathfi nder Lubricants, www. pathfi nderlubricants. ca
Patterson Industries Ltd. (Canada) , www. pattersonindustries. com
PBM Services Company, www. pbmsc. com
PdMA Corporation, www. pdma. com
PDVSA (Venezuela) , www. pdvsa. com
PED Inc. , www. ped. vianet. ca
PEMEX (Mexico) , www. pemex. com
Pennine Lubricants, www. penninelubricants. co. uk
Pennwell Publications, www. pennwell. com
Pennzoil, www. pennzoil. com
Pennzoil-Quaker State Company, www. pennzoilquakerstate. com
PENRECO, www. penreco. com
Penta Manufacturing Company/Division of Penta International Corporation, www. pentamfg. com
Performance Lubricants & Race Fuels Inc. , www. performanceracefuels. com
Perkin Elmer Automotive Research, www. perkinelmer. com/ar
Perkins Products Inc. , www. perkinsproducts. com
Pertamina (Indonesia) , www. pertamina. com
Petro Star Lubricants, www. petrostar. com
PetroBlend Corporation, www. petroblend. com
Petrobras (Brazil) , www. petrobras. com. br
Petro-Canada Lubricants, www. htlubricants. com
Petrofi nd. com, www. petrofi nd. com
Petrogal (Portugal) , www. petrogal. pt
Petrolab Corporation, www. petrolab. com
Petrolabs Inc. , pages. prodigy. net/petrolabsinc
Petroleum Analyzer Company LP (PAC) , www. petroleum-analyzer. com
Petroleum Authority, Thailand, www. nectec. or. th
Petroleum Authority of Thailand, www. nectec. or. th/users/htk/SciAm/12PTT. html
Petroleum Marketers Association of America (PMAA) , www. pmaa. org
Petroleum Packers Inc. , www. pepac. com
Petroleum Products Research, www. swri. org/4org/d08/petprod/
PetroleumWorld. com, www. petroleumworld. com
Petro-Lubricants Testing Laboratories, Inc. , www. pltlab. com
PetroMin Magazine, www. petromin. safan. com
PetroMoly, Inc. , www. petromoly. com
Petron Corporation, www. petroncorp. com
Petroperu (Peru) , www. petroperu. com
Petrotest, www. petrotest. net
Peugeot, www. peugeot. com

Pfaus Sons Company Inc. , www. pfauoil. com
Pflaumer Brothers Inc. , www. pflaumer. com
Philips Industrial Electronics Deutschland, www. philips-tkb. com
Phillips Petroleum Company/Phillips 66, www. phillips66. com/phi1 1ips66. asp
Phoenix Petroleum Company, www. phoenixpetroleum. com
Pico Chemical Corporation, www. picochemical. com
Pilot Chemical Company, www. pilotchemical. com
Pinnacle Oil Inc. , www. pinnoil. com
Pipeguard of Texas, www. pipeguard-texas. com
Pitt Penn Oil Company, www. pittpenn. com
Plastic Bottle Corporation, www. plasticbottle. com
Plastican Inc. , www. plastican. com
Plews/Edelmann Division, Stant Corporation, www. stant. com
PLI LLC, www. memolub. com
Plint and Partners: Tribology Division, www. plint. co. uk/trib. htm
Plymouth, www. plymouthcars. com
PMC Specialties Inc. , www. pmcsg. com
PolimeriEuropa, www. polimerieuropa. com
PoIySi Technologies Inc. , www. polysi. com
Polaris Laboratories, LLC, www. polarislabs. com
Polar Company, www. polarcompanies. com
Polartech Ltd. , www. polartech. co. uk
Pontiac (GM) , www. pontiac. com
Power Chemical, www. warcopro. com
Practicing Oil Analysis Magazine, www. practicingoilanalysis. com
Precision Fluids Inc. , www. precisionfluids. com
Precision Industries, www. precisionind. com
Precision Lubricants, www. precisionlubricants. com
PREDICT/DLI—Innovative Predictive Maintenance, www. predict-dli. com
Predictive Maintenance Corporation, www. pmaint. com
Predictive Maintenance Services, www. theoillab. com
Premo Lubricant Technologies, www. premolube. com
Prime Materials, www. primematerials. com
Primrose Oil Company, Inc. , www. primrose. com
Probex Corporation, www. probex. com
Products Development Manufacturing Company, www. veloil. com
ProLab TechnoLub Inc. , www. prolab-technologies. com
ProLab-Bio Inc. , www. prolab-lub. com
Prolong Super Lubricants, www. prolong. com
ProTec International Inc. , www. proteclubricants. com
Pulsair Systems Inc. , www. pulsair. com
Purac America, Inc. , www. purac. com
Purdue University Materials Processing and Tribology Research Group, www. ecn. purdue. edu/ <farrist/lab. html
Pure Power Lubricants, www. gopurepower. com
QMI, www. qminet. com
Quaker Chemical Corporation, www. quakerchem. com

Quaker State, www. qlube. com
R. A. Miller & Company, Inc. , www. ramiller. on. ca
R. T. Vanderbilt Company, Inc. , www. rtvanderbilt. com
R. E. Carroll Inc. , www. recarroll. com
R. E. A. L. Services, www. realservices. com
R. H. Foster Energy LLC, www. rhfoster. com
Radian Inc. , www. radianinc. com
Radio Oil Company, Inc. , www. radiooil. com
Ramos Oil Company, Inc. , www. ramosoil. com
Rams-Head Company, www. doall. com
Ransome CAT, www. ransome. com
Ravenfi eld Designs Ltd. , www. ravenfi eld. com
Reade Advanced Materials, www. reade. com
Red Giant Oil Company, www. redgiantoil. com
Red Line Oil, www. redlineoil. com
Reed Oil Company, www. reedoil. com
Reelcraft Industries Inc. , www. realcraft. com
Reit Lubricants Company, www. reitlube. com
Reitway Enterprises Inc. , www. reitway. com
Reliability Magazine, www. pmaint. com/tribo/docs/oil_anal/tribo_www. html
Renewable Lubricants, Inc. , www. renewablelube. com
Renite Company, www. renite. com
Renite Company—Lubrication Engineers, www. renite. com
Renkert Oil, www. renkertoil. com
Rensberger Oil Company, Inc. , www. rensbergeroil. com
Rexam Closures, www. closures. com
Rhein Chemie Corporation, www. bayer. com
Rhein Chemie Rheinau GmbH, www. rheinchemie. com
Rheotek (PSL SeaMark) , www. rheotek. com
Rheox Inc. , www. rheox. com
Rhodia, www. rhodia. com
Rhone-Poulenc Surfactants & Specialties, www. rpsurfactants. com
Ribelin, www. ribelin. com
RiceChem, A Division of Stilling Enterprises Inc. , www. ricechem. com
RichardsApex Inc. , www. richardsapex. com
Riley Oil Company, www. rileyoil. com
RO-59 Inc. , members. aol. com/ro59inc
Rock Valley Oil & Chemical Company, www. rockvalleyoil. com
Rocol Ltd. , www. rocol. com
Rohm & Haas Company, www. rohmhaas. com
RohMax Additives GmbH, www. rohmax. com
Ross Chem Inc. , www. rosschem. com
Rowleys Wholesale, www. rowleys. com
Royal Institute of Technology (KTH) , Sweden Machine Elements Home Page, www. damek. kth. se/mme
Royal Lubricants Inc. , www. royallube. com
Royal Manufacturing Company, Inc. , www. royalube. com

Royal Purple, Inc. , www. royalpurple. com
Russell-Stanley Corportion, www. russell-stanley. com
RWE-DEA (Germany), www. rwe-dea. de
RyDol Products, www. rydol. com
Saab, www. saab. com
Saab Cars USA, www. saabusa. com
Safety Information Resources on the Internet, www. siri. org/links1. html
Safety-Kleen Corporation, www. safety-kleen. com
Safety-Kleen Oil Recovery, www. ac-rerefi ned. com
Saitama University, Japan Home Page of Machine Element Laboratory, www. mech. saitama-u. ac. jp/youso/home. html
San Joaquin Refi ning Company, www. sjr. com
Sandia National Laboratories Tribology, www. sandia. gov/materials/sciences/
Sandstrom Products Company, www. sandstromproducts. com
Sandy Brae Laboratories Inc. , www. sandy/brae. com
Santie Oil Company, www. santiemidwest. com
Santotrac Traction Lubricants, www. santotrac. com
Santovac Fluids Inc. , www. santovac. com
Sasol (South Africa), www. sasol. com
SATEC Inc. , www. satec. com
Saturn (GM), www. saturncars. com
Savant Group of Companies, www. savantgroup. com
Savant Inc. , www. savantgroup. com
Saxton Industries Inc. , www. schaefferoil. com
Scania, www. scania. se
Schaeffer Manufacturing, www. schaefferoil. com
Schaeffer Oil and Grease, www. schaefferoil. com
Schaeffer Specialized Lubricants, www. schaefferoil. com
Scully Signal Company, www. scully. com
Sea-Land Chemical Company, www. sealandchem. com
Selco Synthetic Lubricants, www. synthetic-lubes. com
Senior Flexonics, www. flexonics-hose. com
Sentry Solutions Ltd. , www. sentrysolutions. com
Sexton & Peake Inc. , www. sexton. qpg. com
SFR Corporation, www. sfrcorp. com
SGS Control Services Inc. , www. sgsgroup. com
Shamrock Technologies, Inc. , www. shamrocktechnologies. com
Share Corp. , www. sharecorp. com
Shell, www. shellus. com
Shell (United States), www. shellus. com
Shell Chemicals, www. shellchemical. com
Shell Global Solutions, www. shellglobalsolutions. com
Shell International, www. shell. com/royal-en
Shell Lubricants (United States), www. shell-lubricants. com
Shell Oil Products US, www. shelloilproductsus. com
Shepherd Chemical Company, www. shepchem. com

Shrieve Chemical Company, www. shrieve. com
Silvas Oil Company, Inc. , www. silvasoil. com
Silverson Machines Inc. , www. silverson. com
Simons Petroleum Inc. , www. simonspetroleum. com
Sinclair Oil Corporation, www. sinclairoil. com
Sinopec (China Petrochemical Corporation) , www. sinopec. com. cn
SK Corporation (Houston Offi ce) , www. skcorp. com
SKF Quality Technology Centre, www. qtc. skf. com
Sleeveco Inc. , www. sleeveco. com
Slick 50 Corporation, www. slick50. com
Snyder Industries, www. snydernet. com
Sobit International, Inc. , www. sobitinc. com
Society of Automotive Engineers (SAE) , www. sae. org
Society of Environmental Toxicology and Chemistry (SETAC) , www. setac. org
Society of Manufacturing Engineers (SME) , www. sme. org
Society of Tribologists and Lubrication Engineers (STLE) , www. stle. org
Soltex, www. soltexinc. com
Sourdough Fuel, www. petrostar. com
Southern Illinois University, Carbondale Center for Advanced Friction Studies, www. frictioncenter. com
Southwest Grease Products, www. stant. com/brochure. cfm?brochure = 155&location_id = 119
Southwest Research Institute (SwRI) Engine Technology Section, www. swri. org/default. htm
Southwest Research Institute, www. swri. org
Southwest Spectro-Chem Labs, www. swsclabs. com
Southwestern Graphite, www. asbury. com
Southwestern Petroleum Corporation (SWEPCO) , www. swepco. com
Southwestern Petroleum Corporation, www. swepcousa. com
SP Morell & Company, www. spmorell. com
Spacekraft Packaging, www. spacekraft. com
Spartan Chemical Company Inc. Industrial Products Group Division, www. spartanchemical. com
Spartan Oil Company, www. spartanonline. com
Specialty Silicone Products Inc. , www. sspinc. com
Spectro Oils of America, www. goldenspectro. com
Spectro Oils of America, www. spectro-oils. com
SpectroInc. Industrial Tribology Systems, www. spectroinc. com
Spectronics Corporation, www. spectroline. com
Spectrum Corp. , www. spectrumcorporation. com
Spencer Oil Company, www. spenceroil. com
Spex CertiPrep Inc. , www. spexcsp. com
SQM North America Corporation, www. sqmna. com
St. Lawrence Chemicals, www. stlawrencechem. com
Star Brite, www. starbrite. com
State University of New York, Binghamton Mechanical Engineering Laboratory, www. me. binghamton. edu
Statoil (Norway) , www. statoil. com
Steel Shipping Containers Institute, www. steelcontainers. com
Steelco Industrial Lubricants, Inc. , www. steelcolubricants. com
Steelco Northwest Distributors, www. steelcolubricants. com

STP Products Inc. , www. stp. com

Stratco Inc. , www. stratco. com

Suburban Oil Company, Inc. , www. suburbanoil. com

Summit Industrial Products Inc. , www. klsummit. com

Summit Technical Solutions, www. lubemanagement. com

Sunnyside Corporation, www. sunnysidecorp. com

Sunoco Inc. , www. sunocoinc. com

Sunohio, Division of ENSR, www. sunohio. com

Superior Graphite Company, www. superiorgraphite. com

Superior Lubricants Company, Inc. , www. superiorlubricants. com

Superior Lubrication Products, www. s-l-p. com

Surtec International Inc. , www. surtecinternational. com

Swiss Federal Laboratories for Materials Testing and Research (EMPA) Centre for Surface Technology and Tribology, www. empa. ch

Synco Chemical Corporation, www. super-lube. com

SynLube Inc. , www. synlube. com

Synthetic Lubricants Inc. , www. synlube-mi. com

Syntroleum Corporation, www. syntroleum. com

T. S. MoIy-Lubricants Inc. , www. tsmoly. com

T. W. Brown Oil Company, Inc. , www. brownoil. com/soypower. html

Taber Industries, www. taberindustries. com

TAI Lubricants, www. lubekits. com

Tannas Company, www. savantgroup. com

Tannis Company, www. savantgroup. com/tannas. sht

Technical Chemical Company (TCC), www. technicalchemical. com

Technical University of Delft, Netherlands Laboratory for Tribology, www. tudelft. nl

Technical University, Munich, Germany, www. fzg. mw. tu-muenchen. de

Tek-5 Inc. , www. tek-5. com

Terrresolve Technologies, www. terresolve. com

Texaco Inc. , www. texaco. com

Texas Refi nery Corporation, www. texasrefi nery. com

Texas Tech University, Tribology, www. ttu. edu

Textile Chemical Company, Inc. , www. textilechem. com

The Maintenance Council, www. trucking. org

Thermal-Lube Inc. , www. thermal-lube. com

Thermo Elemental, www. thermoelemental. com

Thomas Petroleum, www. thomaspetro. com

Thornley Company, www. thornleycompany. com

Thoughtventions Unlimited Home Page, www. tvu. com/%7Ethought/

Tiodize Company, Inc. , www. tiodize. com

Titan Laboratories, www. titanlab. com

TMC, www. truckline. com

Tokyo Institute of Technology, Japan Nakahara Lab. Home Page, www. mep. titech. ac. jp/data/labs_staffE. html

Tomah Products, Inc. , www. tomah3. com

Tom-Pac Inc. , www. tom-pac. com

Top Oil Products Company Ltd. , www. topoil. com

Torco International Corporation, www. torcoracingoils. com
Tosco, www. tosco. com
Total, www. total. com
Total, www. totalfi naelf. com/ho/fr/index. htm
Totalfi na Oleo Chemicals, www. totalfi na. com
Tower Oil & Technology Company, www. toweroil. com
Toyo Grease Manufacturing (M) SND BHD, www. toyointernational. com
Toyota (Japan), www. toyota. co. jp
Toyota (United States), www. toyota. com
TransMontaigne, www. transmontaigne. com
Transmountain Oil Company, www. transmountainoil. com
Tribologist. com, www. wearcheck. com/sites. html
Tribology Group, www. msm. cam. ac. uk/tribo/tribol. htm
Tribology International, www. elsevier. nl/inca/publications/store/3/0/4/7/4/
Tribology Letters, www. kluweronline. com/issn/1023-8883
Tribology Research Review 1992-1994, www. me. ic. ac. uk/department/review94/trib/tribreview. html
Tribology Research Review 1995-1997, www. me. ic. ac. uk/department/review97/trib/tribreview. html
Tribology/Tech-Lube, www. tribology. com
Tribos Technologies, www. tribostech. com
Trico Manufacturing Corporation, www. tricomfg. com
Trilla Steel Drum Corporation, www. trilla. com
Troy Corporation, www. troycorp. com
Tsinghua University, China, State Key Laboratory of Tribology, www. pim. tsinghua. edu. cn
TTi' s Home Page, www. tti-us. com
Turmo Lubrication Inc., www. lubecon. com
TXS Lubricants Inc., www. txsinc. com
U. S. Data Exchange, www. usde. com
U. S. Department of Energy (DOE), www. energy. gov
U. S. Department of Transportation (DOT), www. dot. gov
U. S. Energy Information Administration, www. eia. doe. gov
U. S. Oil Company, Inc., www. usoil. com
U. S. Patent Offi ce, www. uspto. gov
UEC Fuels and Lubrication Laboratories, www. uec-usx. com
Ultimate Lubes, www. ultimatelubes. com
Ultra Additives, Inc., www. ultraadditives. com
Ultrachem Inc., www. ultracheminc. com
Unilube Systems Ltd., www. unilube. com
Unimark Oil Company, www. gardcorp. com
Union Carbide Corporation, www. unioncarbide. com
Uniqema, www. uniqema. com
Uniroyal Chemical Company Inc., www. uniroyalchemical. com
UniSource Energy Inc., www. unisource-energy. com
Unist, Inc., www. unist. com
Unit Pack Company, Inc., www. unitpack. com
United Color Manufacturing Inc., www. unitedcolor. com
United Lubricants, www. unitedlubricants. com

United Oil Company, Inc. , www. duralene. com

United Soybean Board, www. unitedsoybean. org

Universal Lubricants Inc. , www. universallubes. com

University of Applied Sciences, Hamburg, Germany, www. haw-hamburg. de

University of California, Berkeley Bogey' s Tribology Group, cml. berkeley. edu/tribo. html

University of California, San Diego Center for Magnetic Recording Research, orpheus. ucsd. edu/cmrr/

University of Illinois, Urbana-Champaign Tribology Laboratory, www. mie. uiuc. edu

University of Kaiserslautern, Germany Sektion Tribologie, www. uni-kl. de/en/

University of Leeds, M. Sc. (Eng.) Course in Surface Engineering and Tribology, leva. leeds. ac. uk/tribology/msc/tribmsc. html

University of Leeds, United Kingdom, Research in Tribology, leva. leeds. ac. uk/tribology/research. html

University of Ljubljana, Faculty of Mechanical Engineering, Center for Tribology and Technical Diagnostics, www. ctd. uni-lj. si/eng/ctdeng. htm

University of Maine Laboratory for Surface Science and Technology (LASST) , www. ume. maine. edu/LASST/

University of Newcastle upon Tyne, United Kingdom, Ceramics Tribology Research Group, www. ncl. ac. uk/materials/materials/resgrps/certrib. html

University of Northern Iowa, www. uni. edu/abil

University of Notre Dame Tribology/Manufacturing Laboratory, www. nd. edu/ < ame

University of Pittsburg, School of Engineering, Mechanical Engineering Department, www. engrng. pitt. edu

University of Sheffi eld, United Kingdom, Tribology Research Group, www. shef. ac. uk/mecheng/tribology/

University of Southern Florida, Tribology, www. eng. usf. edu

University of Texas at Austin, Petroleum & Geosystems Engineering, Reading Room, www. pe. utexas. edu/Dept/Reading/petroleum. html

University of Tokyo, Japan, Mechanical Engineering Department, www. mech. t. u-tokyo. ac. jp/english/index. html

University of Twente, Netherlands Tribology Group, www. wb. utwente. nl/en/index. html

University of Western Australia Department of Mechanical and Material Engineering, www. mech. uwa. edu. au/tribology/

University of Western Ontario, Canada Tribology Research Centre, www. engga. uwo. ca/research/tribology/Default. htm

University of Windsor, Canada, Tribology Research Group, venus. uwindsor. ca/research/wtrg/index. html

Unocal Corporation, www. unocal. com

Uppsala University, Sweden Tribology Group, www. angstrom. uu. se/materials/index. htm

U. S. Department of Agriculture (USDA) , www. usda. gov

U. S. Department of Energy (DOE) , www. energy. gov

U. S. Department of Defense (DOD) , www. dod. gov

USX Engineers & Consultants, www. uec. com/labs/ctns

USX Engineers and Consultants: Laboratory Services, www. uec. com/labs/

Vacudyne Inc. , www. vacudyne. com

Valero Marketing & Supply, www. valero. com

Valvoline Canada, www. valvoline. com

Valvoline, www. valvoline. com

Van Horn, Metz & Company, Inc. , www. vanhornmetz. com

Vauxhall, www. vauxhall. co. uk

Vesco Oil Corporation, www. vesco-oil. com

Victoria Group Inc. , The, www. victoriagroup. com
Viking Pump Inc. , A Unit of IDEX Corporation, www. vikingpump. com
Vikjay Industries Inc. , www. vikjay. com
Virtual Oil Inc. , www. virtualoilinc. com
Viswa Lab Corporation, www. viswalab. com
Vogel Lubrication System of America, www. vogel-lube. com
Volkswagen (Germany) , www. vw-online. de
Volkswagen (United States) , www. vw. com
Volvo (Sweden) , www. volvo. se
Volvo Cars of North America, www. volvocars. com
Volvo Group, www. volvo. com
Vortex International LLC, www. vortexfi lter. com
VP Racing Fuels Inc. , www. vpracingfuels. com
Vulcan Oil & Chemical Products Inc. , www. vulcanoil. com
Vulsay Industries Ltd. , www. vulsay. com
Wallace, www. wallace. com
Wallover Oil Company, www. walloveroil. com
Walthall Oil Company, www. walthall-oil. com
Warren Distribution, www. wd-wpp. com
Waugh Controls Corporation, www. waughcontrols. com
WD-40 Company, www. wd40. com
Web-Valu Intl. , www. webvalu. com
Wedeven Associates, Inc. , members. aol. com/wedeven/
West Central Soy, www. soypower. net
West Penn Oil Company, Inc. , www. westpenn. com
Western Michigan University Tribology Laboratory, www. mae. wmich. edu/labs/Tribology/Tribology. html
Western Michigan University, Department of Mechanical and Aeronautical Engineering, www. mae. wmich. edu
Western States Oil, www. lubeoil. com
Western States Petroleum Association, www. wspa. org
Whitaker Oil Company, Inc. , www. whitakeroil. com
Whitmore Manufacturing Company, www. whitmores. com
Wilks Enterprise Inc. , www. wilksir. com
Winfi eld Brooks Company, Inc. , www. tapfree. com
Winzer Corp. , www. winzerusa. com
Witco (Crompton Corporation) , www. witco. com
Wolf Lake Terminals Inc. , www. wolflakeinc. com
Worcester Polytechnic Institute, Department of Mechanical Engineering, www. me. wpi. edu/Research/labs. html
Worldwide PetroMoly, Inc. , www. petromoly. com
WSI Chemical Inc. , www. wsi-chem-sys. com
WWW Tribology Information Service, www. shef. ac. uk/ < mpe/tribology/
WWW Virtual Library: Mechanical Engineering, www. vlme. com/
Wynn Oil Company, www. wynnsusa. com
X-1R Corporation, The, www. x1r. com
Yahoo Lubricants, dir. yahoo. com/business_and_economy/shopping_and_services/automotive/supplies/lubricants/
Yahoo Tribology, ca. yahoo. com/Science/Engineering/Mechanical_Engineering/Tribology/
Yocum Oil Company, Inc. , www. yocumoil. com

YPF (Argentina) , www. ypf. com. ar
Yuma Industries Inc. , www. yumaind. com
Zimmark Inc. , www. zimmark. com
Zinc Corporation of America, www. zinccorp. com

29. 2　网络列表分类

29. 2. 1　润滑剂

2V Industries Inc. , www. 2vindustries. com
49 North, www. 49northlubricants. com
76 Lubricants Company, www. tosco. com
A/R Packaging Corporation, www. arpackaging. com
Acculube, www. acculube. com
Accurate Lubricants & Metalworking Fluids Inc. (dba Acculube) , www. acculube. com
Acheson Colloids Company, www. achesonindustries. com
Acme Refi ning, Division of Mar-Mor Inc. , www. acmerefi ning. com
Acme-Hardesty Company, www. acme-hardesty. com
Advanced Ceramics Corporation, www. advceramics. com
Advanced Lubrication Specialties Inc. , www. advancedlubes. com
Aerospace Lubricants Inc. , www. aerospacelubricants. com
African Lubricants Industry, www. mbendi. co. za/aflu. htm
AG Fluiropolymers USA Inc. , www. fluoropolymers. com
Airosol Company Inc. , www. airosol. com
Akzo Nobel, www. akzonobel. com
Alco-Metalube Company, www. alco-metalube. com
Alithicon Lubricants, Division of Southeast Oil & Grease Company, Inc. , www. alithicon. com
Allegheny Petroleum Products Company, www. oils. com
Allen Oil Company, www. allenoil. com
Allied Oil & Supply Inc. , www. allied-oil. com
Allied Washoe, www. alliedwashoe. com
Alpha Grease & Oil Inc. , www. alphagrease. thomasregister. com/olc/alphagrease/
ALT Inc. , www. altboron. com
Amalie Oil Company, www. amalie. com
Amber Division of Nidera, Inc. , www. nidera-us. com
Amcar Inc. , www. amcarinc. com
Amerada Hess Corporation, www. hess. com
American Agip Company, Inc. , www. americanagip. com
American Eagle Technologies Inc. , www. frictionrelief. com
American Lubricants Inc. , www. americanlubricantsbflo. com
American Lubricating Company, www. alcooil. com
American Oil & Supply Company, www. aosco. com
American Petroleum Products, www. americanpetroleum. com
American Refi ning Group Inc. , www. amref. com
American Synthol Inc. , www. americansynthol. com

Amptron Corporation, www. superslipperystuff. com/organisation. htm
Amrep Inc. , www. amrep. com
AMSOIL Inc. , www. amsoil. com
Anderol Specialty Lubricants, www. anderol. com
Anti Wear 1, www. dynamicdevelopment. com
Apollo America Corporation, www. apolloamerica. com
Aral International, www. aral. com
Arch Chemicals, Inc. , www. archbiocides. com
ARCO, www. arco. com
Arizona Chemical, www. arizonachemical. com
Asbury Carbons, Inc. —Dixon Lubricants, www. asbury. com
Asbury Graphite Mills Inc. , www. asbury. com
Asheville Oil Company Inc. , www. ashevilleoil. com
Ashland Chemical, www. ashchem. com
Ashland Distribution Company, www. ashland. com
Aspen Chemical Company, www. aspenchemical. com
Associated Petroleum products, www. associatedpetroleum. com
Atlantis International Inc. , www. atlantis-usa. com
Atlas Oil Company, www. atlasoil. com
ATOFINA Canada Inc. , www. atofi nacanada. com
Ausimont, www. ausiusa. com
Avatar Corporation, www. avatarcorp. com
Badger Lubrication Technologies Inc. , www. badgerlubrication. com
BALLISTOL USA, www. ballistol. com
Battenfeld Grease and Oil Corporation of New York, www. battenfeld-grease. com
Behnke Lubricants/JAX, www. jaxusa. com
Behnke Lubricants Inc. /JAX, www. jax. com
Bell Additives Inc. , www. belladditives. com
Bel-Ray Company Inc. , www. belray. com
Benz Oil Inc. , www. benz. com
Berry Hinckley Industries, www. berry-hinckley. com
Bestolife Corporation, www. bestolife. com
BG Products Inc. , www. bgprod. com
Big East Lubricants Inc. , www. bigeastlubricants. com
Blaser Swisslube, www. blaser. com
Bodie-Hoover Petroleum Corporation, www. bodie-hoover. com
Boehme Filatex Inc. , www. boehmefi latex. com
BoMac Lubricant Technologies Inc. , www. bomaclubetech. com
Boncosky Oil Company, www. boncosky. com
Boswell Oil Company, www. boswelloil. com
BP Amoco Chemicals, www. bpamocochemicals. com
BP Lubricants, www. bplubricants. com
BP, www. bptechchoice. com
BP, www. bppetrochemicals. com
Brascorp North America Ltd. , www. brascorp. on. ca
Brenntag Northeast, Inc. , www. brenntag. com

Brenntag, www. brenntag. com
Briner Oil Company, www. brineroil. com
British Petroleum (BP), www. bp. com
Britsch Inc. , www. britschoil. com
Brugarolas SA, www. brugarolas. com/english. htm
Buckley Oil Company, www. buckleyoil. com
BVA Oils, www. bvaoils. com
Callahan Chemical Company, www. calchem. com
Caltex Petroleum Corporation, www. caltex. com
Calumet Lubricants Company, www. calumetlub. com
Calvary Industries Inc. , www. calvaryindustries. com
CAM2 Oil Products Company, www. cam2. com
Canner Associates, Inc. , www. canner. com
Capital Enterprises (Power-Up Lubricants), www. nn1690. com
Cargill-Industrial Oil & Lubricants, www. techoils. cargill. com
Cary Company, www. thecarycompany. com
CasChem, Inc. , www. cambrex. com
Castle Products Inc. , www. castle-comply. com
Castrol Heavy Duty Lubricants, Inc. , www. castrolhdl. com
Castrol Industrial North America Inc. , www. castrolindustrialna. com
Castrol International, www. castrol. com
Castrol North America, www. castrolusa. com
CAT Products Inc. , www. run-rite. com
Centurion Lubricants, www. centurionlubes. com
Champion Brands LLC, www. championbrands. com
Charles Manufacturing Company, www. tsmoly. com
Chart Automotive Group Inc. , www. chartauto. com
Chem-Ecol Ltd. , www. chem-ecol. com
Chemlube International Inc. , www. chemlube. com
Chempet Corporation, www. rockvalleyoil. com/chempet. htm
Chemsearch Lubricants, www. chemsearch. com
Chemtool Inc. /Metalcote, www. chemtool. com
Chevron Chemical Company, www. chevron. com
Chevron Oronite, www. chevron. com
Chevron Phillips Chemical Company LP, www. cpchem. com
Chevron Phillips Chemical Company, www. chevron. com
Chevron Products Company, Lubricants & Specialties Products, www. chevron. com/lubricants
Chevron Products Company, www. chevron. com
Christenson Oil, www. christensonoil. com
Ciba Specialty Chemicals Corporation, www. cibasc. com
Clariant Corporation, www. clariant. com
Clark Refi ning and Marketing, www. clarkusa. com
Clarkson & Ford Company, www. clarkson-ford. com
CLC Lubricants Company, www. clclubricants. com
Climax Molybdenum Company, www. climaxmolybdenum. com
Coastal Unilube Inc. , www. coastalunilube. com

Cognis, www. cognislubechem. com
Cognis, www. cognis-us. com
Cognis, www. cognis. com
Cognis, www. na. cognis. com
Colorado Petroleum Products Company, www. colopetro. com
Commercial Lubricants Inc. , www. comlube. com
Commercial Oil Company Inc. , www. commercialoilcompany. com
Commercial Ullman Lubricants Company, www. culc. com
Commonwealth Oil Corporation, www. commonwealthoil. com
Como Lube & Supplies Inc. , www. comolube. com
Condat Corporation, www. condatcorp. com
Conklin Company Inc. , www. conklin. com
Coolants Plus Inc. , www. coolantsplus. com
Cortec Corporation, www. cortecvci. com
Cosby Oil Company, www. cosbyoil. com
Country Energy, www. countryenergy. com
CPI Engineering Services, www. cpieng. com
CRC Industries, Inc. , www. crcindustries. com
Crescent Manufacturing, www. crescentmfg. net
Crompton Corporation, www. cromptoncorp. com
Crown Chemical Corporation, www. brenntag. com
Cyclo Industries LLC, www. cyclo. com
D & D Oil Company, Inc. , www. amref. com
D. A. Stuart Company, www. d-a-stuart. com
D. W. Davies & Company, Inc. , www. dwdavies. com
D-A Lubricant Company, www. dalube. com
Darmex Corporation, www. darmex. com
Darsey Oil Company Inc. , www. darseyoil. com
David Weber Oil Company, www. weberoil. com
Davison Oil Company, Inc. , www. davisonoil. com
Dayco Inc. , www. dayco. com
D. B. Becker Co. Inc. , www. dbbecker. com
Degen Oil and Chemical Company, www. eclipse. net/ < degen
Delkol, www. delkol. co. il
Dennis Petroleum Company, Inc. , www. dennispetroleum. com
Diamond Head Petroleum Inc. , www. diamondheadpetroleum. com
Diamond Shamrock Refi ning Company LP, www. udscorp. com
Digilube Systems Inc. , www. digilube. com
Dion & Sons Inc. , www. dionandsons. com
Dixon Lubricants & Special Products Group, Division of Asbury Carbons, www. dixonlube. com
Don Weese Inc. , www. schaefferoil. com
Dow Chemical Company, www. dow. com
Dow Corning Corp. , www. dowcorning. com
Dryden Oil Company, Inc. , www. castrol. com
Dryson Oil Company, www. synergynracing. com
DSI Fluids, www. dsifluids. com

Dumas Oil Company, www. esn. net/dumasoil
DuPont Krytox Lubricants, www. lubricants. dupont. com
DuPont, www. dupont. com/intermediates
E. I. DuPont de Nemours and Company, www. dupont. com/intermediates
Eastech Chemical Inc. , www. eastechchemical. com
Eastern Oil Company, www. easternoil. com
Ecotech Div. , Blaster Chemical Companies, www. pbblaster. com
EKO, www. eko. gr
El Paso Corporation, www. elpaso. com
Elf Lubricants North America Inc. , www. keystonelubricants. com
Eljay Oil Company, Inc. , www. eljayoil. com
EMERA Fuels Company Inc. , www. emerafuels. com
Emerson Oil Company, Inc. , www. emersonoil. com
Engen Petroleum Ltd. , www. engen. co. za
Enichem Americas, Inc. , www. eni. it/english/mondo/americhe/usa. html
Environmental Lubricants Manufacturing, Inc. (ELM), www. elmusa. com
Equilon Enterprises LLC, www. equilon. com
Equilon Enterprises LLC-Lubricants, www. equilonmotivaequiva. com
Equilon Enterprises LLC-Lubricants, www. shellus. com
Equilon Enterprises LLC-Lubricants, www. texaco. com
Esco Products Inc. , www. escopro. com
ETNA Products Inc. , www. etna. com
Etna-Bechem Lubricants Ltd. , www. etna. com
Evergreen Oil, www. evergreenoil. com
Exxon, www. exxon. com
ExxonMobil Chemical Company, www. exxonmobilchemical. com
ExxonMobil Industrial Lubricants, www. mobilindustrial. com
ExxonMobil Lubricants & Petroleum Specialties Company, www. exxonmobil. com
F&R Oil Company, Inc. , www. froil. com
F. Bacon Industriel Inc. , www. f-bacon. com
Far West Oil Company Inc. , www. farwestoil. com
Fina Oil and Chemical Company, www. fina. com
Findett Corp. , www. findett. com
Finish Line Technologies Inc. , www. finishlineusa. com
FINKE Mineralolwerk, www. finke-mineraloel. de
Finnish Oil and Gas Federation, www. oil. fi
Flamingo Oil Company, www. pinkbird. com
Forward Corporation, www. forwardcorp. com
Frontier Performance Lubricants Inc. , www. frontierlubricants. com
Fuchs Lubricants Company, www. fuchs. com
Fuchs, www. fuchs-oil. de
Fuel and Marine Marketing (FAMM), www. fammllc. com
Fuki America Corporation, www. fukiamerica. com
G-C Lubricants Company, www. gclube. com
G & G Oil Co. of Indiana Inc. , www. ggoil. com
G. T. Autochemilube Ltd. , www. gta-oil. co. uk

Gard Corp. , www. gardcorp. com
Geo. Pfau's Sons Company, Inc. , www. pfauoil. com
Georgia-Pacific Pine Chemicals, www. gapac. com
Glover Oil Company, www. gloversales. com
GOA Company. , www. goanorthcoastoil. com
Gold Eagle Company, www. goldeagle. com
Golden Bear Oil Specialties, www. goldenbearoil. com
Golden Gate Petroleum, www. ggpetrol. com
GoldenWest Lubricants, www. goldenwestlubricants. com
Goldschmidt Chemical Corporation, www. goldschmidt. com
Goulston Technologies, Inc. , www. goulston. com
Great Lakes Chemical Corporation, www. glcc. com
Granitize Products Inc. , www. granitize. com
Greenland Corporation, www. greenpluslubes. com
Grignard Company LLC, www. purelube. com
Groeneveld Pacific West, www. groeneveldpacifi cwest. com
Gulf Oil, www. gulfoil. com
H & W Petroleum Company, Inc. , www. hwpetro. com
H. L. Blachford Ltd. , www. blachford. ca
H. N. Funkhouser & Company, www. hnfunkhouser. com
Halocarbon Products Corporation, www. halocarbon. com
Halron Oil Company, Inc. , www. halron. com
Hampel Oil Distributors, www. hampeloil. com
Hangsterfer's Laboratories Inc. , www. hangsterfers. com
Harry Miller Corp. , www. harrymillercorp. com
Hasco Oil Co. Inc. , www. hascooil. com
Hatco Corporation, www. hatcocorporation. com
Haynes Manufacturing Company, www. haynesmfg. com
HCI/Worth Chemical Corp. , www. hollandchemical. com
Henkel Surface Technologies, www. henkel. com
Henkel Surface Technologies, www. thomasregister. com/henkelsurftech
Hexol Canada Ltd. , www. hexol. com
Hexol Lubricants, www. hexol. com
Holland Applied Technologies, www. hollandapt. com
Hoosier Penn Oil Company, www. hpoil. com
Houghton International Inc. , www. houghtonintl. com
Howes Lubricator, www. howeslube. thomasregister. com
Huls America, www. CreanovaInc. com
Huls America, www. huls. com
Huskey Specialty Lubricants, www. huskey. com
Hydrosol Inc. , www. hydrosol. com
Hydrotex Inc. , www. hydrotexlube. com
Hy-Per Lube Corporation, www. hyperlube. com
I. S. E. L. Inc. , www. americansynthol. com
ILC/Spectro Oils of America, www. spectro-oils. com
Illinois Oil Products, Inc. , www. illinoisoilproducts. com

Imperial Oil Company, Inc. , www. imperialoil. com
Imperial Oil Ltd. , www. imperialoil. ca
Imperial Oil Products and Chemicals Division, www. imperialoil. ca
Ingenieria Sales SA de CV, www. isalub. com
Innovene, www. innovene. com
Inolex Chemical Company, www. inolex. com
International Lubricants Inc. , www. lubegard. com
International Products Corporation, www. ipcol. com
IQA Lube Corporation, www. iqalube. com
Irving Oil Corp, www. irvingoil. com
ITW Fluid Products Group, www. itwfpg. com
J & H Oil Company, www. jhoil. com
J & S Chemical Corporation, www. jschemical. com
J. A. M. Distributing Company, www. jamdistributing. com
J. B. Chemical Company, Inc. , www. jbchemical. com
J. B. Dewar Inc. , www. jbdewar. com
J. D. Streett & Company, Inc. , www. jdstreett. com
J. N. Abbott Distributor Inc. , www. jnabbottdist. com
Jack Rich Inc. , www. jackrich. com
Jarchem Industries Inc. , www. jarchem. com
Jasper Engineering & Equipment, www. jaspereng. com
Jenkin-Guerin Inc. , www. jenkin-guerin. com
Jet-Lube (United Kingdom) Ltd. , www. jetlube. com
Johnson Packings & Industrial Products Inc. , www. johnsonpackings. com
Kath Fuel Oil Service, www. kathfuel. com
Keck Oil Company, www. keckoil. com
Kelsan Lubricants USA LLC, www. kelsan. com
Kem-A-Trix Specialty Lubricants & Compounds, www. kematrix. com
Kendall Motor Oil, www. kendallmotoroil. com
Kluber Lubrication North America LP, www. kluber. com
KOST Group Inc. , www. kostusa. com
Kyodo Yushi USA Inc. , www. kyodoyushi. co. jp
Lambent Technologies, www. petroferm. com
LaPorte, www. laporteplc. com
Leander Lubricants, www. leanderlube. com
Lee Helms Inc. , www. leehelms. com
Leffert Oil Company, www. leffertoil. com
Les Industries Sinto Racing Inc. , www. sintoracing. com
Lilyblad Petroleum, Inc. , www. lilyblad. com
Liqua-Tek Inc. , www. hdpluslubricants. com
Liquid Horsepower, www. holeshot. com/chemicals/additives. html
LithChem International, www. lithchem. com
Loos & Dilworth Inc. —Automotive Division, www. loosanddilworth. com
Loos & Dilworth Inc. —Chemical Division, www. loosanddilworth. com
Lowe Oil Company/Champion Brands LLC, www. championbrands. com
LPS Laboratories, www. lpslabs. com

LubeCon Systems Inc. , www. lubecon. com
Lubemaster Corporation, www. lubemaster. com
LubeRos—A Division of Burlington Chemical Company, Inc. , www. luberos. com
LuBest, Division of Momar Inc. , www. momar. com
Lubricant Technologies, www. lubricanttechnologies. com
Lubricants USA, www. fi nalube. com
Lubrication Engineers Inc. , www. le-inc. com
Lubrication Engineers of Canada, www. lubeng. com
Lubrication Technologies Inc. , www. lube-tech. com
Lubrication Technology Inc. , www. lubricationtechnology. com
Lubrichem International Corporation, www. lubrichem. net
Lubrifi ants Distac Inc. , www. inspection. gc. ca/english/ppc/reference/n2e. shtml
Lubri-Lab Inc. , www. lubrilab. com
LUBRIPLATE Div. , Fiske Bros. Refining Company, www. lubriplate. com
Lubritec, www. ensenada. net/lubritec/
Lucas Oil Products Inc. , www. lucasoil. com
Lyondell Lubricants, www. lyondelllubricants. com
MagChem Inc. , www. magchem. com
Magnalube, www. magnalube. com
Maine Lubrication Service Inc. , www. mainelube. com
Manor Trade Development Corporation, www. amref. com
Mantek Lubricants, www. mantek. com
Markee International Corporation, www. markee. com
Marly, www. marly. com
Maryn International Ltd. , www. maryngroup. com
Maryn International, www. poweruplubricants. com
Master Chemical Corporation, www. masterchemical. com
Master Lubricants Company, www. lubriko. com
Maxco Lubricants Company, www. maxcolubricants. com
Maxim Industrial Metalworking Lubricants, www. maximoil. com
Maxima Racing Lubricants, www. maximausa. com
McCollister & Company, www. mccollister. com
McGean-Rohco Inc. , www. mcgean-rohco. com
McGee Industries Inc. , www. 888teammclube. com
McLube Division l/McGee Industries Inc. , www. 888teammclube. com
Mega Power Inc. , www. megapowerinc. com
Metal Forming Lubricants Inc. , www. mflube. com
Metal Mates Inc. , www. metalmates. net
Metalcote/Chemtool Inc. , www. metalcote. com
Metalworking Lubricants Company, www. metalworkinglubricants. com
Metalworking Lubricants, www. maximoil. com
MFA Oil Company, www. mfaoil. com
Mid-South Sales Inc. , www. mid-southsales. com
Mid-Town Petroleum Inc. , www. midtownoil. com
Milacron Consumable Products Division, www. milacron. com
Millennium Lubricants, www. millenniumlubricants. com

Miller Oil of Indiana, Inc. , www. milleroilinc. com
Mohawk Lubricants Ltd. , www. mohawklubes. com
Molyduval, www. molyduval. com
Molyslip Atlantic Ltd. , www. molyslip. co. uk
Monroe Fluid Technology Inc. , www. monroefluid. com
Moore Oil Company, www. mooreoil. com
Moraine Packaging Inc. , www. hdpluslubricants. com
Morey's Oil Products Company, www. moreysonline. com
Moroil Technologies, www. moroil. com
Motiva Enterprises LLC, www. motivaenterprises. com
Motorol Lubricants, www. motorolgroup. com
Motul USA Inc. , www. motul. com
Mr. Good Chem, Inc. , www. mrgoodchem. com
NCH, www. nc. com
Neo Synthetic Oil Company, Inc. , www. neosyntheticoil. com
Niagara Lubricant Company, Inc. , www. niagaralubricant. com
NOCO Energy Corporation, www. noco. com
Noco Lubricants, www. noco. com
Nyco SA, www. nyco. fr
Nye Lubricants, www. nyelubricants. com
Nynas Naphthenics, www. nynas. com
O'Rourke Petroleum, www. orpp. com
Oakite Products, Inc. , www. oakite. com
OATS (Oil Advisory Technical Services) , www. oats. co. uk
Occidental Chemical Corporation, www. oxychem. com
Ocean State Oil Inc. , www. oceanstateoil. com
Oil Center Research Inc. , www. oilcenter. com
Oil Center Research International LLC, www. oilcenter. com
Oil Depot, www. oildepot. com
Oil Distributing Company, www. oildistributing. com
Oil-Chem Research Corporation, www. avblend. com
Oilkey Corporation, www. oilkey. com
Oilpure Technologies Inc. , www. oilpure. com
OKS Speciality Lubricants, www. oks-india. com
Omega Specialties, www. omegachemicalsinc. com
Omni Specialty Packaging, www. nuvo. cc
OMO Petroleum Company Inc. , www. omoenergy. com
Orelube Corp. , www. orelube. com
Oronite, www. oronite. com
O'Rourke Petroleum Products, www. orpp. com
Ottsen Oil Company, Inc. , www. ottsen. com
Paramount Products, www. paramountproducts. com
Parent Petroleum, www. parentpetroleum. com
PATCO Additives Division-American Ingredients Company, www. patco-additives. com
Pathfi nder Lubricants, www. pathfi nderlubricants. ca
PBM Services Company, www. pbmsc. com

Pedroni Fuel Company, www. pedronifuel. com
Pennine Lubricants, www. penninelubricants. co. uk
Pennzoil, www. pennzoil. com
Pennzoil-Quaker State Company, www. pennzoilquakerstate. com
PENRECO, www. penreco. com
Penta Manufacturing Company/Division of Penta International Corporation, www.
pentamfg. com
Perkins Products Inc. , www. perkinsproducts. com
Petro Star Lubricants, www. petrostar. com
PetroBlend Corporation, www. petroblend. com
Petro-Canada Lubricants, www. htlubricants. com
Petroleum Packers Inc. , www. pepac. com
PetroMoly, Inc. , www. petromoly. com
Petron Corp. , www. petroncorp. com
Pfaus Sons Company Inc. , www. pfauoil. com
Pflaumer Brothers Inc. , www. pflaumer. com
Phoenix Petroleum Company, www. phoenixpetroleum. com
Pico Chemical Corporation, www. picochemical. com
Pinnacle Oil Inc. , www. pinnoil. com
Pitt Penn Oil Company, www. pittpenn. com
Plews/Edelmann Div. , Stant Corp. , www. stant. com
PolySi Technologies Inc. , www. polysi. com
Polar Company, www. polarcompanies. com
PolimeriEuropa, www. polimerieuropa. com
Power Chemical, www. warcopro. com
Power-Up Lubricants, www. mayngroup. com
Precision Fluids Inc. , www. precisionfluids. com
Precision Industries, www. precisionind. com
Precision Lubricants Inc. , www. precisionlubricants. com
Prime Materials, www. primematerials. com
Primrose Oil Company Inc. , www. primrose. com
Probex Corporation, www. probex. com
Products Development Manufacturing Company, www. veloil. com
ProLab TechnoLub Inc. , www. prolab-technologies. com
ProLab-Bio Inc. , www. prolab-lub. com
Prolong Super Lubricants, www. prolong. com
ProTec International Inc. , www. proteclubricants. com
Pure Power Lubricants, www. gopurepower. com
QMI, www. qminet. com
Quaker Chemical Corporation, www. quakerchem. com
Quaker State, www. qlube. com
R. E. Carroll Inc. , www. recarroll. com
Radio Oil Company Inc. , www. radiooil. com
Ramos Oil Company, Inc. , www. ramosoil. com
Rams-Head Company, www. doall. com
Ransome CAT, www. ransome. com

Red Giant Oil Company, www. redgiantoil. com
Red Line Oil, www. redlineoil. com
Reed Oil Company, www. reedoil. com
Reit Lubricants Company, www. reitlube. com
Reitway Enterprises Inc. , www. reitway. com
Renewable Lubricants, Inc. , www. renewablelube. com
Renite Company, www. renite. com
Renite Company—Lubrication Engineers, www. renite. com
Renkert Oil, www. renkertoil. com
Rensberger Oil Company, Inc. , www. rensbergeroil. com
RichardsApex Inc. , www. richardsapex. com
Riley Oil Company, www. rileyoil. com
RO-59 Inc. , http: //members. aol. com/ro59inc
Rock Valley Oil & Chemical Company, www. rockvalleyoil. com
Rocol Ltd. , www. rocol. com
Rowleys Wholesale, www. rowleys. com
Royal Lubricants Inc. , www. royallube. com
Royal Manufacturing Company Inc. , www. royalube. com
Royal Purple, Inc. , www. royalpurple. com
RyDol Products, www. rydol. com
Safety-Kleen Oil Recovery, www. ac-rerefi ned. com
Sandstrom Products Company, www. sandstromproducts. com
Santie Oil Company, www. santiemidwest. com
Santotrac Traction Lubricants, www. santotrac. com
Santovac Fluids Inc. , www. santovac. com
Saxton Industries Inc. , www. saxton. thomasregister. com
Saxton Industries Inc. , www. schaefferoil. com
Schaeffer Manufacturing, www. schaefferoil. com
Schaeffer Oil and Grease, www. schaefferoil. com
Schaeffer Specialized Lubricants, www. schaefferoil. com
Selco Synthetic Lubricants, www. synthetic-lubes. com
Sentry Solutions Ltd. , www. sentrysolutions. com
Service Supply Lubricants LLC, www. servicelubricants. com
SFR Corporation, www. sfrcorp. com
Share Corporation, www. sharecorp. com
Shell Global Solutions, www. shellglobalsolutions. com
Shell Lubricants (United States) , www. shell-lubricants. com
Shrieve Chemical Company, www. shrieve. com
Simons Petroleum Inc. , www. simonspetroleum. com
SK Corporation (Houston Offi ce) , www. skcorp. com
Slick 50 Corporation, www. slick50. com
Smooth Move Company, www. theprojectsthatsave. com
Sobit International, Inc. , www. sobitinc. com
Soltex, www. soltexinc. com
Sourdough Fuel, www. petrostar. com
Southwest Grease Products, www. stant. com/brochure. cfm?brochure = 155&location_id = 119

Southwestern Graphite, www. asbury. com
Southwestern Petroleum Corporation, www. swepcousa. com
Spartan Chemical Company Inc. Industrial Products Group Division, www. spartan chemical. com
Spartan Oil Company, www. spartanonline. com
Specialty Silicone Products Inc. , www. sspinc. com
Spectro Oils of America, www. goldenspectro. com
Spectro Oils of America, www. spectro-oils. com
Spectrum Corporation, www. spectrumcorporation. com
Spencer Oil Company, www. spenceroil. com
St. Lawrence Chemicals, www. stlawrencechem. com
Steelco Industrial Lubricants Inc. , www. steelcolubricants. com
Steelco Northwest Distributors, www. steelcolubricants. com
STP Products Inc. , www. stp. com
Suburban Oil Company, Inc. , www. suburbanoil. com
Summit Industrial Products, Inc. , www. klsummit. com
Sunnyside Corporation, www. sunnysidecorp. com
Superior Graphite Company, www. superiorgraphite. com/sgc. nsf
Superior Lubricants Company, Inc. , www. superiorlubricants. com
Superior Lubrication Products, www. s-l-p. com
Surtec International Inc. , www. surtecinternational. com
Synco Chemical Corporation, www. super-lube. com
SynLube Inc. , www. synlube. com
Synthetic Lubricants Inc. , www. synlube-mi. com
Syntroleum Corporation, www. syntroleum. com
T. S. Moly-Lubricants Inc. , www. tsmoly. com
T. W. Brown Oil Company, Inc. , www. brownoil. com/soypower. html
TAI Lubricants, www. lubekits. com
Technical Chemical Company (TCC), www. technicalchemical. com
Tek-5 Inc. , www. tek-5. com
Terrresolve Technologies, www. terresolve. com
Texas Refi nery Corporation, www. texasrefi nery. com
Textile Chemical Company, Inc. , www. textilechem. com
Thermal-Lube Inc. , www. thermal-lube. com
Thornley Company, www. thornleycompany. com
Tiodize Co. Inc. , www. tiodize. com
Tom-Pac Inc. , www. tom-pac. com
Top Oil Products Company, Ltd. , www. topoil. com
Torco International Corporation, www. torcoracingoils. com
Totalfi na Oleo Chemicals, www. totalfi na. com
Tower Oil & Technology Company, www. toweroil. com
Toyo Grease Manufacturing (M) SND BHD, www. toyogrease. com
TransMontaigne, www. transmontaigne. com
Transmountain Oil Company, www. transmountainoil. com
TriboLogic Lubricants Inc. , www. tribologic. com
Tribos Technologies, www. tribostech. com
Trico Manufacturing Corporation, www. tricomfg. com

Tricon Specialty Lubricants, www. tristrat. com
Turmo Lubrication Inc. , www. lubecon. com
TXS Lubricants Inc. , www. txsinc. com
U. S. Industrial Lubricants Inc. , www. usil. cc
U. S. Oil Company, Inc. , www. usoil. com
Ultrachem Inc. , www. ultracheminc. com
Unimark Oil Company, www. gardcorp. com
Union Carbide Corporation, www. unioncarbide. com
Uniqema, www. uniqema. com
Uniroyal Chemical Company Inc. , www. uniroyalchemical. com
UniSource Energy Inc. , www. unisource-energy. com
Unist, Inc. , www. unist. com
United Lubricants, www. unitedlubricants. com
United Oil Company, Inc. , www. duralene. com
United Oil Products Ltd. , http: //ourworld. compuserve. com/homepages/Ferndale_UK
United Soybean Board, www. unitedsoybean. org
Universal Lubricants Inc. , www. universallubes. com
Unocal Corporation, www. unocal. com
Valero Marketting. & Supply, www. valero. com
Valvoline Canada, www. valvoline. com
Valvoline, www. valvoline. com
Vesco Oil Corporation, www. vesco-oil. com
Vikjay Industries Inc. , www. vikjay. com
Virtual Oil Inc. , www. virtualoilinc. com
Vogel Lubrication System of America, www. vogel-lube. com
VP Racing Fuels Inc. , www. vpracingfuels. com
Vulcan Oil & Chemical Products Inc. , www. vulcanoil. com
Wallover Oil Company, www. walloveroil. com
Walthall Oil Company, www. walthall-oil. com
Warren Distribution, www. wd-wpp. com
WD-40 Company, www. wd40. com
West Central Soy, www. soypower. net
Western States Oil, www. lubeoil. com
Whitaker Oil Company, Inc. , www. whitakeroil. com
Whitmore Manufacturing Company, www. whitmores. com
Wilcox and FIegel Oil Company, www. wilcoxandflegel. com
Winfi eld Brooks Company, Inc. , www. tapfree. com
Winzer Corporation, www. winzerusa. com
Witco (Crompton Corporation) , www. witco. com
Wolf Lake Terminals Inc. , www. wolflakeinc. com
Worldwide PetroMoly, Inc. , www. petromoly. com
Wynn Oil Company, www. wynnsusa. com
X-1R Corp. , The, www. x1r. com
Yocum Oil Company, Inc. , www. yocumoil. com
Yuma Industries Inc. , www. yumaind. com

29.2.2 添加剂

Acheson Colloids Company, www. achesonindustries. com
Acme-Hardesty Company, www. acme-hardesty. com
ALT, www. altboron. com
AFD Technologies, www. afdt. com
AG Fluoropolymers USA Inc. , www. fluoropolymers. com
Akzo Nobel, www. akzonobel. com
Amalie Oil Company, www. amalie. com
Amber Division of Nidera, Inc. , www. nidera-us. com
American International Chemical, Inc. , www. aicma. com
Amitech, www. amitech-usa. com
ANGUS Chemical Company, www. dowchemical. com
Anti Wear 1 www. dynamicdevelopment. com
Arch Chemicals, Inc. , www. archbiocides. com
Arizona Chemical, www. arizonachemical. com
Asbury Carbons, Inc. —Dixon Lubricants, www. asbury. com
Ashland Distribution Company, www. ashland. com
Aspen Chemical Company, www. aspenchemical. com
ATOFINA Chemicals, Inc. , www. atofi na. com
ATOFINA Canada Inc. , www. atofi nacanada. com
Baker Petrolite, www. bakerhughes. com/bakerpetrolite/
Bardahl Manufacturing Corporation, www. bardahl. com
BASF Corporation, www. basf. com
Bayer Corporation, www. bayer. com
Bismuth Institute, www. bismuth. be
BoMac Lubricant Technologies Inc. , www. bomaclubetech. com
BP Amoco Chemicals, www. bpamocochemicals. com
Brascorp North America Ltd. , www. brascorp. on. ca
British Petroleum (BP) , www. bp. com
Buckman Laboratories Inc. , www. buckman. com
Burlington Chemical, www. burco. com
Cabot Corporation, (fumed metal oxides) , www. cabot-corp. com/cabosil
Callahan Chemical Company, www. calchem. com
Calumet Lubricants Company, www. calumetlub. com
Cargill-Industrial Oil & Lubricants, www. techoils. cargill. com
Cary Company, www. thecarycompany. com
CasChem, Inc. , www. cambrex. com
Center for Innovation Inc. , www. centerforinnovation. com
Certifi ed Laboratories, www. certifi edlaboratories. com
Chattem Chemicals, Inc. , www. chattemchemicals. com
Chemetall Foote Corporation, www. chemetall. com
Chemsearch Lubricants, www. chemsearch. com
Chevron Oronite, www. chevron. com
Ciba Specialty Chemicals Corporation, www. cibasc. com
Clariant Corp. , www. clariant. com

Climax Molybdenum Company, www. climaxmolybdenum. com
Cognis, www. cognislubechem. com
Cognis, www. cognis-us. com
Cognis, www. cognis. com
Cognis, www. na. cognis. com
Commonwealth Oil Corporation, www. commonwealthoil. com
Cortec Corporation, www. cortecvci. com
Creanova, Inc. , www. creanovainc. com
Croda Inc. , www. croda. com
Crompton Corporation, www. cromptoncorp. com
Crowley Chemical Company Inc. , www. crowleychemical. com
Crown Chemical Corporation, www. brenntag. com
Crystal Inc. -PMC, www. pmc-group. com
Cummings-Moore Graphite Company, www. cumograph. com
D. A. Stuart Company, www. d-a-stuart. com
D. B. Becker Company, Inc. , www. dbbecker. com
DeForest Enterprises Inc. , www. deforest. net
Degen Oil and Chemical Company, www. eclipse. net/ < degen
Dover Chemical, www. doverchem. com
Dow Chemical Company, www. dow. com
Dow Corning Corporation, www. dowcorning. com
DuPont-Dow Elastomers, www. dupont-dow. com
Dylon Industries Inc. , www. dylon. com
E. I. DuPont de Nemours and Company, www. dupont. com/intermediates
E. W. Kaufmann Company, www. ewkaufmann. com
Elco Corporation, The, www. elcocorp. com
Elementis Specialties, www. elementis-na. com
Elementis Specialties-Rheox, www. rheox. com
Elf Atochem Canada, www. atofi nachemicals. com
Environmental Lubricants Manufacturing, Inc. (ELM), www. elmusa. com
Ethyl Corporation, www. ethyl. com
Ethyl Petroleum Additives, www. ethyl. com
Fanning Corporation, The, www. fanncorp. com
Ferro/Keil Chemical, www. ferro. com
FMC Lithium, www. fmclithium. com
FMC, www. fmc. com
Functional Products, www. functionalproducts. com
G. R. O'Shea Company, www. groshea. com
Gateway Additives, www. lubrizol. com
Geo. Pfau's Sons Company. , Inc. , www. pfauoil. com
Georgia-Pacifi c Pine Chemicals, www. gapac. com
Georgia-Pacifi c Resins, Inc. —Actrachem Division, www. gapac. com
Georgia-Pacifi c Resins, Inc. —Actrachem Division, www. gp. com
Goldschmidt Chemical Corporation, www. goldschmidt. com
Great Lakes Chemical Corporation, www. glcc. com
Grignard Company LLC, www. purelube. com

Hall Technologies Inc. , www. halltechinc. com
Hammonds Fuel Additives, Inc. , www. hammondscos. com
Heveatex, www. heveatex. com
Holland Applied Technologies, www. hollandapt. com
Huntsman Corporation, www. huntsman. com
Infi neum USA LP, www. infi neum. com
International Lubricants Inc. , www. lubegard. com
J. H. Calo Company, Inc. , www. jhcalo. com
J. B. Chemical Company, Inc. , www. jbchemical. com
Jarchem Industries Inc. , www. jarchem. com
Keil Chemical Division; Ferro Corporation, www. ferro. com
King Industries Specialty Chemicals, www. kingindustries. com
Lambent Technologies, www. petroferm. com
LaPorte, www. laporteplc. com
Lockhart Chemical Company, www. lockhartchem. com
Loos & Dilworth Inc. —Chemical Division, www. loosanddilworth. com
LubeRos—Division of Burlington Chemical Company Inc. , www. luberos. com
Lubricant Additives Research, www. silverseries. com
Lubricants Network Inc. , www. lubricantsnetwork. com
Lubri-Lab Inc. , www. lubrilab. com
Lubrizol Corporation, The, www. lubrizol. com
Lubrizol Metalworking Additive Company, www. lubrizol. com
Mantek Lubricants, www. mantek. com
Marcus Oil and Chemical, www. marcusoil. com
Master Chemical Corporation, www. masterchemical. com
Mays Chemical Company, www. mayschem. com
McIntyre Group Ltd. , www. mcintyregroup. com
Mega Power Inc. , www. megapowerinc. com
Metal Mates Inc. , www. metalmates. net
Metalworking Lubricants Company, www. metalworkinglubricants. com
Milatec Corporation, www. militec. com
Nagase America Corporation, www. nagase. com
Naptec Corporation, www. satec. com
Northern Technologies International Corporation, www. ntic. com
Oil Center Research Inc. , www. oilcenter. com
OKS Speciality Lubricants, www. oks-india. com
Omega Specialties, www. omegachemicalsinc. com
OMG Americas Inc. , www. omgi. com
OMGI, www. omgi. com
Oronite, www. oronite. com
PATCO Additives Division-American Ingredients Company, www. patco-additives. com
Pflaumer Brothers Inc. , www. pflaumer. com
Pilot Chemical Company, www. pilotchemical. com
PMC Specialties Inc. , www. pmcsg. com
Polartech Ltd. , www. polartech. co. uk
Precision Fluids Inc. , www. precisionfluids. com

Purac America, Inc. , www. purac. com
R. T. Vanderbilt Company Inc. , www. rtvanderbilt. com
R. H. Foster Energy LLC, www. rhfoster. com
Reade Advanced Materials, www. reade. com
Rhein Chemie Corporation, www. bayer. com
Rhein Chemie Rheinau GmbH. , www. rheinchemie. com
Rheox Inc. , www. rheox. com
Rhodia, www. rhodia. com
Rhone-Poulenc Surfactants & Specialties, www. rpsurfactants. com
RiceChem, A Division of Stilling Enterprises Inc. , www. ricechem. com
Rohm & Haas Company, www. rohmhaas. com
RohMax Additives GmbH, www. rohmax. com
Ross Chem Inc. , www. rosschem. com
Santotrac Traction Lubricants, www. santotrac. com
Santovac Fluids Inc. , www. santovac. com
Sea-Land Chemical Company, www. sealandchem. com
Shamrock Technologies, Inc. , www. shamrocktechnologies. com
Shell Chemicals, www. shellchemical. com
Shepherd Chemical Company, www. shepchem. com
Soltex, www. soltexinc. com
SP Morell & Company, www. spmorell. com
Spartan Chemical Company Inc. Industrial Products Group Division, www. spartan chemical. com
SQM North America Corporation, www. sqmna. com
St. Lawrence Chemicals, www. stlawrencechem. com
Stochem, Inc. , www. stochem. com
Thornley Company, www. thornleycompany. com
Tiodize Company, Inc. , www. tiodize. com
Tomah Products, Inc. , www. tomah3. com
Troy Corporation, www. troycorp. com
Ultra Additives Inc. , www. ultraadditives. com
Uniqema, www. uniqema. com
Uniroyal Chemical Company Inc. , www. uniroyalchemical. com
United Color Manufacturing Inc. , www. unitedcolor. com
United Lubricants, www. unitedlubricants. com
Valhalla Chemical, www. valhallachem. com
Van Horn, Metz & Company, Inc. , www. vanhornmetz. com
Virtual Oil Inc. , www. virtualoilinc. com
Wynn Oil Company, www. wynnsusa. com
Zinc Corporation of America, www. zinccorp. com

29. 2. 3　油品企业

Adco Petrol Katkilari San Ve. Tic. AS, www. adco. com. tr
Amoco, www. amoco. com
Aral International, www. aral. com
Asian Oil Company, www. nilagems. com/asianoil/
Bharat Petroleum, www. bharatpetroleum. com

BP, www. bp. com
CEPSA (Spain), www. cepsa. es
Chevron Texaco, www. chevrontexaco. com
Chevron, www. chevron. com
CITGO Petroleum Corporation, www. citgo. com
Coastal Corporation, www. elpaso. com
Conoco, www. conoco. com
Cosmo Oil, www. cosmo-oil. co. jp
Cross Oil Refi ning and Marketing Inc. , www. crossoil. com
Ecopetrol (Columbian Petroleum Company), www. ecopetrol. com. co
ENI, www. eni. it
Ergon Inc. , www. ergon. com
ExxonMobil Corp. , www. exxonmobil. com
Fortum (Finland), www. fortum. com
Gasco Energy, www. gascoenergy. com
Hindustan Petroleum Corporation, Ltd. , www. hindpetro. com
Idemitsu, www. idemitsu. co. jp
Indian Oil Corporation, www. indianoilcorp. com
Interline Resources Corporation, www. interlineresources. com
Japan Energy Corporation, www. j-energy. co. jp/eng/index. html
Japan Energy, www. j-energy. co. jp
Kuwait National Petroleum Company, www. knpc. com. kw
LukOil (Russian Oil Company), www. lukoil. com
Marathon Ashland Petroleum LLC, www. mapllc. com
Marathon Oil Company, www. marathon. com
Mobil, www. mobil. com
MOL Hungarian Oil & Gas, www. mol. hu
Murphy Oil Corporation, www. murphyoilcorp. com
PDVSA (Venezuela), www. pdvsa. com
PEMEX (Mexico), www. pemex. com
Pertamina (Indonesia), www. pertamina. com
Petrobras (Brazil), www. petrobras. com. br
Petrogal (Portugal), www. petrogal. pt
Petroleum Authority of Thailand, www. nectec. or. th/users/htk/SciAm/12PTT. html
Petroperu (Peru), www. petroperu. com
Phillips Petroleum Company/Phillips 66, www. phillips66. com/phi11ips66. asp
RWE-DEA (Germany), www. rwe-dea. de
San Joaquin Refi ning Company, www. sjr. com
Sasol (South Africa), www. sasol. com
Shell (United States), www. shellus. com
Shell International, www. shell. com/royal-en
Shell Oil Products US, www. shelloilproductsus. com
Sinclair Oil Corp. , www. sinclairoil. com
Sinopec (China Petrochemical Corporation), www. sinopec. com. cn
Statoil (Norway), www. statoil. com
Sunoco Inc. , www. sunocoinc. com

Texaco Inc. , www. texaco. com

Tosco, www. tosco. com

Total, www. total. com

Total, www. totalfi naelf. com/ho/fr/index. htm

YPF (Argentina) , www. ypf. com. ar

29. 2. 4　高校网站

Brno University of Technology, Faculty of Mechanical Engineering, Elastohydrodynamic Lubrication Research Group, fyzika. fme. vutbr. cz/ehd/

Cambridge University, Department of Materials Science and Metallurgy, Tribology, www. msm. cam. ac. uk/tribo/tribol. htm

College of Petroleum and Energy Studies CPS Home Page, www. colpet. ac. uk/index. html

College of Petroleum and Energy Studies, www. colpet. ac. uk

Colorado School of Mines Advanced Coating and Surface Engineering Laboratory (ACSEL) , www. mines. edu/research/acsel/acsel. html

Danish Technological Institute (DTI) Tribology Centre, www. tribology. dti. dk

Departments of Mechanical Engineering Luleå Technical University, Sweden, www. luth. se/depts/mt/me/

Division of Machine Elements Home Page Niigata University, Japan, tmtribo1. eng. niigata-u. ac. jp/index_e. html

Ecole Polytechnique Federale de Lausanne, Switzerland, igahpse. epfl. ch

EidgenSssische Technische Hochschule (ETH) , Zurich Laboratory for Surface Science and Technology (LSST) , www. surface. mat. ethz. ch

Esslingen, Technische Akademie, www. tae. de

Fachhochschule Hamburg, Germany, www. haw-hamburg. de/fh/forum/f12/indexf. html/tribologie/etribology. html

Georgia Tech Tribology, www. me. gatech. edu/research/tribology. html

Imperial College, London ME Tribology Section, www. me. ic. ac. uk/tribology/

Indian Institute of Science, Bangalore, India, Department of Mechanical Engineering, www. mecheng. iisc. ernet. in

Institut National des Sciences Appliqués de Lyon, France, Laboratoire de Méanique des Contacts, www. insa-lyon. fr/Laboratoires/LMC/index. html

Iowa State University, Tribology Laboratory, www. eng. iastate. edu/coe/me/research/labs/tribology_lab. html

Israel Institute of Technology (Technion) , meeng. technion. ac. il/Labs/energy. htm#tribology

Kanazawa University, Japan, Tribology Laboratory, web. kanazawa-u. ac. jp/ < tribo/labo5e. html

Kyushu University, Japan, Lubrication Engineering Home Page, www. mech. kyushu-u. ac. jp/index. html

Lulea University of Technology, Department of Mechanical Engineering, www. luth. se/depts/mt/me/

Northwestern University, Tribology Lab, cset. mech. northwestern. edu/member. htm

Ohio State University, Center for Surface Engineering and Tribology, Gear Dynamics and Gear Noise Research Laboratory, gearlab. eng. ohio-state. edu

Pennsylvania State University, The, www. me. psu. edu/ research/tribology. html

Purdue University, Materials Processing and Tribology Research Group, www. ecn. purdue. edu/ <farrist/lab. html

Purdue University, Mechanical Engineering Tribology Web Site, widget. ecn. purdue. edu/ <metrib/

Royal Institute of Technology (KTH) , Sweden Machine Elements Home Page, www. damek. kth. se/mme

Saitama University, Japan Home Page of Machine Element Laboratory, www. mech. saitama-u. ac. jp/youso/home. html

Sandia National Laboratories Tribology, www. sandia. gov/materials/sciences/

Shamban Tribology Laboratory Kanazawa University, Japan, web. kanazawa-u. ac. jp/ < tribo/labo5e. html

Southern Illinois University, Carbondale Center for Advanced Friction Studies, www. frictioncenter. com

State University of New York, Binghamton Mechanical Engineering Laboratory, www. me. binghamton. edu/me_labs. html

Swiss Federal Laboratories for Materials Testing and Research (EMPA) Centre for Surface Technology and Tribology, www. empa. ch

Swiss Tribology Online, Nanomechanics and Tribology, dmxwww. epfl. ch/WWWTRIBO/home. html

Technical University of Delft, Netherlands Laboratory for Tribology, www. ocp. tudelft. nl/tribo/

Technical University, Munich, Germany, www. fzg. mw. tu-muenchen. de

Technische Universitat Ilmenau, Faculty of Mathematics and Natural Sciences, www. physik. tu-ilmenau. de/index_e. html

Texas Tech University, Tribology, www. osci. ttu. edu/ME_Dept/Research/tribology. htmld/

The Pennsylvania State University, www. me. psu. edu/research/tribology. html

Tokyo Institute of Technology, Japan Nakahara Lab. Home Page, www. mep. titech. ac. jp/Nakahara/home. html

Trinity College, Dublin Tribology and Surface Engineering, www. mme. tcd. ie/Groups/Tribology/

Tsinghua University, China, State Key Laboratory of Tribology, www. pim. tsinghua. edu. cn/index_cn. html

University of Akron Tribology Laboratory, www. ecgf. uakron. edu/ < mech

University of Applied Sciences, Hamburg, Germany Dept of Mech. Eng Tribology, www. fh-hamburg. de/fh/fb/m/tribologie/e_index. html

University of Applied Sciences, Hamburg, Germany, www. haw-hamburg. de/fh/fb/m/tribologie/e_index. html

University of California, Berkeley Bogey's Tribology Group, cml. berkeley. edu/tribo. html

University of California, San Diego, Center for Magnetic Recording Research, orpheus. ucsd. edu/cmrr/

University of Florida, Mechanical Engineering Department, Tribology Laboratory, grove. ufl. edu/ < wgsawyer/

University of Illinois, Urbana-Champaign Tribology Laboratory, www. mie. uiuc. edu

University of Kaiserslautern, Germany Sektion Tribologie, www. uni-kl. de/en/

University of Leeds, M. Sc. (Eng.) Course in Surface Engineering and Tribology, leva. leeds. ac. uk/tribology/msc/tribmsc. html

University of Leeds, United Kingdom, Research in Tribology, leva. leeds. ac. uk/tribology/research. html

University of Ljubljana, Faculty of Mechanical Engineering, Center for Tribology and Technical Diagnostics, www. ctd. uni-lj. si/eng/ctdeng. htm

University of Maine Laboratory for Surface Science and Technology (LASST), www. ume. maine. edu/LASST/

University of Maine, NanoTribometer System, www. ume. maine. edu/LASST

University of Newcastle upon Tyne, United Kingdom, Ceramics Tribology Research Group, www. ncl. ac. uk/materials/materials/resgrps/certrib. html

University of Northern Iowa, www. uni. edu/abil

University of Notre Dame Tribology/Manufacturing Laboratory, www. nd. edu/ < ame

University of Pittsburg, School of Engineering, Mechanical Engineering Department, www. engrng. pitt. edu/ < mewww

University of Sheffi eld, United Kingdom, Tribology Research Group, www. shef. ac. uk/mecheng/tribology/

University of Southern Florida, Tribology, www. eng. usf. edu/ < hess/

University of Texas at Austin, Petroleum & Geosystems Engineering, Reading Room, www. pe. utexas. edu/Dept/Reading/petroleum. html

University of Tokyo, Japan, Mechanical Engineering Department, www. mech. t. u-tokyo. ac. jp/english/index. html

University of Twente, Netherlands Tribology Group, www. wb. utwente. nl/vakgroep/tr/tribeng. htm

University of Western Australia Department of Mechanical and Material Engineering, www. mech. uwa. edu. au/tribology/

University of Western Ontario, Canada Tribology Research Centre, www. engga. uwo. ca/research/tribology/Default. htm

University of Windsor, Canada Tribology and Wear Research Group, zeus. uwindsor. ca/research/wtrg/index. html
University of Windsor, Canada, Tribology Research Group, venus. uwindsor. ca/research/wtrg/index. html
Uppsala University, Sweden Tribology Group, www. angstrom. uu. se/materials/index. htm
Western Michigan University Tribology Laboratory, www. mae. wmich. edu/labs/Tribology/Tribology. html
Western Michigan University, Department of Mechanical and Aeeronautical Engineering, www. mae. wmich. edu
Worcester Polytechnic Institute, Department of Mechanical Engineering, www. me. wpi. edu/Research/labs. html

29. 2. 5 政府/行业网站

American Bearing Manufacturers Association, www. abma-dc. org
American Board of Industrial Hygiene, www. abih. org
American Carbon Society, www. americancarbonsociety. org
American Chemical Society (ACS), www. acs. org
American Council of Independent Laboratories (ACIL), www. acil. org
American Gear Manufacturers Association (AGMA), www. agma. org
American National Standards Institute (ANSI), www. ansi. org
American Oil Chemists Society (AOCS), www. aocs. org
American Petroleum Institute (API), www. api. org
American Society of Agricultural Engineering (ASAE), www. asae. org
American Society of Agronomy (ASA), www. agronomy. org
American Society for Horticultural Science (ASHS), www. ashs. org
American Society for Testing and Materials (ASTM), www. astm. org
American Society of Mechanical Engineers International (ASME), www. asme. org
Argonne National Laboratory, www. et. anl. gov
Automotive Aftermarket Industry Association (AAIA), www. aftermarket. org
Automotive Oil Change Association (AOCA), www. aoca. org
Automotive Parts and Accessories Association (APAA), www. apaa. org
Automotive Service Industry Association (ASIA), www. aftmkt. com
British Lubricants Federation Ltd., www. blf. org. uk
California Air Resources Board, www. arb. ca. gov
Center for Tribology, Inc. (CETR), www. cetr. com
Co-ordinating European Council (CEC), www. cectests. org
Coordinating Research Council (CRC), www. crcao. com
Crop Science Society of America (CSSA), www. crops. org
Department of Defense (DOD), www. dodssp. daps. mil/dodssp. htm
Deutsches Institute Fur Normung e. V. (DIN), www. din. de
Environmental Protection Agency (EPA), www. fedworld. gov
European Automobile Manufacturers Association (ACEA), www. acea. be
European Oil Companies Organization of E. H. and S. (CONCAWE), www. concawe. be
Federal World, www. fedworld. gov
Independent Lubricant Manufacturers Association (ILMA), www. ilma. org
Industrial Maintenance & Plant Operation (IMPO), www. mcb. co. uk/cgi-bin/mcb _ serve/table1. txt&ilt&stanleaf. htm
Institute of Materials Inc. (IOM), www. savantgroup. com
Institute of Mechanical Engineers (ImechE), www. imeche. org. uk
Institute of Petroleum (IP), http://212. 78. 70. 142
Institute of Physics (IOP), Tribology Group, www. iop. org

Internal Energy Agency (IEA), www. iea. org

International Organization for Standardization (ISO), www. iso. ch

Japan Association of Petroleum Technology (JAPT), www. japt. org

Japan Automobile Manufacturers Association (JAMA), www. japanauto. com

Japanese Society of Tribologists (JAST) (in Japanese), www. jast. or. jp

Los Alomos National Laboratory, www. lanl. gov/worldview/

NASA Lewis Research Center (LeRC) Tribology & Surface Science Branch, www. lerc. nasa. gov/Other_Groups/SurfSci

National Centre of Tribology, United Kingdom, www. aeat. com/nct/

National Fluid Power Association (NFPA), www. nfpa. com

National Institute for Occupational Safety and Health, www. cdc. gov/homepage. html

National Institute of Standards and Technology, webbook. nist. gov/chemistry

National Lubricating Grease Institute (NLGI), www. nlgi. org

National Metal Finishing Resource Center, www. nmfrc. org

National Oil Recyclers Association (NORA), www. recycle. net/Associations/rs000141. html

National Petrochemical & Refi ners Association (NPRA), www. npradc. org

National Petroleum Refi ners Association (NPRA), www. npra. org

National Research Council of Canada Lubrication Tribology Services, 132. 246. 196. 24/en/fsp/service/lubrication_trib. htm

Naval Research Lab Tribology Section—NRL Code 6176, stm2. nrl. navy. mil/ < wahl/6176. htm

Oak Ridge National Laboratory (ORNL) Tribology Test Systems, www. ms. ornl. gov/htmlhome

Occupational Safety and Health Administration (OSHA), www. osha. gov

Petroleum Authority of Thailand, www. nectec. or. th/users/htk/SciAm/12PTT. html

Petroleum Marketers Association of America (PMAA), www. pmaa. org

Society of Automotive Engineers (SAE), www. sae. org

Society of Environmental Toxicology and Chemistry (SETAC), www. setac. org

Society of Manufacturing Engineers (SME), www. sme. org

Society of Tribologists and Lubrication Engineers (STLE), www. stle. org

Southwest Research Institute (SwRI) Engine Technology Section, www. swri. org/4org/d03/engres/engtech/

Southwestern Petroleum Corporation (SWEPCO), www. swepco. com

U. S. Department of Agriculture (USDA), www. usda. gov

U. S. Department of Defense (DOD), www. dod. gov

U. S. Department of Energy (DOE), www. energy. gov

U. S. Department of Transportation (DOT), www. dot. gov

U. S. Energy Information Administration, www. eia. doe. gov

U. S. Patent Office, www. uspto. gov

U. S. Data Exchange, www. usde. com

Western States Petroleum Association, www. wspa. org

29. 2. 6 检测实验室/仪器/包装

A. W. Chesterton Company, www. chesterton. com

A/R Packaging Corporation, www. arpackaging. com

Accumetric LLC, www. accumetric. com

Airflow Systems Inc., www. airflowsystems. com

Alfa Laval Separation, www. alfalaval. com

Allen Filters Inc., www. allenfilters. com

Ana Laboratories Inc., www. analaboratories. com
Analysts Inc., www. analystinc. com
Anatech Ltd., www. anatechltd. com
Andpak Inc., www. andpak. com
Applied Energy Company, www. appliedenergyco. com
Aspen Technology, www. aspentech. com
Associates of Cape Cod Inc., www. acciusa. com
Atico-Internormen-Filter, www. atico-internormen. com
Baron USA Inc., www. baronusa. com
Berenfi eld Containers, www. berenfi eld. com
Bericap NA, www. bericap. com
BF Goodrich, www. bfgoodrich. com
Bianco Enterprises Inc., www. bianco. net
Bijur Lubricating Corporation, www. bijur. com
Biosan Laboratories, Inc., www. biosan. com
Bio-Rad Laboratories, www. bio-rad. com
BioTech International Inc., www. info@ biotechintl. com
Blackstone Laboratories, www. blackstone-labs. com
Cannon Instrument Company, www. cannon-ins. com
Certifi ed Laboratories, www. certifi edlaboratories. com
Chemicolloid Laboratories Inc., www. colloidmill. com
Como Industrial Equipment Inc., www. comoindustrial. com
Computational Systems, Inc., www. compsys. com/index. html
Containment Solutions Inc., www. containmentsolutions. com
CSI, www. compsys. com
Custom Metalcraft Inc., www. custom-metalcraft. com
Delphi Automotive Systems, www. delphiauto. com
Des-Case Corporation, www. des-case. com
Dexsil Corporation, www. dexsil. com
Diagnetics, www. entek. com
Digilube Systems Inc., www. digilube. com
Dingo Maintenance Systems, www. dingos. com
DSP Technology Inc., www. dspt. com
Duro Manufacturing Inc., www. duromanufacturing. com
Dutton-Lainson Company, www. dutton-lainson. com
Dylon Industries Inc., www. dylon. com
Easy Vac Inc., www. easyvac. com
Edjean Technical Services Inc., www. edjetech. com
Engel Metallurgical Ltd., www. engelmet. com
Engineered Composites Inc., www. engineeredcomposites. net
Environmental and Power Technologies Ltd., www. cleanoil. com
Evans Industries Inc., www. evansind. com
Falex Corporation, www. falex. com
Falex Tribology NV, www. falexint. com
FEV Engine Technology, Inc., www. fev-et. com
Flo Components Ltd., www. flocomponents. com

Flowtronex International, www. flowtronex. com
Fluid Life Corporation, www. fluidlife. com
Fluid Systems Partners US Inc. , www. fsp-us. com
Fluid Technologies Inc. , www. fl uidtechnologies. com
Fluids Analysis Lab, www. butler-machinery. com/oil. html
Fluidtec International, www. fluidtec. com
Fluitec International, www. fluitec. com/
FMC Blending & Transfer, www. fmcblending-transfer. com
Framatome ANP, www. framatech. com
Fuel Quality Services Inc. , www. fqsgroup. com
G. R. O'Shea Company, www. groshea. com
G. T. Autochemilube Ltd. , www. gta-oil. co. uk
Galactic, www. galactic. com
Gamse Lithographing Company, www. gamse. com
Gas Tops Ltd. , www. gastops. com
Generation Systems Inc. , www. generationsystems. com
Georgia-Pacifi c Resins, Inc. —Actrachem Division, www. gapac. com
Gerhardt Inc. , www. gerhardths. com
Globetech Services Inc. , www. globetech-services. com
Graco Inc. , www. graco. com
Gulfgate Equipment, Inc. , www. gulfgateequipment. com
Hedwin Corporation, www. hedwin. com
Hercules, Inc. , Aqualon Division, www. herc. com
Herguth Laboratories Inc. , www. herguth. com
Hi-Port Inc. , www. hiport. com
Hi-Tech Industries, Inc. , www. hi-techind. com
Hoover Materials Handling Group Inc. , www. hooveribcs. com
Horix Manufacturing Company, www. sgi. net/horix
Hydraulic Repair & Design, Inc. , www. h-r-d. com
Hysitron Incorporated: Nanomechanics, www. hysitron. com
Indiana Bottle Company, www. indianabottle. com
Industrial Packing Inc. , www. industrialpacking. com
Insight Services, www. testoil. com
Instruments for Surface Science, www. omicron-instruments. com/index. html
Interline Resources Corporation, www. interlineresources. com
International Group Inc. , The (IGI), www. igiwax. com
Intertek Testing Services-Caleb Brett, www. itscb. com
Invicta a. s. , www. testoil. com
J & S Chemical Corporation, www. jschemical. com
J. R. Schneider Company, Inc. , www. jrschneider. com
JAX-Behnke Lubricants Inc. , www. jax. com
Johnson Packings & Industrial Products Inc. , www. johnsonpackings. com
K. C. Engineering, Ltd. , www. kceng. com
K. l. S. S. Packaging Systems, www. kisspkg. com
Kafko International Ltd. , www. kafkointl. com
Kennedy Group, The, www. kennedygrp. com

Kittiwake Developments Limited, www. kittiwake. com
Kleenoil Filtration Inc. , www. kleenoilfi ltrationinc. com
Kleentek-United Air Specialists Inc. , www. uasinc. com
Koehler Instrument Company, www. koehlerinstrument. com
Kruss USA, www. krussusa. com
Laub/Hunt Packaging Systems, www. laubhunt. com
Lawler Manufacturing Corporation, www. lawler-mfg. com
Leding Lubricants Inc. , www. automatic-lubrication. com
Legacy Manufacturing, www. legacymfg. com
Liftomtic Inc. , www. liftomatic. com
Lilyblad Petroleum, Inc. , www. lilyblad. com
Linpac Materials Handling, www. linpacmh. com
Liqua-Tek/Moraine Packaging, www. globaldialog. com/ < mpi
Liquid Controls Inc. , A Unit of IDEX Corporation, www. lcmeter. com
Lormar Reclamation Service, www. lormar. com
LubeCon Systems Inc. , www. lubecon. com
Lubricant Technologies, www. lubricanttechnologies. com
Lubrication Engineers of Canada, www. lubeng. com
Lubrication Systems, www. lsc. com
Lubrication Technologies Inc. , www. lube-tech. com
Lubriport Labs, www. ultralabs. com/lubriport
Lubriquip Inc. , www. lubriquip. com
Lubrizol Corporation, The, www. lubrizol. com
Lubromation Inc. , www. lubromation. com
Lub-Tek Petroleum Products Corporation, www. lubtek. com
Machines Production Web Site, www. machpro. fr
Manor Technology, www. manortec. co. uk
Metalcote/Chemtool Inc. , www. metalcote. com
Metorex Inc. , www. metorex. fi
Mettler Toledo, www. mt. com
Michel Murphy Enterprises Inc. , www. michelmurphy. com
Micro Photonics Inc. , www. microphotonics. com
Mid-Michigan Testing Inc. , www. tribologytesting. com
Monlan Group, www. monlangroup. com
Motor Fuels/Combustibles Testing, www. empa. ch/englisch/fachber/abt133/index. htm
Mozel Inc. , www. mozel. com
Nalco Chemical Company, www. nalco. com
Naptec Corporation, www. satec. com
National Tribology Services, www. natrib. com
NCH, www. nc. com
Newcomb Oil Company, www. newcomboil. com
Nordstrom Valves Inc. , www. nordstromaudco. com
Oden Corporation, www. oden. thomasregister. com
Oden Corporation, www. odencorp. com
Oil Analysis (Noria) , www. oilanalysis. com
OMICRON Vakuumphysik GmbH, www. omicron-instruments. com/index. html

OMS Laboratories, Inc. , members. aol. com/labOMS/index. html
Owens-Illinois Inc. , www. o-i. com
Oxford Instruments Inc. , www. oxinst. com
Paper Systems Inc. , www. paper-systems. com
PARC Technical Services Inc. , www. parctech. com
Patterson Industries Ltd. (Canada) , www. pattersonindustries. com
PCS Instruments, www. pcs-instruments. com
PdMA Corporation, www. pdma. com
PED Inc. , www. ped. vianet. ca
Perkin Elmer Automotive Research, www. perkinelmer. com/ar
Perkins Products Inc. , www. perkinsproducts. com
Perma USA, www. permausa. com
Petrolab Corporation, www. petrolab. com
Petrolabs Inc. , http: //pages. prodigy. net/petrolabsinc
Petroleum Analyzer Company LP (PAC) , www. petroleum-analyzer. com
Petroleum Products Research, www. swri. org/4org/d08/petprod/
Petro-Lubricants Testing Laboratories, Inc. , www. pltlab. com
Petrotest, www. petrotest. net
Pflaumer Brothers Inc. , www. pflaumer. com
Philips Industrial Electronics Deutschland, www. philips-tkb. com
Pipeguard of Texas, www. pipeguard-texas. com
Plastic Bottle Corporation, www. plasticbottle. com
Plastican Inc. , www. plastican. com
Plews/Edelmann Division, Stant Corporation, www. stant. com
PLI LLC, www. memolub. com
Plint and Partners: Tribology Division, www. plint. co. uk/trib. htm
Polaris Laboratories, LLC, www. polarislabs. com
PREDICT/DLI—Innovative Predictive Maintenance, www. predict-dli. com
Predictive Maintenance Corporation, www. pmaint. com
Predictive Maintenance Services, www. theoillab. com
Premo Lubricant Technologies, www. premolube. com
Pulsair Systems Inc. , www. pulsair. com
Quorpak, www. quorpak. com
R & D/Fountain Industries, www. fountainindustries. com
R. A. Miller & Company Inc. , www. ramiller. on. ca
R. E. A. L. Services, www. realservices. com
Radian Inc. , www. radianinc. com
Ramos Oil Co. Inc. , www. ramosoil. com
Ravenfi eld Designs Ltd. , www. ravenfi eld. com
Reelcraft Industries Inc. , www. realcraft. com
Rexam Closures, www. closures. com
Rheotek (PSL SeaMark) , www. rheotek. com
Ribelin, www. ribelin. com
Russell-Stanley Corportion, www. russell-stanley. com
Safety-Kleen Corporation, www. safety-kleen. com
Saftek: Machinery Maintenance Index, www. saftek. com/boiler/machine/mmain. htm

Sandy Brae Laboratories Inc., www. sandy/brae. com
SATEC Inc., www. satec. com
Savant Group of Companies, www. savantgroup. com
Savant Inc., www. savantgroup. com
Saxton Industries, www. saxton. thomasregister. com
Scully Signal Company, www. scully. com
Senior Flexonics, www. flexonics-hose. com
Service Supply Lubricants LLC, www. servicelubricants. com
Sexton & Peake Inc., www. sexton. qpg. com
Silvas Oil Co. Inc., www. silvasoil. com
Silverson Machines Inc., www. silverson. com
Sinclair Oil Corporatoin, www. sinclairoil. com
SKF Quality Technology Centre, www. qtc. skf. com
Sleeveco Inc., www. sleeveco. com
Snyder Industries, www. snydernet. com
Southwest Research Institute, www. swri. org
Southwest Spectro-Chem Labs, www. swsclabs. com
Spacekraft Packaging, www. spacekraft. com
Specialty Silicone Products Inc., www. sspinc. com
SpectroInc. Industrial Tribology Systems, www. spectroinc. com
Spectronics Corporation, www. spectroline. com
Spex CertiPrep Inc., www. spexcsp. com
Star Brite, www. starbrite. com
Steel Shipping Containers Institute, www. steelcontainers. com
Stratco Inc., www. stratco. com
Sunohio, Division of ENSR, www. sunohio. com
Superior Lubricants Company, Inc., www. superiorlubricants. com
Taber Industries, www. taberindustries. com
Tannas Company, www. savantgroup. com
Tannis Company, www. savantgroup. com/tannas. sht
Thermo Elemental, www. thermoelemental. com
Thomas Petroleum, www. thomaspetro. com
Thoughtventions Unlimited Home Page, www. tvu. com/%7Ethought/
Titan Laboratories, www. titanlab. com
TriboLogic Lubricants Inc., www. tribologic. com
Trico Manufacturing Corporation, www. tricomfg. com
Trilla Steel Drum Corporation, www. trilla. com
TTi's Home Page, www. tti-us. com
UEC Fuels and Lubrication Laboratories, www. uec-usx. com
Ultimate Lubes, www. ultimatelubes. com
Unilube Systems Ltd., www. unilube. com
Unit Pack Company Inc., www. unitpack. com
USX Engineers & Consultants, www. uec. com/labs/ctns
USX Engineers and Consultants: Laboratory Services, www. uec. com/labs/
Vacudyne Inc., www. vacudyne. com
Van Horn, Metz & Company, Inc., www. vanhornmetz. com

Viking Pump Inc., A Unit of IDEX Corporation, www. vikingpump. com
Viswa Lab Corporation, www. viswalab. com
Vortex International LLC, www. vortexfi lter. com
Vulsay Industries Ltd., www. vulsay. com
Wallace, www. wallace. com
Waugh Controls Corporation, www. waughcontrols. com
Wearcheck International, www. wearcheck. com
Wedeven Associates, Inc., members. aol. com/wedeven/
West Penn Oil Company Inc., www. westpenn. com
Western States Oil, www. lubeoil. com
Wilks Enterprise Inc., www. wilksir. com
WSI Chemical Inc., www. wsi-chem-sys. com
Zimmark Inc., www. zimmark. com

29.2.7 汽车/卡车 MFG

Alfa Romeo, www. alfaromeo. com
Audi, www. audi. com
BMW (International), www. bmw. com/bmwe
BMW (United States), www. bmwusa. com
BMW Motorcycles, www. bmw-motorrad. com
Buick (GM), www. buick. com
Cadillac (GM), www. cadillac. com
Caterpillar, www. cat. com
Caterpillar, www. caterpillar. com
Chevrolet (GM), www. chevrolet. com
Chrysler (Mercedes Benz), www. chrysler. com
Citroen (France), www. citroen. com
Citroen (United Kingdom), www. citroen. co. uk/fleet
Cummins Engine Company, www. cummins. com
Daimler Chrysler, www. daimlerchrysler. com
Detroit Diesel, www. detroitdiesel. com
Dodge, www. dodge. com
Eagle, www. eaglecars. com
EV1, www. gmev. com
Ferrari, www. ferrari. com
Fiat, www. fiat. com
Ford Motor Company, www. ford. com
General Motors (GM), www. gm. com
Global Electric Motor Cars, LLC, www. gemcar. com
Hyundai, www. hyundai-motor. com
Infiniti, www. infiniti. com
Isuzu, www. isuzu. com
Jaguar, www. jaguarcars. com
Jeep, www. jeep. com
John Deere, www. deere. com
Kawasaki, www. kawasaki. com

Kawasaki, www. khi. co. jp
Lamborghini, www. lamborghini. com
Lexus, www. lexususa. com
Lincoln-Mercury, www. lincolnmercury. com
Mack Trucks, www. macktrucks. com
Mazda, www. mazda. com
Mercedes-Benz (Germany), www. mercedes-benz. de
Mitsubishi Motors, www. mitsubishi-motors. co. jp
Nissan (Japan), www. nissan. co. jp
Nissan (United States), www. nissandriven. com
Nissan (United States), www. nissanmotors. com
Opel, www. opel. com
Peugeot, www. peugeot. com
Plymouth, www. plymouthcars. com
Pontiac (GM), www. pontiac. com
Saab Cars USA, www. saabusa. com
Saab, www. saab. com
Saturn (GM), www. saturncars. com
Scania, www. scania. se
Toyota (Japan), www. toyota. co. jp
Toyota (United States), www. toyota. com
Vauxhall, www. vauxhall. co. uk
Volkswagen (Germany), www. vw-online. de
Volkswagen (United States), www. vw. com
Volvo (Sweden), www. volvo. se
Volvo Cars of North America, www. volvocars. com
Volvo Group, www. volvo. com

29. 2. 8　出版/参考/补充/搜索工具及其他

American Machinist, www. penton. com/cgi-bin/superdirectory/details. pl?id = 317
API Links, www. api. org/links
Automotive & Industrial Lubricants Guide, www. wearcheck. com
Automotive and Industrial Lubricants Guide by David Bradbury, www. escape. ca/ < dbrad/index. htm
Automotive and Industrial Lubricants Tutorial, www. escape. ca/ < dbrad/index. htm
Automotive News, www. autonews. com
Automotive Service Industry Association (ASIA), www. aftmkt. com/asia
Automotive Services Retailer, www. gcipub. com
AutoWeb, www. autoweb. com
AutoWeek Online, www. autoweek. com
Bearing. Net, www. wearcheck. com
Cambridge, chemfi nder. cambridgesoft. com
Car and Driver Magazine Online, www. caranddriver. com
Car-Stuff, www. car-stuff. com
Center for Innovation Inc. , www. centerforinnovation. com
Chem Connect, www. chemconnect. com
Chemical Abstracts Service, www. cas. org

Chemical Resources, www. chemcenter. org
Chemical Week Magazine, www. chemweek. com
Concord Consulting Group Inc. , www. concordcg. com
Dialog, www. dialog. com
Diesel Progress, www. dieselpub. com
Diversifi ed Petrochemical Services, www. chemhelp. com
European Patent Offi ce, www. epo. co. at/epo/
F. L. A. G. (Fuel, Lubricant, Additives, Grease) Recruiting, www. flagsearch. com
Farmland Industries Inc. , www. farmland. com
Fuel Quest, www. fuelquest. com/cgi-bin/fuelqst/corporate/fq_index. jsp
Fuels and Lubes Asia Publications, Inc. , www. flasia. com. ph
Gear Technology Magazine, www. geartechnology. com/mag/gt-index. html
Haas Corporation, www. haascorp. com
HEF, France, www. hef. fr
How Stuff Works, www. howstuffworks. com/engine. htm
Hydrocarbon Asia, www. hcasia. safan. com
Hydrocarbon Online, www. wearcheck. com
Hydrocarbon Processing Magazine, www. hydrocarbonprocessing. com
ICIS-LOR Base Oils Pricing Information, www. icislor. com/
Industrial Lubrication and Tribology Journal, www. mcb. co. uk/ilt. htm
Industrial Maintenance and Engineering Links (PLI, LLC), www. memolub. com/link. htm
International Tribology Conference, Yokohama 1995, www. mep. titech. ac. jp/Nakahara/jast/itc/itc-home. htm
ISO Translated into Plain English, connect. ab. ca/praxiom
Journal of Fluids Engineering, borg. lib. vt. edu/ejournals/JFE/jfe. html
Journal of Tribology, engineering. dartmouth. edu/thayer/research/index. html
Kline & Company Inc. , www. klinegroup. com
LSST Tribology and Surface Forces, bittburg. ethz. ch/LSST/Tribology/default. html
LSST Tribology Letters, http: //bittburg. ethz. ch/LSST/Tribology/letters. html
Lubelink, www. lubelink. com
LubeNet, www. lubenet. com
Lubes and Greases, www. lngpublishing. com
Lubricants Network Inc. , www. lubricantsnetwork. com
Lubricants World, www. lubricantsworld. com
Lubrication Engineering Magazine, www. stle. org/le_magazine/le_index. htm
MaintenanceWorld, www. wearcheck. com
MARC-IV, www. marciv. com
Mechanical Engineering Magazine, www. memagazine. org/index. html
Migdal's Lubricant Web Page, http: //members. aol. com/sirmigs/lub. htm
Muse, Stancil & Company, www. musestancil. com
National Petroleum News, www. petroretail. net/npn
National Resource for Global Standards, www. nssn. org
Neale Consulting Engineers Limited, www. tribology. co. uk
Noria—OilAnalysis. Com, www. oilanalysis. com
Oil Directory. com, www. oildirectory. com
Oil Online, www. oilonline. com
Oil-Link Oil & Gas Online, www. oilandgasonline. com

Oilspot. com, www. oilspot. com

Pennwell Publications, www. pennwell. com

Petrofi nd. com, www. petrofi nd. com

PetroleumWorld. com, www. petroleumworld. com

PetroMin Magazine, www. petromin. safan. com

Practicing Oil Analysis Magazine, www. practicingoilanalysis. com

Predictive Maintenance Corporation: Tribology and the Information Highway, www. pmaint. com/tribo/docs/oil_anal/tribo_www. html ref

Reliability Magazine, www. pmaint. com/tribo/docs/oil_anal/tribo_www. html

Safety Information Resources on the Internet, www. siri. org/links1. html

Savant Group of Companies, www. savantgroup. com

SGS Control Services Inc. , www. sgsgroup. com

Shell Global Solutions, www. shellglobalsolutions. com

SubTech (Petroleum Service & Supply Information) , www. subtech. no/petrlink. htm

Summit Technical Solutions, www. lubemanagement. com

Sunohio, Division of ENSR, www. sunohio. com

Tannas Company, www. savantgroup. com

Test Engineering Inc. , www. testeng. com

The Energy Connection, www. energyconnect. com

The Maintenance Council, www. trucking. org

TMC, www. truckline. com

Tribologist. com, www. wearcheck. com

Tribology Consultant, hometown. aol. com/wearconsul/wear/wear. htm

Tribology International, www. elsevier. nl/inca/publications/store/3/0/4/7/4/

Tribology Letters, www. kluweronline. com/issn/1023-8883

Tribology Research Review 1992 – 1994, www. me. ic. ac. uk/department/review94/trib/tribreview. html

Tribology Research Review 1995 – 1997, www. me. ic. ac. uk/department/review97/trib/tribreview. html

Tribology/Tech-Lube, www. tribology. com

Truklink (truck fleet information) , www. truklink. com

United Soybean Board, www. unitedsoybean. org

Victoria Group Inc. , The, www. victoriagroup. com

Wear Chat: WearCheck Newsletter, www. wearcheck. com

Wear, www. elsevier. nl/inca/publications/store/5/0/4/1/0/7/

World Tribologists Database, greenfi eld. fortunecity. com/fi sh/182/tribologists. htm

WWW Tribology Information Service, www. shef. ac. uk/ < mpe/tribology/

WWW Virtual Library: Mechanical Engineering, www. vlme. com

Yahoo Lubricants, dir. yahoo. com/business_and_economy/shopping_and_services/automotive/supplies/lubricants/

Yahoo Tribology, ca. yahoo. com/Science/Engineering/Mechanical_Engineering/Tribology/